Maschinenelemente 1

Gustav Niemann · Hans Winter ·
Bernd-Robert Höhn · Karsten Stahl

Maschinenelemente 1

Konstruktion und Berechnung von Verbindungen, Lagern, Wellen

5., vollständig überarbeitete Auflage

Gustav Niemann
Technische Universität München
Garching, Deutschland

Bernd-Robert Höhn
Technische Universität München
Garching, Deutschland

Hans Winter
Technische Universität München
Garching, Deutschland

Karsten Stahl
Technische Universität München
Garching, Deutschland

ISBN 978-3-662-55481-4
ISBN 978-3-662-55482-1 (eBook)
https://doi.org/10.1007/978-3-662-55482-1

Die Deutsche Nationalbibliothek verzeichnet diese Publikation in der Deutschen Nationalbibliografie; detaillierte bibliografische Daten sind im Internet über http://dnb.d-nb.de abrufbar.

Springer Vieweg

Verantwortlich im Verlag: Michael Kottusch

Springer Vieweg ist ein Imprint der eingetragenen Gesellschaft Springer-Verlag GmbH, DE und ist ein Teil von Springer Nature.
Die Anschrift der Gesellschaft ist: Heidelberger Platz 3, 14197 Berlin, Germany

Vorwort

Die vorliegende 5. Auflage des ersten Bands der „Maschinenelemente" richtet sich als Lehrbuch an Studierende des Maschinenbaus und der Ingenieurwissenschaften sowie als Arbeitsbuch an Ingenieure in der Praxis. In 19 Kapiteln werden Anwendung, Eigenschaften und Funktion der wichtigsten Maschinenelemente und Berechnungsmethoden nach aktuellem Stand der Technik dargestellt. Jedes Kapitel ist dabei in sich geschlossen gestaltet, so dass diese unabhängig voneinander in beliebiger Reihenfolge durchgearbeitet werden können.

Das vorliegende Buch basiert auf der 1950 von *Prof. Dr.-Ing. Dr.-Ing. E.h. Gustav Niemann* verfassten ersten Auflage und den später von *Prof. Dr.-Ing. Dr.-Ing. E.h. Hans Winter* an die laufenden Veränderungen im Maschinenbau angepassten und aktualisierten Auflagen der „Maschinenelemente". Alle drei Bände dieses Werks sind weltweit bekannt und gelten als „Klassiker" für das Fach Maschinenelemente.

Die Namensgebung der vorliegenden 5. Auflage des Bandes 1 „Niemann/Winter/Höhn/Stahl" belegt die traditionelle Verbundenheit mit dem Lehrstuhl für Maschinenelemente (FZG) der Technischen Universität München. Die vorliegende Auflage wurde nun grundlegend aktualisiert, wobei die grundsätzliche Gliederung der früheren 4. Auflage dabei weitgehend beibehalten wurde.

Der Aufbau aller Kapitel wurde harmonisiert und sämtliche Quellen geprüft und aktualisiert. Insbesondere wurden die angewendeten DIN- und ISO-Normen, Richtlinien und Datenblätter auf Aktualität geprüft bzw. durch aktuellere Quellen ersetzt. Viele Bilder und die meisten Tabellen wurden neugestaltet und aktualisiert. Beispiele sind nun grafisch abgesetzt dargestellt, alle Kapitel und der Index sind für die online-Verwendung optimiert.

An der Überarbeitung dieses Werkes haben viele Mitarbeiterinnen und Mitarbeiter des Lehrstuhls mitgewirkt. Die Mitglieder des Leitungskreises haben alle Kapitel korrekturgelesen. Allen Beteiligten gebührt großer Dank für ihren hervorragenden Einsatz. Besonderer Dank gebührt *Frau Sabrina Bansemir, M.Sc.*, für ihre Koordination der Zuarbeiten und die regelmäßige Abstimmung mit dem Springer-Nature-Verlag.

Gedankt sei auch allen Firmen, die in Beratungen durch ihre Fachleute und durch Bereitstellung von Unterlagen zur Aktualisierung der einzelnen Kapitel beigetragen haben.

Dem Springer-Nature Verlag gilt Dank für die Unterstützung bei der Überarbeitung der Abbildungen und die angenehme und professionelle Zusammenarbeit.

Alle Beteiligten hoffen, dass dieses Buch weiterhin Studierenden des Maschinenbaus und der Ingenieurswissenschaften sowie Ingenieuren in der Praxis als Standardwerk wertvolle Dienste leistet.

Garching
Oktober 2018

Karsten Stahl
Bernd-Robert Höhn

Inhaltsverzeichnis

1 Arbeitsmethoden in der Produktentwicklung

► In der Produktentwicklung sind verschiedene Berufsbilder zu finden, wie z. B. Konstruktionsingenieure, Berechnungsingenieure, Versuchsingenieure, Normeningenieure oder Systemingenieure, welche sich unter dem Begriff des Ingenieurs in der Produktentwicklung zusammenfassen lassen. Je nach Berufsbild ergeben sich unterschiedliche Tätigkeiten, die mehr Synthese- oder Analyse-orientiert sein können. Ingenieure in der Produktentwicklung von heute sind Entwickler, Treiber und Gestalter im Entstehungsprozess neuer Produkte. Sie denken – unter Berücksichtigung sämtlicher Phasen des Produktlebenszyklus – neue Produkte im Unternehmen vor, entwickeln diese und erstellen einen großen Teil der Produktdokumentation. Damit beeinflussen sie in direkter Weise den Unternehmenserfolg produzierender Unternehmen, da sie den Großteil der Kosten eines Produktes festlegen und verantworten.

Die Komplexität moderner Produkte erfordert von Konstrukteuren aber auch nicht-maschinen-bautypische Tätigkeiten wie Produkt- und Projektmanagement. Dieser Trend wird sich in Zukunft weiter verstärken. Der Konstrukteur von morgen muss daher auch ein Manager sein, der Projekte sowohl im Team als auch selbstständig plant, steuert und kontrolliert. Ressourcenschonung und Nachhaltigkeit werden seine Arbeit immer mehr bestimmen. Der Konstrukteur von morgen muss stets das Ganze – Produkt, System, Umfeld, neue Lösungsmöglichkeiten, Wettbewerb, Wirtschaft und Gesellschaft – im Blick haben, ein analytischer, systematischer Denker sein und Kreativität, Kommunikations- und Problemlösungsfähigkeit mitbringen [25]. Dieses Ausbildungsprofil wird auch mit dem Begriff Systemkonstrukteur zusammengefasst [1].

Ingenieure in der Produktentwicklung werden von einer Vielfalt von CAx-Programmen unterstützt, siehe hierzu Abschn. 1.4.7.

Abb. 1.1 zeigt einen Überblick über die Teilbereiche der Ingenieurarbeit und deren Verknüpfung. Sie erfordert ein Denken und Arbeiten in Regelkreisen, d. h. mit Rückkopplungen. Die Konstruktion hat dabei eine zentrale Aufgabe.

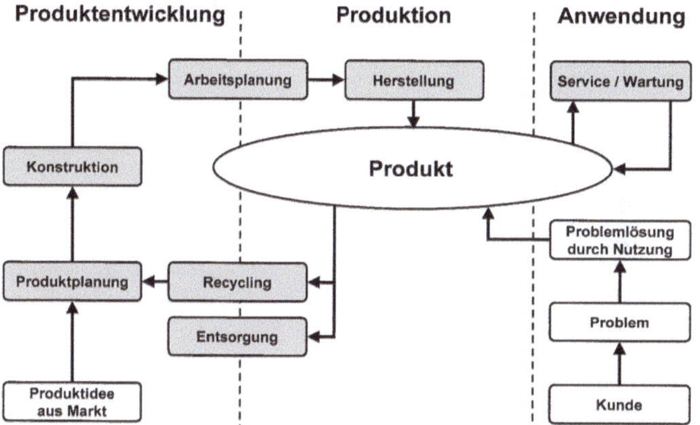

Abb. 1.1 Teilaufgaben der Ingenieurarbeit (grau) im Produktlebenszyklus

1.1 Wirtschaftliche Bedeutung der Konstruktion und Folgerungen

Konstruktion ist ein Teilbereich der Produktentwicklung. Diese ist ein entscheidender Bestandteil des Produktlebenszyklus und befindet sich an dessen Anfang. Zu diesem Zeitpunkt ist die Produktplanung abgeschlossen, also die entscheidende Idee zum fertigen Produkt geboren. Im Anschluss an die Produktentwicklung folgt die Vorbereitung zur Produkteinführung (Fertigung, Montage, Werbung, ...). Nach der Produkteinführung entsteht erstmals ein Umsatz, welcher die bisher entstandenen Kosten decken muss, Abb. 1.2.

Die Konstruktion bestimmt dominierend die Selbstkosten eines Produkts (ca. 70 %), trägt aber im Vergleich zu den anderen Unternehmensbereichen nur wenig zur Kostenentstehung bei (ca. 6 %), Abb. 1.3.

Die Folgerungen daraus sind:

- Nicht an der Konstruktion sparen! Durch kostenorientiertes Konstruieren wird weit mehr bewirkt [6].
- In die Konstruktion investieren, um durch ausreichende personelle Kapazität, bessere Hilfsmittel (z. B. CAD,

G. Niemann et al., *Maschinenelemente 1*, https://doi.org/10.1007/978-3-662-55482-1_1

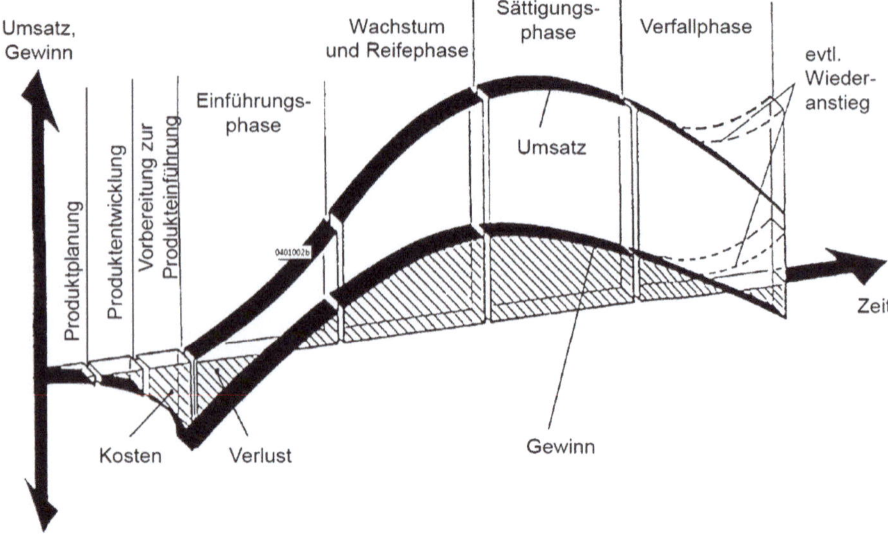

Abb. 1.2 Produktlebensdauerzyklus [9]

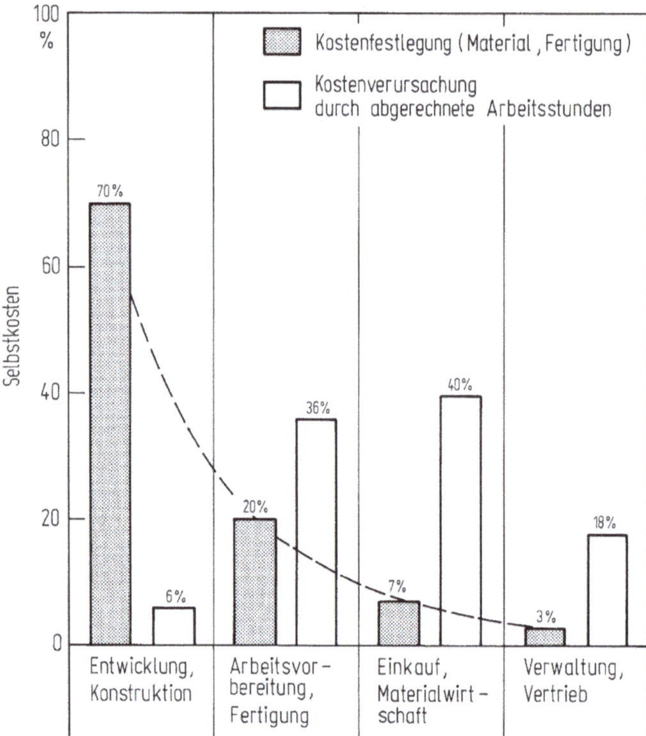

Abb. 1.3 Kostenfestlegung und Kostenverursachung in den Unternehmensbereichen nach VDI 2235 [23]

Datenbanken, EDV-Programme) und bessere Methoden (Methodisches Konstruieren, Wertanalyse, rechnerunterstützte Produktentwicklung) zu optimalen, funktionsgerechten und kostengünstigen Konstruktionen zu gelangen.

- Der Konstrukteur muss auch über Kenntnisse der Kostenrechnung verfügen. Funktion und Kosten eines Produkts bestimmen Umsatz und langfristige Gewinnsicherung des Unternehmens.
- Der Konstrukteur entscheidet über Geometrie und Werkstoff und damit über die daraus entstehenden Kosten. Hierbei gilt es zu enge Toleranzen, zu große Wanddicken, teure Einkaufsteile, teure Werkstoffe und Schmierstoffe, komplizierte Montage, zu viele neue Teile zu vermeiden.
- Die Herstellkosten werden entscheidend durch das Konstruktionskonzept bestimmt, sind aber in der Entwurfsphase schwer abzuschätzen. Im Grunde hilft hier nur, mehrere Konzepte zu entwerfen und die kostenbestimmenden Elemente zu kalkulieren. Abb. 1.4 zeigt als Beispiel den Einfluss des Konzepts auf die Herstellkosten von Stirnradgetrieben. Es wird deutlich, dass mehrstufige und leistungsverzweigte Getriebe trotz zunehmender „Kompliziertheit" kostengünstiger als einstufige werden, insbesondere bei hohen Drehmomenten, d. h. großen Abmessungen, da hier die Werkstoffkosten dominieren. Bei kleineren Drehmomenten wird ein einstufiges Getriebe das kostengünstigste sein, da die Werkstoffkosten dann gegenüber den Fertigungskosten zurücktreten.

Man bedenke allerdings: Mehr Bauelemente führen auch zu mehr Fehlerquellen.

- Für den Einfluss der Baugröße gilt die Faustregel: Die Herstellkosten steigen etwa mit der dritten Potenz der Abmessungen [6].
- Einfluss der Stückzahl: Einmalige Kosten (Entwicklung, Konstruktion, Maschineneinstellung u. ä.) verteilen sich auf viele Produkte. Hinzukommen Trainiereffekte (Wiederholarbeit geht leichter von der Hand), leistungsfähigere Fertigungsverfahren, Mengenrabatt bei Zukaufteilen.
- Werkstoffkosten: Maßgebend sind Gewicht G und spezifische Werkstoffkosten K_v. Das Produkt $(G \cdot K_v)$ sollte ein Minimum erreichen. Bei Verwendung eines teuren aber hochfesten Werkstoffs können unter Umständen durch die Verringerung des Gewichts Kosten eingespart werden.

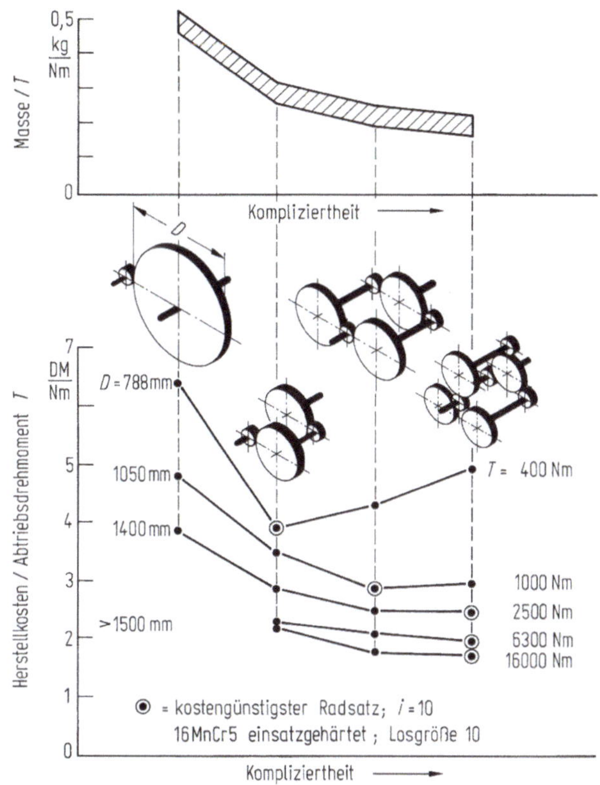

Abb. 1.4 Einfluss des Konzepts auf die Herstellkosten von Stirnradgetrieben nach [6]

- Normteile verwenden. Mit Gleichteilen, Wiederholteilen, Teilefamilien lassen sich auch durch innerbetriebliche Normung Kosten sparen, ebenso durch Zukauf von Teilen, die extern in großen Stückzahlen kostengünstig hergestellt werden können.

Man beachte: Neben den direkten Kosten für Werkstoff, Fertigung, Kontrolle, Montage und Zukaufteile gehören hierzu auch Konstruktions-, Vertriebs- und Versandkosten, die sich in den Selbstkosten niederschlagen. Hinzu kommen die Folgekosten, die die Wirtschaftlichkeit des Produkts während seiner Lebensdauer bedingen: für Energieverbrauch, Wartung, Ersatzteile und auch für die Entsorgung. Dies sind auch Kriterien für die Gestaltung, Kap. 2: Gestaltung – Formgebung.

1.2 Phasen der Produktentwicklung

Abb. 1.5 zeigt im Überblick die Arbeitsschritte einer Neukonstruktion vom Entwicklungsauftrag bis zur Fertigungsfreigabe und der vorgeschalteten Planungsphase. Jede der dargestellten Entscheidungen ermöglicht ein Zurück zu einer bereits abgeschlossenen Phase.

1.2.1 Planen

Ziel des Planens ist es, herauszufinden, welche Produkte künftig gewinnbringend absetzbar sind. Dazu gehören neben den in Abb. 1.5 genannten Untersuchungen Informationen über: Aktivitäten der Konkurrenz, Trends, Mängel bisheriger eigener Produkte, erforderliche Qualitätsverbesserung

Es gilt, Prioritäten zu erkennen: Was ist wichtiger, z. B. Beschaffungs-, Energie- oder Unterhaltskosten; Einfachheit und Betriebssicherheit oder höchste Leistungsfähigkeit? Ein Beispiel hierzu zeigt Tab. 1.1.

Ferner sind in der Planungsphase die eigenen fertigungstechnischen Möglichkeiten und Kapazitäten und der mögliche Investitionsumfang abzuklären und der Aufwand an eigenem Forschungs- und Entwicklungspotential abzuschätzen.

Das Ergebnis der Planungsphase ist die Erteilung eines Entwicklungsauftrags mit Terminvorstellungen.

1.2.2 Konzipieren

Ausgehend von einer Anforderungsliste werden Lösungsprinzipien gesucht und zu Lösungskonzepten kombiniert. Final wird auf Basis einer technisch-wirtschaftlichen Bewertung ein Lösungskonzept ausgewählt.

1.2.2.1 Ausarbeiten der Anforderungsliste

Aufbauend auf den Grundinformationen wird eine detaillierte Anforderungsliste (Pflichtenheft, Checkliste) erstellt: allgemeine Gesichtspunkte (siehe Tab. 1.2). Anforderungslisten zu den Besonderheiten der jeweiligen Maschinenelemente finden sich in den betreffenden Kapiteln.

Tab. 1.1 Verteilung der Jahreskosten in % bei verschiedenartigen Fördergeräten [12]

Kostenpunkte	Jahreskosten in %			
	30 kN Portal-Drehkran im Seehafen	Gurtförderer	Schneckenförderer	Handhängebahn
Abschreibung und Verzinsung	52,7	65,0	27,5	12,9
Unterhaltungskosten	19,0	5,5	3,9	5,5
Energiekosten	4,4	29,5	68,6	81,6
Bedienungskosten	20,8	–	–	–
Sonstiges	3,1	–	–	–
Summe	100	100	100	100

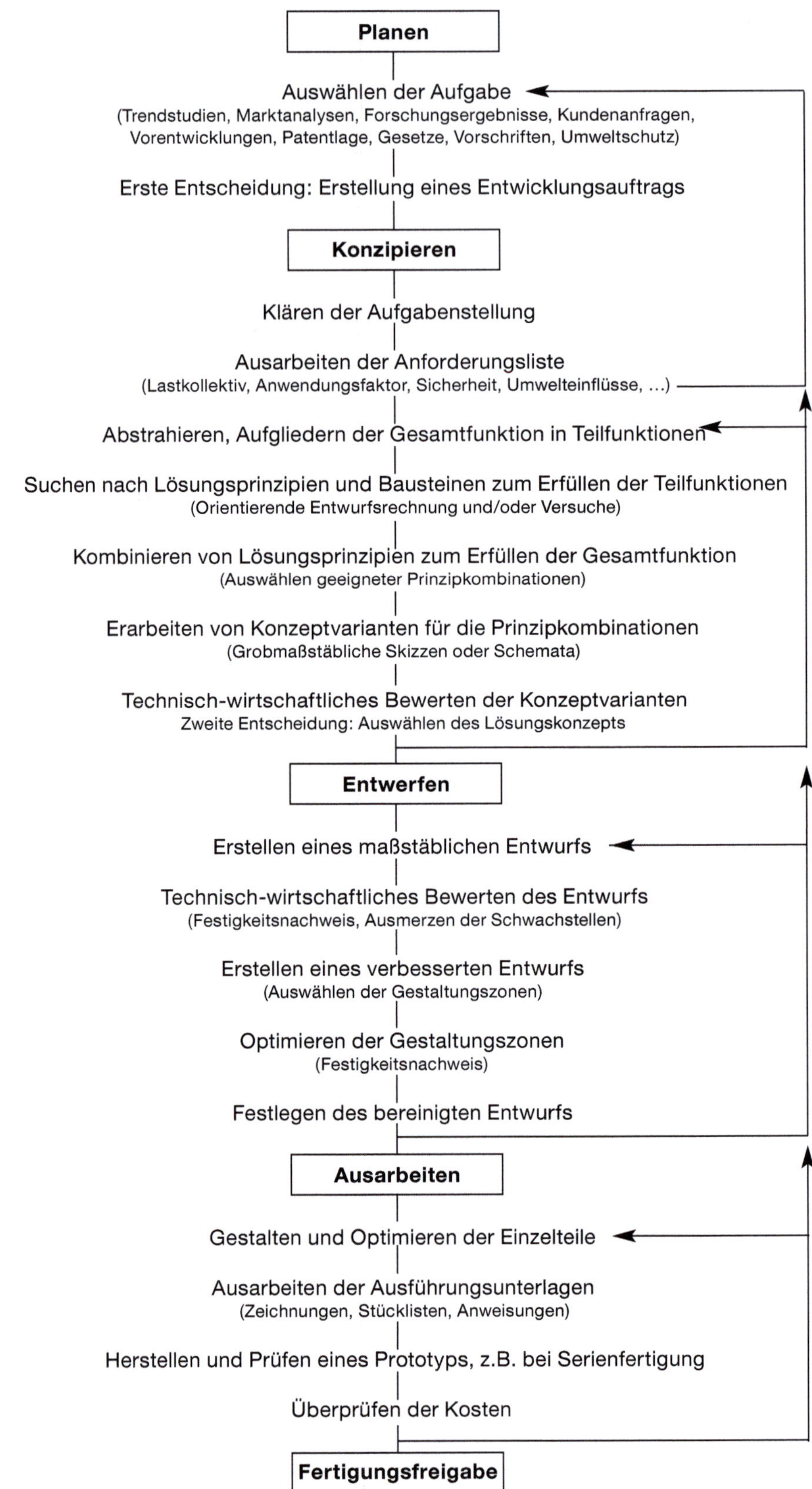

Abb. 1.5 Phasen der Produktentwicklung nach VDI 2222 Blatt 2 [21], ergänzt

Tab. 1.2 Allgemeine Gesichtspunkte zum Erstellen von Anforderungslisten nach [6]

Hauptmerkmal	Beispiele
Geometrie	Größe, Höhe, Breite, Länge, Durchmesser, Raumbedarf, Form, Anzahl, Anordnung, Anschluss, Ausbau und Erweiterung
Kinematik	Bewegungsart, Bewegungsrichtung, Geschwindigkeit, Beschleunigung
Statik, Dynamik, Elastomechanik	Kraftrichtung, -größe, -häufigkeit, Gewicht, Last, Verformung, Steifigkeit, Federeigenschaften, Kräfte, Stabilität, Resonanzlage
Energie	Leistung, Wirkungsgrad, Verlust, Reibung, Ventilation, Zustand, Druck, Temperatur, Erwärmung, Kühlung, Anschlussenergie, Speicherung, Arbeitsaufnahme, Energieumformung, Materialfluss und Materialtransport
Stoff	physikalische und chemische Eigenschaften des Ein- und Ausgangsprodukts, Hilfsstoffe, vorgeschriebene Werkstoffe (Nahrungsmittelgesetz u. ä.)
Signal	Ein- und Ausgangsmesswerte, Anzeige, Betriebs- und Überwachungsgeräte
Ergonomie	Mensch-Maschine: Handhabung (Bedienung), Formgestaltung, Übersichtlichkeit, Sitzkomfort, Beleuchtung, Arbeitssicherheit, Umweltschutz
Herstellung und Herstellungskontrolle	Einschränkungen durch Produktionsstätte: größte herstellbare Abmessung, bevorzugtes Herstellungsverfahren, mögliche Qualität und Toleranzen, vorhandene Werkzeuge, Ausschussquote, Mess- und Prüfmöglichkeit, besondere Vorschriften und Verfahren (TÜV, ASME, DIN, ISO, ...)
Montage und Transport	Besondere Montagevorschriften, auch für Transport und Fundamentierung, Begrenzung durch Hebezeuge, Bahnprofil, Wege nach Größe und Gewicht
Gebrauch und Wartung	Geräuscharmut, Verschleißrate, Anwendung und Absatzgebiet, Einsatzort (z. B. schweflige Atmosphäre, Tropen, ...) Wartungsfreiheit bzw. Anzahl und Zeitbedarf der Wartung, Anstrich, Säuberung, Austausch und Reparatur, Folgen eines Schadensfalls, Maßnahmen, Sicherheiten, siehe Tab. 1.5
Kosten	Zulässige Herstellkosten, Werkzeugkosten, Amortisation, Aufwendungen
Termin	Ende der Entwicklung, Netzplan für Zwischenschritte, Lieferzeit

Diese Liste soll Assoziationen anregen und erhebt keinen Anspruch auf Vollständigkeit!

Die Anforderungsliste sollte so ausführlich wie möglich sein und mit dem Auftraggeber/Kunden abgesprochen und vertraglich fixiert werden (Produkthaftung). Auf dieser Basis werden Konzeptvarianten erarbeitet. Als Ergebnis liegen grobmaßstäbliche Skizzen vor. Diese enthalten die für eine abschließende technisch-wirtschaftliche Bewertung und die endgültige Auswahl erforderlichen Informationen. Um die Baugröße der Konzeptvarianten realistisch einzuschätzen, werden vereinfachte Entwurfs-Berechnungsverfahren, die auf Erfahrungen mit Bauteilen ähnlicher Funktion basieren, verwendet (siehe Abschn. 1.4.2). Diese Phase wird mit der zweiten Entscheidung abgeschlossen, z. B. Auswahl oder Erarbeitung eines neuen Lösungskonzepts.

1.2.2.2 Wege zu neuen Lösungen

Konstruierende müssen sich zunächst intensiv mit den verschiedenen Anforderungen an das Produkt beschäftigen und diese möglichst umfassend abklären, siehe Erläuterungen in Abschn. 1.2.2.1. Wichtig sind auch Anregungen durch „furchtbaren" Ärger, bohrende Fragen, Diskussionen mit Kunden, Kollegen und Vorgesetzten.

Ein vorzüglicher einfacher Weg zu neuen Lösungen besteht in der Kritik des Bisherigen und der Berücksichtigung neuer Randbedingungen und Wünsche. Folgende Fragen stellen sich:

- Was fehlt noch? Welche Wünsche sind wichtig?
- Welche Mängel bleiben bestehen? Wie sieht das Ideal aus?

oder

- Wo würde diese Lösung ebenfalls vorteilhaft sein?
- Mit welchen anderen Mitteln lässt sich der gleiche Zweck erreichen?
- Lässt er sich mit weniger Aufwand erreichen?

oder

- Auf welchen Gebieten liegen ähnliche Aufgaben vor und welche Lösungen werden bevorzugt?

Es ist stets sinnvoll Vergleiche zu ziehen und auf den Nachbargebieten und bei den Grundlagen Umschau zu halten. So bietet der Entwicklungsstand der Verbrennungsmotoren, der Kompressoren und der Pumpen Anregungen für den Turbomaschinenbau, der Flugzeugbau für das Kraftfahrzeug und dieses für den Kranbau und umgekehrt.

Man bedenke ferner: Die erste Form einer Lösung ist ganz selten die günstigste. Sie muss in Parallel- und Umkehrvarianten mehrfach abgewandelt werden, um zu einem vollständigen Einblick und Durchblick zu kommen, kurz: um das „Gesetz" zu erfassen. Erst eine derartige intensive Auseinandersetzung mit dem Problem ermöglicht es zum Kern, zu weiteren Gedanken und Kombinationen vorzustoßen, die wiederum zu neuen Lösungen führen.

Es ist wertvoll zu wissen, dass kinematische Umkehrungen, z. B. die Bewegung des Werkstücks an Stelle des Werkzeugs, nur kinematisch, aber nicht technisch gleichwertig sind, dass also gerade das Durchdenken von Umkehrungen lohnend sein kann (siehe Abb. 1.6).

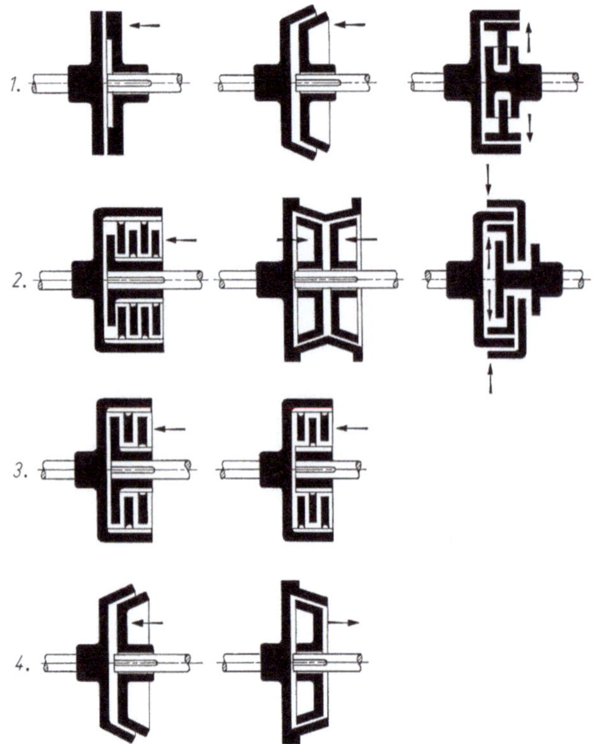

Abb. 1.6 Variation einer Reibscheiben-Kupplung (schematisch) als Beispiel für die Variationstechnik. Variation *1*: Scheiben-, Kegel-, Trommel-Kupplung; Variation *2*: Vervielfachung und Kraftausgleich; Variation *3*: Innen und außen mehr Scheiben; Variation *4*: Zug- bzw. Druck-Anordnung [12]

Gewöhnlich sind reine Drehzapfenbewegungen (Kreisbewegungen) gegenüber geradlinigen oder kurvenförmigen Schubbewegungen vorzuziehen, ebenso durchlaufende Drehbewegungen gegenüber hin- und hergehenden. Ferner müssen uns die für den jeweiligen Zweck in Frage kommenden Bauelemente geläufig sein. So stehen z. B. zum stufenlosen, formschlüssigen Nachstellen nur der Keil und seine Abkömmlinge nach Abb. 1.7 zur Verfügung. Zur Variationstechnik gehören auch Optimum-Untersuchungen: Bei welcher Formgebung wird z. B. die größte Tragkraft, die geringste Kerbwirkung, das geringste Gewicht usw. erreicht?

Die Konstruktionsmethodik versucht, den Weg zu neuen Lösungen durch heuristische Methoden zu erleichtern. Grundgedanke ist, die zur Aufgabe gestellte Gesamtfunktion zu abstrahieren, auf Teilfunktionen bis zum „physikalischen Effekt" zurückzuführen. Zum Auffinden von Lösungen für die Teilfunktionen und der Kombination zum Gesamtkonzept werden eine Reihe von Hilfsmitteln angeboten. Zu dieser Methodik gibt es eine umfassende Fachliteratur, siehe z. B. [8], [15], [16], [17], [18], [19].

1.2.2.3 Auswahl der Lösung

Liegen mehrere Lösungskonzepte vor, die die im Pflichtenheft genannten Bedingungen erfüllen, muss für die weitere

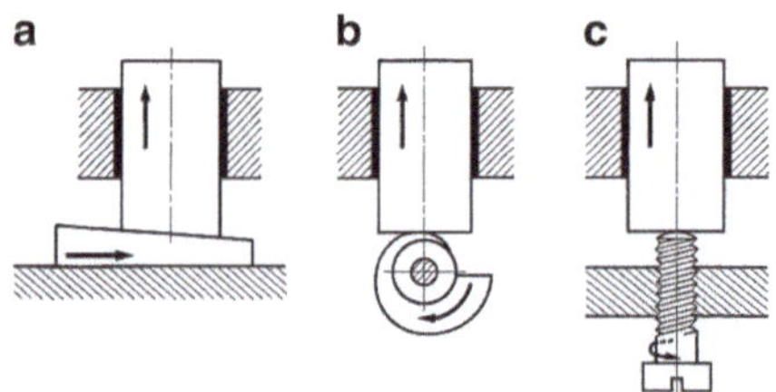

Abb. 1.7 Elemente zum feinfühligen Nachstellen, **a** Keil, **b** Drehkeil (Exzenter), **c** Schraube (Keil um Zylinder gewickelt) [12]

Ausarbeitung die Variante mit der größten konstruktiven „Stärke", d. h. mit der größten technisch-wirtschaftlichen Wertigkeit, ausgewählt werden. Hierzu eignen sich folgende Verfahren:

Wertanalyse [24], [11]

Sie ist die Analyse der Funktion eines Gesamtprodukts. Die den Einzelteilen zugehörigen Teilfunktionen werden definiert. Für die Lösungsvarianten werden die Herstellkosten ermittelt und danach eine Lösung ausgewählt.

Vorteil: Das Verfahren eignet sich zum Auffinden von funktionalen und konstruktiven Verbesserungen.

Nachteil: detaillierte Unterlagen und Kostenkalkulation erforderlich, keine scharfe Trennung zwischen Bauteilen und Funktionen

Punktebewertung nach Kesselring [7]

Den entsprechend dem Pflichtenheft definierten Bewertungskriterien wird für jede Variante ein „Erfüllungsgrad" zugeordnet, der durch eine Punktezahl beschrieben wird (z. B. $z = 1 \dots 4$ mit $4 =$ *ideal*). Die Gesamtpunktezahl bietet einen Vergleichsmaßstab. Weitere Bewertungen lassen sich davon ableiten: „technischer Wert": $x = z/z_i$ (z: erreichte Punktzahl einer Variante, z_i: ideale – maximale Gesamtpunktzahl), „Gestehungswert": $y = K/K_i$ (K: Gestehungs-(Herstell-) Kosten der Variante, K_i: Gestehungskosten der idealen Variante), Gesamtvergleichswert: $s = x/y$ (auch als „Stärke" der Konstruktion bezeichnet). Tab. 1.3 zeigt ein Beispiel.

Vorteil: Maßgebende Eigenschaften werden systematisch überdacht und bewertet. Mit dem Punktsystem können Schwächen der Konzepte erkannt werden, denn es zeigt, wo Verbesserungen angesetzt werden müssen.

Nachteil: Alle Produkteigenschaften werden gleich stark bewertet, die Gestehungskosten werden nur geschätzt.

Nutzwertanalyse (NWA) [26] und Verfahren nach VDI 2225 Blatt 3 [22]

Beide Verfahren ähneln einander und beruhen auf der ursprünglich von Kesselring vorgeschlagenen Punktebewertung. Sie ermöglichen jedoch eine Gewichtung der Bewertungskriterien (Zielkriterien, Eigenschaftsgrößen) ent-

Tab. 1.3 Beispiel einer Punktbewertung für vier Übersetzungsgetriebe für Pkw nach Kesselring (die elektrische und die hydraulische Kraftübersetzung bestehen aus Generator, Motor und Regelung)

Nr.	Eigenschaft	Getriebeart				
		Zahnrad	Reibrad	Elektrisch	Hydraulisch	Ideal
1	Wirkungsgrad	4	3	2	2	4
2	Geräuscharmut	3	4	3	4	4
3	Schalterleichterung	2	3	4	4	4
4	Stufenlosigkeit	2	4	4	4	4
5	Betriebssicherheit	4	1	4	4	4
6	Lebensdauer	3	1	4	4	4
7	Überlastbarkeit	4	1	3	3	4
8	Frostempfindlichkeit	2	3	4	2	4
9	Raumbedarf	4	2	1	2	4
10	Gewicht	4	3	1	2	4
11	Rückwärtsgang	3	3	4	2	4
12	Freizügigkeit der Anordnung	3	2	4	2	4
13	Bereich der Übersetzung	3	2	4	4	4
14	Wartungsansprüche	3	3	3	4	4
	Summe	44	35	45	43	56
	Technischer Wert $x = z/z_i \leq 1$	0,79	0,63	0,80	0,77	1
	Gestehungswert $y = K/K_i \geq 1$	1,3	1,9	6,35	4,65	1
	Gesamtvergleichswert („Stärke") $s = x/y$	0,608	0,332	0,126	0,166	1

sprechend der Bedeutung einer Einzeleigenschaft für den Gesamtwert. Die Eigenschaften werden ebenfalls nach Punkten bewertet (NWA: 0 ... 10 Punkte, VDI 2225 Blatt 3: 0 ... 4 Punkte). In gleicher Weise wird auch die technisch-wirtschaftliche Wertigkeit, die „Stärke" der Konstruktion, bewertet.

Allgemeine Erfahrungen
Neben den formalisierten Verfahren können folgende allgemeine Erfahrungen bei der Auswahl der besten Lösung dienlich sein:

- Der Verantwortliche für eine Neukonstruktion überbewertet häufig die Bedeutung der neuen Eigenschaften seiner Konstruktion. Hier ist die Beurteilung durch andere Fachleute, z. B. Kollegen und aus dem Kreis der späteren Nutzer, wertvoll.
- Entscheidend für den Erfolg einer Konstruktion ist vor allem, dass ein einfacher, durchschlagender Grundgedanke einwandfrei verwirklicht wird. Sein Fehlen kann auch durch besondere konstruktive Feinheiten nicht ersetzt werden.
- Der Vorteil einer Neukonstruktion muss einen gewissen Schwellwert überschreiten, um sich durchzusetzen. Eine Neukonstruktion wird eine gebräuchliche einfachere auf Dauer nur dann verdrängen, wenn ihre Vorzüge entscheidend sind.
- Bei gleichartigen Konstruktionen können im Maschinenbau die Werkstoffkosten als Maßstab für die Kosten der Bauteile dienen. Hieraus ergibt sich auch der Konstruktionsgrundsatz: Geringe Materialkosten anstreben.
  Achtung: Gilt nicht für kleine Abmessungen, vgl. Abschn. 1.1, und nicht bei Leichtbaukonstruktionen, Kap. 4: Leichtbau.

1.2.3 Entwerfen und Gestalten des gewählten Konzepts

Nach der Auswahl einer Lösungsvariante beginnt die Entwurfsphase. In der Phase wird die detaillierte Gestalt festgelegt (Form, Lage, Größe der Wirkflächen, Definition der Wirkbewegungen). Hierbei sind die jeweils maßgebenden Gestaltungsregeln zu beachten (Kap. 2: Gestaltung – Formgebung). Diesen lassen sich einige übergeordnete, allgemeine Grundprinzipien voranstellen [15]:

- Eindeutigkeit: klare Bauteil-/Funktionszuordnung, eindeutiger Kraft-, Stoff-, Signalfluss (keine Verspannungen, keine Doppelpassungen), eindeutige Berechenbarkeit (z. B. statisch bestimmte Lagerungen).
- Einfachheit: möglichst wenig Bauteile (wenig Fehlerquellen), klare Schnittstellen, komplexe Konstruktionen in klar überschaubare Module aufteilen; Einschränkung siehe Abschn. 1.1, Abb. 1.4.
- Sicherheit: Bauteilsicherheit (Bruch, Lebensdauer), Funktionssicherheit (Die Funktion soll eindeutig und sicher erfüllt werden.), hierzu gehört auch die Umweltsicherheit (klimatische Einflüsse auf das Produkt, Umweltbelastung durch das Produkt) sowie Arbeitssicherheit (bei Herstellung und Nutzung der Produkte).

Das Ergebnis der Entwurfsphase ist eine maßstäbliche Entwurfszeichnung, die alle Informationen (Daten) zur weiteren Detaillierung in den Fertigungs- und Montagezeichnungen enthält.

1.2.4 Ausarbeiten und Gestalten der Einzelteile

Für die Detailoptimierung hinsichtlich Form und Abmessungen, Werkstoff, Oberfläche, Toleranzen, Passungen oder

Verwendung von Normteilen sind die zu beachtenden Fragen in Kap. 2: Gestaltung – Formgebung zusammengefasst.

Man beachte: Änderungen nach Fertigungsfreigabe sind sehr aufwendig und teuer. Besonders wichtig ist daher die Zeichnungsprüfung.

Hinweise hierzu: Ist jede Ecke durch Maße festgelegt? Innen und außen? Bezugskante? Die Einzelmaße zusammenzählen und mit dem Gesamtmaß vergleichen! Prüfen, ob die Maße der zu paarenden Teile an den Paarungsstellen übereinstimmen. Wurden die für die Funktion erforderlichen Toleranzrechnungen durchgeführt? (siehe hierzu Kap. 6: Allgemeines über Normen, Toleranzen, ...)

1.3 Konstruktionsarten

Je nach Aufgabenstellung werden nicht immer alle in Abb. 1.5 genannten Phasen der Konstruktionsarbeit durchlaufen. In der VDI 2222 Blatt 1 werden folgende Konstruktionsarten unterschieden, geordnet nach zunehmendem Arbeitsumfang (Abb. 1.8):

Konstruktion mit festem Prinzip
Wenn Arbeitsprinzip und Gestalt festliegen, geht es im Wesentlichen um die Dimensionierung der Einzelteile, d. h. es wird nur die Ausarbeitungsphase benötigt. Beispiel: Getriebe mit verändertem Achsabstand in einer Baureihe.

Variantenkonstruktion
Bei vorgegebenem Arbeitsprinzip (Konzept) ist die Gestalt zu verändern. Die Variantenkonstruktion erfordert ein Durchlaufen der Entwurfs- und Ausarbeitungsphase. Beispiel: Umstellung eines Getriebes von Guss- auf Schweißkonstruktion.

Anpassungskonstruktion
Bei feststehender Gesamtfunktion ist in Teilbereichen das Auffinden neuer bzw. zusätzlicher Lösungsprinzipien erforderlich. Es muss ein neues Konzept entworfen werden. Bei der Anpassungskonstruktion werden Teile der Konzipierungsphase und Entwurfs- und Ausarbeitungsphase durchlaufen. Beispiel: Erhöhung der Stufenzahl eines Getriebes, Veränderung der Lage von An- und Abtrieb.

Neukonstruktion
Ausgehend von einem Entwicklungsauftrag sind bei einer Neukonstruktion alle Konstruktionsphasen zu durchlaufen, denn das grundlegende Arbeitsprinzip hat sich geändert. Beispiel: Ersetzen eines gestuften Getriebes durch ein stufenloses Getriebe.

Zusätzlich werden Konstruktionsarten in der Praxis nach Abb. 1.8 häufig nach Ziel und Auftraggeber unterschieden:

Entwicklungskonstruktion
Die Ziele der Entwicklungskonstruktion sind im Allgemeinen (Serien-)Produkte, deren Akzeptanz und Absatzchance durch Marktbeobachtungen (Marketing) ermittelt wurde.

Auftragskonstruktion
Ähnlich der Entwicklungskonstruktion, wird die Auftragskonstruktion auf Kundenanfrage bzw. -auftrag zu im Allgemeinen fest vorgegebenen Terminen durchgeführt.

Angebotskonstruktion
Eine Angebotskonstruktion wird auf Kundenanfrage oder zum Auffinden einer neuen technischen Lösung auf der Grundlage der vorhandenen Produktpalette erstellt. Diese wird in der Regel nur bis zur Sicherstellung ihrer Realisierbarkeit und zur Kostenkalkulation verfolgt, d. h. ohne

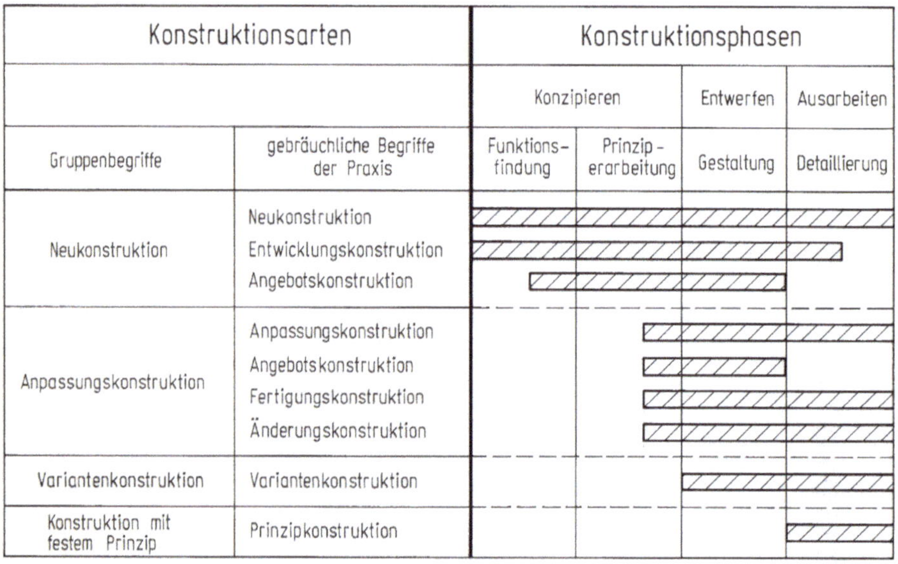

Konstruktionsarten		Konstruktionsphasen			
		Konzipieren		Entwerfen	Ausarbeiten
Gruppenbegriffe	gebräuchliche Begriffe der Praxis	Funktionsfindung	Prinziperarbeitung	Gestaltung	Detaillierung
Neukonstruktion	Neukonstruktion				
	Entwicklungskonstruktion				
	Angebotskonstruktion				
Anpassungskonstruktion	Anpassungskonstruktion				
	Angebotskonstruktion				
	Fertigungskonstruktion				
	Änderungskonstruktion				
Variantenkonstruktion	Variantenkonstruktion				
Konstruktion mit festem Prinzip	Prinzipkonstruktion				

Abb. 1.8 Zuordnung der Konstruktionsarten zu den Konstruktionsphasen in Anlehnung an VDI 2222

Ausarbeitungsphase, und es werden noch keine Einzelteilzeichnungen erstellt.

Betriebsmittelkonstruktion
Betriebesmittel (Vorrichtungen, Werkzeuge, Sondermaschinen, ...), die vom Einkauf bzw. der Materialwirtschaft nicht in geeigneter Qualität oder nicht kosten- und termingerecht beigestellt werden können, werden im Auftrag der Fertigungsplanung als Neukonstruktion oder Anpassungskonstruktion konstruiert.

1.4 Versagensursachen – Berechnungen

Maschinenelemente müssen in erster Linie mechanischen Beanspruchungen standhalten. Sie dürfen weder durch Bruch noch durch unzulässige Verformung oder Instabilität (z. B. Knicken oder Beulen) versagen. Dabei ist zu beachten, dass Festigkeit und Zähigkeit von Umgebungseinflüssen abhängen, insbesondere von Temperatur, korrosiven Medien und Verschleißvorgängen (siehe hierzu Kap. 3: Praktische Festigkeitsberechnung und Kap. 16: Schmierung, Schmierstoffe, ...).

Chemische und/oder elektrochemische Korrosion und adhäsiv-abrasiver Verschleiß führen zur Zerstörung des Gefüges an der Oberfläche und gefährden damit auch unmittelbar die Funktion und die Paarungseigenschaften (siehe hierzu Kap. 13: Wälzpaarungen, Kap. 15: Gleitlager, Kap. 18: Welle-Nabe-Verbindungen).

1.4.1 Berechnungen in der Konstruktion

Nachrechnung
Im Verlauf der Konstruktionsarbeit sind mehrfach Berechnungen durchzuführen. Eine treffsichere Tragfähigkeitsberechnung ist nur als Nachrechnung möglich, weil die hierfür notwendigen Daten (z. B. Durchmesser, Längen, Kerbformen, Modulen bei Zahnrädern, Festigkeit des Werkstoffs im Bauteil, Herstellverfahren, Spiele, Ölviskositäten bei Gleitlagern) erst bekannt sind, wenn die Entwurfszeichnung vorliegt. Wenn diese Daten vorgegeben oder aus Erfahrung zuverlässig abgeschätzt werden können, was in der Praxis häufig der Fall ist, kann hiernach unmittelbar ein Entwurf erstellt werden (z. B. bei einer Anpassungskonstruktion, Abschn. 1.3). Auf dieser Basis kann die Nachrechnung/der Festigkeitsnachweis (Abschn. 1.4.4) ansetzen. Meist sind aufgrund der Berechnungsergebnisse nur geringe Korrekturen am Entwurf erforderlich.

Entwurfsrechnung (Dimensionierung)
Bei einer Entwicklungs- oder Auftragskonstruktion, d. h. wenn diese Daten nicht bekannt sind, wird im Allgemeinen eine Entwurfsrechnung mit vereinfachten Berechnungsansätzen und Erfahrungsdaten verwendet, die aus bewährten Konstruktionen abgeleitet wurden. Hiermit werden die Hauptabmessungen abgeschätzt, sodass ein Entwurf erstellt werden kann, der dann die Grundlage für die genauere Nachrechnung/den Festigkeitsnachweis bildet.

1.4.2 Definitionen

Nenn-Kräfte, -Momente, -Leistungen sind Maximal-Werte, die bei Normalbetrieb häufig auftreten, wie beispielsweise: Moment aus maximaler Dauer-Betriebshublast von Kranhubwerken, maximaler Dauer-Pressdruck bei Extrudern, maximales Dauer-Walzmoment, nicht jedoch seltene Spitzen- oder Katastrophenwerte, siehe [13].

Der Zusatz „Nenn-" hat im Zusammenhang mit Spannungen eine andere Bedeutung: Nennspannungen sind Spannungen, die sich für gegebene Kräfte oder Momente in definierten Querschnitten von Bauteilen (Stäben, Platten, Wänden) nach der elementaren Festigkeitslehre, d. h. ohne Berücksichtigung von Kerbwirkungen, einstellen. Die Berechnung wird in Abschn. 3.3.3 erläutert.

1.4.3 Entwurfsrechnung, Dimensionierung

Hierfür werden im Allgemeinen Einzelelemente des komplexen Spannungssystems auf der Basis der Nennbelastung (Abschn. 1.4.2) verwendet, die als Nennspannung bezeichnet werden. Dies ist beispielsweise bei der Dimensionierung von Wellen die Torsionsspannung, da zunächst nur das Drehmoment bekannt ist. Weil Biege- und Schubspannung bei diesem Ansatz vernachlässigt werden, werden die zulässigen (Nenn-)Spannungen entsprechend niedrig angesetzt. Für die Dimensionierung von Schrauben wird die Zugspannung als Nennspannung (vernachlässigt die Torsionsspannung) verwendet. Bei Zahnrädern sind die Nennelemente der Hertz'schen Pressung und der Zahnfußbeanspruchung als Nennspannungen zu verwenden.

Die zulässigen (Nenn-)Spannungen werden mit denselben einfachen Formeln von bewährten Vorbildern ähnlicher Baugröße, vergleichbaren Werkstoffs, ähnlicher Einsatzbedingungen abgeleitet.

1.4.4 Nachrechnung/Festigkeitsnachweis

Mit den Hauptabmessungen aus dem Entwurf und den maßgebenden Belastungen nach Abschn. 1.4.6 kann die rechnerische (Ist-)Sicherheit bestimmt werden. Zeigt sich, dass diese kleiner als die geforderte Mindestsicherheit (das Schadensrisiko ist zu hoch) oder unnötig hoch ist (die Bauteile sind überdimensioniert, d. h. zu teuer), müssen die Abmessungen, der Werkstoff oder die Gestaltung geändert werden, um den Entwurf schrittweise zu optimieren. Geeignete Rechenprogramme erleichtern diese Arbeit.

Für die Festigkeitsberechnung werden zum Teil örtliche Spannungen und zum Teil Nennspannungen verwendet.

Örtliche Spannungen

Die Berechnung mit örtlichen Spannungen, wie sie etwa im Grund von Kerben auftreten, erfolgt meist als Produkt aus Nennspannung und Kerbformzahl. Dieser Ansatz hat gegenüber dem Nennspannungsansatz den Vorteil, dass örtliche Spannungen mit gemessenen oder anderen, z. B. mit Hilfe der Finite-Elemente-Methode berechneten, Spannungen überlagert werden können. Diese Methode wird z. B. für die Zahnradberechnung verwendet. Die Festigkeitswerte, d. h. die ertragbaren örtlichen Spannungen, werden an Standard-Referenz-Prüfrädern ermittelt [13]. Häufig sind aber die örtlichen Spannungen einer Berechnung schwer zugänglich, z. B. bei Welle-Nabe-Verbindungen.

Nennspannungen

Generell ist die Berechnung mit Nennspannungen zu bevorzugen, weil häufig für wichtige Bauteile nur die entsprechende Nenn-Festigkeit (d. h. die ertragbare Nennspannung) aus experimentellen Untersuchungen bekannt ist. Sowohl der Einfluss des Werkstoffs als auch der der Geometrie, Kerbform und Kerbempfindlichkeit ist dabei im Festigkeitswert enthalten.

Hinweise

Meist wird die Nennfestigkeit mit der Kerbwirkungszahl (die die Kerbformzahl und die Stützzahl, d. h. den Einfluss der Kerbempfindlichkeit berücksichtigt) berechnet. Bei der Methode der örtlichen Spannungen wird dagegen die spannungserhöhende Wirkung der Kerben (die Formzahl) im Ansatz der auftretenden Spannung berücksichtigt.

Man beachte: In den Tabellen der Werkstoffnormen werden teils Bereichswerte (von ... bis), teils Mindestwerte angegeben. Normalerweise wird als Werkstofffestigkeit der untere Grenzwert des Bereichs angesetzt, es sei denn, höhere Werte werden vom Zulieferer garantiert und durch Werkszeugnisse nachgewiesen.

1.4.5 Numerische Berechnungsverfahren

Für die Berechnung von mechanischen und thermischen Beanspruchungen komplizierter Bauteile gibt es numerische Verfahren, wie die Finite-Elemente-Methode (FEM) und die Rand-Elemente-Methode REM (engl.: Boundary Element Methode BEM), Abschn. 3.2.5.2. Zur Beurteilung der Tragfähigkeit und zur Abschätzung der Restlebensdauer von rissbehafteten Bauteilen eignet sich die Bruchmechanik, Abschn. 3.8.

1.4.6 Belastungen, Beanspruchungen

Zu den in Kap. 1 beschriebenen Anforderungen, die vorab sorgfältig abzuklären sind, gehören vor allem die vom Bauteil zu übertragenden Belastungen (Kräfte, Momente, Leistungen). Um sie funktionsgerecht in die Berechnung einzuführen, ist zunächst nach der Art der Beanspruchung und deren Auswirkung zu unterscheiden.

1.4.6.1 Beanspruchungsarten

Die Funktion eines Bauteils kann durch unterschiedliche Beanspruchung bzw. daraus resultierende Schäden gefährdet werden.

Statische und Ermüdungsbeanspruchungen sind Spannungen im Bauteil. Die Versagensgrenze hängt hier außer von Belastung, Werkstoff und Gestalt auch von Umgebungseinflüssen wie Schmierstoff, Temperatur, Korrosions- und Verschleißerscheinungen ab.

Statische Beanspruchung

Unter statischen Beanspruchungen werden ruhende, konstante oder zügig ansteigende Beanspruchungen wie beispielsweise bei Druckbehältern, Verbindungselementen im Stahlbau oder bei Krantragwerken, infolge Fliehkraftwirkung, aber auch infolge selten auftretender Spitzen (Anfahr-, Bremskräfte) verstanden.

Der Schaden zeigt sich als Gewaltbruch bzw. plastische Verformung nach einer oder wenigen Überschreitungen der Bauteil-Bruchfestigkeit bzw. -Streckgrenze, Abschn. 3.3.3 und 3.4.

Ermüdungsbeanspruchung

Die Ermüdungsbeanspruchung ist beispielsweise die Schwing-(dynamische) Beanspruchung von Verbindungselementen, Achsen, Wellen, Zahnrädern; ferner Wälzbeanspruchung von drehenden Wälzlagern und Zahnrädern.

Der Schaden zeigt sich als Riss, der mit der Schwingspielzahl wächst, mit anschließendem Rest-Gewaltbruch oder als Riss mit schwingbruchartigem Oberflächenschaden (siehe Zahnradgetriebe – Grundlagen (Stirnräder) [13]: Abschn. 21.6.2). Das Bauteil bleibt schadensfrei, wenn die Beanspruchung unterhalb einer Dauerfestigkeit des Bauteils bleibt, Abschn. 3.3.3 und 3.5.

Weitere Beanspruchungen hängen nur eingeschränkt oder gar nicht von der Belastung ab:

Verschleißbeanspruchung

Verschleiß bedeutet kontinuierlicher Materialabtrag von der Oberfläche und führt im Allgemeinen zur Minderung der

Funktion (Ausnahme: Einlaufverschleiß). Maßgebend ist ein tribologisches Beanspruchungskollektiv, das außer von der Belastung von Relativbewegung und Zwischenstoff abhängt, Kap. 16: Schmierung, Schmierstoffe, ...

Korrosionsbeanspruchung
Korrosion führt zu gleichmäßigem oder ungleichmäßigem Abtrag von den Oberflächen (beeinflusst die Bauteilfestigkeit), mindert meist aber auch, wie Verschleiß, unmittelbar die Funktion (Ausnahme: Rost als Schutz- oder Farbschicht).

Temperaturbeanspruchung
Die Temperaturbeanspruchung beeinflusst die Versagensgrenze für die zuvor genannten Beanspruchungen, kann aber auch für sich allein betrachtet entscheidend für die Funktion von Bauelementen sein, z. B. für die Reibungszahl (und Lebensdauer) von Kupplungsbelägen.

1.4.6.2 Ansatz der Belastung bei statisch beanspruchten Bauteilen

Wenn nicht anders vereinbart, ist für den Festigkeitsnachweis die größte bei Normalbetrieb zu übertragende Kraft bzw. das entsprechende Drehmoment maßgebend.

Maschinen- und Apparatebau
Auch bei schwingend belasteten Bauteilen muss zusätzlich zum statischen Festigkeitsnachweis der Nachweis der statischen Festigkeit geführt werden, Abschn. 1.4.6.3. Im Übrigen gelten unterschiedliche Bezugsgrößen, beispielsweise:

- bei Pressverbänden die Haftkraft aus der größten zu übertragenden Betriebskraft
- bei elektromotorischen Antrieben der Kurzschlussstoß
- bei Walzwerken der Anstichstoß
- bei Schraubendruckfedern die statische Prüfkraft für die größtmögliche Zusammendrückung (d. h. für Blocklänge)
- bei fliehkraftbeaufschlagten Bauteilen die maximale Drehzahl
- bei Kesseln, Behältern und Rohren der höchstzulässige Betriebsüberdruck oder der Prüfdruck

Festigkeitsnachweis von Blech- und Profilverbindungen (Fachwerke)
Hier werden im Allgemeinen die Regeln des Stahlbaues (DIN EN 1993 [3]), der Krantragwerke (DIN 15018 Teil 3 [2] und DIN EN 13001 Teil 3-1 [4]) oder der Kranbahnen (DIN EN 1993 Teil 6) verwendet. Die Lastannahmen sind hier für verschiedene Lastfälle (Lastkombinationen) definiert.

Weitere Angaben zum Ansatz der Belastungen sind in den betreffenden Kapiteln der einzelnen Maschinenelemente beschrieben.

1.4.6.3 Ansatz der Belastung bei schwingend (dynamisch) beanspruchten Bauteilen

Zur Bewertung der Belastung, d. h. der auf das Bauteil wirkenden Schwingungskräfte und -momente gibt es in der Industriepraxis und nach den technischen Regelwerken verschiedene Möglichkeiten.

Betriebsfestigkeit, Lastkollektiv
Messungen der im Betriebszustand in Bauteilen oder Mustern wirkenden Kräfte und Momente, unter Umständen auch eine Simulationsrechnung (siehe z. B. [13]), sind eine besonders wirklichkeitsnahe Grundlage für die Festigkeitsberechnung. Aus den Ergebnissen kann ein Lastkollektiv erstellt werden. Es enthält die während der Lebensdauer des Bauteils zu erwartenden Belastungen nach Größe und Häufigkeit.

Ein solches Lastkollektiv wird der entsprechenden Belastbarkeitslinie (Wöhlerlinie) zugeordnet und es kann aus einem Lastkollektiv eine konstante, schädigungsäquivalente Belastung abgeleitet werden [13]: ein (Dreh-)Moment T_{eq}, M_{eq} bzw. eine Kraft F_{eq}.

Das Verhältnis zwischen T_{eq} bzw. F_{eq} und einem dynamisch wirkenden Bezugsmoment T bzw. einer dynamisch wirkenden Bezugskraft F wird als Anwendungsfaktor K_A bezeichnet. Definition: Ein Bauteil das mit $T_{eq} = T \cdot K_A$ bzw. $F_{eq} = F \cdot K_A$ belastet wird, hat die gleiche Lebensdauer wie das mit dem Lastkollektiv belastete Bauteil (Zeitfestigkeit) oder die gleiche Sicherheit bezüglich Dauerfestigkeit.

Tabellen für den Anwendungsfaktor, K_A
Häufig stehen keine Lastkollektive zur Verfügung. Dann werden K_A-Werte nach Tabellen, die auf Erfahrungen in den betreffenden Anwendungsgebieten beruhen, verwendet. Es ist wichtig zu beachten, auf welche Bezugsgröße (meist Nennmoment) sich die K_A-Werte beziehen. In Tab. 1.4 sind daher zu den K_A-Faktoren auch die Bezugsgrößen angegeben. K_A-Werte für Industrie- und Schnellaufgetriebe s. Tafel 22.3/3 in [13].

Hinweis: Die Vorgehensweise ist nicht immer einheitlich, siehe Abschn. 1.4.6.4.

Zusätzlicher, statischer Festigkeitsnachweis
Auch bei Ermüdungsbeanspruchung, d. h. Berechnung mit Hilfe des äquivalenten Moments T_{eq} (aus einem Lastkollektiv) oder mit Hilfe von Anwendungsfaktoren K_A oder Betriebsfaktoren C_B ist stets zusätzlich zu prüfen, ob die selten bei schwerstem ordnungsgemäßem Normalbetrieb auftretenden Belastungen zu Gewaltbruch oder plastischer Verformung führen bzw. ob hiergegen eine ausreichende Sicherheit vorhanden ist. Für Überlastungen aus einem Katastrophenfall werden im Allgemeinen plastische Verformungen zugelassen. Das Bauteil muss dann ersetzt oder repariert werden.

Tab. 1.4 Anhaltswerte für Anwendungsfaktoren K_A

Arbeitsweise	Maschinen-Beispiele		Bezugswert	Anwendungsfaktor K_A
	Drehzahl ≤ 3600 min^{-1}	Drehzahl > 3600 min^{-1}		
gleichmäßige bis geringe Stöße	E-Motor (z. B. Gleichstrom) gleichmäßiger Betrieb, seltenes Anfahren[b] gleichmäßig beschickte Gurtförderer Verpackungsmaschine Vorschubantrieb für Werkzeugmaschinen Lüfter	Generatoren für Grundlast oder Dauerbetrieb[b] Schleifmaschine Verdichter für Klimaanlage[b]	Nennmoment[a]	1,0 bis 1,1
	Scheren, Pressen, Stanzen		maximales Stanzen Schnitt-, Press-, Stanzmoment	
	Drehwerke, Fahrwerke		maximales Anfahrmoment	
leichte bis mittlere Stöße	E-Motor (z. B. Drehstrom-) häufiges Anfahren[b] Hauptantrieb für Werkzeugmaschinen Förderanlage für Stückgut Kreiselpumpen	Generatoren für Spitzenlast[b] Zahnradpumpen Zentrifugal- und Radialverdichter[b] Papiermaschine	Nennmoment[a]	1,2 bis 1,5
	Abraum-, Förder-, Hüttenbetriebs-Wagen		statische Achslast	
	kontinuierliches Walzwerk		maximales Walzmoment	
mäßige Stöße	Einzylinder-Kolbenmaschine Holzbearbeitungsmaschine leichte Kugelmühle	Mehrzylinder-Kolbenpumpen (> 2) Industrieventilatoren bei häufigem Anfahren[b]	Nennmoment[a]	1,5 bis 2
	Blockwalzwerk		maximales Walzmoment (Strombegrenzung)	
	Hubwerk		maximale Hubkraft	
	Spindelpresse		maximale Presskraft	
starke Stöße	Bagger schwere Kugelmühle Brecher (Stein, Erz) mechanische Hämmer	Kolbenmaschinen mit 2 oder 1 Zylinder	Nennmoment[a]	2 bis 3

[a] Definition siehe Abschn. 1.4.2, allgemeine Hinweise, insbes. zu [b] siehe Tafel 22.3/3 [13]

1.4.6.4 Pauschaler Ansatz der Beanspruchung dynamisch oder statisch belasteter Bauteile

Für eine Reihe von Maschinenelementen liegen keine zuverlässigen Angaben über den Zusammenhang zwischen Beanspruchungsart und Festigkeit vor. Wenn Versuche nicht möglich sind, stützt sich der Festigkeitsnachweis auf Nennspannungen und die jeweils angegebenen zulässigen Spannungen, die von Werkstoff und Betriebsfaktoren abhängen und grob einer Beanspruchungsart zugeordnet werden (ruhend, leichte Stöße, schwellend, wechselnd usw.), zum Teil auch der täglichen Betriebsdauer (bei Riemengetrieben C_B [14]). Sie enthalten auch eine Sicherheit. Die Bezugsgröße (z. B. Nennspannung nach Abschn. 1.4.2, Nennspannung × Betriebsfaktor, Maximalkraft, usw.) muss jeweils definiert sein.

1.4.6.5 Regelwerke

Regelwerke sind gesetzliche Vorschriften, Normen, Richtlinien, Regeln der Klassifikationsgesellschaften, usw., sie sind stets zu beachten, möglichst bei den Lieferbedingungen zu vereinbaren.

1.4.7 Bewertung der Rechenergebnisse

Man beachte: Die Rechenergebnisse, auch und gerade von Rechenprogrammen, dürfen nicht blind akzeptiert werden. Sie sind kritisch zu bewerten, so ist zu fragen:

- Wie sicher sind die zugrunde gelegten Annahmen (insbesondere Lastannahmen, Werkstofffestigkeiten usw.)?
- Wie sicher ist der Rechenansatz, auf welchen Grundlagen basiert das Rechenprogramm? Ist das Rechenverfahren für die vorliegende Aufgabe gültig (z. B. bei Pressungsberechnung: liegen die Voraussetzungen zur Anwendung der Hertz'schen Gleichungen vor)?
- Erfasst das Rechenverfahren die für die vorliegende Aufgabe maßgebenden Einflussgrößen?
- Liefert die Betrachtung von Grenzfällen plausible Ergebnisse?
- Stimmen die rechnerisch ermittelten Ergebnisse, Zwischenergebnisse und Tendenzen mit der allgemeinen Vorstellung überein?
- Wie liegen die Rechenergebnisse im Vergleich zu denjenigen für bewährte Bauteile?
- Entsprechen die Aussagen der Berechnung den an ähnlichen Teilen vorliegenden Versuchsergebnissen?

Neben dem Ansatz der auf das Bauteil wirkenden Belastungen (Lastannahmen), Abschn. 1.4.6.2 und 1.4.6.3, ist besonders Sorgfalt beim Ansatz der Mindestsicherheit, Abschn. 1.4.8, notwendig. Funktion und Wirtschaftlichkeit des Produkts hängen entscheidend davon ab, dass diese Einflussgrößen verantwortungsvoll im Berechnungsansatz berücksichtigt werden.

Die übrigen Einflussgrößen können im Allgemeinen durch brauchbare Berechnungsregeln berücksichtigt werden und wirken sich meist weniger stark auf das Berechnungsergebnis aus.

- Mitunter sind nur die maximalen Belastungen bekannt. Wenn diese sehr häufig auftreten, wird hiermit gegen Dauerfestigkeit bzw. die entsprechende zulässige Beanspruchung gerechnet. Wenn die maximalen Belastungen seltener auftreten, können höhere zulässige Beanspruchungen oder kleinere Sicherheiten zugelassen werden, siehe Tafel 22.3/10 [13].
- Für manche Anwendungen werden die Bauteile durch Prüfung mit Überlast abgenommen, z. B. bei Rohrleitungen und Kesseln mit 110 ... 130 % des zu erwartenden Betriebsdrucks. Dann ist dies die Grundlage für die Berechnung gegen eine zulässige Beanspruchung mit kleinerer Sicherheit.

1.4.8 Bauteilsicherheit

Die Sicherheit ist der Quotient aus maßgebendem Festigkeitskennwert und lastinduzierter Spannung an der kritischen Stelle des Bauteils. Er soll gewährleisten, dass die Spannung mit ausreichendem Abstand unter der maßgebenden Schadensgrenze liegt (z. B. Bruch, unzulässige Verformung, unzulässiger Verschleiß, Beanspruchung bei Undichtigkeit).

Der Nachweis der Sicherheit soll in traditioneller Form geführt werden: durch Gegenüberstellung („sichern") von Beanspruchungs- und Festigkeitskennwert. Diese Werte entsprechen einer geringen Ausfallwahrscheinlichkeit bzw. einer hohen Überlebenswahrscheinlichkeit. Bei Schwingbeanspruchung werden in zunehmendem Maße Sicherheiten auf statistischer Grundlage ermittelt [5].

Richtwerte für Sicherheiten werden in den betreffenden Kapiteln angegeben. Grundlage dieser Angaben sind Erfahrungen im Maschinenbau, siehe auch Abschn. 1.4.6.5. Im Allgemeinen wird hierbei ein Bereich (von ... bis ...) genannt. Tab. 1.5 enthält verschiedene Gesichtspunkte zur Unterstützung bei der Wahl der Sicherheit für die Maschinenelemente. Welcher Wert jeweils als angemessen anzusetzen ist, hängt von den Unsicherheiten der Einflussfaktoren ab. Die Wichtigsten sind: wirkende Kräfte und Momente

Tab. 1.5 Gesichtspunkte für die Wahl der Sicherheit für Maschinenelemente (Richtwerte für die Sicherheiten, siehe betreffende Kapitel der einzelnen Maschinenelemente)

Höhere Sicherheit nötig → größerer Sicherheitsfaktor → katastrophale Wirkung im Schadensfall	Geringere Sicherheit ausreichend → kleinerer Sicherheitsfaktor → keine katastrophalen Wirkungen im Schadensfall
Zu Lastannahmen: Äußere Kräfte und Momente	
Berechnung mit Nennmoment × Anwendungsfaktor nach Katalog (siehe z. B. Tafel 21.8/3 [13])	Berechnung auf Basis eines gemessenen Lastkollektivs
häufig auftretende Belastungen	selten auftretende Belastungen
Abnahme mit erhöhter Prüflast nicht vorgesehen; Berechnung auf Basis Betriebsbelastung	Abnahme mit definierter erhöhter Prüflast (Prüfdruck) oder Lasten bei Montage. Berechnung auf dieser Basis
Angaben über Betriebs- und Einsatzbedingungen unsicher	Betriebs- und Einsatzbedingungen bekannt, z. B. durch Messungen (Lastkollektiv siehe oben)
keine Überlastsicherungen vorhanden	zuverlässige Überlastsicherungen vorhanden (z. B. Sicherheitskupplungen), die schnell ausgewechselt werden können
Zu Werkstoffe, Wärmebehandlung, Qualität, Kontrolle	
spröder Werkstoff, z. B. Gusseisen mit Lamellengrafit (bei Überlast Gewaltbruch)	gut verformbare Werkstoffe, z. B. Walzstahl (bei Überlast Spannungsabbau durch Verformung)
Eigenspannungen vorhanden (wichtig bei dynamischer Beanspruchung von Walzstahl und Guss sowie von statischer Beanspruchung von Guss)	Eigenspannungen durch Wärmebehandlung abgebaut (wichtig bei dynamischer Beanspruchung)
wenn Werkstoffkennwerte, Festigkeit unsicher, keine Eingangskontrolle	untere Grenze der garantierten Bereiche für die Werkstoffkennwerte. Werkstoffkennwerte durch Eingangskontrolle abgesichert, zerstörungsfreie Prüfung
keine regelmäßige Inspektion und Wartung während des Betriebs	bei regelmäßiger Inspektion und Wartung
kritische Bereiche nicht oder schlecht zugänglich	kritische Bereiche gut zugänglich
keine laufende Überwachung	wenn beginnende Schädigung durch die laufende Überwachung mit Schwingungs- oder Geräuschsensoren. Anzeige durch Warnsignale, (besonders wichtig bei Schwingungsbeanspruchung)
bei Korrosionsgefahr	bei sicherem Korrosionsschutz

Tab. 1.5 (Fortsetzung)

Höhere Sicherheit nötig → größerer Sicherheitsfaktor → katastrophale Wirkung im Schadensfall	Geringere Sicherheit ausreichend → kleinerer Sicherheitsfaktor → keine katastrophalen Wirkungen im Schadensfall
Zu Fertigung, Kontrolle (Qualität, Toleranzen)	
grobe Fertigungstoleranzen (z. B. für Wanddicke bei Gussteilen)	enge Fertigungstoleranzen, umfassende Kontrolle
unbekannter Hersteller oder mangelnde Erfahrung	Hersteller mit Einrichtungen und Erfahrungen im Produktbereich
begrenzte Prüfmöglichkeit, z. B. Einzelfertigung	Serienfertigung mit gesicherter Qualitätskontrolle und umfassender Erprobung (Prototyp, Vollast-, Überlastprüfung)
Zu Konstruktion, Berechnung	
überschlägige Berechnung bei Einzelkonstruktion	Berechnung mit genauer Erfassung aller Einflussgrößen oder: Einfache Berechnung bei Variantenkonstruktion
wenig gesicherte Berechnungsverfahren (z. B. Fressen, Verschleiß)	gesicherte Berechnungsverfahren
ungünstige Überlagerung von Kerbfällen	Überlagerung von Kerbfällen vermieden, sodass Einfluss von Kerben getrennt erfassbar
Zu Folgen eines Schadensfalles	
ein örtlicher Schaden des Bauteils führt unmittelbar zum Ausfall der Maschine („non fail-safe")	Bauteile mit begrenzten Schadensfolgen; ein örtlicher Schaden führt nicht zum Ausfall der Maschine („fail-safe")
Menschen und Umwelt gefährdet	Menschen und Umwelt nicht gefährdet
hohe Kosten durch Betriebsunterbrechung, nur ein Übertragungselement	redundante Systeme (mehrere, parallel angeordnete Übertragungselemente). Wenn ein Element ausfällt, übernehmen die anderen zumindest eingeschränkt die Funktion
kein Teillastbetrieb möglich	Teillastbetrieb möglich bei Feststellung eines Schadens durch Inspektion/laufende Überwachung
Zu sonstigen Einflüssen	
hoher Wert des Bauteils	geringer Wert des Bauteils
keine Ersatzteile verfügbar	Ersatzteile verfügbar
unsichere Qualität des Personals („narrensicher" bauen)	erfahrenes Personal für Handhabung, Überwachung, Inspektion
Reparatur, Ein- und Ausbau schwierig	Reparatur, Ein- und Ausbau einfach; Schaden begrenzbar, z. B. durch Verbesserung der Schmierung

(Lastannahmen), Werkstoffe und Wärmebehandlung (Qualität), Fertigung (Toleranzen), Berechnungsverfahren, Folgen eines Schadensfalls für Menschen/Umwelt und Kosten (Stillstand, Ersatzteile, usw.)

Je größer die Unsicherheiten oder Wirkungen dieser Einflussgrößen sind, desto größer ist die Sicherheit anzusetzen. Entsprechend ist eine kleinere Sicherheit zulässig, wenn die Einflüsse und Konsequenzen treffsicher abzuschätzen sind. Sichere Funktion ist durch eine hohe Sicherheit leicht zu erreichen. Viel schwieriger ist es, unter dem Druck der Konkurrenz, d. h. der Kosten, die für einen sicheren Betrieb gerade noch ausreichende Sicherheit zu bestimmen. Hier werden die größten Fehler gemacht.

Mitunter wird empfohlen, die Sicherheit S aus einer Grundsicherheit $S_{\min}$ und Teilsicherheiten S_i zu bestimmen (siehe Beispiel 1.1). Dies führt oft zu unrealistisch hohen Sicherheiten, da die Einzeleinflüsse nicht immer am selben Ort zu gleicher Zeit mit derselben Wirkung (nicht immer in der denkbar ungünstigsten Weise) auftreten.

Beispiel 1.1

$$S = S_{\min} \cdot S_1 \cdot S_2 \cdot S_3$$

mit S_1 für Unsicherheiten der Lastannahmen, S_2 für Streuung der Werkstofffestigkeiten (Wärmebehandlung), S_3 für den Bereich der möglichen Fertigungstoleranzen.

Hinweis: Die Sicherheiten sollten nicht auf mehr als eine Dezimalstelle genau ausgewiesen werden, wie dies manche EDV-Programme liefern. Damit wird eine nicht vorhandene Aussagesicherheit vorgetäuscht.

Man beachte: Manche Einflussfaktoren werden nur mit einer Dezimalstelle angegeben, andere werden auf sechs Dezimalstellen berechnet, deren tatsächliche Genauigkeit oft kaum über eine Dezimalstelle hinaus vorhanden ist.

Wenn keine Erfahrungen vorliegen, können die Hinweise in Tab. 1.5 als Anhalt für die Abschätzung einer „ausreichenden" Sicherheit dienen. Sie entsprechen in manchen Punkten den Angaben in Tafel 21.8/3 [13] für Zahnradgetriebe.

1.5 Rechnergestütztes Konstruieren

Die Grundlagen der rechnergestützten Konstruktion wurden in den 50er Jahren des 20. Jahrhunderts am Massachusetts Institute of Technology MIT gelegt: Es sollte eine Steuerung für eine Fräsmaschine entwickelt werden, mit der komplizierte Konturen großer Werkstücke gefertigt werden sollten [10]. Seit diesen ersten NC(numerical control)-Werkzeugmaschinen wurde die Beschreibung von Bauteilkonturen im Computer schnell nicht nur für die Fertigung sondern auch für den Bereich Konstruktion (CAD) und Berechnung (FEM) weiterentwickelt. Die bekanntesten Bereiche sind CAD (Computer Aided Design), CAE (Computer Aided Engineering) und CAM (Computer Aided Manufacturing). Häufig werden die rechnerunterstützenden Technologien unter dem Oberbegriff CAx zusammengefasst [20].

Der Rechner ist heute das Standardwerkzeug bei der Entwicklung von Produkten.

Vorteile

- 3D-Visualisierung der Konstruktion schon vor Beginn von Fertigung und Montage
- übersichtliche Fehlererkennung und konstante Überprüfung der aktuellen Konstruktion
- schneller Neuentwurf durch benutzerfreundliche CAD-Programme
- schnelle Anpassung der Konstruktion an neue Berechnungsergebnisse, z. B. durch Parametrisierung der Bauteilabmessungen
- schnelle Variantenkonstruktion von Bauteilen möglich. Dies kann das Produktportfolio insbes. im Sondermaschinenbau vergrößern
- parallele und automatische Zeichnungserstellung
- Die Konstruktionsdaten können von weiteren Programmen im CAE-Prozess wieder verwendet werden, z. B. zur automatischen Netzgenerierung für FEM-Berechnung.
- Norm- und Wiederholteile sind Datenbanken entnehmbar und können als Ganzes integriert werden.
- Konstruktionsdaten können unmittelbar an die Arbeitsvorbereitung weitergegeben und im Rahmen von CAM zur NC-Programmierung der Fertigungsmaschinen genutzt werden.
- Über systemneutrale Schnittstellen (STEP, IGES, VDAFS, ...) können die CAD-Daten weitergegeben werden. Dadurch werden alle in Zusammenhang mit Entwicklung, Konstruktion, Produktion und Qualitätskontrolle stehenden Tätigkeiten miteinander verknüpft. Ein digitales Produktmodell verwaltet die Daten in einer zentralen Datenbank.

Probleme

- oft langwierige Einarbeitungsphase
- oft nur begrenzte Unterstützung und Bearbeitbarkeit von Dateien älterer CAD-Programme
- Unternehmensorganisation und Informationsflüsse müssen an eine zentrale Datenhaltung angepasst werden
- Unterschiedliche Programme: Daten können (z. B. von Zulieferern) oft nur mit Zusatzaufwand (und daraus folgenden Fehlern) übertragen werden.
- Schnittstellen sind oft nicht vereinheitlicht, um Konstruktionsdaten etwa in ein NC-Programmsystem zu übertragen.

1.6 Modelle

Modelle bieten die Möglichkeit, technische Probleme anschaulich darzustellen.

- **CAD-Volumenmodelle**
  können oft anstelle der stofflichen Modelle treten, z. B. 3D-Modell im Virtual Reality-Bereich.
- **Rapid Prototyping**
  bezeichnet die schnelle und kostengünstige Fertigung von Modellen oder Prototypen, häufig mit sogenannten generativen Fertigungsverfahren, z. B. Selektives Laserschmelzen.
- **Digitale Produktmodelle**
  sind Informationsmodelle, die alle im jeweiligen Kontext relevanten Daten (CAD-Geometrie, Berechnungsergebnisse, administrative Daten, ...) eines Produkts im Rechner abbilden können.
- **Formmodelle**
  eigenen sich, um die räumliche Aufteilung oder die räumliche Gesamtwirkung eines Bauteils zu studieren, um den Formverlauf oder Durchdringungen oder die Wirkung von Aussteifungen zu überprüfen oder die Lage eines Schwerpunkts zu bestimmen. Sie werden aus Holz, Gips oder Metall, oder auch aus Kunststoff in einem handlichen Maßstab oder als „Attrappe“ in Naturgröße ausgeführt.
- **Funktionsmodelle**
  aus Pappe, Holz, Metall oder Plexiglas sind geeignet, Bewegungsvorgänge zu analysieren. An Modellen aus Gummi können Formänderungen studiert und hieraus Rückschlüsse auf die Spannungsverteilung gezogen werden. Bei zweidimensionalen Vorgängen genügen bereits einfache Flächenmodelle.
- **Versuchsmodelle**
  d. h. gegenüber der Wirklichkeit verkleinerte bzw. vergrößerte Modelle, werden verwendet, um die geforderten Funktionen zu überprüfen.

1.7 Versuche

Labor- und Betriebs-Versuche bieten oft die einzige Möglichkeit theoretisch nicht zu beantwortende Fragestellungen zu klären. Am Ende entscheidet jedoch die Praxis über die den Erfolg.

- **Dehnmessstreifen (DMS)**
  können genaue Aussagen über Dehnungen und Spannungen am Modell und auch an ausgeführten Bauteilen liefern.
- **Dauerfestigkeitsversuche**
  an Modellen oder Bauteilen aus der Serie erleichtern die Abstimmung der Bauteile auf eine bestimmte Lebensdauer („Wöhlerkurven", Kap. 3: Praktische Festigkeitsrechnung). Bauteiluntersuchungen sind den Versuchen an genormten Werkstoffproben vorzuziehen, aber meist aufwendiger.
- **Betriebsmessungen**
  an ausgeführten Anlagen sind das beste Mittel, um zutreffende Beanspruchungs-Kennwerte zu erhalten, Schwachstellen auszumerzen und abgesicherte Informationen für die Dimensionierung von neu zu konstruierenden ähnlichen Bauteilen zu gewinnen, Abschn. 1.4.6.3.

Literatur

1. Albers A, Denkena B, Matthiesen S (2012) Faszination Konstruktion – Berufsbild und Tätigkeitsfeld im Wandel. Acatech 2012
2. DIN 15018 Krane; Grundsätze für Stahltragwerke – Teil 3:1984-11, Berechnung von Fahrzeugkranen
3. DIN EN 1993 Bemessung und Konstruktion von Stahlbauten – Teil 1-1:2010-12, Allgemeine Bemessungsregeln und Regeln für den Hochbau – Teil 1-3:2010-12, Allgemeine Regeln – Ergänzende Regeln für kaltgeformte Bauteile und Bleche – Teil 1-5:2010-12, Plattenförmige Bauteile – Teil 1-6:2010-12, Festigkeit und Stabilität von Schalen – Teil 1-8:2010-12, Bemessung von Anschlüssen – Teil 1-9:2010-12, Ermüdung – Teil 1-10:2010-12, Stahlsortenauswahl im Hinblick auf Bruchzähigkeit und Eigenschaften in Dickenrichtung – Teil 1-11:2010-12, Bemessung und Konstruktion von Tragwerken mit Zuggliedern aus Stahl – Teil 6:2010-12, Kranbahnen
4. DIN EN 13001 Krane – Konstruktion allgemein – Teil 3-1:2013-12, Grenzzustände und Sicherheitsnachweis von Stahltragwerken
5. DUBBEL (2018) Taschenbuch für den Maschinenbau, 25. Aufl. Springer, Berlin
6. Ehrlenspiel K, Kiewert A, Lindemann U, Wörtl M (2014) Kostengünstiges Entwickeln und Konstruieren. Kostenmanagement bei der integrierten Produktentwicklung, 7. Aufl. Springer, Berlin
7. Kesselring F (1951) Bewertung von Konstruktionen, ein Mittel zur Steuerung von Konstruktionsarbeit. VDI-Verlag, Düsseldorf
8. Koller R (1998) Konstruktionslehre für den Maschinenbau; Grundlagen zur Neu- und Weiterentwicklung technischer Produkte mit Beispielen, 4. Aufl. Springer, Berlin
9. Kramer F (1987) Innovative Produktpolitik; Strategie – Planung – Entwicklung – Durchsetzung. Springer, Berlin
10. Milberg J (1992) Werkzeugmaschinen – Grundlagen. Zerspantechnik, Dynamik, Baugruppen und Steuerungen. Springer, Berlin, Heidelberg
11. N.N. (1991) Wertanalyse – Ideen, Methoden, System. VDI-Verlag, Düsseldorf
12. Niemann G, Winter H, Höhn B-R (2005) Maschinenelemente, Bd. I: Konstruktion und Berechnung von Verbindungen, Lagern, Wellen, 4. Aufl. Springer, Berlin
13. Niemann G, Winter H (2003) Maschinenelemente, Bd. II: Getriebe allgemein, Zahnradgetriebe – Grundlagen, Stirnradgetriebe, 2. Aufl. Springer, Berlin, Heidelberg
14. Niemann G, Winter H (1983) Maschinenelemente, Bd. III: Schraubrad-, Kegelrad-, Schnecken-, Ketten-, Riemen-, Reibradgetriebe, Kupplungen, Bremsen, Freiläufe, 2. Aufl. Springer, Berlin, Heidelberg
15. Pahl G, Beitz W (2013) Konstruktionslehre; Methoden und Anwendung, 8. Aufl. Springer, Berlin
16. Rodenacker WG (1991) Methodisches Konstruieren. Konstruktionsbücher, Bd 27, 3. Aufl. Springer, Berlin
17. Roth K (2000) Konstruieren mit Konstruktionskatalogen, Bd. I: Konstruktionslehre, 3. Aufl. Springer, Berlin
18. Roth K (2001) Konstruieren mit Konstruktionskatalogen, Bd. II: Konstruktionskataloge, 3. Aufl. Springer, Berlin
19. Roth K (1996) Konstruieren mit Konstruktionskatalogen, Bd. III: Verbindungen und Verschlüsse, Lösungsfindung, 2. Aufl. Springer, Berlin
20. Vajna S, Weber C, Bley H, Zeman K (2009) CAx für Ingenieure. Eine praxisbezogene Einführung, 2. Aufl. Springer, Berlin Heidelberg
21. VDI 2222 Konstruktionsmethodik – Blatt 1:1997-06, Methodisches Entwickeln von Lösungsprinzipien – Blatt 2:1982-02 Erstellung und Anwendung von Konstruktionskatalogen
22. VDI 2225 Konstruktionsmethodik – Technisch-wirtschaftliches Konstruieren – Blatt 3:1998-11, Wirtschaftliche Bewertung
23. VDI 2235:1987-10 Wirtschaftliche Entscheidungen beim Konstruieren; Methoden und Hilfen
24. VDI-Taschenbuch T35 (1975) Wertanalyse; Idee-Methode-System. VDI-Verlag, Düsseldorf
25. WiGeP (2019) Universitäre Lehre in der Produktentwicklung – Leitfaden der Wissenschaftlichen Gesellschaft für Produktentwicklung (WiGeP). http://www.wigep.de/index.php?id=14. Zugegriffen am: 11. Juli 2019
26. Zangemeister C (2014) Nutzwertanalyse in der Systemtechnik. Eine Methodik zur multidimensionalen Bewertung und Auswahl von Projektalternativen. Zangemeister & Partner, Winnemark

2 Gestaltung – Formgebung

▶ Im folgenden Kapitel werden allgemein gültige, übergeordnete Gesichtspunkte, Anforderungen und Maßnahmen für die Gestaltung und Formgebung in der Produktentwicklung besprochen. Für die einzelnen Maschinenelemente werden in den betreffenden Kapiteln spezielle Gestaltungsrichtlinien angegeben.
Die Hauptabmessungen eines Produkts sind oft vorgegeben oder werden mit Hilfe einer Überschlagsrechnung ermittelt. Dann folgt, häufig parallel, das Entwerfen, Gestalten und Nachrechnen. Die Regeln für die Gestaltung, d. h. die Formgebung von Maschinen und Maschinenelementen ergeben sich aus der Forderung, die Funktionen mit einem Minimum an Kosten zu erfüllen (vgl. Abschn. 1.2.3).

2.1 Beanspruchungsgerechte Gestaltung

Ein Produkt muss im Betrieb unterschiedlichen Beanspruchungen standhalten, die wichtigsten hierbei sind: Es darf nicht brechen oder ermüden (Festigkeit), sich nicht unzulässig verformen (dies beinhaltet auch Stabilität und Schwingungsverhalten) und nicht unzulässig verschleißen oder korrodieren.

2.1.1 Beanspruchung, Festigkeit

Ein ideal beanspruchungsgerecht gestaltetes Bauteil ist ein Körper mit homogener Spannungsverteilung, das keine Schwachstellen (z. B. Kerben) und keine unnötigen Materialanhäufungen aufweist. Je nach Art der Beanspruchung ergibt sich daher individuell eine optimale Gestalt. Trotzdem wird im Allgemeinen (aus Wirtschaftlichkeitsüberlegungen) versucht, unterschiedliche Anforderungen mit wenigen einfachen Bauteilen zu erfüllen. Dies führt zu einem Kompromiss bei der Gestaltung.

Eine anschauliche Vorstellung von der Spannungsverteilung im Bauteil vermittelt das Bild des Kraftflusses, darstellbar durch Kraftflusslinien von der Einleitungsstelle einer Kraft und/oder eines Moments bis zu der Stelle, an der die

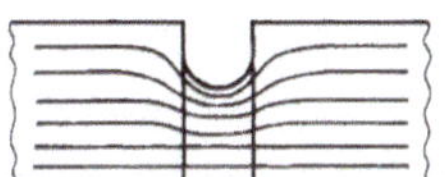

Abb. 2.1 Umlenkung des Kraftflusses (dargestellt mittels Kraftflusslinien) infolge einer Umlaufkerbe

Reaktionskraft und/oder ein Reaktionsmoment abgenommen wird. Die Kraftflusslinien sollen ihre Richtung möglichst wenig ändern. Jede Verdichtung oder Umlenkung (z. B. infolge einer Querschnittsänderung) bedeutet eine Erhöhung der Spannung durch eine Kerbe (Abb. 2.1). Die Spannungserhöhung wird umso größer, je stärker die Kraftflusslinien umgelenkt werden, d. h. je größer der Umweg ist, den der Kraftfluss bewältigen muss.

Da Querschnittsunstetigkeiten (z. B. Bohrungen, Nuten, Rillen, Absätze) oft unumgänglich sind, müssen sie kraftfluss- und festigkeitsgerecht gestaltet werden. Einige wichtige Gestaltungsregeln (siehe z. B. Abb. 2.2):

- Kerben nach Möglichkeit an gering beanspruchte Stellen legen (z. B. Sicherungsringnuten an freie Wellenenden).
- sanfte (d. h. große Übergangsradien) bzw. mehrstufige Querschnittsänderungen verwenden und Durchmessersprünge vermeiden oder klein wählen

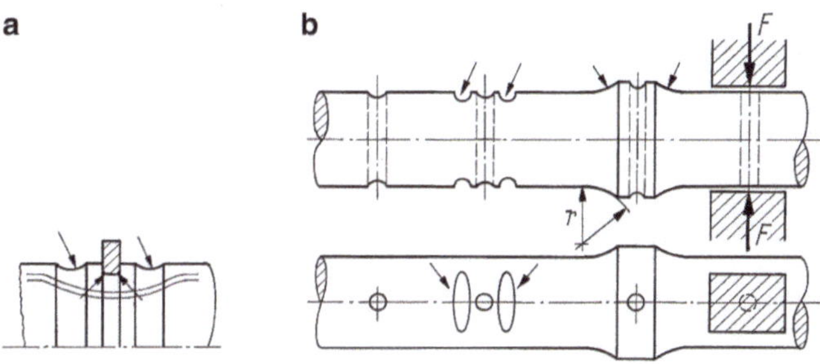

Abb. 2.2 Beispiele für die Erhöhung der Gestaltfestigkeit durch geeignete Konstruktion, **a** Ausrundung der Innenkanten bzw. Entlastungskerben (Ringnut), **b** Welle mit Querloch: Entlastungskerben neben der Lochmündung, Welle verdicken, großen Übergangsradius wählen, Nachpressen der Bohrungsränder durch ebenes Druckstück

G. Niemann et al., *Maschinenelemente 1*, https://doi.org/10.1007/978-3-662-55482-1_2

- Kerbunempfindliche Werkstoffe verwenden, sowie den Einfluss von Wärme- und Oberflächenbehandlung auf die Festigkeit gekerbter Bauteile beachten siehe Kap. 3: Praktische Festigkeitsrechnung.
- Durch einen geschlossenen inneren Kraftfluss wird erreicht, dass außenliegende Teile nicht belastet werden.

2.1.2 Verformung

Häufig ist nicht die Festigkeit eines Bauteils, sondern die zulässige Verformung maßgebend für die Dimensionierung.

2.1.2.1 Lastabhängige Verformung

Wellendurchbiegungen und Lagerdurchsenkungen können Eingriffsstörungen bei Zahnradgetrieben bewirken oder führen zur Aufhebung des Spiels bei rotierenden Teilen (Rotor/Stator von Turbinen oder Elektromotoren), unter Umständen zum Heißlaufen der Lager infolge von Schiefstellung. Steuerwellen können bei Torsionsbeanspruchung auf unzulässige Drehwinkel verdrillt werden. Bei langen Wellen mit aufgesetzten Maschinenelementen (Kupplungen, Zahnräder) kann es aufgrund der Wellenelastizität zu unerwünschten Dreh- oder Biegeschwingungen kommen. Gegebenenfalls sind auch die sich aus der Querkontraktion ergebenden Verformungen zu berücksichtigen.

Einige wichtige Gestaltungsregeln:

- Bei Werkzeugmaschinen steht die Forderung nach Steifigkeit im Vordergrund; alle Bauteile dürfen sich unter der Wirkung der Gewichts- und Schnittkräfte nur so stark verformen, dass die geforderte Fertigungsgenauigkeit sicher erreicht wird.
- Günstig sind zug- oder druckbeanspruchte Bauteile.
- Auf Biegung beanspruchte Teile sind so zu dimensionieren, dass an keiner Stelle die zulässige Verformung überschritten wird, evtl. ist die Zahl der Lagerstellen zu erhöhen, Abb. 2.3.
- Bei torsionsbeanspruchten Bauteilen sind die Verdrehwinkel zu überprüfen, unter Umständen sind Wellen dicker oder als Hohlwelle auszuführen.

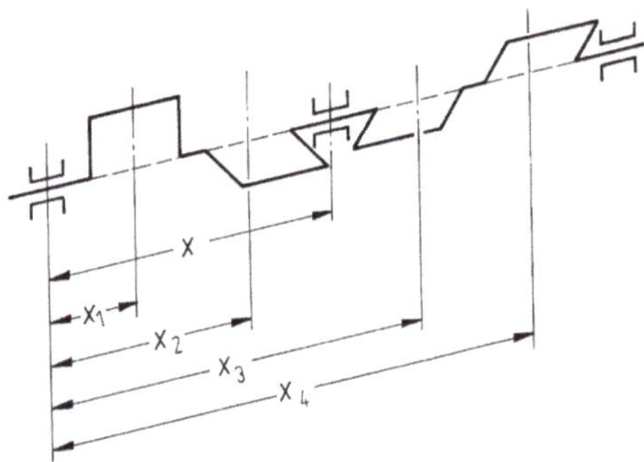

Abb. 2.3 Kurbelwelle eines vierzylindrigen Verbrennungsmotors mit 3 Hauptlagern. Abhilfe der Gefahr von Lagerschäden in Folge zu großer Durchbiegung durch zwei zusätzliche Lager

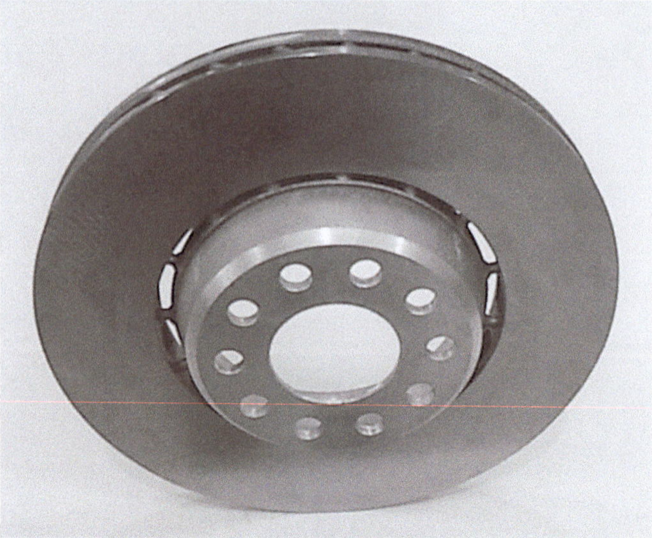

Abb. 2.4 Bremsscheibe eines Kfz. Zum Ausgleich der Wärmedehnungen ist die Scheibe elastisch über eine Topfkonstruktion mit dem Montageflansch verbunden

- Effekte aus der Wärmeausdehnung sind zu berücksichtigen. Feste Körper dehnen sich bei Erwärmung nach allen Richtungen aus, Abb. 2.4.
- Jedes Bauteil sollte in seiner Lage eindeutig festgelegt werden und darf nur so viele Freiheitsgrade erhalten, wie es zur ordnungsgemäßen Funktionserfüllung benötigt. Im Allgemeinen wird ein Festpunkt bestimmt und dann für die erwünschten Bewegungsrichtungen entsprechende Führungen angeordnet, siehe Fest-/Los-Wälzlagerungen (Kap. 14).
- Wenn große elastische Verformungen gefordert sind, werden lange Kraftflusswege, sowie möglichst biege- oder/und torsionsbeanspruchte Bauteile benötigt, wie z. B. bei der torsionsbeanspruchten Schraubenfeder (Kap. 12) oder biege- und torsionsbeanspruchten Ausgleichbögen in Rohrleitungen.
- Miteinander verbundene Bauteile sollten so gestaltet werden, dass sie sich bei Belastung in gleicher Richtung und möglichst um den gleichen Betrag verformen, so dass eine innere Verspannung der Bauteile im Betriebszustand weitgehend vermieden, durch federnde Ausgleichselemente gemindert, durch Vorkorrektur kompensiert oder durch ungehinderte Dehnmöglichkeit unschädlich aufgefangen wird (Prinzip der abgestimmten Verformung).

Man beachte ferner: Unterschiedliche Verformung zweier Bauteile kann bei Schwingbeanspruchung zu Reibkorrosion an der Berührstelle führen.

2.1.2.2 Temperaturabhängige Verformung

Maßnahmen zum Ausgleich unterschiedlicher Verformungen miteinander verbundener Bauteile ergeben sich aus dem oben beschriebenen Prinzip der abgestimmten Verformung. Die Berechnung der Relativausdehnung infolge einer Temperaturdifferenz zwischen zwei Bauteilen wird z. B. in Kap. 18: Welle-Nabe-Verbindungen (Querpressverband) erläutert. Um eine Verspannung zu vermeiden, wird deshalb versucht, die Temperaturen anzugleichen (bei gleichen Wärmeausdehnungskoeffizienten α), Werkstoffe mit unterschiedlichem α zu verwenden oder den Betrag der Relativdehnung vorzukorrigieren, so dass dieser im stationären Betriebszustand aufgehoben ist.

Bei Aufheiz- oder Abkühlvorgängen ergibt sich in dieser Zeitspanne oft eine Relativausdehnung, die viel größer ist als im stationären Betriebszustand. Für Bauteile gleicher Länge ($l_1 = l_2$) und Wärmeausdehnungskoeffizient ($\alpha_1 = \alpha_2$) eignen sich als Abhilfemaßnahmen die Angleichung der Verhältnisse „Volumen zu beheizter Oberfläche" für beide Bauteile oder die Beeinflussung der Wärmeübergangszahlen an den beheizten Oberflächen, z. B. mit Hilfe von Schutzblenden oder unterschiedlichen Ausströmungsgeschwindigkeiten.

2.1.2.3 Stabilität

Auf Druck beanspruchte Stäbe und Platten können durch Knicken bzw. Beulen versagen, ohne dass die Druckfestigkeit des Werkstoffs überschritten wird. Die Bauteile müssen so dimensioniert werden, dass sie sich beim Entlasten in die Ausgangslage rückverformen (Kap. 3: Praktische Festigkeitsberechnung).

2.1.3 Verschleiß und Korrosion

Oft wird übersehen, dass bei Bauteilen die Wertvernichtung durch mechanischen Verschleiß wohl noch größer ist als durch Bruch oder Korrosion. In der Produktentwicklung muss berücksichtigt werden, dass Verschleiß die Funktionstüchtigkeit von Maschinen herabsetzt und unerwünschte Nebenwirkungen, wie Erwärmung und Lärm, Energieverbrauch und Wartung mit sich bringt [25].

Unter Verschleiß wird jede Art von Abnutzung verstanden, unter mechanischem Verschleiß die Abnutzung durch mechanische Einwirkungen, unter chemischem Verschleiß (Korrosion) die Abnutzung durch chemische oder elektrochemische Veränderungen. Weitere Angaben sind in Abschn. 16.7.1: Verschleiß und Abschn. 16.7.2: Korrosion aufgeführt.

2.2 Schwingungsverhalten und Geräuschabstrahlung

In Tab. 2.1 sind schwingungs- und schalltechnische Begriffe definiert. Bei Maschinenschwingungen handelt es sich im Allgemeinen um kleine Bewegungen, die aber lästig und

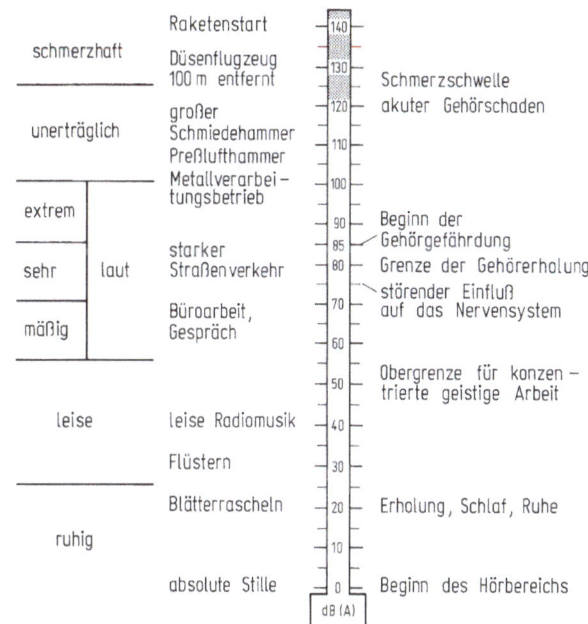

Abb. 2.5 Geräuschsituationen, Grenzwerte, Empfindung und Wirkung nach [15], ergänzt

sogar gefährlich werden können, insbesondere bei Resonanzerscheinungen, d. h. wenn eine Anregungsfrequenz (z. B. aus der Drehzahl einer Welle) mit einer Eigenfrequenz der Maschinenstruktur übereinstimmt. Dies führt zu einer Verstärkung der Schwingungsamplituden. Folgeerscheinungen können sein:

- Schwingungen der Maschinenelemente (Lager, Wellen, Zahnräder usw.), besonders lästig bei Abheben, d. h. Überbrückung der Spiele
- Verformungen und Beanspruchungen angeschlossener Maschinen, Maschinenteile, Fundamente, Böden, z. B.: Erregerfrequenzen des E-Motors entsprechen Eigenfrequenzen im Getriebe
- mindere Arbeitsqualität von Maschinen und Geräten, z. B. Werkzeugmaschinen
- Lösen von reibschlüssigen Verbindungen durch Rüttelkräfte
- physische und psychische Belastung des Menschen durch Schwingungen (Körperschall) desselben und dem von den angeregten Oberflächen abgestrahlten Luftschall siehe Zahnradgetriebe – Grundlagen (Stirnräder): Abschn. 21.13.1, [27], ferner Tab. 2.2 und Abb. 2.5
- Geräusche: Luftdruckschwankungen und damit Luftschall können direkt durch Vorgänge in einer Maschine erzeugt werden, z. B. Ansaug- und Auspuffgeräusch. Bei den meisten Maschinen sind jedoch wechselnde Betriebskräfte die Ursache. In einer Anlage können die in einer Maschine erregten Schwingungen unter Umständen von einer anderen, angekoppelten abgestrahlt werden.

Das Qualitätsmerkmal „schwingungs- und geräuscharm" ist auch ein wichtiges Verkaufsargument.

Tab. 2.1 Definition schwingungs- und schalltechnischer Begriffe nach DIN EN ISO 11688 Teil 1 [11], [16] und [22]

Schall	mechanische Schwingungen in elastischen Medien im Hörbereich von ca. 16 Hz bis (16.000 Hz) 20.000 Hz
Geräusch	technisch erzeugter Schall, Mischung verschiedener Frequenzen
Lärm	schädliche, störende oder lästige Geräusche
Körperschall	mechanische Schwingungen in festen Körpern; *Krafterregter Körperschall*: Wird von Betriebskräften, die zu elastischen Verformungen und Schwingungsanregung führen, verursacht; *Geschwindigkeitserregter Körperschall*: entsteht an Teilen durch die Verbindung mit krafterregten, schwingenden Teilen
Luftschall	mechanische Schwingungen in Luft und Gasen
Schalldruck	Wechseldruck $p(t)$, der sich dem statischen Luftdruck überlagert, kann mit einem entsprechenden Mikrophon gemessen werden. Durch den Menschen wahrnehmbarer Schalldruck $p\ \sim$: $2 \cdot 10^{-4}$ µbar $= 2 \cdot 10^{-5}$ N/mm^2 (Hörschwelle bei 1000 Hz) bis $2 \cdot 10^2$µbar $= 2 \cdot 10$ N/mm^2 (Schmerzgrenze) $\tilde{p}$: Effektivwert innerhalb eines bestimmten Frequenzbands
Schalldruckpegel	relatives Leistungsmaß (um zu kleineren Zahlenwerten zu kommen) in Dezibel (dB): $L_p = 10\lg(\tilde{p}^2/\tilde{p}_0^2)$ dB $= 20\lg(\tilde{p}/\tilde{p}_0)$ dB Bezugswert für den Effektivwert des Schalldrucks: $\tilde{p}_0 = 2 \cdot 10^{-4}$ µbar (Hörschwelle); Hörbereich des Ohres bis zur Schmerzgrenze (bei 1000 Hz): 120 dB
Frequenzbewertung	Das menschliche Ohr empfindet Schalldruck (und Lästigkeit) je nach der Frequenz unterschiedlich stark. Durch Bewertungskurven kann die Empfindlichkeit des Schallpegelmessers an das natürliche Empfinden des menschlichen Gehörs angeglichen werden, siehe Zahnradgetriebe – Grundlagen (Stirnräder): Abschn. 21.13.1, [27]. Für Maschinengeräusche wird ausschließlich die A-Bewertung verwendet. L_{pA} in dB(A). (Hinweis: Die früher übliche Frequenzbewertung in phon entspricht der Lautempfindung bei Einzeltönen, jedoch nicht der Empfindung und Bewertung von Geräuschen in Werkstätten und Büros mit hohen Rauschanteilen.)
A-Schalleistungspegel L_{wA}	Wichtigste Kenngröße für die Geräuschemission einer Maschine, ein Maß für die gesamte von der Maschine abgestrahlte Schalleistung P (bezogen auf eine Bezugsleistung $P_0 = 10^{-12}$ W) Üblicherweise wird die Schalleistung nach dem Hüllflächenverfahren bestimmt: Es wird eine, die Maschine einhüllende, Messfläche definiert, z. B. nach einem Quader, auf der Messpunkte liegen. Aus den hier gemessenen A-Schalldrücken wird ein Mittelwert $\overline{L}_{pA}$ gebildet, der auf die Messfläche S bezogen wird: $L_{wA} = \overline{L}_{pA} + 10\lg(S/S_0)$ in dB(A), mit $S_0 = 1$ m^2 Bezugsfläche
Schallspektrum	Mit Hilfe von Frequenzanalysatoren kann die Frequenzverteilung (Schnelle oder Schalldruck) von Schwingungen und Geräuschen gemessen werden. Je nach Art des Filters werden nach der Breite des durchgelassenen Frequenzbereichs Oktav-, Terz-, und Schmalbandfilter unterschieden. Aus dem gemessenen Spektrum kann auf die Ursachen, Erreger und Eigenfrequenzen rückgeschlossen werden. Bei rotierenden Elementen sind neben der Drehfrequenz f_0 und ganzzahligen Vielfachen $n \cdot f_0$ noch weitere Grundfrequenzen f_0' zu finden, z. B. Drehzahl · Zähnezahl (Zahneingriffsfrequenz) oder Drehzahl · Zylinderzahl und die dazu gehörigen Harmonischen $n \cdot f_0'$. Nahe diesen Frequenzen werden im Spektrum oft Seitenbänder aus Schwankungen der Drehzahl bzw. der Arbeitsspiele gefunden. Diesem Frequenzspektrum lassen sich die Eigenfrequenzen der Maschinenstruktur zuordnen

Tab. 2.2 Geräuschsituationen, Grenzwerte, Empfindung und Wirkung

Grenzen lt. Arbeitsstättenverordnung bei Einwirkungszeit von 8 h nach DIN EN ISO 11690 Teil 1 [12]	
$\leq$ 55 dB(A)	bei überwiegend geistiger Tätigkeit
$\leq$ 70 dB(A)	bei einfacher oder überwiegend mechanischer Bürotätigkeit
$\leq$ 85 dB(A)	bei sonstigen Tätigkeiten
besondere Auswirkungen von Frequenzen nach [25]	
ca. 0,5 Hz	See- und Luftkrankheit
ca. 3 Hz	Resonanz der inneren Organe und Bauchhöhle
5 Hz	Resonanz der Wirbelsäule, um 5 Hz des gesamten Körpers
4 ... 8 Hz	Resonanz des Oberkörpers und Beckens
16 Hz	Resonanz des Hand-, Arm-Systems
20 Hz	Resonanz des Schädels
40 ... 100 Hz	Resonanz des Augapfels
40 ... 300(600) Hz	kritische Bereiche der Haut, bei 150 ... 250 Hz höchste Empfindlichkeit der Drucksensoren; Schwingungen mit Frequenzen von ca. 16 ... 16.000 Hz erfasst der Hörbereich des Menschen. Schwingungen mit 80 Hz werden von Schuhwerk und Kleidung absorbiert, mit ca. 400 Hz bewirken stärkste Schädigung des Gehörs

Tab. 2.3 Anhaltswerte für Verlustfaktoren einiger Werkstoffe und verschiedener Strukturen, bezogen auf 20 °C im mittleren Frequenzbereich (DIN EN ISO 11688 Teil 2)

Werkstoff bzw. Art der Struktur	Verlustfaktor
Stahl, Aluminium, Messing	$\approx 10^{-4}$
Gusseisen	$\approx 10^{-2}$
Kupfer/Mangan-Sonderlegierungen	$\approx 3 \cdot 10^{-2}$
Kunststoff	$\approx 10^{-2}$ bis 10^{-1}
Glasfaserverstärkter Polyester	$\approx 10^{-2}$
Plexiglas	$\approx 2 \cdot 10^{-2}$
Beton	$\approx 10^{-2}$
Glas	$\approx 10^{-3}$ bis 10^{-2}
Strukturen aus Metall, bestehend aus einer kleinen Anzahl von dickwandigen Teilen (z. B. Schiffsrumpf)	$3 \cdot 10^{-2}$ für $f < 500$ Hz 10^{-3} für $f > 1000$ Hz
Strukturen aus Metall, bestehend aus einer großen Anzahl von dickwandigen Teilen und einigen wenigen dünnwandigen Teilen (z. B. Motor, Kraftfahrzeug)	10^{-2}
Strukturen aus Metall, bestehend aus einer großen Anzahl von dünnwandigen Teilen (z. B. kleine, komplexe Strukturen)	$5 \cdot 10^{-2}$ für $f < 500$ Hz 10^{-2} für $f > 1000$ Hz

2.2.1 Schwingungs- und geräuschanregende Betriebskräfte

Wechselnde Betriebskräfte verformen die belasteten Bauteile elastisch und regen dadurch die Maschinenstruktur zu mechanischen Schwingungen (= Körperschall) an, der dann an die Außenflächen geleitet und von dort, somit indirekt, als Luftschall abgestrahlt wird [16]. Dazu gehören Druckwechselkräfte in Verbrennungsmotoren, hydraulischen Maschinen, Rohrleitungen usw. sowie Massenkräfte infolge von Unwuchten bei rotierenden oder hin- und hergehenden Maschinenteilen, dynamische Kräfte wie bei Zahnrädern und Wälzlagern, Stoß- und Schlagkräfte wie beim Durchlaufen von Spiel oder beim Aufsetzen von Ventilen auf die Sitzfläche, ferner auch die Kräfte beim Bearbeiten von Werkstücken (Fräsen, Drehen usw.; Schneiden, Stanzen; ferner Schmieden, Hämmern, Nieten, Pressen).

2.2.2 Abhilfemaßnahmen – allgemein

Unterschieden werden primäre Maßnahmen (diese zielen unmittelbar auf die anregenden Kräfte an der Körperschallquelle) und sekundäre Maßnahmen (diese wirken auf die Übertragung/Weiterleitung des Körperschalls an die Außenflächen sowie gegen die Abstrahlung als Luftschall).

Grundregel: Maßnahmen zur Minderung von Schwingungen und Geräuschen müssen zuerst bei der leistungsstärksten Quelle ansetzen. Weniger starke Störquellen haben meist wenig Einfluss auf den Gesamtpegel.

Grundlagen und Abhilfemaßnahmen gegen Getriebegeräusche erläutert Kap. 21: Zahnradgetriebe – Grundlagen (Stirnräder) in [27].

2.2.3 Mindern der Körperschall-Entstehung

Maßnahmen zum Mindern der Körperschall-Entstehung sollten Vorrang eingeräumt bekommen. Geeignete Maßnahmen bei krafterregtem Körperschall sind:

- Kritische Betriebsbereiche (Resonanz) vermeiden, z. B. Betriebsdrehzahl oder Zahnfrequenz ändern.
- Eigenfrequenzen des Maschinensystems ändern: Verstimmen durch Ändern der Massen und/oder Federsteifigkeiten (z. B. Verrippung)
- Kraftamplituden klein halten durch Vermeiden oder Ausgleich von Unwuchten. Hinweise zum Auswuchten von Achsen und Wellen gibt Abschn. 17.10.3.
- Krafteinwirkungen zeitlich dehnen, z. B. Zahnräder mit Schrägverzahnung, Profilkorrektur [27], Stanzwerkzeuge mit Schrägschnitt, Hobelwerkzeuge mit Drallmessern, Schienen- und Riemenverbindungen mit schrägem Stoß.
- Stoßimpulse durch möglichst kleine Massen und Geschwindigkeiten begrenzen.
- Spiel zwischen bewegten Maschinenteilen so klein wie möglich wählen (aber Klemmen auf jeden Fall vermeiden).

Maßnahmen bei geschwindigkeitserregtem Körperschall (betroffen sind beispielsweise Ölwannen, Schutzbleche, Verkleidungen, die an krafterregten, schwingenden Teilen befestigt sind):

- an den Stellen der Krafteinleitung Zusatzmassen anbringen
- Körperschallisolierung: An Stellen der Fußpunkterregung Gummi- oder Federelemente zwischenschalten

2.2.4 Mindern der Körperschall-Übertragung/Weiterleitung

Der in Maschinen erzeugte Körperschall wird vom Entstehungsort im Allgemeinen überwiegend direkt durch Bauteile, seltener als Flüssigkeits- oder Luftschall, zu Flächen mit günstigen Abstrahlbedingungen geleitet. Die Körperschallübertragung lässt sich durch Schwingungsdämpfung mindern. Geeignete Maßnahmen sind:

- Werkstoffe mit hoher innerer Dämpfung (= Verlustfaktor) verwenden, Tab. 2.3. Strukturen aus vielen miteinander verschraubten oder vernieteten Einzelteilen. Wichtig ist hierbei die Schwingungsdämpfung durch Reibung an den Grenzflächen. Konstruktionen mit vielen Kontaktflächen verwenden, die Fugendämpfung überwiegt bei metallischen Maschinen die innere Dämpfung [22].

- Maschinenelemente mit Gleitreibung, z. B. Gleitlager (gegenüber Wälzlagern), Schneckengetriebe (gegenüber Stirnradgetrieben) verwenden.
- Entdröhnungsbelag
- Verbundblech, meist mit Schicht aus elastischem Kunststoff zwischen zwei Blechen, verwenden.
- Dämpfungsmaterial in besonderen Bohrungen oder Nuten vorsehen.

Zwischenschalten von elastischen Elementen zwischen steife Bauteile oder Sperrmassen bewirken eine Reduzierung der Körperschall-Weiterleitung. Geeignete Maßnahmen sind:

- elastische Verbindungen (z. B. Schläuche, Kompensatoren) zwischen Rohrleitungen
- elastische Wellenkupplungen
- elastische Befestigung von Radkränzen auf Radnaben
- elastische Befestigung von Hilfsaggregaten (z. B. Pumpen) an Maschinen
- Zusatzmassen unter den Federelementen bei elastischen Lagerungen

2.2.5 Mindern der Schallabstrahlung

Für das Abstrahlverhalten plattenähnlicher Strukturen ist die sog. Grenzfrequenz f_g (teilweise auch als kritische Frequenz f_c) (in Hz) eine wichtige Kenngröße. Bei Luft als umgebendem Medium gilt nach DIN EN ISO 11688 Teil 2 die folgende Zahlenwertgleichung:

$$f_g \approx 6{,}4 \cdot 10^4 \cdot \sqrt{\frac{\varrho}{E \cdot h^2}} \quad (2.1)$$

Anhaltswerte für die Grundfrequenz abhängig von Werkstoff und Wanddicke zeigt Abb. 2.6.

Die Lage dieser Grenzfrequenz im Schallspektrum ist ausschlaggebend für die Stärke der Luftschallabstrahlung. Liegt die maßgebende Frequenz des abgestrahlten Geräuschs f unterhalb f_g, kann die Abstrahlfähigkeit durch die Konstruktion beeinflusst werden. Ein von der Stärke der Körperschallanregung unabhängiger Maßstab für die Abstrahlfähigkeit ist der Abstrahlgrad (ohne Einheit) σ. Wenn f deutlich kleiner f_g ist, wird $\sigma < 1$ und für diesen Bereich gilt näherungsweise bei Luft als umgebendem Medium die folgende Zahlenwertgleichung:

$$\sigma \approx \frac{c_{air} \cdot U}{\pi^2 \cdot S} \cdot \sqrt{\frac{f}{f_g^3}} < 1 \quad (2.2)$$

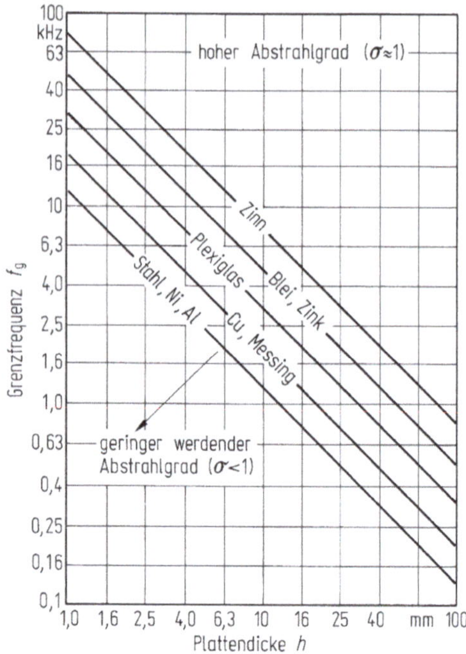

Abb. 2.6 Anhaltswerte für die Grenzfrequenz f_g bei homogenen plattenförmigen Bauteilen für eine mittlere Luftschallgeschwindigkeit $c_{air} = 340\,\mathrm{m/s}$ (VDI 3720 Blatt 1 [32])

c_{air}	in m/s	Schallgeschwindigkeit in Luft, $c_{air} = 340\,\mathrm{m/s}$
f	in Hz	maßgebende Frequenz des abgestrahlten Geräuschs
h	in mm	Plattendicke
E	in N/mm^2	Elastizitätsmodul
S	in m^2	Oberfläche der abstrahlenden Platte
U	in m	Umfang
ϱ	in kg/m^3	Dichte des Werkstoffes

Der Abstrahlgrad σ nimmt mit kleiner werdender Frequenz f und größer werdender Grenzfrequenz f_g ab, die Abstrahlfähigkeit wird damit gemindert. Oberhalb der Grenzfrequenz, d. h. $f > f_g$, ist $\sigma \approx 1 =$ konstant.

Aus diesen Zusammenhängen ergeben sich Abhilfemaßnahmen.

2.2.5.1 Abhilfe durch Mindern des Abstrahlgrads

- Druckausgleich: Gleicher Luftdruck vor und hinter der schwingenden Wand (akustischer Kurzschluss) durch Lochblech (möglichst mit Lochflächenanteil > 30 %) für Deckel, Verkleidungen usw., die nicht gleichzeitig abdichten müssen.
- Grenzfrequenz zu möglichst hohen Werten verschieben, um den günstigen Frequenzbereich mit $\sigma < 1$ zu erweitern
- Wenn der Schwerpunkt der Frequenz f unterhalb f_g liegt, kann der Frequenzbereich schlechter Schallabstrahlung $\sigma < 1$ durch eine schwerere Ausführung mit mög-

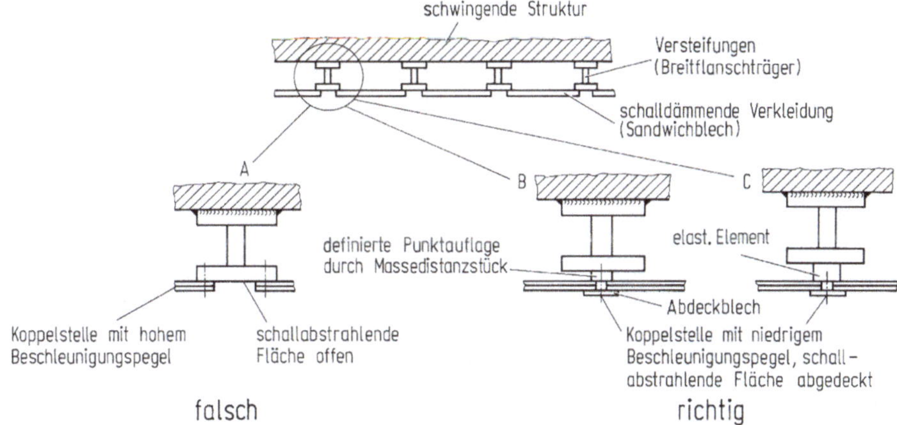

Abb. 2.7 Beispiele für schalldämmende Verkleidungsbleche an schwingenden Strukturen (VDI 3720 Blatt 2)

lichst konstanter Biegesteifigkeit erweitert werden. Bei Leichtbau biegeweichere Ausführung anstreben

- Weit oberhalb der Grenzfrequenz $f \gg f_g$ helfen nur Maßnahmen, die den Körperschall in der abstrahlenden Platte mindern, z. B. dickere Wände.

Weitere Maßnahmen:

- Funktionstrennung: Kraftfluss aus den Betriebskräften auf einen steifen inneren Bereich beschränken, Wände mit Schutz- und Dichtfunktion mit Gummi- oder Federelementen körperschallisoliert befestigen, Abb. 2.7
- Öffnungen für Wellen, Rohrleitungen, Fugenspalten usw. abdichten, damit kein Luftschall austreten kann oder Schalldämpfer an den Öffnungen anordnen [17]
- Innenflächen mit schallabsorbierender Beschichtung versehen, um den Luftschallpegel im Inneren abzusenken (oft betriebsbedingt nicht möglich: Ölnebel, Wärmeabfuhr)

2.2.5.2 Abhilfe durch Kapseln von Maschinen

Primärmaßnahmen im Sinne der Minderung von Schwingungen am Entstehungsort und Sekundärmaßnahmen am Übertragungspfad und bei der Abstrahlung reichen oft nicht aus. Dann bietet sich als wirksame Sekundärmaßnahme die Kapselung an.

Tab. 2.4 zeigt an einem Beispiel, welche Schalldruckpegelsenkung durch geeignete Kapselung erreicht werden kann. Blechkapseln ohne Auskleidung ermöglichen bereits eine beachtliche Reduzierung des Abstrahlgrads, allerdings nur, wenn sie körperisolierend angekoppelt werden.

Tab. 2.4 Ausführungsformen (schematisch) für Maschinenschutzverkleidungen (Kapselung) an einer angenommenen Maschine einschließlich zugehörigem A-Schalldruckpegel L_{pA} (VDI 3720 Blatt 2)

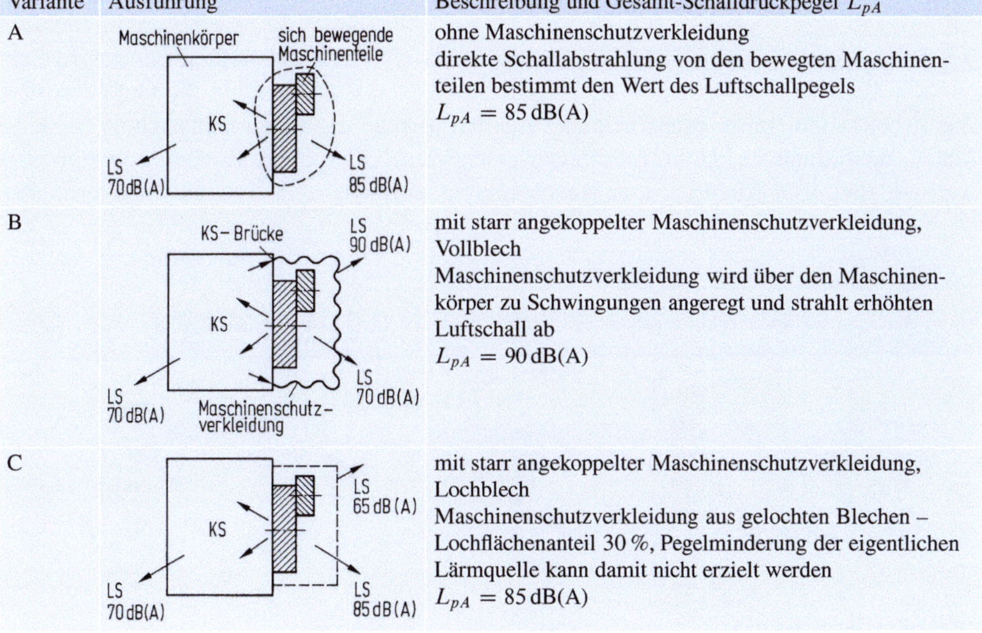

Variante	Ausführung	Beschreibung und Gesamt-Schalldruckpegel L_{pA}
A	Maschinenkörper; sich bewegende Maschinenteile; KS; LS 70 dB(A); LS 85 dB(A)	ohne Maschinenschutzverkleidung direkte Schallabstrahlung von den bewegten Maschinenteilen bestimmt den Wert des Luftschallpegels $L_{pA} = 85\,\text{dB(A)}$
B	KS-Brücke; LS 90 dB(A); KS; LS 70 dB(A); Maschinenschutzverkleidung; LS 70 dB(A)	mit starr angekoppelter Maschinenschutzverkleidung, Vollblech Maschinenschutzverkleidung wird über den Maschinenkörper zu Schwingungen angeregt und strahlt erhöhten Luftschall ab $L_{pA} = 90\,\text{dB(A)}$
C	LS 65 dB(A); KS; LS 70 dB(A); LS 85 dB(A)	mit starr angekoppelter Maschinenschutzverkleidung, Lochblech Maschinenschutzverkleidung aus gelochten Blechen – Lochflächenanteil 30 %, Pegelminderung der eigentlichen Lärmquelle kann damit nicht erzielt werden $L_{pA} = 85\,\text{dB(A)}$

Tab. 2.4 (Fortsetzung)

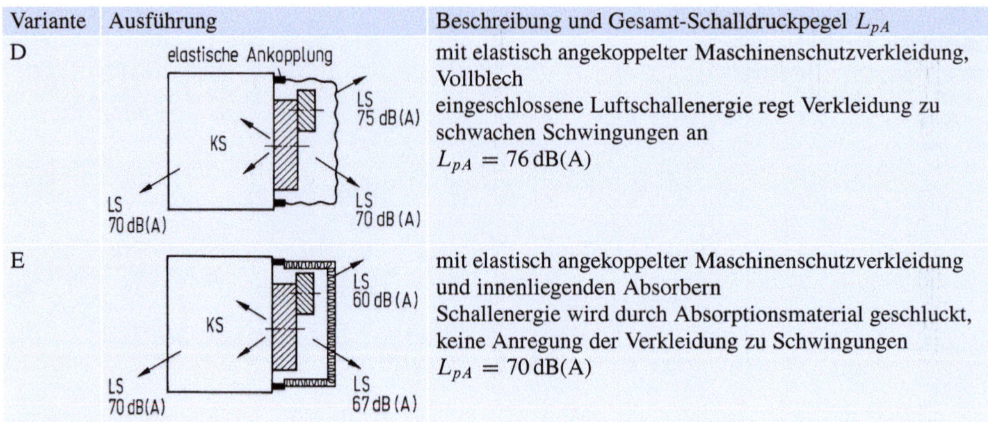

Variante	Ausführung	Beschreibung und Gesamt-Schalldruckpegel L_{pA}
D	elastische Ankopplung; KS; LS 75 dB(A); LS 70 dB(A); LS 70 dB(A)	mit elastisch angekoppelter Maschinenschutzverkleidung, Vollblech eingeschlossene Luftschallenergie regt Verkleidung zu schwachen Schwingungen an $L_{pA} = 76\,\text{dB(A)}$
E	KS; LS 60 dB(A); LS 70 dB(A); LS 67 dB(A)	mit elastisch angekoppelter Maschinenschutzverkleidung und innenliegenden Absorbern Schallenergie wird durch Absorptionsmaterial geschluckt, keine Anregung der Verkleidung zu Schwingungen $L_{pA} = 70\,\text{dB(A)}$

LS: Luftschall
KS: Körperschall
~: schwache Schwingungen
∿: starke Schwingungen

2.3 Ergonomie

Maschinen (auch Geräte und maschinentechnische Anlagen) sollen so gestaltet werden, dass der Benutzer sie sicher sowie einfach und leicht handhaben kann, siehe DIN EN ISO 12100 [13]. Sie sollen den Körpermaßen und -kräften sowie der Qualifikation und physiologischen Struktur des Menschen (Fachleute, Erwachsene, Kinder, Behinderte usw.) angepasst werden. Außerdem ist die potenziell mangelnde Sorgfalt der Benutzer zu berücksichtigen: So werden etwa bei Haushaltsmaschinen die Anforderungen bezüglich Sorgfalt der Handhabung und Wartung sehr niedrig angesetzt, z. B. keine Nachschmierung der Gleitstellen (z. B. Wälzlager mit Lebensdauerfüllung, Kunststofflager).

2.3.1 Arbeits- und Umweltsicherheit

Zur Arbeits- und Umweltsicherheit sind eine Reihe von Gesetzen, Verordnungen, Unfallverhütungsvorschriften, DIN-Normen und VDI-Richtlinien zu beachten und einzuhalten. Zu unterscheiden ist die Arbeits- und Umweltsicherheit von der Bauteilsicherheit (Sicherheitsfaktoren), die die Haltbarkeit eines Bauteils gewährleisten sollen, Kap. 1: Arbeitsmethoden in der Konstruktion. Generell gilt folgende Drei-Stufen-Methode:

1. Stufe
Vorrangig sollten Maschinen so beschaffen sein, dass bei Handhabung und Benutzung keine Gefahr für Leben, Gesundheit und Umwelt auftreten kann; beispielsweise sollten bewegliche Elemente einer Maschine unerreichbar im Maschinenkörper untergebracht werden („unmittelbare Sicherheitstechnik").

2. Stufe
Wenn eine unmittelbare Sicherheitstechnik nicht möglich ist, sollten besondere Schutzmaßnahmen vorgesehen werden, um die Gefahren wirkungslos zu machen („mittelbare Sicherheitstechnik"). Zu diesen Maßnahmen gehören Sicherheitsabstände, die einzuhalten sind, damit der Benutzer die Gefahrstelle nicht erreichen kann, Tab. 2.5.

Tab. 2.5 Sicherheitsabstände nach DIN EN 349 [9]

Eine Quetschstelle wird für die angegebenen Körperteile nicht als Gefahrstelle angesehen, wenn folgende Sicherheitsabstände nicht unterschritten werden und sichergestellt ist, dass das nächstgrößere Körperteil nicht hineingeraten kann.						
Körperteil	Körper	Bein	Fuß	Arm	Hand, Handgelenk, Faust	Finger
Sicherheitsabstände in mm	500	180	120		100	25

- Verkleidungen, Verdeckungen, die den Benutzer hindern, die Gefahrenstelle zu erreichen; beispielsweise arbeiten Werkzeugmaschinen nur bei Abdeckung des Arbeitsbereichs. Sie können auch dem Schutz vor wegfliegenden Teilen dienen. Es können Sonderverschlüsse, Plomben gegen unbefugte Eingriffe vorgesehen werden.
- Umwehrungen, z. B. in Form eines Schutzzaunes mit einem Sicherheitsabstand, der die Gefahrstelle unerreichbar macht und auch gegen wegfliegende Teile schützt.

3. Stufe
Wenn ein Schutz zwar sinnvoll aber wirtschaftlich nicht zu erreichen ist, müssen Hinweisschilder bzw. leicht verständliche Gebrauchs- oder Betriebsanweisungen für eine gefahrlose Handhabung sorgen.

- Gefahrstellen, die auf eine oder andere Weise gesichert werden müssen, sind Quetsch-, Scher-, Schneid-, Stich-, Stoß-, Fang-, Einzug- und Auflaufstellen insbesondere an bewegten Teilen wie Zahnrad-, Ketten- und Riemengetrieben, Kupplungen, Schwungrädern, Wellen, Walzen, Stößel usw., aber auch an ruhenden Teilen: Scharfe Ecken und Kanten, raue Oberflächen, können zu Verletzungen führen, sollen daher entgratet, gebördelt oder eingefasst werden.
- Arbeits- und Wartungsplätze sind tritt- und stehsicher zu gestalten (Gleithemmung, evtl. Fußleisten, Geländer); Transport: Schwere Maschinen und Geräte müssen mit geeigneten Anschlageinrichtungen ausgerüstet werden. Standsicherheit: Freistehende Maschinen und Geräte müssen eine stabile Gewichtsverteilung oder Befestigungsmöglichkeiten aufweisen, so dass sie nicht etwa durch Erschütterungen oder Winddruck fortbewegt werden können.
- Fachleute sind bei Gefährdung durch elektrische Energie, Schwingungen und Geräusch, chemische Reaktionen sowie radioaktive Strahlung zuzuziehen.

2.3.2 Ergonomiegerechte Handhabung

Die Anforderungen an die Arbeitssicherheit erfassen in vielen Fällen auch die an die Arbeitsbelastung des Menschen. Darüber hinaus lassen sich Gestaltungsregeln angeben, die zum Ziel haben, die Handhabung von Maschinen zu vereinfachen, den Benutzer weniger zu beanspruchen, leistungsfähiger zu machen, Fehlhandlungen durch Ermüdung vermeiden zu helfen, siehe VDI 2242 [29].

- einfache, sinnfällige (fehlgriffsichere) und bequeme Lage, Form und Bewegung der Schaltelemente
- entspannte Stellung des Benutzer ermöglichen (Rückenstütze, Polsterung), durchschnittliche Körpermaße berücksichtigen, evtl. Einstellmöglichkeit vorsehen, Tab. 2.6.
- Schaltelemente im leicht erreichbaren Bereich der Hände und Füße, bzw. der Anzeigeorgane in Augenhöhe ordnen, evtl. mehrere Schaltbewegungen in einem Hebel vereinigen (Einhebelsteuerung).
- Schaltplan oder Schaltanweisung an den Schaltgriffen oder in deren Nähe fest anbringen.

Für die Handhabung ergonomisch günstige Bedingungen [25]:

- Mechanische Leistungsfähigkeit des Menschen berücksichtigen: Etwa 4 kW für ca. 10 s; 0,7 kW für einige Minuten; 0,2 kW für Acht-Stunden-Schicht. Darüber hinaus sind Leistungsverstärker erforderlich (VDI 2242).

Tab. 2.6 Körpermaße der Altersgruppe 18–65 Jahre nach DIN 33402 Teil 2 [8], Perzentil: Einteilung einer Grundgesamtheit (Normalverteilung)

		Perzentile in mm					
		Männlich			Weiblich		
		5 %	50 %	95 %	5 %	50 %	95 %
1	Reichweite nach vorn (Griffachse)	685	740	815	625	690	750
2	Körpertiefe, stehend	260	285	380	245	290	345
3	Reichweite nach oben, beidarmig (Greifachse)	1975	2075	2205	1840	1945	2025
4	Körperhöhe	1650	1750	1855	1535	1625	1720
5	Augenhöhe	1530	1630	1735	1430	1515	1605
6	Schulterhöhe	1345	1450	1550	1260	1345	1425
7	Ellenbogenhöhe über Standfläche	1025	1100	1175	960	1020	1080
8	Höhe der Hand (Griffachse) über der Standfläche	730	765	825	670	715	760
9	Hüftbreite, stehend	340	360	385	340	365	400
10	Schulterbreite (bideltoid)	440	480	525	395	435	485

Tab. 2.6 (Fortsetzung)

		Perzentile in mm					
		Männlich			Weiblich		
		5 %	50 %	95 %	5 %	50 %	95 %
11	Körpersitzhöhe (Stammlänge)	855	910	965	810	860	910
12	Augenhöhe, sitzend	740	795	855	705	755	805
13	Ellenbogenhöhe über der Sitzfläche	210	240	285	185	230	275
14	Länge des Unterschenkels mit Fuß (Sitzflächenhöhe)	410	450	490	375	415	450
15	Ellenbogen-Griffachsen-Abstand	325	350	390	295	315	350
16	Gesäß-Kniekehlen-Länge (Sitztiefe)	450	495	540	435	485	530
17	Gesäß-Knielänge	565	610	655	545	590	640
18	Gesäß-Beinlänge	965	1045	1140	925	990	1055
19	Oberschenkelhöhe	130	150	180	125	145	175
20	Breite über dem Ellenbogen	415	480	555	395	485	555
21	Hüftbreite, sitzend	350	375	420	360	390	460

- Handrad drehen: Bei größerer Drehzahl Handrad mit 0,32 ... 0,40 m Durchmesser an horizontaler Achse anordnen mit Radachse etwa 1 ... 1,2 m über dem Boden und Handkraft etwa 200 N; für große Umfangskraft Rad an vertikaler Achse in Höhe von 0,75 ... 1,3 m vorsehen.
- Kurbel drehen: Die Kurbelachse in etwa 1 m Höhe, den Kurbelradius mit etwa 0,4 m und die Handkraft < 130 N ansetzen.
- Handhebel: Waagrechte Handbewegung ist günstiger als senkrechte, Handkraft < 130 N, Handweg < 0,75 m; für häufige Handhabung etwa halbe Maximalwerte.
- Fußhebel: Fußkraft < 500 N und Fußweg < 18 cm; für häufige Handhabung etwa halbe Maximalwerte
- Zug an Kette: Günstig ist senkrechte Zugrichtung, Zugkraft < 500 N.

2.4 Fertigung und Werkstoff

Fertigungsgerechte Gestaltung geht einher mit einer auf die Fertigung abgestimmten Wahl des Werkstoffs und der Stückzahl der zu fertigenden Produkte (bzw. umgekehrt). In vielen Fällen empfehlen sich daher Vergleichsentwürfe und Vergleichskalkulationen. Abb. 2.8 zeigt an einem einfachen Beispiel, wie sich die Gestaltung eines Bauteils der Art der Fertigung und dem Werkstoff anpassen muss, Abb. 2.9 zeigt den Einfluss der Stückzahl auf die Stückkosten desselben Bauteils.

Hinsichtlich der Stückzahl kann in Massen- oder Einzelfertigung unterschieden werden. Je nach Stückzahl und vorhandenen Einrichtungen wird in der Praxis ein Kompromiss zwischen beiden Extremen zu finden sein.

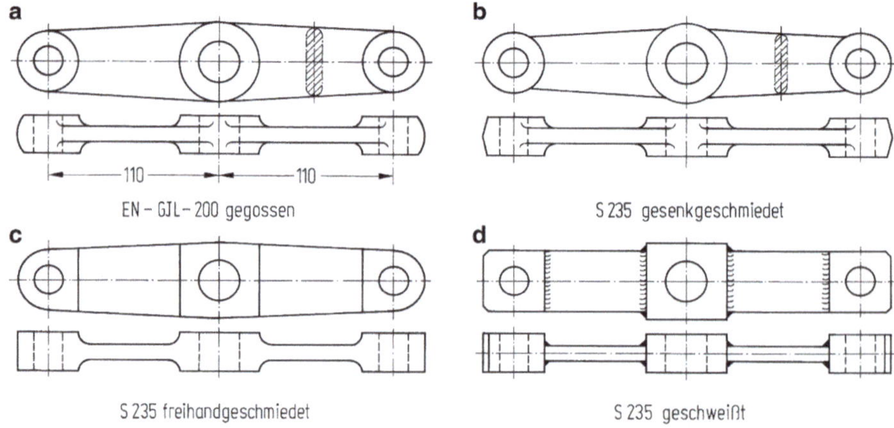

Abb. 2.8 Gestaltung eines Doppelhebels gleichwertiger Funktion unterschiedlicher Herstellung nach [24]

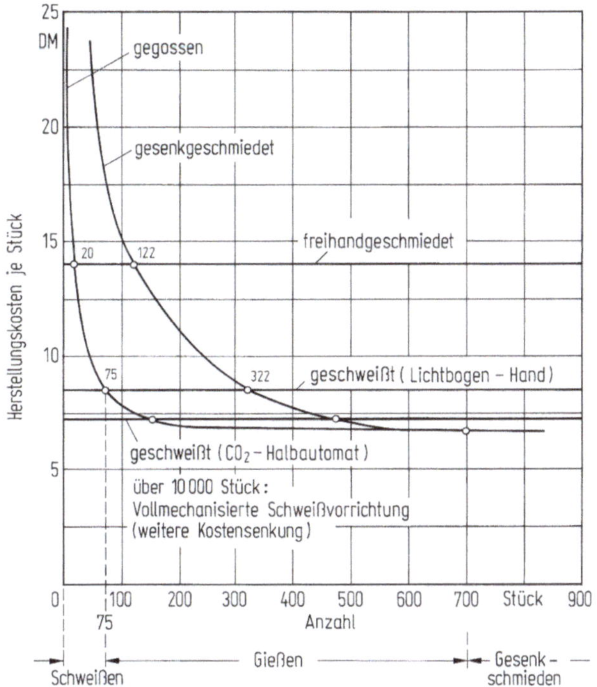

Abb. 2.9 Herstellkosten von Doppelhebeln nach Abb. 2.8 unter Einfluss der Stückzahl nach [24]

Massenfertigung

Bei sehr großer Stückzahl tritt die werkstoff- und zeitsparende spanlose Fertigung (Gießen, Schmieden, Walzen, Spritzen, Drücken, Ziehen) in den Vordergrund, da sich die Einmalkosten der hierfür erforderlichen Formstücke (Modelle, Matrizen, Gesenke) auf eine große Werkstückzahl verteilen. Hier lohnt sich auch der erhöhte Konstruktionsaufwand für eine nahezu optimale Gestaltung und eine verfeinerte Aufteilung der Konstruktion. Unter Umständen ist dann auch eine Gestaltung tragbar, die Sondereinrichtungen (besondere Werkzeuge, Messgeräte, Vorrichtungen und Maschinen) erfordert.

Einzelfertigung

Bei geringer Stückzahl ist häufig eine einfachere Form zweckmäßig, um mit vorhandenen Einrichtungen und ohne Formstücke und Modelle auszukommen. Hier treten geschweißte Bauteile und/oder spangebende Formgebung aus dem Vollen (Drehen, Fräsen, Hobeln, Bohren usw.) gegenüber gegossenen oder geschmiedeten Bauteilen in den Vordergrund. In solchen Fällen wird auch mehr Anpassarbeit zugunsten einer einfacheren Fertigung zugelassen. Die additive Fertigung wie der 3D-Druck bietet eine weitere Möglichkeit Einzelteile und Kleinserien umzusetzen. Es können hierbei neben den Kunststoffen auch Aluminium, Titan, Stahl, Edelmetalle und Messing verarbeitet werden. Die qualitativ hochwertigen und preisintensiven Bauteile werden zunehmend im Automobil und Flugzeugbau eingesetzt.

2.4.1 Gussformteile

Gießen als kürzester Weg vom Rohstoff zum Fertigprodukt erlaubt eine freizügige Gestaltung der Formteile und damit eine gute Anpassung an Erfordernisse der Funktion. Daneben werden durch besondere Gießverfahren auch Halbzeuge hergestellt, die durch Umformen, Trennen und Fügen weiterbearbeitet werden: Blockguss, Strangguss, Band- und Drahtguss usw. [16].

Im Maschinen- und Fahrzeugbau wird vor allem Gusseisen mit Lamellengraphit, zunehmend auch Gusseisen mit Kugelgraphit und Aluminium, mit abnehmender Tendenz Stahlguss und Temperguss verwendet. Gießbare Werkstoffe und deren Eigenschaften werden in Kap. 5 behandelt.

2.4.1.1 Form- und Gießverfahren

Zur Herstellung der Form für ein Gussstück wird ein Modell, das dem fertigen Bauteil in Gestalt und Abmessungen entspricht, benötigt. Es ist um das Schwindmaß (siehe Abschn. 2.4.1.2) größer und weist Bearbeitungszugaben auf. Durch Weiterentwicklung der Gießtechnik wird versucht, diese und damit den Aufwand für die Fertigbearbeitung durch Drehen, Fräsen, Bohren immer weiter zu verringern. Es werden Verfahren mit verlorenen (nur einmal nutzbaren) Modellen und solche mit Dauermodellen unterschieden, Abb. 2.10. Die Anwendung richtet sich nach der Stückzahl der Gussteile: Mit einem (teuren) Dauermodell können viele verlorene (nur einmal nutzbare) Formen hergestellt werden, mit einem (billigeren) verlorenen Modell nur eine verlorene (einmal nutzbare) Form. In der Serienfertigung wird auch mit Dauerformen (ohne Modell) gearbeitet.

Der metallische Werkstoff wird als Schmelze in die Form eingefüllt, meist bei Umgebungsdruck unter dem Einfluss der Schwerkraft oder unter erhöhtem Druck oder durch Zentrifugalkraft. Besonderheiten und Hinweise zur Wahl des Form- und Gießverfahrens sind in Tab. 2.7 und [16] aufgelistet.

2.4.1.2 Gießvorgang

Beim Abkühlen der Schmelze nimmt die Dichte der Metalle zu, das Volumen nimmt ab. Dabei sind zwei Phasen zu unterscheiden:

Schrumpfen

Bei der Umwandlung des flüssigen in den festen Zustand tritt Schrumpfen auf. Der Erstarrungsprozess schreitet fort von außen nach innen und vom dünnen zum dicken Querschnitt. Ausreichend große, evtl. mehrere, Eingussstellen (Speiser) und Nachsaugstellen (Steiger) sind erforderlich, damit genügend Material nachfließen kann. Nach dem Abkühlen werden Speiser und Steiger als „verlorene Köpfe" abgetrennt und Gussgrate entfernt. Der noch anhaftende Formstoff wird in rotierenden Putztrommeln oder durch Putzstrahlen beseitigt.

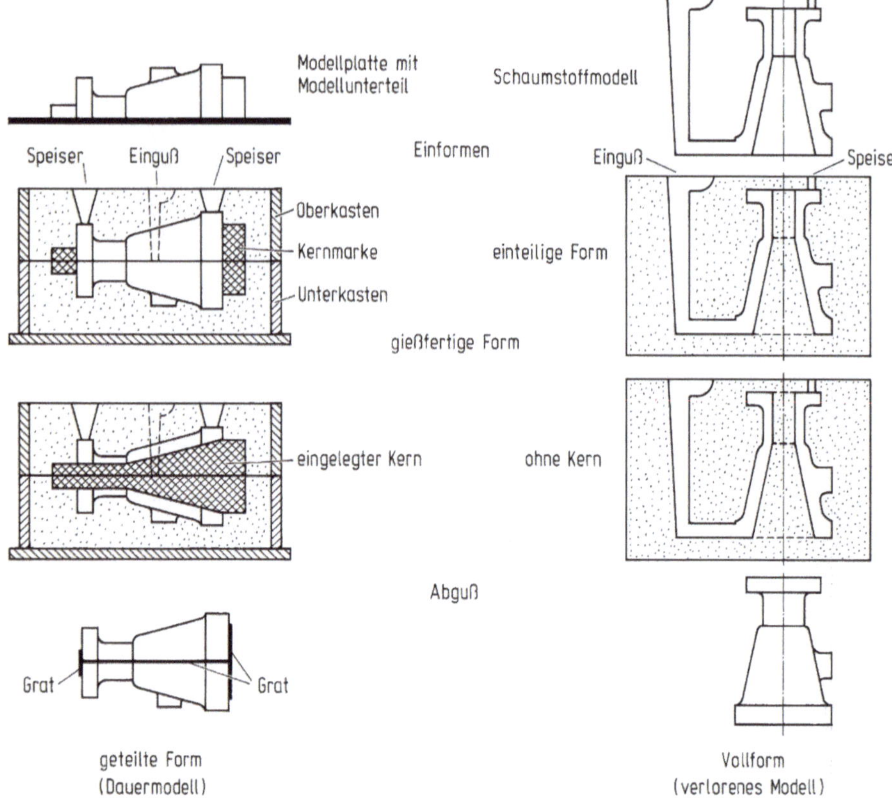

Abb. 2.10 Prinzip des Gießens mit geteilter Form und Vollform

Tab. 2.7 Anwendungsbereich der Gießverfahren: Abmessungen und Werkstoffe der Gussteile [25]

Gießverfahren	Abmessungen	Gusseisen mit Lamellen-graphit Temperguss (Stahlguss)	Al-Leg.	Mg-Leg.	Zn-Leg.	Messing
Sandguss	Wanddicke ≥ in mm	3,0 (5,0)	3,5	3,5	3,5	3,5
	Erreichbare Maßgenauigkeit ± in mm	1,0	0,8	0,8	0,8	1,0
Kokillenguss	Wanddicke ≥ in mm	3,0	3,0	3,0	3,0	3,0
	Erreichbare Maßgenauigkeit ± in mm	0,2	0,2 … 0,3	0,2 … 0,3	0,2 … 0,3	–
	Mindest-Stückzahl	–	200	200	200	200
	Stückgröße bis in kg	–	50	50	50	50
Druckguss	Wanddicke ≥ in mm	–	0,8 … 3,0	0,8 … 3,0	0,5 … 3,0	1,0 … 3,0
	Erreichbare Maßgenauigkeit ± in mm	–	0,03 … 0,1	0,02 … 0,1	0,02 … 0,1	0,15 … 0,1
	Mindest-Stückzahl	–	500	500	500	500
	Stückgröße bis in kg	–	10	10	20	25
	Für eingegossene Bohrung:					
	Durchmesser D in mm ≥	–	2,0	2,0	0,5	4,0
	Tiefe L (durchgehend) ≤ in D	–	3	4	8	3
	Tiefe L (nicht durchgehend) ≤ in D	–	2	3	4	2
	Verjüngung von L in %	–	0,4 … 0,8	0,3 … 0,4	0,2 … 0,4	1,0 … 2,0

Tab. 2.8 Anhaltswerte für die lineare Schwindung von Gussteilen [15]

Gusswerkstoff	Richtwert in %	Mögliche Schwankungsbreite in %
Gusseisen mit Lamellengraphit	1,0	0,5 … 1,3
Gusseisen mit Kugelgraphit, ungeglüht	1,2	0,8 … 2,0
Gusseisen mit Kugelgraphit, geglüht	0,5	0,0 … 0,8
Stahlguss	2,0	1,5 … 2,5
Manganhartstahl	2,3	2,3 … 2,8
Temperguss (weiß)	1,6	1,0 … 2,0
Temperguss (schwarz)	0,5	0,0 … 1,5
Aluminium-Gusslegierungen	1,2	0,8 … 1,5
Magnesium-Gusslegierungen	1,2	1,0 … 1,5
Kupferguss (Elektrolyt)	1,9	1,5 … 2,1
Guss-CuSn-Legierungen (Gussbronzen)	1,5	0,8 … 2,0
Guss-CuSn-Zn-Legierungen (Rotguss)	1,3	0,8 … 1,6
Guss-CuZn-Legierungen (Gussmessing)	1,2	0,8 … 1,8
G-CuZn (Mn, Fe, Al-Legierungen) (Guss-Sondermessinge)	2,0	1,8 … 2,3
G-CuAl (Ni, Fe, Mn-Legierungen) (Guss-Aluminium- und Guss-Mehrstoff-Aluminiumbronzen)	2,1	1,9 … 2,3
Zinkguss-Legierungen	1,3	1,1 … 1,5
Weißmetall (Pb, Sn)	0,5	0,4 … 0,6

Schwinden

Die lineare Schwindung tritt im festen Zustand auf. Diese sogenannte Festschwindung ist durch ein entsprechendes Aufmaß (Schwindmaß) zu berücksichtigen. Anhaltswerte für die lineare Schwindung von Gussteilen sind in Tab. 2.8 zusammengefasst. Die hier ebenfalls angegebenen möglichen Schwankungsbreiten sind beachtlich. Sie ergeben sich aus Schwindungsbehinderung durch Rippen, Vorsprünge, sowie Kerne und Formpartien unterschiedlicher Steifigkeit. Vorsicht ist also geboten, Erfahrung nutzen!

Bei kleinen Gussstücken liegt das Schwindmaß meist innerhalb der zulässigen Freimaßtoleranzen oder kann durch Bearbeitungszugaben aufgefangen werden. Bei unzweckmäßig gestalteten großen Gussstücken besteht die Gefahr, dass behinderte Schwindung zu hohen Eigenspannungen führt und als Folge zu Verzug, Verkürzungen und evtl. Rissen.

2.4.1.3 Gestaltungsregeln

Folgende Maßnahmen und Gestaltungsregeln sind geeignet, den aus dem Gießvorgang resultierenden Problemen zu begegnen (Es empfiehlt sich jedoch, Entwürfe von komplizierten Gussteilen mit einem Gießereifachmann zu besprechen.):

- Gerichtete (gelenkte) Erstarrung: Die Erstarrung der Schmelze soll an der dem Speiser gegenüberliegenden Stelle beginnen und zum Speiser hin fortschreiten. Dadurch kann immer wieder Schmelze von der Eingussstelle her nachfließen, so dass Lunkerbildung vermieden wird, Abb. 2.11. Die Anwendung der Heuvers'schen Kreisme-

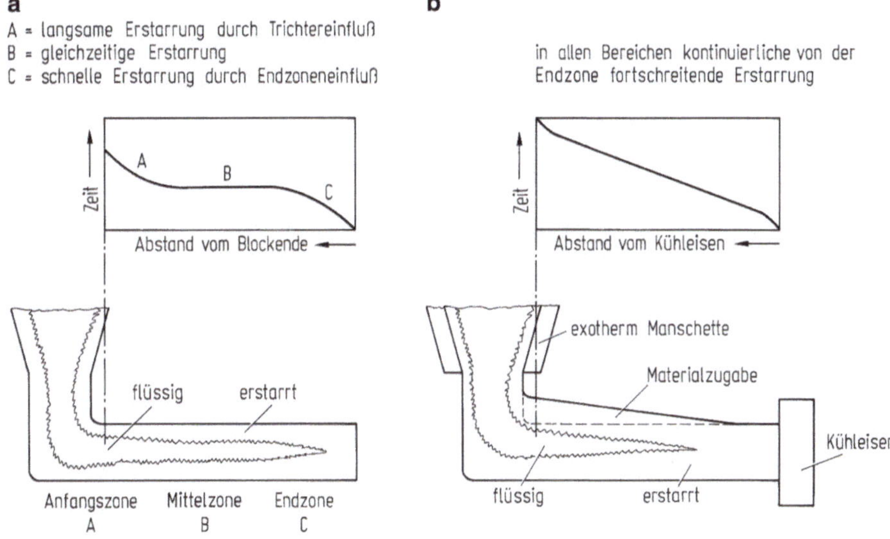

Abb. 2.11 Erstarrungsverlauf in einer Platte, **a** gleichzeitige Erstarrung der Mittelzone B führt zu einem Mittellinienlunker, **b** gießtechnische Möglichkeiten zu gelenkter Erstarrung und dichtem Gefüge [3]

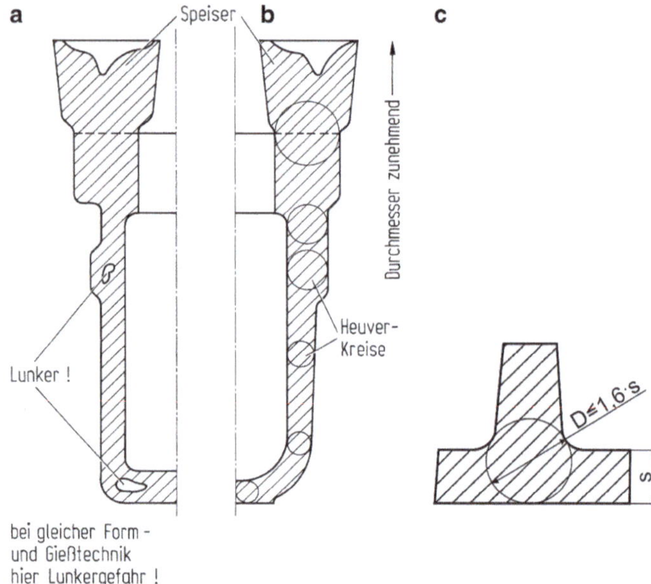

Abb. 2.12 Beurteilung der Querschnittsgestaltung nach der Methode der Heuvers'schen Kreise, **a** ungünstig, **b** günstig, **c** bei Materialanhäufungen

thode ermöglicht hierbei eine gussgerechte Gestaltung. Ausgehend von der geringsten Wanddicke werden einander berührende Kreise in den Wandquerschnitt eingezeichnet, deren Kreisflächen sich um einen sog. Heuversfaktor, abhängig von Gussart und Werkstoff, bis zum Speiser vergrößern, Abb. 2.12b. Bei einer gießgerechten Konstruktion liegt dieser Faktor nahe bei eins bzw. etwas größer als eins [18].

- möglichst geringe Wanddickenunterschiede anstreben. Materialanhäufungen führen zu verzögerter Erstarrung der Schmelze, d. h. Gefahr von Lunkern, sowie behinderter Schwindung, d. h. Eigenspannungen. Die Beurteilung einer Materialanhäufung kann ebenfalls mittels der Heuvers'schen Kreise erfolgen. Der größtmögliche in die Materialanhäufung einbeschriebene Kreis, wird „Heuvers'sche Kreis" genannt. Ist sein Durchmesser größer als 1,6 mal der Wandstärke, so ist Lunkerbildung zu erwarten [23], Abb. 2.12c.

Man beachte: Risse und Brüche treten oft erst bei der spanabhebenden Bearbeitung auf, d. h. wenn sich der Eigenspannungszustand ändert. Sind größere Querschnittssprünge funktionell erforderlich, kann die Abkühlung an diesen Stellen durch Kühlplatten beschleunigt werden. Durch Spannungsarmglühen können Eigenspannungen nachträglich gemindert werden.

- Geometrisch einfache Gestalt des Gussteils erleichtert die Herstellung der Gussform, die möglichst in zweiteiligem Kasten eingeformt werden sollte. Teilebene in Längsrichtung des Modells legen.
- Durch Aushebeschrägen lassen sich das Modell und das Gussteil leichter aus der Form herausheben, Richtwerte: bis 1 : 100 bei Kokillen- und Spritzguss, bis 1 : 50 bei hohen Flächen, bis 1 : 3 bei niedrigen Augen usw.

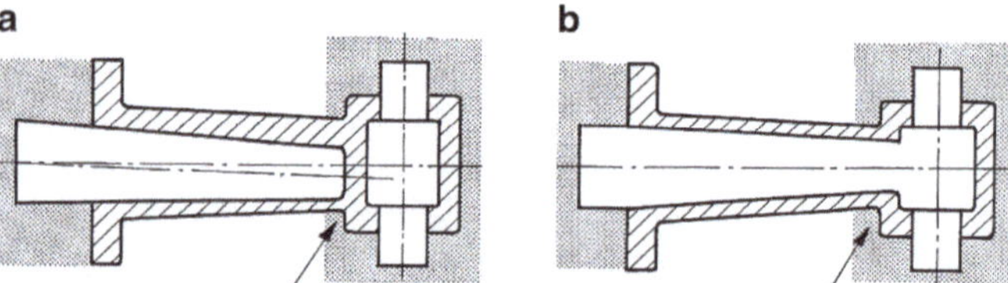

Abb. 2.13 Abstützung von Kernen, **a** schlecht, **b** besser

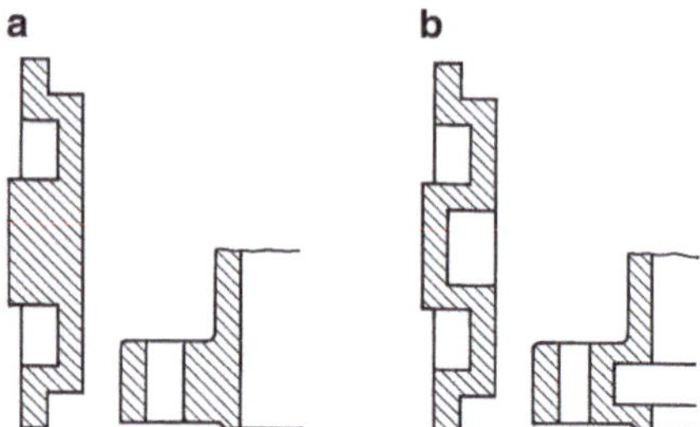

Abb. 2.14 Gestaltung eines Tempergussbauteils, **a** schlecht, **b** besser

Man beachte: Hinterschneidungen sind grundsätzlich möglich (Kerne), verteuern und komplizieren jedoch die Gussform, d. h. sie sind nach Möglichkeit zu vermeiden.

- Hohlräume so gestalten, dass sich Kerne vermeiden lassen. Notwendige Kerne sollen einfache, leicht herstellbare Form aufweisen, fest und steif sein, ausreichende Aufstands- oder Abstützfläche haben und ohne besondere Kernstutzen in der Gussform fixiert werden können, Abb. 2.13.
- Der Teil des Gussstücks, der beim Gießen oben liegt, hat durch Verdrängung der Luft aus der Form (sogenannte Entgasung) ein undichteres Gefüge als der untenliegende. Deshalb: Die Seite des Gussstücks, die funktionell ein besonders dichtes Gefüge haben soll, nach unten legen. Geneigte Flächen erleichtern die Abwanderung der Luft nach oben (zu den Steigern), Abb. 2.11.
- Zu bearbeitende Flächen in parallel oder senkrecht zueinanderstehende Ebenen legen, dicht nebeneinanderliegende Bearbeitungsflächen zusammenfassen. Ansenkungen für Bohrungen mitgießen, beim schrägen Durchbohren von Wänden für senkrechten Bohreraufstand sorgen, Tab. 2.12 Nr. 4.
- Versteifungsrippen dünner als die Wände ausführen (elastischer Spannungsausgleich mindert die Rissgefahr).
- Bereiche des Gussstücks, an die besondere Anforderungen gestellt werden, wie Dichte, porenfeie oder glatte Oberfläche oder höhere Festigkeit auf der Zeichnung vermerken. Dann können Modellmacher und Gießer entsprechende Vorkehrungen treffen.
- Bei Temperguss ist wegen des Durchtemperns auf eine gleichmäßige Wanddicke von etwa 3...8 mm zu achten (Abb. 2.14).

- Leichtmetall-Guss, z. B. Silumin (Aluminium-Silizium-Legierung), ist dünnflüssiger, weist gegenüber Gusseisen mit Lamellengraphit eine höhere Warmzähigkeit auf, eignet sich daher auch für komplizierte Teile als Kokillenguss (z. B. Leichtmetall-Motorblöcke), auch für dünne Wände. Bei Leichtmetall-Gussteilen ist besonders auf gleiche Dicke, ausreichend verrippte, große Ausrundungshalbmesser und Trägheitsmomente der Querschnitte zu achten. Wegen der geringeren Härte und Festigkeit ist eine gleichmäßige Kraftverteilung wichtig, z. B. an Verbindungsstellen sind mehr Schrauben und größere Auflageflachen vorzusehen.
- Bei Großserienfertigung können auch Guss-/Schweiß-Verbundkonstruktionen wirtschaftlich sein (Schweißeignung der Werkstoffe vorausgesetzt).

2.4.2 Schmiedeformteile

Das Rohteil (Block, Stange, Halbzeug, auch Gussstück aus geeignetem Werkstoff) wird durch Umformen, d. h. Hämmern, Recken oder Stauchen, zum weitgehend fertigen Werkstück. Daneben werden durch Strangpressen Drähte, profilierte Stangen und Rohre aus Stahl-, Cu-, Al-, Mg- und Zn-Blöcken hergestellt.

Schmiedeteile lassen sich lunker- und porenfrei mit dichtem homogenem Gefüge herstellen. Bei schmiedbarem Werkstoff werden durch geeignete Gestaltung ein der Form folgender Faserverlauf und damit eine höhere Festigkeit und Zähigkeit gegenüber Gussteilen erreicht.

Werkstoffe
Geeignet sind alle knetbaren Eisen- und Nichteisenmetalle, besonders gut schmiedbar sind unlegierte und legierte Bau- und Werkzeugstähle. NE-Metalle eignen sich besonders für die Herstellung von Rohrelementen beliebiger Gestalt, Dosen, Kapseln usw. durch Kaltfließpressen.

Genauigkeit
Nach der erreichbaren Genauigkeit wird unterschieden in: Normales Gesenkschmieden mit Maßgenauigkeit IT 12 ... 16 und Genauschmieden im geschlossenen Gesenk, meist mit Umformen im Halbwarmbereich, bei Stahl 600 ... 900 °C. Durch die höhere Maßgenauigkeit beim Genauschmieden, IT 9 ... 11, ist weniger spanende Fertigbearbeitung erforderlich.

2.4.2.1 Schmiedeverfahren

Nach dem meist angewendeten Warmschmieden (Temperatur bei Stahl 850 ... 1250 °C) bleibt keine Verfestigung zurück. Durch Kaltschmieden können kleine Formteile bei Raumtemperatur geschmiedet werden. Das Rohteil wird vom Halbzeug durch Abscheren, Sägen oder Abstechdrehen abgetrennt und ggf. auf Schmiedetemperatur erwärmt. Danach folgt die plastische Verformung entweder ohne oder mit einer dem Bauteil entsprechenden Form (= Gesenk).

Freiformschmieden
Das Hämmern oder Pressen der Werkstücke wird in der Regel für Einzel- und Kleinserienfertigung von Bauteilen mit 1 kg bis 350 t Gewicht angewendet. Meist ist spanende Fertigbearbeitung erforderlich.

Gesenkschmieden
Das Gesenk (aus legiertem Warmarbeitsstahl) entspricht der Gießform mit mehreren Zwischenformen. Das Verfahren eignet sich für kleine bis mittelgroße Werkstücke, ist wegen der teuren Gesenke jedoch nur für große Stückzahlen geeignet.

Stauchen
Dieses Grundverfahren des Schmiedens wird meist als Kaltstauchen ausgeführt, z. B. zum Anstauchen von Schraubenköpfen.

Präzisionsschmieden
Es ermöglicht, z. B. unter Schutzgas, mit genauer Temperaturführung, die Herstellung sehr genauer, einbaufertiger Werkstücke mit komplizierter Form, z. B. einbaufertig geschmiedete Kegelräder.

Pulverschmieden
Präzisionsschmieden mit einem Rohling aus gesintertem Metallpulver mit den Eigenschaften des Sintermetalls (siehe Kap. 5: Werkstoffe, Wärmebehandlung, ...)

2.4.2.2 Gestaltungsregeln

Komplizierte Teile, auch mit Hinterschneidungen, lassen sich erzeugen durch Hintereinanderschalten von mehreren Teilgesenken.

Sollen Schmiedestücke spanabhebend weiterbearbeitet werden, so sind Spann- und Anlageflächen für die spanabhebende Endbearbeitung vorzusehen!

Freiformschmieden
Möglichst einfache Formen mit gerader Begrenzung wählen (Abb. 2.8), keine runden Augen, schroffe Querschnittsübergänge, steile Abschrägungen und kegelige Flächen sowie Stauchungen, d. h. örtliche Verdickungen, vermeiden; komplizierte Werkstücke unterteilen.

Gesenkschmieden
Möglichst ebene Teilfuge und gleichmäßige Volumenverteilung zwischen Ober- und Untergesenk wählen; die Gratnaht ist dann leichter zu entfernen, die Belastung verteilt sich

Tab. 2.9 Biegeradien und gestreckte Längen von Stahlblechen nach [1] und DIN 6935 [6]

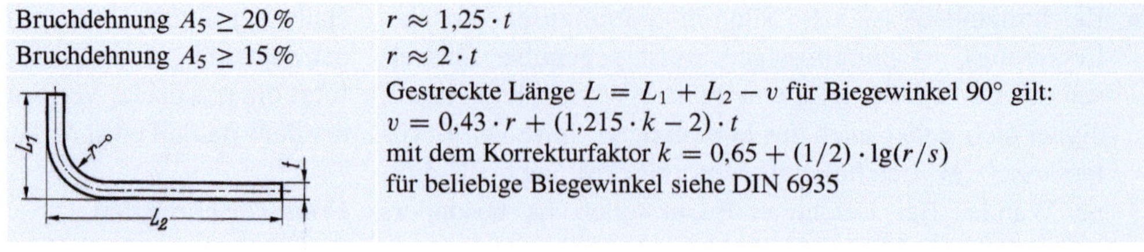

Bruchdehnung $A_5 \geq 20\,\%$	$r \approx 1{,}25 \cdot t$
Bruchdehnung $A_5 \geq 15\,\%$	$r \approx 2 \cdot t$
	Gestreckte Länge $L = L_1 + L_2 - v$ für Biegewinkel 90° gilt: $v = 0{,}43 \cdot r + (1{,}215 \cdot k - 2) \cdot t$ mit dem Korrekturfaktor $k = 0{,}65 + (1/2) \cdot \lg(r/s)$ für beliebige Biegewinkel siehe DIN 6935

Tab. 2.10 Gestaltung von gebogenen Blechteilen

Nachteilig	Besser	Anmerkungen
A B		Bruchgefahr bei zu scharfkantigem Biegen. Ausführung A nur mittels teurer Sonderwerkzeuge möglich
		Festigkeitsminderung durch zu scharfkantiges Zudrücken des gefalteten Bereichs über die ganze Fläche
A	B	Zu große Biegehalbmesser erhöhen die Rückfederung
b_1	b_2	Biegeschenkelbreite b_1 zu klein

gleichmäßig auf beide Gesamtteile. Große Radien für Rundungen und Hohlkehlen erleichtern den Fließvorgang. Aushebeschrägen, je nach Verfahren 1 : 50 bis 1 : 6, vorsehen, um das Schmiedeteil leicht aus dem Gesenk lösen zu können. Richtwerte hierzu sind in [20] angegeben.

2.4.3 Blechteile und Rohre

Mit Hilfe von ebenen und räumlichen Blechkonstruktionen lassen sich viele Formen ausführen. Durch geeignete Gestaltung werden hohe Tragfähigkeit, Festigkeit und Steifigkeit, bei geringem Gewicht, hoher Oberflächengüte und Maßhaltigkeit (gegenüber Guss- und Schmiedekonstruktionen), erreicht.

Herstellung

Die Herstellung erfolgt durch Schneiden, Ausbrennen, Lochen, Stanzen, Biegen, Abkanten, Rollen, Pressen, Ziehen und Drücken.

Gestaltung

Abfall klein halten durch günstige Blechaufteilung, Abfallstücke für Kleinteile verwenden. Geometrische Gesetze für lückenlos aneinanderschließende Flachteile sind in [19] angegeben. Größere Blechflächen durch eingepresste Hohlrippen (sogenannte „Sicken“) versteifen. Sickenhalbmesser etwa 2 ... 3 mal Blechdicke. Sicken an hochbeanspruchten Stellen nicht kreuzen lassen. Anhaltswerte für die Berechnung und Gestaltung gebogener und abgekanteter Blechteile geben Tab. 2.9 und 2.10. Empfehlungen für die Gestaltung von topfartigen Tiefziehteilen sind in Tab. 2.11 aufgelistet.

Biegehalbmesser von Rohren (Wanddicke t) bezogen auf Rohrmitte $r \geq 3 \cdot t$, notfalls $2 \cdot t$, ausführen. Eine kleine Ausrundung an der Werkzeug-Biegekante ist notwendig, sonst besteht Rissgefahr, insbesondere beim Biegen um 180°.

Fügen und Verbinden von Blechteilen

Fügen und Verbinden ist oft ohne Zusatz durch Lappen, Bördeln, Falzen, Schachteln oder Sicken möglich, Abb. 2.15; ferner durch Nieten (Kap. 9), Schrauben (Kap. 10), Schweißen (Kap. 7), Löten oder Kleben (Kap. 8).

2.4.4 Press- und Spritzgussteile aus Kunststoffen

Für den Maschinenbau wichtige Konstruktionswerkstoffe sind Thermoplaste, Duroplaste, Elastomere und Faserverbund-Kunststoffe, siehe Kap. 5: Werkstoffe. Entsprechend den unterschiedlichen Eigenschaften und Verarbeitungsmethoden gelten auch unterschiedliche Gestaltungsregeln für die Bauteile.

Spritzgussteile aus Thermoplasten

gleichmäßige Wanddicken anstreben, um innere Spannungen, Lunker und Einfallstellen zu vermeiden, Abb. 2.16.

Tab. 2.11 Gestaltung von gezogenen Blechteilen

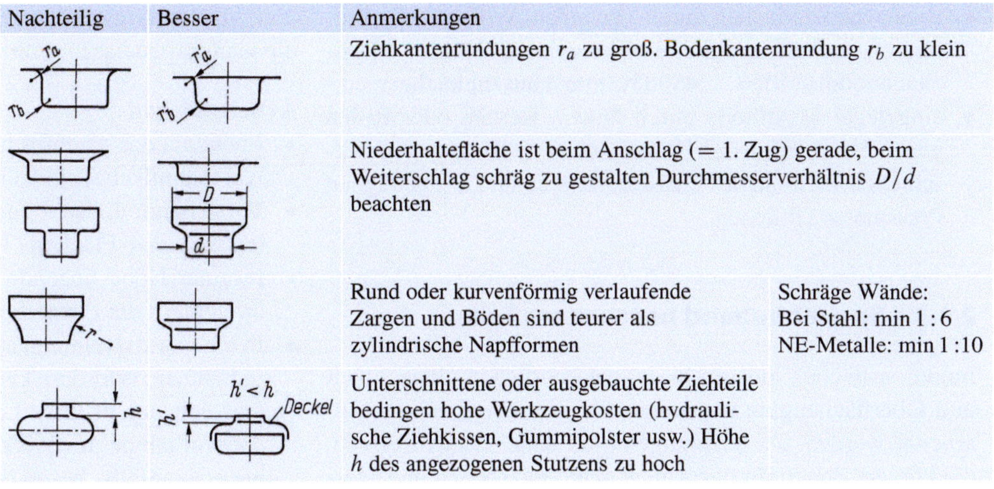

Nachteilig	Besser	Anmerkungen	
		Ziehkantenrundungen r_a zu groß. Bodenkantenrundung r_b zu klein	
		Niederhaltefläche ist beim Anschlag (= 1. Zug) gerade, beim Weiterschlag schräg zu gestalten Durchmesserverhältnis D/d beachten	
		Rund oder kurvenförmig verlaufende Zargen und Böden sind teurer als zylindrische Napfformen	Schräge Wände: Bei Stahl: min 1 : 6 NE-Metalle: min 1 :10
		Unterschnittene oder ausgebauchte Ziehteile bedingen hohe Werkzeugkosten (hydraulische Ziehkissen, Gummipolster usw.) Höhe h des angezogenen Stutzens zu hoch	

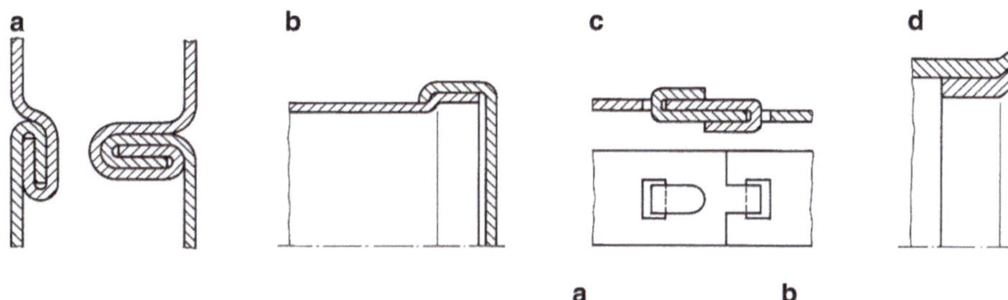

Abb. 2.15 Verbinden von Blechteilen durch **a** Falzen, **b** Bördeln, **c** Lappen, **d** Schachteln nach [2]

Hinweise für die Wahl von Wanddicken und Aushebeschrägen sind in Abb. 2.17 dargestellt.

- Ecken und Kanten abrunden, um Fließen der Formmasse zu erreichen.
- Rund-, Trapez- und Sägengewinde sind besser geeignet als Spitzgewinde; möglichst grobe Gewinde wählen.
- Hinterschneidungen und damit Einschübe und Kerne vermeiden, dies gilt auch für Innengewinde.

Tiefziehteile allgemein [1]

- extreme Übergänge bei den Formteilkonturen vermeiden
- Die Kantenradien sollen kleiner sein als die zweifache Dicke der ursprünglichen Platten.
- Die Radien an Stellen hoher Beanspruchung sollen mindestens das Zehnfache der geforderten Mindestwanddicke des Fertigteils betragen.
- Die Radien an Rippen und Rundungen sollen nicht kleiner sein als die geforderte Mindestwanddicke des Fertigteils.

Bauteile aus Faserverbund-Kunststoffen

- bei hochbelasteten Bauteilen (z. B. Hubschrauberflügel, Druckrohre) Fasern in Richtung der Normalspannungen legen.
- gleichmäßige Wanddicken anstreben; min. 1 mm, um die Form sicher auszufüllen und Fasern sicher einzubetten; max. 10 mm, um Eigenspannungen, Verzug und Risse zu vermeiden.
- Rippen mit großer Ausrundung anschließen, um Fasern beanspruchungsgerecht umzulenken.
- Aushebeschrägen vorsehen, um Ausformen zu erleichtern.

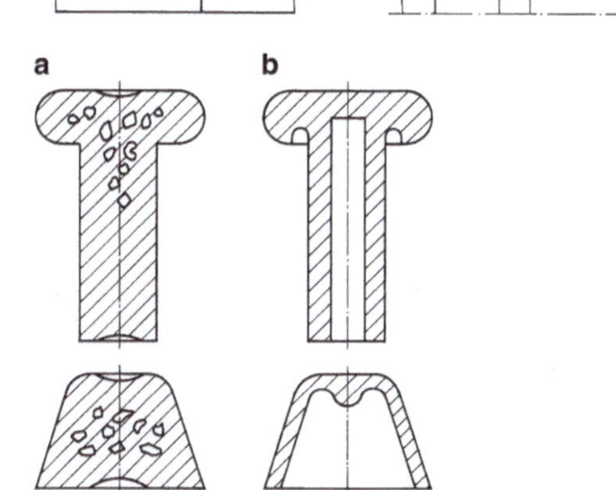

Abb. 2.16 Gestaltung von Spritzgussteilen, **a** schlecht, **b** besser

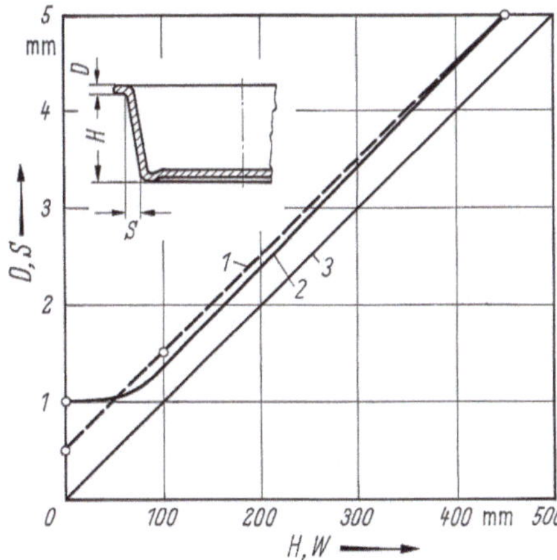

Abb. 2.17 Mindest-Wanddicke D und Mindest-Aushebeschräge S für Kunststoff-Formteile. *1*: D abhängig vom Fließweg W bei Spritzgussteilen, *2*: D abhängig von Pressteilhöhe H bei kasten- und kappenförmigen Pressteilen aus leicht fließenden Phenolpressmassen, *3*: S abhängig von Wandhöhe H in Pressrichtung [25]

- Biegeweiche Flächen durch Verrippen, Wölben oder Profilieren versteifen, um Auswirkungen des kleinen Elastizitätsmoduls ($4000 \ldots 4500\,\mathrm{N/mm^2}$) auszugleichen.
- eingelegte Metallteile durch Nuten, Kerben oder Rillen gegen Verdrehen oder Herausziehen sichern, gegen Verschieben während des Pressens fixieren und mit genügend Pressmasse einfassen.

2.4.5 Spanabhebend bearbeitete Teile

Funktionsflächen müssen in der erforderlichen Genauigkeit und Oberflächengüte mit einem Minimum von Kosten bearbeitet werden. Zu bevorzugen sind daher Bauteilformen, die kürzere Zeiten für das Aufspannen, Bearbeiten und Messen des Werkstücks ermöglichen, sowie geringe Maschinen- und Vorrichtungskosten erfordern. Hinweise hierzu bieten die nachfolgend aufgeführten Regeln.

Arbeitsflächen

- Ebenen oder Drehflächen (parallel oder senkrecht zur Aufspannfläche) sind am einfachsten zu bearbeiten.
- Vorstehende Leisten und Augen sind billiger zu bearbeiten als ganze Flächen (Tab. 2.12 Nr. 1).
- In einer Höhe liegende Arbeitsflächen (Tab. 2.12 Nr. 1) erleichtern die Einstellung der Fräsmaschine.
- In einer Aufspannung, also von einer Seite her bearbeitbare Flächen, erfordern kein Umspannen, sind daher billiger und genauer in ihrer Lage zueinander herzustellen. Für die Aufnahme des Werkstücks in der Werkzeugmaschine gegebenenfalls besondere Anlageflächen, Spannlöcher, Nasen (Tab. 2.12 Nr. 2) oder Ähnliches vorsehen.

Tab. 2.12 Gestaltungshinweise für spanabhebend bearbeitete Teile

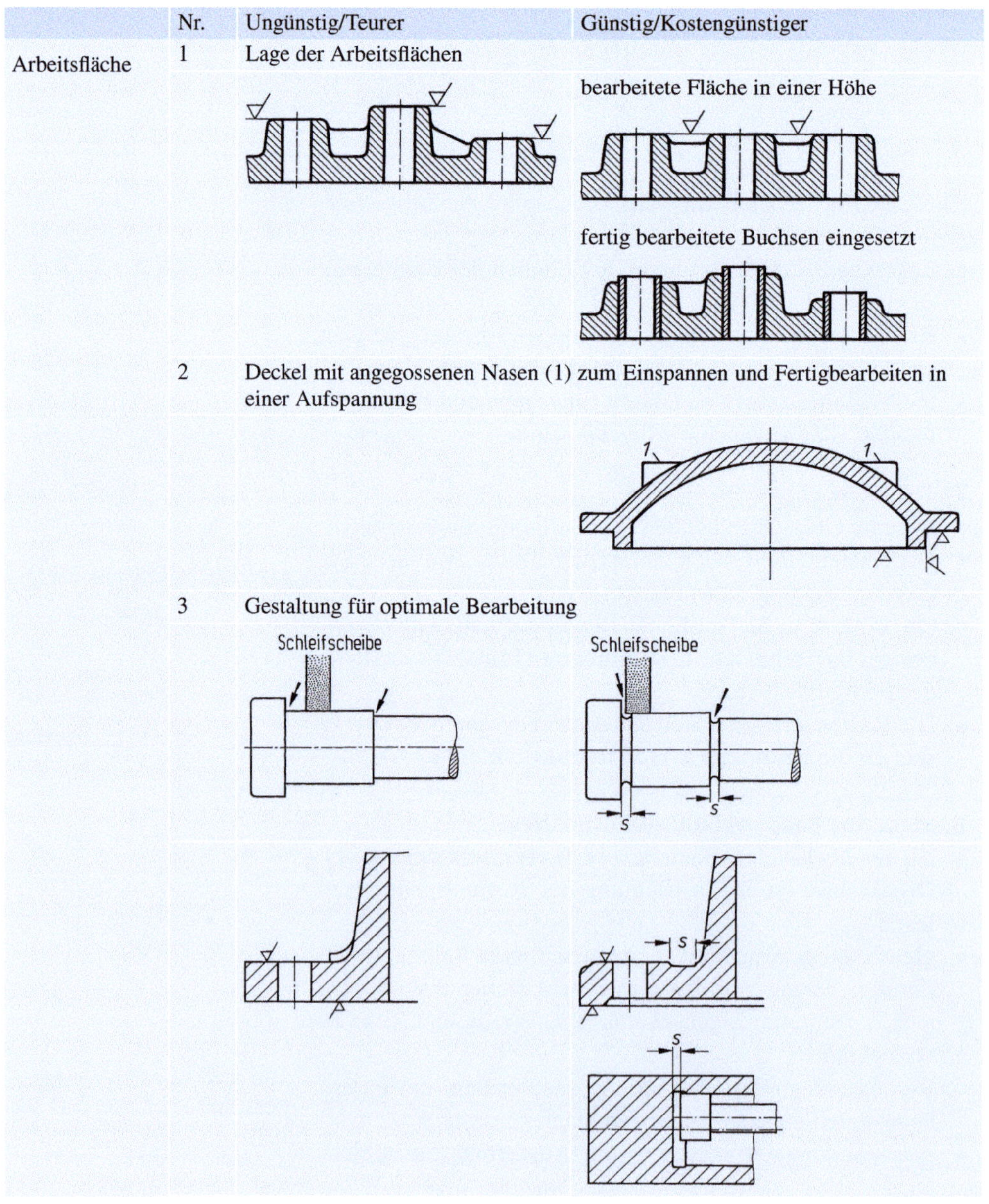

	Nr.	Ungünstig/Teurer	Günstig/Kostengünstiger
Arbeitsfläche	1	Lage der Arbeitsflächen	
			bearbeitete Fläche in einer Höhe
			fertig bearbeitete Buchsen eingesetzt
	2	Deckel mit angegossenen Nasen (1) zum Einspannen und Fertigbearbeiten in einer Aufspannung	
	3	Gestaltung für optimale Bearbeitung	
		Schleifscheibe	Schleifscheibe

Tab. 2.12 (Fortsetzung)

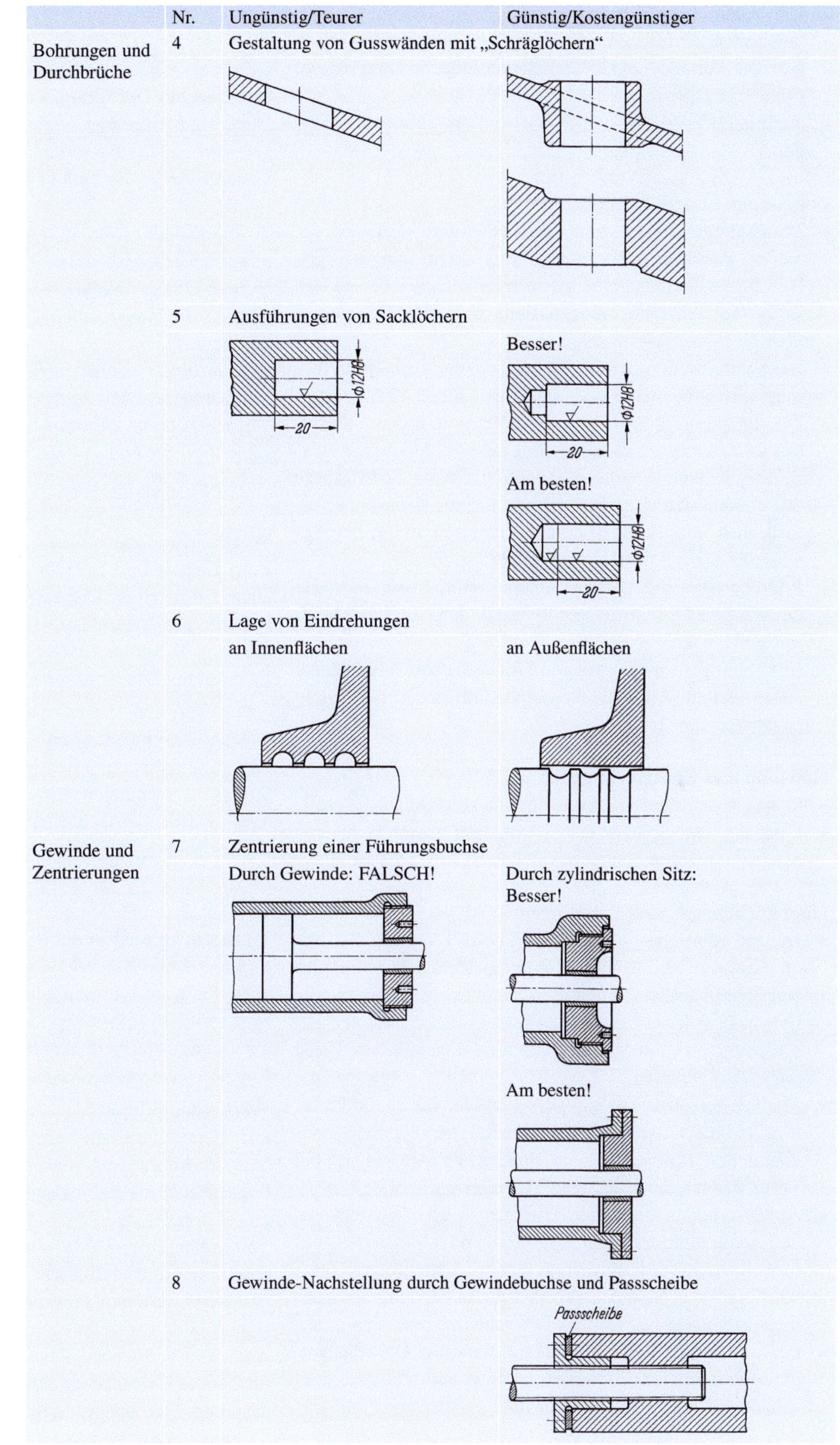

	Nr.	Ungünstig/Teurer	Günstig/Kostengünstiger
Bohrungen und Durchbrüche	4	Gestaltung von Gusswänden mit „Schräglöchern“	
	5	Ausführungen von Sacklöchern ⌀12H8 20	Besser! ⌀12H8 20 Am besten! ⌀12H8 20
	6	Lage von Eindrehungen an Innenflächen	an Außenflächen
Gewinde und Zentrierungen	7	Zentrierung einer Führungsbuchse Durch Gewinde: FALSCH!	Durch zylindrischen Sitz: Besser! Am besten!
	8	Gewinde-Nachstellung durch Gewindebuchse und Passscheibe	Passscheibe

- Den Auslauf des Werkzeugs nicht behindern und die zu bearbeitenden Leisten und Augen genügend weit vorziehen und Auflage- (= zu bearbeitende) Fläche klein halten, (Tab. 2.12 Nr. 3).
- Nichttangierende Abrundungen sind einfacher zu erzeugen.

Bohrungen und Durchbrüche

- Vorhandene Bohrer und Kernlochbohrer bevorzugen; hierzu gehören auch Bohrer mit nicht ganzzahligen Durchmessern. Dasselbe gilt für Reibahlen und Lehren. Einheitssysteme bevorzugen siehe Kap. 6: Allgemeines über Normen, Toleranzen, ...
- Bei Schräglöchern Ansatzflächen senkrecht zur Bohrrichtung vorstehen lassen oder ansenken (Tab. 2.12 Nr. 4).
- Durchgehende Bohrungen sind billiger zu bohren, zu reiben und zu messen als abgesetzte oder Sacklöcher. Absätze oder Anlageflächen gegebenenfalls durch Sprengringe oder eingesetzte Buchsen schaffen. Falls Sacklöcher erforderlich, möglichst Bohrspitze zulassen und nur so tief wie notwendig tolerieren (Tab. 2.12 Nr. 5).
- Räumnadeln sind teuer; einfache symmetrische Profile bevorzugen. Durchbrüche müssen für den Durchzug beidseitig offen sein.
- Eindrehungen an Bohrungen (Innenflächen) sind teurer als an Wellen (Außenflächen), jedoch Bauteilschwächung beachten (Tab. 2.12 Nr. 6).

Gewinde und Zentrierungen

- Gewinde zentrieren nicht; Lösungen zeigt Tab. 2.12 Nr. 7.
- Gewinde ohne Spiel ist teuer, Axialspiel besser durch eine Nachstellgewindebuchse ausgleichen (Tab. 2.12 Nr. 8).

Oberflächengüte und Toleranzen

- Die erforderliche Oberflächengüte wird von der Funktion bestimmt; Lauf- und Dichtungsflächen müssen fein bearbeitet werden (feingeschlichtet bzw. -geschliffen, poliert bzw. geläppt); ruhend belastete Flächen werden geschlichtet, oft nur geschruppt, freie Flächen möglichst unbearbeitet lassen.
- Maßtoleranzen nur so eng vorschreiben, wie es die Funktion erfordert. Auf gute Messbarkeit achten. Möglichkeiten der elastischen oder plastischen Anpassung bei Vergrößerung der zulässigen Maßtoleranz überlegen.
- Anpassarbeiten sind teuer. Trotzdem werden sie vorgesehen, wenn hierdurch enge Toleranzen oder Sondervorrichtungen vermieden werden, z. B. bei „Kettentoleranzen", bei Kegel- und Schneckenrädern zur Einstellung des richtigen Zahntragbilds (mittels Passscheiben oder Gewinde).
- Gleitstellen: Ist hier die Werkstoffpaarung, Oberflächengüte, Passung und Schmierung einwandfrei? Bei Verschleiß für Nachstellung oder leichte Auswechslung sorgen.

2.5 Montagegerechte Gestaltung

Gefordert sind: montagegerechte Baustruktur sowie montagegerechte Gestaltung der Bauelemente und Fügestellen. Dazu sind möglichst viele gleichartige Bauteile und Baugruppen gleichartiger Funktion zu verwenden; dieses „Baukastenprinzip" ermöglicht Vorteile einer serienmäßigen Fertigung.

Das Produkt sollte in separat montierbare Baugruppen gegliedert werden, die ihrerseits parallel (gleichzeitig) montiert werden können. Möglichst wenige, einfache Montageoperationen sollten ausreichen, ihre Folge sollte sich zwangsläufig ergeben.

Aus diesen Forderungen ergeben sich eine Reihe von Maßnahmen. Diese gelten im Hinblick auf verschiedene Teiloperationen, die immer oder nur teilweise, auch unterschiedlich oft und in unterschiedlichen Reihenfolgen anfallen, siehe [16].

Werkstücke lagern und speichern

Zum Lagern und Speichern sind ausreichende Auflageflächen erforderlich. Die Konturen sollten eine platzsparende Lagerung gestatten und die Einbaulage deutlich erkennen lassen, z. B. symmetrisch für beliebigen Einbau oder eindeutig erkennbar unsymmetrisch.

Werkstücke handhaben

Die Teile sollen sich deutlich unterscheiden, um Verwechslungen zu vermeiden. Einwandfreie, sichere, direkt erreichbare Griffflächen schaffen, besonders wichtig bei automatischer Montage. Erkenntnisse der Ergonomie und der Arbeitssicherheit (Abschn. 2.3) berücksichtigen.

Werkstücke positionieren

Symmetrische Bauteile sind hinsichtlich der Positionierung vorteilhaft; unsymmetrische Ausführung soll deutlich erkennbar sein; selbsttätiges Ausrichten der Fügeteile erzwingen oder einstellbare Verbindungen vorsehen

Werkstücke fügen

Für Fügestellen, die oft zu lösen sind, sind leicht lösbare Verbindungen vorzusehen; entsprechend können für Fügestellen, die nach der Montage selten oder nicht mehr gelöst werden müssen, schwer lösbare (d. h. sehr sichere) Verbindungen gewählt werden. Möglichst gleichzeitig positionieren und verbinden. Um möglichst grobe Toleranzen zulassen zu können, federnde Zwischenelemente, Ausgleichstücke oder Einstellmöglichkeit vorsehen. Nacharbeit zum Anpassen vermeiden. Fügestellen sollten einfach und direkt für Montagewerkzeuge zugänglich sein und Sichtkontrolle gestatten. Fügeoperationen nicht gleichzeitig ausführen, sondern zeitlich nacheinander.

Fügestellen sichern
ungewolltes Lösen verhindern, selbstsichernde Verbindungen wählen oder form- bzw. stoffschlüssige Sicherungselemente, die leicht zu montieren sind.

Kontrollieren der montierten Baugruppe
Die für die Funktion wichtigen Maße müssen sich einfach nachprüfen lassen; Kontroll-, Einstell- oder Anpassarbeiten müssen möglich sein, ohne bereits montierte Teile auszubauen.

2.6 Inspektion, Wartung, Instandhaltung

Alle bisher genannten Gestaltungsregeln wirken auch im Sinne einfacher, sicherer und kostengünstiger Inspektion, Wartung und Instandhaltung. Begriffe sind in DIN 31051 [7] und DIN EN 13306 [10] definiert. Dies gilt insbesondere für Maßnahmen gegen Verschleiß und Korrosion, für bauteilgerechte Montage und zum Schutz gegen Überlastung.

Speziell aus der Forderung nach einfacher Instandhaltung ergeben sich eine Reihe von Regeln:

- Steckbare, ohne Spezialwerkzeug lösbare Verbindungen verwenden, möglichst standardisierte Schnellverschlüsse, ausreichend Platz für Prüfgeräteanschluss vorsehen, bei elektrischen/elektronischen Geräten alle Metallteile erden.
- Bei der Leitungs- und Kabelführung Ecken und enge Radien vermeiden, Leitungen und Kabel durch ausreichend breite Schellen oder andere Befestigungsmittel in regelmäßigen Abständen befestigen und gegen bewegliche Teile schützen, Reservekabel in Kabelbäumen vorsehen.
- Ausreichend dimensionierte und gegen Wegfallen gesicherte Schaulochdeckel, Zugangsdeckel, Klappen und Türen vorsehen. Deckel und Türen sollten sich mindestens um 100°, besser um 180° schwenken lassen. Durchsichtige Deckel, Klappen und Türen erleichtern die Kontrolle. Öffnungen für Endoskope sollten mindestens einen Durchmesser von 20 mm haben.
- Steckverbindungen sollten unverwechselbar und von Hand ohne Werkzeug lösbar sein sowie vor Schutz und Feuchtigkeit geschützt werden. Reservestifte in Steckern vorsehen.
- Betriebsstoff-Nachfüllstellen und Entsorgungsablässe sollen gut zugänglich sein; sie sind eindeutig zu kennzeichnen. Böden von Flüssigkeitsbehältern sollen zur Abschlussöffnung hingeneigt sein. Spänefallbereiche von allen empfindlichen Baugruppen und Bauelementen (Motoren, Lüfter) sicher trennen. Wichtige Filter in Öl- und sonstigen Flüssigkeitsleitungen als Doppelfilter ausführen, so dass bei Filterwechsel kein Betrieb ohne Filter möglich ist.
- Entlüftung vorsehen, wo Überdruck entstehen kann siehe z. B. Schmierung von Getrieben in Abschn. 21.10.4 in [27].
- Gekennzeichnete Prüfpunkte und eindeutige Betriebszustandskontrollgeräte sollen gut sichtbar und zugänglich, Messinstrumente ohne Ausbau kalibrierbar sein.
- Leitungen, Kabel, Abgleichelemente, Stecker, Buchsen, Klemmen usw. deutlich, sowie verschleiß- und verschmutzungssicher kennzeichnen; Maschinenteile, Baugruppen und Bauelemente nach ISO 7296 Teil 2 [21] gut sichtbar kennzeichnen
- Empfindliche Geräte und Baugruppen durch leicht lösbare Abdeckungen schützen. Diese sollten so ausgeführt und angeordnet werden, dass sie bei Montage-/Demontagearbeiten oder Inspektionen nicht wegfallen können (z. B. Mannlochdeckel mit Scharnier).

2.7 Recycling

Bereits bei der Produktplanung ist zu entscheiden, ob es sinnvoll ist, eine lange Lebensdauer anzustreben oder ob im Hinblick auf einen Wandel der Anforderungen oder der technischen Entwicklung eine kürzere Nutzungszeit vorteilhaft ist.

Besonders im letztgenannten Fall müssen bereits bei der Gestaltung die Anforderungen berücksichtigt werden, die sich im Hinblick auf eine erneute Nutzung nach der eigentlichen Nutzungsphase ergeben.

2.7.1 Recycling-Verfahren

Es gibt verschiedene Möglichkeiten Produkte zu recyceln. Die Folgenden sind geordnet nach ihrer Rangordnung bzw. Wertigkeit.

Wiederverwendung
Das gebrauchte Produkt wird für den gleichen Zweck wie vorher wiederverwendet, ohne Aufarbeitung (z. B. Nachfüllverpackung) oder mit Aufarbeitung (z. B. Kfz-Austauschmotor, Reparatur).

Weiterverwendung
Das gebrauchte Produkt wird für einen anderen Zweck als ursprünglich verwendet, ohne Veränderung (z. B. Einkaufstüte als Müllbeutel) oder mit Umarbeitung, Reinigung o. ä. (z. B. Senfglas als Trinkbecher). Die neue Funktion muss bereits bei der Gestaltung des Primärprodukts berücksichtigt werden.

Wiederverwertung
Die Bauteile aus unterschiedlichen Werkstoffen werden durch Lösen der Verbindungen voneinander getrennt. Nicht lösbare Verbindungen können durch Schreddern zerstört werden. Stahlelemente werden magnetisch oder von Hand

a

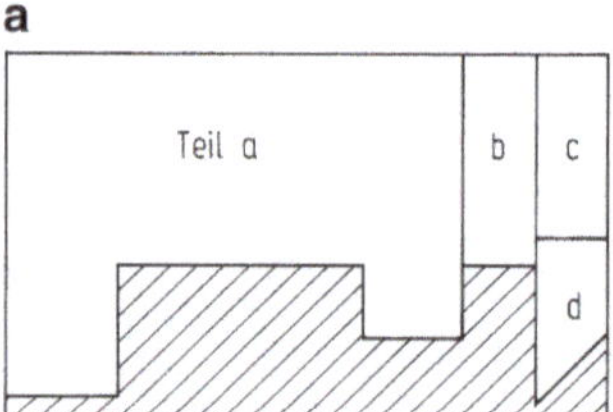

b

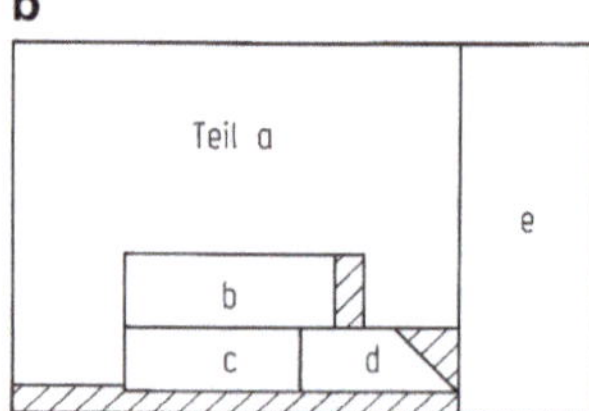

Abb. 2.18 Minimierung von Produktionsrückläufen, Blechtafelausnutzung, **a** ungünstig, **b** optimal

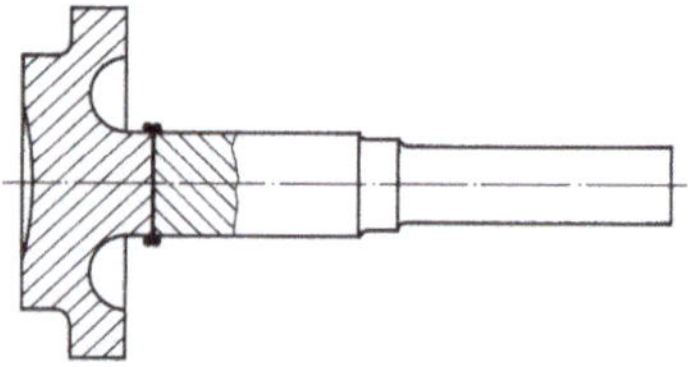

Abb. 2.19 Verbundkonstruktion von Schmiedeteilen durch Abbrennstumpfschweißen

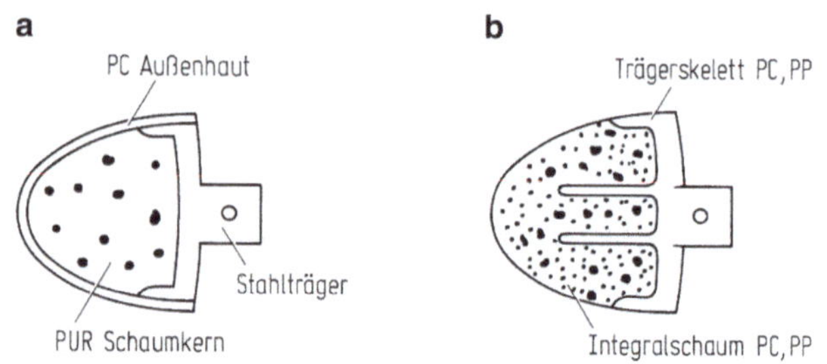

Abb. 2.20 Gestaltung einer Kfz-Stoßstange (VDI 2243 Blatt 1:1993 [31]), **a** Differentialkonstruktion, **b** Einstoffintegralkonstruktion aus Kunststoff

separiert. Nichteisenmetalle werden durch eine Schwimm-Sink-Anlage getrennt bzw. durch Abschmelzen wiedergewonnen. Gläser können aus Scherben durch Umschmelzen, manche Kunststoffe durch chemisches Recycling in ihrer Ursprungsform rückgewonnen werden. Gummi lässt sich in Zementöfen verbrennen. Stanzabfälle können für kleine Stanzteile genutzt oder, ebenso wie Drehspäne und Angüsse von Gussteilen unmittelbar der Erschmelzung wieder zugeführt werden.

Weiterverwertung
Auch Bauteile aus Werkstoffen, die sich für die Wiederverwertung nicht eignen, können ebenfalls mit den oben beschriebenen Methoden voneinander getrennt werden. Durch einen gesonderten Produktionsprozess lassen sich manche Werkstoffe in ähnlicher Qualität direkt rückgewinnen oder in Werkstoffe mit anderen Eigenschaften (Sekundärwerkstoffe) umwandeln. Duroplaste und Elastomere lassen sich zermahlen, die Partikel als Zusatz zu Primärkunststoffen verwenden.

2.7.2 Gestaltung recyclinggerechter Produkte nach VDI 2243 [30]

Hierfür und damit im weiteren Sinne für die Gestaltung wirtschaftlicher Produkte ergeben sich aus den oben genannten Überlegungen Regeln für den Konstrukteur, die nicht im Widerspruch zu einer funktionsgerechten Gestaltung stehen müssen.

- Wahl von Fertigungsverfahren möglichst ohne Rücklauf, wie Feingießen, Genauschmieden, Kaltfließpressen oder möglichst wenig Rücklauf, z. B. bei Verarbeitung von Blechen durch Scheren und Schneiden, Abb. 2.18, Minimierung der Zerspanvolumina z. B. durch Verbundkonstruktion, Abb. 2.19.
- Möglichst wenige unterschiedliche, wiederverwertbare Werkstoffe verwenden; insbesondere Bauteile aus wertvollen Werkstoffen kennzeichnen, Abb. 2.20.
- Einfache Demontage: Verbindungen der Bauteile müssen leicht lösbar und gut zugänglich sein. Sie sollen beim Demontieren unbeschädigt bleiben, möglichst auch die Verbindungselemente (diese werden notfalls durch neue ersetzt). Günstig sind Schrauben-, Schnapp-, Spann-, und leichte, elastische Pressverbindungen. Sie dürfen jedoch weder festkorrodieren, noch nach wiederholtem Lösen ihre Haltefähigkeit verlieren. Nietverbindungen sind durch Ausbohren der Niete lösbar. Bauteile mit Schweiß-, Löt- und manchen Klebverbindungen werden beim Trennen zumindest an den Fügestellen beschädigt. Ausnahme: Manche Weichlot- und Klebverbindungen lassen sich durch thermische Behandlung lösen. Beispiele für demontagegünstige Verbindungen zeigt Tab. 2.13.
- Verschleiß auf leicht austauschbare, niederwertige Bauteile lenken oder Nachstellmöglichkeit vorsehen. Der Abnutzungsgrad soll leicht und eindeutig zu erkennen sein, z. B. durch eingearbeitete Verschleißmarken oder einfache Prüfung.
- Wiederverwendbare Bauteile sollen sich einfach reinigen lassen: Zerklüftete Oberflächen, unzugängliche Innenräume, enge Sacklöcher vermeiden. Auch Kunststoffteile sollen resistent gegen Lösungsmittel sein.
- Bei Bauteilen, die nachgearbeitet werden müssen, sind Materialzugaben, Spann-, Mess- und Justierhilfen vorzusehen.

2.8 „Schöne" Form, Design

Auch die äußere Gestaltung eines Produkts beeinflusst unabhängig von der technischen Qualität seinen Verkaufswert und darüber hinaus den Ruf der erzeugenden Firma. Feste Regeln lassen sich nicht angeben, da Geschmack und Gefühl eine entscheidende Rolle spielen und weniger rationale Argumente. Einige Erfahrungsangaben:

Tab. 2.13 Gestaltung demontagegerechter Fügestellen [28]

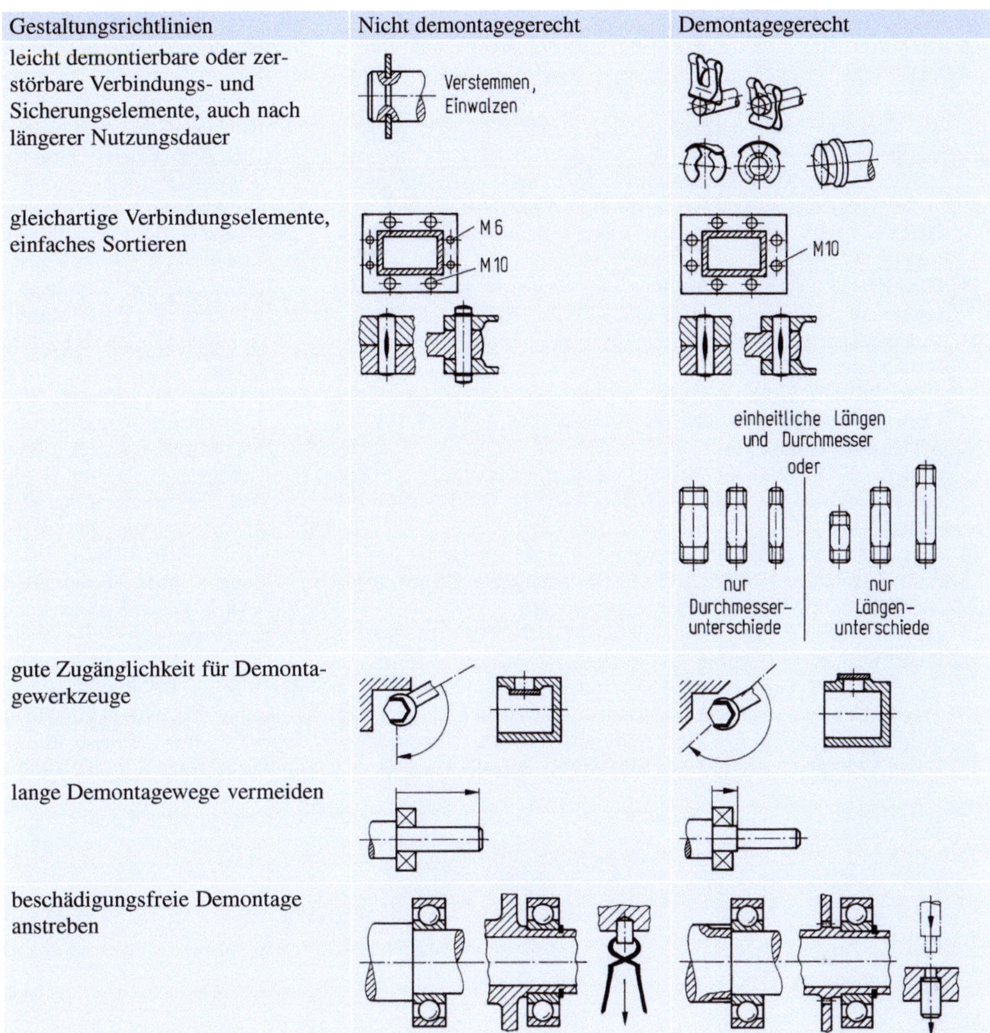

Gestaltungsrichtlinien	Nicht demontagegerecht	Demontagegerecht
leicht demontierbare oder zerstörbare Verbindungs- und Sicherungselemente, auch nach längerer Nutzungsdauer	Verstemmen, Einwalzen	
gleichartige Verbindungselemente, einfaches Sortieren	M 6 M 10	M10
		einheitliche Längen und Durchmesser oder nur Durchmesser-unterschiede nur Längen-unterschiede
gute Zugänglichkeit für Demontagewerkzeuge		
lange Demontagewege vermeiden		
beschädigungsfreie Demontage anstreben		

- Die Form soll der Funktion und Kraftwirkung, dem Werkstoff und der Art der Fertigung sichtbar entsprechen. Sie soll bewusst sachlich, klar und unaufdringlich sein (Stilisierung als Selbstzweck vermeiden!).
- Konstruktionsteile so anordnen, dass im Ganzen ein geschlossen wirkender, klar gegliederter Körper entsteht. Seine Form soll dem Stabilitätsempfinden gerecht werden.
- Die gliedernde Wirkung von Teilfugen und Nuten, Versteifungsrippen und Schutzleisten deutlich machen, Zierleisten und andere funktionslose Elemente vermeiden
- Reihenelemente, wie Kühlrippen und Belüftungsschlitze, Anzeige- und Bedienteile, formgleich ausführen und in übersehbare Gruppen unterteilen (betonter Wechsel von Gruppe und Fläche!).
- Ruhende und bewegte Teile, unterschiedliche Funktionsgruppen und größere Flächen durch farbiges Absetzen wirksam gliedern, kennzeichnen, hervorheben und kontrastieren. Für große Flächen sind matte, nicht reflektierende Farben zu empfehlen. Für genaues Sehen ist ein genügender Kontrast im Sehfeld erforderlich, der am besten durch Komplementärfarben erreicht wird, siehe Farbnormen nach DIN 4844 [4], DIN ISO 3864 [14] oder DIN 5381 [5].

Literatur

1. Bauerfeind R (1947) Konstruieren: Einführung in das Arbeitsgebiet des Konstrukteurs. Rudolf Bauerfeind Selbstverlag, Brandenburg (Havel)
2. Bode E (1996) Konstruktionsatlas, 6. Aufl. Vieweg & Söhne, Braunschweig/Wiesbaden
3. Christianus D, Engels A, Rohde W (1985) Stahlguß. Merkblatt 488, Beratungsstelle für Stahlverwendung, Düsseldorf
4. DIN 4844 Graphische Symbole – Sicherheitsfarben und Sicherheitszeichen – Teil 1:2012-06, Erkennungsweiten und farb- und photometrische Anforderungen

5. DIN 5381:1985-02 Kennfarben
6. DIN 6935:2011-10 Kaltbiegen von Flacherzeugnissen aus Stahl
7. DIN 31051:2012-09 Instandhaltung – Begriffe und Maßnahmen
8. DIN 33402 Ergonomie – Körpermaße des Menschen – Teil 1:1978-01, Begriffe, Messverfahren – Teil 2: 2005-12 (Berichtigung 1:2006-08), Werte
9. DIN EN 349:1993-06; Sicherheit von Maschinen – Mindestabstände zur Vermeidung des Quetschens von Körperteilen
10. DIN EN 13306:2010-12 Instandhaltung – Begriffe der Instandhaltung
11. DIN EN ISO 11688 Akustik – Richtlinien für die Gestaltung lärmarmer Maschinen und Geräte – Teil 1:2009-11, Planung – Teil 2:2001-03, Einführung in die Physik der Lärmminderung durch konstruktive Maßnahmen
12. DIN EN ISO 11690 Akustik – Richtlinien für die Gestaltung lärmarmer maschinenbestückter Arbeitsstätten – Teil 1:1997-02 Allgemeine Grundlagen
13. DIN EN ISO 12100:2011-03 Sicherheit von Maschinen – Allgemeine Gestaltungsleitsätze – Risikobeurteilung und Risikominderung
14. DIN ISO 3864 Graphische Symbole – Sicherheitsfarben und Sicherheitszeichen – Teil 1:2012-06, Gestaltungsgrundlagen für Sicherheitszeichen und Sicherheitsmarkierungen
15. DUBBEL (1995) Taschenbuch für den Maschinenbau, 18. Aufl.
16. DUBBEL (2014) Taschenbuch für den Maschinenbau, 24. Aufl.
17. Föller D (1974) Geräuscharme Maschinenteile; die Entstehung von Maschinengeräuschen und konstruktive Maßnahmen zu ihrer Vermeidung. Heft 26, Forschungskuratorium Maschinenbau e.V.
18. Hasse S (2008) Giesserei-Lexikon, 19. Aufl. Schiele & Schön
19. Heesch H, Kienzle O (1963) Flächenschluß. System der Formen lückenlos aneinanderschließender Flachteile. Springer
20. Informationsstelle Schmiedestücke-Verwendung (Hrsg) (1984) Schmiedeteile – Gestaltung , Anwendung, Beispiele. Industrieverband Deutscher Schmieden (IDS), Hagen
21. ISO 7296 Krane – Graphische Symbole – Teil 2:1996-12, Fahrzeugkrane
22. Kollmann FG (1993) Maschinenakustik. Springer, Berlin
23. Künne B (2001) Maschinenelemente, 2. Aufl. Springer, Wiesbaden
24. Matousek R (1957) Konstruktionslehre des allgemeinen Maschinenbaus, 1. Aufl. Springer, Berlin, Göttingen, Heidelberg
25. Niemann G (1981) Maschinenelemente Bd. I: Konstruktion und Berechnung von Verbindungen, Lagern, Wellen, 2. Aufl. Springer, Berlin
26. Niemann G, Winter H, Höhn B-R (2005) Maschinenelemente, Bd. I: Konstruktion und Berechnung von Verbindungen, Lagern, Wellen, 4. Aufl. Springer, Berlin, Heidelberg
27. Niemann G, Winter H (2003) Maschinenelemente, Bd. II: Getriebe allgemein, Zahnradgetriebe – Grundlagen, Stirnradgetriebe, 2. Aufl. Springer, Berlin, Heidelberg
28. Pahl G, Beitz W (2013) Konstruktionslehre; Methoden und Anwendung, 8. Aufl. Springer, Berlin
29. VDI 2242:2016-06 Ergonomiegerechte Gestaltung technischer Erzeugnisse
30. VDI 2243:2002-07 Recyclingorientierte Produktentwicklung
31. VDI 2243 Blatt1:1993-10 Konstruieren recyclinggerechter technischer Produkte - Grundlagen und Gestaltungsregeln
32. VDI 3720 Lärmarm Konstruieren – Blatt 1:1980-11, Allgemeine Grundlagen – Blatt 2:1982-11, Beispielsammlung

Praktische Festigkeitsberechnung 3

► Im Rahmen der Festigkeitsberechnung werden die Spannungen und Verformungen eines Bauteils ermittelt und es wird geprüft, ob ein Versagen, d. h. Bruch, unzulässige plastische oder elastische Verformung oder Instabilität (Knicken oder Beulen), mit ausreichender Sicherheit ausgeschlossen werden kann. Die Sicherheiten gegen diese Versagensgrenzen sollen aber nicht unnötig hoch sein, um den Werkstoff sinnvoll auszunutzen und um wirtschaftliche Lösungen erzielen zu können: sichere Funktion bei minimalen Kosten. Um diese Forderungen zu erfüllen, werden möglichst genaue Angaben benötigt, die in einer umfassenden Anforderungsliste (Abschn. 1.2.2.1) zusammengefasst werden sollten, allgemeine Gesichtspunkte hierzu siehe Tab. 1.2.

Dimensionierung (Auslegungs-, Entwurfsrechnung)
Vor dem Festigkeitsnachweis steht die Dimensionierung der Bauteile. Wie in Abschn. 1.4.3 erläutert, ist zweckmäßigerweise schrittweise wie folgt vorzugehen:

- Ermittlung der vom Bauteil zu übertragenden äußeren Kräfte, Momente, Leistungen, Drehzahlen usw. Sonstige Randbedingungen sind in der Anforderungsliste in Tab. 1.2 zusammengefasst.
- überschlägige Berechnung der Hauptabmessungen des Bauteils aus einer zulässigen Nennspannung
- Entwurf, Konstruktion und Gestaltung des Bauteils

Festigkeitsnachweis

- Ermittlung der am Bauteil angreifenden äußeren Kräfte und Momente unter Berücksichtigung der Abmessungen
- Berechnung der inneren Kräfte und Momente in den gefährdeten Bauteilquerschnitten
- Berechnung der Beanspruchungen (Spannungen) in den gefährdeten Bauteilquerschnitten
- Berechnung der Bauteilfestigkeit aus Werkstofffestigkeitswerten, Bauteilabmessungen und Fertigungsdaten
- Nachweis der Sicherheit aus Festigkeit und Beanspruchung und Vergleich mit der erforderlichen Mindestsicherheit

Je nach dem Ergebnis der Nachrechnung muss die ursprüngliche Auslegung (Abmessungen, Bauform, Werkstoff, Bearbeitung) angepasst werden, um die geforderten Mindestsicherheiten zu erreichen oder Überdimensionierung (Kosten) zu vermeiden.

Beanspruchungen sind ohne weitere Angabe Spannungen aus inneren Kräften und Momenten. Handelt es sich z. B. um Beanspruchungen durch chemische Medien, durch Korrosion usw., wird dies gesondert vermerkt.

3.1 Belastungen (Kräfte, Momente)

Aus den äußeren Kräften und Momenten ergeben sich die inneren Kräfte und Momente und mit diesen können die Spannungen im Bauteil ermittelt werden, Abschn. 3.2.

3.1.1 Krafteinleitung und Oberflächenbelastung

Eine äußere Kraft wird meist über eine feste Verbindung (z. B. Schweißverbindung, Pressverbindung) oder über eine ruhend oder gleitend beanspruchte Oberflächenpaarung (z. B. Gleitlager, Wälzlager) eingeleitet. Die Berechnung der Bauteilspannung an der Krafteinleitungsstelle wird in den Kapiteln über die betreffenden Maschinenelemente behandelt.

3.1.2 Prinzip von de Saint Venant

Für die Berechnung der aus der Nennbelastung resultierenden inneren Spannungen eines Bauteils können die über Flächen- oder Linienberührung eingeleiteten Kräfte im Allgemeinen durch punktförmigen Kraftangriff ersetzt werden. Dies besagt das Prinzip von de Saint Venant: „In hinreichender Entfernung von der Krafteinleitungsstelle hängt die Beanspruchung (Spannungsverteilung) nur noch von der Resultierenden der angreifenden Kräfte und Momente ab, aber

G. Niemann et al., *Maschinenelemente 1*, https://doi.org/10.1007/978-3-662-55482-1_3

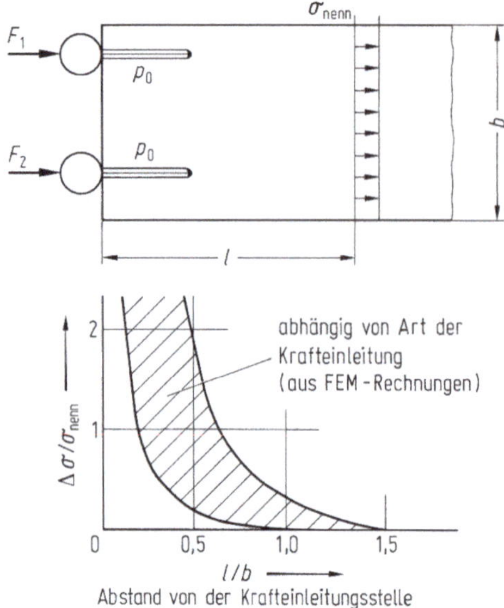

Abb. 3.1 Abweichung der örtlichen Spannung von der Spannung σ_{nenn} (= Nennspannung) im Inneren eines Bauteils [44]

nicht mehr von der Art der Einleitung". Als hinreichende Entfernung kann die Strecke $l = (1 \ldots 1{,}5) \cdot b$ gelten, mit der Querschnittsbreite b senkrecht zur Kraftrichtung, Abb. 3.1. Diese Hypothese wurde durch umfangreiche theoretische Berechnungen und messtechnische Untersuchungen bestätigt.

Liegt der für die Berechnung gewählte Querschnitt im Krafteinleitungsbereich, ist die Spannungsverteilung genauer zu untersuchen, z. B. mit Hilfe der Finite-Elemente-Methode (FEM), Abschn. 3.2.5.2.

3.2 Beanspruchungen

Aus den in jedem Querschnitt wirkenden inneren Kräften und Momenten und mit den Abmessungen dieser Querschnitte können die hier auftretenden Spannungen bestimmt werden.

3.2.1 Innere Kräfte und Momente

Der Körper nach Abb. 3.2 sei durch die Kraft F belastet. Der durch Schraffur hervorgehobene Querschnitt A soll untersucht werden. Dazu wird das auskragende Teil gedanklich geschnitten. Im Querschnitt entsprechen die Hauptträgheitsachsen der x- und y-Achse und senkrecht dazu verläuft die z-Achse. Die Wirkung der abgetrennten Stoffteilchen wird durch verteilte Kräfte ersetzt. Diese werden zu sechs Kraftgrößen zusammengefasst, die das abgetrennte Stück im Gleichgewicht halten. Hierzu werden allgemein, ohne auf die Belastung des abgeschnittenen Teils zu achten, in der Schnittfläche folgende Kraftgrößen eingeführt:

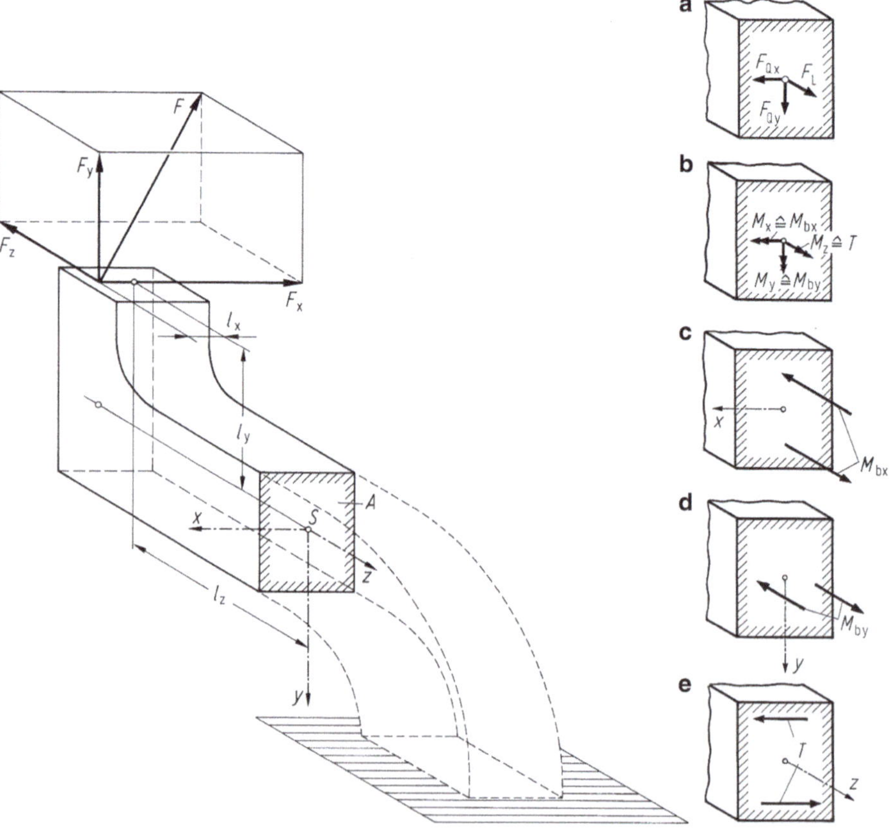

Abb. 3.2 Kraftgrößen F_{Qx}, F_{Qy}, F_L und M_{bx}, M_{by}, T im Querschnitt A eines durch die Kraft F belasteten Körpers, **a** Schnittkräfte, **b** Schnittmomente, **c, d, e** Darstellung der Schnittmomente als Kräftepaare

- im Schwerpunkt angreifende Kräfte F_{Qx}, F_{Qy} und F_L in Richtung der drei Achsen nach Abb. 3.2a
- ein Kräftepaar mit dem Moment M_{bx} um die x-Achse nach Abb. 3.2c
- ein Kräftepaar mit dem Moment M_{by} um die y-Achse nach Abb. 3.2d
- ein Kräftepaar mit dem Moment T um die z-Achse nach Abb. 3.2e

Die Gesamtwirkung der Momente ist in Abb. 3.2b dargestellt. Ein Kräftepaar hat ein positives Moment, wenn es mit der entsprechenden Achse eine Rechtsschraube bildet.

Die Kraftgrößen werden mit Hilfe der sechs Gleichgewichtsbedingungen berechnet. Die Summe der Kräfte in den drei Koordinatenrichtungen ergibt sich aus den Komponenten F_x, F_y und F_z der Kraft F in entsprechender Achsrichtung.

$$F_{Qx} - F_x = 0 \tag{3.1}$$

$$F_{Qy} - F_y = 0 \tag{3.2}$$

$$F_L - F_z = 0 \tag{3.3}$$

Summe der Momente um die drei Achsen mit den Beträgen der Abstände l_x, l_y und l_z vom Kraftangriffspunkt zur betrachteten Schnittfläche:

$$M_{bx} - F_y \cdot l_z + F_z \cdot l_y = 0 \tag{3.4}$$

$$M_{by} + F_x \cdot l_z + F_z \cdot l_x = 0 \tag{3.5}$$

$$T - F_x \cdot l_y - F_y \cdot l_x = 0 \tag{3.6}$$

Werden Kraftgrößen bei der Berechnung negativ, so bedeutet dies, dass deren wirkliche Richtung entgegengesetzt der eingezeichneten ist. Trotzdem sind die Kraftgrößen in der angegebenen Weise einzuführen. Die Längskraft und die beiden Biegemomente rufen in allen Punkten des Querschnitts Normalspannungen σ hervor, die beiden Querkräfte und das Torsionsmoment rufen Schubspannungen τ hervor. Für jede Kraftgröße werden die Spannungen berechnet.

3.2.2 Spannungszustände im Inneren eines belasteten Bauteils (Mohr'scher Spannungskreis)

Die von außen induzierten inneren Kräfte können im Inneren eines Bauteils unterschiedliche Spannungsarten erzeugen. Beispielsweise treten bei von außen induzierten Zugspannungen im Inneren auch Schubspannungen auf. Die Größe der Schub- und Normalspannungen hängt von der Lage der betrachteten Schnittebene ab.

Durch Drehen eines Würfelelements im Koordinatensystem x, y, z (Abb. 3.3) verändern sich die Spannungen in den Flächen. Dabei gibt es eine Stellung des Würfels, in

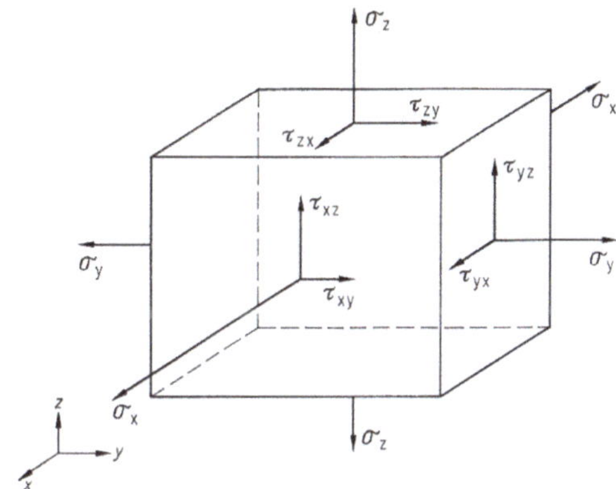

Abb. 3.3 Dreiachsiger Spannungszustand an einem Volumenelement

der die Schubspannungen zu null werden. Diese Stellung entspricht Schnittebenen, die als Hauptspannungsebenen bezeichnet werden, da die hier auftretenden Normalspannungen Maximal- bzw. Minimalwerte erreichen. Eine andere Stellung des Würfelelements im Koordinatensystem ergibt maximale Schubspannungen in einer Fläche.

Die Kenntnis dieser Stellungen und die Berechnung der maximalen Hauptnormalspannung und der maximalen Schubspannung sind für das zu erwartende Bauteilversagen bei statischer Belastung sehr wichtig.

Die Lage der Hauptspannungsebenen und die Hauptspannungen selbst sowie die Lage der Bruchfläche lassen sich mit Hilfe des Mohr'schen Spannungskreises graphisch darstellen, Abb. 3.4.

Man beachte: Der Schnittwinkel im Bauteil φ entspricht einem Winkel im Mohr'schen Spannungskreis von 2φ.

Es werden die folgenden Spannungszustände unterschieden:

(a) Einachsiger Spannungszustand (linearer Fall), Abb. 3.4a = „Maschinenbaufall". Er liegt vor, wenn nur zwei gegenüberliegende Flächen eines Würfelelements spannungsbehaftet sind ($\sigma_y = \sigma_z = 0$, $\tau_{xy} = \tau_{xz} = \tau_{yz} = 0$), z. B. beim ungekerbten Zugstab. Für $\varphi = 0°$ ergibt sich die größte Normalspannung $\sigma_{max} = \sigma_1$, für $\varphi = 45°$ ergibt sich die größte Schubspannung $\tau_{max} = \sigma_1/2$.

(b) Zweiachsiger Spannungszustand (ebener Fall), Abb. 3.4b. Er liegt vor, wenn in einer Ebene eines Würfelelements Spannungen auftreten, d. h. es wirken die drei Spannungskomponenten σ_x, σ_y, $\tau_{xy} = \tau_{yx}$, z. B. bei einer Stahlplatte (Länge, Breite $\gg$ konstante Dicke) mit in der Plattenebene angreifenden Zugkräften in zwei Richtungen.

(c) Dreiachsiger Spannungszustand (räumlicher Fall), Abb. 3.4c. Er liegt vor, wenn alle Flächen eines Würfelelements spannungsbehaftet sind, d. h. es wirken die sechs Spannungskomponenten σ_x, σ_y, σ_z, $\tau_{xy} = \tau_{yx}$, $\tau_{xz} = \tau_{zx}$, $\tau_{yz} = \tau_{zy}$, z. B. beim einachsig belasteten

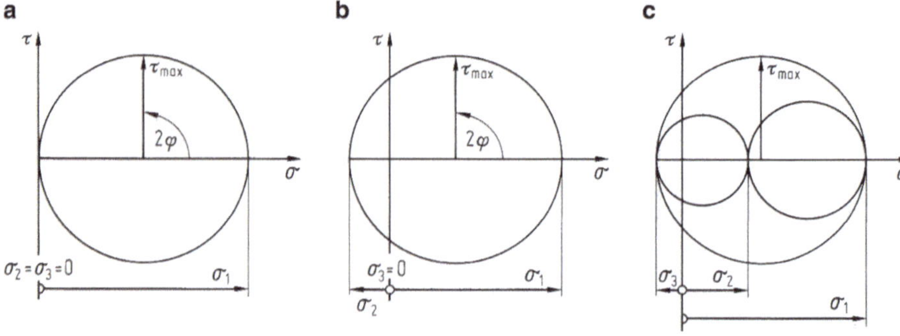

Abb. 3.4 Mohr'sche Spannungskreise, **a** einachsiger (linearer), **b** zweiachsiger (ebener), **c** dreiachsiger (räumlicher) Spannungszustand

Zugstab mit Umlaufkerbe (Verformungsbehinderung durch die Kerbe führt zum dreiachsigen Spannungszustand).

Neben der Größe der Spannungskomponenten ist für das Bruchverhalten die Duktilität des Werkstoffs entscheidend. Duktilere (d. h. zähere) Werkstoffe sind empfindlicher gegen Schubspannungen (fließen, wenn die maximale Schubspannung die Fließgrenze überschreitet), spröde Werkstoffe sind empfindlicher gegen Normalspannungen (brechen, wenn die maximale Hauptnormalspannung die Bruchfestigkeit des Werkstoffs überschreitet). Der einachsig belastete duktile Zugstab beginnt unter $\varphi = 45°$ zur Zugspannung zu fließen, also in Richtung der maximalen Schubspannung (Abb. 3.4a, $2\varphi = 90°$). Ein durch Torsion auf Schub beanspruchter Stab aus sprödem Werkstoff bricht unter 45° zur Stabachse, nämlich in Richtung der maximalen Hauptnormalspannung.

3.2.3 Berechnung der Nennspannungen

Nennspannungen sind die Spannungen, die bei gleichmäßiger Verteilung des Kraftflusses über den betrachteten Querschnitt auftreten (Abb. 3.5) und die Schnittflächen bei Belastung eben bleiben (Ausnahme: im Allgemeinen torsionsbeanspruchte offene Profile, Abschn. 3.2.3.8) und solange nur elastische Verformungen auftreten. Beispiele für die Verteilung der Nennspannungen über die Querschnitte, siehe Abb. 3.6, 3.7, 3.11 und 3.13.

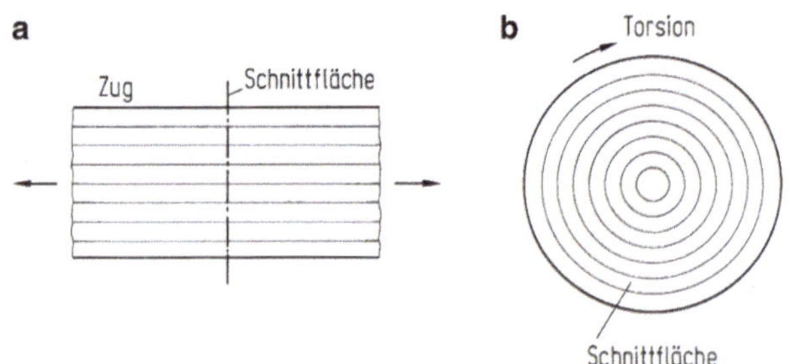

Abb. 3.5 Kraftfluss im Bauteil, **a** Zug, **b** Torsion

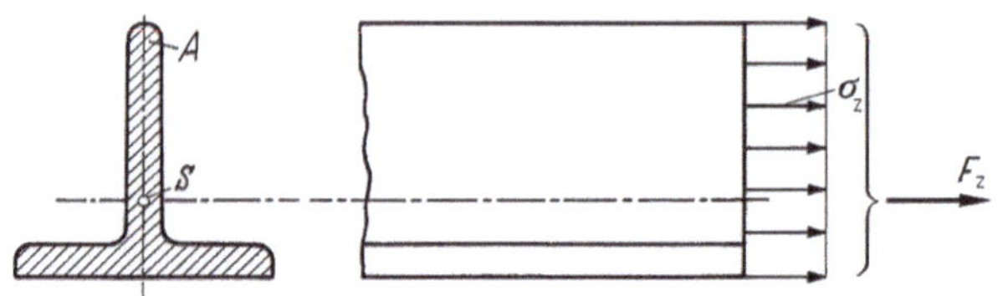

Abb. 3.6 Normalspannung $\sigma_z = F_z/A$, erzeugt durch die im Schwerpunkt S des Querschnitts angreifende Längskraft F_z

Man beachte: Der Zusatz „Nenn-" hat im Zusammenhang mit Kraft, Moment und Leistung eine andere Bedeutung, siehe Abschn. 1.4.2.

3.2.3.1 Normalspannung aus Längskraft

Die Längskraft F_z ruft in allen Punkten des Querschnitts A die Normalspannung σ_z hervor (Abb. 3.6).

$$\sigma_z = \frac{F_z}{A} \tag{3.7}$$

Zugspannungen werden als positive Normalspannungen und Druckspannungen als negative bezeichnet.

Man beachte: Bei Druckbeanspruchungen muss unter Umständen zusätzlich auf Knicken oder Beulen nachgerechnet werden, siehe Abschn. 3.2.7.

3.2.3.2 Normalspannung aus Biegemoment

Das Biegemoment um eine Hauptträgheitsachse, z. B. das Moment M_{bx} um die x-Achse, ruft die Biegespannung σ_{bx} hervor.

$$\sigma_{bx} = \frac{M_{bx}}{I_x} \cdot y \tag{3.8}$$

I_x	in mm^4	Flächenträgheitsmoment für Biegung um die x-Achse
y	in mm	Abstand in y-Richtung vom Schwerpunkt

Abb. 3.7 zeigt die Verteilung der Spannungen. Sie wächst mit y von Null bis zum größten Wert für max. $y = e_{y,z}$ auf der Zugseite bzw. für max. $y = e_{y,d}$ auf der Druckseite.

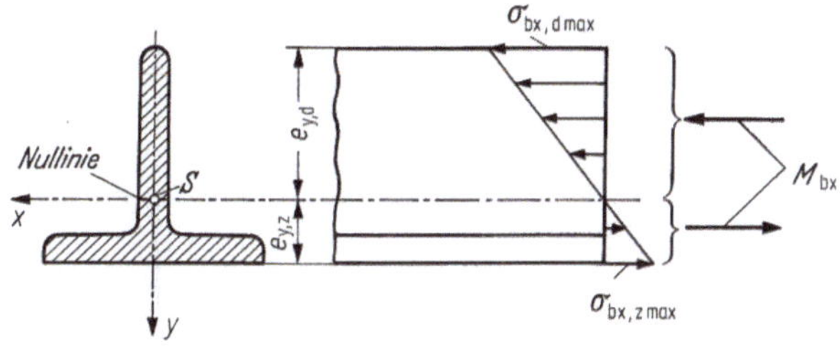

Abb. 3.7 Verteilung der Biegespannung $\sigma_{bx} = M_{bx}/I_x \cdot y$ für den Querschnitt eines T-Profils

Die größte Zugspannung berechnet sich zu:

$$\sigma_{bx,z\,\max} = \frac{M_{bx}}{I_x} \cdot e_{y,z} = \frac{M_{bx}}{W_{b1}} \tag{3.9}$$

Die größte Druckspannung berechnet sich zu:

$$\sigma_{bx,d\,\max} = \frac{M_{bx}}{I_x} \cdot e_{y,d} = \frac{M_{bx}}{W_{b2}} \tag{3.10}$$

M_{bx}	in Nmm	Biegemoment um die x-Achse
I_x	in mm^4	Flächenträgheitsmoment für Biegung um die x-Achse
W_{b1}	in mm^3	Widerstandsmoment für die Zugseite
W_{b2}	in mm^3	Widerstandsmoment für die Druckseite
y	in mm	Abstand in y-Richtung vom Schwerpunkt

Entsprechende Gleichungen gelten für die Biegung um die y-Achse. Wirkt im Querschnitt nur das Biegemoment $M_{bx} = M_b$ und ist $e_{y,z} = e_{y,d}$, also $W_{b1} = W_{b2} = W_b$, wie z. B. bei zylindrischen Wellen, so wird die größte Biegespannung zu

$$\sigma_{b\,\max} = \frac{M_b}{W_b} \tag{3.11}$$

Flächenträgheitsmoment

Die Berechung von I und W_b allgemein ist in Tab. 3.1, Werte für einige Profile sind in Tab. 3.2 zusammengefasst.

Die Beispiele 3.1 und 3.2 zeigen die Berechnung der Flächenträgheitsmomente für zusammengesetzte Querschnitte. Die Flächenträgheitsmomente stellen entsprechend den Integralformeln Summen dar. Sie können darum als Summe der Flächenträgheitsmomente der Teilflächen berechnet werden. Dieses gilt jedoch nicht für die Widerstandsmomente.

Beispiel 3.1

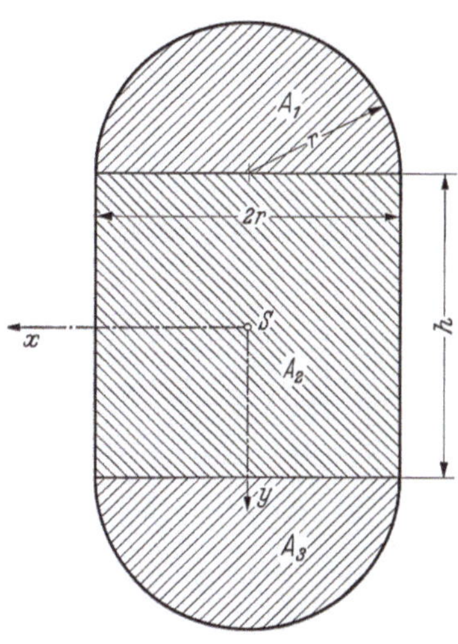

Die Fläche besteht aus den Teilflächen A_1,A_2 und A_3. Zuerst wird das Flächenträgheitsmoment der Teilfläche A_1 für die ξ_1-Achse bestimmt:

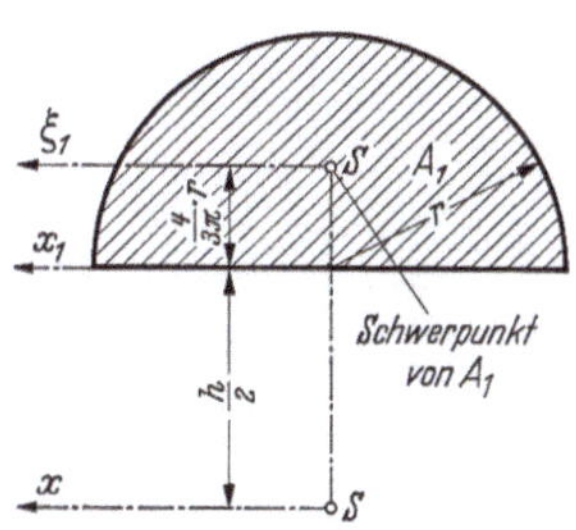

Tab. 3.1 Berechnung des Flächenmoments 1. Grades S^* und 2. Grades I bzw. des Widerstandsmoments W_b allgemein

	Flächenmoment 1. Grades	Flächenmoment 2. Grades	Widerstands-moment W_b
Allgemein für x-Achse	$S^* = \int_A y\,dA$	$I_x = \int_A y^2 dA$	$W_{bx} = I_x/e_y$ siehe Abb. 3.7
Allgemein für y-Achse	$S^* = \int_A x\,dA$	$I_y = \int_A x^2 dA$	$W_{by} = I_y/e_x$
Bei parallel verschobenen Drehachsen (Satz von Steiner)		$I_x = I_\xi + A \cdot a^2$	

mit I_ξ Flächenmoment 2. Grades für die ξ-Achse durch den Schwerpunkt S, A Querschnittsfläche, a Abstand der Achsen.

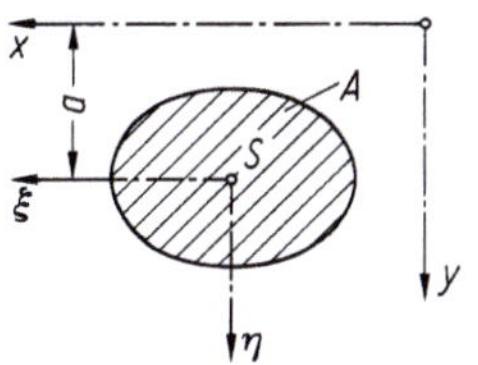

$$I_{\xi 1} = \frac{\pi}{8} \cdot r^4 - \frac{1}{2} \cdot \pi \cdot r^2 \cdot \left(\frac{4}{3 \cdot \pi} \cdot r\right)^2 = \frac{\pi}{8} \cdot r^4 - \frac{8}{9 \cdot \pi} \cdot r^4,$$

(Umkehrung des Satzes von Steiner)

für die x-Achse:

$$I_1 = \frac{\pi}{8} \cdot r^4 - \frac{8}{9 \cdot \pi} \cdot r^4 + \frac{1}{2} \cdot \pi \cdot r^2 \cdot \left(\frac{4}{3 \cdot \pi} \cdot r + \frac{h}{2}\right)^2,$$

(nach dem Satz von Steiner)

$$I_1 = \frac{\pi}{8} \cdot r^4 + \frac{\pi}{8} \cdot r^2 \cdot h^2 + \frac{2}{3} \cdot r^3 \cdot h$$

Für die Fläche A_3 wird $I_3 = I_1$; für die Fläche A_2 wird $I_2 = 1/12 \cdot 2 \cdot r \cdot h^3$. Hiermit wird

$$I_x = I_1 + I_2 + I_3 = \frac{1}{6} \cdot r \cdot h^3 + \frac{\pi}{4} \cdot r^4 + \frac{\pi}{4} \cdot r^2 \cdot h^2 + \frac{4}{3} \cdot r^3 \cdot h.$$

Beispiel 3.2

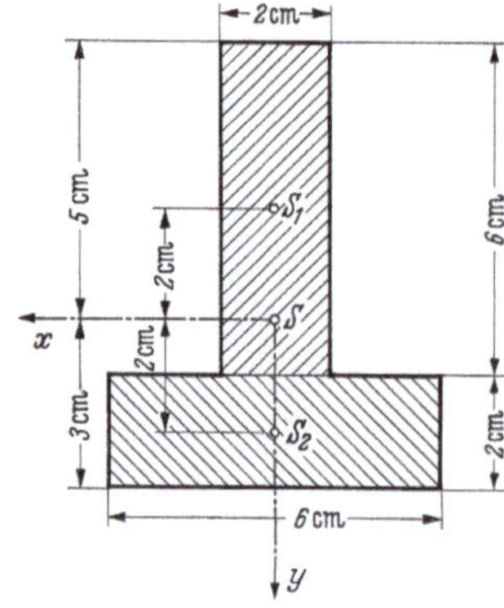

Die Fläche besteht aus zwei Rechtecken.

$$I_x = \left(\frac{1}{12} \cdot 2 \cdot 6^3 + 2 \cdot 6 \cdot 2^2 + \frac{1}{12} \cdot 6 \cdot 2^3 + 2 \cdot 6 \cdot 2^2\right) \text{cm}^4 = 136\,\text{cm}^4 = 1{,}36 \cdot 10^6\,\text{mm}^4,$$

$$I_y = \left(\frac{1}{12} \cdot 2 \cdot 6^3 + \frac{1}{12} \cdot 2^3 \cdot 6\right) \text{cm}^4 = 40\,\text{cm}^4 = 4{,}0 \cdot 10^5\,\text{mm}^4.$$

3.2.3.3 Normalspannung zwischen zwei Flächen (Flächenpressung)

Berühren sich zwei Flächen A unter der Druckkraft F, entsteht zwischen beiden eine Druckspannung, die Flächenpressung p genannt wird.

Bei gleichmäßig verteilter Flächenpressung ist

$$p = \frac{F}{A} \tag{3.12}$$

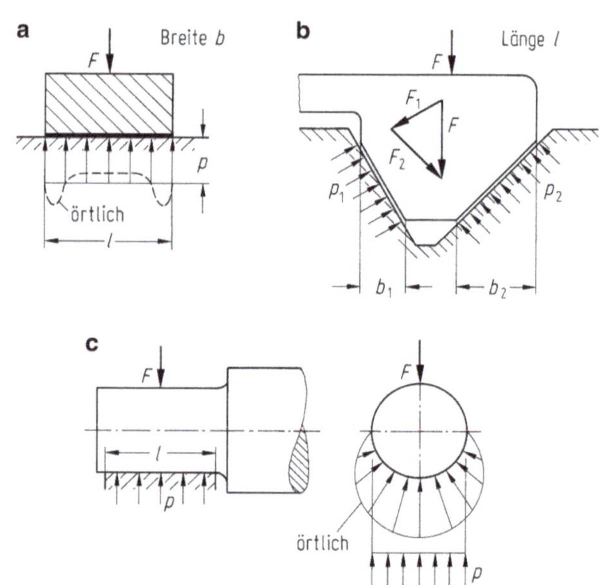

Abb. 3.8 Nennflächenpressung $p = F/A$, **a** $A = l \cdot b$ (örtlich durch Stützwirkung; seitliches Material der Auflage wird mit verformt und stützt die direkt belasteten Bereiche ab), **b** $A = l \cdot (b_1 + b_2)$, **c** Lochleibung $A = l \cdot d$ (p nur konstant bei exakter Anschmiegung)

Ist die Fläche zur Kraftrichtung geneigt bzw. gewölbt (Abb. 3.8b, c), ist (3.12) zutreffend, wenn für A die Projektion der Druckfläche in Richtung der Kraft F eingesetzt wird.

Bei ungleichmäßig verteilter Flächenpressung, z. B. bei Abb. 3.8a, c, ist $p = F/A$ die mittlere Flächenpressung. Zur Ermittlung der maximalen Flächenpressung muss noch das Verteilungsgesetz für p, z. B. der Einfluss der Schmiegung (Abb. 3.8c und Kap. 13: Wälzpaarungen), oder die Stützwirkung (Abb. 3.8a) bekannt sein.

3.2.3.4 Normalspannungen im Rohr unter Überdruck

Bei dünnwandigen Rohren bzw. Behältern (Verhältnis Radius zu Wanddicke $r/t > 10$) ist die Spannung in Umfangsrichtung σ_t (sie ist über den Querschnitt nahezu konstant) bzw. in Axialrichtung σ_z bei Beanspruchung durch den Innendruck p_i zu berechnen.

$$\sigma_t = \frac{p_i \cdot r}{t} = 2 \cdot \sigma_z \tag{3.13}$$

Bei Beanspruchung durch Außendruck wird $-p_a$ statt p_i eingesetzt. Bei dickwandigem Querschnitt muss die unterschiedliche Spannungsverteilung über den Querschnitt berücksichtigt werden, siehe z. B. Querpressverband (Abschn. 18.2.3).

Tab. 3.2 Flächenmomente 2. Grades (Flächenträgheitsmomente I_x, I_y, I_t) und Widerstandsmomente W_{bx}, W_{by}, W_t für einige Profile

Nr.	Querschnitt	I_t	W_t	I_x, I_y	W_{bx}, W_{by}
1	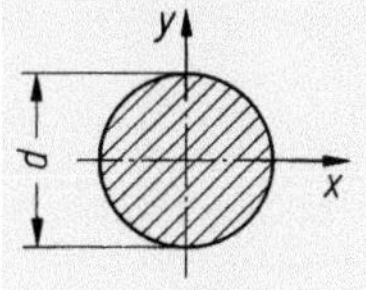	$\frac{\pi \cdot d^4}{32} = I_p$	$\frac{\pi \cdot d^3}{16} = W_p$	$\frac{\pi \cdot d^4}{64}$	$\frac{\pi \cdot d^3}{32}$
2	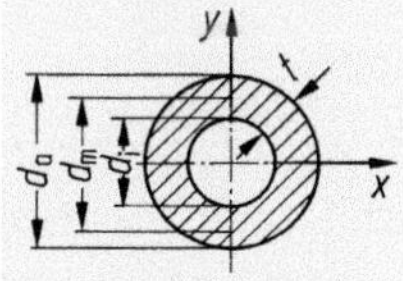	$\frac{\pi \cdot (d_a^4 - d_i^4)}{32} = I_p$	$\frac{\pi \cdot (d_a^4 - d_i^4)}{16 \cdot d_a} = W_p$	$\frac{\pi \cdot (d_a^4 - d_i^4)}{64}$	$\frac{\pi \cdot (d_a^4 - d_i^4)}{32 \cdot d_a}$
		Für geringe Wanddicken, d. h. $\left(\frac{t}{d_m}\right)^2 \ll 1$			
		$\frac{\pi \cdot d_m^3 \cdot t}{4}$	$\frac{\pi \cdot d_m^3 \cdot t}{2}$		
3	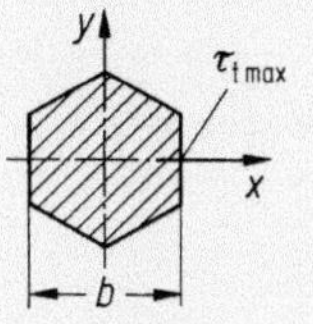	$0{,}133 \cdot b^2 \cdot A = 0{,}115 \cdot b^4$	$0{,}217 \cdot b \cdot A = 0{,}188 \cdot b^3$	$\frac{5 \cdot \sqrt{3}}{144} \cdot b^4 = 0{,}0601 \cdot b^4$	$W_{bx} = \frac{5}{48} \cdot b^3 = 0{,}104 \cdot b^3$ $W_{by} = \frac{5 \cdot \sqrt{3}}{72} \cdot b^3 = 0{,}120 \cdot b^3$
4	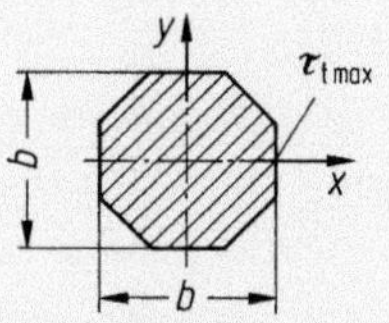	$0{,}130 \cdot b^2 \cdot A = 0{,}108 \cdot b^4$	$0{,}223 \cdot b \cdot A = 0{,}185 \cdot b^3$	$\frac{\sqrt{2} \cdot 2 + 1}{6 \cdot (2 + \sqrt{2})^2} \cdot b^4 = 0{,}0547 \cdot b^4$	$0{,}08632 \cdot b^3$
5	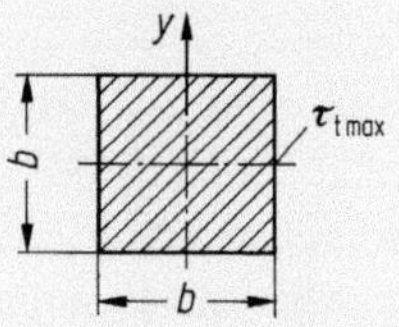	$0{,}141 \cdot b^4$	$0{,}208 \cdot b^3$	$\frac{b^4}{12}$	$\frac{b^3}{6}$
6	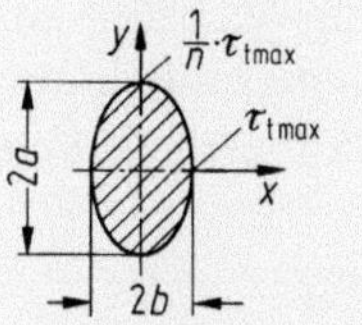	$\frac{\pi \cdot a^3 \cdot b^3}{a^2 + b^2} = \frac{\pi \cdot n^3 \cdot b^4}{n^2 + 1}$	$\frac{\pi \cdot a \cdot b^2}{2} = \frac{\pi \cdot n \cdot b^3}{2}$	$I_x = \frac{\pi \cdot a^3 \cdot b}{4}$ $I_y = \frac{\pi \cdot b^3 \cdot a}{4}$	$W_x = \frac{\pi \cdot a^2 \cdot b}{4}$ $W_y = \frac{\pi \cdot b^2 \cdot a}{4}$
7	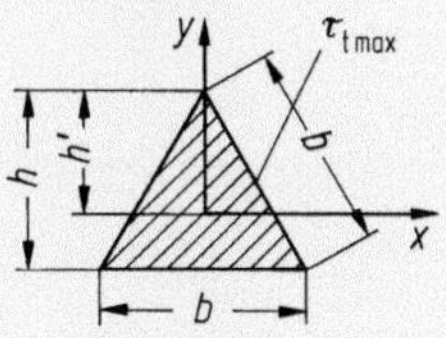	$\frac{b^4}{46{,}19} \approx \frac{h^4}{26}$	$\frac{b^3}{20} \approx \frac{h^3}{13}$	$I_x = \frac{b \cdot h^3}{36}$ $I_y = \frac{h \cdot b^3}{48}$	$W_x = \frac{b \cdot h^2}{24}$; $\left(h' = \frac{2}{3} \cdot h\right)$ $W_y = \frac{h \cdot b^2}{24}$
8	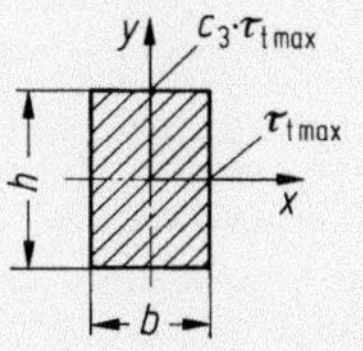	$c_1 \cdot h \cdot b^3 = c_1 \cdot n \cdot b^4$	$c_2 \cdot h \cdot b^2 = c_2 \cdot n \cdot b^3$	$I_x = \frac{b \cdot h^3}{12}$ $I_y = \frac{h \cdot b^3}{12}$	$W_x = \frac{b \cdot h^2}{6}$ $W_y = \frac{h \cdot b^2}{6}$

Beiwerte c_1, c_2 und c_3 hängen vom Verhältnis $h : b$ ab. Werte siehe Tab. 3.3

Tab. 3.3 Beiwerte c_1, c_2 und c_3 für die Berechnung von Rechteckquerschnitten (Tab. 3.2 Nr. 8)

$n = h/b$	1	1,5	2	3	4	6	8	10	∞
c_1	0,141	0,196	0,229	0,263	0,281	0,298	0,307	0,312	0,333
c_2	0,208	0,231	0,246	0,267	0,282	0,299	0,307	0,312	0,333
c_3	1,000	0,858	0,796	0,753	0,745	0,743	0,743	0,743	0,743

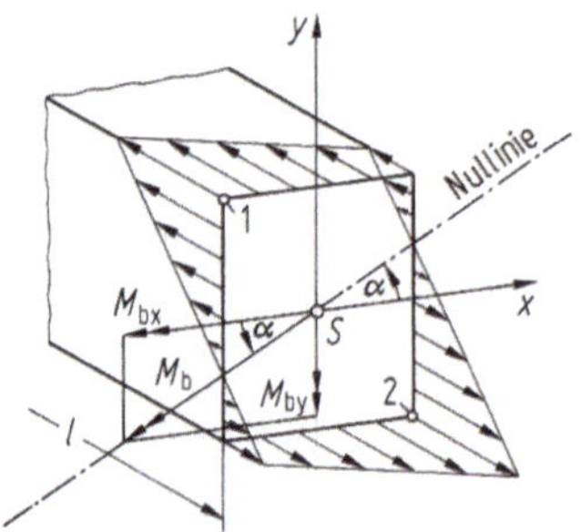

Abb. 3.9 Spannungsverteilung in einem Balken unter Biegebeanspruchung aus M_{bx} und M_{by} (schiefe Biegung)

3.2.3.5 Normalspannung aus schiefer Biegung (mehrachsiger Biegung)

Wirkt das Biegemoment M_b nicht in Richtung einer Hauptachse (Abb. 3.9), wird von schiefer oder auch mehrachsiger Biegung gesprochen, da sich M_b nach den Regeln der Vektoraddition aus den Biegemomenten um die Hauptachsen M_{bx} und M_{by} zusammensetzt. Hierbei biegt sich der Träger auch quer zur Lastrichtung.

Auch die Durchbiegung f ergibt sich aus f_x und f_y der beiden Hauptachsen. Hier gehen die unterschiedlichen Trägheitsmomente um die entsprechenden Achsen I_x und I_y ein. Für den rechteckigen Querschnitt nach Abb. 3.9 gilt:
Durchbiegung in der x-Achse

$$f_x = \frac{M_{bx} \cdot l^2}{2 \cdot E \cdot I_x} \tag{3.14}$$

Durchbiegung in der y-Achse

$$f_y = \frac{M_{by} \cdot l^2}{2 \cdot E \cdot I_y} \tag{3.15}$$

Es ergibt sich das Verhältnis

$$\frac{f_x}{f_y} = \frac{M_{bx}}{M_{by}} \cdot \frac{I_y}{I_x} \tag{3.16}$$

Die resultierende Biegenormalspannung σ_b an einem beliebigen Punkt (x, y) des Querschnitts A kann durch Überlagerung der Biegespannungen aus M_{bx} und M_{by} unter Beachtung der Vorzeichen erhalten werden.

$$\sigma_b(x, y) = \frac{M_{bx}}{I_x} \cdot y - \frac{M_{by}}{I_y} \cdot x \tag{3.17}$$

Daraus ergibt sich die Gleichung für den Verdrehwinkel, für die Lage der Nulllinie ($\sigma_b = 0$).

$$\tan\alpha = \frac{I_x \cdot M_{by}}{I_y \cdot M_{bx}} \tag{3.18}$$

l	in mm	Gesamtlänge des Bauteils
x, y	in mm	x- bzw. y-Koordinaten des Punktes
E	in N/mm²	Elastizitätsmodul

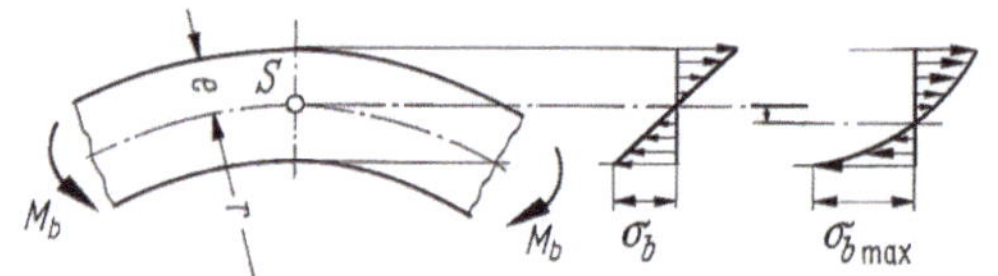

Abb. 3.10 Spannungsverteilung an der Innen- und Außenseite bei stark gekrümmten Biegeträgern

Die Biegespannung nimmt linear mit dem Abstand zur Nulllinie zu und erreicht in den Punkten 1 und 2 in Abb. 3.9 ihre Extrema. Bei Querschnitten mit Ecken sind also für eine Festigkeitsberechnung die Spannungen an den Außenecken zu bestimmen. Hierzu sind Tangenten an den Querschnitt zu legen, die parallel zur Nulllinie verlaufen. An den sich ergebenden Berührpunkten ergeben sich die größten Spannungen.

3.2.3.6 Normalspannung aus Biegung in stark gekrümmten Trägern

Während für schwach gekrümmte Träger, d. h. $e/r \ll 1$ (siehe Abb. 3.10), die Formeln der Biegespannungen des geraden Stabs ausreichend genau sind, muss bei stark gekrümmten Trägern die unterschiedliche Länge der Außen- und Innenfasern berücksichtigt werden. Weil die Dehnung ε_i an der Innenseite betragsmäßig größer ist als die Dehnung ε_a an der Außenseite, ergibt sich eine hyperbolische Spannungsverteilung für σ, wobei gegenüber der linearen Spannungsverteilung die Spannungen innen größer und außen kleiner werden. Für die in Abb. 3.10 angegebene Belastung verschiebt sich die neutrale Faser aus dem Schwerpunkt in Richtung des Krümmungsmittelpunkts des Trägers. Weiterführende Informationen sind in [23] und [40] enthalten.

Es wird die maximale Biegespannung

$$\sigma_{b\,\max} = \alpha_{ki} \cdot \sigma_b \tag{3.19}$$

aus der Biegespannung berechnet.

$$\sigma_b = \frac{M_b}{W_b} \tag{3.20}$$

M_b	in Nmm	Biegemoment
W_b	in mm³	Widerstandsmoment gegen Biegung
α_{ki}		Formziffer siehe Tab. 3.4, abhängig von Querschnittsform und Krümmung

Um die Spannungsüberhöhung an der Innenseite abzumildern, können Querschnittsformen gewählt werden, deren Schwerpunkt in Richtung der Innenseite verschoben ist (z. B. T-Profil).

Tab. 3.4 Formziffer α_{ki} für verschiedene Querschnitte bei stark gekrümmten Biegeträgern, e/r siehe Abb. 3.10

Querschnittsform	Kennzahl für die Krümmung e/r								
	0,1	0,2	0,3	0,4	0,5	0,6	0,7	0,8	0,9
Kreis, Ellipse	1,05	1,17	1,29	1,43	1,61	1,89	2,28	3,00	5,00
Rechteck	1,07	1,14	1,25	1,37	1,53	1,74	2,26	2,59	3,94
gleichschenkliges Dreieck	–	–	–	1,43	1,64	1,95	2,24	2,88	4,50

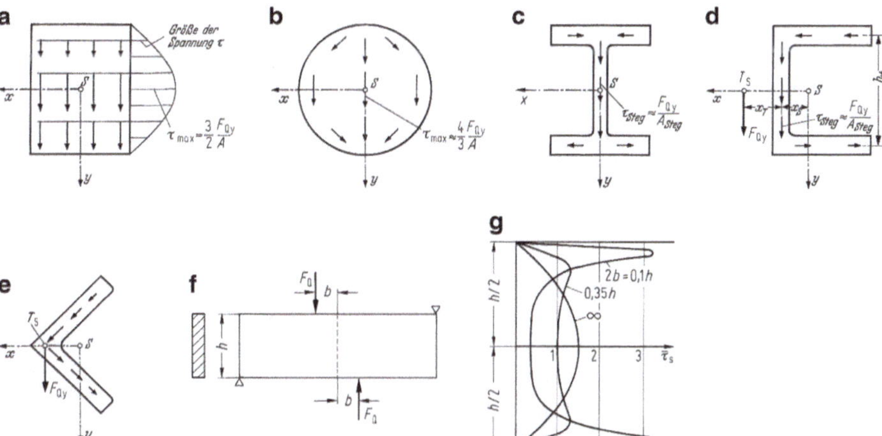

Abb. 3.11 Verlauf der Schubspannung τ erzeugt durch eine Querkraft F_{Qy}, **a** Rechteckquerschnitt, **b** Kreisquerschnitt, **c** Doppel-T-Querschnitt, **d** U-Querschnitt, **e** Winkelquerschnitt, **f** Schubspannung bei unterschiedlichem Abstand b [41], Schwerpunkt S, Schubmittelpunkt T_S, Abstand x_T beim U-Querschnitt ist $x_T = (h_t/2)^2 \cdot (A/I_x) \cdot x_s$

3.2.3.7 Schubspannung aus Querkraft

Der Mittelwert der Schubspannung $\overline{\tau}$ aus der Querkraft F_Q errechnet sich für Kreis- und Rechteckquerschnitte mit der Querschnittsfläche A zu

$$\overline{\tau} = \frac{F_Q}{A} \tag{3.21}$$

Die Schubspannungen verteilen sich nicht gleichmäßig über den Querschnitt. Für einige wichtige Querschnitte sind die Spannungsverteilung und die maximale Schubspannung in Abb. 3.11 angegeben. Eine nicht im Schubmittelpunkt T_S angreifende Querkraft führt zu einer Verdrehung des Stabes. Dies trifft im Allgemeinen bei zur Kraftrichtung unsymmetrischen Querschnitten zu. Für die Berechnung kann diese Querkraft durch eine gleich große Querkraft durch T_S und ein zusätzliches Torsionsmoment ersetzt werden.

Kurze Bolzen und Niete werden oft auf Abscheren berechnet, wobei der Mittelwert $\overline{\tau}$ nach (3.21) verwendet wird. Die wirklich auftretenden örtlichen Spannungen sind wesentlich höher infolge der ungleichmäßigen Verteilung und Anhäufung der Spannung an den Lochrändern (Abschn. 3.4.1), Abb. 3.11f. Dies ist im Ansatz der zulässigen Spannung zu berücksichtigen.

3.2.3.8 Schubspannungen aus Torsion

Ein Torsionsmoment T ruft im Querschnitt Schubspannungen hervor, die Torsionsspannungen genannt werden. Ihr Verteilungsgesetz ist komplexer als das der Normalspannungen durch ein Biegemoment.

Im Allgemeinen bleiben die Querschnitte nicht eben, sie verwölben sich bei Verdrehung in Stablängsrichtung, Abb. 3.12 und [42]. Bei behinderter Verwölbung (z. B. an Einspannstellen) treten zusätzlich Normalspannungen σ und damit veränderte Schubspannungen und ein Drehwinkel auf. Die maximale Schubspannung aus Torsion beträgt

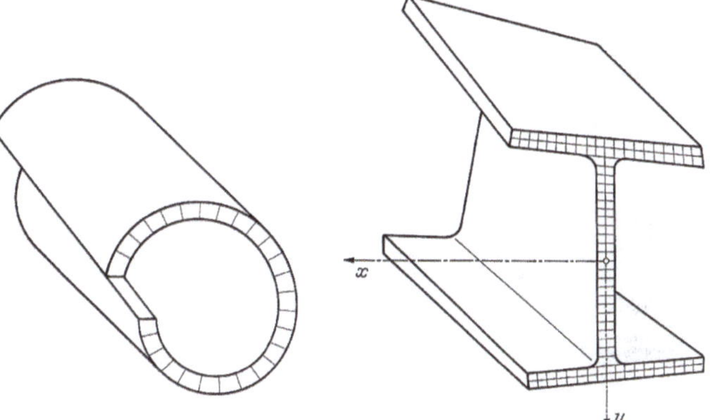

Abb. 3.12 Beispiele von Querschnitten mit starker Verwölbung bei Torsionsbeanspruchung

$$\tau_{t\,\max} = \frac{T}{W_t} \tag{3.22}$$

Der Verdrehwinkel (Abb. 3.13) berechnet sich zu

$$\varphi = \frac{T \cdot l}{G \cdot I_t} \tag{3.23}$$

l	in mm	Stablänge siehe Abb. 3.13
G	in N/mm²	Schubmodul
I_t	in mm⁴	Flächenträgheitsmoment siehe Tab. 3.2
T	in Nmm	Torsionsmoment
W_t	in mm³	Widerstandsmoment siehe Tab. 3.2

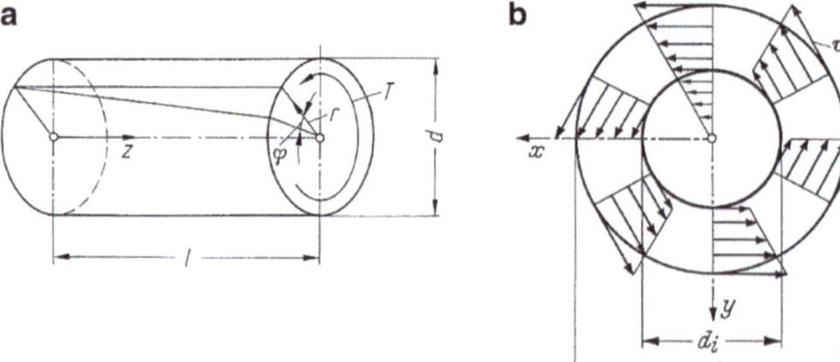

Abb. 3.13 Verformungen beim Torsionsstab, **a** Verdrehwinkel φ, **b** Verteilung der Torsionsspannung τ_t beim Kreisringquerschnitt (*unterbrochene Linie*: für Vollquerschnitt)

Geschlossene Kreis- oder Kreisringquerschnitte

Diese Querschnitte nehmen eine Sonderstellung ein, denn bei ihnen nimmt die Schubspannung aus Torsion linear mit dem Abstand zum Querschnittsmittelpunkt zu, Abb. 3.13b. Aus diesem Grunde sind es auch Kreis- und Kreisringquerschnitte, die sich bei Verdrehung des Stabs nicht verwölben, sondern eben bleiben. Sie verdrehen sich als starres Ganzes, die Radien bleiben gerade. Hier wird ein spezifischer Verdrehwinkel (Verdrehwinkel pro Längeneinheit) wie folgt definiert:

$$\vartheta = \frac{\varphi}{l} \tag{3.24}$$

l	in mm	Stablänge siehe Abb. 3.13
φ	in rad	Verdrehwinkel nach (3.23)

Rechteck-Querschnitte, Abb. 3.14

Die größte Schubspannung $\tau_{t\,\max}$ tritt in der Mitte der langen Seiten auf. Für $h < 3 \cdot b$ fällt die Torsionsspannung in den langen Seiten etwa parabolisch bis zu den Ecken auf den Wert Null. Für $h > 3 \cdot b$ bleibt die Torsionsspannung in den langen Seiten für die Länge $h - 3 \cdot b$ etwa konstant und fällt erst dann parabolisch auf Null.

In der Mitte der kurzen Seiten wird die Torsionsspannung

$$\tau_t = c_3 \cdot \tau_{t\,\max} \tag{3.25}$$

und fällt etwa parabolisch bis zu den Ecken auf Null.

Ebenfalls in Abhängigkeit zum Seitenverhältnis berechnet sich das Flächenträgheitsmoment

$$I_t = c_1 \cdot b^3 \cdot h \tag{3.26}$$

und das Widerstandsmoment

$$W_t = c_2 \cdot b^2 \cdot h \tag{3.27}$$

b	in mm	Profilbreite
c_1, c_2, c_3		Beiwerte, abhängig vom Verhältnis $h : b$ siehe Tab. 3.3
h	in mm	Profilhöhe
$\tau_{t\,\max}$	in N/mm²	maximale Torsionsspannung in der Mitte der langen Seite

Dünnwandige, offene Querschnitte, Abb. 3.15

Doppel-T- (auch I-Querschnitt genannt), U- und L-Querschnitte (Abb. 3.15a) sind als Streifenquerschnitte aufzufassen, die aus langen Rechtecken bestehen (Länge der Rechtecke $l_1, l_2, l_3, \ldots$, Breite $b_1, b_2, b_3, \ldots$). Entsprechend verteilen sich auch die Spannungen ähnlich wie bei Rechteckquerschnitten.

An den Randpunkten der Rechtecke, mit Ausnahme in der Nähe der Ecken, berechnet sich die Schubspannung zu:

$$\tau_t = \frac{T}{I_t} \cdot b \tag{3.28}$$

Für das Flächenträgheitsmoment I_t und das Widerstandsmoment W_t gelten folgende Näherungsformeln:

$$I_t \approx \frac{1}{3} \cdot ({b_1}^3 \cdot l_1 + {b_2}^3 \cdot l_2 + \ldots) \tag{3.29}$$

$$W_t \approx \frac{I_t}{b_{\max}} \tag{3.30}$$

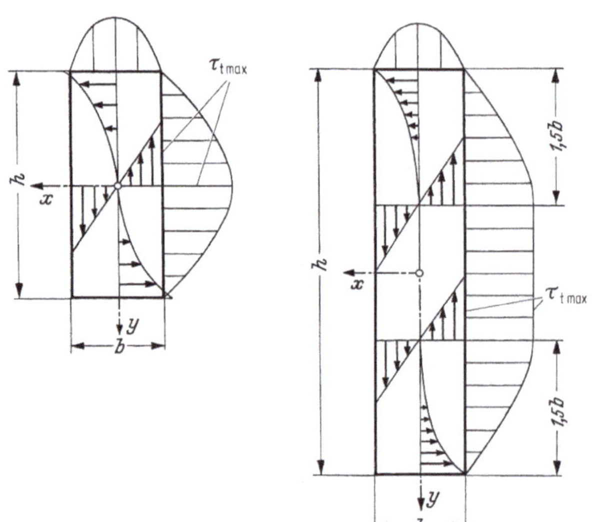

Abb. 3.14 Verteilung der Torsionsspannung für zwei unterschiedliche Rechteckquerschnitte

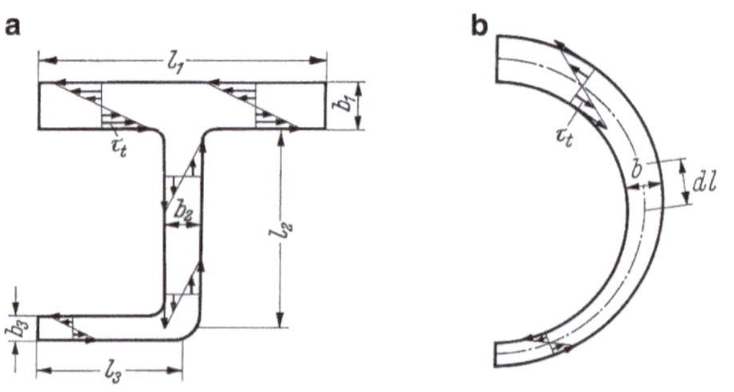

Abb. 3.15 Zur Berechnung von I_t, W_t und Torsionsspannung τ_t bei Streifenquerschnitten

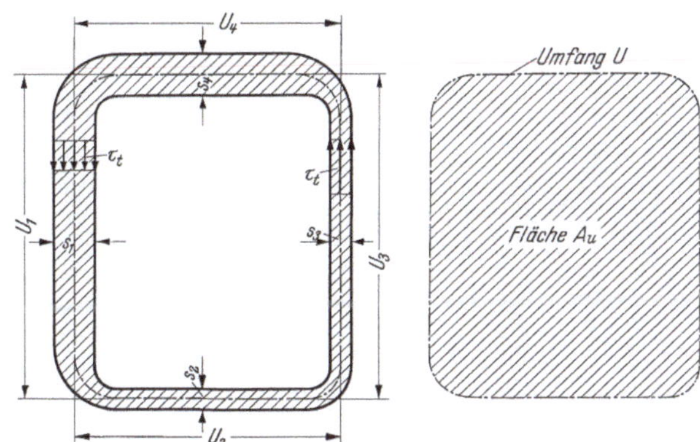

Abb. 3.16 Zur Berechnung von I_t, W_t und Torsionsspannung τ_t bei geschlossenen Ringquerschnitten

Bei allmählich sich ändernder Streifenbreite (Abb. 3.15b) ist

$$I_t \approx \frac{1}{3} \cdot \int b^3 dl \tag{3.31}$$

b	in mm	Profilbreite
h	in mm	Profilhöhe
l	in mm	Stablänge
T	in Nmm	Torsionsmoment

Dünnwandige geschlossene Hohlprofile (Bredt'sche Formeln)

Bei dünnwandigen Profilen sind die Schubspannungen über der Wanddicke annähernd konstant. Die Wanddicke s kann entlang der mittleren Umfangslinie U, die die Wanddicke halbiert, unterschiedlich groß sein. Der Schubfluss $\tau \cdot s$ ist längs des Umfangs konstant.

Für das in Abb. 3.16 dargestellte Beispiel gilt für das Flächenträgheitsmoment I_t und für das Widerstandsmoment W_t:

$$I_t \approx \frac{4 \cdot {A_U}^2}{\frac{U_1}{s_1} + \frac{U_2}{s_2} + \ldots} \tag{3.32}$$

$$W_t \approx 2 \cdot A_U \cdot s_{\min} \tag{3.33}$$

Für konstante Wanddicke s ist

$$I_t = 4 \cdot {A_U}^2 \cdot \frac{s}{U} \tag{3.34}$$

$$W_t = 2 \cdot A_U \cdot s \tag{3.35}$$

A_U	in mm²	von U umschlossene Fläche

Die Verdrehung berechnet sich analog zum Kreisquerschnitt nach (3.23). Bei der Verdrehung bleiben auch diese Querschnitte nicht eben (Ausnahme: Tangentenpolygone gleicher Wanddicke, Abb. 3.17 und [42]).

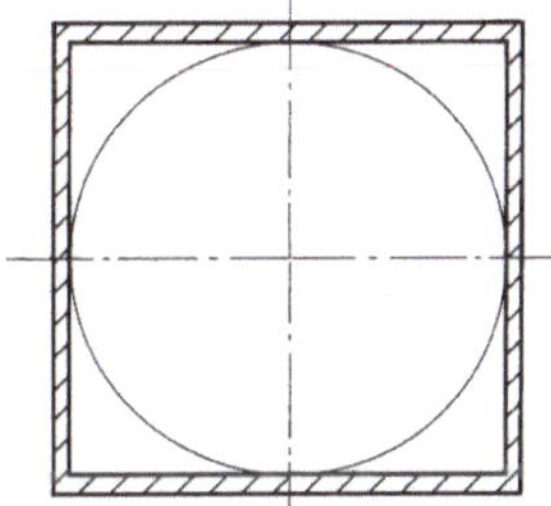
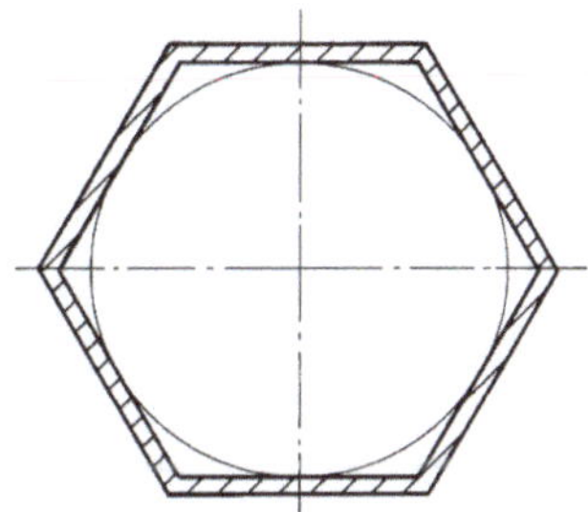

Abb. 3.17 Wölbfreie Profile (Tangentenpolygone konstanter Wanddicke)

3.2.3.9 Überlagerung von gleichgerichteten Spannungskomponenten

Überlagerung von Normalspannungen aus Zug oder Druck und Biegung

Die Normalspannungen aus Zug oder Druck nach (3.7) und Biegung nach (3.9) und (3.10) können direkt überlagert werden, solange die Maximalspannung die Elastizitätsgrenze nicht überschreitet.

Im Querschnitt A, Abb. 3.2, treten z. B. gleichzeitig die Stabkraft F_z und die Biegemomente M_{bx} und M_{by} auf. Aus den Querschnittsabmessungen werden der Querschnitt A und die Trägheitsmomente I_x und I_y berechnet. Für einen beliebigen Querschnitt ergibt sich die resultierende Normalspannung zu:

$$\sigma_{\text{res}} = \frac{F_z}{A} + \frac{M_{bx}}{I_x} \cdot y - \frac{M_{by}}{I_y} \cdot x \tag{3.36}$$

x, y	in mm	Koordinaten

Überlagerung von Schubspannungen aus Querkraft und Torsion

Schubspannungen aus Querkraft nach (3.21) und Torsion nach (3.22) können direkt überlagert werden, solange die Maximalspannung die Elastizitätsgrenze nicht überschreitet.

Am Rande des Querschnitts gehen die Spannungen immer in tangentialer Richtung. In Außenecken des Querschnitts werden sie infolgedessen gleich Null. In den Randpunkten sind die Schubspannungen bei gleicher Richtung zu addieren, bei entgegengesetzter Richtung voneinander abzuziehen. Meist überwiegen die Schubspannungen durch Torsion, Schubspannungen durch Querkräfte können meist vernachlässigt werden.

3.2.3.10 Überlagerung von Normal- und Schubspannungskomponenten

Überlagerung von Normalspannung aus Biegung und Schubspannung aus Querkraft

Die größte Normalspannung aus Biegung tritt in den Randfasern (oben und unten) auf (Abb. 3.7), die größte Schubspannung in der neutralen Faser (Abb. 3.11).

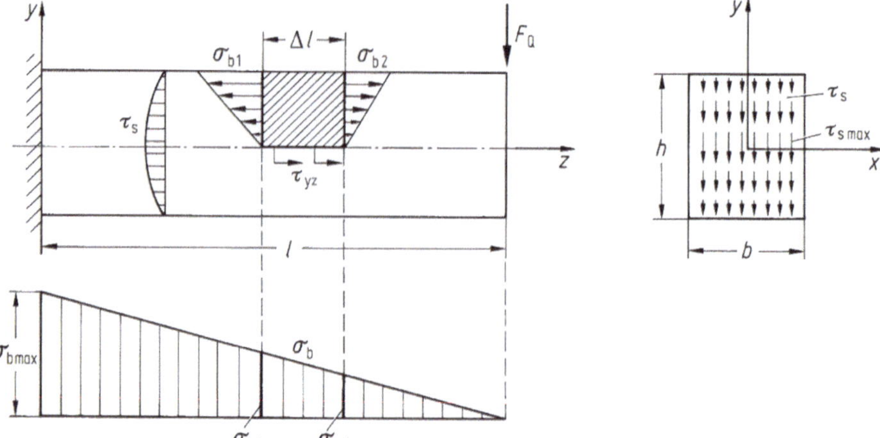

Abb. 3.18 Verteilung von Biegespannung σ_b und Schubspannung τ_s in einem durch Querkraft F_Q belasteten Träger

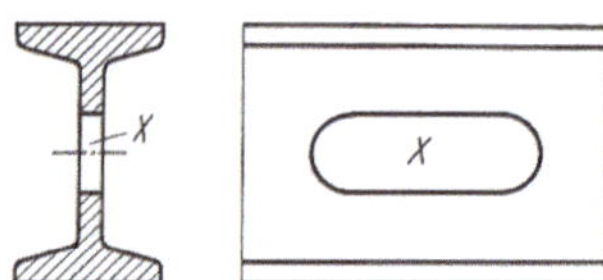

Abb. 3.19 Aussparung X im Steg eines I-Trägers, bei großen Querkräften nicht ohne weiteres zulässig

Bei einem durch Querkraft belasteten Träger mit Rechteckquerschnitt steigt die Biegespannung linear vom Kraftangriffspunkt bis zur Einspannstelle an, die Schubspannung ist konstant über die Länge (Abb. 3.18). Aus den Gleichgewichtsbedingungen am Bauteilelement und Integration über die Länge folgt die maximale Schubspannung

$$\tau_{\max} = \sigma_{b\,\max} \cdot \frac{h}{4 \cdot l} \tag{3.37}$$

h	in mm	Höhe des Rechteckquerschnitts
l	in mm	Länge des Balkens
$\sigma_{b\,\max}$	in N/mm^2	maximale Biegespannung

Offenkundig ist die Schubspannung im Allgemeinen klein gegenüber der Biegespannung, nur wenn $h > l$ ist, sollte sie berücksichtigt, d. h. die Vergleichsspannung gebildet werden.

Bei längeren Balken mit I-Querschnitt oder Kastenquerschnitt sind zwar die Normalspannungen aus Biegung in der Nähe der Nulllinie klein oder gleich Null, infolge der Querkräfte treten hier jedoch Schubspannungen auf. Es ist darum nicht ohne weiteres zulässig, diese Stäbe nach Abb. 3.19 auszusparen.

Aus dem gleichen Grund muss die Schubspannung bei der Berechnung von geklebten oder geschweißten Trägern und Bauteilen mit Sandwich-Versteifung berücksichtigt werden.

Überlagerung von Normalspannung aus Biegung σ_b und Schubspannung aus Torsion τ_t

Dieser Fall kommt in der Praxis am häufigsten vor, zum Teil zusätzlich eine Normalspannung aus Zug oder Druck σ_{zd}.

Die mehrachsigen Spannungszustände können auf eine einachsige Vergleichsspannung σ_v zurückgeführt werden. Diese entspricht einer Normalspannung, die das Bauteil genauso beansprucht, wie der reale mehrachsige Spannungszustand, solange die einzelnen Spannungskomponenten im Bereich elastischer Verformungen liegen (siehe Hinweise in „*Man beachte*:“ am Ende dieses Abschnittes). Die drei wichtigsten Vergleichsspannungshypothesen sind im Folgenden beschrieben.

Die Normalspannungshypothese (NH) wird verwendet, wenn mit Versagen (statisch) durch Trennbruch längs einer Bruchebene senkrecht (normal) zur größten Hauptspannung zu rechnen ist (Hauptspannungsebenen siehe Abschn. 3.1).

$$\sigma_{v,\mathrm{NH}} = 0{,}5 \cdot \left(|\sigma_{zd} + \sigma_b| + \sqrt{(\sigma_{zd} + \sigma_b)^2 + 4 \cdot {\tau_t}^2}\right) \tag{3.38}$$

Dies trifft zu:

- für spröde Werkstoffe und tiefe Temperaturen (der Bruch tritt ohne vorherige plastische Verformung auf).
- wenn die Verformungsmöglichkeit zeitlich stark eingeschränkt ist (z. B. bei schlagartiger Beanspruchung: Kerbschlagzähigkeit siehe Abschn. 3.3.5).
- wenn der Spannungszustand die Verformungsmöglichkeit örtlich einschränkt. Dies ist beispielsweise der Fall, wenn kleine Schubspannungen in Kerben auftreten. Dann verhält sich auch ein duktiler Werkstoff mit ausgeprägter Streckgrenze wie ein spröder Werkstoff.

Die NH kann ferner bei Versagen von Bauteilen aus sprödem Werkstoff durch Schwingbeanspruchung verwendet werden.

Die Gestaltänderungsenergiehypothese (GEH) setzt die zur Gestaltänderung (nicht Volumenänderung!) durch Gleitungen in den Gitterebenen erforderliche Arbeit beim mehrachsigen und beim einachsigen Spannungszustand gleich und leitet daraus eine Vergleichsspannung ab. Die GEH gilt für verformbare (duktile) Werkstoffe, die durch plastische

Verformung versagen, aber auch bei Versagen bei Schwingbeanspruchung (Trennbruch).

$$\sigma_{v,\mathrm{GEH}} = \sqrt{(\sigma_{zd} + \sigma_b)^2 + 3 \cdot \tau_t{}^2} \tag{3.39}$$

Die Schubspannungshypothese (SH) ist eine weitere Möglichkeit, eine Vergleichsspannung zu bilden. Sie wird verwendet bei duktilen Werkstoffen bei Versagen (statisch) durch Gleitbruch (z. B. bei Kupfer und Kupferlegierungen) bzw. Trennbruch dieser Werkstoffe bei Schwingbeanspruchung.

$$\sigma_{v,\mathrm{SH}} = \sqrt{(\sigma_{zd} + \sigma_b)^2 + 4 \cdot \tau_t{}^2} \tag{3.40}$$

Für die Praxis ist die SH von untergeordneter Bedeutung, da die Vergleichsspannung für duktile Werkstoffe, berechnet mit der GEH, zahlenmäßig vergleichbare Ergebnisse liefert.

Man beachte: In den Gleichungen für die Vergleichsspannung σ_v sind die Spannungskomponenten σ und τ örtliche, an einem Punkt zusammenwirkende homogene Spannungen im elastischen Bereich (also ohne Spannungsverteilung, ohne Stützwirkung, ohne Berücksichtigung des mehrachsigen Zustands in einer Umlaufkerbe, ohne Berücksichtigung des nichtlinear-elastischen Spannungsverhaltens von GJL). Für die Bildung der Vergleichsspannung ist in den angegeben Gleichungen (3.38)–(3.40) die Schubspannung aus Querkraft τ_s vernachlässigt. Um die Vergleichsspannung für den Festigkeitsnachweis zu benutzen, müssen die einzelnen Spannungskomponenten daher so korrigiert werden, dass sie hinsichtlich der Ausnutzung der zugehörigen Festigkeitsgrenze vergleichbar sind, d. h. die Spannungskomponenten werden mit den zugehörigen Formzahlen α_σ, α_τ (Abschn. 3.2.5.1), Stützziffer statisch N_{pl} (Abschn. 3.4.3.1b)), und der Stützzahlen dynamisch n_σ, n_τ (Abschn. 3.5.4.1b)) korrigiert (der Korrekturfaktor für Gusseisen mit Lamellengraphit K_{NL} sei bei dieser Betrachtung außer Acht gelassen). Außerdem muss geprüft werden, wie die Werkstoffe den Begriffen „spröde" und „duktil" (und damit der entsprechenden Hypothese) zuzuordnen sind. Diese Zusammenhänge sind beim Festigkeitsnachweis zu beachten, Abschn. 3.4.4 und 3.5.6.

3.2.4 Beanspruchungsfälle – zeitlicher Verlauf

Die Beanspruchungen können statisch (ruhend) oder dynamisch (schwingend) auftreten (Abschn. 3.3.3). Bei dynamischer Beanspruchung schwingt die Spannung zwischen der Oberspannung σ_o und der Unterspannung σ_u um die Mittelspannung σ_m.

$$\sigma_m = 0{,}5 \cdot (\sigma_o + \sigma_u) \tag{3.41}$$

Der Spannungsausschlag ist

$$\sigma_a = 0{,}5 \cdot (\sigma_o - \sigma_u) \tag{3.42}$$

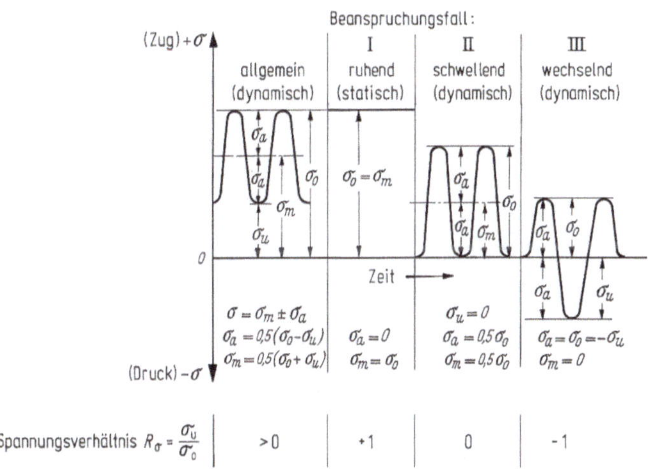

Abb. 3.20 Standardbeanspruchungsfälle

Wird der Spannungsverlauf über der Zeitachse aufgetragen, kann zwischen den in Abb. 3.20 dargestellten Beanspruchungsfällen unterschieden werden. Sie lassen sich einem Spannungsverhältnis R_σ zuordnen.

$$R_\sigma = \frac{\sigma_u}{\sigma_o} \tag{3.43}$$

Die Darstellung im Dauerfestigkeitsschaubild zeigt Abb. 3.37.

3.2.5 Örtliche Spannungen

Bei realen Bauteilen führt jede Abweichung von den idealisierten Grundformen (für die in Abschn. 3.2.3 berechneten Nennspannungen), wie Kerben, Absätze, Querbohrungen usw., zu Änderungen des Kraftflussverlaufs. Der Kraftfluss wird umgelenkt (Abb. 2.1) und in Querschnittsübergängen zusammengedrängt, d. h. örtlich treten höhere Spannungen auf.

Örtliche Spannungen lassen sich unmittelbar durch Messung mit Hilfe von Dehnmessketten an Bauteilen oder mit Hilfe der Spannungsoptik an Modellen bestimmen und mit numerischen Methoden berechnen, siehe Abschn. 3.2.5.2.

3.2.5.1 Örtliche Spannungen – klassische Berechnung

Die Spannungserhöhungen werden durch eine „Kerbformzahl", kurz „Formzahl", erfasst. Die örtliche maximale Spannung $\sigma_{\max}$ ist im Vergleich zur Nennspannung σ_{nenn} um den Faktor Formzahl α_σ höher (bei Schubspannungen α_τ).

$$\sigma_{\max} = \alpha_\sigma \cdot \sigma_{\mathrm{nenn}} \tag{3.44}$$

$$\tau_{\max} = \alpha_\tau \cdot \tau_{\mathrm{nenn}} \tag{3.45}$$

Tab. 3.5 Spannungserhöhung durch Kerbwirkung (Dichte ϱ und Durchmesser d = konst., $\sigma_{\max} = \tau_{\max}$ = konst., $\alpha_{\sigma,zd} > \alpha_{\sigma,b} > \alpha_{\sigma,t} > 1$)

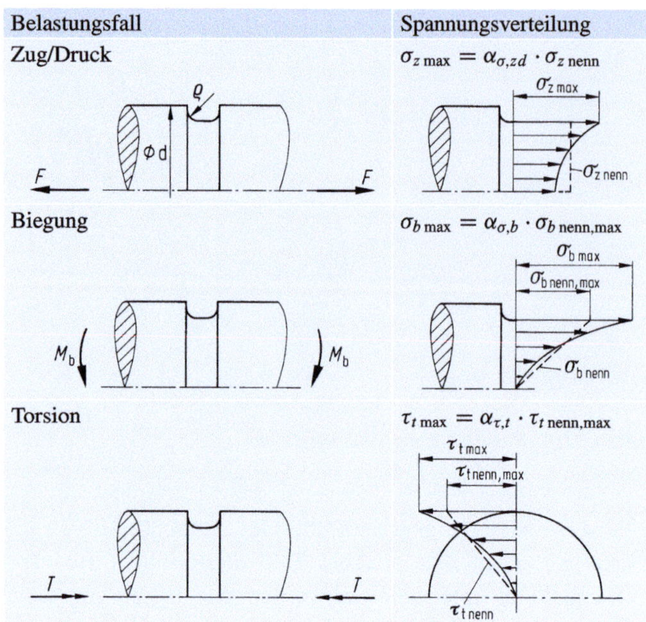

Belastungsfall	Spannungsverteilung
Zug/Druck	$\sigma_{z\,\max} = \alpha_{\sigma,zd} \cdot \sigma_{z\,\text{nenn}}$
Biegung	$\sigma_{b\,\max} = \alpha_{\sigma,b} \cdot \sigma_{b\,\text{nenn,max}}$
Torsion	$\tau_{t\,\max} = \alpha_{\tau,t} \cdot \tau_{t\,\text{nenn,max}}$

α_σ und α_τ sind abhängig von der Kerbgeometrie und der Beanspruchungsart, jedoch unabhängig von Werkstoff sowie Bauteilgröße und enthalten auch keine Aussage zum Spannungsverlauf über den Querschnitt. Es werden folgende Formzahlen unterschieden:

- $\alpha_{\sigma,zd}$ für Zug- oder Druckbeanspruchung
- $\alpha_{\sigma,b}$ für Biegebeanspruchung
- $\alpha_{\tau,s}$ für Schubbeanspruchung
- $\alpha_{\tau,t}$ für Torsionsbeanspruchung

Für Zug-, Biege- und Torsionsspannungen sind die grundsätzlichen Zusammenhänge für symmetrische Stäbe in Tab. 3.5 dargestellt. Bei Schubspannung aus Querkraft ist das Problem komplex (da diese senkrecht zum unbelasteten Rand Null sind, Abb. 3.11), jedoch im Allgemeinen nicht von praktischer Bedeutung.

Die örtliche Erhöhung der Flächenpressung infolge der Stützwirkung ist in Abb. 3.8a dargestellt.

Bei zug-, druck- und biegebeanspruchten Rundstäben mit Umlaufkerbe entsteht ferner im Kerbgrund aus dem einachsigen ein mehrachsiger Spannungszustand.

3.2.5.2 Finite Elemente Methode (FEM) und Boundary Elemente Methode (BEM)

Analytische Berechnungen wie die klassische Festigkeitsberechnung in Abschn. 3.2.5.1 sind meist einfach und ohne große Rechenhilfsmittel durchzuführen. Leider existieren Lösungen nur für einfache Geometrien und Randbedingungen. Das Verhalten von Bauteilen komplexer Geometrie an denen Randbedingungen unterschiedlichster Art (z. B. Einzelkräfte, Drücke, Gewichtskräfte, verschiedene Lagerungsarten) wirken, können damit meist nicht erfasst werden. Für derartige Probleme werden numerische Berechnungsverfahren eingesetzt, die wichtigsten sind die Finite Elemente Methode (FEM) und die Boundary Elemente Methode (BEM), die in der Literatur auch als Randelemente Methode (REM) bezeichnet wird, siehe z. B. [26], [37], [40].

Finite Elemente Methode (FEM)

Die derzeit wichtigste Anwendung der FEM ist die mechanische Strukturanalyse. Als Ergebnis einer statischen Strukturanalyse können die Bauteilverformungen und die Bauteilspannungen infolge von äußeren Kräften, die auf das Bauteil einwirken, ermittelt werden. In einer dynamischen Strukturanalyse kann das Schwingungsverhalten eines Bauteils ermittelt werden.

Besteht ein linearer Zusammenhang zwischen äußerer Belastung und dem Verhalten des Bauteils, so ist auch die Analyse linear, ansonsten ist sie nichtlinear. Nichtlinearitäten können geometrisch-strukturell bedingt sein (z. B. Kontakt, große Verformungen) und/oder auf nichtlinearem Werkstoffverhalten beruhen (z. B. Plastizität, Viskoelastizität, Rissausbreitung).

Neben der mechanischen Analyse von Bauteilen findet die FEM auch Anwendung in der Thermodynamik, der Elektro-/Magnetostatik, der Strömungsmechanik und der Akustik.

Das Prinzip der FEM beruht darauf, dass eine Gesamtstruktur (Bauteil) in viele endlich große (finite) Elemente aufgeteilt wird, die über Knotenpunkte miteinander gekoppelt sind. Je nach Fragestellung werden unterschiedliche Elementtypen verwendet. Beispielsweise werden für die Analyse von Strukturen aus Profilen im Stahlbau oder bei Krantragwerken Zug/Druck-Stäbe bzw. Biegebalken verwendet. Für ebene oder flächenhafte Bauteile, wie z. B. dünnwandige Getriebegehäuse oder Blechteile einer Karosserie, werden Plattenelemente verwendet. Für die Analyse räumlich unregelmäßig geformter Strukturen, wie z. B. einen Motorblock, sind dreidimensionale Volumenelemente erforderlich. Jedes Element simuliert quasi das Verhalten des betreffenden Bauteilbereichs. Durch die Koppelung der Elemente an ihren Knotenpunkten wird die Gesamtstruktur gebildet. Mathematisch führt dies im Falle einer linearen statischen Analyse auf ein Gleichungssystem der Form

$$\underline{K} \cdot \vec{u} = \vec{F}$$

Dabei bezeichnet $\underline{K}$ die Steifigkeitsmatrix der Struktur, $\vec{u}$ den Verschiebungsvektor und $\vec{F}$ den Vektor der äußeren Kräfte. Die Matrix $\underline{K}$ ist symmetrisch und besitzt in der Regel eine ausgeprägte Bandstruktur. Zur Lösung derartiger Gleichungssysteme werden spezielle Algorithmen eingesetzt. Die Größe des Gleichungssystems entspricht der Gesamtzahl der Knotenfreiheitsgrade. Von jedem Paar (Knotenkraft, Knotenverschiebung) ist eine Größe bekannt und die andere unbekannt. Beispielsweise ist an einem fest einge-

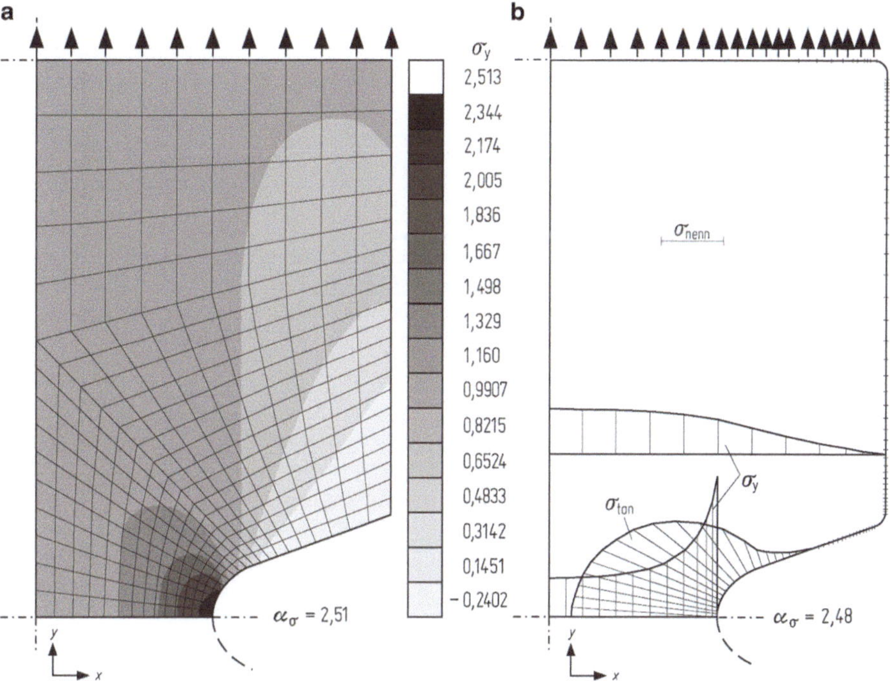

Abb. 3.21 Spannungen in einem auf Zug beanspruchten, gekerbten Flachstabs, berechnet, **a** mit Hilfe der FEM (FZG/TU München), **b** mit Hilfe der BEM (IMM/TU Dresden)

spannten Knoten (Lager) die Verschiebung bekannt, nämlich 0, und die Knotenkraft (Lagerreaktion) unbekannt. An den übrigen Knoten sind die äußeren Kräfte bekannt und die Verschiebungen unbekannt. Die Anzahl der Gleichungen ist daher ebenso groß wie die Anzahl der Unbekannten. Wird das Gleichungssystem nach den Unbekannten aufgelöst, so ergeben sich die unbekannten Lagerreaktionen und die unbekannten Knotenverschiebungen. Aus den Knotenverschiebungen werden die Dehnungen errechnet, aus denen sich dann über das Stoffgesetz die Spannungen ermitteln lassen.

Für die Berechnung von Bauteilen nach der FEM stehen heute ausgereifte kommerzielle Programmsysteme zur Verfügung.

Ohne den Anspruch auf Vollständigkeit zu erheben, seien nachfolgend einige wichtige FE-Programme genannt:

- NASTRAN (eines der ältesten Standardsysteme)
- ABAQUS (besonders für nichtlineare Analysen geeignet)
- MARC (besonders für nichtlineare Analysen geeignet, häufig mit dem Pre-, Postprocessor MENTAT verwendet)
- ANSYS (Pre-, Postprocessor, Solver, vielfältige Analysemöglichkeiten)
- PATRAN (Pre-, Postprocessor mit Anschlussmöglichkeiten wichtiger Solver)
- I-DEAS (CAD-System mit integrierten FE-Modulen, Pre-, Postprocessor, Solver)

Boundary Elemente Methode (BEM)

Die BEM arbeitet ähnlich wie die FEM. Sie eignet sich für die Berechnung flächenhafter und auch räumlicher Bauteile. Im Gegensatz zur FEM wird hier nur der Randbereich einer Struktur diskretisiert. Flächenhafte Bauteile werden mit Linienelementen beschrieben, bei Bauteilen mit einer räumlichen Ausdehnung wird die Oberfläche mit Flächenelementen belegt. Der Aufwand für die Netzerstellung und das zu lösende Gleichungssystem sind kleiner als bei der FEM. Auch ist es leichter, die Netzfeinheit zur Erfassung von Spannungskonzentrationen zu variieren. Nachteilig dagegen ist, dass die Matrix des zu lösenden Gleichungssystems im Gegensatz zur FEM weder symmetrisch ist, noch Bandstruktur aufweist. Die BEM besitzt also gegenüber der FEM vor allem dann Vorteile, wenn es sich bei der Analyse um kompakte Bauteile mit einem im Verhältnis zum Bauteilinneren kleinem Bauteilrand handelt. Dass die BEM weit weniger verbreitet ist als die FEM, liegt unter anderem auch daran, dass ihre systematische Entwicklung erst wesentlich später begonnen hat.

In Abb. 3.21 sind die Netzeinteilungen und die Rechenergebnisse nach der FEM und der BEM für ein Beispiel gegenübergestellt. Aus Symmetriegründen ist es für beide Methoden bei entsprechender Wahl der Randbedingungen ausreichend, jeweils nur ein Viertel des Stabs zu vernetzen und zu berechnen. In der FEM wird der Stab in Scheibenelemente eingeteilt, in der BEM wird lediglich der Randbereich des Stabs mit Elementen belegt.

Das Ergebnisbild der FEM-Berechnung zeigt die Spannungen in Kraftrichtung im gesamten Bauteil. Als Ergebnis der BEM-Berechnung sind die Spannungsverläufe am Rand der Kerbe, im Kerbquerschnitt und unter Umständen außerhalb des Kerbquerschnitts gezeigt. Für eine einheitliche Auswertung sind die Ergebnisse auf die Zugnennspannung im Kerbquerschnitt bezogen. Der Wert im Kerbgrund ist dadurch mit der Formzahl unmittelbar vergleichbar.

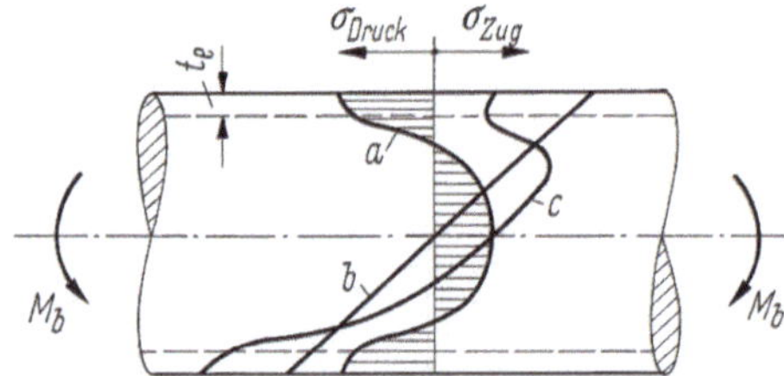

Abb. 3.22 Spannungsverteilung bei einer einsatzgehärteten Welle bei Biegebeanspruchung, Kurven: a Druckvorspannung am Rand infolge der Randhärtung mit Einsatzhärtetiefe f_e, b Biegespannung aus Biegemoment M_b, c resultierende Spannung aus a und b

3.2.6 Eigenspannungen

Eigenspannungen entstehen als Folge metallurgischer oder fertigungstechnischer Ursachen. Durchhärten, Kaltziehen, Schleifen, Schweißen u. a. können im oberflächennahen Bereich zu Zugeigenspannungen führen, die die Tragfähigkeit des Bauteils mindern. Dem muss durch geeignete Prozessführung und/oder zusätzliche Wärmebehandlung (z. B. Spannungsarmglühen) entgegen gewirkt werden.

Durch Einsatzhärten, Randschichthärten, Nitrieren entstehen im oberflächennahen Bereich Druckeigenspannungen, ebenso durch Rollen, Kugelstrahlen und ähnliche Behandlungen.

Über eine Querschnittsfläche gleichen sich die Eigenspannungen in ihrer Wirkung aus. Wirken beispielsweise im Randbereich eines Bauteils Druckeigenspannungen, so stehen denen im Inneren, allerdings meist geringere, Zugeigenspannungen entgegen.

Druckeigenspannungen im Randbereich mindern die aus den Grundbelastungen (z. B. Biegung) resultierenden Zugspannungen (Abb. 3.22), insbesondere die hohen Kerbspannungen. Die Eigenspannungen erhöhen somit in diesem Fall die Tragfähigkeit. Der Verlauf der Eigenspannungen kann zwar messtechnisch ermittelt werden, die rechnerische Überlagerung mit den von außen aufgeprägten örtlichen Spannungen ist aber schwierig. Der Einfluss auf die Tragfähigkeit durch einen verfahrensabhängigen Randschichtfaktor K_V muss bei der Berechnung berücksichtigt werden, Abschn. 3.5.4.1g). Alternativ kann die resultierende Festigkeit durch Versuche ermittelt werden, z. B. bei Zahnrädern [43].

3.2.7 Stabilität: Knick- und Beulspannungen

Bei schlanken, gedrückten oder drehbeanspruchten Stäben ist die Knickgefahr zu berücksichtigen und bei dünnwandigen Bauteilen unter Druck-, Biege- oder Drehbelastung die Beulgefahr. In beiden Fällen handelt es sich um Stabilitätsfragen.

3.2.7.1 Knickspannung

Schlanke Druckstäbe können ausknicken, d. h. seitlich ausbiegen, wenn die Druckkraft

$$F = \sigma \cdot A \tag{3.46}$$

einen bestimmten Wert erreicht. Dieser Wert wird als Knickkraft bezeichnet.

$$F_K = \sigma_K \cdot A \tag{3.47}$$

Mit Einführung der Knicksicherheit S_K ergibt sich die zulässige Druckkraft zu:

$$F = \frac{F_K}{S_K} = \frac{\sigma_K \cdot A}{S_K} \tag{3.48}$$

$$S_K = \frac{F_K}{F} = \frac{\sigma_K}{\sigma} \tag{3.49}$$

A	in mm^2	Querschnittsfläche des Druckstabes
σ	in N/mm^2	Druckspannung
σ_K	in N/mm^2	Knickspannung

Der Druckstab kann elastisch oder elastisch-plastisch ausknicken, entsprechend unterscheidet sich die Berechnung. Nach Wahl des Stabprofils ist zunächst der Schlankheitsgrad λ zu berechnen

$$\lambda = \frac{L_K}{i} \tag{3.50}$$

mit dem Trägheitshalbmesser

$$i = \left(\frac{I}{A}\right)^{0,5} \tag{3.51}$$

I	in mm^4	Flächenträgheitsmoment für diejenige Querschnittsachse, um die der Stab ausknickt. Ist die Knickmöglichkeit nach allen Seiten gleich, ist das kleinste I maßgebend. Siehe Tab. 3.2
L_K	in mm	freie Knicklänge des gelenkig gehaltenen Stabs. Für andere Einspannungen ist L_K nach Abb. 3.23 aus der Stablänge L zu bestimmen

Nach Abb. 3.23 werden 4 Knickfälle anhand der Stabeinspannung unterschieden. Meist liegt der Knickfall 2 vor, so dass $L_K = L$ wird.

Für die weitere Berechnung ist zwischen den Bereichen elastischen und unelastischen (plastischen) Knickens zu unterscheiden. Der Übergang zwischen beiden Bereichen findet beim Grenz-Schlankheitsgrad λ_0 statt.

$$\lambda_0 = \sqrt{\pi^2 \cdot \frac{E}{\sigma_p}} \tag{3.52}$$

E	in N/mm^2	Elastizitätsmodul
σ_p	in N/mm^2	Proportionalgrenze siehe Abb. 3.26

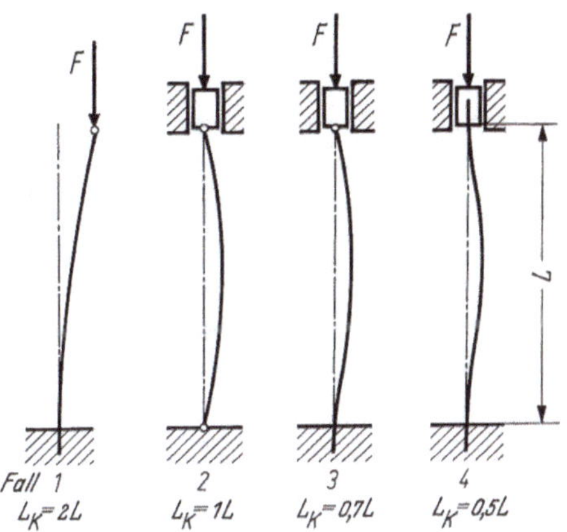

Abb. 3.23 Freie Knicklänge L_K bei unterschiedlicher Stabeinspannung

Elastischer Knickbereich ($\lambda \geq \lambda_0$)
Nach Euler beträgt die Knicksicherheit hierfür

$$S_K = \frac{F_K}{F} = \frac{\pi^2 \cdot E \cdot I}{L_K^2 \cdot F} \geq S_{K\,\min} \tag{3.53}$$

bzw.

$$S_K = \frac{\sigma_K}{\sigma} = \frac{\pi^2 \cdot E}{\lambda^2 \cdot \sigma} \geq S_{K\,\min} \tag{3.54}$$

E	in N/mm²	Elastizitätsmodul
F	in N	angreifende Druckkraft
F_K	in N	Knickkraft
I	in mm⁴	Flächenträgheitsmoment siehe Tab. 3.2
L_K	in mm	freie Knicklänge
$S_{K\,\min}$		geforderte Mindestsicherheit
σ	in N/mm²	angreifende Druckspannung
σ_K	in N/mm²	Knickspannung

Die Knickspannung ist hier proportional dem Elastizitätsmodul und unabhängig von der Festigkeit des Werkstoffs, also z. B. für hochfesten Stahl nicht höher als für weichen Stahl. In Tab. 3.6 sind für einige Werkstoffe die Gültigkeitsbereiche für die Eulerformel und die Methode nach Tetmajer angegeben.

Als Mindestsicherheit genügt $S_{K\,\min} = 3\ldots6$, zusätzliche Beanspruchungen (Biegemomente usw.) sollten durch ein größeres $S_{K\,\min}$ berücksichtigt werden.

Elastisch-plastischer Knickbereich ($\lambda < \lambda_0$)
Nach der Methode von Tetmajer, die auf Versuchen basiert [54], muss für die Knicksicherheit folgendes gelten:

$$S_K = \frac{\sigma_{KT}}{\sigma} \geq S_{K\,\min} \tag{3.55}$$

$S_{K\,\min}$		geforderte Mindestsicherheit
σ	in N/mm²	angreifende Druckspannung
σ_{KT}	in N/mm²	Knickspannung nach Tetmajer, für verschiedene Werkstoffe siehe Tab. 3.6

Für diesen Bereich ist eine niedrigere Sicherheit als nach Euler (elastischer Knickbereich) ausreichend, etwa $S_{K\,\min} = 1{,}8\ldots4$, steigend mit zunehmendem λ.

Knick-Drehmoment
Bei Drehbelastung eines langen Stabs von der Länge L kann die Längsachse des Stabs sich zu einer Schraubenlinie verwinden, d. h. „drehknicken", wenn das Drehmoment T einen bestimmten Wert, das Knick-Drehmoment T_K, erreicht. Für den kreisförmigen Stab mit der Biegefestigkeit $E \cdot I$ ist

$$T_K = \frac{2 \cdot \pi \cdot E \cdot I}{L} \tag{3.56}$$

Stabilitätsnachweis an Ersatzstäben (Stahlbau)
Im Stahlbau erfolgt für den Stabilitätsnachweis von Tragwerken ein Ersatzstabnachweis nach DIN EN 1993 Teil 1-1 [11]. Abhängig vom Querschnitt und Material wird ein Abminderungsbeiwert χ errechnet, der multipliziert mit der Streckgrenze $R_{p0,2}$ und der Querschnittsfläche A die Knickkraft ergibt.

$$F_K = \chi \cdot R_{p0,2} \cdot A \tag{3.57}$$

Weitere Angaben sind in [23] und [33] enthalten.

Tab. 3.6 Gültigkeitsbereich der Eulerformel und der Methode nach Tetmajer [23]

Werkstoff	Proportionalgrenze σ_P in N/mm²	Elastizitätsmodul E in N/mm²	Eulerformel für			Knickspannung nach Tetmajer σ_{KT} in N/mm²
			Schlankheitsgrad $\lambda_0 \leq$	freie Knicklänge für Druckstäbe mit Kreisquerschnitt (Durchmesser d) $L_K \geq$	freie Knicklänge für Druckstäbe mit Rechteckquerschnitt (Höhe h) $L_K \geq$	
S235JR	205	$2{,}1 \cdot 10^5$	104	$26{,}0 \cdot d$	$30{,}0 \cdot h$	$310 - 1{,}14 \cdot \lambda$
E335	240	$2{,}1 \cdot 10^5$	89	$22{,}25 \cdot d$	$25{,}7 \cdot h$	$335 - 0{,}62 \cdot \lambda$
Federstahl	575	$2{,}1 \cdot 10^5$	45	$11{,}25 \cdot d$	$13{,}0 \cdot h$	–
Gusseisen mit Lamellengraphit	154	$1{,}0 \cdot 10^5$	80	$20{,}0 \cdot d$	$23{,}1 \cdot h$	$776 - 12 \cdot \lambda + 0{,}053 \cdot \lambda^2$
Duraluminium	200	$0{,}7 \cdot 10^5$	59	$14{,}75 \cdot d$	$17{,}0 \cdot h$	–
Nadelholz	9	$0{,}1 \cdot 10^5$	100	$25{,}0 \cdot d$	$28{,}9 \cdot h$	$29{,}3 - 0{,}194 \cdot \lambda$

3.2.7.2 Beulspannung

Dünnwandige Bauteile können bei Druck-, Biege oder Drehbelastung ausbeulen, d. h. örtlich ausknicken, wenn die örtliche Spannung einen von E-Modul und Abmessungen abhängigen Wert, die Beulspannung σ_{KB}, überschreitet. Die entsprechende Belastung ist die Beulkraft F_{KB}, bzw. das Beulmoment M_{KB}. Hinweise zur Berechnung sind in [23] und [33] enthalten.

3.3 Festigkeitsnachweis – allgemein

Der Nachweis nach Abschn. 3.4 und 3.5 basiert auf der FKM-Richtlinie [25]: rechnerischer Festigkeitsnachweis für Maschinenbauteile aus Stahl, Eisenguss- und Aluminiumwerkstoffen.

3.3.1 Konzepte der Festigkeitsberechnung

Grundlegend wird zwischen zwei Berechnungskonzepten unterschieden: dem Konzept der Nennspannung und dem der örtlichen Spannung.

Konzept der örtlichen Spannungen
Beim Konzept der örtlichen Spannungen wird der Einfluss der Kerbform bei der Berechnung der auftretenden Spannung berücksichtigt (Abschn. 3.2.5), die Stützwirkung (Kerbempfindlichkeit) und der Einfluss der Baugröße im Ansatz der Bauteilfestigkeit. Dieses Konzept wird generell verwendet für komplizierte Bauteile ohne definierte Querschnitte, da hierfür die Formzahl nicht bekannt ist, ebenso bei der FE- und BE-Methode (Abschn. 3.2.5.2).

Nennspannungskonzept
Beim Nennspannungskonzept wird die auftretende Spannung nominell nach den Beziehungen in Abschn. 3.2.3 ermittelt. Der Einfluss von Baugröße, Kerbform und Kerbempfindlichkeit (Stützwirkung, Kerbwirkung) wird im Ansatz der Bauteilfestigkeit berücksichtigt. Das Nennspannungskonzept hat sich im Maschinenbau durchgesetzt. Im Weiteren wird daher ausschließlich die Festigkeitsberechnung (Ausführungen, Formeln) nach dem Nennspannungskonzept behandelt. Da die Einflussgrößen (Baugröße, Kerbform, Kerbempfindlichkeit) beim Konzept der örtlichen Spannung denen beim Nennspannungskonzept entsprechen und diese nur anders zur Beanspruchung bzw. Bauteilfestigkeit zugeordnet werden, können die Beziehungen für das Nennspannungskonzept in das Konzept der örtlichen Spannungen überführt werden, siehe z. B. [25]. Auch die mittlere Flächenpressung nach Abschn. 3.2.3.3 ist eine Nennspannung.

3.3.2 Sicherheit und Bauteilfestigkeit

Um das Versagen eines Bauteils auszuschließen, muss dessen Beanspruchung (auftretende Spannung) kleiner als die Bauteilfestigkeit (ertragbare Spannung) sein. Beide sind mit Unsicherheiten, Streuungen behaftet. Um brauchbare Aussagen zu erhalten, sollen die Festigkeitswerte einer hohen Überlebenswahrscheinlichkeit von im Allgemeinen 97,5 % entsprechen und die Beanspruchung „sicher" im Sinne einer geringen Wahrscheinlichkeit sein, siehe Abschn. 3.4.5.

Sicherheit
Zum Ausgleich der verbleibenden Unsicherheiten ist eine Mindestsicherheit erforderlich.

$$S = \frac{\text{Bauteilfestigkeit (ertragbare Spaannung)}}{\text{Bauteilbeanspruchung (auftretende Spannung)}} \geq \text{Mindestsicherheit } S_{\text{min}} \quad (3.58)$$

Allgemeine Gesichtspunkte zum Ansatz der Mindestsicherheit und der für die Bauteilbeanspruchung maßgebenden Belastung im Betrieb werden in Abschn. 1.4.6 und 1.4.8 erläutert.

Bauteilfestigkeit

(a) Optimal wäre, die Bauteilfestigkeit experimentell direkt an Baumustern in Originalgröße zu ermitteln bzw. zu überprüfen. Dies ist aber nur bei großen Stückzahlen praktisch möglich. Daraus lassen sich treffsichere Angaben über die Tragfähigkeit die Festigkeitswerte für geometrisch ähnliche Bauteile vergleichbarer Größe und vergleichbaren Werkstoffs ableiten.
(b) Als Vereinfachung und für eine breitere Anwendung kann von der experimentell ermittelten Tragfähigkeit ähnlicher Proben gleichen Werkstoffs ausgegangen werden. Von den Festigkeitswerten dieser im Anwendungsspektrum liegenden Standard-Referenzbauteile kann recht treffsicher auf die Festigkeit von Bauteilen ähnlicher Bauform extrapoliert werden, wenn der Größeneinfluss realistisch abgeschätzt wird (dies ist z. B. erprobt bei der Ermittlung der Festigkeitswerte von Zahnradwerkstoffen, die an Standard-Referenzprüfrädern ermittelt werden [43]).
(c) Generell sollten die Werkstofffestigkeitswerte möglichst experimentell an Proben bestimmt werden, die einem Original-Bauteil oder dem Halbzeug (einer Werkstoffcharge) entnommen werden. Sie gelten unmittelbar für die betreffende Bauteilgröße und das Werkstoffgefüge (evtl. Anisotropie beachten, siehe Abschn. 3.4.2a).
(d) Meist stehen dem Konstrukteur jedoch nur die Festigkeitswerte aus den Werkstoffnormen zur Verfügung.

Man beachte: Die an Normproben ermittelten Festigkeitswerte werden mit dem zusätzlichen Index N gekennzeichnet.
Diese gelten für nicht gekerbte, polierte Rundproben z. B. mit Durchmesser $d = 7{,}5\,\text{mm}$ [25]. Andere Versuchswerte wurden auf diesen Referenzdurchmesser umgerechnet. Die Normwerte werden nach dem Einflussgrößenverfahren auf die Werkstofffestigkeit im Bauteil und diese auf die Festigkeit des Bauteils selbst umgerechnet. Wie hierbei vorzugehen ist, wird in Abschn. 3.4 für die statische und in Abschn. 3.5.1.4 für die dynamische Bauteilfestigkeit erläutert.

(e) In manchen Anwendungsgebieten sind für den Festigkeitsnachweis Kundenvorschriften zu beachten oder Vorschriften der Klassifikationsgesellschaften für Schiffsmaschinen oder Berechnungsvorschriften für den Kesselbau, Stahlbau, Kranbau, Stahl-Brückenbau, für Aluminiumkonstruktionen, für die Luftfahrt. Diese Vorschriften können sinngemäß auch für den Maschinenbau genutzt bzw. vereinbart werden.

Der in Abschn. 3.4 und 3.5 dargestellte Festigkeitsnachweis gilt für Bauteile aus Walzstahl (unlegierter Baustahl, Feinkornbaustahl, Vergütungs-, Einsatz- und Nitrierstahl) sowie Eisengusswerkstoffen (GS, GJS, GJM, GJL). Nach dem gleichen Konzept mit einigen Abweichungen können auch Bauteile aus Aluminiumwerkstoff behandelt werden, siehe [25]. Beim Festigkeitsnachweis von Bauteilen aus Kunststoff sind einige Besonderheiten zu beachten, siehe Abschn. 3.6.

3.3.3 Festigkeitsgrenzen

Art der Beanspruchung, Bauteilform und Werkstoffeigenschaft sind maßgebend für die Art des Schadens. Umgekehrt kann aus Schadensbild, Bruchverlauf, Bruchbild und Kenndaten des Werkstoffs auf die Schadensursache geschlossen werden. Schadensarten siehe Abschn. 3.4 (bei statischer Überlastung) und Abschn. 3.5 (bei dynamischer Überlastung).

Entsprechend den in Abschn. 3.2.4 dargestellten Belastungsfällen muss der Nachweis der statischen und der dynamischen Festigkeit getrennt geführt werden, da die ertragbaren Spannungen verschieden groß sind.

Statische Festigkeit

Als klassischer statischer Fall gilt die ruhende Belastung. Kurzzeitbelastungen (d. h. langsam, evtl. wiederholt ansteigende) werden im Allgemeinen ebenfalls wie statische Belastungen behandelt. Versuche mit verschiedenen Werkstoffen haben ferner gezeigt, dass auch für kleine Schwingspielzahlen ($N < 10^3$) die statische Festigkeit für das Versagen des Bauteils maßgebend ist (Abschn. 3.5.1.2). Generell ist auch bei dynamischer Beanspruchung die Sicherheit der Maximalspannung gegen die statische Festigkeitsgrenze zu überprüfen, Abschn. 3.5.8.

Es werden die folgenden Festigkeitskennwerte, abhängig von der Betriebstemperatur, verwendet (experimentelle Ermittlung der Kennwerte der statischen Festigkeit siehe Abschn. 3.4.1):

- Bei normalen Umgebungstemperaturen (für Metalle von ca. $-40\,°\text{C} \ldots 100\,°\text{C}$) sind die Grenzwerte der Zugbeanspruchung die Zugfestigkeit R_m (gegen Bruch) sowie die Streckgrenze R_e bzw. 0,2 %-Dehngrenze $R_{p0,2}$ (gegen Verformung). R_e und $R_{p0,2}$ werden zusammenfassend als Fließgrenze R_p bezeichnet. Die Definition des Beginns plastischer Verformung ist je nach Werkstoffgruppe unterschiedlich.
  Für Biege-, Schub- und Torsionsbeanspruchung gelten die entsprechenden Grenzwerte.
- Bei höheren Temperaturen (für die meisten Eisenwerkstoffe über ca. 100 °C) nimmt die statische Festigkeit mit der Temperatur stärker ab, siehe Abschn. 3.4.2d). Maßgebende Grenzwerte sind dann die Warmfestigkeit $R_{m,T}$ und die Warmdehngrenze $R_{p,T}$, solange die Kristallerholungstemperatur ϑ_K nicht überschritten wird (für Eisenwerkstoffe ca. 350 °C).
- Bei Betriebstemperaturen $\vartheta > \vartheta_K$ kommt der Fließvorgang bei langzeitiger Beanspruchung nicht mehr zum Stillstand (Kriechen). Maßgebende Festigkeitsgrenzen sind dann Zeitstandfestigkeit $R_{m,Tt}$ und 1 %-Zeitdehngrenze $R_{p,Tt}$, die mit der Belastungsdauer abnehmen und daher im Allgemeinen für 10.000 h oder 100.000 h angegeben werden.

Dynamische Festigkeit

Die dynamische Festigkeit (= Schwingfestigkeit, Ermüdungsfestigkeit) umfasst die Bereiche der Dauer- und der Zeitfestigkeit. Die experimentelle Ermittlung der Lebensdauer wird in Abschn. 3.5.1.1 behandelt.

Dauerfestigkeit

Für große Schwingspielzahlen wird mit einer konstanten Dauerfestigkeit, d. h. mit der Wechselfestigkeit $\sigma_{W,zd}$ bzw. der Ausschlagfestigkeit $\sigma_{A,zd}$ als Grenzwerte bei Zug- und Druckbeanspruchung bzw. mit den entsprechenden Grenzwerten für Biege-, Schub- und Torsionsbeanspruchung gerechnet. Bei Korrosion ist mit abnehmenden Werten für die „Dauerfestigkeit“ auch oberhalb höherer Lastspielzahlen zu rechnen [25]. Auch bei Wälzlagern und Zahnrädern sowie Bauteilen aus Kunststoff wird zum Teil mit abnehmender „Dauerfestigkeit“ gerechnet.

Zeitfestigkeit, d. h. ertragbare Belastung bei begrenzter Lebensdauer

Die Ausschlagfestigkeit ist hier höher als die Dauerfestigkeit. Der Grenzwert der dynamischen Beanspruchung hängt von der Schwingspielzahl, d. h. von der Lebensdauer ab.

Höhere Temperaturen
Bei höheren Temperaturen nimmt auch die Ermüdungsfestigkeit mit der Temperatur ab. Maßgebend ist dann die Warmwechselfestigkeit $\sigma_{W,zd,T}$ bzw. $\tau_{W,s,T}$ bzw. die entsprechende -ausschlagfestigkeit, Abschn. 3.4.2d).

Zulässige Flächenpressung
Maßgebend sind die Angaben für die betreffenden Maschinenelemente: Gleitlager (Kap. 15), Achsen und Wellen (Kap. 17), Niete (Kap. 9), Bolzen und Stifte (Kap. 11), Schraubenverbindungen (Kap. 10) usw. Allgemeines über Flächenpressung wird in Abschn. 3.2.3.3 erläutert. Maßgebend ist die zulässige Flächenpressung des schwächeren Teils. Anhaltswert für p_{zul} (ohne Gleiten):
Für zähe Werkstoffe:

- bei ruhender Beanspruchung: $\sigma_{F,d}/1{,}2$
- bei schwellender Beanspruchung: $\sigma_{F,d}/2{,}0$

Für spröde Werkstoffe:

- bei ruhender Beanspruchung: $\sigma_{B,d}/2{,}0$
- bei schwellender Beanspruchung: $\sigma_{B,d}/3{,}0$

Sind keine Werte für $\sigma_{F,d}$ und $\sigma_{B,d}$ verfügbar, können ersatzweise die Werte für R_p und R_m verwendet werden (siehe (3.72) und (3.73), liegen auf der sicheren Seite).

Praxis im Maschinenbau
Für die meisten Anwendungen wird gefordert, dass die Bauteile gegen dynamische (Schwing-)Beanspruchung dauerfest ausgelegt werden. Lastkollektive stehen oft nicht zur Verfügung. Es ist ausreichend, die Sicherheit gegen Dauerfestigkeit und mit selten auftretenden Maximalbelastungen gegen statische Festigkeit nachzuweisen. Die betriebsfeste Auslegung auf der Basis von Lastkollektiven beschreibt Abschn. 3.7.

3.3.4 Härtewerte

Bei der Härteprüfung wird der Widerstand bestimmt, den der Werkstoff dem Eindringen eines harten Prüfkörpers entgegensetzt. Es werden folgende Härte-Prüfverfahren unterschieden (ausführliche Beschreibung siehe VDI 2616 [55]).

Beziehungen zwischen Härtewerten und Zugfestigkeit sind in Abb. 3.24 und DIN EN ISO 18265 [22] angegeben.

Brinellhärte HBW
Sie wird bestimmt durch Einpressen einer Kugel unter der Prüflast F und durch Ausmessen des Durchmessers d des erzeugten Kugeleindrucks, dessen Oberfläche A ist. Die Prüflast ist so zu wählen, dass d zwischen 0,24 ... 0,6 mal Kugeldurchmesser liegt. Der Zahlenwert HBW $(= F/A)$ entspricht kp/mm^2. Der Prüfkugel wird aus einem Wolframcarbidgemisch hergestellt.

Geltende Norm: DIN EN ISO 6506 [19]

Beispiel: 440 HBW 5/250/30 bedeutet: Brinellhärte 440, ermittelt mit Hartmetallkugel mit 5 mm Durchmesser bei 2451 N Prüfkraft (Angabe im Kurzzeichen: Prüfkraft in $N \cdot 0{,}102$) und 30 s Belastungsdauer (Angabe entfällt bei Einwirkdauer von 10 ... 15 s).

Anwendungsbereich: Laut Normung unbeschränkt. Das zuständige deutsche Normungsgremium empfiehlt jedoch die Begrenzung des Anwendungsbereichs auf 650 HBW.

Man beachte: Früher wurde eine Stahlkugel als Prüfkörper verwendet. Es wurde der HBS-Wert ermittelt. Der Anwendungsbereich war auf 300 HBS beschränkt, da ein größerer zu messender Härtewert durch die Verformung der Prüfkugel verfälscht würde.

Vickershärte HV
Sie wird bestimmt durch Einpressen einer Diamantpyramide mit 136° Flächenwinkel unter beliebiger Prüfkraft F und durch Ausmessen der Diagonalen des erzeugten Eindrucks, dessen Oberfläche A ist. Der Zahlenwert HV $(= F/A)$ entspricht kp/mm^2. Bei geringer Prüfkraft kann auch die Härte von dünnen Blechen, dünnen Schichten und sogar von Gefügeteilen ermittelt werden. Es wird unterschieden zwischen Makrobereich: HV 5 ... HV 100, Kleinlastbereich: HV 0,2 ... < HV 5, Mikrobereich: HV 0,01 ... < HV 0,2.

Geltende Norm: DIN EN ISO 6507 [20]

Beispiel: 700 HV 30/20 bedeutet: Vickershärte 700 ermittelt mit 294 N Prüflast (Angabe im Kurzzeichen: Prüfkraft in N · 0,102) und 20 s Einwirkdauer (Angabe entfällt bei Eindringdauer von 10 ... 15 s).

Rockwellhärte HR
Sie wird durch Einpressen eines Diamantkegels mit 120° Kegelwinkel (Wert in HRC) bzw. einer Kugel aus gehärtetem Stahl mit $d = 1{,}5875$ mm (1/16 inch) (Wert in HRB) oder $d = 3{,}1750$ mm (1/8 inch) (Wert in HRE) ermittelt und das Ergebnis an einer Messuhr abgelesen, welche die Differenz zwischen der Eindringtiefe des Eindringkörpers bei Vorlast (bei den meisten Verfahren 98 N) und bei Zusatzlast misst. Durch die Vorlast wird auch der Einfluss der Rauheit auf die Messung gemindert.

Geltende Norm: DIN EN ISO 6508 [21]

Beispiel: 60 HRC bedeutet: Rockwellhärte 60, C = Kennbuchstabe für das Härteverfahren (Eindringkörper: Diamantkegel, Prüfvorkraft: 98 N, Prüfzusatzkraft: 1373 N)

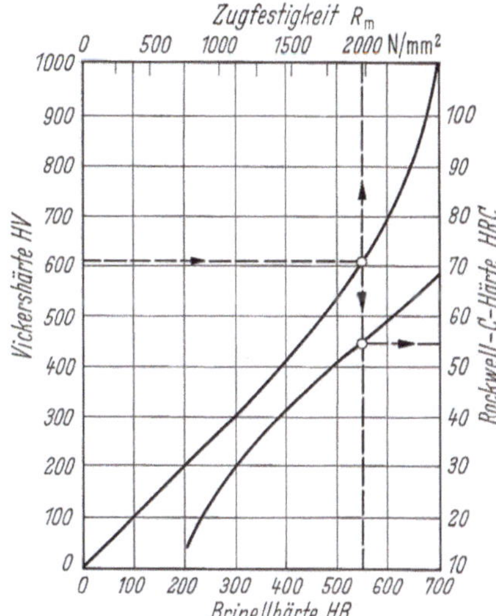

Abb. 3.24 Beziehung zwischen Härtewerten HRC, HV, HB und R_m-Werten von C-Stahl (Beispiel: HB = 550 ist HRC = 54,5; HV = 610 ist R_m = 1980 N/mm²)

3.3.5 Kerbschlagzähigkeit

Die Kerbschlagzähigkeit a_k wird im Pendelschlagwerk an einer gekerbten Probe ermittelt, die beiderseits aufliegend vom Pendelhammer durchschlagen wird. a_k ist der Quotient aus verbrauchter Schlagarbeit und Probenquerschnitt im Kerbgrund. In a_k kommt neben der statischen Festigkeit und der Kerbempfindlichkeit vor allem das plastische Verformungsvermögen zum Ausdruck, kann also zur Beurteilung der Sprödbruchgefahr dienen. Bei Stahl fällt a_k erheblich mit fallender Temperatur (Abb. 3.25). Bei einer bestimmten Temperatur geht der Zäh-(Verformungs-)bruch zum Mischbruch (Steilabfall der Kurve) und schließlich zum Trennbruch über (Abb. 3.25, Kurve für S235 JR). Diese Übergangstemperatur ist ein Vergleichsmaß für die Werkstoffzähigkeit, ihr kann ein bestimmter Wert der Kerbschlagarbeit zugeordnet werden. a_k ist form- und größenabhängig, also an die Abmessungen der Probe gebunden. Diese müssen deshalb mit dem Prüfergebnis angegeben werden.

3.4 Festigkeit von Bauteilen aus metallischen Werkstoffen bei statischer Beanspruchung

Festigkeitsgrenzen und Einflüsse sind in Abschn. 3.3.3 erläutert.

Schadensarten

Unter statischer (ruhender) Belastung können Bauteile in verschiedener Weise versagen:

- durch bleibende Verformung bei duktilen Werkstoffen. Festigkeitsgrenze: Fließgrenze R_p
- durch Verformungsbruch bei duktilen Werkstoffen, nach plastischer Verformung und Brucheinschnürung, bei Überschreitung der statischen Bruchfestigkeit R_m
- durch Trennbruch (auch Sprödbruch oder spröder Gewaltbruch, schlagartig auftretendes Materialversagen) mit Bruchverlauf senkrecht zur größten Zugspannung infolge Überschreitung der statischen Bruchfestigkeit R_m bei spröden oder durch niedrige Temperatur versprödeten Werkstoffen, aber auch bei duktilen Werkstoffen infolge mehrachsiger Spannungszustände bei dehnbehinderten Bauteilen (z. B. bei Umlaufkerben)
- durch verformungslosen Gleitbruch bei auf Druck beanspruchten spröden Werkstoffen, Festigkeitsgrenze: Druckfestigkeit $\sigma_{B,d}$
- durch Kriechen des Werkstoffs. Oberhalb der Kristallerholungstemperatur ϑ_K (bei Stahl ca. 350 ... 400 °C) kommt die Verformung unter Belastung nicht mehr zum Stillstand. Festigkeitsgrenzen: Zeitstandfestigkeit, Zeitdehngrenze

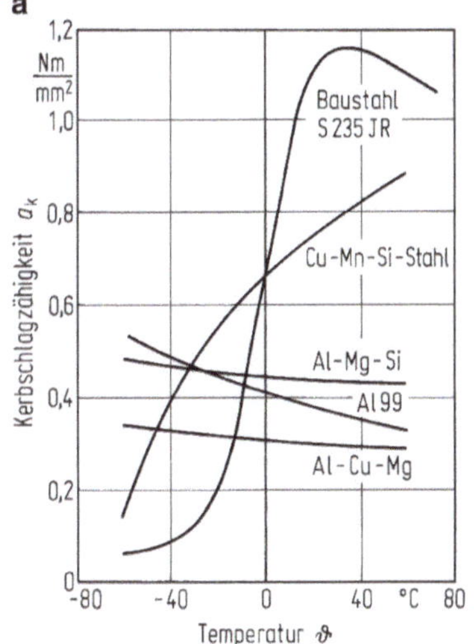

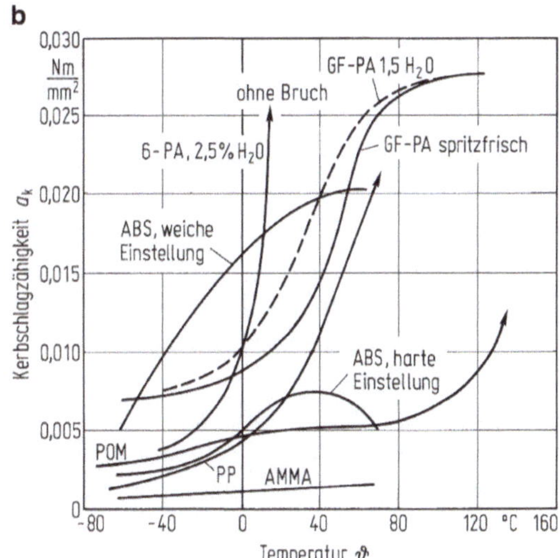

Abb. 3.25 Einfluss der Temperatur auf die Kerbschlagzähigkeit a_k von **a** Metallen, **b** Kunststoffen (BASF-Werkstoffblatt 4003.1.12, 1965)

Rechenschritte zur Ermittlung der statischen Bauteilfestigkeit

Auf Basis der Erläuterungen aus Abschn. 3.3.2d) ist das Ziel, die Berechnung der Sicherheit nach (3.58). Zunächst werden nach Abschn. 1.4.6 die am Bauteil angreifenden Nennkräfte und -momente (Beispiel für eine Getriebewelle siehe Abschn. 17.12, Beispiel 17.1, Abschn. A) berechnet und daraus die Einzelbeanspruchungen aus der Nennbelastung nach Abschn. 3.2.3 (für Beispiel 17.1 in Abschn. B.1(a)) ermittelt.

Die weiteren Schritte sind:

1. *Statische Werkstofffestigkeitskennwerte für Normabmessungen* Zugfestigkeit $R_{m,N}$ und Fließgrenze $R_{p,N}$ nach Normen oder anderen Regelwerken nach Abschn. 3.4.1, im Allgemeinen gültig für Temperaturen −40 °C bei Walzstahl (−25 °C bei Eisengusswerkstoffen) $< \vartheta \leq$ 100 °C.
2. *Statische Festigkeitskennwerte für den Werkstoff im Bauteil* R_m, R_p nach Abschn. 3.4.2 werden aus 1. berechnet mit:
   (a) technologischem Größenfaktor K_d
   (b) Anisotropiefaktor K_{An} (bei Beanspruchung quer zur Walzrichtung)
   (c) Werkstoffzugfestigkeit R_m und -fließgrenze R_p
   (d) Werkstoffdruckfestigkeit $\sigma_{B,d}$ und -quetschgrenze $\sigma_{F,d}$
   (e) Werkstoffschubfestigkeit $\tau_{B,s}$ und -schubfließgrenze $\tau_{F,s}$
   (f) Werkstoffwarmfestigkeit $R_{m,T}$ und -warmdehngrenze $R_{p,T}$ (100 °C (60 °C) $< \vartheta \leq$ 350 °C) mit Faktoren $K_{T,m}$, $K_{T,p}$
   (g) Werkstoffzeitstandfestigkeit $R_{m,Tt}$ und -zeitdehngrenze $R_{p,Tt}$ (350 °C $< \vartheta \leq$ 500 °C)
   (h) Werkstofffestigkeit bei niedrigen Temperaturen
3. *Statische Bauteilfestigkeit* $\sigma_{BK,zd}$, $\sigma_{FK,zd}$, $\sigma_{BK,b}$, $\sigma_{FK,b}$, $\tau_{BK,s}$, $\tau_{FK,s}$, $\tau_{BK,t}$,$\tau_{FK,t}$ wird aus 2. berechnet mit:
   (a) Formzahlen α_σ, α_τ (zur Berücksichtigung der Spannungskonzentration)
   (b) plastischen Stützziffern N_{pl} und plastischen Kerbwirkungszahlen $\beta_{pl,\sigma}$, $\beta_{pl,\tau}$
4. *Nachweis der Bauteilsicherheit bei statischer Beanspruchung*
   (a) für Einzelbeanspruchung,
   (b) für zusammengesetzte Beanspruchung.

3.4.1 Statische Werkstofffestigkeitskennwerte für Normabmessungen

Im Maschinenbau sind die im Zugversuch bei Raumtemperatur ermittelte Zugfestigkeit $R_{m,N}$ und Fließgrenze $R_{p,N}$ am Wichtigsten. Die zugehörigen Größen für Druck und Schub können daraus berechnet werden. Die entsprechenden Größen für Biegung und Torsion sind keine eigentlichen Festigkeitswerte, da sie den Einfluss des Spannungsgefälles enthalten (auch die beim nichtgekerbten Bauteil vorhandene Stützwirkung), sie werden mit der Bauteilfestigkeit berechnet.

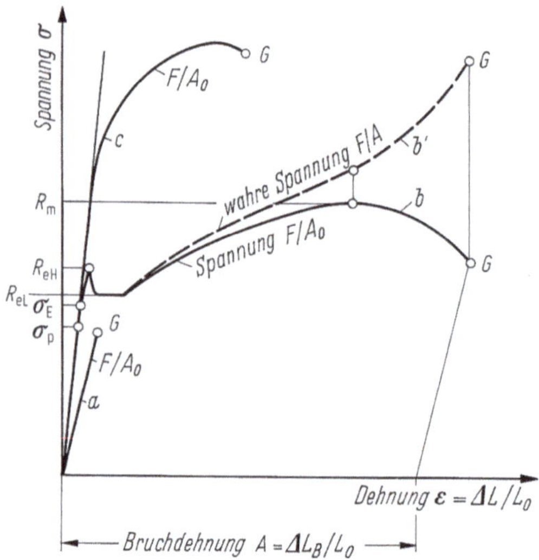

Abb. 3.26 Spannungs-Dehnungs-Diagramm (qualitativ) aus Zugversuch bei 20 °C mit stetig zunehmender Dehnung der Probe. Kurven: *a* Grauguss, *b* und *b'* weicher Stahl, *c* hochfester Stahl. A_0 Probenquerschnitt vor, *A* bei Belastung, *G* Spannung bei Gewaltbruch

Beim Zugversuch wird eine Werkstoffprobe (Zugprobe) langsam stetig gedehnt. Die dabei jeweils erforderliche Kraft F wird auf den Ausgangsquerschnitt A_0 bezogen und ergibt so die Spannung σ. Die Dehnung ε ergibt sich aus der gemessenen Längung ΔL der Probe bezogen auf die Ausgangslänge L_0.

$$\sigma = \frac{F}{A_0} \tag{3.59}$$

$$\varepsilon = \frac{\Delta L}{L_0} \tag{3.60}$$

Zusammengehörige Werte von σ und ε ergeben das Spannungs-Dehnungs-Diagramm (Abb. 3.26) mit folgenden Kennwerten:

a) Streckgrenze R_e (früher σ_s)

Sie gibt den Beginn des Fließens im Zugversuch an (Fließbeginn im Biegeversuch: Biegefließgrenze $\sigma_{F,b}$, im Druckversuch: Quetschgrenze $\sigma_{F,d}$, im Torsionsversuch: Verdrehfließgrenze $\tau_{F,t}$). Bei Werkstoffen mit ausgeprägter Streckgrenze (deutlicher Spannungsabfall) wird zwischen oberer R_{eH} und unterer Streckgrenze R_{eL} unterschieden, z. B. bei Walzstahl und Stahlguss. Bei Gusseisen mit Kugelgraphit tritt an die Stelle von R_e die 0,2 %-Dehngrenze $R_{p,0,2}$.

b) 0,2 %-Dehngrenze $R_{p,0,2}$ (früher $\sigma_{0,2}$)
Nach Zugbelastung bis $R_{p,0,2}$ zeigt die Werkstoffprobe 0,2 % bleibende Dehnung im entlasteten Zustand. Für Gusseisen mit Lamellengraphit gibt es keine 0,2 %-Dehngrenze.

c) 0,01 %-Dehngrenze $R_{p,0,01}$
Die mitunter verwendeten Begriffe Elastizitätsgrenze E (Maximalspannung für gerade noch vollständige elastische Verformung) und Proportionalitätsgrenze P (Spannung und Dehnung sind proportional, d. h. es gilt exakt das Hooke'sche Gesetz: $\sigma = \varepsilon \cdot E$) existieren als Werkstoffkennwerte nicht (sind messtechnisch nicht exakt zu erfassen). Für technische Belange wird deshalb statt σ_p die 0,01 %-Dehngrenze $R_{p,0,01}$ verwendet.

d) Zugfestigkeit R_m (früher σ_B)
Höchste im Versuch ermittelte Kraft $F_{\max}$ bezogen auf den Ausgangsquerschnitt A_0. Die tatsächlich bei $F_{\max}$ auftretende Spannung ist größer, da die Probe sich eingeschnürt hat, der Querschnitt kleiner geworden ist (gestrichelter Verlauf in Abb. 3.26). Es ist möglich die Zugfestigkeit nach der Brinellhärte abzuschätzen, Abschn. 3.3.4.

e) Bruchdehnung A
Bleibende Verlängerung ΔL_B nach dem Bruch, bezogen auf die Ausgangslänge L_0 in %. Zur Bruchdehnung muss L_0/d_0 angegeben werden. Gebräuchlich sind $L_0 = 5 \cdot d_0$, daher als „A_5" bezeichnet, und $L_0 = 3 \cdot d_0$, mit „A_3" bezeichnet.

f) Brucheinschnürung Z
Auf den Ausgangsquerschnitt A_0 bezogene Querschnittsminderung an der Bruchstelle ΔA_B, $Z = \Delta A_B / A_0$ in %.

Bruchdehnung und Brucheinschnürung sind ein Maß für das Verformungsverhalten des Werkstoffs. Sie sind daher bei der Wahl der Sicherheiten zu beachten.

Hinweis zu a), b) und d):
Festigkeitswerte, die mit der genormten Werkstoffprobe (DIN 50125 [7]) ermittelt oder darauf umgerechnet werden, werden mit dem zusätzlichen Index N gekennzeichnet, Abschn. 3.3.2. Werte von $R_{e,N}$, $R_{p0,2,N}$, $R_{m,N}$, A für Werkstoffe des Maschinenbaus sind in Kap. 5 angegeben.

3.4.2 Statische Festigkeitskennwerte für den Werkstoff im Bauteil

Diese, für den Zustand des Werkstoffs im Bauteil maßgebenden Kennwerte, sind mit den in Abschn. 3.4 genannten Rechenschritten aus den Kennwerten für Normabmessungen (Abschn. 3.4.1) mit Hilfe von Einflussfaktoren zu berechnen. Dabei sind zu berücksichtigen:

a) Technologischer Größeneinfluss und evtl. Einfluss von Anisotropie
Beim Ansatz der Festigkeit sind die Auswirkungen der Wärmebehandlung, insbesondere die unterschiedlichen Abkühlbedingungen am Rand und im Kern, zu berücksichtigen, die zu unterschiedlichem Gefüge über den Querschnitt führen. Dies wird durch den technologischen Größenfaktor $K_{d,m}$ bzw. $K_{d,p}$ berücksichtigt.

Für Bauteile aus Walzstahl sind niedrigere Festigkeitswerte anzusetzen, wenn die Beanspruchung quer zur Walzrichtung wirkt. Dies wird durch den Anisotropiefaktor K_{An} berücksichtigt.

Damit ergeben sich Zugfestigkeit R_m und Fließgrenze R_p für den Werkstoff im Bauteil zu

$$R_m = K_{d,m} \cdot K_{\text{An}} \cdot R_{m,N} \tag{3.61}$$

$$R_p = K_{d,p} \cdot K_{\text{An}} \cdot R_{p,N} \tag{3.62}$$

$R_{m,N}$	in N/mm²	Zugfestigkeit für Normabmessungen siehe Kap. 5
$R_{p,N}$	in N/mm²	Fließgrenze für Normabmessungen siehe Kap. 5

Der technologische Größenfaktor berechnet sich in Abhängigkeit des Werkstoffes und des effektiven Durchmessers d_{eff} wie folgt:
für GJL:
$d_{\text{eff}} \leq 7{,}5$ mm:

$$K_{d,m} = 1{,}207 \tag{3.63}$$

$d_{\text{eff}} > 7{,}5$ mm:

$$K_{d,m} = 1{,}207 \cdot \left(\frac{d_{\text{eff}}}{7{,}5\,\text{mm}}\right)^{-0{,}1922} \tag{3.64}$$

für nichtrostenden Stahl:

$$K_{d,m} = K_{d,p} = 1 \tag{3.65}$$

für andere Werkstoffgruppen:
$d_{\text{eff}} \leq d_{\text{eff},N}$:

$$K_d = 1 \tag{3.66}$$

$d_{\text{eff},N} < d_{\text{eff}} < d_{\text{eff,max}}$:

$$K_d = \frac{1 - 0{,}7686 \cdot a_d \cdot \lg\left(\frac{d_{\text{eff}}}{7{,}5\,\text{mm}}\right)}{1 - 0{,}7686 \cdot a_d \cdot \lg\left(\frac{d_{\text{eff},N}}{7{,}5\,\text{mm}}\right)} \tag{3.67}$$

$d_{\text{eff}} \geq d_{\text{eff,max}}$:

$$K_d = K_d\,(d_{\text{eff,max}}) \tag{3.68}$$

Tab. 3.7 Kennwert a_d in Abhängigkeit der Querschnittsform und des Werkstoffs [25]

Werkstoffgruppe	$d_{\text{eff},N,m}$ $d_{\text{eff},N,p}$ in mm	$a_{d,m}$ $a_{d,p}$
unlegierter Baustahl (DIN EN 10025 Teil 2 [12])	40 40	0,15 0,3
Feinkornbaustahl (normalgeglüht/normalisierend gewalzt) (DIN EN 10025 Teil 3)	100 30	0,25 0,3
Feinkornbaustahl (thermomechanisch gewalzt) (DIN EN 10025 Teil 4)	70 40	0,2 0,3
Vergütungsstahl vergütet (DIN EN 10083 Teil 3 [13])	16 16	0,3 0,4
Vergütungsstahl, normalgeglüht (DIN EN 10083 Teil 2)	16 16	0,1 0,2
Einsatzstahl blindgehärtet (DIN EN 10084 [14])	11 11	0,5 0,5
Nitrierstahl, vergütet (DIN EN 10085 [15])	40 40	0,25 0,3
nichtrostender Stahl (DIN EN 10088 Teil 2 [16])	–	–
Stahl für größere Schmiedestücke, vergütet (SEW 550 [53])[a]	250 250	0,2 0,25
Stahl für größere Schmiedestücke, normalgeglüht (SEW 550)	250 250	0 0,15
Stahlguss (DIN EN 10293 [17])	100 100	0,15 0,3
Vergütungsstahlguss, luftvergütet (DIN EN 10293)	300 300	0,15 0,3
Vergütungsstahlguss, flüssigkeitsvergütet (DIN 10293)[b]	100 100	0,3 0,3
GJS (DIN EN 1563 [10])	60 60	0,15 0,15
GJM (DIN EN 1562 [9])	15 15	0,15 0,15
GJL (DIN EN 1561 [8])	20 –	0,25 –

[a] für 28NiCrMoV 8 5 und 33NiCrMo 14 5 gilt: $d_{\text{eff},N,m} = d_{\text{eff},N,p} = 500\,\text{mm}$ bzw. 1000 mm bei unveränderten Werten $a_{d,m}$ und $a_{d,p}$

[b] genaue Unterscheidung der Sorten siehe [25]

Tab. 3.8 Effektiver Durchmesser d_{eff} in Abhängigkeit der Querschnittsform und des Werkstoffs [25]

Querschnittsform	d_{eff} Fall 1	d_{eff} Fall 2
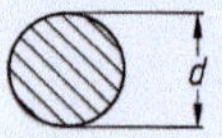 Vollkreis (Durchmesser d)	d	d
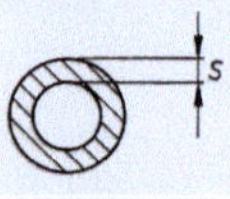 Kreisring (Wanddicke s)	$2 \cdot s$	s
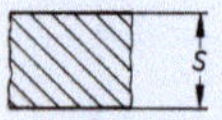 Platte (Dicke s)	$2 \cdot s$	s
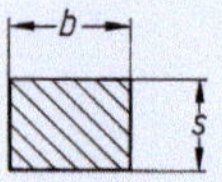 Rechteck (Breite b, Dicke s)	$\frac{2 \cdot b \cdot s}{b + s}$	s
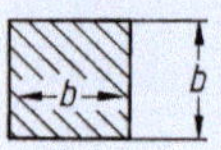 Quadrat (Seitenlänge b)	b	b

Für Walzstahl wird oberhalb der Grenze $d_{\text{eff,max}} = 250\,\text{mm}$ kein weiterer Festigkeitsabfall in Rechnung gestellt.
$d_{\text{eff}} \geq d_{\text{eff,max}} = 250\,\text{mm}$:

$$K_d = K_d(d_{\text{eff,max}} = 250\,\text{mm}) \tag{3.69}$$

a_d		Kennwert zur Berechnung des technologischen Größenfaktors siehe Tab. 3.7; mit $a_d = a_{d,m}$ folgt: $K_d = K_{d,m}$; mit $a_d = a_{d,p}$ folgt: $K_d = K_{d,p}$
d_{eff}	in mm	effektiver Durchmesser siehe Tab. 3.8; Berechnung von $K_{d,m}$ mit: $d_{\text{eff},N} = d_{\text{eff},N,m}$ und $d_{\text{eff,max}} = d_{\text{eff,max},m}$ Berechnung von $K_{d,p}$ mit: $d_{\text{eff},N} = d_{\text{eff},N,p}$ und $d_{\text{eff,max}} = d_{\text{eff,max},p}$

Zur Festlegung von d_{eff} nach Tab. 3.8 sind je nach Werkstoffgruppe Fall 1 und Fall 2 zu unterscheiden:

Tab. 3.9 Anisotropiefaktor K_{An} für Walzstahl bei Beanspruchung quer zur Walzrichtung; er entfällt bei mehrachsiger Beanspruchung und Schubspannung [25]

R_m in N/mm²	K_{An}
≤ 600	0,90
$> 600 \ldots 900$	0,86
$> 900 \ldots 1200$	0,83
> 1200	0,80

Fall 1: für Bauteile (auch Schmiedeteile) aus vergütetem Vergütungsstahl, einsatzgehärtetem Einsatzstahl, vergütetem und nitriertem Nitrierstahl, Vergütungsstahlguss, GJS, GJM und GJL

Fall 2: für Bauteile aus unlegiertem Baustahl, Feinkornbaustahl, normalgeglühtem Vergütungsstahl und allgemeinem Stahlguss

R_m und R_p sind auch die Bezugsgrößen für die Biegung. Hinweise zu den Unterschieden in der Beanspruchung (plastische Stützwirkung) geben Abschn. 3.4.3.1b und 3.4.3.2.

Der Einfluss der Anisotropie (Faktor K_{An}) bleibt generell unberücksichtigt bei Schubspannungen und mehrachsiger Beanspruchung.

b) Werkstoffschubfestigkeit $\tau_{B,s}$ und -Schubfließgrenze $\tau_{F,s}$

Beide Kennwerte werden „rechnerisch" aus der Zugfestigkeit R_m (nach (3.61)) bzw. Fließgrenze R_p (nach (3.62)) bestimmt.

$$\tau_{B,s} = r_\tau \cdot R_m \qquad (3.70)$$

$$\tau_{F,s} = r_\tau \cdot R_p \qquad (3.71)$$

r_τ	Schubfestigkeitsfaktor siehe Tab. 3.10

c) Besonderheiten bei Eisengusswerkstoffen

Bei Eisengusswerkstoffen (GS, GJS, GJM, GJL), nicht bei Walzstahl, ist die Werkstoffdruckfestigkeit $\sigma_{B,d}$ höher als die Zugfestigkeit R_m, entsprechendes gilt für die Fließgrenze ($\sigma_{F,d}$ größer als R_p). Dies wird mit dem Druckfestigkeitsfaktor K_p berücksichtigt.

$$\sigma_{B,d} = K_p \cdot R_m \qquad (3.72)$$

$$\sigma_{F,d} = K_p \cdot R_p \qquad (3.73)$$

Werte für den Druckfestigkeitsfaktor sind in Tab. 3.10 angegeben.

Im Festigkeitsnachweis werden die Werte $K_p \cdot R_m$ und $K_p \cdot R_p$ verwendet ($\sigma_{B,d}$ und $\sigma_{F,d}$ treten nicht explizit in Erscheinung).

Bei Eisengusswerkstoffen wirkt sich ferner die größere Häufigkeit von Werkstofffehlern (Poren, Lunker, Seigerungen) bei größeren Abmessungen nachteilig aus. Dies ist bei der Berechnung kaum zu erfassen, dieser Anteil muss daher durch eine höhere Sicherheit erfasst werden.

Tab. 3.10 Druckfestigkeitsfaktor K_p und Schubfestigkeitsfaktor r_τ [25]

	Werkstoffgruppe				
	Einsatzstahl, nichtrostender Stahl, Schmiedestahl	GS	GJS	GJM	GJL
K_p	1,0	1,0	1,3	1,5	2,5
r_τ	0,58[a]	0,58[a]	0,65	0,75	1,00

[a] nach GEH $1/\sqrt{3}$

Der Anisotropiefaktor K_{An} in (3.61) und (3.62) entfällt bei allen Eisengusswerkstoffen.

Für GJL ist keine Fließgrenze (0,2 %-Dehngrenze) festgelegt, d. h. (3.62), (3.71), (3.73) entfallen.

$\tau_{B,s}$ und $\tau_{F,s}$ (und damit R_m und R_p) sind auch Bezugsgrößen für Torsion. Hinweise zu den Unterschieden in der Beanspruchung (plastische Stützwirkung) geben Abschn. 3.4.3.1b und 3.4.3.2.

d) Einfluss höherer Temperatur

Die in Abschn. 3.3.3 geschilderte Wirkung der Temperatur wird beim Festigkeitsnachweis durch die Temperaturfaktoren $K_{T,m}$ bzw. $K_{T,p}$ nach Abb. 3.27 berücksichtigt. Bei Walzstahl, außer Feinkornbaustählen, sinkt die Zugfestigkeit oberhalb etwa 100 °C und bei Feinkornbaustählen, GJS, GJM und GJL oberhalb 60 °C, wie in Abb. 3.27 dargestellt. Bis zur Kristallerholungstemperatur ϑ_K (bei Eisenwerkstof-

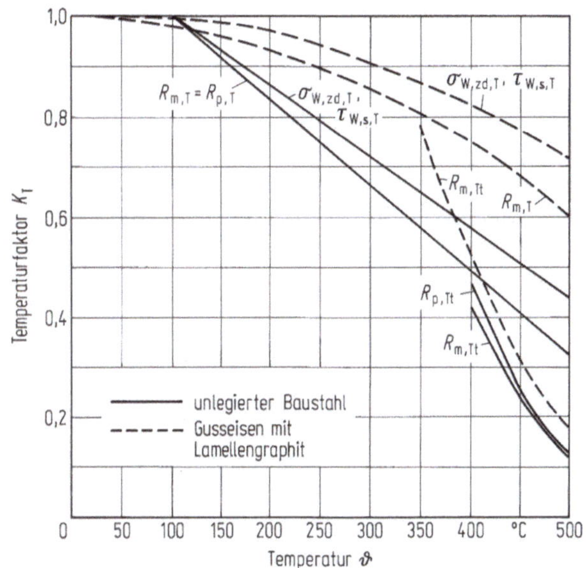

Abb. 3.27 Temperaturfaktor K_T für dynamische Beanspruchung für zwei Werkstoffgruppen; $K_{T,m}$ für $R_{m,T}$, $K_{T,p}$ für $R_{p,T}$ und sinngemäß nach Erläuterung zu (3.74) und (3.75); $K_{T,D}$ für $\sigma_{W,zd,T}$ und $\tau_{W,s,T}$ nach (3.119) und (3.120); ausführliche Angaben einschließlich der Berechnungsgleichungen siehe [25]

fen ca. 350 °C) gilt für die Zugfestigkeit bzw. für die Fließgrenze für den Werkstoff im Bauteil mit Temperatureinfluss

$$R_{m,T} = K_{T,m} \cdot R_m \tag{3.74}$$

$$R_{p,T} = K_{T,p} \cdot R_p \tag{3.75}$$

R_m	in N/mm^2	Zugfestigkeit für den Werkstoff im Bauteil nach (3.61)
R_p	in N/mm^2	Fließgrenze für den Werkstoff im Bauteil nach (3.62)

Für GJL ist keine Warmdehngrenze festgelegt, d. h. (3.74) und (3.75) entfallen. Oberhalb von ϑ_K wird mit der Zeitstandsfestigkeit $R_{m,Tt}$ statt $R_{m,T}$ und mit $R_{p,Tt}$ statt $R_{p,T}$ gerechnet, siehe [25].

e) Einfluss niedriger Temperatur

Mit abnehmender Temperatur nimmt die Festigkeit zu, gleichzeitig wächst die Sprödbruchneigung. Bis −40 °C wird mit annähernd konstanter Bauteilfestigkeit wie für Raumtemperatur gerechnet.

3.4.3 Statische Bauteilfestigkeit

Aus der Werkstofffestigkeit im Bauteil nach Abschn. 3.4.2 wird auf die Festigkeit des Bauteils selbst umgerechnet, indem zusätzlich die Einflüsse von Form- und Beanspruchungsart berücksichtigt werden.

3.4.3.1 Grundlagen, Einflussfaktoren

a) Spannungskonzentration

Wie in Abschn. 3.2.5 erläutert, treten an Querschnittsänderungen (Kerben) Spannungsspitzen auf, die bei der Berechnung durch die Formzahlen α_σ und α_τ erfasst werden. Bei der Berechnung nach dem Nennspannungskonzept muss dieser Einfluss im Ansatz der Bauteilfestigkeit berücksichtigt werden, siehe Abschn. 3.3.1.

b) Plastische Stützwirkung und plastische Kerbwirkung

Die Spannungsspitzen infolge ungleichmäßiger Spannungsverteilung über den Querschnitt werden durch plastische Verformungen abgemindert, wenn die Elastizitätsgrenze örtlich überschritten wird. Hiervon kann bei der Berechnung Gebrauch gemacht werden, indem, je nach Duktilität des Werkstoffs, über die elastische Verformung hinaus lokale plastische Verformungen (Teilplastifizierungen) zugelassen werden. Sie schaden nicht der Funktion und führen zu besserer Ausnutzung des Werkstoffvolumens, Beispiel siehe Abb. 3.28. Globale plastische Verformungen über den ganzen Querschnitt sind allerdings im Maschinenbau nicht

a

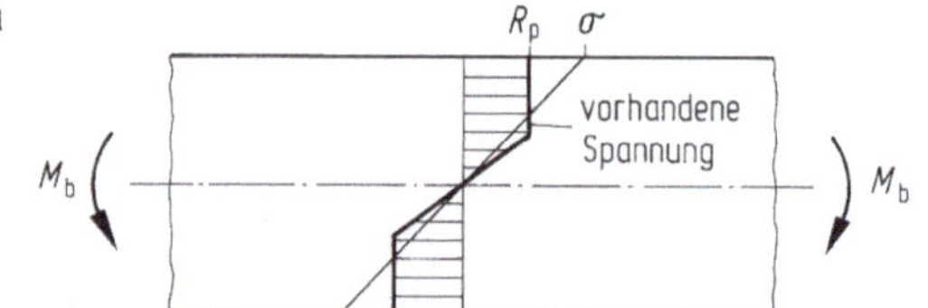

b

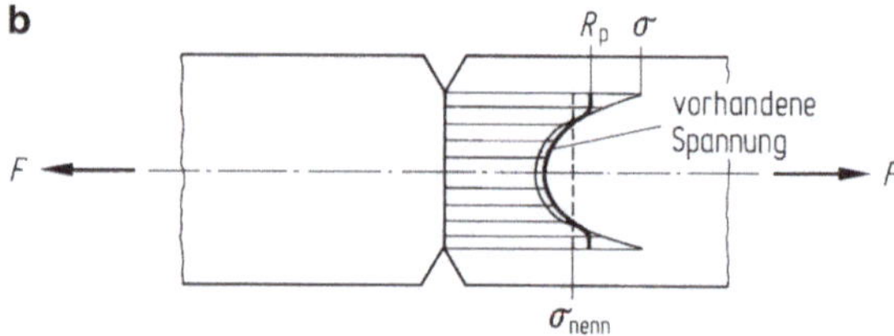

Abb. 3.28 Stützwirkung bei ungleichmäßiger Spannungsverteilung, **a** glatter biegebeanspruchter Rundstab, **b** gekerbter zugbeanspruchter Rundstab

zulässig, sie würden zu bleibenden Formänderungen des Bauteils führen.

Von dieser Möglichkeit der besseren Ausnutzung des Werkstoffvolumens kann demnach nur bei ungleichmäßiger Spannungsverteilung Gebrauch gemacht werden, d. h. bei gekerbten Bauteilen, aber auch beim ungekerbten Biege- und Torsionsstab (geometrischer Größeneinfluss).

Bei der Festigkeitsberechnung ist dieser Effekt mit einer „plastischen" Stützziffer N_{pl} zu berücksichtigen

$$N_{pl} = \frac{\alpha_\sigma \cdot \sigma_{nenn}}{R_p} \tag{3.76}$$

Mit Hilfe der Neuber-Regel [48] lässt sich dieser Ausdruck umrechnen in

$$N_{pl} = \sqrt{\frac{E \cdot \varepsilon_{ertr}}{R_p}} \tag{3.77}$$

Dieser Effekt kann bis zur vollplastischen Verformung (plastischen Grenzstützziffer $N_{pl,grenz}$) genutzt werden. Es ergibt sich daraus

$$N_{pl} = \text{MIN}\left(\sqrt{\frac{E \cdot \varepsilon_{ertr}}{R_p}}, N_{pl,grenz}\right) \tag{3.78}$$

mit folgenden extremen Grenzen für vollplastische Verformung ($N_{pl} > 1$) in Abhängigkeit der Beanspruchung:

Zug/Druck

$$N_{pl,\sigma,zd,grenz} = \alpha_{\sigma,zd} \tag{3.79}$$

Biegung

$$N_{pl,\sigma,b,grenz} = \alpha_{\sigma,b} \cdot g_b \tag{3.80}$$

Schub

$$N_{pl,\tau,s,grenz} = \alpha_{\tau,s} \tag{3.81}$$

Torsion

$$N_{pl,\tau,t,grenz} = \alpha_{\tau,t} \cdot g_t \tag{3.82}$$

Tab. 3.11 Ertragbare Gesamtdehnung $\varepsilon_{\text{ertr}}$ [25]

	Werkstoffgruppe			
	Walzstahl	GS	GJS	GJM
$\varepsilon_{\text{ertr}}$	0,05	0,05	0,04	0,02

Die plastische Stützziffer wird mit der Formzahl α_σ, α_τ zusammengefasst. An die Stelle der Formzahl tritt damit die „plastische" Kerbwirkungszahl β_{pl} (in Abhängigkeit der Beanspruchung).

Zug/Druck

$$\beta_{\text{pl},\sigma,zd} = \frac{\alpha_{\sigma,zd}}{N_{\text{pl},\sigma,zd}} = \frac{\alpha_{\sigma,zd}}{\sqrt{\frac{E \cdot \varepsilon_{\text{ertr}}}{R_p}}} \tag{3.83}$$

Biegung

$$\beta_{\text{pl},\sigma,b} = \frac{\alpha_{\sigma,b}}{N_{\text{pl},\sigma,b}} = \frac{\alpha_{\sigma,b}}{\sqrt{\frac{E \cdot \varepsilon_{\text{ertr}}}{R_p}}} \tag{3.84}$$

Schub

$$\beta_{\text{pl},\tau,s} = \frac{\alpha_{\tau,s}}{N_{\text{pl},\tau,s}} = \frac{\alpha_{\tau,s}}{\sqrt{\frac{E \cdot \varepsilon_{\text{ertr}}}{R_p}}} \tag{3.85}$$

Torsion

$$\beta_{\text{pl},\tau,t} = \frac{\alpha_{\tau,t}}{N_{\text{pl},\tau,t}} = \frac{\alpha_{\tau,t}}{\sqrt{\frac{E \cdot \varepsilon_{\text{ertr}}}{R_p}}} \tag{3.86}$$

g_b, g_t		Grenzlastfaktor für Biegung (b) und Torsion (t) siehe Tab. 3.12
E	in N/mm^2	Elastizitätsmodul
R_p	in N/mm^2	Fließgrenze für den Werkstoff im Bauteil nach (3.62)
α_σ, α_τ		Formzahlen nach Abschn. 3.2.5, für einige wichtige Stabformen siehe Abb. 3.29 und Abb. 3.30, für Hohlwellen siehe Abb. 3.31
$\varepsilon_{\text{ertr}}$		ertragbare Gesamtdehnung siehe Tab. 3.11

Hinweis: Die FKM-Richtlinie [25] beschreibt eine plastische Stützzahl n_{pl}. Diese kann aus der plastischen Stützziffer N_{pl} und der Formzahl α berechnet werden.

$$n_{\text{pl}} = \frac{N_{\text{pl}}}{\alpha} \tag{3.87}$$

Grenzlastfaktoren g_b, g_t: Sie berücksichtigen die ungleichmäßige Verteilung der Nennspannungen über dem Querschnitt, d. h. g_b bzw. g_t ist gleich dem Verhältnis von vollplastischer zu elastischer Traglast. Beispielsweise beträgt das höchste noch elastisch aufnehmbare Biegemoment beim Rechteckquerschnitt $M_{b1} = R_p \cdot b \cdot h^2/6$, das Tragmoment im vollplastischen Zustand $M_{b2} = R_p \cdot b \cdot h^2/4$, d. h. $g_b = M_{b2}/M_{b1} = 1{,}5$. Zahlenwerte für verschiedene Querschnitte sind in Tab. 3.12 enthalten, bei gleichmäßiger Verteilung der Nennspannung über den Querschnitt, d. h. bei Zug- und Druckspannung, ist der Grenzlastfaktor gleich 1, auch bei Schub.

Tab. 3.12 Grenzlastfaktoren g_b und g_t [25]

Querschnittsform	Biegung g_b	Torsion g_t
Rechteck	1,50	–
Kreis	1,70	1,33
Kreisring	1,27	1,00

Tab. 3.13 Anhaltswerte für reduzierte Grenzlastfaktoren $g_{b,red}$ und $g_{t,red}$ bei Kreisquerschnitten nach DIN 743 Teil 1 [5] zur Berechnung der plastischen Stützziffer

	Biegung $g_{b,\text{red}}$	Torsion $g_{t,\text{red}}$
Ohne harte Randschicht	1,2	1,2
Mit harter Randschicht	1,0	1,0

Man beachte: Die Formzahl des auf Schub beanspruchten Stabs ist ungleich 1, beispielsweise $\alpha_{\tau,s} = 1{,}5$ für den Rechteckquerschnitt und $\alpha_{\tau,s} = 1{,}33$ für den Kreisquerschnitt.

Reduzierte Grenzlastfaktoren: Bei Verwendung der Grenzwerte für $N_{\text{pl,grenz}}$ in (3.78) ist zu berücksichtigen, dass die statische Festigkeit duktiler Werkstoffe durch Kerben (auch Wellenabsätze, d. h. Umlaufkerben) zwar zunehmen kann (durch den entstehenden dreiachsigen Spannungszustand), damit aber auch eine Versprödung des Werkstoffs verbunden sein kann (dies wäre im Prinzip durch eine höhere Sicherheit zu berücksichtigen), Abb. 3.32. Weiterhin ist zu beachten, dass bei Ausnutzung von $N_{\text{pl,grenz}}$ vollplastische Traglast als Beanspruchung vorliegt, d. h. nennenswerte bleibende Bauteilverformungen zugelassen werden. Im Allgemeinen müsste dann der Wert für $N_{\text{pl,grenz}}$ (speziell für Biegung und Torsion) im Rahmen eines Verformungsnachweises abgemindert werden.

Um diese beiden genannten Einflüsse zu berücksichtigen, werden die Werte für $N_{\text{pl,grenz}}$ bei Zug-, Druck- und Schubbeanspruchung durch die Werte für die Formzahlen $\alpha_{\sigma,zd}$, $\alpha_{\tau,s}$ begrenzt, siehe (3.80) und (3.82). Für Biege- und Torsionsbeanspruchungen werden die Werte für $N_{\text{pl,grenz}}$ durch die Verwendung von $g_{b,\text{red}}$ bzw. $g_{t,\text{red}}$ anstelle g_b bzw. g_t in (3.80) und (3.82) begrenzt. Für Kreisquerschnitte sind Werte für $g_{b,\text{red}}$ bzw. $g_{t,\text{red}}$ in Tab. 3.13 gegeben. Bei harter Randschicht und scharfen Kerben (z. B. $\alpha_{\sigma,b}$ bzw. $\alpha_{\tau,t} > 3$) sollten kleinere Werte für $g_{b,\text{red}}$ bzw. $g_{t,\text{red}}$ eingesetzt werden, um Anrisse zu vermeiden. Diese Werte können z. B. durch Versuche bestimmt werden. Bei Hohlwellen ist die nutzbare Stützwirkung niedriger. Es wird hierfür $g_{b,\text{red}} = 1{,}1$ und $g_{t,\text{red}} = 1{,}0$ gesetzt. Bei Rechteckquerschnitten sind die Beziehungen sinngemäß abzuschätzen.

Bei der Berechnung von zug- oder druckbeanspruchten Bauteilen wird somit darauf verzichtet, die festigkeitserhöhende Wirkung von Kerben zu berücksichtigen. Für biege- und torsionsbeanspruchte Bauteile wird nur eine Teilplastifizierung zugelassen.

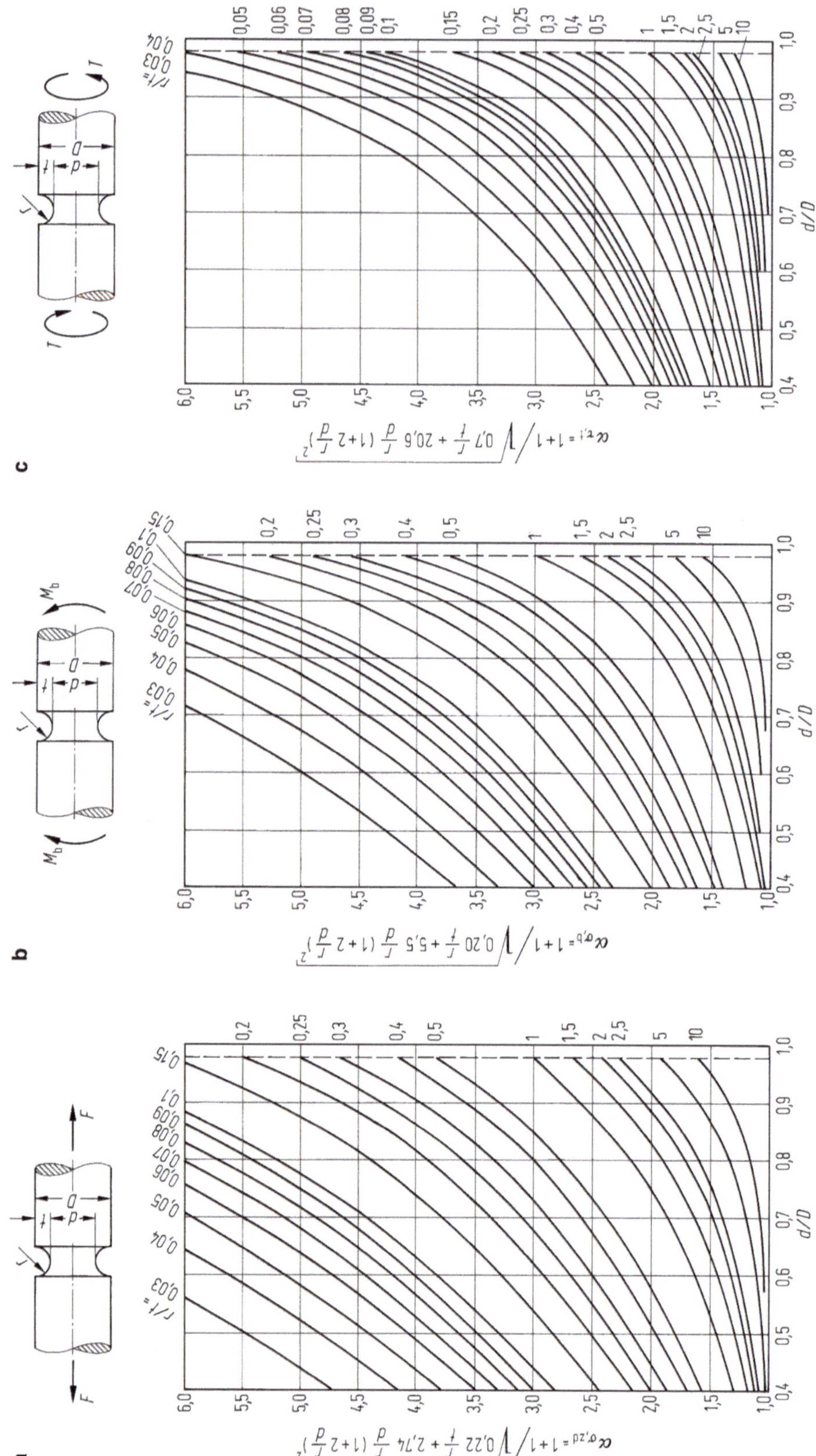

Abb. 3.29 Formzahlen α_σ für Rundstäbe mit Umlaufkerben, **a** Zug/Druck, **b** Biegung, **c** Torsion und mit Absätzen, **d** Zug/Druck, **e** Biegung, **f** Torsion [25]

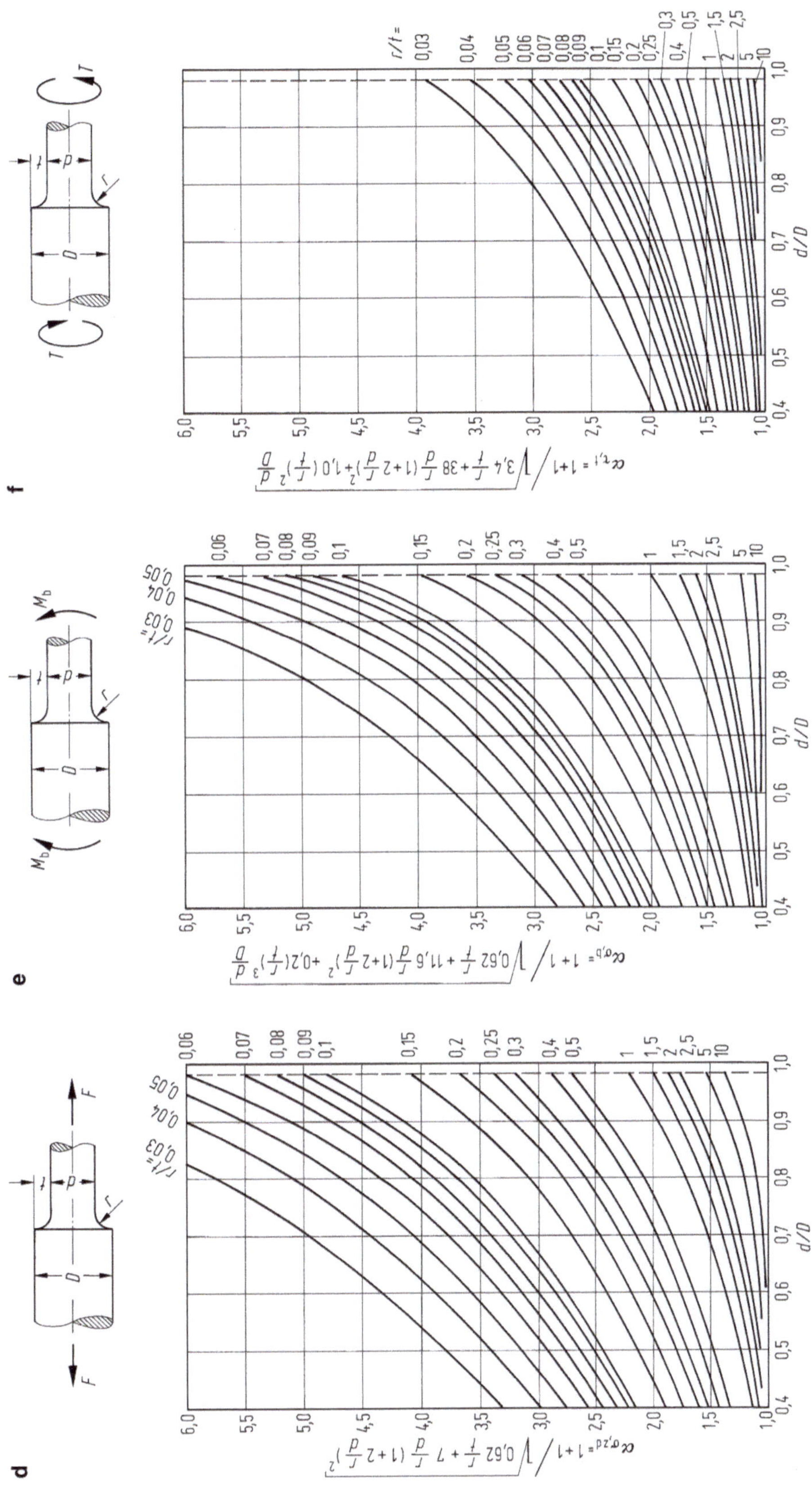

Abb. 3.29 (Fortsetzung)

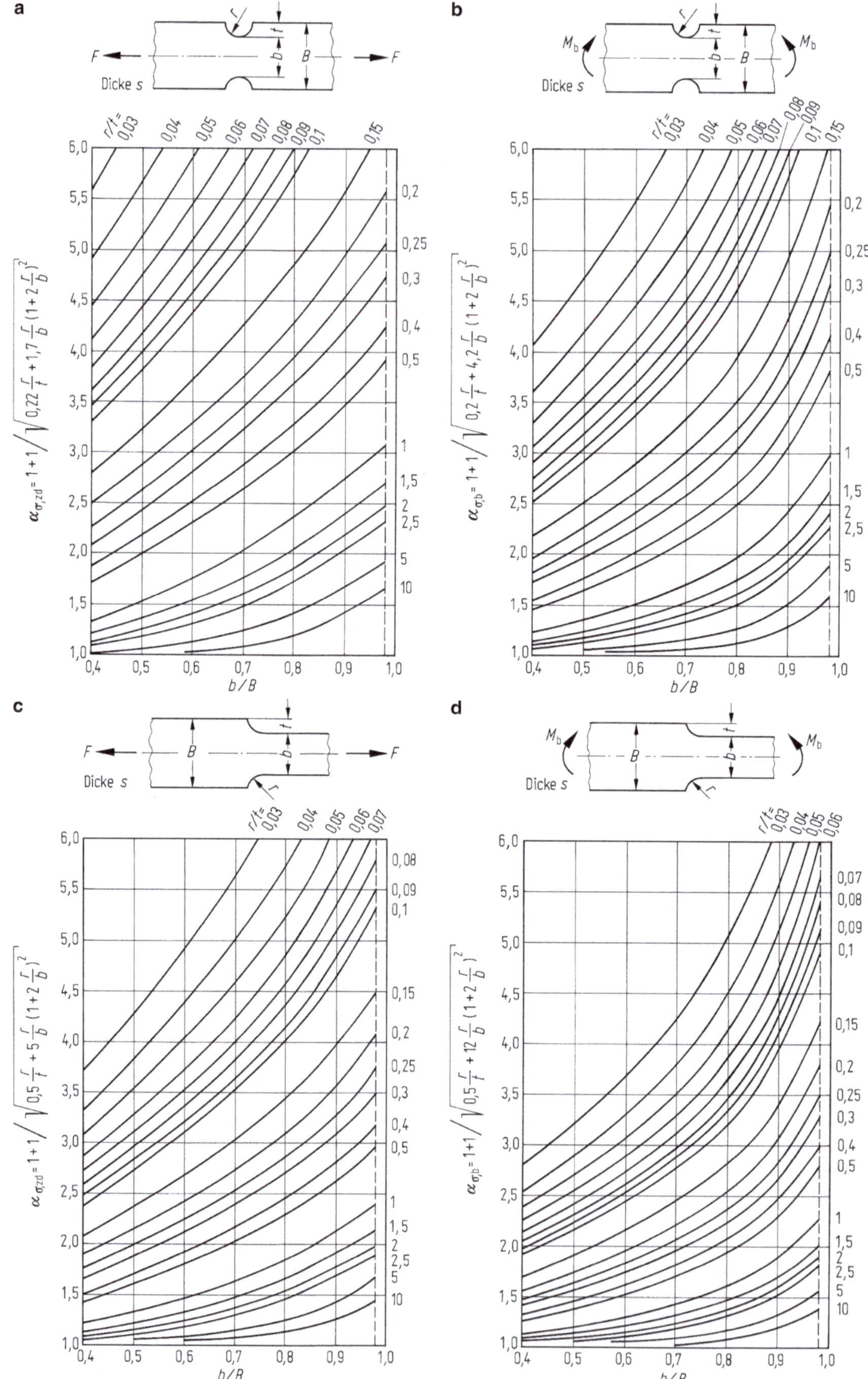

Abb. 3.30 Formzahlen α_σ für gekerbte Flachstäbe, **a** Zug/Druck, **b** Biegung und für abgesetzte Flachstäbe, **c** Zug/Druck, **d** Biegung [25]

$$\alpha_{\sigma,b} \approx 0{,}9\,\alpha_{\sigma,zd} \quad \text{für} \quad \frac{t}{a+t} = 0{,}1$$

$$\alpha_{\sigma,b} \approx 0{,}8\,\alpha_{\sigma,zd} \quad \text{für} \quad \frac{t}{a+t} \geq 0{,}2$$

$$\alpha_{\tau,t} \approx 0{,}65\,\alpha_{\sigma,zd}$$

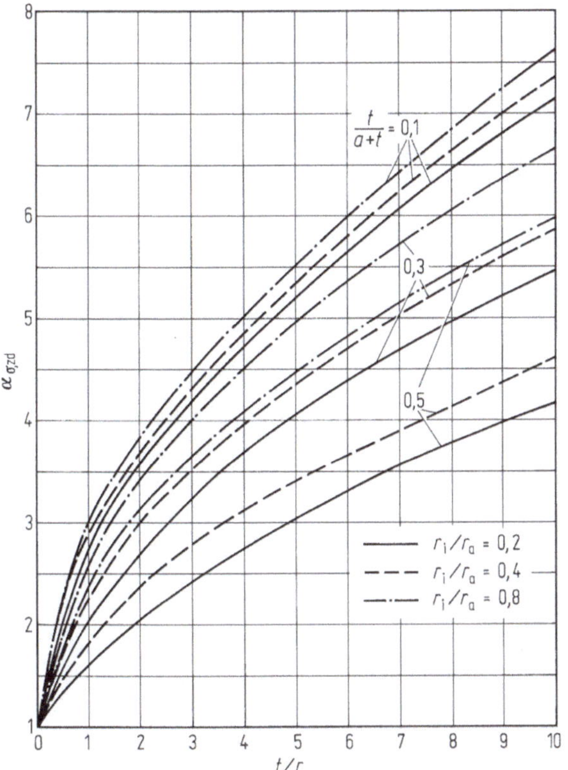

Abb. 3.31 Formzahlen für Hohlwellen [39] (*Man beachte*: Stützwirkung kann nicht mit den Beziehungen für Vollquerschnitte berechnet werden.)

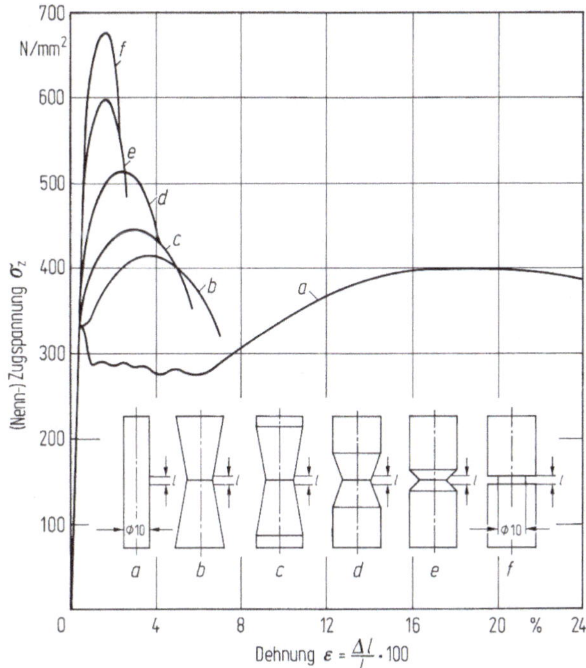

Abb. 3.32 Spannungs-Dehnungs-Verhalten unterschiedlich scharf gekerbter Zugproben bei gleichem kleinstem Durchmesser. Der gleiche Effekt tritt ein bei biege- und torsionsbeanspruchten Achsen und Wellen mit Umlaufkerbe

c) Besonderheit bei Gusseisen mit Lamellengraphit

- Wegen der geringen plastischen Verformbarkeit entfällt bei GJL die Stützwirkung nach Abschn. 3.4.3.1b), in (3.83) bis (3.86) wird $N_{\text{pl}} = 1$ gewählt.
- Da für GJL keine Fließgrenze R_p existiert (Abschn. 3.4.2c)), entfällt die Berechnung gegen plastische Verformung, d. h. Fließgrenze und Warmdehngrenze.

3.4.3.2 Berechnung von (statischer) Bauteilfestigkeit und Bauteilfließgrenze

Mit den in Abschn. 3.4.3.1 erläuterten Einflussfaktoren ergeben sich für die Berechnung der Bauteilfestigkeiten σ_{BK}, τ_{BK} (B für Bruch) und der Bauteilfließgrenzen σ_{FK}, τ_{FK}:

Zug/Druck

$$\sigma_{BK,zd} = \frac{R_m}{\beta_{\text{pl},\sigma,zd}} \tag{3.88}$$

$$\sigma_{FK,zd} = \frac{R_p}{\beta_{\text{pl},\sigma,zd}} \tag{3.89}$$

Biegung

$$\sigma_{BK,b} = \frac{R_m}{\beta_{\text{pl},\sigma,b}} \tag{3.90}$$

$$\sigma_{FK,b} = \frac{R_p}{\beta_{\text{pl},\sigma,b}} \tag{3.91}$$

Schub

$$\tau_{BK,s} = r_\tau \cdot \frac{R_m}{\beta_{\text{pl},\tau,s}} \tag{3.92}$$

$$\tau_{FK,s} = r_\tau \cdot \frac{R_p}{\beta_{\text{pl},\tau,s}} \tag{3.93}$$

Torsion

$$\tau_{BK,t} = r_\tau \cdot \frac{R_m}{\beta_{\mathrm{pl},\tau,t}} \quad (3.94)$$

$$\tau_{FK,t} = r_\tau \cdot \frac{R_p}{\beta_{\mathrm{pl},\tau,t}} \quad (3.95)$$

r_τ		Schubfestigkeitsfaktor siehe Tab. 3.10
R_m	in $\mathrm{N/mm^2}$	Fließgrenze für den Werkstoff im Bauteil nach (3.61)
R_p	in $\mathrm{N/mm^2}$	Fließgrenze für den Werkstoff im Bauteil nach (3.62)
β_{pl}		„plastische" Kerbwirkungszahlen siehe Abschn. 3.4.3.1b

Für Achsen und Wellen aus Walzstahl sind in Abschn. 3.4.3.1 und Tab. 3.13 zusätzliche Bemerkungen angegeben.

Bei hohen und niedrigen Temperaturen (> 100 °C und < −40 °C) ist nach Abschn. 3.4.2d) und e) zu verfahren: Es wird mit $R_{m,T}$ nach (3.74) statt mit R_m und mit $R_{p,T}$ nach (3.75) statt mit R_p, bei Temperaturen oberhalb $\vartheta_K \approx 350\,°\mathrm{C}$ sinngemäß mit $R_{m,Tt}$ und $R_{p,Tt}$ gerechnet.

3.4.4 Nachweis der statischen Festigkeit

Der Nachweis muss getrennt für die einzelnen Beanspruchungskomponenten und für die zusammengesetzte Beanspruchung geführt werden, denn eine nicht ausreichende Einzelsicherheit kann nicht durch eine ausreichende Gesamtsicherheit kompensiert werden.

3.4.4.1 Nachweis für die Einzelbeanspruchungen

Die Sicherheit S_B gegen Überschreiten der Zugfestigkeit und S_F gegen Überschreiten der Fließgrenze unter statischer Beanspruchung ist wie folgt zu berechnen:
Zug-Druck

$$S_{B,zd} = \frac{\sigma_{BK,zd}}{\sigma_{zd}} \geq S_{B,zd\,\mathrm{min}} \quad (3.96)$$

$$S_{F,zd} = \frac{\sigma_{FK,zd}}{\sigma_{zd}} \geq S_{F,zd\,\mathrm{min}} \quad (3.97)$$

Biegung

$$S_{B,b} = \frac{\sigma_{BK,b}}{\sigma_b} \geq S_{B,b\,\mathrm{min}} \quad (3.98)$$

$$S_{F,b} = \frac{\sigma_{FK,b}}{\sigma_v} \geq S_{F,b\,\mathrm{min}} \quad (3.99)$$

Schub

$$S_{B,s} = \frac{\tau_{BK,s}}{\tau_s} \geq S_{B,s\,\mathrm{min}} \quad (3.100)$$

$$S_{F,s} = \frac{\tau_{FK,s}}{\tau_s} \geq S_{F,s\,\mathrm{min}} \quad (3.101)$$

Torsion

$$S_{B,t} = \frac{\tau_{BK,t}}{\tau_t} \geq S_{B,t\,\mathrm{min}} \quad (3.102)$$

$$S_{F,t} = \frac{\tau_{FK,t}}{\tau_t} \geq S_{F,t\,\mathrm{min}} \quad (3.103)$$

$S_{B\,\mathrm{min}}$, $S_{F\,\mathrm{min}}$		geforderte Mindestsicherheiten
σ_{BK}, σ_{FK}, τ_{BK}, τ_{FK}	in $\mathrm{N/mm^2}$	Bauteilfestigkeiten siehe Abschn. 3.4.3.2
σ_{zd}, σ_b, τ_s, τ_t	in $\mathrm{N/mm^2}$	Bauteilbeanspruchung (Nennspannungen) siehe Abschn. 3.2

Beide Mindestsicherheiten, $S_{B\,\mathrm{min}}$ und $S_{F\,\mathrm{min}}$, müssen eingehalten werden.

3.4.4.2 Nachweis für die zusammengesetzte Beanspruchung

a) Physikalische Zusammenhänge

Die Festigkeitskennwerte für Normalspannungen aus Zug und Biegung sind nur im elastischen Bereich gleich, nicht jedoch, wenn plastische Verformungen zugelassen werden. Wegen der in der Regel unterschiedlichen Spannungsverteilung und folglich unterschiedlichen plastischen Stützziffern unterscheiden sie sich dann. Die Festigkeitswerte für Biegung und Torsion sind unterschiedlich (über das Verhältnis $r_\tau = \tau_{B,s}/R_m$ hinausgehend) auch bei gleicher Spannungsverteilung wegen der unterschiedlichen Stützwirkung für Normal- und Schubspannungen. Dies muss beim Nachweis der Sicherheit bei einer zusammengesetzten Beanspruchung berücksichtigt werden.

b) Vergleichssicherheit

Für den Festigkeitsnachweis wird, wie in Abschn. 3.2.3.10 erläutert, aus den Einzelbeanspruchungen eine Vergleichsspannung gebildet, die der Zugfestigkeit gegenüberzustellen ist. Nach der Gestaltänderungsenergiehypothese GEH (vgl. (3.39)) folgt bei Beachtung der unter a) erläuterten Zusammenhänge

$$\frac{\sigma_{v,\mathrm{GEH}}}{R_m} = \sqrt{\left(\frac{\sigma_{zd}}{\sigma_{BK,zd}} + \frac{\sigma_b}{\sigma_{BK,b}}\right)^2 + 3 \cdot r_\tau^2 \cdot \left(\frac{\tau_t}{\tau_{BK,t}} + \frac{\tau_s}{\tau_{BK,s}}\right)^2} \quad (3.104)$$

bzw. ausgedrückt als quasi „reziproke Sicherheit"

$$\frac{1}{S_{B,\mathrm{GEH}}} = \frac{\sigma_{v,\mathrm{GEH}}}{R_m} = \sqrt{\left(\frac{1}{S_{B,zd}} + \frac{1}{S_{B,b}}\right)^2 + 3 \cdot r_\tau^2 \cdot \left(\frac{1}{S_{B,t}} + \frac{1}{S_{B,s}}\right)^2} \quad (3.105)$$

und entsprechend nach der Normalspannungshypothese NH (vgl. (3.38))

$$\frac{1}{S_{B,\text{NH}}} = \frac{\sigma_{v,\text{NH}}}{R_m} = 0{,}5 \cdot \left(\left| \frac{1}{S_{B,zd}} + \frac{1}{S_{B,b}} \right| + \sqrt{\left(\frac{1}{S_{B,zd}} + \frac{1}{S_{B,b}} \right)^2 + 4 \cdot r_\tau^2 \cdot \left(\frac{1}{S_{B,t}} + \frac{1}{S_{B,s}} \right)^2} \right) \quad (3.106)$$

r_τ		Schubfestigkeitsfaktor siehe Tab. 3.10
R_m	in N/mm²	Zugfestigkeit für den Werkstoff im Bauteil nach (3.61)
S_B		Sicherheit für die einzelnen Beanspruchungen nach (3.96), (3.98), (3.100), (3.102)
σ_{BK}, σ_{FK}, τ_{BK}, τ_{FK}	in N/mm²	Bauteilfestigkeiten siehe Abschn. 3.4.3.2
σ_v	in N/mm²	Vergleichsspannung, entsprechend der Vergleichsspannungshypothese
σ_{zd}, σ_b, τ_s, τ_t	in N/mm²	Bauteilbeanspruchung (Nennspannungen) siehe Abschn. 3.2

Entsprechend lassen sich die Gleichungen für die Vergleichsspannungen nach der GEH und NH gegen die Fließgrenze darstellen (mit R_p statt R_m, σ_{FK} statt σ_{BK}, S_F statt S_B).

c) Festigkeitsnachweis mit der „gemischten" Hypothese
Da sich viele Werkstoffe weder absolut „spröde" noch absolut „duktil" verhalten, wird das Bauteilverhalten häufig weder mit der Normalspannungshypothese NH noch mit der Gestaltänderungsenergiehypothese GEH wirklichkeitsgerecht erfasst. Daher ist die „gemischte" Hypothese, die zwischen beiden Anteilen gemäß der Duktilität der Werkstoffe interpoliert, zu verwenden. Die beiden Anteile werden durch den Interpolationsfaktor q bzw. den Schubfestigkeitsfaktor r_τ (siehe Tab. 3.10) gesteuert, die von der Duktilität abhängen. Daraus ergibt sich die Sicherheit gegen statischen Bruch, d. h. gegen Überschreiten der Zugfestigkeit

$$\frac{q}{S_{B,\text{NH}}} + \frac{1-q}{S_{B,\text{GEH}}} \leq \frac{1}{S_{B\,\min}} \quad (3.107)$$

und die Sicherheit gegen plastische Verformung, d. h. gegen Überschreiten der Fließgrenze

$$\frac{q}{S_{F,\text{NH}}} + \frac{1-q}{S_{F,\text{GEH}}} \leq \frac{1}{S_{F\,\min}} \quad (3.108)$$

Der Vergleich der vorhandenen Sicherheit mit der geforderten Mindestsicherheit
gegen Bruch

$$S_B = \frac{1}{\left(\frac{q}{S_{B,\text{NH}}} + \frac{1-q}{S_{B,\text{GEH}}}\right)} \geq S_{B\,\min} \quad (3.109)$$

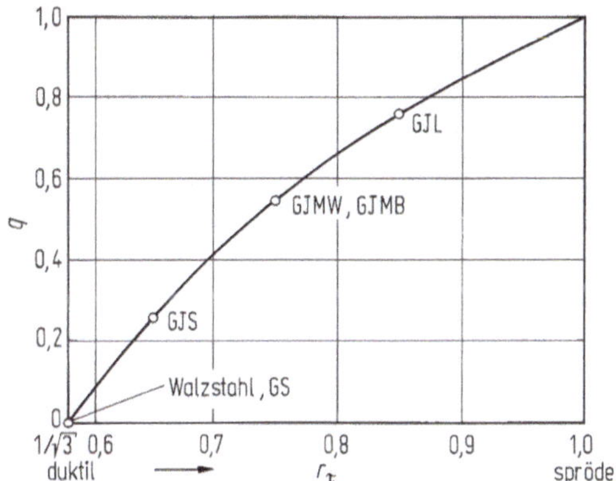

Abb. 3.33 Interpolationsfaktor $q(r_\tau)$ zur Berücksichtigung der Duktilität

und gegen Fließen

$$S_F = \frac{1}{\left(\frac{q}{S_{F,\text{NH}}} + \frac{1-q}{S_{F,\text{GEH}}}\right)} \geq S_{F\,\min} \quad (3.110)$$

mit dem Interpolationsfaktor

$$q = \frac{\sqrt{3} - \frac{1}{r_\tau}}{\sqrt{3} - 1} \quad (3.111)$$

$S_{B\,\min}$, $S_{F\,\min}$	geforderte Mindestsicherheiten
$S_{B,\text{GEH}}$, $S_{B,\text{NH}}$, $S_{F,\text{GEH}}$, $S_{F,\text{NH}}$	Sicherheit für die einzelnen Festigkeitshypothesen siehe (3.105), (3.106) und Hinweise

Mit $q(r_\tau)$ werden die Werkstoffe entsprechend ihrer Duktilität eingestuft. Abb. 3.33 stellt (3.111) grafisch dar. Es ist offensichtlich, dass Walzstahl mit $r_\tau = 1/\sqrt{3}$ und $q = 0$, entsprechend (3.107) und (3.108), der Gestaltänderungsenergiehypothese zugeordnet wird. Die übrigen Werkstoffe erhalten entsprechend ihrer Duktilität größere oder kleinere Anteile aus beiden Hypothesen.

3.4.5 Mindestsicherheiten bei statischer Beanspruchung

Den in Tab. 3.14 empfohlenen Mindestsicherheiten liegen folgende Überlegungen zugrunde:

(a) Die „sicheren" Festigkeitswerte der Werkstoffe, auf die sich die Sicherheiten beziehen, entsprechen einer Überlebenswahrscheinlichkeit von 97,5 %.
(b) Die Belastungen und Beanspruchungskennwerte werden ebenfalls auf der „sicheren" Seite festgelegt.
(c) Bei Walzstahl als duktilem Werkstoff haben Eigenspannungen wegen ausreichenden Fließvermögens bei statischer Beanspruchung keine Bedeutung, ebenso wird hierbei der Inspektionsmöglichkeit keine Bedeutung beigemessen.

Tab. 3.14 Mindestsicherheiten bei statischer Beanspruchung für Walzstahl unter der Annahme einer niedrigen Wahrscheinlichkeit des Auftretens der Spannung bzw. Spannungskombination [25]

Schadensfolge	S_B	S_F	S_{Bt}	S_{Ft}
hoch	1,8	1,35	1,35	1,0
mittel	1,7	1,25	1,25	1,0
niedrig	1,6	1,20	1,20	1,0

(d) Kleinere Sicherheiten sind zulässig, wenn:
- die Wahrscheinlichkeit ungünstiger Lastkombinationen niedrig ist
- Höchstbelastungen selten auftreten, z. B. nur bei Prüfung oder Abnahme

(e) Für Eisengusswerkstoffe sind im Allgemeinen höhere Sicherheiten erforderlich wegen möglicher Gütefehler, mangelnder Duktilität und Eigenspannungen.

(f) Für Eisengusswerkstoffe werden bei zerstörungsfreier Werkstoffprüfung und Prüfung der Festigkeitswerte am Gussstück kleinere Sicherheiten zugelassen als ohne diese Prüfungen. Es ist davon auszugehen, dass fehlerhafte Bauteile bei der Prüfung ausgeschieden werden.

(g) Erhöhung der Sicherheit um ΔS für alle Werkstoffe mit $A_5 < 12{,}5\,\%$:
- GJS: $\Delta S = 0{,}5 - (A_5/50\,\%)^{0{,}5}$
- GJM: $\Delta S = 0{,}5 - (A_3/50\,\%)^{0{,}5}$
- GJL: $\Delta S = 0{,}5$

Den Überlegungen zu Eisengusswerkstoffen unter (e) und (f) werden mit einem Teil-Sicherheitsfaktor Rechnung getragen. Dieser wird mit der Mindestsicherheit multipliziert:
$j_G = 1{,}40$: nicht zerstörungsfrei geprüfte Gussstücke
$j_G = 1{,}25$: zerstörungsfrei geprüfte Gussstücke
Die allgemeinen Gesichtspunkte zum Ansatz der Sicherheit aus Abschn. 1.4.8 sind zu beachten.

3.5 Festigkeit von Bauteilen aus metallischen Werkstoffen bei dynamischer Beanspruchung

Grenzen der dynamischen Festigkeit und Einflüsse werden in Abschn. 3.3.3 erläutert.

Die Schadensart ist stets der Ermüdungsbruch (auch Schwingbruch genannt). Er geht in der Regel von der Oberfläche aus (insbesondere von Kerben, Riefen, Querschnittsänderungen). Bei dynamischen Beanspruchungen unterhalb der statischen Fließgrenze entstehen hier Risse, die in Richtung der größten Hauptnormalspannung fortschreiten. Die Ermüdungsbruchfläche ist oft an markanten „Rastlinien" zu erkennen, die Rest-(Gewalt-)bruchfläche ist eher rau und zerklüftet, Abb. 3.34. Die Ermüdungsbruchfläche ist umso größer, glatter und ebener, je langsamer der Ermüdungsbruch fortschreitet, also je kleiner die Überlastung ist. Auch bei duktilen Werkstoffen ist der Ermüdungsbruch nicht geprägt von plastischer Verformung und ähnelt dem spröden Gewaltbruch.

Festigkeitsgrenze ist die Ausschlagfestigkeit σ_A, Grenzwert der Ausschlagspannung σ_a, Abb. 3.20.

3.5.1 Dauerfestigkeit, Zeitfestigkeit – Grundlagen

3.5.1.1 Ermittlung der dynamischen Festigkeit (Ermüdungsfestigkeit, Schwingfestigkeit)

In Wöhlerversuchen wird z. B. ein glatter, kreiszylindrischer Probestab mit einer dynamischen Beanspruchung entsprechend den Beanspruchungsfällen II, III oder allgemein nach Abb. 3.20 unterworfen. Daraus kann die Anzahl der Schwingspiele N bis zum Bruch, dem sogenannten Ermü-

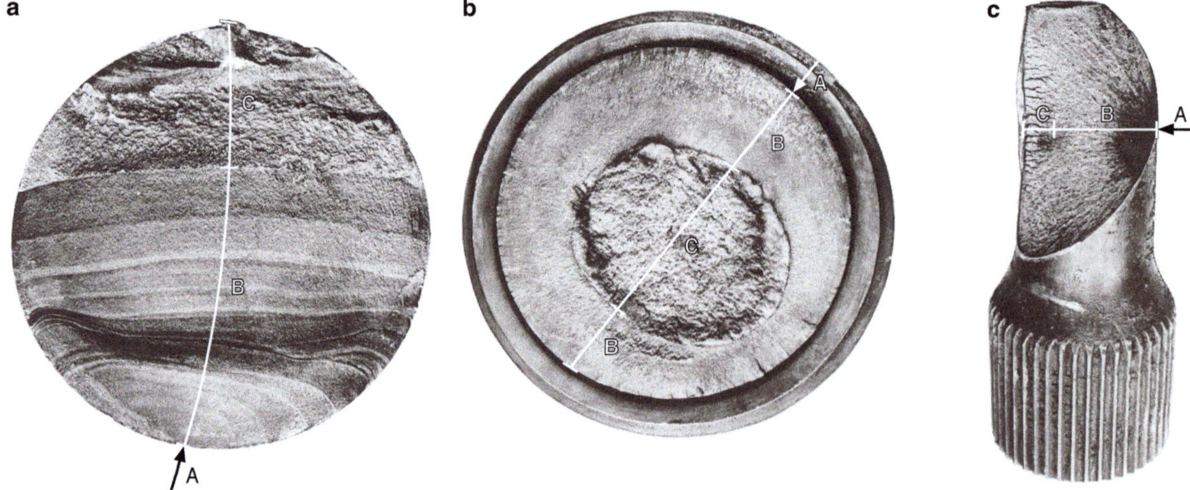

Abb. 3.34 Typische Dauerbrüche, **a** Biegedauerbruch an Exzenterwelle eines Brechers ($d = 230\,\text{mm}$) am Übergang der Welle zum Exzenter, **b** Umlaufbiegedauerbruch an Treibachse eines Kippräumers. Ursache: zu kleiner Hohlkehlradius, **c** Torsionsdauerbruch an einer Drehstabfeder. *A*: Erster Anbruch an Fehlstelle oder Kerbstelle der Oberfläche, *B*: Zone des fortschreitenden Dauerbruchs, *C*: Restbruch (Gewaltbruch)

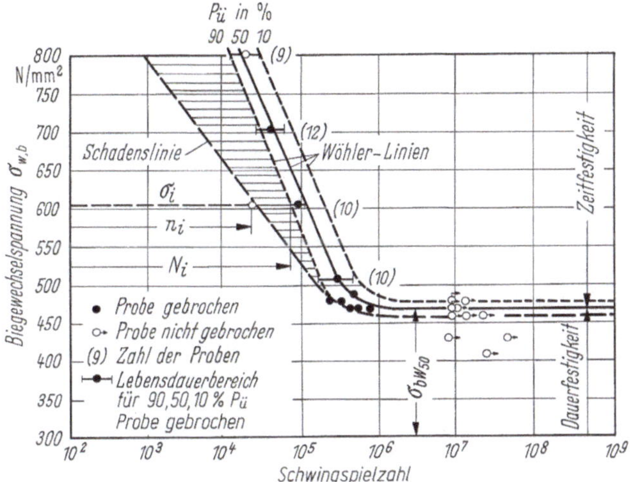

Abb. 3.35 Wöhlerlinien für Überlebenswahrscheinlichkeiten von 90 %, 50 % und 10 % bei Verwendung von 9…12 Proben je Prüfhorizont und Schadenslinie [4]. Belastung mit Biegewechselspannung. Werkstoff: Elektrolytisch polierter und vergüteter Stahl 34CrMo4 mit $R_m = 1000\,\text{N/mm}^2$ und $R_{p0,2} = 870\,\text{N/mm}^2$. Im *schraffierten Bereich* ist bereits eine Schädigung aber noch kein Bruch zu erwarten

dungsbruch, bestimmt werden. Der Versuch wird zur statistischen Absicherung an weiteren Probestäben mit der gleichen und mit anderen Belastungen wiederholt. Die Werte werden in einem Diagramm eingetragen, siehe Abb. 3.35. So wird die von der Schwingspielzahl (d. h. Lebensdauer) abhängige ertragbare dynamische Festigkeit, z. B. $\sigma_{W,zd}$ für Zug- und Druckwechselbeanspruchung, $\sigma_{W,b}$ für Biegewechselbeanspruchung bzw. die entsprechenden Ausschlagfestigkeiten $\sigma_{A,zd}, \sigma_{A,b}$ ermittelt. Die Spannungswerte, bei denen Ermüdungsbruch auftritt, werden als Zeitfestigkeit bezeichnet.

3.5.1.2 Lebensdauer- und Schadenslinien

Werden diese Zeitfestigkeitswerte, z. B. $\sigma_{W,b}$, über der Zahl der ertragenen Schwingspiele N aufgetragen (Abb. 3.35), ergibt sich eine abfallende Kurve, die bei Erreichen der Dauerfestigkeit in eine Waagerechte übergeht. Der Übergang wird als „Knickpunkt" angenommen, auch wenn von einem allmählichen Übergang auszugehen ist, und liegt bei einer Grenzschwingspielzahl, die bei Stahl etwa $2 \cdot 10^6 \ldots 10 \cdot 10^6$ beträgt (steigend mit R_m und Größe) und bei Leichtmetall von etwa 10^7 bis über 10^8 reicht. Unterhalb $N = 10^3$ können die statischen Festigkeitswerte als Grenzwerte angesetzt werden. Diese Kurve wird als Lebensdauer- oder Wöhlerlinie bezeichnet (σ/N-Kurve). Wöhlerlinien für Zahnräder sind in [43] angegeben.

Bedingt durch Schwankungen der Werkstoffqualität und der Prüftechnik sind Zeit- und Dauerfestigkeiten mit Streuungen behaftet. Die Wöhlerlinien werden daher für eine bestimmte Überlebenswahrscheinlichkeit angegeben, z. B. 50 %. Die Berechnung von Bauteilwöhlerlinien wird in [30] erläutert.

Für eine gekerbte Probe liegt die Dauerfestigkeit niedriger, die Bruchfestigkeit aber etwa gleich, so dass deren Wöhlerlinien steiler als die der glatten Probe verlaufen. Für die praktische Rechnung können die Wöhlerlinien in Abb. 3.36 zur Orientierung dienen.

In Abb. 3.35 ist zusätzlich die Schadenslinie nach French [26] eingetragen, die wie folgt erhalten wird: Proben werden mit einer Spannung im Zeitfestigkeitsgebiet bis zu Schwingspielzahlen n_i belastet, die kleiner als die Bruchschwingspielzahl der Wöhlerlinie N_i sind. Anschließend werden die Proben in Höhe der Dauerfestigkeit σ_D (z. B. für eine Überlebenswahrscheinlichkeit $P_ü = 90\,\%$) belastet. Erträgt die

Abb. 3.36 Normierte Wöhlerlinien für Zug- und Druckwechselfestigkeit von gekerbten Proben [56]. Ungekerbte Probe: $\beta_\sigma = 1$

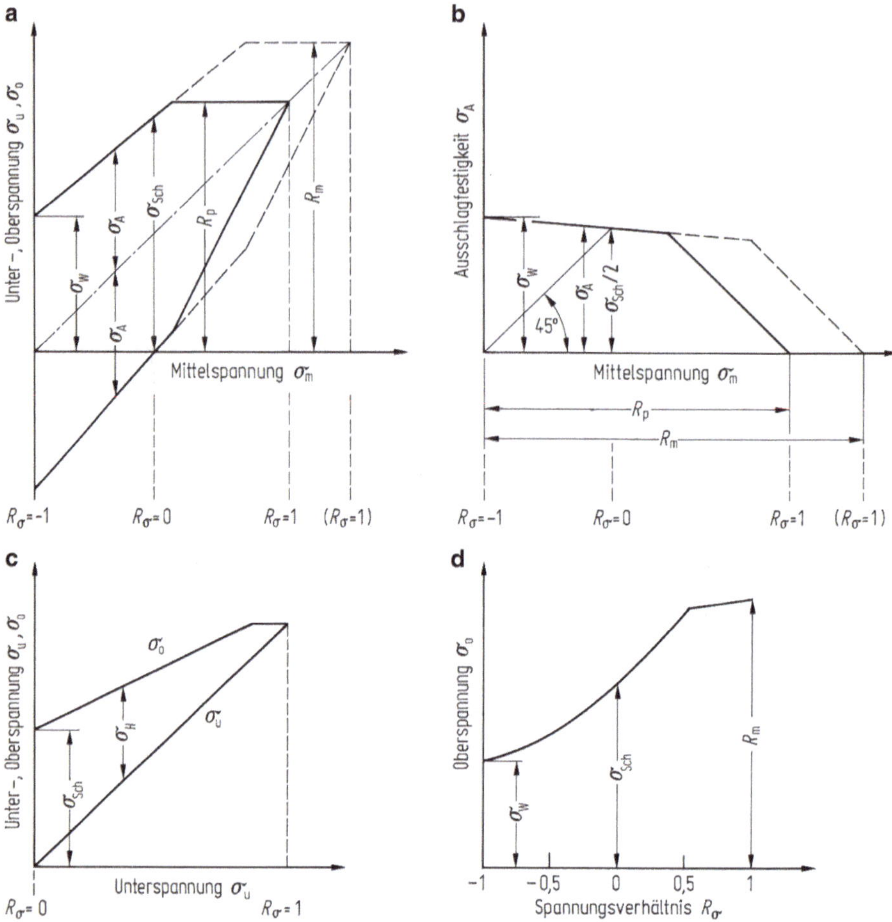

Abb. 3.37 Dauerfestigkeitsschaubilder, **a** nach Smith, **b** nach Haigh, **c** nach Goodmann, **d** nach Kommers-Jasper

Probe dabei Schwingspielzahlen $N > 5 \cdot 10^6$ (Dauerfestigkeit) ohne Bruch, so wird sie als nicht geschädigt angesehen. Bei weiteren n_i Proben ergibt sich z. B. ein Bruch bei σ_D usw. Das größte n_i, bei dem kein Bruch bei σ_D, also keine Absenkung der Dauerfestigkeit, auftritt, legt einen Punkt der Schadenslinie fest.

3.5.1.3 Dauerfestigkeitsschaubilder

Liegen die nach Abschn. 3.5.1.2 ermittelten Dauerfestigkeitswerte (für Zug-, Druck-, Biege-, Torsionsbeanspruchung) als ertragbare Ausschlagspannung (also als Ausschlagfestigkeit σ_A, τ_A) für verschiedene Mittelspannungen σ_m, τ_m vor, können sie in Form von Dauerfestigkeitsschaubildern (Abb. 3.37) dargestellt werden. Nachstehend die Grundgedanken:

a) Smith-Diagramm

Im Smith-Diagramm, Abb. 3.37a, sind die zu einer bestimmten Mittelspannung σ_m gehörigen Werte der Oberspannung σ_o und der Unterspannung σ_u für die jeweils gefundene Ausschlagfestigkeit σ_A auf der Ordinate aufgetragen. Für $\sigma_m = 0$ kann dem Diagramm z. B. die Wechselfestigkeit σ_W, für $\sigma_u = 0$ die Schwellfestigkeit σ_{Sch} ($= 2\sigma_A$) entnommen werden. Mit der eingezeichneten Fließgrenze R_p und der Zugfestigkeit R_m kann der Bereich der statischen Festigkeitsgrenze ermittelt werden.

Anwendung: Im Maschinenbau bevorzugte Darstellungsform. Am besten geeignet für die Darstellung der Überlastungsfälle, Abschn. 3.5.5b).

Die Konstruktion eines Smith-Diagramms erfolgt unter Berücksichtigung der individuellen Mittelspannungsempfindlichkeit, siehe Abb. 3.38.

b) Haigh-Diagramm

Im Haigh-Diagramm, Abb. 3.37b, wird der zugehörige Spannungsausschlag σ_A als Funktion der Mittelspannung σ_m aufgetragen. Das Diagramm entspricht also dem halbierten Smith-Diagramm, wenn dessen 45 °-Linie in die Horizontale projiziert wird.

Anwendung: Allgemein im Maschinenbau, klarste Darstellungsform zum direkten Ablesen der Ausschlagfestigkeit.

c) Goodman-Diagramm

Im Goodman-Diagramm, Abb. 3.37c, werden die Kenngrößen Unterspannung σ_u, Oberspannung σ_o und die daraus resultierende Hubfestigkeit σ_H ($\sigma_H = \sigma_o - \sigma_u$) oder die entsprechenden τ-Werte dargestellt. Goodman-Diagramme gibt es als Dauer- und Zeitfestigkeitsschaubilder.

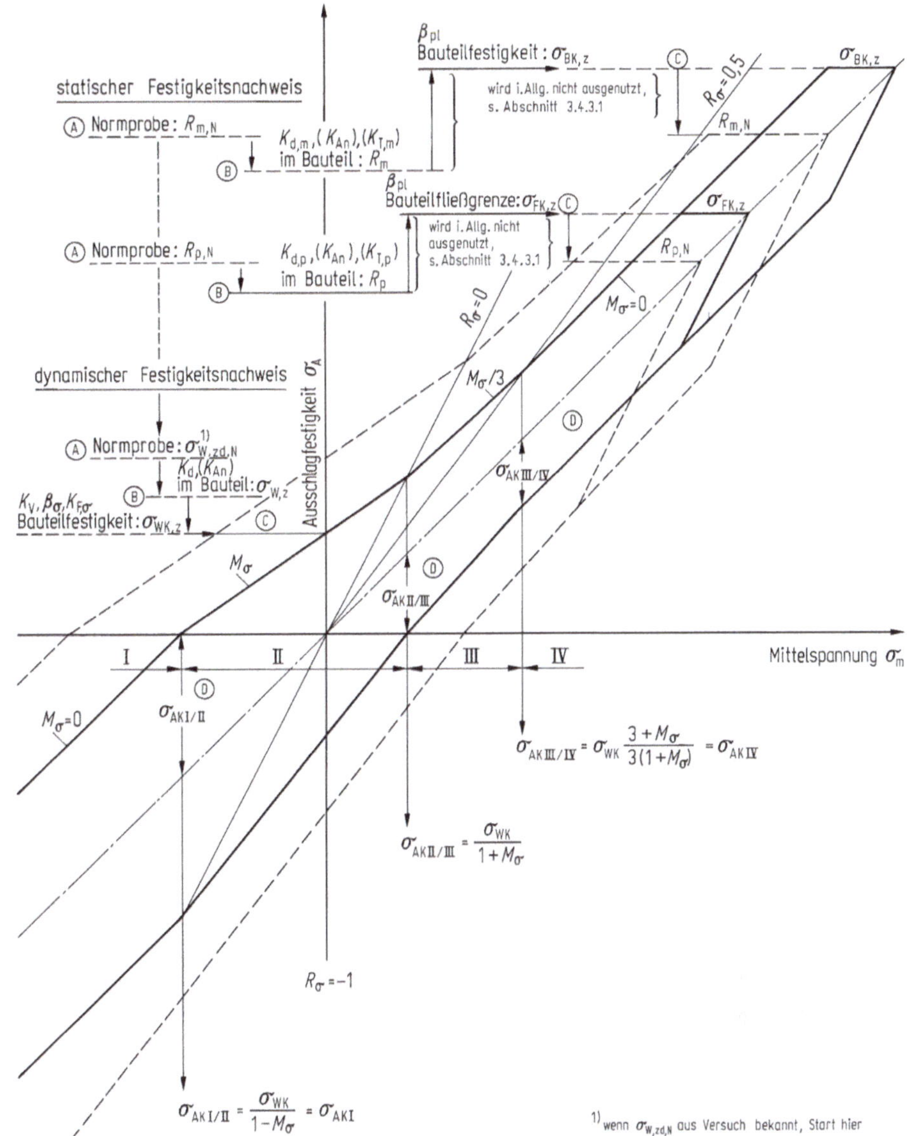

Abb. 3.38 Darstellung der Konstruktion eines Smith-Diagramms für Zug- und Druckbeanspruchung für das gekerbte Bauteil (Schritte Ⓐ … Ⓔ); Ⓐ – Festigkeitswerte der Normprobe: $R_{m,N}$, $R_{p,N}$, $\sigma_{W,zd,N}$ (Konstruktion des Smith-Diagramms der Normprobe möglich siehe *unterbrochene Linie*); Ⓑ – Bestimmung der Festigkeit im Bauteil, R_m, R_p, σ_W, Berücksichtigung folgender Einflüsse: Baugröße, Anisotropie, Temperatur; Ⓒ – Bestimmung der Bauteilfestigkeit $\sigma_{BK,z}$, $\sigma_{FK,z}$, $\sigma_{WK,z}$, Berücksichtigung folgender Einflüsse: Kerbwirkung, Mehrachsigkeit (Umlaufkerbe, Rauheit, Besonderheiten bei GJL), Randschichtverfestigung; Ⓓ – Bestimmung der Ausschlagfestigkeiten $\sigma_{AKI,II}$, $\sigma_{AKII,III}$, $\sigma_{AKIII,IV}$, Berücksichtigung folgender Einflüsse: Mittelspannungsempfindlichkeiten der Bereiche I … IV

Anwendung: Für Federn, die nur im Zug- oder Druckschwellbereich belastet werden

d) Kommers-Jasper-Diagramm

Im Kommers-Jasper-Digramm, Abb. 3.37d, werden die Abhängigkeiten der einzelnen Festigkeitswerte (Dauerfestigkeit, statische Festigkeit) von der Belastungsart (Spannungsverhältnis $R_\sigma = \sigma_u/\sigma_o$) im Zugbereich dargestellt.

Anwendung: Festigkeitsnachweis von Schweißverbindungen (teilweise in älteren Berechnungsvorschriften)

Hinweise

Da sehr viel Aufwand für Werkstoffprüfungen erforderlich ist, um vollständige Dauerfestigkeitsschaubilder in der oben beschriebenen Weise zu erstellen, werden die Diagramme im Allgemeinen mit einem Näherungsverfahren konstruiert, siehe Abb. 3.38 für das Smith-Diagramm.

3.5.1.4 Rechenschritte zur Ermittlung der dynamischen Bauteilsicherheit

Im Folgenden wird die im Maschinenbau übliche Vorgehensweise (das Konzept nach Abschn. 3.3.2d)) beschrieben. Die Grundgedanken müssen klar sein, ehe mit der Berechnung begonnen wird. Ziel ist die Berechnung der Sicherheit nach (3.58).

Wie beim statischen Festigkeitsnachweis, Abschn. 3.4, sind zunächst nach Abschn. 1.4.6 die am Bauteil angreifenden Nennkräfte und -momente sowie die Einzelbeanspruchungen aus Nennbelastung nach Abschn. 3.2.3 zu ermitteln. Die maßgebenden dynamischen Beanspruchungen werden

Tab. 3.15 Schubwechselfestigkeitsfaktor f_w [25]

	Werkstoffgruppe					
	Einsatzstahl[a], nichtrostender Stahl[b], Schmiedestahl[b]	Alle anderen Stähle	GS	GJS	GJM	GJL
f_w	0,40	0,45	0,34	0,34	0,30	0,34

[a] blindgehärtet. Der Einfluss der Einsatzhärtung auf die Bauteilwechselfestigkeit ist mit dem Randschichtfaktor K_V zu berücksichtigen
[b] vorläufige Werte

nach Abschn. 1.4.6.3 im Allgemeinen mit den äquivalenten Kräften und Momenten bestimmt.

$$F_{\text{eq}} = F_{\text{nenn}} \cdot K_A \tag{3.112}$$

$$M_{\text{eq}} = M_{\text{nenn}} \cdot K_A \tag{3.113}$$

$$T_{\text{eq}} = T_{\text{nenn}} \cdot K_A \tag{3.114}$$

K_A	Anwendungsfaktor siehe Abschn. 1.4.6.3 und Tab. 1.4

Beispiel 17.1 in Abschn. 17.12 zeigt ab Abschn. C1(b) die Berechnung für eine Getriebewelle.

Die weiteren Schritte sind:

1. *(Dynamische) Werkstoffwechselfestigkeitskennwerte für Normabmessungen*
   $\sigma_{W,zd,N}$ und $\tau_{W,s,N}$ aus der Zugfestigkeit $R_{m,N}$ berechnen.
2. *(Dynamische) Wechselfestigkeitskennwerte für den Werkstoff im Bauteil*
   $\sigma_{W,zd}$ und $\tau_{W,s}$ aus 1. berechnen mit:
   (a) technologischem Größenfaktor K_d
   (b) Anisotropiefaktor K_{An} (bei Beanspruchung quer zur Walzrichtung)
   (c) Warmwechselfestigkeit $\sigma_{W,zd,T}$, $\tau_{W,s,T}$ (>100 °C (60 °C)) mit Faktor $K_{T,D}$
   (d) Wechselfestigkeit für den Werkstoff im Bauteil $\sigma_{W,zd}$, $\tau_{W,s}$
3. *(Dynamische) Bauteilwechselfestigkeit*
   $\sigma_{WK,zd}$, $\sigma_{WK,b}$, $\tau_{WK,s}$, $\tau_{WK,t}$ aus 2. berechnen mit:
   (a) Formzahlen α_σ, α_τ (zur Berücksichtigung der Spannungskonzentration)
   (b) dynamische Stützzahlen n_σ, n_τ und (elastische) Kerbwirkungszahlen β_σ, β_τ
   (c) Faktoren $K_{R\sigma}$, $K_{R\tau}$ für Oberflächenrauheit
   (d) Faktor K_V für Randschichtverfestigung
   (e) Konstante K_{NL} für nichtlinear-elastisches Verhalten von GJL
   (f) Bauteilwechselfestigkeiten $\sigma_{WK,zd}$, $\sigma_{WK,b}$, $\tau_{WK,s}$, $\tau_{WK,t}$
4. *(Dynamische) Bauteilausschlagfestigkeit*
   $\sigma_{AK,zd}$, $\sigma_{AK,b}$, $\tau_{AK,s}$, $\tau_{AK,t}$ bei gegebener Mittelspannung berechnen aus 3. für:
   (a) Mittelspannungsempfindlichkeit
   (b) Überlastungsfälle
   (c) Bauteilausschlagfestigkeiten $\sigma_{AK,zd}$, $\sigma_{AK,b}$, $\tau_{AK,s}$, $\tau_{AK,t}$
5. *Nachweis der Bauteilsicherheit bei Dauerbeanspruchung*
   (a) für die Einzelbeanspruchung
   (b) für die zusammengesetzte Beanspruchung
6. *Nachweis der statischen Bauteilsicherheit aus der Maximalspannung*

3.5.2 Werkstoffwechselfestigkeitskennwerte für Normabmessungen

Experimentell werden meist die Werkstoffwechselfestigkeitskennwerte für Biegung und Torsion ermittelt. Wegen der Stützwirkung infolge des Spannungsgefälles sind sie jedoch keine „echten" Werkstofffestigkeitskennwerte. Sie werden daher mit der Stützzahl der ungekerbten Probe (Abschn. 3.5.4.1) auf die Werkstoffwechselfestigkeit für Zug- und Druckbeanspruchung $\sigma_{W,zd}$ bzw. Schubbeanspruchung $\tau_{W,s}$ zurückgerechnet. Die Stützzahlen, bzw. die Verhältniszahl f_w (in (3.115)), bilden die Grundlage der Berechnung.

Da im Einzelfall experimentell belegte Daten meist nicht zur Verfügung stehen, kann die Werkstoffwechselfestigkeit für Zug/Druck-Belastung für Normabmessungen $\sigma_{W,zd,N}$ mit den in Grundlagenversuchen ermittelten Verhältniszahlen aus der in den Werkstofftabellen angegebenen Zugfestigkeit $R_{m,N}$ bestimmt werden.

$$\sigma_{W,zd,N} = f_w \cdot R_{m,N} \tag{3.115}$$

Daraus ergibt sich die Schubwechselfestigkeit zu

$$\tau_{W,s,N} = r_\tau \cdot \sigma_{W,zd,N} \tag{3.116}$$

f_w	Schubwechselfestigkeitsfaktor siehe Tab. 3.15
r_τ	Schubfestigkeitsfaktor siehe Tab. 3.10

Im Dauerfestigkeitsschaubild in Abb. 3.38 ist $\sigma_{W,zd,N}$ an der Abszisse bei $\sigma_m = 0$ gleich der Ausschlagfestigkeit $\sigma_{A,zd,N}$.

3.5.3 Wechselfestigkeitskennwerte für den Werkstoff im Bauteil

Diese für den Zustand des Werkstoffs im Bauteil maßgebenden Kennwerte ergeben sich entsprechend der Vorgehensweise bei der Berechnung der statischen Festigkeit

(Abschn. 3.4.2) aus den Kennwerten für Normabmessungen von Abschn. 3.5.2.

a) Technologischer Größeneinfluss und Einfluss von Anisotropie

Da die Werkstoffwechselfestigkeit $\sigma_{W,zd,N}$, $\tau_{W,s,N}$ aus der Zugfestigkeit abgeleitet werden kann, (3.115) und (3.116), wird für die Ermüdungsfestigkeit derselbe Größenfaktor $K_{d,m}$ wie für die (statische) Zugfestigkeit angesetzt. Damit wird auf der sicheren Seite gerechnet [25]. Das heißt, Richtwerte für $K_d = K_{d,m}$ können nach Abschn. 3.4.2a) bestimmt werden.

Bei Bauteilen aus Walzstahl sind niedrigere Festigkeitswerte anzusetzen, wenn die Beanspruchung quer zur Walzrichtung wirkt. Dies wird, wie bei der Berechnung der statischen Festigkeit, durch den Anisotropiefaktor K_{An} berücksichtigt, siehe hierzu auch Abschn. 3.4.2a) und Tab. 3.9.

Damit ergibt sich die Wechselfestigkeit für Zug/Druck-Belastung zu

$$\sigma_{W,zd} = K_d \cdot K_{An} \cdot \sigma_{W,zd,N} \tag{3.117}$$

und die Schubwechselfestigkeit zu

$$\tau_{W,s} = K_d \cdot \tau_{W,s,N} = K_d \cdot r_\tau \cdot \sigma_{W,zd,N} \tag{3.118}$$

r_τ		Schubfestigkeitsfaktor siehe Tab. 3.10

b) Einfluss höherer Temperatur

Die Schwingfestigkeit (Warmwechselfestigkeit) sinkt mit steigender Temperatur weniger stark als die Zugfestigkeit, da kein Kriechen stattfindet. Bei Walzstahl sinkt die Wechselfestigkeit oberhalb etwa 100 °C und bei Feinkornbaustählen, GJS, GJM und GJL oberhalb 60 °C, wie in Abb. 3.27 dargestellt. Dieser Einfluss wird im Festigkeitsnachweis durch den Temperaturfaktor $K_{T,D}$ berücksichtigt.

Bei höheren Temperaturen wird mit $\sigma_{W,zd,T}$ statt $\sigma_{W,zd}$ und mit $\tau_{W,s,T}$ statt $\tau_{W,s}$ gerechnet.

$$\sigma_{W,zd,T} = K_{T,D} \cdot \sigma_{W,zd} \tag{3.119}$$

$$\tau_{W,s,T} = K_{T,D} \cdot \tau_{W,s} \tag{3.120}$$

$\sigma_{W,zd}$, $\tau_{W,s}$	in N/mm^2	Wechselfestigkeit bei Zug/Druck- und Schubbeanspruchung nach (3.117) und (3.118)

3.5.4 Bauteilwechselfestigkeit

Aus der Wechselfestigkeit des Werkstoffs im Bauteil wird auf die Wechselfestigkeit des Bauteils selbst umgerechnet, indem zusätzlich die Einflüsse von Bauteilgröße, Bauteilform und Beanspruchungsart berücksichtigt werden.

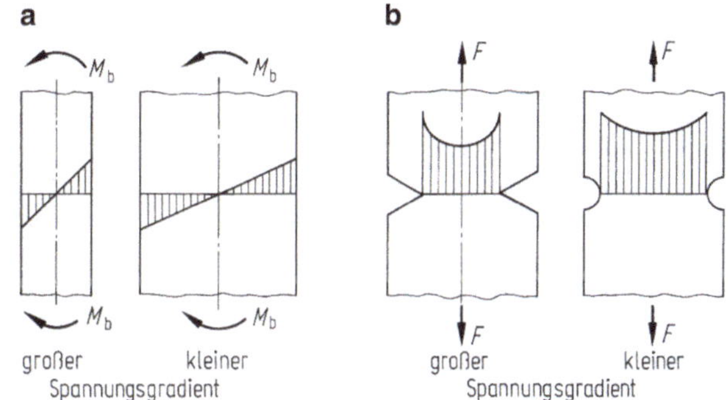

Abb. 3.39 Unterschiedlicher Spannungsgradient bei gleicher **a** maximaler Biegenennspannung, **b** maximaler Zugspannung

Hierfür gelten im Prinzip die gleichen Überlegungen wie bei der Berechnung der statischen Bauteilfestigkeit, Abschn. 3.4.3.1.

3.5.4.1 Grundlagen, Einflussfaktoren

a) Spannungskonzentration

Die Spannungskonzentration infolge von Querschnittsänderungen (Kerben) wird bei der Berechnung durch die Formzahlen α_σ, α_τ (Abschn. 3.2.5) berücksichtigt.

b) Elastische Stützwirkung

Die Wirkung der Spannungsspitzen wird durch elastische Stützwirkung der niedriger belasteten Nachbarbereiche abgemildert. Diese hängt von der Spannungsverteilung über dem Querschnitt ab, d. h. außer von der Bauteilform (Kerben siehe oben), von der geometrischen Größe und der Beanspruchungsart (vgl. Spannungsverläufe bei Biegung gegenüber Zug/Druck und Torsion gegenüber Schub). Abb. 3.39 zeigt Beispiele hierfür.

Maßgebend für die Stützwirkung ist der Spannungsgradient und die Kerbempfindlichkeit des Werkstoffs. Sie wirkt bei großem Spannungsgradienten stärker als bei kleinem.

Bestimmung der Stützzahlen n_σ und n_τ siehe unter d).

c) Wechselfestigkeiten des nicht gekerbten Bauteils

Die Wechselfestigkeiten des nicht gekerbten Bauteils für Biegung $\sigma_{W,b}$ und Torsion $\tau_{W,t}$ können demnach aus den Wechselfestigkeiten für Zug/Druckbeanspruchung nach (3.117) und Schub nach (3.118) mit Hilfe der Stützzahlen für das nicht gekerbte Bauteil bestimmt werden.

$$\sigma_{W,b} = \sigma_{W,zd} \cdot n_\sigma(d) \tag{3.121}$$

$$\tau_{W,t} = \tau_{W,s} \cdot n_\tau(d) \tag{3.122}$$

$n_\sigma(d)$, $n_\tau(d)$		Stützzahlen des nichtgekerbten Bauteils nach (3.125) bis (3.127) mit dem bezogenen Nennspannungsgefälle nach (3.124)

Tab. 3.16 Kerbwirkungszahlen $\beta_{\sigma,b}(d_B)$ und $\beta_{\tau,t}(d_B)$ für verschiedene Welle-Nabe-Verbindungen bei Biegung nach [25] und DIN 743-2

Nr.	Wellen- und Nabenform	Passung	R_m in N/mm^2 [a]								
			400	500	600	700	800	900	1000	1100	1200
1		H7/n6	2,1	2,3	2,5	2,6	2,8	2,9	3,0	3,1	3,2
2[b]		H8/u8	1,8	2,0	2,1	2,3	2,5	2,7	2,9	2,9	2,9
3		H8/u8	1,5	1,7	1,8	1,9	2,0	2,2	2,3	2,3	2,3
4		H7/n6	1,6	1,8	1,9	2,1	2,3	2,4	2,6	2,6	2,6
5		H8/u8	Diese Bauform ist nicht zu empfehlen								

Bezugsdurchmesser $d_B = 40\,\text{mm}$

Torsion: $\beta_{\tau,t}(d_B) = 1 + 0{,}45 \cdot (\beta_{\sigma,b}(d_B) - 1)$

Für Passungen mit festerem Sitz gelten dieselben Kerbwirkungszahlen.

[a] Zwischen Durchmesser $d = 7{,}5\,\text{mm}$ ($\beta_{\sigma,b} \cdot 0{,}95$) bzw. $d = 150\,\text{mm}$ ($\beta_{\sigma,b} \cdot 1{,}05$) und $d_b = 40\,\text{mm}$ linear interpolieren.

[b] Bei größerem Durchmesserverhältnis d_1/d beeinflusst der Presssitz die Kerbwirkung nur wenig, die Kerbwirkung für den Wellenabsatz ist dann relevant.

d) Elastische Kerbwirkungszahl

Die „elastischen" Kerbwirkungszahlen β_σ, β_τ erfassen die Wirkung von

- Spannungskonzentration (Formzahlen α_σ, α_τ) und
- elastischer Stützwirkung (Stützzahlen n_σ, n_τ), d. h. auch Größe, Kerbform, Beanspruchungsart und Kerbempfindlichkeit des Werkstoffs.

β_σ und β_τ sollten vorzugsweise experimentell bestimmt werden. Sie können aus $\beta_\sigma(d_B)$, $\beta_\tau(d_B)$ der gekerbten Probe (mit Durchmesser d_B) der gleichen Werkstoffsorte (ohne Randschichtverfestigung) abgeleitet werden, sofern diese bekannt ist. Zahlenwerte für verschiedene Bauteile sind in Abb. 3.40 und Tab. 3.16 zusammengefasst.

Die Kerbwirkungszahl ist im Gegensatz zur Formzahl abhängig von der Größe. Mit den Stützzahlen für Probenabmessungen $n_\sigma(r_B)$ bzw. $n_\tau(r_B)$ und für Bauteilabmessungen ($n_\sigma(r)$ bzw. $n_\tau(r)$) wird über das Verhältnis von Kerbradius r zu Bauteildurchmesser d von der meist kleineren Probe auf das tatsächliche, meist größere Bauteil umgerechnet. Es gilt

$$r/d = r_B/d_B \tag{3.123}$$

Die Berechnungsschritte für die „elastischen" Kerbwirkungszahlen sind wie folgt:

1. *Berechnung des bezogenen Spannungsgefälles G_σ*
   Es wird unterschieden zwischen dem bezogenen Nennspannungsgefalle infolge der Belastung (Biegung, Torsion; "globales Spannungsgefälle") in Abhängigkeit der Bauteilabmessung d

$$G_\sigma(d) = G_\tau(d) = 2/d \tag{3.124}$$

   und dem lokal bezogenen Spannungsgefälle infolge der Kerbe („örtliches Spannungsgefalle"), $G_\sigma(r)$ und $G_\tau(r)$ nach Tab. 3.17.

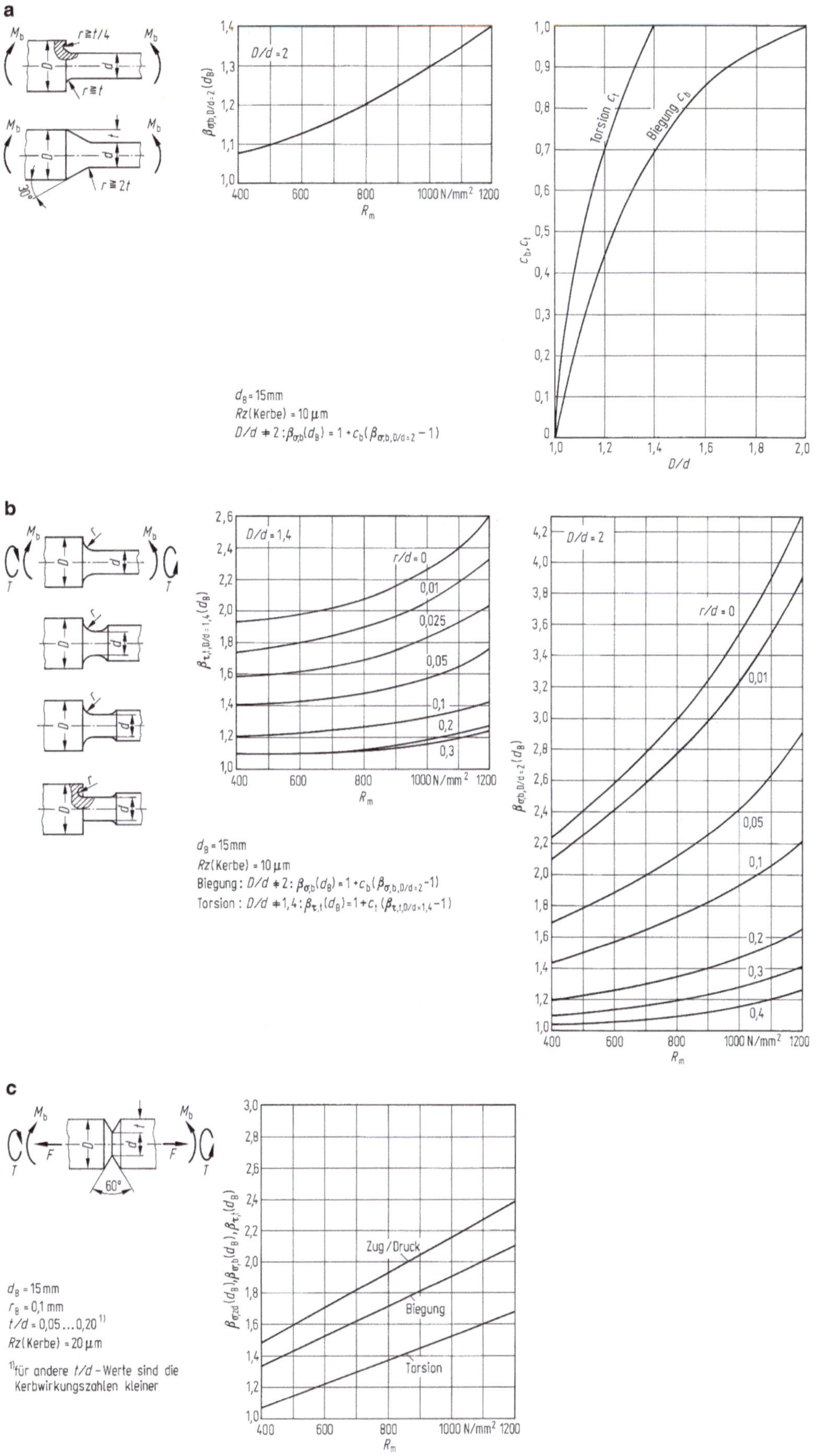

Abb. 3.40 Kerbwirkungszahlen $\beta_\sigma(d_B)$, $\beta_\tau(d_B)$ der gekerbten Probe mit Durchmesser d_B für **a** abgesetzte Rundstäbe bei Biegebeanspruchung, **b** abgesetzte Rundstäbe bei Biege- oder Torsionsbeanspruchung; Diagramme für c_b und c_t siehe **a**, **c** Rundstab mit Spitzkerbe bei Zug-, Druck-, Biege- oder Torsionsbeanspruchung, **d** Rundstab mit Querbohrung bei Zug-, Druck-, Biege- oder Torsionsbeanspruchung, **e** Wellen mit Passfedernut bei Biege- oder Torsionsbeanspruchung, **f** Keilwellen, Kerbzahnwellen und Zahnwellen bei Torsions- oder Biegebeanspruchung, **g** Wellen mit aufgepresster Nabe bei Biegebeanspruchung [25]

a

$d_B = 15\,\text{mm}$
$Rz(\text{Kerbe}) = 10\,\mu\text{m}$
$D/d \neq 2: \beta_{\sigma b}(d_B) = 1 + c_b(\beta_{\sigma,b,D/d=2} - 1)$

b

$d_B = 15\,\text{mm}$
$Rz(\text{Kerbe}) = 10\,\mu\text{m}$
Biegung: $D/d \neq 2: \beta_{\sigma b}(d_B) = 1 + c_b(\beta_{\sigma,b,D/d=2} - 1)$
Torsion: $D/d \neq 1{,}4: \beta_{\tau,t}(d_B) = 1 + c_t(\beta_{\tau,t,D/d=1,4} - 1)$

c

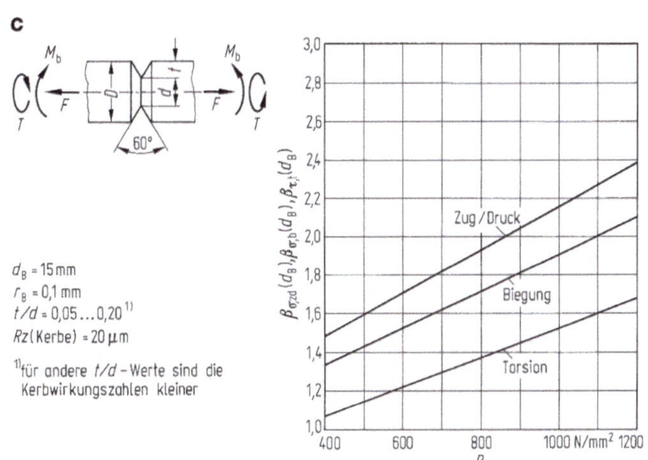

$d_B = 15\,\text{mm}$
$r_B = 0{,}1\,\text{mm}$
$t/d = 0{,}05 \ldots 0{,}20$ [1]
$Rz(\text{Kerbe}) = 20\,\mu\text{m}$

[1] für andere t/d-Werte sind die Kerbwirkungszahlen kleiner

Abb. 3.40 (Fortsetzung)

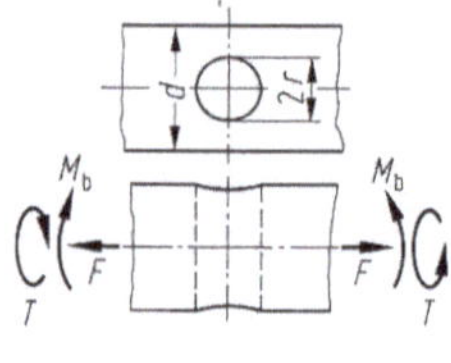

$d_B = 15$ mm
$2r/d = 0{,}15 \ldots 0{,}25$ [1)]
Rz(Kerbe) = 10 µm
[1)] für andere $2r/d$-Werte sind die Kerbwirkungszahlen kleiner

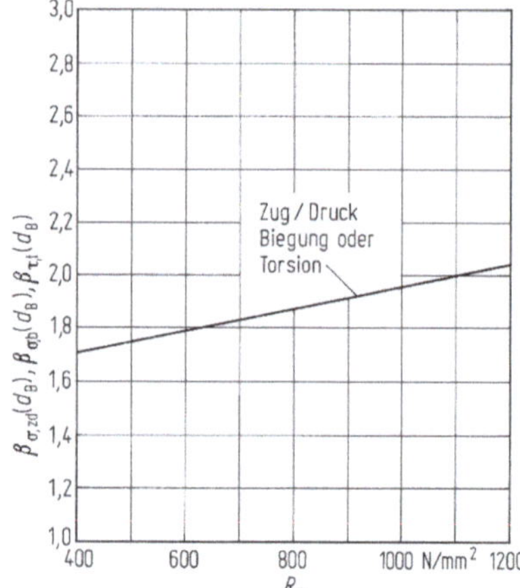

e

M_b M_b
T T
d
Form B
d
Form A

$d_B = 15$ mm
Rz(Kerbe) = 10 µm
Nennspannungen auf vollen Querschnitt bezogen

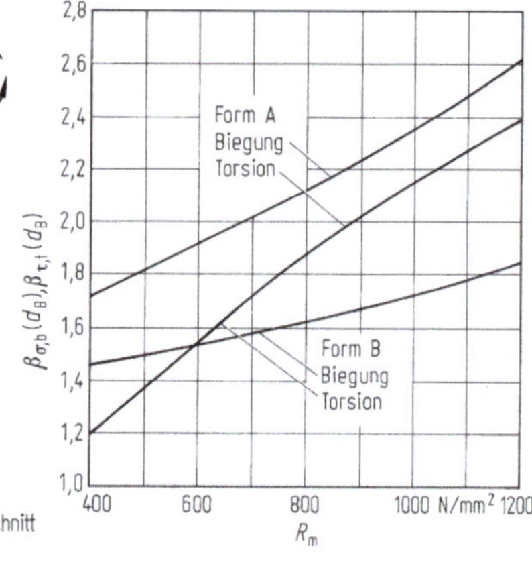

f

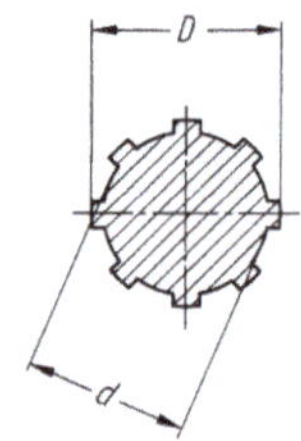

$d_B = d = 29$ mm
Einsatzstähle einsatzgehärtet: $\beta_{\tau,t}(d_B) = 1$
Keilwellen bei Biegung: $\beta_{\sigma,b}(d_B) = 1 + 0{,}45 \cdot (\beta_{\tau,t}(d_B) - 1)$
Kerbzahnwellen und Zahnwellen bei Biegung: $\beta_{\sigma,b}(d_B) = 1 + 0{,}65 \cdot (\beta_{\tau,t}(d_B) - 1)$

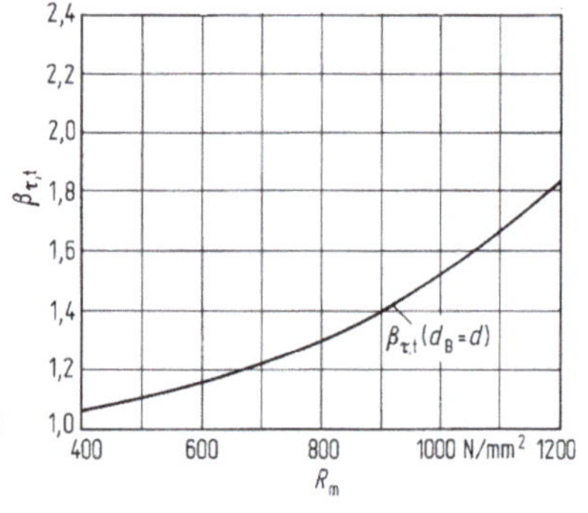

2. *Berechnung der Stützzahlen*
   für $G_\sigma \leq 0{,}1\,\text{mm}^{-1}$ gilt:

$$n_\sigma = 1 + G_\sigma \cdot \text{mm} \cdot 10^{-\left(a_G - 0{,}5 + \frac{R_m}{b_G \cdot \text{N/mm}^2}\right)} \tag{3.125}$$

für $0{,}1\,\text{mm}^{-1} < G_\sigma \leq 0{,}1\,\text{mm}^{-1}$ gilt:

$$n_\sigma = 1 + \sqrt{G_\sigma \cdot \text{mm}} \cdot 10^{-\left(a_G + \frac{R_m}{b_G \cdot \text{N/mm}^2}\right)} \tag{3.126}$$

für $G_\sigma > 1\,\text{mm}^{-1}$ gilt:

$$n_\sigma = 1 + \sqrt[4]{G_\sigma \cdot \text{mm}} \cdot 10^{-\left(a_G + \frac{R_m}{b_G \cdot \text{N/mm}^2}\right)} \tag{3.127}$$

Zur Berechnung von n_τ (Stützzahl für Schubbelastung) ist R_m durch $r_\tau \cdot R_m$ (Tab. 3.10) zu ersetzen.

3. *Berechnung der elastischen Kerbwirkungszahlen in Abhängigkeit der Beanspruchung*
   Zug/Druck

$$\beta_{\sigma,zd} = \beta_{\sigma,zd}(d_B) \cdot \frac{n_\sigma(r_B)}{n_\sigma(r)} \tag{3.128}$$

Biegung

$$\beta_{\sigma,b} = \beta_{\sigma,b}(d_B) \cdot \frac{n_\sigma(r_B)}{n_\sigma(r) \cdot n_\sigma(d)} \tag{3.129}$$

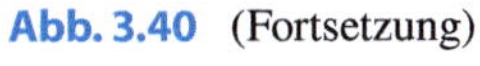

Abb. 3.40 (Fortsetzung)

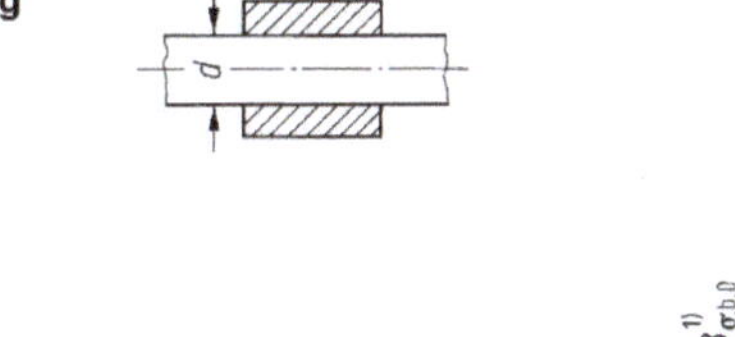

Tab. 3.17 Berechnung des lokalen bezogenen Spannungsgefälles $G_\sigma(r)$ und $G_\tau(r)$ [25]

Bauteilform[a]	$G_\sigma(r)^{b,c}$	$G_\tau(r)^{b,d}$
	$\frac{2}{r}\cdot(1+\varphi)$	$\frac{1}{r}$
Dicke s	$\frac{2{,}3}{r}\cdot(1+\varphi)$	$\frac{1{,}15}{r}$
	$\frac{2}{r}\cdot(1+\varphi)$	–
Dicke s	$\frac{2{,}3}{r}\cdot(1+\varphi)$	–
Rundstab oder Flachstab mit Dicke s	$\frac{2{,}3}{r}$	–

[a] Für Rundstäbe gelten die Gleichungen näherungsweise auch bei Längsbohrung
[b] $\varphi = 1/(4\cdot\sqrt{t/r}+2)$ für d/D $(b/B) > 0{,}67$; ansonsten gilt: $\varphi = 0$ $(r > 0)$
[c] $G_\sigma(r)$ gilt für Zug-, Druck- und Biegebeanspruchung. Der Unterschied wird mit $n_\sigma(d)$ berücksichtigt.
[d] $G_\tau(r)$ gilt für Schub und Torsion. Der Unterschied wird mit $n_\tau(d)$ berücksichtigt.

Tab. 3.18 Konstanten a_G und b_G zur Berechnung der Stützzahlen [25]

	Werkstoffgruppe					
	nichtrostender Walzstahl	anderer Walzstahl	GS	GJS	GJM	GJL
a_G	0,40	0,50	0,25	0,05	−0,05	−0,05
b_G	2400	2700	2000	3200	3200	3200

Schub

$$\beta_{\tau,s} = \beta_{\tau,s}(d_B)\cdot\frac{n_\tau(r_B)}{n_\tau(r)} \tag{3.130}$$

Torsion

$$\beta_{\tau,t} = \beta_{\tau,t}(d_B)\cdot\frac{n_\tau(r_B)}{n_\tau(r)\cdot n_\tau(d)} \tag{3.131}$$

a_G, b_G		Konstanten siehe Tab. 3.18
$n_\sigma(d)$, $n_\tau(d)$		Stützzahlen des nichtgekerbten Bauteils mit dem Durchmesser d und dem bezogenen Nennspannungsgefälle nach (3.124)
$n_\sigma(r)$, $n_\tau(r)$		Stützzahlen des „großen“ Bauteils mit Kerbradius r
$n_\sigma(r_B)$, $n_\tau(r_B)$		Stützzahlen der „kleinen“ Probe mit Kerbradius r_B
R_m	in N/mm²	Zugfestigkeit nach (3.61)
$\beta_\sigma(d_B)$, $\beta_\tau(d_B)$		Kerbwirkungszahlen der gekerbten Probe mit Durchmesser d_B und der gleichen Werkstoffsorte (ohne Randschichtverfestigung)

d_B und d sind bei nicht kreisförmigen Querschnitten die effektiven Durchmesser nach Tab. 3.8.

Wenn experimentell bestimmte Kerbwirkungszahlen nicht bekannt sind, können sie, zunächst ohne den Einfluss der

Oberflächenrauheit, aus Formzahlen α_σ, α_τ nach Abb. 3.29 und 3.30 und Stützzahlen n_σ, n_τ, siehe (3.125) bis (3.127), berechnet werden.

Zug/Druck

$$\beta_{\sigma,zd} = \frac{\alpha_{\sigma,zd}}{n_\sigma(r)} \tag{3.132}$$

Biegung

$$\beta_{\sigma,b} = \frac{\alpha_{\sigma,b}}{n_\sigma(r) \cdot n_\sigma(d)} \tag{3.133}$$

Schub

$$\beta_{\tau,s} = \frac{\alpha_{\tau,s}}{n_\tau(r)} \tag{3.134}$$

Torsion

$$\beta_{\tau,t} = \frac{\alpha_{\tau,t}}{n_\tau(r) \cdot n_\tau(d)} \tag{3.135}$$

Die Stützzahlen sind stets ≥ 1, d. h. die Kerbwirkungszahlen β_σ, β_τ sind stets $\leq \alpha_\sigma$, α_τ.

e) Oberflächenrauheit

Die Oberflächenrauheit wird als zusätzliche, in der Formkerbe wirkende Rauheitskerbe mit Kerbwirkungszahl angesehen und dieser bei der Berechnung der elastischen Kerbwirkungszahl β_σ nach (3.132) additiv zugeordnet zu einer Gesamtkerbwirkungszahl $\beta_{\sigma,\sum}$ in der allgemeinen Form mit den jeweiligen Größen bei Zug-, Druck-, Biege-, Schub- oder Torsionsbeanspruchung.

$$\beta_{\sigma,\sum} = \beta_\sigma + \frac{1}{K_{R,\sigma}} - 1 \tag{3.136}$$

Die Rauheitsfaktoren $K_{R,\sigma}$ bzw. $K_{R,\tau}$ berechnen sich abhängig von den Kerbwirkungszahlen wie folgt:

1. Für den Fall, dass die *Kerbwirkungszahl* β_σ, β_τ *aus Formzahl und Stützzahl, nach* (3.132) *bis* (3.135) *errechnet, vorliegen*

   Der Rauheitsfaktor berechnet sich in Abhängigkeit der Belastungsart zu:

   Zug/Druck, Biegung

$$K_{R,\sigma} = 1 - a_{R,\sigma} \cdot \lg\left(\frac{Rz}{\mu\text{m}}\right) \cdot \lg\left(\frac{2 \cdot R_m}{R_{m,N,\min}}\right) \tag{3.137}$$

   Schub, Torsion

$$K_{R,\tau} = 1 - r_\tau \cdot (1 - K_{R,\sigma}) \tag{3.138}$$

$a_{R,\sigma}$		Konstante siehe Tab. 3.19
R_m	in N/mm^2	Zugfestigkeit nach (3.61)
$R_{m,N,\min}$	in N/mm^2	Konstante siehe Tab. 3.19
Rz	in µm	mittlere Rauheit der Oberfläche des Bauteils
β_σ, β_τ		elastische Kerbwirkungszahlen aus Formzahl und Stützzahl berechnet, nach (3.132) bis (3.135)

Abb. 3.41 stellt die rechnerischen Zusammenhänge grafisch dar.

Tab. 3.19 Berechnungsfaktoren zur Bestimmung der Rauheitsfaktoren $K_{R,\sigma}$, $K_{R,\tau}$ [25]

	Werkstoffgruppe				
	Walzstahl	GS	GJS	GJM	GJL
$a_{R,\sigma}$	0,22	0,20	0,16	0,12	0,06
$R_{m,N,\min}$ in N/mm^2	400	400	400	350	100

2. *Kerbwirkungszahlen experimentell an Proben ermittelt liegen vor*

   Werden experimentell an Proben ermittelte Kerbwirkungszahlen β_σ, β_τ verwendet, so ist zu beachten, dass der Einfluss der Rauheit der Probe $Rz_{(B)}$ bereits in der Kerbwirkungszahl dieser Kerbe $K_{R,\sigma}(Rz_{(B)})$ enthalten ist. Diese Größe muss daher auf die Verhältnisse mit Rauheit Rz am Bauteil umgerechnet werden. Für den Rauheitsfaktor gilt somit dann:

   Zug/Druck, Biegung

$$K_{R,\sigma} = \frac{K_{R,\sigma}(Rz)}{K_{R,\sigma}(Rz_{(B)})} \tag{3.139}$$

   Schub, Torsion

$$K_{R,\tau} = \frac{K_{R,\tau}(Rz)}{K_{R,\tau}(Rz_{(B)})} \tag{3.140}$$

$K_{R,\sigma}$, $K_{R,\tau}$	Rauheitsfaktoren nach (3.137) und (3.138) für die Rauheit Rz am Bauteil und der Rauheit $Rz_{(B)}$ der Probe

   Für polierte Bauteile gilt $K_{R,\sigma} = K_{R,\tau} = 1$.

f) Überlagerung von zwei Kerben

Für die rechnerische Berücksichtigung einer Überlagerung zweier Kerben (Kerbwirkungszahlen $\beta_{\sigma1}$ und $\beta_{\sigma2}$) kann im ungünstigsten Fall die Kerbwirkungszahl $\beta_{\sigma1,2}$ wie folgt abgeschätzt werden [25]:

$$\beta_{\sigma1,2} = \beta_{\sigma1} + \beta_{\sigma2} - 1 \tag{3.141}$$

Die Gleichung gilt entsprechend bei Schub- und Torsionsbeanspruchung mit β_τ.

Bei einem Abstand beider Kerben von zwei Mal Kerbradius und größer braucht die Überlagerung nicht berücksichtigt zu werden [25].

g) Einfluss der Randschichtverfestigung

Durch die Druckvorspannung in der Randschicht wird die Dauerfestigkeit des Bauteils gesteigert. Je größer das Bauteil, desto kleiner ist der positive Einfluss der Randschichtverfestigung. Mit zunehmender Kerbschärfe wächst der Einfluss. Dies wird in der Berechnung vereinfachend durch den Randschichtfaktor K_V berücksichtigt. Anhaltswerte sind in Tab. 3.20 aufgelistet. Anhaltswerte für größere Durchmesser siehe DIN 743 Teil 2. Ohne Randschichtverfestigung

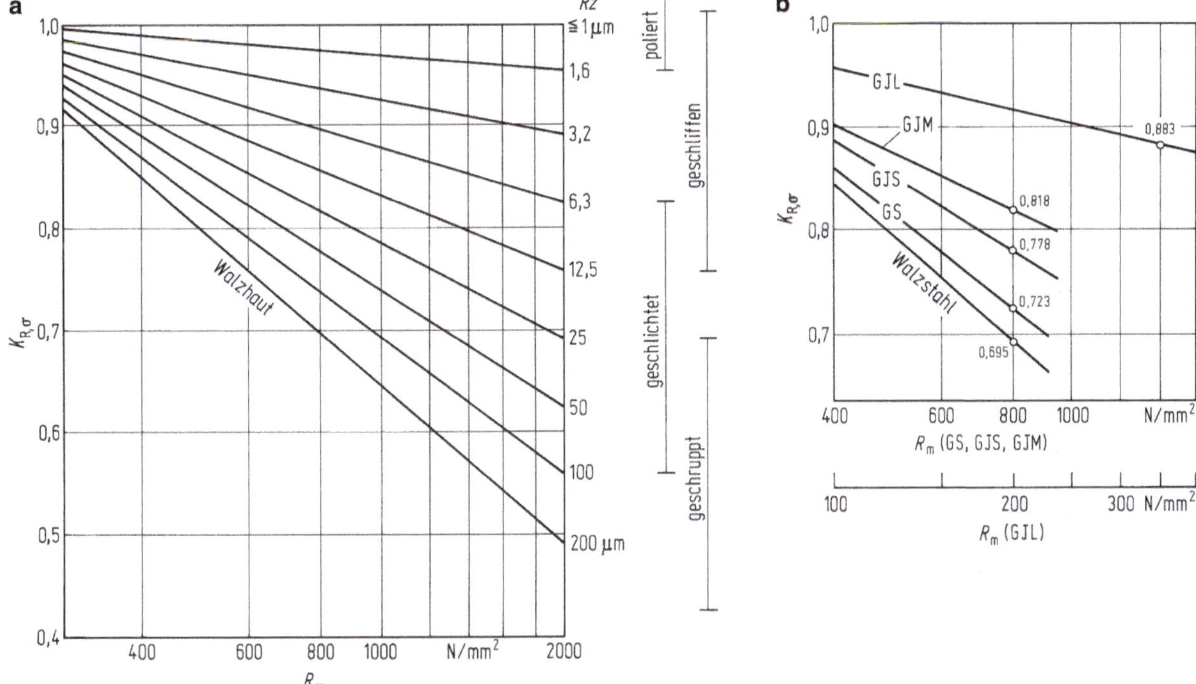

Abb. 3.41 Rauheitsfaktoren $K_{R,\sigma}$, $K_{R,\tau}$, **a** Walzstahl, **b** Eisengusswerkstoffe mit Gusshaut

Tab. 3.20 Randschichtfaktor K_V für Stahl [25]

Verfahren	Probe	d in mm	K_V
Chemisch-thermische Verfahren			
Nitrieren Nitrierhärtetiefe 0,1 ... 0,4 mm Oberflächenhärte 700 ... 1000 HV10	ungekerbt	8 ... 15 30 ... 40	1,25 ... 1,15 1,15 ... 1,10
	gekerbt	8 ... 15 30 ... 40	3,00 ... 1,90 2,00 ... 1,30
Einsatzhärten Einsatzhärtetiefe 0,2 ... 0,8 mm Oberflächenhärte 670 ... 750 HV10	ungekerbt	8 ... 15 30 ... 40	2,00 ... 1,20 1,50 ... 1,10
	gekerbt	8 ... 15 30 ... 40	2,50 ... 1,50 2,00 ... 1,20
Karbonitrierhärten Härtetiefe 0,2 ... 0,4 mm Oberflächenhärte mindestens 670 HV10	ungekerbt	8 ... 15 30 ... 40	1,80 –
	gekerbt	8 ... 15 30 ... 40	– –
Mechanische Verfahren			
Rollen	ungekerbt	8 ... 15 30 ... 40	1,40 ... 1,20 1,25 ... 1,10
	gekerbt	8 ... 15 30 ... 40	2,20 ... 1,50 1,80 ... 1,30
Kugelstrahlen	ungekerbt	8 ... 15 30 ... 40	1,30 ... 1,10 1,20 ... 1,10
	gekerbt	8 ... 15 30 ... 40	2,50 ... 1,40 1,50 ... 1,10
Thermische Verfahren			
Induktivhärten **Flammenhärten** Einhärtetiefe 0,9 ... 1,5 mm Oberflächenhärte 51 HRC ... 64 HRC	ungekerbt	8 ... 15 30 ... 40	1,60 ... 1,30 1,50 ... 1,20
	gekerbt	8 ... 15 30 ... 40	2,80 ... 1,60 2,50 ... 1,50

Tab. 3.21 Faktor K_{NL} [25]

	Werkstoffsorte					
	EN-GJL-100	EN-GJL-150	EN-GJL-200	EN-GJL-250	EN-GJL-300	EN-GJL-350
K_{NL}	1,075		1,050		1,025	

gilt $K_V = 1$. Für ungekerbte Wellen ist bei Zug- und Druckbeanspruchung $K_V = 1$. Erfolgt die Berechnung mit experimentell bestimmten Kerbwirkungszahlen, gültig für den verfestigten Zustand, ist ebenfalls $K_V = 1$ zu setzen.

h) Besonderheit bei Gusseisen mit Lamellengraphit
Bei GJL ist der Zusammenhang zwischen Biegespannung und Dehnung nicht linear, siehe Abb. 3.42. Auf der Zugseite ist die Spannung kleiner als auf der Druckseite, was bei der Berechnung durch die Konstante K_{NL} berücksichtigt wird. In Tab. 3.21 sind einige Werte angegeben. Für andere Werkstoffgruppen gilt $K_{\mathrm{NL}} = 1$.

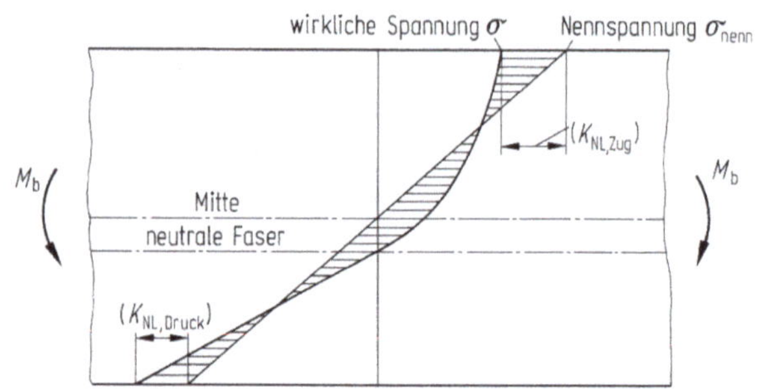

Abb. 3.42 Spannungsverteilung für nichtlinear-elastisches Spannungs-Dehnungs-Verhalten eines Biegestabs aus GJL

3.5.4.2 Berechnung der Bauteilwechselfestigkeit

Mit den in Abschn. 3.5.4.1 erläuterten Einflussfaktoren ergeben sich für die Berechnung des gekerbten Bauteils gegen Dauerbruch die folgenden Bauteilwechselfestigkeiten:
Zug/Druck

$$\sigma_{WK,zd} = \frac{\sigma_{W,zd} \cdot K_V}{\beta_{\sigma,zd} + \frac{1}{K_{R,\sigma}} - 1} \tag{3.142}$$

Biegung

$$\sigma_{WK,b} = \frac{\sigma_{W,zd} \cdot K_V \cdot K_{NL}}{\beta_{\sigma,b} + \frac{1}{K_{R,\sigma}} - 1} \tag{3.143}$$

Schub

$$\tau_{WK,s} = \frac{\tau_{W,s} \cdot K_V}{\beta_{\tau,s} + \frac{1}{K_{R,\tau}} - 1} \tag{3.144}$$

Torsion

$$\tau_{WK,t} = \frac{\tau_{W,s} \cdot K_V}{\beta_{\tau,s} + \frac{1}{K_{R,\tau}} - 1} \tag{3.145}$$

β_σ, β_τ		Kerbwirkungszahlen siehe Abschn. 3.5.4.1d)
$\sigma_{W,b}$, $\sigma_{W,zd}$, $\tau_{W,s}$	in $\mathrm{N/mm^2}$	Wechselfestigkeiten nach (3.117), (3.121) und (3.122)
K_{NL}		Faktor für GJL bei Biegung siehe Abschn. 3.5.4.1h) und Tab. 3.21
$K_{R,\sigma}$, $K_{R,\tau}$		Rauheitsfaktor siehe Abschn. 3.5.4.1e)
K_V		Randschichtfaktor siehe Abschn. 3.5.4.1g) und Tab. 3.20

Bei höherer Temperatur, entsprechend Abschn. 3.5.3b), wird mit $\sigma_{W,zd,T}$ nach (3.119) statt $\sigma_{W,zd}$ und mit $\tau_{W,s,T}$ nach (3.120) statt $\tau_{W,s}$ gerechnet.

3.5.5 Bauteilausschlagfestigkeit (Amplitude der Bauteildauerfestigkeit)

Wie aus dem Dauerfestigkeitsschaubild in Abb. 3.38 hervorgeht, nimmt die Ausschlagfestigkeit der Probe σ_A und des Bauteils σ_{AK} mit zunehmender Mittelspannung σ_m ab. Das Ausmaß dieser Minderung wird durch die Mittelspannungsempfindlichkeit ausgedrückt.

a) Mittelspannungsempfindlichkeit
Die Mittelspannungsempfindlichkeit M_σ ist die Neigung der Obergrenze des Smith-Diagramms gegenüber der 45°-Linie. Für den Bereich II in Abb. 3.38 des Smith-Diagramms gilt

$$M_\sigma = \frac{\sigma_{WK} - \sigma_{AK}}{\sigma_m} \tag{3.146}$$

d. h. die Ausschlagfestigkeit σ_{AK} (Amplitude der Bauteildauerfestigkeit) bei gegebener Mittelspannung σ_m beträgt in diesem Bereich

$$\sigma_{AK} = \sigma_{WK} - M_\sigma \cdot \sigma_m \tag{3.147}$$

σ_{WK}	in $\mathrm{N/mm^2}$	Bauteilwechselfestigkeit nach (3.142) bzw. (3.143)

Abb. 3.43 zeigt experimentelle Ergebnisse zur Mittelspannungsempfindlichkeit [50]. Offenkundig ist diese etwa gleich groß für glatte Werkstoffproben und gekerbte Bauteile. Eine Ausnahme bilden z. B. schlussvergütete Schrauben mit $\beta_\sigma = 4 \ldots 10$, bei denen die Ausschlagfestigkeit praktisch unabhängig von der Mittelspannung ist (Abb. 10.28), d. h. $M_\sigma = 0$. Dasselbe kann vereinfachend für die Schweißverbindung angenommen werden.

Für die im Maschinenbau üblichen Bauteilformen lassen sich aus Abb. 3.43 Richtwerte nach Tab. 3.22 ableiten. Nach

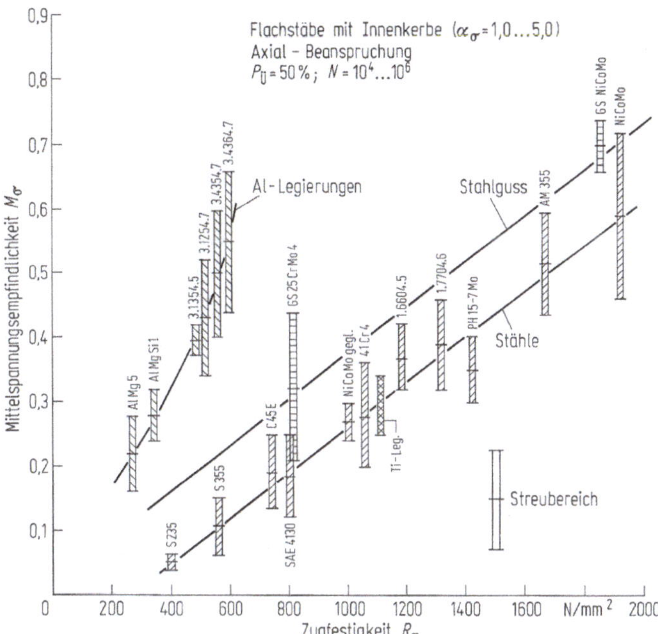

Abb. 3.43 Mittelspannungsempfindlichkeit metallischer Werkstoffe für Spannungsverhältnisse $R_\sigma = -1\ldots0$ nach der Formel $M_\sigma = (\sigma_A(R_\sigma = 1) - \sigma_A(R_\sigma = 0))/\sigma_m(R_\sigma = 0)$ [50]

Tab. 3.22 Mittelspannungsempfindlichkeit im Bereich II des Smith-Diagramms Abb. 3.38 [25]

Werkstoff	Mittelspannungsempfindlichkeit M_σ
Walzstahl	$M_\sigma = 3{,}5\cdot10^{-4}\cdot R_m/(\text{N/mm}^2)-0{,}10$
GS	$M_\sigma = 3{,}5\cdot10^{-4}\cdot R_m/(\text{N/mm}^2)+0{,}05$
GJS	$M_\sigma = 3{,}5\cdot10^{-4}\cdot R_m/(\text{N/mm}^2)+0{,}08$
GJM	$M_\sigma = 3{,}5\cdot10^{-4}\cdot R_m/(\text{N/mm}^2)+0{,}13$
GJL (für $R_m < 300\,\text{N/mm}^2$)	$M_\sigma = 0{,}5$

[25] ist die Mittelspannungsempfindlichkeit M_σ nicht konstant, wie dies für die vereinfachte Darstellung in Abb. 3.37 angenommen wurde, sondern hängt vom Spannungsverhältnis R_σ (Abschn. 3.2.4, (3.43) und Abb. 3.20) und damit von der Mittelspannung σ_m ab. Ausgehend von den Angaben in Tab. 3.22, können M_σ und R_σ den Bereichen des Smith-Diagramms (Abb. 3.38) zugeordnet werden, siehe Tab. 3.23.

Für die Mittelspannungsempfindlichkeit bei Schubspannungen gilt

$$M_\tau = r_\tau \cdot M_\sigma \tag{3.148}$$

Die Schubausschlagsspannung ergibt sich zu

$$\tau_{AK} = \tau_{WK} - M_\tau \cdot \tau_m \tag{3.149}$$

r_τ		Schubfestigkeitsfaktor siehe Tab. 3.10
M_σ		Mittelspannungsempfindlichkeit für Normalspannungen
τ_m	in N/mm²	Schubmittelspannung
τ_{WK}	in N/mm²	Bauteilschubwechselfestigkeit nach (3.144) bzw. (3.145)

Für M_τ gilt dieselbe Zuordnung zu R_τ $(= \tau_u/\tau_o)$ wie von M_σ zu R_σ, wobei der Bereich I entfällt und im Bereich II verändert sich die untere Grenze zu: $-1 \leq R_\tau \leq 0$.

Mit diesen Vorgaben und der in Abschn. 3.5.4 beschriebenen Vorgehensweise kann das genauere Smith-Diagramm konstruiert werden, siehe Abb. 3.38.

b) Überlastungsfälle

Beim Dauerfestigkeitsnachweis ist zunächst zu klären, welche Ausschlagfestigkeit σ_{AK} (ertragbare Amplitude der Bauteildauerfestigkeit) der auftretenden Ausschlagspannung σ_a (vorhandene Amplitude) zuzuordnen ist, d. h. welcher Beanspruchungszustand sich bei einer möglichen Überlastung im Betrieb einstellt. Dieser Zustand darf mit entsprechender Sicherheit nicht überschritten werden. Die Zusammenhänge lassen sich anschaulich am besten anhand der Smith-Diagramme in Abb. 3.44 erläutern.

- **Überlastungsfall F1, Abb. 3.44a**
  Hierbei bleibt die Mittelspannung σ_m bei größer werdender Schwingungsamplitude (d. h. bei Überlastung) konstant. Die Ausschlagfestigkeit kann im Smith-Diagramm oberhalb der Mittelspannung bzw. der Ausschlagspannung abgelesen werden. Dieser Fall liegt beispielsweise vor bei einer Fahrzeugachse oder einer Fahrzeugfeder mit konstanter Mittellast.

Tab. 3.23 Mittelspannungsempfindlichkeit im Bereich der Spannungsverhältnisse [25]

Bereich im Smith-Diagramm Abb. 3.38	Beanspruchung	Spannungsverhältnis Zug/Druck	Mittelspannungsempfindlichkeit Zug/Druck
I	Druckschwellbeanspruchung	$R_\sigma > 1$	$M_\sigma = 0$
II	Wechselbeanspruchung, allg.	$-\infty \leq R_\sigma \leq 0$	$1 \cdot M_\sigma$
II: $\sigma_m = 0$	Wechselbeanspruchung	$R_\sigma = -1$	$1 \cdot M_\sigma$
II: $\sigma_u = 0$, $\sigma_m = \sigma_a$	Schwellbeanspruchung	$R_\sigma = 0$	$1 \cdot M_\sigma$
III	niedrige Zugschwellbeanspruchung, allg.	$0 < R_\sigma < 0{,}5$	$M_\sigma/3$
IV	hohe Zugschwellbeanspruchung, allg.	$R_\sigma \geq 0{,}5$	$M_\sigma = 0$

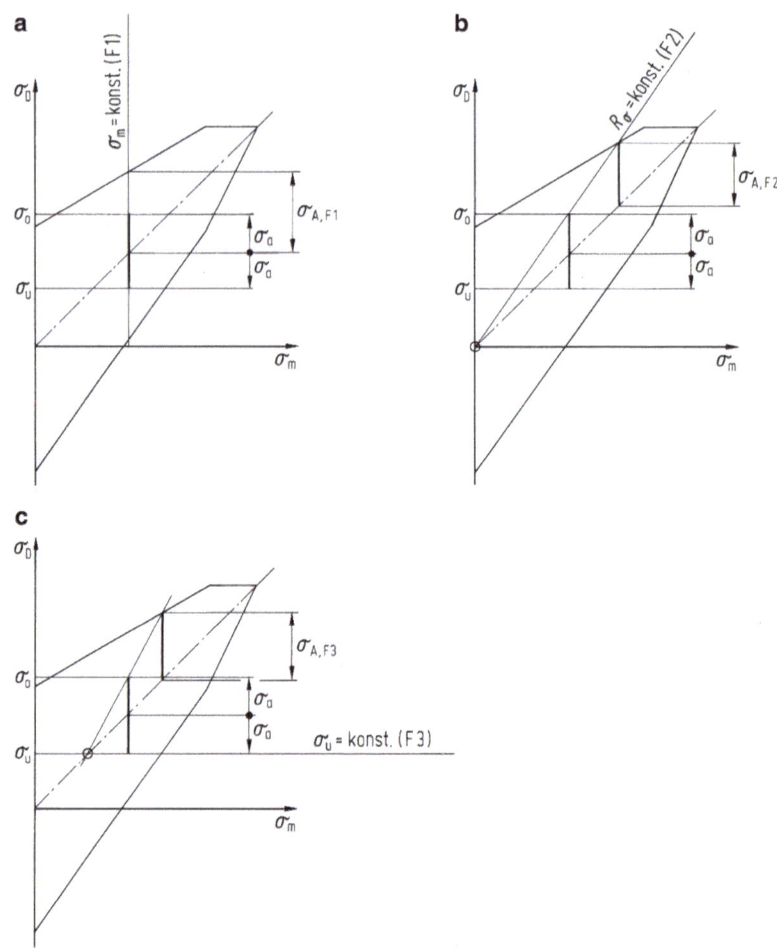

Abb. 3.44 Dauerfestigkeitsschaubilder nach Smith für **a** Überlastungsfall F_1 (σ_m = konst.), **b** Überlastungsfall F_2 (σ_u/σ_o = konst.), **c** Überlastungsfall F_3 (σ_u = konst.)

- **Überlastungsfall F2, Abb. 3.44b**
  Hierbei ändern sich im Fall der Überlastung im Betrieb alle Spannungen proportional, d. h. das Spannungsverhältnis $R_\sigma = \sigma_u/\sigma_o$ bleibt konstant. Dies trifft auch für schwellend belastete Bauteile, d. h. $R_\sigma = 0$, zu. Beispiel: Beanspruchung von Getriebewellen.
- **Überlastungsfall F3, Abb. 3.44c**
  Hierbei bleibt im Falle der Überlastung die Unterspannung σ_u konstant. Dies trifft für die meisten mit Vorspannung eingebauten Federn zu.
- **Überlastungsfall F4**
  Bei Überlastung bleibt hier die Maximalspannung konstant, ein Fall der im Maschinenbau selten vorkommt.
  Die richtige Wahl des Überlastungsfalls ist vor allem bei großer Mittelspannungsempfindlichkeit und großer erforderlicher Sicherheit wichtig, wie z. B. bei GJL, Tab. 3.22.

Falls die wirklichen Überlastungszustände nicht bekannt sind, wird bei positiver Mittelspannung nach Überlastungsfall F2 gerechnet, bei negativer Mittelspannung nach Überlastungsfall F3, siehe [25].

Nach dieser in Abb. 3.44 grafisch dargestellten Methode kann aus dem Smith-Diagramm die Ausschlagfestigkeit σ_{AK} entnommen, bzw. mit Hilfe der Geometriebeziehungen berechnet werden, siehe Tab. 3.24. Im Allgemeinen reicht es aus, mit der für den Bereich II (Abb. 3.38) gültigen Mittelspannungsempfindlichkeit für alle Bereiche zu rechnen. Dann ergeben sich die Ausschlagfestigkeiten mit den in Tab. 3.24 für F1 und F2 angegebenen Gleichungen. Für Federn (meist Überlastungsfall F3) stehen Goodman-Diagramme für die zulässigen Spannungen zur Verfügung.

Tab. 3.24 Formelübersicht zur Bestimmung der Ausschlagfestigkeit für die Überlastungsfälle F1 und F2. *Man beachte*: Die Gleichungen gelten bei Verwendung einer konstanten Mittelspannungsempfindlichkeit des Bereichs II, Abb. 3.38. Siehe hierzu Abschn. 3.5.5

Überlastungsfall	Ausschlagfestigkeit
F1 (σ_m = konst.)	$\sigma_{AK,zd} = \sigma_{WK,zd} - M_\sigma \cdot \sigma_{m,zd}$ $\tau_{AK,s} = \tau_{WK,s} - M_\tau \cdot \tau_{m,s}$
F2 ($R_\sigma = \frac{\sigma_u}{\sigma_o}$ = konst.)	$\sigma_{AK,zd} = \dfrac{\sigma_{WK,zd}}{1 + M_\sigma \frac{\sigma_{m,zd}}{\sigma_{a,zd}}}$ $\tau_{AK,s} = \dfrac{\tau_{WK,s}}{1 + M_\tau \frac{\tau_{m,s}}{\tau_{a,s}}}$

Die Gleichungen gelten für Biegebeanspruchungen mit Index „b" statt „zd" und für Torsionsbeanspruchung mit Index „t" statt „s".

3.5.6 Nachweis der Bauteildauerfestigkeit

Wie bei der statischen Festigkeit (Abschn. 3.4.4) muss der Nachweis getrennt für die einzelnen Beanspruchungskomponenten und die zusammengesetzte Beanspruchung geführt werden.

3.5.6.1 Nachweis für die Einzelbeanspruchungen

Nach den Grundgedanken in Abschn. 3.3.2 ist die Sicherheit S_D gegen Dauerbruch folgendermaßen zu berechnen:
Zug/Druck

$$S_{D,zd} = \frac{\sigma_{AK,zd}}{\sigma_{a,zd}} \geq S_{D,zd\,\min} \tag{3.150}$$

Biegung

$$S_{D,b} = \frac{\sigma_{AK,b}}{\sigma_{a,b}} \geq S_{D,b\,\min} \tag{3.151}$$

Schub

$$S_{D,s} = \frac{\tau_{AK,s}}{\tau_{a,s}} \geq S_{D,s\,\min} \tag{3.152}$$

Torsion

$$S_{D,t} = \frac{\tau_{AK,t}}{\tau_{a,t}} \geq S_{D,t\,\min} \tag{3.153}$$

$S_{D\,\min}$		Mindestsicherheit gegen Dauerbruch siehe Abschn. 3.5.7
σ_{AK}, τ_{AK}	in N/mm^2	Ausschlagfestigkeiten nach (3.147), (3.149) und Tab. 3.24
σ_a, τ_a	in N/mm^2	auftretende Ausschlagspannungen

Wie oben beschrieben, bildet die Bauteilwechselfestigkeit σ_{WK} bzw. τ_{WK} nach (3.142) bis (3.145), in Abb. 3.37a, Abb. 3.38 und 3.44 anschaulich dargestellt, die Grundlage für die Ermittlung der Ausschlagfestigkeiten σ_{AK} bzw. τ_{AK}.

3.5.6.2 Nachweis für die zusammengesetzte Beanspruchung

a) Physikalische Zusammenhänge

Es liegen bei dynamischer Beanspruchung die gleichen Zusammenhänge bei der Zusammensetzung von Einzelspannungskomponenten zu einer Vergleichsspannung vor, wie bei der statischen Beanspruchung siehe Abschn. 3.4.4.2a).

b) Zur Frage einer Vergleichsmittelspannung

Die Mittelspannung einer Beanspruchungskomponente beeinflusst auch die ertragbare Spannungsamplitude der anderen Beanspruchungskomponenten. Es müsste daher aus den Einzelmittelspannungen eine Vergleichsmittelspannung gebildet werden. Dabei wären vereinfachend die Normalspannungen, d. h. Mittelspannungen aus Zug-, Druck- und Biegebeanspruchung unmittelbar zu addieren, obwohl die ertragbaren Spannungen unterschiedlich sind. Ebenso wäre mit den Mittelspannungen aus Schub und Torsion zu verfahren.

Sowohl nach der Gestaltänderungsenergiehypothese als auch der Normalspannungshypothese wird die Aufweitung des Smith-Diagramms bei negativen Mittelspannungen nicht genutzt [25].

Wegen dieser Ungenauigkeiten wird auf den Ansatz einer Vergleichsmittelspannung verzichtet und mit den Einzelspannungsamplituden σ_{AK} und τ_{AK} in Abhängigkeit von den jeweiligen Einzelmittelspannungen σ_m und τ_m wie für den Nachweis bei Einzelbeanspruchung gerechnet, Abschn. 3.5.6.1.

c) Vergleichssicherheit

Wie bei der statischen Festigkeit (Abschn. 3.4.4.2b) muss auch beim Nachweis der Ermüdungsfestigkeit jede einzelne Spannungskomponente zu der zugehörigen Festigkeit ins Verhältnis gesetzt werden, wenn die Vergleichssicherheit gebildet wird. Dies gilt hier für die Ausschlagspannungen.

Somit folgt die Sicherheit nach der Gestaltänderungsenergiehypothese GEH

$$\frac{1}{S_{D,\text{GEH}}} = \frac{\sigma_{a,v,\text{GEH}}}{\sigma_{AK,v}} = \sqrt{\left(\frac{1}{S_{D,zd}} + \frac{1}{S_{D,b}}\right)^2 + 3 \cdot r_\tau^{\,2} \cdot \left(\frac{1}{S_{D,s}} + \frac{1}{S_{D,t}}\right)^2} \tag{3.154}$$

bzw. der Normalspannungshypothese NH

$$\frac{1}{S_{D,\text{NH}}} = \frac{\sigma_{a,v,\text{NH}}}{\sigma_{AK,v}} = 0{,}5 \cdot \left(\left|\frac{1}{S_{D,zd}} + \frac{1}{S_{D,b}}\right| + \sqrt{\left(\frac{1}{S_{D,zd}} + \frac{1}{S_{D,b}}\right)^2 + 4 \cdot r_\tau^{\,2} \cdot \left(\frac{1}{S_{D,s}} + \frac{1}{S_{D,t}}\right)^2} \right) \tag{3.155}$$

r_τ		Schubfestigkeitsfaktor siehe Tab. 3.10
$\sigma_{AK,v}$	in N/mm^2	Vergleichsausschlagfestigkeit
$\sigma_{a,v}$	in N/mm^2	Vergleichsausschlagspannung für die entsprechende Festigkeitshypothese
S_D		vorhandene Sicherheit gegen Dauerbruch für die einzelnen Beanspruchungen siehe Abschn. 3.5.6.1

d) Festigkeitsnachweis mit der „gemischten“ Hypothese

Nach den gleichen Überlegungen wie bei der statischen Festigkeit, Abschn. 3.4.4.2c), wird die Vergleichssicherheit nach

Tab. 3.25 Mindestsicherheiten für dynamische Beanspruchung [25]

Schadensfolge	Regelmäßige Inspektion	
	nein	ja
hoch	1,50	1,35
mittel	1,40	1,25
niedrig	1,30	1,20

der „gemischten" Festigkeitshypothese gebildet

$$\frac{q}{S_{D,\text{NH}}} + \frac{1-q}{S_{D,\text{GEH}}} \leq \frac{1}{S_{D\,\text{min}}} \tag{3.156}$$

bzw. dargestellt als Vergleich der vorhandenen Sicherheit S_D mit der geforderten Mindestsicherheit gegen Dauerbruch $S_{D\,\text{min}}$ nach Abschn. 3.5.7.

$$S_D = \frac{1}{\frac{q}{S_{D,\text{NH}}} + \frac{1-q}{S_{D,\text{GEH}}}} \geq S_{D\,\text{min}} \tag{3.157}$$

q	Interpolationsfaktor nach (3.111)
$S_{D,\text{GEH}}$, $S_{D,\text{NH}}$	Sicherheit gegen Dauerbruch für die einzelnen Festigkeitshypothesen nach (3.154), (3.155) und Hinweise

3.5.7 Mindestsicherheiten bei Ermüdungsbeanspruchung

Den empfohlenen Mindestsicherheiten in Tab. 3.25 liegen die gleichen Überlegungen zugrunde wie beim statischen Festigkeitsnachweis. Die Hinweise in Abschn. 3.4.5 gelten auch hier.

Bei der Ermüdungsfestigkeit ist die Inspektionsmöglichkeit ein wichtiges Kriterium. Bei regelmäßigen Inspektionen im Sinne der Schadensfrüherkennung sind daher kleinere Sicherheitsfaktoren zulässig.

Den Überlegungen zu Eisengusswerkstoffen unter Abschn. 3.4.5 (e) und (f) werden mit einem Teil-Sicherheitsfaktor Rechnung getragen. Dieser wird mit der Mindestsicherheit multipliziert.

$j_G = 1{,}40$: nicht zerstörungsfrei geprüfte Gussstücke
$j_G = 1{,}25$: zerstörungsfrei geprüfte Gussstücke

3.5.8 Sicherheit gegen Gewaltbruch bei dynamischer Beanspruchung

Auch bei der dynamischen Tragfähigkeitsberechnung ist stets zu prüfen, ob für die Maximalspannung σ_{max} eine ausreichende Sicherheit gegen Bruch und plastische Verformung vorhanden ist, Abschn. 3.4.4.

3.6 Tragfähigkeit von Kunststoffbauteilen

Die Spannungen im Bauteil können nach den Regeln der Festigkeitsrechnung, Abschn. 3.2.5.1, ermittelt werden. Beim Ansatz der zulässigen Spannungen sind jedoch eine Reihe von Besonderheiten zu beachten.

Die Festigkeitswerte werden im Allgemeinen an naturfarbenen, spritzfrischen, ungekerbten Probestäben bei Raumtemperatur (23 °C) aus kurzzeitiger Zugbeanspruchung bzw. (dynamischer) Zugschwellbeanspruchung bestimmt. Die zulässige Festigkeit des Bauteils wird hieraus mit Abminderungsfaktoren ermittelt.

Die Wirkung von Kerben auf die Festigkeit kann durch die Kerbwirkungszahlen (β_{pl}, β_σ, β_τ) ausgedrückt werden (Abschn. 3.4.3.1 und 3.5.4.1). β_{pl} für statische und β_σ bzw. β_τ für dynamische Beanspruchung müssen für den betreffenden Kunststoff bei Betriebsbedingungen (Temperatur, Feuchtigkeit, Belastungsdauer, Schwingfrequenz) ermittelt werden, siehe z. B. [38]. Bei statischer Beanspruchung kann $\beta_{\text{pl}} < 1$ werden (zähe Kunststoffe), aber auch gleich der Kerbformzahlen α_σ, α_τ (bei spröden Kunststoffen). Bei dynamischer Beanspruchung können β_σ, β_τ entsprechend zwischen 1 und α_σ, α_τ liegen.

Wenn zuverlässige Versuchsergebnisse nicht zur Verfügung stehen, empfiehlt es sich, für die Berechnung sprödes Verhalten anzunehmen, d. h. von einer Minderung der statischen und der dynamischen Festigkeit mit den Formzahlen α_σ, α_τ auszugehen. Dies erscheint aus verschiedenen Gründen zweckmäßig:

- Viele Kunststoffe verspröden mit der Alterung, kristallisieren nachträglich und werden zum Teil spannungsrissempfindlich.
- Der Einfluss der Anisotropie und der Umgebungsmedien (Luftfeuchtigkeit, Temperatur) ist oft unsicher.
- Die Verarbeitung des Bauteils entspricht oft nicht der des Probestabs, die Schwindung ist nicht genau konstant, ebenso der prozentuale Anteil der Fasern.
- Die Schwingfrequenz entspricht evtl. nicht der bei der Beanspruchung des Probestabs.

Diese Unsicherheiten rechtfertigen vereinfachte Annahmen für die Berechnung. Anhaltswerte für die Formzahlen α_σ, α_τ siehe Abschn. 3.2.5.1. Weitere Abweichungen des Bauteils vom idealen Werkstoffverhalten, wie Anisotropie, Bindenähte, Feuchtigkeit, Farbzusätze und Herstellbedingungen werden bei der Berechnung durch die Abminderungsfaktoren A berücksichtigt. In Tab. 3.26 sind die Abminderungswerte für verschiedene Einflüsse aufgelistet. Das durch die komplizierte Bauteilgeometrie veränderte Fließverhalten wird durch die Formzahl miterfasst.

Durch eine Bindenaht werden die statische Festigkeit und die Festigkeit bei dynamischer Belastung drastisch gemin-

Tab. 3.26 Abminderungsfaktoren A für den Einfluss von Anisotropie, Bindenaht, Feuchtigkeit und Farbzusätzen für die Bruchfestigkeit verschiedener Kunststoffe, herausgelesen aus [1]

Kunststofftyp[a]	Anisotropie	Bindenaht		Feuchtigkeit	Farbzusätze
	stat. + dyn. Belastung	statische Belastung	Schwellbelastung		
PA66 unverstärkt	1,0	1,0	nicht bekannt[b]	2,1	1,0 ... 1,5[b]
PA66-Glasfaser verstärkt (15 %–30 %–50 %)	1,2–1,5–2,0	2,0	nicht bekannt[b]	1,6	1,25 ... 1,7[b]
PBT unverstärkt	1,0	1,0	1,6	1,0	1,1 ... 1,4[b]
PBT-Glasfaser verstärkt (15 %–30 %–50 %)	1,2–1,3–2,0	2,0–2,3–2,8	4,0	1,0	1,25 ... 1,5[b]

[a] Bezeichnung für Kunststoffe siehe Abschn. 5.5
[b] beim Hersteller erfragen

dert. Daher sollte bei der Gestaltung und Erzeugung des Bauteils darauf geachtet werden, dass der Bindenahteinfluss nicht wirksam wird. Die Anzahl und Lage der Angüsse, Spritzdruck und -geschwindigkeit und die Temperaturen von Kunststoff und Gussform sind entsprechend zu wählen.

3.6.1 Kurzzeitige Beanspruchung

Bei langsam und unter Umständen wiederholt ansteigender Belastung ist die Bruchfestigkeit σ_B (siehe Abb. 3.45) die maßgebende Festigkeitsgrenze. Der Festigkeitsnachweis

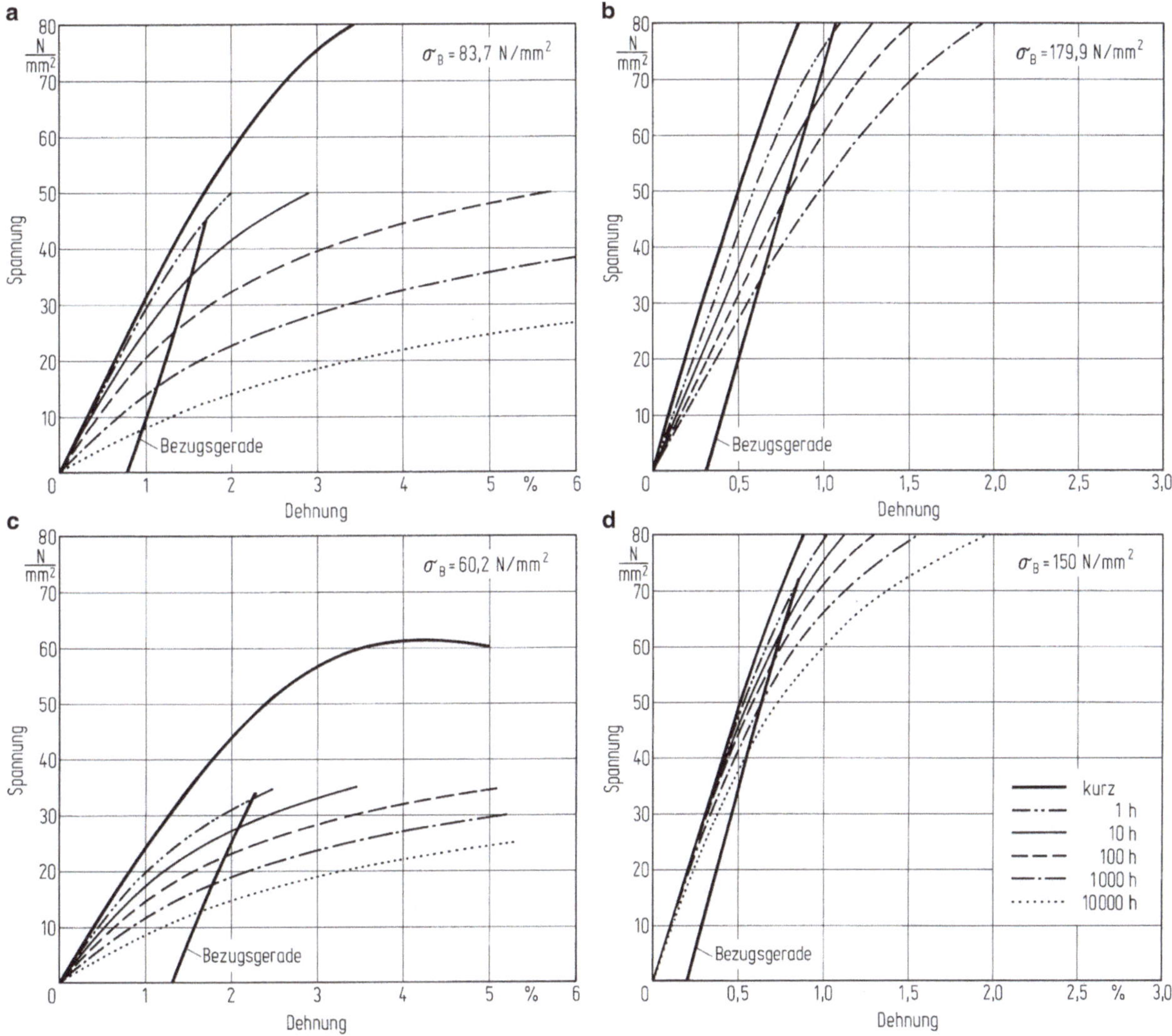

Abb. 3.45 Bruchspannung und isochrone Spannungs-Dehnungs-Diagramme für naturfarbige Kunststoffe, **a** Durethan A 30 (PA66 unverstärkt), **b** Durethan AKV 30 (PA66 + 30 % Glasfasern), **c** Pocan B 1501 (PBT unverstärkt), **d** Pocan B 3235 (PBT + 30 % Glasfasern) aus [1], die Bezugsgerade verbindet die Punkte der zulässigen Beanspruchung je Belastungszeit

wird daher sinngemäß nach Abschn. 3.4.4 geführt. Nach DIN EN ISO 527 [18] wird σ_B bei Kunststoffen auch als Bruchspannung bezeichnet.

Sicherheit gegen Überschreiten der Bruchspannung σ_B

$$S_{B,zd} = \frac{\sigma_B}{\sigma_{zd} \cdot A \cdot \alpha_{\sigma,zd}} \geq S_{B\,\min} \tag{3.158}$$

A		Abminderungsfaktor siehe Tab. 3.26
$S_{B\,\min}$		Mindestsicherheit $S_{B\,\min} = 2{,}5$, weitere Hinweise siehe Abschn. 3.6.4
$\alpha_{\sigma,zd}$		Formzahl (sinngemäß $\alpha_{\sigma,b}$, $\alpha_{\tau,s}$, $\alpha_{\tau,t}$) siehe Abschn. 3.2.5.1
σ_{zd}	in $\mathrm{N/mm^2}$	Normalspannung aus Zug- oder Druckbeanspruchung

Der Temperatureinfluss kann nach Abb. 5.13 berücksichtigt werden.

Bei Biegebeanspruchung ($S_{B,b}$ statt $S_{B,zd}$, σ_b statt σ_{zd}) kann, wenn keine Versuchsergebnisse vorliegen, $1{,}2 \cdot \sigma_B$ statt σ_B; bei Schub ($S_{B,s}$ statt $S_{B,zd}$, τ_s statt σ_{zd}) und bei Torsion ($S_{B,t}$ statt $S_{B,zd}$, τ_t statt σ_{zd}) $0{,}58 \cdot \sigma_B$ statt σ_B angesetzt werden. Bei kombinierter Beanspruchung durch Biegung und Torsion wird mit der Vergleichsspannung nach der GEH gerechnet, siehe (3.39).

3.6.2 Langzeitig ruhende Beanspruchung

Je nach Art des Kunststoffs treten bei Überschreiten einer kritischen Dehnung erste Schäden auf, die bei fortdauernder Belastung zum Bruch führen, bei amorphen Thermoplasten, wie z. B. Acrylglas (PMMA) oder Polyvinylchlorid (PVC), zu Fließzonen, bei teilkristallinen Thermoplasten, wie z. B. Polyoxymethylen (POM), zu Mikrorissen. Bei faserverstärkten Gießharzen, z. B. glasfaserverstärkten Kunststoff (GFK)-Laminaten brechen kohäsive und adhäsive Bindungen auf, was ebenfalls zu Rissen führt.

Zur Beurteilung des Langzeitverhaltens eignen sich isochrone Spannungs-Dehnungs-Diagramme, die den Zusammenhang zwischen Spannung und Dehnung abhängig von der Belastungsdauer beschreiben. Die Kennwerte werden im Allgemeinen bei definierten Temperaturen mit Zugstäben in Zeitstandversuchen ermittelt.

Als Grenzwert wird die zulässige Spannung $\sigma_{B\varepsilon}$ angesetzt, die nach Erfahrungswerten [1] bei Langzeitbelastung nicht zum Bruch führt. In Abb. 3.45 sind diese Bemessungsgrenzen eingetragen. Der Festigkeitsnachweis wird sinngemäß nach Abschn. 3.4.4 durchgeführt:

Sicherheit gegen Überschreiten der zulässigen Spannung $\sigma_{B\varepsilon}$

$$S_{B\varepsilon,zd} = \frac{\sigma_{B\varepsilon}}{\sigma_{zd} \cdot A \cdot \alpha_{\sigma,zd}} \geq S_{B\varepsilon\,\min} \tag{3.159}$$

A		Abminderungsfaktor siehe Tab. 3.26
$S_{B\varepsilon\,\min}$		Mindestsicherheit $S_{B\varepsilon\,\min} = 2{,}0$, weitere Hinweise siehe Abschn. 3.6.4
$\alpha_{\sigma,zd}$		Formzahl (sinngemäß $\alpha_{\sigma,b}$, $\alpha_{\tau,s}$, $\alpha_{\tau,t}$) siehe Abschn. 3.2.5.1
σ_{zd}	in $\mathrm{N/mm^2}$	Normalspannung aus Zug- oder Druckbeanspruchung

Für Biegung, Schub und Torsion sowie für α_σ und α_τ kann entsprechend den Hinweisen zu (3.158) verfahren werden.

Man beachte: Die Langzeitfestigkeit $\sigma_{B\varepsilon}$ sollte erfahrungsgemäß auch für kurze Belastungsdauer nicht überschritten werden.

3.6.3 Schwingbeanspruchung

Die Schwingfestigkeit wird im Allgemeinen nach DIN 50100 [6] an Probestäben bei sinusförmiger Zugschwellbelastung mit 7 Hz Schwingfrequenz ermittelt. Die Ergebnisse lassen sich in Form von Wöhlerlinien darstellen. Dabei hat sich gezeigt, dass die Schwingfestigkeit oberhalb 10^7 Schwingspielen bei vielen Kunststoffen nicht mehr stark abfällt, Abb. 3.46. Es kann daher praktisch mit einer Dauerfestigkeit gerechnet werden.

Beim Festigkeitsnachweis ist sinngemäß nach Abschn. 3.5.6 zu verfahren: Sicherheit gegen Ermüdungsbruch bei Schwingbeanspruchung (bei Biegung, Schub, Torsion mit den entsprechend zugehörigen Kenngrößen)

$$S_{D,zd} = \frac{\sigma_{A,zd}}{\sigma_{a,zd} \cdot A \cdot \alpha_{\sigma,zd}} \geq S_{D\,\min} \tag{3.160}$$

A		Abminderungsfaktor siehe Tab. 3.26
$S_{D\,\min}$		Mindestsicherheit $S_{D\,\min} = 3{,}0$, weitere Hinweise siehe Abschn. 3.6.4
$\alpha_{\sigma,zd}$		Formzahl (sinngemäß $\alpha_{\sigma,b}$, $\alpha_{\tau,s}$, $\alpha_{\tau,t}$) siehe Abschn. 3.2.5.1
$\sigma_{a,zd}$	in $\mathrm{N/mm^2}$	Ausschlagspannung bei Zug und Druckbeanspruchung siehe Abschn. 3.2.3
$\sigma_{A,zd}$	in $\mathrm{N/mm^2}$	Ausschlagfestigkeit bei Zug- und Druckbeanspruchung, Beispiele für zwei Kunststoffe siehe Abb. 3.47

Die Biegeausschlagfestigkeit $\sigma_{A,b}$ ist für die meisten Kunststoffe größer als $\sigma_{A,zd}$. Falls Versuchsergebnisse fehlen, kann

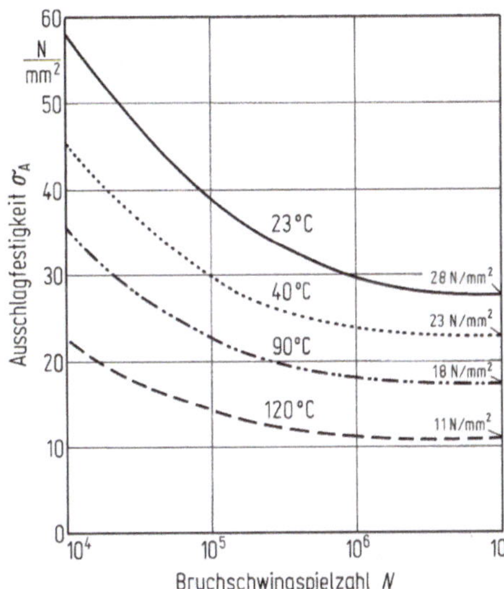

Abb. 3.46 Wöhlerlinien aus Zugschwellversuchen nach DIN 50100 für einen Polyamid PA66 + 30 % Glasfasern bei Schwingfrequenz 7 Hz im Temperaturbereich +23 °C bis +120 °C [45]

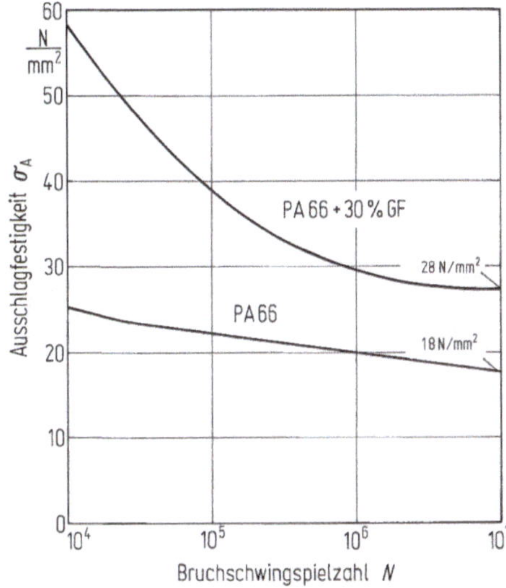

Abb. 3.47 Ausschlagfestigkeit bei Zugschwellbeanspruchung von zwei Kunststoffen für 23 °C Raumtemperatur [45]

mit $\sigma_{A,b} = 1{,}5 \cdot \sigma_{A,zd}$ gerechnet werden, bei Torsion mit $\tau_{A,t} = 0{,}58 \cdot \sigma_{A,zd}$, bei kombinierter Biegung und Torsion mit der Vergleichsspannung nach der GEH nach (3.39). Der Einfluss von Temperatur und Feuchtigkeit auf die Schwingfestigkeit ist in Abb. 3.46 und 3.48 dargestellt.

Man beachte: Auch bei Schwingbeanspruchung darf die Maximalspannung den Grenzwert $\sigma_{B\varepsilon}$ nach Abschn. 3.6.2 nicht überschreiten.

Die wiederholte Beanspruchung führt zunehmend mit der Schwingfrequenz zur Erwärmung und damit zu einem Absinken des Elastizitätsmoduls. Unter Umständen wird die Kurzzeitwarmfestigkeit (Abschn. 3.3.3) erreicht, ehe der Ermüdungsbruch eintritt.

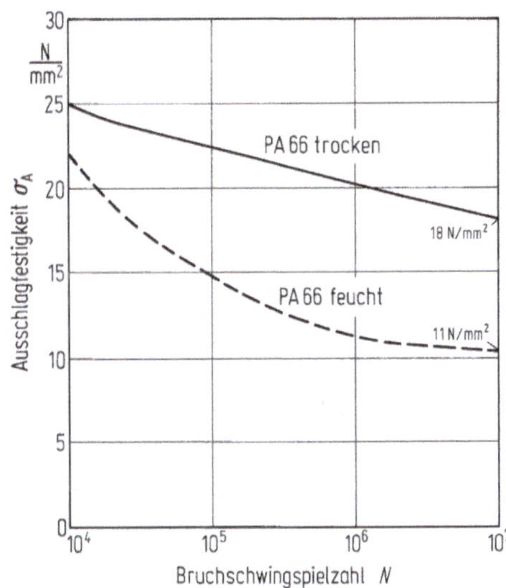

Abb. 3.48 Ausschlagfestigkeit bei Zugschwellbeanspruchung für einen Polyamid PA66 für 23 °C Raumtemperatur im trockenen und im feuchten Zustand [45]

3.6.4 Hinweise

Bei der Vielzahl der Kunststoffe und der Herstellverfahren (Spritzen, Pressen usw.) sind zuverlässige Aussagen über die Festigkeit nur möglich, wenn die Kennwerte in Versuchen ermittelt werden, die den Betriebsbedingungen entsprechen. Die Kunststoffhersteller verfügen über umfangreiche Dokumentation, z. B. [1], [47]. Die Angaben in Abschn. 3.6 können zur überschlägigen Abschätzung der Tragfähigkeit dienen. Allgemeine Gesichtspunkte zum Ansatz der Sicherheitsfaktoren sind in Abschn. 1.4.8, zum Ansatz der äußeren Kräfte, Anwendungsfaktor in Abschn. 1.4.6.3 angegeben.

Die Berechnung der Tragfähigkeit bei stoßartiger Beanspruchung wird in [46] und [47] erläutert. Kunststoffbauteile sind oft durch Knicken (siehe Abschn. 3.2.7.1) oder Beulen (siehe Abschn. 3.2.7.2) gefährdet.

3.6.5 Berechnungsbeispiel

Beispiel 3.3

Schnapphaken aus PBT + 30 % Glasfasern, der an einem Kunststoffbauteil zu Befestigungszwecken angebracht ist.

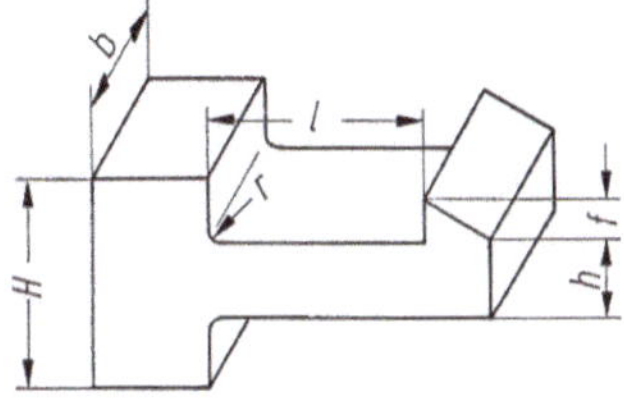

Gegeben:
Abmessungen: $l = 25\,\text{mm}$; $b = 8\,\text{mm}$; $h = 1{,}5\,\text{mm}$; $f = 1\,\text{mm}$; $r = 0{,}1\,\text{mm}$; $H = 5\,\text{mm}$
Werkstoff: glasfaserverstärkter PBT – 30 % GF, naturfarbig, $E = 7000\,\text{N/mm}^2$, Bruchspannung nach Abb. 3.45d: $\sigma_B = 150\,\text{N/mm}^2$, mit einem Anguss ohne Bindenaht gegossen, normale Luftfeuchtigkeit, optimale Herstellbedingungen, kurzzeitige Belastung
Geforderte Durchbiegung = Hakenhöhe f

Gesucht:
Sicherheit gegen Gewaltbruch

Berechnet:
Bruchspannung bei Belastung durch Biegung nach Abschn. 3.6.1
$\sigma_{B,b} = 1{,}2 \cdot \sigma_B = 180\,\text{N/mm}^2$
Bei der Berechnung werden nur die Einflüsse von Anisotropie und Formzahl berücksichtigt (Kerbwirkung durch Umlenkung der Fließlinien bei Spritzgussfüllung des Schnapphakens).
Formzahl $\alpha_{\sigma,b} = 2{,}0$ (Rundkerbe), geschätzt nach Abb. 3.30d.
Abminderungsfaktor $A = 1{,}3$, nach Tab. 3.26
Belastung einer eingespannten Biegefeder
$F = f \cdot E \cdot b \cdot h^3/(4 \cdot l^3) = 3{,}0\,\text{N}$, nach (12.45)
maximale Biegespannung
$\sigma_{b\,\max} = M_b/W_b = F \cdot l \cdot 6/(b \cdot h^2) = 25{,}0\,\text{N/mm}^2$, nach (3.11)
Sicherheit gegen Gewaltbruch
$S_{B,b} = \sigma_{B,b}/(\sigma_{b\,\max} \cdot A \cdot \alpha_{\sigma,zd}) = 2{,}8$, nach (3.158)
$S_{B\,\min} = 2{,}5$, nach Angaben unter (3.158)
Der Schnapphaken ist ausreichend dimensioniert.

3.7 Betriebsfestigkeit

Die Betriebsbedingungen sind in der Praxis häufig durch regellose Belastungsverläufe gekennzeichnet. Diese weisen statistisch verteilte Schwingamplituden bei konstanter oder veränderlicher Mittelspannung auf. Die in Einstufenversuchen ermittelten Bauteilfestigkeiten können bei veränderlichen Betriebsbedingungen nur eingeschränkt für die Bauteildimensionierung verwendet werden. Der Nachweis der Tragfähigkeit muss (für eine gute Werkstoffausnutzung) in diesem Fall durch eine Betriebsfestigkeitsrechnung erbracht werden. Hierfür müssen bekannt sein:

- die durch die äußere Belastung verursachten Beanspruchungs-Zeit-Verläufe (Lastkollektive)
- Werkstoffkennwerte, die die dynamische Beanspruchbarkeit des Werkstoffs beschreiben (Werkstoffwöhlerlinie)
- Einflüsse, die die dynamische Beanspruchbarkeit des Werkstoffs beeinflussen, wie Kerbwirkung, Bauteilgröße, Oberflächenbeschaffenheit, Betriebstemperatur usw. (Werkstoffwöhlerlinie → Bauteilwöhlerlinie)

Während beim klassischen Dauerfestigkeitsnachweis ein eindimensionaler Beanspruchungswert einem Festigkeitswert gegenübergestellt wird, wird bei der Betriebsfestigkeitsberechnung eine zweidimensionale Beanspruchungsfunktion mit einem Lebensdauerschaubild (Wöhlerlinie) verwendet.

3.7.1 Beanspruchungs-Zeit-Verlauf, Kollektivbildung

Typische Beanspruchungs-Zeit-Verläufe sind in Abb. 3.49 dargestellt.

Für eine Betriebsfestigkeitsrechnung müssen die realen unregelmäßigen Belastungsabläufe auf eine Folge von

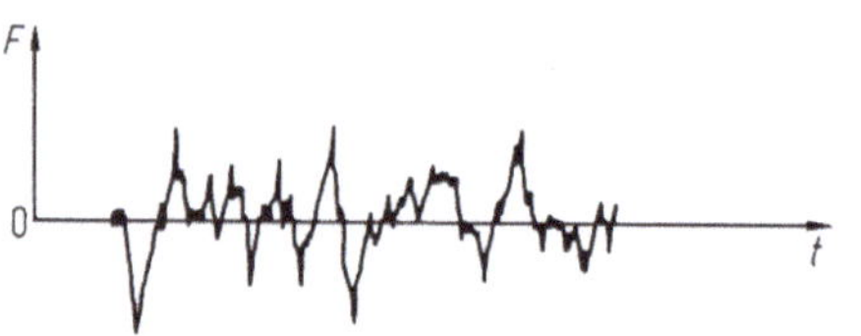

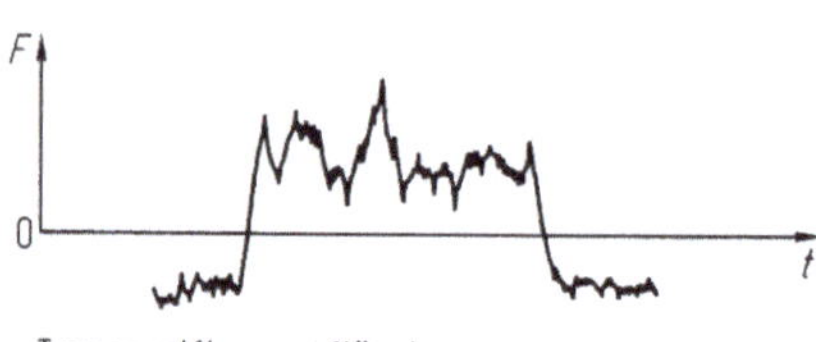

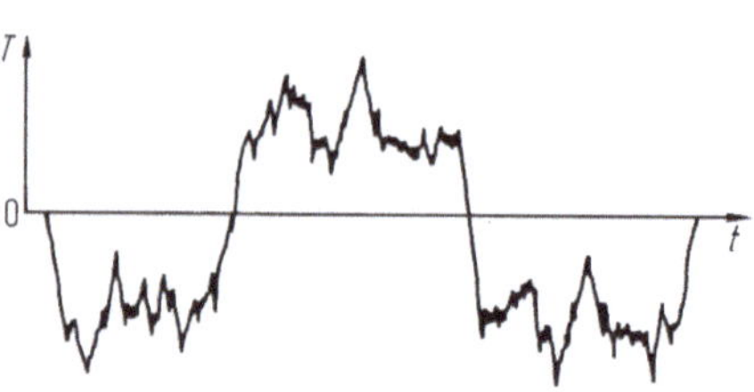

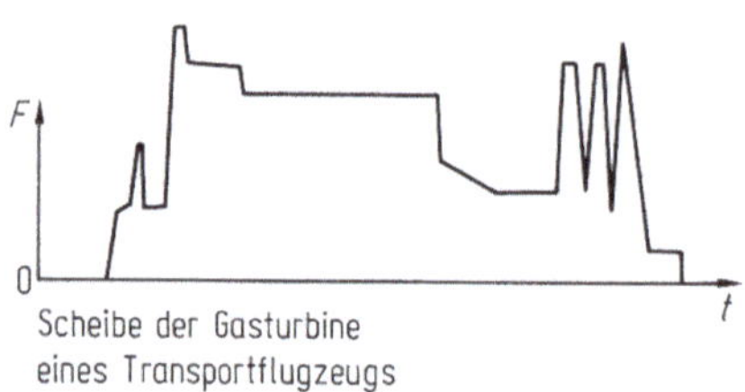

Abb. 3.49 Beispiele von Last-Zeit-Funktionen [51]

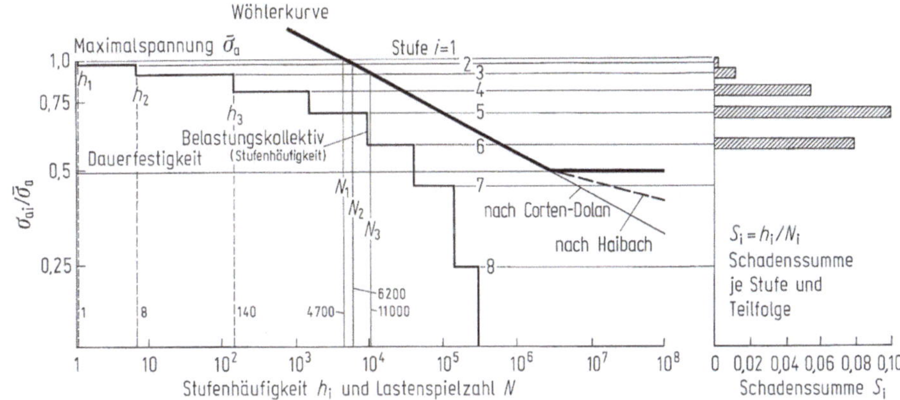

Abb. 3.50 Lastkollektiv aus einem 8-Stufen-Versuch, Ermittlung der Schadenssumme nach Palmgren-Miner [23], ergänzt

Schwingspielen bestimmter Größe und Häufigkeit zurückgeführt und durch Mittelwertbildung in einzelne Laststufen aufgeteilt werden, Abb. 3.50. Dies wird mit Hilfe verschiedener Zählverfahren realisiert, siehe z. B. [3].

3.7.2 Berechnung der Lebensdauer

Für das betrachtete Bauteil ist zunächst die Bauteilwöhlerlinie für die vorliegende Mittelspannung zu ermitteln. Dazu wird die Bauteildauerfestigkeit nach Abschn. 3.5.6 und die statische Festigkeit nach Abschn. 3.4.3 berechnet. Den Übergang von der statischen zur Zeitfestigkeit und von der Zeit- zur Dauerfestigkeit kann nach Abschn. 3.5.1.2 abgeschätzt werden. Siehe hierzu auch Berechnung der Wöhlerlinie nach [36].

Die Verbindung zwischen Lastkollektiv und Wöhlerlinie für eine Lebensdauerermittlung wird durch eine Schadensakkumulationshypothese (SAH) hergestellt, z. B. nach Palmgren-Miner, Corten-Dolan oder Haibach (siehe z. B. [3], [31], [51]). Bei diesen linearen Schadensakkumulationshypothesen wird jedem Schwingspiel ein konstanter „Lebensdauerverbrauch" zugeordnet.

Ein einfaches und häufig angewandtes Verfahren ist die Palmgren-Miner-Regel. Hier werden die Beanspruchungen unterhalb der Dauerfestigkeit als nicht schädigend angesehen und deshalb bei der Lebensdauerberechnung nicht berücksichtigt. Es ist mit einem Ermüdungsbruch zu rechnen, wenn die Schadenssumme = Summe aller Teilschädigungen $S = 1$ ist.

$$S = \frac{n_1}{N_1} + \frac{n_2}{N_2} + \frac{n_3}{N_3} + \ldots = \sum_{i=1}^{m} \frac{n_i}{N_i} = Z \cdot \sum_{i=1}^{m} \frac{h_i}{N_i} = 1 \tag{3.161}$$

h_i	Anzahl der Schwingspiele je Laststufe und Teilfolge
n_i	Anzahl der Schwingspiele
h_i/N_i	Schadenssumme je Laststufe und Teilfolge
m	Anzahl der Stufen (oberhalb der Dauerfestigkeit)
N_i	Bruchschwingspielzahl auf diesem Lastniveau
Z	Anzahl der Teilfolgen (Z-mal kann die Schwingspielzahl des Kollektivs, im Beispiel in Abb. 3.50 etwa $10^{5,5}$, innerhalb der Gesamtlebensdauer des Bauteils durchlaufen werden), bei $Z = 1$ wird $n_i = h_i$

Beispiel 3.4

Für das Beispiel in Abb. 3.50 errechnet sich die Anzahl der Teilfolgen wie folgt:

$$Z \cdot (0{,}0002 + 0{,}0013 + 0{,}0127 + 0{,}056 + 0{,}1 + 0{,}0812) = S = 1$$
$$Z = 1/0{,}251 = 3{,}98$$

Die Sicherheit mit der das Bauteil nicht bricht wird zu $S = 4$ berechnet.
Lebensdauer $\overline{N} = Z \cdot \sum h_i = 3{,}98 \cdot 10^{5,5} = 1{,}257 \cdot 10^6$

Die Schadenssumme kann erheblich von $S = 1$ abweichen. Vorsichtshalber wird für die Dimensionierung oft eine Schadenssumme $S = 0{,}3$ gefordert.

Bei anderen Schadensakkumulationshypothesen werden die Beanspruchungen auch unterhalb der Dauerfestigkeit als schädigend in der Lebensdauerberechnung berücksichtigt. So geht Haibach [3] von Bruchlastspielzahlen aus, die sich aus der gestrichelten Geraden in Abb. 3.50 ergeben. Dieser sogenannten Haibach-Ast verläuft mit halber Steigung zwischen verlängerter Zeitfestigkeitsgerade und Dauerfestigkeitsniveau (beginnend am Knickpunkt der Wöhlerlinie), nach Corten-Dolan wird der Zeitfestigkeitsast über die Dauerfestigkeit hinaus geradlinig verlängert.

Die Anwendung von Lastkollektiven für Wälzlager wird in Abschn. 14.5.3.3 erläutert, für Zahnradgetriebe in [43].

3.7.3 Experimentelle Betriebsfestigkeitsbestimmung

Bei der experimentellen Lebensdauervorhersage können die folgenden drei Versuche unterschieden werden:

Betriebslastnachfahrversuch
Im Nachfahrversuch ist die Spannungs-Zeit-Funktion des realen Bauteils und des Prüfteils identisch. Ergebnisse solcher Nachfahrversuche sind im Rahmen einer statistischen Streuung weitgehend identisch mit der Lebensdauer des realen Bauteils. Der Nachfahrversuch ist jedoch sehr aufwendig und wird daher nur bei Großserien angewandt.

Betriebsfestigkeitsversuch
Beim Betriebsfestigkeitsversuch wird die im Betrieb gemessene Spannungs-Zeit-Funktion statistisch ausgewertet, um ein Spannungskollektiv zu erhalten. Dieses Spannungskollektiv wird anschließend wie folgt „überarbeitet":

- Schwingspiele mit geringer Amplitude werden weggelassen (Amplituden < 50 % der Dauerfestigkeit), ansonsten ergibt sich eine zu lange Versuchsdauer.
- Einzelne, selten auftretende Lastspitzen werden gesondert berücksichtigt (Bauteilverfestigung!).

Aus dem dann modifizierten Kollektiv wird für den Versuchsablauf eine synthetische Spannungs-Zeit-Funktion erzeugt, die einer weitgehenden Nachahmung der tatsächlichen Spannungs-Zeit-Funktion entspricht und mit der das reale Bauteil im Versuch beaufschlagt wird.

Blockprogrammversuch
Beim Blockprogrammversuch werden die statistisch schwankenden Beanspruchungen durch mehrere Einstufenbeanspruchungen ersetzt. Um eine praxisähnliche Durchmischung zu realisieren, werden die Versuche in mehrere Teilfolgen untergliedert, die dann nacheinander ablaufen. Vergleiche zwischen im Betriebsfestigkeits- und Blockprogrammversuch ermittelten Ergebnissen weisen häufig für die Betriebsfestigkeitsversuche eine niedrigere Bauteillebensdauer aus [23].

3.8 Bruchmechanik

Den makroskopischen Spannungszustand kann bei der konventionellen Festigkeitsberechnung (Abschn. 3.3) mit Hilfe der Formzahlen oder direkt mit der FEM oder BEM (Abschn. 3.2.5.2) berechnet werden. Der Werkstoff wird dabei als homogenes Kontinuum angesehen. Die Bruchmechanik gestattet dagegen im Fall von Rissen oder rissartigen Fehlstellen die Spannung im Bereich der Rissspitze zu berechnen.

Es werden zwei Konzepte unterschieden:

- Bei Werkstoffen und Zuständen mit vermindertem Verformungsvermögen kann die Gefahr spröder bzw. verformungsarmer (statischer) Gewalt- und (dynamischer) Ermüdungsbrüche abgeschätzt werden. Hierfür eignet sich die Linear-Elastische-Bruch-Mechanik (LEBM). Sprödbruchgefahr besteht bei statischer und dynamischer Beanspruchung rissbehafteter Bauteile insbesondere bei
  - mehrachsigen Spannungszuständen (z. B. dicken, scharf gekerbten Werkstücken, Abschn. 3.1.2)
  - bei spröden Werkstoffen hoher Festigkeit
  - bei hoher Schwingfrequenz
  - bei tiefen Temperaturen
- Bauteile aus Werkstoffen niedriger Festigkeit können unter statischer Beanspruchung bei normalen Betriebsbedingungen nur durch plastische Verformung im Bereich des Risses versagen, im Grenzfall durch plastische Trennung des Restquerschnitts. Zur Beschreibung des physikalischen Geschehens, das zum (duktilen) Zähbruch führt, eignet sich die Fließ- Bruch-Mechanik (FBM).

Nach der Art der Rissöffnung und -ausbreitung sind 3 Grundfälle zu unterscheiden, siehe Abb. 3.51. Für die technische Praxis ist der Modus I am wichtigsten. Die folgenden Ausführungen sind daher auf diesen Modus beschränkt.

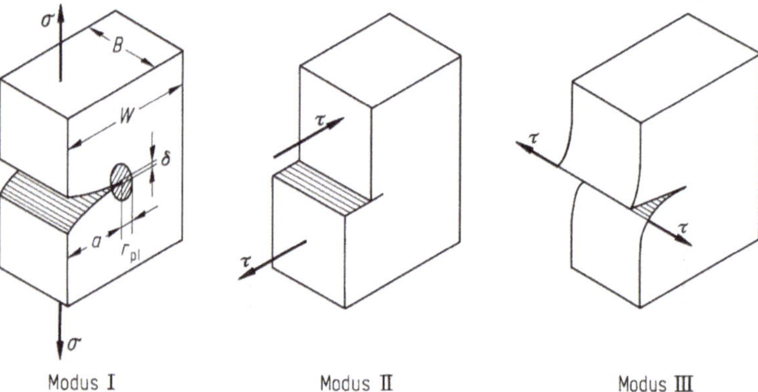

Abb. 3.51 Grundfälle der Rissausbreitung nach [33]

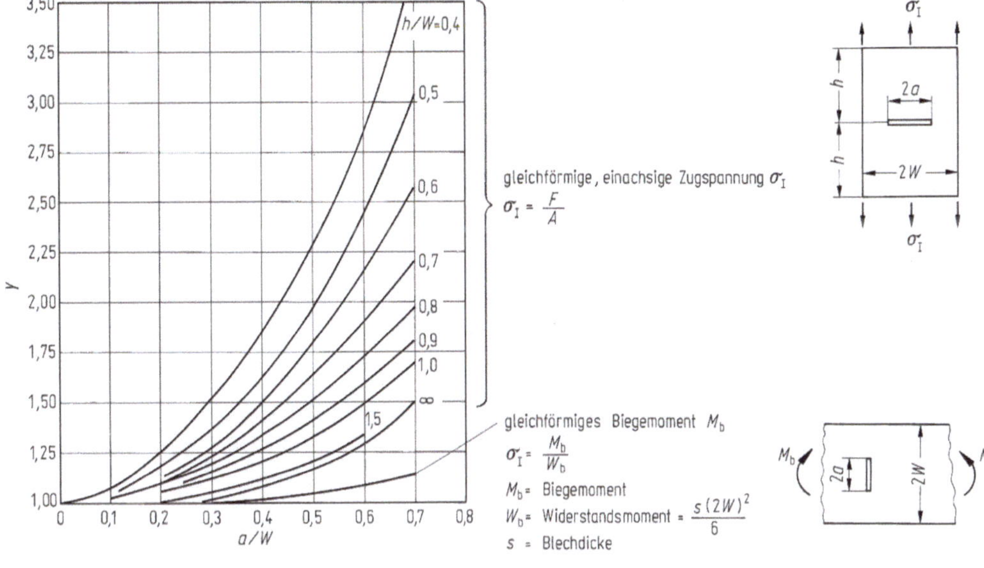

Abb. 3.52 Geometriefaktoren Y für einen durchgehenden Mittelriss bei rein elastischem Verhalten [2]

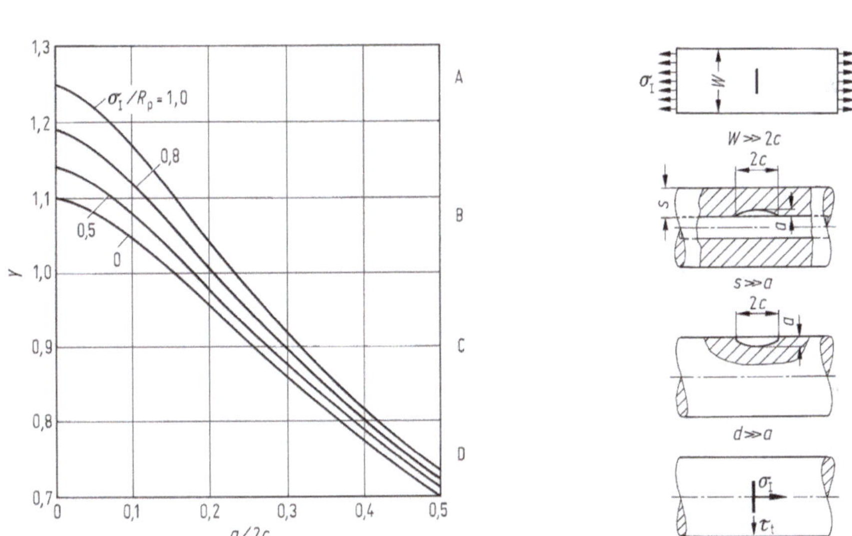

Abb. 3.53 Geometriefaktor Y für halbelliptischen Oberflächenriss [32], $Y = (1{,}21/Q)^{0{,}5}$ mit Q nach [2], in A: σ_I = Zugspannung, in B und C: σ_I = Tangential- Zugspannung aus Schrumpf und/oder Fliehkraft, in D: σ_I = Biegezugspannung

3.8.1 Anwendung, Möglichkeiten der Bruchmechanik

Die Bruchmechanik ist ein geeignetes Hilfsmittel für:

- Auswahl eines geeigneten Werkstoffs bei gegebenem Reinheitsgrad (bestimmt durch Schlacken, Lunker, Einschlüsse)
- Berechnung der kritischen Risslänge, die bei gegebenem Werkstoff und gegebener statischer Belastung zum Gewaltbruch führt oder Berechnung der Gewaltbruchkraft bei bekannter (gemessener) Risslänge (und -kontur)
- Berechnung der Lebensdauer (Schwingspielzahl) bis zum Ermüdungsbruch bei bekanntem Werkstoff, bekannter Schwingbeanspruchung und unterkritischer Risslänge (Zeitfestigkeit) bzw. Berechnung einer Risslänge, bei der ein Riss unter Schwingbeanspruchung nicht weiter fortschreitet (Dauerfestigkeit)

Die Bruchmechanik kann die konventionelle Festigkeitsberechnung ergänzen, jedoch nicht ersetzen.

3.8.2 Statische Festigkeit – das K_{Ic}-Konzept

Der Spannungsintensitätsfaktor K_I

Der Faktor K_I eignet sich zur Beurteilung der Beanspruchung an der Rissspitze (Index I für Rissöffnungsmodus I, siehe Abb. 3.51). Er ist mit den Annahmen der LEBM (linear-elastische Bruchmechanik), d. h. für Zustände, bei denen Sprödbruchgefahr besteht, für den Außenriss wie folgt definiert

$$K_I = Y \cdot \sigma_I \cdot \sqrt{\pi \cdot a} \qquad (3.162)$$

Wichtiger sind die in der Praxis häufig vorkommenden Fälle mit halbelliptischen Oberflächenrissen und elliptischen

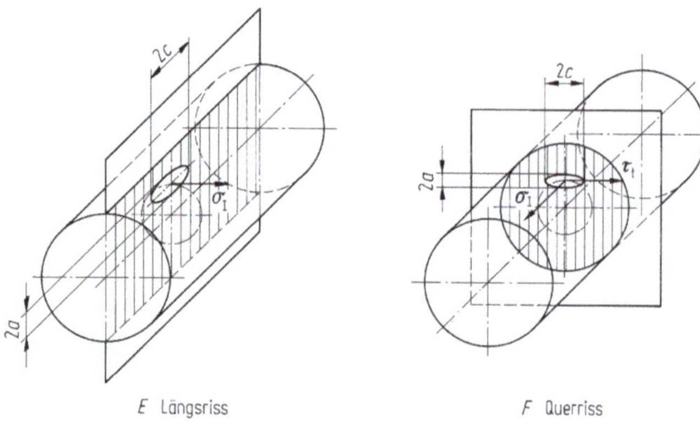

Abb. 3.54 Berechnung des Spannungsintensitätsfaktors für den elliptischen Innenriss am Beispiel einer Welle, in *E*: σ_I = Tangential-Zugspannung aus Schrumpf und/oder Fliehkraft, in *F*: σ_I = Biegezugspannung

Innenrissen, wobei ferner nach [34] und [35] eine Plastifizierung an der Rissspitze berücksichtigt wird. Für den Innenriss gilt

$$K_I = 0{,}91 \cdot Y \cdot \sigma_I \cdot \sqrt{\pi \cdot a} \tag{3.163}$$

a	in mm	halbe Risslänge siehe Abb. 3.52, 3.53 und 3.54
Y		Geometriefaktor für die Einflüsse von Bauteilgeometrie, Risskonfiguration und Beanspruchungsart. Y ist vom Spannungsverhältnis σ_I/R_p abhängig. Werte für einige Fälle mit durchgehenden Rissen siehe Abb. 3.52, für Außenriss Abb. 3.53 und für Innenriss Abb. 3.54
σ_I	in N/mm^2	Nennspannung am Rissort, Rissöffnungsmodus I bei gleichförmiger Zug- oder Biegezugspannung. (Bei Berechnung mit Finiten Elementen (FEM) oder Boundary Elementen (BEM) Auswertung über das J-Integral-Kriterium [2], [32], [52])

Anwendungsbereich
Y-Faktoren wie in Abb. 3.52 gelten für rein elastische Verformungen im Bereich der Rissspitze. Diese Annahme ist bei kleinen Beanspruchungen zulässig, etwa für $\sigma_I < 0{,}4 \cdot R_p$.

Plastifizierung: An der Rissspitze ist in Wirklichkeit immer mit gewissen plastischen Verformungen zu rechnen. Dies kann nach Irwin [34] bei der Berechnung berücksichtigt werden, indem die halbe Risslänge a in (3.162) durch einen „effektiven" Wert a_{eff} ersetzt wird.

$$a_{eff} = a + r_{pl} \tag{3.164}$$

r_{pl}	in mm	Plastizitätsradius siehe Abb. 3.51

Ein Maß für die Größe der plastischen Zone ist das Verhältnis r_{pl}/a und r_{pl}/s. Die LEBM gilt jedoch nur, wenn r_{pl} im Vergleich zur Risshalblänge a und zur Bauteildicke s klein ist. Diese Forderung ist in der Regel nur erfüllt, wenn ein überwiegend ebener Dehnungszustand (EDZ) vorliegt, d. h. Gefährdung durch Trennbruch wegen Querbehinderung des plastischen Fließens. Hieraus ergibt sich:

1. Bedingung: $r_{pl} \ll a$. Für den EDZ (dicke Bauteile, Wellen, starke Dehnbehinderung) gilt (bei einer Sicherheit $R_p/\sigma_I \approx 2$)

$$\frac{r_{pl}}{a} = \frac{(1 - 2 \cdot \upsilon)^2}{2} \cdot \left(\frac{\sigma_I}{R_p}\right)^2 \approx< 0{,}025 \tag{3.165}$$

a	in mm	halbe Risslänge siehe Abb. 3.52, 3.53 und 3.54
r_{pl}	in mm	Plastizitätsradius siehe Abb. 3.51
R_p	in N/mm^2	Fließgrenze
σ_I	in N/mm^2	Nennspannung am Rissort, Rissöffnungsmodus I
υ		Querkontraktionszahl

Für die Bedingungen der EDZ ist die Fließzone (Fläche) nur etwa 1/100 so groß wie beim ebenen Spannungszustand (ESZ), siehe (3.169). Oberhalb einer plastischen Zone von $r_{pl}/a \approx 0{,}025$ sind die Methoden der Fließbruchmechanik nach Abschn. 3.8.3 anzuwenden.

2. Bedingung: Zur Beurteilung der Dehnbehinderung (Einfluss von Wanddicke und Werkstoff) eignet sich der Querbehinderungsparameter

$$q = \frac{s}{\left(\frac{K_I}{R_p}\right)^2} \approx \frac{s}{2 \cdot \pi \cdot r_{pl}} > 2{,}5 \tag{3.166}$$

q		Querbehinderungsparameter
s	in mm	Bauteildicke
K_I	in MPa $\sqrt{m}$	Spannungsintensitätsfaktor nach (3.162)

Wenn $q > 2{,}5$ ist, liegt ein ebener Dehnungszustand (EDZ) vor.

Für die Anwendung der LEBM und die Zuordnung des Spannungszustandes EDZ müssen beide Bedingungen eingehalten werden, um die Sprödbruchgefahr mit Hilfe des K_{Ic}-Konzepts zu beurteilen.

Grenzwerte, Bruchzähigkeit
Der verformungsarme Gewaltbruch wird beim ebenen Dehnungszustand ausgelöst, wenn die statische Spannung oder

Tab. 3.27 Bruchzähigkeit von Stählen nach [2], ergänzt. 1 Vergütungsstähle, 2 Feder- und Kettenstähle, 3 Vergütungsstahl AISI 4340, Zusammensetzung in %: (0,38–0,43) C, (0,60–0,80) Mn, 0,040 P, 0,040 S, (0,20–0,35) Si, (1,65–2,00) Ni, (0,70–0,90) Cr, (0,20–0,30) Mo, 4 Einsatzstahl, 5 Nitrierstahl

Nr.	Stahl	Fließgrenze R_p in $\mathrm{N/mm^2}$	Kritischer Spannungsintensitätsfaktor $K_{\mathrm{I}c}$ in MPa $\sqrt{\mathrm{m}}$
1	34CrMo4	450	66
	40CrMo4	480	60
	51CrMo4	960	111
	39CrMoV13 9	1500	66
		2180	48
	30CrNiMo8	1060	108
		1410	87
	34CrNiMo6	1280 ... 1550	40 ... 83
	26NiCrMoV8 5	570	97
	28NiCrMoV8 5	750	84
	38NiCrMoV7 3	1200 ... 1600	66 ... 133
2	50CrV4	1465	62
	51CrMoV4	1470	93
3	AISI 4340	860	99
		1515	60
4	20MnCr5	Kern $R_m \approx 1000$	80
		Rand HRC ≈ 60	22
5	30CrMoV9	Kern $R_m \approx 1000$	130
		Verbindungsschicht HRC ≈ 22	9 ... 16

Tab. 3.28 Bruchzähigkeit von Aluminium und Faserverbundwerkstoffen nach [2], ergänzt

Nr.	Werkstoff	Dichte ϱ in $\mathrm{kg/dm^3}$	Zugfestigkeit R_m in $\mathrm{N/mm^2}$	Elastizitätsmodul E in $\mathrm{N/mm^2}$	Kritischer Spannungsintensitätsfaktor $K_{\mathrm{I}c}$ in $\mathrm{N/mm^{3/2}} = 10^{-3/2} \cdot \mathrm{MPa}\sqrt{\mathrm{m}}$
6	Aluminium 2024	2,77	436	74.000	36
7	Graphitfaser/Epoxid	1,49	476	56.000	33
8	Borfaser/Epoxid	1,99	422	80.000	37
9	E-Glasfaser/Epoxid	1,77	380	19.000	32

die Oberspannung bei Schwingbeanspruchung an der Rissspitze eine Größe erreicht, die dem kritischen Spannungsintensitätsfaktor $K_{\mathrm{I}c}$ (= Bruchzähigkeit) entspricht, d. h. wenn gilt

$$K_{\mathrm{I}} = K_{\mathrm{I}c} \tag{3.167}$$

$K_{\mathrm{I}c}$ kann nach verschiedenen Prüfverfahren experimentell an genormten Proben ermittelt werden. In Tab. 3.27, 3.28, 3.29 und 3.30 sind Werte für verschiedene Werkstoffe angegeben. Weitere Hinweise sind in Abschn. 3.8.5 angegeben. $K_{\mathrm{I}c}$ sinkt deutlich mit abnehmender Umgebungstemperatur (Beispiele siehe Abb. 3.55) sowie bei Einwirkung aggressiver Medien (Säurelösungen, Meerwasser, u. ä.) und zwar sowohl bei statischer, verstärkt aber bei dynamischer Beanspruchung: Spannungsrisskorrosion scc (stress corrosion cracking), siehe Abschn. 3.8.4.

Aus (3.162) und (3.167) lässt sich die Risshalblänge a_T ableiten, bei der eine zulässige Nennspannung R_p/S_F bzw. eine Sicherheit S_F unterschritten wird. a_T wird als Maß der Risslängentoleranz des Werkstoffs angesehen. Für $S_F = 2$ ergibt sich

$$a_T = \frac{4}{\pi} \cdot \frac{1}{Y^2} \cdot \left(\frac{K_{\mathrm{I}c}}{R_p}\right)^2 \tag{3.168}$$

R_p	in $\mathrm{N/mm^2}$	Fließgrenze
Y		Geometriefaktor für die Einflüsse von Bauteilgeometrie, Werte für einige Fälle mit durchgehenden Rissen siehe Abb. 3.52, für Außenriss Abb. 3.53 und für Innenriss Abb. 3.54

Je größer a_T ist, umso höher ist die Wahrscheinlichkeit, gefährliche Risse mit $a \approx a_T$ bei Routineinspektionen des Bauteils zu entdecken (z. B. im Bereich einiger Millimeter). Weist die Berechnung mit (3.168) kleine a_T-Werte aus, so sind Inspektionen mit aufwendigeren technischen Mitteln vorzusehen. Zerstörungsfreie Prüfverfahren für den Nachweis von Rissen sind in [2] enthalten.

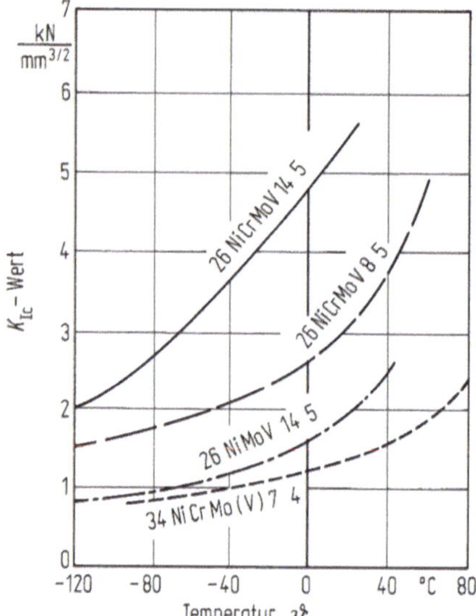

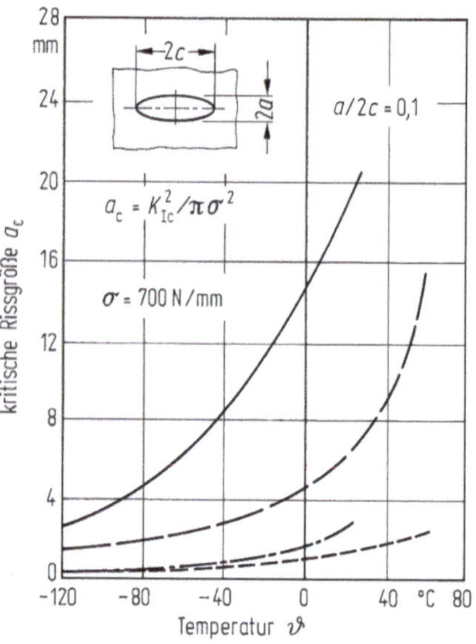

Abb. 3.55 Bruchzähigkeit K_{Ic} und berechnete kritische Risslängen von Stählen für Turbinen- und Generatorwellen unter Einfluss der Temperatur [48]

3.8.3 Statische Festigkeit – Fließbruchmechanik (FBM)

Bei vielen Maschinenbau-Werkstoffen ist Sprödbruch unter statischer Beanspruchung nur bei extremen Bedingungen zu erwarten, z. B. bei sehr niedrigen Temperaturen, sehr hohen Schwingfrequenzen, starker Fließbehinderung. Bei üblichen Betriebstemperaturen sind insbesondere dünne Bauteile gegen duktiles Versagen, d. h. nach den Methoden der FBM (auch plastisches Grenzkraftkonzept genannt) auszulegen.

Anwendungsbereich
Der Plastizitätsradius r_{pl} ist relativ groß (vgl.Abschn. 3.8.2) im Vergleich zu den Abmessungen des Rissquerschnitts. Daraus folgt, dass ein überwiegend ebener Spannungszustand (ESZ) vorliegt.

1. Bedingung: Für den ESZ (dünne Bauteile, Bleche) gilt

$$\frac{r_{pl}}{a} = \frac{1}{2} \cdot \left(\frac{\sigma_I}{R_p}\right)^2 > 0{,}13 \tag{3.169}$$

a	in mm	Risshalblänge siehe Abb. 3.52, 3.53 und 3.54
r_{pl}	in mm	Plastizitätsradius siehe Abb. 3.51
σ_I	in N/mm²	Nennspannung am Rissort, Rissöffnungsmodus *I*
R_p	in N/mm²	Fließgrenze

Für Werte von r_{pl}/a zwischen 0,025 nach (3.165) und 0,13 nach (3.169) stellt sich ein Zustand zwischen ebenen Dehnungs- und ebenen Spannungszustand ein (Mischbruch).

2. Bedingung: Für die Anwendung der ESZ ergibt sich aus der Grenze für den Querbehinderungsparameter q nach (3.166), dass bei $q < 0{,}1$ ein ESZ vorliegt.

Grenzwerte
Näherungsweise kann die plastische Grenzkraft nach einem einfachen Ansatz abgeschätzt werden, siehe [24] und [29],

$$F_{Limit} = \sigma_F \cdot A \tag{3.170}$$

mit der Fließspannung, berücksichtigt die Fließgrenze, die Mehrachsigkeit und die Verfestigung, als Näherung nach Experimenten

$$\sigma_F = m \cdot (R_p + R_m) \tag{3.171}$$

m		Berechnungsfaktor $m = 0{,}5 \ldots 0{,}4$
A	in mm²	Restquerschnitt
R_m	in N/mm²	Zugfestigkeit
R_p	in N/mm²	Fließgrenze

Diese einfache Methode ist nicht unbedingt zuverlässig, es muss daher eine angemessene Sicherheit vorgesehen werden. Eine höhere Genauigkeit bieten aufwendigere Methoden, beispielsweise das CTOD- oder das J-Integral-Konzept [2], [32], [52].

3.8.4 Dynamische Festigkeit – das ΔK-Konzept

Schwingbeanspruchung kann bekanntlich zu Werkstoffermüdung führen. Abb. 3.56 zeigt die Phasen der Rissbildung und des Risswachstums, die dabei bis zum Bruch durchlaufen werden. Das physikalische Geschehen wird durch die Ermüdungsbruchmechanik beschrieben. In Abb. 3.56 ist die Risswachstumsrate da/dN dargestellt, abhängig vom zyklischen Spannungsintensitätsfaktor ΔK, (3.172) und (3.174). Hieraus ist erkennbar:

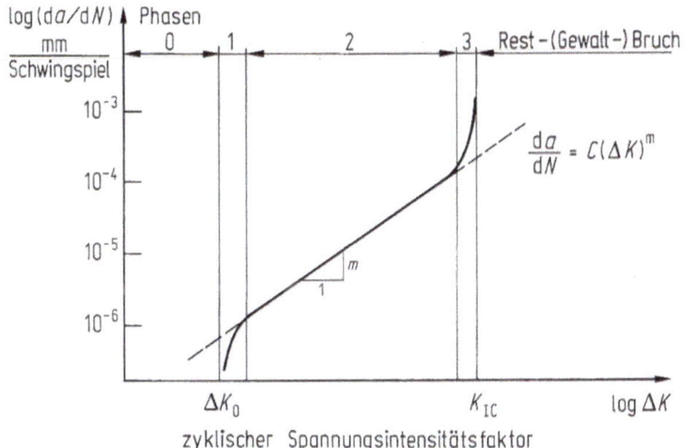

Abb. 3.56 Rissbildung bei schwingender Beanspruchung, Rissgeschwindigkeit, abhängig vom zyklischen Spannungsintensitätsfaktor [2], [23]

- In Phase 0, d. h. unterhalb eines Schwellenwertes, breitet sich ein Riss nicht mehr aus. Bruchmechanische Dauerfestigkeit.
- In Phase 1 beginnt das Risswachstum mit niedriger Zuwachsrate ($da/dN < 10^{-5}$ mm/Schwingspiel). Zeitfestigkeit, nahe Dauerfestigkeit.
- Phase 2 ist der Bereich stabilen, vorkritischen Risswachstums mittlerer Zuwachsrate ($da/dN < 10^{-5} \ldots 10^{-3}$ mm/Schwingspiel). Mittlere, für die Lebensdauer maßgebliche Zeitfestigkeit.
- In Phase 3 beschleunigt sich der Rissfortschritt ($da/dN > 10^{-3}$ mm/Schwingspiel). Er wird instabil, bis der verbliebene Restquerschnitt plötzlich durch Gewaltbruch aufgerissen wird.

Anwendungsbereich

Bei Schwingbeanspruchung sind im Allgemeinen die Voraussetzungen für die Anwendung der LEBM (Sprödbruch) gegeben, so z. B. auch bei Baustählen geringerer Festigkeit.

Berechnung des Rissfortschritts bei schwingender Beanspruchung, Grenzwerte

Bei zwischen Unterspannung σ_u und Oberspannung σ_o schwingender Beanspruchung (Nennspannung am Rissort) schwankt der Spannungsintensitätsfaktor entsprechend (3.162) zwischen $K_{\mathrm{I}o}$ (mit $\sigma_{\mathrm{I}} = \sigma_o$) und $K_{\mathrm{I}u}$ (mit $\sigma_{\mathrm{I}} = \sigma_u$). Die Schwingbreite des Spannungsintensitätsfaktors, der zyklische Spannungsintensitätsfaktor ΔK_{I}, beträgt für $\sigma_u > 0$

$$\Delta K_{\mathrm{I}} = Y \cdot \Delta\sigma \cdot \sqrt{\pi \cdot a} \qquad (3.172)$$

mit der Differenz

$$\Delta\sigma = \sigma_o - \sigma_u \qquad (3.173)$$

Da ein auf Druck beanspruchter Riss keine Spannungsintensität verursacht, bleiben Druckanteile einer Schwingbeanspruchung unberücksichtigt, d. h. für $\sigma_u \leq 0$ gilt

$$\Delta K_{\mathrm{I}} = Y \cdot \sigma_o \cdot \sqrt{\pi \cdot a} \qquad (3.174)$$

a	in mm	Risshalblänge siehe Abb. 3.52, 3.53 und 3.54
Y		Geometriefaktor für die Einflüsse von Bauteilgeometrie, Werte für einige Fälle mit durchgehenden Rissen siehe Abb. 3.52, für Außenriss Abb. 3.53 und für Innenriss Abb. 3.54

Je nach Größe und Konfiguration des Risses, Werkstoff und Art der Beanspruchung wird das physikalische Geschehen in den oben angegebenen Phasen durch unterschiedliche Kennwerte beschrieben.

Wichtig ist vorab die Phase 0, in der ein Riss toleriert werden kann, ferner die Phase 2, die maßgebend für die Lebensdauer zeitfester Bauteile ist.

a) Phase 0 (Dauerfestigkeit)

Ein Riss breitet sich nicht weiter aus, wenn der zyklische Spannungsintensitätsfaktor kleiner als der zyklische Schwellwert ist

$$\Delta K_{\mathrm{I}} \leq \Delta K_0 \qquad (3.175)$$

ΔK_0 ist ein Werkstoffkennwert und kann, wie K_{Ic}, experimentell bestimmt werden. Werte für verschiedene Werkstoffe sind in Tab. 3.29 und 3.30 enthalten. Weitere Hinweise sind in Abschn. 3.8.5 angegeben.

b) Phase 1

wird bei der Berechnung der Lebensdauer nicht berücksichtigt, siehe Abb. 3.56.

c) Phase 2 (Zeitfestigkeit, $\Delta K_{\mathrm{I}} \gg \Delta K_0$)

Die Zunahme der Risslänge „da" (siehe Abb. 3.52 bis 3.54) je Schwingspiel „dN" kann z. B. mit der Forman-Gleichung [2] abgeschätzt werden:

$$\frac{da}{dN} = C \cdot \frac{(\Delta K_{\mathrm{I}})^m}{(1 - R_\sigma)} \qquad (3.176)$$

Für eine überschlägige Bewertung des Rissausbreitungsverhaltens eignet sich nach [52] auch folgender Ansatz für $R_\sigma = 0$

$$\frac{da}{dN} = 10^9 \cdot \left(\frac{\Delta K_{\mathrm{I}}}{E}\right)^{3,4} \qquad (3.177)$$

m		Exponent der Forman-Gleichung siehe Tab. 3.29
C		Vorfaktor der Forman-Gleichung siehe Tab. 3.29
E	in MPa	Elastizitätsmodul
R_σ		Spannungsverhältnis nach (3.43)

Tab. 3.29 Bruchmechanische Kennwerte nach [2] von 1 Baustählen und 2 Vergütungsstählen

Nr.	Stahl	0,2 %-Dehngrenze $R_{p0,2}$ in N/mm²	Spannungsverhältnis R_σ	Zyklische Schwellwert ΔK_0 in MPa $\sqrt{m}$	Exponent der Forman-Gleichung m	Vorfaktor der Forman-Gleichung $C \cdot 10^{-10}$ in m/L
1	St 38b-2 (S235)	280	0,10	5,5	3,80	3,40
	SM50 (S355)	370	0,04	5,0	3,50	18,00
	St 460 (S460)	485	0,10	5,9	3,80	4,80
	St 600	655	0,10	4,2	2,70	95,00
	HT80 (StE 690)	725	0,04	4,8	3,00	59,00
2	26CrNiMo4	366		7,6...11,9	3,71	3,21
	28NiCrMoV7 4	730		6,0... 7,3	3,21	23,60
	26NiCrMo8 5	715		5,9... 6,3	3,20	26,80
	23CrNiMo7 4 7	660		6,5... 7,4	3,78	6,50
	28CrMoNiV4 9	630		6,6... 7,3	3,33	17,20

L = Schwingspiel

Tab. 3.30 Bruchmechanische Kennwerte nach [2] für statische K_{Ic} und zyklische ΔK_0 Beanspruchung von Sonderstählen

Stahl	HV-Härte	Kritischer Spannungsintensitätsfaktor K_{Ic} in MPa $\sqrt{m}$	Zyklischer Schwellwert ΔK_0 in MPa $\sqrt{m}$
X40CrMoV5.1	672	35,0	4,5
Warmarbeitsstahl H13	369	75,0	6,3
100Cr6 Wälzlagerstahl	781... 690	12,8... 690,0	< 6,0

d) Phase 3

Mit fortdauernder Schwingbeanspruchung, d. h. kontinuierlich akkumulierten da-Werten, nähert sich der Schwingbruch dem statischen Bruchvorgang an. Wenn die der Oberspannung (Nennspannung am Rissort) entsprechende Spannungsintensität K_{Io} den statischen Grenzwert K_{Ic} erreicht, tritt der (Rest-)Gewaltbruch ein.

e) Risswachstum bei Spannungsrisskorrosion:

Durch Einwirkung aggressiver Medien (Säurelösungen, Meerwasser und ähnliches) entstehen Risse, in den Phasen 1 und 2 in erster Linie bedingt durch elektrochemische Vorgänge, in Phase 3 überwiegend durch die Zugspannung. Das unterkritische Risswachstum setzt nach Überschreiten eines vom Werkstoff und besonders stark von der Umgebung abhängigen Grenzwertes K_{Iscc} ein. K_{Iscc} ist meist wesentlich kleiner (etwa 1/2 bis 1/8) als K_{Ic}, d. h. beispielsweise Rostnarben infolge Seewassereinwirkung mindern die Schwingfestigkeit drastisch. Die Auswirkungen von statischer Beanspruchung auf das Risswachstum wird in Abschn. 3.8.2 erläutert.

3.8.5 Hinweise

Die Treffsicherheit der Berechnung hängt entscheidend davon ab, dass die Nennspannung im Fehlerbereich richtig erfasst wird.

Kritische Spannungsintensität (Bruchzähigkeit) K_{Ic} und zyklische Spannungsintensität ΔK_0 sollten möglichst an Proben aus dem Werkstoff des Bauteils bestimmt werden, da die jeweilige statische Festigkeit und das Gefüge einen starken Einfluss haben.

Berechnung des Risswachstums bei regelloser Beanspruchung (Betriebsfestigkeit), niederzyklischer Beanspruchung ($N < 10^3$), thermischer Langzeitbeanspruchung, Wasserstoffversprödung sowie Abschätzung der wahrscheinlichen Fehlerverteilung ist in [2] enthalten.

Schlag- oder stoßartig wirkende Beanspruchungen, d. h. hohe Dehngeschwindigkeiten an der Rissspitze, wie sie z. B. bei Schiffs- und Fahrzeugkollisionen auftreten, können zu einer drastischen Absenkung der Bruchzähigkeit führen [2].

Der Aufwand für die zerstörungsfreie Bestimmung der Fehlergröße muss sich nach den Risiken bei Versagen des Bauteils, dessen Wert sowie den Kosten für Reparatur, Ersatzteilbeschaffung und Anlagenstillstand richten [2].

Literatur

1. Bayer Leverkusen (1998) Programm RALPH, Richtlinien und Belastungsgrenzen für die Konstruktion von Kunststoffbauteilen. Leverkusen
2. Blumenauer H, Pusch G (1993) Technische Bruchmechanik, 3. Aufl. Deutscher Verlag für Grundstoffindustrie, Leipzig, Stuttgart
3. Buxbaum O (1992) Betriebsfestigkeit – Sichere und wirtschaftliche Bemessung schwingbruchgefährdeter Bauteile, 2. Aufl. Verlag Stahleisen, Düsseldorf
4. Dauerfestigkeit von Stahl. Merkblatt 457 der Beratungsstelle für Stahlverwendung, Düsseldorf

5. DIN 743 Tragfähigkeitsberechnung von Wellen und Achsen – Teil 1:2012-12 Einführung, Grundlagen – Teil 2:2012-12 Formzahlen und Kerbwirkungszahlen – Teil 3:2012-12 Werkstofffestigkeitswerte – Teil 4:2012-12 Zeitfestigkeit, Dauerfestigkeit – Schädigungsäquivalente Spannungsamplitude
6. DIN 50100:2016-12 Schwingfestigkeitsversuch – Durchführung und Auswertung von zyklischen Versuchen mit konstanter Lastamplitude für metallische Werkstoffproben und Bauteile
7. DIN 50125:2016-12 Prüfung metallischer Werkstoffe – Zugprobe
8. DIN EN 1561:2012-01 Gießereiwesen – Gusseisen mit Lamellengraphit
9. DIN EN 1562:2012-05 Gießereiwesen – Temperguss
10. DIN EN 1563:2012-03 Gießereiwesen – Gusseisen mit Kugelgraphit
11. DIN EN 1993 Eurocode 3: Bemessung und Konstruktion von Stahlbauten – Teil 1-1:2010-12 Allgemeine Bemessungsregeln für den Hochbau
12. DIN EN 10025 Warmgewalzte Erzeugnisse aus Baustählen – Teil 2:2005-04 Technische Lieferbedingungen für unlegierte Baustähle – Teil 3:2005-02 Technische Lieferbedingungen für normalgeglühte/normalisierend gewalzte schweißgeeignete Feinkornbaustähle – Teil 4:2005-02 Technische Lieferbedingungen für thermomechanisch gewalzte schweißgeeignete Feinkornbaustähle
13. DIN EN 10083 Vergütungsstähle – Teil 2:2006-10 Technische Lieferbedingungen für unlegierte Stähle – Teil 3:2007-01 Technische Lieferbedingungen für legierte Stähle
14. DIN EN 10084:2008-06 Einsatzstähle – Technische Lieferbedingungen
15. DIN EN 10085:2001-07 Nitrierstähle – Technische Lieferbedingungen
16. DIN EN 10088 Nichtrostende Stähle – Teil 2:2014-12 Technische Lieferbedingungen für Blech und Band aus korrosionsbeständigen Stählen für allgemeine Verwendung
17. DIN EN 10293:2015-04 Stahlguss – Stahlguss für allgemeine Anwendungen
18. DIN EN ISO 527 Kunststoffe – Bestimmung der Zugeigenschaften – Teil 1:2012-06 Allgemeine Grundsätze – Teil 2:2012-06 Prüfbedingungen für Form- und Extrusionsmassen – Teil 3:2003-07 Prüfbedingungen für Folien und Tafeln
19. DIN EN ISO 6506 Metallische Werkstoffe – Härteprüfung nach Brinell – Teil 1:2015-02 Prüfverfahren – Teil 4:2015-02 Tabelle zur Bestimmung der Härte
20. DIN EN ISO 6507 Metallische Werkstoffe – Härteprüfung nach Vickers – Teil 1:2006-03 Prüfverfahren – Teil 2:2013-12 Überprüfung und Kalibrierung der Prüfmaschinen – Teil 3:2006-03 Kalibrierung von Härtevergleichsplatten – Teil 4:2006-03 Tabellen zur Bestimmung der Härtewerte
21. DIN EN ISO 6508 Metallische Werkstoffe – Härteprüfung nach Rockwell – Teil 1:2016-12 Prüfverfahren – Teil 2:2015-06 Überprüfung und Kalibrierung der Prüfmaschinen und Eindringkörper – Teil 3:2015-06 Kalibrierung von Härtevergleichsplatten
22. DIN EN ISO 18265:2014-02 Metallische Werkstoffe – Umwertung von Härtewerten
23. DUBBEL (2014) Taschenbuch für den Maschinenbau, 24. Aufl. Springer, Berlin
24. FKM-Richtlinie (2009) Bruchmechanischer Festigkeitsnachweis für Maschinenbauteile, 3. Aufl. Forschungskuratorium Maschinenbau, Frankfurt
25. FKM-Richtlinie (2012) Rechnerischer Festigkeitsnachweis für Maschinenbauteile, 6. Aufl. Forschungskuratorium Maschinenbau, Frankfurt
26. French HJ (1933) Fatigue and Hardening of steels. Transactions American Society of Steel Treating 21:899
27. Fröhlich P (1995) FEM-Leitfaden – Einführung und praktischer Einsatz von Finite-Elemente-Programmen. Springer, Berlin
28. Hahn M (1995) Festigkeitsberechnung und Lebensdauerabschätzung für metallische Bauteile unter mehrachsig schwingender Beanspruchung. Dissertation, TU Berlin
29. Häberer R, Munz D (1980) Plastische Grenzlasten für Proben und Bauteile mit Rissen. Primärbericht des IRB im KFK 10.02.12 P 01A
30. Haibach E (2006) Betriebsfestigkeit – Verfahren und Daten zur Bauteilberechnung, 3. Aufl. Springer, Berlin
31. Haibach E (1992) Betriebsfeste Bauteile. Konstruktionsbücher, Bd 13. Springer, Berlin
32. Heckel K (1991) Einführung in die technische Anwendung der Bruchmechanik, 3. Aufl. Hanser, München, Wien
33. Hütte (1996) Die Grundlagen der Ingenieurwissenschaften, 30. Aufl. Springer, Berlin
34. Irwin GR (1962) Journal of Applied Mechanics E 84(4):651–654
35. Irwin GR (1964) Mat Res Stands 4:107
36. Kochendörfer A, Schürenkämper A (1961) Spannungszustand und Ausbildung der Fließzonen in gekerbten Zug- und Biegeproben und ihr Einfluss auf das Festigkeits- und Formänderungsverhalten der Werkstoffe. Archiv für das Eisenhüttenwesen 32(10):689–699
37. Lorenz P, Poterasu V, Mihalache N (1995) Methode der Finiten Elemente und Randelemente. Vieweg, Braunschweig
38. Mayer W (1974) Wirkung von Kerben und Orientierungen auf das Festigkeitsverhalten eines amorphen SAN-Copolymeren insbesondere bei schwingender Beanspruchung. Dissertation, Universität Stuttgart
39. Mayr M (1999) Technische Mechanik, 2. Aufl. Hanser, München
40. Mayr M, Thalhofer U (1993) Numerische Lösungsverfahren in der Praxis: FEM-BEM-FDM. Hanser, München
41. Müller H-W (1987) Kompendium Maschinenelemente, 7. Aufl. Selbstverlag, Darmstadt
42. Neuber H (1985) Kerbspannungslehre. Springer, Berlin
43. Niemann G, Winter H (1989) Maschinenelemente, Bd. II, 2. Aufl. Springer, Berlin, Heidelberg
44. Niemann G, Winter H, Höhn B-R (2001) Maschinenelemente, Bd. I, 3. Aufl. Springer, Berlin Heidelberg
45. Oberbach K (1980) Kunststoffkennwerte für Konstrukteure. Carl Hanser Verlag, München
46. Oberbach K (1982) Zur Aussagekraft von Stoßversuchen an Probekörpern für das Zähigkeitsverhalten von Plastformteilen. Plaste und Kautschuk 3:178–182
47. Oberbach K, Rupprecht L (1987) Kunststoffkennwerte für Datenbank und Konstruktion. Kunststoffe 77(8):783–790
48. Rösler J, Harders H, Bäker M (2016) Mechanisches Verhalten der Werkstoffe, 5. Aufl. Springer, Berlin
49. Schinn R, Schieferstein U (1973) Anforderungen und Abnahmekriterien für schwere Schmiedestücke des Turbogeneratorenbaues. VGB-Kraftwerkstechnik 53:182–195
50. Schütz W (1967) Über eine Beziehung zwischen der Lebensdauer bei konstanter und bei veränderlicher Beanspruchungsamplitude und ihre Anwendbarkeit auf die Bemessung von Flugzeugbauteilen. Z Flugwissenschaften 15(11):407–419
51. Schütz W (1983) Lebensdauervorhersage schwingend beanspruchter Bauteile. Der Maschinenschaden 56(6):221–224
52. Schwalbe KH (1980) Bruchmechanik metallischer Werkstoffe. Hanser, Wien
53. SEW 550:1976-08 Stähle für größere Schmiedestücke; Gütevorschriften
54. Tetmajer L (1903) Die Gesetze der Knickungs- und der zusammengesetzten Druckfestigkeit der technisch wichtigsten Baustoffe, 3. Aufl. Franz Deuticke, Leipzig und Wien
55. VDI/VDE 2616 Blatt 1:2012-08 Härteprüfung an metallischen Werkstoffen. VDI-Verlag, Düsseldorf
56. Wellinger K, Dietmann H (1969) Festigkeitsberechnung, 3. Aufl. Kröner, Stuttgart

Leichtbau

4

▶ Leichtbaukonstruktionen sind hinsichtlich Entwicklung, Herstellung und Erprobung meist sehr aufwändig. Trotzdem bietet Leichtbau wirtschaftliche Vorteile, wenn die Gewichtsminderung anderweitige Einsparungen oder funktionelle Verbesserungen zur Folge hat. In diesem Kapitel werden verschiedene Möglichkeiten des Leichtbaus erklärt und allgemeine Hinweise zur Konstruktion von Leichtbaustrukturen gegeben.

Vorteile

- Andere Bauteile werden entlastet und können entsprechend leichter gehalten werden (z. B. Pleuel bei schnelllaufenden Verbrennungsmotoren, Fundamente).
- Höhere Drehzahlen und somit höhere Leistungen sind möglich und damit eine Reduzierung des Leistungsgewichts.
- Bei gleichem Gesamtgewicht ist eine höhere Nutzlast möglich (z. B. in der Fahrzeug- und Fördertechnik).
- Geringere, laufende Betriebskosten führen zu Energieersparnis und geringeren Unterhaltskosten bei Fahrzeugen.
- Transportkosten werden niedriger (z. B. bei Baumaschinen).
- Die Handhabung wird erleichtert (z. B. durch leichtere Werkzeuge oder Vorrichtungen).
- Manche Anwendungen (z. B. Luft- und Raumfahrt) sind überhaupt erst durch Leichtbau möglich.

4.1 Leichtbauarten

Das Gewicht G (= Masse m) eines Bauteils wird durch seine Abmessungen und die Dichte des Werkstoffs bestimmt. Generell gilt als Kennwert:

$$G = \varrho \cdot L \cdot A = f(\varrho, L, F, S, \sigma_{\text{grenz}}, \alpha_\sigma, n, \lambda, \eta_A) \quad (4.1)$$

n		Stützzahl für Kerbempfindlichkeit
A	in mm^2	Querschnittsfläche, ist eine Funktion von F, S, σ_{grenz}, α_σ, n, λ und η_A
F	in N	Belastung
L	in mm	Länge des Bauteils
S		Sicherheit
α_σ		Formzahl siehe Abschn. 3.2.5
η_A		Artnutzgrad siehe Abschn. 4.4.1
λ		Schlankheitsgrad siehe Abschn. 3.2.7.1
ϱ	in kg/mm^3	Dichte des Werkstoffs
σ_{grenz}	in N/mm^2	Werkstoffgrenzwert (z. B. σ_{zul})

Das Eigengewicht des Bauteils soll minimiert werden, ohne die Funktion und die Betriebssicherheit zu beeinträchtigen. Dazu bieten sich drei Methoden an:

Bedingungs-Leichtbau (Abschn. 4.2)
Durch Modifizieren der Aufgabenstellung kann eine Verkleinerung der Bauelemente ermöglicht werden. Dies wird erreicht durch Begrenzung der inneren und äußeren Kräfte, durch Verteilung von Belastungen, Identifikation unnötiger Sicherheiten etc. (siehe hierzu Arbeitsmethoden Versagensursachen – Berechnungen: Abschn. 1.4). Dies wird durch die Einflussgrößen L, A (Gestaltung) und S in (4.1) berücksichtigt.

Stoff-Leichtbau (Abschn. 4.3)
Durch Einsatz von Werkstoffen kleinerer Dichte und höherer Festigkeit bzw. geringerer Verformung sind deutliche Gewichtseinsparungen möglich. In (4.1) wird diese Methode durch die Faktoren ϱ, σ_{grenz}, n und λ ausgedrückt.

Form-Leichtbau (Abschn. 4.4)
Durch optimalen Kraftfluss und beanspruchungsgerechte Querschnitte wird eine gleichmäßigere Werkstoffausnutzung und Verlagerung von Werkstoffmasse in die Bereiche hoher Spannungen erreicht. Diese Methode wird in (4.1) durch die Einflussgrößen A und L (Gestaltung) sowie α_σ, λ und η_A erfasst.

Tab. 4.1 zeigt an einem Beispiel, welche Gewichtsreduzierungen mit diesen Methoden erreichbar sind.

G. Niemann et al., *Maschinenelemente 1*, https://doi.org/10.1007/978-3-662-55482-1_4

Tab. 4.1 Gewichts- und Kostenreduzierung einer Torsionswelle durch unterschiedliche Leichtbaumaßnahmen (Stand 2005, [9])

Kriterium für Änderung	Bedingungs-Leichtbau	Stoff-Leichtbau		Form-Leichtbau
Maßnahme	Drehmomentbegrenzung $T = 0{,}4 \cdot T_{\max}$	Verwendung von Vergütungsstahl $R_m = 240\,\%$	Leichtmetall $\varrho = 55\,\%$	Hohlprofil $d_a/d_i = 1{,}25$
Baugewicht	55 %	55 %	55 %	55 %
Kosten	55 %	> 120 %	> 160 %	130 %

Ausgangssituation = 100 %: Vollwelle aus Baustahl; maximales Drehmoment: 3-faches Nennmoment. Die Bauteilgewichte beziehen sich auf eine idealisierte Welle ohne Berücksichtigung von Anschlüssen, z. B. Flansche, und Festigkeitsminderung durch z. B. Kerbwirkung. Bei den Kosten wurden nur die reinen Werkstoffkosten betrachtet, welche vom jeweils verwendeten Werkstoff und dessen aktuellem Marktpreis abhängen (Stand 2005 [9]). Zum Vergleich der Herstellkosten müssen noch die unter Umständen abweichenden Fertigungskosten sowie für den Fall der Drehmomentbegrenzung die anteiligen Kosten für diese Maßnahme berücksichtigt werden.

4.2 Bedingungs-Leichtbau

Durch Modifizierung der Aufgabenstellung kann eine Verkleinerung der Bauelemente erreicht werden (siehe in Abschn. 4.1 gegebene Definition). Dies kann mit folgenden Maßnahmen erreicht werden:

- Begrenzung der äußeren Belastung von der Antriebsseite (z. B. gegenüber dem Kippmoment eines Drehstrommotors) oder von der Abtriebsseite (z. B. durch Blockierungen in einem Walzwerk) durch:
  - Überlastsicherungen, wie Rutschkupplungen, Sicherheitskupplungen mit Brechelementen, Überdruckventile in Hydraulikanlagen, elektrische Abschaltvorrichtungen
  - elastische Zwischenglieder zur Minderung der Stoßwirkung, wie Federn, Gummipuffer (Kap. 12), elastische Kupplungen
- Reduzierung innerer (Schwingungs-)Kräfte durch Dämpfungselemente (Kap. 12: Elastische Federn), Änderung der Steifigkeits-Masse-Verhältnisse (Resonanzen aus dem Betriebsbereich verschieben), Auswuchten (Kap. 17: Achsen und Wellen)
- Verteilung der Belastung auf mehrere parallel geschaltete Bauteile (Abb. 4.1)

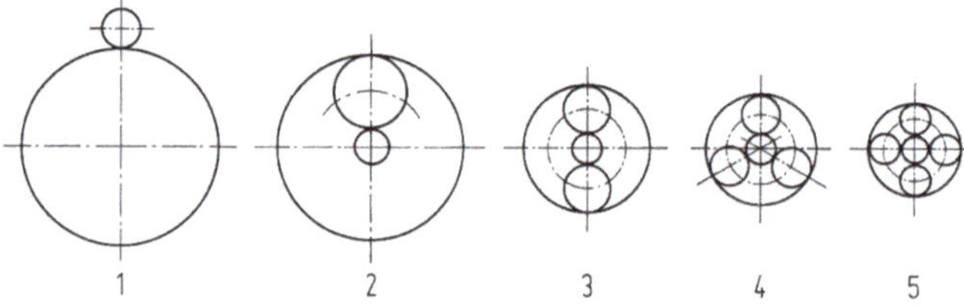

Abb. 4.1 Größenvergleich zwischen Stirnradgetrieben bei gleichem übertragbarem Moment und gleicher Übersetzung [2]; 1 und 2 ohne Leistungsverzweigung; 3, 4 und 5 mit Leistungsverzweigung

- Milderung der Anforderungen durch Reduzierung unnötig großer Sicherheiten durch:
  - genauere Berechnungsverfahren (siehe Arbeitsmethoden in der Konstruktion: Abschn. 1.4.6),
  - Messung von Beanspruchungskollektiven im Betrieb als Grundlage für eine Betriebsfestigkeits-Berechnung siehe Praktische Festigkeitsrechnung: Abschn. 3.7

4.3 Stoff-Leichtbau

Gemäß der in Abschn. 4.1 gegebenen Definition wird Stoff-Leichtbau folgendermaßen erreicht:

- Verwendung von Werkstoffen geringerer Dichte, z. B. Leichtmetall oder Kunststoff statt Stahl
- Verwendung von Werkstoffen höherer Festigkeit, geringerer Verformung oder höherer Verschleißfestigkeit (z. B. Stahl 42CrMo4 statt Stahl C35, Stahlguss statt Gusseisen mit Lamellengraphit)
  Man beachte: Höhere statische Festigkeit bedeutet nicht unbedingt höhere Schwingfestigkeit (Kerbempfindlichkeit).

4.3.1 Werkstoffkenngrößen

Zur Beurteilung des Werkstoffeinflusses allein bezogen auf das Gewicht eignen sich nach [4] und [12]:

- Das spezifische Volumen L_V (in dm^3/N), kennzeichnend für das reale Volumen:
  Je größer das spezifische Volumen ist, desto größer ist auch das auf das Gewicht G bezogene eingenommene Volumen.

$$L_V = \frac{1}{\varrho \cdot g} \tag{4.2}$$

Tab. 4.2 Werkstoffkennwerte und Relativpreise (Stand 2005, [9])

Nr.	Werkstoff	ϱ in kg/dm³	E in N/mm²	R_m in N/mm²	L_V in dm³/N	L_R in km	L_D in km	Vergleichswerte für Preis	
								pro kg	pro dm³
A. Profilstäbe aus Metall									
1	Stahl S235	7,85	210.000	360	0,0130	4,7	2727,0	1,00	1,00
2	Stahl E295	7,85	210.000	490	0,0130	6,4	2727,0	1,10	1,10
3	Si-Mn-Federstahl	7,85	210.000	1300	0,0130	16,9	2727,0	1,67	1,67
4	Rein-Al, hart	2,70	71.000	140	0,0378	5,3	2680,6	1,60	0,55
5	Al-Cu-Mg-Pb	2,85	73.000	370	0,0358	13,2	2611,0	2,90	1,05
6	Al-Mg 5	2,64	72.000	250	0,0386	9,7	2780,1	3,90	1,31
7	Mg-Al-Werkstoff	1,80	43.000	280	0,0545	15,3	2435,2	3,00	0,69
8	Titan 99,7	4,50	105.000	350	0,0227	7,9	2378,5	31,70	18,20
B. Einfache Gussstücke aus									
9	EN-GJL-200	7,20	100.000	200	0,0142	2,8	1414,8	2,00	1,83
10	GS 45	7,85	215.000	450	0,0130	5,8	2791,9	4,00	4,00
11	Al-Guss-Leg.	2,65	70.000	220	0,0385	8,5	2692,7	2,80	0,95
12	Mg-Guss-Leg.	1,80	42.000	240	0,0566	13,6	2378,5	3,10	0,71
C. Platten aus Kunststoff und Holz									
13	PVC hart (bis 55 °C)	1,38	3000	55	0,0739	4,1	221,6	3,33	0,59
14	Polystyrol (bis 60 °C)	1,05	3200	75	0,0971	7,3	310,7	4,33	0,58
15	Polyamid (bis 90 °C)	1,14	1700	60	0,0894	5,4	152,0	11,70	1,67
16	Polyesterharz (bis 70 °C)	1,10	3200	50	0,0927	4,6	296,5	4,83	0,67
Polyesterharz (bis 70 °C) mit Glasfaser (GFK)									
17	Matten-verstärkt (bis 50 °C)	1,60	13.000	150	0,0637	9,6	828,2	8,33	1,70
18	Gewebe-verstärkt (bis 65 °C)	1,90	27.000	340	0,0537	18,2	1448,6	14,20	3,44
19	Roving-verstärkt (bis 70 °C)	2,00	33.000	630	0,0510	32,1	1682,0	9,16	2,12
20	Hartgewebe 2082.5	1,35	7000	60	0,0755	4,5	528,6	4,30	0,74
21	Holz (Buche)	0,72	12.000	130	0,1416	18,4	1698,9	0,10	0,01

- Die spezifische Festigkeit (Reißlänge) L_R (in km), wenn die Festigkeit maßgebend ist:
  Die Reißlänge ist die Länge, bei der ein Werkstoff (Stab) mit konstanter Querschnittsfläche unter seinem Eigengewicht als Zugkraft reißt. Sie ist somit ein Maß für die Werkstoffausnutzung bei reiner Zugbeanspruchung.

$$L_R = \frac{\sigma}{\varrho \cdot g} \tag{4.3}$$

- Die spezifische Steifigkeit (Dehnlänge) L_D (in km), wenn die Verformung maßgebend ist:
  Die Dehnlänge L_D ist ein Maß für elastische Verformbarkeiten bei reiner Zugbeanspruchung.

$$L_D = \frac{E}{\varrho \cdot g} \tag{4.4}$$

g	in m/s²	Erdbeschleunigung
E	in N/mm²	Elastizitätsmodul
ϱ	in kg/mm³	Dichte des Werkstoffs
σ	in N/mm²	mechanische Spannung

Zahlenwerte für einige Werkstoffe sind in Tab. 4.2 zusammengefasst.

Für einen Vergleich von Bauteilen aus unterschiedlichen Werkstoffen eignen sich besser Kenngrößen, die auch die Werkstoffausnutzung, d. h. die Beanspruchungsart (Kraft F, Stoßarbeit W, Biegemoment M_b, Torsionsmoment T) gleichermaßen berücksichtigen [1]:

- Gewichtskennzahl C_Q: Diese hängt für einen gegebenen Querschnitt des Bauteils von der Art der Beanspruchung und dem maßgebenden Grenzwert ab (Festigkeit σ_{zul}, Verformung f_{zul}, Knicksicherheit S_K). Tab. 4.3 gibt eine Übersicht über Gewichtskennzahlen für verschiedene Belastungsfälle und Grenzwerte bei geometrisch ähnlichen Querschnitten.
  Für einen Vergleich gilt: Das Bauteil wird am leichtesten, d. h. der Werkstoff ist für eine gegebene Beanspruchung und einen gegebenen maßgeblichen Grenzwert optimal, wenn der entsprechende Gewichtskennwert C_Q am kleinsten ist.
- Gewichtskennwert für Fliehkraftbeanspruchung C_F (z. B. umlaufende Scheiben): Je kleiner C_F, desto größer ist die zulässige Umfangsgeschwindigkeit.

$$C_F = \left(\frac{\varrho}{\sigma_{\text{zul}}}\right)^{\frac{1}{2}} \tag{4.5}$$

Tab. 4.3 Gewichtskennzahlen für verschiedene Belastungsfälle und Grenzwerte bei geometrisch ähnlichen Querschnitten, nach [12]

Art der Beanspruchung	Belastet durch	Maßgeblicher Grenzwert	Gewichtskennzahl C_ϱ
Zug (Druck)	F	σ_{zul}	$C_\varrho = \varrho/\sigma_{zul}$[a]
		f_{zul}	$C_\varrho = \varrho/E$[b]
	W	σ_{zul}	$C_\varrho = \varrho \cdot E/\sigma_{zul}^2$
Druck (Knickung)	F	S_K	$C_\varrho = \varrho/E^{1/2}$
Biegung-Stab[c]	M_b	σ_{zul}	$C_\varrho = \varrho/\sigma_{zul}^{2/3}$
		f_{zul}	$C_\varrho = \varrho/E^{1/2}$
	W	σ_{zul}	$C_\varrho = \varrho \cdot E/\sigma_{zul}^2$
Biegung-Platte[d]	M_b	σ_{zul}	$C_\varrho = \varrho/\sigma_{zul}^{1/2}$
		f_{zul}	$C_\varrho = \varrho/E^{1/3}$
	W	σ_{zul}	$C_\varrho = \varrho \cdot E/\sigma_{zul}^2$
Torsion	T	τ_{zul}	$C_\varrho = \varrho/\tau_{zul}^{2/3}$
		φ_{zul}	$C_\varrho = \varrho/E^{1/2}$
	W	τ_{zul}	$C_\varrho = \varrho \cdot E/\tau_{zul}^2$

[a] $\triangleq$ 1/Reißlänge, siehe (4.3)
[b] $\triangleq$ 1/Dehnlänge siehe (4.4)
[c] Querschnittsverhältnis Höhe zu Breite vorgegeben
[d] Breite b und Länge L vorgegeben, Dicke t variabel

- Gewichtskennwert für Schwingbeanspruchung C_S: Je kleiner C_S, desto größer ist die Eigenfrequenz.

$$C_S = \left(\frac{\varrho}{E}\right)^{\frac{1}{2}} \quad (4.6)$$

- Gewichtskennwert für Beanspruchung durch Temperaturunterschiede C_T: Je kleiner C_T, desto größer ist der zulässige Temperaturunterschied.

$$C_T = E \cdot \frac{\alpha}{\sigma_{zul}} \quad (4.7)$$

E	in N/mm^2	Elastizitätsmodul
α	in K^{-1}	Wärmeausdehnungskoeffizient
ϱ	in kg/mm^3	Dichte des Werkstoffs
σ_{zul}	in N/mm^2	zulässige Spannung

4.3.2 Leichtbau mit Leichtmetallen

Leichtbau mit Leichtmetallen lohnt sich besonders für ungleichmäßig beanspruchte Bauteile (Artnutzgrad $\eta_A < 1$, Abschn. 4.4.1), und für Bauteile, die neben ausreichender Festigkeit noch Dichtfunktionen übernehmen müssen, z. B. Getriebegehäuse; ferner für Teile, deren Gewichtsverminderung eine weitere Gewichtsverminderung anderer Teile (Unterbauten) nach sich zieht oder wenn dadurch eine entsprechend größere Nutzlast möglich wird (Fahrzeug, Flugzeug).

In anderen Fällen können die geringeren Bearbeitungskosten (z. B. bei Gehäusen von Zahnradpumpen), die geringeren Unterhaltskosten (besserer Korrosionsschutz) oder die geringeren Betriebskosten (geringerer Energieverbrauch) den höheren Werkstoffpreis aufwiegen.

4.3.2.1 Leichtmetall-Werkstoffe

Eigenschaften der Leichtmetalle sind in Abschn. 4.3.2.2 angegeben. Folgende Besonderheiten sind zu beachten:

- Aluminium bzw. Aluminiumlegierungen sind in Form von Platten, Rohren, Strangpressprofilen in den unterschiedlichsten Formen (siehe z. B. Abb. 4.2), sowie als Aluminiumguss verfügbar.
- Titan bzw. Titanlegierungen werden aufgrund hoher Kosten hauptsächlich für hochfeste Bauteile wie z. B. Wellen oder Schrauben sowie im Automobilbau z. B. für Pleuelstangen, Ventile, Turbolader verwendet.
- Die gut vergießbaren Magnesiumlegierungen werden hauptsächlich für komplizierte Gehäuse eingesetzt.
- Superleichtlegierungen wie Lithiumhaltige Aluminium- und Magnesiumlegierungen werden aus wirtschaftlichen Gründen vornehmlich in der Luft- und Raumfahrtindustrie eingesetzt.

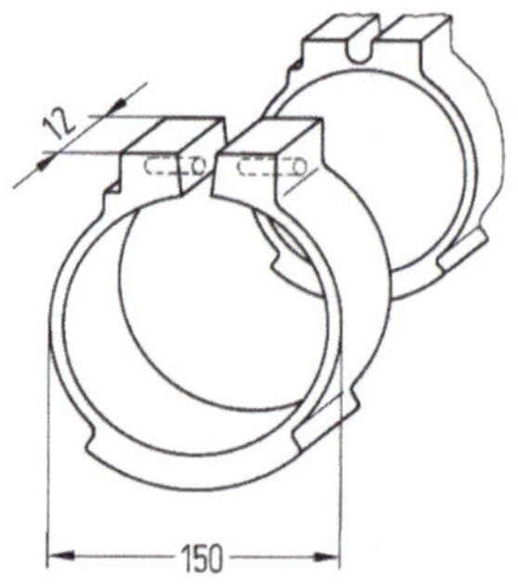

Abb. 4.2 Klemmschellen, hergestellt aus einem Aluminiumstrangpressprofil

Tab. 4.4 Stabförmige Träger aus unterschiedlichen Werkstoffen; Vergleich von Gewicht (Vergleichswert für Eigengewicht: G_V) bei jeweils gleicher Belastung und Länge [9] (Werte für Kosten-Vergleichswert K_V: Stand 2005)

		Zugstab		Biegestab		Knick-, Biege-, Drehstab		Alle Stäbe	
Belastet durch		Kraft F		Biegemoment M_b		Kraft F, Biegemoment M_b, Torsionsmoment T; Verformung f		Stoßarbeit $W = F \cdot f/2$	
Grenzwert		Festigkeit R_m		Festigkeit R_m		Knicksicherheit $S_K = 1$; Verformung $f = 1$; Verdrillung $\varphi = 1$		Festigkeit R_m	
$G_V \sim C_Q =$		ϱ/R_m		$\varrho/R_m^{2/3}$		$\varrho/E^{1/2}$		$\varrho \cdot E/R_m^2$	
Nr.	Werkstoff	Gewicht G_V	Kosten K_V	Gewicht G_V	Kosten K_V	Gewicht G_V	Kosten K_V	Gewicht G_V	Kosten K_V
A. Profilstäbe aus Metall									
1	Stahl S235	1,000	1,00	1,000	1,00	1,000	1,00	1,000	1,00
2	Stahl E295	0,735	0,81	0,814	0,81	1,000	1,10	0,540	0,60
3	Si-Mn-Federstahl	0,277	0,46	0,425	0,71	1,000	1,67	0,077	0,13
4	Rein-Al, hart	0,884	1,42	0,646	1,03	0,592	0,95	0,768	1,23
5	Al-Cu-Mg-Pb	0,353	1,02	0,356	1,03	0,616	1,78	0,119	0,35
6	Al-Mg 5	0,484	1,89	0,429	1,67	0,574	2,24	0,239	0,93
7	Mg-Al-Werkstoff	0,306	0,88	0,282	0,81	0,526	1,52	0,081	0,23
8	Titan 99,8	0,590	18,69	0,584	18,52	0,811	25,70	0,303	9,61
B. Einfache Gussstücke aus									
9	EN-GJL-200	1,651	3,30	1,357	2,71	1,326	2,66	1,415	2,83
10	GS 45	0,800	3,20	0,862	3,45	0,988	3,95	0,655	2,62
11	Al-Guss-Leg.	0,552	1,55	0,469	1,31	0,585	1,64	0,301	0,84
12	Mg-Guss-Leg.	0,344	1,07	0,300	0,93	0,513	1,59	0,103	0,32
C. Platten aus Kunststoff und Holz									
13	PVC hart (bis 55 °C)	1,151	3,83	0,615	2,05	1,471	4,90	0,108	0,36
14	Polystyrol (bis 60 °C)	0,642	2,78	0,381	1,65	1,084	4,69	0,047	0,20
15	Polyamid (bis 90 °C)	0,871	10,19	0,480	5,61	1,614	18,88	0,042	0,50
16	Polyesterharz (bis 70 °C)	1,009	4,87	0,522	2,52	1,135	5,48	0,111	0,54
Polyesterharz (bis 70 °C) mit Glasfaser (GFK)									
17	Matten – verstärkt (bis 50 °C)	0,489	4,07	0,365	3,04	0,819	6,82	0,073	0,61
18	Gewebe – verstärkt (bis 65 °C)	0,256	3,64	0,251	3,57	0,675	9,58	0,035	0,50
19	Roving – verstärkt (bis 70 °C)	0,146	1,33	0,175	1,61	0,643	5,89	0,013	0,12
20	Hartgewebe 2082.5	1,032	4,44	0,568	2,44	0,942	4,05	0,206	0,89
21	Holz (Buche)	0,254	0,03	0,181	0,02	0,384	0,04	0,040	0,01

4.3.2.2 Vergleich von Leichtmetallen mit Stahl bzw. Stahlguss

Der Einfluss der Werkstoffeigenschaften auf das Gewicht wird in Abschn. 4.3.1 erläutert. Ein Vergleich verschiedener Werkstoffe nach der Gewichtskennzahl C_Q ist in Tab. 4.4 angegeben. Allgemein gelten folgende Zusammenhänge:

Gewicht

Bewertung nach der Werkstoff-Gewichtskennzahl C_Q (Tab. 4.4), hinsichtlich Festigkeit:

- Bauteile aus Leichtmetall-Legierungen sind leichter als solche aus Baustahl.
- Bauteile aus hochfesten Leichtmetall-Legierungen sind auch leichter als solche aus hochfesten Stählen (Ausnahme: Federstahldraht).
- Leichtmetall-Gussteile sind leichter als solche aus Gusseisen mit Lamellengraphit (GJL) oder Stahlguss (GS).

Verformung

Bewertung nach der spezifischen Steifigkeit (Dehnlänge L_D) mit (4.4).

- Bei Beanspruchung auf Zug sind Leichtmetalle und Stahlwerkstoffe gleichwertig (die Dehnlängen von Stahl, Aluminium, Magnesium und Titan sind nahezu gleich). Bei Gusswerkstoffen sind die Unterschiede gering, wobei Bauteile aus Gusseisen mit Lamellengraphit am schwersten bauen.
- Bei Beanspruchung auf Biegung und Torsion sind Bauteile aus Leichtmetall bzw. Leichtmetallguss leichter als solche aus Stahl bzw. Gusseisen mit Lamellengraphit.

Volumen

Bewertung nach dem spezifischen Volumen L_V mit (4.2).

- Bei gleicher Tragfähigkeit erfordern Leichtmetalle (mit Ausnahme hochfester Titanlegierungen) größere Volumina als Stahl, GS und GJL (Ausnahme: EN-GJL-200).
- Bei gleicher Verformung erfordern Leichtmetalle bzw. Leichtmetallguss größere Volumina als Stahl und GS.

Kosten

Bewertung nach dem Vergleichswert K_V.

- K_V ist eine Kenngröße für die Relativkosten, bezogen auf Kosten des Bauteils aus S235.
- Der Einsatz von Leichtmetallen führt bei allen Beanspruchungsarten zu höheren Werkstoffkosten als der Einsatz von Stahlwerkstoffen, siehe Tab. 4.4. Aber: Ein Werkstoffvergleich durch Kennwerte ist nur für geometrisch ähnliche Querschnitte gültig (Abschn. 4.3.1, 4.4.1), so dass Bauteile aus Leichtmetallguss oft kostengünstiger sind als aus GJL oder GS (Beispiel: Druckgussteile erfordern geringeren Werkstoffbedarf und weniger Bearbeitung durch genauere Gussform).

Sonstige Eigenschaften der Leichtmetalle im Vergleich zu Stahl

- Der niedrige E-Modul (Mg-Legierungen ca. 1/5, Al-Legierungen ca. 1/3, Titan ca. 1/2 von Stahl) führt bei gleicher Belastung und Bauteilabmessung zu 5-, 3-, 2-facher elastischer Verformung. Benötigt werden daher große Trägheitsmomente (Rohr- und Kastenquerschnitte), wenn kleine Verformungen einzuhalten sind.
- Leichtmetalle haben eine geringere Härte und Verschleißfestigkeit (Al-, Mg-Legierungen), eine größere Wärmeausdehnung, höhere Wärmeleitfähigkeit und größere spezifische Wärmekapazität (Al, Mg). Dies ist vor allem zu beachten bei Verbundkonstruktionen Leichtmetall/Stahl.
- Leichtmetalle haben zum Teil eine niedrigere (Al, Mg), zum Teil eine höhere (Ti) Schmelztemperatur, einen niedrigeren spezifischen elektrischen Widerstand (Al, Mg), sie sind korrosionsbeständig (erfordern keine besonderen Schutzmaßnahmen) und unmagnetisch; zu beachten ist der Abfall der Festigkeit bei höheren Temperaturen (ab ca. 100 °C).
- Bauteile aus Leichtmetall lassen sich im Allgemeinen schlecht schweißen, jedoch leichter spanend bearbeiten, d. h. die Werkzeugstandzeiten sind größer (z. B. für Al- und Mg-Legierungen), auch schwierige Profile lassen sich einfach durch Strangpressen erzeugen (Abb. 4.2), so dass meist nur eine sehr geringe Nacharbeit notwendig ist; durch Druckguss sind komplizierte und auch dünnwandige Gussteile herstellbar.

4.3.2.3 Anwendung von Leichtmetallen

Im Maschinenbau rechnet sich die Gewichtsverminderung gegenüber dem höheren Preis bei schnell bewegten Maschinenteilen (z. B. Kolben und Schubstangen) sowie bei Gehäusen, Verschalungen und Haushaltsgeräten.

Die Luft- und Raumfahrt ist das klassische Anwendungsgebiet der Leichtbautechnik. Leichtmetalle werden hier auch für hochbeanspruchte Bauteile, wie Rümpfe, Tragflächen, Leitwerke oder Fahrgestelle eingesetzt. Die hierdurch erzielte Gewichtsersparnis ergibt einen Gewinn an möglicher Zuladung oder einen reduzierten Kraftstoffverbrauch. Die Entwicklung geht hier in Richtung faserverstärkter Kunststoffe, siehe Abschn. 4.3.3.2.

Im Kraftfahrzeugbau ist das Hauptziel, durch niedriges Eigengewicht die Energiekosten zu reduzieren, d. h. Kraftstoff einzusparen. Häufigste Leichtmetallanwendungen sind: Motorblöcke, Kolben, Pleuel, Zylinderköpfe, Gehäuse für Nebenaggregate, Getriebegehäuse (meist aus Aluminiumlegierungen, für Sportwagen und im Motorsport zunehmend auch aus noch leichterem Magnesium), Fahrwerksteile wie Achslenker an Sportwagen oder Felgen, Motorradrahmen (hierbei werden zusätzlich die ungefederten Massen reduziert). Verbundkonstruktionen aus Stahlgerüst und Aluminiumblech sind oft optimal bezüglich Funktion und Kosten: Gefahr der Kontaktkorrosion beachten (siehe Abschn. 16.7.2).

Im Transportwesen und in der Fördertechnik ist das Hauptziel, den Anteil der Nutzlast am Gesamtgewicht zu erhöhen. Häufigste Anwendungen: Aufbauten und Fahrwerke von Lastkraftwagen, Eisenbahnwaggons, Seilbahnen, ferner Förderkübel und Transportbehälter.

4.3.3 Leichtbau mit Kunststoffen und Verbundwerkstoffen

Kunststoffe und Verbundwerkstoffe werden für unbelastete Verkleidungen eingesetzt, aber auch für hoch beanspruchte Bauteile, wie Wellen, Flugzeugtragflächen oder Karosseriebauteile in Personenkraftwagen [3]. Im Vergleich zu Metallen sind beim Einsatz von Kunststoffen eine Reihe besonderer Eigenschaften zu beachten (siehe Abschn. 5.5.2).

Weitere Entwicklungen im Bereich von Verbundwerkstoffen umfassen faserverstärkte Metalle, z. B. bor- oder kohlenstofffaserverstärktes Aluminium oder kohlenstofffaserverstärkter Nickel [5].

Einen Vergleich der bezogenen Werkstoffeigenschaften gibt Tab. 4.2. Einen Vergleich der Werkstoffe nach Gewichtskennzahl C_Q und Relativkosten K_V gibt Tab. 4.4.

4.3.3.1 Unverstärkte Kunststoffe

Unverstärkte Kunststoffe sind Thermo- und Duroplaste (Kap. 5: Werkstoffe). Sie sind im Vergleich zu Leichtmetallen leichter, billiger, geräusch- und schwingungsisolierend, wärmeisolierend aber weniger fest und weniger steif. Weitere Hinweise sind in Kap. 2: Gestaltung – Formgebung angegeben, typische Anwendungen in Tab. 5.34.

4.3.3.2 Faserverstärkte Kunststoffe

Aufbau, Eigenschaften und Anwendungen von faserverstärkten Kunststoffen sind in Abschn. 5.5.3 angegeben. Ein Vergleich der Kennwerte mit denen von Stahl wird in Abschn. 5.5.1 angeführt. Auch verglichen mit Leichtmetallen sind faserverstärkte Kunststoffe leichter, die Werkstoffeigenschaften (Festigkeit, Steifigkeit) sind konstruierbar durch Wahl von Grund- und Faserwerkstoffen, sowie Faserrichtung und -lage.

Besonderheiten:

- Die Luft- und Raumfahrt ist wegen der sehr hohen Kosten ein Hauptanwendungsgebiet hochfester Faserverbundwerkstoffe. Diese lösen die bislang verwendeten Leichtmetalle in zunehmendem Maße ab (z. B. für Flugzeugzellen, Tragflächen, Leitwerksteile, Treibstofftanks). Die höheren Herstellkosten werden durch den Gewinn an Transportkapazität mehr als ausgeglichen, Abschn. 4.3.2.3.
- Kraftfahrzeugbau: Für Teile der Karosserien und Aufbauten werden glas- und kohlenstofffaserverstärkte Kunststoffe (GFK, CFK) eingesetzt; mit Antriebswellen aus GFK und CFK wird eine größere Steifigkeit erreicht und ermöglicht so eine größere Baulänge bei gleicher Eigenfrequenz, ein Stützlager kann dadurch gegebenenfalls entfallen; bei der Hinterachse werden durch Kombination von Radführung und Federung weniger Einzelteile benötigt; Felgen für Motorräder werden aus CFK gefertigt, um die zu beschleunigenden Massen zu mindern.
- Roboter: Die große Steifigkeit und das geringe Gewicht der Roboterarme aus GFK ermöglichen genaues und schnelles Positionieren.
- Werkzeugmaschinenspindeln aus CFK zeichnen sich durch eine niedrige zu beschleunigende Masse und hohe Steifigkeit aus.
- Dasselbe gilt für rotierende Teile im Maschinenbau, z. B. Lüfterräder, Riemenscheiben und Wellenkupplungen.
- Auch für Drehgestelle von Hochgeschwindigkeitszügen ist das geringe Gewicht ein wichtiger Faktor.
- Dies gilt ebenfalls für Bootskörper, Behälter und Container; wichtig ist hierbei auch die hohe Steifigkeit.

4.3.3.3 Verbundwerkstoffe (Sandwich-Platten)

Neben der Versteifung durch Verrippung von Scheiben, Platten und Schalen gewinnt der homogene Verbund an Bedeutung. Die Bauelemente bestehen meist aus oberer und unterer Deckschicht aus Stahl, Leichtmetall oder faserverstärktem Kunststoff, die im Wesentlichen die Kräfte aufnehmen, und einer verklebten Füllung dazwischen (Abb. 4.3). Für die Füllung eignen sich leichte Naturstoffe (z. B. Kork oder Balsaholz), geschäumte Kunststoffe (z. B. Moltopren) sowie waben-, tubus-, steg- oder wellblechförmige Zellenkörper aus Stahl oder Leichtmetall. Sandwichplatten zeichnen sich durch gleichmäßige Spannungsverteilung in den

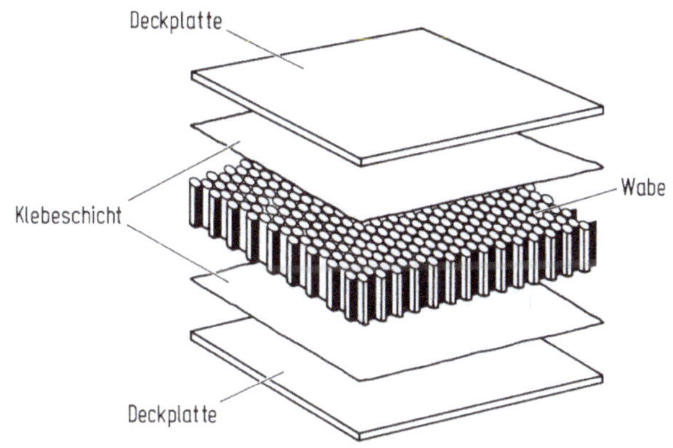

Abb. 4.3 Sandwich-Plattenbauweise (Elemente von Honeycomb)

Deckschichten aus sowie durch große Formbeständigkeit und geringes Raumgewicht. Hauptanwendungsgebiete sind tragende Wände und Verkleidungen in Flugzeugen, auch Tragflächen und Rotorblätter.

4.4 Form-Leichtbau

Durch Wahl geeigneter Querschnitte wird eine gleichmäßige Werkstoffausnutzung erreicht. Der Werkstoff wird aus Zonen geringer in Zonen größerer Spannungen verlegt. So wird versucht, Spannungsspitzen abzubauen und die Sicherheit (z. B. Bruch-, Knick- oder Beulsicherheit oder die verlangte Lebensdauer) in allen Zonen des Bauteils möglichst anzugleichen.

4.4.1 Artnutzgrad η_A

Die Form des Bauteils ist optimal, wenn die Spannung im gesamten Volumen möglichst gleich groß ist. Der Artnutzungsgrad η_A ist ein Maß für die Ausnutzung des Werkstoffs im Bauteil. η_A soll möglichst groß sein (siehe elastische Federn in Abschn. 12.3.6).

Beispiel: Ein Freiträger mit konstantem Querschnitt über der Länge (siehe Abb. 3.18) hat in allen Schnittstellen eine andere Biegespannung. Das bedeutet, dass in allen Querschnitten, in denen die Biegespannung kleiner ist als in der Einspannstelle, die Festigkeit des Werkstoffs nicht voll ausgenutzt wird ($\eta_A = 1/9$).

Um den Werkstoff besser auszunutzen, muss das Widerstandsmoment W_{bx} dem Biegemoment M_{bx} angepasst werden. Tab. 4.5 zeigt eine hierfür geeignete Gestaltung des Freiträgers. Der Artnutzgrad lässt sich auf $\eta_A = 1/3$ verbessern.

Wie groß letztendlich der Werkstoffbedarf ist, hängt darüber hinaus von der Form des Querschnitts ab.

Tab. 4.5 Freiträger mit über der Länge veränderlichem Querschnitt

Nr.	Skizze	Abmessungen	Spannung	Artnutzgrad	Gewicht
1		$h(x) = h_0 =$ konst. $b(x) = b_0 =$ konst.	$\sigma(x) \neq$ konst.	1/9	100 %
2		$h(x) = h_0$ $b(x) = b_0(1 - x/l)$	$\sigma(x) =$ konst.	1/3	50 %
3		$h(x)1 = h_0\sqrt{1 - x/l}$ $b(x) = b_0$	$\sigma(x) =$ konst.	1/3	66 %
4		$h(x) = h_0 \cdot (1 - x/(2 \cdot l))$ $b(x) = b_0$	$\sigma(x) \approx$ konst. (Näherungslösung zu Träger 3 – einfache Herstellung)	$\approx 1/3$	75 %

Tab. 4.6 Profilwerte für verschiedene Bauteile und Beanspruchungen

Art der Beanspruchung	Belastet durch	Maßgeblicher Grenzwert	Profilwert
Zug (Druck)	F	σ_{zul}	„1“ (Querschnittsform ohne Einfluss)
		f_{zul}	
	W	σ_{zul}	
Druck (Knickung)	F	S_K	$k_{ib} = A^2/I_b$
Biegung-Stab	M_b	σ_{zul}	$k_{wb} = A^{3/2}/W_b$
		f_{zul}	$k_{ib} = A^2/I_b$
	W	σ_{zul}	$k_{sb} = A \cdot I_b/W_b^2$
Biegung-Platte	M_b	σ_{zul}	$k_{wb} = A^{3/2}/W_b$
		f_{zul}	$k_{ib} = A_2/I_b$
	W	σ_{zul}	$k_{sb} = A \cdot I_b/W_b^2$
Torsion	T	τ_{zul}	$k_{wt} = A^{3/2}/W_t$
		φ_{zul}	$k_{it} = A^2/I_t$
	W	τ_{zul}	$k_{st} = A \cdot I_t/W_t^2$

4.4.2 Wahl der Querschnitte

Während für das Bauteilgewicht die Querschnittsfläche maßgeblich ist, sind für die Bestimmung der auftretenden Beanspruchungen die Widerstandsmomente (W_b, W_t) für die Spannungen σ bzw. Flächenträgheitsmomente (I_b, I_t) für die Verformungen f die bestimmenden Kenngrößen. Für den Leichtbau sind demzufolge Profile mit hohen Widerstandsmomenten bzw. hohen Flächenträgheitsmomenten, die dabei nur eine geringe Querschnittsfläche aufweisen, günstig.

Für quantitative Vergleiche verschiedener Querschnittsformen eignen sich die Profilwerte:

- k_{wb}, k_{wt}, wenn das Widerstandsmoment gegen Biegung/Torsion die maßgebliche Querschnittskenngröße ist
- k_{ib}, k_{it}, wenn das Flächenträgheitsmoment gegen Biegung/Torsion die maßgebliche Querschnittskenngröße ist
- k_{sb}, k_{st}, wenn ein Bauteil stoßartig, d. h. durch die Stoßarbeit W, auf Biegung/Torsion beansprucht wird

Profilwerte für unterschiedliche Beanspruchung von Stäben und Platten sind in Tab. 4.6 aufgelistet.

Tab. 4.7 Einfluss der Beanspruchungsart auf die Querschnittsfläche A

Art der Beanspruchung	Widerstandsmoment ist maßgebliche Querschnittskenngröße	Stoßartige Beanspruchung
Biegung	$A = k_{wb}^{2/3} \cdot W_b^{2/3}$	$A = k_{sb} \cdot W_b^2 / I_b$
Torsion	$A = k_{wt}^{2/3} \cdot W_t^{2/3}$	$A = k_{st} \cdot W_t^2 / I_t$
Zug (Druck)	$A = \sqrt{k_{ib} \cdot I_b}$	Zug-(Druck-)Beanspruchung hat auf die Querschnittsform keinen Einfluss

Tab. 4.8 Profilwerte für verschiedene Querschnitte

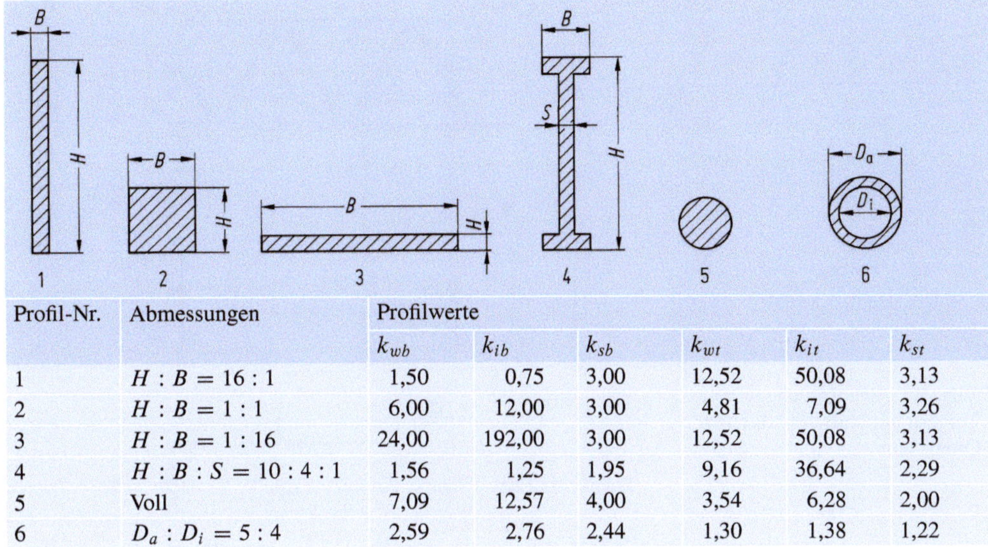

Profil-Nr.	Abmessungen	Profilwerte					
		k_{wb}	k_{ib}	k_{sb}	k_{wt}	k_{it}	k_{st}
1	$H : B = 16 : 1$	1,50	0,75	3,00	12,52	50,08	3,13
2	$H : B = 1 : 1$	6,00	12,00	3,00	4,81	7,09	3,26
3	$H : B = 1 : 16$	24,00	192,00	3,00	12,52	50,08	3,13
4	$H : B : S = 10 : 4 : 1$	1,56	1,25	1,95	9,16	36,64	2,29
5	Voll	7,09	12,57	4,00	3,54	6,28	2,00
6	$D_a : D_i = 5 : 4$	2,59	2,76	2,44	1,30	1,38	1,22

Beispiel 4.1

Gegeben:
2 Biegeträger:
Träger 1: Rundstab, Durchmesser D
Träger 2: Rechteckprofil, Breite/Höhe $= B/H =$ konst $= 1/2$

Gesucht:
Welcher Biegeträger weist bei gleicher Biegebelastung ein geringeres Gewicht auf?

Berechnet:

Querschnittsflächen:

$$A_1 = \pi \cdot D^2/4$$
$$A_2 = B \cdot H = B/H \cdot H^2$$

Widerstandsmomente gegen Biegung:

$$W_{b1} = \pi \cdot D^3/32$$
$$W_{b2} = B \cdot H^2/6 = 1/6 \cdot B/H \cdot H^3$$

Dimensionsloser Profilwert:
k_{wb} ist unabhängig von den Trägerabmessungen und für geometrisch ähnliche Profile gleich. Er verknüpft die Gleichungen für A und W_b.

$$k_{wb1} = A_1^{3/2} / W_{b1} = 4 \cdot \sqrt{\pi} = \text{konst.} = 7{,}09$$
$$k_{wb2} = A_2^{3/2} / W_{b2} = 6 \cdot \sqrt{B/H} = \text{konst.} = 4{,}24$$

Für ein gegebenes Biegemoment und eine zulässige Belastungsgrenze σ_{zul} ergibt sich das erforderliche Widerstandsmoment aus $W_{b\,\text{erf}} = M_b/\sigma_{\text{zul}}$. Die erforderliche Querschnittsfläche A und somit das Gewicht G ist proportional dem Profilwert $k_{wb}^{2/3}$.

Gewichtsvergleich:

$$G_1/G_2 = (7{,}09/4{,}24)^{2/3} = 1{,}409$$

Für diesen Belastungsfall ist folglich das Gewicht für den Träger 1 ca. 40 % höher als für den Träger 2.

Entsprechend den Beziehungen in Tab. 4.7 nimmt der erforderliche Bauteilquerschnitt und damit die Bauteilmasse mit kleiner werdenden Profilwerten ab. Für Leichtbaukonstruktionen sollten deshalb Profile (Querschnitte) mit möglichst kleinen Profilwerten verwendet werden, Tab. 4.8.

Weitere Hinweise zur Querschnittswahl

- Bei Zug- und Druckbeanspruchung ist entsprechend der Beziehung $\sigma = F/A$ die Querschnittsform für die Spannung gleichgültig. Zu beachten ist jedoch ihr Einfluss auf mehr oder weniger günstigen Kraftanschluss (Kerbwir-

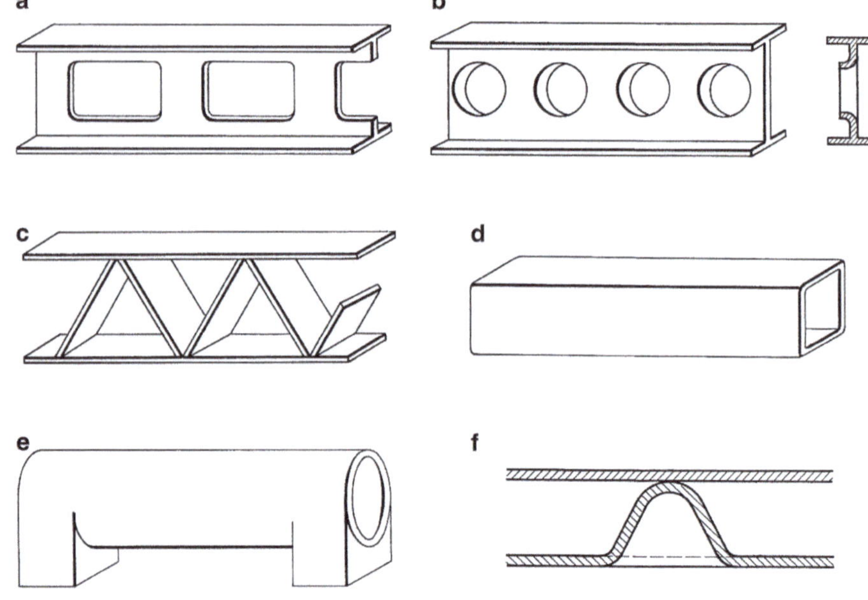

Abb. 4.4 Leichtbau-Biegeträger. Träger **a**, **b** für lange Träger mit geringen Querkräften, Träger **c**, **d**, **e** sind außerdem drehfest; die biegesteife Hohlwand **f** besteht aus einem glatten und einem „gekraterten" Blech

Tab. 4.9 Beanspruchung von Trägern mit unterschiedlichem Querschnitt

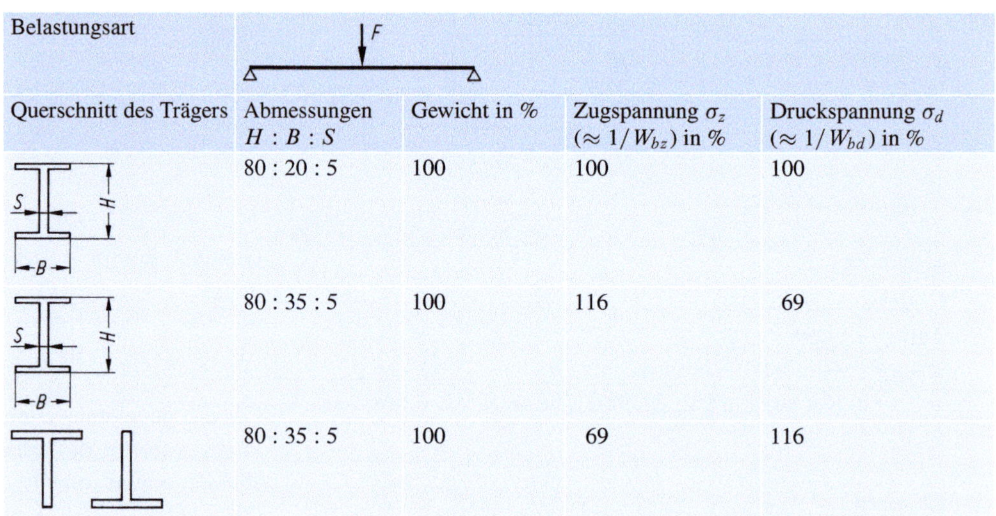

Belastungsart	F			
Querschnitt des Trägers	Abmessungen $H : B : S$	Gewicht in %	Zugspannung σ_z ($\approx 1/W_{bz}$) in %	Druckspannung σ_d ($\approx 1/W_{bd}$) in %
I-Profil (S, H, B)	80 : 20 : 5	100	100	100
I-Profil (S, H, B)	80 : 35 : 5	100	116	69
T-Profil / ⊥-Profil	80 : 35 : 5	100	69	116

kung an der Übergangsstelle), auf Rostansatz (Wasserfang) und evtl. Strömungswiderstand (Windangriff).

- Bei Druckstäben (Knickbeanspruchung) ist neben einem großen E-Modul (Werkstoffeinfluss siehe Tab. 4.4) ein möglichst kleiner Profilwert k_{ib} anzustreben. Günstig sind z. B. dünnwandige Rohrquerschnitte, wobei die Beulgefahr die geringste Wanddicke bestimmt.
- Bei Biegebelastung ist anzustreben:
  - ein kleiner Profilwert k_{wb}, wenn die zulässige Spannung σ_{zul} die Belastung begrenzt,
  - ein kleiner Profilwert k_{ib}, wenn die zulässige Verformung f_{zul} die Belastung begrenzt,
  - ein kleiner Profilwert k_{sb}, bei gegebener Stoßarbeit W.

Beispiele für Leichtbau-Biegeträger sind in Abb. 4.4 dargestellt.

- Bei Biegebelastung durch eine Einzelkraft F sollte der Trägerquerschnitt (Widerstandsmoment) möglichst dem örtlichen Biegemoment angepasst werden, Tab. 4.5.
- Bei einseitiger Biegebelastung sind Querschnitte mit verstärkter Zugseite meist günstiger, da häufig (z. B. bei GJL) die Druckfestigkeit größer als die Zugfestigkeit ist (Tab. 4.9).
- Bei gerippten Querschnitten sind hohe Rippen günstig, wenn große Biegefestigkeit und Steifigkeit, aber geringe Stoßaufnahme verlangt werden, und niedrige Rippen, wenn auch die Stoßaufnahme groß sein soll (Tab. 4.10). Kerbwirkung der Rippen beachten. Große Ausrundungen vorsehen.
- Bei Torsionsbelastung sind anzustreben:
  - ein kleiner Profilwert k_{wt}, wenn die zulässige Spannung τ_{zul} die Belastung begrenzt,
  - ein kleiner Profilwert k_{it}, wenn die zulässige Verdrehung (Drehwinkel φ_{zul}) die Belastung begrenzt.

Günstig sind geschlossene Kreisringquerschnitte oder sonstige Hohlprofile, ungünstig sind offene Hohlprofile (z. B. geschlitzte Hohlprofile, U- und I-Profile, Abb. 4.5).

Tab. 4.10 Einfluss von Rippen auf Biege- und Stoßbelastung

Belastungsart	F		
Querschnitt des Trägers	Gewicht in %	Ertragbares Biegemoment in %	Ertragbare Stoßarbeit in %
20, 300	100	100	100
15, 115, 5	100	172	30
10, 65, 18	100	196	61

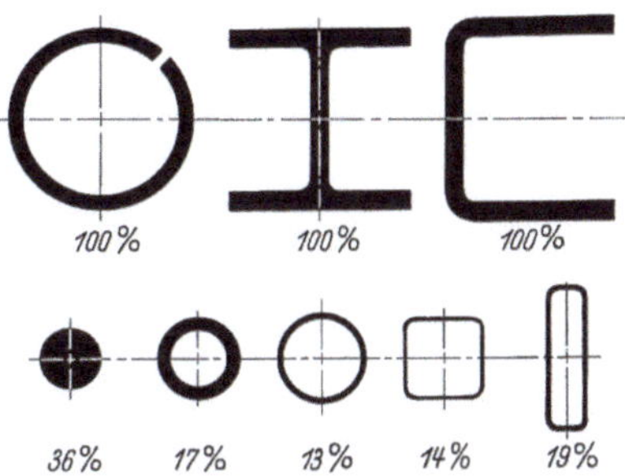

Abb. 4.5 Profile gleicher Verdrehfestigkeit: für gleiches W_t benötigte Querschnittsflächen in %

- Bei gleichzeitiger Biege- und Torsionsbelastung sind geschlossene Hohlprofile am günstigsten, da hierfür sowohl k_{wb} als auch k_{wt} bzw. k_{ib} und k_{it} klein sind. Bei ebenen Wänden oder Platten können durch Aufsetzen von offenen Profilen geschlossene Querschnitte erzeugt werden, wodurch die Belastbarkeit erhöht wird (Abb. 4.6).

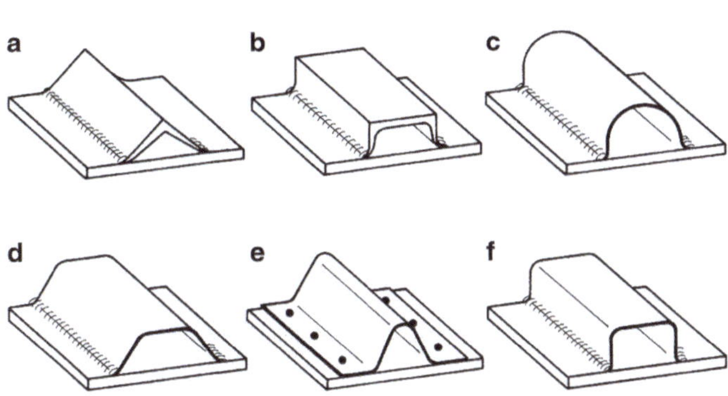

Abb. 4.6 Geschlossene Querschnitte durch Aufsetzen offener Profile auf ebene Wände [6]

- Bei einem Rohr unter Innendruck ist die Tangentialspannung in der Rohrwand umso ungleichmäßiger, je dicker das Rohr ist (Kap. 3: Praktische Festigkeitsrechnung). Mehrere dünnwandige Rohre ineinander geschrumpft sind also günstiger als ein dickes. Eine weitere Abhilfe ergibt die Erzeugung von Druckvorspannungen an der Innenfaser (z. B. durch vorhergehende plastische Verformung des Rohres unter äußerem Überdruck).
- Bei Stoßbelastung (Stoßarbeit W) ist die Beanspruchung am kleinsten, wenn die Stoßkraft $F = 2 \cdot W/f$ am kleinsten, also der Dehnweg f am größten ist. Bei gegebenem Volumen und begrenzter Spannung wird f am größten, wenn das gesamte Volumen gleichhoch beansprucht wird, d. h. alle Stellen gleichmäßig an der Dehnung teilnehmen. Ist ein Querschnitt geschwächt, ist es besser, diese Schwächung durch alle Querschnitte durchlaufen zu lassen, d. h. Steifigkeitssprünge zu vermeiden oder zu mildern, siehe Abschn. 4.4.2 und Abb. 4.7.

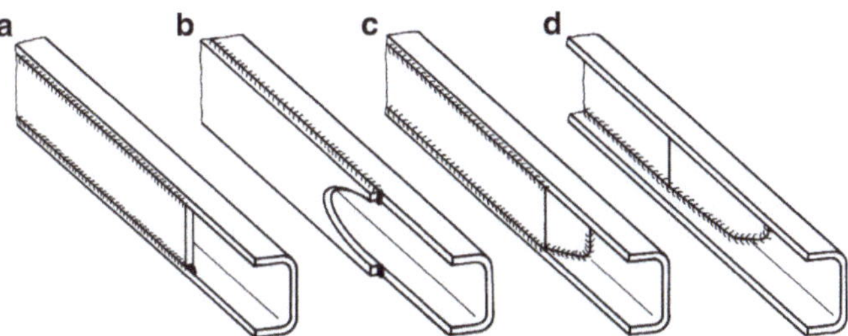

Abb. 4.7 Träger mit veränderlicher Steifigkeit [4], **a** Anrissgefahr am Übergang vom geschlossenen zum offenen Profil durch große Kerbwirkung bei Biege- und Torsionsbelastung, **b** allmählicher Übergang der Widerstandsmomente; Schweißnaht allerdings in der Zone hoher Biegebeanspruchung, **c** zu kurzer Übergang vom geschlossenen zum offenen Profil, **d** günstige Gestaltung der Übergangszone, Schweißnaht unterhalb der Zone hoher Biegebeanspruchung

4.5 Allgemeine Leichtbauregeln, Hinweise für die Konstruktion

Oft ist bereits die Befolgung grundlegender Leichtbauregeln ausreichend, um eine merkliche Gewichtsreduzierung zu erreichen. Diese sind:

- Aufgelöste Bauweise aus dünnwandigen Blechen, Profilstäben, Guss- oder Schmiedeteilen zu Fachwerken, Schalen und Hohlträgern zusammenfügen, mit Verbindung durch Nieten, Schweißen, Kleben oder Schrauben, Abb. 4.8. Die Kräfte möglichst verteilt überleiten, also z. B. viele Niete oder Schrauben verwenden, für Schrauben große Unterlegscheiben. Beim Schalenbau die Knick- und Beulgefahr durch Stützung der tragenden Haut vermindern.
- Größere Steifigkeit, d. h. kleinere Verformung, wird bei gleicher Bauteilgestaltung durch größeren E-Modul erreicht, z. B. durch Stahl statt Gusseisen mit Lamellengraphit oder Leichtmetall. Bei Biege-, Dreh- oder Knickbelastung kann der kleinere E-Modul der Leichtmetalle durch größere Flächenträgheitsmomente ausgeglichen werden (Abb. 4.9). Bei Gussteilen die Wanddicke klein halten, Steifigkeit durch Wulste und Rippen erreichen.
- Bauteile mit Schwingbeanspruchung möglichst gewölbt ausführen. Nicht gewölbte Wände durch Aussteifungen formsteif machen (Abb. 4.10).
- Aussteifungen möglichst diagonal oder räumlich wirkend ausführen, also in Kraftrichtung legen.
- Schweißnähte zur Schwingungsdämpfung gegebenenfalls mit Scheuerstellen ausführen (Abb. 4.11).
- Steifigkeitsunterschiede, besonders an den Querschnittsübergängen, möglichst mildern. Sanfte Übergänge, besonders zwischen steifen und elastischen Stellen sind bei Stahl noch wichtiger als bei Gusseisen (Abb. 4.7). Besonders gefährdet sind diesbezüglich Krafteinleitungsstellen. Gegebenenfalls müssen sie verstärkt oder unterteilt werden (Abb. 4.12).
- Vorspannung kann als Schutz gegen Überlastung dienen, wenn hierdurch die maximale Stoßarbeit gemindert werden kann.

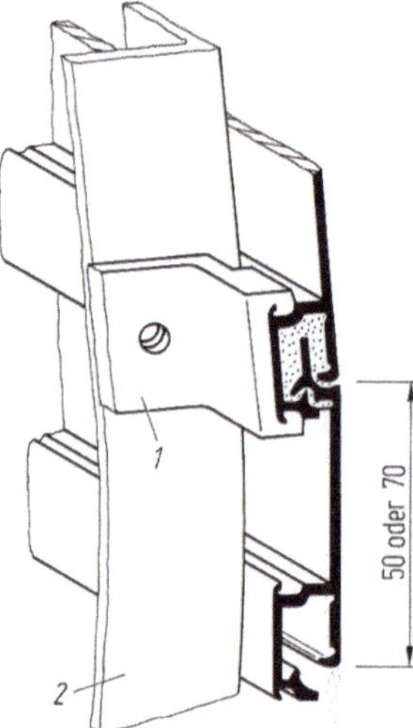

Abb. 4.8 Biege- und schubfeste Verbindung zwischen Strangpressprofilen durch Ausgießen des an der Fügestelle gebildeten Hohlraums mit Kunststoff [7]

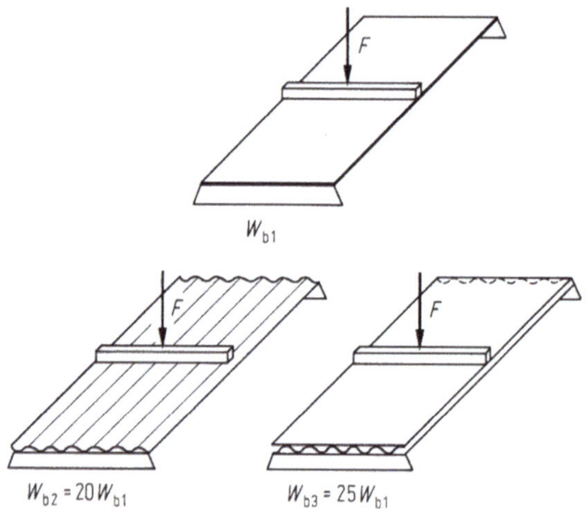

Abb. 4.9 Durch Formgebung veränderte Biegewiderstandsmomente $W_{b1} \dots W_{b3}$ bei gleicher Querschnittsfläche A (VDI 2012 [10])

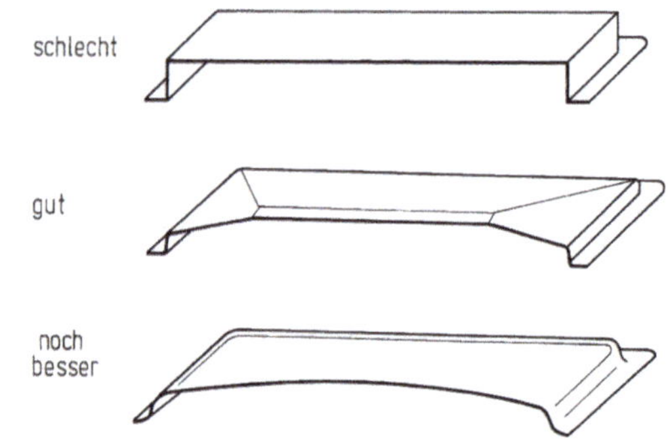

Abb. 4.10 Aussteifung von Flächen (VDI 2212 [11])

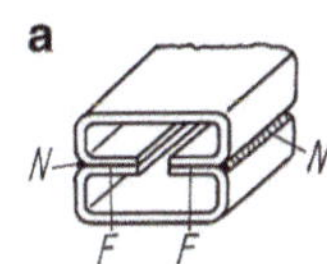

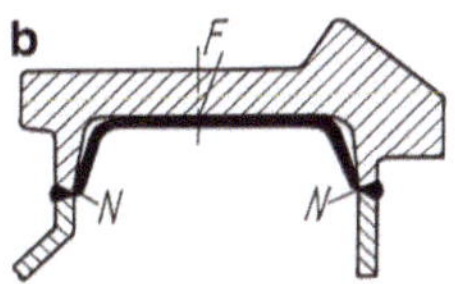

Abb. 4.11 Schwingungsdämpfung durch Scheuerwirkung (Kienzle-Effekt) bei Schweißkonstruktionen [8], **a** Träger aus C-Profilen, die unter Vorspannung bei F mit Nähten bei N verschweißt wurden: **b** geschweißtes Drehbankett mit Vorspannung bei F und Nähten bei N

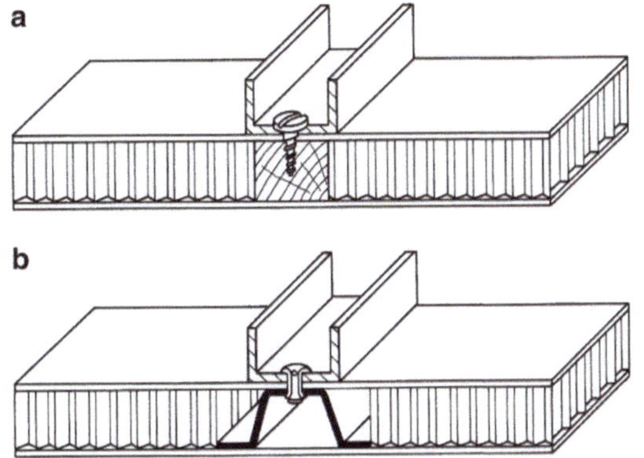

Abb. 4.12 Krafteinleitung bei Verbundbauweise durch verstärkte Profile aus unterschiedlichen Werkstoffen, **a** Holz, **b** Kunststoff (VDI 2012)

Literatur

1. Degischer HP, Poletti C (2009) Werkstoffangebot für den Leichtbau, Werkstoffauswahl. In: Degischer HP, Lüftl S (Hrsg) Leichtbau, Prinzipien, Werkstoffauswahl und Fertigungsvarianten. WILEY-VCH, Weinheim
2. Ehrlenspiel K et al (2014) Kostengünstig Entwickeln und Konstruieren, 7. Aufl. Springer, Berlin
3. Henning F, Moeller E (2011) Handbuch Leichtbau. Carl Hanser Verlag, München, Wien
4. Hintzen H, Laufenberg H (2004) Konstruieren, Gestalten, Entwerfen, 3. Aufl. Vieweg, Braunschweig, Wiesbaden
5. Klein B (2013) Leichtbau-Konstruktion, Berechnungsgrundlagen und Gestaltung, 10. Aufl. Springer, Wiesbaden
6. Knauer B, Wende A (1988) Konstruktionstechnik und Leichtbau. Akademie-Verlag, Berlin
7. Koewius A (1986) Konstruieren mit Aluminium-Strangpreßprofilen. VDI-Z 128(10):70–76
8. Munser F (1958) Die Anwendung des Stahlleichtbaus bei Werkzeugmaschinen. Mitt Forschungsges Blechverarbeitung 7–8
9. Niemann G, Winter H, Höhn B-R (2005) Maschinenelemente, Bd. I, 4. Aufl. Springer, Berlin, Heidelberg
10. VDI 2012:1969-06 Gestalten von Werkstücken aus GFK (glasfaserverstärkte Kunststoffe). Zurückgezogen: 1996-09
11. VDI 2212:1981-10 Datenverarbeitung in der Konstruktion; Systematisches Suchen und Optimieren konstruktiver Lösungen. Zurückgezogen: 1999-10
12. Wiedemann J (1996) Leichtbau 2: Konstruktion, 2. Aufl. Springer, Berlin

5 Werkstoffe, Wärmebehandlung, Oberflächenbehandlung

▶ Sichere Funktion sowie Herstellkosten (zum Teil auch Betriebskosten) von Maschinen hängen in hohem Maße von der Wahl des Werkstoffs und dessen Wärmebehandlung ab. Mitunter ergibt sich die optimale Lösung durch eine zusätzliche Oberflächenbehandlung der Maschinenteile (Überzüge, Beschichtungen).

Stahl ist mit fast 60 % des gesamten Werkstoffverbrauchs der wichtigste Werkstoff im Maschinenbau. Hauptgründe sind: hohe Festigkeit, hohe Steifigkeit (E-Modul), günstiger Preis, gute Verfügbarkeit und Wiederverwertbarkeit. Seine Eigenschaften sind umfassend untersucht und dokumentiert.

Gusseisen deckt ca. 15 % des Verbrauchs ab und eignet sich besonders für komplizierte Werkstücke.

Nichteisenmetalle (NE-Metalle) machen mehr als 10 % aus. Sie sind meist leichter als Stahl. Insbesondere ihre Legierungen sind im Allgemeinen korrosionsbeständig und plastisch leicht verformbar. Weitere Eigenschaften im Vergleich zu Stahl sind in Abschn. 4.3.2.2 angegeben.

Kunststoffe haben einen Anteil von ca. 15 %. Sie sind wesentlich leichter als Stahl, ihre Festigkeit ist geringer, der Elastizitätsmodul niedriger. Sie eignen sich für komplizierte Formen (z. B. Spritzguss), können elektrisch isolieren und sind gut bearbeitbar. Durch Faserverstärkung werden besondere Eigenschaften erzielt.

Keramische Werkstoffe machen nur einen kleinen Anteil aus, sind aber wegen hoher Warmhärte, Druck- und Verschleißfestigkeit wichtig für den Motoren- und Werkzeugbau.

Die prozentualen Anteile des Werkstoffverbrauchs im deutschen Maschinenbau lassen sich aus [3], [4], [70], [77] ableiten.

5.1 Werkstoffauswahl

Funktionssicherheit und Kosten der Bauteile hängen außer von Belastung, Dimensionierung, Gestaltung (z. B. Kerben, Baugröße), Sicherheit usw. entscheidend vom Werkstoff ab. Die Werkstoffauswahl ist daher eine vorrangige Aufgabe in der Produktentwicklung.

Dabei wird zweckmäßigerweise zunächst mit den Erfahrungen mit den betreffenden Maschinenelementen begonnen. Angaben hierzu finden sich in den jeweiligen Kapiteln dieses Buches. Erst wenn diese Erfahrungen nicht ausreichen, also wenn neue Erkenntnisse, Anforderungen, Engpässe, Preisverhältnisse oder neue Werkstoffe zu berücksichtigen sind, werden weitergehende Überlegungen angestellt (Abschn. 5.1.3).

5.1.1 Welche Eigenschaften sind wichtig?

Die Eigenschaften von Werkstoffen werden durch unterschiedliche Werkstoffkennwerte ausgedrückt. In Tab. 5.1 sind wichtige Werkstoffkennwerte aufgelistet. Es werden die folgenden Eigenschaften unterschieden.

Statische Festigkeit

Für zähelastische Werkstoffe (z. B. Walzstahl) ist die Streckgrenze R_e oder die 0,2 %-Dehngrenze $R_{p0,2}$ (beide verallgemeinert als Fließgrenze R_p bezeichnet) maßgebend, für spröde Werkstoffe die Zugfestigkeit R_m. Für die Beanspruchungsarten Druck, Biegung und Torsion gibt es entsprechende Grenzwerte. Weiterführende Informationen sind in Abschn. 3.3.3 und 3.4.3 im Rahmen der Festigkeitsberechnung aufgeführt.

Tab. 5.1 Wichtige Werkstoffkennwerte, ermittelt an genormten Proben mit genormten Prüfverfahren

Zugfestigkeit	$R_{m,N}$
Streckgrenze	$R_{e,N}$ [a]
0,2 %-Dehngrenze	$R_{p0,2,N}$ [a]
Zeitstandfestigkeit	$R_{m,Tt,N}$
Zeitdehngrenze	$R_{p0,2,Tt,N}$
Bruchdehnung	A
Brucheinschnürung	Z
Kerbschlagzähigkeit	a_K

[a] verallgemeinert als Fließgrenze R_p bezeichnet

G. Niemann et al., *Maschinenelemente 1*, https://doi.org/10.1007/978-3-662-55482-1_5

Dynamische Festigkeit
Die dynamische Festigkeit (= Schwingfestigkeit, Ermüdungsfestigkeit) umfasst die Bereiche der Dauer- und der Zeitfestigkeit. Typische Kennwerte sind bspw. die Dauerfestigkeit σ_D, die Ausschlagfestigkeit σ_A usw. (vgl. Abschn. 3.3.3, 3.5.1 und 3.5.2). Wichtig ist hier der Randschichteinfluss (Oberflächenhärtung).

Zähigkeit
Die Verformbarkeit wird charakterisiert durch die Bruchdehnung A, die Brucheinschnürung Z (Abschn. 3.4.1) sowie die Kerbschlagzähigkeit a_K (Abschn. 3.3.5).

Warmfestigkeit
Sie kennzeichnet das Verhalten bei hohen Temperaturen. Der Grenzwert für Verformung ist die Zeitdehngrenze $R_{p0,2,Tt}$, zum Beispiel heißt Spannung, die bei $\vartheta = 300\,°\mathrm{C}$, $t = 10.000\,\mathrm{h}$ zu einer plastischen Verformung von 0,2 % führt $R_{p0,2/10.000/300}$. Der Grenzwert für Bruch ist die Zeitstandfestigkeit $R_{m,Tt}$, siehe Abschn. 3.3.3.

Steifigkeit (elastische Verformung)
Der Einfluss des Werkstoffs auf die Steifigkeit eines Bauteils ist gekennzeichnet durch den E-Modul und G-Modul. Wichtig ist hierbei, dass z. B. die verminderte Steifigkeit bei geringerem E-Modul von Aluminium zu Stahl durch entsprechende konstruktive Gestaltung, z. B. Wahl des Flächenträgheitsmoments, kompensiert werden kann.

Verschleißfestigkeit
ist die Widerstandsfähigkeit gegen kontinuierlichen Materialabtrag, insbesondere gegen Gleit- und Wälzbeanspruchung (siehe Abschn. 16.7.1).

Korrosionsfestigkeit
ist die Widerstandsfähigkeit gegen Korrosion. Wichtig sind hierbei die Randschicht des Werkstoffs (Oberflächenhärte, Beschichtung), die Bearbeitung (Rauheit) und die Schmierung.

Weitere Hinweise

- Die Werkstoffkennwerte Zugfestigkeit R_m, Fließgrenze R_p, Dauerfestigkeit σ_D, Bruchdehnung A_5, Kerbschlagzähigkeit a_K und Härte, wie sie in den DIN-Tabellen angegeben sind, werden mit genormten Prüfverfahren (z. B. Zugversuch an Normprobe DIN EN ISO 6892 Teil 1 [60], Härteprüfung Brinell DIN EN ISO 6506 Teil 1 [59] etc.) an genormten Proben ermittelt. In den Werkstoffnormen sind alle relevanten Angaben und Verweise zu den Prüfverfahren sowie zur Probengestalt und -abmaße enthalten. Die Tragfähigkeit der Bauteile kann nicht allein hieraus abgeleitet werden, sondern hängt auch von Bauteilgröße, -form und -beanspruchung ab (Kap. 3). Manche Kennwerte (z. B. A_5, a_K) dienen nur zur vergleichenden Beurteilung der Werkstoffe, werden jedoch nicht für die Dimensionierung der Bauteile verwendet.
- Mitunter genügt es, die kritischen Stellen eines Bauteils durch entsprechende Bearbeitung zu verfestigen oder zu härten oder gefährdete Teilbereiche durch Überzüge gegen Verschleiß oder Korrosion zu schützen.
- Kombinationswerkstoffe sind eine Möglichkeit, Teileigenschaften eines Werkstoffs zu verbessern. Ein Beispiel sind Faserverbundwerkstoffe. Durch die gerichteten Fasern wird eine hohe Zugfestigkeit in einer Belastungsrichtung erreicht (Abschn. 5.5.3 und 5.6). Die Belastungsrichtung muss nicht gleich der Richtung sein, in der die Möglichkeit für die maximale Beanspruchung, die durch die entsprechenden Faserverläufe gegeben wird, vorliegt.

5.1.2 Überlegungen zu den Kosten (Kostenfaktoren)

Neben den reinen Beschaffungskosten für die Rohteile sind eine Reihe anderer, vom Werkstoff abhängiger Kostenfaktoren zu beachten:

- Verarbeitbarkeit: Zerspanbarkeit, Verformbarkeit
- Ist Recycling des Werkstoffs möglich?
- Entsorgung: Zu erwartende Kosten, beispielsweise beachtlich bei Schwermetallen wie Cadmium
- Stückzahl: Einzel- oder Serienfertigung, beeinflusst die Wahl des Herstellverfahrens und des dafür geeigneten Werkstoffs.
- Disponierbarkeit: Ab Lager abrufbar? Lagerhaltung sinnvoll? Lieferzeit berücksichtigen!
- Fertigungseinrichtungen und -kapazitäten verfügbar oder Verlagerung möglich?

Man beachte:

- Durch geeignete Herstellung (z. B. Gießen) können mitunter kostengünstige Werkstoffe verwendet werden.
- Durch kraftflussgünstige Gestaltung (z. B. sanfte Querschnittsübergänge) kann die Tragfähigkeit unter Umständen stärker erhöht werden als durch Wahl eines höherwertigen und ggf. teureren Werkstoffs.
- Schädliche Nebenwirkungen beachten. Beispiel: Durch Verzinken können Bauteile gegen Korrosion geschützt werden. Recycling wird jedoch verteuert, denn der Zinküberzug muss z. B. durch Verdampfen beseitigt oder im Wälzprozess zurückgewonnen werden.
- Die Kosten für einen Werkstoff sind abhängig von seinen Legierungselementen, der aktuellen Marktlage etc. In VDI 2225 Blatt 2 [79] sind relative Werkstoffkosten für eine Vielzahl von Stählen gültig für den Zeitpunkt der Drucklegung (1987) angegeben. Sie können dem Konstrukteur für vergleichende wirtschaftliche Untersuchungen dienen, nicht aber als Kalkulationsunterlage. Der für

verschiedene Methoden der Wärmebehandlung erforderliche Aufwand (z. B. Ofenzeit) kann nach Abschn. 21.9.1 in [68] abgeschätzt werden.

- Sortenvielfalt im Betrieb kann leicht zu Verwechslungen führen und lohnt oft auch nicht (kleine Liefermengen). Wenige Werkstoffe der höchsten erforderlichen Qualität bzw. Anforderungen (z. B. Festigkeit, Schweißbarkeit usw.) sind unter Umständen wirtschaftlicher.

5.1.3 Sondererfahrungen, analytische Methoden

Immer wenn von der bisherigen Praxis abgewichen wird, sollten Fachleute für Werkstoffe, Wärmebehandlung und Fertigung hinzugezogen und die Erfahrungen der Zulieferer eingefordert werden. Wenn Unsicherheiten verbleiben, empfiehlt es sich, Versuche möglichst bei Betriebsbedingungen und eventuell gemeinsam mit dem Anwender durchzuführen.

Um die Auswahl des Werkstoffs zu erleichtern, wurden verschiedene analytische Methoden entwickelt. Mit ihrer Hilfe lassen sich die Eigenschaften (Funktion und Kosten) gewichten. Bewährt haben sich die Methode zur Berechnung des MWC-Werts (Mean Weighted Characteristics) [76] und die Methode des kostenbezogenen Gebrauchswertfaktors [73].

5.2 Eisenwerkstoffe und Wärmebehandlungen

Zu den Eisenwerkstoffen gehören Stähle und Gusseisenwerkstoffe. Stähle eignen sich für die Warm- oder Kaltumformung (Schmieden, Walzen, Tiefziehen). Auch Stahlguss und Sinterstahl werden zu den Stählen (hier Formgebung durch Urformen, d. h. Gießen bzw. Sintern) gerechnet. Gusseisenwerkstoffe werden durch Urformen (Gießen) verarbeitet.

Die Werkstoffeigenschaften von Stahl sind maßgeblich abhängig von der angewendeten Wärmebehandlung. Ein Stahlwerkstoff ist, abhängig von Kohlenstoffgehalt und Legierungselementen (Art und Massenanteil), für bestimmte Wärmebehandlungen geeignet. Diese sind entscheidend für die Eigenschaften des späteren Bauteils.

Sofern nicht anders festgelegt, gelten die im Folgenden angegebenen mechanischen Eigenschaften für Messungen bei Raumtemperatur.

5.2.1 Wärmebehandlungen

Durch gezielte zeitabhängige Temperaturänderungen wird ein geeignetes Gefüge erzeugt, siehe z. B. Abb. 5.1. Zu diesem Zweck werden die Bauteile zum Teil zusätzlich thermochemisch und thermomechanisch (im Wechsel zwischen plastischen Verformungen, Abkühlen und Erwärmen) behandelt. Dadurch können die mechanischen und die Verarbeitungseigenschaften der Werkstoffe in weiten Grenzen beeinflusst werden.

Folgende Behandlungen werden nach Abb. 5.2 und 5.3 unterschieden: Glühen, Härten und Anlassen.

5.2.1.1 Glühen

Glühen bedeutet das Erwärmen auf Glühtemperatur mit nachfolgender Abkühlung. Um Veränderungen des Korngefüges oder der Eigenspannungen zu vermeiden, sollte das nicht zu schnell geschehen. Verzundern und Entkohlen der Oberfläche kann, z. B. durch Schutzgasatmosphäre im Ofen, vermieden werden. Die Beschreibung der Glühverfahren erfolgt mittels der Linien im Zustandsschaubild Eisen-Kohlenstoff, siehe Abb. 5.2: GS, SK, SE, PK, GSK.

Normalglühen (Abb. 5.3a)

Das Werkstück wird normalerweise bei 20 ... 40 °C über der Linie GS geglüht, bei Stählen mit mehr als 0,8 % C über SK. Wenn jedoch ein Carbidnetz aufgelöst werden soll, wird es bei 20 ... 40 °C über SE geglüht. Dabei erhält der Stahl wieder sein normales feines Gefüge.

Anwendungen: Um Texturen zu beseitigen, z. B. aus Gießprozessen, bei Schweißnähten, aus Walz- und Schmiedeprozessen, wenn gleichmäßiges, feinkörnigeres Gefüge sowohl für die weitere Wärmebehandlung als auch für die mechanischen Werkstoffeigenschaften gewünscht wird.

Weichglühen (Abb. 5.3b)

Die Temperatur liegt normalerweise wenig unterhalb der Linie PK, bei Stählen mit mehr als 0,8 % C Weichglühen durch mehrmaliges Überschreiten von SK (Pendelglühen). Bei genügend langen Haltezeiten wird der im Perlit lamellar ausgeschiedene Zementit in eine kugelige Form überführt.

Anwendungen: Vor allem um die Verformbarkeit zu verbessern. Ferner können damit zufällige Aufhärtungserscheinungen, wie sie bei Werkzeugstählen bzw. in Vergütungs- oder Zwischenstufengefügen vorkommen, beseitigt werden.

Grobkornglühen (Abb. 5.2)

Das Werkstück wird bei Temperaturen weit oberhalb der Linie GS geglüht. Das so entstandene grobe Gefüge wandelt sich bei langsamer Abkühlung in grobkörniges Ferrit-Perlit-Gefüge um.

Anwendungen: Die Zerspanbarkeit weicher Stähle (C < 0,4 %) wird deutlich verbessert, es entstehen kurze Scherspäne.

Rekristallisationsglühen (Abb. 5.2)

Nach einer Kaltumformung wird bei 500 ... 650 °C das Rekristallationsglühen angewendet. Es werden damit mecha-

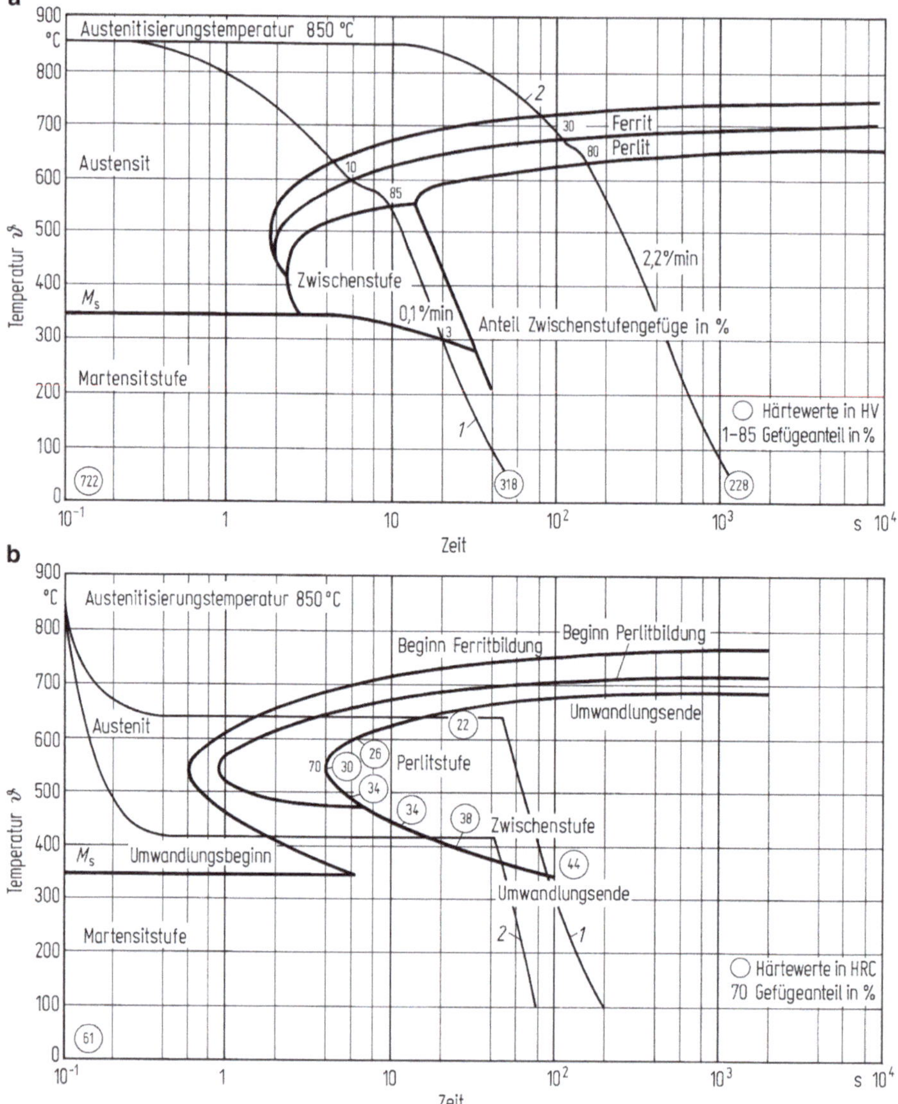

Abb. 5.1 Zeit-Temperatur-Umwandlungs-(ZTU)-Schaubilder für C45E [78], **a** kontinuierliches ZTU. Es entsteht mit Abkühlkurve *1*: 10 % Ferrit, 85 % Perlit, 3 % Zwischenstufe (Bainit), 2 % Martensit, Härte: 318 HV; mit Abkühlkurve *2*: 30 % Ferrit, 70 % Perlit, Härte: 228 HV, **b** isothermes ZTU. Es entsteht mit Abkühlkurve *1*: 100 % Perlit, Härte: 22 HRC; mit Abkühlkurve *2*: 100 % Zwischenstufe (Bainit), Härte 37 HRC

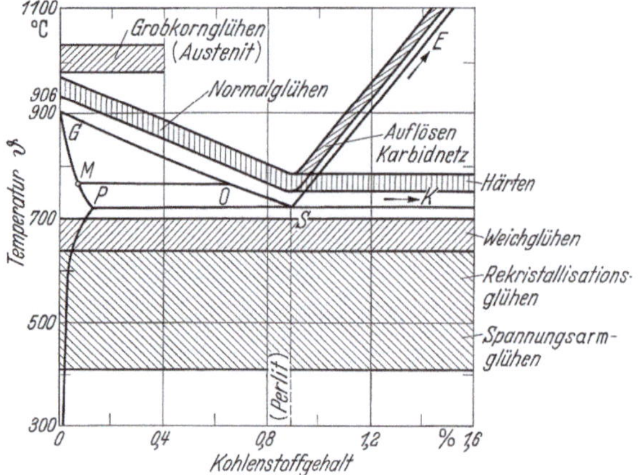

Abb. 5.2 Zustandsschaubild Eisen-Kohlenstoff, Temperaturbereiche für die Wärmebehandlung von Stahl bei unterschiedlichem C-Gehalt

nische Eigenschaften erzielt, wie sie vor der Verformung vorlagen. Im Wechsel mit einem solchen Glühprozess kann ein Bauteil also beliebig oft umgeformt werden.

Anwendungen: Bei kaltgewalzten Blechen und Bändern, kaltgezogenen Draht- und Tiefziehteilen

Spannungsarmglühen (Abb. 5.3c)

Das Glühen bei 400 ... 650 °C bei vergüteten Stählen unterhalb der Anlasstemperatur und langsames Abkühlen (meist im Ofen) bewirkt Abbau innerer Spannungen ohne Festigkeitseinbußen.

Anwendungen: Verminderung von Eigenspannungen des Werkstücks (die sich den Lastspannungen überlagern) infolge ungleichmäßiger Abkühlung (auch nach einem Normalglühen), Schmieden bei zu niedriger Temperatur, Kaltrichten sowie Kaltverformung aber auch durch Schweißen und Zerspanungsvorgänge.

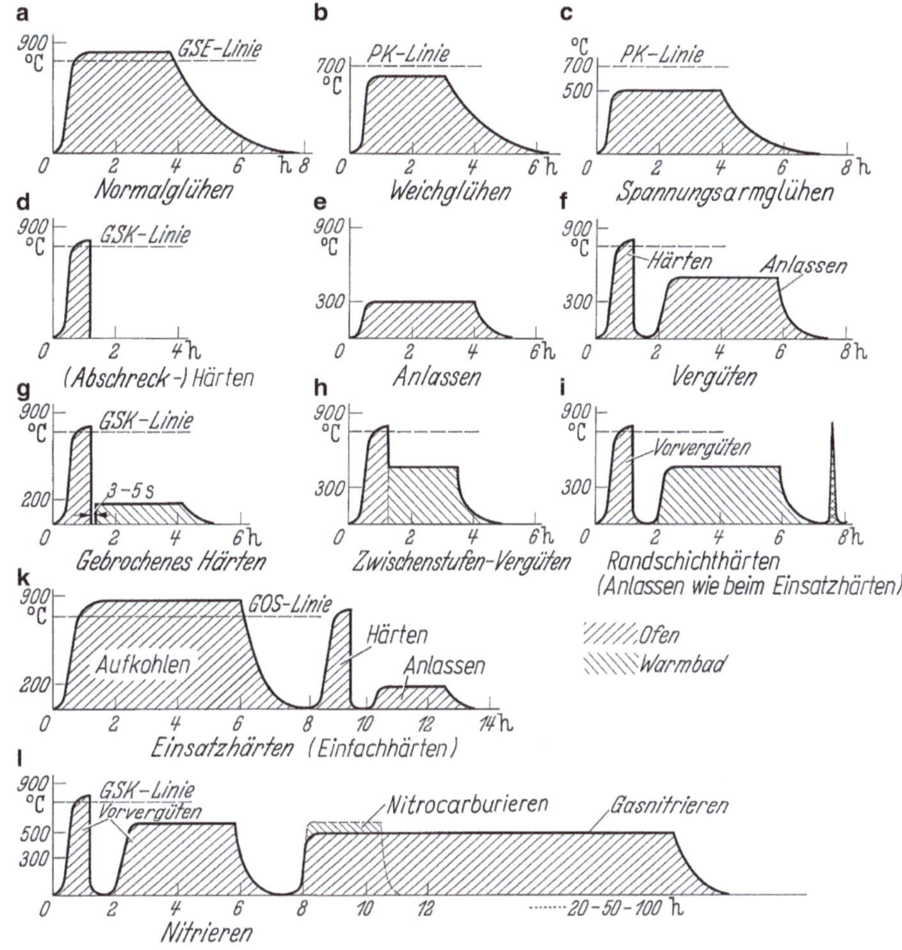

Abb. 5.3 Härte- und Wärmebehandlungen des Stahls, Temperaturverlauf und Zeitbedarf

Diffusionsglühen

Dies ist ein langzeitiges Glühen (ca. 50 h) bei sehr hohen Temperaturen (1100 ... 1300 °C) und nachfolgender beliebiger Abkühlung. Es beseitigt Seigerungszonen und Zeilenstruktur bei Walz- und Schmiedeblöcken und hoch legiertem Stahlguss und ist geeignet, Sulfideinlagerungen geschwefelter Automatenstähle zu verteilen. Das dabei entstehende Grobkorn muss unter Umständen durch Normalglühen verfeinert werden.

Anwendungen: Ausgleich örtlicher Unterschiede in der Stahlzusammensetzung durch Diffusion (Seigerungen)

5.2.1.2 Abschreckhärten

Das Abschreckhärten ist in Abb. 5.3d gezeigt. Der Stahl wird etwa 20 ... 50 °C über der GSK-Linie erwärmt (bei überhitzungsempfindlichen Stählen muss die Temperatur auf ±5 °C genau eingehalten werden!) und in diesem Zustand im Wasser-, Öl-, Salz- oder Luftbad abgeschreckt, d. h. schnell abgekühlt. Dadurch entsteht das sehr harte und feinadrige Martensitgefüge. Mit der Abkühlgeschwindigkeit nehmen aber auch Härteverzug und Eigenspannungen zu. Diese Eigenspannungen entstehen durch Volumenvergrößerung um ca. 1 % als Folge der Martensitbildung und als Schrumpfspannungen, weil der martensitische Randbereich des Werkstückes schneller abkühlt als der Kern. Insbesondere an scharfen Kanten kann es dadurch zu Härterissen kommen.

Die für die Martensitbildung mindestens erforderliche „kritische" Abkühlgeschwindigkeit kann durch Legierungselemente vermindert werden. Daher sind bei legierten Stählen größere Querschnitte durchhärtbar bzw. mildere Abschreckmittel verwendbar, z. B. Luft statt Öl oder Öl statt Wasser.

Anwendungen: Z. B. Schneiden, Wälzlager, elastische Federn

5.2.1.3 Anlassen und Vergüten

Anlassen und Vergüten ist in Abb. 5.3e und f gezeigt. Das durch Abschreckhärten (Abb. 5.3d) entstandene Gefüge ist sehr spröde. Anlassen (Abb. 5.3e), d. h. Erwärmen auf eine Temperatur unterhalb der Linie PSK und Halten mit nachfolgendem Abkühlen, schafft Abhilfe. Anlassen auf 100 ... 200 °C mindert die Härtespannungen ohne nennenswerte Härteeinbuße. Anlassen auf 300 °C (bei Vergütungsstählen etwa 550 ... 650 °*C*) bewirkt höhere Zähigkeit, allerdings nehmen Festigkeit und Härte ab (Abb. 5.4).

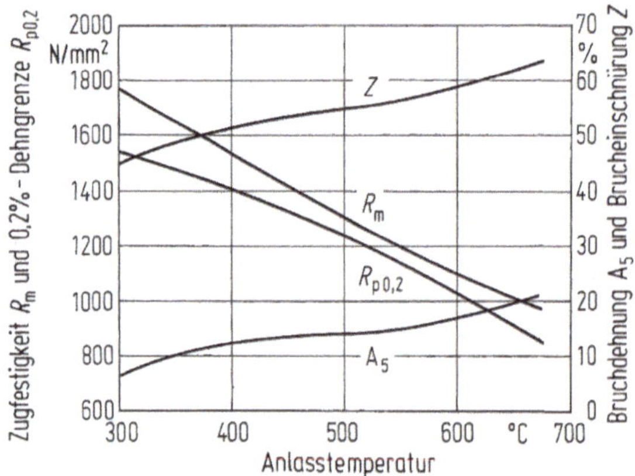

Abb. 5.4 Einfluss der Anlasstemperatur auf die Festigkeit und Zähigkeit von 42CrMo4, R_m Zugfestigkeit, R_p Fließgrenze, A_5 Bruchdehnung, Z Brucheinschnürung (Abschn. 5.1.1) [62]

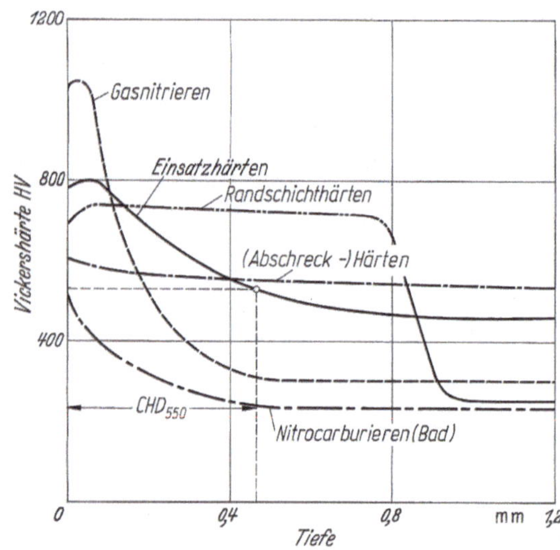

Abb. 5.5 Härteverlauf in der Randschicht eines Stahlbolzens je nach Härteverfahren (CHD_{550} = Case Hardness Depth (= Einsatzhärtungstiefe) für 550 HV)

Die Abfolge von Härten und Anlassen wird Vergüten genannt. Dies ist die normale Wärmebehandlung aller Vergütungsstähle (Abb. 5.3f). Als Besonderheit zeigen vor allem mit Mo, V, W legierte Stähle beim Anlassen auf 450 ... 600 °C neben der besseren Zähigkeit auch eine deutliche Härte- und Festigkeitssteigerung.

Anwendungen: Dies wird bei entsprechend legierten Werkzeugstählen und warmfesten Stählen genutzt.

5.2.1.4 Zwischenstufenvergüten

Zwischenstufenvergüten ist in Abb. 5.3h gezeigt. Die auf die Härtetemperatur erwärmten Teile werden direkt in ein Warmbad (Salz- oder Metallschmelze) gebracht und dort solange belassen, bis in Zwischenstufengefüge umgewandelt ist. Ein weiteres Anlassen entfällt. Abb. 5.1 zeigt am Beispiel des Stahls C45E Beginn und Ende der Umwandlung nach rascher Abkühlung des Austenits auf eine bestimmte Temperatur bei anschließenden isothermen Halten.

Anwendungen: Für Stahl fester Härtbarkeit bzw. für hochwertige Kleinteile, z. B. Federn, Drähte, Kleinmaschinenteile, auch kleine Gesenkschmiedeteile aus der Schmiedewärme heraus und kleine GJL-Zylinderbüchsen, Turbinenschaufeln, verwinkelte und teure Werkzeuge aus Schnellarbeitsstahl. Herstellung von bainitischem Gusseisen (z. B. EN-GJS-1000-5)

5.2.1.5 Randschichthärten

Für viele Werkstücke, für die eine harte und verschleißfeste Oberfläche bei zähem Kern benötigt wird, ist eine auf die Randschicht beschränkte Härtung ausreichend, Abb. 5.3i, Abb. 5.5. Ähnlich dem Einsatzhärten wird nach dem Randschichthärten angelassen.

Flammhärten

Die Werkstückoberfläche wird mittels einer Gas-Sauerstoff-Flamme über Austenitisierungstemperatur erwärmt und anschließend mit Wasserbrause abgeschreckt, bevor die Temperatur im Werkstückinneren auf Härtetemperatur angestiegen ist. Dadurch tritt nur im austenitisierten Randbereich eine martensitische Härtung auf.

Anwendungen: Wie bei Induktionshärten, jedoch mit größerer Einhärtetiefe

Induktionshärten

Das Bauteil wird in seiner Randschicht mittels einer Hochfrequenzspule durch induzierte Ströme erhitzt und nach Erreichen der Austenitisierungstemperatur mit einer Wasserbrause oder in einem Bad abgeschreckt. Mit zunehmender Frequenz wird die Tiefe der erwärmten Randschicht geringer (Skin-Effekt), so dass Einhärtetiefen von nur wenigen Zehntel-Millimetern zu erreichen sind.

Anwendungen: Zahnräder, Gleitflächen, Wellen, Lagerzapfen, Bolzen usw. aus Vergütungsstählen mit 0,35 ... 0,55 % C

Laseroberflächenhärten

Kurzzeithärteverfahren mit hochenergetischem Laserstrahl mit Selbstabschreckung durch Umgebungsluft.

Anwendungen: Insbesondere für dünne Randschichten und gezielte Härtung bestimmter Funktionsflächen. Stähle wie beim Induktionshärten und Werkzeugstähle

5.2.1.6 Einsatzhärten

Einsatzhärten ist in Abb. 5.3k dargestellt. Durch Aufkohlen wird die Randschicht des Werkstücks aus C-armen Stahl (0,1 ... 0,25 % C) durch Glühen bei 850 ... 950 °C (oberhalb der GOS-Linie) in kohlenstoffabgebenden Mitteln mit Kohlenstoff angereichert. Nach Art des Aufkohlungsmittels werden Pulver-, Gas-, Salzbad- oder Pastenaufkohlung unterschieden. Der C-Gehalt der Randschicht soll nach dem Aufkohlen nicht höher als 0,8 ... 0,9 % sein. Damit wird eine Randschicht erhalten, die härtbar, aber nicht zu spröde ist und ein zäher Kernwerkstoff. Neben dem Kohlenstoffgehalt beeinflussen auch die Legierungselemente die Härtbarkeit und Zähigkeit.

Teilbereiche, die nicht gehärtet werden sollen, können durch Pasten oder Ähnlichem abgedeckt oder verkupfert und so gegen Aufkohlen geschützt werden. Alternativ wird die aufgekohlte Schicht vor dem Härten durch spanende Bearbeitung beseitigt.

Man beachte: Nach dem Härten müssen die Werkstücke mindestens 1 h angelassen werden (Entspannen), für unlegierte Stähle bei 150 ... 180 °C, für legierte bei 170 ... 210 °C. Damit werden Eigenspannungen und somit die Rissgefahr gemindert.

Härten aus dem Einsatz (Direkthärten)

Aufgrund der einmaligen, auf den C-Gehalt des Randes abgestimmten Härtetemperatur (Aufkohlungstemperatur) ist das Kerngefüge nicht optimal (daher werden Feinkornstähle bevorzugt), der Verzug ist relativ gering.

Anwendungen: Kostengünstiges Verfahren für Massenteile untergeordneter Funktion, Stähle mit geringer Neigung zum Kornwachstum (Feinkornstähle), auch für Automatenstähle, Tiefziehbleche und Stahlguss

Einfachhärten

Das Werkstück wird nach dem Aufkohlen und Abkühlen auf die dem C-Gehalt des Randes abgestimmte Härtetemperatur erwärmt. Das Kerngefüge ist nicht optimal. Mit höher legierten Stählen werden ausgewogene Festigkeit und Zähigkeit erreicht.

Doppelhärten

Folge von zwei Prozessen: zunächst Kernhärten mit einer auf den C-Gehalt des Kerns abgestimmten Härtetemperatur (ergibt optimales Kerngefüge), danach Randhärten (ergibt optimales Randgefüge, siehe Einfachhärten). Durch das zweimalige Erwärmen und Abkühlen vergrößert sich der Verzug.

Anwendungen: Aufwendiges Verfahren für Bauteile hoher (Kern-)Festigkeit und Zähigkeit, sowie verschleißfester Oberflächen, z. B. Hochleistungszahnräder. Wegen der Gefahr des höheren Verzugs ist Abschrecken im Warmbad zweckmäßig, evtl. Nacharbeit durch Schleifen erforderlich.

Blindhärten

Wärmebehandlungsverfahren als Teil des Einsatzhärtens: Der Einsatzstahl wird zunächst „blind" gehärtet, d. h. ohne ihn aufzukohlen. Damit wird die maximal erreichbare Härte des Kernwerkstoffs bestimmt.

Carbonitrieren

Ein geeignetes Verfahren für leicht legierte Vergütungsstähle mit C-Gehalten von 0,25 ... 0,35 %. Die Randschicht wird beim Erwärmen auf 800 ... 830 °C gleichzeitig mit Kohlenstoff und Stickstoff angereichert und dann abgeschreckt. Wegen dünner Härteschicht (i. d. R. max. 0,6 mm) ist hohe Kernhärte erforderlich.

Anwendungen: Bauteile mit verschleißfester Oberfläche bei relativ geringem Verzug, z. B. PKW-Zahnräder

5.2.1.7 Nitrieren

Durch Stickstoffanreicherung in der Randschicht wird eine hochharte, verschleißfeste, aber dünne Randschicht (meist < 0,7 mm) erzeugt, ohne dass abgeschreckt wird, siehe Abb. 5.31. Auch durch ein nachgelagertes Anlassen wird die Härte kaum gemindert. Gegenüber der Einsatzhärtung ist eine höhere Oberflächenhärte und Verschleißfestigkeit erreichbar, die Korrosionsbeständigkeit ist besser, der Härteverzug wegen der niedrigen Temperaturen und der langsamen Abkühlung wesentlich geringer, so dass Nacharbeit oft nicht erforderlich ist. Geeignete Werkstoffe und weitere Anwendungen werden in Abschn. 5.2.2.5 angegeben.

Gasnitrieren

Das Nitrieren im Ammoniakgasstrom bei 500 ... 550 °C erfordert Nitrierzeiten bis 100 h (auch mehr), Bild 21.9/2 in [68]. Legierungselemente wie Cr, Mo, Al, Ti und V führen zu besonders harten, aber auch spröden Randschichten.

Plasmanitrieren

Es findet bei 450 ... 550 °C statt. Die Ionisierung des Stickstoffs durch Glimmentladung in einer Vakuumkammer ermöglicht kürzere Nitrierzeiten. Dieses aufwendige Verfahren wird bevorzugt bei kleinen Bauteilen angewendet. Es erfordert eine sorgfältige Erprobung.

Salzbadnitrieren

Das Nitrieren in Cyansalzbädern bei 520 ... 580 °C bewirkt auch eine Aufkohlung der Randschicht bei ebenfalls kurzer Prozedur. Ein Verfahren, das wegen der geringen Verzüge bei hoher Oberflächenhärte für Messwerkzeuge angewendet wird.

Nitrocarburieren

Dieses sehr verzugsarme Kurzzeitbad- oder Kurzeitgasnitrieren findet bei 570 ... 590 °C statt. Dabei entsteht an der Oberfläche eine harte, aber relativ zähe, stoß- und verschleißfeste Schicht von 15 ... 60 μm Dicke.

5.2.2 Stahl

Als Stahl wird Eisenwerkstoff mit maximal 2 % Kohlenstoffgehalt bezeichnet. Jeder Stahl ist heute Flussstahl (im

Tab. 5.2 Bezeichnung der Stähle mittels Kurznamen nach DIN EN 10027 Teil 1

Bezeichnung der Stahlgruppe	Erstes Hauptsymbol		Weiteres Hauptsymbol	Zusatzsymbole
	Stahlguss (wenn erforderlich)			
Hauptgruppe 1: Bezeichnung nach mechanischen oder physikalischen Eigenschaften				
Stähle für den Stahlbau	G	S	Streckgrenze in N/mm^2	z. B. Kerbschlagarbeit, Wärmebehandlung, Verwendung
Stähle für Druckbehälter	G	P		z. B. Wärmebehandlung, Verwendung
Stähle für Leitungsrohre		L		Wärmebehandlung, Anforderungsklasse
Maschinenbaustähle	G	E		besondere Merkmale, Eignung zum Kaltziehen
Betonstähle		B		Duktilitätsklasse
Spannstähle		Y	Zugfestigkeit in N/mm^2	Erzeugnisform und Herstellungsverfahren
Stähle für oder in Form von Schienen		R	Mindestwert der Härte (HBW)	besondere Legierungselemente und Wärmebehandlung
kaltgewalzte Erzeugnisse aus höherfesten Stählen zum Kaltumformen		H	Walzverfahren und Mindeststreckgrenze oder Mindestzugfestigkeit (verbunden mit dem Symbol T) in N/mm^2	Hinweise auf besondere Merkmale
Flacherzeugnisse zum Kaltumformen, ausgenommen höherfeste Stähle		D	Walzverfahren	z. B. für Eignung zur Beschichtung
Verpackungsbleche und Band		T	Nennwert der Streckgrenze und Glühverfahren	
Elektroblech und -band		M	höchster zulässiger Ummagnetisierungsverlust und Blechdicke	Hinweise auf besondere Merkmale
Hauptgruppe 2: Bezeichnung nach chemischer Zusammensetzung				
unlegierte Stähle mit mittlerem Mn-Gehalt < 1 %, ausgenommen Automatenstähle	G	C	mittlerer Kohlenstoffgehalt in % × 100	wie Hauptgruppe 1
unlegierte Stähle mit mittlerem Mn-Gehalt > 1 %, unlegierte Automatenstähle und legierte Stähle, ausgenommen Schnellarbeitsstähle, sofern der mittlere Gehalt der einzelnen Legierungselemente < 5 % ist	G	mittlerer Kohlenstoffgehalt in % × 100	chemische Kurzzeichen der Legierungselemente und deren mittlere spezifizierte Massenanteile in %, multipliziert mit folgenden Faktoren: Cr, Co, Mn, Ni, Si, W – Faktor 4 Al, Be, Cu, Mo, Nb, Pb, Ta, Ti, V, Zr – Faktor 10 Ce, N, P, S – Faktor 100 B – Faktor 1000	Wärmebehandlung, Anforderungsklasse
legierte Stähle, ausgenommen Schnellarbeitsstähle, sofern der mittlere Gehalt mindestens eines Elements > 5 % beträgt	G	X	chemische Kurzzeichen der Legierungselemente und deren mittlere spezifizierte Massenanteile in %	wichtige Elemente in kleinen Massenanteilen, Wärmebehandlung, Anforderungsklasse
Schnellarbeitsstähle		HS	mittlere spezifizierte Massenanteile der Elemente W, Mo, V und Co in dieser Reihenfolge	Wärmebehandlung

Gegensatz zu Puddel- oder Schweißstahl), wird also im flüssigem Zustand aus Roheisen (3...5 % C, < 1 % Si, 1...6 % Mn, < 0,1 % P, < 0,04 % S) gewonnen. Durch Oxidation wird der Anteil unerwünschter Beimengungen verkleinert. Hierfür sind das Elektro-Lichtbogenofen- oder Sauerstoffblas-Verfahren übliche Verfahren [62].

Die Bezeichnung der Stähle ist nach DIN EN 10027 Teil 1 [31] mittels Kurznamen festgelegt, siehe Tab. 5.2.

In DIN EN 10027 Teil 2 wird die Bezeichnung mittels Werkstoffnummer definiert. Sie hat folgenden Aufbau:

X . YY ZZZZ

X = Werkstoffhauptgruppennummer (1 = Stahl)
YY = Stahlgruppennummer siehe Tab. 5.3
ZZZZ = Zählnummer

Tab. 5.3 Bezeichnung der Stähle mittels Werkstoffnummer nach DIN EN 10027 Teil 2

Stahlgruppennummer	Beschreibung
Unlegierte Stähle	
00, 90	Grundstähle
01 bis 07, 91 bis 97	Qualitätsstähle
10 bis 19	Edelstähle
Legierte Stähle	
08, 09, 98, 99	Qualitätsstähle
20 bis 29	Edelstähle – Werkzeugstähle
30 bis 39	Edelstähle – verschiedene Stähle
40 bis 49	Edelstähle – nichtrostende und hitzebeständige Stähle
50 bis 89	Edelstähle – Bau-, Maschinenbau- und Druckbehälterstähle

Beispiel 5.1

Bezeichnung nach mechanischen oder physikalischen Eigenschaften
Bezeichnung: S355JOC + N (Werkstoffnummer: 1.0554)
Bedeutung:
S = Stahl für allgemeinen Stahlbau
355 = Mindeststreckgrenze = 355 N/mm^2
JO = Kerbschlagarbeit 27 J bei 0 °C
C = mit besonderer Kaltumformbarkeit
+ N = normalgeglüht bzw. normalisierend gewalzt
(1.05 = unlegierter Qualitätsstahl)

Beispiel 5.2

Bezeichnung nach chemischer Zusammensetzung – Unlegierter Stahl
Bezeichnung: C70D (Werkstoffnummer: 1.0615)
Bedeutung:
C70 = 0,70 % Kohlenstoff
D = zum Drahtziehen
(1.06 = unlegierter Qualitätsstahl)

Beispiel 5.3

Bezeichnung nach chemischer Zusammensetzung – Legierter Stahl
Bezeichnung: 50CrMo4 (Werkstoffnummer: 1.7228)
Bedeutung:
50 = 0,5 % C
Cr = Chrom
Mo = Molybdän
4 = 1 % Cr
(1.72 = Edelstähle – Bau-, Maschinenbau- und Druckbehälterstähle)

Beispiel 5.4

Bezeichnung nach chemischer Zusammensetzung – Hochlegierter Stahl
Bezeichnung: X5CrNi18-10 (Werkstoffnummer: 1.4301)
Bedeutung:
X = hochlegierter Stahl
5 = 0,05 % C
Cr = Chrom
Ni = Nickel
18 = 18 % Cr
10 = 10 % Ni
(1.43 = Edelstähle – nichtrostende und hitzebeständige Stähle)

Beispiel 5.5

Bezeichnung nach chemischer Zusammensetzung – Schnellarbeitsstahl
Bezeichnung: HS6-5-3-8 (Werkstoffnummer: 1.3244)
Bedeutung:
HS = Schnellarbeitsstahl
6 = 6 % Wolfram
5 = 5 % Molybdän
3 = 3 % Vanadium
8 = 8 % Cobalt
(1.32 = Edelstähle – verschiedene Stähle)

Die wichtigsten Kennwerte sind für eine Auswahl von Stählen in den nachfolgenden Tabellen zusammengestellt. Weitere Informationen sind den betreffenden DIN-Blättern zu entnehmen.

5.2.2.1 Einflussgrößen für die Stahleigenschaften

Durch verschiedene thermische, thermochemische und mechanische Prozesse kann ein Gefüge mit gewünschter mechanischer Werkstoffeigenschaft und/oder Verarbeitbarkeit (Zerspanbarkeit, Verformbarkeit) erzeugt werden.

Man beachte: Der Elastizitätsmodul hängt nur wenig von den Legierungszusätzen ab, jedoch deutlich von der Temperatur, siehe Abb. 5.6.

Korngröße

Der Korndurchmesser ist etwa umgekehrt proportional zur Fließgrenze. Feinkornbaustähle weisen ferner höhere Zähigkeit und geringere Sprödbruchneigung auf. Grobkörniges Gefüge erleichtert die spanende Bearbeitung weicher Stähle. Feines Korn wird durch geeignete Legierungszusätze (z. B. Al), Wärmebehandlung (z. B. Anlassen nach dem Härten), Warmumformung und spezielle Gießverfahren erreicht.

Kaltverformung

Durch Kaltverformung werden bei vielen Stählen eine höhere Fließgrenze und Bruchfestigkeit bei abnehmender Bruchdehnung (Kaltverfestigung) erzielt.

Kohlenstoff (C)

Der Kohlenstoffgehalt ist für die Stahleigenschaften von ausschlaggebender Bedeutung. Mit steigendem Kohlenstoffgehalt nehmen Härte, Zugfestigkeit und Fließgrenze (siehe

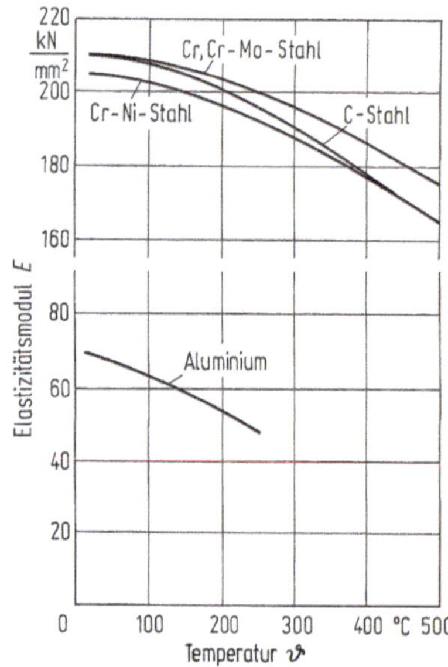

Abb. 5.6 Einfluss der Temperatur auf den Elastizitätsmodul von Aluminium und Stahl abgeleitet nach [62]

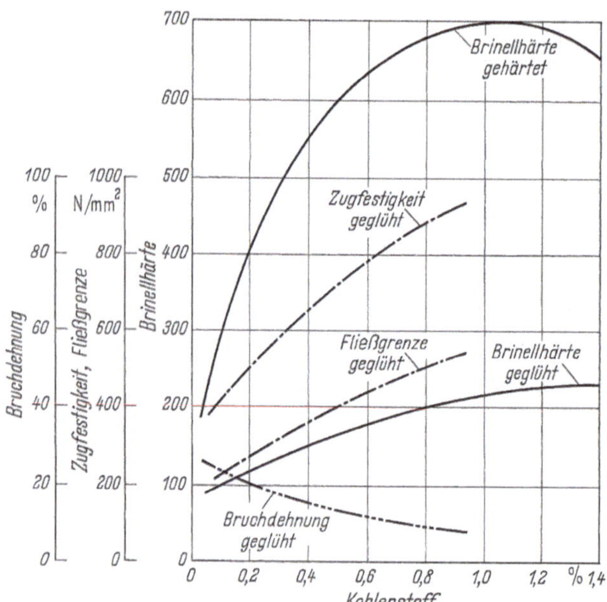

Abb. 5.7 Einfluss des C-Gehalts auf Brinellhärte HBW von Stahl geglüht bis gehärtet, Zugfestigkeit R_m, Fließgrenze R_p und Bruchdehnung A [66]

Abb. 5.7) aber auch die Kerbempfindlichkeit zu. Bruchdehnung, Kerbschlagzähigkeit, Brucheinschnürung, Schmied-, Schweiß- und Zerspanbarkeit sowie elektrische- und Wärmeleitfähigkeit nehmen ab. Die mit größerem C-Gehalt (größerer Härte) verbundene Sprödigkeit kann durch geeignete Legierungszusätze und Wärmebehandlung verbessert werden.

Legierungszusätze und Eisenbegleiter
Die Zugabe von chemischen Elementen, den Legierungszusätzen, hat den stärksten Einfluss auf die mechanischen Eigenschaften, auf das Ergebnis der Wärmebehandlung (Härtbarkeit, Durchvergütbarkeit) und die Verarbeitbarkeit. Die Elemente Schwefel (S), Phosphor (P), Stickstoff (N), Sauerstoff (O) und Wasserstoff (H) werden als Eisenbegleiter bezeichnet. Sie entstammen den Erzen, den Ofenausmauerungen bei der Stahlherstellung und dem beigemengten Eisenschrott. Ihre Wirkung auf die Eigenschaften des Stahls ist zumeist nachteilig, weshalb ihr Gehalt auf ein technisch-wirtschaftlich vertretbares Minimum begrenzt wird. In Tab. 5.4 sind die gängigsten Legierungszusätze und Eisenbegleiter und ihr Einfluss auf die mechanische Eigenschaften von Stahl aufgeführt.

5.2.2.2 Baustähle

Baustähle werden nach Legierung, Wärmebehandlung, Eigenschaften und Anwendung in folgende Gruppen unterschieden:

Allgemeine Baustähle (Tab. 5.5)
Allgemeine Baustähle sind im Maschinenbau oft verwendete, unlegierte und niedrig legierte Stähle mit 0,15 ... 0,5 % C, bis 0,07 % P, bis 0,05 % S und bis 0,007 % N, wenn keine besondere Wärmebehandlung erforderlich ist, nach DIN EN 10025 Teil 2 [30]. Sie werden als Halbzeug gut durchgeschmiedet (Blöcke, Platinen, Knüppel) oder gut durchgewalzt (Rund-, Quadrat-, Sechskant- und Flachquerschnitt) geliefert. Je geringer ihr C-Gehalt ist, desto leichter zerspanbar, zäher mit geringerer Festigkeit und weniger kerbempfindlich sind sie und umgekehrt.

Baustähle für bestimmte Erzeugnisformen
Weiche, unlegierte Baustähle für warm- und kaltgewalztes Band und Blech nach DIN EN 10111 [39], 10130 [40] und 10139 [42], geeignet für unmittelbare Kaltverformung, Oberflächenveredelung und geschweißte Rohre ohne Festigkeitsvorschriften.

Wetterfeste Baustähle
Durch Zugabe von 0,65 % Cr, 0,4 % Cu, $\leq$ 0,4 % N und erhöhten Phosphorgehalt werden festhaftende Rostschichten erzielt, die das Fortschreiten des Rostes verhindern. Beispiele nach DIN EN 10025 Teil 5: S235J0W, S235J2W, S355J2W+N.

Feinkornbaustähle
Feinkornbaustähle sind niedrig legierte, hochfeste, schweißbare Stähle mit C-Gehalten $\leq$ 0,22 %. Eine hohe Fließgrenze R_p wird durch Normalglühen erreicht; zur Verringerung der Korngröße werden Al, Mn, Nb, Ni, Cu und/oder V zulegiert. Beispiele nach DIN EN 10025 Teil 3: S355JR mit $R_{eH} = 355\,\mathrm{N/mm^2}$, S450J0 mit $R_{eH} = 450\,\mathrm{N/mm^2}$

Anwendungen: Werkstoffe für Schweißverbindungen (Kap. 7)

Tab. 5.4 Legierungszusätze und ihr Einfluss auf die mechanischen Eigenschaften von Stahl

Legierungselement/Eisenbegleiter	Einfluss auf die mechanischen Eigenschaften von Stahl
Aluminium (Al)	Gilt als stärkstes Desoxidations- und Denitrierungsmittel (entfernt Stickstoff aus der Schmelze). In geringen Mengen bewirkt Al eine Kornverfeinerung. Gemeinsam mit Cr bildet Al in Stickstoffatmosphäre, d. h. beim Nitrierhärten, an der Oberfläche harte Sondernitride. Gemeinsam mit Cr und Si werden hohe Zunder- und Feuerbeständigkeit erzielt. Höhere Al-Zusätze verstärken die Grobkornbildung und führen zur Sprödigkeit des Stahls.
Blei (Pb)	Bewirkt bei suspensionsartiger Verteilung kurze Späne und saubere Schnittflächen beim Zerspanen (Automatenstähle).
Bor (B)	Verbessert bereits bei Mengenanteilen in tausendstel Prozent die Durchvergütbarkeit, ermöglicht damit eine höhere Kernfestigkeit einsatzgehärteter Bauteile.
Chrom (Cr)	Erhöht die Festigkeit (ca. $80\ldots100\,\mathrm{N/mm^2}$ je 1 % Cr) und mindert die Dehnung nur geringfügig, verbessert Warmfestigkeit, Zunderbeständigkeit und Durchhärtbarkeit. Die Verbindungen von Cr mit C sind sehr hart. Daher wichtig für Werkzeug- und Wälzlagerstähle. Ab Cr > 12 % sind die Stähle rostbeständig, siehe Abschn. 5.2.2.8.
Kobalt (Co)	Löst sich in der Grundmasse des Stahls und erhöht so Festigkeit, Härte, Verschleißfestigkeit und Schneidhaltigkeit. Mindert ferner das Kornwachstum bei höheren Temperaturen und verbessert somit die Warmfestigkeit. Wichtiges Legierungselement für Schnellarbeitsstähle, Warmarbeitsstähle, warmfeste und hochwarmfeste Werkstoffe.
Kupfer (Cu)	Erhöht die Festigkeit des Stahls, mindert jedoch die Bruchdehnung. Bei niedrigen Gehalten (0,2 ... 0,5 %) verbessert es den Rostwiderstand unter atmosphärischem Einfluss.
Mangan (Mn)	Erhöht die Festigkeit, mindert jedoch die Bruchdehnung nur geringfügig und verbessert die Schmied- und Schweißbarkeit. In Verbindung mit Kohlenstoff bewirkt Mn eine Verbesserung des Verschleißwiderstands. Bei Einsatzstählen führt Mn zu größerer Einsatzhärtungstiefe (aber auch zu Restaustenit-Anteil beim Härten) und verbessert die Durchvergütbarkeit.
Molybdän (Mo)	Bildet mit C Karbide. Dies führt zu höherer Zugfestigkeit, Streckgrenze, Warm- und Zeitstandsfestigkeit sowie besserer Schneidhaltigkeit und Verschleißfestigkeit. Mo ist daher wichtig für Schnell- und Warmarbeitsstähle, austenitische Stähle, Einsatz- und Vergütungsstähle sowie warmfeste Stähle. Beim Einsatzhärten wirkt Mo einer Überkohlung entgegen und verbessert die Randhärtbarkeit.
Nickel (Ni)	Steigert die Festigkeit bei nur geringer Einbuße an Zähigkeit, bewirkt größere Einsatzhärtungstiefe und Durchhärtung, verfeinert das Austenitkorn und verbessert die Kerbschlagzähigkeit insbesondere bei tiefen Temperaturen.
Phosphor (P)	Setzt die Zähigkeit herab bzw. fördert die Anlassversprödung. In Qualitätsstählen beträgt der Gehalt max. 0,045 %. In Automatenstählen sind bis 0,2 % enthalten, um die Oberflächengüte zu verbessern.
Sauerstoff (O)	Bildet Oxide, wirkt stark versprödend und verursacht wie Schwefel Rotbruch beim Umformen.
Schwefel (S)	Macht den Stahl spröde und rotbrüchig. In Automatenstählen wird S bis zu 0,3 % zugesetzt, um die Zerspanbarkeit durch kurzbrechende Späne zu verbessern.
Silizium (Si)	Erhöht die Zunderbeständigkeit sowie Zugfestigkeit und Streckgrenze und mindert die Zähigkeit nur geringfügig.
Stickstoff (N)	Fördert die Alterung. Dies tritt besonders bei kaltverformten Stählen bei Temperaturen um 300 °C auf („Blausprödigkeit").
Titan (Ti), Tantal (Ta) und Niob (Nb)	Sind starke Karbidbildner. Sie werden für austenitische Stähle verwendet, weil sie interkristalliner Korrosion an den Korngrenzen entgegenwirken.
Vanadium (V)	Bildet Sonderkarbide, erhöht Zugfestigkeit und Streckgrenze, verbessert die Warmfestigkeit, macht den Stahl weniger überhitzungsempfindlich und verbessert die Schneidhaltigkeit. Wichtig für Schnellarbeitsstähle
Wasserstoff (H)	Führt auch bei kleinen Mengen zur Versprödung des Stahls.
Wolfram (W)	Bildet Karbide, steigert Festigkeit, Härte und Schneidhaltigkeit und erzeugt hohe Warmhärte. Wichtig für Schnell- und Warmarbeitsstähle
Zirkonium (Zr)	Verbessert das Zähigkeitsverhalten

Wasservergütete Baustähle

Wasservergütete Baustähle enthalten kleine Mengen von CrMo, CrMoZr oder NiCrMoB mit C-Anteilen $\leq 2\,\%$, P $\leq$ 0,025 % und S $\leq 2\,\%$. Sie wurden entwickelt, um eine noch höhere statische Festigkeit bei ausreichender Zähigkeit zu erreichen. Bleche lassen sich rissfrei biegen und pressen. Beispiel nach DIN EN 10025 Teil 6: S690QL mit $R_{eH} = 690\,\mathrm{N/mm^2}$

Anwendungen: Fahrzeug-, Kran- und Brückenbau (Hinweise siehe [5], [71])

5.2.2.3 Vergütungsstähle

Vergütungsstähle sind Stähle, die sich wegen ihrer Zusammensetzung insbesondere wegen ihres definierten Kohlenstoffgehalts für die Wärmebehandlung eignen, siehe Abschn. 5.2.1.3.

Tab. 5.5 Baustähle, Auszug aus DIN EN 10025 Teil 2, alle mechanischen Eigenschaften gelten für Normprobendurchmesser $d_N = 16$ mm

Bezeichnung nach DIN EN 10027		Alte Bezeichnung nach DIN 17100 [11]	Mechanische Eigenschaften						Anwendungen
Kurzname	Werkstoffnummer		C-Gehalt nach der Stückanalyse in %	Zugfestigkeit $R_{m,N}$ in N/mm²	Streckgrenze $R_{e,N}$ in N/mm²	Biegewechselfestigkeit[a] in N/mm²	Bruchdehnung A_5 in % min.		
			max.	min.	min.		längs	quer	
S185	1.0035	St 33	–	310	185	160	18	16	für Teile ohne besondere Anforderungen
S235JR	1.0038	RSt 37-2	0,19	360	235	180	26	24	üblicher Schmiedestahl im Maschinenbau, Bleche für Behälter, gut schweißbar
S235J0	1.0114	ST 37-3 U							
S235J2	1.0117	–							
S275JR	1.0044	St 44-2	0,24	410	275	205	23	21	Press- und Gesenkstücke, schweißbar
S275J0	1.0143	St 44-3 U	0,21						
S275J2	1.0145	–	0,21						
S355JR	1.0045	–	0,27	470	355	235	22	20	Stahlbaukonstruktionen, gut schweißbar
S355J0	1.0553	St 52-3	0,23						
S355J2	1.0577	–							
S355K2	1.0596	–							
E295	1.0050	St 50-2	–	470	295	235	20	18	für höher beanspruchte Wellen, gut zerspanbar, wenig härtbar
E335	1.0060	St 60-2	–	570	335	285	16	14	für hoch beanspruchte Teile, Passfedern, Passstifte, härt- und vergütbar (ungezielt)
E360	1.0070	St 70-2	–	670	360	335	11	10	für hoch beanspruchte, ungehärtete Teile, Nocken, härt- und vergütbar (ungezielt)

[a] aus DIN 743 Teil 3 [17]. Gilt für Werkstoffbezugsdurchmesser $d_B \leq 7{,}5$ mm.

Es werden unlegierte Qualitätsstähle und unlegierte oder legierte Edelstähle, die gegenüber Qualitätsstählen verschärften Anforderungen nach DIN EN 10083 [33] genügen müssen, unterschieden. Diese sind:

- Mindestwerte der Kerbschlagzähigkeit
- Grenzwerte der Härtbarkeit (erreichbare Zugfestigkeit)
- Grenzwerte für oxidische Einschlüsse
- niedrige Grenzwerte für Schwefel (normal 0,035 %)
- gleichmäßiges Ansprechen auf die Wärmebehandlung

Werkstoffkennwerte von Vergütungsstählen und Anwendungsbeispiele sind in Tab. 5.6 aufgelistet.

Man beachte: Bei größeren Bauteilquerschnitten werden höhere Legierungsanteile benötigt, um trotz der langsameren Abkühlgeschwindigkeit im Kern hohe Härte und Festigkeit bei ausreichender Zähigkeit zu erreichen.

Für verschiedene Anwendungen sind anstelle der Vergütungsstähle die kostengünstigeren AFP (mikrolegierten) Stähle zu verwenden, siehe Abschn. 5.2.2.10.

5.2.2.4 Stähle für das Randschichthärten

Für das Randschichthärten (Abschn. 5.2.1.5) mittels Flamm-, Induktions- und Laserhärten sind Vergütungsstähle ähnlich denen nach Tab. 5.6 geeignet. Um eine harte, verschleißfeste Oberfläche und einen zähen Kern gezielt zu erreichen, sind die Grenzen für den Kohlenstoffgehalt eingeengt (0,35 . . . 0,55 % C) und der zulässige Phosphorgehalt niedriger angesetzt worden.

5.2.2.5 Nitrierstähle

Nitrierstähle sind Vergütungsstähle, die sich wegen der Anteile an Nitridbildnern Al, V und auch Cr besonders für das Nitrieren eignen. Nitrierverfahren sind in Abschn. 5.2.1.7 erläutert.

Werkstoffkennwerte und Anwendungen für eine Auswahl von Nitrierstählen sind in Tab. 5.7 aufgelistet.

Besonderheiten der Anwendung für Zahnräder werden in Kap. 21 in [68] erläutert.

5.2.2.6 Einsatzstähle

Geforderte Eigenschaften und Härteverfahren der Einsatzstähle sowie deren Anwendung sind in Abschn. 5.2.1.6 angegeben. Stähle mit Mo-Cr-Zusätzen eignen sich für die Direkthärtung. Zusätze von Mn, Cr, Mo, Ni ermöglichen hohe Kernfestigkeit bei größeren Querschnitten und verbessern die Randhärtbarkeit. Einsatzstähle werden wie Vergütungsstähle als Qualitäts- und Edelstähle erschmolzen.

Werkstoffkennwerte und Anwendungen für eine Auswahl von Einsatzstählen sind in Tab. 5.8 zusammengefasst.

Tab. 5.6 Vergütungsstähle, Auszug aus DIN EN 10083 Teil 2 und Teil 3, alle mechanischen Eigenschaften gelten für Normprobendurchmesser $d_N = 16\,\text{mm}$

Bezeichnung nach DIN EN 10027		Mechanische Eigenschaften				Anwendungen
Kurzname	Werkstoff-nummer	Zugfestig-keit $R_{m,N}$ in N/mm² min.	Streck-grenze $R_{e,N}$ in N/mm² min.	Biege-wechsel-festigkeit[a] in N/mm²	Bruch-dehnung A_5 in % min.	
C22R	1.1149	500	340	250	20	Wellen, Achsen, Naben, Bolzen, Spindeln, Kipphebel
C22E	1.1151					
C35R	1.1180	630	430	315	17	
C35E	1.1181					
C40R	1.1189	650	460	325	16	
C40E	1.1186					
C45R	1.1201	700	490	350	14	
C45E	1.1191					
C50R	1.1241	750	520	375	13	
C50E	1.1206					
C55R	1.1209	800	550	–	12	
C55E	1.1203					
C60R	1.1223	850	580	425	11	
C60E	1.1221					
28Mn6	1.1170	800	590	–	13	höhere Kernfestigkeit als C45
38Cr2	1.7003	800	550	–	14	höher durchvergütbar als Mn-Stähle
46Cr2	1.7006	900	650	450	12	
34Cr4	1.7033	900	700	–	12	
37Cr4	1.7034	950	750	–	11	
41Cr4	1.7035	1000	800	500	11	
25CrMo4	1.7218	900	700	–	12	hochbeanspruchte Teile hoher Zähigkeit, wie z. B. Zahnräder, bis −50 °C einsetzbar
34CrMo4	1.7220	1000	800	500	11	
42CrMo4	1.7225	1100	900	550	10	
50CrMo4	1.7228	1100	900	550	9	
34CrNiMo6	1.6582	1200	1000	–	9	höher durchvergütbar als Cr-Mo-Stahl
30CrNiMo8	1.6580	1250	1050	600	9	
36NiCrMo16	1.6773	1250	1050	625	9	
51CrV4	1.8159	1100	900	–	9	hochbeanspruchte Teile besonders hoher Festigkeit

[a] aus DIN 743 Teil 3. Gilt für Werkstoff-Bezugsdurchmesser $d_B \leq 7{,}5\,\text{mm}$.

Tab. 5.7 Nitrierstähle, Auszug aus DIN EN 10085 [35], alle mechanischen Eigenschaften gelten für Normprobendurchmesser $d_N = 40\,\text{mm}$

Bezeichnung nach DIN EN 10027		Mechanische Eigenschaften				Anwendungen
Kurzname	Werkstoff-nummer	Zugfestig-keit $R_{m,N}$ in N/mm² min.	0,2 % Dehn-grenze $R_{p0,2,N}$ in N/mm² min.	Bruch-dehnung A_5 in % min.	Randschichthärte nach Nitrieren oder Nitrocarburieren HV1	
31CrMo12	1.8515	1030	835	10	800	Zahnräder, Kolben, Schieber für Hydraulik, Ventilspindeln
31CrMoV9	1.8519	1100	900	9	800	
34CrAlNi7-10	1.8550	900	680	10	950	
41CrAlMo7-10	1.8507	950	750	11	950	

Tab. 5.8 Einsatzstähle, Auszug aus Stahlschlüssel [80], alle mechanischen Eigenschaften gelten für Normprobendurchmesser $d_N = 16\,\text{mm}$

Bezeichnung nach DIN EN 10027		Mechanische Eigenschaften				Anwendungen
Kurzname	Werkstoff-nummer	Zugfestigkeit $R_{m,N}$ in N/mm^2	Streckgrenze $R_{e,N}$ in N/mm^2	Bruchdehnung A_5 in %	maximale Härte HB im geglühten Zustand	
		min.	min.	min.	max.	
C10	1.0301	640	390	13	131	für Kleinteile im Büromaschinen- und Gerätebau, mit geringer Kernfestigkeit und vorrangiger Beanspruchung auf Verschleiß, wie z. B. Hebel, Zapfen, Mitnehmer, Gelenke, Bolzen, Buchsen, Dorne, Stanzteile, Stifte
C15	1.0401	740	440	12	143	
C10E	1.1121	640	390	13	131	
C15E	1.1141	740	440	12	143	
17Cr3	1.7016	800	520	10	174	für Teile kleinerer Abmessungen, die besonders hohen Verschleißwiderstand erfordern
16MnCr5	1.7131	880	635	9	207	für Teile mit hoher Kernfestigkeit bei günstiger Zähigkeit, z. B. Zahnräder
15CrNi6	1.5919	960	685	8	217	für große Abmessungen mit höchster Kernfestigkeit, z. B. große Zahnräder, Tellerräder
18CrNiMo7-6	1.6587	1180	835	7	229	bei mittleren und hohen Einsatzhärtetiefen; Wellen, Zahnräder
20MoCrS4	1.7323	880	635	9	207	Direkthärtung möglich

5.2.2.7 Automatenstähle

Automatenstähle sind Stähle, die besonders gut zerspanbar sind, daher hohe Schnittgeschwindigkeiten gestatten, bei trotzdem glatten Oberflächen ohne Schlichten. Die günstigen Zerspanungseigenschaften werden hauptsächlich durch einen erhöhten Schwefelgehalt (0,15 ... 0,30 %) und zum Teil durch heute jedoch nicht mehr üblichen Bleizusatz (0,15 ... 0,30 %) erreicht. Automatenstähle sind quasi absichtlich verunreinigte Stähle, was geringere Zähigkeit und höhere Rissempfindlichkeit mit sich bringt.

Werkstoffkennwerte und Anwendungen für eine Auswahl von Automatenstählen sind in Tab. 5.9 zusammengefasst.

5.2.2.8 Nichtrostende Stähle

Nichtrostende Stähle haben einen Cr-Gehalt $\geq 12\,\%$. Durch Zulegieren von Ni werden Festigkeit und Säurebeständigkeit verbessert. Höchste Rostbeständigkeit bieten spezielle Ni-Legierungen, wie „Monel"-Metall (NiCu30Fe) mit 63 % Ni. Dieses ist bis 500 °C gegen Dampf, Säuren und Alkalien beständig und zudem gut warm- und kaltverformbar.

Werkstoffkennwerte und Anwendungen für eine Auswahl von nichtrostenden Stählen sind in Tab. 5.10 zusammengefasst.

Weitere Normen über Stähle für den Maschinenbau: SEW 400 [76], Stahlguss: DIN EN 10213 [44], DIN EN 10283 [49], SEW 410 [75]

5.2.2.9 Federstähle

Für Drahtfedern werden patentiert gezogene Federdrähte mit hoher Elastizitätsgrenze verwendet. Höchste Dauerfestigkeit kann durch Verwendung von gezogenen und schlussvergüteten Federdrähten erreicht werden. Jedoch ist bei ihnen die stärkere Setzneigung (plastische Verformung) zu beachten.

Für dünne Blattfedern wird auch unlegierter Stahl, für dickere legierter Stahl verwendet. Während die Elastizitätsgrenze (Setzneigung) und die Dauerfestigkeit von der Stahlzusammensetzung, Wärmebehandlung und Oberfläche (Risse und Randentkohlung) abhängen, ist der E-Modul und der G-Modul davon kaum abhängig. Federstähle besitzen einen Kohlenstoffgehalt von ca. 0,5 ... 1 % und die typischen Legierungselemente Si, Mn, Cr, Mo, V. Nach der Formgebung kann zur Verminderung der Setzneigung auf etwa 250 °C angelassen werden. Die Dauerfestigkeit kann durch Abschleifen oder Verdichten (Drücken) der Oberfläche erhöht werden.

Werkstoffkennwerte und Anwendungen für eine Auswahl von Federstählen sind in Tab. 5.11 zusammengefasst.

5.2.2.10 Sonstige Stähle

AFP-Stähle

Ausscheidungshärtende ferritisch-perlitische-(mikro-)legierte Stähle, auch schmiedeperlitische oder ferritischperlitische Stähle genannt, sind Schmiedestähle mit niedrigem Kohlenstoffgehalt, mikrolegiert mit V, Ti oder/und Niob mit Schwefelzusatz für bessere Zerspanbarkeit. Gegenüber den Vergütungsstählen entfällt das Härten und Anlassen, ebenso das durch den Härteverzug bedingte Richten und Spannungsarmglühen (Kostenvorteil). Das Gefüge ist feinkörnig bei hoher Festigkeit und Zähigkeit.

AFP-Stähle eignen sich zum Einsatzhärten, Ionitrieren und Carbonitrieren, nicht jedoch zum Induktionshärten (niedriger C-Gehalt).

Werkstoffkennwerte und Anwendungen für eine Auswahl von AFP-Stählen sind in Tab. 5.12 zusammengefasst.

Tab. 5.9 Automatenstähle, Auszug aus DIN EN 10277 Teil 3 [48]

Bezeichnung nach DIN EN 10027		Dicke in mm	Mechanische Eigenschaften abhängig vom Wärmebehandlungszustand											Anwendung
			gewalzt und geschält		kaltgezogen			kaltgezogen und vergütet			vergütet und kaltgezogen			
Kurzname	Werkstoffnummer		Zugfestigkeit $R_{m,N}$ in N/mm²	Brinellhärte HBW	Zugfestigkeit $R_{m,N}$ in N/mm²	Streckgrenze $R_{e,N}$ in N/mm²	Bruchdehnung A_5 in %	Zugfestigkeit $R_{m,N}$ in N/mm²	Streckgrenze $R_{e,N}$ in N/mm²	Bruchdehnung A_5 in %	Zugfestigkeit $R_{m,N}$ in N/mm²	Streckgrenze $R_{e,N}$ in N/mm²	Bruchdehnung A_5 in %	
			min.	max.	min.	min.	min.	min.	min.	min.	min.	min.	min.	
11SMn30 11SMnPb30	1.0715 1.0718	10 ... 16	–	–	490	410	7	–	–	–	–	–	–	Massendrehteile, die über den gesamten Querschnitt bearbeitet werden sollen, geeignet für dünnwandige Teile und geringe Kaltumformung
11SMn37 11SMnPb37	1.0736 1.0737	16 ... 40	380	169	460	375	8	–	–	–	–	–	–	
10S20	1.0721	10 ... 16	–	–	490	390	8	–	–	–	–	–	–	für Massendrehteile, die einsatzgehärtet werden sollen, besonders für dünnwandige Teile
10SPb20	1.0722	16 ... 40	360	156	460	360	9	–	–	–	–	–	–	
35S20	1.0726	10 ... 16	–	–	590	400	7	–	–	–	700	490	11	Teile, bei denen die Anforderungen in Querrichtung nicht so hoch sind, wie bei den Kohlenstoffstählen
35SPb20	1.0756	16 ... 40	520	201	560	360	8	600	380	16	650	455	12	
46S20	1.0727	10 ... 16	–	–	690	470	6	–	–	–	800	560	9	
46SPb20	1.0757	16 ... 40	590	225	640	400	7	650	430	13	700	490	10	

Warmfeste und hochwarmfeste Stähle (Legierungen)
Sie zeichnen sich durch hohe Zeitdehngrenzen und Zeitstandfestigkeiten bei hohen Temperaturen aus: warmfeste, unlegierte Stähle bis $400\,°C$; niedrig legierte bis $540\,°C$, hochwarmfeste, hochlegierte bis 800 °C.

Werkstoffkennwerte und Anwendungen für eine Auswahl von warmfesten und hochwarmfesten Stählen sind in Tab. 5.13 zusammengefasst. Angaben zur Anwendung warmfester und hochwarmfester Schrauben und Muttern sind in Kap. 10 enthalten. Schadensfälle durch interkristallinen Bruch haben zur Entwicklung extrem reiner, warmfester Stähle geführt.

Hitzebeständige Stähle
Diese zunderbeständigen Stähle werden im Temperaturbereich über $550\,°C$ eingesetzt, bilden bei hohen Temperaturen dichte, gut haftende Oberflächenschichten aus Oxiden der Legierungselemente Cr, Si und Al, zum Teil auch Ni.

Werkstoffkennwerte und Anwendungen für eine Auswahl von hitzebeständigen Stählen sind in Tab. 5.14 zusammengefasst.

Kaltzähe Stähle
Sie haben bei abnehmender Temperatur eine zunehmende Fließgrenze und Zugfestigkeit, die Zähigkeit (Bruchdehnung, -einschnürung) nimmt ab. Die Sprödbruchgefahr unter der Wirkung von Kerben und Eigenspannungen wächst. Die Kaltzähigkeit wird gesteigert durch Ni-Zusätze von $1{,}5 \ldots 5\,\%$. Bei niedriglegierten Stählen wird bis −100 °C noch eine Mindestkerbschlagarbeit von 27 J, bei hochlegierten Stählen noch bei −200 °C erreicht. Wichtig ist, dass diese Stähle gut schweißbar sind.

Werkstoffkennwerte und Anwendungen für eine Auswahl von kaltzähen Stählen sind in Tab. 5.15 zusammengefasst.

Martensitaushärtende Stähle
Diese nichtrostenden Stähle auf der Basis X5CrNiCuNb 15-5 oder X7CrNiMoAl 15-7 können bei guter Korrosionsbeständigkeit mechanisch hoch belastet werden.

5.2.3 Stahlguss (GS)

GS eignet sich für gegossene Teile hoher Festigkeit und Zähigkeit. GS ist schmied-, schweiß- und einsatzhärtbar, aber schwierig zu gießen (man beachte: $2 \ldots 3\,\%$ Schwindmaß, Gefahr der Lunkerbildung, Gusseigenspannungen, Warmrissigkeit [1]) und daher teurer als GJL. Die Oberfläche der Gussteile ist rauer, die Gleiteigenschaften sind schlechter als die von GJL, Stahlbleche lassen sich in GS eingießen. Das zunächst grobstrahlige Gefüge wird meist durch Normalglühen oder Vergüten verfeinert. So wird ein Gefügeaufbau wie beim Schmiedestahl erhalten; die Festigkeitseigenschaften sind nahezu richtungsunabhängig. Die kleinste erreichbare Wanddicke beträgt 5 mm [1].

Tab. 5.10 Nichtrostende Stähle, Auszug aus DIN EN 10088 Teil 3 [36] und Nickelknetlegierungen, Auszug aus DIN 17750 [12]

Bezeichnung nach DIN EN 10027		Mechanische Eigenschaften abhängig von der Ausführungsart									Anwendungen
Kurzname	Werkstoff-nummer	warmgeformt					kalt weiterverarbeitet, vergütet für $d = 16$ mm				
		Dicke t oder Durchmesser d in mm	Wärme-behandlungs-zustand	Zugfes-tigkeit $R_{m,N}$ in N/mm²	0,2 %-Dehn-grenze $R_{p0,2,N}$ in N/mm²	Bruch-dehnung A_5 in %	Wärme-behandlungs-zustand	Zugfes-tigkeit $R_{m,N}$ in N/mm²	0,2 %-Dehn-grenze $R_{p0,2,N}$ in N/mm²	Bruch-dehnung A_5 in %	
		max.		min.	min.	min.		min.	min.	min.	
X12Cr13	1.4006	160	vergütet	650	450	15	vergütet	700	500	9	Dampfturbinen, Pumpen, Haushaltsgeräte, beständig geg. Dampf, Wasser, org. Säuren
X20Cr13	1.4021	160	vergütet	700	500	13	vergütet	750	550	8	
X46Cr13	1.4034	160	vergütet	800	650	10	vergütet	900	700	7	Messer, Federn, Formen
X6Cr17	1.4016	100	weichgeglüht	400	240	20	lösungsgeglüht	480	300	8	nicht härt- und vergütbar
X2CrTi17	1.4520	50	weichgeglüht	420	200	20	lösungsgeglüht	480	300	10	auch an Schweißstellen korrosionsbeständig
X10CrNiS18 9	1.4305	160	lösungsgeglüht	500	225	35	lösungsgeglüht	600	400	15	härtbar (V2A-Stahl), schwer zerspanbar, unmagnetisch, säurebeständig
X5CrNiMo17 12 2	1.4401	160	lösungsgeglüht	500	235	40	lösungsgeglüht	580	380	25	
X6CrNiMoNb17 12 2	1.4580	160	lösungsgeglüht	510	250	35	–	–	–	–	
NiCr15Fe	2.4816	50	lösungsgeglüht	500	180	35	–	–	–	–	(> 72 % Ni, 15,5 % Cr) beständig gegen starke Säuren
NiCu30Fe	2.4360	50	weichgeglüht	450	175	30	–	–	–	–	(> 63 % Ni, 31 % Cu) für Turbinenschaufeln
NiCu30Al	2.4375	2	lösungsgeglüht und ausgehärtet	850	600	15	–	–	–	–	(> 63 % Ni, 30,5 % Cu) chemische Behälter

Tab. 5.11 Federstähle, alle mechanischen Eigenschaften gelten für einen Drahtnenndurchmesser $d_N = 2\,\mathrm{mm}$

Bezeichnung nach DIN EN 10027 bzw. DIN EN 10270		Mechanische Eigenschaften		Art und Norm	Anwendung
Kurzname	Werkstoff-nummer	Zugfestigkeit $R_{m,N}$ in $\mathrm{N/mm^2}$	Brucheinschnürung Z in %		
		min.	min.		
SL		1520	40	patentiert gezogener Federstahldraht unlegiert mit 0,35 bis 1 % C nach DIN EN 10270 Teil 1 [47]	Zug-, Druck- oder Torsionsfedern (Schraubenfedern), die vorwiegend niedriger statischer Beanspruchung ausgesetzt sind
SM		1760	40		Zug-, Druck- oder Torsionsfedern (Schraubenfedern), die mittleren statischen Beanspruchungen oder selten dynamischen Beanspruchungen ausgesetzt sind
SH		1980	40		Zug-, Druck- oder Torsionsfedern (Schraubenfedern), die hohen statischen Beanspruchungen oder geringen dynamischen Beanspruchungen ausgesetzt sind
DM		1760	40		Zug-, Druck- oder Torsionsfedern, die mittleren dynamischen Beanspruchungen ausgesetzt sind, auch für Federn, die auf starke Biegung beansprucht werden
DH		1980	40		Zug-, Druck- oder Torsionsfedern (Schraubenfedern) oder Formfehlern, die hohen statischen oder mittleren dynamischen Beanspruchungen ausgesetzt sind
FDC		1720	45	ölverschlussvergüteter Federstahl nach DIN EN 10270 Teil 2	bis 17 mm ∅; Federn, die im Zeitfestigkeitsgebiet arbeiten
VDC		1670	50		bis 10 mm ∅; Ventilfederdraht für schwierig zu wickelnde Federn
38Si7	1.5023	1300	35	warmgewalzter vergüteter Edelstahl nach DIN EN 10089 [37]	für hoch beanspruchte Blatt-Schraubenfedern, Drehstabfedern, Druckfedern (Pkw)
60SiCr7	1.7108	1550	20		
55Cr3	1.7176	1400	20		
52CrMoV4	1.7701	1450	35		
C55	1.0535	800	–	vergüteter Kaltbandstahl nach DIN EN 10083 Teil 2	unlegierter Stahl für dünnere Bänder
C55E	1.1203	1100	–	Edelstahl Kaltbandstahl vergütet nach DIN EN 10132 Teil 3 und 4 [41]	dünnere Bänder, hochbeanspruchte Blattfedern
C100S	1.1274	1200	–		höchstbeanspruchte Blattfedern
51CrV4	1.8159	1200	–		
56Si7	1.5026	1200	–		Blattfedern im Kfz
X10CrNi18-8	1.4310	1700	–	nichtrostender Federstahldraht nach DIN EN 10270 Teil 3	lasergeeignet

Tab. 5.12 AFP-Stähle (ausscheidungshärtbare ferritisch-perlitische Stähle), Auszug aus DIN EN 10267 [46], alle mechanischen Eigenschaften gelten für Normprobendurchmesser $d_N = 30\,\mathrm{mm}$

Bezeichnung nach DIN EN 10027		Mechanische Eigenschaften				Anwendungen
Kurzname	Werkstoff-nummer	obere Streckgrenze R_e in $\mathrm{N/mm^2}$	Zugfestigkeit $R_{m,N}$ in $\mathrm{N/mm^2}$	Bruchdehnung A_5 in %	Brucheinschnürung Z in %	
		min.	min.	min.	min.	
19MnVS6	1.1301	390	600	16	32	Pleuel, Mitnehmer, Kurbelwellen, Achsschenkel, hochfeste Schrauben
30MnVS6	1.1302	450	700	14	30	
38MnVS6	1.1303	520	800	12	25	
46MnVS6	1.1304	580	900	10	20	
46MnVS3	1.1305	450	700	14	30	

Tab. 5.13 Warmfeste und hochwarmfeste Stähle, Auszug aus DIN EN 10095 [38]

Bezeichnung nach DIN EN 10027		Wärme-behandlungs-zustand	Stab-durch-messer in mm	Mechanische Eigenschaften				Beständig in Luft bis °C	Anwendungen
Kurzname	Werkstoff-nummer			Zugfestigkeit $R_{m,N}$ in N/mm²	0,2 %-Dehngrenze $R_{p0,2,N}$ in N/mm²	Bruchdehnung A_5 in %	1 %-Zeit-dehngrenze für 10.000 h in N/mm²		
				min.	min.	min.			
X10CrAlSi7	1.4713	geglüht	$d \leq 25$	420	220	20	700 °C: 4,7	800	Bauteile für die chemische Industrie, wie z. B. Dampfkessel oder Feuerungen
X10CrAlSi13	1.4724	geglüht	$d \leq 25$	450	250	15	700 °C: 4,7	850	
X10CrAlSi25	1.4762	geglüht	$d \leq 25$	520	280	10	700 °C: 4,7	1150	
X20CrNiSi25-4	1.4821	lösungsgeglüht	$d \leq 60$	600	400	16	700 °C: 4,7	1100	unmagnetisch
X15CrNiSi25 20	1.4841	lösungsgeglüht	$d \leq 160$	550	230	30	700 °C: 35	1150	

Tab. 5.14 Hitzebeständige Stähle, Auszug aus DIN EN 10302 [51]

Bezeichnung nach DIN EN 10027		Wärme-behandlungs-zustand	Stab-durch-messer in mm	Mechanische Eigenschaften				Anwendungen
Kurzname	Werkstoff-nummer			Zugfestigkeit $R_{m,N}$ in N/mm²	0,2 %-Dehngrenze $R_{p0,2,N}$ in N/mm²	Bruchdehnung A_5 in %	1 %-Zeit-dehngrenze für 10.000 h in N/mm²	
				min.	min.	min.		
X8NiCrAlTi32-21	1.4959	lösungsgeglüht	$d \leq 160$	500	170	35	700 °C: 59	Sonderlegierungen für Walz- und Schmiedewerkstoffe
X6NiCrTiMoVB25-15-2	1.4980	ausscheidungs-gehärtet	$d \leq 160$	900	600	15	650 °C: 190	
NiCr20TiAl	2.4952	ausscheidungs-gehärtet	$d \leq 160$	1000	600	18	700 °C: 183	

Tab. 5.15 Kaltzähe Stähle

Stahltyp	Bezeichnung nach DIN EN 10027		Wärme-behandlungs-zustand	Dicke in mm	Mechanische Eigenschaften			Anwendungen
	Kurzname	Werkstoff-nummer			Zugfestigkeit $R_{m,N}$ in N/mm²	0,2 %-Dehngrenze $R_{p0,2,N}$ in N/mm²	Bruchdehnung A_5 in %	
					min.	min.	min.	
Ni-legiert nach DIN EN 10028 Teil 4 [32]	12Ni14	1.5637	normalgeglüht	≤ 30	490	355	22	Druckbehälterbau
	X8Ni9	1.5662	vergütet	≤ 30	640	490	18	
	11MnNi5-3	1.6212	normalgeglüht	≤ 30	420	285	24	
austenitischer CrNi-Stahl nach DIN EN 10222 Teil 5 [45]	X5CrNi18-10	1.4301	lösungsgeglüht	≤ 250	500	200	45	korrosionsbeständig
	X6CrNiTi18-10	1.4541	lösungsgeglüht	≤ 450	510	200	40	schweißbar
	X6CrNiNb18-10	1.4550	lösungsgeglüht	≤ 450	510	205	40	chem. Industrie, Medizintechnik

Stahlguss für allgemeine Verwendungszwecke (DIN EN 10293 [50])

Der meist verwendete Stahlguss für hochbeanspruchte Bauteile. Er wird normalerweise normalgeglüht, ist jedoch im Übrigen für die Wärmebehandlung nicht geeignet.

Werkstoffkennwerte und Anwendungen für eine Auswahl von unlegiertem und niedrig legiertem Stahlguss sind in Tab. 5.16 zusammengefasst.

Warmfester Stahlguss

Werkstoffkennwerte und Anwendungen für eine Auswahl von warmfestem Stahlguss sind in Tab. 5.17 zusammengefasst.

Verschleißfester Stahlguss

Geeignet für entsprechend beanspruchte Bauteile von Zerkleinerungsanlagen, Bau- und Fördermaschinen sowie Werkzeuge für die Holz- und Kunststoffverarbeitung. Hauptsächlich werden Manganhartstahlguss (1,2 % C, 12 % Mn, 1,4 % Cr), gehärteter Stahlguss (ca. 0,6 % C, 2 … 3 % Cr) und martensitisch-carbidischer Stahlguss (1 … 2 % C, 12 … 25 % Cr) für Werkzeuge zur Warmformgebung (Walzen, Ziehen, mit Zusatz von W, evtl. V) verwendet.

Tab. 5.16 Unlegierter und niedrig legierter Stahlguss für allgemeine Verwendungszwecke, Auszug aus DIN EN 10293

Bezeichnung nach DIN EN 10027		Wärme-behandlungs-zustand	Normproben-durchmesser in mm	Mechanische Eigenschaften			Anwendungen
Kurzname	Werkstoff-nummer			Zugfestigkeit $R_{m,N}$ in N/mm²	0,2 % Dehngrenze $R_{p0,2,N}$ in N/mm²	Bruchdehnung A_5 in %	
				min.	min.	min.	
Unlegierter Stahlguss							
GE200	1.0420	normalgeglüht	300	380	200	25	Naben, Buchsen, Deckel, Lagerkörper, Einschweißnaben
GE240	1.0446	normalgeglüht	300	450	240	22	Lagerböcke, Lagerringe, Hohlwellen, Seilrollen
GE300	1.0558	normalgeglüht	30	600	300	15	Laufrollen, Hämmer, Kettenräder, für Oberflächenhärtung geeignet
Niedrig legierter Stahlguss							
G17Mn5	1.1131	vergütet	≤ 50	450	240	24	Einschweißgussstücke Schiffbau
G20Mn5	1.6220	normalgeglüht	30	480	300	20	Schienenfahrzeugbau, Zugbügel, automatische Kupplungen (hohe Festigkeit bei hoher Kerbschlagzähigkeit)
		vergütet	100	500	300	22	
G28Mn6	1.1165	normalgeglüht	250	520	260	18	
		vergütet (+QT1)	100	600	450	14	
		vergütet (+QT2)	50	700	550	10	
G10MnMoV6-3	1.5410	vergütet (+QT1)	50	500	380	22	
G26CrMo4	1.7221	vergütet (+QT1)	100	600	450	16	
		vergütet (+QT2)	100	700	550	10	

Tab. 5.17 Warmfester Stahlguss, Auszug aus DIN EN 10213 [44]

Bezeichnung nach DIN EN 10027		Wärme-behandlung	Dicke in mm	Mechanische Eigenschaften										Anwen-dungen
Kurzname	Werkstoff-nummer			Zugfestigkeit in N/mm²	0,2 %-Dehngrenze $R_{p0,2,N}$ bei °C in N/mm²								Bruchdehnung A_5 in %	
					20	200	300	350	400	450	500	550		
				min.	min.								min.	
GP240GH	1.0619	vergütet	≤ 100	420	240	175	145	135	130	125	–	–	22	Druck-behälter
G20Mo5	1.5419	vergütet	≤ 100	440	245	190	165	155	150	145	135	–	22	
G17CrMo5-5	1.7357	vergütet	≤ 100	490	315	250	230	215	200	190	175	160	20	
G17CrMo9-10	1.7379	vergütet	≤ 150	590	400	355	345	330	315	305	280	240	18	
G17CrMoV5-10	1.7706	vergütet	≤ 150	590	440	385	365	350	335	320	300	260	15	
GX8CrNi12	1.4107	vergütet (+QT1)	≤ 300	540	355	275	265	–	255	–	–	–	18	
GX23CrMoV12-1	1.4931	vergütet	≤ 150	740	540	450	430	410	390	370	340	290	15	

5.2.4 Gusseisen

Gusseisen wird aus Roheisen, Stahlschrott, Ferrolegierungen und Koks erschmolzen. Bei schneller Abkühlung ist der Kohlenstoff carbidisch an Eisen gebunden, es entsteht das harte und spröde „weiße Gusseisen". Mit abnehmender Abkühlgeschwindigkeit wird der Kohlenstoff in zunehmendem Maße elementar als Graphit ausgeschieden. Das Bruchbild erscheint dunkel, weshalb hierbei von „grauem Gusseisen" gesprochen wird. Dieses besteht aus einem Stahlgefüge mit Graphiteinlagerungen und weist ein Schwindmaß von ungefähr 1 % auf [1]. Neben der Abkühlgeschwindigkeit beeinflussen der C-, Si- und Mn-Gehalt die Graphitausscheidung, siehe Abb. 5.8.

Die Bezeichnung von Gusseisenwerkstoffen ist nach DIN EN 1560 [20] mittels Kurznamen festgelegt, siehe Tab. 5.18.

In DIN EN 10027 Teil 2 wird die Bezeichnung mittels Werkstoffnummer definiert. Sie hat folgenden Aufbau:

X . A B CC

X = Werkstoffhauptgruppennummer (5 = Gusseisen)
A = Festlegung der Graphitstruktur siehe Tab. 5.19
B = Festlegung der Matrixstruktur siehe Tab. 5.19
CC = Zählnummer

Tab. 5.18 Bezeichnung von Gusseisen mittels Kurzname nach DIN EN 1560

Position 1 obligatorisch	Position 2 obligatorisch		Position 3 obligatorisch		Position 4 optional		Position 5 obligatorisch a) oder b) ist zu wählen		Position 6 optional	
Vorsilbe	Metallart		Graphitstruktur		Mikrostruktur oder Makrostruktur		Klassifizierung		zusätzliche Anforderungen	
EN-	Gusseisen	GJ	Lammelar	L	Austenit	A	a) mechanische Eigenschaften		Rohgussstück	D
			Kugelig	S	Ausferrit	R	Zugfestigkeit: 3- oder 4stellige Zahl	z. B. 350	Wärmebehandeltes Gussstück	H
			Temperkohle	T	Ferrit	F	Dehnung: ein Bindestrich und eine 1- oder 2stellige Zahl	z. B. -19	Schweißeignung für Verbindungsschweißungen	W
			Vermikular	V	Perlit	P	1 Buchstabe, für die Herstellung von Probestücken, die einem Gussstück entnommen wurden	C	zusätzliche Anforderungen, in der Bestellung festgelegt	Z
			Graphitfrei (Hartguss) ledeburitisch	N	Martensit	M	Härte: 2 Buchstaben und eine 2- oder 3stellige Zahl	z. B. HB 155		
			Sonderstruktur	Y	usw.		Schlagenergie: ein Bindestrich und 2 Buchstaben für die Prüftemperatur:			
							– Raumtemperatur	RT		
							– Tieftemperatur	LT		
							b) chemische Zusammensetzung			
							Buchstabensymbol für hochlegierte Klassen	X		
							Kohlenstoffgehalt in Prozent × 100, jedoch nur, wenn der Kohlenstoffgehalt signifikant ist	z. B. 300		
							chemische Symbole der Legierungselemente	z. B. Cr		
							Prozentsatz × 10, oder für hochlegierte Klassen, Prozentsatz × 1 der Legierungselemente, durch Bindestriche voneinander getrennt	z. B. 45-10		

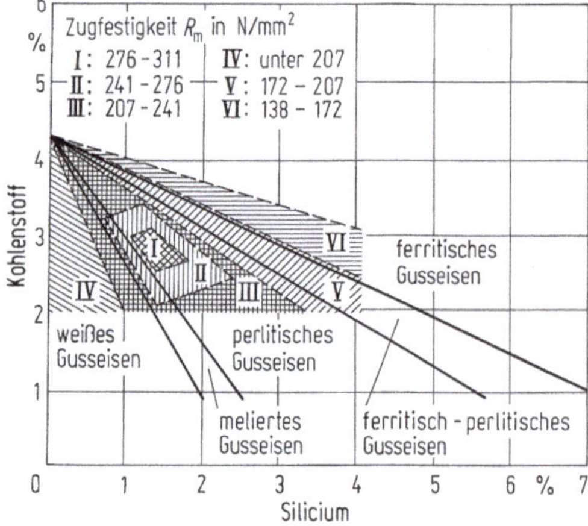

Abb. 5.8 Strukturdiagramm des Gusseisens nach Maurer mit der Angabe von Festigkeitsbereichen nach Coyle aus [61]

Tab. 5.19 Bezeichnung von Gusseisen mittels Werkstoffnummer nach DIN EN 1560

Festlegung der Graphitstruktur		Festlegung der Matrixstruktur	
Ziffer	Bedeutung	Ziffer	Bedeutung
1	Lamellar	1	Ferrit
2	Vermikular	2	Ferrit/Perlit
3	Kugelig	3	Perlit
4	Temperkohle	4	Ausferrit
5	Graphitfrei	5	Austenit
6	Reserve	6	Ledeburit
7	Reserve	7	Reserve
8	Reserve	8	Reserve
9	Andere	9	Andere

Beispiel 5.6

Klassifizierung durch mechanische Eigenschaften – Angabe von Zugfestigkeit, Dehnung und Prüftemperatur
Bezeichnung: EN-GJS-400-18-RT (Werkstoffnummer: 5.3124)
Bedeutung:
GJS = Gusseisen mit Kugelgraphit
400 = R_m in N/mm^2
18 = A_5 in %
RT = Schlagenergie bei Raumtemperatur ermittelt
(5.31 = Gusseisen, kugelige Graphitstruktur, ferritische Matrixstruktur)

Beispiel 5.7

Klassifizierung durch mechanische Eigenschaften – Angabe der Härte
Bezeichnung: EN-GJN-HB340 (Werkstoffnummer: 5.5600)
Bedeutung:
GJN = Gusseisen ohne Graphit
HBW340 = Brinellhärte von 340
(5.56 = Gusseisen, graphitfrei, ledeburitische Matrixstruktur)

Beispiel 5.8

Klassifizierung nach der chemischen Zusammensetzung – Ohne Angabe des Kohlenstoffgehalts
Bezeichnung: EN-GJS-SiMo35-7
Bedeutung:
GJS = Gusseisen mit Kugelgraphit
Si35 = 0,35 % Silizium
Mo7 = 0,07 % Molybdän

Beispiel 5.9

Klassifizierung nach der chemischen Zusammensetzung – Hochlegiertes Gusseisen mit Angabe des Kohlenstoffgehalts
Bezeichnung: EN-GJN-X300CrNiSi9-5-2
Bedeutung:
GJN = Gusseisen ohne Graphit
300 = 3 % Kohlenstoff
Cr9 = 9 % Chrom
Ni5 = 5 % Nickel
Si2 = 2 % Silizium

5.2.4.1 Gusseisen mit Lamellengraphit (GJL)

GJL ist die am häufigsten verwendete Art des Gusseisens, sie wird auch Grauguss genannt. GJL weist einen Kohlenstoffgehalt von 2,5 ... 5 % auf [1], ist leicht vergießbar (geringes Schwindmaß, geringe Lunkerneigung) und gut zerspanbar (bei HBW < 250). Der als Graphit vorliegende Kohlenstoffanteil ist weitgehend lamellar angeordnet. Die

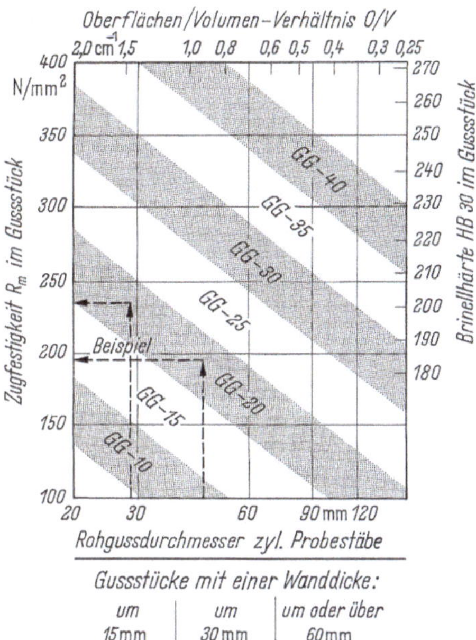

Abb. 5.9 Zugfestigkeit und Brinellhärte von Bauteilen aus Gusseisen mit Lamellengraphit, es wird z. B. für ein Gussstück mit etwa 30 mm Wanddicke aus GG20 (≙ GJL-200) eine Zugfestigkeit R_m von $230\,N/mm^2$, für 55 mm Wandstärke dagegen etwa $190\,N/mm^2$ entnommen

Graphitlamellen beteiligen sich aufgrund ihrer geringen mechanischen Festigkeit nicht an der Kraftübertragung, sondern wirken wie Hohlräume. Diese vermindern den tragenden Querschnitt und rufen an den Rändern Spannungskonzentrationen hervor. GJL ist daher spröde (geringe Bruchdehnung), die statische Festigkeit reduziert. Dagegen besitzt er günstige Gleit- und Notlaufeigenschaften, ist somit besonders geeignet für Werkzeugmaschinenführungen, Gleitlagerbuchsen, Zylinderköpfe von Kolbenmaschinen. Die Druckfestigkeit ist hoch (etwa $(3 \ldots 5) \cdot R_m$), ebenso die innere Dämpfung. Infolge der inneren Kerben (Graphitlamellen) ist GJL bei dynamischer Beanspruchung unempfindlich gegen äußere Kerben. Die Gestaltfestigkeit gekerbter Bauteile aus GJL liegt infolgedessen nicht wesentlich unter der von Bauteilen aus Stahl. Die Warmzugfestigkeit von GJL fällt erst oberhalb 400 °C (die Druckfestigkeit oberhalb 200 °C) ab. Der E-Modul ist wesentlich niedriger als der von Stahl und nimmt mit zunehmender Belastung ab. Wegen des engen Zusammenhangs zwischen Festigkeit und Abkühlgeschwindigkeit ist bei kleinen Wanddicken mit höherer Festigkeit als bei großen zu rechnen, siehe Abb. 5.9.

Werkstoffkennwerte und Anwendungen für eine Auswahl von Gusseisen mit Lamellengraphit sind in Tab. 5.20 zusammengefasst.

Die Eigenschaften von GJL können durch Wärmebehandlung (z. B. Härten, Vergüten), Gießverfahren und Legierungszusätze auf bestimmte Anforderungen abgestimmt werden. So werden höhere mechanische Werte und Ver-

Tab. 5.20 Gusseisen mit Lamellengraphit, Auszug aus DIN EN 1561, alle mechanischen Eigenschaften ermittelt an gegossenen Probestücken mit Rohgussdurchmesser $d_N = 30\,\text{mm}$

Werkstoffbezeichnung nach DIN EN 1560		Alte Bezeichnung nach DIN 1694 [8]	Mechanische Eigenschaften				Anwendungen
Kurzzeichen	Werkstoffnummer		Zugfestigkeit $R_{m,N}$ in N/mm² min.	0,1 %-Dehngrenze $R_{p0,1,N}$ in N/mm² min.	Elastizitätsmodul E in N/mm² min.	Biegewechselfestigkeit in N/mm²	
EN-GJL-100	5.1100	GG 10	100	–	–	–	ohne Gütevorschrift für gering beanspruchte Bauteile, wie z. B. Gehäuse, Grundplatten, Ständer
EN-GJL-150	5.1200	GG 15	150	98	78.000	69	für höher beanspruchte dünnwandige Stücke
EN-GJL-200	5.1300	GG 20	200	130	88.000	92	für Gehäuse, Gleitbahnen, Kolben, üblicher Maschinenbau
EN-GJL-250	5.1301	GG 25	250	165	103.000	115	für wärmebeständige (bis 420 °C), gleitreibende und festere Teile
EN-GJL-300	5.1302	GG 30	300	195	108.000	138	für hohe Beanspruchungen, dünnwandige Stücke
EN-GJL-350	5.1303	GG 35	350	228	123.000	161	

Tab. 5.21 Gusseisen mit Kugelgraphit, Auszug aus DIN EN 1563 [23], alle mechanischen Eigenschaften ermittelt an gegossenen Probestücken mit Rohgussdurchmesser $d_N = 30\,\text{mm}$

Werkstoffbezeichnung nach DIN EN 1560		Mechanische Eigenschaften						Anwendungen
Kurzzeichen	Werkstoffnummer	Zugfestigkeit $R_{m,N}$ in N/mm² min.	0,2 % Dehngrenze $R_{p0,2,N}$ in N/mm² min.	Bruchdehnung A_5 in % min.	Brinellhärte HBW max.	Biegewechselfestigkeit[a] in N/mm²	Elastizitätsmodul E in N/mm²	
EN-GJS-400-15	5.3106	400	250	15	180	195	169.000	Schneckenräder, Zahnräder, Kurbel- und Nockenwellen, Pumpen- und Getriebegehäuse
EN-GJS-500-7	5.3200	500	320	7	230	224	169.000	
EN-GJS-600-3	5.3201	600	370	3	270	248	174.000	
EN-GJS-700-2	5.3300	700	420	2	305	280	176.000	
EN-GJS-800-2	5.3301	800	480	2	335	304	176.000	

[a] ungekerbte Probe mit $d = 10{,}6\,\text{mm}$

schleißfestigkeit, Korrosions-, Hitze- und Zunder- sowie Säurebeständigkeit erreicht. Durch Schleuderguss ergibt sich ein dichteres Gefüge, durch Kokillenguss hohe Maßgenauigkeit. Durch Legierungszusätze lässt sich auch die Vergießbarkeit verbessern.

5.2.4.2 Gusseisen mit Kugelgraphit (GJS)

GJS, auch sphärolitisches Gusseisen genannt, weist einen Kohlenstoffgehalt von ca. 3,2 … 3,8 % auf [1] und hat kugelförmige (globulare) Graphiteinlagerungen, was durch den Zusatz von geringen Mengen Mg bzw. Ce erreicht wird. Dies führt zu einer deutlichen Erhöhung von Festigkeit und Zähigkeit gegenüber GJL. Auch der Korrosions- und Verschleißwiderstand ist größer.

GJS liegt mit seinen Eigenschaften zwischen GJL und Stahl. Es kann in vielen Fällen Stahlguss ersetzen, ist mit Ni-Fe-Elektroden schweißbar und kann vergütet und randschichtgehärtet werden (Flamm- und Induktionshärtung). Es hat einen höheren E-Modul, aber eine geringere innere Dämpfung als GJL. Die Biegewechselfestigkeit von gekerbten Bauteilen aus GJS übertrifft teilweise diejenige von Stahlteilen. GJS wird daher z. B. für Kurbelwellen verwendet.

Werkstoffkennwerte und Anwendungen für eine Auswahl von Gusseisen mit Kugelgraphit sind in Tab. 5.21 zusammengefasst.

Man beachte: Ab EN-GJS-500 wird die spanende Bearbeitung zunehmend schwieriger.

Bainitisches GJS

Durch isotherme Umwandlung nach der Abkühlung von der Austenitisierungs-Temperatur (850 … 950 °C) auf die gewünschte Umwandlungstemperatur ergibt sich ein Gefüge aus Bainit und Restaustenit: Bainitisches Gusseisen mit Kugelgraphit. Es bietet eine gute Kombination aus Festigkeit, insbesondere Dauerfestigkeit, Zähigkeit und Verschleißfestigkeit. Es eignet sich für Wanddicken bis zu 150 mm.

Wichtig: Durch Wärmebehandlung lässt sich die Zerspanbarkeit wesentlich verbessern sowie hohe Schwingfestigkeit und Schlagfestigkeit erzielen, es eignet sich somit für komplizierte Gussteile.

Tab. 5.22 Bainitisches Gusseisen mit Kugelgraphit, Auszug aus DIN EN 1564 [24], alle mechanischen Eigenschaften ermittelt an Probestücken, die durch mechanische Bearbeitung hergestellt wurden, mit einer Wanddicke $t = 30\,\text{mm}$

Werkstoffbezeichnung nach DIN EN 1560		Mechanische Eigenschaften				Anwendungen
Kurzzeichen	Werkstoffnummer	Zugfestigkeit $R_{m,N}$ in N/mm²	0,2 %-Dehngrenze $R_{p0,2,N}$ in N/mm²	Bruchdehnung A_5 in %	Brinellhärte HBW	
		min.	min.	min.	max.	
EN-GJS-800-10	5.3400	800	500	10	310	Nockenwellen, Zahnräder, Getriebewellen
EN-GJS-1050-6	5.3403	1050	700	6	380	
EN-GJS-1200-3	5.3404	1200	850	3	420	
EN-GJS-1400-1	5.3405	1400	1100	1	480	

Tab. 5.23 Gusseisen mit Vermiculargraphit, Auszug aus DIN 16079 [57], alle mechanischen Eigenschaften ermittelt an gegossenen Probestücken mit Rohgussdurchmesser $d_N = 15\,\text{mm}$

Werkstoffbezeichnung nach DIN 1560		Mechanische Eigenschaften					Anwendungen
Kurzzeichen	Werkstoffnummer	Zugfestigkeit $R_{m,N}$ in N/mm²	0,2 %-Dehngrenze $R_{p0,2,N}$ in N/mm²	Bruchdehnung A_5 in %	Brinellhärte HBW	Elastizitätsmodul E in N/mm²	
		min.	min.	min.	max.	min.	
EN-GJV-300	5.2100	300	210	2	210	130.000	Bauteile, welche hohen und dynamischen Temperaturbelastungen unterliegen
EN-GJV-350	5.2200	350	245	1,5	220	135.000	
EN-GJV-400	5.2201	400	280	1	240	140.000	
EN-GJV-450	5.2300	450	315	1	250	145.000	
EN-GJV-500	5.2301	500	350	0,5	260	145.000	

Werkstoffkennwerte und Anwendungen für eine Auswahl von bainitischem Gusseisen mit Kugelgraphit sind in Tab. 5.22 zusammengefasst.

5.2.4.3 Gusseisen mit Vermiculargraphit (GJV)

GJV ist eine Zwischenform von GJL und GJS. Ähnlich dem Gusseisen mit Kugelgraphit wird durch Zusatz von geringen Mengen Mg die lamellenförmige Ausprägung des Graphits verhindert. Gleichzeitig kommt es zu keiner vollständigen Umwandlung in das kugelförmige Gefüge, woraus das verminculare (wurmförmige) Erscheinungsbild resultiert.

Hinsichtlich der mechanischen Eigenschaften verhält sich das Gusseisen mit Vermiculargraphit ebenfalls als Zwischenform von GJL und GJS, während die Wärmeleitfähigkeit lediglich geringfügig unterhalb derjenigen von Gusseisen mit Lammellengraphit liegt. Dies, sowie die höheren Festigkeitswerte als GJL und der finanzielle Vorteil durch die bessere Putzbarkeit gegenüber GJS, führen zu einem bevorzugten Einsatz bei beispielsweise Abgasturboladergehäusen und Bremsscheiben.

Werkstoffkennwerte und Anwendungen für eine Auswahl von Gusseisen mit Vermiculargraphit sind in Tab. 5.23 zusammengefasst.

5.2.4.4 Temperguss (GJMW, GJMB)

Der Werkstoff wird zunächst als „weißes Gusseisen“ (Abschn. 5.2.4) vergossen, eignet sich somit für komplizierte Gussteile. Durch „Tempern“ (Glühen nach dem Gießen) zerfällt das Eisenkarbid, der Kohlenstoff fällt in Nestern als Temperkohle (Graphit) aus, wodurch ein Gefüge mit Temperkohleeinlagerungen erzeugt wird. Dadurch werden, ähnlich wie bei GJS, eine höhere Festigkeit und Zähigkeit gegenüber Gusseisen mit Lamellengraphit erreicht. Temperguss weist ein Schwindmaß von 1 ... 2 % auf [1]. Durch Glühen in entkohlender Atmosphäre entsteht weißer Temperguss (GJMW), durch Glühen in neutraler Atmosphäre perlitischer Temperguss oder schwarzer Temperguss (GJMB).

Temperguss ist relativ zäh, schlagfest, etwas verformbar und leicht bearbeitbar, liegt in seinen Eigenschaften damit zwischen Grauguss und Stahlguss, ist jedoch weniger verschleißfest als GJL. Oberhalb 400 °C nimmt R_m ab. Durch besondere Verfahren lässt sich auch Temperguss mit korrosionsbeständiger, oxydationsbeständiger oder verschleißfester Oberfläche erzeugen.

Werkstoffkennwerte und Anwendungen für eine Auswahl von Temperguss sind in Tab. 5.24 zusammengefasst.

Weißer Temperguss (GJMW)

Das Gefüge weist ferritische Rand- und perlitische Kernzonen auf. Sie sollen eine gleichmäßige Wanddicke aufweisen (3 ... 20 mm). GJMW ist bei kleineren Querschnitten schweißbar, sofern S- und Si-Gehalt niedrig sind. Durch Vergüten kann die Festigkeit erheblich gesteigert werden.

Schwarzer Temperguss (GJMB)

Durch das durchgehend ferritische Gefüge ist auch GJMB für Teile mit größeren und ungleichen Wanddicken

Tab. 5.24 Temperguss, Auszug aus DIN EN 1562 [22], alle mechanischen Eigenschaften gelten für Normprobendurchmesser $d_N = 12\,\text{mm}$

Werkstoffbezeichnung nach DIN EN 1560		Alte Bezeichnung nach DIN 1692 [7]	Mechanische Eigenschaften				Anwendungen
Kurzzeichen	Werkstoffnummer		Zugfestigkeit $R_{m,N}$ in N/mm²	0,2 % Dehngrenze $R_{p0,2,N}$ in N/mm²	Bruchdehnung A_5 in %	Brinellhärte HBW	
			min.	min.	min.	max.	
EN-GJMW-350-4	5.4200	GTW-35-04	350	–	4	230	Teile mit ungleichen Wandstärken, wie z. B. Getriebegehäuse, Haushaltsmaschinen und dünnwandige Kleineisenteile (z. B. Schlüssel, Fittings, Muffen, Schraubzwingen)
EN-GJMW-360-12	5.4201	GTW-538-12	360	190	12	200	
EN-GJMW-400-5	5.4202	GTW-40-05	400	220	5	220	
EN-GJMW-450-7	5.4203	GTW-45-07	450	260	7	220	
EN-GJMB-350-10	5.4101	GTW-35-10	350	200	10	150	für dickwandige Bauteile und Bauteile mit Kombination aus guter Verschleißfestigkeit und Zähigkeit, z. B. Zahnräder, Kolben, Triebwerksteile
EN-GJMB-450-6	5.4205	GTW-45-06	450	270	6	200	
EN-GJMB-550-4	5.4207	GTW-55-04	550	340	4	230	
EN-GJMB-650-2	5.4300	GTW-65-02	650	430	2	260	
EN-GJMB-700-2	5.4301	GTW-70-02	700	530	2	290	

(3 ... 40 mm) geeignet, ist jedoch nicht schweiß-, löt- oder schmiedbar, ist ferner ungeeignet für hohe Temperaturen. GJMB kann wie GJMW vergütet werden und eignet sich ebenfalls für Oberflächenhärtung wie z. B. Induktions- und Flammhärtung.

Perlitischer Temperguss
Durch schnelles Abkühlen nach dem Glühen ergibt sich ein Gefüge mit höherem Perlitanteil und infolgedessen besserer Zähigkeit und Verschleißfestigkeit als GJMB.

5.2.4.5 Sondergusseisen

Durch besondere Legierungszusätze und spezielle Wärmebehandlung wird Gusseisen für spezielle Anwendungen erzielt:

- **Hartguss**
  ist die Bezeichnung für das unter Abschn. 5.2.4 erwähnte „weiße Gusseisen“. Es ist schwer zu vergießen, hart, spröde, sehr schlagempfindlich, aber sehr verschleißfest und nur durch Schleifen zu bearbeiten.
  Anwendungen: Walzen, Nockenwellen, Tiefziehwerkzeuge und ähnliche
- **Austenitisches Gusseisen**
  (austenitisch durch hohe Ni- und Cr-Anteile) mit Lamellengraphit oder Kugelgraphit ist amagnetisch, korrosions- und hitzebeständig, DIN EN 13835 [56].
  Anwendungen: Pumpenteile, Ofenteile
- **Siliziumsonderguss**
  mit bis zu 18 % Si-Zusatz ist besonders säurebeständig.
- **Aluminiumsonderguss**
  mit ca. 7 % Al-Zusatz ist besonders zunderbeständig.
- **Chromsonderguss**
  mit bis zu 35 % Cr-Zusatz, zusätzlich evtl. Ni, Cu und Al ist zunder- und säurebeständig.

5.2.5 Sinter-Eisenwerkstoffe

Eisen- oder Stahlpulver wird in Pressformen je nach Pressdruck unterschiedlich stark verdichtet und anschließend auf 1100 ... 1300 °C erwärmt und gesintert, die Pulverteilchen verbinden sich dabei. Den Einfluss des Pressdrucks auf die Festigkeit zeigt Abb. 5.10.

Man beachte: Beim Sintern verringert sich das Volumen des Werkstücks (Schwinden). Dies lässt sich durch Zusatz von Kupfer weitgehend kompensieren. Das Werkstück behält eine gewisse Porosität, kann also öl- und gasdurchlässig sein.

Wegen der teuren Presswerkzeuge kommen Sinterbauteile nur für große Serien in Betracht. Ferner ist zu bedenken: Im Vergleich zum Gießen ist das Formfüllungsvermögen

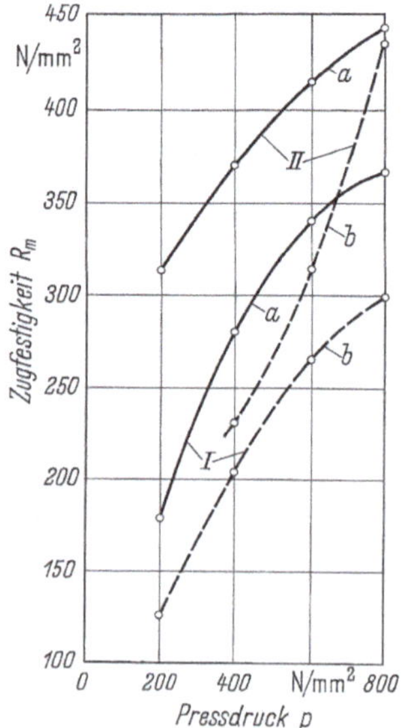

Abb. 5.10 Zugfestigkeit von Sintereisen bei Anwendung des Einfach- I und Doppelpressverfahrens II [66]. *a* Sintertemperatur 1100 °C, Schwammeisenpulver + 7 % Cu, *b* Sintertemperatur 1200 °C, Schwammelektrolyt-Eisenpulver + 7 % Cu

Tab. 5.25 Sinter-Eisenwerkstoffe, Auszug aus DIN 30910 Teil 6 [15] (informative Beispiele), der E-Modul beträgt bei allen aufgeführten Werkstoffen $2 \cdot 10^5\,N/mm^2$

Werkstoffkurzzeichen	Chemische Zusammensetzung Massenanteil in %							Zustand	Mechanische Eigenschaften					Anwendungen
Sint-	C	Mn	Ni	Mo	Cr	Fe	andere		Zugfestigkeit $R_{m,N}$ in N/mm^2	0,1 % Dehngrenze $R_{p0,1,N}$ in N/mm^2	Bruchdehnung A_5 in %	Brinellhärte HBW	Biegewechselfestigkeit $\sigma_{W,b,N}$ in N/mm^2	
F00	0,4	0,35	–	–	–	Rest	< 0,2	geschmiedet	600	380	17	180	200	Gleitlager (auch aus Sinterbronze), Filter, fertiggepresste Massenteile im Kfz-, Apparate-, Büro- und Nähmaschinenbau
								vergütet	720	600	14	260	250	
F30	0,4	0,35	0,3	0,3	0,15	Rest	< 0,2	geschmiedet	700	470	15	200	270	
								vergütet	950	800	11	320	320	
F31	0,4	0,25	1,9	0,55	–	Rest	< 0,2	geschmiedet	770	570	14	250	300	
								vergütet	1150	1000	9	380	350	

schlechter. Deswegen und um eine gleichmäßige Verdichtung zu erreichen ist die Baugröße begrenzt (< 10 kg). Aus dem gleichen Grund ist eine einfache Gestaltung wichtig.

Sinter-Eisenwerkstoffe werden in drei Gruppen unterschieden:

- Sintereisen mit geringem Kohlenstoffgehalt ist kostengünstig und eignet sich bei geringen Anforderungen.
- Sinterstahl mit Kohlenstoff und Legierungselementen kann wie Stahl wärmebehandelt und damit die mechanischen Eigenschaften gezielt eingestellt werden. Durch die Sinterschmiedetechnik (warm Nachverdichten des gesinterten Werkstücks) lassen sich genaue Formteile hoher Festigkeit erzeugen.
- Tränklegierungen. Hierbei werden die Poren durch niedrig schmelzendes Metall (z. B. Kupfer, Messing oder Mangan) aufgefüllt. Damit werden öl- und gasdichte Bauteile hoher Festigkeit und Zähigkeit erreicht.

Werkstoffkennwerte und Anwendungen für eine Auswahl von Sinter-Eisenwerkstoffen sind in Tab. 5.25 zusammengefasst.

Sinter-Eisenverbundwerkstoffe enthalten freien Kohlenstoff. Die eingelagerten Graphitteilchen (bis zu 20 Gewichtsprozent) wirken reibungsmindernd.

Anwendungen: Bremsbeläge, Kupplungen, Gleitlager, Kontaktstücke [62]

5.3 Nichteisenmetalle

Nichteisenmetalle werden im Leichtbau häufig verwendet. Eine vergleichende Übersicht der Werkstoffkennwerte (Dichte ϱ, E-Modul, Festigkeit R_m, Reißlänge L_R, spezifisches Volumen L_D, Vergleichspreise) zeigt Tab. 4.2.

5.3.1 Aluminium und Aluminiumlegierungen

Die geringe Dichte von $\varrho = 2{,}7\ldots2{,}85\,kg/dm^3$ ($\approx 1/3$ von Stahl) und hohe Festigkeit mancher Al-Legierungen sind günstige Eigenschaften für den Leichtbau, Abschn. 4.3.2.3. In manchen Fällen ist ihr hohes elektrisches (62 % von W-Cu) und Wärme-Leitvermögen (60 % von E-Cu) von Vorteil, mitunter die Korrosionsbeständigkeit (infolge einer natürlichen Oxidhaut) oder die gute Zerspan- und Verformbarkeit (Walzen, Ziehen, Pressen, Kaltumformen). Bei Berührung von Aluminium mit anderen Metallen (insbesondere Kupfer) besteht die Gefahr von Kontaktkorrosion (Abschn. 16.7.2), daher sollte eine Isolierung vorgesehen werden.

Die Bezeichnung von Aluminium und Aluminiumlegierungen ist in DIN EN 573 Teil 1 bis Teil 5 [19] beschrieben. Es wird eine numerische und eine chemische Bezeichnung unterschieden.

Aufbau der numerischen Bezeichnung

EN AW – ABCC

EN = Präfix für europäisch genormte Werkstoffe
AW = Aluminium Kneterzeugnis (Halbzeug)
A = Legierungsgruppe (unterteilt in Serien) siehe Tab. 5.26
B = Legierungsabwandlung, eine Null bedeutet Originallegierung mit natürlichen Verunreinigungsgrenzen
CC = für Serie 1xxx: Mindestmassenanteil an Aluminium in Prozent, für alle übrigen Serien: Zählnummer

Aufbau der chemischen Bezeichnung

Es werden die chemischen Symbole denen üblicherweise Zahlen folgen, die die Reinheit des Aluminiums oder den Nenngehalt des betreffenden Elementes angeben, zusam-

Tab. 5.26 Bezeichnung von Aluminium und Aluminiumlegierungen mittels numerischer Bezeichnung nach DIN EN 573 Teil 1

Legierungsgruppe (Serie)	Hauptlegierungselemente
1xxx (Serie 1000)	Aluminium, mindestens 99,00 % und höher
2xxx (Serie 2000)	Kupfer
3xxx (Serie 3000)	Mangan
4xxx (Serie 4000)	Silicium
5xxx (Serie 5000)	Magnesium
6xxx (Serie 6000)	Magnesium und Silicium
7xxx (Serie 7000)	Zink
8xxx (Serie 8000)	sonstige Elemente
9xxx (Serie 9000)	nicht verwendete Serie

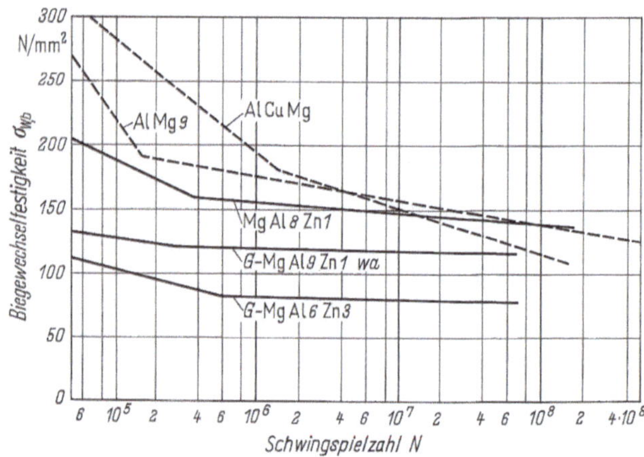

Abb. 5.11 Biegewechselfestigkeit einiger Al- und Mg-Legierungen [66]

mengesetzt. Reihenfolge und Bedeutung der Zahlen wird in DIN EN 573 Teil 3 definiert.

Die Bezeichnung der Werkstoffzustände für Halbzeuge wird in DIN EN 515 [18] definiert. Es werden die folgenden fünf Basiswerkstoffzustände unterschieden, welche durch die Ergänzung von Ziffern weiter unterteilt werden:

F = Herstellungszustand
O = weichgeglüht
H = kaltverfestigt
W = lösungsgeglüht
T = wärmebehandelt auf andere stabile Werkstoffzustände als F, O oder H (nur für aushärtbare Legierungen)

Einfluss von Legierungszusätzen

Fe macht Al hart und spröde, Pb blasig, aber besser zerspanbar, Cu erhöht die Härte, Mg die Festigkeit und Zerspanbarkeit, Sb und Ti die Beständigkeit gegen Seewasser, Mn die mechanische Festigkeit und Korrosionsfestigkeit. Besonders hervorzuheben ist die „Aushärtbarkeit" (Verfestigung) durch Zusatz von Cu-Si, Cu-Mg-Si, Cu-Mg-Ni oder Mg-Si.

Rein-Aluminium (nach DIN EN 573)

Es wird vor allem gewalzt, gepresst oder gezogen in Form von Vollstangen, Rohren, Blechen (DIN EN 485 [17]), Bändern, Drähten, Schienen (für elektrische Leitungen) und Folien (für Verpackungen, Kondensatoren und Wärmeisolation) geliefert.

Sonstige Anwendungen: Behälter, Geräte, Apparate der chemischen Industrie, Elektrotechnik, Bauwesen und Ähnliches

Aluminium-Knetlegierungen

Sie entstehen durch Zulegieren von Cu, Mg, Mn, Zn und Ni. Sie können gewalzt, gezogen, gepresst, geschmiedet und geschweißt werden. Wichtige Aluminium-Knetlegierungen und ihre Eigenschaften:

- Die wichtige Al-Knetlegierung Al-Cu-Mg (Duraluminium) ist hochfest, gut zerspanbar, elektrisch leitfähig, aber wenig korrosionsfest.
- Al-Mg-Legierungen sind hochfest und besonders korrosionsbeständig auch gegen Seewasser und Alkalien.
- Al-Mg-Mn-Legierungen sind ebenfalls seewasserbeständig, warmfest und tiefziehfähig bei etwas geringerer Festigkeit.
- Al-Mn-Legierungen sind besonders korrosionsfest.

Sicherer Korrosionsschutz wird durch Warmwalzen mit Deckschichten aus Reinaluminium oder Al-Mg, Al-Mg-Si-Legierungen (plattieren) erreicht.

Werkstoffkennwerte und Anwendungen für eine Auswahl von Aluminium-Knetlegierungen sind in Tab. 5.27 und Abb. 5.11 zusammengefasst.

Aluminium-Gusslegierungen

Sie eignen sich für Sandguss, Kokillenguss und Schleuderguss, insbesondere für komplizierte Leichtbauteile wie Gehäuse, Armaturen usw. Vorrang bei der Auswahl haben die Gießeigenschaften: Formfüllungsvermögen, Schwindmaß (besonders wichtig bei Kokillenguss), danach Festigkeit, Korrosionsbeständigkeit und Zerspanbarkeit.

Wichtige Al-Gusslegierungen und ihre Eigenschaften:

- Si-haltige Legierungen (z. B. Silumin) für hohe Festigkeit und Zähigkeit
- G-Al-Si-Mg-Legierungen (z. B. Silumin Gamma) mit besonders geringer Lunkerneigung
- Al-Mg-Legierungen sind besonders korrosionsbeständig (auch gegen Seewasser), mit 5 ... 7 % Mg Legierungsanteil besonders warmfest (wichtig z. B. für Zylinderköpfe), jedoch schlecht vergießbar.
- Ungenormte Sonderlegierungen mit niedriger Wärmeausdehnung, hoher Warmhärte und guten Gleiteigenschaften

Tab. 5.27 Aluminium-Knetlegierungen, Auszug aus DIN EN 485 Teil 2

Werkstoffbezeichnung nach DIN EN 573		Zustand nach DIN EN 515	Dicke in mm	Mechanische Eigenschaften				Anwendungen
chemische Symbole	numerisch			Zugfestigkeit R_m in N/mm²	0,1 % Dehngrenze $R_{p0,1}$ in N/mm²	Bruchdehnung A_5 in %	Brinellhärte HBW	
				min.	min.	min.		
AlCu4MgSi(A)	EN AW-2017A	O	0,4 … 1,5	max. 225	max. 145	12	55	Profile für den Flugzeugbau, für Verbindungselemente wie Niete und Schrauben, Formenbau
		T42	0,4 … 3,0	390	235	14	109	
AlCu4Mg1	EN AW-2024	O	0,4 … 1,5	max. 220	max. 140	12	55	
		T351	0,4 … 1,5	435	290	12	123	
Al99,85Mg1	EN AW-5657	H28	0,3 … 1,0	170	120	3	–	nicht aushärtbar, sehr gut kaltformbar, schweißbar, seewasserbeständig
AlSiMgMn	EN AW-6082	T42	0,4 … 1,5	205	95	12	57	Elektrotechnik, Fahrzeugaufbauten, Metallwaren z. B. Baubeschläge, Geschirr, Reflektoren
		T651	0,4 … 1,5	310	260	6	94	
AlMg1,5(C)	EN AW-5050 A	H26	0,5 … 1,5	195	160	3	60	Nahrungsmittelindustrie (einschließlich Geräte), Schiffbau, Fahrzeugbau
AlMg3	EN AW-5754	H24	0,5 … 1,5	240	160	6	70	
AlMg2Mn0,8	EN AW-5049	H111	0,5 … 1,5	190	80	14	–	für tiefe Temperaturen geeignet z. B. Methantanker
		H24	0,5 … 1,5	240	160	6	–	
AlMn1	EN AW-3103	H22	0,5 … 1,5	115	75	7	36	Architektur, z. B. Bedachungen, Geräte der chemischen und der Lebensmittelindustrie

wurden für besondere Anwendungen entwickelt, z. B. für Kolben von Verbrennungsmotoren (GKAlSi12CuNi).

Aluminium-Gusslegierungen werden nach DIN 1780 Teil 1 [9] mit einem numerischen System bezeichnet. Der Aufbau der Bezeichnung ist wie folgt:

EN AC – ABCDE

EN = Präfix für europäisch genormte Werkstoffe
AC = Aluminium Gussstücke
A = Hauptlegierungselement
B = Legierungsgruppe
C = willkürlich besetzt
D = im Allgemeinen immer Null
E = immer Null bis auf Luft- und Raumfahrt

Werkstoffkennwerte und Anwendungen für eine Auswahl von Aluminium-Gusslegierungen sind in Tab. 5.28 zusammengefasst.

5.3.2 Aluminium-Sinterwerkstoffe

Die Herstellung von Sinterwerkstoffen wird in Abschn. 5.2.5 erläutert. Reinaluminium mit 6 … 15 % Oxidanteil ist das Ausgangsmaterial für einen Sinterwerkstoff beachtlicher Warmfestigkeit, Zugfestigkeit und Bruchdehnung, warm und kalt umformbar und schweißbar, eine für die Kerntechnik wichtige Legierung. Pulver aus Al-Legierungen mit Cu, Mg ergibt ein Sintermetall mit hoher Zugfestigkeit.

Werkstoffkennwerte und Anwendungen für eine Auswahl von Aluminium-Sinterwerkstoffen sind in Tab. 5.29 zusammengefasst.

5.3.3 Magnesium-Legierungen

Im Maschinenbau werden nur die Legierungen des Mg verwendet (kein Reinmagnesium). Sie eignen sich für Gussstücke und werden als Knetlegierungen verarbeitet (Umformen durch Strang- oder Warmpressen, Schmieden, Walzen oder Ziehen). Gegenüber den Al-Legierungen ist die Dichte noch geringer ($\varrho = 1{,}8\,\text{kg/dm}^3$), so dass Gussstücke aus Mg-Legierungen noch leichter werden. Die Zugfestigkeit ist allerdings deutlich geringer, die Schwingfestigkeit erreicht fast die Werte der Al-Legierungen, allerdings ist die Kerbempfindlichkeit höher. Wichtig sind daher bei Schwingbeanspruchung riefenfreie Oberflächen und kraftflussgerechte Gestaltung.

Der E-Modul der Mg-Legierungen ($45.000\,\text{N/mm}^2$) ist kleiner als bei Al-Legierungen. Dies macht sie unempfindlicher gegen Schlag und Stoßbeanspruchung und besonders geräuschdämpfend (z. B. bei Getriebegehäusen). Maßnahmen zum Ausgleich der geringen Steifigkeit sind in Abschn. 4.3.2.2 angegeben.

Man beachte: Die Entzündungstemperatur liegt bei ca. 400 °C, so dass Mg-Staub und Mg-Späne feuergefährlich sind.

Mg-Legierungen sind besonders leicht zerspanbar (beispielsweise kostet ein fertig bearbeitetes Gussgehäuse für kleine Zahnradpumpen nicht mehr als ein GJL-Gehäuse, obwohl das Roh-Gussstück etwa doppelt so teuer ist). Die Wärmeleitfähigkeit beträgt etwa 44 %, die elektrische Leitfähigkeit etwa 38 % der von Cu.

Tab. 5.28 Aluminium-Gusslegierungen, Auszug aus DIN EN 1706 [26], alle mechanischen Eigenschaften gelten für Mindestprobendurchmesser $d_N = 12\,\text{mm}$

Werkstoffbezeichnung nach DIN 1780 Teil 1		Werkstoffzustand	Mechanische Eigenschaften				Gießbarkeit	Oberflächenbehandlung		Korrosionsbeständigkeit		Spanbarkeit	Schweißbarkeit	Anwendungen
chemische Symbole	numerisch		Zugfestigkeit $R_{m,N}$ in N/mm^2	0,2 % Dehngrenze $R_{p0,2,N}$ in N/mm^2	Bruchdehnung A_5 in %	Brinellhärte HBW		mechanische Polierbarkeit	dekorative anodische Oxidation	Witterungseinflüsse	Meerwasser			
			min.	min.	min.	min.								
EN AC-Al Si12(a)	EN AC-44200 SF	F (Sandguss)	150	70	5	50	ausgezeichnet	ausreichend	nicht angewandt	sehr gut	gut	gut	ausgezeichnet	für verwickelte, dünnwandige, druckdichte und schwingungsfeste Gussstücke bei sehr guter Korrosionsbeständigkeit
	EN AC-44200 KF	F (Kokillenguss)	170	80	6	55								
EN AC-Al Si12(Fe)(b)	EN AC-44500 DF	F (Druckguss)	240	140	1	60	sehr gut	gut	nicht angewandt	gut	ausreichend	gut	bedingt	
EN AC-Al Si12(Cu)	EN AC-47000 SF	F (Sandguss)	150	80	1	50	ausgezeichnet	ausreichend	nicht angewandt	ausreichend	nicht angewandt	gut	ausgezeichnet	wie vorstehend, mit Einschränkungen hinsichtlich der Korrosionsbeständigkeit und Zähigkeit
EN AC-Al Si10Mg(a)	EN AC-43000 SF	F (Sandguss)	150	80	2	50	ausgezeichnet	gut	nicht angewandt	sehr gut	gut	sehr gut	ausgezeichnet	ähnlich wie AlSi12, jedoch mit hoher Festigkeit nach Wärmebehandlung
	EN AC-43000 ST6	T6 (Sandguss)	220	180	1	75								
EN AC-Al Si8Cu3	EN AC-46200 SF	F (Sandguss)	150	90	1	60	ausgezeichnet	gut	nicht angewandt	bedingt	nicht angewandt	sehr gut	sehr gut	vielseitig angewandte Legierung, auch für entwickelte, dünnwandige Gussstücke, warmfest
EN AC-Al Mg3	EN AC-51100 SF	F (Sandguss)	140	70	3	50	ausreichend	ausgezeichnet	ausgezeichnet	ausgezeichnet	ausgezeichnet	ausgezeichnet	ausgezeichnet	hervorragende Korrosionsbeständigkeit, besonders gegen Meerwasser sowie schwach alkalische Medien, für Gussstücke mit dekorativer Oberfläche
EN AC-Al Si6Cu4	EN AC-45000 SF	F (Sandguss)	150	90	1	60	sehr gut	gut	nicht angewandt	bedingt	nicht angewandt	sehr gut	gut	nicht chemisch beanspruchte Gussstücke aller Art für mittlere bis höhere Beanspruchungen, sehr gut formfüllig

Tab. 5.29 Aluminium-Sinterwerkstoffe, Auszug aus DIN 30910 Teil 4 [15] (informative Beispiele)

Werkstoffkurzzeichen	Chemische Zusammensetzung Massenanteile in %						Werkstoffzustand	Dichte in g/cm^3	Mechanische Eigenschaften				Anwendungen
	Cu	Mg	Si	Zn	Al	Sonstige			Zugfestigkeit R_m in N/mm^2	0,2 % Dehngrenze $R_{p0,2}$ in N/mm^2	Bruchdehnung A_5 in %	Brinellhärte HBW	
E 73	4,5	0,6	0,7	–	Rest	< 0,5	T1a	2,58	180	150	1	65	Pleuelstangen, Kolben, Getriebeteile
							T6		285	n. b.	< 0,5	90	
F 75	2,5	0,5	14	–	Rest	< 0,5	T1a	2,63	200	180	< 0,5	90	
							T6		300	n. b.	< 0,5	125	
F 77	1,6	2,6	–	6,0	Rest	< 0,5	T1a	2,78	300	190	3	100	
							T6		450	230	1,5	155	

n. b. = nicht berechnet

Bauteile aus Mg-Legierungen müssen gegen Korrosion durch Feuchtigkeit und Witterungseinflüsse geschützt werden. Besonders kritisch sind Seewasser und Schwitzwasser. Als Korrosionsschutz eignen sich Beizmittel (z. B. Bichromatbeizen) in Form von Spritzmitteln oder Bädern oder porenfreie Lackierung. Bei Berührung mit anderen Metallen besteht Gefahr der Kontaktkorrosion (Abschn. 16.7.2.). Abhilfe bringt z. B. Isolierlack, Stahlschrauben müssen verzinkt oder kadmiert werden.

Werkstoffkennwerte und Anwendungen für eine Auswahl von Magnesium-Legierungen sind in Tab. 5.30 zusammengefasst.

Werkstoffkennwerte für Kunststoffe in einer vergleichenden Übersicht mit Eisen- und Nichteisenmetallen zeigt Tab. 4.2.

5.3.4 Titan und Titan-Legierungen

Je nach Legierungsanteilen reicht die Festigkeit bis in den Bereich der Vergütungsstähle, mit Zusätzen von Al, Mo, V, und Sn wird auch eine beachtliche Warm- und Schwingfestigkeit erzielt; Temperaturgrenze 500 °C. Der E-Modul beträgt $106.200\,N/mm^2$, d. h. etwa 1/2 von Stahl, die Dichte $\varrho = 4{,}53\,kg/dm^3$, d. h. 55 … 60 % der von Stahl. Wärmedehnung ($\alpha = 8{,}5 \cdot 10^{-6}/K$ bis 100 °C) und Wärmeleitung sind gering.

Ti-Legierungen sind korrosionsbeständig auch gegen Seewasser, allerdings sehr teuer (25-fache von Al und Mg). Der Legierungszusatz Mn verbessert die Korrosionsbeständigkeit, Zn die Verformbarkeit, Al die Festigkeit. Ce wirkt kornverfeinernd und verbessert die Warmfestigkeit.

Werkstoffkennwerte und Anwendungen für eine Auswahl von Titan und Titan-Legierungen sind in Tab. 5.31 zusammengefasst.

5.3.5 Kupfer und Kupfer-Legierungen

Hervorzuheben ist die hohe elektrische und Wärmeleitfähigkeit. Cu und Cu-Legierungen sind gut plastisch verformbar, korrosionsbeständig gegen Luftfeuchtigkeit, Heißwasser und manche Säuren.

Reinkupfer
Es hat eine niedrige Festigkeit, die allerdings durch Kaltverformen erheblich gesteigert werden kann und bei tiefen Temperaturen nicht wesentlich absinkt. Mit geringen Legierungszusätzen kann eine höhere Zugfestigkeit und Warmhärte erreicht werden. Der E-Modul beträgt ca. $123.000\,N/mm^2$, die Dichte $\varrho = 8{,}9\,kg/dm^3$.

Messing
Diese Cu-Zn-Legierungen haben bis zu 45 % Zn. Legierungen mit weniger als 33 % Zn werden auch als Tombak (Rotmessing) bezeichnet. Zur besseren Zerspanbarkeit wird bis zu 3 % Pb zugesetzt. Messing ist gut kaltverformbar und korrosionsbeständig, jedoch schlecht gießbar, kann aber mit Al-Zusatz für Feingussteile (Armaturen, Beschläge) verwendet werden. Die bedeutendere Gruppe der Knetlegierungen ist besser warmumformbar. Gegenüber anderen hochlegierten Cu-Legierungen zeichnet sich Messing durch bessere elektrische und thermische Leitfähigkeit aus. Messing wird wie folgt unterschieden:

Sondermessing unterscheidet sich von Messing durch zusätzliche Legierungsanteile (Ni, Al, Mn, Zn, Si). Gegenüber Messing werden je nach Anteilen höhere Festigkeit, Härte, Feinkörnigkeit und Korrosions- oder Zunderbeständigkeit, Warm- oder Verschleißfestigkeit sowie Seewasserbeständigkeit erreicht. Pb verbessert die Zerspanbarkeit, Fe die Gleiteigenschaften.

Tab. 5.30 Magnesium-Legierungen, Auszug aus DIN EN 1753 [27] und DIN 9715 [10]

Werkstoffbezeichnung nach DIN EN 1754 [28]		Art	Zustand		Proben-durchmesser in mm	Mechanische Eigenschaften				Anwendungen, Bemerkungen
Kurzzeichen	Werkstoff-nummer					Zugfestigkeit R_m in N/mm^2	0,2 % Dehngrenze $R_{p0,2}$ in N/mm^2	Bruchdehnung A_{10} in %	Brinellhärte HBW	
						min.	min.	min.	max.	
MgMn2	3.5200.08	Knetlegierungen (Stangen bis 5000 mm² Querschnitt)	F20	gepresst oder gezogen, nachgerichtet	–	200	145	1,5	≈ 40	korrosionsbeständig, gut schweißbar und verformbar, z. B. für Blechprofile, Kraftstoffbehälter
MgAl3Zn	3.5312.08		F24		–	240	155	10	≈ 45	schweißbar und verformbar für Bauteile mittlerer mechanischer Beanspruchung, gute chemische Beständigkeit
MgAl6Zn	3.5612.08		F27		–	270	195	10	≈ 55	nur beschränkt schweißbar
MgAl8Zn	3.5812.66		F31	gepresst und warmausgehärtet	–	310	215	6	≈ 60	sehr hohe Festigkeit
EN-MCMgAl8Zn1	EN-MC21110	Sandguss	F	Rohgusszustand	> 12	160	90	2	65	für stoßbeanspruchte Stücke
		Sandguss	T4	lösungsgeglüht und kaltausgelagert	> 12	240	90	8	65	homogenisiert ein hochwertiger Gusswerkstoff für schlag- und schwingungsbeanspruchte Teile
		Kokillenguss	F	Rohgusszustand	> 12	160	90	2	65	gute Gleiteigenschaften, schweißbar
EN-MCMgAl9Zn1(A)	EN-MC21120	Sandguss	F	Rohgusszustand	> 12	160	90	2	65	homogenisiert und warmausgehärtet für Gussstücke mit hoher Gestaltfestigkeit und Quetschgrenze (Druckfestigkeit), gute Gleiteigenschaften, schweißbar, für Druckguss allgemein verwendete Magnesiumlegierung, auch für schwierig gestaltete Druckgussstücke mit geringen Wanddicken und sehr guten Festigkeitseigenschaften ohne Wärmebehandlung
		Sandguss	T4	lösungsgeglüht und kaltausgelagert	> 12	240	110	6	70	
EN-MCMgZn4RE1Zr	EN-MC35110	Sandguss	T5	Rohgusszustand und warmausgelagert	> 12	200	135	2,5	70	für druckdichte Gussstücke, WIG-schweißbar

Tab. 5.31 Titan und Titan-Legierungen, Auszug aus DIN 17862 [13]

Werkstoff-kurzzeichen	Werkstoff-nummer	Stangen-durch-messer in mm	Mechanische Eigenschaften					Anwendungen
			Zugfestig-keit in N/mm²	0,2 % Dehngrenze in N/mm²	Bruchdeh-nung A_5 in %		Brinell-härte HBW	
					längs	quer		
			min.	min.	min.			
Ti1	3.7025.1	6... 100	290	180	30	25	≈ 120	hochbeanspruchte Teile bei niedrigem Gewicht
Ti4	3.7065.1		540	390	16	15	≈ 200	
Ti1Pd	3.7225.1	6... 100	290	180	30	25	≈ 120	Schiff-, Fahrzeug-, Flugzeugbau, Raumfahrttechnik, Druckbehälter, Wärmetauscher, Schrauben, Niete
Ti3Pd	3.7255.1		460	320	18	16	≈ 170	
TiNi0,8Mo0,3	3.7105.1		480	345	18	16	≈ 170	
TiAl6Sn2Zr4Mo2Si	3.7145.7	6... 100	920	860	8	8	–	
TiAl6V6Sn2	3.7175.1		1000	930	8	7	≈ 320	
TiAl6V4	3.7165.1	6... 80	900	830	10	10	≈ 310	
TiAl4Mo4Sn2	3.7185.7	6... 25	1100	960	9	9	–	

Guss-Messing und Guss-Sondermessing sind besonders korrosionsbeständig und weisen eine beachtliche Zähigkeit auf. Gegenüber den Knetlegierungen sind Festigkeit und Härte etwas geringer.

Bronzen
Sie sind definiert als Cu-Legierungen mit mindestens 60 % Cu, wobei Zn nicht der Hauptlegierungszusatz sein darf. Bronzen werden wie folgt unterschieden:

Zinnbronzen (Sn-Legierung) verbinden hohe Härte und Zähigkeit, weisen hervorragende Gleit- und Verschleißeigenschaften auf und sind korrosionsbeständig. Sie werden überwiegend durch Gießen verarbeitet.

Aluminiumbronzen (Cu-Al-Legierung) werden als Knet- oder Gusslegierung verarbeitet, sie sind besonders warmfest, zunder- und korrosionsbeständig. Mit Ni-Zusatz werden hohe Festigkeitswerte erreicht. Al-Bronzen wirken schwingungsdämpfend.

Bleibronzen (Cu-Pb-Legierung) enthalten als Hauptlegierungszusatz bis zu 36 % Pb, ferner Zusätze von Sn, Ni und Zn und sind nur noch in Lagerschalen sowie -buchsen erlaubt. Die in rundlicher Form eingelagerten Bleianteile bewirken gute Schmier- und Notlaufeigenschaften. Wegen der niedrigen Festigkeit werden zum Teil Stahlstützschalen, die mit Cu-Pb ausgegossen werden, verwendet. Die dadurch erreichten dünnen Laufschichten sind besonders stoß- und schlagfest. Durch Zusatz von Sn kann die Festigkeit so weit erhöht werden, dass die Legierung z. B. für komplette Lagerbuchsen geeignet ist.

Sonderbronzen wurden entwickelt, um spezielle Anforderungen zu erfüllen:

- Nickelbronzen (Cu-Ni-Legierung) mit bis zu 44 % Ni sind besonders warmfest, kavitations-, erosions- und korrosionsfest, auch gegen Seewasser.
- Manganbronzen (Cu-Mn-Legierung) weisen einen hohen elektrischen Widerstand auf.
- Berilliumbronzen (Cu-Be-Legierung) mit bis zu 2 % Be können zu hochfesten, elektrisch leitendem Werkstoff für Federn verarbeitet werden.

Werkstoffkennwerte und Anwendungen für eine Auswahl von Kupfer und Kupfer-Legierungen sind in Tab. 5.32 zusammengefasst.

5.3.6 Sonstige Nichteisenmetalle

Zink und Zink-Legierungen
Zink und seine Legierungen bilden in Luftatmosphäre festhaftende Oxidschichten, die fortschreitende Korrosion weitgehend unterbinden. Reines Zink (Feinzink) wird im Wesentlichen nur als Blech verwendet. Zn-Legierungen mit Al-, Cu- und Pb-Zusätzen, als billigere Austauschstoffe für Messing, Rotguss und Bronze, werden für Druckgussteile verwendet. Die Teile lassen sich maßgenau herstellen, sind jedoch empfindlicher gegen Korrosion als reines Zink.

Werkstoffkennwerte und Anwendungen für eine Auswahl von Zink und Zink-Legierungen sind in Tab. 5.33 zusammengefasst.

Reines Blei (Weichblei)
Es lässt sich gut verformen, schweißen, löten, gießen und behält auch bei Kälte seine Zähigkeit.

Anwendungen: Wegen seiner Korrosionsbeständigkeit (auch gegen Schwefelsäure) wird es in der chemischen Industrie verwendet, ferner als wirksamer Schutz gegen radioaktive und Röntgenstrahlung.

Tab. 5.32 Kupfer und Kupfer-Legierungen

DIN EN	Art	Bezeichnung	Werkstoff-nummer	Zustand	Mechanische Eigenschaften					Anwendungen
					Dicke in mm	Zugfes-tigkeit $R_{m,N}$ in N/mm²	0,2 % Dehn-grenze $R_{p0,2,N}$ in N/mm²	Bruch-dehnung A_{10} in %	Brinell-härte HBW	
						min.	min.	min.	min.	
1652 [25]	sauerstofffreies Kupfer, desoxidiert	Cu-DLP	CW023A	R220	2,5 … 5	220	max. 140	42	–	Bleche und Bänder
		Cu-DHP	CW024A	R200	> 5	200	max. 100	42	–	
13599 [55]	sauerstoffhaltiges Kupfer	Cu-ETP	CW004A	R240	2,5 … 5	240	180	8	–	Bleche und Bänder für Elektrotechnik
1652	Kupfer-Zink-Knet-legierung	CuZn33	CW506L	R350	2,5 … 5	350	170	31	–	Drahtgeflecht, Kühlerbänder, Rohrniete, Metall- und Holzschrauben, Druckwalzen, Kühlerbänder, Reißverschlüsse, Blattfedern, Hohlwaren, Kugelschreiberminen
12168 [53]	Kuper-Zink-Knet-legierung	CuZn39Pb3	CW614N	R500	2 … 7	500	350	8	–	Uhrenmessing für Räder und Platinen
12163 [52]	Sondermessing	CuZn35Ni3Mn2AlPb	CW710R	R490	5 … 40	490	290	18	–	Apparatebau, Schiffbau
1982 [29]	Guss-Messing und Gusssondermessing	CuZn33Pb2-C	CC750S	Sandguss	12 … 25	180	70	12	45	Gehäuse für Gas- und Wasserarmaturen, Konstruktions- und Beschlagteile für Maschinenbau, Elektrotechnik, Feinmechanik, Optik usw.
1652	Kuper-Zinn-Legierung	CuSn8	CW453K	R540	2,5 … 5	540	460	15	–	Gleitelemente, besonders für dünnwandige Gleitlagerbuchsen und Gleitleisten, Holländermesser
1982	Guss-Zinnbronze	CuSn12-C	CC482K	Sandguss	12 … 25	260	140	7	80	Kuppelsteine, Spindelmuttern, Schnecken- und Schraubenräder
		CuSn12Ni2-C	CC48K	Sandguss	12 … 25	280	160	12	85	
1982	Rotguss	CuSn7Zn4P7-C	CC493K	Strangguss	12 … 25	260	120	12	70	Achslagerschalen, Gleitlager, Kolbenbolzenbuchsen, Friktionsringe, Gleit- und Stellleisten
1982	Guss-Zinn-Blei-Bronze	CuSn10Pb10-C	CC495K	Schleuder-guss	12 … 25	220	110	6	70	Gleitlager mit hohen Flächendrücken, Verbundlager in Verbrennungsmotoren ($p_{max} = 100\,N/mm^2$)

Tab. 5.33 Druckgussstücke aus Zink-Legierungen, Auszug aus DIN EN 12844 [54] (die Zahlenwerte sind Mittelwerte und nur zur Information gedacht)

Kurzzeichen	Werkstoffnummer	Mechanische Eigenschaften				Anwendungen
		Zugfestigkeit R_m in N/mm²	0,2 % Dehngrenze $R_{p0,2}$ in N/mm²	Bruchdehnung A_{50} in %	Brinellhärte HBS 500-10-30	
GD-ZnAl4Cu1	ZP0410	330	250	5	92	Druckgussstücke aller Art
GD-ZnAl4	ZP0400	280	200	10	83	bei höchsten Anforderungen an Maßhaltigkeit
G-ZnAl4Cu3	ZP0430	335	270	5	102	Gusstücke aller Art sowie Lager, Schneckenräder und ähnliche Teile (auch Schleuderguss)

Pb-Legierungen
Durch Zugabe von Sb und Sn haben Blei-Legierungen eine erhöhte Härte und Festigkeit.

Anwendungen: Rohre, Lagerschalen. Für kleine, sehr maßgenaue Druckgussteile werden Pb-Legierungen mit hohem Sb- und Sn-Gehalten verwendet.

Reines Zinn
Es wird für Metallüberzüge verwendet, siehe Abschn. 5.4.

Zinn-Legierungen
Die Legierungen mit Pb, Sb und Cu eignen sich für Druckgussteile besonders hoher Maßgenauigkeit.

5.4 Oberflächenbehandlungen – Überzüge auf Metallen

Mitunter sind metallische oder nichtmetallische Überzüge eine wirtschaftliche Möglichkeit, um die Bauteile gegen Korrosion zu schützen sowie das Gleit- und Verschleißverhalten zu verbessern oder auch nur das Erscheinungsbild zu verschönern.

5.4.1 Metallische Überzüge

PVD/CVD (Physical/Chemical Vapor Deposition)
PVD sind Schichten, welche durch Aufdampfen, Sputtern oder Ähnliches aufgebracht werden. CVD sind Schichten, die durch chemische Reaktionen in der Gasphase erzeugt werden.

Anwendungen: Werkzeuge für spanende und umformende Fertigung, höchstbelastete Turbinenschaufeln

Galvanische Überzüge
Durch Elektrolyse in geeigneten Bädern (Säuren oder wässrigen Lösungen) von Metallsalzen werden galvanische Überzüge erzeugt. So werden Teile verzinnt, verkupfert, verzinkt, cadmiert, vernickelt oder verchromt.

Anwendungen: Automobilkarosserie (Verzinken in Pulver = sheradisieren)

Chromieren
Das Glühen von Bauteilen in Gasatmosphäre oder Schmelze ermöglicht Chromgehalte bis 35 % in der Randschicht, die damit korrosions- und zunderbeständig ist.

Anwendungen: Kostengünstige Alternative für teuren korrosionsbeständigen Stahl

Schmelztauchüberzüge
Diese Überzüge werden durch die Verfahren Feuerverzinnen, Feuerverzinken, Feuerverbleien, Feueraluminieren hergestellt. Die durch Beizen oder ähnlich vorbehandelten Bauteile werden hierbei in flüssige Metallschmelzen getaucht.

Anwendungen: Verzinntes „Weißblech", Konservendosen sowie Geräte der Nahrungsmittelindustrie

Aluminieren
Das Glühen von Bauteilen in Al- oder Fe/Al-Pulver ergibt je nach Verfahren harte, spröde, oder weniger spröde, verformbare zunderbeständige Überzüge für Bauteile aus St, Cu, Ms sowie Ni-Legierungen z. B. für Gasturbinenschaufeln. Sie verleihen dem Bauteil gute Korrosions- und Zunderbeständigkeit.

Anwendungen: Ofenbau, Auspuffanlagen von Kraftfahrzeugen

Metall-Spritzüberzüge
Mit dem Flammspritzen-, Lichtbogen-, Thermospray- oder Plasmaverfahren lassen sich Überzüge mit der Spritzpistole aufbringen.

Anwendungen: Korrosions- und Verschleißschutz, auch zur Reparatur von Verschleißstellen

Walzplattieren
Durch Druck und plastische Verformung wird bei diesem Fügeprozess die aufgewalzte Schicht mit dem unlegierten oder schwachlegierten Stahlblech verschweißt.

Anwendungen: Höher beanspruchte Behälter und Apparate (Druckbehälter)

5.4.2 Nichtmetallische Überzüge

Überzüge aus Glas, Graphit, Kunststoff usw. sind häufig eine wirtschaftliche Lösung, wenn hohe Festigkeit (der metallischen Bauteile) und eine korrosionsbeständige Oberfläche gefordert werden. Im Folgenden werden die gängigsten Verfahren kurz vorgestellt.

Oxidieren
Durch das Eintauchen von Stahlteilen in heißes Öl (Schwarzbrennen) oder in oxidierende Beizen (Brünieren) wird eine Oxidschicht erzeugt.

Anwendungen: Kostengünstiger, nicht sehr verschleißfester Korrosionsschutz

Silicieren
Durch das Aufdampfen von Silizium, welches in die Werkstückoberfläche diffundiert, wird eine spröde, zunderbeständige Schicht mit bis zu 20 % Si-Gehalt erzeugt.

Anwendungen: Schutz von Bauteilen aus kohlenstoffarmem Stahl

Borieren
Das Bauteil wird in Pulver, Gas oder Salzbäder hoher Temperatur boriert. Dabei diffundiert das Bor in die Werkstückoberfläche. Es ergibt eine harte, verschleißfeste Randschicht.

Anwendungen: Schmiedewerkzeuge; Werkzeuge aus Baustahl anstelle von teuren Kaltarbeits- und Schnellarbeitsstählen

Phosphatieren und Chromatieren
Stahl- und Aluminiumteile werden in heiße Phosphatsäure- oder Phosphatlösungen getaucht. Die Wirkung der bis zu 15 mm dicken Schutzschichten wird durch Einölen verbessert.

Anwendungen: Verschleißschutz gleitender Teile (z. B. Zahnräder, Zylinderlaufbuchsen), Manganphosphate auch als Schutz gegen Fressen, ferner als Haftgrund für Lackierungen

Emaillieren
Die Emailmasse wird aufgetragen und anschließend eingebrannt. Das Verfahren ist als Schutz von Stahl- und Graugussteilen gegen Korrosion durch organische Säuren geeignet. Die glasartigen Deckschichten sind jedoch schlagfest und thermoschockbeständig. Bei der Anwendung müssen die unterschiedlichen Wärmeausdehnungskoeffizienten von Emaille und Stahl berücksichtigt werden.

Anwendungen: Chemische Apparate, Transportschnecken bei Temperaturen bis 230 °C

Organische Beschichtungen
Je nach Art des aggressiven Mediums eignen sich Überzüge durch Anstreichen, Schichten aus Kunststofffolien, Gummieren, Wirbelsintern oder Tauchen in Plastisole. Dies kann einen wirtschaftlichen Korrosionsschutz bieten.

Anwendungen: Schutz unterirdischer Rohrleitungen

5.5 Kunststoffe (Polymere)

Kunststoffe sind organische Stoffe, die im Allgemeinen synthetisch hergestellt werden. Vielfältige Herstellmöglichkeiten gestatten es, Teile unterschiedlichster Funktion zu erzeugen: Federelemente, Gleitelemente geringer Reibung, Strukturschäume, sowie schlag-, stoß- und abriebfeste, schall- und schwingungsdämpfende, elektrisch isolierende, korrosionsbeständige Elemente. Viele Kunststoffe bieten die Möglichkeit freier Farbauswahl. Bei großen Stückzahlen lassen sich auch komplizierte Formteile kostengünstig, z. B. durch Spritzgießen, herstellen.

Werkstoffkennwerte für Kunststoffe in einer vergleichenden Übersicht mit Eisen- und Nichteisenmetallen sind in Tab. 4.2 aufgelistet.

5.5.1 Kunststoffarten – Übersicht

Thermoplaste
Mit 75 % des Gesamtverbrauchs sind Thermoplaste, z. B. Polyamid, die wichtigste Kunststoffart. Sie sind aus linear vernetzten Kohlenstoffketten aufgebaut. Sie werden mit zunehmender Temperatur dehnbarer, plastisch oder flüssig. Beim Abkühlen gehen sie in den festen Zustand zurück und können durch Wiedererwärmen erneut formbar gemacht werden.

Duroplaste
Sie sind vollständig und engmaschig vernetzt. Sie werden beim Erwärmen nicht plastisch, sondern bleiben hartelastisch bis zur Zerstörungstemperatur. Sie können nach der Formgebung nur noch spanend bearbeitet werden.

Elastomere
Dies sind weitmaschig vernetzte elastische Kunststoffe, deren Festigkeit und Elastizität in weiten Grenzen eingestellt werden kann (Hartgummi – Weichgummi). Grundstoffe sind natürlicher und synthetischer Kautschuk und Zusätze verschiedener Art. Diese werden durch Vulkanisation (meist mit Schwefel oder schwefelhaltigen Stoffen) bei Temperaturen über 140 °C unter Pressdruck vernetzt. Der Kautschuk bestimmt die mechanischen Eigenschaften und die chemische Widerstandsfähigkeit. Durch die Zusatzwerkstoffe, wie z. B. Weichmacher, Alterungsschutzmittel, Füll- und Farbstoffe, lassen sich die Eigenschaften gezielt einstellen.

5.5.2 Eigenschaften der Kunststoffe

Kunststoffe unterscheiden sich von Metallen wie folgt:

- Dichte, E-Modul und Festigkeit sind wesentlich niedriger als bei Stahl (Tab. 5.34). Die geringe Dichte (ca. 1/7 von Stahl) begünstigt die Anwendung im Leichtbau. Häufig

Tab. 5.34 Kennwerte von Kunststoffen, Vergleich mit metallischen Werkstoffen, Kennwerte ermittelt bei Normklima (23 °C, 50 % rel. Luftfeuchtigkeit)

	Werkstoff	Mechanische Eigenschaften						Anwendungen
		Dichte ϱ in kg/dm^3	Zugfestigkeit $R_{m,N}$ in N/mm^2	Biegefestigkeit $\sigma_{B,b,N}$ in N/mm^2	Elastizitätsmodul E in N/mm^2	maximale Gebrauchstemperatur – Langzeit in °C	Längenausdehnungskoeffizient α in 10^{-6}/K	
Metalle	E355	7,85	570 … 710	285	210.000	1000	11,5	hoch beanspruchte Teile, Passfedern, Passstifte
	EN-GJL-150	7,25	150	69	100.000	800	–	für höher beanspruchte dünnwandige Stücke
	Al-Leg. AlCu4Mg1	2,77	435	–	73.000	450	23,1	Profile für Flugzeugbau, Niete, Schrauben
	Mg-Leg. MgMn2F20	1,76	200	–	47.000	300	26,9	Blechprofile, Kraftstoffbehälter
	Ti-Leg. Ti3Pd	4,505	480	–	108.000	300	9,1	Wärmetauscher, Schrauben nach DIN 17869 [14]
Thermoplaste nach [63]	Polyethylen (PE)	0,918 … 0,960	10 … 30	7 … 40	120 … 1200	80 … 90	200 … 220	Flaschen, Kraftstofftanks, Haushaltsbehälter
	(isotaktisches) Polypropylen (PP)	0,905	38	20 … 55	1200	90	160	Ventilatoren, Batteriegehäuse, Verpackungen
	Styrol-Acrylnitril (SAN)	1,08	78	140	3600	85	60 … 80	Abdeckungen, Schaugläser
	Acrylnitril-Butadien-Styrol (ABS)	1,06	45	55 … 85	2400	85	80 … 110	Gehäuse für elektrische Geräte, Karosserieteile
	Polyvinylchlorid hart (PVC)	1,38	55	70 … 110	3100	60	70 … 80	Rohre, Armaturen, Behälter
	Polytetrafluorethylen (PTFE)	2,14 … 2,2	15 … 35	14 … 20	600	260	100	Isolierungen, Beschichtungen, Gleitkörper
	Polyoxymethylen (POM)	1,4	50 … 70	90 … 110	2900	100	45	Gleitelemente, Nockenscheiben, Getrieberäder
	Polyamide (PAI)	1,38	220	–	10.800	250	50 … 60	thermisch beanspruchte ungeschmierte Gleitelemente, Zahnräder, elektrische Isolierungen
	Polyamid 6 (PA6)	1,16	100	27 … 44	3500	100	70 … 110	Zahnräder, Beschläge, Pumpen
	Polyaryletherketon (PEEK)	1,32	90	30	3600	240	45	thermisch hochbelastete Kunststoffteile z. B. Zahnräder und Gleitlager
Duroplaste nach [69]	Phenol-Formaldehyd-Harze (PF)	1,4 … 1,9	15 … 40	50 … 80	6000 … 10.000	130	10 … 50	Pressmassen (Griffe, Zahnräder), Bindemittel (für Spanplatten, Schleifscheiben)
	Harnstoff-Formaldehyd-Harze (UF) und Melamin-Formaldehyd-Harze (MF)	1,5 … 2,0	15 … 50	–	5000 … 9000	80 (UF) 130 (MF)	20 … 60	UF: Sanitäre Artikel und Haushaltsgeräte
	Ungesättigte Polyesterharze (UP)	1,5 … 2,0	20 … 200	–	3000 … 19.000	140	20 … 100	Elektroinstallationsteile, Behälter, Haushaltsgeräte
	Epoxidharze (EP)	1,5 … 1,9	60 … 200	–	5000 … 20.000	130	20 … 60	

Tab. 5.34 (Fortsetzung)

	Werkstoff	Mechanische Eigenschaften						Anwendungen
		Dichte ϱ in kg/dm^3	Zugfestigkeit $R_{m,N}$ in N/mm^2	Biegefestigkeit $\sigma_{B,b,N}$ in N/mm^2	Elastizitätsmodul E in N/mm^2	maximale Gebrauchstemperatur – Langzeit in °C	Längenausdehnungskoeffizient α in $10^{-6}/K$	
Elastomere (Gummi) nach [69]	Naturkautschuk (NR)	0,93	22	–	–	70	–	Maschinenlagerungen, Gummi-Metall-Federelemente
	Cis 1,4 Polyisopren (IR)	0,93	1	–	–	60	–	Membranen, Scheibenwischerblätter
	Styrol-Butadienkautschuk (SBR)	0,94	5	–	–	80	–	Bereifungen, Dichtungen für Hydrauliköl
	Butylkautschuk (IIR)	0,93	5	–	–	120	–	Dichtungen in Bremssystemen
	Chlorbutadienkautschuk (CR)	1,25	11	–	–	110	–	Außenhülle von Kraftstoffleitungen
	Nitrilkautschuk (NBR)	1,00	6	–	–	110	–	Seelen von Kraftstoff- und Ölschlauchen
	Urethankautschuk (PUR)	1,25	20	–	–	100	–	Dichtungsbänder, Kitte für Fugen, Laufbahnbeläge
	Weich-Urethankautschuk (PUR)	1,26	30	–	12	80	–	
	Chlorepoxypropankautschuk (CO)	1,27 ... 1,36	5	–	–	120	–	–
	Sulfchloriertes Polyethylen (CSM)	1,25	18	–	–	120	–	Auskleidungen von Tanks und Wasserbecken
	Fluorkautschuk (FCM)	1,85	2	–	–	190	–	Dichtungen aller Art bei hohen Temperaturen
	Weich-PVC sehr weich bis halb-hart (PVC-P)	1,2 ... 1,39	9 ... 27,5	–	–	40 ... 100	–	Knochenschrauben, resorbierbar, Sicherheitstrachealtubus zur Narkose

ist für die Funktion die zulässige Verformung und nicht die zulässige Spannung maßgebend.

Die Festigkeitskennwerte von Kunststoffen (Elastizitätsmodul größer $70\,N/mm^2$ und faserverstärkte Verbundwerkstoffe) werden nach DIN EN ISO 527 [58], für Kautschuke und Elastomere nach DIN 53504 [16] bestimmt.

- Die Reißlängen von Baustahl E355 und Polyamid sind etwa gleich, d. h. die Beanspruchung durch Massen-, Gewichts- und Zentrifugalkräfte ist bei Bauteilen aus beiden Werkstoffen gleich groß.
- E-Modul und Festigkeit sind sehr stark temperaturabhängig (Abb. 5.12 und 5.13).
- Die meisten Kunststoffe, besonders Thermoplaste, zeigen bereits bei Raumtemperatur unter mechanischer Belastung Kriech- und Relaxationserscheinungen (zeitabhängige Verformungen), in verstärktem Maße mit zunehmender Temperatur. Dieser Einfluss wird durch Alterungserscheinungen, Strahlung, Chemikalieneinwirkung und Bewitterung verstärkt. Der Einsatzbereich ist ferner durch eine bestimmte Temperatur begrenzt, bei der die Festigkeit drastisch abfällt.
- Für die Schwingfestigkeit gibt es daher in der Regel keine eindeutige Dauerfestigkeit. Die Annahmen für die Berechnung sind in Abschn. 3.6.3 aufgeführt.
- Die Feuchtigkeit beeinflusst, wenn auch nur in geringem Maße, die mechanischen Eigenschaften. Die Bauteile quellen ferner bis zu einigen Volumenprozent auf.
- Die lineare Wärmedehnung ist 2,5 ... 5 mal so groß wie bei Stahl. Dies ist bei der Festlegung der Abmaße zu berücksichtigen.
- Die Wärmeleitfähigkeit beträgt nur etwa 1/100 der von Stahl. Kunststoffe werden daher als Wärmeisolatoren eingesetzt. Wärme muss durch andere Maßnahmen abgeführt werden.
- chemische Beständigkeit (Tab. 5.35)

Tab. 5.35 Chemische Beständigkeit von Kunststoffen. Richtwerte für Dauergebrauch bei 20 °C nach [1]

Kunststoff	Beständig gegen																
	Säuren				Halogene (trocken)	Laugen		Lösemittel					Treibstoff und Öle				
	schwach/ verdünnt	stark/kon- zentriert	oxydie- rend	Fluss- säure		schwach	stark	Alko- hole	Ester	Ketone	Äther	Halogen- Alkane	Benzol	Benzin	Treibstoff- Gemisch	Mine- ralöl	Fette, Öle
Epoxidharze	+	+	−	⊕	+	⊕	⊕	+	○	⊕	+	○	+	+	+	+	+
Harnstoffharz-Pressstoffe	○	−				+	○	+	+	+	+	+	+	+	+	+	+
Melaminharz-Pressstoffe	○	−				+	−	+	+	+	+	+	+	+	+	+	+
Phenol-Pressharz	+	−			+	+	−	+	+	+	+	+	+	+	+	+	+
Phenolharz(-Schicht-) Pressstoffe	+	−				+	−	+	+	+	+	+	+	+	+	+	+
Polyethylen, niedere Dichte	+	+	−	+	−	+	+	○	○	○	−	−	−	⊖	−	○	⊖
Polyethylen, hohe Dichte	+	+	−	+	−	+	+	+	+	+	○	⊖	○	⊕	⊕	⊕	+
Polyamide	−	−	−	−	−	+	○	+	+	+	+	+	+	+	+	+	+
Polycarbonat	+	+	○	−	+	−	−	⊕	⊖	⊖	−	−	○	+	+	+	+
Polyester-Harze	+	○	⊖	⊖	⊖	○	⊖	⊕	⊖	−	−	−	⊖	+	+	+	+
Polymethylmethacrylat	+	+	○	○	○	+	+	○	−	−	○	−	−	+	−	+	+
desgl., Cop., mit Acryl-nitril	+	+	○	○	○	⊕	⊕	+	+	−	+	⊖	+	+	+	+	+
Polypropylen	+	+	−	○	⊖	+	+	+	⊕	⊕	○	⊖	⊖	⊕	○	+	+
Polyvinylchlorid hart	+	+	⊕	+	○	+	+	+	−	−	−	⊖	−	+	⊖	+	+
dsgl. mit ca. 40 % Weichmacher	+	⊕	○		−	+	○	○	−	−	−	−	−	⊖	−	○	○
Polytetrafluorethylen	+	+	+	+	+	+	+	+	+	+	+	+	+	+	+	+	+

Die Beständigkeitswerte sind durchweg durch Lagerung von Probekörpern in den einzelnen Chemikalien ermittelt. Zusätze, Verarbeitungsverfahren, gleichzeitige Beanspruchung im Gebrauch können das hier angezeigte Verhalten erheblich beeinflussen.
+ beständig, ○ bedingt beständig, – unbeständig.

Tab. 5.36 Relative Werkstoff- und Kosten-Kennwerte von Faserverbundwerkstoffen im Vergleich mit Stahl nach [69]

Werkstoffe	Relative[a] spezifische Zugfestigkeit	Relative[a] spezifische Steifigkeit	Relative[a] spezifische Dauerfestigkeit	Relative Kosten pro Einheit Zugfestigkeit	Relative Kosten pro Einheit Steifigkeit	Relative Kosten pro Einheit Ermüdungsfestigkeit
Graphitfasern/Epoxid-Verbund	4	5	15	17,5	14	4,67
Glasfasern/Epoxid-Verbund	4	0,85	4	1,75	8,4	1,87
Stahl $R_m = 1240\,\text{N/mm}^2$	1	1	1	1	1	1

[a] bezogen auf die Werkstoffdichte

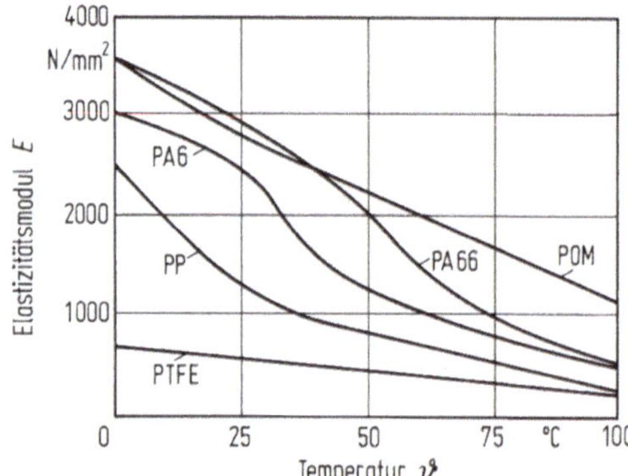

Abb. 5.12 Einfluss der Temperatur auf den E-Modul von Thermoplasten bei zügiger, kurzzeitiger Zugbeanspruchung (Werkstoffbezeichnungen siehe Tab. 5.34) nach [63]

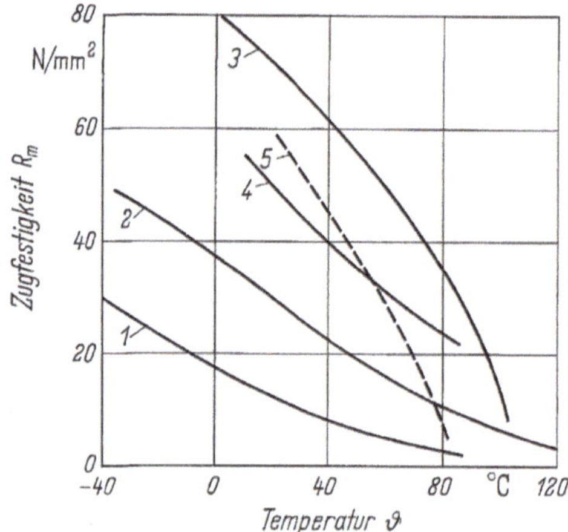

Abb. 5.13 Einfluss der Temperatur auf die Zugfestigkeit von Kunststoffen: *1* PE-niedriger Dichte, *2* PE-hoher Dichte, *3* SAN, *4* ABS, *5* PVC-hart (Werkstoffbezeichnungen siehe Tab. 5.34)

5.5.3 Faserverbundwerkstoffe

Durch eingelagerte Stoffe können verschiedene Eigenschaften von Kunststoffen gezielt verbessern werden, z. B. die Schwingungs- und Geräuschdämpfung, die Warmformbeständigkeit, die Schwindung (durch Füllstoffe) oder die mechanischen Eigenschaften (durch Verstärkungsstoffe). Sehr dünne Fäden aus flüssigem Glas, Kohle- oder Aramidfasern werden zu Rovings (zu Strängen zusammengefasste Fäden), Geweben, Matten, Bändern, Schnüren, Schläuchen und Wirkwaren verarbeitet und kraftfluss- und momentenflussgerecht in die Kunststoffmatrix eingebettet. Die Fasern bestimmen Zugfestigkeit, E-Modul und Querkontraktion des Verbunds in Faser-Längsrichtung. Senkrecht dazu dominieren die Eigenschaften der Matrix. Nachteilig ist die Neigung zur Rissbildung in der Matrix weit unterhalb der Zugfestigkeit der Fasern und bei Langzeitbelastung sowie die Kriechneigung des Matrixwerkstoffs. Einem verbreiteten Einsatz im Maschinenbau stehen heute noch die hohen Kosten gegenüber, siehe Tab. 5.36.

Es werden abhängig vom Werkstoff der Faser die folgenden Verbundstoffe unterschieden:

Glasfaserverstärkte Kunststoffe (GFK)
GFK ist die preisgünstigste, überwiegend verwendete Variante der Faserverbundwerkstoffe.

Kohlefaserverstärkte Kunststoffe (CFK)
Im Vergleich zu glasfaserverstärkten Kunststoffen können CFK deutlich höhere E-Module, niedrigeres spezifisches Gewicht, niedrigere Wärmeausdehnungskoeffizienten sowie höhere elektrische und thermische Leitfähigkeit erzielen.

Man beachte: Der E-Modul kann den Wert von Stahl erreichen, allerdings ist die geringe Bruchdehnung für viele Konstruktionen problematisch.

Aramidfaserverstärkte Kunststoffe (AFK)
Die hochfesten Aramidfasern sind zäh und die Bauteile aus AFK daher schwer zerspanbar. Für die Matrix werden EP-Harze und Thermoplaste verwendet. Gegenüber Kohlefasern besitzt die Aramidfaser eine höhere Elastizität.

Werkstoffkennwerte und Anwendungen für eine Auswahl von Faserverbundwerkstoffen sind in Tab. 5.37 zusammengefasst.

5.6 Verbundwerkstoffe mit Rissstop-Effekt

Dies ist eine neue Klasse von Leichtbauwerkstoffen, die für hoch beanspruchte Flugzeugteile entwickelt wurden. Schichten von dünnen Blechen aus Aluminium-Legierungen werden mittels Epoxidharz-Klebstoffen mit Gewebeschichten aus Kohle- oder Aramidfasern verklebt. Nach dem Aushärten

Tab. 5.37 Mechanische und thermische Eigenschaften von Faserverbundwerkstoffe nach [69]

Faserverbundwerkstoff		Mechanische Eigenschaften										Anwendungen
		Elastizitätsmodul E in 10^3 N/mm²			Schubmodul G in 10^3 N/mm²			Dichte ϱ in kg/dm³	Längenausdehnungskoeffizient α in 10^{-6}/K			
		0°	45°	90°	0°	45°	90°		0°	45°	90°	
GFK	unidirektional	43,4	–	11,5	4,3	–	4,3	1,98	–	–	–	Teile für Luftfahrt, wie z. B. Verkleidungen, Einrichtungen, Flügel, Leitwerk, in der Automobilindustrie für z. B. Blattfedern, Pleuel, Wellen
	±45°-Gewebe	27,6	13,6	27,6	4,3	12,4	4,3	1,77	–	–	–	
CFK	uni	133	–	9,3	4,6	–	4,6	1,52	0,23	–	0,29	Verdichterkolben, Werkzeugspindeln, Lagerschalen, Teile für Raumfahrt, Pleuel
	Gewebe	71,3	16,5	71,3	4,6	34,4	4,6	1,52	2,6	2,6	2,6	
CFK-HM (HM-Hochmodul)	uni	225,5	–	7,5	4,3	–	4,3	1,57	0,73	–	42,6	
	Gewebe	116	16,2	116,7	4,3	57,4	4,3	1,57	1,0	1,0	1,0	
CFK-UHM	uni	298,4	–	3,7	3,07	–	3,07	1,57	−1,2	–	40,0	
	Gewebe	151,3	11,8	151,3	3,07	75,0	3,07	1,57	−0,5	−0,5	−0,5	
AFK (Kevlar)	uni	83,6	–	5,2	3,6	–	3,6	1,35	−2,0	–	58,6	Dichtungen, Höhen und Querruder (Segelflugzeug), Brems- und Kupplungsbeläge
	Gewebe	44,7	12,5	44,7	3,6	21,4	3,6	1,35	2,7	2,7	2,7	

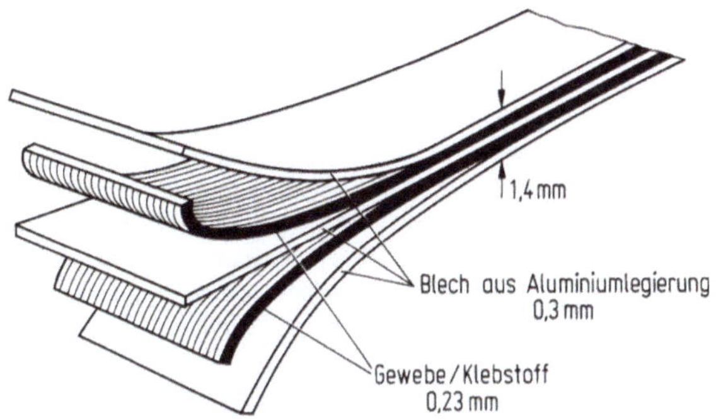

Abb. 5.14 Metall-Gewebe-Verbund mit Rissstop-Effekt. Gewebe: Aramid- und Glasfasern (parallel und gekreuzt), Klebstoff: Epoxidharz [72]

werden sie vorgespannt, so dass ein System mit günstigen Eigenspannungen entsteht. Abb. 5.14 zeigt ein Beispiel dafür. Gegenüber Bauteilen aus Aluminiumlegierungen wird eine Gewichtsersparnis von 20 ... 30 % erreicht.

Bedingt durch die hochfesten Fasern ergibt sich eine hohe statische und dynamische Festigkeit. Schwingbruchanrisse in der Metallschicht werden durch das Gewebe überbrückt, der Rissfortschritt wird gebremst. Korrosion wird an der ersten Gewebe-Klebstoff-Schicht gestoppt, dadurch können längere Inspektionsintervalle zugelassen werden. Infolge des hohen Schmelzpunktes der Fasern ergibt sich ferner ein besserer Feuerschutz [72].

Tab. 5.38 Eigenschaften oxid- und nichtoxidkeramischer Werkstoffe, Auszug aus [65]

Werkstoff		Mechanische Eigenschaften						
		Rohdichte ϱ in g/cm³	Elastizitätsmodul E in 10^3 N/mm²	Druckfestigkeit f_c in N/mm²	Biegewechselfestigkeit bei Raumtemperatur $\sigma_{b,B}$ in N/mm²	Längenausdehnungskoeffizient für 20 bis 1000 °C α in 10^{-6}/K	Wärmeleitfähigkeit bei Raumtemperatur λ in W/(mK)	Härte
Oxidkeramiken								
Al_2O_3	97 % Al_2O_3-Pulver	3,92 ... 3,94	ca. 400	4300 ± 300	400 ± 50	8,1	30	HV 30: 1700 ± 500
Al_2TiO_5		2,5 ... 3,5	10 ... 25	~300	25 ... 50	~8	1 ... 3	nach Mohs: 7 ... 7,5
ZrO_2	TZP dicht (Y_2O_3-stabilisiert)	5,95 ... 6,05	140 ... 200	–	900 ... 1200	10 ... 11	2 ... 3	–
Nichtoxidkeramiken – heißgepresst								
B_4N		2,40 ... 2,52	440	2000 ... 3000	480 ± 40	5	40	HV 0,1: 3000
Si_3N_4	mit 6 ... 20 % Sinteradditive	3,18 ... 3,40	280 ... 330	–	700 ... 1300	2,9 ... 30	10 ... 30	HV 10: 1400 ... 1700
SiC	Siliciumcarbid-Gehalt ca. 75 %	2,6	–	150	30 ... 45	4,5	10 ... 12	–

5.7 Keramische Werkstoffe

Für technische Anwendungen wurden oxid- und nichtoxidkeramische Werkstoffe entwickelt. Beide sind elektrisch nichtleitend. Sie sind beständig gegen Oxidation und Korrosion gegenüber vielen aggressiven Medien, auch bei hohen Temperaturen. Sie sind besonders verschleißfest. Nachteilig ist die geringe Stoßfestigkeit, die hohe Kaltsprödigkeit und die aufwendige Verarbeitung.

Typische Anwendungen der Oxidkeramik sind Drahtziehdüsen, Kaltform- und Schneidwerkzeuge. Nichtoxidkeramiken eignen sich wegen der hohen Festigkeit bei hohen Temperaturen für Brennerelemente, Schweißdüsen, Gasturbinenteile und ähnliches.

Mechanische und thermische Eigenschaften für eine Auswahl von oxid- und nichtoxidkeramischen Werkstoffen sind in Tab. 5.38 bzw. [63], [64], [65], [67] enthalten.

Literatur

1. Bargel H-J, Schulze G (2012) Werkstoffkunde, 11. Aufl. Springer, Berlin Heidelberg
2. Baur E, Brinkmann S, Osswald T, Rudolph N (2013) Saechtling Kunststoff Taschenbuch, 31. Aufl. Hanser, München
3. Bdguss (2016) Die Gießerei-Industrie. Eine Starke Branche in Zahlen. Bundesverband der Deutschen Gießerei-Industrie (BDG), Düsseldorf
4. BIO by Deloitte (2015) Study on Data for a Raw Material System Analysis: Roadmap and Test of the Fully Operational MSA for Raw Materials. Prepared for the European Commission, DG GROW
5. Degenkolb J (1988) Stahlsorten und Ihre Eigenschaften. In: Verein deutscher Eisenhüttenleute (VDEh) (Hrsg) Stähle für den Stahlbau, Eigenschaften, Verarbeitung und Anwendung. Berichtsband. Stahleisen, Düsseldorf, S 26–50
6. DIN 743 Tragfähigkeitsberechnung von Wellen und Achsen – Teil 3:2012-12 Werkstoff-Festigkeitswerte
7. DIN 1692:1982-01 Temperguss; Begriffe, Eigenschaften. Zurückgezogen: 1997-08
8. DIN 1694:1981-09 Austenitisches Gusseisen. Zurückgezogen: 2003-02
9. DIN 1780 Bezeichnung von legiertem Aluminium in Masseln, Vorlegierungen und Gussstücken – Teil 1:2003-01 Numerisches Bezeichnungssystem
10. DIN 9715:1982-08 Halbzeug aus Magnesium-Knetlegierungen – Eigenschaften
11. DIN 17100:1980-01 Allgemeine Baustähle – Gütenorm. Zurückgezogen: 1991-01
12. DIN 17750:2002-09 Bänder und Bleche aus Nickel und Nickel-Knetlegierung
13. DIN 17862:2012-03 Stangen aus Titan und Titanlegierungen – Technische Lieferbedingungen
14. DIN 17869:1992-06 Werkstoffeigenschaften von Titan und Titanlegierungen – Zusätzliche Angaben
15. DIN 30910 Sintermetalle – Werkstoff-Leistungsblätter (WLB) – Teil 4:2010-03 Sintermetalle für Formteile – Teil 6:1990-10 Sinterschmiedestähle für Formteile
16. DIN 53504:2017-03 Prüfung von Kautschuk und Elastomeren – Bestimmung von Reißfestigkeit, Zugfestigkeit, Reißdehnung und Spannungswerten im Zugversuch
17. DIN EN 485 Aluminium und Aluminiumlegierungen – Bänder, Bleche und Platten – Teil 1:2016-10 Technische Lieferbedingungen – Teil 2:2016-10 Mechanische Eigenschaften
18. DIN EN 515:2017-05 Aluminium und Aluminiumlegierungen – Halbzeug – Bezeichnungen der Werkstoffzustände
19. DIN EN 573 Aluminium und Aluminiumlegierungen – Chemische Zusammensetzung und Form von Halbzeug – Teil 1:2005-02 Numerisches Bezeichnungssystem – Teil 2:1994-12 Bezeichnungssystem mit chemischen Symbolen – Teil 3:2013-12 Chemische Zusammensetzung und Erzeugnisformen – Teil 5:2007-11 Bezeichnung von genormten Kneterzeugnissen
20. DIN EN 1560:2011-05 Gießereiwesen – Bezeichnungssystem für Gusseisen – Werkstoffkurzzeichen und Werkstoffnummern
21. DIN EN 1561:2012-01 Gießereiwesen – Gusseisen mit Lamellengraphit
22. DIN EN 1562:2012-05 Gießereiwesen – Temperguss
23. DIN EN 1563:2012-03 Gießereiwesen – Gusseisen mit Kugelgraphit
24. DIN EN 1564:2012-01 Gießereiwesen – Ausferritisches Gusseisen mit Kugelgraphit
25. DIN EN 1652:1998-03 Kupfer- und Kupferlegierungen – Platten, Bleche, Bänder, Streifen und Ronden zur allgemeinen Verwendung
26. DIN EN 1706:2013-12 Aluminium und Aluminiumlegierungen – Gussstücke – Chemische Zusammensetzung und mechanische Eigenschaften
27. DIN EN 1753:1997-08 Magnesium und Magnesiumlegierungen – Blockmetalle und Gussstücke aus Magnesiumlegierungen
28. DIN EN 1754:2015-10 Magnesium und Magnesiumlegierungen – Bezeichnungssystem für Anoden, Blockmetalle und Gussstücke – Werkstoffkurzzeichen und Werkstoffnummern
29. DIN EN 1982:2017-11 Kupfer und Kupferlegierungen – Blockmetalle und Gussstücke
30. DIN EN 10025 Warmgewalzte Erzeugnisse aus Baustählen – Teil 2:2005-04 Technische Lieferbedingungen für unlegierte Baustähle – Teil 3:2005-02 Technische Lieferbedingungen für normalgeglühte/normalisierend gewalzte schweißgeeignete Feinkornbaustähle – Teil 5:2005-02 Technische Lieferbedingungen für wetterfeste Baustähle – Teil 6:2009-08 Technische Lieferbedingungen für Flacherzeugnisse aus Stählen mit höherer Streckgrenze im vergüteten Zustand
31. DIN EN 10027 Bezeichnungssysteme für Stähle – Teil 1:2017-01 Kurznahmen – Teil 2:2015-07 Nummernsystem
32. DIN EN 10028 Flacherzeugnisse aus Druckbehälterstählen – Teil 4:2009-09 Nickellegierte kaltzähe Stähle
33. DIN EN 10083 Vergütungsstähle – Teil 2:2006-10 Technische Lieferbedingungen für unlegierte Stähle – Teil 3:2007-01 Technische Lieferbedingungen für legierte Stähle
34. DIN EN 10084:2008-06 Einsatzstähle – Technische Lieferbedingungen
35. DIN EN 10085:2001-07 Nitrierstähle – Technische Lieferbedingungen
36. DIN EN 10088 Nichtrostende Stähle – Teil 3:2014-12 Technische Lieferbedingungen für Halbzeug, Stäbe, Walzdraht, gezogenen Draht, Profile und Blankstahlerzeugnisse aus korrosionsbeständigen Stählen für allgemeine Verwendung
37. DIN EN 10089:2003-04 Warmgewalzte Stähle für vergütbare Federn – Technische Lieferbedingungen
38. DIN EN 10095:1999-05 Warmgewalzte Stähle für vergütbare Federn – Technische Lieferbedingungen
39. DIN EN 10111:2008-06 Kontinuierlich warmgewalztes Band und Blech aus weichen Stählen zum Kaltumformen – Technische Lieferbedingungen
40. DIN EN 10130:2007-02 Kaltgewalzte Flacherzeugnisse aus weichen Stählen zum Kaltumformen – Technische Lieferbedingungen
41. DIN EN 10132 Kaltband aus Stahl für eine Wärmebehandlung – Technische Lieferbedingungen – Teil 3:2000-05 Vergütungsstähle – Teil 4:2003-04 Federstähle und andere Anwendungen
42. DIN EN 10139:2016-06 Kaltband ohne Überzug aus weichen Stählen zum Kaltumformen – Technische Lieferbedingungen

43. DIN EN 10151:2003-02 Federband aus nichtrostenden Stählen – Technische Lieferbedingungen
44. DIN EN 10213:2016-10 Stahlguss für Druckbehälter
45. DIN EN 10222 Schmiedestücke aus Stahl für Druckbehälter – Teil 5:2000-02 Martensitische, austenitische und austenitisch-ferritische nichtrostende Stähle
46. DIN EN 10267:1998-02 Von Warmformgebungstemperatur ausscheidungshärtende ferritisch-perlitische Stähle
47. DIN EN 10270 Stahldraht für Federn – Teil 1:2012-01 Patentiert gezogener unlegierter Federstahldraht – Teil 2: 2012-01 Ölschlussvergüteter Federstahldraht – Teil 3: 2012-01 Nichtrostender Federstahldraht
48. DIN EN 10277 Blankstahlerzeugnisse – Technische Lieferbedingungen – Teil 3:2008-06 Automatenstähle
49. DIN EN 10283:2010-06 Korrosionsbeständiger Stahlguss
50. DIN EN 10293:2015-06 Stahlguss – Stahlguss für allgemeine Anwendungen
51. DIN EN 10302:2008-06 Warmfeste Stähle, Nickel- und Cobaltlegierungen
52. DIN EN 12163:2016-11 Kupfer und Kupferlegierungen – Stangen zur allgemeinen Verwendung
53. DIN EN 12168:2016-11 Kupfer und Kupferlegierungen – Hohlstangen für die spanende Bearbeitung
54. DIN EN 12844:1999-01 Zink und Zinklegierungen – Gussstücke – Spezifikationen
55. DIN EN 13599:2014-12 Kupfer und Kupferlegierungen – Platten, Bleche und Bänder aus Kupfer für die Anwendung in der Elektrotechnik
56. DIN EN 13835:2012-04 Gießereiwesen – Austenitische Gusseisen
57. DIN EN 16079:2012-02 Gießereiwesen – Gusseisen mit Vermiculargraphit
58. DIN EN ISO 527 Kunststoffe – Bestimmung der Zugeigenschaften – Teil 1:2012-02 Allgemeine Grundsätze – Teil 2:2012-06 Prüfbedingungen für Form- und Extrusionsmassen – Teil 3:2003-07 Prüfbedingungen für Folien und Tafeln – Teil 4:1997-07 Prüfbedingungen für isotrop und anisotrop faserverstärkte Kunststoffverbundwerkstoffe – Teil 5:2010-01 Prüfbedingungen für unidirektional faserverstärkte Kunststoffverbundwerkstoffe
59. DIN EN ISO 6506 Metallische Werkstoffe – Härteprüfung nach Brinell – Teil 1:20015-02 Prüfverfahren
60. DIN EN ISO 6892 Metallische Werkstoffe – Zugversuch – Teil 1:2017-02 Prüfverfahren bei Raumtemperatur
61. Dubbel (1998) Taschenbuch für den Maschinenbau, 19. Aufl. Springer, Berlin
62. Dubbel (2014) Taschenbuch für den Maschinenbau, 24. Aufl. Springer, Berlin
63. Erhard G (2008) Konstruieren mit Kunststoffen. Hanser, München
64. Fischer K-F (1992) Konstruktionskeramik – Berechnungsmethoden, Festigkeit, Lebensdauer, Zuverlässigkeit. Deutscher Verlag für Grundstoffindustrie, Leipzig
65. Kriegesmann J, DKG (Deutsche Keramische Gesellschaft) (Hrsg) (2015) Technische keramische Werkstoffe. HvB Verlag
66. Lüpfert H (1966) Metallische Werkstoffe. C.F. Winter, Prien
67. Munz D, Fett D (1989) Mechanisches Verhalten keramischer Werkstoffe. Springer, Berlin
68. Niemann G, Winter H (2003) Maschinenelemente, Bd. II, 2. Aufl. Springer, Berlin, Heidelberg
69. Niemann G, Winter H, Höhn B-R (2005) Maschinenelemente, Bd. I, 4. Aufl. Springer, Berlin
70. PlasticsEurope (2016) Plastics – the Facts 2016, An analysis of European plastics production, demand and waste data. Kunststoffmesse 2016, Düsseldorf
71. Schatt W (1998) Konstruktionswerkstoffe des Maschinen- und Anlagenbaus, 5. Aufl. Hüthig, Heidelberg
72. Schijve J (1993) Development of Fiber-Metal Laminates (ARALL and GLARE), New Fatigue Resistant Materials. In: Proceedings of the Fifth International Conference on Fatique and Fatigue Thresholds, Montreal, Quebec, Canada, 3–7 May 1993, Vol. I, S. 3–20
73. Schott G (1975) Kostenbezogener Gebrauchswertfaktor als Grundlage für eine technisch und ökonomisch begründete Werkstoffauswahl. Maschinenbautechnik 24:482–486
74. SEW 400:1997-02 Nichtrostende Walz- und Schmiedestähle
75. SEW 410:1998-07 Nichtrostender Stahlguss – Techn. Lieferbedingungen
76. Spies H-J (1977) Beitrag zu den Grundlagen und der Methodik der Werkstoffauswahl. IFL-Mitteilungen 16:107–113
77. Stahl (2016) Fakten zur Stahlindustrie in Deutschland 2016. Wirtschaftsvereinigung Stahl, Düsseldorf
78. Stahlkatalog: Saarstahl GmbH
79. VDI 2225 Konstruktionsmethodik – Technisch-wirtschaftliches Konstruieren – Blatt 2:1998-07 Tabellenwerk
80. Wegst C, Wegst M (2016) Stahlschlüssel, 24. Aufl. Verlag Stahlschlüssel Wegst GmbH, Marbach

6 Allgemeines über Normen, Toleranzen, Passungen und Oberflächen

► Im Ingenieurwesen ermöglichen Normen eine einheitliche und klare Kommunikation auf internationaler Ebene, um Anforderungen an Bauteile definieren und kontrollieren zu können. Sie dienen einer wirtschaftlichen, funktionsgerechten Fertigung. Normen definieren unter anderem die Beschaffenheit von Formelementen und legen erlaubte Abweichungen der Maße fest.

Da Bauteile nicht abweichungsfrei gefertigt werden können, muss definiert werden, welche Toleranzgrenzen die Maße eines Bauteils für eine einwandfreie Funktion aufweisen dürfen. Es müssen Passungen und die Beschaffenheit der Werkstückoberflächen vorgegeben werden. Nur so ist die anschließende Montage möglich und eine einwandfreie Funktion garantiert. Dies hat Auswirkungen auf die möglichen und notwendigen Fertigungsschritte sowie die verwendeten Fertigungsverfahren und somit direkten Einfluss auf die Kosten.

6.1 Normen

Durch einheitliche Abmessungen, Größenabstufungen, Qualitätsvorschriften usw. kann die Typenzahl von Erzeugnissen verringert und damit die Lagerhaltung, Ersatzteilbeschaffung und Handhabung erheblich erleichtert, ferner aber auch die Herstellung verbilligt, die erforderliche Qualität gesichert, die Sicherheit und Kontrolle im technischen Verkehr erhöht und Doppelarbeit vermieden werden. Normen sind auch für die Schnittstellen von Maschinen und Geräten (z. B. Antriebsmotor – Arbeitsmaschine, elektrische Anschlüsse) erforderlich.

Im Maschinenbau werden Normen in größerem Ausmaß verwendet. Dazu gehören die DIN-Normen (Deutsches Institut für Normung), die meist auch die internationalen Empfehlungen der ISO (International Organization for Standardization) berücksichtigen bzw. übernommene Europäische Normen (EN) des CEN (Comité Européen de Normalisation) darstellen, und die teilweise als Vorgänger der DIN-Normen zu bewertenden Richtlinien von Berufsgruppen, z. B. des VDI (Verein Deutscher Ingenieure) oder des VDE (Verein Deutscher Elektrotechniker) und Ähnlichen. Innerhalb des gesamten Normenwerkes kann folgendermaßen unterschieden werden:

- Grund- bzw. Konstruktionsnormen
- Maßnormen
- Gütenormen
- Berechnungsnormen
- Liefernormen
- Prüfnormen
- Sicherheitsnormen
- Stoffnormen
- Planungsnormen
- Baumusternormen usw.

Die für verschiedene Maschinenelemente gültigen Normen werden in den betreffenden Kapiteln behandelt, hier nur die allgemein übergeordneten Normen.

6.2 Normzahlen

Normzahlen dienen zur einfachen Größenstufung von Typen, Durchmessern, Drehzahlen, Tragkräften, Leistungen usw. Hierfür werden die gerundeten Werte dezimalgeometrischer Reihen verwendet. Tab. 6.1 zeigt die meist verwendeten Hauptwerte.

Weitere Normzahlen werden durch Multiplikation mit 10, 100 oder 1000 usw. gewonnen. Im Maschinenbau werden die Reihen R10 und R20 bevorzugt.

6.3 Toleranzen, Abweichungen

Um wirtschaftlich zu fertigen, müssen Abweichungen von der Idealgestalt, d. h. Herstelltoleranzen, zugelassen werden. Eine Abweichung ist die Differenz zwischen dem Istmaß und dem Nennmaß. Es werden Maß-, Form-, Lage- und Oberflächenabweichungen unterschieden (Abb. 6.1).

G. Niemann et al., *Maschinenelemente 1*, https://doi.org/10.1007/978-3-662-55482-1_6

Tab. 6.1 Normzahlreihen. Hauptwerte der Grundreihen nach DIN 323 Teil 1 [1]

Reihe	R 5	R 10	R 20	R 40
Sprung	$\sqrt[5]{10} \approx 1{,}6$	$\sqrt[10]{10} \approx 1{,}25$	$\sqrt[20]{10} \approx 1{,}12$	$\sqrt[40]{10} \approx 1{,}06$
Norm-zahlen	1,00	1,00	1,00	1,00
				1,06
			1,12	1,12
				1,18
		1,25	1,25	1,25
				1,32
			1,40	1,40
				1,50
	1,60	1,60	1,60	1,60
				1,70
			1,80	1,80
				1,90
		2,00	2,00	2,00
				2,12
			2,24	2,24
				2,36
	2,50	2,50	2,50	2,50
				2,65
			2,80	2,80
				3,00
		3,15	3,15	3,15
				3,35
			3,55	3,55
				3,75
	4,00	4,00	4,00	4,00
				4,25
			4,50	4,50
				4,75
		5,00	5,00	5,00
				5,30
			5,60	5,60
				6,00
	6,30	6,30	6,30	6,30
				3,70
			7,10	7,10
				7,50
		8,00	8,00	8,00
				8,50
			9,00	9,00
				9,50
	10,00	10,00	10,00	10,00

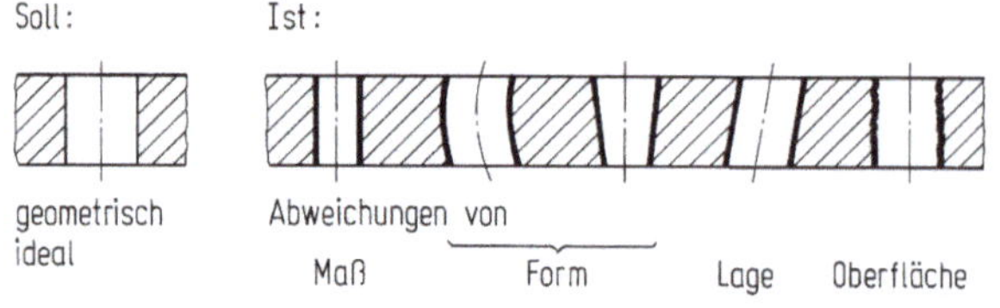

Abb. 6.1 Gestaltabweichungen am Beispiel einer Bohrung [24]

Tab. 6.2 Maße, Abmaße und Toleranzen von Bauteilen

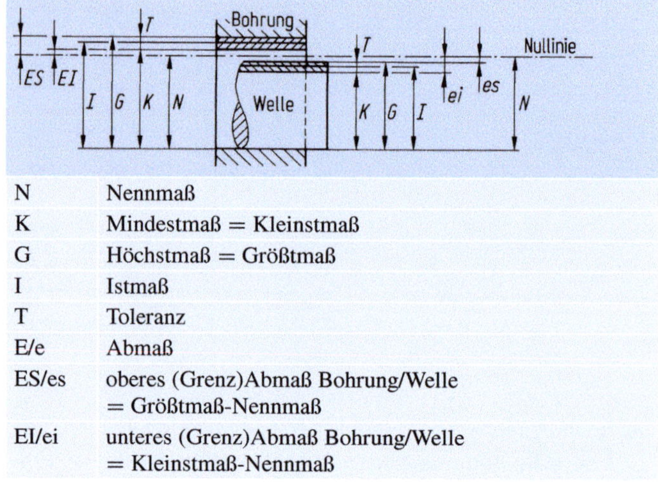

N	Nennmaß
K	Mindestmaß = Kleinstmaß
G	Höchstmaß = Größtmaß
I	Istmaß
T	Toleranz
E/e	Abmaß
ES/es	oberes (Grenz)Abmaß Bohrung/Welle = Größtmaß-Nennmaß
EI/ei	unteres (Grenz)Abmaß Bohrung/Welle = Kleinstmaß-Nennmaß

Eine Toleranz ist die Differenz zwischen dem zugelassenen Größt- und Kleinstwert einer messbaren Eigenschaft. Sie sollte nicht enger als von der Funktion her nötig vorgeschrieben werden.

Man beachte: Solange die Abweichung innerhalb der Toleranz liegt, besteht kein Herstellfehler.

6.3.1 Maßtoleranzen

Erläuterung der Grundbegriffe siehe Tab. 6.2. Maßabweichungen sind ein Element der Grobgestalt, Abschn. 6.6.1. Die Maßtoleranz wird zum Nennmaß gesetzt, entweder direkt durch Eintragung der Grenzabmaße (vgl. Beispiel 6.1) oder indirekt durch ein ISO-Toleranzkurzzeichen (vgl. Beispiel 6.2).

Beispiel 6.1

Direkte Angabe der Maßtoleranz mittels Eintragung der Grenzabmaße

	25,15 mm	Höchstmaß
	+0,15 mm	oberes Abmaß
$25^{+0,15}_{-0,10}$	25 mm	Nennmaß
	−0,10 mm	unteres Abmaß
	24,90 mm	Mindestmaß

	25,00 mm	Höchstmaß
$25_{-0,05}$	25 mm	Nennmaß
	−0,05 mm	unteres Abmaß
	24,95 mm	Mindestmaß

Beispiel 6.2

Indirekte Angabe der Maßtoleranz mittels ISO-Kurzzeichen

35 f7 (kleiner Buchstabe bei Außenflächen)

55 H8 (großer Buchstabe bei Innenflächen)

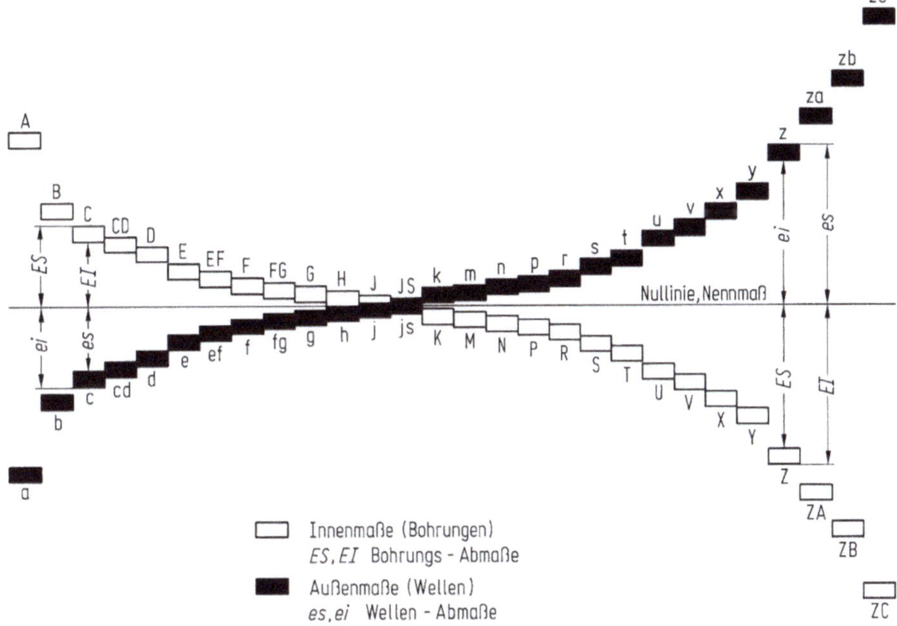

Abb. 6.2 Toleranzfelder des ISO-Systems nach DIN EN ISO 286 Teil 1

Nach dem ISO-System wird die Lage des Toleranzfeldes zur Nulllinie (d. h. zum Nennmaß) durch einen oder zwei Buchstaben: bei Wellen (Außenmaße) durch Kleinbuchstaben, bei Bohrungen (Innenmaße) durch Großbuchstaben gekennzeichnet, Prinzip siehe Abb. 6.2. Zahlenwerte liefern die in DIN EN ISO 286 Teil 1 [11] angegebenen Formeln. Die nachgestellte Zahl kennzeichnet die Breite des Toleranzfeldes, den Grundtoleranzgrad, d. h. die Feinheit der Toleranz. In DIN EN ISO 286 Teil 1 sind 20 Grundtoleranzgrade (früher Qualitäten) festgelegt: IT01, IT0, IT1, IT2 bis IT18. Üblicherweise werden die Grundtoleranzgrade IT01 bis IT4 für Messwerkzeuge, IT5 bis IT11 für Geräte und Maschinen verwendet.

Die Breite des Toleranzfeldes ist ein Vielfaches des Toleranzfaktors i (früher Toleranzeinheit)

$$i = 0{,}45 \cdot \sqrt[3]{D} + 0{,}001 \cdot D \qquad (6.1)$$

Hierbei ist D in mm der Referenzdurchmesser eines Durchmesserbereichs und berechnet sich als geometrisches Mittel der beiden Grenzwerte (siehe Beispiel 6.3). Ab $D > 500$ mm berechnet sich der Toleranzfaktor I zu

$$I = 0{,}004 \cdot D + 2{,}1 \qquad (6.2)$$

Tab. 6.3 zeigt die hieraus abgeleiteten Grundtoleranzen der Grundtoleranzgrade IT1 bis IT18, Formeln für die Grundtoleranzen siehe Tab. 6.4.

Tab. 6.3 Zahlenwerte der Grundtoleranzgrade IT nach DIN EN ISO 286 Teil 1

Nennmaß in mm		Grundtoleranzgrade																	
		IT1	IT2	IT3	IT4	IT5	IT6	IT7	IT8	IT9	IT10	IT11	IT12	IT13	IT14	IT15	IT16	IT17	IT18
über	bis	Grundtoleranzen																	
		µm											mm						
–	3	0,8	1,2	2	3	4	6	10	14	25	40	60	0,1	0,14	0,25	0,4	0,6	1	1,4
3	6	1	1,5	2,5	4	5	8	12	18	30	48	75	0,12	0,18	0,3	0,48	0,75	1,2	1,8
6	10	1	1,5	2,5	4	6	9	15	22	36	56	90	0,15	0,22	0,36	0,58	0,9	1,5	2,2
10	18	1,2	2	3	5	8	11	18	27	43	70	110	0,18	0,27	0,43	0,7	1,1	1,8	2,7
18	30	1,5	2,5	4	6	9	13	21	33	52	84	130	0,21	0,33	0,52	0,84	1,3	2,1	3,3
30	50	1,5	2,5	4	7	11	**16**[a]	25	39	62	100	160	0,25	0,39	0,62	1	1,6	2,5	3,9
50	80	2	3	5	8	13	19	30	46	74	120	190	0,3	0,46	0,74	1,2	1,9	3	4,6
80	120	2,5	4	6	10	15	22	35	54	87	140	220	0,35	0,54	0,87	1,4	2,2	3,5	5,4
120	180	3,5	5	8	12	18	25	40	63	100	160	250	0,4	0,63	1	1,6	2,5	4	6,3
180	250	4,5	7	10	14	20	29	46	72	115	185	290	0,46	0,72	1,15	1,85	2,9	4,6	7,2
250	315	6	8	12	16	23	32	52	81	130	210	320	0,52	0,81	1,3	2,1	3,2	5,2	8,1
315	400	7	9	13	18	25	36	57	89	140	230	360	0,57	0,89	1,4	2,3	3,6	5,7	8,9
400	500	8	10	15	20	27	40	63	97	155	250	400	0,63	0,97	1,55	2,5	4	6,3	9,7

[a] siehe Abschn. 6.3.1, Beispiel 6.3.

Tab. 6.4 Bestimmung der Grundtoleranzen bei den Grundtoleranzgraden IT1 ... IT18 mit i nach (6.1) und I nach (6.2)

Nennmaß in mm		Grundtoleranzgrade																	
		IT1	IT2	IT3	IT4	IT5	IT6	IT7	IT8	IT9	IT10	IT11	IT12	IT13	IT14	IT15	IT16	IT17	IT18
über	bis	Formeln für Grundtoleranzen (Ergebnisse in µm)																	
–	500	–	–	–	–	$7\,i$	$10\,i$	$16\,i$	$25\,i$	$40\,i$	$64\,i$	$100\,i$	$160\,i$	$250\,i$	$400\,i$	$640\,i$	$1000\,i$	$1600\,i$	$2500\,i$
500	3150	$2I$	$2{,}7I$	$3{,}7I$	$5I$	$7I$	$10I$	$16I$	$25I$	$40I$	$64I$	$100I$	$160I$	$250I$	$400I$	$640I$	$1000I$	$1600I$	$2500I$

Beispiel 6.3

Gegeben:
ISO-Toleranzreihe IT, Grundtoleranzgrad 6, Nennmaßbereich über $D_1 = 30\,\text{mm}$ bis $D_2 = 50\,\text{mm}$

Gesucht:
Referenzdurchmesser D, Toleranzfeldbreite T

Berechnung:
Referenzdurchmesser $D = \sqrt{D_1 \cdot D_2} = 38{,}73\,\text{mm}$,
Toleranzfaktor nach (6.1) $i = 0{,}45 \cdot \sqrt[3]{D} + 0{,}001 \cdot D = 1{,}56\,\mu\text{m}$,
Toleranzfeldbreite nach Tab. 6.4 $T = 10 \cdot i = 15{,}6\,\mu\text{m} \approx 16\,\mu\text{m}$, gerundeter Wert in Tab. 6.3 enthalten, siehe auch Abb. 6.3.

Eine begrenzte, allgemein gültige Auswahl wird in DIN EN ISO 286 Teil 2 empfohlen, Abb. 6.3. Der Konstrukteur muss versuchen, sich auf die empfohlenen ISO-Toleranzfelder zu beschränken, damit mit möglichst wenig Werkzeugen und Lehren ausgekommen werden kann.

Man beachte: Maßtoleranzen allein können weder ein Werkstück ausreichend beschreiben, noch seine geometrische Funktionsfähigkeit sicherstellen, Abb. 6.1.

6.3.2 Form- und Lagetoleranzen

Formabweichungen sind ein Element der Grobgestalt, nicht jedoch die Lageabweichungen (Abschn. 6.6.1).

Formtoleranzen
Sie begrenzen die zulässigen Abweichungen eines Elements von seiner geometrisch idealen Form. Die Abgrenzung zwischen Formabweichungen (Grobgestalt) und Feingestalt (Welligkeit, Rauheit) wird in Abschn. 6.6.1 erläutert. In Tab. 6.5 sind die tolerierten Eigenschaften und ihre Symbole dargestellt.

Tab. 6.5 Symbolik und Beispiele zur Beschreibung von Formtoleranzen nach DIN EN ISO 1101 [12]

Symbol und tolerierte Eigenschaften		Anwendungsbeispiele		
		Toleranzzone	Zeichnungsangabe	Erklärung
⏤	Geradheit	⌀t	⏤ ⌀0,03	Die Achse des zylindrischen Teil des Bolzens muss innerhalb eines Zylinders vom Durchmesser $t = 0{,}03\,\text{mm}$ liegen.
▱	Ebenheit	t	▱ 0,05	Die tolerierte Fläche muss zwischen zwei parallelen Ebenen vom Abstand $t = 0{,}05\,\text{mm}$ liegen.
○	Rundheit	t	○ 0,02	Die Umfangslinie jedes Querschnitts muss in einem Kreisring von der Breite $t = 0{,}02\,\text{mm}$ enthalten sein.
⌭	Zylinderform	t	⌭ 0,05	Die tolerierte Fläche muss zwischen zwei koaxialen Zylindern liegen, die einen radialen Abstand von $t = 0{,}05\,\text{mm}$ haben.
⌒	Linienform	⌀t	⌒ 0,08	Das tolerierte Profil muss zwischen zwei Hüll-Linien liegen, deren Abstand durch Kreise vom Durchmesser 0,08 mm begrenzt wird. Die Mittelpunkte dieser Kreise liegen auf der geometrisch idealen Linie.
⌓	Flächenform	Kugel ⌀t	⌓ 0,03; ⌀30; ⌀10	Die tolerierte Fläche muss zwischen zwei Hüll-Flächen liegen, deren Abstand durch Kugeln vom Durchmesser $t = 0{,}03\,\text{mm}$ begrenzt wird. Die Mittelpunkte dieser Kugeln liegen auf der geometrisch idealen Fläche.

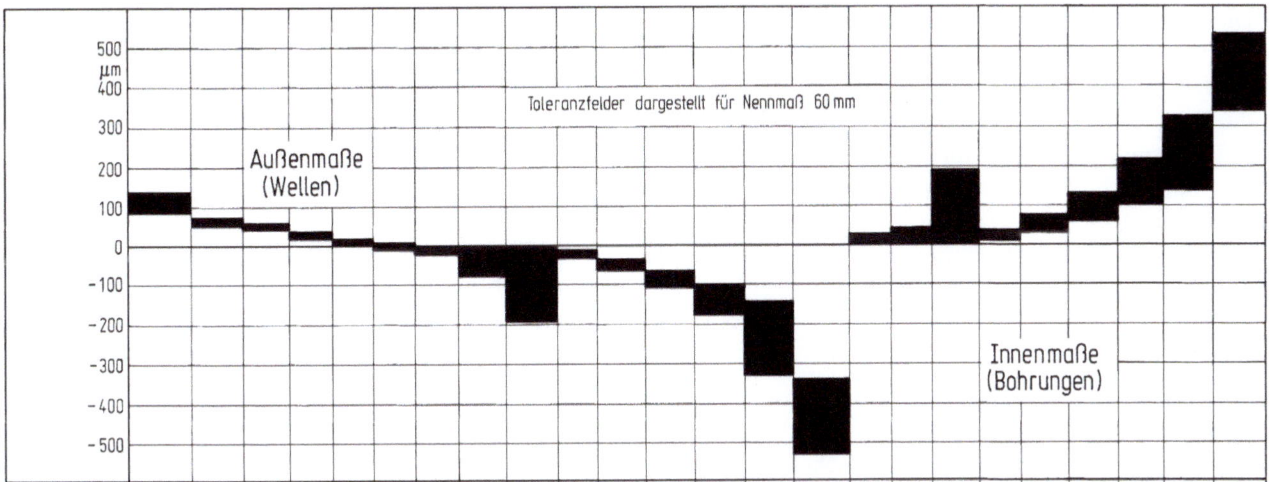

500 µm
400
300
200
100
0
-100
-200
-300
-400
-500

Toleranzfelder dargestellt für Nennmaß 60 mm

Außenmaße (Wellen)

Innenmaße (Bohrungen)

ISO-Kurzzeichen Reihe 1	x8/u8[1]		r6	n6			h6	h9			f7					H7	H8			F8	E9	D10	C11	
Reihe 2		s6			k6	j6			h11	g6		e8	d9	c11	a11			H11	G7					A11
von 1 bis 3	+34 +20	+20 +14	+16 +10	+10 +4	+6 0	+4 -2	0 -6	0 -25	0 -60	-2 -8	-6 -16	-14 -28	-20 -45	-60 -120	-270 -330	+10 0	+14 0	+60 0	+12 +2	+20 +6	+39 +14	+60 +20	+120 +60	+330 +270
über 3 bis 6	+46 +28	+27 +19	+23 +15	+16 +8	+9 +1	+6 -2	0 -8	0 -30	0 -75	-4 -12	-10 -22	-20 -38	-30 -60	-70 -145	-270 -345	+12 0	+18 0	+75 0	+16 +4	+28 +10	+50 +20	+78 +30	+145 +70	+345 +270
über 6 bis 10	+56 +34	+32 +23	+28 +19	+19 +10	+10 +1	+7 -2	0 -9	0 -36	0 -90	-5 -14	-13 -28	-25 -47	-40 -76	-80 -170	-280 -370	+15 0	+22 0	+90 0	+20 +5	+35 +13	+61 +25	+98 +40	+170 +80	+370 +280
über 10 bis 14	+67 +40	+39 +28	+34 +23	+23 +12	+12 +1	+8 -3	0 -11	0 -43	0 -110	-6 -17	-16 -34	-32 -59	-50 -93	-95 -205	-290 -400	+18 0	+27 0	+110 0	+24 +6	+43 +16	+75 +32	+120 +50	+205 +95	+400 +290
über 14 bis 18	+72 +45	+39 +28	+34 +23	+23 +12	+12 +1	+8 -3	0 -11	0 -43	0 -110	-6 -17	-16 -34	-32 -59	-50 -93	-95 -205	-290 -400	+18 0	+27 0	+110 0	+24 +6	+43 +16	+75 +32	+120 +50	+205 +95	+400 +290
über 18 bis 24 über 24 bis 30	+87 +54 +81 +48	+48 +35	+41 +28	+28 +15	+15 +2	+9 -4	0 -13	0 -52	0 -130	-7 -20	-20 -41	-40 -73	-65 -117	-110 -240	-300 -430	+21 0	+33 0	+130 0	+28 +7	+53 +20	+92 +40	+149 +65	+240 +110	+430 +300
über 30 bis 40 über 40 bis 50	+99 +60 +109 +70	+59 +43	+50 +34	+33 +17	+18 +2	+11 -5	0 -16	0 -62	0 -160	-9 -25	-25 -50	-50 -89	-80 -142	-120 -280 -130 290	-310 -470 -320 480	+25 0	+39 0	+160 0	+34 +9	+64 +25	+112 +50	+180 +80	+280 +120 +290 +130	+470 +310 +480 +320
über 50 bis 65 über 65 bis 80	+133 +87 +148 +102	+72 +53 +78 +59	+60 +41 +62 +43	+39 +20	+21 +2	+12 -7	0 -19	0 -74	0 -190	-10 -29	-30 -60	-60 -106	-100 -174	-140 -330 -150 -340	-340 -530 -360 -550	+30 0	+46 0	+190 0	+40 +10	+76 +30	+134 +60	+220 +100	+330 +140 +340 +150	+530 +340 +550 +360
über 80 bis 100 über 100 bis 120	+178 +124 +198 +144	+93 +71 +101 +79	+73 +51 +76 +54	+45 +23	+25 +3	+13 -9	0 -22	0 -87	0 -220	-12 -34	-36 -71	-72 -126	-120 -207	-170 -390 -180 -400	-380 -600 -410 -630	+35 0	+54 0	+220 0	+47 +12	+90 +36	+159 +72	+260 +120	+390 +170 +400 +180	+600 +380 +630 +410
über 120 bis 140 über 140 bis 160 über 160 bis 180	+233 +170 +253 +190 +273 +210	+117 +92 +125 +100 +133 +108	+88 +63 +90 +65 +93 +68	+52 +27	+28 +3	+14 -11	0 -25	0 -100	0 -250	-14 -39	-43 -83	-85 -148	-145 -245	-200 -450 -210 -460 -230 -480	-460 -710 -520 -770 -580 -830	+40 0	+63 0	+250 0	+54 +14	+106 +43	+185 +85	+305 +145	+450 +200 +460 +210 +480 +230	+710 +460 +770 +520 +830 +580
über 180 bis 200 über 200 bis 225 über 225 bis 250	+308 +236 +330 +258 +356 +284	+151 +122 +159 +130 +169 +140	+106 +77 +109 +80 +113 +84	+60 +31	+33 +4	+16 -13	0 -29	0 -115	0 -290	-15 -44	-50 -96	-100 -172	-170 -285	-240 -530 -260 -550 -280 -570	-660 -950 -740 -1030 -820 -1110	+46 0	+72 0	+290 0	+61 +15	+122 +50	+215 +100	+355 +170	+530 +240 +550 +260 +570 +280	+950 +660 +1030 +740 +1110 +820
über 250 bis 280 über 280 bis 315	+396 +315 +431 +350	+190 +158 +202 +170	+126 +94 +130 +98	+66 +34	+36 +4	+16 -16	0 -32	0 -130	0 -320	-17 -49	-56 -108	-110 -191	-190 -320	-300 -620 -330 -650	-920 -1240 -1050 -1370	+52 0	+81 0	+320 0	+69 +17	+137 +56	+240 +110	+400 +190	+620 +300 +650 +330	+1240 +920 +1370 +1050
über 315 bis 355 über 355 bis 400	+479 +390 +524 +435	+226 +190 +244 +208	+144 +108 +150 +114	+73 +37	+40 +4	+18 -18	0 -36	0 -140	0 -360	-18 -54	-62 -119	-125 -214	-210 -350	-360 -720 -400 -760	-1200 -1560 -1350 -1710	+57 0	+89 0	+360 0	+75 +18	+151 +62	+265 +125	+440 +210	+720 +360 +760 +400	+1560 +1200 +1710 +1350
über 400 bis 450 über 450 bis 500	+587 +490 +637 +540	+272 +232 +292 +252	+166 +126 +172 +132	+80 +40	+45 +5	+20 -20	-0 -40	0 -155	0 -400	-20 -60	-68 -131	-135 -232	-230 -385	-440 -840 -480 -880	-1500 -1900 -1650 -2050	+63 0	+97 0	+400 0	+83 +20	+165 +68	+290 +135	+480 +230	+840 +440 +880 +480	+1900 +1500 +2050 +1650
ISO-Kurzzeichen Reihe 1	x8/u8[1]		r6	n6			h6	h9			f7					H7	H8			F8	E9	D10	C11	
Reihe 2		s6			k6	j6			h11	g6		e8	d9	c11	a11			H11	G7					A11

[1] bis Nennmaß 24 mm: x8, über 24 mm Nennmaß: u8

Abb. 6.3 ISO-Toleranzfelder und -Abmaße nach DIN EN ISO 286 Teil 2 (Abmaße in µm), *schraffierte Felder* nach Beispiel 6.3: Toleranzfeldbreite $T = 16\,\mu m$

Die wichtigsten Eigenschaften zur Beschreibung der geometrischen Form sind Geradheit, Ebenheit und Rundheit. Besonders bei Führungsflächen werden hohe Anforderungen an die Ebenheit gestellt; Lagerzapfen müssen mit einer kleinen Maßtoleranz gefertigt werden; ebenso müssen sie jedoch annähernd frei von Rundheitsabweichungen und zylindrisch (weder ballig noch kegelig) sein. Bei Kugeln und Rollen der Wälzlager sind die Formtoleranzen von entscheidender Bedeutung für ihre Funktion.

Lagetoleranzen
Sie begrenzen die zulässigen Abweichungen von der idealen Lage zweier oder mehrerer Elemente zueinander, von denen eines, und zwar das für die Funktion entscheidende, als Bezug festgelegt wird. Es wird zwischen Toleranzangaben zur Festlegung der Richtung, der Lage sowie Rund- und Planlauf unterschieden, Tab. 6.6.

6.3.3 Allgemeintoleranzen (Freimaßtoleranzen)

Zur Vereinfachung von Zeichnungen wurden in DIN ISO 2768 Teil 1 [21] Allgemeintoleranzen für Längen- und Winkelmaße sowie für Form und Lage festgelegt. Jedes Maß, das keine Toleranzangabe trägt, ist innerhalb dieser Werkstatttoleranzen zu fertigen. Diese müssen so groß sein, dass sie möglichst ohne Schwierigkeiten eingehalten werden bzw. sich von selbst ergeben und mit den allgemein in der Werkstatt gebräuchlichen Messmitteln (Messschieber, Messschraube, Tiefenmaß usw.) genügend genau nachgeprüft werden können. Die Arbeitsvorbereitung hat damit einen Anhalt, für welche Maße besondere Arbeitslehren und Vorrichtungen erforderlich sind. Wenn kleinere Toleranzen notwendig oder größere Toleranzen zulässig sind, müssen sie einzeln angegeben werden.

Wenn nach dem Unabhängigkeitsprinzip (Abschn. 6.3.4.1) gearbeitet wird, müssen Allgemeintoleranzen für Form und Lage angegeben werden, beim Hüllprinzip (Abschn. 6.3.4.2) nur für die Lage.

Der Begriff „werkstattübliche Genauigkeit" impliziert, dass die genormten Allgemeintoleranzen nur für bestimmte Fertigungsverfahren gültig sind. Es muss also stets die richtige Norm auf der Zeichnung angegeben werden, Tab. 6.7. Angaben für Allgemeintoleranzen für Form und Lage nach DIN ISO 2768 Teil 1 und 2 sind in Tab. 6.8 bis 6.11 zusammengefasst.

6.3.4 Tolerierungsgrundsätze

Tolerierungsgrundsätze beschreiben den Zusammenhang zwischen Maßtoleranzen (Abschn. 6.3.1) und Form- und

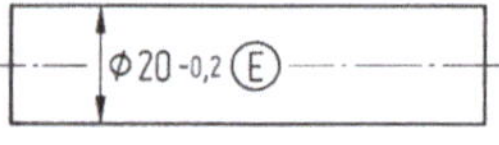

Abb. 6.4 Begrenzung der Formabweichungen eines Kreiszylinders durch die Hüllbedingung [24]

Lagetoleranzen (Abschn. 6.3.2). Es werden das Unabhängigkeitsprinzip und das Hüllprinzip unterschieden. Während die Toleranzen nach dem Unabhängigkeitsprinzip separat festgelegt werden, sind sie nach dem Hüllprinzip voneinander abhängig bzw. dürfen nur so gewählt werden, dass eine Paarung ermöglicht wird.

6.3.4.1 Unabhängigkeitsprinzip (ISO 8015)

Dieses Prinzip ist international genormt und wird sich wohl durchsetzen. Jede Toleranz muss für sich eingehalten werden; die Toleranzen für Form und Lage gelten unabhängig von den Istmaßen des Werkstücks. Nur wenn die Hüllbedingung (Abschn. 6.3.4.2) erforderlich ist (z. B. für eine Passung), wird sie in der Zeichnung durch das Zeichen Ⓔ hinter dem tolerierten Maß angegeben, Beispiel siehe Abb. 6.4.

6.3.4.2 Hüllprinzip

Mitunter ist es nicht zulässig, für jede Toleranz (Maß-, Form-, Lage-) den Toleranzraum vollständig auszunutzen. Soll beispielsweise eine Welle mit einer Bohrung zusammengefügt und ein gewisses Spiel sichergestellt werden, so muss die Wellenfläche (als Ganzes) nach außen und die Bohrungsfläche (als Ganzes) nach innen begrenzt werden (Hüllbedingung). Die Hülle hat die geometrisch ideale Gestalt des Bauteilelements und sein „Maximum-Material-Maß" MMS [22], bei der Welle ist es das Höchstmaß, bei der Bohrung das Mindestmaß (Tab. 6.12); es entspricht der Gutseite. Das Bauteilelement darf seine Hülle nicht durchbrechen. Die Einzel-Formtoleranzen für die Geradheit der Achse und die Rundheit der einzelnen Querschnitte müssen daher eingeschränkt werden. Dabei gilt, dass die Formabweichungen nie größer sein dürfen als die Maßtoleranz. Lageabweichungen werden dagegen von der Hülle nicht eingeschränkt, Abb. 6.5.

Wenn eine deutsche Zeichnung keine Angaben enthält, gilt generell das Hüllprinzip (als ungeschriebenes Gesetz), d. h. auch dann, wenn etwa eine Welle keine Passfunktion hat; von der Funktion her ist dies dann eine unnötige Einschränkung. Von den Lagetoleranzen werden lediglich die Werte für Symmetrie, Rund- und Planlauf festgelegt.

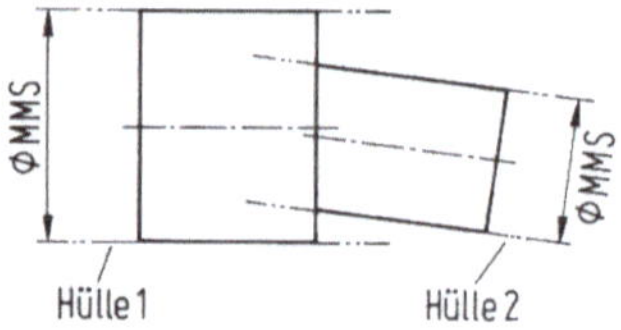

Abb. 6.5 Vom Hüllprinzip nicht eingeschränkte Lageabweichungen für Koaxialität [24]

Tab. 6.6 Symbolik und Beispiele zur Beschreibung von Lagetoleranzen nach DIN EN ISO 1101

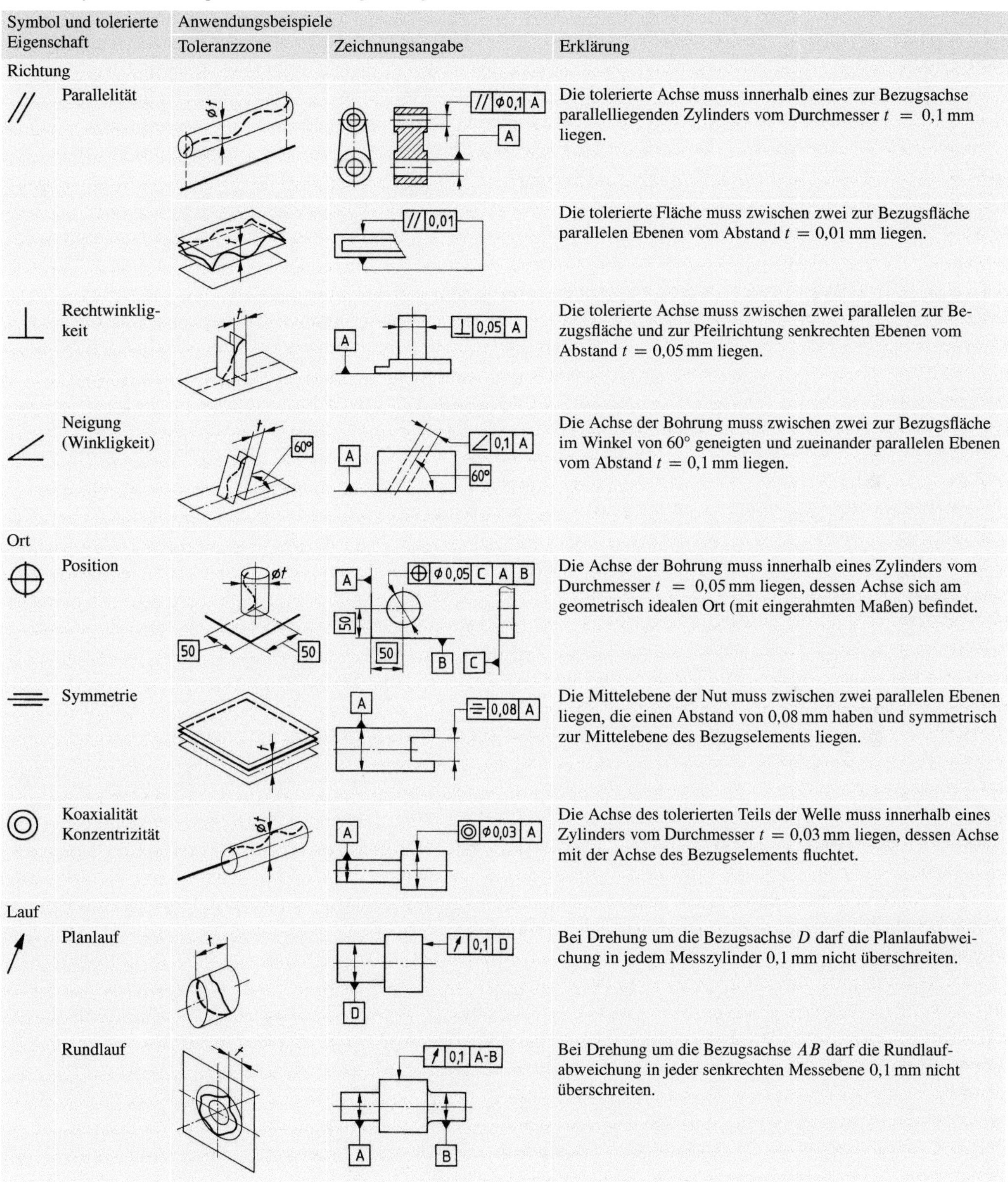

Symbol und tolerierte Eigenschaft	Anwendungsbeispiele Toleranzzone	Zeichnungsangabe	Erklärung
Richtung			
// Parallelität			Die tolerierte Achse muss innerhalb eines zur Bezugsachse parallelliegenden Zylinders vom Durchmesser $t = 0{,}1$ mm liegen.
			Die tolerierte Fläche muss zwischen zwei zur Bezugsfläche parallelen Ebenen vom Abstand $t = 0{,}01$ mm liegen.
⊥ Rechtwinkligkeit			Die tolerierte Achse muss zwischen zwei parallelen zur Bezugsfläche und zur Pfeilrichtung senkrechten Ebenen vom Abstand $t = 0{,}05$ mm liegen.
∠ Neigung (Winkligkeit)			Die Achse der Bohrung muss zwischen zwei zur Bezugsfläche im Winkel von 60° geneigten und zueinander parallelen Ebenen vom Abstand $t = 0{,}1$ mm liegen.
Ort			
⌖ Position			Die Achse der Bohrung muss innerhalb eines Zylinders vom Durchmesser $t = 0{,}05$ mm liegen, dessen Achse sich am geometrisch idealen Ort (mit eingerahmten Maßen) befindet.
⌯ Symmetrie			Die Mittelebene der Nut muss zwischen zwei parallelen Ebenen liegen, die einen Abstand von 0,08 mm haben und symmetrisch zur Mittelebene des Bezugselements liegen.
◎ Koaxialität Konzentrizität			Die Achse des tolerierten Teils der Welle muss innerhalb eines Zylinders vom Durchmesser $t = 0{,}03$ mm liegen, dessen Achse mit der Achse des Bezugselements fluchtet.
Lauf			
↗ Planlauf			Bei Drehung um die Bezugsachse D darf die Planlaufabweichung in jedem Messzylinder 0,1 mm nicht überschreiten.
Rundlauf			Bei Drehung um die Bezugsachse AB darf die Rundlaufabweichung in jeder senkrechten Messebene 0,1 mm nicht überschreiten.

Tab. 6.7 Allgemeintoleranz-Normen für verschiedene Fertigungsverfahren nach [24], akutalisiert

Norm	Fertigungsverfahren	Tolerierungsgrundsatz[a]	Bezeichnungsbeispiel	Anmerkungen
DIN ISO 2768 Teil 1 und 2	spanende Verfahren	U[b]	ISO 2768-mK Tolerierung DIN EN ISO 8015 [16]	Keine Lücken. Nur indirekt eingeschränkt sind Koaxialität über Rundlauf, Position und Maßtoleranz, Neigung über Winkeltoleranz. Nicht nötig sind Zylinderform, Linien- und Flächenprofil, Gesamtlauf.
		H	ISO 2768-mK-E	
DIN CEN ISO 8062 Teil 3 [17]	Metallguss	U	DIN CEN ISO 8062-3-GCTG 7	Keine Lücken. Auch Maßtoleranzen gegeben.
DIN EN 10243 Teil 1 und 2 [10]	Schmieden	H	DIN EN 10243 (+ Tabelle)	Symmetrie und Koaxialität fehlen (nur teilweise durch Versatz erfasst). Rechtwinklig und Neigung nur durch Maßtoleranzen beschränkt (nicht eindeutig!). Durchbiegung und Ebenheit gelten unabhängig.
DIN 6930 Teil 2 [9]	Stanzen	–[b]	DIN 6930-m	Ebenheit und Rundheit fehlen. Geradheit gilt nur für Streifen und Profile. Symmetrie und Koaxialität gelten nur für Formelemente in einer Ebene.
DIN EN ISO 9013 [18]	Brennschneiden	U (immer)	ISO 9013-uR_{Z5}2 Tolerierung DIN EN ISO 8015	Keine Lücken
DIN EN ISO 13920 [20]	Schweißkonstruktion	U (immer)	EN ISO 13920-B	Symmetrie, Koaxialität und Rundheit fehlen

[a] U Unabhängigkeitsprinzip; H Hüllprinzip (Abschn. 6.3.4)
[b] Wenn U gelten soll, „DIN EN ISO 8015“ angeben.

Tab. 6.8 Allgemeintoleranzen für Geradheit, Ebenheit und Symmetrie in mm nach DIN ISO 2768 Teil 2

Toleranzklasse	Nennmaßbereich in mm					
	bis 10	über 10 bis 30	über 30 bis 100	über 100 bis 300	über 300 bis 1000	über 1000 bis 3000
H	0,02	0,05	0,1	0,2	0,3	0,4
K	0,05	0,1	0,2	0,4	0,6	0,8
L	0,1	0,2	0,4	0,8	1,2	1,6

Toleranzklasse		Nennmaßbereich in mm			
		bis 100	über 100 bis 300	über 300 bis 1000	über 1000 bis 3000
H		0,5			
K		0,6		0,8	1,0
L		0,6	1,0	1,5	2,0

Tab. 6.9 Allgemeintoleranzen: Grenzabmaße für Längenmaße in mm nach DIN ISO 2768 Teil 1 und 2

Toleranzklasse	Grenzabmaße für Nennmaßbereich in mm							
	0,5 bis 3	über 3 bis 6	über 6 bis 30	über 30 bis 120	über 120 bis 400	über 400 bis 1000	über 1000 bis 2000	über 2000 bis 4000
f (fein)	±0,05	±0,05	±0,1	±0,15	±0,2	±0,3	±0,5	–
m (mittel)	±0,1	±0,1	±0,2	±0,3	±0,5	±0,8	±1,2	±2,0
c (grob)	±0,2	±0,3	±0,5	±0,8	±1,2	±2,0	±3,0	±4,0
v (sehr grob)	–	±0,5	±1,0	±1,5	±2,5	±4,0	±6,0	±8,0

Tab. 6.10 Allgemeintoleranzen: Grenzabmaße für Winkelmaße nach DIN ISO 2768 Teil 1

Toleranzklasse	Grenzabmaße in Winkeleinheiten für Nennmaßbereiche des kürzeren Schenkels in mm				
	bis 10	über 10 bis 50	über 50 bis 120	über 120 bis 400	über 400
f (fein)	±1°	±30′	±20′	±10′	±5′
m (mittel)					
c (grob)	±1° 30′	±1°	±30′	±15′	±10′
v (sehr grob)	±3°	±2°	±1°	±30′	±20′

Tab. 6.11 Allgemeintoleranzen: Grenzabmaße für Rundungshalbmesser und Fasenhöhen (Schrägungen) in mm nach DIN ISO 2768 Teil 1

Toleranzklasse	Grenzmaße für Nennmaßbereich in mm		
	0,5 bis 3	über 3 bis 6	über 6
f (fein)	±0,2	±0,5	±1,0
m (mittel)			
c (grob)	±0,4	±1,0	±2,0
v (sehr grob)			

Tab. 6.12 Bedeutung der „Hülle" bei den einzelnen Formelementen (MMS – Maximum-Material-Maß) [24]

Formelement	Beispiel	Gestalt der Hülle	Hülle für das Beispiel
Kreiszylinder (Welle)	Bolzen ⌀10 ±0,2	Kreiszylinder mit Höchstmaß („Lehr-Hülse")	Hüllmaß MMS = ⌀10,2
Kreiszylinder (Bohrung)	⌀10 ±0,2	Kreiszylinder mit Mindestmaß („Lehr-Dorn")	MMS = ⌀9,8
Parallelebenen (außen)	Klotz 10±0,2	2 Parallelebenen mit Höchstmaß („Lehr-Hülse")	MMS = ⌀10,2
Parallelebenen (innen)	Nut 10±0,2	2 Parallelebenen mit Mindestmaß („Lehr-Schieber")	MMS = ⌀9,8

6.3.4.3 Maximum-Material-Prinzip

Sowohl beim Unabhängigkeitsprinzip als auch beim Hüllprinzip müssen die in der Zeichnung angegebenen Toleranzwerte eingehalten werden. Häufig soll durch die Tolerierung aber nur eine erforderliche Passfähigkeit (Funktion) zweier Bauteile sichergestellt werden. Dies kann durch Angabe des Zeichens Ⓜ im Toleranzrahmen auf der Zeichnung vereinbart werden. Dann gilt die Maximum-Material-Bedingung (MMB) und es wird zugelassen, eine eingetragene Toleranz um den Betrag der Differenz zwischen Paarungsmaß und Maximum-Material-Maß zu überschreiten, siehe Abb. 6.6.

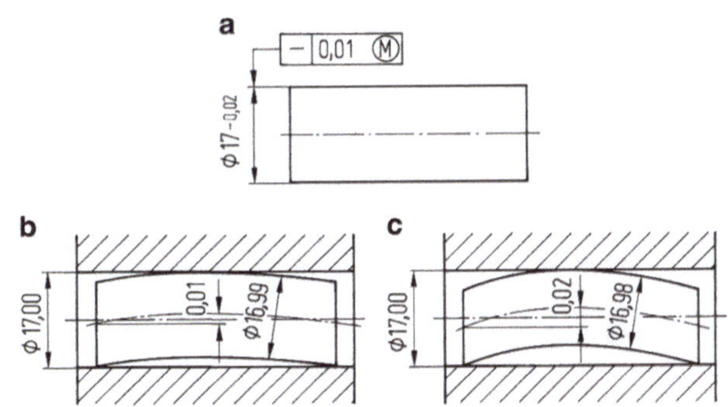

Abb. 6.6 Nach dem Hüllprinzip tolerierter Bolzen, **a** Zeichnungsangaben für Maß- und Geradheitstoleranz, **b** Einschränkung der oberen Maßtoleranz durch vollständige Ausnutzung der Geradheitstoleranz bei fehlender Angabe von Ⓜ (Maximum-Material-Maß), **c** zulässige Überschreitung der Geradheitstoleranz bei einer z. B. vorhandenen Ist-Maßtoleranz bei Angabe von Ⓜ (Maximum-Material-Maß)

6.4 Passungen

Unter Passung wird nach DIN EN ISO 286 Teil 1 die Differenz zwischen den Maßen zweier zu fügender Formelemente (z. B. Bohrung und Welle) verstanden. Eine positive Passung wird als Spiel (z. B. Lagerspiel bei Welle und Bohrung) bezeichnet, eine negative Passung als Übermaß (z. B. Presssitz bei Welle und Nabe). Dazwischen liegt die Übergangspassung, Abb. 6.7.

Die Mindestpassung ist die Differenz aus dem Mindestmaß der Innenpassfläche und dem Höchstmaß der Außen-

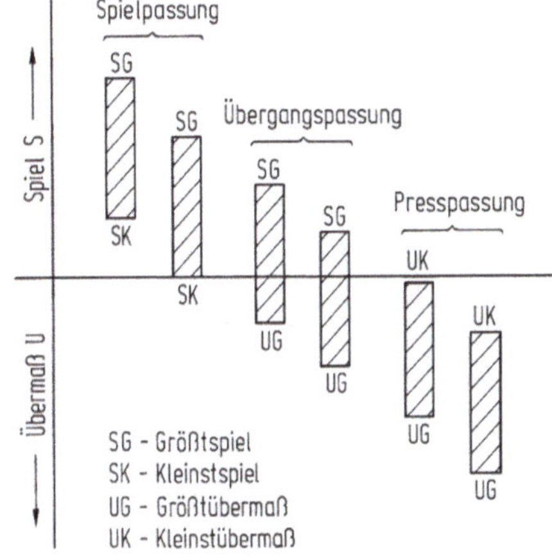

Abb. 6.7 Passtoleranzfelder für Spiel-, Übergangs- und Presspassungen

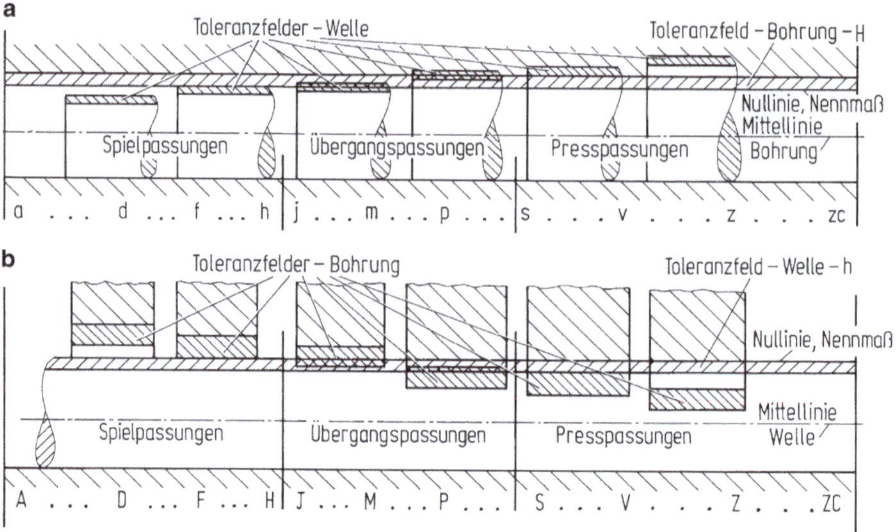

Abb. 6.8 Beziehungen zwischen den Toleranzfeldern, **a** Passungen beim System Einheitsbohrung, **b** Passungen beim System Einheitswelle. Die Lage der Toleranzfelder zeigt Abb. 6.2

passfläche. Die Höchstpassung ist die Differenz aus dem Höchstmaß der Innenpassfläche und dem Mindestmaß der Außenpassfläche. Das Intervall zwischen Höchstpassung und Mindestpassung heißt Passtoleranzfeld: Beim Spieltoleranzfeld ist die Größtpassung positiv und die Mindestpassung mindestens Null. Beim Übergangstoleranzfeld ist die Mindestpassung negativ und die Höchstpassung positiv. Beim Übermaßtoleranzfeld ist die Mindestpassung negativ und die Höchstpassung höchstens Null.

Es gibt grundsätzlich zwei ISO-Passsysteme: Einheitsbohrung und Einheitswelle.

6.4.1 System Einheitsbohrung (EB)

Hierbei sind die ISO-Grundabmaße aller Bohrungen gleich Null, Abb. 6.8a. Um beim Fügen von Stück und Gegenstück verschiedene Paarungen erzielen zu können, wird die Lage der Wellentoleranzfelder variiert. Auf diese Weise lassen sich unterschiedliche Passungen mit Spiel-, Übergangs- und Übermaßtoleranzfeldern erzielen. Das Passsystem Einheitsbohrung wird vorwiegend für kleine Stückzahlen, insbesondere bei abgesetzten Wellen verwendet. Für die Herstellung von Bohrungen sind meist spezielle Werkzeuge (Bohrer, Reibahlen) erforderlich, Außenkonturen können dagegen mit universell verwendbaren Drehmeißeln mit den geforderten Toleranzen gefertigt werden.

6.4.2 System Einheitswelle (EW)

Hier liegen die Verhältnisse sinngemäß umgekehrt, Abb. 6.8b. Das Passsystem Einheitswelle ist besonders für die Verwendung gezogener Halbzeuge, z. B. Wellen und Bolzen (d. h. für große Stückzahlen) geeignet.

Zur Erleichterung der Auswahl einer für bestimmte Paarungen geeigneten Passung sind in Tab. 6.13 einige Beispiele zusammengestellt. Es empfiehlt sich grundsätzlich, im Interesse der Wirtschaftlichkeit, aus der großen Anzahl von möglichen Passungen möglichst wenige auszuwählen (evtl. durch Werksnorm festlegen) und somit die Zahl der Werkzeuge, Spannzeuge und Messzeuge auf ein Mindestmaß zu beschränken. Eine stärkere Einengung wird erreicht, indem die nach DIN EN ISO 286 Teil 2 empfohlenen Vorzugspassungen verwendet werden, Abb. 6.9.

6.5 Einfluss der Toleranzen und Passungen auf die Fertigungskosten

Die Fertigungskosten werden durch die Wahl der Toleranzen und Passungen stark beeinflusst, Abb. 6.10. Auch das Fertigungsverfahren kann dadurch vorbestimmt sein. Im Interesse von Fertigungsaufwand und -kosten muss daher für den Konstrukteur gelten: In jedem einzelnen Fall ist der ISO-Grundtoleranzgrad so groß zu wählen, dass bei Anwendung des nächsthöheren Toleranzgrades das Teil nicht mehr brauchbar wäre („So fein wie nötig, so grob wie möglich“).

6.6 Gestaltabweichungen

Die technische Beschaffenheit von Oberflächen wird in Grob- und Feingestalt unterschieden. In Bauteilen überlagern sich diese Gestaltabweichungen und können je nach Fertigungsverfahren in unterschiedlicher Ausprägung vorliegen. Eine zentrale Abweichung der Feingestalt von der Solloberfläche ist die Rauheit, sie kennzeichnet die Unebenheit der Bauteiloberfläche. Im Folgenden werden grundlegende Begriffe der Oberflächenbeschreibung aufgezeigt und gängige Messmethoden vorgestellt.

Tab. 6.13 Beispiele für die Paarung von ISO-Toleranzen, um bestimmte „Sitze“ zu erreichen. Links: bei Einheitsbohrung; rechts: bei Einheitswelle

Passung bei Einheitsbohrung				Passung bei Einheitswelle
Sitz	Passung	Paarung	Beschreibung	
Nabensitz	Feinpassung	Presssitze: Zur Übertragung großer Umfangs- oder Längskräfte durch Reibschluss. Nur mit Presse oder Wärmedifferenz fügbar[a]		
Nabensitz	Feinpassung	H7 – z8, z9 H8 – x8 H8 – u8	Fester Presssitz für große Flächenpressung: Naben von Zahn-, Lauf- und Schwungrädern; Wellenflansche (bis Nennmaß 24 mm: H8/x8, über 24 mm Nennmaß: H8/u8)	Z8, Z9 – h6 X7, X8 – h6 U6, U7– h6
Nabensitz	Feinpassung	H7 – s6 H7 – r6	Mittlerer Presssitz für mittlere Flächenpressung: Kupplungsnaben; Bronze-Kränze auf GJL-Naben; Lagerbuchsen in Gehäusen, Rädern und Schubstangen (r6 für größere, s6 für kleinere Durchmesser)	S7 – h6 R7 – h6
Nabensitz	Feinpassung	Übergangssitze: Gegen Drehmoment zusätzlich sichern!		
Nabensitz	Feinpassung	H7 – n6	Festsitz: Mit Press- oder Wärmedifferenz[a] fügbar. Für Anker auf Motorwellen und Zahnkränze auf Rädern; aufgezogene Bunde auf Wellen; Lagerbuchsen in Lagern und Naben	N7 – h6
Nabensitz	Feinpassung	H7 – m6	Treibsitz: Nur schwer mit Handhammer, jedoch mit Wärmedifferenz[a] fügbar. Für einmalig, aufgebrachte Riemenscheiben, Kupplungen und Zahnräder auf Maschinen-und Elektromotor-Wellen, Wälzlagerringe mit Umfangslast	M7 – h6
Nabensitz	Feinpassung	H7 – k6	Haftsitz: Mit Handhammer oder Wärmedifferenz[a] fügbar. Für Riemenscheiben, Kupplungen und Zahnräder wie oben ($d = 8\ldots50\,\text{mm}$); Schwungräder mit Tangentkeil; feste Handräder und Handhebel, Kurbeln, Turbinenlaufräder	K7 – h6
Nabensitz	Feinpassung	H7 – j6	Schiebesitz: Wie Haftsitz fügbar. Für leichter auszubauende Riemenscheiben, Zahnräder, Handräder, Lagerbuchsen (auch Steckverbindungen)	J7 – h6
Nabensitz	Feinpassung	Spielsitze: Welle-Nabe-Verbindung gegen Drehmoment zusätzlich sichern!		
Nabensitz	Feinpassung	H7 – h6	Gleitsitz: Geschmiert, bei kleinem b/d (ca. 0,1) von Hand noch eben verschiebbar, bei größerem b/d wie Haftsitz! Für Wechselräder, Stellringe, lose Buchsen für Kolbenbolzen, Wälzlager-Außenringe und Innenringe bei Punktlast, Zentrierflansche f. Kupplungen und Rohrleitungen, Steckverbindungen	H7 – h6
Nabensitz	Feinpassung	H7 – g6	Enger Laufsitz: Ohne merkliches Spiel verschiebbar! Für Schubzahnräder und Schubkupplungen	G7 – h6
Lagersitz	Feinpassung	H7 – f7	Laufsitz: Merkliches Spiel! Hauptlager an Werkzeugmaschinen, Kurbelwellen; sämtliche Lagerungen an Regulatoren; Gleitmuffen auf Wellen, Führungssteine	F8 – h6
Lagersitz	Feinpassung	H8 – f7	Leichter Laufsitz: Reichliches Spiel! Für mehrfach gelagerte Wellen in Werkzeugmaschinen, Wellen in Pumpen, Gebläsen	E8 – h6
Lagersitz	Feinpassung	H7 – d9	Weiter Laufsitz: Sehr reichliches Spiel! Gleitlagerbuchsen, landw. Maschinen	D9 – h6
Nabensitz	Schlichtpassung	H8 – h9	Gleitsitz: Für kraftlos verschiebbare Passteile! Stellringe für Transmissionen; einteilig feste Riemenscheiben; Handkurbel, Zahnräder, Kupplungen usw., die über Wellen geschoben werden	H8 – h9
Lagersitz	Schlichtpassung	H8 – e8	Laufsitz: Merkliches Spiel! Hauptlager für Kurbelwellen, Schubstangenlager, Kreuzkopf in Gleitbahn; Kolbenstangenführung, Schieberstangen, Wellen in dreifacher Lagerung; Kolben und Kolbenschieber in Zylindern; Lager für Kreisel- und Zahnradpumpen; verschiebbare Kupplungsmuffen	F8 – h9
Lagersitz	Schlichtpassung	H8 – d9	Weiter Laufsitz: Sehr reichliches Spiel! Lager für lange Wellen von Kranen; Leerlaufscheiben; Lager für landw. Maschinen; Zentrierungen von Zylindern, Stopfbuchsenteile	D10 – h9
Nabensitz	Grobpassung	H11 – h11 H11 – h9	Grobsitz 1: Wie Gleitsitz für zusammensteckbare Teile bei grober Toleranz! Teile von landw. Maschinen, die auf Wellen verstiftet, festgeschraubt oder festgeklemmt werden; Distanzbuchsen; Scharnierbolzen für Feuertüren	H11 – h11 H11 – h9
Lagersitz	Grobpassung	H11 – d11	Grobsitz 2: Für sicheres Bewegungsspiel von Teilen mit grober Toleranz! Abnehmbare Hebel, Hebelbolzen; Lager für Rollen und Führungen	D11 – h11
Lagersitz	Grobpassung	H11 – c11 H11 – b11	Grobsitz 3: Für großes Bewegungsspiel von Teilen mit großer Toleranz! Gabelbolzen an Bremsgestängen von Kraftfahrzeugen; Drehzapfen, Schnappstifte	C11 – h11 B11 – h11
Lagersitz	Grobpassung	H11 – a11	Grobsitz 4: Für sehr großes Bewegungsspiel von Teilen mit grober Toleranz! Feder- und Bremsgehänge; Bremswellenlager, Kuppelbolzen für Lokomotiven	A11 – h11

[a] Wärmedifferenz durch Unterkühlen der Welle oder Erwärmen der Nabe siehe Verbindung von Welle und Nabe in Abschn. 18.2.3.

700 µm
600
500
400
300
200
100
0
-100

(−) Übermaß (+) Spiel

Passungen aus Toleranzfeldern der Reihe 1

Passungen aus Toleranzfeldern der Reihen 1 und 2

Passungen aus Toleranzfeldern der Reihe 2

Passtoleranzfelder dargestellt für Nennmaß 60 mm

Nennmaßbereich mm / Passung	H8[1)]/x8 | H8[1)]/u8	H7/s6	H7/r6	H7/n6	H7/k6	H7/j6	H7/h6	H8/h9	H11/h9	H11/h11	G7/h6 | H7/g6	H7/f7	F8/h6	H8/f7	F8/h9	H8/e8	E9/h9	H8/d9	D10/h9	H11/d9	D10/h11	C11/h9	C11/h11 | H11/c11	A11/h11 | H11/a11
von 1 bis 3	−6 −34	−4 −20	0 −16	+6 −10	+10 −6	+12 −4	+16 0	+39 0	+85 0	+120 0	+18 +2	+26 +6	+26 +6	+30 +6	+45 +6	+42 +14	+64 +14	+59 +20	+85 +20	+105 +20	+120 +20	+145 +60	+180 +60	+390 +270
über 3 bis 6	−10 −46	−7 −27	−3 −23	+4 −16	+11 −9	+14 −6	+20 0	+48 0	+105 0	+150 0	+24 +4	+34 +10	+36 +10	+40 +10	+58 +10	+56 +20	+80 +20	+78 +30	+108 +30	+135 +30	+153 +30	+175 +70	+220 +70	+420 +270
über 6 bis 10	−12 −56	−8 −32	−4 −28	+5 −19	+14 −10	+17 −7	+24 0	+58 0	+126 0	+180 0	+29 5	+43 +13	+44 +13	+50 +13	+71 +13	+69 +25	+97 +25	+98 +40	+134 +40	+166 +40	+188 +40	+206 +80	+260 +80	+460 +280
über 10 bis 14	−13 −67	−10 −39	−5 −34	+6 −23	+17 −12	+21 −8	+29 0	+70 0	+153 0	+220 0	+35 +6	+52 +16	+54 +16	+61 +16	+86 +16	+86 +32	+118 +32	+120 +50	+163 +50	+203 +50	+230 +50	+248 +95	+315 +95	+510 +290
über 14 bis 18	−18 −72	−10 −39	−5 −34	+6 −23	+17 −12	+21 −8	+29 0	+70 0	+153 0	+220 0	+35 +6	+52 +16	+54 +16	+61 +16	+86 +16	+86 +32	+118 +32	+120 +50	+163 +50	+203 +50	+230 +50	+248 +95	+315 +95	+510 +290
über 18 bis 24	−21 −87	−14 −48	−7 −41	+6 −28	+19 −15	+25 −9	+34 0	+85 0	+182 0	+260 0	+41 +7	+62 +20	+66 +20	+74 +20	+105 +20	+106 +40	+144 +40	+150 +65	+201 +65	+247 +65	+279 +65	+292 +110	+370 +110	+560 +300
über 24 bis 30	−15 81																							
über 30 bis 40	−21 −99	−18 −59	−9 −50	+8 −33	+23 −18	+30 −11	+41 0	+101 0	+222 0	+320 0	+50 +9	+75 +25	+80 +25	+89 +25	+126 +25	+128 +50	+174 +50	+181 +80	+242 +80	+302 +80	+340 +80	+342 +120	+440 +120	+630 +310
über 40 bis 50	−31 −109																					+352 +130	+450 +130	+640 +320
über 50 bis 65	−41 −133	−23 −72	−11 −60	+10 −39	+28 −21	+37 −12	+49 0	+120 0	+264 0	+380 0	+59 +10	+90 +30	+95 +30	+106 +30	+150 +30	+152 +60	+208 +60	+220 +100	+294 +100	+364 +100	+410 +100	+404 +140	+520 +140	+720 +340
über 65 bis 80	−56 −148	−29 −78	−13 −62																			+414 +150	+530 +150	+740 +360
über 80 bis 100	−70 −178	−36 −93	−16 −73	+12 −45	+32 −25	+44 −13	+57 0	+141 0	+307 0	+440 0	+69 +12	+106 +36	+112 +36	+125 +36	+177 +36	+180 +72	+246 +72	+261 +120	+347 +120	+427 +120	+480 +120	+477 +170	+610 +170	+820 +380
über 100 bis 120	−90 −198	−44 −101	−19 −76																			+487 +180	+620 +180	+850 +410
über 120 bis 140	−107 −233	−52 −117	−23 −88	+13 −52	+37 −28	+51 −14	+65 0	+163 0	+350 0	+500 0	+79 +14	+123 +43	+131 +43	+146 +43	+206 +43	+211 +85	+285 +85	+308 +145	+405 +145	+495 +145	+555 +145	+550 +200	+700 +200	+960 +460
über 140 bis 160	−127 −253	−60 −125	−25 −90																			+560 +210	+710 +210	+1020 +520
über 160 bis 180	−147 −273	−68 −133	−28 −93																			+580 +230	+730 +230	+1080 +580
über 180 bis 200	−164 −308	−76 −151	−31 −106	+15 −60	+42 −33	+59 −16	+75 0	+187 0	+405 0	+580 0	+90 +15	+142 −50	+151 −50	+168 −50	+237 −50	+244 −100	+330 −100	+357 −170	+470 −170	+575 −170	+645 −170	+645 +240	+820 +240	+1240 +660
über 200 bis 225	−186 −330	−84 −159	−34 −109																			+665 +260	+840 +260	+1320 +740
über 225 bis 250	−212 −356	−94 −169	−38 −113																			+685 +280	+860 +280	+1400 +820
über 250 bis 280	−234 −396	−106 −190	−42 −126	+18 −66	+48 −36	+68 −16	+84 0	+211 0	+450 0	+640 0	+101 +17	+160 +56	+169 +56	+189 +56	+267 +56	+272 +110	+370 +110	+401 +190	+530 +190	+640 +190	+720 +190	+750 +300	+940 +300	+1560 +920
über 280 bis 315	−269 −431	−118 −202	−46 −130																			+780 +330	+970 +330	+1690 +1050
über 315 bis 355	−301 −479	−133 −226	−51 −144	+20 −73	+53 −40	+75 −18	+93 −0	+229 0	+500 0	+720 0	+111 +18	+176 +62	+187 +62	+208 +62	+291 +62	+303 +125	+405 +125	+439 +210	+580 +210	+710 +210	+800 +210	+860 +360	+1080 +360	+1920 +1200
über 355 bis 400	−346 −524	−151 −244	−57 −150																			+900 +400	+1120 +400	+2070 +1350
über 400 bis 450	−393 −587	−169 −272	−63 −166	+23 −80	+58 −45	+83 −20	+103 0	+252 0	+555 0	+800 0	+123 +20	+194 +68	+205 +68	+228 +68	+320 +68	+329 +135	+445 +230	+482 +230	+635 +230	+785 +230	+880 +230	+995 +440	+1240 +440	+2300 +1500
über 450 bis 500	−443 −637	−189 −292	−69 −172																			+1035 +480	+1280 +480	+2450 +1650
Passung	H8[1)]/x8 H8[1)]/u8	H7/s6	H7/r6	H7/n6	H7/k6	H7/j6	H7/h6	H8/h9	H11/h11	G7/h6	H7/g6	H7/f7	F8/h6	H8/f7	F8/h9	H8/e8	E9/h9	H8/d9	D10/h9	H11/d9	D10/h11	C11/h9	C11/h11 H11/c11	A11/h11 H11/a11

1) bis Nennmaß 24mm: H8/x8, über 24mm Nennmaß: H8/u8

Abb. 6.9 Vorzugspassungen; Spiele und Übermaße empfohlener Passtoleranzen (Werte in µm) nach DIN EN ISO 268 Teil 2; +-Zeichen = Spiel, −-Zeichen = Übermaß

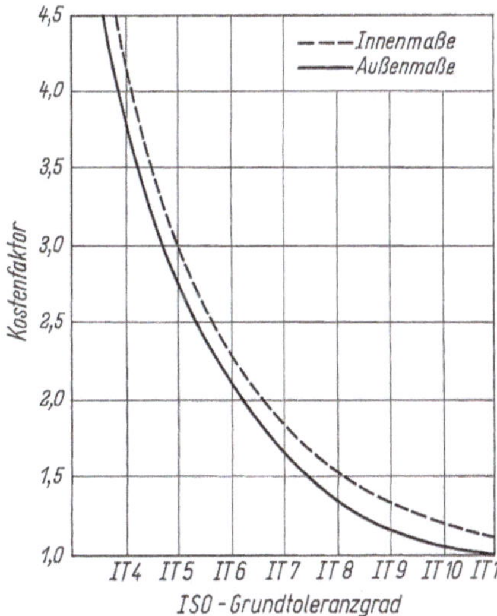

Abb. 6.10 Vergleich der Herstellungskosten (Beispiel). Der Kostenvergleich ist nicht nur für Wellen und Bohrungen, sondern z. B. etwa auch für Längen-, Breiten- und Höhen-, Innen- und Außenmaße einsetzbar

6.6.1 Allgemeines, Grundbegriffe

Je nach dem Grad der funktionellen Anforderung, die an technische, vorwiegend spanend gefertigte Oberflächen gestellt wird, müssen Zeichnungsvorschriften und Prüfungen dieser Oberflächen folgende Gestaltabweichungen berücksichtigen (DIN 4760 [2]).

Grobgestalt

- Maßabweichungen: Abschn. 6.3.1 (DIN EN ISO 286 Teil 1)
- Formabweichungen: Abschn. 6.3.2 (DIN EN ISO 1101)

Feingestalt

- Welligkeit (Gestaltabweichung 2. Ordnung): Verhältnis Wellentiefe/Wellenhöhe 1 : 100 ... 1 : 1000 (Richtwert)
- Rauheit (Gestaltabweichung 3. bis 4. Ordnung): Verhältnis Tiefe/Breite 1 : 5 bis 1 : 100 (Richtwert)

Eine mit technischen Mitteln erzeugte Oberfläche weicht natürlich in der Regel von der in der Zeichnung vorgeschriebenen Soll-Oberfläche ab. Als Ist-Oberfläche wird die messtechnisch erfassbare Oberfläche bezeichnet. Sie ist das angenäherte Abbild der wirklichen Oberfläche und hängt vom Messverfahren ab. Tab. 6.14 zeigt im Auszug die Einteilung der Gestaltabweichungen nach DIN 4760.

6.6.2 Oberflächenmaße für die Feingestalt

Gestaltabweichungen der Feingestalt sind Welligkeiten und Rauheiten. Um diese auswerten zu können, bedarf es einer geeigneten Bezugslinie. Die zur Beschreibung verwendeten Kennwerte sind an einer Einzelmessstrecke lr (= Grenzwellenlänge λc) oder der Gesamtmessstrecke ln ($ln = 5 \cdot lr$) definiert.

6.6.2.1 Bezugslinie

Um geeignete Maße zur Charakterisierung der Oberflächen-Feingestalt festzulegen, muss ein Bezugsprofil (eine Bezugslinie) definiert werden. In DIN EN ISO 4287 wurden hierfür zwei Bezugslinien gewählt:

- Die „Mittellinie" (Kurzbezeichnung: m): Regressionslinie durch das Profil, d. h. die Summe der Quadrate der Profilabweichungen von dieser Linie werden ein Minimum, Abb. 6.11a.

Tab. 6.14 Beispiele für Gestaltabweichungen nach DIN 4760

Gestaltabweichung (als Profilschnitt überhöht dargestellt)		Beispiele für die Art der Abweichung	Beispiele für die Entstehungsursache
1. Ordnung: Formabweichung	Grobgestalt	Unebenheit Unrundheit	Fehler in den Führungen der Werkzeugmaschine, Durchbiegung der Maschine oder des Werkstücks, falsche Einspannung des Werkstücks, Härteverzug, Verschleiß
2. Ordnung: Welligkeit	Feingestalt	Wellen	außermittige Einspannung oder Formfehler eines Fräsers, Schwingungen der Werkzeugmaschine oder des Werkzeugs
3. Ordnung: Rauheit		Rillen	Form der Werkzeugschneide, Vorschub oder Zustellung des Werkzeugs
4. Ordnung: Rauheit		Riefen Schuppen Kuppen	Vorgang der Spanbildung (Reißspan, Scherspan, Aufbauschneide), Werkstoffverformung beim Sandstrahlen, Knospenbildung, bei galvanischer Behandlung
		Überlagerung der Gestaltabweichungen 1. bis 4. Ordnung	

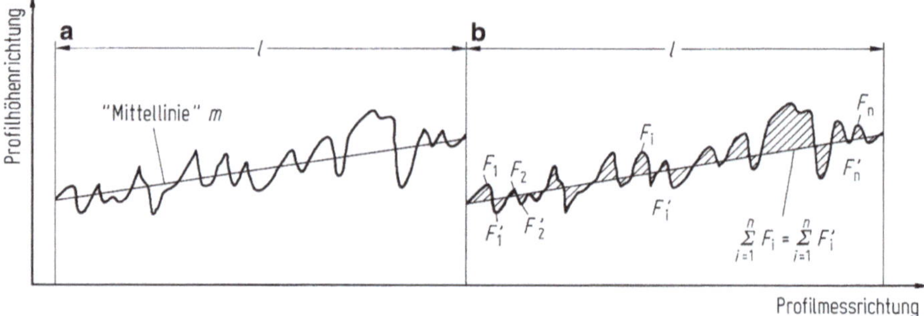

Abb. 6.11 Bezugslinien nach DIN EN ISO 4287 [14] (*l* Bezugslänge), **a** „Mittellinie" (Regressionslinie), **b** „arithmetische Mittellinie" des Profils

- Die „arithmetische" Linie des Profils (centre line): Hierbei ist die Summe der Flächen auf beiden Seiten gleich groß, Abb. 6.11b. Sie dient bei graphischer Auswertung eines Profils als Annäherung an die Regressionslinie.

6.6.2.2 Kennwerte zur Beschreibung der Rauheit

Senkrechtmaße geben Aufschluss über die Höhe des Rauheitsprofils, Waagerechtmaße über die Form des Rauheitsprofils. In DIN EN ISO 4287 sind Richtlinien für die Kennzeichnung der Rauheit festgelegt. Tab. 6.15 zeigt eine Auswahl relevanter Rauheits-Messgrößen mit ihrer Definition. Der Möglichkeit digital verarbeitender Messgeräte wird damit Rechnung getragen.

Zwischen den einzelnen Oberflächenmaßen gibt es keine allgemein gültige Umrechnungsbeziehung. So gilt die in Abb. 6.12 angegebene Zuordnung des arithmetischen Mittenrauwertes Ra zur gemittelten Rautiefe Rz (nach DIN 4768 [5]) nur näherungsweise für spanend hergestellte Oberflächen.

Hinweis: Nach aktueller Norm hat sich die Schreibweise der Indices der Rauheitswerte geändert. Sie werden neben die Kenngröße gesetzt, z. B. Ra statt R_a.

6.6.3 Oberflächenmessung

Die Oberflächenrauheit kann mit verschiedenartigen Messgeräten gemessen werden. Es werden berührungslose Verfahren (mittels Mikroskop) und berührende Verfahren (z. B. nach [23], [25], DIN EN ISO 286 Teil 1) unterschieden.

Das am weitesten verbreitete Oberflächenmessgerät ist das elektrische Tastschnittgerät. Dieses tastet die technische Oberfläche mit einer Tastspitze ab; die Gestaltabweichungen der Oberfläche, über die die Tastspitze geführt wird,

Tab. 6.15 Begriffe und Definitionen in der Oberflächenmesstechnik

Zeichen	Benennung	Norm	Definition/Bewertung	Auswertung
Ra	arithmetischer Mittenrauwert	DIN EN ISO 4287	$Ra = \frac{1}{l} \cdot \int_{x=0}^{x=l} \lvert Z(x)\rvert dx$ Arithmetisches Mittel der absoluten Werte der Profilabweichungen $Z(x)$ innerhalb der Bezugsstrecke l. Vergleich von Oberflächen gleichen Charakters möglich	l = Bezugsstrecke
Rq	quadratischer Mittenrauwert	DIN EN ISO 4287	$Rq = \sqrt{\frac{1}{l} \cdot \int_0^l Z^2(x)dx}$ ($Rq \sim 1{,}25 \cdot Ra$; $Rq \mathrel{\hat=} \sigma$) Quadratischer Mittelwert der Profilabweichungen $Z(x)$ innerhalb der Bezugsstrecke l. Berechnung von Ra entspricht der Berechnung der Standardabweichung σ.	
Rt	Gesamthöhe des Profils	DIN EN ISO 4287	Abstand zwischen der Linie der Profilkuppen (obere Berührlinie) und der Linie der Profiltäler (untere Berührlinie) innerhalb der Bezugsstrecke l. Wert wird durch Ausreißer bestimmt.	
Rp	Höhe der größten Profilspitze	DIN EN ISO 4287	Abstand zwischen dem höchsten Punkt der Profilkuppen und der Mittellinie m innerhalb der Einzelmessstrecke lr	m-Linie
Rpm	gemittelte Profilkuppenhöhe		$Rpm = \frac{1}{5} \cdot (Zp_1 + Zp_2 + \ldots + Zp_5)$ Arithmetisches Mittel der in fünf aneinandergrenzenden, gleichlangen Einzelmessstrecken lr ermittelten Profilkuppenhöhen Zp_i	$lm = 5 \times lr$

Tab. 6.15 (Fortsetzung)

Zeichen	Benennung	Norm	Definition/Bewertung	Auswertung
Rz_i	größte Höhe des Profils (Einzelmessstrecke)	DIN EN ISO 4287	Abstand zwischen der Linie der Profilkuppen (obere Berührlinie) und der Linie der Profiltäler (untere Berührlinie) innerhalb der Einzelmessstrecke lr	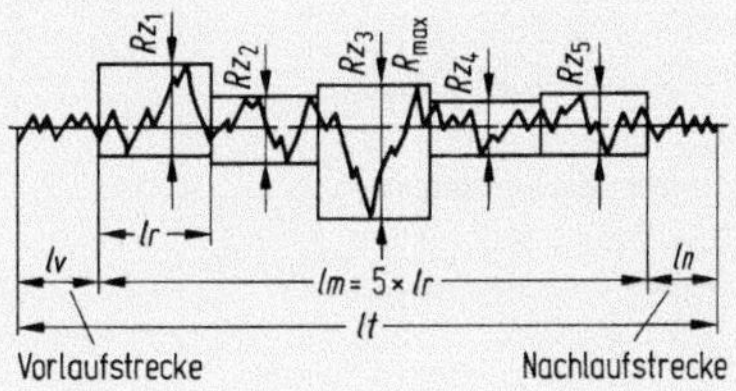
R_{max}	maximale Einzelrautiefe	DIN EN ISO 4288 [15]	Größte der auf der Gesamtmessstrecke lm vorkommenden Einzelrautiefen Rz_i. Wert wird durch Ausreißer bestimmt.	
Rz (Rz_{DIN})	gemittelte Rautiefe	DIN 4768 [5]	$Rz_{DIN} = \frac{1}{5} \cdot (Rz_1 + Rz_2 + Rz_3 + Rz_4 + Rz_5)$ Arithmetisches Mittel aus den Einzelrautiefen Rz_i fünf aneinandergrenzender, gleichlanger Einzelmessstrecken lr. Wert wird weniger durch einzelne Ausreißer bestimmt.	
Rz (Rz_{ISO})	Zehnpunktehöhe (der Profilunregelmäßigkeiten)	DIN EN ISO 4287:1984	$Rz_{ISO} = \frac{1}{5} \cdot (\sum_{i=1}^{5} Zp_i + \sum_{i=1}^{5} Zv_i)$ Mittelwert der Absolutwerte der Höhen der fünf höchsten Profilkuppen und der Absolutwerte der Tiefen der fünf tiefsten Profiltäler innerhalb der Bezugsstrecke l $Rz_{ISO} \geq Rz_{DIN}$. Mit der Ausgabe von 1997 ist dieser Kennwert als ISO-Kenngröße gelöscht worden. Er ist jedoch noch üblich.	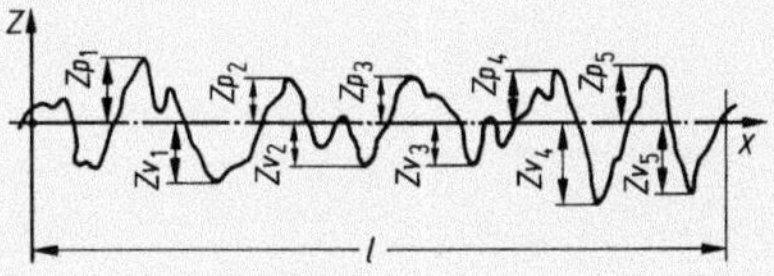
Pt	Profiltiefe	DIN 4771 [6]	Abstand zwischen zwei parallelen bzw. äquidistanten Begrenzungslinien, die das messtechnisch erfasste Oberflächenprofil innerhalb der Bezugsstrecke l_i kleinstmöglich einschließen. Wert wird durch Ausreißer bestimmt.	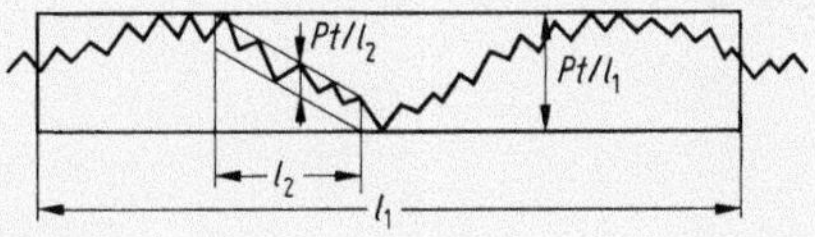
Wt	Wellentiefe	DIN 4774 [7]	Abstand zwischen den durch den höchsten und den tiefsten Punkt eines Welligkeitsprofils innerhalb der Welligkeitsmessstrecke lmw gelegten Parallelen bzw. Äquidistanten zur Mittellinie	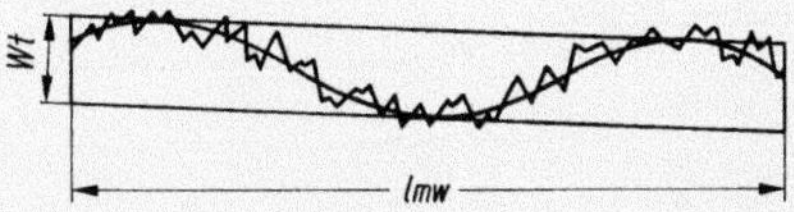
Rsk	Schiefe des Profils	DIN EN ISO 4287	$Rsk = \frac{1}{Rq^3} \cdot \frac{1}{lr} \cdot \int_0^{lr} Z^3(x)dx$ Maß für die Asymmetrie der Ordinatenverteilung. Beschreibung der Profilform möglich. Negativer Rsk-Wert kennzeichnet plateauförmige (gut tragende) Oberfläche. Die Kenngröße ist von isolierten Spitzen und Tälern stark beeinflusst.	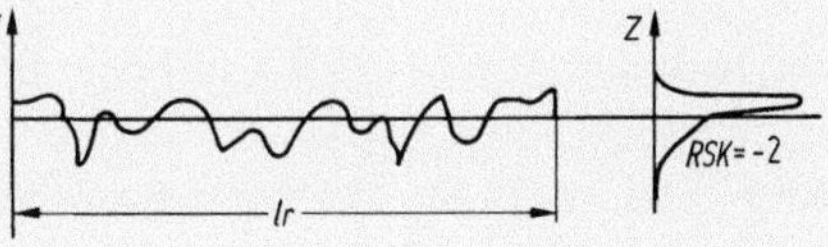
	Abbott-Kurve (Profiltraganteilkurve)	DIN EN ISO 13565 Teil 2 [19]	$Mr = \frac{l}{ln} \cdot 100$ in % Materialverteilung (Materialanteil Mr) mit zunehmender Schnittlinientiefe. Gute Beschreibung der Profilform möglich	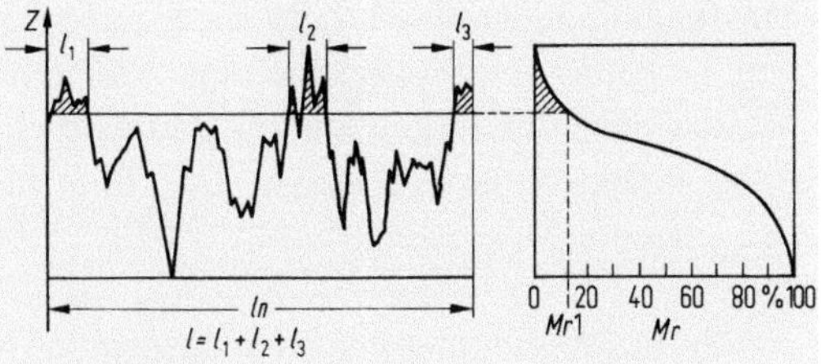
AKF	Autokorrelationsfunktion		$Rzz(\lambda) = \frac{1}{l} \cdot \int_0^l Z(x) \cdot Z(x+\lambda)dx$ normiert: $r_{zz}(\lambda) = \frac{Rzz(\lambda)}{\sigma^2}$ Arithmetischer Mittelwert der Produkte aus den Ordinatenwerten $Z(x)$ und $Z(x+\lambda)$ als Funktion der Abszissenverschiebung λ. Beschreibung des Profilverlaufs möglich, Ermittlung periodischer und deterministischer Profilanteile	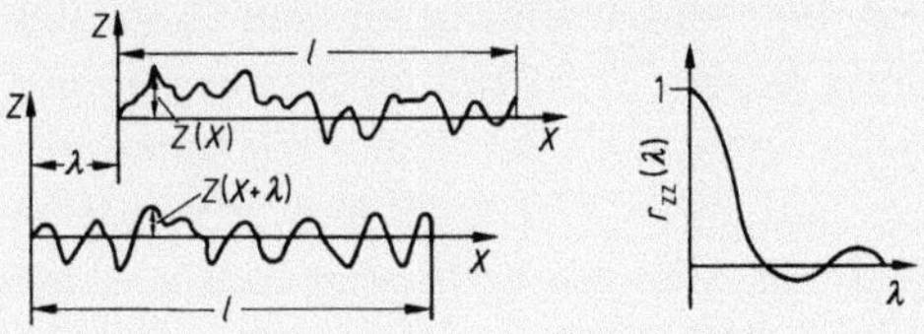

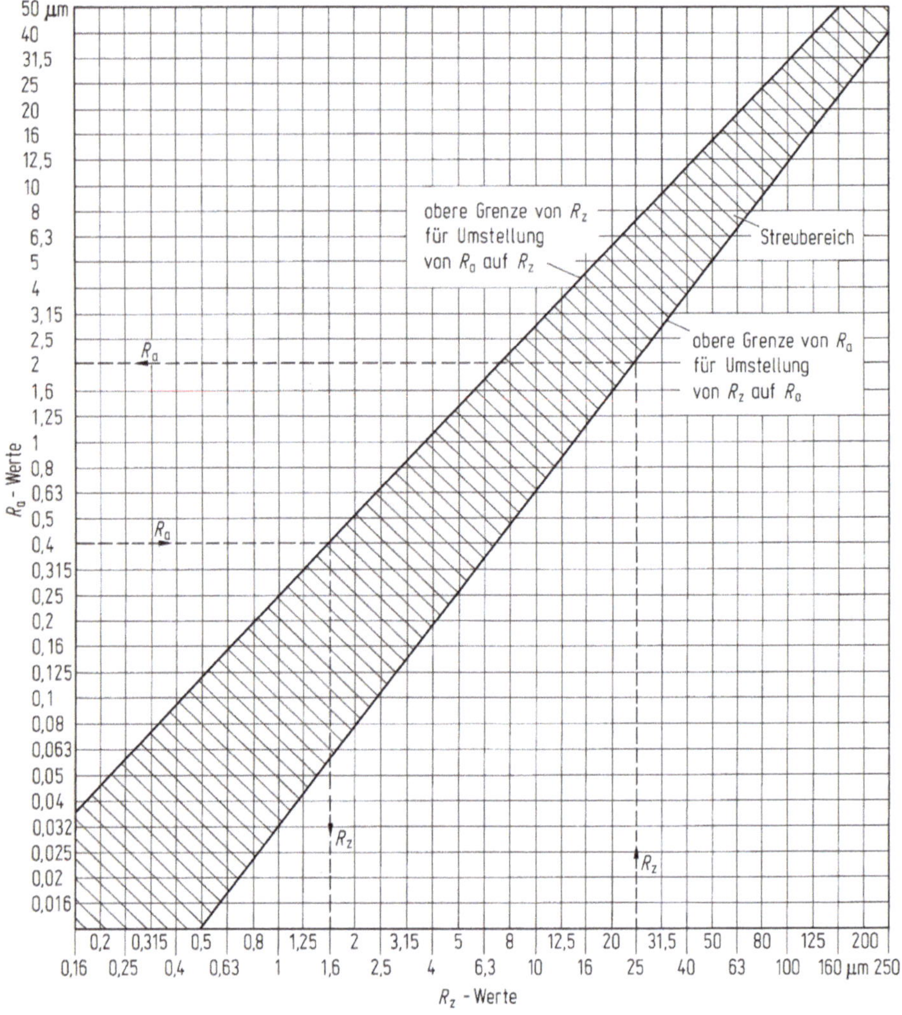

Abb. 6.12 Umrechnung zwischen gemittelter Rautiefe Rz und arithmetischem Mittenrauwert Ra für spanend gefertigte Oberflächen (Berücksichtigung eines Streubereichs und einer ausreichenden Sicherheit) nach DIN 4768 Teil 1 Beiblatt 1. Für mittlere Verhältnisse $Rz \approx (4 \ldots 6 \ldots 8) \cdot Ra$

werden in analoge elektrische Größen umgewandelt. Das elektrische Signal wird verstärkt, einem Rechenprogramm zugeführt und angezeigt oder als Profilogramm der Oberfläche aufgezeichnet. Diese Tastschnittgeräte zeigen auch verschiedene Rauheitsmaße (Tab. 6.15) direkt an. Um die Kennwerte vergleichen zu können, müssen die wesentlichen Messbedingungen, wie Länge der Messstrecke, Wellenfilter (zur Trennung von Welligkeiten und Rauheiten), vorgegeben werden, denn das aufgezeichnete Rauheitsprofil wird von der Filtercharakteristik beeinflusst. Die Tasterkonstruktion der verwendeten Messgeräte muss dem Bezugssystem entsprechen.

Für die Beurteilung von Rauheitsprofilen hinsichtlich der Funktion der Oberfläche wird auf Grund der guten integralen Beschreibung der Profilform (Integration der Amplitudendichteverteilung) die Materialanteilkurve (Abbott-Kurve), bzw. aus ihr entwickelte Kennwerte (z. B. in VDI/VDE 2601 [26]) zur Auswertung herangezogen. Abb. 6.13 veranschaulicht im Vergleich zum Rauheitsprofil die Bedeutung der aus der Abbott-Kurve abgeleiteten Kennwerte und zeigt die Beziehung zwischen Materialanteil im Rauheitsprofil und Schnittlinienlage. Die Abbott-Kurve kann durch Geraden in drei Bereiche untergliedert werden, die für das Funktionsverhalten der Oberfläche von unterschiedlicher Bedeutung sind.

Die Kenngrößen Rpk und Rvk werden als Höhen der Dreiecksflächen A_1 und A_2 berechnet. A_1 eignet sich zur Beurteilung des Einlaufverhaltens an den Profilspitzen, A_2 zur Beurteilung der Schmiermittelaufnahme in den Profilriefen. Die Kernrautiefe Rk ist die Tiefe des Rauheitsprofils unter Ausschluss herausragender Spitzen und tiefer Riefen.

6.6.4 Beispiel für die Aussagefähigkeit der Kennwerte

Abb. 6.14 veranschaulicht die Aussagefähigkeit der Abbott-Kurve und der davon abgeleiteten Kennwerte. Daraus ist der unterschiedlichen Profilcharakter zweier Oberflächen bei annähernd gleicher gemittelter Rautiefe Rz erkennbar; kurze Profilausschnitte sind rechts in Abb. 6.14 zum direkten Vergleich eingezeichnet.

Die gehonte Oberfläche weist als geschmierte Gleit- oder Wälzfläche wesentlich günstigere Funktionseigenschaften auf als die geschliffene. Sie hat gegenüber der geschlif-

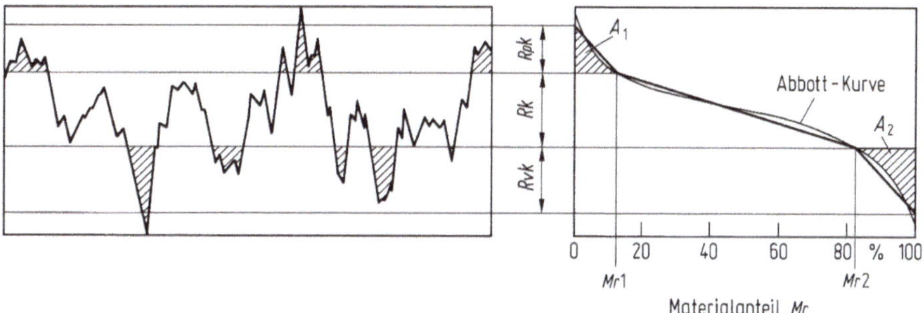

Abb. 6.13 Ableitung der Rauheitskenngrößen. Profilspitzenbereich mit reduzierter Spitzenhöhe Rpk, Profilkernbereich mit Kernrautiefe Rk und Profiltiefenbereich mit reduzierter Riefentiefe Rvk aus der Abbott-Kurve nach DIN EN ISO 13565 Teil 1 und 2; A_1 entspricht den werkstoffgefüllten Profilspitzen, A_2 den werkstofffreien Riefen

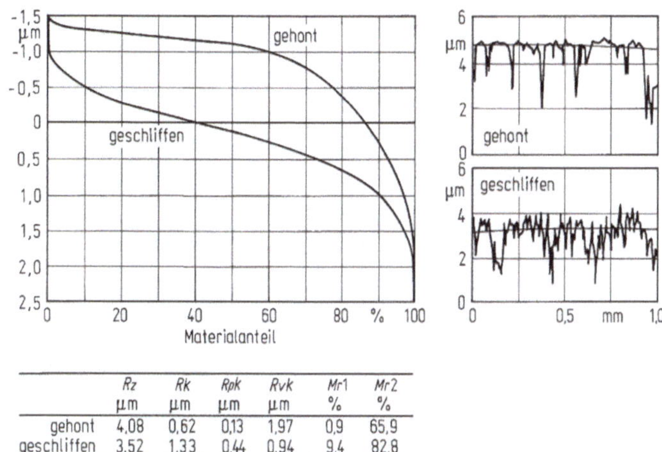

	Rz µm	Rk µm	Rpk µm	Rvk µm	Mr1 %	Mr2 %
gehont	4,08	0,62	0,13	1,97	0,9	65,9
geschliffen	3,52	1,33	0,44	0,94	9,4	82,8

Abb. 6.14 Vergleich des Profilcharakters zweier Oberflächen mit vergleichbarer gemittelter Rautiefe Rz nach DIN 4776 Beiblatt 1 [8] (Abbott-Kurve allgemein siehe Abb. 6.13)

fenen Oberfläche bei etwas größerem Rz-Wert eine sehr kleine Kernrautiefe Rk, wodurch der plateauartige Charakter des Profils zum Ausdruck kommt. In dem kleinen Wert für $Rpk = 0{,}13\,\mu m$ zeigt sich die gezielte Abnahme der Profilspitzen durch das Honverfahren im Sinne der Vorwegnahme des Einlaufprozesses. Diese Eigenschaft hat sich für die Funktion als Gleit- oder Wälzfläche als wichtig erwiesen. Die geschliffene Oberfläche hat dagegen bei etwas kleinerem Rz-Wert eine deutlich größere Kernrautiefe mit $Rk = 1{,}33\,\mu m$ und mit $Rpk = 0{,}44\,\mu m$ einen deutlich größeren Profilspitzenbereich.

Kennzeichnend für die gehonte Oberfläche ist auch die große reduzierte Riefentiefe mit $Rvk \approx 2\,\mu m$ gegenüber dem halb so großen Wert bei der geschliffenen Oberfläche. Diese Eigenschaft des gehonten Profils wird z. B. bei Zylinderlaufflächen von Verbrennungsmotoren als „Schmiermittelaufnahmevolumen" gefordert.

6.6.5 Angabe der Oberflächenbeschaffenheit in Zeichnungen nach DIN EN ISO 1302 [13]

Tab. 6.16 und 6.17 zeigen, wie eine geforderte Oberflächenbeschaffenheit und Herstellung in Zeichnungen kenntlich gemacht werden, Zeichnungsbeispiel siehe Abb. 6.15. In welcher Weise die Oberflächenrauheit durch das Fertigungsverfahren bestimmt wird, ist aus Abb. 6.16 zu entnehmen.

Die Angabe von Rz oder Ra reicht mitunter nicht aus, um die Eigenschaft von Oberflächen ausreichend genau zu beschreiben (z. B. bei Gleit- und Wälzpaarungen). Dann müssen die Kennwerte der Abbott-Kurve mit angegeben werden.

Tab. 6.16 Oberflächensymbole nach DIN EN ISO 1302, allgemein und mit Angaben am Symbol

Symbol	Bedeutung
	Grundsymbol. Es darf nur allein verwendet werden, wenn seine Bedeutung durch eine zusätzliche Wortangabe erläutert wird.
	Kennzeichnung für eine materialabtrennend bearbeitete Oberfläche ohne nähere Angaben
	Eine Oberfläche, bei der eine materialabtrennende Bearbeitung nicht zugelassen ist. Dieses Symbol darf auch in Zeichnungen angewendet werden, die für einen bestimmten Arbeitsvorgang angefertigt werden, um deutlich zu machen, dass eine Oberfläche in dem Zustand des vorhergehenden Arbeitsganges zu belassen ist unabhängig davon, ob dieser Zustand durch materialabtrennende Bearbeitung oder auf andere Weise erreicht wurde.
b a c/f d	Lage der Oberflächenangaben am Symbol: a = Mittenrauwert Ra in µm b = Fertigungsverfahren, Behandlung oder Überzug, sonstige Wortangaben c = Bezugsstrecke d = Rillenrichtung (siehe Tab. 6.17) f = andere Rauheitsmessgrößen (z. B. Rz, Rp, R_{max})

Tab. 6.17 Beispiele zur Angabe der Rillenrichtung nach DIN EN ISO 1302 (siehe auch Tab. 6.16)

Symbol	Bedeutung
=	parallel zur Projektionsebene, in der das Symbol angewendet wird
⊥	senkrecht zur Projektionsebene der Ansicht, in der das Symbol angewendet wird
X	gekreuzt in 2 schrägen Richtungen zur Projektionsebene, in der Ansicht, in der das Symbol angewendet wird
C	annähernd zentrisch zum Mittelpunkt der Oberfläche, zu der das Symbol gehört

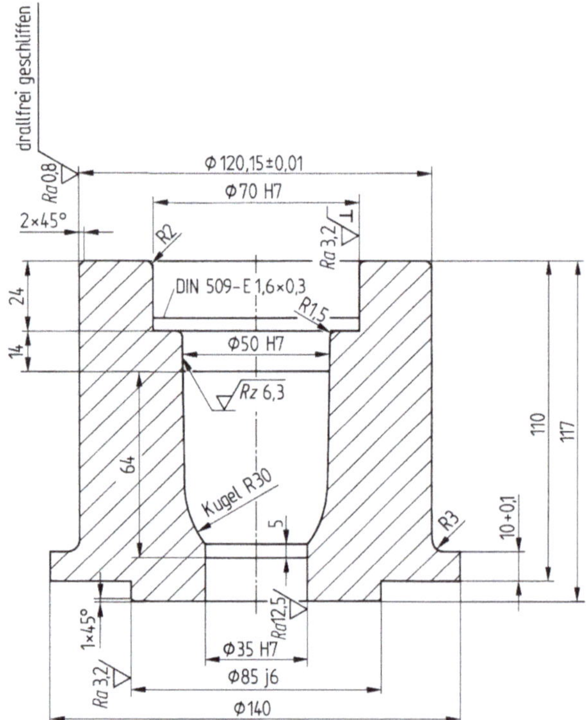

Abb. 6.15 Beispiel für Bemaßung und Oberflächenangaben einer Buchse nach [22]

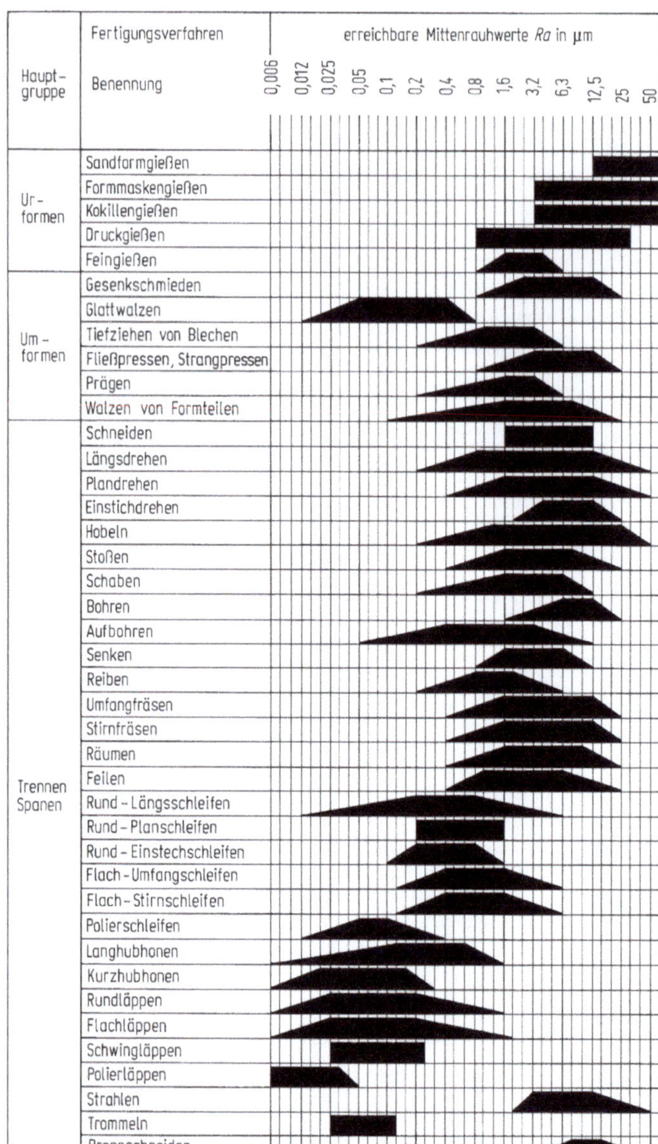

Abb. 6.16 Fertigungsverfahren und erreichbarer Mittenrauwert Ra nach DIN 4766 Teil 2 [4]. (Der von links nach rechts keilförmig ansteigende Balken deutet an, dass in diesem Bereich besondere Maßnahmen für das Erreichen der angegebenen Rauheitswerte erforderlich sind. Der von links nach rechts keilförmig abfallende Balken deutet an, dass in diesem Bereich Rauheitswerte zu erwarten sind, die bei besonders grober Fertigung auftreten.) Die Umrechnung auf Rz für spanend gefertigte Oberflächen zeigt Abb. 6.12

Literatur

1. DIN 323 Normzahlen und Normzahlreihen – Teil 1:1974-08 Hauptwerte, Genauwerte, Rundwerte
2. DIN 4760:1982-06 Gestaltabweichungen – Begriffe, Ordnungssystem
3. DIN 4762:1986-10 Oberflächenrauheit – Begriffe; Oberfläche und ihre Kenngrößen. Zurückgezogen: 1989-01
4. DIN 4766 Herstellverfahren der Rauheit von Oberflächen – Teil 2: 1981-03 Erreichbare gemittelte Rautiefe R_a nach DIN EN ISO 4288. Zurückgezogen: 2002-11
5. DIN 4768:1990-05 Ermittlung der Rauheitsmessgrößen R_a, R_z, R_{max} mit elektrischen Tastschnittgeräten – Begriffe, Messbedingungen. Zurückgezogen: 1999-09 – Teil 1 Beiblatt 1:1978-10 Umrechnung der Messgröße R_a in R_z und umgekehrt. Zurückgezogen: 1999-09
6. DIN 4771:1977-04 Messung der Profiltiefe von Oberflächen. Zurückgezogen: 1999-09
7. DIN 4774:1981-06 Messung der Wellentiefe mit elektrischen Tastschnittgeräten. Zurückgezogen: 1999-09
8. DIN 4776 Rauheitsmessung; Kenngrößen RK, RPK, RVK, Mr1, Mr2 zur Beschreibung des Materialanteils im Rauheitsprofil; Messbedingungen und Auswerteverfahren – Beiblatt 1:1990-05 Anwendungshinweise und Beispiele
9. DIN 6930 Stanzteile aus Stahl – Teil 2:2011-10 Allgemeintoleranzen
10. DIN EN 10243 Gesenkschmiedeteile aus Stahl – Maßtoleranzen – Teil 1: 2000-6 Warm hergestellt in Hämmern und Senkrecht-Pressen – Teil 2:2000-06 Warm hergestellt in Waagerecht-Stauchmaschinen
11. DIN EN ISO 286 Geometrische Produktspezifikation (GPS) – ISO-Toleranzsystem für Längenmaße – Teil 1:2010-11 Grundlagen für Toleranzen, Abmaße und Passungen – Teil 2:2010-11 Tabellen der Grundtoleranzgrade und Grenzabmaße für Bohrungen und Wellen
12. DIN EN ISO 1101:2014-04 Geometrische Produktspezifikation (GPS) – Geometrische Tolerierung – Tolerierung von Form, Richtung, Ort und Lauf
13. DIN EN ISO 1302:2002-06 Geometrische Produktspezifikation (GPS) – Angabe der Oberflächenbeschaffenheit in der technischen Produktdokumentation
14. DIN EN ISO 4287:2010-07 Geometrische Produktspezifikation (GPS) – Oberflächenbeschaffenheit: Tastschnittverfahren – Benennungen, Definitionen und Kenngrößen der Oberflächenbeschaffenheit
15. DIN EN ISO 4288:1998-04 Geometrische Produktspezifikation (GPS) – Oberflächenbeschaffenheit: Tastschnittverfahren – Regeln und Verfahren für die Beurteilung der Oberflächenbeschaffenheit
16. DIN EN ISO 8015:2011-09 Geometrische Produktspezifikation (GPS) – Grundlagen – Konzepte, Prinzipien und Regeln
17. DIN CEN ISO 8062 Geometrische Produktspezifikationen (GPS) – Maß-, Form- und Lagetoleranzen für Formteile – Teil 3:2008-09 Allgemeine Maß-, Form- und Lagetoleranzen und Bearbeitungszugaben für Gussstücke
18. DIN EN ISO 9013:2017-05 Thermisches Schneiden – Einteilung thermischer Schnitte – Geometrische Produktspezifikation und Qualität
19. DIN EN ISO 13565 Geometrische Produktspezifikationen (GPS) – Oberflächenbeschaffenheit: Tastschnittverfahren – Oberflächen mit plateauartigen funktionsrelevanten Eigenschaften – Teil 1: 1998-04 Filterung und allgemeine Meßbedingungen – Teil 2:1998-04 Beschreibung der Höhe mittels linearer Darstellung der Materialanteilkurve
20. DIN EN ISO 13920:1996-11 Schweißen – Allgemeintoleranzen für Schweißkonstruktionen – Längen- und Winkelmaße; Form und Lage
21. DIN ISO 2768 Allgemeintoleranzen – Teil 1:1991-06 Toleranzen für Längen- und Winkelmaße ohne einzelne Toleranzeintragung – Teil 2:1991-04 Toleranzen für Form und Lage ohne einzelne Toleranzeintragung
22. Hoischen H (2016) Technisches Zeichnen; Grundlagen, Normen, Beispiele, Darstellende Geometrie, 35. Aufl. Cornelsen, Berlin
23. Höfler H, Juckenack D (1985) Moderne optische Verfahren zur Charakterisierung von technischen Oberflächen. Konstruktion 37:229–234
24. Jorden W (1991) Der Tolerierungsgrundsatz – eine unbekannte Größe mit schwerwiegenden Folgen. Konstruktion 43:170–176
25. Leonhardt K, Rippert K.-H., Tiziani H.-J. (1987) Optische Mikroprofilometrie und Rauheitsmessung. Techn Messen 54, 6:243–252
26. VDI/VDE 2601:1991-10 Anforderungen an die Oberflächengestalt zur Sicherung der Funktionstauglichkeit spanend hergestellter Flächen; Zusammenstellung der Kenngrößen. Zurückgezogen: 2014-03

7 Schweißverbindungen

▶ Beim Verbindungsschweißen wird der Werkstoff an der Verbindungsstelle zwischen zwei Bauelementen aufgeschmolzen oder aufgeweicht und verbindet diese unmittelbar oder mit Hilfe eines Zusatzwerkstoffs. Nach dem Abkühlen und Verfestigen entsteht eine Verbindungsstelle, die die Festigkeitseigenschaften der Bauteilwerkstoffe erreichen kann (im Gegensatz zu den meisten Löt- und Klebverbindungen).
Schweißen ist darüber hinaus oft die einzige Möglichkeit, die Funktion von Bauteilen mit Rissen und Brüchen schnell wiederherzustellen.

7.1 Schweißverfahren

Zum Verbindungsschweißen von Metallen gibt es grundsätzlich folgende Möglichkeiten:

- **Schmelzschweißen**: Die Stoßstelle wird hierbei über Schmelztemperatur erwärmt, meist auch ein artgleicher Zusatzwerkstoff eingeschmolzen. Beim Erkalten entsteht eine Schweißnaht mit Gussgefüge. Dies ist das im Maschinenbau meist verwendete Verfahren (Abschn. 7.2).
- **Pressschweißen**: Die Stoßstellen werden bis auf oder knapp unter Schmelztemperatur erwärmt und dann zusammengepresst oder erst zusammengepresst und dann erwärmt. An der Verbindungsstelle tritt bei manchen Verfahren Schmelzfluss auf, meist jedoch große plastische Verformung. Nach dem Erkalten entsteht im Allgemeinen ein feinkörniges Gefüge. Zu dieser Gruppe gehören Punkt- und Nahtschweißen (Abschn. 7.4), Buckelschweißen (Abschn. 7.5), Press- und Abbrennstumpfschweißen (Abschn. 7.6) und Reibschweißen (Abschn. 7.7).
- **Kaltpressschweißen**: Die oxidfreien Oberflächen werden bei Raumtemperatur mit hohem Druck aufeinandergepresst. An der Stoßstelle entstehen starke plastische Verformungen und entsprechend kaltverformtes Gefüge. Anwendung vor allem in der Elektrotechnik (Bimetallkontakte, Kabelschuhe, Supraleiter, Verbindung von Kupfer- und Aluminiumdrähten) siehe auch [23], [29] und [32].
- **Diffusionsschweißen**: Durch Erwärmen der Stoßstelle im Vakuum oder in Schutzgas unter geringem Druck entsteht eine Verbindungsstelle ohne plastische Verformung. Anwendung vor allem in der Raumfahrt- und Reaktortechnik, weiterhin zur Befestigung von Hartmetallschneiden auf Stahlschäften, Bronzebuchsen in Gusseisenrädern [29].

Verfahren für spezielle Anwendungen sind Reib-, Induktions-, Elektronenstrahl-, Laserstrahlschweißen [29].

Thermoplastische Kunststoffe werden ab einer bestimmten Temperatur plastisch. Hierbei werden daher durchweg Pressschweiß- und spezielle Kunststoffschweißverfahren verwendet [29].

Glas verhält sich ähnlich wie thermoplastischer Kunststoff.

Durch Auftragschweißen können verschlissene Bereiche wiederhergestellt bzw. eine verschleißfeste Werkstoffschicht (Panzern) oder eine korrosionsbeständige Werkstoffschicht aufgebracht werden.

Für Schweißverbindungen im Stahlbau, für Kräne, Eisenbahnbrücken, Kessel und Flugzeuge existieren zum Teil umfassende Normen und Vorschriften für Festigkeitsnachweis, Werkstoffe und Gestaltung. Die Angaben können auch für den Maschinenbau als Anhalt dienen.

Eine zusammenfassende Darstellung geben [28], [29], [30] und [31].

Es gibt weit über 200 Schweißverfahren. Die wichtigsten für den Maschinenbau, ihr Arbeitsprinzip und ihre Anwendung sind in den Tab. 7.1 und 7.2 zusammengestellt.

7.2 Schmelzschweißverbindungen

7.2.1 Anwendungen und Eigenschaften

Im Maschinenbau ist die Schmelzschweißverbindung aufgrund der nachstehend genannten Vorteile die meist angewendete, nicht lösbare Verbindung. Dasselbe gilt für den Stahl-, Kessel- und Behälterbau, wo die früher dominierende Nietverbindung weitgehend verdrängt wurde.

G. Niemann et al., *Maschinenelemente 1*, https://doi.org/10.1007/978-3-662-55482-1_7

Vorteile

- Leichtbau: Gewichtsersparnis im Stahlbau gegenüber Nietverbindungen 15 ... 20 % durch Wegfall von Überlappungen, Laschen und Nietköpfen. Gewichtsersparnis gegenüber Gussteilen bis 50 %, da geringere Wanddicken möglich sind
- feste und dichte Verbindung für Kessel und Behälter (ohne Überlappungen oder Laschen)
- Weitere Anwendungsbereiche: Großmaschinen, Schiffbau, Gehäuse, Verbundkonstruktionen durch Verbindung von Blechen mit Profilen, Stahlguss- und Schmiedeteilen
- Kostengünstig, kürzere Lieferzeit und geringeres Terminrisiko bei Herstellung von Einzelteilen und Kleinserien gegenüber Guss (Modellanfertigung, Lunkergefahr) und Schmiedestücken (Gesenke)
- Modularer Aufbau von Großkonstruktionen: Herstellung von Teilelementen durch Schweißen in der Werkstatt. Fügen auf der Baustelle durch Montageschweißen, Verschrauben oder Nieten

Nachteile

- nur zur Verbindung artgleicher Werkstoffe geeignet (vgl. Niet-, Löt-, Klebverbindung, Kap. 8 und Kap. 9)
- Festigkeitsminderung durch Eigenspannungen, Versprödung (Gegenmaßnahme: Spannungsarmglühen des geschweißten Bauteils), durch Gefügeänderungen (metallische Kerbe) und evtl. Einbrandkerben. Bei Leichtmetallen wird die Kaltverfestigung der Bleche durch Aufschmelzen aufgehoben (vgl. Niet-, Klebverbindung, Kap. 8 und Kap. 9).
- Verzug des Bauteils durch Eigenspannungen (Gegenmaßnahme: geeigneter Schweißfolgeplan)
- Nahtgüte schwer kontrollierbar (Befähigungsnachweis der Schweißer und Betriebe, Überwachung durch geprüfte Schweißaufsichtspersonen, wenn nötig Röntgenprüfung)

7.2.2 Werkstoffe

7.2.2.1 Zum Schmelzschweißen geeignete Bauteilwerkstoffe

Die Schweißeignung eines Werkstoffs hängt ab von der Erschmelzungsart, der Vergießungsart (an Seigerungszonen unberuhigt vergossener Stähle sollte nicht geschweißt werden!) und von der Alterung (d. h. Abnahme der Zähigkeit durch Lagern nach Kaltverformung, Sprödbruchgefahr). Am wichtigsten ist, abhängig vom Schweißverfahren, die chemische Zusammensetzung der Werkstoffe. Im Zweifelsfall sollte eine Schweißprobe gemacht werden. Häufig genügt die einfache Aufschweiß-Biegeprobe, bei der eine Schweißraupe auf ein Probestück ($5 \times 40 \times 150$ mm) aufgeschweißt und das Probestück über einen Dorn (Durchmesser $d = 2 \times$ Blechdicke) um 180° gebogen wird, um zu sehen, ob es spröde bricht.

Eisenwerkstoffe

- (Unlegierte) Allgemeine Baustähle:
  Diese besitzen durchweg eine ausreichende Schweißeignung, wenn der C-Gehalt $\leq 0{,}25\,\%$ beträgt. Damit wird die Maximalhärte in der Wärmeeinflusszone (WEZ) der Schweißverbindung von 350 HV nicht überstiegen und Kaltrissbildung vermieden.
- Unlegierte Einsatzstähle:
  Sie eignen sich wegen ihres niedrigen Kohlenstoffgehalts zum Schweißen vor dem Aufkohlen.
- Legierte Stähle:
  Zur Bewertung der Schweißeignung niedrig legierter Stähle (Einsatzstähle, Vergütungsstähle) wird das Kohlenstoffäquivalent $C_{äqu}$ verwendet. Es berechnet sich aus den Massenanteilen in Prozent des Kohlenstoffs und der Legierungselemente Mangan (Mn), Chrom (Cr), Nickel (Ni), Molybdän (Mb), Kupfer (Cu) und Phosphor (P):

$$C_{äqu} = \%C + \frac{\%Mn}{6} + \frac{\%Cr}{5} + \frac{\%Ni}{15} + \frac{\%Mo}{4} + \frac{\%Cu}{13} + \frac{\%P}{2} \qquad (7.1)$$

  Ausreichende Schweißeignung liegt bei $C_{äqu} < 0{,}4\,\%$ vor, bei $C_{äqu} = 0{,}4 \ldots 0{,}8\,\%$ wird die Schweißeignung eingeschränkt bzw. erfordert zusätzliche Maßnahmen (z. B. Vorwärmen der Verbindungszone auf $\vartheta_v = 150 \ldots 400\,°C$). Bauteile aus legiertem Einsatzstahl werden vor dem Aufkohlen geschweißt, Bauteile aus Vergütungsstahl nach dem Schweißen vergütet.
- Hochlegierte Stähle:
  Bei hochlegierten Stählen (Gehalt an Legierungselementen $> 5\,\%$) bestimmt die chemische Zusammensetzung die Schweißeignung (der $C_{äqu}$-Wert kann nicht für eine Bewertung herangezogen werden [29]). Allgemeingültige Aussagen zur Schweißeignung dieser Stähle sind deshalb nicht möglich, dasselbe gilt für korrosionsbeständige Stähle. Weitere Hinweise werden in [34] gegeben.
- Feinkornbaustähle:
  Feinkorngefüge entsteht im Allgemeinen durch zusätzliche Zugabe von Aluminium (Al) (auch Titan (Ti), Niob (Nb), Zink (Zn), Vanadium (V)). Diese Stähle sind gut schweißbar (Al erhöht die Umwandlungsfreundlichkeit des Werkstoffs, damit vermindert sich beim Schweißen die Neigung zur Aufhärtung in der Übergangszone Schweißnaht/Werkstück).
- Stahlguss:
  Hierfür gelten dieselben Regeln wie für die entsprechenden unlegierten und legierten Stähle. Gut schweißbar sind GS-38 und GS-45. Die Sorten GS-52, GS-60 und GS-70 müssen zum Schweißen vorgewärmt werden.

- Gusseisen:
  Gusseisen mit Kugelgraphit (GJS) kann mit Sonderelektroden bei zusätzlichen Maßnahmen (Vorwärmung, Wärmenachbehandlung) geschweißt werden. Gusseisen mit Lamellengraphit ist schwierig zu schweißen. Reparaturschweißen von EN-GJL-150 ... EN-GJL-350 mit Spezialelektroden ist jedoch möglich.
- Temperguss:
  Weißer Temperguss (GJMW) ist bei dünnwandigen Teilen gut schweißbar. Für schwarzen Temperguss (GJMB) gelten die gleichen Einschränkungen wie für Gusseisen mit Lamellengraphit.

Leichtmetalle

- Aluminium und Aluminiumlegierungen sowie Magnesiumlegierungen sind weniger gut schweißbar. Sie gehen beim Erwärmen plötzlich in den flüssigen Zustand über und oxidieren dabei schnell. Mit zunehmendem Gehalt an Legierungsbestandteilen nimmt die Schweißeignung ab. Ferner ist zu bedenken, das bei gleichem Grundwerkstoff Aluminiumlegierungen durch unterschiedliche Nachbehandlung (pressen, walzen, aushärten, ...) unterschiedliche Festigkeit bzw. Härte und mit entgegengesetzter Tendenz Verformbarkeit erhalten. Allgemeine Gesetzmäßigkeiten siehe Abschn. 7.3.3 (Stahl). Beim Schweißen wird die Gefügestruktur aufgeschmolzen. Beiderseits der Schweißnähte bilden sich breite Wärmeeinflusszonen (WEZ) aus, mit Abfall der Fließgrenze R_p.
- Kupfer, Kupferlegierungen und Messing in sauerstoffarmen Sorten sind gut schweißbar, sofern sie frei von Beimengungen sind. Ungünstig ist ein hoher Zinkgehalt.

Schwermetalle

- Nickel und Nickellegierungen sind gut schweißbar, wenn sie wie Kupfer frei von Beimengungen sind. Die hohe Gasaufnahme (Sauerstoff, Wasserstoff) und die Neigung zur Grobkörnigkeit erfordert aber zusätzliche Maßnahmen beim Schweißvorgang bzw. spezielle Zusatzwerkstoffe.

Kunststoffe

- Die Thermoplaste sind gut schweißbar, vor allem Polyvinylchlorid (PVC), Polymethylmethacrylat (PMMA) und Polyethylen (PE), weniger gut sind schweißbar Polyamid (PA), Polytetrafluorethylen (PTFE) und Polystyrol (PS). Zum Schweißen werden spezielle Kunststoffschweißverfahren (Tab. 7.2) angewendet.

Glas

- Glas bzw. technische Gläser (meist Borsilicatgläser mit SiO2-Gehalten von 80 %) sind grundsätzlich schweißgeeignet. Wichtig ist jedoch die Werkstoffzusammensetzung und die damit verbundenen Eigenschaften, wie Viskosität im plastischen Zustand (maßgebend für die Schweißtemperatur), Oberflächenspannung, Wärmedehnung und Verformungsfähigkeit. Glas ist bei Raumtemperatur ein ideal spröder Werkstoff, deshalb muss der Nahtbereich zur Vermeidung von Spannungsspitzen gleichmäßig erwärmt werden.

7.2.2.2 Zusatzwerkstoff

Der beim Schweißen eingeschmolzene Zusatzwerkstoff ist dem Bauteilwerkstoff meist artgleich (bzw. artähnlich), dadurch wird für beide eine vergleichbare mechanische Festigkeit und entsprechendes Korrosionsverhalten erreicht. Spezielle Zusatzwerkstoffe sind erforderlich bei eingeschränkter Schweißeignung des Bauteilwerkstoffs oder Sprödbruchgefahr der Schweißverbindung. Weitere Hinweise werden in [28] und [34] gegeben.

Die Auswahl des Zusatzwerkstoffs und Art der Zuführung richtet sich ferner nach Schweißposition (Abschn. 7.2.3) und nach Verfahren:

- zum Gas- und WIG-Schweißen blanke Schweißstäbe, je nach Bauteilwerkstoff unlegiert oder legiert, DIN EN 12536 [6]
- zum MIG-, MAG- und UP-Schweißen endlos auf Spulen gewickelte blanke Draht-, Band- und Profilelektroden, DIN EN ISO 14171 [15]
- zum Lichtbogenschweißen von unlegierten und niedrig legierten Stählen (außer von Mo- und CrMo-Stählen), z. B. S235 und S275, eignen sich ebenfalls blanke Drahtelektroden und Schweißdrähte (DIN EN ISO 17632 [16], nur mit Gleichstrom zu verwenden). Dies gilt auch für nichtrostende, hitzebeständige (DIN EN ISO 3581 [11]) und warmfeste Stähle (DIN EN ISO 3580 [10]) alles allerdings nur bei normalen Anforderungen an die Nahtgüte (Bewertungsgruppen C und D, Tab. 7.3 und 7.4).

Bei höheren Anforderungen (Bewertungsgruppe B) sind Fülldrahtelektroden zu wählen. Der nichtmetallische Kern hat unter anderem die folgenden Vorteile: er stabilisiert den Lichtbogen, bildet eine schützende Schlacke und erleichtert das Fließen des Zusatzwerkstoffs.

Ähnlich wirken umhüllende Stabelektroden. Die nichtmetallischen Umhüllungen werden nach den Anforderungen an die Nahtgüte und Schweißposition gewählt, siehe Abschn. 7.2.3.

7.2.3 Schweißverfahren, Schweißsicherheit

Eine Übersicht über die Verfahren für Metalle enthält Tab. 7.1, für thermoplastische Kunststoffe Tab. 7.2.

Tab. 7.1 Übersicht über die wichtigsten Schweißverfahren für Metalle nach [17], [22], ergänzt, Prozessnummer nach DIN EN ISO 4063 [12] in Klammern

Verfahren	Funktionsprinzip	Hauptanwendung
1) Gasschmelzschweißen (G-/3) Aufheizen von Schweißfuge und Zusatzwerkstoff durch Gasflamme	 1 Werkstück 2 Schweißbrenner 3 Zusatzwerkstoff	– besonders für Stumpf- und Eckstöße; vorwiegend bei Dünnblechen und Rohren aus Stahl, Kupfer und Aluminium – Ohne Zusatzwerkstoff: Bleche aus Stahl mit $t = 0{,}5 \dots 4$ mm und Aluminium $t = 0{,}5 \dots 1$ mm – Mit Zusatzwerkstoff: Bleche aus Stahl mit $t = 4 \dots 15$ mm und Aluminium $t = 1 \dots 15$ mm – In allen Schweißnahtpositionen: $t \leq 3$ mm Nachlinks-, $t > 3$ mm Nachrechtsschweißung – z. B. Schweißarbeiten bei Heizungsinstallation (gute Zugänglichkeit an beengten Stellen)
2) Offenes Lichtbogenschweißen 2a) Lichtbogenhandschweißen (E-/111) Aufheizen der Schweißfuge durch Lichtbogen zwischen Elektrode (schmilzt gleichzeitig als Zusatzwerkstoff ab) und Werkstück	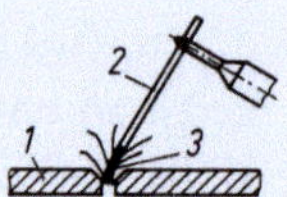 1 Werkstück 2 Metallelektrode 3 Lichtbogen	– bei allen Stoß- und Nahtarten – für fast alle Eisen- und Nichteisenmetalle (bei entsprechenden Elektroden, Fugenvor- und Nahtnachbehandlung) – Bleche mit $t = 1 \dots 100$ mm bei Nahtdicken $a = 3 \dots 10$ mm – in allen Schweißpositionen – störend bei Nahtlängen > 250 mm ist der Elektrodenwechsel
2b) Metalllichtbogenschweißen Kehlnaht mit Fülldrahtelektrode wie unter a); Elektrode wird von Rolle zugeführt; enthält innen vorwiegend mineralische Bestandteile zur Desoxidation der Schmelze		– vorwiegend für einlagige Kehlnahtschweißungen unlegierter C-Stähle und für Verschleißschicht-Hartauftragungen
3) Verdecktes Lichtbogenschweißen 3a) Unter-Pulver-Schweißen (UP-/12) Aufheizen der Schweißfuge durch Lichtbogen zwischen Werkstück und abschmelzender Elektrode; Schweißstelle unter Schicht aus besonderem Schweißpulver	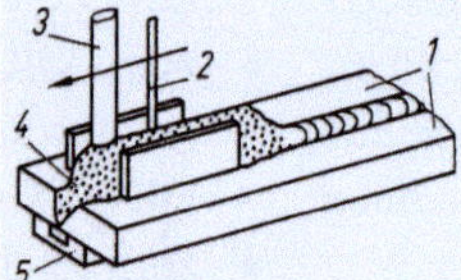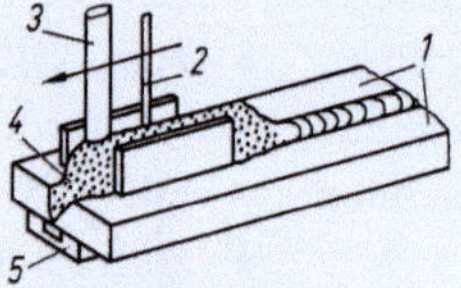 1 Werkstück 2 Elektrode 3 Pulverzuführung 4 Pulver 5 Schmelzbadsicherung (aus Kupfer)	– bei Stumpf- und Kehlnähten hauptsächlich in waagrechter Schweißposition – Bleche mit $t = 2 \dots 10$ mm bei Nahtdicken $a = 3 \dots 10$ mm. Wegen der großen Abschmelzleistung vorwiegend bei dicken Blechen und langen Nähten. – hohe Röntgengenauigkeit – z. B. im Behälter-, Stahl-, Schiff-, Fahrzeug- und Maschinenbau – Energiequelle: überwiegend Wechselstrom
3b) Unter-Pulver Band-Schweißen (UPB-/12) wie unter 3a); Elektrode wird bandförmig zugeführt		– für großflächige Auftragung vorwiegend korrosionshemmender Schichten (Schweißplattieren)
3c) Unter-Schienen-Schweißen (US)-(Einlegeschweißen) Aufheizen der Schweißfuge durch Lichtbogen zwischen Fuge und der darin liegenden, abschmelzenden Elektrode; Abdeckung vermindert Luftzutritt (Oxidation)	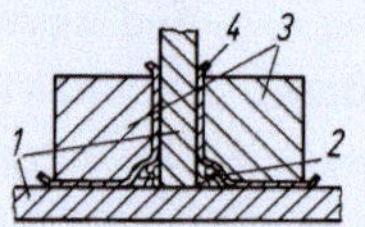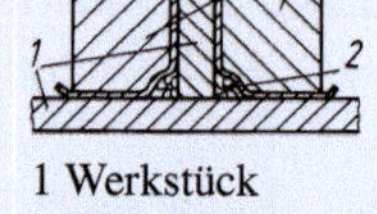 1 Werkstück 2 Elektrode 3 Kupferschienen 4 Abdichtung (Papier)	– für lange, gerade Stumpf- und Kehlnähte – waagrechte Schweißposition – Energiequelle: Gleich- und Wechselstrom
3d) Schweißen mit magnetisch bewegtem Lichtbogen (MBL-) Aufheizen der Schweißfuge durch Lichtbogen zwischen Werkstück und Elektrode (umschließt Werkstück); Lichtbogenführung durch Magnet	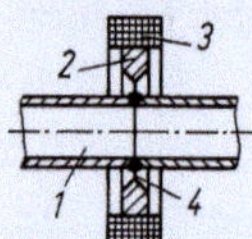 1 Werkstück 2 Hilfselektrode 3 Magnetspule 4 umlaufender Lichtbogen	– für Rohre und Hohlprofile – $t < 2$ mm, $d < 300$ mm

Tab. 7.1 (Fortsetzung)

Verfahren	Funktionsprinzip	Hauptanwendung
4) Schutzgasschweißen (MSG-) 4a) Wolfram-Inertgas-Schweißen (WIG-/141, 142) Aufheizen der Schweißfuge durch Lichtbogen zwischen Werkstück und Wolframelektrode; Schutzgas (meist Argon, selten Helium) verhindert Luftzutritt	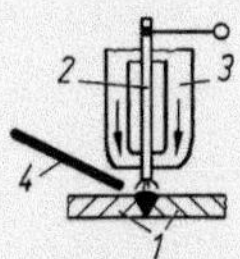 1 Werkstück 2 Wolframelektrode 3 Schutzgas 4 Zusatzwerkstoff	– bei allen Stoß- und Nahtarten und in allen Schweißpositionen – für alle metallischen Werkstoffe, vorwiegend korrosions- und zunderbeständige Cr-Ni-Stähle, Aluminium und dessen Legierungen, Kupfer und dessen Legierungen – spritzfreie, sehr glatte Nahtoberfläche – hohe Schweißgeschwindigkeit – Mikro-WIG-Anlagen für Blechdicken bis $t = 0{,}025\,\text{mm}$ – z. B. im Flugzeugzellen-, Apparate- und Kernreaktorbau
4b) (Wolfram-)Plasmaschweißen (WP-/15, 151, 152) Aufheizen der Schweißfuge durch Plasma-Lichtbogen zwischen Werkstück und Wolframelektrode; Abdeckung der Schweißstelle durch Schutzgas	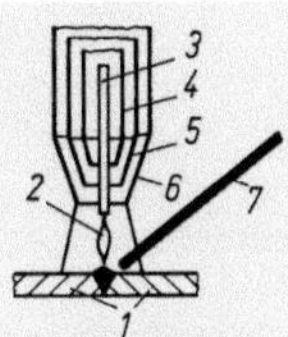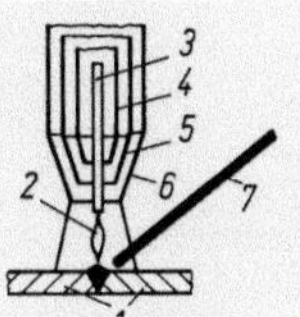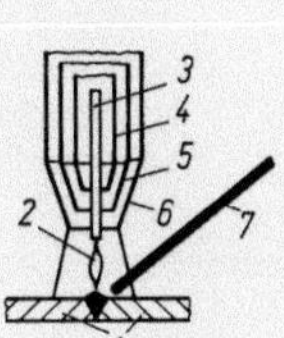 1 Werkstück 2 Plasma-Lichtbogen 3 Wolframelektrode 4 Zuführung Plasmagas 5 Zuführung Fokussiergas 6 Zuführung Schutzgas 7 Zusatzwerkstoff	– vorwiegend zum Verbindungsschweißen hochlegierter Stähle (Ni, Ti, Zr, Cu) für Bleche mit $t = 1\ldots10\,\text{mm}$, $a = 2\ldots8\,\text{mm}$ (Plasmastrahlschweißen) – auftragen (Schweißplattieren) von Legierungen mit schwer schmelzbaren Bestandteilen (Karbiden) bei geringer Aufschmelzung des Trägerwerkstoffs (Plasmastrahlschweißen) bzw. korrosions- und verschleißhemmender Schichten sowie hochtemperaturbeständiger Werkstoffe auf Grundwerkstoffe geringerer Beständigkeit (Plasma-Lichtbogen-Schweißen)
4c) Plasma-Strahl-Schweißen (WPS) nicht übertragener Lichtbogen, pulverförmig zugeführter Zusatzwerkstoff		
4d) Plasma-Lichtbogen-Schweißen (WPL) übertragener Lichtbogen zwischen Werkstück und Wolframelektrode, vorwiegend pulverförmig zugeführter Zusatzwerkstoff, stärkeres An-(Auf)-Schmelzen des Werkstücks als beim Plasmastrahlschweißen		
4e) Metall-Inertgas-Schweißen (MIG-/131) Aufheizen der Schweißfuge durch Lichtbogen zwischen Werkstück und abschmelzender Metallelektrode, inertes Schutzgas (siehe b)) verhindert Luftzutritt	1 Werkstück 2 abschmelzende Metallelektrode 3 Schutzgas	– bei fast allen Stoß- und Nahtarten in allen Schweißpositionen – für alle legierten (vorwiegend bei austenitischen) Stähle, Aluminium sowie Kupfer und dessen Legierungen – $t \geq 0{,}7\,\text{mm}$ – z. B. im Apparate-, Behälter-, Schiff- und Flugzeugbau
4f) Metall-Aktivgas-Schweißen (MAG-/135) wie unter c), allerdings kein inertes Gas als Schutz, sondern CO_2 (MAGC-) oder Gasgemisch aus Argon, CO_2 und Sauerstoff (MAGM-)		– überwiegend für beruhigte, unlegierte und niedriglegierte Stähle aller Dickenbereiche ($t \geq 0{,}7\,\text{mm}$) – Verbindungs- und Auftragsschweißen (Schweißplattieren)
5) Strahlschweißen 5a) Laserstrahl-Schweißen (751) Aufheizen der Schweißfuge durch fokussierte Laserstrahlung; erzeugt in einem Festkörper-(Nol-Yag-Laser) oder Gas-(CO_2)-Laser	1 Werkstück 2 Fokussierung 3 Laser	– Bleche mit $t = 0{,}5\ldots20\,\text{mm}$ – kein Vakuum wie bei Elektronenstrahlschweißen (EB-) – Metalldampf beeinträchtigt Laserstrahl – Problem bei Werkstücken mit hohem Oberflächenreflexionsgrad (Al, Cu), da negative Auswirkung auf thermischen Wirkungsgrad – Schweißen hinter durchsichtigen Wänden möglich
5b) Elektronenstrahl-Schweißen (EB-/76) Aufheizen der Schweißfuge durch magnetisch fokussierten Elektronenstrahl im Hochvakuum	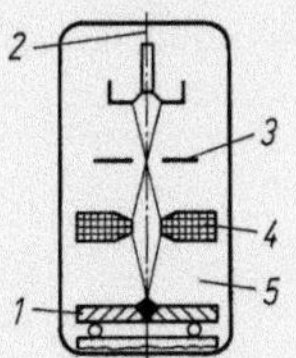 1 Werkstück 2 Kathode (Elektronenquelle) 3 Anode 4 magnet. Fokussierung 5 Hochvakuum	– vorwiegend für schweißempfindliche Werkstoffe, KFZ-Industrie und Sonderaufgaben – für Bleche und Drähte mit $t = d = 0{,}1\ldots20\,\text{mm}$ – verzugsfrei, keine Nacharbeitung – Verbindung unterschiedlicher Werkstoffe möglich – Stumpfnähte bis 200 mm (Stahl) bzw. 320 mm (Aluminium) – z. B. Fertigung von Brennelementen, Leitschaufeln im Turbinenbau, Fahrwerks- und tragende Teile aus Ti- und Al-Legierungen im Flugzeugbau, Motor-, Getriebeteile und Achsen im Automobilbau

Tab. 7.1 (Fortsetzung)

Verfahren	Funktionsprinzip	Hauptanwendung
6) Widerstandsschmelz-Schweißen 6a) Elektroschlacke-Schweißen (RES-/72) Aufschmelzen des Werkstücks bzw. Abschmelzen des Zusatzwerkstoffs durch schmelzflüssige Schlacke; Einformung und Führung durch wassergekühlte Gleitschuhe auf beiden Seiten	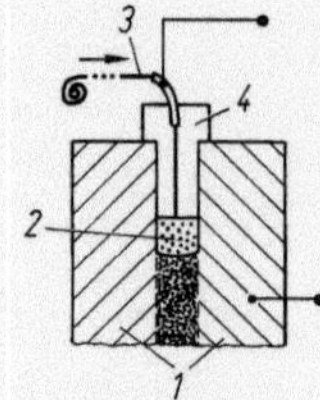 1 Werkstück 2 Schmelzbad 3 Zusatzwerkstoff 4 Gleitschuh	– für Stumpfstöße in senkrecht steigender Schweißposition – für unlegierte und niedriglegierte Stähle – Werkstücke mit $t = 8 \ldots 1000$ mm – Auftragsschweißen (Schweißplattieren) in senkrechter und waagrechter Schweißposition
6b) Elektrisches Widerstandsschmelz-Schweißen Aufheizen der Schweißfuge durch unmittelbare Widerstandserwärmung zwischen zwei Kohleelektroden	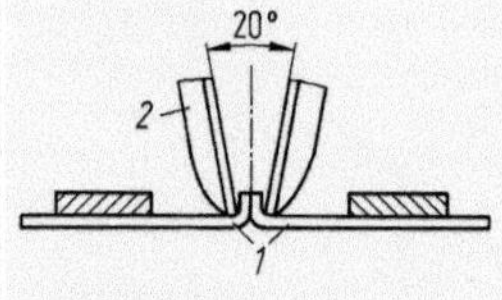 1 Werkstück 2 Kohleelektrode	– für dünne Bleche vorwiegend aus NE-Metallen
7) Widerstandspressschweißen (R-) konduktive (unmittelbare) Stromzuführung 7a) Punktschweißen (RP-/21) Aufheizen der Schweißfuge durch unmittelbare Widerstandserwärmung zwischen dem Werkstück, das durch Elektroden zusammengepresst wird	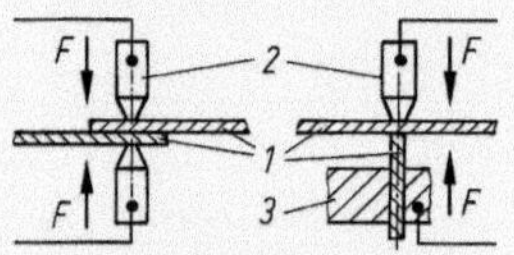 1 Werkstück 2 Kupferelektroden 3 Spannelektrode F Anpresskraft	– zum Verbinden von Blechen aus unlegiertem Stahl, Leichtmetallen und anderen NE-Metallen; $t = 2 \times (6 \ldots 30$ mm) bei Stahl und $t = 2 \times (3 \ldots 8$ mm) bei Leichtmetallen, wobei für Werte im Maximalbereich sehr hohe elektrische Leistungen notwendig sind – sämtliche Schweißpositionen – oft anstelle von Nieten – auch Verbindungen von 3 Blechen möglich, allerdings sehr hohe elektrische Leistung notwendig – Feinpunktschweißen bis zu Blechdicken von $t = 0{,}005 \ldots 0{,}5$ mm möglich
7b) Buckelschweißen (RB-/23) wie unter a); jedoch großflächige Elektroden sowie vorgefertigte Buckel	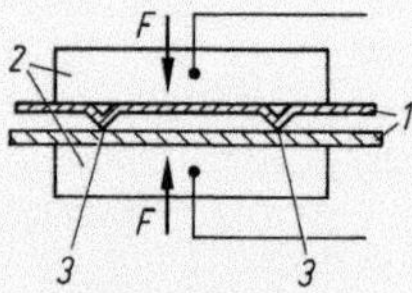 1 Werkstück 2 Kupferelektrode 3 vorgefertigte Buckel F Anpresskraft	– befestigen von Beschlägen, Muttern und ähnlichem an Flächen – $t = 0{,}8 \ldots 10$ mm – z. B. Drahtgeflecht bei Einkaufswagen, Baustahlmatten
7c) Bolzenschweißen (RBO-/782) Aufheizen der Schweißfuge durch unmittelbare Widerstandserwärmung zwischen Werkstück und in Elektrode eingespanntem Bolzen, bei gleichzeitigem Zusammenpressen	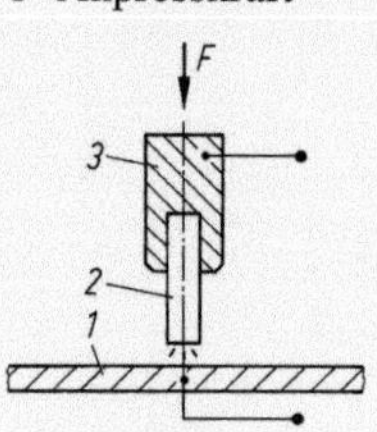 1 Werkstück 2 Bolzen 3 Elektrode F Anpresskraft	– genormte Verfahren für Gewindebolzen von M3 bis M24 (vorwiegend im Stahlbau), Zylinderstifte mit Durchmessern von $d = 3 \ldots 16$ mm – auch für kleine Blechdicken bis $t = 0{,}5$ mm

Tab. 7.1 (Fortsetzung)

Verfahren	Funktionsprinzip	Hauptanwendung
7d) Rollennahtschweißen (RR-/22) wie unter a); jedoch rollenförmige Elektroden	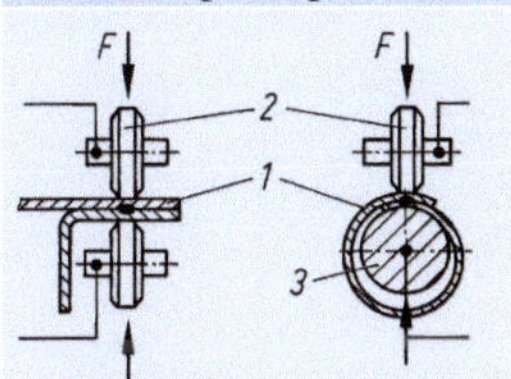 1 Werkstück 2 Rollenelektrode 3 stabförmige Gegenelektrode *F* Anpresskraft	– vorwiegend zum Verbinden von Blechen aus unlegiertem Stahl mit $t = 2 \times 3$ mm bzw. $t = 2 \times 2{,}5$ mm bei Leichtmetall – Stahlbleche bis $t = 10$ mm Gesamtdicke ($4 \times 2{,}5$ mm) – Zink-, Kupfer-, Messingbleche, austenitische Chromnickelstähle, Aluminium (NE-Bleche) bis $t = 2 \times 1{,}5$ mm – besonders schmale und verzugsarme Nähte bei zusätzlichen Drahtzwischenelektroden aus Kupfer – keine engen Toleranzen nötig – z. B. große Blechtafeln für Waggon- und Wohnwagenbau, Kraftstofftanks, Dosen und Fässer (Dichtigkeit)
7e) Pressstumpfschweißen (RP-/25) Aufheizen der Schweißfuge durch Widerstandserwärmung zwischen den als Elektroden geschalteten und von Spannbacken zusammengepressten Werkstücken	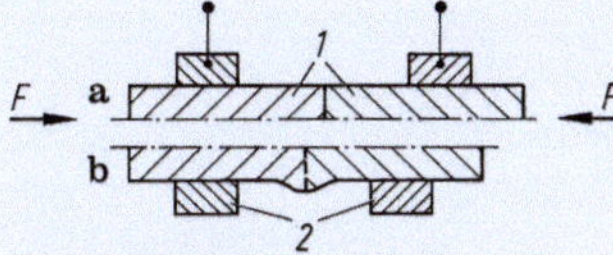 a vor dem Schweißen b nachher 1 Werkstück 2 Spannbacken (Kupfer) *F* Anpresskraft	– Stumpfstöße von Stab- und einfachen Profilformen aus unlegierten Stählen bis ca. 500 mm^2 Querschnitt – für Aluminium und Kupfer wegen Oxidationsneigung nur bedingt anwendbar – z. B. Stumpfstöße an Sägebändern, Kettenglieder bis 12 mm Durchmesser, Verlängerung von Drähten in der Drahtzieherei
7f) Abbrennstumpfschweißen (RA-/24) Aufheizen der Schweißfuge durch Lichtbogen und Funkentladung zwischen den als Elektroden geschalteten Werkstücken, die nach dem Aufheizen (Abbrennen) schlagartig von Spannbacken zusammengepresst werden	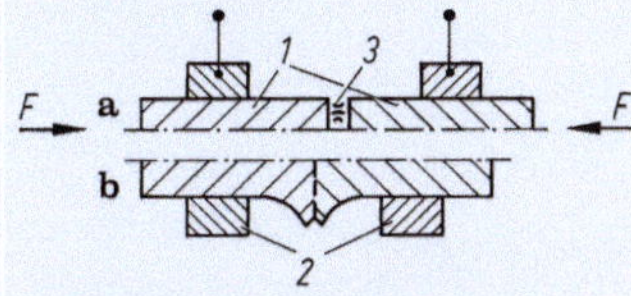 a vor dem Schweißen b nachher 1 Werkstück 2 Spannbacken (Kupfer) 3 Lichtbogen (zu Beginn) *F* Anpresskraft	– vorwiegend für Stumpfstöße von Profilformen mit Querschnitten bis zu $A \leq 50.000$ mm^2 für Stahl – wirtschaftlich verschweißbare Querschnittsflächen für Aluminium: $A \leq 12.000$ mm^2, Nickel: $A \leq 10.000$ mm^2, Kupfer: $A \leq 1500$ mm^2 – z. B. Eisenbahnschienen, Schiffskettenglieder, Fensterrahmen, Autofelgen
8) Reibschweißen Aufheizen der Schweißfuge durch Reibungswärme infolge schneller Relativbewegungen der aneinandergepressten Werkstücke, nach Aufheizen Abschalten der Relativbewegungen, danach erfolgt das Verschweißen	1 rotierendes Werkstück 2 ruhendes Werkstück 3 schaltbare Arretierung des ruhenden Werkstücks *F* Anpresskraft	– vorwiegend zum Verbinden rotationssymmetrischer Rohre mit $D \leq 900$ mm und $t \leq 6$ mm, sowie Vollquerschnitte mit $D = 6 \ldots 250$ mm
9) Induktives Pressschweißen Aufheizen der Schweißfuge durch induzierte Wirbelströme im Werkstück mittels Hochfrequenzinduktor	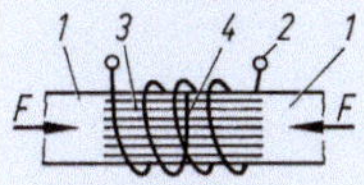 1 Werkstück 2 Spule (Induktor) 3 Erwärmungszone 4 Kontaktfläche *F* Anpresskraft	– für Stumpf- und Längsnähte an Rohren und anderen Hochprofilen mit Durchmesser $D = 10 \ldots 1000$ mm und Wanddicken $t = 0{,}5 \ldots 15$ mm

Tab. 7.2 Übersicht über die wichtigsten Schweißverfahren für Thermoplaste nach [29], ergänzt

Verfahren	Funktionsprinzip	Hauptanwendung
1) Heißluftschweißen Aufheizen der Schweißfuge durch heiße Luft	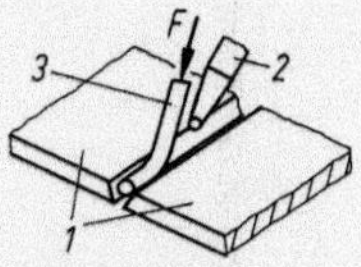 1 Werkstück 2 Heißluftdüse 3 Zusatzwerkstoff (Schweißstab) F Vorschub	– für Platten mit Dicke t = 1,5 ... 20 mm mit Zusatzwerkstoff, für thermoplastische Kunststoffe mit Dicke t < 2 mm ohne Zusatzwerkstoff
2) Heizelementschweißen 2a) Stumpfschweißen Aufheizen der Schweißfuge durch heiße Platte zwischen den Werkstücken	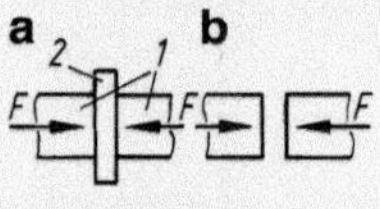 a Anwärmen b Fügen (Verschweißen) 1 Werkstück 2 Heizelement (Platte) F Anpresskraft	– für Platten mit Dicke $t \geq$ 2 mm, Rohre und Rundstäbe mit Durchmessern D < 50 mm
2b) Abkant- oder Schwenkbiegeschweißen Heizelement erzeugt zum Abkanten erforderliche Schweißfuge und heizt diese gleichzeitig auf	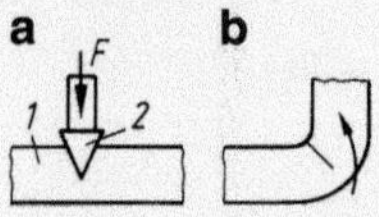 a Kerben und Anwärmen b Abkanten und Verschweißen 1 Werkstück 2 Heiz- und Kerbelement F Kerbkraft	– für Platten mit Dicke t = 2 ... 10 mm
2c) Heißdrahtschweißen Die Werkstücke werden über einer Muffe verbunden und mit der Muffe verschweißt. Das Heizelement ist als Widerstandsdraht in die Muffe eingearbeitet	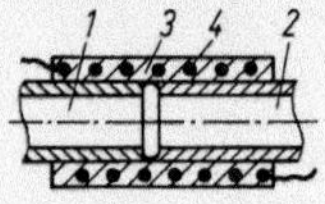 1, 2 Werkstücke 3 Muffe 4 eingearbeiteter Heizdraht	– für Platten mit Dicke t = 1,5 mm, Rohr-Muffenverbindung mit Durchmesser $D \leq$ 140 mm
2d) Wärmeimpuls- oder Wärmekontaktschweißen Aufheizen der Schweißfuge durch Heizelement mit impulsförmiger oder ununterbrochener Energiezufuhr	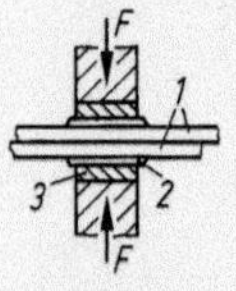 1 Werkstück 2 Trennfolie (z. B. PTFE) 3 impulsförmig- oder dauerbeheiztes Element F Anpresskraft	– für Platten und Folien mit Dicke t = 0,01 ... 0,2 mm mit einseitigem Impuls, t = 0,1 ... 0,4 mm mit zweiseitigem Impuls
3) Reibschweißen Aufheizen der Schweißfuge durch Reibungswärme infolge schneller Relativbewegungen der aneinandergepressten Werkstücke, nach Aufheizen Abschalten der Relativbewegungen, danach erfolgt das Verschweißen	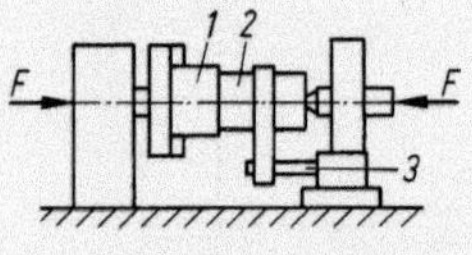 1 rotierendes Werkstück 2 ruhendes Werkstück 3 schaltbare Arretierung des ruhenden Werkstücks F Anpresskraft	– für Kunststoffrohre mit $D \leq$ 500 mm – Rundprofile mit $D \leq$ 200 mm, Profile mit $\Delta D \leq$ 40 mm, unrunde Profile, prismatische Körper (z. B. Sechskant), mit größtem Durchmesser $D' \leq$ 180 mm (der Schweißfugenfläche)

Tab. 7.2 (Fortsetzung)

Verfahren	Funktionsprinzip	Hauptanwendung
4) Extrusionsschweißen Aufheizen der Schweißfuge durch plastifizierten Zusatzwerkstoff aus dem Extruder, mit oder ohne zusätzlichem Aufheizen der Schweißfuge durch Wärmekontakt	1 Werkstück 2 Anpressrollen 3 Extruderdüse	– für Folien und Platten mit Dicke $t = 0{,}2\ldots3$ mm ohne und $t = 1\ldots3$ mm mit Nahtvorbereitung und ohne Wärmekontakt; $t = 1\ldots4$ mm ohne und $t = 2\ldots50$ mm mit Nahtvorbereitung und mit Wärmekontakt
5) Lichtstrahlschweißen Aufheizen der Schweißfuge durch fokussierte Infrarotstrahlung und Zusammenpressen der Werkstücke	1 Werkstück 2 Infrarotlampe 3 Reflektor 4 Fokus (Schweißzone) *F* Anpresskraft	– für Folien und Platten mit Dicke $t = 0{,}05\ldots20$ mm

Folgende Einflüsse sind wichtig für eine sichere und kostengünstige Schweißverbindung:

Wärmequellen

Zum Erzeugen der Schmelztemperatur wird die Gasflamme (Gasschweißen), der elektrische Lichtbogen (Lichtbogenschweißen), die Joulesche Wärme (in Wärmeenergie umgewandelte elektrische Arbeit) in der flüssigen Schlacke (Elektroschlackeschweißen), Induktionswärme (Induktionsschweißen), die Joulesche Wärme im Werkstück (Widerstandsschweißen), gebündelte Lichtenergie (Lichtstrahlschweißen), exotherme chemische Reaktion (aluminothermisches Schweißen), flüssige Wärmeträger (Gießschweißen) oder Ofenwärme (Feuerschweißen) verwendet.

Mechanisierung

Es wird unterschieden in:

- Manuelle Verfahren: Im Maschinen- und Anlagenbau dominiert das Lichtbogenschweißen als Handschweißverfahren. Auch beim Gasschweißen wird die Gasflamme durchweg von Hand geführt.
- Teilmechanische Verfahren: Bei Kleinserien und einfachen Nähten lohnen sich unter Umständen Vorrichtungen, mit denen der Zusatzwerkstoff kontinuierlich von Spulen (Drahtelektrode) zugeführt wird.
- Vollmechanische Verfahren: Bei geraden oder ringförmigen Nähten kann der Schweißkopf oder das Werkstück durch eine Vorschubeinrichtung gesteuert werden.
- Automatisches Schweißen: Für Großserien benötigt werden Spann- und Haltevorrichtungen benötigt. Der Schweißvorgang läuft automatisch ab, zum Teil mittels rechnergesteuerter Roboter.

Schweißposition

Die Schweißposition nach DIN EN ISO 6947 [14] (Abb. 7.1) ist mitentscheidend für die Wahl des Schweißverfahrens (Tab. 7.1) und der Elektroden (Abschn. 7.2.2.2). Die Schwierigkeit wächst in der Reihenfolge PA → PB → PG → PF → PC → PE.

Bauteildicke

Bei dünnen Blechen (bis etwa $t = 12$ mm) stellt sich nach dem Schweißen ein überwiegend zweiachsiger Eigenspannungszustand ein. Mit zunehmender Blechdicke wächst die Spannung in Dickenrichtung. Dies bedeutet eine zunehmende Sprödbruchgefahr. Je nach Schweißverfahren nimmt mit zunehmender Blechdicke auch die Gefahr der Aufhärtung neben der Schweißnaht zu. Deshalb hierfür möglichst zähe Stähle wählen (z. B. Baustähle der Gütegruppen J2G3, J2G4, K2G3 oder K2G4).

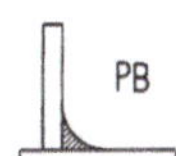

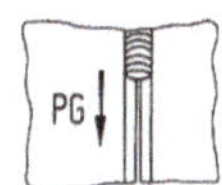

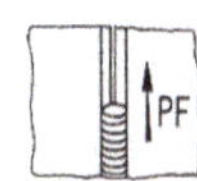

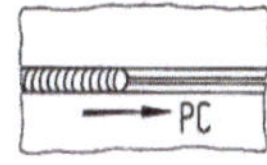

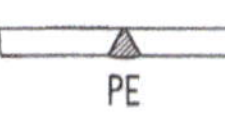

Abb. 7.1 Schweißpositionen nach DIN EN ISO 6947 (PA Wannenlage, PB horizontal, PG fallend, PF steigend, PC quer, PE überkopf)

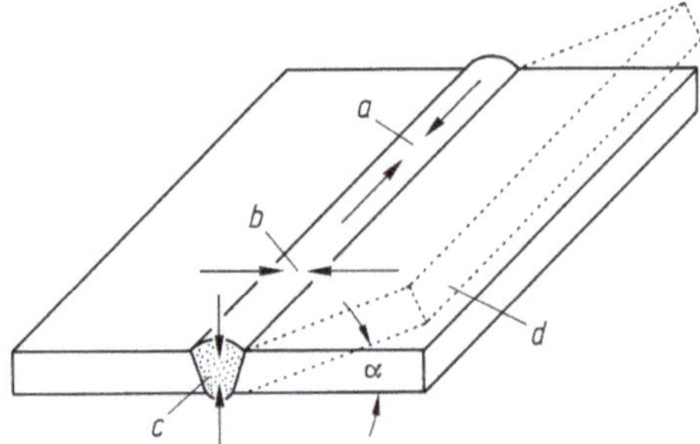

Abb. 7.2 Schweißnahtschrumpfung [34], *a* Längsschrumpfung, *b* Querschrumpfung, *c* Dickenschrumpfung, *d* Winkelschrumpfung α

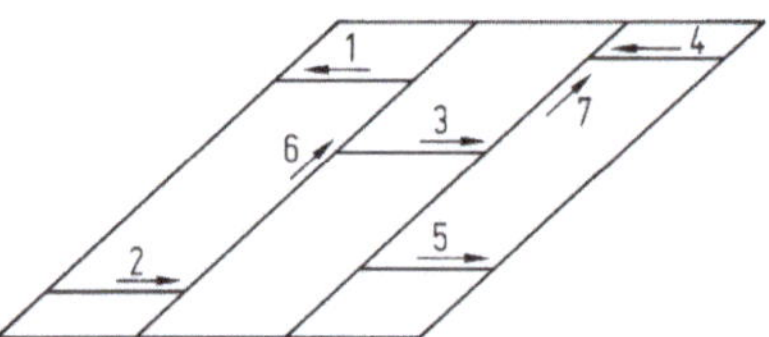

Abb. 7.3 Schweißfolge (Schritte *1* ... *6* nacheinander) an zusammengesetzten Blechfeldern [25]

Schrumpfung der Schweißnähte

Durch die punktartige und leistungsdichte Wärmequelle entstehen beim Schweißvorgang Dehnungen, beim Abkühlen schrumpft der Nahtbereich. Die Folge sind Eigenspannungen, deren Ausmaß von der Temperaturverteilung in der Schweißverbindung und der Steifigkeit der Konstruktion abhängen, Abb. 7.2.

- Längsschrumpfungen werden in erster Linie durch die Gesamtsteifigkeit der Konstruktion beeinflusst. In Abhängigkeit vom Verhältnis Gesamtquerschnitt/Schweißnahtquerschnitt entstehen Werkstückkürzungen (0,1 ... 0,3 mm/m [34]), -krümmungen, -verwerfungen und -beulungen.
- Querschrumpfungen (Parallelschrumpfungen) entstehen hauptsächlich (85 ... 90 %) unmittelbar neben der Schmelzlinie (der Rest geht auf Schwinden des Schweißgutes zurück). Sie sind abhängig von Nahtquerschnitt (vor allem vom Verhältnis Nahtdicke/Werkstückdicke), -form, -länge, Schweißverfahren und -technologie [34].
- Winkelschrumpfungen entstehen zusammen mit Querschrumpfungen. Sie sind abhängig von der Asymmetrie des Nahtaufbaus und dem damit verbundenen Temperaturfeld (außermittige Schrumpfkräfte nach dem Erkalten). Bei Kehlnähten ist entscheidend: Verhältnis Nahtdicke/Werkstückdicke; bei Stumpfnähten: Nahtöffnungswinkel, Nahtdicke, Lagenzahl (Schweißnaht in mehreren Lagen erzeugen!)

Mitunter werden Versuchsschweißungen zur Ermittlung der Vorbiegemaße oder Voranstellwinkel durchgeführt.

Schweißfolge

Eine fachgerechte Schweißfolge führt zu geringeren Eigenspannungen und Verformungen. Sie wird im Arbeitsplan festgelegt. Abb. 7.3 zeigt ein Beispiel.

Wärmespannungen

Beim Schweißen in kaltverformten Zonen bzw. Nachbarbereichen empfiehlt sich ein Normalglühen der Fügeteile vor dem Schweißen. Nach dem Schweißen genügt, zum Abbau der Schweißeigenspannungen, meist ein Spannungsarmglühen. Wenn die Beanspruchungen dies erfordern, kann aber auch Normalglühen erforderlich sein, Abschn. 5.2.1.1.

Bei großen Konstruktionen, die nicht im Ofen spannungsarm geglüht werden können, hat sich das Flammentspannen bewährt. Bei diesem Verfahren wird am fertigen Bauteil durch beidseitig der Schweißnaht geführte Brenner die Umgebung der Naht auf etwa 200 °C erwärmt. Den Brennern folgt eine Wasserbrause, die das Material wieder abkühlt. Die vorübergehende örtliche Erwärmung hat Wärmespannungen zur Folge, die sich den Eigenspannungen der Naht überlagern. Hierbei wird die Streckgrenze in der Naht überschritten. Durch das Fließen des Werkstoffs werden die Eigenspannungen der Schweißnaht, hauptsächlich die Längsspannungen, abgebaut. Die zusätzlichen Wärmespannungen werden durch das Abkühlen wieder beseitigt. Diese Wärmebehandlungen sind ein beachtlicher Kostenfaktor. Sie sollten nur bei hoher Anforderung an die Schweißkonstruktion vorgeschrieben werden.

Vorrichtungen

Zum Halten und Wenden der Schweißstücke können Vorrichtungen die Schweißarbeit oft sehr erleichtern, Vorbearbeitungen einsparen und die Schweißgüte verbessern. Ferner haben Führungen und Vorschubeinrichtungen den gleichen positiven Effekt.

Nachträgliches Glätten

Schleifen oder Abhobeln der Schweißnaht in Kraftrichtung und Hämmern der Naht dient dem nachträglichen Glätten. Es kann die Kerbwirkung verringert und die Dauerfestigkeit (Abschn. 7.3.2) erheblich erhöht werden, Abb. 7.4.

Richten

Richten wird durchgeführt, um die durch Schweißen entstandenen Bauteilverformungen wieder auszugleichen. Häufig werden dazu die Bauteile erwärmt, Beispiel: Flammenrichten; hier wird das Bauteil lokal (z. B. punkt-, strich- oder keilförmig) erwärmt, bei der Abkühlung dieser Werkstückbereiche entstehen infolge ihrer Stauchung Zugspannungen, die als Richtkräfte zum Rückverformen ausgenutzt werden. Eine andere Möglichkeit ist das Richten mit Hammer oder Presse, d. h. durch plastische Verformung im kalten Zustand.

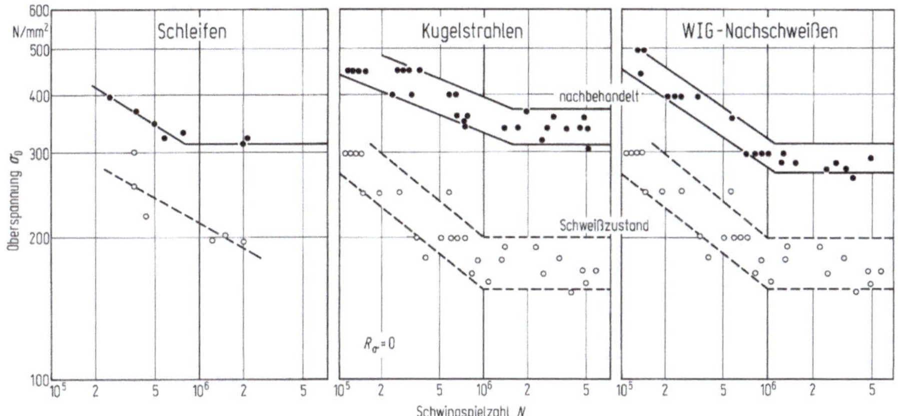

Abb. 7.4 Einfluss der Schweißnahtnachbehandlung auf die Schwingfestigkeit von Schweißverbindungen aus StE690 [3]

Schweißnahtgüte

Zur Beurteilung der Nahtgüte sind in DIN EN ISO 5817 [13] Bewertungsgruppen für Stumpf- und Kehlnähte festgelegt (für andere Nähte kann sinngemäß verfahren werden). Nach fallender Nahtgüte: B, C, D. Hierfür sind die jeweils geforderten Merkmale für den äußeren und den inneren Befund der Schweißnaht, d. h. das Ergebnis, festgelegt, Tab. 7.3 und 7.4.

Die für die jeweilige Nahtgüte erforderlichen Maßnahmen und Voraussetzungen müssen von Konstruktion und Betrieb geschaffen werden. Dazu gehören:

- schweißgerechte Gestaltung der Konstruktion
- Schweißeignung des Werkstoffs
- fachgerechte Vorbereitung
- Auswahl des Schweißverfahrens nach Werkstoff, Werkstückdicke

Tab. 7.3 Nahtgütebeurteilung nach DIN EN ISO 5817, äußere Befunde geschweißter Stumpfnähte und deren Bewertungsbeschreibung

Lfd. Nr.	Merkmale	Werkstückdicke t in mm	Bewertungsgruppe (von B zu D fallende Nahtgüte)		
			B	C	D
1	Nahtüberhöhung	$\geq 0{,}5$	$h \leq 1\,\text{mm} + 0{,}1 \cdot b$, aber max. 5 mm	$h \leq 1\,\text{mm} + 0{,}15 \cdot b$, aber max. 7 mm	$h \leq 1\,\text{mm} + 0{,}25 \cdot b$, aber max. 10 mm
2	Deckenlagenunterwölbung	0,5 … 3,0	nicht zulässig	Kurze Unregelmäßigkeit: $h \leq 0{,}1 \cdot t$	Kurze Unregelmäßigkeit: $h \leq 0{,}25 \cdot t$
		> 3,0	Kurze Unregelmäßigkeit: $h \leq 0{,}05 \cdot t$, aber max. 0,5 mm	Kurze Unregelmäßigkeit: $h \leq 0{,}1 \cdot t$, aber max. 1 mm	Kurze Unregelmäßigkeit: $h \leq 0{,}25 \cdot t$, aber max. 2 mm
3	Kantenversatz a) beidseitig geschweißte Nähte	0,5 … 3,0	$h \leq 0{,}2\,\text{mm} + 0{,}1 \cdot t$	$h \leq 0{,}2\,\text{mm} + 0{,}15 \cdot t$	$h \leq 0{,}2\,\text{mm} + 0{,}25 \cdot t$
	b) einseitig geschweißte Nähte	> 3,0	$h \leq 0{,}1 \cdot t$, aber max. 3 mm	$h \leq 0{,}15 \cdot t$, aber max. 4 mm	$h \leq 0{,}25 \cdot t$, aber max. 5 mm
	c) einseitig geschweißte Rohrrundnähte an dünnwandigen Rohren	> 0,5	$h \leq 0{,}5 \cdot t$, aber max. 2 mm	$h \leq 0{,}5 \cdot t$, aber max. 3 mm	$h \leq 0{,}5 \cdot t$, aber max. 4 mm
4	Einbrand- und Randkerben	0,5 … 3,0	nicht zulässig	Kurze Unregelmäßigkeit: $h \leq 0{,}1 \cdot t$	Kurze Unregelmäßigkeit: $h \leq 0{,}2 \cdot t$
		> 3,0	$h \leq 0{,}05 \cdot t$, aber max. 0,5 mm	$h \leq 0{,}1 \cdot t$, aber max. 0,5 mm	$h \leq 0{,}2 \cdot t$, aber max. 1 mm

Tab. 7.3 (Fortsetzung)

Lfd. Nr.	Merkmale	Werkstückdicke t in mm	Bewertungsgruppe (von B zu D fallende Nahtgüte) B	C	D
5	offene Endkrater 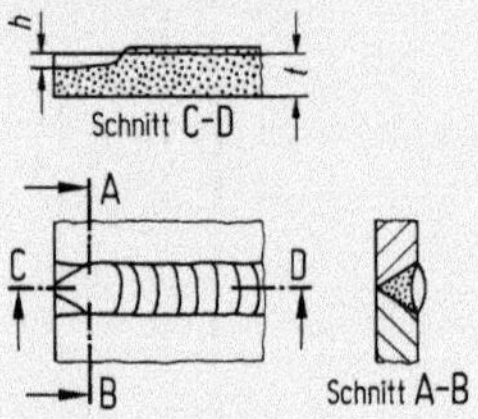 (Schnitt C-D, Schnitt A-B)	0,5 … 3,0	nicht zulässig	nicht zulässig	$h \leq 0{,}2 \cdot t$
		> 3,0	nicht zulässig	$h \leq 0{,}1 \cdot t$, aber max. 1 mm	$h \leq 0{,}2 \cdot t$, aber max. 2 mm
6	Wurzelüberhöhung 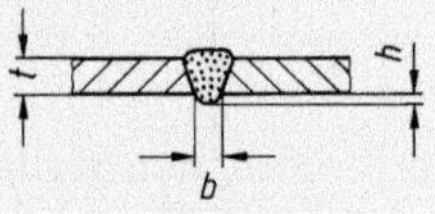	0,5 … 3,0	$h \leq 1\,\text{mm} + 0{,}1 \cdot b$	$h \leq 1\,\text{mm} + 0{,}3 \cdot b$	$h \leq 1\,\text{mm} + 0{,}6 \cdot b$
		> 3,0	$h \leq 1\,\text{mm} + 0{,}2 \cdot b$, aber max. 3 mm	$h \leq 1\,\text{mm} + 0{,}6 \cdot b$, aber max. 4 mm	$h \leq 1\,\text{mm} + 1{,}0 \cdot b$, aber max. 5 mm
7	Wurzelkerbe 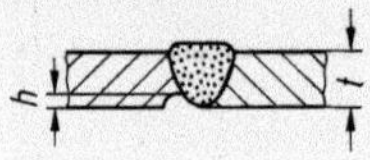	0,5 … 3,0	nicht zulässig	Kurze Unregelmäßigkeit: $h \leq 0{,}1 \cdot t$	Kurze Unregelmäßigkeit: $h \leq 0{,}2\,\text{mm} + 0{,}1 \cdot t$
		> 3,0	Kurze Unregelmäßigkeit: $h \leq 0{,}05 \cdot t$, aber max. 0,5 mm	Kurze Unregelmäßigkeit: $h \leq 0{,}1 \cdot t$, aber max. 1 mm	Kurze Unregelmäßigkeit: $h \leq 0{,}2 \cdot t$, aber max. 2 mm

Tab. 7.4 Nahtgütebeurteilung nach DIN EN ISO 5817. Äußere Befunde geschweißter Kehlnähte und deren Bewertungsbeschreibung

Lfd. Nr.	Merkmale	Werkstückdicke t in mm	Bewertungsgruppe B	C	D
1	Nahtüberhöhung 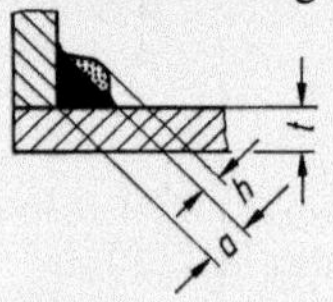	> 0,5	$h \leq 1\,\text{mm} + 0{,}15 \cdot a$, aber max. 3 mm	$h \leq 1\,\text{mm} + 0{,}15 \cdot a$, aber max. 4 mm	Zulässig
2	Nahtüberschreitung 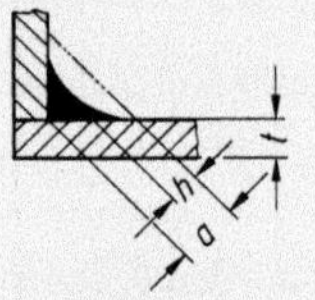	0,5 … 3,0	nicht zulässig	Kurze Unregelmäßigkeit: $h \leq 0{,}2\,\text{mm}$	Kurze Unregelmäßigkeit: $h \leq 0{,}2\,\text{mm} + 0{,}1 \cdot a$
		> 3,0	nicht zulässig	Kurze Unregelmäßigkeit: $h \leq 0{,}3\text{mm} + 0{,}1 \cdot a$, aber max. 1 mm	Kurze Unregelmäßigkeit: $h \leq 0{,}3\text{mm} + 0{,}1 \cdot a$, aber max. 2 mm
3	Ungleichschenkligkeit [a = Istmaß, $h = z_2 - z_1$] 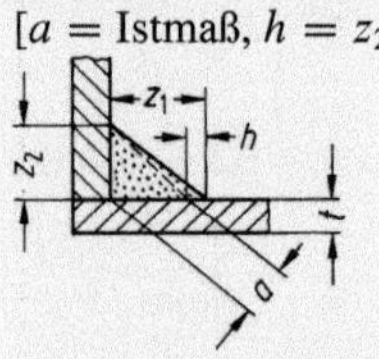	> 0,5	$h \leq 1{,}5\,\text{mm} + 0{,}15 \cdot a$	$h \leq 2\,\text{mm} + 0{,}15 \cdot a$	$h \leq 2\,\text{mm} + 0{,}2 \cdot a$
4	Einbrandkerbe/Randkerbe 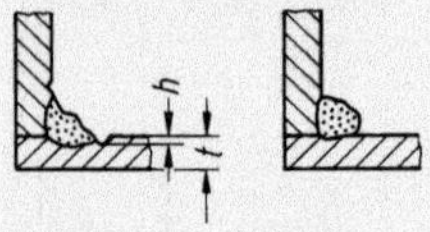	0,5 … 3,0	nicht zulässig	Kurze Unregelmäßigkeit: $h \leq 0{,}1 \cdot t$	Kurze Unregelmäßigkeit: $h \leq 0{,}2 \cdot t$
		> 3,0	$h \leq 0{,}05 \cdot t$, aber max. 0,5 mm	$h \leq 0{,}1 \cdot t$, aber max. 0,5 mm	$h \leq 0{,}2 \cdot t$, aber max. 1 mm
5	Erfassung der Wurzel a) ungenügende Durchschweißung 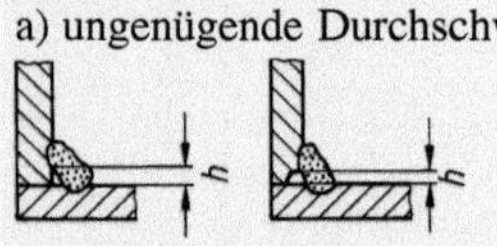	> 0,5	nicht zulässig	nicht zulässig	Kurze Unregelmäßigkeit: $h \leq 0{,}2 \cdot a$, aber max. 2 mm
	b) schlechte Passung bei Kehlnähten 	0,5 … 3,0	$h \leq 0{,}2\,\text{mm} + 0{,}1 \cdot a$	$h \leq 0{,}3\,\text{mm} + 0{,}1 \cdot a$	$h \leq 0{,}5\,\text{mm} + 0{,}1 \cdot a$
		> 3,0	$h \leq 0{,}5\,\text{mm} + 0{,}1 \cdot a$, aber max. 2 mm	$h \leq 0{,}5\,\text{mm} + 0{,}2 \cdot a$, aber max. 3 mm	$h \leq 1\,\text{mm} + 0{,}3 \cdot a$, aber max. 4 mm

Tab. 7.5 Nahtform und Ansatz von rechnerischer Nahtdicke und -länge nach [31] und DIN EN 1993 Teil 8 [4]

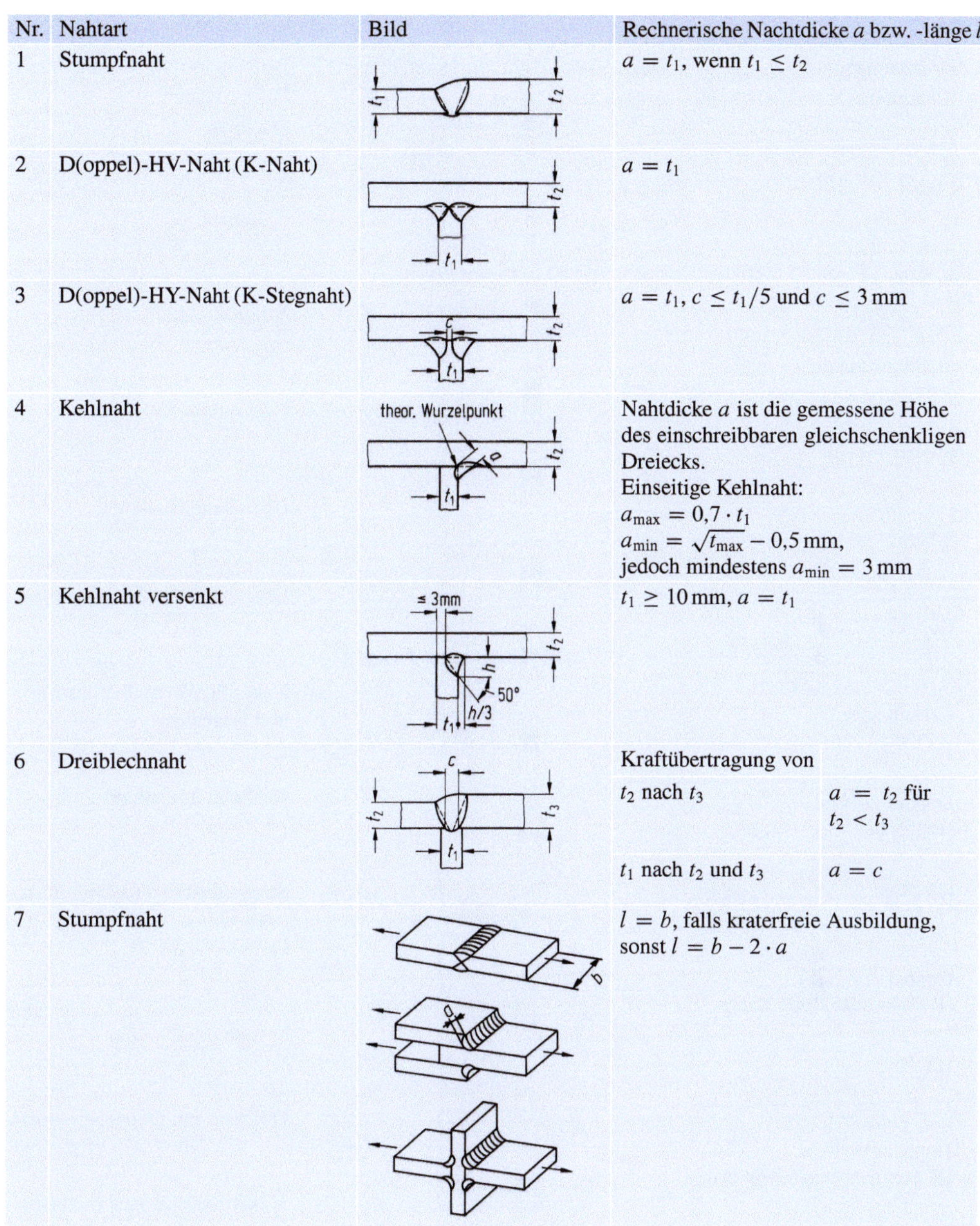

Nr.	Nahtart	Bild	Rechnerische Nachtdicke a bzw. -länge l	
1	Stumpfnaht		$a = t_1$, wenn $t_1 \leq t_2$	
2	D(oppel)-HV-Naht (K-Naht)		$a = t_1$	
3	D(oppel)-HY-Naht (K-Stegnaht)		$a = t_1, c \leq t_1/5$ und $c \leq 3\,\text{mm}$	
4	Kehlnaht	theor. Wurzelpunkt	Nahtdicke a ist die gemessene Höhe des einschreibbaren gleichschenkligen Dreiecks. Einseitige Kehlnaht: $a_{\text{max}} = 0{,}7 \cdot t_1$ $a_{\text{min}} = \sqrt{t_{\text{max}}} - 0{,}5\,\text{mm}$, jedoch mindestens $a_{\text{min}} = 3\,\text{mm}$	
5	Kehlnaht versenkt	≤ 3mm, 50°, h/3	$t_1 \geq 10\,\text{mm}, a = t_1$	
6	Dreiblechnaht		Kraftübertragung von	
			t_2 nach t_3	$a = t_2$ für $t_2 < t_3$
			t_1 nach t_2 und t_3	$a = c$
7	Stumpfnaht		$l = b$, falls kraterfreie Ausbildung, sonst $l = b - 2 \cdot a$	

- auf Werkstoff und Schweißposition abgestimmte, geprüfte und zugelassene Zusatzwerkstoffe
- Qualifikation der Schweißer und deren Überwachung
- Nachweis einwandfreier Ausführung der Schweißarbeiten (technologisch ausgereiftes Verfahren, Durchstrahlung)

Der Konstrukteur wählt die erforderliche Bewertungsgruppe in Abstimmung mit der Fertigung und dem Auftraggeber je nach Belastung (statisch, dynamisch), Sicherheitsanforderungen und Umwelteinflüssen (Korrosionsgefahr, Temperatur). Unnötig hohe Anforderungen gefährden die Wirtschaftlichkeit.

7.2.4 Stoß- und Nahtarten

Die verschiedenen Ausführungsformen lassen sich meist auf die Stumpf- oder Kehlnaht zurückführen. Eine Übersicht geben Tab. 7.5 und 7.6, eingeteilt nach der Stoßform, d. h. nach der Lage der Fügeteile zueinander.

Stumpfstoß

Er wird verwendet für durchlaufende Bleche und Träger. Die Stumpfnaht ist statisch und besonders dynamisch höher belastbar als die Kehlnaht (Kraftumlenkung), meist aber teurer (aufwendigere Schweißvorbereitung). Ein Gegenschweißen

Tab. 7.6 Sinnbilder, vereinfachte Darstellung und Zusatzzeichen für Schmelzschweißen nach DIN EN ISO 2553

Benennung[b]	Sinnbild	Bildliche Darstellung[a]
Bördelnaht	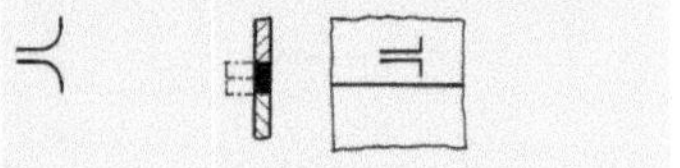	
I-Naht	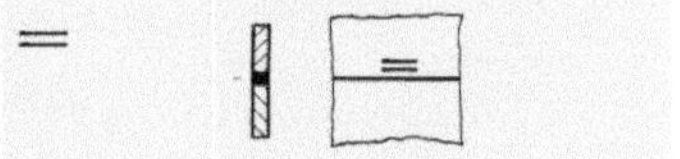	
V-Naht	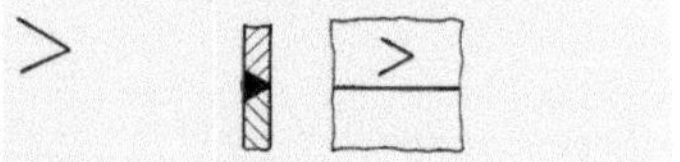	
Steilflankennaht	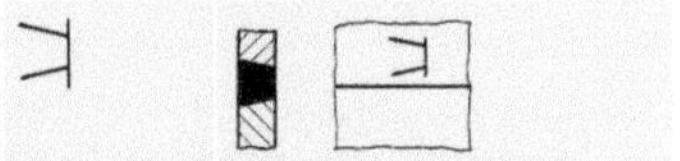	
X-Naht	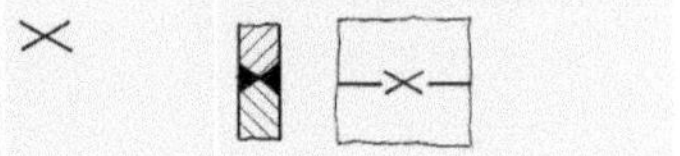	
Y-Naht	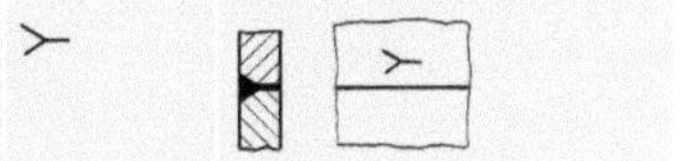	
Doppel-Y-Naht	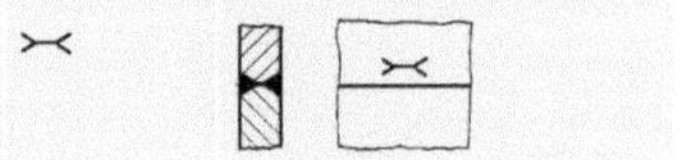	
U-Naht	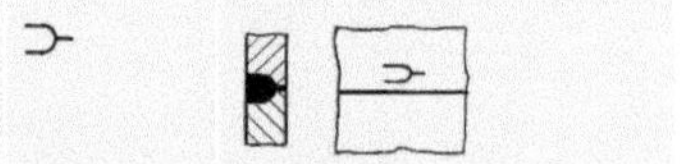	
Doppel-U-Naht (DU-Naht)	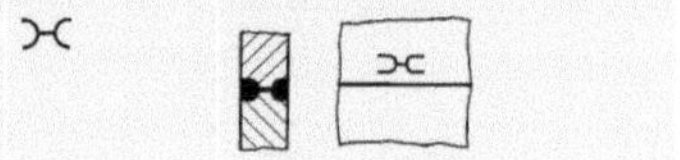	
HV-Naht	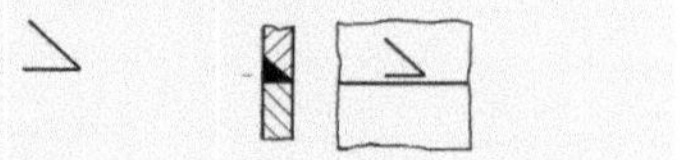	
Doppel-HV-Naht (K-Naht oder DHV-Naht)	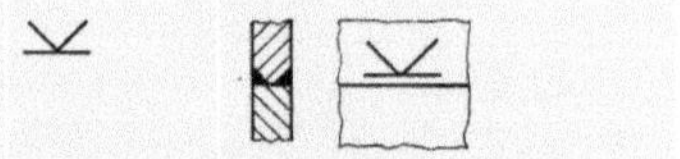	
HY-Naht		
Doppel-HY-Naht (K-Stegnaht oder DHY-Naht)	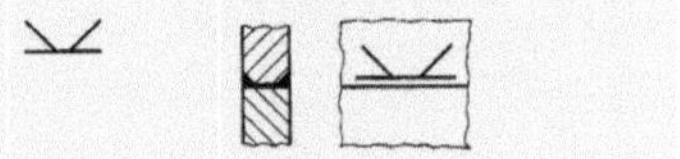	
HU-Naht (auch J-Naht (Jotnaht))	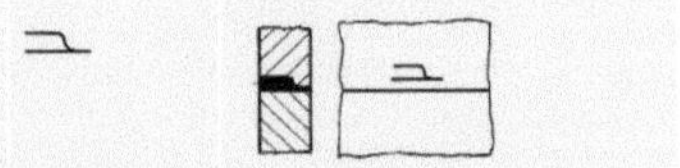	
Doppel-J-Naht		
Stirn-Flachnaht	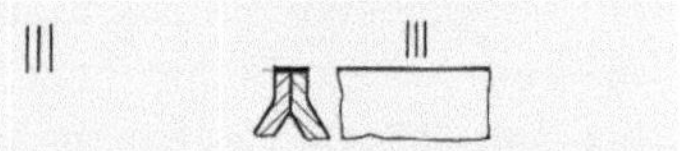	
Punkt-bzw. Liniennaht	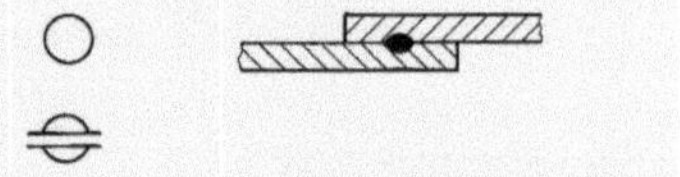	
Kehlnaht sichtbar		
Zusatzzeichen		
Flachnaht		
Wölbnaht		
Hohlnaht	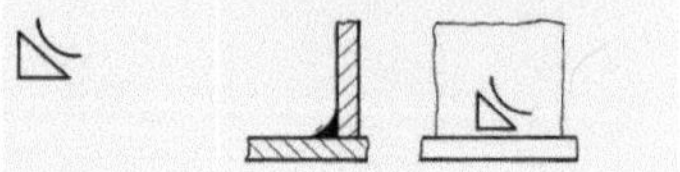	
Naht eingeebnet	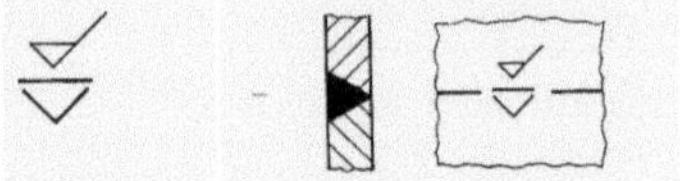	
Übergänge bearbeitet	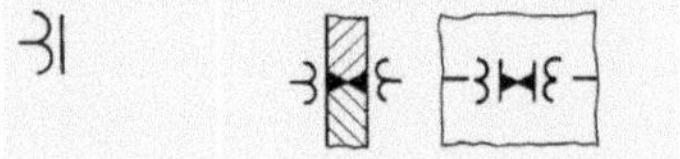	
Übergänge bearbeitet kerbfrei	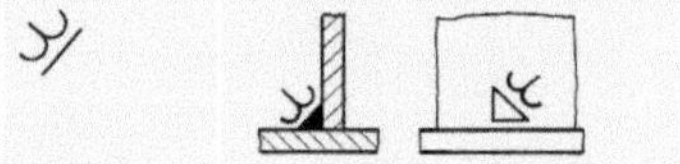	
Naht mit Wurzelüberhöhung und Gegenlage	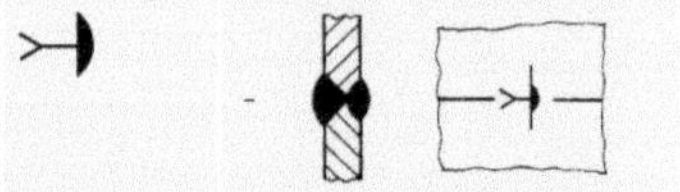	
Kehlnaht umlaufend	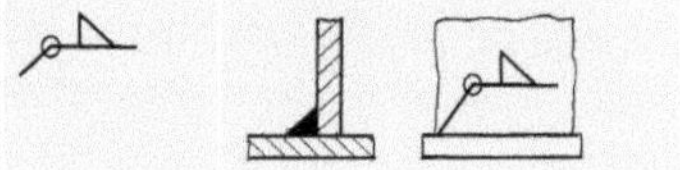	
Schweißnähte ohne Sinnbilder (sind stets ausführlich zu zeichnen und zu bemaßen)		
Dreiblechnaht	–	
V-Naht mit U-Naht	–	
HV-Naht mit Doppel-Kehlnaht	–	
K-Naht mit Doppel-Kehlnaht	–	

[a] Sinnbildliche Darstellung erfolgt mit Bezugsstrich und Sinnbild.
[b] Bördelnaht bis einschließlich Doppel-J-Naht sind Stumpfnähte.

der Nahtwurzel (als Kappnaht nach der Herstellung der eigentlichen Naht, als Wurzelnaht vorher geschweißt) erhöht die dynamische Festigkeit in der Regel erheblich, ebenso ein Glätten der Naht, Abschn. 7.2.3. Hinweise zur Wahl der Nahtart gibt Tab. 7.5.

Beim herkömmlichen Schmelzschweißen werden Bleche bis 3 mm Dicke ohne Kantenabschrägung, bis 20 mm Dicke mit V-Naht (Bleche vorher abgeschrägt, Nahtwinkel $\approx 60°$), bis 40 mm Dicke mit X-Naht, darüber mit kelchartiger V- bzw. X-Naht (als U-Naht bzw. Doppel-U-Naht bezeichnet) verschweißt.

T-Stoß
Er wird meist mit (der kostengünstigeren) Flachnaht ausgeführt. Vergleich mit Stumpfstoß siehe oben. Bei dynamischer Beanspruchung ist die Hohlkehlnaht (guter Übergang) der Flach- und der Wölbnaht überlegen. Die einseitige Kehlnaht ist nur gering belastbar (siehe Nahtformbeiwert v_1 in Abschn. 7.3.2.2).

Bei den meisten Schweißverfahren entsteht ein Spalt (Dicke c, Tab. 7.5, Nr. 3) zwischen den Fügeteilen. Beim (teil)automatischen einlagigen UP- oder MAG-Schweißen entsteht dagegen in der Regel ein tiefer Wurzeleinbrand ohne Spalt. In Tab. 7.5 sind Ansätze zur Berechnung der rechnerischen Nahtdicke enthalten.

Eckstoß
Sie sind wegen der Kraftumlenkung besonders ungünstig, also möglichst zu vermeiden (siehe Nahtformbeiwert v_1 in Abschn. 7.3.2.2), mitunter allerdings notwendig, z. B. bei Rohrverbindungen [25].

Laschenstoß
Er wird als Anschluss von Laschen und Profilen an Knotenbleche verwendet. Wie bei allen Überlappungsstößen ist die Spannung entlang der Flankennaht ungleichmäßig verteilt. Deshalb wird die Nahtlänge begrenzt, Abb. 7.7b. Laschen und Profile werden besser mit Stumpf- und Kehlnähten an Bleche angeschlossen, Abb. 7.12.

7.2.5 Zeichnungsangaben

Vereinfachte Darstellung der Naht (im Allgemeinem ausreichend für die Konstruktionszeichnung): Im Querschnitt wird sie voll gezeichnet, in der Längsansicht ohne Schraffur und mit dem betreffenden Schweißzeichen nach DIN EN ISO 2553 [9] versehen, Tab. 7.6.

Vollständige Bezeichnung der Naht durch die Arbeitsvorbereitung mit allen Informationen für die Fertigung nach DIN EN SO 2553.

7.3 Tragfähigkeit und Betriebsverhalten von Schmelzschweißverbindungen

Die Hauptabmessungen des Bauteils (Blechdicke, Wanddicke, Durchmesser, ...) ergeben sich aus dessen Belastung und zulässiger Spannung. Die mit dem Auftraggeber vereinbarten oder durch Normen vorgeschriebenen (z. B. DIN EN 13001 Teil 3-1 [7], DIN EN 1993, DV 952 [18]) Sicherheiten sind dabei zu berücksichtigen. Nach diesen Abmessungen, dem Werkstoff und der Lage der Stoßstellen werden die Schweißnähte und das Schweißverfahren gewählt und dann der Festigkeitsnachweis (Nachrechnung) geführt. Mitunter muss auch die Steifigkeit und das Schwingungsverhalten nachgeprüft werden. Gegebenenfalls müssen die vorläufig gewählten Abmessungen korrigiert werden.

7.3.1 Dimensionierung, Schweißnahtabmessungen

Rechnerische Schweißnahtdicke *a*
Bei Stumpfnähten ist die Nahtdicke a gleich der Blechdicke des dünneren Blechs t_{min}. Bei Kehlnähten ist a die Höhe des einschreibbaren, rechtwinkligen, gleichschenkligen Dreiecks. Für die Berechnung kann a als in die Anschlussebene geklappt betrachtet werden, Abb. 7.5b.

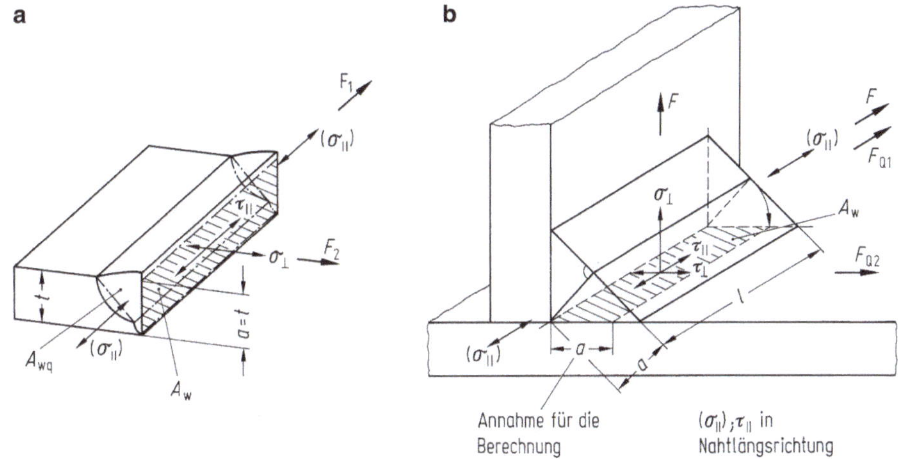

Abb. 7.5 Nahtspannungen, Schweißnahtdicke (Annahmen für die Berechnung), **a** Stumpfnaht, **b** Kehlnaht

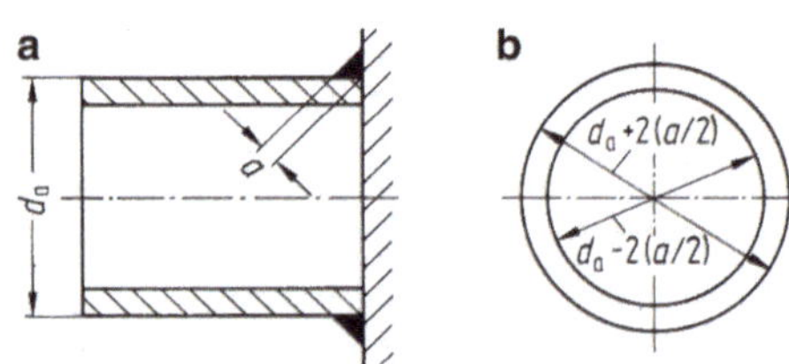

Abb. 7.6 Schweißnahtanschluss eines Rohrs, **a** Schweißnahtanordnung, **b** in die Wurzelebene geklappter Schweißnahtquerschnitt für die Berechnung der Widerstandsmomente in (7.7) und (7.8)

Rechnerische Schweißnahtlänge l

Bei kraterfreien Stumpf- und Kehlnähten ist l die Gesamtlänge der Naht. Andernfalls wird für die Breite der Krater ein Abzug gemacht, Tab. 7.5, Nr. 7.

Bei durchlaufenden Kehlnähten um einen Querschnitt herum ist die Schweißnahtlänge l gleich dem Umfang der theoretischen Schweißnaht-Wurzellinie ($\pi \cdot d_a$) in Abb. 7.6.

Rechnerische Schweißnahtfläche und Widerstandsmoment

Die rechnerischen Schweißnahtflächen (A_{wS} für Stumpfnähte, A_{wK} für Kehlnähte) und Widerstandsmomente (W_{bw} für Biegung, W_{tw} für Torsion) ergeben sich aus den Werten für a und l bzw. der Anordnung der Schweißnähte, d. h. dem Schweißnahtbild. Für die Berechnung von W_{bw} (W_{tw}) bzw. I_{bw} (I_{tw}) wird die Schweißnaht in die Wurzelebene geklappt, Abb. 7.6.

7.3.2 Festigkeitsnachweis

Hierfür wird das wirkliche Schweißnahtbild durch das in Abschn. 7.3.1 beschriebene vereinfachte Modell ersetzt. Die so definierten Schnittflächen werden als maßgebend für die Kraftübertragung angesehen.

Aus der Beanspruchung in der Schweißnaht (engl.: welding) und dessen Festigkeit errechnen sich die Sicherheiten gegen Fließen $S_{w,F}$ und gegen Dauerbruch $S_{w,D}$.

7.3.2.1 Beanspruchungen

Mit den maßgebenden Kräften und den Schweißnahtflächen bzw. dem rechnerischen Schweißnahtbild werden die maßgebenden Nennspannungen in der Naht nach den Regeln der Festigkeitslehre (Kap. 3) berechnet.

Die Kerbwirkung aus Kraftumlenkung, Einbrandkerben, metallurgischen Kerben, ebenso wie die Kraftumlenkung in Überlappungsnähten, Mehrachsigkeit und Eigenspannungen werden im Ansatz der experimentell ermittelten „Festigkeit" berücksichtigt.

Statische Beanspruchung mit den Bezeichnungen in Abb. 7.5

Normalbeanspruchungen (Zug oder Druck)

- senkrecht zur Längsschnittfläche

$$\sigma_{w,\text{zd}} = \sigma_\perp = \frac{F_2}{\sum(a \cdot l)} \tag{7.2}$$

- senkrecht zur Querschnittsfläche (ohne praktische Bedeutung)

$$\sigma_{w,\text{ zd}} = \sigma_\parallel = \frac{F_1}{A_{\text{wq}}} \tag{7.3}$$

A_{wq}	in mm^2	rechnerische Schweißnahtfläche
F_1	in N	Kraft in Schweißnahtlängsrichtung
F_2	in N	Kraft senkrecht zur Schweißnaht
$\sum(a \cdot l)$	in mm^2	Summe der Nahtflächen

Schubbeanspruchung

- senkrecht zur Naht

$$\tau_{w,s} = \tau_\perp = \frac{F_{Q_2}}{A_w} = \frac{F_{Q_2}}{\sum(a \cdot l)} \tag{7.4}$$

- parallel zur Naht

$$\tau_{w,s} = \tau_\parallel = \frac{F_{Q_1}}{A_w} = \frac{F_{Q_1}}{\sum(a \cdot l)} \tag{7.5}$$

- Schubbeanspruchung der Längsnaht des durch eine Querkraft F_Q belasteten Biegeträgers

$$\tau_{w,s} = \tau_\parallel = \frac{F_Q \cdot S^*}{I \cdot \sum a} \tag{7.6}$$

A_w	in mm^2	Schweißnahtfläche
F_Q	in N	Querkraft, aufgeteilt in F_{Q1} parallel und F_{Q2} senkrecht zur Naht
I	in mm^4	Flächenträgheitsmoment
S^*	in mm^3	Flächenmoment 1. Grades siehe Tab. 3.1 und Beispiel 7.2 in Abschn. 7.9
$\sum a$	in mm	Summe der Nahtdicken der Längsnähte
$\sum(a \cdot l)$	in mm^2	Summe der Nahtflächen

Biegebeanspruchung (senkrecht zur Naht)

$$\sigma_{w,b} = \sigma_\perp = \frac{M_b}{W_{\text{bw}}} = \frac{M_b}{I_{\text{bw}}} \cdot y \tag{7.7}$$

y	in mm	Abstand vom Schwerpunkt
I_{bw}	in mm^4	Flächenträgheitsmoment der Schweißnaht für Biegung siehe Tab. 3.2 und Abschn. 7.3.1
M_b	in N mm	Biegemoment
W_{bw}	in mm^3	Widerstandsmoment der Schweißnaht gegen Biegung siehe Tab. 3.2 und Abschn. 7.3.1

Tab. 7.7 Statische Festigkeit von Schweißverbindungen von gezogenen Rohren (Produktgruppe DT) aus Aluminiumlegierungen

Legierung nach DIN EN 573 Teil 3	Zustand nach DIN EN 515	Charakteristischer Wert der 0,2 %-Dehngrenze nach DIN EN 1999 Teil 1-1 in N/mm^2	0,2 %-Dehngrenze in der Wärmeeinflusszone, WEZ nach DIN EN 1999-1-1 in N/mm^2
EN AW-AlMg3 (EN AW-5754)	$H14/H24/H34$	180	100
EN AW-AlMg4,5Mn0,7 (EN AW-5083)	$H14/H24/H34$	235	135
EN AW-AlSi1MgMn (EN AW-6082)	$T6$	255	125
EN AW-AlZn4,5Mg1 (EN AW-7020)	$T6$	280	205

Torsionsbeanspruchung (parallel zur Naht)

$$\tau_{w,t} = \tau_{\|} = \frac{T}{W_{\text{tw}}} = \frac{T}{I_{\text{tw}}} \cdot y \tag{7.8}$$

Näherung (Bredt'sche Formel siehe (3.33)) für eine geschlossene rundum laufende Naht

$$\tau_{w,t} = \frac{T}{2 \cdot A_U \cdot a} \tag{7.9}$$

a	in mm	Schweißnahtdicke
y	in mm	Abstand vom Schwerpunkt
A_U	in mm^2	die von der mittleren Umfangslinie U umschlossene Fläche siehe Abb. 3.16
I_{tw}	in mm^4	Flächenträgheitsmoment der Schweißnaht für Torsion siehe Tab. 3.2 und Abschn. 7.3.1
T	in N/mm^2	Torsionsmoment
W_{tw}	in mm^3	Widerstandsmoment der Schweißnaht für Torsion siehe Tab. 3.2 und Abschn. 7.3.1

Dynamische Beanspruchung

Bei dynamischer Beanspruchung gelten ebenfalls (7.2) bis (7.9) mit Ausschlagkraft F_a (F_{Qa}) zur Berechnung der entsprechenden Ausschlagspannungen $\sigma_{w,a,\text{zd}}$, $\sigma_{w,a,b}$, $\tau_{w,a,s}$, $\tau_{w,a,t}$.

7.3.2.2 Festigkeitswerte

Statische Beanspruchung

Bei statischer Beanspruchung, fachgerecht gewähltem Zusatzwerkstoff und Schweißnahtquerschnitt versagt die Schweißverbindung am Übergang von Schweißnaht und Grundwerkstoff oder außerhalb der Schweißnaht, Abb. 7.7. Als maßgebende Festigkeit wird daher die Fließgrenze R_p des Bauteilwerkstoffs zugrunde gelegt.

Für Bauteile aus Aluminiumwerkstoffen ist die Fließgrenze der Wärmeeinflusszone nach Tab. 7.7 maßgebend.

Schweißnahtfließgrenzen:

Zug/Druck

$$\sigma_{w,F,\text{zd}} = \sigma_{\perp} = v_2 \cdot v_3 \cdot K_{d,p} \cdot R_{p,N} \tag{7.10}$$

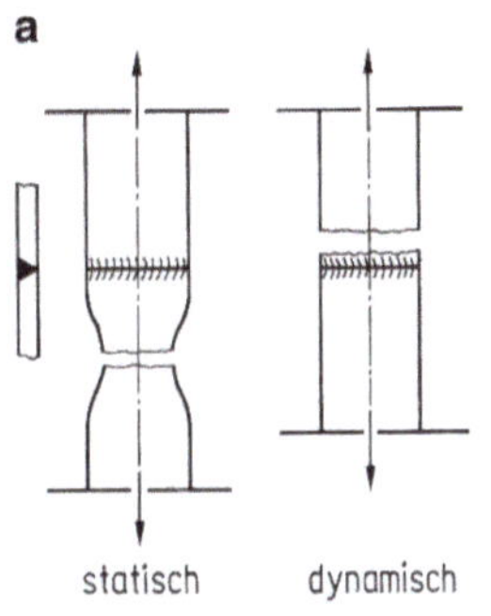

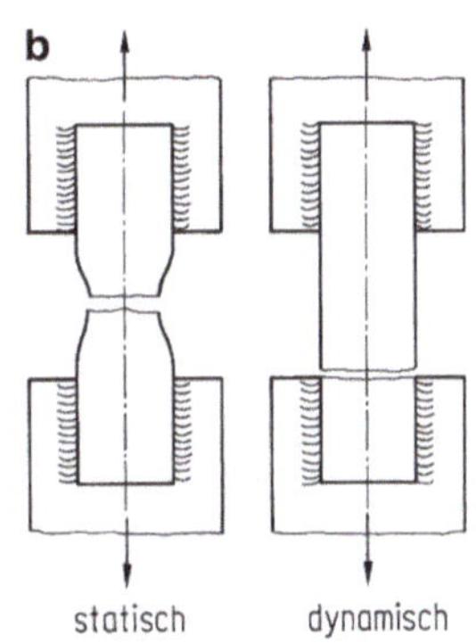

Abb. 7.7 Bruchbilder bei statischer und dynamischer Zugbelastung [31], **a** Stumpfnaht, **b** Überlappstoß mit Flankenkehlnaht

Biegung

$$\sigma_{w,F,b} = \sigma_{\perp} = v_2 \cdot v_3 \cdot K_{d,p} \cdot R_{p,N} \tag{7.11}$$

Schub

$$\tau_{w,F,s} = \tau_{\perp}, \tau_{\|} = v_2 \cdot v_3 \cdot K_{d,p} \cdot R_{p,N} \tag{7.12}$$

Torsion

$$\tau_{W,F,t} = \tau_{\|} = v_2 \cdot v_3 \cdot K_{d,p} \cdot R_{p,N} \tag{7.13}$$

v_2		Nahtgütebeiwert siehe Tab. 7.8
v_3		Beanspruchungsbeiwert (Umrechnung der Werte für die Zugprobe auf andere Beanspruchungen) siehe Tab. 7.9
$K_{d,p}$		Größenfaktor siehe Abschn. 3.4.2a)
$R_{p,N}$	in N/mm^2	Festigkeitswerte siehe Kap. 5

Dynamische Beanspruchung

Bei dynamischer Beanspruchung (insbesondere im Bereich der Dauerfestigkeit) tritt der Bruch infolge der äußeren und inneren Kerben am Nahtübergang ein (Abb. 7.7). Die dadurch verursachten Spannungsspitzen können sich, im Gegensatz zur statischen Beanspruchung, nicht durch örtliches Fließen abbauen (Kap. 3: Praktische Festigkeitsrechnung). Einbrandkerben und nicht verschweißte Wurzeln, wirken

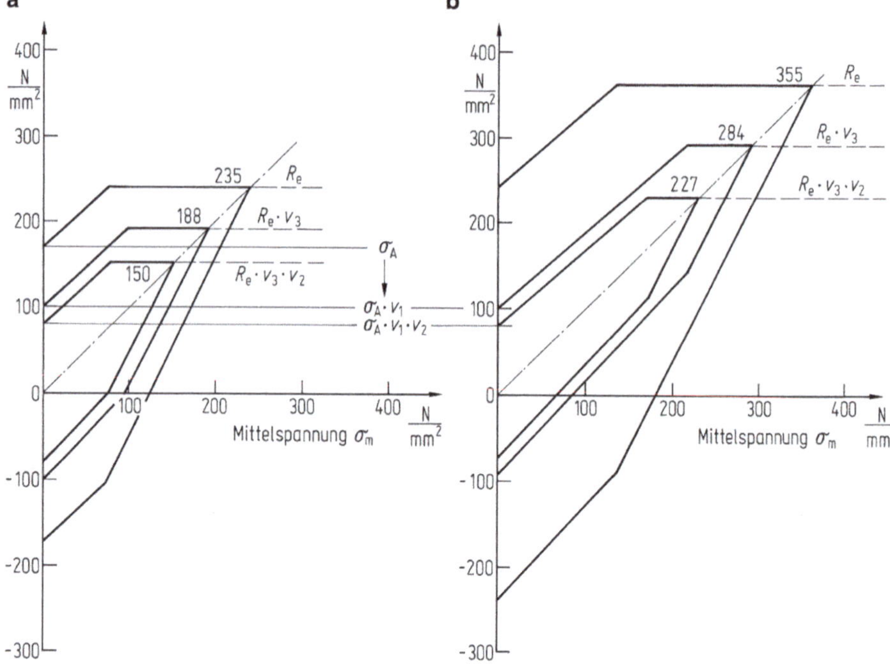

Abb. 7.8 Smith-Diagramme für Bauteilwerkstoff und Schweißverbindung (Beispiel: $v_1 = 0{,}6$; $v_2 = 0{,}8$) für **a** S235, **b** S355

Tab. 7.8 Nahtgütebeiwert v_2 für statische und dynamische Festigkeit [26]

v_2	Bewertungsgruppe Stahl nach DIN EN ISO 5817	Anforderung an Ausführung und Kontrolle
0,5	–	ohne Kontrolle
0,8	*C*	Sichtprüfung
0,9	*B*	Normalgüte stichprobenweise durchstrahlt (wenig Poren- und Schlackeneinschlüsse zulässig)
1,0	*A*	Sondergüte ganz durchstrahlt (frei von Rissen, Binde- und Wurzelfehlern und Einschlüssen, alle beteiligten Schweißer gleichmäßig erfasst, Mindestnahtgüte „blau" nach IIW-Katalog)

Tab. 7.9 Beanspruchungsbeiwert v_3 für statische Festigkeit [26]

Nahtform	Art der Beanspruchung	v_3	
		Stahl	Al-Legierungen
Stumpfnähte	Zug	1,0	1,0
	Druck	1,0	1,0
	Biegung	1,0	1,0
	Schub, Torsion	0,8	0,65
Kehlnähte	jede Beanspruchung	0,8	0,65

sich stark auf die dynamische Festigkeit aus, ebenso wie schroffe Kraftumlenkungen oder ungünstige Schweißnahtanordnung. Als maßgebende Dauerfestigkeit wird von der Ausschlagfestigkeit $\sigma_{A,\mathrm{zd},N}$ der glatten, auf Zug beanspruchten Probe aus S235 ausgegangen. Für S355 und andere höherfeste Stähle wird derselbe Wert angesetzt, da für die geschweißte Probe höherer Festigkeit auch eine höhere Kerbempfindlichkeit gegenüber steht. Abb. 7.8 beleuchtet diese Vorgehensweise anhand der vereinfachten Smith-Diagramme für S235 und S355. Wird die Schweißnahtfließgrenze nach (7.11) in das Smith-Diagramm eingetragen, ergibt sich für S355 die gleiche Ausschlagfestigkeit für die geschweißten Probe wie für S235.

Ausschlagfestigkeiten für das geschweißte Bauteil:
Zug/Druck

$$\sigma_{w,A,\mathrm{zd}} = \sigma_{A\perp} = v_1 \cdot v_2 \cdot K_{d,m} \cdot \sigma_{A,\mathrm{zd},N} \tag{7.14}$$

Biegung

$$\sigma_{w,A,b} = \sigma_{A\perp} = v_1 \cdot v_2 \cdot K_{d,m} \cdot \sigma_{A,\mathrm{zd},N} \tag{7.15}$$

Schub

$$\tau_{w,A,s} = \tau_{A\perp}, \tau_{A\parallel} = v_1 \cdot v_2 \cdot K_{d,m} \cdot \sigma_{A,\mathrm{zd},N} \tag{7.16}$$

Torsion

$$\tau_{W,A,t} = \tau_{A\parallel} = v_1 \cdot v_2 \cdot K_{d,m} \cdot \sigma_{A,\mathrm{zd},N} \tag{7.17}$$

$\sigma_{A,\mathrm{zd},N}$	in N/mm²	Nennausschlagfestigkeit
v_1		Nahtformbeiwert siehe Tab. 7.10
v_2		Nahtgütebeiwert siehe Tab. 7.8
$K_{d,m}$		Größenfaktor siehe Abschn. 3.4.2a

Das Prinzip der Ausschlagfestigkeit σ_A, τ_A allgemein und deren Berechnung wird in Kap. 3: Praktische Festigkeitsrechnung erläutert. Für S235 zeigt Abb. 7.9 das Smith-Diagramm aus dem die Dauerfestigkeit der Normprobe und des Bauteils mit den Faktoren v_1 und v_2 für das Beispiel 7.1 enthalten sind.

Tab. 7.10 Nahtformbeiwerte v_1 für dynamische Festigkeit

Bezeichnung		V-Naht	X-Naht bzw. V-Naht mit Kopflage	V-Naht spanend bearbeitet	Bördelnaht			Hinweise
Nahtbild Stumpfstöße		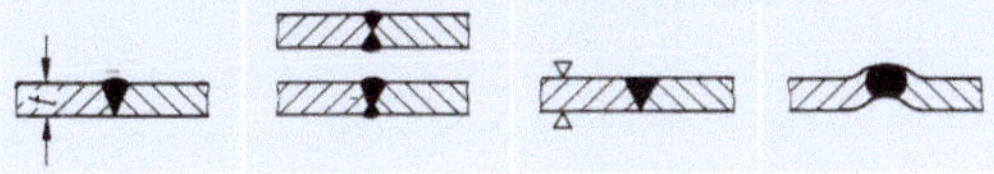						Werte gelten jeweils auch für gleichartig angeführte Dreiblech-T-Stöße, die überwiegend horizontal in den stumpf aufeinanderstoßenden Blechen beansprucht werden.
Nahtfläche		$t \cdot l$	$t \cdot l$	$t \cdot l$	$t \cdot l$			
v_1	$\sigma_{\perp zd}$[a]	0,50	0,70	0,90	0,50			
	$\sigma_{\perp b}$	0,70	0,80	0,90	0,80			
	$\tau_{\parallel s}$[b]	0,42	0,56	0,72	0,56			

Bezeichnung		HV-Naht mit Steg	HV-Naht ohne Steg	K-Naht mit Steg	K-Naht ohne Steg			Hinweise
Nahtbild T-Stöße (HV- und K-Nähte)		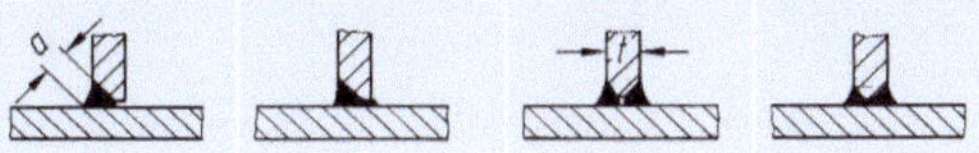						geringere Kraftumlenkung als bei Kehlnähten, damit geringere Kerbwirkung (stumpfnahtähnlich)
Nahtfläche		$a \cdot l$	$a \cdot l$	$t \cdot l$	$t \cdot l$			
v_1	$\sigma_{\perp zd}$[a]	0,40	0,60	0,50	0,70			
	$\sigma_{\perp b}$	0,60	0,70	0,68	0,80			
	$\tau_{\parallel s}$[b]	0,32	0,48	0,40	0,56			

Bezeichnung		Einseitige			Beidseitige			Hinweise
		Wölbnaht	Flachnaht	Hohlnaht	Wölbnaht	Flachnaht	Hohlnaht	
Nahtbild T-Stöße (Kehlnähte)		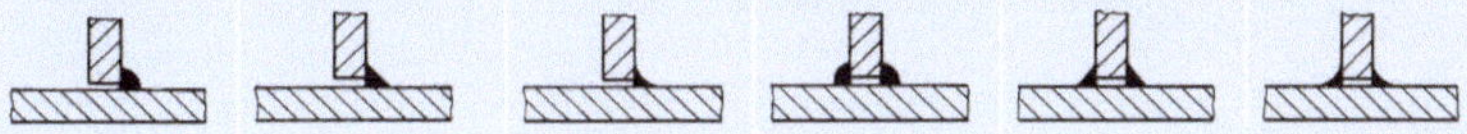						Werte gelten für durchgehende Nähte; abgesetzte Nähte wegen Endkratern schlechter. Für umlaufend geschlossene Nähte jeweils Mittelwerte aus ein- und beidseitiger Kehlnaht verwenden; bei Kreisquerschnitten wegen Nahtkrümmung $d > 5a$ anstreben. Laschenstöße: Bei Flankennähten Werte für einseitige Kehlnaht verwenden; Stirnkehlnähte vermeiden
Nahtfläche		$a \cdot l$			$2 \cdot a \cdot l$			
v_1	$\sigma_{\perp zd}$[a]	0,28	0,30	0,33	0,38	0,42	0,5	
	$\sigma_{\perp b}$	0,50	0,54	0,60	0,54	0,60	0,7	
	$\tau_{\parallel s}$[b]	0,28	0,30	0,33	0,38	0,42	0,5	

Bezeichnung		Flachnaht	Doppel-Flachnaht	V-Naht	V-Naht mit Kehlnaht	Stumpfnaht wurzelverschweißt		Hinweise
Nahtbild Eckstöße		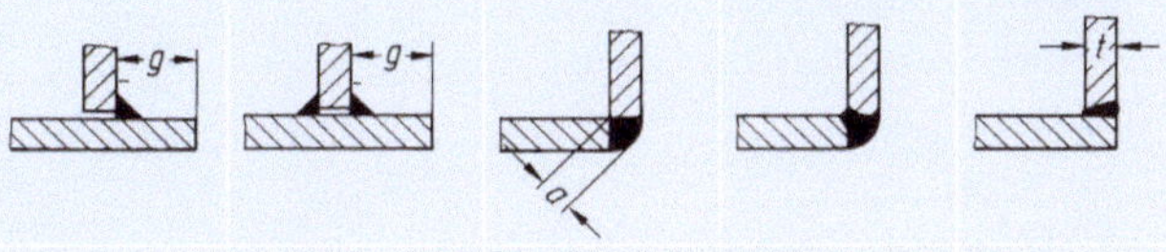						Gegenüber den jeweils vergleichbaren Kehl- und Stumpfnähten größere Kraftumlenkung und damit Kerbwirkung. Nach Möglichkeit Herauslegen der Naht aus der Ecke durch Biegeumformen eines Bleches oder Reduzierung der Nahtbeanspruchung durch Einschweißen von Rippen Randabstand $g \geq 2a$
Nahtfläche		$a \cdot l$	$2 \cdot a \cdot l$	$a \cdot l$	$a \cdot l$	$t \cdot l$		
v_1	$\sigma_{\perp zd}$[a]	0,22	0,30	0,30	0,45	0,50		
	$\sigma_{\perp b}$	0,44	0,60	0,50	0,70	0,80		
	$\tau_{\parallel s}$[b]	0,22	0,30	0,30	0,45	0,50		

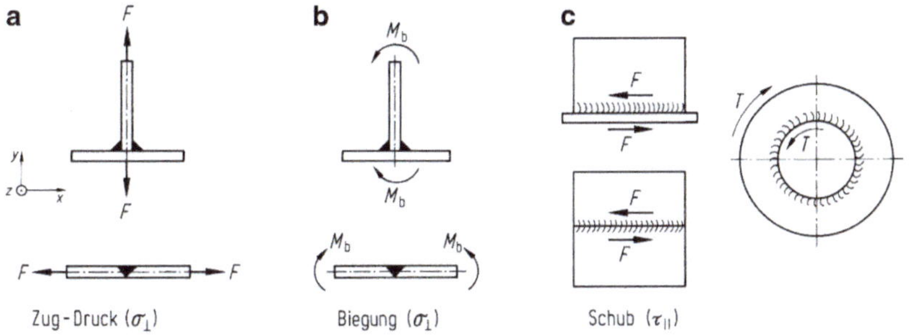

a Zug-Druck ($\sigma_\perp$) **b** Biegung ($\sigma_\perp$) **c** Schub ($\tau_\parallel$)

[a] Werte können auch überschlägig für $\sigma_\parallel$ verwendet werden.
[b] Werte können auch überschlägig für $\tau_\perp$ verwendet werden.
[c] Die Beiwerte v_1 sind bei Beanspruchung der Schweißnaht auf Biegung (Abb. b) im Allgemeinen günstiger als bei Beanspruchung auf Zug/Druck, da bei Biegung die maßgebenden Spannungen in den außenliegenden Nahtfasern infolge Stützwirkung gemindert werden. Wird jedoch eine Schweißnaht derart gebogen (Abb. b, Biegung um x-Achse), dass sich eine Biegespannungsverteilung in Längsrichtung der Naht ergibt, so ist die oben geschilderte Stützwirkung der inneren Nahtfasern geringer. In solchen Fällen sind bei der Ermittlung der zulässigen Schweißnahtspannung die Beiwerte v_1 für Zug/Druck zu verwenden.

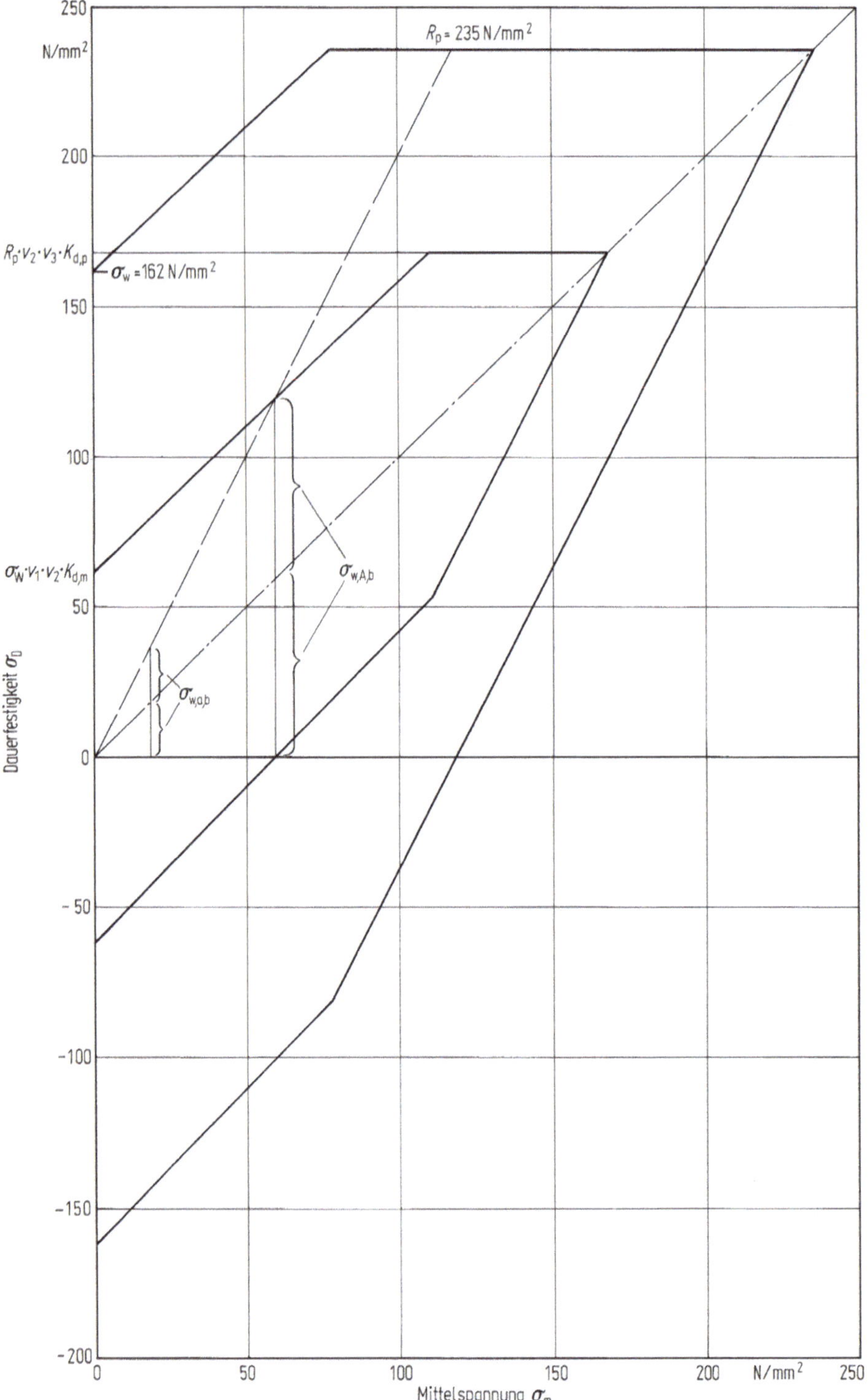

Abb. 7.9 Diagramm zur Bestimmung der Dauerfestigkeit von S235 für Normprobe und Bauteil mit den Faktoren v_1 und v_2 ($K_{d,m} = 1$ nach (3.65)); zusätzlich dargestellt: Dauerfestigkeitsschaubild für das geschweißte Bauteil nach Beispiel 7.1, Abschn. 7.9: $v_1 = 0{,}42$; $v_2 = 0{,}9$; $v_3 = 0{,}8$; $K_{d,p} = 1$ ($d_{\text{eff}} < 40\,\text{mm}$, Tab. 3.8)

Man beachte: Beim Ablesen der Ausschlagfestigkeit aus Abb. 7.9 ist der jeweilige Überlastungsfall zu berücksichtigen, Kap. 3. Weiterhin ist zu überprüfen, ob eine durch R_p bedingte, begrenzte Ausschlagfestigkeit $\sigma_{A,\text{zd},N}$ der ungekerbten Normprobe auch für das geschweißte (gekerbte) Bauteil noch relevant ist (siehe Beispiel 7.1 in Abschn. 7.9).

Bei auf Zeitfestigkeit ausgelegten Schweißverbindungen lässt sich die Festigkeit mit Abb. 7.10 bestimmen (Prinzip Wöhlerlinie siehe Kap. 3).

Für Aluminiumwerkstoffe muss die in Abschn. 7.2.2.1 beschriebenen, beim Schweißen entstehenden Wärmeeinflusszonen (WEZ) berücksichtigt werden. Diese bewirken eine Minderung der dynamischen Festigkeit umso stärker, je

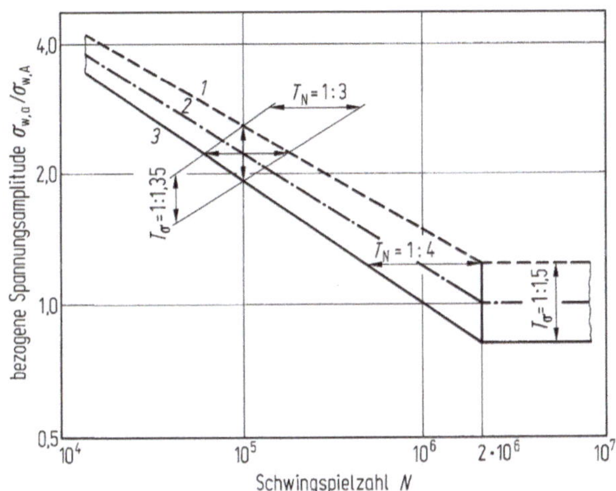

Abb. 7.10 Referenz-Wöhlerlinien für Stahlschweißverbindungen, Überlebenswahrscheinlichkeiten: *1*: $P_ü = 10\,\%$, *2*: $P_ü = 50\,\%$, *3*: $P_ü = 90\,\%$, [31]

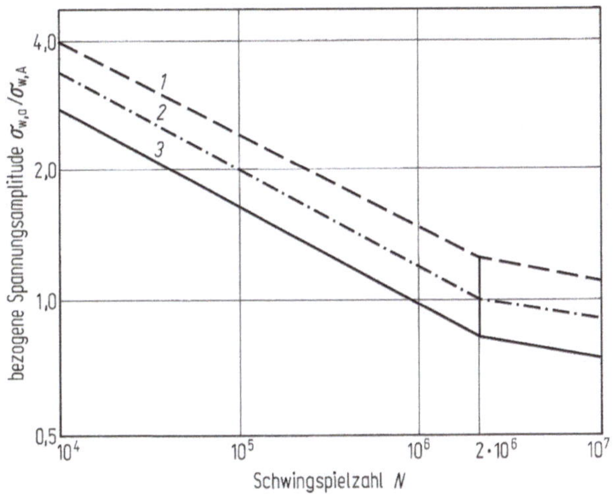

Abb. 7.11 Referenz-Wöhlerlinie für AlMg5, Überlebenswahrscheinlichkeiten: *1*: $P_ü = 10\,\%$, *2*: $P_ü = 50\,\%$, *3*: $P_ü = 90\,\%$ [20]

höher die durch die Nachbehandlung des Bauteils (pressen, walzen, aushärten usw.) erzeugte Festigkeit war. Die (dynamische) Dauerfestigkeit, d. h. die Ausschlagfestigkeit σ_A der Schweißverbindungen hochfester Aluminiumlegierungen, ist infolge höherer Kerbempfindlichkeit praktisch gleich der von Schweißnähten für Aluminiumlegierungen niedriger Festigkeit. Anhaltswerte für Aluminiumlegierungen: $\sigma_{A,\text{zd},N} = 34\,\text{N/mm}^2$. Die Zeitfestigkeit kann in gleicher Weise wie für Stahlschweißung, d. h. mittels einer Referenz-Wöhlerlinie, abgeschätzt werden, Abb. 7.11.

7.3.2.3 Festigkeitsnachweis bei Einzelbeanspruchung

Statische Beanspruchung

Bei statischer Beanspruchung wird die Sicherheit der Schweißverbindung gegen Fließen (plastische Verformung)

Tab. 7.11 Mindestsicherheiten für Schweißverbindungen

Anwendungsfall	Mindestsicherheit
Statisch	
gut verformbare Stähle	$S_{w,F\min} = (1{,}2)\ldots1{,}5\ldots2{,}0$ (Mittelwert 1,7)
hochfeste, weniger gut als S355 verformbare Stähle	etwa um 1,1 ... 1,2-fach höhere Sicherheiten als bei gut verformbaren Stählen
Aluminiumbauteile entsprechend DV 952	$S_{w,F\min} = 1{,}5$
Dynamisch	
Stahl	$S_{w,D\min} = (1{,}5)\ldots2{,}0\ldots3{,}0$ (Mittelwert 2,5)
Aluminiumbauteile entsprechend DV 952	$S_{w,D\min} = 1{,}5$

$S_{w,F}$ mit den Beanspruchungen σ_w, τ_w nach (7.2) bis (7.9) bzw. den Bauteilfestigkeiten (Schweißnahtfließgrenzen) $\sigma_{w,F}$, $\tau_{w,F}$ nach (7.10) bis (7.13) wie folgt berechnet:

Zug/Druck

$$S_{w,F,\text{zd}} = \frac{\sigma_{w,F,\text{zd}}}{\sigma_{w,\text{zd}}} \le S_{w,F\min} \tag{7.18}$$

Biegung

$$S_{w,F,b} = \frac{\sigma_{w,F,b}}{\sigma_{w,b}} \le S_{w,F\min} \tag{7.19}$$

Schub

$$S_{w,F,s} = \frac{\tau_{w,F,s}}{\tau_{w,s}} \le S_{w,F\min} \tag{7.20}$$

Torsion

$$S_{w,F,t} = \frac{\tau_{w,F,t}}{\tau_{w,t}} \le S_{w,F\min} \tag{7.21}$$

Die Mindestsicherheiten sind in Tab. 7.11 angegeben. Allgemeine Gesichtspunkte für die Wahl der Mindestsicherheit gibt Abschn. 1.4.8: Bauteilsicherheit.

Dynamische Beanspruchung

Bei dynamischer Beanspruchung wird die Sicherheit der Schweißverbindung gegen Dauerbruch $S_{w,D}$ mit den Beanspruchungen (Ausschlagspannungen) $\sigma_{w,a}$, $\tau_{w,a}$ nach (7.2) bis (7.9) bzw. den Bauteilausschlagfestigkeiten $\sigma_{w,A}$, $\tau_{w,A}$ nach (7.14) bis (7.17) berechnet.

Zug/Druck

$$S_{w,D,\text{zd}} = \frac{\sigma_{w,A,\text{zd}}}{\sigma_{w,a,\text{zd}}} \le S_{w,D\min} \tag{7.22}$$

Biegung

$$S_{w,D,b} = \frac{\sigma_{w,A,b}}{\sigma_{w,a,b}} \le S_{w,D\min} \tag{7.23}$$

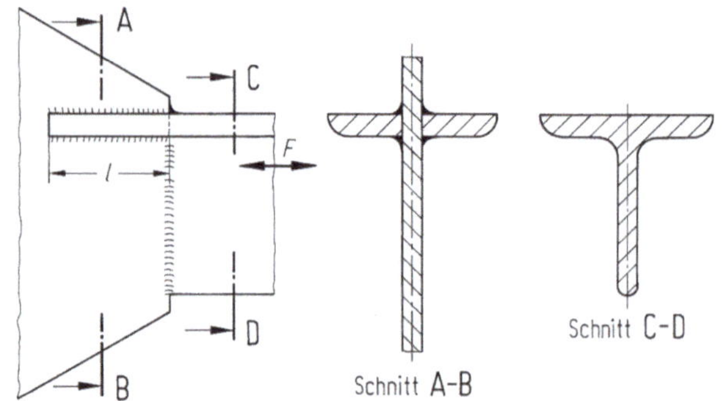

Abb. 7.12 Bauteil mit Stumpf- und Kehlnaht [31]

Schub

$$S_{w,D,s} = \frac{\tau_{w,A,s}}{\tau_{w,a,s}} \leq S_{w,D\,\min} \tag{7.24}$$

Torsion

$$S_{w,D,t} = \frac{\tau_{w,A,t}}{\tau_{w,a,t}} \leq S_{w,D\,\min} \tag{7.25}$$

Die Mindestsicherheiten sind in Tab. 7.11 angegeben. Allgemeine Gesichtspunkte für die Wahl der Mindestsicherheit gibt Abschn. 1.4.8: Bauteilsicherheit.

7.3.2.4 Festigkeitsnachweis bei zusammengesetzter Beanspruchung

Wenn gleichzeitig unterschiedliche Spannungen auf die Schweißverbindung einwirken, muss der Festigkeitsnachweis für zusammengesetzte Beanspruchungen durchgeführt werden. Ausführliche Darstellung der Zusammenhänge siehe Kap. 3: Praktische Festigkeitsrechnung

Mit den Einzelsicherheiten nach Abschn. 7.3.2.3 ergibt sich für die „reziproke Sicherheit" bei statischer Beanspruchung:

$$\frac{1}{S_{w,F}} = \sqrt{\left(\frac{1}{S_{w,F,\text{zd}}} + \frac{1}{S_{w,F,b}}\right)^2 + \left(\frac{1}{S_{w,F,s}} + \frac{1}{S_{w,F,t}}\right)^2} \tag{7.26}$$

bzw. bei dynamischer Beanspruchung:

$$\frac{1}{S_{w,D}} = \sqrt{\left(\frac{1}{S_{w,D,\text{zd}}} + \frac{1}{S_{w,D,b}}\right)^2 + \left(\frac{1}{S_{w,D,s}} + \frac{1}{S_{w,D,t}}\right)^2} \tag{7.27}$$

Da bei statischer und dynamischer Beanspruchung die entsprechenden Einflüsse aus unterschiedlicher Beanspruchung, Nahtform usw. für das geschweißte Bauteil durch den Beanspruchungsbeiwert v_3 bzw. den Nahtformbeiwert v_1 berücksichtigt werden, wird von den in Kap. 3 behandelten bekannten Festigkeitshypothesen abgewichen (siehe hierzu z. B. Abschn. 3.5.6.2: Vergleichssicherheit).

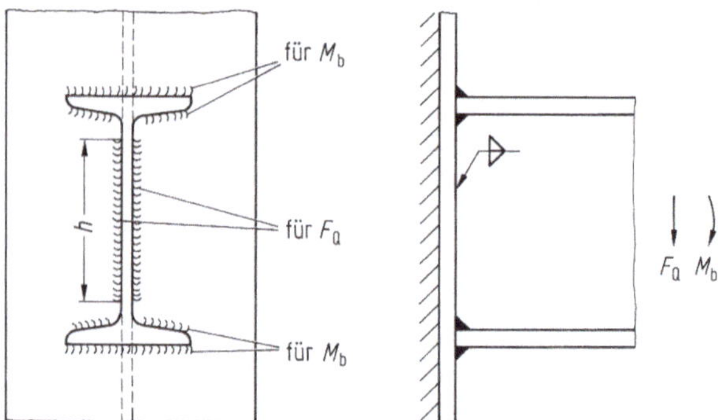

Abb. 7.13 Trägeranschluss: für die Biegespannung werden nur die Schweißnähte an den Gurten, für die Schubspannungen nur die Schweißnähte am Steg (Höhe h) berücksichtigt

7.3.2.5 Festigkeitsnachweis für Schweißnahtsonderfälle

Ist ein Bauteil durch Stumpf- und Kehlnähte angeschlossen, wie z. B. nach Abb. 7.12, dürfen die auf Schub beanspruchten Kehlnähte nicht voll berücksichtigt werden. Auf Basis von Erfahrungswerten nach [33] berechnet sich die Schweißnahtfläche zu:

$$A_w = A_{\text{wS}} + c_1 \cdot A_{\text{wK}} \tag{7.28}$$

c_1		Faktor, zur Berücksichtigung der Kehlnähte $c_1 = 0{,}5$ für $A_{\text{wK}}/A_{\text{wS}} \leq 1$ $c_1 = 0{,}3$ für $A_{\text{wK}}/A_{\text{wS}} > 1$
A_{wK}	in mm^2	Schweißnahtfläche der Kehlnaht
A_{wS}	in mm^2	Schweißnahtfläche der Stumpfnaht

Schlecht zugängliche Schweißnähte (z. B. Kehlnähte mit Kehlwinkel $< 60°$) werden (außer bei Sondervorschriften) als nichttragend angesehen.

Bei der Berechnung der Schubspannungen aus Querkraft werden nur die in Kraftrichtung liegenden Schweißnähte berücksichtigt (DIN EN 1993 Teil 1-8), Abb. 7.13.

7.3.3 Sprödbruchgefahr

Schweißkonstruktionen neigen unter bestimmten Bedingungen zum Sprödbruch. Er ist gefährlich, da er plötzlich, ohne Vorwarnung, in Form von Verformungen einzelner Bauelemente auftritt.

Die Hauptursachen für Sprödbrüche sind nachstehend aufgelistet (siehe auch Abb. 7.14).

- Mehrachsiger Spannungszustand: Er entsteht durch dicke Bauteile, starke Schweißnahtüberhöhungen, Steifigkeitssprünge, Kerben.
- Werkstofffehler wie Seigerungen, Aufhärtungen, nichtmetallische Einschlüsse

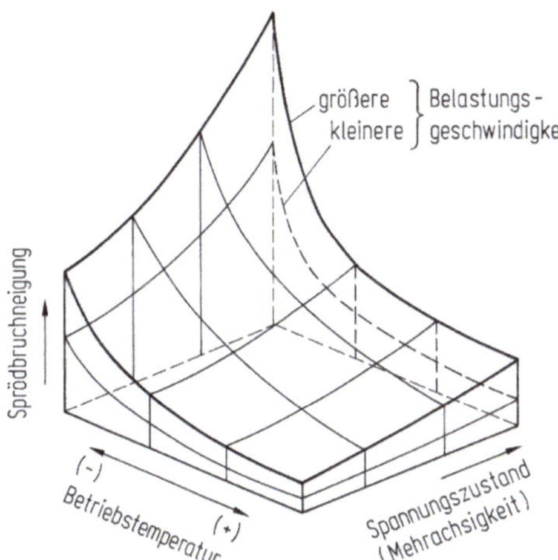

Abb. 7.14 Einflüsse auf die Sprödbruchneigung von Bauteilen aus Aluminiumlegierungen [25]

- Werkstoffe geringer Bruchdehnung und Kerbschlagzähigkeit, auch bedingt durch Alterung und dynamische Vorbelastung
- niedrige Temperaturen und hohe (schlagartige) Belastungsgeschwindigkeiten

Die Abhilfemaßnahmen können direkt aus den Ursachen abgeleitet werden.

Oft sind nebensächliche Bauteile gefährdet und leiten den Sprödbruch ein. Dies gilt auch für Bauteile, die bei tiefen Temperaturen dynamisch beansprucht werden. Abhilfe bieten oft geeignete Zusatzwerkstoffe und austenitische Stähle. Der Nachweis eines Sprödbruchs wird in [25] erläutert.

7.3.4 Steifigkeit und Schwingungen von Schweißkonstruktionen

Für die Dimensionierung eines Bauteils/einer Struktur ist oft nicht die Festigkeit maßgebend, sondern die statische oder die dynamische Steifigkeit. Die Festigkeit des Werkstoffs kann dann nicht ausgenutzt werden.

Steifigkeit und Schwingungsverhalten homogener Körper siehe Kap. 3: Praktische Festigkeitsrechnung. Geschweißte Bauteile verhalten sich bedingt durch Änderung der wirksamen Schweißquerschnitte häufig anders [25].

Maßnahmen zur Erhöhung der statischen Steifigkeit

- Querschnitte möglichst vollständig anschließen, keine unterbrochenen Nähte.
- Schweißnähte nicht in die Nähe hochbeanspruchter Zonen legen.

Maßnahmen zur Erzielung hoher dynamischer Steifigkeit und Schwingungsdämpfung

Die Maßnahmen stehen oft im Gegensatz zur Forderung nach hoher statischer Steifigkeit und dynamischer Festigkeit. Stärkere Dämpfung kann in erster Linie durch „Scheuerwirkung", d. h. Reibungsdämpfung, erzielt werden. Beispiele:

- An biegebeanspruchten Proben mit V-Stumpfnaht wurde eine um ca. 10 % größere Dämpfung im Vergleich zu ungeschweißten Proben gemessen [21].
- Starke Dämpfung weisen Kehlnähte auf, bei denen eine unverschweißte, dichte, vorgespannte Fuge entsteht.
- Schweißnähte sollten möglichst in der Zone größter relativer Bewegung liegen, d. h. im Bereich maximaler Beanspruchung.
- Die Schweißnaht soll eine Schwachstelle bezüglich der statischen Steifigkeit bilden, damit Scheuerwirkung begünstigt wird. Unterbrochene Nähte sind günstiger als durchlaufende.

Generell muss jedoch stabiles Verformungsverhalten der Konstruktion sichergestellt werden. Bei knick-, kipp- und beulgefährdeten Bauteilen können sich Verformungen und vor allem Schweiß-Druckeigenspannungen ungünstig auswirken. Die Tragfähigkeit kann sich durch Plastifizierung der unter Druckeigenspannungen stehenden Bereiche erheblich vermindern. Eine Besserung lässt sich durch Spannungsarmglühen erreichen. Dieser Einfluss darf bei der Dimensionierung von Knickstäben keinesfalls vernachlässigt werden [25].

7.3.5 Gestaltung

Leitlinien für schweißgerechte Gestaltung werden in Tab. 7.12 anhand von Beispielen gezeigt. Nachfolgend Richtlinien für funktionsgerechte, kostengünstige Gestaltung:

- Geringe Nahtmenge anstreben, da die Schweißkosten fast proportional hiermit anwachsen. Aber beachte bei dynamisch belasteten Kehl- und Stumpfnähten muss die kleinste Nahtlänge $l \geq 10 \cdot a$ betragen ($a_{\min}$ siehe Tab. 7.5).

  Die Schweißkonstruktion möglichst aus größeren Teilstücken aufbauen. Dünne, lange Nähte bevorzugen, da sie mit geringerer Nahtmenge ($a^2 \cdot l$) die gleiche tragende Nahtfläche ($a \cdot l$) ergeben. Umlaufende Nähte an Drehkörpern werden oftmals viel zu dick ausgeführt (daher Festigkeit nachrechnen).
- Unterbrochene Nähte nur für vorwiegend statisch beanspruchte Konstruktionen wählen (Kerbwirkung der Endkrater bei dynamischer Beanspruchung!)

Tab. 7.12 Gestaltungsbeispiele für Schmelzschweißverbindungen

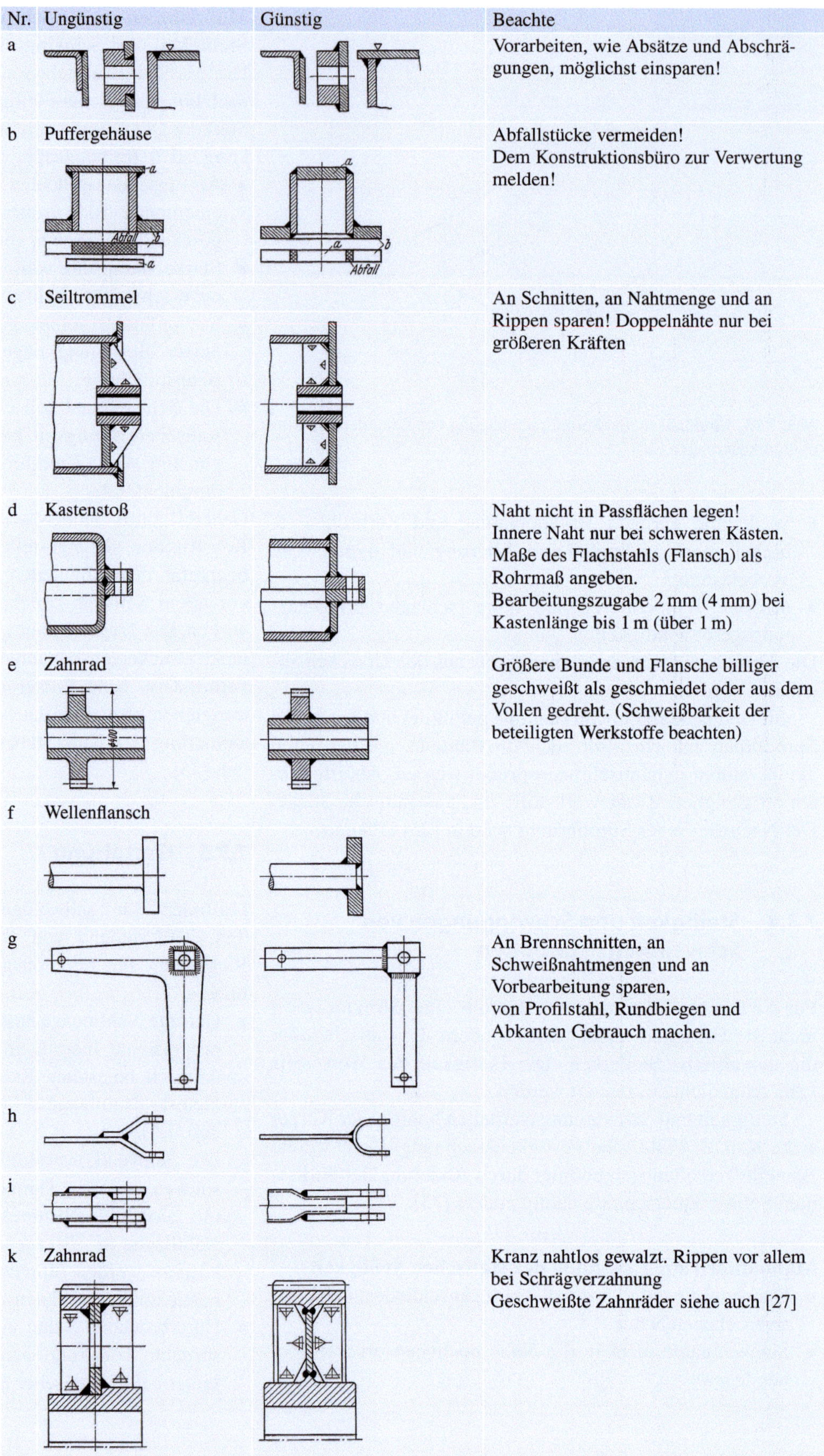

Nr.	Ungünstig	Günstig	Beachte
a			Vorarbeiten, wie Absätze und Abschrägungen, möglichst einsparen!
b	Puffergehäuse		Abfallstücke vermeiden! Dem Konstruktionsbüro zur Verwertung melden!
c	Seiltrommel		An Schnitten, an Nahtmenge und an Rippen sparen! Doppelnähte nur bei größeren Kräften
d	Kastenstoß		Naht nicht in Passflächen legen! Innere Naht nur bei schweren Kästen. Maße des Flachstahls (Flansch) als Rohrmaß angeben. Bearbeitungszugabe 2 mm (4 mm) bei Kastenlänge bis 1 m (über 1 m)
e	Zahnrad		Größere Bunde und Flansche billiger geschweißt als geschmiedet oder aus dem Vollen gedreht. (Schweißbarkeit der beteiligten Werkstoffe beachten)
f	Wellenflansch		
g			An Brennschnitten, an Schweißnahtmengen und an Vorbearbeitung sparen, von Profilstahl, Rundbiegen und Abkanten Gebrauch machen.
h			
i			
k	Zahnrad		Kranz nahtlos gewalzt. Rippen vor allem bei Schrägverzahnung Geschweißte Zahnräder siehe auch [27]

Tab. 7.12 (Fortsetzung)

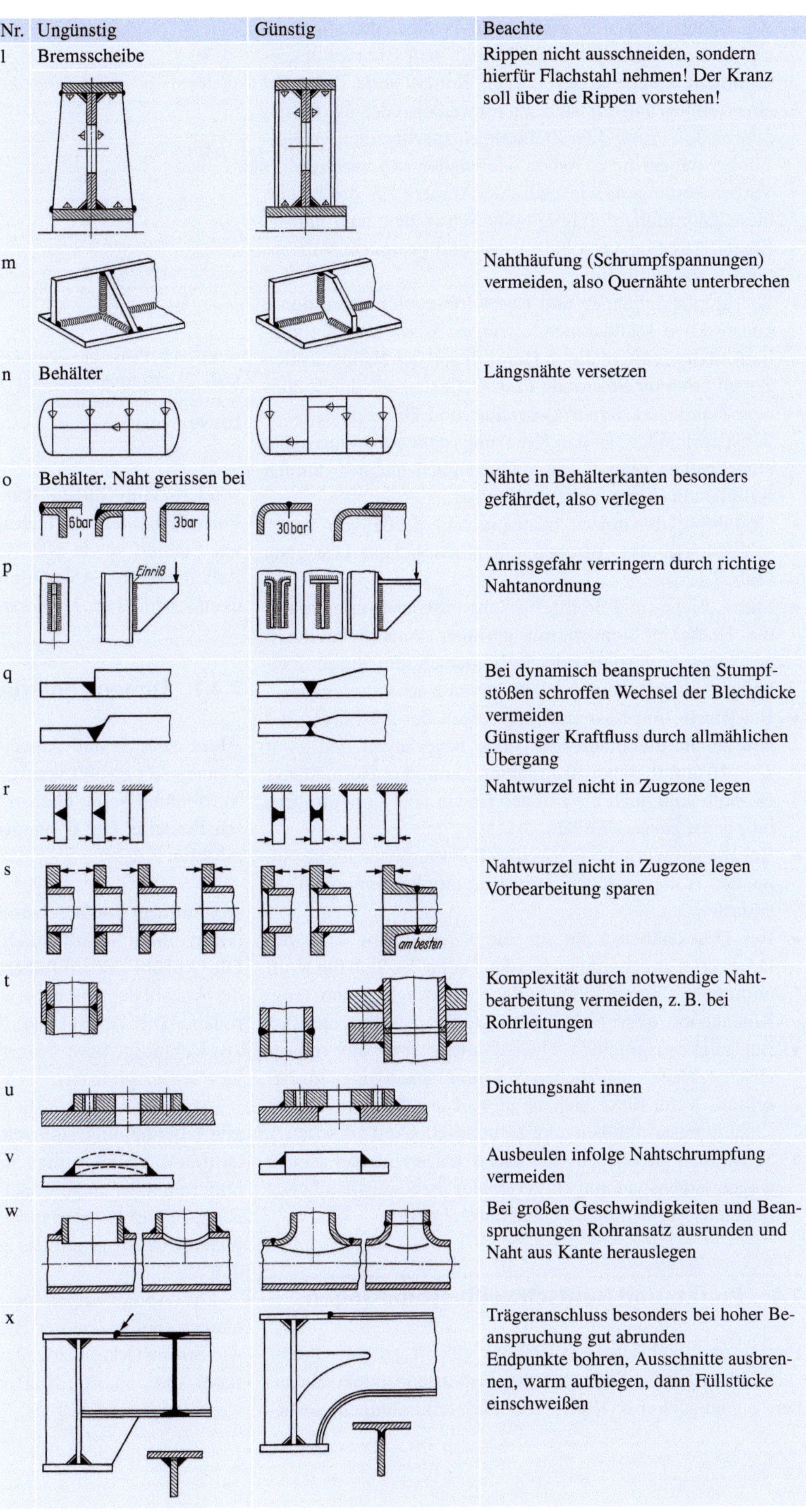

Nr.	Ungünstig	Günstig	Beachte
l	Bremsscheibe		Rippen nicht ausschneiden, sondern hierfür Flachstahl nehmen! Der Kranz soll über die Rippen vorstehen!
m			Nahthäufung (Schrumpfspannungen) vermeiden, also Quernähte unterbrechen
n	Behälter		Längsnähte versetzen
o	Behälter. Naht gerissen bei 6bar, 3bar	30bar	Nähte in Behälterkanten besonders gefährdet, also verlegen
p	Einriß		Anrissgefahr verringern durch richtige Nahtanordnung
q			Bei dynamisch beanspruchten Stumpfstößen schroffen Wechsel der Blechdicke vermeiden Günstiger Kraftfluss durch allmählichen Übergang
r			Nahtwurzel nicht in Zugzone legen
s		am besten	Nahtwurzel nicht in Zugzone legen Vorbearbeitung sparen
t			Komplexität durch notwendige Nahtbearbeitung vermeiden, z. B. bei Rohrleitungen
u			Dichtungsnaht innen
v			Ausbeulen infolge Nahtschrumpfung vermeiden
w			Bei großen Geschwindigkeiten und Beanspruchungen Rohransatz ausrunden und Naht aus Kante herauslegen
x			Trägeranschluss besonders bei hoher Beanspruchung gut abrunden Endpunkte bohren, Ausschnitte ausbrennen, warm aufbiegen, dann Füllstücke einschweißen

- Als Bauelement sind Flach- und Profilstähle, abgekantete und gebogene Bleche oder mit dem Brenner ausgeschnittene Stücke zu bevorzugen. Komplizierte Teile sind abzutrennen und für sich zu schweißen oder als Guss-, Schmiede-, Press- oder Ziehteile einzuschweißen. Abfallstücke sind gering zu halten oder weiter zu verwerten
- Vorbearbeitungen, wie gedrehte Absätze für die bequemere Zuordnung der Teile beim Schweißen, sind nur bei Einzelfertigung vorteilhaft, sonst sind geeignete Vorrichtungen kostengünstiger.
- Schrumpfspannungen und Kerbwirkungen können durch konstruktive Maßnahmen verringert werden: Dehnmöglichkeiten schaffen, durch Herauslegen der Nähte aus den Zonen erhöhter Spannung (Tab. 7.12o, q, w), durch dünnere Nahtlagen, ferner Quernähte und Querrippen möglichst vermeiden, an den Kreuzungsstellen die Quernähte unterbrechen (Tab. 7.12m), Querrippen nur mit dünnen Kehlnähten (3 mm dick) anschließen.
- Gestaltung dynamisch beanspruchter Stöße von unterschiedlich dicken Blechen mit allmählichem Übergang (Tab. 7.12q)
- Starre, biege- und drehsteife Schweißkonstruktionen hoher Festigkeit können mit geringer Wanddicke durch geschlossene Kasten- oder Rohrquerschnitte, durch „Zellenbau“, erzielt werden (siehe hierzu Kap. 4: Leichtbau).
- Bei Blech- und Kastenträgern wegen der Ausbiege- und Rostgefahr durchlaufende Nähte bevorzugen und zwar 4... 10 mm dick bei Kraftnähten (3 mm bei Heftnähten). Deshalb sind auch die offenen Enden von Kastenträgern möglichst zuzuschweißen.
- Bei Biegeträgern die Schweißstellen möglichst in die Nähe der Auflager legen, um sie vom Biegemoment zu entlasten.
- Bei Druckstäben kann für die Schweißnaht 1/10 der Druckkraft angenommen werden, wenn der Stab die Kraft unmittelbar durch gute Auflage übertragen kann (sog. Kontaktstoß, aber: Nahtdicke $a_{\min}$, Tab. 7.5, beachten!).
- Bei zugbeanspruchten Querschnitten sind die schwer abschätzbaren zusätzlichen Schrumpfspannungen zu beachten, wenn diese sich nicht voll ausgleichen können (Spannungsarmglühen oder Dehnmöglichkeit vorsehen!).
- Schweißen in oder in der Nähe kaltverformter Zonen wegen Eigenspannungen vermeiden bzw. entsprechende Fügeteile vor dem Schweißen normalglühen.

7.4 Punkt- und Nahtschweißverbindungen

Punkt- und Nahtschweißverfahren zählen zu den Pressschweißverfahren. Das normale Widerstandspunktschweißen eignet sich für Kraft- und Heftverbindungen, insbesondere zum Fügen von Dünnblechen und entsprechend Formelementen aus (schweißbaren) unlegierten und legierten Stählen sowie NE-Metallen, Abschn. 7.2.2. Funktion, Arbeitsprinzip, Anwendung und zu verarbeitende Blechdicken sind in Tab. 7.1 zusammengefasst.

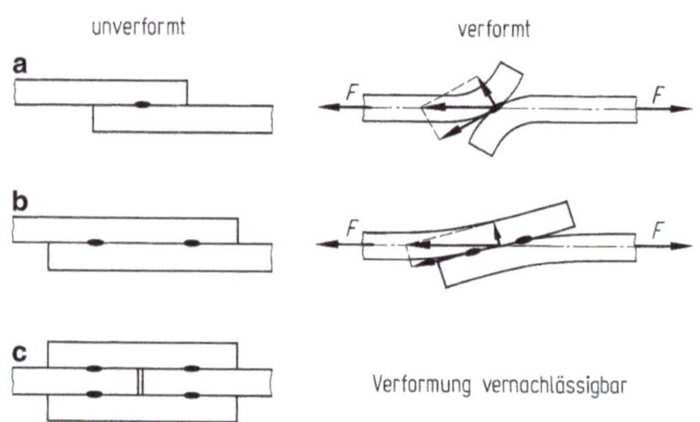

Abb. 7.15 Punktschweißstoßarten im unverformten bzw. unter Zugkraft F verformten Zustand, **a** einreihige, einschnittige Verbindung, **b** zweireihige, einschnittige Verbindung, **c** zweireihige, zweischnittige Laschenverbindung

7.4.1 Dimensionierung

Abmessungen und Anzahl der Schweißpunkte bzw. -nähte können so gewählt werden, dass die statische Festigkeit der Verbindungsstelle ebenso hoch ist wie die der verschweißten Bauteile. Die dynamische (Dauer-)Festigkeit ist gering, Abschn. 7.4.2.

Ausbildung des Blechstoßes: Anzahl der Punktreihen, Nahtreihen, Schnittigkeit

Die Anzahl der kraftübertragenden Punktreihen entspricht der Anzahl der senkrecht zur Kraftrichtung stehenden Punktreihen. Die Anzahl der Nahtreihen wird als einschnittig, zweischnittig, usw. bezeichnet. Abb. 7.15 und 7.17 geben hierfür Beispiele an.

Abb. 7.15 und 7.16 zeigen, dass bei einem einreihigen Überlappungsstoß sehr hohe Kopfzugbeanspruchungen auftreten. Daher sollten mindestens 2, höchstens 5 Reihen hintereinander angeordnet werden (vgl. Nietverbindungen, Kap. 9). Der Doppellaschenstoß ist diesbezüglich besonders günstig, wird wegen des großen Aufwands jedoch vermieden.

Die Abmessungen des Schweißpunktes/der Rollennaht hängen (außer von der Blechdicke) von den Schweißdaten, wie Stromstärke, Schweißzeit, Anpresskraft, Oberflächenzustand, usw. ab. Für die Berechnung können folgende Richtwerte verwendet werden:

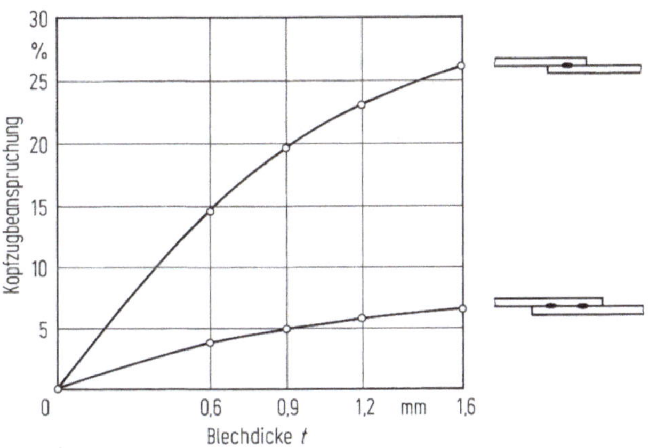

Abb. 7.16 Anteil der Kopfzugbeanspruchung bei ein- und zweireihigen Punktschweißverbindungen [25]

Punktdurchmesser

$$8\,\text{mm} \geq d = \sqrt{25\,\text{mm} \cdot t_{\min}} \tag{7.29}$$

Rollennahtbreite

$$6\,\text{mm} \geq b = \sqrt{14\,\text{mm} \cdot t_{\min}} \tag{7.30}$$

$t_{\min}$	in mm	Dicke des dünnsten der zu verbindenden Bleche

Durch Messung an zerstörten Schweißproben ist zu prüfen, ob diese Maße mindestens erreicht werden. Auch wenn der Schweißpunktdurchmesser d bzw. die Schweißnahtbreite b größer sind, werden für die Berechnung die nach (7.29) oder (7.30) berechneten Werte angesetzt.

Anzahl der Schweißpunkte, (Rollen-)Schweißnähte
Wenn die von den (auf Abscheren beanspruchten) Schweißpunkten statisch übertragbare Kraft (Scherbruchkraft aller Schweißlinsen)

$$F_{\text{wB}} = n \cdot m \cdot A_{\text{wp}} \cdot \tau_{\text{wB}} \tag{7.31}$$

mit der Schweißpunktfläche

$$A_{\text{wp}} = \frac{\pi}{4} \cdot d^2 \tag{7.32}$$

und der statisch übertragbaren Schubspannung

$$\tau_{\text{wB}} = 0{,}65 \cdot R_m \tag{7.33}$$

gleich der vom Blechquerschnitt übertragbaren Kraft

$$F_B = A \cdot R_m = l \cdot t_{\min} \cdot R_m \tag{7.34}$$

Tab. 7.13 Maße für Schweißpunktanordnung für Stahlbleche bis 3 mm Dicke bei statischer Beanspruchung [19]

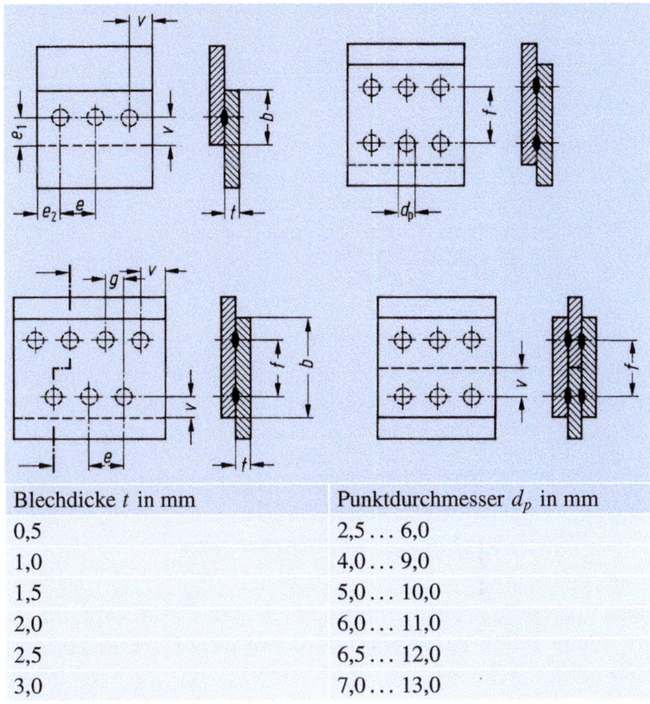

Blechdicke t in mm	Punktdurchmesser d_p in mm
0,5	2,5 ... 6,0
1,0	4,0 ... 9,0
1,5	5,0 ... 10,0
2,0	6,0 ... 11,0
2,5	6,5 ... 12,0
3,0	7,0 ... 13,0

Randabstand $v = 1{,}25 \cdot d_p$
Punktabstand einreihig: $e \approx 3{,}5 \cdot d_p$
Zweireihig: $e \approx 5 \cdot d_p$
Überlappung einreihig: $b = 2 \cdot v = 2{,}5 \cdot d_p$
Zweireihig: $b = f + 2 \cdot v$
Punktreihenabstand $f > e$
Versatz $g = e/2$

sein soll, gilt für die Anzahl der Schweißpunkte:

$$n \approx \frac{l}{m \cdot 13\,\text{mm}} \tag{7.35}$$

d	in mm	Schweißpunktdurchmesser
l	in mm	Länge des Blechs
m		Schnittzahl der Verbindung
$t_{\min}$		Dicke des dünnsten der zu verbindenden Bleche
A	in mm²	Blechquerschnitt
R_m	in N/mm²	Zugfestigkeit

Nach den gleichen Überlegungen reichen bis Blechdicken $t_{\min} = 25\,\text{mm}$ zwei (Rollen-)Schweißnähte für ein- und zweischnittige Verbindungen.

Punktabstände, Rollennahtabstände
Tab. 7.13 gibt Maße für Schweißpunktanordnungen für Stahlbleche an. Wichtig ist, dass die Randabstände e_1 und e_2 ausreichend groß gewählt werden, damit die Bleche nicht an den Rändern ausreißen.

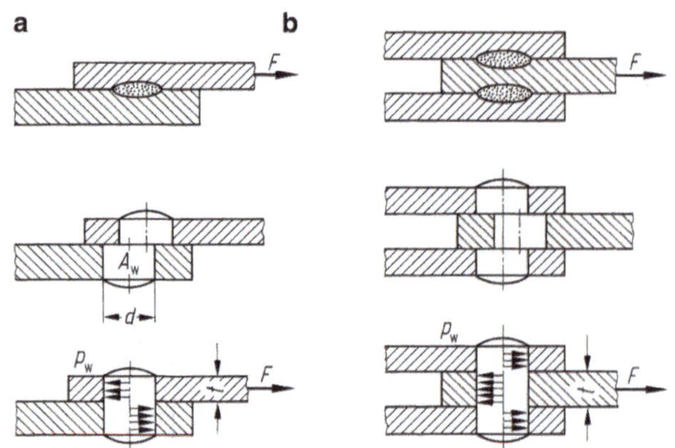

Abb. 7.17 Modell für die Berechnung der Scher- und Leibungsbeanspruchung von Punktschweißverbindungen, **a** einschnittige Verbindung, **b** zweischnittige Verbindung

7.4.2 Festigkeitsnachweis für Punktschweißverbindungen

Für die Festigkeitsrechnung wird der Schweißpunkt gedanklich durch einen Nietschaft mit dem Durchmesser des Schweißpunkts ersetzt, Abb. 7.17. Damit wird die Nennbeanspruchung wie bei Nietverbindungen berechnet. Vereinfachend wird angenommen, dass sich die Gesamtkraft gleichmäßig auf die Schweißpunkte verteilt.

Statische Beanspruchung
Schubbeanspruchung in der Schweißlinse

$$\tau_{w,s} = \frac{F}{n \cdot m \cdot A_{\text{wp}}} \tag{7.36}$$

mit der Schweißpunktfläche

$$A_{wp} \approx 20\,\text{mm} \cdot t_{\min} \tag{7.37}$$

Leibungsdruck (Flächenpressung)

$$p_w = \frac{F}{n \cdot d \cdot t_{\min}} \tag{7.38}$$

Spannung im Blechquerschnitt

$$\sigma_z = \frac{F}{t \cdot b} \tag{7.39}$$

b	in mm	Breite des Blechs
d	in mm	Durchmesser nach (7.29)
m		Schnittzahl
n		Anzahl der Schweißpunkte
t	in mm	Bauteildicke
$t_{\min}$	in mm	Dicke des dünnsten der zu verbindenden Bleche
F	in N	Betriebskraft

Kerbspannung, Stützwirkung und Einfluss der Eigenspannung werden durch die Abminderungsfaktoren V und W im Ansatz der zulässigen Spannungen berücksichtigt, die vorzugsweise in Versuchen ermittelt werden sollten. Hilfsweise können die nachfolgenden Angaben verwendet werden.

Dynamische Beanspruchung
Hierfür gelten dieselben Beziehungen, mit F = Ausschlagkraft F_a.

Statische Sicherheit gegen Fließen
Sicherheit gegen Abscheren des Schweißpunkts mit $\tau_{w,F,s} = 0{,}65 \cdot R_p$

$$S_{w,F} = \frac{0{,}65 \cdot R_p \cdot V \cdot W}{\tau_{w,s}} \geq S_{w,F\min} \tag{7.40}$$

Sicherheit gegen Leibungsdruck (Flächenpressung) mit dem maximal zulässigen Leibungsdruck $p_{w\,\text{grenz}}$

- einschnittige Verbindung mit $p_{w\,\text{grenz}} = 1{,}8 \cdot R_p$

$$S_{w,F} = \frac{1{,}8 \cdot R_p \cdot V \cdot W}{p_w} \geq S_{w,F\min} \tag{7.41}$$

- zweischnittige Verbindung mit $p_{w\,\text{grenz}} = 2{,}5 \cdot R_p$

$$S_{w,F} = \frac{2{,}5 \cdot R_p \cdot V \cdot W}{p_w} \geq S_{w,F\min} \tag{7.42}$$

Sicherheit gegen Fließen im Blechquerschnitt

$$S_{w,F} = \frac{R_p}{\sigma_z} \geq S_{w,F\min} \tag{7.43}$$

p_w	in N/mm²	Leibungsdruck
R_p	in N/mm²	Fließgrenze (Streckgrenze R_e, bzw. 0,2 %-Dehngrenze $R_{p0,2}$)
$S_{w,F\min}$		Mindestsicherheit der Schweißverbindung gegen Fließen (plastische Verformung) siehe Tab. 7.16
V		Schweißfaktor siehe Tab. 7.14
W		Verfahrensfaktor siehe Tab. 7.15

Der Schweißfaktor V berücksichtigt den Einfluss der Herstellbedingungen und des Kontrollaufwands, Tab. 7.14, der Verfahrensfaktor W den Einfluss der Schweißgeräte und der Schnittzahl, Tab. 7.15. Mindestsicherheiten sind in Tab. 7.16 angegeben. Für weniger verformungsfähige Werkstoffe ist $S_{w,F\,\min}$ zu vergrößern.

Dynamische Sicherheit gegen Dauerbruch
Die Dauerfestigkeit von Punktschweißverbindungen ist infolge der starken Kerbwirkung gering. Die Wöhlerlinien der Scherbeanspruchung in der Schweißlinse fallen im Zeitfestigkeitsgebiet wesentlich steiler ab als die des Grundwerkstoffs. Abb. 7.18 zeigt hierfür Beispiele.

Tab. 7.14 Schweißfaktor V für Punktschweißverbindungen nach [19]. Die Zahlenwerte gelten für zweiseitiges Schweißen mit stationärer Maschine und Verbindung von zwei Blechen. Bei anderen Bedingungen, für andere Fälle siehe [28]

Herstellung, Kontrollen	V	Für Sicherheitsklasse (siehe Tab. 7.16)
nach Einstellversuchen, Parameterüberwachung und Stichproben während der Fertigung	1,00	A, B, C
Synchronsteuerung nach Einstellversuchen, Stichproben während der Fertigung	0,75	A, B, C
Synchronsteuerung nach Einstellversuchen	0,50	B, C

Tab. 7.15 Verfahrensfaktor W für Punktschweißverbindungen [19]

Verfahren	W
zweiseitiges Schweißen mit stationärer Maschine	1,0
zweiseitiges Schweißen mit Hängezange	0,9
Doppelpunktschweißen mit gegeneinander geschalteten Transformatoren	0,9
Drei- oder Vierblechverbindungen, je nach Betriebsbedingungen	$\leq 0{,}8$

Tab. 7.16 Sicherheitsklassen mit Mindestsicherheiten bei Punktschweißverbindungen nach [19] für Stähle nach DIN EN 10130 [5]

Sicherheits-klasse	Definition	Mindestsicherheit $S_{w,F\min}$
A	Verbindungen, bei deren Versagen Menschenleben gefährdet werden können	1,8
B	Verbindungen, deren Versagen das Erzeugnis für den vorgesehenen Zweck unbrauchbar macht oder einen Sachverlust zur Folge haben kann	1,5
C	Verbindungen, deren Versagen die Brauchbarkeit des Erzeugnisses für den vorgesehenen Zweck nur wenig beeinträchtigt	1,2

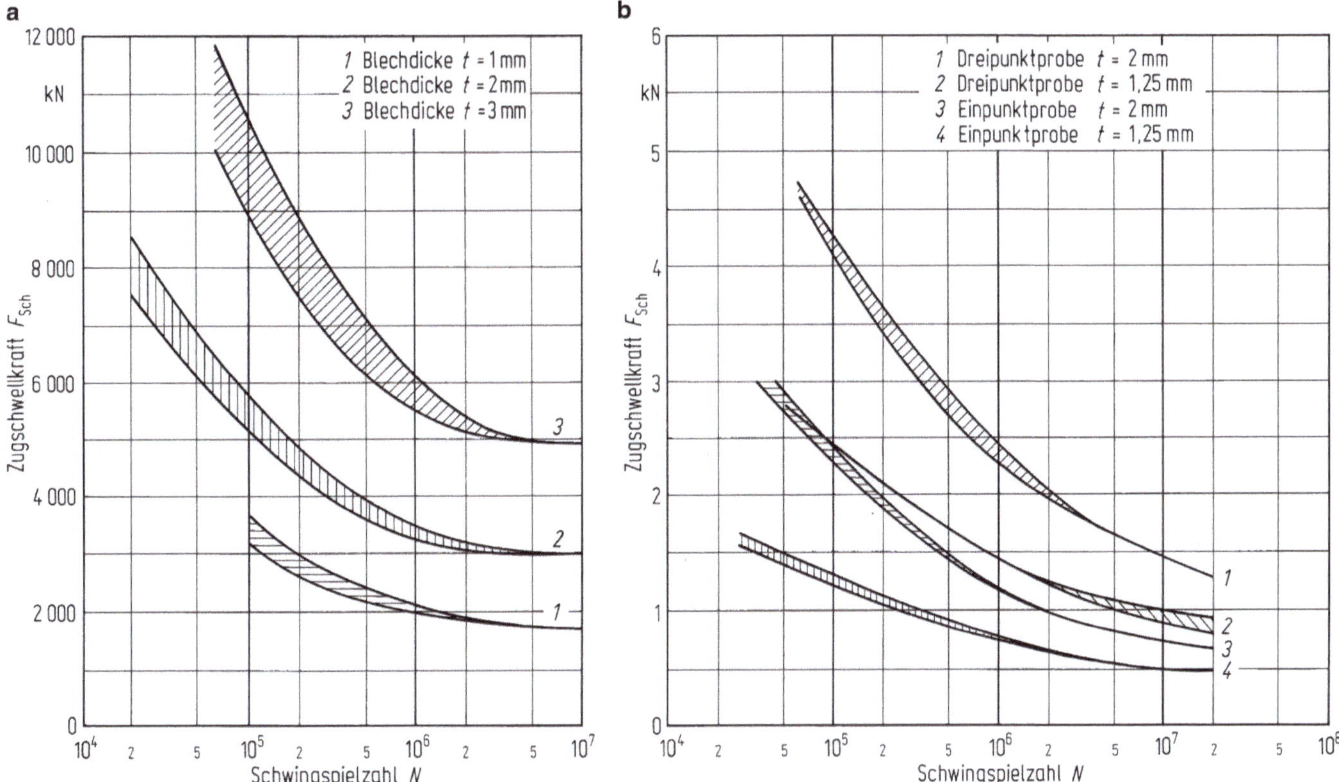

Abb. 7.18 Zugschwellkraft $F_{\text{Sch}} = 2 \cdot F_A$, **a** Einfluss der Dicke von Stahlblechen nach [31], **b** Einfluss von Punktzahl und Blechdicke von Ein- und Dreipunktproben aus den Werkstoffen AlMg0,4Si1,2 und AlMg5 nach [24]

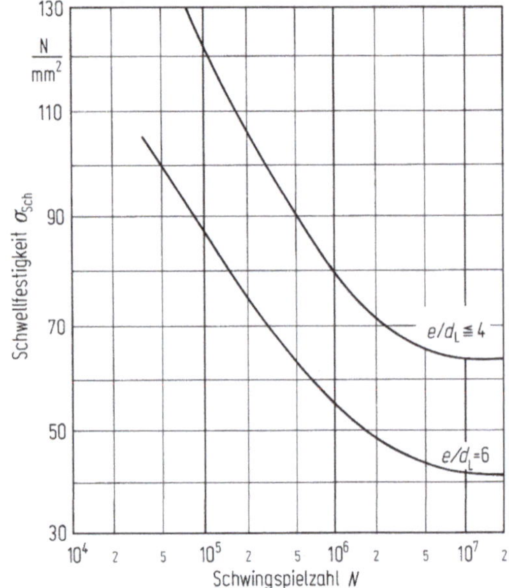

Abb. 7.19 Wöhlerlinie der Schwellfestigkeit $\sigma_{\mathrm{Sch}} = 2{\cdot}\sigma_A$ (bezogen auf den Blechquerschnitt) für Bleche St 12.03 und St 14.04 (einschnittige Punktschweißprobe mit $t = 1\,\mathrm{mm}$, $d_L = 5\,\mathrm{mm}$, $P_ü = 95\,\%$); Einfluss von Punktabstand/Linsendurchmesser (e/d_L) [31]

Die Ausschlagfestigkeit $\tau_{w,A}$ der Schweißlinse bei Blechen DC01 und DC04 (nach DIN EN 10130) nach den Abb. 7.18, für 5 % Schadenswahrscheinlichkeit in Abhängigkeit von Punktabstand/Linsendurchmesser (e/d_L) beträgt:

für $e/d_L \leq 4$

$$\tau_{w,A} \approx 31\,\frac{\mathrm{N}}{\mathrm{mm}^2} \qquad (7.44)$$

für $e/d_L = 6$

$$\tau_{w,A} \approx 23\,\frac{\mathrm{N}}{\mathrm{mm}^2} \qquad (7.45)$$

Wegen der höheren Kerbempfindlichkeit höherfester Stähle kann hierfür auch mit diesen Werten gerechnet werden.

Die Schwellfestigkeit des Blechquerschnitts zeigt Abb. 7.19.

Für Schweißlinsen bei Aluminiumlegierungen AlSi1,2 Mg0,4 (EN AW-6016) und AlMg5 (EN AW-5019):

$$\tau_{w,A} \approx 5{,}5\,\frac{\mathrm{N}}{\mathrm{mm}^2} \qquad (7.46)$$

Auch hier gilt, dass für höherfeste Aluminiumlegierungen der gleiche Wert angesetzt werden kann.

Sicherheit der Schweißverbindung gegen Dauerbruch:

$$S_{w,D} = \frac{\tau_{w,A} \cdot V \cdot W}{\tau_w} \geq S_{w,D\,\min} \qquad (7.47)$$

$S_{w,D\,\min}$		Mindestsicherheit der Schweißverbindung gegen Dauerbruch siehe Tab. 7.16
V		Schweißfaktor siehe Tab. 7.14
W		Verfahrensfaktor siehe Tab. 7.15
τ_w	in $\mathrm{N/mm^2}$	Schubspannung in der Schweißnaht

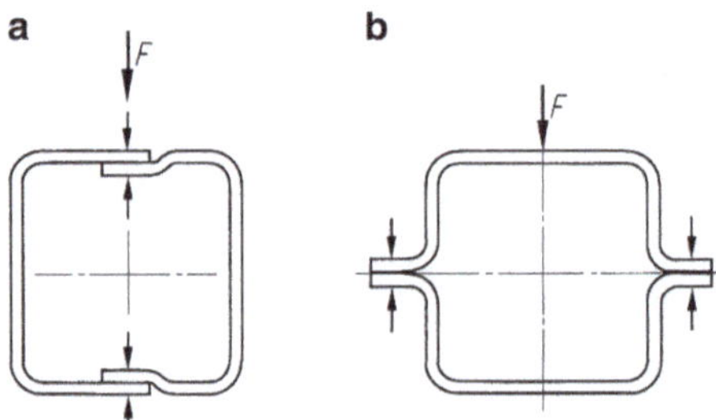

Abb. 7.20 Gestaltung von Punktschweißverbindungen, **a** schlecht zugänglich, **b** gut zugänglich und Schweißnaht im Bereich der neutralen Faser

Die Dauerfestigkeit des ungeschwächten Blechs ist wesentlich größer als die der Schweißpunkte und muss daher im Allgemeinem nicht nachgeprüft werden. Ebenso kann der Nachweis gegen Leibungsdruck entfallen.

Zeitfestigkeit

Ähnlich wie bei Schmelzschweißverbindungen kann aus der statischen und der Dauerfestigkeit über die Wöhlerlinie auf die Zeitfestigkeit geschlossen werden, Abschn. 7.3.2.2.

7.4.3 Festigkeitsnachweis für Rollennahtschweißverbindungen

Es wird nach demselben Ansätzen wie bei Punktschweißverbindungen vorgegangen. Es wird die Schweißnahtfläche berechnet zu

$$A_w = n \cdot l \cdot b \qquad (7.48)$$

b	in mm	Schweißnahtbreite nach (7.30)
l	in mm	Schweißnahtlänge
n		Anzahl der Schweißnähte

7.4.4 Gestaltung

- Punkt- und Randabstände, Anzahl der Nahtreihen, Blechdicken und Anzahl der zu verbindenden Bleche sind in Abschn. 7.4.1 und Abb. 7.16 angegeben.
- Zugbeanspruchte Anschlüsse vermeiden (Festigkeit gegenüber Scherzug nur etwa ein Drittel).
- Zweischnittige Verbindungen (Doppellaschenstoß) sind sehr aufwendig (Kosten) und unsicher bei Blechdickendifferenzen (Toleranzen).
- Bei biegebeanspruchten Teilen Schweißnähte in den zugbeanspruchten Bauteilbereich legen (geringere Kopfzugbeanspruchung!).
- Bei kastenförmigen Bauteilen Schweißnähte nach außen und wenn möglich in den Bereich der neutralen Faser legen, Abb. 7.20.

7.5 Buckelschweißverbindungen

Die Buckel werden in das Blech eingedrückt, auch angeschmiedet oder angegossen. Wenn das dünnere Blech durch Umformung gestaltet wird, können die Buckel im gleichen Arbeitsgang erzeugt werden. Anderenfalls erhält das dickere der beiden Teile die Buckel.

Alle Buckel einer Stoßstelle müssen gleichzeitig niedergedrückt und verschweißt werden.

Buckelformen und -verbindungen zeigt Abb. 7.21. Mit Ring- und Langbuckeln können besonders steife Verbindungen erzeugt werden.

Buckelschweißpunktdurchmesser (≈ Ringnahtbreite)

$$d \approx \sqrt{11\,\mathrm{mm} \cdot t_{\min}} \qquad (7.49)$$

$t_{\min}$	in mm	Dicke des dünnsten der zu verbindenden Bleche

Punkt- und Randabstände sowie Tragfähigkeitsberechnungen werden wie bei Punktschweißverbindungen gewählt.

7.6 Press- und Abbrennstumpfschweißverbindungen

Arbeitsprinzip und Anwendungen sind in der Einleitung zu Kap. 7 sowie in Abb. 7.20 und 7.22 erläutert.

Zum Pressstumpfschweißen eignen sich alle schweißbaren Stähle, zum Abbrennstumpfschweißen alle unlegierten Stähle mit $C < 0{,}2\,\%$. Für legierte Stähle und bei höherem C-Gehalt ist eine Wärmenachbehandlung erforderlich.

Die Beanspruchung berechnet sich wie für das ungeschweißte Bauteil (Kap. 3: Praktische Festigkeitsberechnung). Maßgebend ist der kleinste Querschnitt neben der Naht. Anhaltswerte für die Nahtfestigkeit gibt Tab. 7.17. Die erforderliche Sicherheit kann wie bei Schmelzschweißverbindungen angesetzt werden, Abschn. 7.3.2.

a

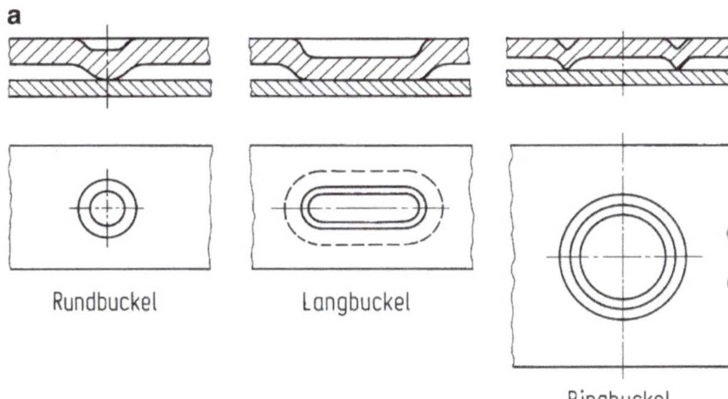

b

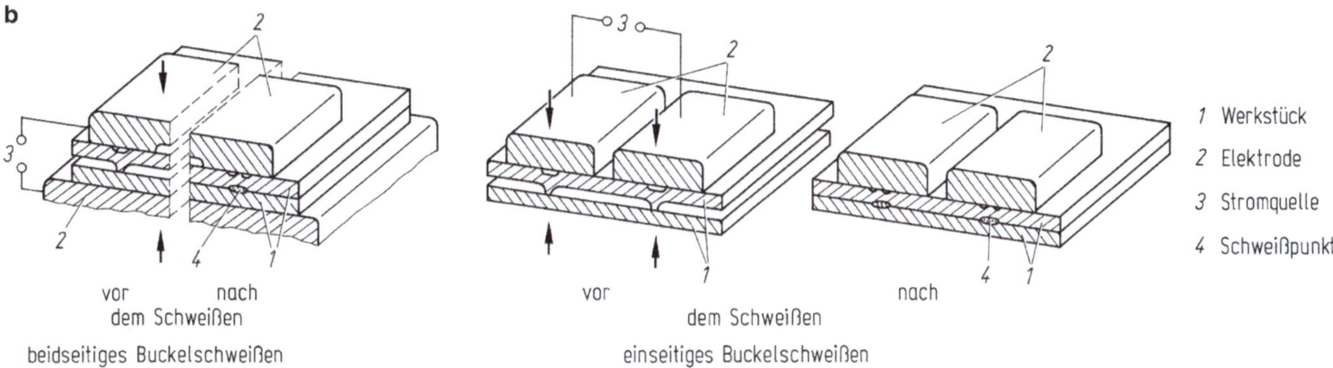

Abb. 7.21 Buckelschweißverbindungen, **a** Buckelformen, **b** Buckelschweißverfahren nach DIN EN 14610 [8]

Tab. 7.17 Richtwerte für die Festigkeit von fehlerfreien Pressstumpf-, Abbrennstumpf- und Reibschweißverbindungen relativ zu den Festigkeitswerten des Grundwerkstoffs [25], [36]

Beanspruchungsart	Schweißverfahren	Schweißgrat belassen	Schweißgrat bearbeitet
Statisch: R_p bzw. τ_F	Pressstumpf- oder Abbrennstumpfschweißen	90 ... 100 %	90 ... 100 %
	Reibschweißen	≥ 100 %	≥ 100 %
Dynamisch: σ_A bzw. τ_A	Pressstumpfschweißen	60 ... 80 %	60 ... 80 %
	Abbrennstumpfschweißen	60 ... 80 %	80 ... 90 %
	Reibschweißen	ca. 70 %	≥ 100 %

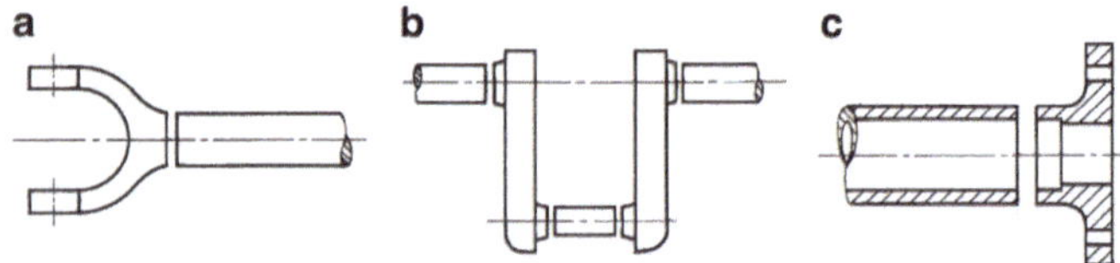

Abb. 7.22 Abbrennstumpfschweißverbindungen [25], **a** Hebel, **b** Kurbelwelle, **c** Verbindung Hohlwelle mit Flansch

7.7 Reibschweißverbindungen

Arbeitsprinzip und Anwendung sind in der Einleitung zu Kap. 7 und in Tab. 7.1 angegeben.

Das Verfahren gewinnt insbesondere in der Serienfertigung für hochbeanspruchte Bauteile an Bedeutung. Der Schweißquerschnitt muss rotationssymmetrisch oder ähnlich sein (z. B. auch Sechskant). Ein Bauteil rotiert beim Schweißen um seine Symmetrieachse. An die zur Symmetrieachse senkrechten Fügeflächen werden keine besonderen Anforderungen gestellt und können durch Sägen, Drehen oder Fräsen hergestellt werden. Auch Reibschweißverbindungen mit geschmiedeten oder gewalzten Flächen sind möglich. In der Verbindungszone entsteht ein ausgeprägtes Feinkorngefüge.

Zum Reibschweißen eignen sich alle schweißbaren Stähle (Abschn. 7.2.2.1), auch untereinander.

Die statische und dynamische Festigkeit von fachgerecht hergestellten und geprüften Reibschweißverbindungen kann die Festigkeit des Bauteilwerkstoffs erreichen, siehe Tab. 7.17.

7.8 Schweißverbindungen für Anwendungen außerhalb des Maschinenbaus

7.8.1 Schweißverbindungen im Stahl- und Kranbau

Bemessung und Konstruktion von Stahlbauteilen für vorwiegend ruhende Beanspruchung siehe DIN EN 1993 Teil 1, ergänzend: DIN EN 1993 Teil 6 (Kranbau).

Einige Besonderheiten, Regeln und Empfehlungen:

- Zugelassene Werkstoffe sind: S235JRG2, S235J2G3 (im Kranbau alle Gütegruppen) und S355J2G3. Andere Stähle nur, wenn die mechanischen Eigenschaften und die Schweißeignung nachgewiesen und bauaufsichtlich bestätigt wurde. Bei höherfesten Feinkornstählen sind Auflagen nach DASt-Richtlinie [2] zu beachten.
- In den zulässigen Spannungen sind die Sicherheiten enthalten.
- Die Dicke der zu verbindenden tragenden Teile bei Lichtbogenschweißen müssen mindestens 2 mm (DIN EN 1993 Teil 1), bei Leichtbau 1,5 mm betragen.
- Auf Zug oder Biegezug beanspruchte Stumpfstöße möglichst vermeiden.
- Bei Bauwerken im Freien sind unterbrochene Nähte wegen Korrosionsgefahr nicht erlaubt.
- Schweißnähte in Seigerungszonen sind nicht zulässig (z. B. in Hohlkehlen von Walzprofilen; Abschn. 7.3.3: Sprödbruchgefahr).

7.8.2 Schweißverbindungen im Behälter- und Kesselbau

Die Berechnung von Druckbehältern sind in den AD-Merkblättern [1] angegeben, von Dampfkesseln in den TRD-Blättern [35].

Einige Regeln und Empfehlungen:

- Schweißnähte müssen absolut dicht sein.
- Die Wandungen und die gewölbten Böden müssen gegen elastisches Beulen nachgerechnet werden.
- Bei stark wechselndem Betriebsdruck müssen die Behälter auf Betriebsfestigkeit nachgerechnet werden.

7.8.3 Schweißverbindungen im Flugzeugbau

Schmelzschweißen wird im Flugzeugbau in Form von Sonderverfahren mit entsprechendem Kontrollaufwand angewendet (siehe z. B. Tab. 7.1 Nr. 5). Insbesondere die dynamische Festigkeit der Leichtmetalle wird durch das Aufschmelzen zu stark gemindert, Abschn. 7.3.2.

7.9 Berechnungsbeispiele

Beispiel 7.1

Geschweißter Lagerbock, belastet durch Kraft F_{eq}

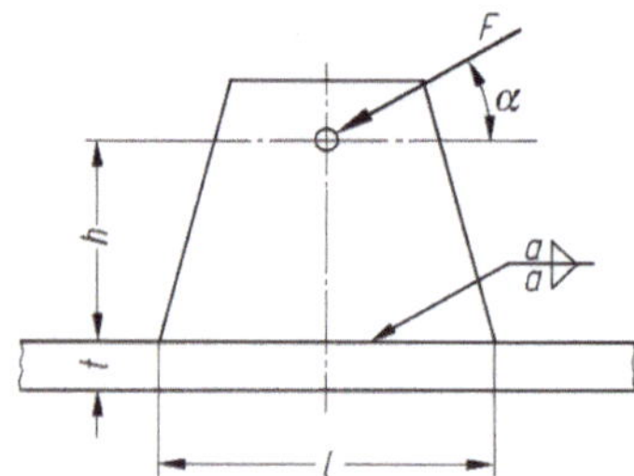

Gegeben:

$F_{eq} = F \cdot K_A = 10\,\text{kN}$ (schwellend)

Schweißnahtdicke $a = 6\,\text{mm}$

Schweißnahtlänge $l = 80\,\text{mm}$ (keine Endkrater)

$h = 50\,\text{mm}$, $\alpha = 30°$, $t = 15\,\text{mm}$, $v_2 = 0{,}9$ (Normalgüte)

Bauteilwerkstoff: S235 ($R_m = 360\,\text{N/mm}^2$) mit Dauerfestigkeitsschaubild siehe Abb. 7.9

Gesucht:
Sicherheit gegen Dauerbruch $S_{w,D}$

Berechnet:

Einzelbeanspruchungen:
Aus den Schnittgrößen für den Anschlussquerschnitt,
Normalkraft $F_N = F_{eq} \cdot \sin\alpha = 5\,kN$
Querkraft $F_Q = F_{eq} \cdot \cos\alpha = 8{,}66\,kN$
Biegemoment $M_b = F_Q \cdot h = 433\,Nm$
und Schweißnahtquerschnitt $A_w = 2 \cdot a \cdot l = 960\,mm^2$ nach Abb. 7.5 bzw. Schweißnahtwiderstandsmoment $W_{bw} = 2 \cdot a \cdot l^2/6 = 12.800\,mm^3$ nach Tab. 3.2 ergeben sich die Einzelbeanspruchungen:
$\sigma_{w,a,zd} = \sigma_{w,zd}/2 = F_N/(2 \cdot A_w) = 2{,}6\,N/mm^2$ nach (7.2)
$\tau_{w,a,s} = \tau_{w,s}/2 = F_Q/(2 \cdot A_w) = 4{,}5\,N/mm^2$ nach (7.5)
$\sigma_{w,a,b} = \sigma_{w,b}/2 = M_b/W_{bw} = 16{,}9\,N/mm^2$ nach (7.7)

Einzelfestigkeiten:
(Überlastungsfall F2, Kap. 3: Praktische Festigkeitsrechnung):
$\sigma_{w,A,zd} = v_1 \cdot v_2 \cdot K_{d,m} \cdot \sigma_{A,zd,N} = 59{,}68\,N/mm^2$ nach (7.14)
mit $v_1 = 0{,}42$ nach Tab. 7.10,
$K_{d,m} = 1$ nach Abschn. 3.4.2 mit $d_{eff} = t$ bzw. Angaben in Abb. 7.9 und
$\sigma_{A,zd,N} = \sigma_{W,zd,N}/(1 + M_\sigma \cdot [\sigma_m/\sigma_A]) = 157{,}89\,N/mm^2$ nach Tab. 3.24,
mit Wechselfestigkeit $\sigma_{W,zd,N} = 162\,N/mm^2$ nach Abb. 7.9 und
Mittelspannungsempfindlichkeit $M_\sigma = 3{,}5 \cdot 10^{-4} \cdot R_m - 0{,}1 = 0{,}026$ nach Tab. 3.22 für $R_\sigma = \sigma_u/\sigma_o = 0$ und $\sigma_m = \sigma_A$.
$\tau_{w,A,s} = v_1 \cdot v_2 \cdot K_{d,m} \cdot \sigma_{A,zd,N} = 59{,}68\,N/mm^2$ nach (7.16)
$\sigma_{w,A,b} = v_1 \cdot v_2 \cdot K_{d,m} \cdot \sigma_{A,zd,N} = 59{,}68\,N/mm^2$ nach (7.15)
bzw. vereinfachte, beispielhaft dargestellte Möglichkeit zur Bestimmung der Einzelfestigkeit mit Smith-Diagramm nach Abb. 7.9. Beachte: Ausschlagfestigkeit $\sigma_{A,zd,N}$ wird unter Umständen durch den statischen Festigkeitswert R_p begrenzt (siehe Linie ---). Dieser Effekt entfällt hier aber für das geschweißte Bauteil.

Einzelsicherheiten:
$S_{w,D,zd} = \sigma_{w,A,zd}/\sigma_{w,a,zd} = 22{,}95$ nach (7.22)
$S_{w,D,s} = \sigma_{w,A,s}/\tau_{w,a,s} = 13{,}26$ nach (7.24)
$S_{w,D,b} = \sigma_{w,A,b}/\sigma_{w,a,b} = 3{,}53$ nach (7.23)

Sicherheit für zusammengesetzte Beanspruchung:
$S_{w,D} = 1/[(1/S_{w,D,zd} + 1/S_{w,D,b})^2 + (1/S_{w,D,s})^2]^{0,5} = 2{,}98$ nach (7.27)

Beispiel 7.2

Geschweißter T-Träger, belastet durch Querkraft F_Q

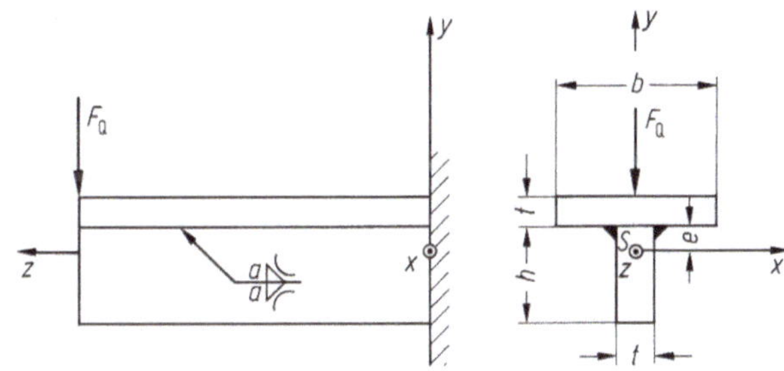

Gegeben:
$F_Q = 50\,kN$ (statisch)
Schweißnahtdicke $a = 4\,mm$
Träger: Nahtgütebeiwert $v_2 = 0{,}8$ (Sichtprüfung)
$h = 60\,mm$, $t = 12\,mm$, $e = 12\,mm$, $b = 60\,mm$
Bauteilwerkstoff: S235

Gesucht:
Sicherheit der Schweißnaht gegen bleibende Verformung $S_{w,F}$

Berechnet:

Beanspruchung :
$\tau_{w,s} = F_Q \cdot S^*/(I \cdot 2a) = 117{,}2\,N/mm^2$ nach (7.6)
mit $S^* = t \cdot b \cdot (e + t/2) = 12.960\,mm^3$ nach Tab. 3.1
$I = b \cdot t^3/12 + (t/2+e)^2 \cdot b \cdot t + t \cdot h^3/12 + (h/2-e)^2 \cdot h \cdot t = 691.200\,mm^4$ nach Tab. 3.2 und Beispiel 3.2.

Festigkeit:
$\tau_{w,F,s} = v_2 \cdot v_3 \cdot K_{d,p} \cdot R_{p,N} = 150{,}4\,N/mm^2$ nach (7.12),
mit $v_3 = 0{,}8$ nach Tab. 7.9,
$K_{d,p} = 1$ nach Abb. 7.9, mit $d_{eff} = t$ nach Tab. 3.8

Einzelsicherheit:
$S_{w,F,s} = \tau_{w,F,s}/\tau_{w,s} = 1{,}28$ nach (7.20)

Beispiel 7.3

Auf einer Welle aufgeschweißter Hebel [31], belastet durch die Kraft F

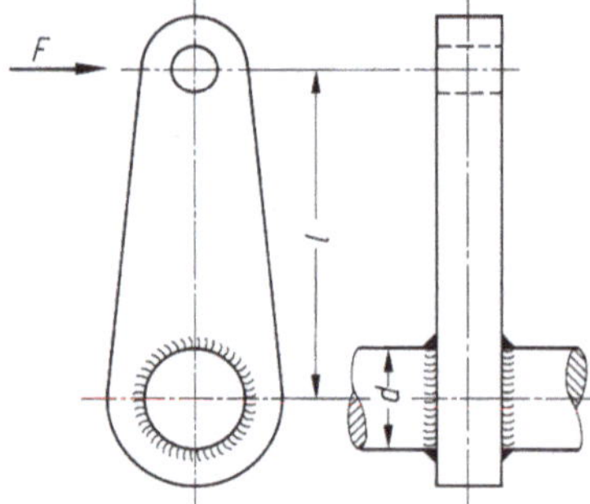

Gegeben:

$F = 6\,\text{kN}$ (wechselnd),
Schweißnahtdicke $a = 5\,\text{mm}$
$l = 320\,\text{mm}$, $d = 60\,\text{mm}$, $v_2 = 0{,}9$ (Normalgüte),
Bauteilwerkstoff: S235

Gesucht:

Sicherheit gegen Dauerbruch $S_{w,D}$

Berechnet:

Beanspruchung:
$\tau_{w,a,t} = T/W_t = F/2 \cdot l/W_t = 36{,}52\,\text{N/mm}^2$ nach (7.8),
mit $W_t = \pi/16[(d+a)^4 - (d-a)^4]/(d+a) = 26.280{,}6\,\text{mm}^3$ nach Abb. 7.6

Festigkeit:
$\tau_{w,A,t} = v_1 \cdot v_2 \cdot K_{d,m} \cdot \sigma_{A,\text{zd},N} = 61{,}24\,\text{N/mm}^2$ nach (7.17),
mit $v_1 = 0{,}42$ nach Tab. 7.10,
$K_{d,m} = 1$ nach Abb. 7.9,
$\sigma_{A,\text{zd},N} = \sigma_{W,\text{zd},N} = 162\,\text{N/mm}^2$ nach Abb. 7.9

Einzelsicherheit:
$S_{w,D} = \tau_{w,A,t}/\tau_{w,a,t} = 1{,}68$ nach (7.25)

Literatur

1. AD-Merkblätter: Vereinigung der Technischen Überwachungsvereine e.V. (Hrsg) Essen. Reihe B-Berechnung, HP-Herstellung und Prüfung, W-Werkstoffe
2. DASt-Richtlinie 011 (1974) Anwendung der hochfesten schweißgeeigneten Feinkornbaustähle StE 47 und StE 70 für Stahlbauten mit vorwiegend ruhender Belastung. Köln: Stahlbau-Verlag. Zurückgezogen: 2012-00
3. Degenkolb J (1988) Stahlsorten und ihre Eigenschaften. Berichtsband (Stahl & Eisen): Stähle für den Stahlbau, Eigenschaften, Verarbeitung und Anwendung. Düsseldorf
4. DIN EN 1993 Bemessung und Konstruktion von Stahlbauten – Teil 1-1:2010-12, Allgemeine Bemessungsregeln und Regeln für den Hochbau– Teil 1-3:2010-12, Allgemeine Regeln – Ergänzende Regeln für kaltgeformte Bauteile und Bleche – Teil 1-5:2010-12, Plattenförmige Bauteile – Teil 1-6:2010-12, Festigkeit und Stabilität von Schalen – Teil 1 8:2010-12, Bemessung von Anschlüssen – Teil 1-9:2010-12, Ermüdung – Teil 1-10:2010-12, Stahlsortenauswahl im Hinblick auf Bruchzähigkeit und Eigenschaften in Dickenrichtung – Teil 1-11:2010-12, Bemessung und Konstruktion von Tragwerken mit Zuggliedern aus Stahl – Teil 6:2010-12 Kranbahnen
5. DIN EN 10130:2007-02 Kaltgewalzte Flacherzeugnisse aus weichen Stählen zum Kaltumformen – Technische Lieferbedingungen
6. DIN EN 12536:2000-08 Schweißzusätze – Stäbe zum Gasschweißen von unlegierten und warmfesten Stählen – Einteilung
7. DIN EN 13001 Krane – Konstruktion allgemein – Teil 3-1:2013-12 Grenzzustände und Sicherheitsnachweis von Stahltragwerken
8. DIN EN 14610:2005-02 Schweißen und verwandte Prozesse – Begriffe für Metallschweißprozesse
9. DIN EN ISO 2553:2014-04 Schweißen und verwandte Prozesse – Symbolische Darstellung in Zeichnungen – Schweißverbindungen
10. DIN EN ISO 3580:2011-05 Schweißzusätze – Umhüllte Stabelektroden zum Lichtbogenhandschweißen von warmfesten Stählen – Einteilung
11. DIN EN ISO 3581:2016-12 Schweißzusätze – Umhüllte Stabelektroden zum Lichtbogenhandschweißen von nichtrostenden und hitzebeständigen Stählen – Einteilung
12. DIN EN ISO 4063:2011-03 Schweißen und verwandte Prozesse – Liste der Prozesse und Ordnungsnummern
13. DIN EN ISO 5817:2014-06 Schweißen – Schmelzschweißverbindungen an Stahl, Nickel, Titan und deren Legierungen (ohne Strahlschweißen) – Bewertungsgruppen von Unregelmäßigkeiten
14. DIN EN ISO 6947:2011-08 Schweißen und verwandte Prozesse – Schweißpositionen
15. DIN EN ISO 14171:2016-12 Schweißzusätze – Massivdrahtelektroden, Fülldrahtelektroden und Draht-Pulver-Kombinationen zum Unterpulverschweißen von unlegierten Stählen und Feinkornstählen – Einteilung
16. DIN EN ISO 17632:2016-05 Schweißzusätze – Fülldrahtelektroden zum Metall-Lichtbogenschweißen mit und ohne Schutzgas von unlegierten Stählen und Feinkornstählen – Einteilung
17. Dubbel (2014) Taschenbuch für den Maschinenbau, 24. Aufl. Springer, Berlin Heidelberg
18. DV 952 Vorschrift der Deutschen Bundesbahn (1983) Schweißen metallischer Werkstoffe in Privatwerken

19. DVS-Merkblatt 2902 T3 (1977) Widerstandspunktschweißen von Stählen bis 3 mm Einzeldicke; Konstruktion und Berechnung. DVS-Verlag, Düsseldorf
20. Haibach E, Atzorn B (1975) Ein statistisches Verfahren für das erneute Auswerten von Ergebnissen aus Schwingfestigkeitsuntersuchungen und für das Ableiten von Bemessungsunterlagen, angewandt auf Schweißverbindungen aus AlMg5. Aluminium 51:267–272
21. JSME (1994) Effect of Welding on Dynamic Characteristics of Structures. International Journal Series C 37:2
22. Krause W (2004) Konstruktionselemente der Feinmechanik, 3. Aufl. Hanser, München Wien
23. Krist T (1990) Schweißen, Schneiden, Löten, Kleben. Technik-Tabellen-Verlag Fikentscher & Co., Darmstadt
24. Leuschen B (1984) Beitrag zum Tragverhalten von Aluminium- und Aluminium/Stahl-Widerstandspunktschweißverbindungen bei verschiedenartiger Beanspruchung. Dissertation, RWTH Aachen
25. Neumann A (1990) Schweißtechnisches Handbuch für Konstrukteure, Teil 1: Grundlagen, Tragfähigkeit, Gestaltung. DSV-Verlag, Düsseldorf
26. Niemann G (1981) Maschinenelemente, Bd. I: Konstruktion und Berechnung von Verbindungen, Lagern, Wellen. Springer, Berlin, Heidelberg
27. Niemann G, Winter H (1989) Maschinenelemente, Bd. II, 2. Aufl. Springer, Berlin
28. Ruge J (1991) Handbuch der Schweißtechnik, Bd. I: Werkstoffe. Springer, Berlin
29. Ruge J (1993) Handbuch der Schweißtechnik, Bd. II: Verfahren und Fertigung. Springer, Berlin
30. Ruge J (1985) Handbuch der Schweißtechnik, Bd. III: Konstruktive Gestaltung der Bauteile. Springer, Berlin
31. Ruge J (1988) Handbuch der Schweißtechnik, Bd. IV: Berechnung der Verbindungen. Springer, Berlin
32. Ruge J, Böhme K (1972) Stand der Entwicklung und Anwendung des Kaltpreßschweißens. Werkstofftechn 3:286–291
33. Schlottmann D (1979) Konstruktionslehre, Grundlagen. Springer, Berlin
34. Schulze G, Krafka H, Neumann P (1992) Schweißtechnik (Werkstoffe-Konstruieren-Prüfen). VDI-Verlag, Düsseldorf
35. Technische Regeln Druckblätter TRD 100: Werkstoffe, 200: Herstellung, 300: Berechnung, 500: Verfahren und Prüfrichtlinien. Hauptverband der gewerbl. Berufsgenossenschaften. Sankt Augustin. Zurückgezogen: 2013-01
36. Veit HJ, Scheermann H (1963) Schweißgerechtes Konstruieren. DSV-Verlag, Düsseldorf

Löt-, Kleb- und kombinierte Verbindungen

8

► Löt- und Klebverbindungen sind bedingt lösbare Stoffschlussverbindungen unter Zuhilfenahme eines Zusatzmaterials. Die Lötverbindung wird mithilfe eines unterhalb der Schmelztemperatur der Bauteile erwärmten Lots erzielt. Bei der Klebverbindung wird ein Klebstoff auf dem Bauteil bei Raumtemperatur oder höheren Temperaturen ausgehärtet.

8.1 Lötverbindungen

Löten ist ein thermisches Verfahren zum Verbinden von metallischen Bauteilen (siehe Abschn. 8.1.3.1). Im Gegensatz zum Schweißen geschieht dies mit Hilfe eines Zusatzmetalls, dem Lot, unterhalb der Schmelztemperatur der Bauteile.

Die Lötverbindung werden zu den bedingt lösbaren Stoffschlussverbindungen (Definition Abschn. 19.1: Dichtverbindungen: Lösbarkeit) gezählt. Lötverbindungen sind durch Erwärmen des Lots auf seine Schmelztemperatur lösbar.

Die Betriebstemperatur muss deutlich unter der Schmelztemperatur des Lots liegen (Einfluss der Temperatur auf die Festigkeit siehe Abschn. 8.1.4.2).

8.1.1 Anwendung, Eigenschaften, Funktionen

Lötverbindungen sind kraftübertragende, dichte Verbindungen im Maschinen-, Fahrzeug- und Apparatebau, z. B. für tragende Stahlrohrkonstruktionen, Rohrleitungen, Behälter, Werkzeuge (Hartmetallplatten), in der Elektrotechnik stromleitende Verbindungen.

Vorteile

- Verbinden von Bauteilen aus unterschiedlichen Metallen (im Gegensatz zum Schweißen)
- Verbinden von unterschiedlich dicken oder zwei dünnen Bauteilen (gegenüber Schweißen keine Gefahr des Durchbrennens)
- gegenüber Schweißen werkstoffschonend (Gefüge, Verzug) und energiesparend
- gleiches Lot eignet sich für verschiedene Werkstoffe
- gute elektrische und Wärmeleitfähigkeit
- großflächige Verbindung möglich
- geeignet für die Serienfertigung kleiner Teile (Größe der Vorrichtungen und Öfen beachten)
- Die Lötstelle muss nicht zugänglich sein.
- sichere Verarbeitung auf der Baustelle, keine Aushärtezeit erforderlich

Nachteile

- Warmfestigkeit und Zeitstandfestigkeit sind beschränkt (Abschn. 8.1.4).
- Lote enthalten zum Teil teure Edelmetalle (Kosten).
- geringe Festigkeit der Weichlotverbindung (Abhilfe siehe Abschn. 8.1.5)
- Für hohe Festigkeit sind Hartlötverbindung und Überlappungsstöße erforderlich.
- Kalte, d. h. elektrisch schlecht leitende, Lötstellen sind schwer zu ermitteln (elektrisch leitende Lötstellen sollten nicht mechanisch beansprucht werden).
- Gefahr elektrolytischer Korrosion: Lot und Bauteilwerkstoff dürfen in der elektrochemischen Spannungsreihe (siehe Abschn. 16.7.2) nicht zu weit auseinanderliegen.
- gegenüber Schweißen aufwendige Vorbereitung der Fügeflächen erforderlich

G. Niemann et al., *Maschinenelemente 1*, https://doi.org/10.1007/978-3-662-55482-1_8

8.1.2 Herstellung, Lötverfahren

In DIN EN ISO 4063 [14] werden die Lötverfahren nach 3 Kategorien unterschieden: Hartlöten, Weichlöten (beide von der Temperatur abhängig) und Fugenlöten (Gestalt der Lötstelle). Diese werden im Weiteren nach der Energiequelle (z. B. Infrarothartlöten) unterschieden.

8.1.2.1 Gestalt der Lötstelle

Es werden üblicherweise die folgenden Gestaltungen unterschieden:

Spaltlöten

Spaltlöten ist das im Maschinenbau überwiegend angewendete Verfahren, meist als Überlappungsstoß ausgeführt, selten als Stumpfstoß. Wichtig ist dabei ein enger, parallelwandiger Spalt. Infolge Kapillarwirkung wird das flüssige Lot quasi eingesogen. Die Lötfläche muss mindestens auf Arbeitstemperatur (niedrigste Oberflächentemperatur des Bauteils an der Lötstelle) gebracht werden, die zwischen dem unteren und oberen Schmelzpunkt des Lots liegt, d. h. zwischen Solidus- (Lot vollständig erstarrt) und Liquiduspunkt (Lot vollständig schmelzflüssig).

Schrumpflöten

Schrumpflöten wird bei Welle-Nabe-Verbindungen angewendet. Die Presspassung wird dabei mit Längsriefen bei kleinem Übermaß ausgeführt.

Fugenlöten

Fugenlöten wird auch Schweißlöten genannt. Es wird, wie beim Schweißen, als Stumpfstoß ausgeführt (Abschn. 8.1.4). In die Fuge wird geschmolzenes Lot eingeleitet. Wegen der geringen Festigkeit des Lots und wegen des hohen Lotverbrauchs wird das Verfahren im Maschinenbau kaum angewendet. Es eignet sich zur Herstellung einer dichten Verbindung in schwieriger Arbeitsposition (Beispiel: Korrosionsbeständige Verbindung verzinkter Rohre im Abwasserbereich). Das Bauteil muss nur auf Bindetemperatur erwärmt werden.

Auftraglöten

Beim Auftraglöten wird eine Oberfläche beschichtet, siehe hierzu Werkstoffe, Wärmebehandlung, ...: Abschn. 5.4.

8.1.2.2 Temperatur

Je nach den Anforderungen an die Lötverbindung werden (energiesparende) niedrigere oder höhere Löttemperaturen und darauf abgestimmte Lote angewandt. Allgemeine Begriffe sind in DIN ISO 857 Teil 2 [18] definiert.

Weichlöten

Der Schmelzpunkt des Lots liegt unterhalb 450 °C. Es wird als Spaltlötung ausgeführt und genügt bei geringer Beanspruchung und niedriger Betriebstemperatur. Häufige Anwendung findet es im Maschinenbau zum Abdichten (auch bei Punktschweiß- oder Nietverbindungen) oder bei geforderter elektrischer Leitfähigkeit. Bei geeigneter Wahl der Lote und Flussmittel (siehe Abschn. 8.1.3.3) bestehen kaum Einschränkungen bezüglich der Verbindung unterschiedlicher Metalle.

Anwendungen: elektrische Anschlüsse, Weißblechbehälter, Konservendosen, Kleinmaschinenteile sowie Rohrverbindungen für Kalt- und Warmwasser

Hartlöten

Der Schmelzpunkt des Lots liegt über 450 °C bis 900 °C. Es wird als Spalt- oder Fugenlötung ausgeführt, eignet sich auch für höhere Beanspruchungen und Betriebstemperaturen, ist daher im Maschinenbau das meist angewandte Lötverfahren. Hartgelötete Teile können einsatzgehärtet werden, wenn die Löttemperatur oberhalb der Einsatztemperatur liegt. Aus dem gleichen Grund sind Betriebstemperaturen bis 300 °C zulässig.

Anwendungen: Welle-Nabe-Verbindungen, Flanschverbindungen sowie Rohrrahmen für Fahr- und Motorräder

Hochtemperaturlöten

Der Schmelzpunkt des Lots liegt oberhalb 900 °C. Es ist für bestimmte warmfeste Werkstoffe (Nickelbasislegierungen mit Ti- und Al-Zusätzen) oft das einzig mögliche Fügeverfahren [26]. In vielen Fällen wird die Festigkeit der Bauteilwerkstoffe (mit manchen Nickelbasisloten können die Festigkeitswerte von Stahl erreicht werden) erreicht. Es wird flussmittelfrei in Vakuum oder Schutzgasatmosphäre gelötet. Wegen Erwärmung des ganzen Bauteils und kontrollierter Ofenabkühlung (aufwendig!) treten wesentlich geringere Eigenspannungsprobleme als beim Schweißen auf.

Anwendungen: Wabenkonstruktionen für den Flugzeugbau oder Steuerstabführungseinsätze von Kernreaktoren

8.1.2.3 Vorüberlegungen, Fertigungsablauf

Bei der Herstellung der Lötverbindung wird in folgenden Schritten vorgegangen:

1. Wahl des Lötverfahrens nach Beanspruchung (erforderliche Löttemperatur, Abschn. 8.1.2.2), Betriebstemperatur, Gestalt der Lötstelle (Abschn. 8.1.2.1 und Tab. 8.1)
2. Wahl des Lotwerkstoffs (Abschn. 8.1.3.2) in Abhängigkeit von den Bauteilwerkstoffen
3. Vorbehandlung: Das Lot haftet an der Oberfläche (Adhäsion) und diffundiert im Allgemeinen auch mit mehreren Komponenten in den Bauteilwerkstoff und umgekehrt.

Tab. 8.1 Die wichtigsten Lötverfahren, nach [25], ergänzt, Prozessnummer nach DIN EN ISO 4063 in Klammern

Verfahren	Funktionsprinzip	Hauptanwendung
1) Kolbenlöten (WL-KO/943) Aufheizen der Werkstückfuge und des Lots durch manuell oder maschinell bewegten Lötkolben aus Kupfer, elektrisch Bleche mit $t = 0{,}2 \ldots 2\,\text{mm}$ oder gasbeheizt, unter Verwendung eines Flussmittels	nur Weichlöten 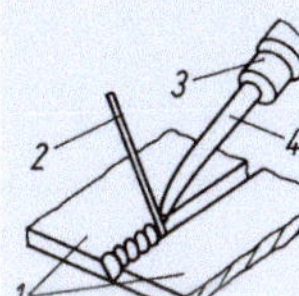 1 Werkstück 2 Lot 3 Heizpatrone 4 Lötspitze	– für Verbindungen kleiner, dünnwandiger Bauteile (da beschränkte Wärmeeinbringung): Drähte mit $d = 0{,}2 \ldots 2\,\text{mm}$, – vorwiegend in Elektronik/Elektrotechnik (manuell, maschinell), Klempnerei (manuell), Emballagenherstellung (maschinell)
2) Flammlöten (HL-FL/912, WL-FL/942) Aufheizen der Werkstückfuge und des Lots durch Lötlampe oder Schweißbrenner (manuell/maschinell bewegt) unter Verwendung eines Flussmittels (kein unmittelbarer Kontakt zur Flamme, sonst Schädigung)	Weich- und Hartlöten 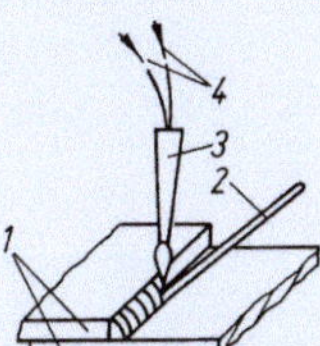 1 Werkstück 2 Lot 3 Düse 4 Sauerstoff- und Brenngasanschlüsse	– manuell für Werkstücke mit $t \leq 10\,\text{mm}$ in Klempnerei, Installations-, Rohrleitungs- und Fahrzeugbau – maschinell für Werkstücke mit $t = 1 \ldots 5\,\text{mm}$, z. B. Durchlauferhitzer, Wärmetauscher, Armaturen, Fahrradrahmen, Stahlmöbel – relativ bestes Verfahren für Gusseisen mit Lamellengraphit (GJL)
3) Badlöten (HL-LO/923, 924, 925, WL-OL/955, 957), **Tauchlöten (Hl-LO/926)** **Wellenlöten (WL-LO/951)** (früher als Anschwemm- oder Schwalllöten bezeichnet) Aufheizen der Werkstückfuge in fixierter Lage durch Eintauchen in bzw. Heranführen von flüssigem Lot, nicht zu lötende Bereiche vorbehandelt mit Pasten oder Lösungen (Lotbindung unerwünscht)	Weich- und Hartlöten 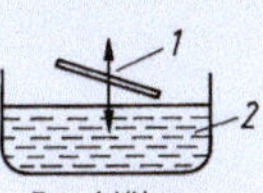 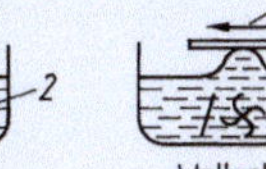 1 Werkstück 2 flüssiges Lot	– vorwiegend in der Massenfertigung und gleichzeitigem Löten mehrerer Stellen – bei Weichloten für Teile mit $m \leq 1\,\text{kg}$: Arbeitstemperatur $\vartheta_A = 50 \ldots 100\,^\circ\text{C}$ (je nach Lot), z. B. Leiterplatten (Elektronik), Verzinnen von Kabelenden oder Bauelementen – bei Hartloten für kleine Teile: $\vartheta_A = 1000 \ldots 1100\,^\circ\text{C}$, z. B. Installations-, Rohrleitungsbau, Wärmetauscher – große Teile vorgewärmt, da sonst Wärmeentzug von Lötbad zu hoch
4) Ofenlöten (HL-OF/921, WL-OF/953) Aufheizen der Werkstückfuge in fixierter Lage im evakuierten (-OV) oder von Schutzgas durchspülten (-OR/-OL) Raum (Stufen-, Durchlauf-, Muffelöfen), elektrisch oder gasbeheizt (-GA), vorab Lot und Flussmittel versehen	vorwiegend Hartlöten (auch Hochtemperaturlöten HTL) 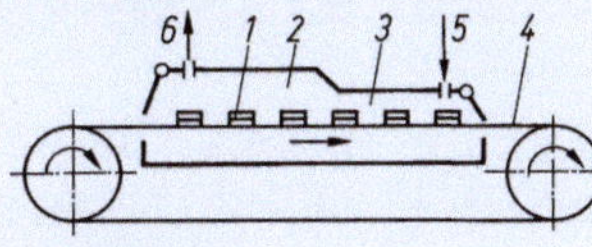 1 Werkstück 2 Lötzone 3 Kühlzone 4 Transporteinrichtung 5 Schutzgaseingang 6 Schutzgasausgang	– vorwiegend zur Serien- und Massenfertigung von kleinen und mittelgroßen Teilen sowie gleichzeitigem Löten mehrerer Stellen – unter Schutzgas: Bleche mit Dicke $t = 1 \ldots 10\,\text{mm}$, z. B. Geräte-, Fahrzeugbau – unter Vakuum: Teile und Bleche mit Dicke $t = 0{,}5 \ldots 10\,\text{mm}$, z. B. Raumfahrt-, Gerätetechnik
5) Elektrisches Widerstandslöten (HL-WD/918, WL-WD/948) Aufheizen der Werkstückfuge und des Lots durch stromdurchflossenen elektrischen Übergangswiderstand zwischen Elektrode (Kohle, Wolfram, Molybdän, Kupfer) und Werkstück, vorab mit Lot und Flussmittel versehen	Weich- und Hartlöten 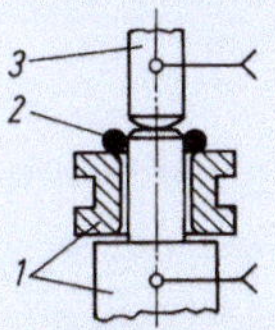 1 Werkstück 2 eingelegtes Lot 3 Elektrode	– vorwiegend zur Serien- und Massenfertigung für großflächige Verbindungen mit Flächen $A = 50 \ldots 4000\,\text{mm}^2$ und Dicken $t = 2 \ldots 20\,\text{mm}$ – Weichlöten z. B. in Elektronik – Hartlöten z. B. an Werkzeugen

Tab. 8.1 (Fortsetzung)

Verfahren	Funktionsprinzip	Hauptanwendung
6) Induktionslöten (HL-IL/916, WL-IL/946) Aufheizen der Werkstückfuge und des Lots durch Wirbel-/Wechselströme, induziert von hochfrequenten Wechselstromspulen (Induktor), vorab mit Lot und Flussmittel versehen	Weich- und Hartlöten (auch Hochtemperaturlöten HTL) 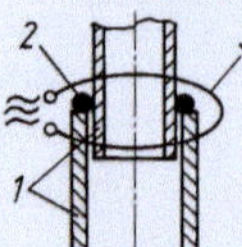 1 Werkstück 2 eingelegtes Lot 3 Induktorschleife	– vorwiegend zur Serien- und Massenfertigung von rotationssymmetrischen Teilen einfacherer Gestalt – bei Mittelfrequenz (bis ca. 10 kHz) Dicken von $t = 4 \dots 15\,\text{mm}$ – bei Hochfrequenz (bis ca. 5 MHz) Dicken von $t = 0{,}1 \dots 3\,\text{mm}$ – z. B. Fahrzeug-, Gerätebau, Elektrotechnik
7) Laserstrahllöten (HL-LA/913) oder Elektronenstrahllöten (HL-EB/914) Aufheizen der Werkstückfuge und des Lots durch konzentrierte Energieabsorption (minimale Wärmeeinbringflächen), Vakuum- oder Schutzgas- (bei Laserstrahl) Atmosphäre notwendig	Hartlöten (vorwiegend Hochtemperaturlöten HTL) 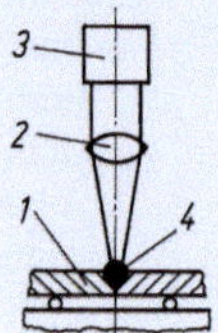 1 Werkstück 2 Fokussierung 3 Laser 4 eingelegtes Lot	– vorwiegend für Präzisionsarbeiten, da geringste thermische Belastung der Lötstellenumgebung – bei höchstschmelzenden Sondermetallloten (z. B. Nickelbasislote)
8) Eutektisches Löten (Diffusionslöten) (WL/949) Als Lot fungiert eine eutektische Legierung, die bei der Arbeitstemperatur $\vartheta_A = 0{,}7 \dots 0{,}8 \cdot \vartheta_{\text{Solidus}}$ durch Diffusion der Werkstoffe der aufeinander gedrückten Bauteile ineinander entsteht.	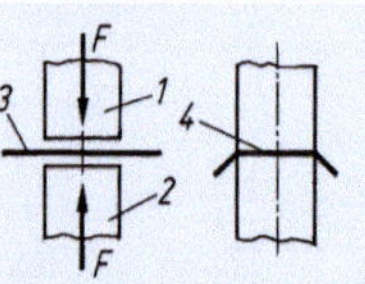 1,2 Werkstücke 3 Folie 4 entstandene, eutektische Legierung (Lot)	– für Verbindungen der Elektronik (Bauelemente) und Kühlanlagenbau

Die Fügeflächen müssen deshalb bei Beginn und während des Fließvorgangs metallisch rein sein. Dazu werden sie mechanisch gereinigt, Fett gegebenenfalls mit Lösungsmitteln entfernt. Restliche Oxid- und Passivschichten werden durch Flussmittel (Abschn. 8.1.3.3) beseitigt, die auch während des Lötvorgangs wirken. Erst dann kann das Lot die Lötfläche vollständig benetzen.

4. Dieselbe Wirkung wird ohne Flussmittel, durch Schutzgas erreicht (z. B. beim Ofenlöten), das reduzierend wirkt oder durch Löten im Vakuum, wobei die Oxidschichten unter Einwirkung der Wärme zerfallen.
5. Einbringen des Lots, wobei die zu verbindenden Teile in Fügeposition gebracht werden (Abschn. 8.1.5)
6. Erwärmen der Lötfuge bzw. der gesamten Baugruppe auf Arbeitstemperatur. Das eingelegte Lot wird flüssig und verbindet sich mit den Fügeflächen.
7. erschütterungsfreies Abkühlen
8. Reinigen der Umgebung der Lötstelle von Flussmittelresten

8.1.3 Werkstoffe

8.1.3.1 Bauteilwerkstoffe

Metalle lassen sich dann durch Löten miteinander verbinden, wenn es gelingt, die Oxid- und Passivschichten von der Lötfläche zu entfernen. Bei unlegiertem Stahl, GJL, Kupfer, Messing, Zink und Edelmetallen ist dies einfach, schwieriger bei rost- und säurebeständigem Stahl, noch schwieriger bei Aluminium und Magnesium (oxidfreudig) sowie deren Legierungen. Hier sind aggressive Hartlötflussmittel erforderlich.

Einige Besonderheiten

- Für Gusseisen mit Lamellengraphit GJL eignet sich Flammlöten (Tab. 8.1 Nr. 2), nicht jedoch die anderen Verfahren.
- Vergüteter Stahl lässt sich weichlöten, im Allgemeinen aber nicht hartlöten, denn die hohen Löttemperaturen können die Festigkeit mindern.

- Kaltverfestigte und ausgehärtete Aluminiumlegierungen verlieren beim Hartlöten ihre erhöhte Festigkeit.
- Sonderwerkstoffe der Luft- und Raumfahrt, wie Nimonic oder Inconel, werden im Vakuum bei $10^{-3} \dots 10^{-5}$ N/m^2 hochtemperaturgelötet. Die Lötstelle muss besonders sorgfältig gereinigt, gebeizt und evtl. vernickelt werden.
- Mit Spezialloten (titanhaltig) können auch Fügeteile aus Graphit, Diamant, Glas ohne vorherige Metallisierung der Fügeflächen gelötet werden.

8.1.3.2 Zusatzwerkstoffe: Lote

Wesentlich für eine sichere Lötverbindung ist die Wahl des für den Bauteilwerkstoff geeigneten Lots, auch kann nicht jedes Lot mit allen Lötverfahren verarbeitet werden. Hinweise sind in Tab. 8.2 zusammengefasst.

Einige Besonderheiten

- Für Bauteile aus un- oder niedrig legiertem Stahl und Kupfer haben Hartlote mit 40 ... 44 % Silberanteil bei niedriger Außentemperatur besondere Bedeutung wegen ihrer hohen Zug- und Scherfestigkeit.
- Auch hochlegierter Stahl lässt sich mit Silberloten hartlöten. Es besteht jedoch die Gefahr von Karbidausscheidungen und damit erhöhte Korrosionsgefahr.
- Hartmetallplättchen lassen sich auf Stahlunterlage auflöten. Die Lote müssen dabei neben ausreichender Festigkeit gute Verformbarkeit aufweisen und unterschiedliche Wärmedehnung der Bauteile ausgleichen.
- Lote mit hohem Cadmiumanteil dürfen nicht mit Lebensmitteln in Kontakt kommen.

8.1.3.3 Flussmittel

Das Flussmittel wird als Paste, Pulver oder wässrige Lösung vor dem Aufheizen auf das kalte Bauteil aufgetragen. Die Pasten und Pulver schmelzen bei etwa 50 K unter Lotschmelztemperatur und bilden dabei (ebenso wie die wässrigen Lösungen) einen gleichmäßigen Überzug. Je nach Bauteilwerkstoff, Lot und Lötverfahren eignen sich Flussmittel aus Borax, anderen Borverbindungen, Chloride, Fluoride, Silikate oder Phosphate. Viele wirken korrodierend. Reste müssen deshalb nach dem Lötprozess beseitigt werden. Gefährdete Bereiche können durch Auftragen von Kreide, Ton oder Eisenoxid gegen Korrosion geschützt werden.

Flussmittel fürs Hartlöten sind nach DIN EN 1045 [10] definiert, fürs Weichlöten in DIN EN ISO 9454 [16].

8.1.4 Ausführung und Tragfähigkeit

Weichlötverbindungen werden wegen ihrer niedrigen Festigkeit fast nur als Überlappungsstöße (Zugscherbeanspruchung) ausgeführt.

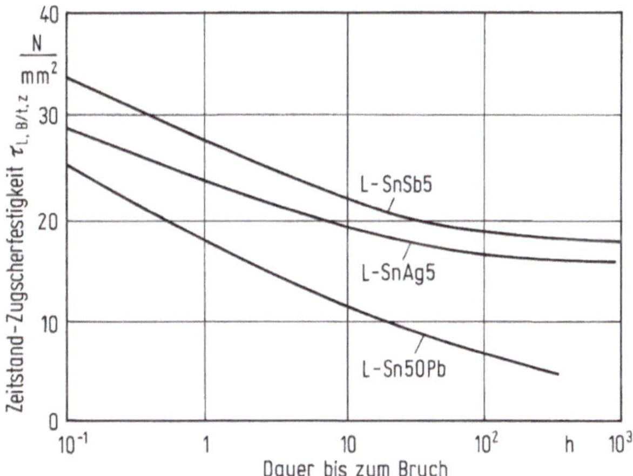

Abb. 8.1 Zeitstandzugscherfestigkeit $\tau_{L,B/t,z}$ von Weichlötverbindungen, Einfluss des Lots (Bauteilwerkstoff: Kupfer, Prüftemperatur: 20 °C, Probe nach DIN 8525 T2) [33]

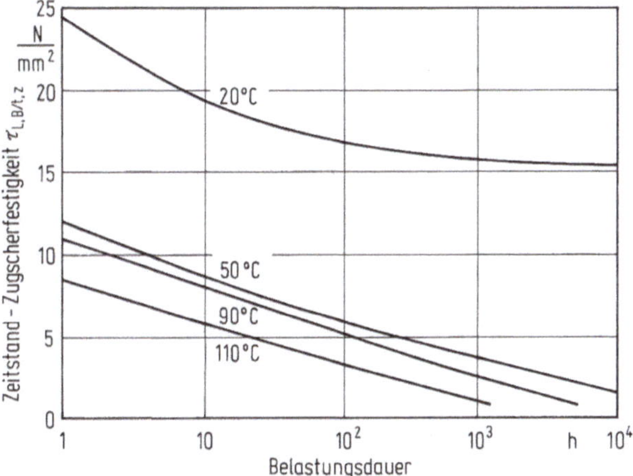

Abb. 8.2 Zeitstandzugscherfestigkeit $\tau_{L,B/t,z}$ von Weichlötverbindungen, Einfluss der Temperatur (einschnittige Überlappungslötung: Bleche 50 × 8 × 0,8, Überlappungslänge: bis ca. 3 mm, Bauteilwerkstoff: Ms58, Lot: L-SnAg5) [23]

Man beachte: Die Zeitstandzugscherfestigkeit $\tau_{L,B/t,z}$ nimmt mit der Dauer der Belastung und mit steigender Temperatur ab, Abb. 8.1, 8.2.

Weichlötverbindungen allein eignen sich auch nicht bei Schwingbeanspruchung. Durch Schweißpunkte oder Niete kann die Lötfläche von Kräften entlastet werden (besonders wichtig bei Schälbeanspruchung, Tab. 8.7k).

Hart- und Hochtemperaturlötverbindungen werden ebenfalls überwiegend als Überlappungsstöße ausgeführt, wegen der erheblich höheren Festigkeit aber auch als Fugenlötung (Abschn. 8.1.2.1), die statisch und auch dynamisch auf Zug und Biegung beansprucht werden können. Biegebeanspruchung sollte allerdings durch geeignete Gestaltung vermieden werden. Der Einfluss von Belastungsdauer, Lotwerkstoff und Temperatur auf die Zeitstandzugscherfestigkeit von Hartlötverbindungen ist in Abb. 8.3 dargestellt.

Tab. 8.2 Eignung der Lotwerkstoffe und statische Festigkeit von Spaltlötverbindungen bei Langzeitbelastung und Raumtemperatur

Lot-Werkstoff				Anwendungen, Hinweise	Zugfestigkeit $R_{m,\text{Lot}}$ des Lots nach DIN EN 12797 in N/mm^2	Arbeitstemperatur ϑ_A in °C	Zugscherfestigkeit $\tau_{L,B,z}$ der Verbindung in N/mm^2	Zugfestigkeit $\sigma_{L,B,z}$ der Verbindung in N/mm^2
DIN-Bezeichnung		Zusammensetzung in Gewichts-%	Verwendung Bauteilwerkstoff					
Weichlote								
Zinn-Bleilot Pb50Sn50 DIN EN ISO 9453 [15]		Sn 50, Pb 50	Stahl und Kupferlegierung	Kupferrohrinstallation (Kaltwasser) Elektroindustrie, Dichtungsfunktion	–	215	2 … 3[a]	2[a]
Zinn-Cadmium-Legierung DIN 1707 Teil 100 [8]		Cd 19,5 … 20,5, Sn 80	Aluminium	am wenigsten korrosionsanfälliges Al-Weichlot (Al-Kabeladern), zum Löten mit Weichlötflussmitteln (DIN EN ISO 9454 [16])	–	280	2 … 3[a]	2[a]
Hartlote nach DIN EN ISO 17672 [17], Zugfestigkeit nach Firmendatenblättern [20]								
Kupferbasislote	Cu 671	Cu 60, Zn 40	Stähle, Temperguss, Nickel und	Spalt- und Fugenlöten ohne hohe Festigkeitsanforderung	–	900	150 … 220	200 … 300
	Cu 670	Cu 60, Sn 1, Rest Zn	Nickellegierungen, Kupfer;	Spalt- und Fugenlöten für hohe Festigkeitsanforderung	–	900	160 … 240	210 … 320
Silberhaltige Lote	Ag 125	Ag 25, Cu 41, Rest Zn	Schmelztemperatur > 900 °C	Spaltlöten, kleine Teile in Optik und Feinmechanik	350 … 430	780	150 … 280	300 … 400
	Ag 340	Ag 40, Cd 20, Cu 19, Rest Zn		Spaltlöten, für spannungsempfindliche Werkstücke	410 … 510	610	170 … 300	410 … 640[c]
	Ag 427	Ag 27, Cu 38, Mn 9, Ni 6, Rest Zn	Hartmetalle, Stahl, Wolfram, Molybdän, Tantal	Hartmetall-Schneidplatten auf Drehstahl	150 … 300	840	150 … 300	–
	Ag 449	Ag 49, Cu 16, Mn 7, Ni 4,5, Rest Zn	schwer benetzbare Werkstoffe		250 … 300	690	250 … 300	–
Aluminiumbasislot Al 112		Si 12, Rest Al	Aluminium, Aluminiumlegierungen	Fugen- bzw. Überlapplötung von Al-Werkstoffen, Reparatur und Fertigung von Einzel- und Massenteilen	–	600	100	110 … 180
Hochtemperaturlot nach DIN EN ISO 17672								
Nickelbasislot Ni 650		Cr 19, Si 10, Rest Ni	Nickel, Cobalt und deren Legierungen, unlegierte bis hochlegierte Stähle	Spaltlöten, Leichtbau (Honigwabenkonstruktion), Flugtriebwerk (Statorschaufeln), korrosionsbeständige, hochfeste Rohre in Wärmetauschern	–	1135	200 … 300	250 … 1100[b]
Keramiklote								
L-Ag27,5Cu2Ti		Cu 27,5, Ti2, Rest Ag	Al_2O_3 auf NiCo2823	Aktivlötung keramischer Bauteile, Kondensatoren, Thyristoren	–	840	–	ca. 70[d]
L-Ag19,5Cu5In3Ti		Cu 19,5, In 5, Ti 3, Rest Ag	Al_2O_3 bzw. ZrO_2 auf Stahl	–	–	950	100 … 150	ca. 70[d]

[a] Weichlot kriecht bei langandauernder Belastung, bei kurzzeitigen Belastungen sind höhere Werte erreichbar ($\tau_{L,B,z} \approx \sigma_{L,B,z} \approx 30\,\text{N/mm}^2$).
[b] Lötungen von NiCr20TiAl: Festigkeitsunterschiede durch unterschiedliche Wärmebehandlung
[c] 100 % Zugfestigkeit R_m des Bauteilwerkstoffs bei S185, S235, E295, E360, Cu, 80 % bei Mg 58, Mg 63, bei Paarung S235/Mg 63 100 % R_m von Mg 63 [3]
[d] etwa Zugfestigkeit R_m des Bauteilwerkstoffs

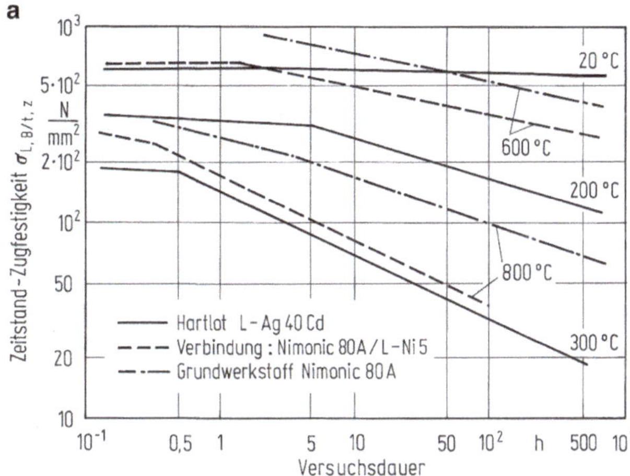

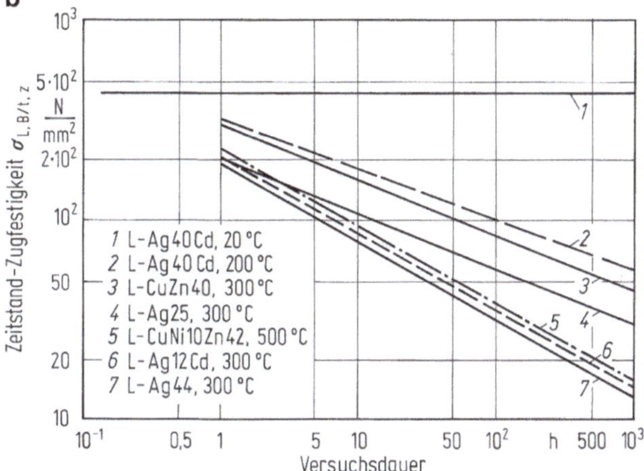

Abb. 8.3 Zeitstandzugfestigkeit $\sigma_{L,B/t,z}$ von Hartlotverbindungen bei unterschiedlicher Prüftemperatur [4], **a** für Lot, Verbindung, Grundwerkstoff, **b** Bauteilwerkstoff: Chrom- und Chromnickelstahl, verschiedene Lote/Prüftemperaturen

8.1.4.1 Dimensionierung

Stumpf- und T-Stöße

Stumpf- und T-Stöße, die als Spalt- oder Fugenlötverbindung hergestellt werden, sind durch die Bauteilquerschnitte festgelegt. Durch den Festigkeitsnachweis wird geprüft, ob die Fügestelle (meist die Schwachstelle des Bauteils) ausreichende Sicherheit aufweist.

Überlappungsstoß – Zugscherbeanspruchung

Bei einem auf Zug beanspruchten Überlappungsstoß entstehen in der Fügeschicht Scherbeanspruchungen. Diese „Zugscherbeanspruchungen" werden nach DIN EN 12797 [13] als Schubbeanspruchungen bezeichnet. Die dabei auftretende Biegespannung wird im Allgemeinen vernachlässigt. Die Überlappungslänge kann bei kraftübertragenden Verbindungen so gewählt werden, dass die Tragfähigkeit von Bauteil und Lötfuge etwa gleich ist. Ferner sind löttechnische Fertigungsbedingungen zu beachten. Da die Spannungsverteilung in der Lötfuge, wie bei allen Überlappungsstößen, auch von der Überlappungslänge $l_ü$ abhängt (allgemeines hierzu siehe Abschn. 8.2.4.1), muss $l_ü/t$ vorläufig gewählt und hierfür der Festigkeitsnachweis geführt werden. In Tab. 8.3 sind Richtwerte für das Überlappungsverhältnis von Lötverbindungen zusammengefasst. Die kleineren Werte in der jeweiligen Gruppe gelten für Bolzen- und Rohrsteckverbindungen, Bauteile geringerer Festigkeit, Lote höherer Festigkeit, optimale Lötfugenausbildung und Vorbereitung (Spaltdicke, Rauheit, evtl. Oberflächenbehandlung, Wärmebehandlung) und erfahrener Hersteller. Die größeren Werte sind bei einseitigem Laschenstoß (zusätzliche Biegebeanspruchung) und entgegengesetzten Tendenzen zu verwenden.

Tab. 8.3 Richtwerte für das Überlappungsverhältnis von Lötverbindungen (Dicke des dünneren Bauteils t, Überlappungslänge $l_ü$), für unterschiedliche Blechdicken geeignete Lötverfahren (Tab. 8.1)

Art der Verbindung	Überlappungsverhältnis
Weichlötverbindungen	$l_ü/t = 6 \dots 8 \dots (12)$ (bis 12 bei einseitigem Laschenstoß)
Hartlötverbindungen	$l_ü/t = 3 \dots 6$
Hochtemperaturlötverbindung	$l_ü/t = 2 \dots 4$

Überlappungsstoß – Scherbeanspruchung

Bei Schubbeanspruchung in Richtung der Überlappungsbreite, z. B. auf Torsion beanspruchte Rohrverbindungen, können die Hinweise für Überlappungsstoß – Zugscherbeanspruchung als Anhalt verwendet werden.

8.1.4.2 Festigkeitsnachweis

Es ist mit Nennspannungen in der Fügenaht zu rechnen. Die Kerbwirkung und bei Überlappungsstößen die ungleichmäßige Spannungsverteilung über die Überlappungslänge werden vernachlässigt. Es muss im Allgemeinem auf die an Standardproben ermittelten Festigkeitswerte zurückgegriffen werden. Die von den Laborbedingungen abweichenden Praxisbedingungen werden durch Abminderungsfaktoren berücksichtigt. Berechnung der Beanspruchungen und Sicherheiten bei statischer und dynamischer Belastung siehe unten

Belastungsannahmen

Bei statischer Beanspruchung werden für die Kraft F und das Drehmoment T die höchsten vorkommenden Werte angenommen, bei dynamischer Belastung $F_{eq} = K_A \cdot F$ bzw. $T_{eq} = K_A \cdot T$, ggf. mit Betriebsfaktor C_B statt dem Anwendungsfaktor K_A. Bei Zahnrädern muss zusätzlich mit den Dynamikfaktormit K_v, welcher mit dem Anwendungsfaktor multipliziert wird, gerechnet werden. Erläuterungen zum Anwendungsfaktor K_A bzw. Betriebsfaktor C_B gibt Abschn. 1.4.6.3, zum Dynamikfaktor K_v siehe Abschn. 21.5.7 in [28].

Tab. 8.4 Zugfestigkeit von Spaltlötverbindungen bei Langzeitbelastung und Raumtemperatur für unterschiedliche Grundwerkstoffe und Lote [3]. N: Bruch in der Lötstelle, W: Bruch im Bauteilwerkstoff (Probenzahl: 5, Lötspalt: 0,1 mm)

Hartlot	L-Ag20Cd (Lotzugfestigkeit $R_{m,\text{Lot}} = 450\,\text{N/mm}^2$)			L-Ag40Cd (Ag 340 nach DIN EN ISO 17672) (Lotzugfestigkeit $R_{m,\text{Lot}} = 470\,\text{N/mm}^2$)			
Grundwerkstoff	S185	S235	E335	S185	S235	E295	E335
Zugfestigkeit des Grundwerkstoffs in N/mm^2	380 ... 390	370 ... 400	573 ... 672	380 ... 390	370 ... 400	525 ... 573	573 ... 672
Mittelwert der Zugfestigkeit $\sigma_{L,B,z}$ bzw. R_m in N/mm^2	374	371	437	393	410	536	642
Ort des Bruchs	N	N	N	W	W	N	N

Abminderungsfaktoren

Die oben erwähnten abweichenden Praxisbedingungen können durch den Lötnahtfaktor v_L berücksichtigt werden. Wenn keine Versuchsergebnisse verfügbar sind, kann als erste Näherung $v_L = 1$ gesetzt werden, d. h. es wird zunächst davon ausgegangen, dass beim Anwendungsfall gleiche Fertigungs- und Betriebsbedingungen wie beim Laborversuch mit der Standardprobe vorliegen. Ergibt der durchgeführte Festigkeitsnachweis eine ausreichende Sicherheit, sollte das Ergebnis durch Versuche überprüft werden. Ansonsten ist die Gestaltung der Verbindung zu überdenken. Die Erfahrungen von Fachfirmen sind zu nutzen (siehe z. B. [6]). Für manche Anwendungen stehen Versuchsergebnisse über die Abminderung der Dauerfestigkeit des Bauteils durch die Lötverbindung, d. h. die Kerbwirkungszahl $\beta_{\sigma L}$, zur Verfügung.

Mindestsicherheiten

Die erforderlichen Sicherheiten sind abhängig von der Beanspruchungsart (z. B. Zug- oder Schubbeanspruchung) und -dynamik. Sie sind in Tab. 8.6 zusammengefasst. Kriterien für den Ansatz größerer oder kleinerer Sicherheiten sind in Abschn. 1.4.7 angegeben. Hier sind je nach Möglichkeit von den Laborversuchen abweichende Praxisbedingungen zu berücksichtigen.

Stumpf- und T-Stoß als Fugenlötverbindung (Schweißlöten)

Für die Berechnung gelten die Regeln der Schweißverbindung, Kap. 7. Maßgebend ist die, im Vergleich zum Bauteil meist kleinere, Festigkeit des Lotwerkstoffs $R_{m,\text{Lot}}$. Anhaltswerte siehe Tab. 8.2 und 8.4.

Stumpf- und T-Stoß als zugbeanspruchte Spaltlötverbindung

Mit den folgenden Gleichungen wird die Sicherheit in der Fügeschicht nachgerechnet:

Statische Beanspruchung: Normalspannung bei Zugbelastung

$$\sigma_z = \frac{F}{A} \tag{8.1}$$

Sicherheit gegen (Gewalt-)Bruch

$$S_B = \frac{v_L \cdot \sigma_{L,B,z}}{\sigma_z} \geq S_{B\,\min} \tag{8.2}$$

Die Zugfestigkeit der Spaltlötverbindung $\sigma_{L,B,z}$ ist bei hoher Festigkeit der Bauteile teilweise höher als die des Lots selbst (siehe z. B. Tab. 8.4) und kann die Festigkeit der Bauteile erreichen, so dass der Bruch unter Umständen außerhalb der Naht eintritt.

Dynamische Beanspruchung: Ausschlagspannung aus Zugbelastung

$$\sigma_{a,z} = \frac{F_a}{A} \tag{8.3}$$

Sicherheit gegen Dauerbruch

$$S_D = \frac{v_L \cdot \sigma_{L,A,z}}{\sigma_{a,z}} \geq S_{D\,\min} \tag{8.4}$$

v_L		Lötnahtfaktor
A	in mm^2	Lötfläche siehe Tab. 8.5
F	in N	angreifende Kraft
F_a	in N	Ausschlagkraft
$S_{B\,\min}$, $S_{D\,\min}$		Mindestsicherheit gegen (Gewalt)-Bruch und Dauerbruch siehe Tab. 8.6
$\sigma_{L,A,z}$	in N/mm^2	Ausschlagfestigkeit der zugbeanspruchten Lötverbindung siehe Abb. 8.4
$\sigma_{L,B,z}$	in N/mm^2	Zugfestigkeit der Lötverbindung siehe Tab. 8.2, 8.4

Maßgebend ist die Ausschlagfestigkeit bei Zugbelastung $\sigma_{L,A,z}$ bzw. bei Biegebelastung $\sigma_{L,A,b}$. Abb. 8.4 zeigt einige Wöhlerlinien. Die Zugwechselfestigkeit $\sigma_{L,W,z}$ ist $\approx$ Biegewechselfestigkeit $\sigma_{L,W,b}$ = entsprechende Ausschlagfestigkeit $\sigma_{L,A,b}$.

Weitere Versuchswerte nach [2]: Für stumpfgelötete zylindrische und prismatische Körper sowie Rohre aus St42 mit Lot L-Ag40Cd ergab sich bei Wechselbeanspruchung: $\sigma_{L,W,z} = 140 \ldots 180\,\text{N/mm}^2$, $\widehat{=}\ 50 \ldots 75\,\%$ der Dauerfestigkeit des nichtgelöteten Prüfkörpers aus Stahl.

Tab. 8.5 Fläche der Löt- bzw. Klebeverbindung

Nr.	Stoßgeometrie	Fläche der Lötverbindung
Stumpfstoß		
1		$A = t \cdot b$
2		$A = t \cdot b$
3		$A = \frac{\pi}{4} \cdot (d_a^2 - d_i^2)$
Überlappungsstoß (Flächenverbindung)		
4		$A = l_ü \cdot b$
5		$A = 2 \cdot l_ü \cdot b$
6		$A = \dfrac{l_ü \cdot b}{\cos\alpha}$
Überlappungsstoß (Rohrverbindung)		
7		$A = \pi \cdot d_a \cdot l_ü$
Überlappungsstoß (Welle-Nabe-Verbindung)		
8		$A = \pi \cdot d_a \cdot l_ü$

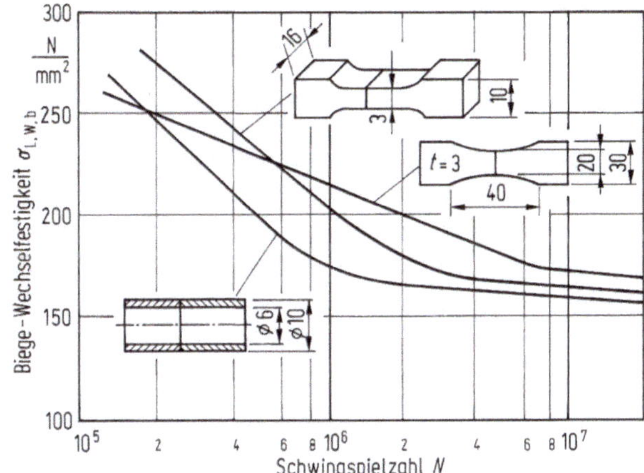

Abb. 8.4 Biegewechselfestigkeit von Proben aus S235 gelötet mit L-Ag40Cd (Ag 340 nach DIN EN ISO 17672) [5]

Überlappungsstoß: Zugscherbeanspruchte Spaltlötverbindung

Mit den folgenden Gleichungen wird geprüft, ob die Sicherheit für die nach Abschn. 8.1.4.1 gewählte Ausführung ausreicht und zwar für die Bauteile und die Verbindungsschicht:

Statische Beanspruchung: Schubspannung

$$\tau_s = \frac{F}{A} \tag{8.5}$$

Sicherheit gegen (Gewalt-)Bruch

$$S_B = \frac{v_L \cdot \tau_{L,B,z}}{\tau_s} \geq S_{B\,\min} \tag{8.6}$$

Die Zugfestigkeit bei langandauernder statischer Belastung (Zeitstandfestigkeit) mit Einfluss der Temperatur zeigt Abb. 8.3.

Dynamische Beanspruchung: Ausschlagschubspannung

$$\tau_{a,s} = \frac{F_a}{A} \tag{8.7}$$

Sicherheit gegen Dauerbruch

$$S_D = \frac{v_L \cdot \tau_{L,A,z}}{\tau_{a,s}} \geq S_{D\,\min} \tag{8.8}$$

v_L		Lötnahtfaktor
A	in mm²	Lötfläche siehe Tab. 8.5
F	in N	angreifende Kraft
F_a	in N	Ausschlagkraft
$S_{B\,\min}$, $S_{D\,\min}$		Mindestsicherheiten gegen (Gewalt)-Bruch und Dauerbruch siehe Tab. 8.6, erforderliche Sicherheit für Flächenverbindungen siehe zugbeanspruchte Spaltlötverbindungen
$\tau_{L,A,z}$	in N/mm²	Ausschlagfestigkeit der zugbeanspruchten Lötverbindung
$\tau_{L,B,z}$	in N/mm²	Zugscherfestigkeit der Lötverbindung siehe Tab. 8.2

Tab. 8.6 Mindestsicherheiten für Lötverbindungen

Art der Verbindung	$S_{B\,\min}$ (statisch)	$S_{D\,\min}$ (dynamisch)
Stumpf- und T-Stoß als zugbeanspruchte Spaltlötverbindung		
normal	2,0 … 3,0 (normal 2,0)	2,5 … 3,5
für Druckbehälter nach AD 2000-Merkblatt B 0 [1]	4,0	–
Überlappungsstoß: zugscherbeanspruchte Spaltlötverbindung (Rohrverbindung)		
normal	1,5 … 2,5	2,0 … 3,0
für Druckbehälter nach AD 2000-Merkblatt B 0	–	4,0

Festigkeit der Bauteile neben der Verbindungsstelle: Rechnung und Nachweis nach Kap. 3: Festigkeitsnachweis bzw. Kap. 17: Achsen und Wellen

Überlappungsstoß: Scherbeanspruchte Spaltlötverbindung

Als Näherung kann hierbei, z. B. bei einer auf Torsion beanspruchten Rohrverbindung, der Festigkeitsnachweis wie für die zugscherbeanspruchte Spaltlötverbindung mit den gleichen Grenzwerten geführt werden.

Statische Beanspruchung: Schubspannung aus Torsion

$$\tau_t = \frac{2 \cdot T}{d_a \cdot A} \tag{8.9}$$

Sicherheit gegen (Gewalt-)Bruch

$$S_B = \frac{v_L \cdot \tau_{L,B,t}}{\tau_t} \geq S_{B\,\min} \tag{8.10}$$

mit der Bruchfestigkeit der Lötverbindung bei Torsionsbeanspruchung

$$\tau_{L,B,t} \approx \tau_{L,B,z} \tag{8.11}$$

Dynamische Beanspruchung: Ausschlagschubspannung aus Torsion

$$\tau_{a,t} = \frac{2 \cdot T_a}{d_a \cdot A} \tag{8.12}$$

Sicherheit gegen Dauerbruch

$$S_D = \frac{v_L \cdot \tau_{L,A,t}}{\tau_{a,t}} \geq S_{D\,\min} \tag{8.13}$$

mit der Ausschlagfestigkeit der Lötverbindung bei Torsionsbeanspruchung

$$\tau_{L,A,t} \approx \tau_{L,A,z} \tag{8.14}$$

d_a	in mm	Außendurchmesser der Welle
v_L		Lötnahtfaktor
A	in mm^2	Lötfläche siehe Tab. 8.5
$S_{B\,\min}$, $S_{D\,\min}$		Mindestsicherheit gegen (Gewalt)-Bruch und Dauerbruch siehe Tab. 8.6, erforderliche Sicherheit für Flächenverbindungen siehe zugbeanspruchte Spaltlötverbindungen
T	in N mm	Torsionsmoment
T_a	in N mm	Ausschlagtorsionsmoment
$\tau_{L,A,z}$	in N/mm^2	Ausschlagfestigkeit der zugbeanspruchten Lötverbindung
$\tau_{L,B,z}$	in N/mm^2	Zugscherfestigkeit der Lötverbindung siehe Tab. 8.2

Bewertung der Ergebnisse

Weist die Nachrechnung keine ausreichende Sicherheit aus, müssen andere Lösungen gefunden werden. Es ist jedoch nicht sinnvoll, die Überlappungslänge $l_ü$ wesentlich über die Richtwerte aus Tab. 8.3 hinaus zu verlängern. Wegen der ungleichmäßigen Spannungsverteilung in Überlappungsstößen (Abb. 8.11) wird nur wenig an Tragfähigkeit gewonnen bei vergleichsweise hohen zusätzlichen Kosten.

8.1.5 Gestaltung

Empfehlungen und Beispiele sind in Tab. 8.7 zusammengefasst. Desweiteren gilt:

- Ausführung als Überlappungs-, Stumpf-, T- oder Schrägstoß nach Abschn. 8.1.4, Schälbeanspruchung ist zu vermeiden, Abhilfe hierzu z. B. Tab. 8.7k
- parallelen Lötspalt vorsehen (Querschnittsvergrößerung in Fließrichtung des Lots beeinträchtigt die Kapillarwirkung)
- Spaltdicke 0,08 ... 0,2 mm bei Löttemperatur.
  Man beachte: Bei großen Werkstücken und/oder unterschiedlichen Werkstoffen können Wärmedehnungen die Spaltdicke erheblich beeinflussen.
- geschliffene und polierte Oberflächen sind schwer benetzbar, sollten ggf. aufgeraut werden, günstig ist $Rz = 10 \ldots 25\,\mu\text{m}$, möglich $Rz \geq 1{,}6\,\mu\text{m}$. Bearbeitungsriefen tiefer als 20 µm in Fließrichtung des Lots sind günstig.
- Presssitze (Welle-Nabe-Verbindung) erfordern (Rändel-)Riefen 0,2 ... 0,3 mm tief in Längs-, d. h. Lotfließrichtung.
- Bei Ofenlötung möglichst gleiche Wanddicken vorsehen, damit sich beide Teile gleich erwärmen. Bei unterschiedlichen Werkstoffen unterschiedliche Wärmedehnung beachten!
- Lot soll zu sichtbarer Stelle fließen: Kontrolle! Tab. 8.7b.
- Weichlötverbindungen bei dynamischen Beanspruchungen entlasten (z. B. durch Sicken, Falze, Bördel, Niete, Schweißpunkte)
- Umformspannungen in Tiefziehteilen können während des Lötens zu unerwünschter Veränderung des Lötspalts führen (evtl. vorher spannungsarmglühen oder Lage fixieren, Teile verspannen).

Tab. 8.7 Gestaltung von Lötverbindungen

Nr.	Ungünstig	Günstig	Beachte
a	Nur bei Hartlöten sinnvoll, als Fugenlötung	$l_ü$, t Größere scherbeanspruchte Fläche durch Muffe	Überlappung $l_ü/t$ nach Abschn. 8.1.4.1 wählen. Größere Werte erhöhen die Tragfähigkeit nicht proportional, sind aber proportional teurer
b	Lot		Lotmittelfluss und Flussmittelabfluss sicherstellen, Luftpolster verhindert vollständige Füllung der Fuge, Lot kann zu sichtbarer Stelle fließen
c	Lot	Lotdepot	kurze Lotfließwege vorsehen
d	Lotring, keine Verbindung vor dem Löten, nach dem Löten	Lotring, gute Verbindung	Hohlräume verhindern Kapillarwirkung
e	Lotpfropfen		Luft drückt Bolzen heraus
f	Lotscheibe	Lotscheibe	durch Wärme ausgedehnter Bolzen steht nach Lötung über
g		Absatz	Ring rutscht durch Wärmedehnung, Lagesicherung z. B. durch Absatz
h			große Lotmengen und Schwindungslunker vermeiden
i	Richtung des Wärmestromes Vorrichtung	Richtung des Wärmestromes	Lage des Lots und Richtung des Wärmestroms berücksichtigen (Temperatur soll größer sein als Lottemperatur)
k	F	F	Schälbeanspruchung vermeiden, z. B. durch Schweißpunkt, Niet oder Schraube

8.1.6 Berechnungsbeispiele

Beispiel 8.1

Lötverbindung für Kupferrohre einer Trinkwasserleitung (Überlappungsstoß)

Gegeben:
Kupferrohr weich (F22): SF-Cu, Werkstoffnummer 2.0090, $R_m = 200\,\mathrm{N/mm^2}$, $R_{p0,2} = 140\,\mathrm{N/mm^2}$ bei 20 °C. Außendurchmesser $d_a = 15\,\mathrm{mm}$, Innendurchmesser $d_i = 13\,\mathrm{mm}$, Wanddicke $t = 1\,\mathrm{mm}$.
Wassertemperatur 20 °C, Wasserdruck (Betriebsdruck) $p = 50\,\mathrm{bar}\ (5\,\mathrm{N/mm^2})$.
Mindestsicherheit der Lötverbindung $S_{B,L\,\min} = 1{,}8$
Mindestsicherheit der Rohrleitung $S_{B,R\min} = 1{,}1$ gegenüber Prüfdruck $p_{\text{prü}} = 1{,}3 \cdot p$

Gesucht:
Festigkeitsnachweis der Lötverbindung und des Kupferrohrs

Gewählt:
Weichlöten (schnell, ausreichende Festigkeit, niedrige Betriebstemperatur, niedrige Arbeitstemperatur ϑ_A), Flammlöten (auf der Baustelle, $\vartheta_A = 230\,°\mathrm{C}$)
Lot Sn97Cu3 nach DIN EN ISO 9453, Langzeitzugscherfestigkeit $\tau_{L,B,z} = 3\,\mathrm{N/mm^2}$, kurzzeitig $\tau_{L,B,z\,\max} = 30\,\mathrm{N/mm^2}$. Wegen Trinkwasser kein bleihaltiges Lot.
Fittinge nach DIN EN 1254 Teil 4 [11], Mindesteinstecktiefe (Überlappungslänge) $l_ü = 12\,\mathrm{mm}$, Lötnahtfaktor $v_L = 1$.

Berechnet:

Festigkeitsnachweis für die Lötverbindung:
Schubspannung nach (8.5)

$$\tau_s = \frac{F}{A} = \frac{p \cdot d_a}{4 \cdot l_{\text{ü}}} = 1{,}56\,\frac{\mathrm{N}}{\mathrm{mm^2}}$$

mit der Fläche $A = \pi \cdot d_a \cdot l_{\text{ü}}$ nach Tab. 8.5 Nr. 7: Überlappungsstoß Rohrverbindung
und der Axialkraft aus Druck und Kreisfläche $F = p \cdot (\pi/4) \cdot d_a^2$
Sicherheit nach (8.6)

$$S_{B,L} = \frac{v_L \cdot \tau_{L,B,z}}{\tau_s} = 1{,}92 > S_{B,L\,\min} = 1{,}8$$

Festigkeitsnachweis für das Kupferrohr:
Tangentialspannung bei Betriebsdruck nach Tab. 18.8 für Innenteil innen (ohne Fliehkrafteinfluss)

$$\sigma_t = p \cdot \frac{2}{1 - Q_I^2}$$

mit dem Durchmesserverhältnis des Kupferrohr $Q_I = d_i/d_a$ nach (18.25) und der vereinfachenden Annahme $d_a - t \approx d_a$ ergibt sich

$$\sigma_t = p \cdot \frac{d_a}{2 \cdot t} = 37{,}5\,\frac{\mathrm{N}}{\mathrm{mm^2}}$$

Daraus errechnet sich die Sicherheit

$$S_{B,R} = \frac{R_{p0,2}}{\sigma_t} = 3{,}7 > S_{B,R\min} = 1{,}1$$

Mit dem maximaler Betriebsdruck (für $\sigma_t = R_{p0,2}$)

$$p_{\max} = R_{p0,2} \cdot 2 \cdot \frac{t}{d_a} = 18{,}67\,\frac{\mathrm{N}}{\mathrm{mm^2}}$$

ergibt sich die maximale Schubspannung der Lötverbindung

$$\tau_{s\,\max} = p_{\max} \cdot \frac{d_a}{4 \cdot l_{\text{ü}}} = 5{,}83\,\frac{\mathrm{N}}{\mathrm{mm^2}} < \tau_{L,B,z\,\max} = 30\,\frac{\mathrm{N}}{\mathrm{mm^2}}$$

Bei kurzfristiger Überlastung mit ca. $18{,}67\,\mathrm{N/mm^2}$ versagt das Kupferrohr und nicht die Lötverbindung.

8.2 Klebverbindungen

Kleben ist ein Verfahren zum Verbinden von Bauteilen aus gleichen und unterschiedlichen Werkstoffen. Dazu werden Klebstoffe, z. B. aus Kunstharz oder Kunstkautschuk, verwendet, die in flüssigem oder pastösem Zustand oder als Folien auf die Klebflächen aufgetragen werden. Nach dem Abbinden bilden sie dünne, feste (zum Teil auch dicke, weiche) Schichten. Dies geschieht mit oder auch ohne Anpressung bei Raumtemperatur (kaltaushärtend) oder bei Erwärmung auf ca. 50 ... 220 °C (warmaushärtend). Auch bei kaltaushärtenden Systemen besteht häufig die Möglichkeit, die Aushärtung durch höhere Temperaturen zu beschleunigen. Die Bindekräfte entstehen durch Flächenhaftung (mechanische und chemische Adhäsion) zwischen Kleber und Bauteilwerkstoff sowie durch innere Festigkeit (Kohäsion der ausgehärteten Klebschicht). Die Klebverbindung ist eine nicht lösbare Stoffschlussverbindung. Wegen der relativ niedrigen Festigkeit der Klebschicht werden die Verbindungen meist als Überlappungsstöße ausgeführt.

8.2.1 Anwendung, Eigenschaften, Funktionen

Klebverbindungen haben sich im Fahrzeug- und Flugzeugbau auch für tragende Verbindungen bewährt und finden zunehmend Eingang in den Maschinen- und Apparatebau für die folgenden Anwendungen:

- Kraftübertragung bei gefügten Fahrzeugrahmen, Brems- und Kupplungsbelägen, Blechkonstruktionen, Gummi-

Metall-Federelementen, Rohrleitungen, Glas-Metall-Verbindungen. Sie werden als (Überlappungs-)Flächenverbindungen ausgeführt. Die geklebte Welle-Nabe-Verbindungen (Abschn. 18.5) wird separat betrachtet.

- Fixierklebung, d. h. Verbindungen ohne Kraftübertragung, z. B. Abdeckungen, Verklebungen
- Dichtungsklebung, wobei die Kraft durch andere Elemente übertragen wird, z. B. zum Abdichten von Bördelfugen, Punktschweißverbindungen, Gewinden
- Sichern von Schraubenverbindungen, Abschn. 10.9
- Leitklebungen, in der Elektrotechnik als elektrisch leitende Kontakte, z. B. zum Verbinden von oberflächenmontierbaren Bauteilen mit der Leiterplatte (ohne Anschlussdrähte)

Vorteile

- Verbinden von Bauteilen aus Metall sowie (gegenüber Schweißen und Löten) Metall/Kunststoff, Kunststoff/-Kunststoff, Metall/Keramik und andere Paarungen (Holz, Papier, Beton)
- Verbinden sehr dünner Bauteile (Fügeteile), z. B. Folien, die sich auch großflächig auf Bleche aufkleben lassen (wichtig hierbei die geringe Wärmebeanspruchung)
- gegenüber Schweißen und Löten wärmeschonend (keine Gefügebeeinflussung), wichtig für ausgehärtete Aluminiumlegierungen und Oberflächenbehandlung, z. B. verchromten Stahl oder eloxiertes Aluminium
- Leichtbau z. B. durch Wabenkonstruktion, wobei die Klebflächen nicht von außen zugänglich sein müssen (Kap. 2: Gestaltung – Formgebung)
- Die Klebschicht kann elektrisch isolieren. Gegenüber Lötverbindung besteht keine Gefahr elektrolytischer Korrosion
- Eine Klebschicht wirkt, wegen des kleinen Elastizitätsmoduls, schwingungsdämpfend. (Ob sie bei unterschiedlicher Wärmedehnung der Fügeteile ausgleichend wirkt, hängt von der Bruchdehnung ab.)
- hohe Knicksteifigkeit geklebter Strukturen (Kap. 3: Praktische Festigkeitsrechnung)

Nachteile

- Gegenüber Schweißen und Löten ist zum Teil eine relativ lange Fertigungsdauer, d. h. Dauer bis zum Erreichen der Funktionsfestigkeit des Klebers, erforderlich.
- Die Fügeflächen müssen sorgfältig vorbereitet und alle Fertigungsparameter (Temperatur, Druck, Dauer bis zum Aushärten) sorgfältig eingehalten werden, insbesondere bei hohen Festigkeitsanforderungen, zumal eine zerstörungsfreie Qualitätskontrolle kaum möglich ist.
- Die gegenüber Schweiß- und Lötverbindungen geringe Festigkeit der Klebschicht muss durch zweckmäßige Gestaltung, insbesondere ausreichende Überlappung, ausgeglichen werden.
- Alterungseinflüsse durch Feuchtigkeit, Gase, UV-Licht usw. sowie Reaktion zwischen Klebstoff und Bauteilwerkstoff können die Haftungskräfte mindern oder den Klebstoff schädigen.
- Reparatur von Schäden an Klebungen erfordert aufwendige Maßnahmen (wie bei der Herstellung).
- Manche zur Vorbehandlung eingesetzte Stoffe und deren Reaktionsprodukte sind toxisch und können die Umwelt belasten. Bei der Herstellung sind geeignete Schutzmaßnahmen vorzusehen.

8.2.2 Herstellung

Herstellen der Verbindung

Die Arbeitsräume müssen in Abhängigkeit vom Klebstoff und Aushärtemechanismus sehr unterschiedliche Anforderungen erfüllen. Wichtig für die Qualität der Klebung ist die Vorbereitung und Vorbehandlung der Fügeflächen. Der Aufwand sollte sich danach orientieren, welche Festigkeit erforderlich ist. Die wesentlichen Arbeitsschritte zur Vorbereitung der Fugeflächen sind:

- Mechanische Reinigung durch Schleifen oder Bürsten
- Anpassen der Fügeflächen: Dünne Klebschichten erfordern passgenaue Klebfugen. Dickere Klebschichten gleichen Unebenheiten eher aus, weisen jedoch eine geringere Festigkeit auf.
- Entfetten mittels organischer Lösungsmittel oder alkalischer bzw. wässriger Reinigungsbäder
- Oberflächenbehandlung: Aufrauen zur Vergrößerung der wirksamen Oberfläche durch Strahlen, günstig sind Rauheiten von etwa $Rz = 10 \ldots 40\,\mu\text{m}$ (siehe hierzu Welle-Nabe-Verbindungen: Abschn. 18.5.1 und 18.5.2). Beizen (d. h. Anwendung nichtoxidierender Säuren) bewirkt chemisches Reinigen oder Tauchen in oxydierende Lösungen bewirkt Oxidation der Oberfläche. Bei besonders hoch beanspruchten Klebungen eignet sich eine elektrochemische Vorbehandlung (Corona/Plasma).
- Bei Bauteilen aus Stahl werden mitunter Kleben mit Punktschweißen, Nieten oder Schrauben kombiniert (Abschn. 8.3). Dann ist keine Oberflächenvorbehandlung erforderlich.

Eine Übersicht über die je nach den Anforderungen notwendige Oberflächenbehandlung gibt Tab. 8.8. Im Maschinen-, Apparate- und Fahrzeugbau wird sich meist mit Strahlen als letztem Schritt der Vorbehandlung begnügt.

Anschließend kann die Klebverbindung mit den folgenden Arbeitsschritten hergestellt werden:

- Vorbereitung der Klebstoffe (Viskosität lösungsmittelhaltiger Klebstoffe einstellen bzw. Homogenisieren füllstoffhaltiger Klebstoffe, Aufheizen bei Schmelzklebstoffen usw.)
- Mischen der Klebstoffe (Zugabe von Füllstoffen und/oder Lösungsmitteln bzw. Härtern bzw. Kleberkomponenten)

Tab. 8.8 Wahl der Oberflächenvorbehandlung der Fügeteile für Klebverbindungen nach VDI 2229 [32]

Werkstoff	Niedrige Beanspruchung	Mittlere Beanspruchung	Hohe Beanspruchung
	$\tau_{s\,\mathrm{zul}} \leq 5{,}0\,\mathrm{N/mm^2}$	$\tau_{s\,\mathrm{zul}} \leq 10{,}0\,\mathrm{N/mm^2}$	$\tau_{s\,\mathrm{zul}} > 10{,}0\,\mathrm{N/mm^2}$
	geschlossene Räume, kein Kontakt mit Wasser (Feinmechanik, Elektrotechnik, Modellbau)	gemäßigtes Klima, direkter Kontakt mit Ölen, Treibstoffen (Maschinen-, Fahrzeugbau)	sämtliche Klimaten, direkter Kontakt mit wässrigen Lösungen, Ölen, Treibstoffen (Fahrzeug-, Flugzeug-, Schiff-, Behälterbau)
Aluminiumlegierungen	keine Weiterbehandlung	Beizentfetten, Schleifen, Bürsten	Strahlen, Beizen
Kupfer, Messing		Schmirgeln, Schleifen	Strahlen
Magnesium			Strahlen, Beizen
Gusseisen	Gusshaut entfernen		Strahlen
Stahl (auch rostfreier)	keine Weiterbehandlung		Strahlen
Stahl, verzinkt		keine Weiterbehandlung	
Stahl, brüniert	sehr gründlich entfetten		Strahlen
Titan	keine Weiterbehandlung	Bürsten mit Stahlbürste	Beizen
Zink	keine Weiterbehandlung oder schwaches Aufrauen		

- Auftragen der Klebstoffe durch Spritzen, Tauchen, Tropfen, Gießen, Siebdruck, Schmelzen oder Auflegen von Folien usw., möglichst unmittelbar nach der Oberflächenvorbehandlung, andernfalls ist eine Oberflächennachbehandlung erforderlich [22]. Sehr niederviskose Klebstoffe können nach dem Fügevorgang aufgebracht werden (Kapillarwirkung).
- Ausreichendes Ablüften der Klebflächen vor dem Fügeprozess ist wichtig, da sonst Lösungsmittelblasen in der Klebschicht entstehen, die die Festigkeit mindern (dies gilt nicht für anaerobe Klebstoffe, Abschn. 8.2.3.2).
- Klebflächen fügen, gegen Verschieben sichern, vorgeschriebenen Druck ausüben (Gewichte, Schraubzwingen, Klammern, Zangen, Pressen oder Ähnliches).
- Abbinden der Klebstoffe nach unterschiedlichen Mechanismen je nach Art der Klebstoffe durch Ablüften von Wasser, Lösungsmitteln, Erstarren (Schmelzklebstoffe), Reaktion unter Luftabschluss (anaerobe Klebstoffe), Reaktion durch Wärmezufuhr, UV-Licht, Vermischen von zwei und mehr Komponenten usw. Hinweise zur Abbindedauer sind in Abschn. 8.2.3.2 angegeben.
- Die Spaltdicke sollte (produktspezifisch) ca. 0,1 mm für hohe Festigkeit, ca. 0,5 mm für kostengünstige Fertigung und reduzierte Festigkeit, bis zu 3 mm in Sonderfällen (z. B. zum Abdichten) betragen (Tab. 8.10).
- Bei Rohrklebungen muss durch Anfasen der Bauteile von 15 ... 30° sichergestellt werden, dass der Klebstoff beim Fügen nicht aus der Klebfuge hinausgeschoben wird. Möglichst das dünnere Rohr mit Drehbewegung ein- oder aufschieben.

Trennen der Verbindung

Durch hohe Temperaturen, bei Welle-Nabe-Verbindungen durch Pressöl oder in Grenzen durch Behandlung mit Lösungsmitteln in Tauchbädern, lassen sich insbesondere thermoplastische Klebschichten entfestigen und mit geringer Kraft trennen, mit höherem Aufwand auch duromere Klebschichten (Schichten, die sich bei hohen Temperaturen nicht plastisch verformen). Bei der Demontage wird der Stoffschluss zerstört/aufgebrochen, für die erneute Montage muss eine Neuklebung hergestellt werden.

8.2.3 Werkstoffe

8.2.3.1 Bauteilwerkstoffe (Eigenschaften, Anforderungen)

Die Festigkeit der Klebverbindung hängt auch vom Bauteilwerkstoff ab, Abschn. 8.2.4.2. Bei der Wahl der Klebstoffe und Fügeverfahren sind deren Besonderheiten zu beachten. Tab. 8.8 gibt einen Überblick über die Oberflächenvorbehandlungen von Eisen- und Nichteisenmetallen.

Stähle

Allgemeine Stähle erfordern meist keine Oberflächenvorbehandlung.

Zink und verzinkte Stähle

Da Zink eine niedrige Rekristallisationstemperatur besitzt, dürfen diese nur mit Kalthärtern verklebt werden.

Aluminiumlegierungen und Titan

Beide bilden beim Lagern relativ feste Oxidschichten, die mechanisch oder chemisch abgetragen werden müssen. Anschließend muss sofort der Kleber aufgetragen werden.

Bei Werkstoffen mit unterschiedlichen Wärmeausdehnungskoeffizienten

Bei der Verbindung von z. B. Stahl und Aluminium ist die Klebschicht beim Abkühlen und Erwärmen starken inneren Spannungen ausgesetzt. Hierfür sollten deshalb Klebstoffe gewählt werden, die elastisch-plastische Klebschichten bilden oder kombinierten Kraft- und Stoffschluss (z. B. Methacrylat, Tab. 8.10). Dies ist besonders wichtig bei Rohrverbindungen.

Kunststoffe
Die Festigkeit von Kunststoffen ist zumeist etwa so hoch wie die der Klebstoffe. Der Elastizitätsmodul der Kunststoffe ist niedrig, daher sind Klebstoffe günstig, die verformungsfähige Klebschichten bilden (z. B. Kautschukpolymerisate oder Polyurethane). Manche unpolaren Kunststoffe, insbesondere Polyolefine und Polytetrafluorethylen, erfordern eine aufwendige Vorbereitung der Bauteile. Dies gilt auch, wenn weichmacherhaltige Kunststoffe verwendet werden sollen [22]. Die Problematik der Oberflächenspannung des Kunststoffs wird in [27] erläutert.

Faserverstärkte Kunststoffe
Sie erfordern eine besonders schonende Oberflächenbehandlung. Mechanische Behandlung durch Schleifen, Bürsten und Strahlen kann die obersten Fasern schädigen. Reinigen und Entfetten sind unbedenklich.

Glas-Metall-Verbindungen
Diese sollten so gestaltet werden, dass im Glas möglichst nur Druckspannungen auftreten. Als Klebstoff haben sich warmhärtende Epoxidharzklebfilme und Acrylate bewährt.

Gummi-Metall-Verbindungen
Sie bieten die Möglichkeit, Bauteile großer Nachgiebigkeit und Festigkeit zu erzeugen, z. B. Kfz-Reifen, Federdämpfungselemente (Kap. 12), Keilriemen usw. Durch geeignete Oberflächenvorbehandlung (Sandstrahlen, Beizen), Einstellen der Gummimischung und geeignete Klebstoffe (z. B. selbstvulkanisierende Kleblösungen) werden Klebschichten guter Flexibilität, hoher Haftfestigkeit und Beständigkeit gegen Umwelteinflüsse erzielt.

8.2.3.2 Klebstoffe
Im Maschinen-, Apparatebau und Leichtbau haben sich wegen der höheren Festigkeit der Klebverbindung synthetische Klebstoffe gegenüber natürlichen Klebstoffen durchgesetzt. Es wird nach verschiedenen Merkmalen unterschieden. Einige Klebstoffe mit Angaben zur Herstellung und Anwendung sind in Tab. 8.10 aufgelistet.

Abbindetemperatur

Kaltaushärtende Klebsysteme, die bei Raumtemperatur (mindestens 18 °C) und erhöhter Temperatur abbinden. Bei niedrigen Temperaturen sind lange Abbindedauern (evtl. Tage) erforderlich. Es werden entsprechende Lagerflächen benötigt, Durchlauffertigung wird erschwert. Andererseits sind keine Sondereinrichtungen erforderlich, die Klebung eignet sich daher für die Einzelfertigung.

Warmaushärtende Klebsysteme binden bei Temperaturen von 50 ... 220 °C ab und zwar teilweise in wenigen Minuten. Es werden für diesen Prozess Trockenöfen, Heizplatten, Sondervorrichtungen benötigt, die sich bei Serienfertigung lohnen. Durchweg werden so höhere Verbindungsfestigkeiten als mit Kaltklebern erzielt.

Chemisch abbindende (Reaktions-)Klebstoffe
Sie ändern beim Abbinden in der Klebefuge ihren Molekularzustand. Es entstehen duromere Kunststoffschichten, die auch beim Erwärmen nicht wieder aufweichen. Es wird nach der Art der Verarbeitung unterschieden:

Einkomponentenklebstoffe sind einfach zu verarbeiten, denn sie enthalten alle erforderlichen Bestandteile, können somit im Anlieferungszustand aufgetragen werden. Einkomponentenkleber gibt es auch als Folien, die auf Klebfugen aufgeschmolzen werden.

Man beachte: Manche dieser Klebstoffe sondern beim Abbinden Wasser ab, das durch Druck aus der Klebfuge herausgepresst werden muss, andere (z. B. solche auf Epoxydharzbasis) sondern keinerlei Reaktionsstoffe ab, können also ohne Anpressdruck abbinden.

Anaerobe Klebstoffe binden nur unter Luftabschluss ab. Sie finden Anwendung z. B. in Form von Mikrokapseln, die auf Schraubengewinde aufgetragen werden und beim Anziehen platzen, die Klebstoffe können dann aushärten (siehe Stoffschlüssige Schraubensicherung, Abschn. 10.9.2). Ein weiteres wichtiges Anwendungsgebiet sind die Welle-Nabe-Verbindungen, Abschn. 18.5.

Zweikomponentenklebstoffe sind aufwendiger in der Verarbeitung, denn die darin enthaltenen Bindemittel (Polyester, Epoxidharze oder Polyurethane) müssen mit einer zweiten Komponente, dem Härter, gemischt werden. Nach dem Mischen (während der sogenannten Topfzeit) geliert die Mischung und wird dann, möglichst bald nach der Oberflächenbehandlung, aufgetragen. Diese Kleber erfordern bei Raumtemperatur eine Abbindedauer bis zu 24 h, bei höheren Temperaturen (bis 150 °C) wenige Minuten.

Sonderklebstoffe wurden für spezielle Anwendungen entwickelt, z. B. Klebstoffe mit extrem kurzen Abbindezeiten (z. B. Monoacrylester, Diacrylester).

Physikalisch abbindende Klebstoffe
Sie bilden nach dem Abbinden gut verformbare, thermoplastische Klebschichten mittlerer Zugfestigkeit. Sie neigen unter Belastung zum Kriechen. Da ihr Molekularzustand beim Abkühlen nicht verändert wird, schmelzen sie bei höheren Temperaturen wieder auf, so kann die Verbindung auch wieder gelöst werden. Zu dieser Gruppe gehören:

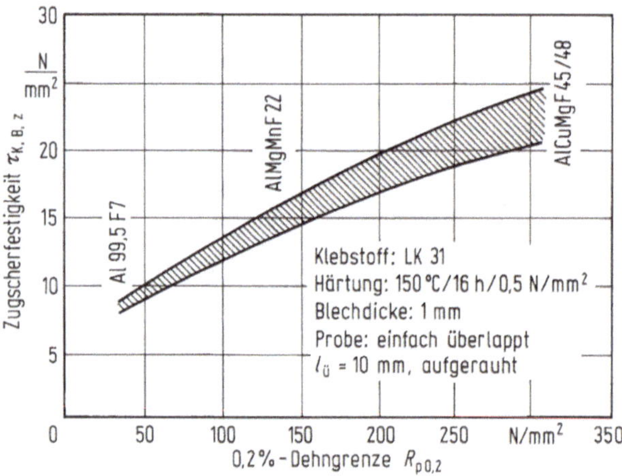

Abb. 8.5 Zugscherfestigkeit von Leichtmetallklebverbindungen in Abhängigkeit der Dehngrenze $R_{p0,2}$, Einfluss der Bauteilfestigkeit [19], zum Vergleich Stahlklebverbindung nach Abb. 8.10

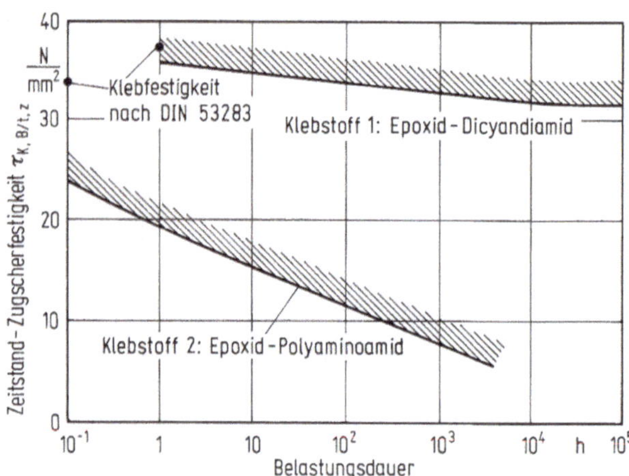

Abb. 8.6 Zeitstandfestigkeit $\tau_{K,B/t,z}$ von einschnittig überlappten Klebverbindungen bei Raumtemperatur mit unterschiedlichen Epoxidharzklebstoffen [22]

Kontaktklebstoffe, die auf beide Fügeflächen aufgetragen werden, müssen nach Ablüften der Lösungsmittel die Fügeteile stark aufeinandergepresst werden. Es wird sofort eine hohe Festigkeit erreicht.

Plastisole sind lösungsmittelfreie Klebstoffe, die in teigigem Zustand aufgetragen werden und bei 140 ... 200 °C abbinden. Sie können Öl aufnehmen, so dass sich eine aufwendige Reinigung der Fügeflächen erübrigt. Sie sind somit besonders für die Serienfertigung geeignet.

Heißschmelzklebstoffe werden bei Bauteiltemperaturen über 80 ... 190 °C aufgetragen und schmelzen dort. Nach dem Fügen und darauf einsetzenden Abkühlen binden sie sofort ab.

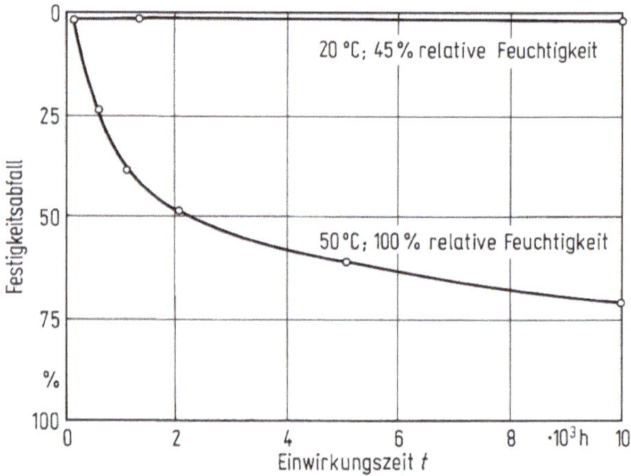

Abb. 8.7 Festigkeitsabfall einer Aluminium-Epoxidharzklebverbindung bei unterschiedlicher Temperatur und Feuchtigkeit [22]

8.2.4 Tragfähigkeit von Flächenklebverbindungen

Der Anwendungsfall der Welle-Nabe-Verbindungen wird in Abschn. 18.5 behandelt. Der Einfluss des Bauteilwerkstoffs auf die Tragfähigkeit der Klebverbindung wird in Abschn. 8.2.3.1 erläutert. Eine genauere Betrachtung zeigt, dass die Tragfähigkeit von Flächenklebverbindungen mit wachsender Festigkeit des Bauteilwerkstoffs zunimmt, Beispiel siehe Abb. 8.5. Wichtige Einflussfaktoren für die Festigkeit sind ferner die Art der Verbindung (Abschn. 8.2.4.1), die Herstellung (Abschn. 8.2.2) und die Bauteilgröße (große Flächen sind nicht so eben und schwerer gleichmäßig zu beschichten).

Die Auswirkungen der Betriebsbedingungen (Langzeitbelastung, Umwelteinflüsse, wie Feuchtigkeit, Temperatur usw.) auf die statische Festigkeit werden in Abb. 8.6, 8.7 und 8.8 dargestellt. Generell wirken sich Langzeitbelastung sowie erhöhte Temperaturen und Feuchtigkeit negativ auf die Festigkeit aus. Insbesondere bei Kaltklebern wirken sich zusätzlich Lösungsmittel nachteilig auf die Klebschicht aus.

Auch die dynamische Festigkeit der Klebverbindung hängt von diesen Einflussfaktoren ab. Wöhlerlinien für einige Klebverbindungen zeigen Abb. 8.9 und 8.10. Nach diesen und anderen Untersuchungen beträgt die Ausschlagfestigkeit von geklebten Flächenverbindungen bei Schwellbeanspruchung ca. 7 % der statischen Zugscherfestigkeit. Der Festigkeitsnachweis wird in Abschn. 8.2.4.2 geführt.

8.2.4.1 Dimensionierung

Hier gelten sinngemäß die Überlegungen wie bei Lötverbindungen, Abschn. 8.1.4.1, wobei die im Vergleich zum Bauteil meist wesentlich kleinere Festigkeit der Klebschicht zu beachten ist.

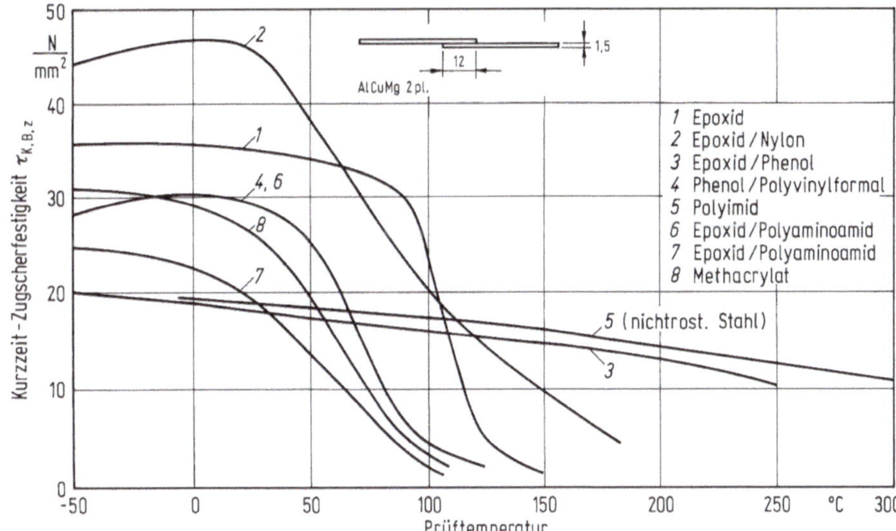

Abb. 8.8 Einfluss der Temperatur auf die Kurzzeitzugscherfestigkeit von Überlappungsklebungen nach [29]

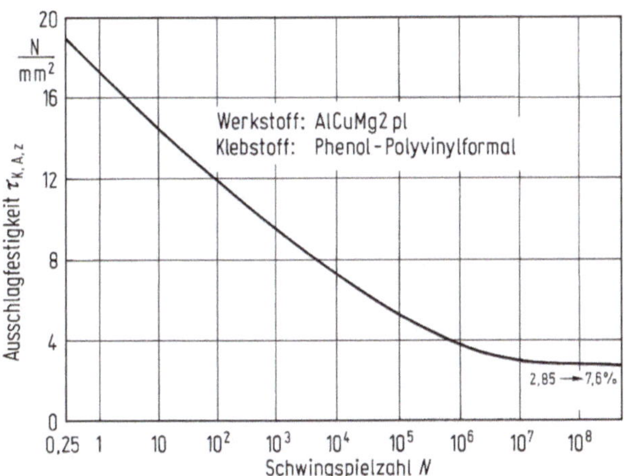

Abb. 8.9 Ausschlagfestigkeit bei Schwellbeanspruchung einer einschnittig überlappten Klebverbindung [22]

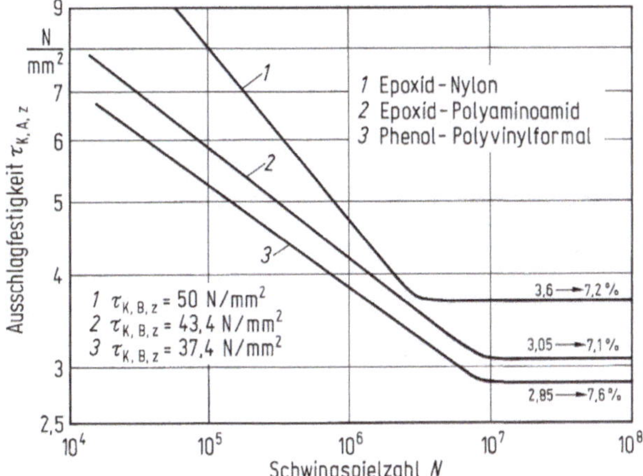

Abb. 8.10 Einfluss von Klebschichten unterschiedlichen Verformungsverhaltens auf die Ausschlagfestigkeit bei Zugschwellbeanspruchung (*1* – hohes, *2* – mittleres, *3* – geringes Verformungsvermögen) [22]

Tab. 8.9 Richtwerte für das Überlappungsverhältnis von geklebten Flächenverbindungen (Dicke des dünneren Bauteils t, Überlappungslänge $l_ü$)

Werkstoff	Überlappungsverhältnis
Stahl	$l_ü/t = 7{,}5 \ldots 5$
Al-Legierung	$l_ü/t = 5 \ldots 10$
nichtverstärkte Kunststoffe	$l_ü/t = 2 \ldots 4$
faserverstärkte Kunststoffe	$l_ü/t = 5 \ldots 10$

Stumpf- und T-Stoß

Beide Stoßarten eignen sich nur für Bauteile geringer Festigkeit als Fixierklebung. Sie sind wegen der vergleichsweise niedrigen Klebschichtfestigkeit zu vermeiden.

Überlappungsstoß – Zugscherbeanspruchung

Die Problematik der Spannungsverteilung in Überlappungsstößen ist von Nietverbindungen her bekannt. Abb. 8.11 zeigt, dass die Spannungsspitzen an den Enden der Überlappung im Vergleich zur Mittelspannung umso größer werden, je länger die Überlappung ist. Es muss daher $l_ü/t$ vorläufig gewählt und damit der Festigkeitsnachweis geführt werden. Angaben in Tab. 8.9 können bei Paarung gleicher Werkstoffe als Anhalt dienen. Gesichtspunkte zur Wahl der Überlappungslänge sind in Abschn. 8.1.4.1 (Lötverbindung) angegeben.

Überlappungsverhältnisse oberhalb der oberen Grenzwerte sind im Allgemeinen unwirtschaftlich. Kleinere Werte werden, in der jeweiligen Gruppe, gewählt für Bolzen- und Rohrsteckverbindungen, geschäftete Verbindungen, Doppellaschenverbindungen, optimale Oberflächenvorbehandlung und -vorbereitung (Abschn. 8.2.2), hohe Klebstofffestigkeit, dünnere Klebschicht, kleinere Blechdicken t, kleinere Bauteilfestigkeit und dynamische Beanspruchung. Für Klebverbindungen von Bauteilen unterschiedlicher Werkstoffe ist

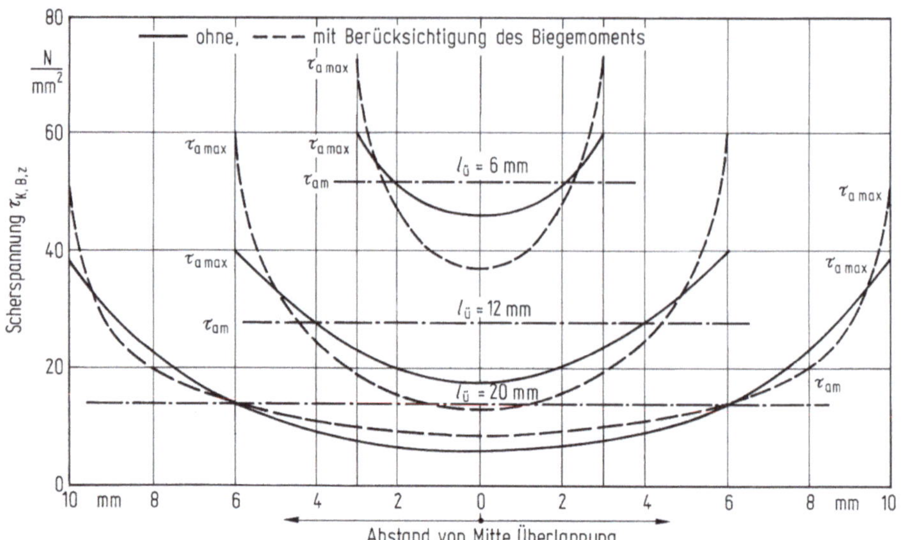

Abb. 8.11 Beanspruchung einer Überlappungsklebverbindung bei unterschiedlicher Überlappungslänge [31]

sich an dem Teil mit dem kleineren Wert von R_p zu orientieren.

Überlappungsstoß – Scherbeanspruchung (in Richtung der Blechkanten)

Als Anhalt können die Angaben für Überlappungsstoß – Zugscherbeanspruchung verwendet werden. Des Weiteren sind die Hinweise in Abschn. 8.1.4.1 (Lötverbindung) zu beachten.

8.2.4.2 Festigkeitsnachweis

Die Situation ist ähnlich wie bei Lötverbindungen (Abschn. 8.1.4.2): Es wird mit Nennspannungen gerechnet und muss im Allgemeinen auf die an Standardproben ermittelten Festigkeitswerte zurückgegriffen werden, die durch Abminderungsfaktoren an die Praxisbedingungen angepasst werden. Im Allgemeinem ist wie folgt vorzugehen:

Belastungsannahmen

Die Belastungsannahmen können wie bei der Lötverbindungen gewählt werden, Abschn. 8.1.4.2.

Abminderungsfaktoren

Klebschichtfaktor v_K*:* Zur Berücksichtigung der Herstellqualität (einschließlich Fertigungstoleranzen und Montageunsicherheiten) wird der Klebschichtfaktor v_K eingeführt, der (wie auch der Lötnahtfaktor v_L) durch Versuche bestimmt werden muss. Andernfalls wird für die erste Näherung mit der gleichen Begründung wie bei der Lötverbindung (Abschn. 8.1.4.2) $v_K = 1$ gesetzt.

Überlappungsverhältnis $l_ü/t$*, Flächenfaktor* v_F*:* Die Festigkeitswerte gelten für das kleinste Überlappungsverhältnis $l_ü/t$ nach Tab. 8.9 und die hierfür angegebenen Bedingungen bei versetzter Einfachüberlappung wie bei der DIN-Probe (d. h. ohne Biegespannungsanteil), für die geschäftete Verbindung und für Doppelüberlappung. Für die normale Einfachüberlappung (mit Biegespannungsanteil) sind 15 % niedrigere Werte anzusetzen. Um die ungünstigere Spannungsverteilung über die Überlappungslänge zu berücksichtigen (Abb. 8.11), wird für größere Überlappungen der Flächenfaktor v_F eingeführt, der auch die Fertigungsunsicherheiten von größeren Klebflächen berücksichtigen soll. In Abb. 8.12 sind Anhaltswerte für den Flächenfaktor für Überlappungsstöße angegeben.

Klebdynamikfaktor v_D*:* Er berücksichtigt die Minderung der dynamischen Ausschlagfestigkeit $\tau_{K,A,z}$ gegenüber der statischen Festigkeit $\tau_{K,B,z}$ der Klebverbindung. Versuchsergebnisse sind in Abschn. 8.2.4 und Tab. 8.10 zusammengefasst. Entsprechend dieser Versuche kann $v_D = 0{,}1$ für Wechselbeanspruchung und $v_D = 0{,}07$ für Schwell-(Ausschlag-)Beanspruchung angesetzt werden.

Werkstofffaktor v_M*:* Der Einfluss des Bauteilwerkstoffs und der Umgebung kann durch den Werkstofffaktor v_M nach Tab. 8.11 berücksichtigt werden. Anwendungsgrenzen sind in Tab. 8.10 aufgelistet.

Mindestsicherheiten

Die erforderlichen Sicherheiten sind in Tab. 8.12 zusammengefasst. Erläuterungen hierzu sind in Abschn. 1.4.8 angegeben bzw. gelten hier auch die Hinweise bei Lötverbindungen: Abschn. 8.1.4.2.

Überlappungsstoß (Flächenverbindung)

Die Beanspruchungen, Schubspannung τ_s und der Schubausschlagspannung $\tau_{a,s}$, werden analog zur Lötverbindung berechnet (siehe Überlappungsstoß: zugscherbeanspruchte

Tab. 8.10 Statische Festigkeit von geklebten Flächenüberlappungsstößen bei Raumtemperatur in Luft oder Öl nach Angaben der Fa. DELO Industrie Klebstoffe GmbH & Co. KGaA, Windach

Produkt-bezeichnung	Chemische Basis	Statische Zugscherfestigkeit (DIN EN 1465 [12]) in N/mm²	Aushärtung	Auftragung	Optimale Spaltlänge in mm	Anwendungen
DELO DUOPOX 03 rapid	Epoxidharz-klebstoff	13	Raumtemperatur	2-komponentig, gemischt	0,1	spannungsausgleichende hochfeste Verklebungen Metalle/Kunststoffe
DELO DUOPOX AD895	Epoxidharz-klebstoff	19	Raumtemperatur	2-komponentig, gemischt	0,1	universell einsetzbarer hochfester Konstruktionsklebstoff
DELO DUOPOX CR8031	Epoxid-Gießharz	16	Raumtemperatur	2-komponentig, gemischt	0,1	universell einsetzbare Vergussmasse mit sehr hoher Temperaturbeständigkeit
DELO MONOPOX HT2860	Epoxidharz	22	130 … 180 °C, ca. 40 min	1-komponentig auf ein Fügeteil	0,1	hochfeste, starre Strukturverklebungen alle Materialien, vorzugsweise Metalle

Tab. 8.11 Abminderung der Festigkeit durch den Einfluss von Fügeteilwerkstoff, Temperatur und Umgebungsmedien, Werkstofffaktor v_M [21]

Fügeteilwerkstoff	v_M
Flussstahl	1,0
Stahllegierung	0,8 … 1,0
Aluminiumlegierungen	0,3 … 0,8
Kupfer und Kupferlegierungen	0,4 … 0,7
rostfreier Stahl	0,4 … 0,7
Zn oder Cd Auflagen	0,3 … 0,6

Tab. 8.12 Mindestsicherheiten für Klebeverbindungen als Überlappungsstoß: Zugscherbeanspruchte Flächenverbindung

$S_{B\,\min}$ (statisch)	$S_{D\,\min}$ (dynamisch)
1,5 … 2,0	2,0 … 3,0

Spaltlötverbindung in Abschn. 8.1.4.2). Hierbei muss die Klebefläche nach Tab. 8.5 für den vorliegenden Überlappungsstoß (Flächenverbindung) gewählt werden.

Statische Beanspruchung: Sicherheit gegen (Gewalt-)Bruch

$$S_B = \frac{v_K \cdot v_M \cdot v_F \cdot \tau_{K,B,z}}{\tau_s} \leq S_{B\,\min} \tag{8.15}$$

mit der statischen Zugscherfestigkeit der Klebverbindung

$$\tau_{K,B,z} = \tau_{K,B,d} \tag{8.16}$$

Dynamische Beanspruchung: Sicherheit gegen Dauerbruch

$$S_D = \frac{v_K \cdot v_M \cdot v_F \cdot \tau_{K,A,z}}{\tau_{a,s}} \leq S_{D\,\min} \tag{8.17}$$

mit der Ausschlagfestigkeit der zugscherbeanspruchten Klebverbindung

$$\tau_{K,A,z} = v_D \cdot \tau_{K,B,z} \tag{8.18}$$

v_D		Klebdynamikfaktor siehe Abschn. 8.2.4.2
v_F		Flächenfaktor siehe Abb. 8.12, Abschn. 8.2.4.2
v_K		Klebschichtfaktor siehe Abschn. 8.2.4.2
v_M		Werkstofffaktor siehe Tab. 8.11, Abschn. 8.2.4.2
$S_{B\,\min}$, $S_{D\,\min}$		Mindestsicherheit gegen (Gewalt)-Bruch und Dauerbruch siehe Tab. 8.6
$\tau_{K,B,d}$	in N/mm²	Druckscherfestigkeit der Klebverbindung
$\tau_{K,B,z}$	in N/mm²	Zugscherfestigkeit der Klebverbindung einiger wichtiger Klebstoffe, ermittelt mit der genormten Probe aus Stahl siehe Tab. 8.10

Die Zeitstandfestigkeit $\tau_{K,B/t,z}$ (siehe Abb. 8.6) liegt für diese Klebstoffe nicht drastisch unter der Kurzzeitfestigkeit. Die Differenz wird durch die Sicherheit mit abgedeckt.

Bewertung der Ergebnisse

Ergibt diese Überschlagsrechnung, dass eine Klebverbindung möglich erscheint, sollte die Ausführung mit dem Klebstoffhersteller besprochen und die Dimensionierung nach dessen Erfahrungen und möglichst durch Versuche überprüft werden. Wenn nötig, muss ein anderes Konzept in Betracht gezogen werden.

Bei nicht ausreichender Sicherheit und statischer Beanspruchung kann eine längere Überlappung gewählt werden. Größere Werte erhöhen die Tragfähigkeit nicht proportional, sind aber proportional teurer. Wie Abb. 8.12 zeigt, muss dann auch die Scherfestigkeit, entsprechend dem Flächenfaktor

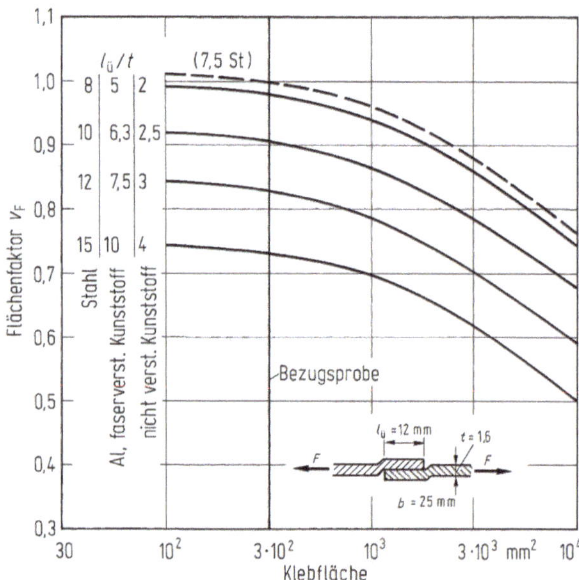

Abb. 8.12 Abminderungsfaktoren: Flächenfaktor v_F für Überlappungsstöße, Bezugsprobe nach DIN 53281 Teil 2 [9] Stand 1979-09, Breite $b = 25\,\text{mm}$, Überlappungslänge $l_ü = 12\,\text{mm}$, Blechdicke $t = 1{,}6\,\text{mm}$, Stahl

v_F, kleiner angesetzt werden. Offenkundig, ergibt sich noch ein Tragfähigkeitsgewinn. Bei dynamischer Beanspruchung nimmt die Zugscherfestigkeit nach Versuchen von [24] dagegen etwa proportional der Überlappungslänge ab, so dass eine längere Überlappung rechnerisch kaum einen Tragfähigkeitsgewinn ergibt, wohl aber bessere Führung und mehr Schutz gegen Alterung. Es wird daher bei Schwingbeanspruchung $l_ü/t$ nach Tab. 8.9 gewählt. Zusätzliche Erläuterungen hierzu sind in der Tragfähigkeitsberechnung von Welle-Nabe-Verbindungen (Abschn. 18.5.1.3) angegeben.

8.2.5 Gestaltung

Empfehlungen und Beispiele sind in Tab. 8.13 zusammengefasst.

- Verbindungen für hohe Tragfähigkeit als Überlappungsstoß ausführen (Schubbeanspruchung). Stumpfstöße vermeiden. Nur als Fixierklebung für Kunststoffe geringer Festigkeit anwenden (entsprechen etwa Reaktionsklebstoffen $\tau_B = 20\ldots50\,\text{N/mm}^2$).
- Schälbeanspruchung vermeiden, evtl. durch Kombination mit Schweißpunkt oder ähnliches (siehe Abb. 8.13).
- Feuchtigkeits- oder Korrosionseinflüsse ggf. durch Schutzlackierung unterbinden.
- Hinweise zur Wahl der Überlappungslänge beachten, Abschn. 8.2.4.1.
- Verhältnis Schubmodul Klebstoff/Elastizitätsmodul Bauteil für Überlappungsstöße möglichst klein wählen, um Spannungsspitzen zu reduzieren. Üblich bei Metallklebung $\approx 0{,}01$ (weiche Klebschicht, hochfeste Fügeteile), $\approx 0{,}25$ (harte, spröde Klebschicht, Fügeteile mittlerer Festigkeit)
- Glas-Metallverbindungen: Hinweise in Abschn. 8.2.3.2 beachten.
- Verbindungsstelle durchlaufend und möglichst biegesteif ausführen.

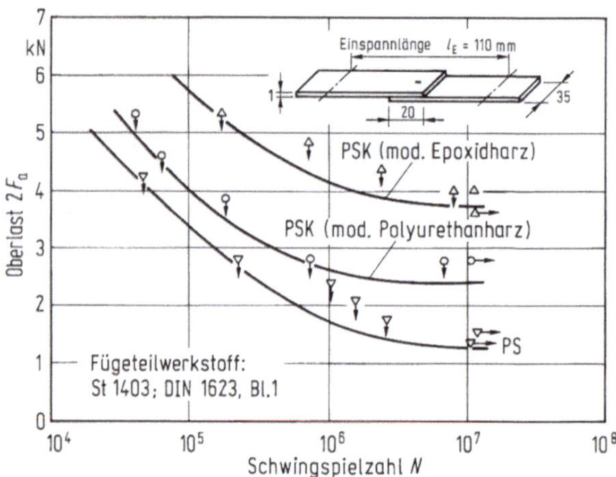

Abb. 8.13 Ausschlagfestigkeit bei Schwellbeanspruchung von Punktschweiß- (PS) und Punktschweißklebverbindungen (PSK), (VDI 2229)

8.3 Kombinierte Fügeverfahren (Punktschweiß-, Niet-, Schraubklebverbindungen)

Durch Kombinieren der Klebverbindung mit Punktschweißen, Nieten, Schrauben oder Falzen können die Vorteile der beteiligten Verbindungsarten genutzt werden.

Punktschweiß- oder Nietkleben
Beide Verfahren werden im Fahrzeug-, Geräte- und Flugzeugbau angewendet. So wird neben einer höheren Festigkeit (Abb. 8.13) eine bessere Abdichtung gegen Flüssigkeiten und Gase erreicht und Schälbeanspruchungen vermieden. Der Fertigungsablauf ist einfacher, da Fixiervorrichtungen (beim Kleben) entfallen.

Schraubkleben
Dieses Verfahren bietet im Prinzip dieselben Vorteile wie Punktschweiß- oder Nietkleben. Besonders im Bauwesen hat sich diese Kombination bewährt, da eine optimale Klebstoffverarbeitung vor Ort schwer zu verwirklichen ist.

Falzkleben
Es wird im Fahrzeugbau angewendet. Der Klebstoff übernimmt hier hauptsächlich Dichtfunktionen, wobei Spalte bis zu 5 mm überbrückt werden können, Tab. 8.13e.

Tab. 8.13 Gestaltung von Klebverbindungen: Flächenüberlappungsstöße

Nr.	Ungünstig	Günstig	Beachte
a	 Stumpf-Stoß, als I- oder V-Naht, nur als Fixierklebung	 geschäftete Verbindung (gleichmäßige Zugscherspannungsverteilung)	– keine Schwächung des Werkstoffquerschnittes – großflächige Verbindungsformen vorsehen – auf Biegesteifigkeit und symmetrische Krafteinleitung achten
	 abgesetzte Überlappung, teuer	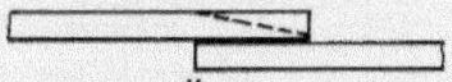 einfache Überlappung, wenn möglich zugeschärft	
	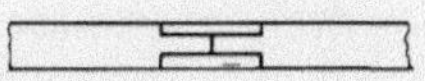 abgesetzte Doppellaschenverbindung, teuer	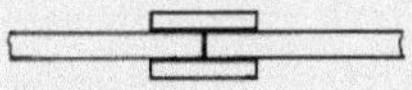 doppelt gelaschte Verbindung	
		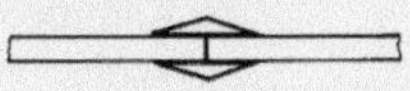 zugeschärfte Doppellaschenverbindung (gleichmäßige Zugscherspannungsverteilung)	
b	Rohrverbindung		Überlappung $l_ü/t$ nach Tab. 8.9 wählen. Größere Werte erhöhen die Tragfähigkeit nicht proportional, sind aber proportional teurer
	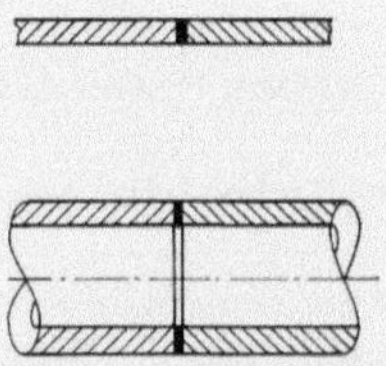 nur bei Hartlöten sinnvoll, auch als Fugenlötung	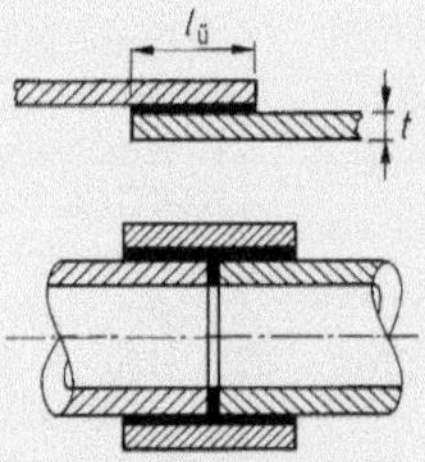 $l_ü$, t größere scherbeanspruchte Fläche durch Muffe	
c	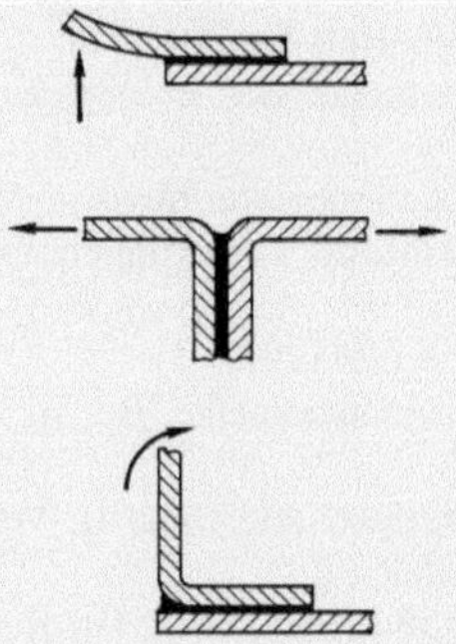	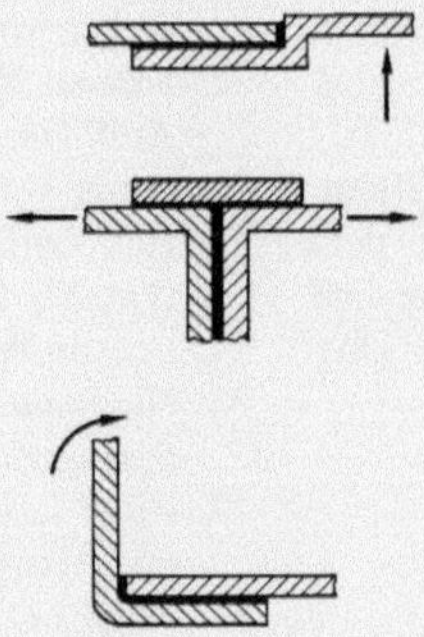	Schälbeanspruchung vermeiden
d	Winkelanschluss (Schälbeanspruchung) F	F	Schälbeanspruchung vermeiden, z. B. durch Schweißpunkt, Niet oder Schraube
e	Falzung	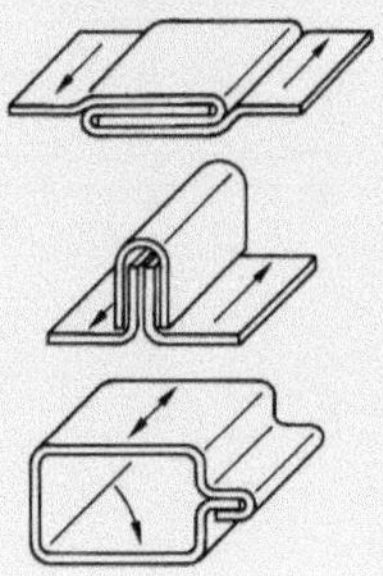	Klebstoff erfüllt auch Dichtfunktion

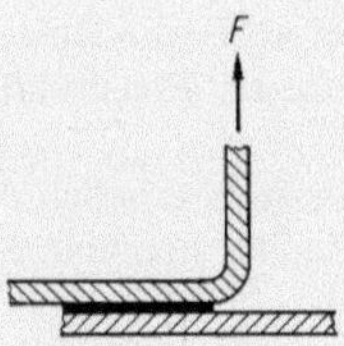

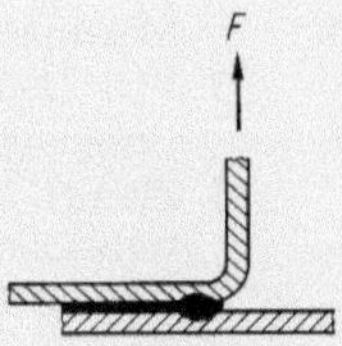

Berechnung der Tragfähigkeit
Sowohl die statische, als auch die dynamische Zugscherfestigkeit der kombinierten Verbindungen ist höher als die der geklebten, der punktgeschweißten, genieteten oder geschraubten Verbindung allein, Abb. 8.13.

Kombination Kleben mit Punktschweißen, Passnieten (im Allgemeinen kaltgeschlagen) oder Passschrauben: Bei einem Klebstoff mit hohem Schubmodul überträgt die Klebschicht einen höheren Anteil der zu übertragenden Zugkraft als bei einem Klebstoff mit niedrigem Schubmodul. Daher wird sicherheitshalber für die Berechnung allein die Punktschweiß-, Schraub- oder Nietverbindung zugrunde gelegt.

Kombination Kleben mit abgeschrumpften Nieten (im Allgemeinen warm geschlagen) oder Durchsteckschrauben (Reibschluss): Hier werden Klebstoffe mit hohem Schubmodul verwendet. Die Niet- oder Schraubenschäfte sollen nicht zur Anlage kommen. Die Klebschicht muss daher die gesamte Zugkraft übertragen und ist maßgebend für die Tragfähigkeit. Niete und Schrauben dienen zur Lagesicherung.

Literatur

1. AD 2000-Merkblatt B 0:2014-11 Berechnung von Druckbehältern
2. Contag D (1962) Festigkeitsminderung von Wellen unter dem Einfluß von Wellen-Naben-Verbindungen durch Lötung, Nut und Paßfeder, Kerbverzahnungen und Keilprofile bei wechselnder Drehung. Dissertation, TU Berlin
3. Degussa Schriftenreihe: „Technik, die verbindet", Nr. 14
4. Degussa Schriftenreihe: „Technik, die verbindet", Nr. 17
5. Degussa Schriftenreihe: „Technik, die verbindet", Nr. 30
6. Degussa Schriftenreihe: „Technik, die verbindet"
7. DELO Industrie Klebstoffe. Datenblätter. https://www.delo.de/downloads/. Zugegriffen: 31. Juli 2018
8. DIN 1707 Weichlote – Teil 100:2017-10 Chemische Zusammensetzung und Lieferformen als Ergänzung zur DIN EN ISO 9453:2014-12
9. DIN 53281:2006-06 Prüfung von Metallklebstoffen und Metallklebungen – Probenherstellung
10. DIN EN 1045:1997-08 Hartlöten – Flußmittel zum Hartlöten – Einteilung und technische Lieferbedingungen
11. DIN EN 1254 Kupfer und Kupferlegierungen – Fittings – Teil 4:1998-03 Fittings zum Verbinden anderer Ausführungen von Rohrenden mit Kapillarlötverbindungen oder Klemmverbindungen
12. DIN EN 1465:2009-07 Klebstoffe – Bestimmung der Zugscherfestigkeit von Überlappungsklebungen
13. DIN EN 12797:2000-12 Hartlöten – Zerstörende Prüfung von Hartlötverbindungen
14. DIN EN ISO 4063:2001-03 Schweißen und verwandte Prozesse – Liste der Prozesse und Ordnungsnummern
15. DIN EN ISO 9453:2014-12 Weichlote – Chemische Zusammensetzung und Lieferformen
16. DIN EN ISO 9454 Flussmittel zum Weichlöten – Einteilung und Anforderungen – Teil 1:2016-07 Einteilung, Kennzeichnung und Verpackung
17. DIN EN ISO 17672:2017-01 Hartlöten – Lote
18. DIN ISO 857 Schweißen und verwandte Prozesse – Begriffe – Teil 2:2007-03 Weichlöten, Hartlöten und verwandte Begriffe
19. Dubbel (2014) Taschenbuch für den Maschinenbau, 24. Aufl. Springer, Berlin
20. Firmendatenblätter Armin Hain GmbH & Co. KG und Fontargen GmbH
21. Fleichschmann W (2010) Strukturelles Kleben. Henkel AG & Co. KGaA
22. Habenicht G (2009) Kleben; Grundlagen, Technologie, Anwendungen, 6. Aufl. Springer, Berlin
23. Haug K-T (1965) Untersuchungen über die Zeitstandfestigkeit von Weichlötverbindungen – Beitrag zur Bestimmung der Warmfestigkeit von Weichloten. Schweißen und Schneiden 17:200–206
24. Hofschneider M (1985) Schrumpfkleben; Kleben und Schrumpfkleben von Metallverbindungen. FVA-Heft Nr. 204
25. Krause W (2004) Konstruktionselemente der Feinmechanik, 3. Aufl. Hanser
26. Lange H (1971) Anwendung des Hochtemperaturlötens im Vakuum zum stoffschlüssigen Verbinden warmfester Legierungen. Dissertation, TU Hannover
27. Loctite Worldwide Design Handbuch (1996/97)
28. Niemann G, Winter H (1989) Maschinenelemente, Bd. II, 2. Aufl. Springer, Berlin
29. Ruge J (1993) Handbuch der Schweißtechnik, Band II: Verfahren und Fertigung. Springer, Berlin Heidelberg
30. Ruge J (1985) Handbuch der Schweißtechnik, Band III: Konstruktive Gestaltung der Bauteile. Springer, Berlin Heidelberg
31. Steinhilper W, Röper R (2012) Konstruktionselemente des Maschinenbaus 1, Grundlagen der Berechnung und Gestaltung von Maschinenelementen Berlin, 8. Aufl. Springer, Berlin Heidelberg
32. VDI 2229:1979-06 Metallkleben; Hinweise für Konstruktion und Fertigung. Zurückgezogen: 2014-10
33. Zürn H, Nesse T (1966) Beitrag zum Zeitstandsverhalten mit Lötverbindungen aus Zinn-Weichloten bei Raumtemperatur. Schweißen und Schneiden 18:2–10

9 Nietverbindungen und Spezialverbindungen

▶ Die Nietverbindung ist eine der ältesten und mit einfachen Mitteln herstellbare Verbindung von Blechen und Profilen. Sie ist lösbar durch Abschlagen der Nietköpfe oder Ausbohren der Niete.

9.1 Anwendung, Eigenschaften, Funktionen

Nietverbindungen werden für folgende Funktionen und Anwendungen verwendet:

- Kraftübertragung: im Stahlbau, Kranbau, Luft- und Raumfahrt, Fahrzeugbau (Leichtmetalle)
- Heftverbindung (ohne definierte Kräfte): für Verkleidungen z. B. im Fahrzeug- und Flugzeugbau
- Dichte Verbindungen: für Behälter, Lüftungskanäle, ohne inneren Überdruck [3]. Im Flugzeugbau werden Tanks und Zellen meist genietet und durch Dichtungsmassen abgedichtet.

Kraftübertragende und dichte Nietverbindungen (z. B. für Druckkessel) haben (außer im Leichtmetallbau) an Bedeutung verloren, da der Arbeitsaufwand hoch ist und die unten aufgeführten Nachteile entscheidend sind. Sie wurden weitgehend durch Schweißverbindungen (Kap. 7) ersetzt. Im Flugzeugbau (in der Herstellung der Zelle) ist die Nietverbindung immer noch dominierend. Grund ist die schlechte Schweißbarkeit von Aluminium.

Vorteile

- Das Werkstoffgefüge und damit die Werkstofffestigkeit bleiben beim Kaltnieten erhalten (vgl. Schweißverbindungen, Kap. 7). Dies ist besonders wichtig im Leichtmetall- und Flugzeugbau.
- Unterschiedlich dicke Bleche und Bleche mit Trägern (Beplankung) lassen sich leicht verbinden (vgl. Schweißverbindungen, Kap. 7).
- Unterschiedliche Werkstoffe (Mischkonstruktionen) können verbunden werden, z. B. Reibbelag auf Stahllamelle (leichter trennbar als Klebverbindung), Stahlprofil mit Leichtmetallbeplankung (vgl. Schweißverbindungen, Kap. 7).
- lösbar ohne Zerstören der Bauteile (nur Niet muss zerstört werden)
- keine Kriechgefahr gegenüber Kleben
- Durch Anschlagen der Niete (Klang) kann geprüft werden, ob der Niet noch unter Spannung steht oder ob er sich gelockert hat.
- Genietete Rahmen bewirken Reibungsdämpfung in den Berührflächen, dämpfen also die Schwingungs- und Geräuschweiterleitung (z. B. LKW-Rahmen).

Nachteile

- zeitaufwändig, sowohl die Vorbereitung als auch das Nieten selbst
- Schwächung der Anschlüsse durch Nietbohrungen
- Das Bauteil wird durch Niete schwerer, auch durch die notwendigen Überlappungen bzw. Laschen.
- Dichtwirkung unsicher
- bei unterschiedlichen Bauteilwerkstoffen Gefahr der Spannungskorrosion (siehe Abschn. 9.3.2)

9.2 Herstellung

Die zu verbindenden Teile werden gemeinsam gebohrt, dünnere Bleche gestanzt. Gestanzte Löcher werden nachgebohrt oder gerieben, um eventuelle Haarrisse zu beseitigen. Die Lochränder werden angesenkt, um einen scharfen Übergang zwischen Nietschaft und -kopf zu vermeiden, Vorschriften für den Stahlbau siehe DIN EN 1993 [16].

Bei Vollnieten (Abb. 9.1) wird der überstehende Nietschaft mit dem Kopfmacher (Presslufthammer oder Nietmaschine) axial gestaucht und zum Schließkopf geformt. Der Nietschaft legt sich an die Lochwandungen an. Die Nietstelle muss von beiden Seiten zugänglich sein. Eine Ausnahme stellen Blindniete dar, die nur von einer Seite zugänglich sein müssen. Eine Übersicht über die Bauformen gibt Abschn. 9.3.1.

G. Niemann et al., *Maschinenelemente 1*, https://doi.org/10.1007/978-3-662-55482-1_9

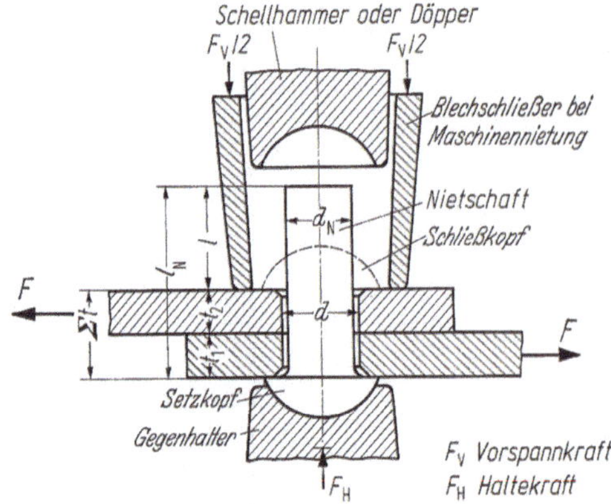

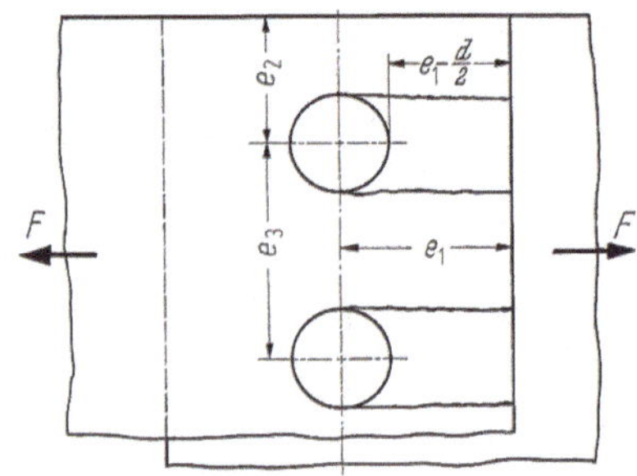

Abb. 9.1 Herstellung und Bemaßung einer Nietverbindung

Es werden zwei Nietverfahren unterschieden:

Warmnieten
Stahlniete ab 10 mm Durchmesser werden auf Hellrotglut erwärmt. Beim Erkalten schrumpft der Nietschaft (hebt sich auch von der Lochwandung ab), wird dabei bis zur Streckgrenze angespannt und presst so die zu verbindenden Bauteile aufeinander: Reibschlussverbindung.

Kaltnieten
Stahlniete mit $d < 10$ mm sowie Messing-, Kupfer- und Leichtmetall-Niete werden kalt verformt. Da die Schrumpfspannung und somit die Anpressung der Bauteile weitgehend entfällt, handelt es sich praktisch um Formschlussverbindung.

9.3 Elemente der Nietverbindung

9.3.1 Nietformen und Spezialelemente

Wichtige Bauarten, deren Anwendung und Eigenschaften sind in Tab. 9.1 dargestellt.

Für die Verbindung von Bauteilen aus elastischen und spröden Werkstoffen werden Rohrniete und Sonderformen verwendet, die sich mit niedrigeren Stauch- oder Bördelkräften schließen lassen. Für Hohlkörper oder andere Teile, die nicht von beiden Seiten zugänglich sind, werden Blindniete verwendet.

Im Stahl- und Leichtmetallbau werden bei überwiegend statischer Beanspruchung auch Schließringbolzen eingesetzt. Die Verbindung entsteht (mit hoher Vorspannung), indem mittels Setzwerkzeug gleichzeitig auf den Schließringbolzen eine Zugbeanspruchung und auf den Schließring eine Druckbeanspruchung ausgeübt wird. Die zu verbindenden Teile werden zusammengedrückt, anschließend wird der Schließring unterhalb der Sollbruchstelle eingestaucht.

Eine Vielzahl von Sonderbauformen finden im Flugzeugbau (siehe Abschn. 9.5) und in der Spezialverbindungstechnik (siehe Abschn. 9.7) ihre Anwendung.

9.3.2 Werkstoffe für Nietverbindungen

Der Nietwerkstoff muss auf den Bauteilwerkstoff abgestimmt sein (möglichst gleichartiger Werkstoff, gleiche Wärmedehnungen, elektrochemische Korrosion, chemische Spaltkorrosion beachten!). Bei unterschiedlichen Werkstoffen kleine Potentialdifferenz anstreben (Tab. 16.10). Weitere Gegenmaßnahmen werden in Abschn. 16.7.2 aufgeführt.

Im Stahlbau werden überwiegend Niete nach DIN EN 1993 aus USt 36 (Bauteil S235) oder RSt 38 (Bauteil S355) verwendet, im Maschinenbau für Stahl/Stahl-Verbindungen auch höherfeste Niete (z. B. S355), Tab. 9.5.

Im Leichtmetallbau übliche Zuordnungen Nietwerkstoff-Bauteilwerkstoff sind in Tab. 9.6 angegeben, in Ausnahmefällen werden auch Stahlniete oder Schließringbolzen verwendet (Gefahr der Korrosion siehe oben). Besonderheiten über Nietwerkstoffe im Flugzeugbau sind in Abschn. 9.5 aufgeführt.

9.3.3 Anzahl der Nietreihen und Schnittigkeit

Die Anzahl der kraftübertragenden Nietreihen entspricht der Anzahl der senkrecht zur Kraftrichtung stehenden Nietreihen. Abb. 9.1 zeigt eine einreihige Nietverbindung, Abb. 9.2 zeigt eine zweireihige Nietverbindung. Die Nieten können in den Nietreihen parallel angeordnet sein oder, wie in Abb. 9.2, versetzt.

Unter Schnittigkeit wird die Anzahl der Schnitte am Nietschaft verstanden. Abb. 9.1 zeigt eine einschnittige Nietverbindung, Abb. 9.2 zeigt eine zweischnittige Nietverbindung.

Tab. 9.1 Nietformen nach DIN (Auswahl), Sonderniete und Schließringbolzen

Genormte Niete					
Nummer	**a**	**b**	**c**	**d**	
Name	Halbrundniet	Senkniet	Linsenniet	Flachrundniet	
Skizze			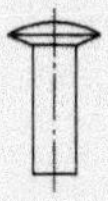	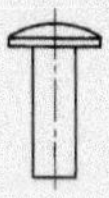	
Normen	DIN 124 [4] DIN 660 [6]	DIN 302 [5] DIN 661 [7]	DIN 662 [8]	DIN 674 [9]	
Bemerkungen	große Schrumpfkraft	glatte Außenhaut, geringere Schrumpfkräfte	niedrige Schließungskräfte, kleiner Flächenpressung unter dem Kopf (auch **c**)		
Anwendungen	Stahlbau, Kesselbau, Behälterbau, Leichtmetallbau, Blechschlosserei		Beschläge, Bleche, Leichtmetallbau, Leder- und Pappenverarbeitung		
Nummer	**e**	**f**	**g**		
Name	Hohlniet zweiteilig	Rohrniet	Hohlniet einteilig		
Skizze	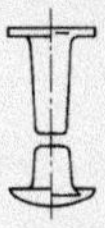	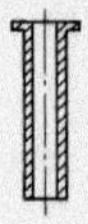	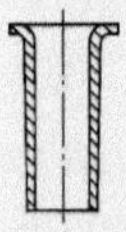		
Normen	DIN 7331 [10]	DIN 7340 [13]	DIN 7338 [11] DIN 7339 [12]		
Bemerkungen	Textilindustrie, Lederwaren	Brems- und Kupplungsbeläge, Lederwaren, Spielwaren			
Anwendungen	niedrige Schließungskräfte, kleiner Flächenpressung unter dem Kopf				
Schließköpfe					
Nummer	**h**				
Name	Kegelstumpfkopf	Kegelspitzkopf	Flachkopf	Halbrundkopf	
Skizze	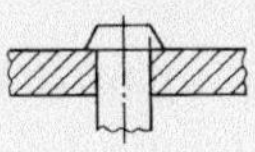	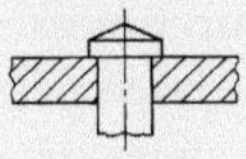	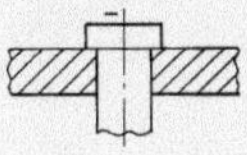	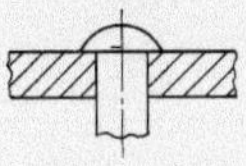	
Blindniete					
Nummer	**i**	**k**	**l**	**m**	**n**
Name	POP-Blindniet	Durchziehniet	Sprengniet (Thermonietung)	Becherniet	Spreizniet
Skizze	Bruchkerbe		beheizt		
Bemerkung	meist Heftverbindung, Gehäuse, Leichtmetallbau, Beschläge, Niete können von einer Bauteilseite verarbeitet werden, **m** luft- und wasserdichte Verbindung				
Sonderniete					
Nummer	**o**	**p**	**q**	**r**	
Name	Schließringbolzen	Blindeinnietmutter	Blindeinietschrauben	Nietstift	
Skizze	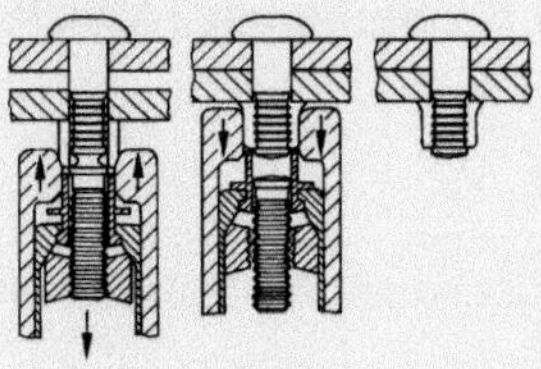		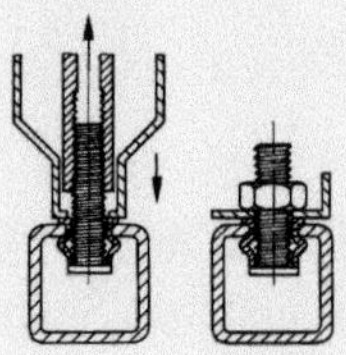	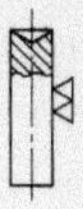	
Anwendungen	Waggon- und Containerbau, Förderanlagen, Klimatechnik	Beschläge, Befestigungen, bieten Möglichkeit, weitere lösbare teile lösbar mit Schrauben bzw. Muttern zu verbinden		als Verbindungsstift an Stelle von Zylinderstift, zum Anstauchen von zwei Flach- oder Senkköpfen; DIN 7341 [14]	

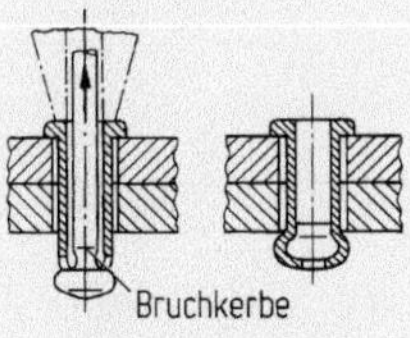

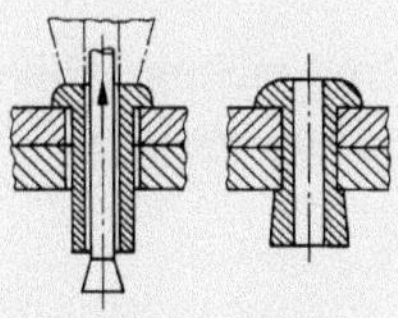

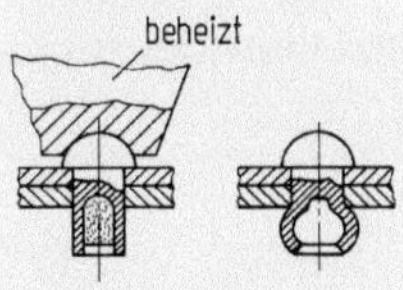

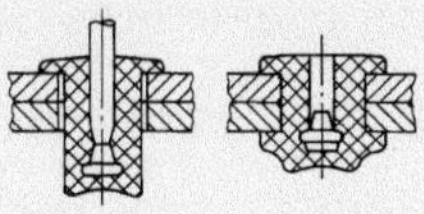

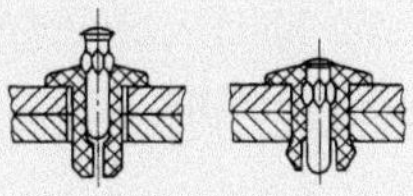

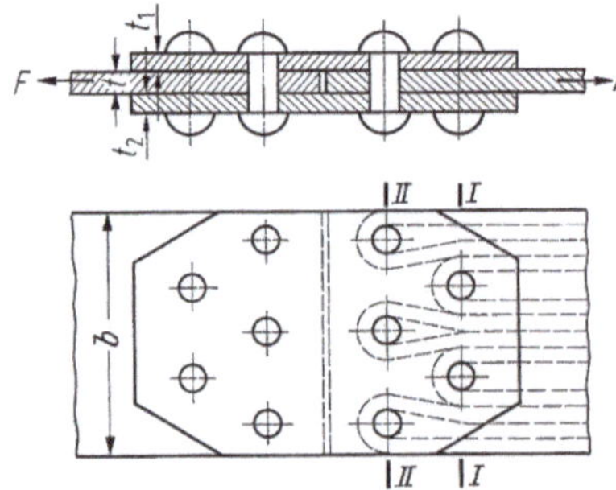

Abb. 9.2 Zweischnittige, zweireihige Nietverbindung. Die „Kraftbänder" für das rechte Blech machen deutlich: Der Querschnitt *I-I* wird stärker beansprucht als *II-II*

9.4 Dimensionierung, Gestaltung

Zur Vorgehensweise bei Dimensionierung und Festigkeitsnachweis sind in Abschn. 1.4.2 allgemeine Gesichtspunkte angegeben.

Blechquerschnitt A, Anzahl der Nietreihen
Um den Tragfähigkeitsverlust durch die Nietlöcher zu berücksichtigen, wird das Schwächungsverhältnis v abgeschätzt.

$$\mathrm{v} = \frac{A_{\text{red}}}{A} \tag{9.1}$$

A_{red}	in mm^2	reduzierter Querschnitt nach (9.20)

Es gilt: $v \approx 0{,}70\ldots0{,}85$ für Zugstäbe, $v = 1$ bei Druckstäben. Daraus ergibt sich entsprechend (9.19) und (9.20) für die Nachrechnung der erforderliche Querschnitt des dünneren Blechs

$$A = \frac{F}{\mathrm{v} \cdot \sigma_{zd\,\text{zul}}} \tag{9.2}$$

$$A = b \cdot t \tag{9.3}$$

b	in mm	Bauteilbreite
t	in mm	Blechdicke
F	in N	Kraft
$\sigma_{zd\,zul}$	in N/mm^2	zulässige Spannung im Blech siehe Tab. 9.3, 9.4, 9.5

Danach wird das geeignete Blech oder Profil gewählt.

Bei einschnittiger Verbindung (Abb. 9.1) entstehen Schälbeanspruchungen infolge zusätzlicher Biegung in den Blechen. Es werden daher mehrreihige und/oder zweischnittige Verbindungen angestrebt (Abb. 9.2).

Die Blechquerschnitte in der ersten und letzten Nietreihe sind am höchsten beansprucht. Deshalb dürfen je Verbindung maximal 6 (bei wechselnder Belastung nur 5) Nietreihen in Kraftrichtung hintereinander angeordnet werden, mindestens aber je Verbindung 2. Besonderheiten im Flugzeugbau sind in Abschn. 9.5 angegeben.

Nietdurchmesser d_N (Abb. 9.1)
Den Nietdurchmesser d_N in mm wird nach Erfahrung mit der Zahlenwertgleichung wie folgt gewählt:
Im Stahlbau für Stahlniete

$$d_N \approx \sqrt{50 \cdot t} - 2\,\text{mm} \tag{9.4}$$

t	in mm	kleinste Blechdicke nach Abb. 9.1 und 9.2

Im Leichtmetallbau für Niete nach Tab. 9.6.
Für einschnittige Verbindungen

$$d_N \approx 2 \cdot t + 2\,\text{mm bis } 3{,}2 \cdot t \tag{9.5}$$

Für zweischnittige Verbindungen

$$d_N \approx t + 2\,\text{mm bis } 1{,}6 \cdot t \tag{9.6}$$

Im Flugzeugbau sind die Durchmesser in den einschlägigen Normen, z. B. LN 9118 [25], festgelegt.

Lochdurchmesser d (Abb. 9.1)
Der Lochdurchmesser d in mm ergibt sich abhängig vom Nietdurchmesser d_N in mm wie folgt:
Im Stahlbau

$$d \approx d_N + 1\,\text{mm} \tag{9.7}$$

Im Leichtmetallbau
für $d_N \leq 11$ mm

$$d \approx d_N + 0{,}1\,\text{mm} \tag{9.8}$$

für $d_N > 11$ mm

$$d \approx d_N + 0{,}2\,\text{mm} \tag{9.9}$$

Nietschaftlänge l_N für Stahlniete (Abb. 9.1)

$$l_N = \sum t + l \tag{9.10}$$

mit dem Nietschaftüberstand für Halbrundniet

$$l \approx (1{,}4\ldots1{,}6) \cdot d_N \tag{9.11}$$

und für Senkniet

$$l \approx (0{,}6\ldots1{,}0) \cdot d_N \tag{9.12}$$

Tab. 9.2 Loch- und Randabstände für Nietkonstruktionen

	Stahlbau DIN EN 1993 Teil 1			Kranbau DIN EN 13001 Teil 3-1 [18]		Leichtmetallbau DIN EN 1999 Teil 1-1 [17]	
Lochabstand: e, e_3	min	max[a]		min	max[a]	min	max
	$2{,}2 \cdot d^{b,c}$ $2{,}4 \cdot d^{c,d}$	Druck $6 \cdot d$ $12 \cdot t$	Zug $10 \cdot d$ $20 \cdot t$	$3 \cdot d$	$6 \cdot d^{e}$ $12 \cdot t$	$3 \cdot d$	$15 \cdot t$
Randabstand in Kraftrichtung: e_1	$1{,}2 \cdot d^{f}$	$3 \cdot d$ $6 \cdot t$		$2 \cdot d$	$4 \cdot d$ $8 \cdot t$	$2 \cdot d$	$10 \cdot t$
Randabstand senkrecht zur Kraftrichtung: e_2	$1{,}2 \cdot d^{f}$	$3 \cdot d$ $6 \cdot t$		$1{,}5 \cdot d$	$4 \cdot d$ $8 \cdot t$	$1{,}5 \cdot d$	$10 \cdot t$

t = Dicke des dünnsten der zu verbindenden Bleche
e, e_1, e_2, e_3 in Abb. 9.3 erläutert.
[a] Kleinerer Wert ist maßgebend.
[b] in Kraftrichtung
[c] bei gestanzten Löchern 3,0
[d] senkrecht zur Kraftrichtung
[e] Abweichungen nach Art und Wichtigkeit der Verbindung möglich
[f] bei gestanzten Löchern $1{,}5 \cdot d$

Für große Klemmlängen $\sum t$ wird ein größerer Wert gewählt, um das größere Lochvolumen auszufüllen. Die Klemmlänge ist jedoch wegen der Gefahr des Ausknickens des Nietschaftes begrenzt (DIN EN 1999 Teil 1-1) auf

$$\sum t < 5 \cdot d \qquad (9.13)$$

d	in mm	Lochdurchmesser
d_N	in mm	Nietdurchmesser

Rand- und Lochabstände

In den DIN-Normen sind nach Erfahrung Vorschriften hierfür angegeben, Abb. 9.3 und Tab. 9.2.

Bei Al-Legierungen sind im Allgemeinen dreireihige Nietverbindungen üblich, bei Titanlegierungen zweireihige. Bei den meist vorhandenen dynamischen Belastungen sind mehr Nietreihen zunehmend von Nachteil (siehe Erläuterungen zu Abb. 9.2).

Anzahl der Niete

Für die Entwurfsrechnung wird vereinfachend angenommen, dass sich die zu übertragende Kraft F auf alle Niete gleichmäßig verteilt. Mit den gewählten Nietabmessungen kann so entsprechend (9.23) und (9.26) die erforderliche Anzahl der Niete z wie folgt bestimmt werden:

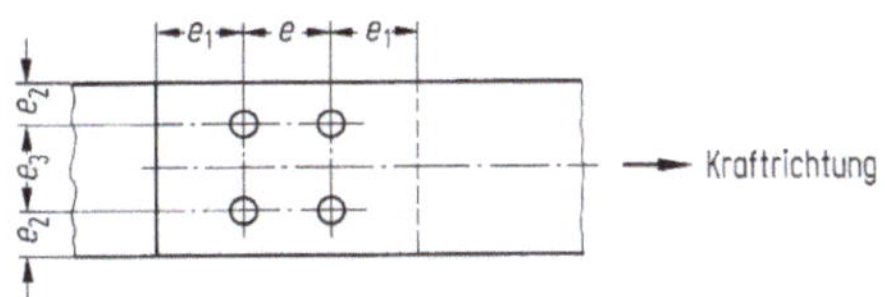

Abb. 9.3 Loch- und Randabstände für Nietkonstruktionen. Erläuterung der Größen e, e_1, e_2 und e_3

- Mit der zulässigen Lochleibungsspannung am Nietschaft $\sigma_{l\,\text{zul}}$ (nach (9.28))

$$z \geq \frac{F}{d \cdot t \cdot \sigma_{l\,\text{zul}}} \qquad (9.14)$$

d	in mm	Lochdurchmesser siehe Abb. 9.1
t	in mm	maßgebende Blechdicke nach (9.24) für eine einschnittige, (9.25) für eine zweischnittige Verbindung

- Mit der zulässigen Scherspannung im Nietschaft $\tau_{s\,\text{zul}}$ (nach (9.29))

$$z \geq \frac{F}{\pi \cdot \frac{d^2}{4} \cdot n \cdot \tau_{s\,\text{zul}}} \qquad (9.15)$$

n		Schnittzahl (z. B. in Abb. 9.2: $n = 2$)

Biegemomente vermeiden

Nach Möglichkeit sollen sich bei Fachwerken die Schwerlinien der Stäbe mit den Symmetrielinien (Verbindungslinien der Knotenpunkte) decken. Sie sollten sich im Schwerpunkt des Nietbildes schneiden (Abb. 9.4). Kann dies nicht

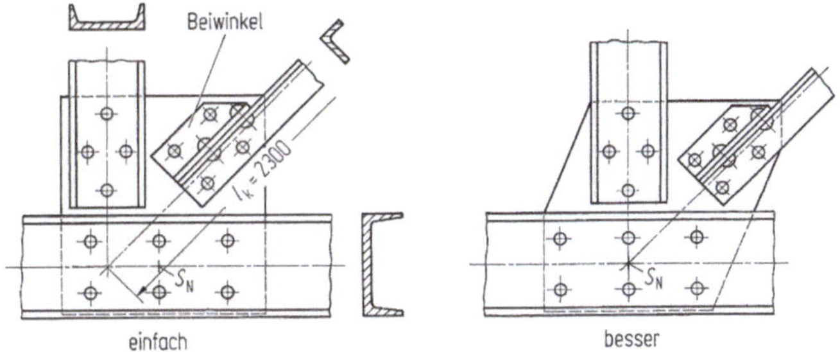

Abb. 9.4 Knotenpunkte einer Fachwerkkonstruktion. S_N Schwerpunkt des Nietbildes im Gurt

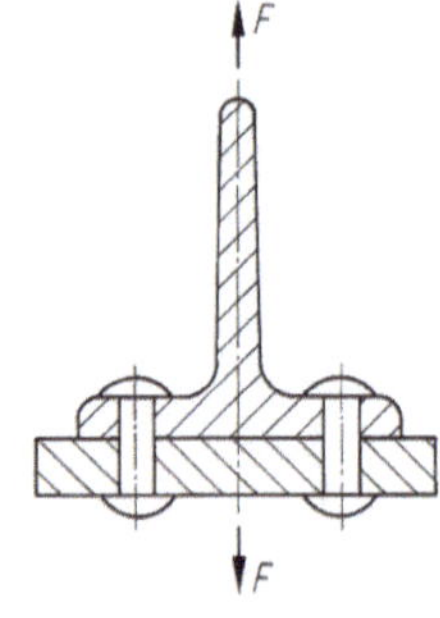

Abb. 9.5 Auf Zug beanspruchte Niete (möglichst vermeiden)

erreicht werden, sind die entstehenden Biegemomente in der Rechnung zu berücksichtigen, vgl. Beispielrechnung in Abschn. 9.8.

Zugbeanspruchung der Niete möglichst vermeiden

Abb. 9.5 zeigt eine Konstruktion, die zu vermeiden ist. Ausnahmen und zulässige Spannungen werden in Abschn. 9.6.3 erläutert.

9.5 Besonderheiten im Flugzeugbau

Die für den Flugzeugbau entwickelten Lösungen können auch für Sonderfälle des Leichtmetallbaus herangezogen werden, ebenso für hochbelastete Strukturen, kraftübertragende, zum Teil auch für dichte Nietverbindungen.

Nietarten

Es werden viele Sonderbauarten, z. B. Schließringbolzen oder Passniete (schraubbare oder plastisch verformbare Schließringe), verwendet, Tab. 9.1. Für höchste Ansprüche werden Spezialniete mit zylindrischem („HILOK") bzw. konischem Schaft („TAPERLOK") und geschraubtem Schließring verwendet [24] und für Maschinennietung Nietstifte (zwei Schließköpfe). Der Grund ist, dass die verwendeten Werkstoffe nicht ohne Beschädigung der Bleche stauchbar sind. Passniete mit konischem Bolzen erzeugen Druckspannungen im Bauteil (Reduktion der Spannungsspitzen, spielfrei, aber sehr teuer).

Nietwerkstoffe

Es werden vor allem für hochbelastete Strukturen Al/Cu-(ausgehärtete) Legierungen (z. B. AlCuMg1) verwendet. Sie werden vor dem Verarbeiten lösungsgeglüht und abgeschreckt und sind dann innerhalb von ca. 2 h zu verarbeiten. Erst danach setzt die Aushärtung (d. h. Festigkeitssteigerung) ein. Bei Festigkeitsprüfungen muss dann zuerst das Blech versagen. Des Weiteren sind Titanniete, für warmfeste Verbindungen (im Triebwerksbereich, im Fall von Reibungswärme bei Überschallflugzeugen) z. B. Monel (CuNi30Fe, bis 230 °C) und legierter Stahl (bis 750 °C) üblich, siehe Tab. 9.6.

Reparaturnietung

Ist im Flugzeugbau üblich. Ausbohren des defekten Niets, eventuell Nachbearbeitung der Bohrung, Einsetzen eines Reparaturniets mit Übermaß.

Glatte Außenhaut

Wegen geringeren Luftwiderstands werden die Querverbindungen im Allgemeinen einschnittig als innenseitige Laschennietung ausgeführt. Weitere Beispiele siehe Abb. 9.6.

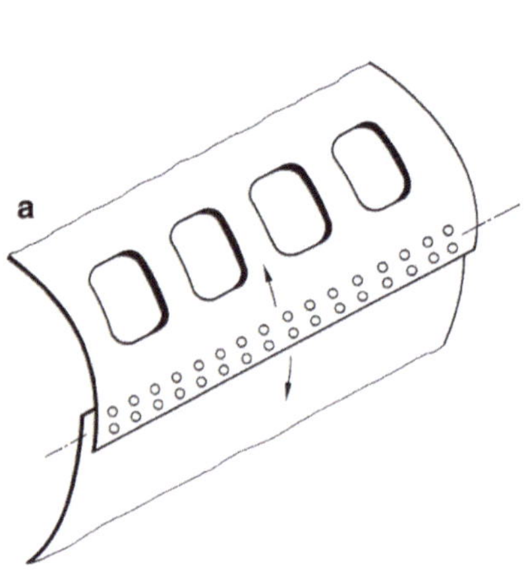

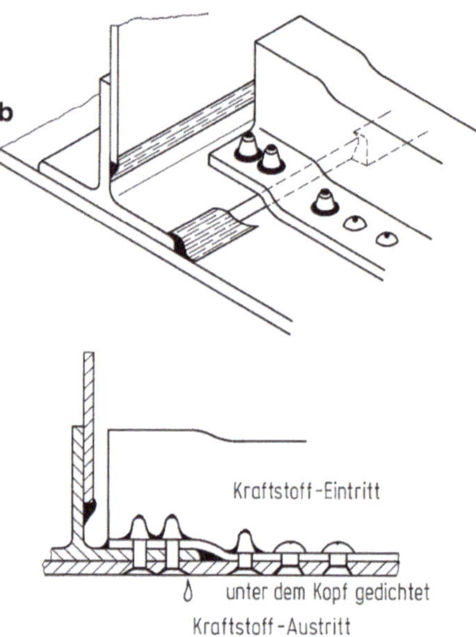

Abb. 9.6 Nietverbindungen im Flugzeugbau [28], **a** Längsstoß beim Airbus A300 (Titanniete, zweireihig), **b** typische Abdichtung von Tankdichtnieten

9.6 Beanspruchung und Festigkeitsnachweis

9.6.1 Belastungsannahmen und wirkliche Beanspruchungen

Belastungsannahmen

Weil in den Anwendungsgebieten der Nietverbindung unterschiedliche Beanspruchungen dominieren, wird auch für die Berechnung von unterschiedlichen Voraussetzungen ausgegangen.

Im Stahlbau und Kranbau wird vorwiegend mit ruhenden Belastungen gerechnet. Hierfür werden zwei Lastfälle definiert:

- **Lastfall H** erfasst: ständige Last + Verkehrslast + freie Massenkräfte von Maschinen. In den zulässigen Spannungen berücksichtigte Sicherheit 1,7 (wenn kein Knicken möglich 1,5) gegen Streckgrenze.
- **Lastfall HZ** erfasst: Hauptlasten + Zusatzlasten (Windlast, Bremskräfte, Wärmewirkung, Seitenkraft). In den zulässigen Spannungen berücksichtigte Sicherheit 1,5 (ohne Knicken 1,33) gegen Streckgrenze.

Die Berechnung wird für beide Lastfälle durchgeführt. Maßgebend ist der größere der hiernach ermittelten Querschnitte.

Zusätzliche dynamische Belastungen werden im Stahlbau durch einen Eigenlastbeiwert erfasst, im Kranbau durch einen Hublastbeiwert.

Im Maschinenbau werden die in Abb. 9.8 dargestellten Beanspruchungen berücksichtigt. Ruhende (statische) Beanspruchung wird dem Lastfall H des Stahlbaus und Leichtmetallbaus zugeordnet. Bei dynamischer Beanspruchung wird mit der Ausschlagkraft F_a (bei Wechselbeanspruchung: $F_a = F$, bei Schwellbeanspruchung: $F_a = F/2$) gegen die zulässigen Ausschlagspannungen gerechnet, Tab. 9.5.

Im Leichtmetallbau (DIN EN 1999 Teil 1-1) werden bei vorwiegend ruhender Belastung zwei Lastfälle, H und HZ, wie im Stahlbau unterschieden. Bei dynamischer Belastung wird wie für den Maschinenbau beschrieben verfahren.

Zulässige Beanspruchungen sind in Tab. 9.5 aufgelistet.

Wirkliche Beanspruchung von Bauteil und Niet

Die Kerbwirkung der Bohrungen, die unvermeidbaren Umlenkungen des Kraftflusses sowie Verformungen unter Belastung und Fertigungsabweichungen führen zu ungleichmäßiger Spannungsverteilung und verursachen Spannungsspitzen in Bauteil und Niet, die insbesondere die dynamische Festigkeit stark mindern. Hinzu kommt, dass sich die gesamte zu übertragende Kraft nicht gleichmäßig auf die hintereinander angeordneten Nietreihen (Blechquerschnitte) aufteilt, Abschn. 9.4 unter (9.2) und (9.3).

Ferner ist zu bedenken: Insbesondere bei Warmnietung wird die Kraft zunächst durch Reibschluss übertragen. Bei höherer Belastung wird der Reibschluss durchbrochen und ein Teil der Kraft wird durch Scherbeanspruchung im Niet übertragen. Dies zeigt das in Abb. 9.7 dargestellte Ergebnis eines Zugversuchs. Außerdem wirkt auf den Niet auch ein Biegemoment $M_b = F \cdot t$. Die resultierende rechnerische Biegespannung wird durch Reibungseinfluss gemildert.

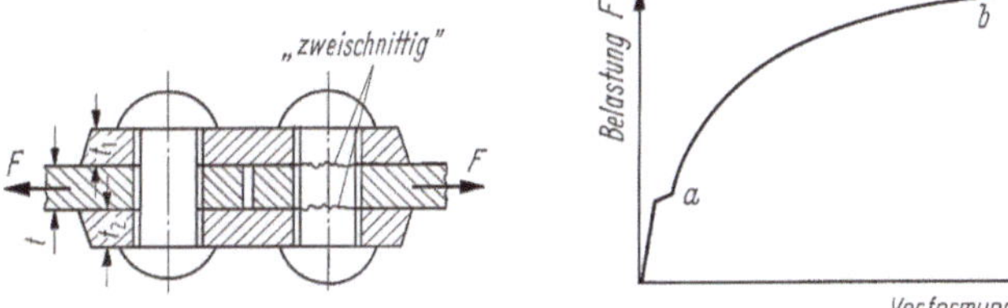

Abb. 9.7 Zugversuch an einer einreihigen Doppellaschen-Nietverbindung. Bei *a* Überschreitung der Gleitgrenze und Beginn der Scherbeanspruchung, bei *b* Abscheren

Diese Einflüsse sind im Berechnungsansatz kaum realistisch zu erfassen, Abb. 9.8. Es wird daher mit vereinfachten „Nennspannungen", d. h. mit gleichmäßiger Spannungsverteilung in den Querschnitten bzw. Bohrungen gerechnet. Die oben beschriebenen Einflüsse sowie Sicherheiten sind dabei in den zulässigen Spannungen enthalten, d. h. die Ergebnisse von Festigkeitsversuchen und Erfahrungen mit verschiedenen Nietbildern wurden nach ertragenen Nennspannungen ausgewertet. Wichtig ist dabei, dass die geforderten Randbedingungen (minimale Randabstände, maximale Anzahl der Nietreihen usw.), die auch den Versuchen zugrunde lagen, eingehalten werden.

Nennspannungen des Niets

Für die Berechnung kann von folgenden Modellvorstellungen ausgegangen werden:

- Durch Reibung übertragene Kraft pro Niet

$$F_1 = F_N \cdot \mu = \sigma_N \cdot \frac{\pi \cdot d^2}{4} \cdot \mu \tag{9.16}$$

d	in mm	Lochdurchmesser siehe Abb. 9.1
F_N	in N	Normalkraft pro Niet
σ_N	in N/mm^2	Vorspannung
μ		Reibungskoeffizient

- Durch Scherbeanspruchung im Nietschaft übertragene Kraft pro Niet

$$F_2 = \tau_s \cdot \frac{\pi \cdot d^2}{4} \tag{9.17}$$

τ_s	in N/mm^2	Schubspannung

- Gesamtkraft

$$F = F_1 + F_2 = \frac{\pi \cdot d^2}{4} \cdot (\sigma_N \cdot \mu + \tau_s) \tag{9.18}$$

Bei Warmnietung überwiegt der Reibungsanteil, bei Kaltnietung der Scheranteil. Für die praktische Rechnung werden beide zusammengefasst.

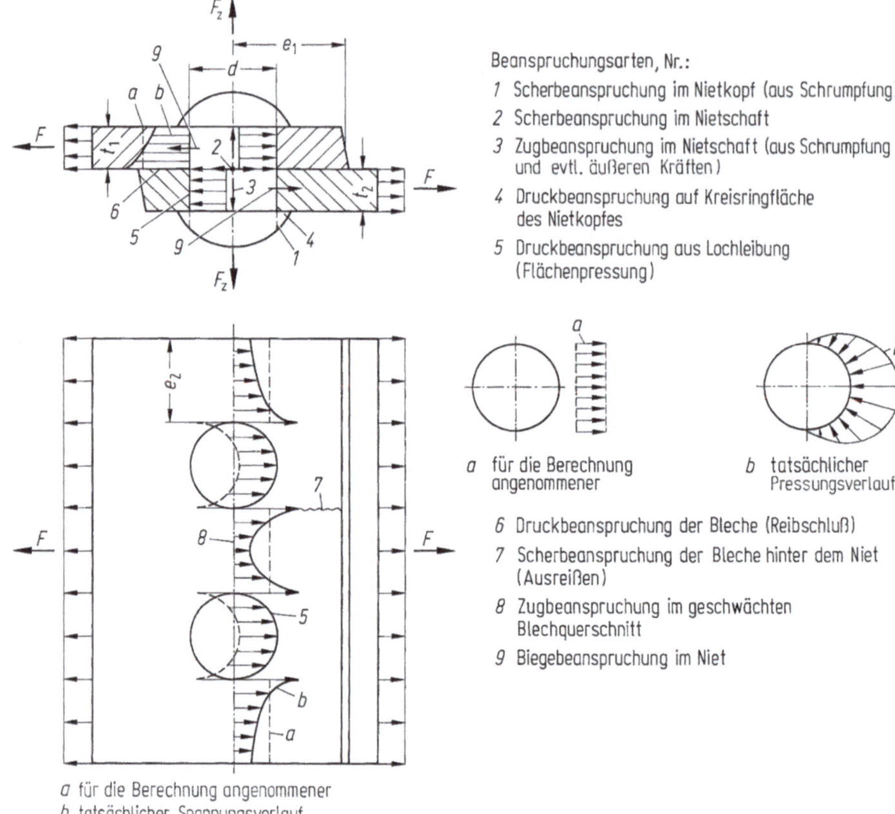

Abb. 9.8 Beanspruchungen an einer Nietverbindung

- Unter der Wirkung der Kraft F_2 baut sich zwischen Nietschaft und Lochwandung eine Flächenpressung auf, genannt Lochleibung, die zum Aufweiten der Bohrung und Hochquetschen der Lochränder führen kann. Dadurch kann bei Kaltnieten eine Zugkraft F_z im Niet auftreten, die einen zusätzlichen Reibungsanteil bewirkt.

9.6.2 Festigkeitsnachweis für die vernieteten Bauteile

Mit den vorliegenden Abmessungen, aus dem Entwurf gewählt oder vorgegeben, sind die maßgebenden Beanspruchungen nachzuweisen (Nachrechnung). Abschn. a)–c) beschreiben die auftretenden Spannungen, Abschn. d) die zulässigen Spannungen. Die Belastungsannahmen werden in Abschn. 9.6.1 beschrieben.

a) Zug-Druck-Spannung im kritischen Bauteilquerschnitt, Nr. 8 in Abb. 9.8

$$\sigma_{zd} = \frac{F}{A_{\text{red}}} \leq \sigma_{zd\,\text{zul}} \tag{9.19}$$

F	in N	Kraft
$\sigma_{zd\,zul}$	in N/mm²	zulässige Spannung im Blech siehe Tab. 9.3, 9.4 und 9.5

Bei Zugstäben wird der Bauteilquerschnitt durch die Nietlöcher reduziert und damit geschwächt (Abb. 9.8).

$$A_{\text{red}} = A - z_{\text{krit}} \cdot d \cdot t \tag{9.20}$$

d	in mm	Lochdurchmesser siehe Abb. 9.1
t	in mm	Blechdicke nach Abb. 9.1, 9.2
z_{krit}		die Anzahl der Niete im betrachteten Querschnitt
A	in mm²	kritische Querschnitt (z. B. I-I in Abb. 9.2 und Nr. 8 in Abb. 9.8)

Bei Druckstäben wird der Nietschaft als mittragend angenommen, d. h.

$$A_{\text{red}} = A \tag{9.21}$$

b) Scherspannung im Blechquerschnitt hinter dem Niet, Nr. 7 in Abb. 9.8

$$\tau_s = \frac{F}{(2 \cdot z_{\text{krit}} \cdot (e_1 - \frac{d}{2}) \cdot t)} \leq \tau_{s\,\text{zul}} \tag{9.22}$$

$e_1 - \frac{d}{2}$	in mm	Restquerschnitt, errechnet aus Lochdurchmesser d und Randabstand e_1 siehe Abb. 9.1
$\tau_{s\,zul}$	in N/mm²	zulässige Spannung im Blech siehe Tab. 9.3, 9.4 und 9.5

Tab. 9.3 Zulässige Bauteilspannungen für vorwiegend ruhende Belastung im Stahl- und Kranbau. Lastfälle H und HZ siehe Abschn. 9.6.1

Bauteilwerkstoff		Stahlbau (DIN EN 1993 Teil 1)[a]				Kranbau (DIN EN 13001 Teil 3-1)			
		S235 JR		S355 J2G3		S235 JR		S355 J2G3	
Lastfall		H	HZ	H	HZ	H	HZ	H	HZ
zulässige Spannung in N/mm²	$\sigma_{d\,\text{zul}}$[c]	140	160	210	240	–	–	–	–
	$\sigma_{z\,\text{zul}}$	160	180	240	270	140	160	210	240
	$\tau_{s\,\text{zul}}$	92	104	139	156	84[b]	96[b]	126[b]	144[b]
zugeordneter Nietwerkstoff		USt 36		S275 JR		USt 36		S275 JR	

[a] Ausgabe März 1981
[b] für einschnittige Verbindungen, für zweischnittige (mehrschnittige) gilt: $\tau_{s\,\text{zul}} = 0{,}8 \cdot \sigma_{z\,\text{zul}}$
[c] Bei Druck und Biegedruck, wenn Stabilitätsnachweis erforderlich.

Tab. 9.4 Zulässige Bauteilspannungen für statische und dynamische Belastungen im Maschinenbau

Bauteilwerkstoff		S235		S355		Höherfeste Stähle	
Beanspruchung		stat.	dyn.	stat.	dyn.	stat.	dyn.
zulässige Spannung in N/mm²	$\sigma_{z\,\text{zul}}$	160	–	240	–	$\frac{R_p}{1{,}5}$	120
	$\sigma_{a,z\,\text{zul}}$	–	80	–	120		
	$\sigma_{d\,\text{zul}}$	140	–	210	–	$\frac{R_p}{1{,}8}$	105
	$\sigma_{a,d\,\text{zul}}$	–	70	–	105		
	$\tau_{s\,\text{zul}}$	92	–	138	–	$\frac{R_p}{2{,}6}$	69
	$\tau_{a,s\,\text{zul}}$	–	46	–	69		

Die Nachrechnung kann entfallen, wenn die Mindestabstände nach Tab. 9.2 eingehalten werden. Dann besteht keine Gefahr, dass die Löcher ausreißen.

c) Die Lochleibung am Bauteil, Nr. 5 in Abb. 9.8
Diese muss bei Bauteilen aus Stahl im Allgemeinen nicht geprüft werden, da hier die Lochleibung am Niet maßgebend ist. Anders bei Leichtmetallbauteilen. Hier wird nach (9.23) auch die Lochleibung im Bauteil nachgerechnet.

d) Zulässige Spannungen für das Bauteil
Diese sind für den Stahlbau und Kranbau in Tab. 9.3 angegeben, für den Maschinenbau in Tab. 9.4, für den Leichtmetallbau und den Flugzeugbau in Tab. 9.5. Üblicherweise wird hier jedoch mit zulässigen Zug- und Scherbruchkräften gearbeitet, die für verschiedene Verbindungsformen in DIN-Normen, z. B. LN 29730 [26], angegeben sind.

9.6.3 Festigkeitsnachweis für Niete

Für die Nachrechnung des Entwurfs wird im Allgemeinen davon ausgegangen, dass sich die zu übertragende Kraft gleichmäßig auf alle Niete verteilt. Ausnahme: Biegebeanspruchte Verbindung und exzentrischer Kraftangriff (Beispiel 9.2 in Abschn. 9.8).

Abschn. a)–c) beschreiben die auftretenden Spannungen, Abschn. d) die zulässigen Spannungen. Die Belastungsannahmen werden in Abschn. 9.6.1 erläutert. Die Vorgehensweise bei Blindnieten wird in Abschn. 9.6.4 erläutert.

a) Lochleibung am Nietschaft, Nr. 5 in Abb. 9.8

$$\sigma_l = \frac{F}{d \cdot t \cdot z_{\text{krit}}} \leq \sigma_{l\,\text{zul}} \tag{9.23}$$

d	in mm	Lochdurchmesser siehe Abb. 9.1
z_{krit}		die Anzahl der Niete im kritischen Querschnitt
F	in N	Kraft
$\sigma_{l\,\text{zul}}$	in N/mm²	zulässige Spannung im Blech siehe Tab. 9.3, 9.4 und 9.5

mit der maßgebenden Blechdicke nach Abb. 9.1, Abb. 9.2 für einschnittige Verbindungen

$$t = \min(t_1 \text{ oder } t_2) \tag{9.24}$$

für zweischnittige Verbindungen

$$t = \min(t_1 \text{ oder } t_1 + t_2) \tag{9.25}$$

Man beachte: Bei Senknietverbindungen wird nur der zylindrische Teil des Niets berücksichtigt (DIN EN 1993 Teil 1).

b) Scherspannung im Nietschaft, Nr. 2 in Abb. 9.8

$$\tau_s = \frac{F}{\pi \cdot \frac{d^2}{4} \cdot z \cdot n} \leq \tau_{s\,\text{zul}} \tag{9.26}$$

n		Schnittzahl (z. B. in Abb. 9.2: $n = 2$)
z		Anzahl der Niete
$\tau_{s\,\text{zul}}$	in N/mm²	zulässige Spannung im Nietschaft siehe Tab. 9.3, 9.4 und 9.5

Tab. 9.5 Zulässige Bauteilspannungen im Leichtmetallbau bei vorwiegend ruhender Belastung [1] (F ausgehärtet, G rückgeglüht, W weich, Klammerwerte: Durchmesser oder Wanddickenbereich in mm, Zahlenangaben hinter F bzw. W: Mindestzugfestigkeit R_m in kp/mm^2). Lastfälle H und HZ siehe Abschn. 9.6.1

Bauteilwerkstoff		Leichtmetallbau (Werkstoffe nach DIN EN 1999 Teil 1-1)												Flugzeugbau
		AlZn4,5Mg1		AlMgSi1				AlMg4,5Mn				AlMg3	AlMg2Mn0,8	AlCuMg2
Werkstoff-zustand	Bleche	F35 (< 15)		F32 (< 10)		F28 (< 20)		F27 (230)		–		–	W19 (< 25)	F44
	Bleche	F34 (15… 60)		F30 (10… 100)		–		W28 (< 50)		–		–	F19 (25…50)	–
	Rohre	F35 (< 20)		F31 (< 20)		F28 (alle)		–		F27 (≥ 3,5)		F18 (≥ 3)	W18 (< 10)	–
	Profil	F35 (3… 30)		F31 (< 20)		F28 (< 10)		–		F27 (alle)		F18 (alle)	–	–
	Herstellung	warmausgehärtet						warmgewalzt		gepresst		gepresst	warmgewalzt	kaltausgehärtet
Lastfall		H	HZ	H	HZ	H	HZ	H	HZ	H	HZ	H	HZ	–
$\sigma_{z\,\text{zul}}$ in N/mm^2		160	180	145	165	115	130	70	80	80	90	45	50	190… 215
$\tau_{s\,\text{zul}}$ [a, b] in N/mm^2		95	110	90	100	70	80	45	50	50	55	30	35	114… 128
$\sigma_{l\,\text{zul}}$ [a, b, c] in N/mm^2		240	270	210	240	160	180	115	130	125	140	80	90	150

[a] Ausschlagspannung bei dynamischer Beanspruchung: schwellend-Werte × 0,4, wechselnd-Werte × 0,6
[b] Ausschlagspannung bei dynamischer Beanspruchung: schwellend-Werte × 0,35, wechselnd-Werte × 0,6
[c] nur für $d - d_N \leq 0{,}3\,\text{mm}$

c) Zugspannung im Nietschaft aus äußeren Kräften, Abb. 9.5 und Nr. 3 in Abb. 9.8
(durch geeignete Gestaltung möglichst vermeiden)

$$\sigma_z = \frac{F_z}{\pi \cdot \frac{d^2}{4} \cdot z} \leq \sigma_{z\,\text{zul}} \tag{9.27}$$

z		Anzahl der Niete
F_z	in N	Zugkraft
$\sigma_{z\,\text{zul}}$	in N/mm^2	zulässige Spannung im Blech siehe Tab. 9.3, 9.4 und 9.5

d) Zulässige Spannungen für die Niete

Im Stahlbau

- Zulässige Lochleibung für die in Tab. 9.3 angegebenen Nietwerkstoffe und zulässigen Spannungen des zugeordneten Bauteilwerkstoffs:

$$\sigma_{l\,\text{zul}} = 2{,}0 \cdot \sigma_{z\,\text{zul}} \tag{9.28}$$

- Zulässige Scherspannung für die in Tab. 9.3 angegebenen zugeordneten Bauteilwerkstoffe:

$$\tau_{s\,\text{zul}} = 1{,}0 \cdot \sigma_{z\,\text{zul}} \tag{9.29}$$

$\sigma_{z\,\text{zul}}$	in N/mm^2	zulässige Zugspannung nach Tab. 9.3

Wenn das Bauteil auf Knickung nachgerechnet werden muss, ist $\sigma_{d\,\text{zul}}$ statt $\sigma_{z\,\text{zul}}$ zu verwenden, Abschn. 9.6.2, Tab. 9.3.

Im Maschinenbau

- Zulässige Lochleibung für Stähle und Gusswerkstoffe ebenfalls nach (9.28). Bei dynamischer Belastung wird zusätzlich mit $\sigma_{a,z\,\text{zul}}$ gerechnet, Tab. 9.4 in Abschn. 9.6.2.
- Zulässige Scherspannung im Nietschaft für Stähle und Gusswerkstoffe: Je nach Beanspruchung wird mit $\tau_{s\,\text{zul}}$ oder $\tau_{a,s\,\text{zul}}$ nach Tab. 9.4 (Abschn. 9.6.2) gerechnet.

Im Leichtmetallbau

- Die zulässige Lochleibung am Nietschaft $\sigma_{l\,\text{zul}}$ (statisch bzw. dynamisch) kann gleich $\sigma_{l\,\text{zul}}$ des Bauteils (Tab. 9.5) gesetzt werden, wenn die Nietwerkstoffe nach Tab. 9.6 verwendet werden.
- zulässige Scherspannung nach Tab. 9.6, $\tau_{s\,\text{zul}}$ bei überwiegend ruhender Belastung, $\tau_{a,s\,\text{zul}}$ bei dynamischer Beanspruchung

Zugbeanspruchung im Niet (Abb. 9.5) ist nur in Ausnahmefällen und nur statisch zulässig, Anhaltswerte für Nietwerkstoff USt36 $\sigma_z < 30\,\text{N/mm}^2$. Hierfür sind in DIN-Blättern Bruchlasten angegeben (z. B. Senknietverbindungen für den Flugzeugbau LN 29730).

9.6.4 Tragfähigkeitsnachweis für Blindniete

Die Hersteller geben hierfür Scherbruchkräfte pro Niet an, die von Bauart des Niets, Werkstoff und vernieteter Blechdicke abhängen. Anhaltswerte sind in Tab. 9.7 aufgelistet.

Tab. 9.6 Zulässige Spannungen für Niete im Leichtmetallbau (Klammerwerte: Durchmesser oder Wanddickenbereich in mm) [1], [28], Lastfälle H und HZ siehe Abschn. 9.6.1

Bauteilwerkstoff	Leichtmetallbau (Werkstoffe nach DIN EN 1999 Teil 1-1)										Flugzeugbau	
Nietwerkstoff	AlMgSi1				AlMg5				Stahl[b]		AlMg2[a]	Ti
Werkstoffzustand[c] (max. Durchmesser)	F20 (< 12) F21 (< 80) kaltausgehärtet		F25 (< 10) kaltausgehärtet und gezogen		W27 (< 15) gezogen		F31 (< 13) gezogen		entsprechend Festigkeitsklasse 4.6 $d - d_N \leq 0{,}3\,\text{mm}$		kaltausgehärtet	–
Lastfall	H	HZ	H	HZ	H	HZ	H	HZ	H	HZ	–	–
$\tau_{s\,\text{zul}}$ in N/mm^2	50	55	60	70	65	75	75	85	140	160	73	120
$\tau_{a,s\,\text{zul}}$ (wechselnd) in N/mm^2	30	33	36	42	39	45	45	51	84	96	44	–
$\tau_{a,s\,\text{zul}}$ (schwellend) in N/mm^2	35	38	42	49	27	52	52	59	98	112	51	–

[a] Verarbeitung nur nach Glühbehandlung
[b] Nur in Ausnahmefällen verwendet.
[c] Die Festigkeit von Leichtmetallhalbzeugen hängt stark von der Vorbehandlung ab.

Tab. 9.7 Anhaltswerte für statische Scherbruchkräfte von Blindnieten in kN nach [21], [22]

Nenndurchmesser in mm		2,4	3,0	3,2			4,0			4,8			6,4		
Typ		K	K	K	S	SL	K	S	SL	K	S	SL	K	S	SL
Werkstoff der Niethülse	AlMg3, AlMg3,5	0,4	0,8	0,8	–	–	1,3	–	–	2,0	–	–	3,2	–	–
	AlMg5	–	–	0,9	1,1	2,0	1,4	1,6	2,6	2,1	2,3	3,5	3,8	4,1	5,8
	Stahl	0,66	1,2	1,45	–	–	2,2	–	–	3,1	–	–	4,2	5,8…11	

K: Kopfbruchniet (Nietdorn außerhalb der Hülse, nicht mittragend)
S: Schaftbruchniet (Nietdornkopf in Hülse eingerollt, nicht mittragend)
SL: Langschaftbruchniet (wie S, Nietdorn verbleibt im Niet, mittragend)

9.7 Spezialverbindungen

9.7.1 Durchsetzfügeverbindungen (Clinchen)

Beim Durchsetzfügen werden überlappt angeordnete Bauteile ohne Wärmeeinwirkung unmittelbar durch örtliche plastische Werkstoffumformungen verbunden (quasi-formschlüssig). Es werden Verfahren mit einem Durchsetz-/Schneid-Stauchvorgang (einstufige und mehrstufige Fügeverfahren mit bzw. ohne geteilter Matrize) und Verfahren mit einem Durchsetz-/Einsenk-Stauchvorgang (einstufiges Fügeverfahren mit bzw. ohne geteilter Matritze) unterschieden, Abb. 9.9. Nach DIN 8593 Teil 5 [15] wird das Durchsetzfügen als Schneid-Stauchvorgang bezeichnet, der Einsenk-Stauchvorgang wird gegenwärtig noch nicht in der DIN erfasst.

Eigenschaften
Durchsetzfügeverbindungen haben folgende Vorteile: Thermische Einwirkungen wie z. B. beim Punktschweißen entfallen, Oberflächenbeschichtungen wie z. B. Zinkschichten als Korrosionsschutz bleiben erhalten, es tritt kein Wärmeverzug auf. Bauteile können ohne Zusatzstoffe (z. B. Klebstoffe) unmittelbar verbunden werden. Bleche unterschiedlicher Dicke und Werkstoffe sind fügbar. Zwischenlagen, wie Folien, Dichtpapiere und Filze lassen sich mit Blechen verbinden. Hohe dynamische Festigkeit im Vergleich zum Punktschweißen realisierbar (Abb. 9.10). Nachteilig ist die gegenüber der Punktschweißverbindung geringe statische Festigkeit (bei Doppelpunkt-Anordnung vergleichbar mit Einpunkt-Punktschweißverbindung [23]). Zuverlässige Berechnungsansätze für eine Bauteilauslegung fehlen bisher fast vollständig.

Anwendungen
Überwiegend in Bereichen, wo blechförmige Bauteile kostengünstig verbunden werden sollen, z. B. Fahrzeug-, Haushaltgeräte- und Sondermaschinenbau als Kraft-, Heft- und Dichtverbindung bei geringen Anforderungen an Festigkeit und Sicherheit.

Werkstoffe und Blechdicken
Verwendet werden überwiegend Bleche aus Stahl (auch beschichtete und lackierte) und Aluminium. Üblich sind Blechdicken von 0,25 … 6 mm.

Gestaltung, Tragfähigkeit
Wegen der großen Anzahl herstellerspezifischer Systeme müssen in Bezug auf die Gestaltung (Lochabstand, Randabstand) Herstellerangaben herangezogen werden (z. B. [20], [23]).

Die übertragbaren Kräfte hängen außer vom Verfahren von Blechwerkstoff und -dicke ab. Anhaltswerte für die Tragfähigkeit sind in Tab. 9.8 angegeben. Erprobung bei Betriebsbedingungen ist zu empfehlen.

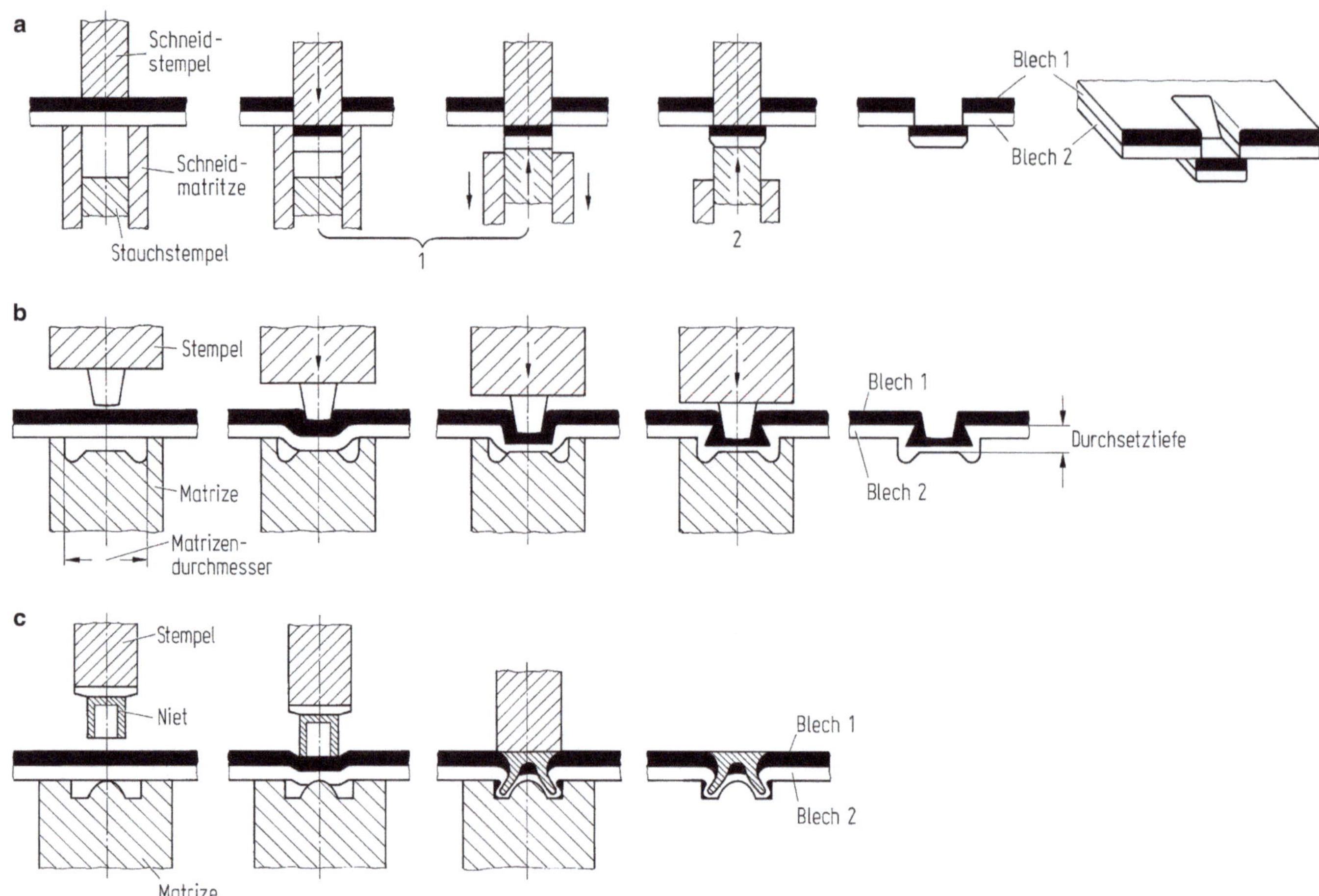

Abb. 9.9 Durchsetzfügeverfahren [19], [23], **a** Durchsetz-/Schneid-Stauchvorgang, zweistufiges Verfahren (1: einschneiden, durchsetzen, 2: breiten), **b** Durchsetz-/Einsenk-Stauchvorgang, einstufiges Verfahren, **c** Durchsetz-/Einsenk-Stauchvorgang, einstufiges Stanzniet-Verfahren (Clinchen)

Tab. 9.8 Von Durchsetzfügeverbindungen je Punkt übertragbare Kräfte (Verfahren siehe Abb. 9.9) nach [23]

Punktdurchmesser in mm	Fügbare Gesamtblechdicke in mm	Blechdicke in mm		Materialdefinition		Scherzugkraft in N	Kopfzugkraft in N
		stempelseitig	matrizenseitig	stempelseitig	matrizenseitig		
5	1–2	0,55	0,55	St 1203 lackiert 30 µm	St 1203 lackiert 30 µm	1144	650
5	1–2	0,60	0,60	S235	S235	1230	800
5	1–2	0,80	0,80	AlMg3W19	AlMg3W19	850	700
6	1–3	0,50	0,50	St 1203	St 1203	1000	650
6	1–3	0,80	0,80	S235	S235	1800	1404
6	1–3	0,80	1,00	AlMg3W19	AlMg3W19	1100	728
8	1,5–6	1,00	1,00	St 1203	St 1203	2800	2600
8	1,5–6	1,50	1,50	St 1203	St 1203	3700	3000
8	1,5–6	1,50	1,50	AlMg3W19	AlMg3W19	1820	1350
10	2,5–6	1,25	1,25	St 1203	St 1203	4000	3100
10	2,5–6	2,50	2,50	St 1203 verzinkt	St 1203 verzinkt	4500	4000
10	2,5–6	3,00	3,00	AlMn5F20	AlMn5F20	2500	2100

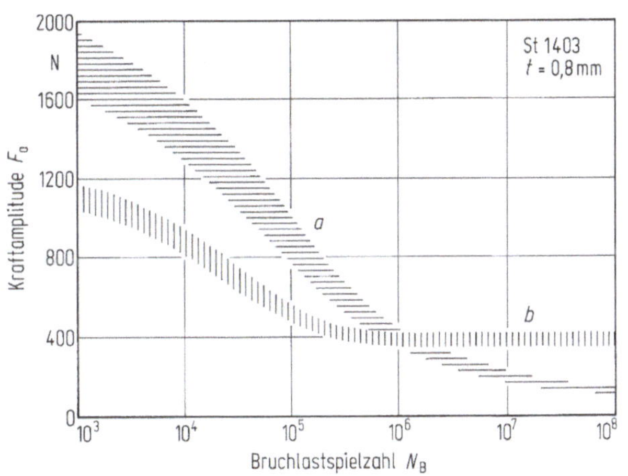

Abb. 9.10 Wöhlerlinien aus einschnittigen Einzelpunkt-Scherzugversuchen, *a* Schweißpunkt, *b* Durchsetzfügepunkt [23]

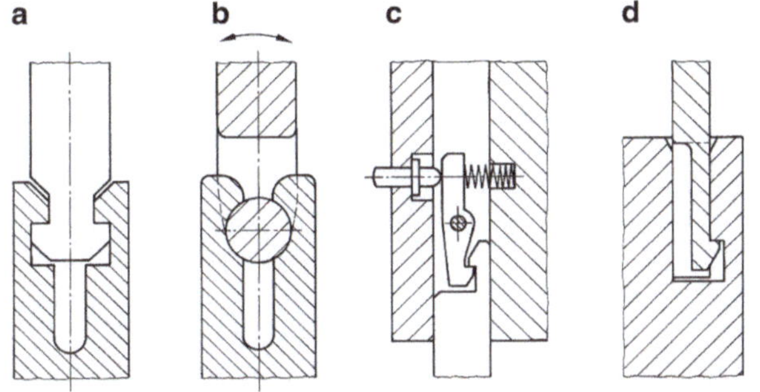

Abb. 9.11 Schnappverbindungen [2], **a** feste Verbindung, **b** bewegliche Verbindung, **c** lösbare Verbindung **d** unlösbare Verbindungen

9.7.2 Schnappverbindungen

Schnappverbindungen (Abb. 9.11) können fest oder beweglich (gelenkig), lösbar oder unlösbar, form- oder kraftschlüssig oder aber formschlüssig (sperrend) in einer oder mehreren Richtungen sein. Im Allgemeinen besteht mindestens ein Verbindungspartner aus Kunststoff.

Schnappverbindungen eignen sich für die Übertragung kleiner Kräfte und/oder als Sicherungselemente. Montage/Demontage sind einfach, sie eignen sich deshalb sehr gut für vollautomatische Montageverfahren. Die Elemente können als Stanz- und Kunststoffspritzgussteil rationell in großen Stückzahlen hergestellt werden.

Anwendungsbeispiele von Schnappverbindungen zeigt Abb. 9.12. Die Berechnung ist z. B. in [2] angegeben.

9.7.3 Blechformverbindungen

Blechformverbindungen sind formschlüssige Verbindungen oder Anbindungen von Blechen gleicher und unterschiedlicher Metalle, die allein durch plastische Verformung der Stoßstellen erzeugt werden. Hierfür werden duktile Werkstoffe benötigt, die große Verformungen zulassen, wie Tiefzieh-Stahl, Messing, Kupfer, Aluminium und Aluminiumknetlegierungen. Eine Übersicht über die wichtigsten Verfahren zeigt Tab. 9.9. Anwendungen in der Feinmechanik werden in [1] erläutert.

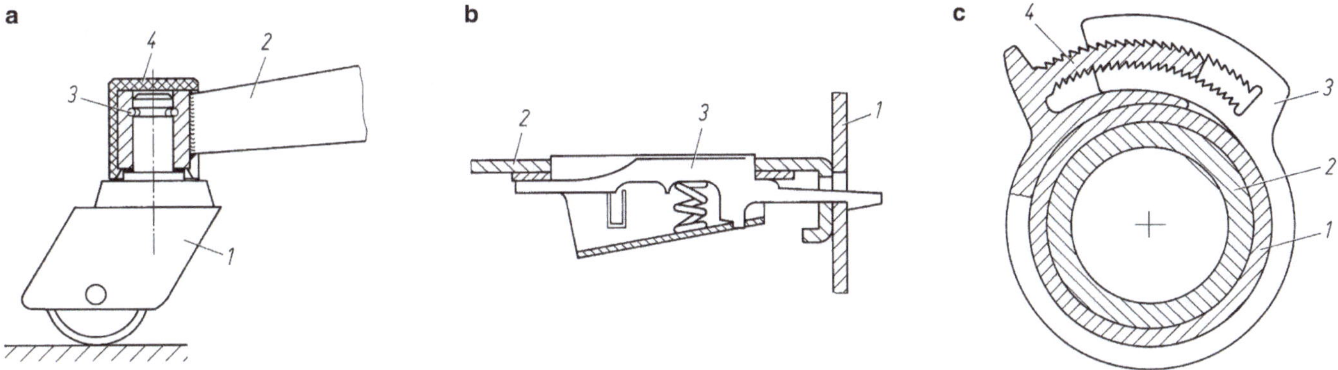

Abb. 9.12 Anwendungsbeispiele von Schnappverbindungen [2], **a** Radbefestigung an einem Bürostuhl (*1* Radführung, *2* Tragarm, *3* Sprengring, *4* Abdeckkappe), **b** Tür-Schnappverschluss (*1* Wand, *2* Tür, *3* Schnappschloss), **c** einstellbare Schlauchklemme (*1* Schlauch, *2* Rohr, *3* Klemme, *4* verstellbare Schnappverbindung)

Tab. 9.9 Blechformverbindungen nach [24]

Verfahren	Prinzip	Anwendung
1) Bördelverbindung Formschlüssige, starre, unlösbare Verbindung. Ohne Zwischenelemente (z. B. Gummi, Klebstoff) nicht flüssigkeits- oder gasdicht	a b Bördelrollen **a** 1. Rolle: Vorbördeln **b** 2. Rolle: Fertigbördeln	Fahrzeugbau, Maschinenbau, Verbindung rohrförmiger Bauteile

Tab. 9.9 (Fortsetzung)

Verfahren	Prinzip	Anwendung
2) Sickenverbindung Formschlüssige, starre, unmittelbare und unlösbare Verbindung zwischen zwei zylindrischen Bauteilen (mindestens eines rohrförmig). Ohne Zwischenelemente (z. B. Gummi, Klebstoff) nicht flüssigkeits- oder gasdicht	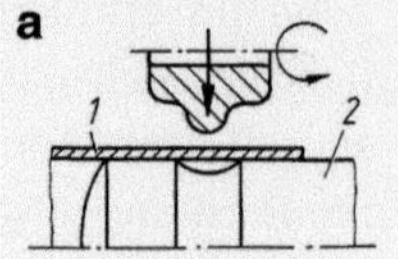 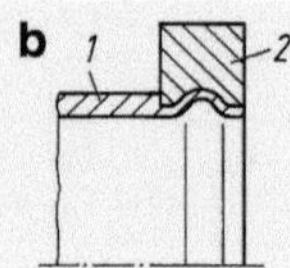 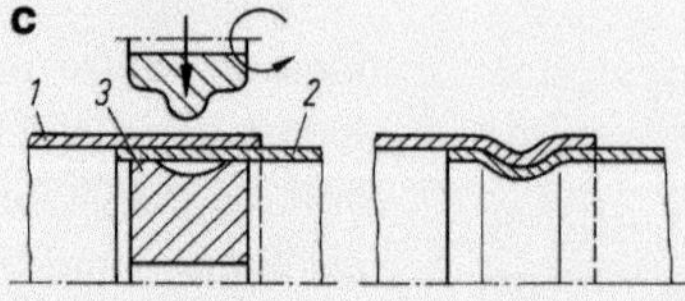 Sickenverbindungen mit eingelegter Sicke **a** Verbindung Rohr-Vollzylinder **b** Verbindung Rohr-aufgebohrte Platte **c** Verbindung Rohr-Rohr 1, 2 Verbindungspartner, 3 Gegenhalter	Verbindung zylindrischer Bauteile (mindestens eines rohrförmig)
3) Lappverbindung Formschlüssige, starre, bedingt lösbare Verbindung. Lappen des einen Verbindungspartners wird nach dem Fügen in Aussparung/Durchbruch des anderen um 90° oder 180° (je nach Stoßform) umgelegt	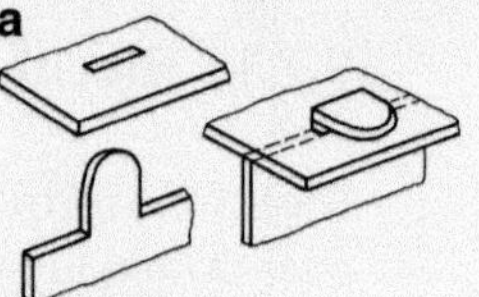 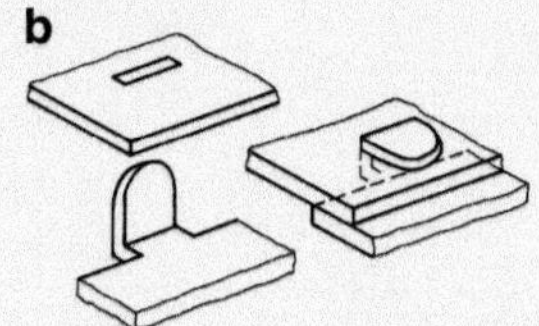 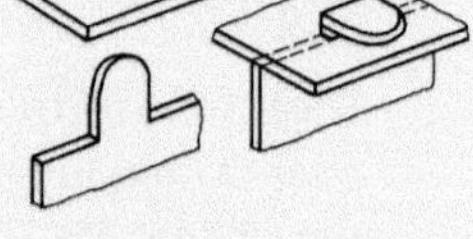  Lappverbindung **a** im T-Stoß (Lappen um 90° umgelegt) **b** im Überlappstoß (Lappen um 180° umgelegt)	Gerätetechnik, Fernmeldetechnik, überall dort, wo das Blech zu dünn ist um anders verbunden zu werden
4) Schränkverbindung Formschlüssige, starre, bedingt lösbare Verbindung. Lappen des einen Verbindungspartners wird nach dem Fügen in Aussparung/Durchbruch des anderen um Lappenachse verdreht	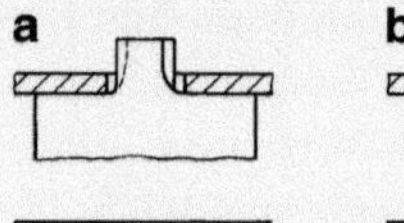 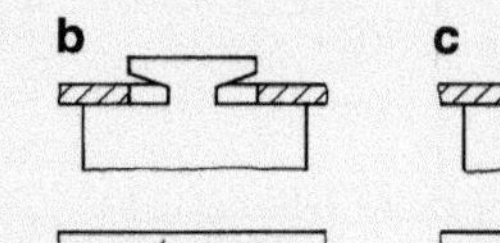 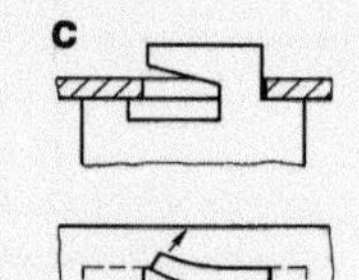 Schränkverbindung **a** normaler Lappen, verschränkt **b** unterschnittener breiter Lappen, verschränkt **c** einseitig unterschnittener breiter Lappen, verschränkt	siehe Lappverbindung
5) Falzverbindung Formschlüssige, starre, unlösbare Verbindung zweier blechförmiger Bauteile, durch Ineinanderfügen der um 180° umgelegten (gefalzten) Streifen und anschließendem Zusammendrücken des Falzes und Kröpfen eines Verbindungspartners. Ohne Zwischenelemente (z. B. Gummi, Klebstoff) nicht flüssigkeits- oder gasdicht	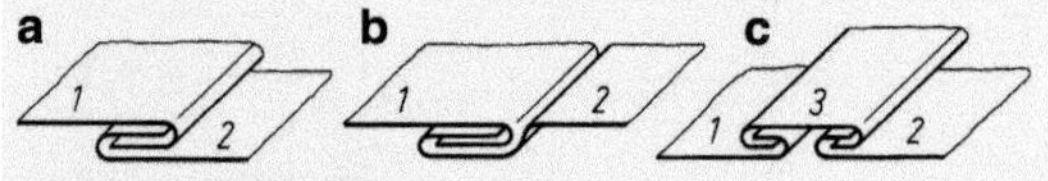  Einfache Falznaht **a** Fügen der vorgefalzten Blechkanten **b** Pressen und Kröpfen **c** mittelbare Falznaht 1, 2 Verbindungspartner, 3 Falzleiste 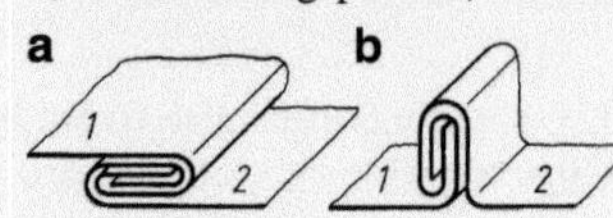 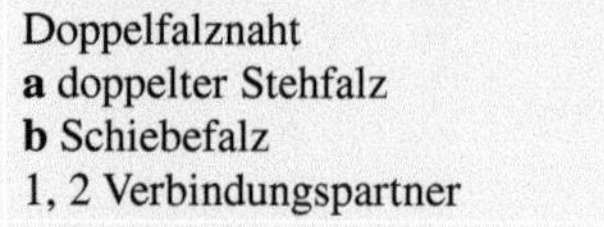 Doppelfalznaht **a** doppelter Stehfalz **b** Schiebefalz 1, 2 Verbindungspartner	Blechdosen, Massenfertigung
6) Einrollverbindung Formschlüssige, starre, unmittelbare und unlösbare Verbindung zwischen Stäben und Blechteilen, die in einfacher Lage um die Stäbe herumgewickelt sind	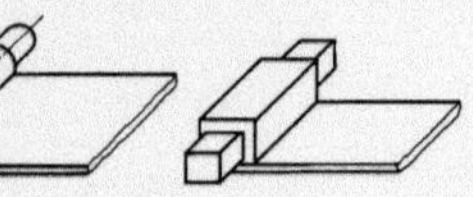 Einrollverbindung	Scharniere, Versteifung von Blechkanten

9.8 Berechnungsbeispiele

Beispiel 9.1

Stahlbau-Nietung, Stoß eines Flachstahls (Abb. 9.2).

Gegeben:
Größte Stabkraft $F = 520.000\,\text{N}$ (Zug); Werkstoff S235; Lastfall HZ; Blechdicken $t_1 = t_2 = t/2 = 7\,\text{mm}$.

Gesucht:
Dimensionierung der Verbindung und Festigkeitsnachweis

Dimensionierung (Abschn. 9.4):
Erforderlicher Querschnitt des dünneren Bleches nach (9.2)

$$A = \frac{F}{v \cdot \sigma_{z\,\text{zul}}} = 3852\,\text{mm}^2$$

mit $v = 0{,}75$ (gewählt nach Hinweis zu (9.1)) und $\sigma_{z\,\text{zul}} = 180\,\text{N/mm}^2$ nach Tab. 9.3, Lastfall HZ.
Breite des Bleches b nach (9.3)

$$b = \frac{A}{t} = 275{,}14\,\text{m}$$

Gewählt: $b = 280\,\text{mm}$
Bestimmung des Nietdurchmessers nach (9.4)

$$d_N \approx \sqrt{50 \cdot t} - 2\,\text{mm} = 24{,}45\,\text{mm}$$

Gewählt: $d_N = 24\,\text{mm}$
Lochdurchmesser nach (9.7)

$$d = d_N + 1\,\text{mm} = 25\,\text{mm}.$$

Prüfen der Loch- und Randabstände nach Tab. 9.2

$$\begin{aligned} b_{\min} &= 2 \cdot e_2 + 2 \cdot e_3 + 3 \cdot d \\ &= 2 \cdot 1{,}2 \cdot d + 2 \cdot 2{,}4 \cdot d + 3 \cdot d = 255\,\text{mm} \end{aligned}$$

Erforderliche Nietzahl aufgrund Lochleibungsspannung nach (9.14)

$$z = \frac{F}{d \cdot t \cdot \sigma_{l\,\text{zul}}} = 4{,}1$$

mit $\sigma_{l\,\text{zul}} = 2 \cdot \sigma_{z\,\text{zul}} = 360\,\text{N/mm}^2$ nach (9.28)
Erforderliche Nietzahl aufgrund Scherspannung nach (9.15)

$$z = \frac{4 \cdot F}{\pi \cdot d^2 \cdot n \cdot \tau_{s\,\text{zul}}} = 3{,}0$$

mit $\tau_{s\,\text{zul}} = \sigma_{z\,\text{zul}} = 180\,\text{N/mm}^2$ nach (9.29), Nietwerkstoff USt 36
Es wird auf 4,1 auf Nietzahl $z = 5$ aufgerundet.

Festigkeitsnachweis (Abschn. 9.6)

Bauteile (Abschn. 9.6.2)

Blech, gefährdeter Querschnitt I-I:
Auftretende Zugspannung nach (9.19)

$$\sigma_z = \frac{F}{A_{\text{red}}} = 161{,}5\,\frac{\text{N}}{\text{mm}^2} \le \sigma_{z\,\text{zul}} = 180\,\frac{\text{N}}{\text{mm}^2}$$

mit $A_{\text{red}} = b \cdot t - z_{\text{krit}} \cdot d \cdot t = 3220\,\text{mm}^2$ nach (9.20)
und $\sigma_{z\,\text{zul}} = 180\,\text{N/mm}^2$ nach Tab. 9.3, Lastfall HZ
Die Berechnung gegen Lochleibung kann entfallen, Abschn. 9.6.2c).
Die Berechnung der Scherspannung τ_s kann aufgrund der Bauteilabmessungen (nach Abb. 9.3) entfallen, Abschn. 9.6.2b).

Lasche, gefährdeter Querschnitt II-II:
Auftretende Zugspannung nach (9.19)

$$\sigma_z = \frac{F}{A_{\text{red}}} = 151{,}6\,\frac{\text{N}}{\text{mm}^2} \le \sigma_{z\,\text{zul}} = 180\,\frac{\text{N}}{\text{mm}^2}$$

mit $A_{\text{red}} = 2(b \cdot t - z_{\text{krit}} \cdot d \cdot t) = 3430\,\text{mm}^2$ nach (9.20)
und $\sigma_{z\,\text{zul}} = 180\,\text{N/mm}^2$ nach Tab. 9.3, Lastfall HZ
Die Berechnung gegen Lochleibung kann entfallen, Abschn. 9.6.2c).
Die Berechnung der Scherspannung τ_s kann aufgrund der Bauteilabmessungen entfallen, Abschn. 9.6.2b).

Niet (Abschn. 9.6.3)
Die Festigkeitsnachweise gegen Lochleibung nach (9.23) bzw. gegen Scherspannung nach (9.26) können entfallen, da die Nietzahl z größer angesetzt wurde (= 5) als notwendig (= 4,1 gegen Lochleibung, = 3 gegen Scherspannung), siehe Dimensionierungsrechnung.

Beispiel 9.2

Stahlbau-Nietung, Steganschluss eines Blechträgers, Momentanschluss, Lastfall HZ.

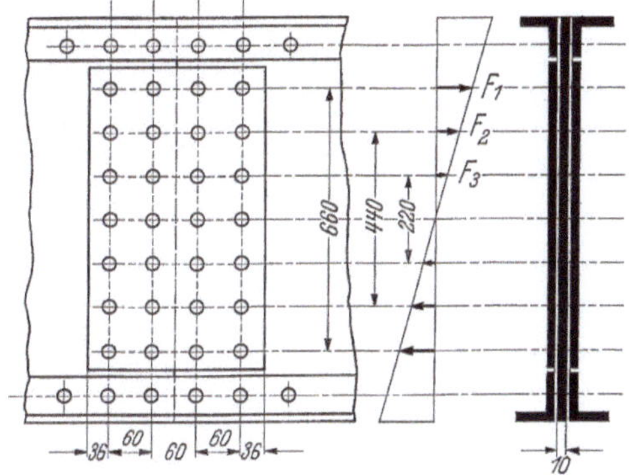

Gegeben:
Für Gesamtträger: $I_{Tr} = 12{,}4 \cdot 10^8\,\text{mm}^4$, Biegemoment $M_{Tr} = 200.000\,\text{N m}$, Querkraft $F_Q = 90.000\,\text{N}$;
für Stegblech: Werkstoff S235, $t = 10\,\text{mm}$, $h = 940\,\text{mm}$, $I = t \cdot h^3/12 = 6{,}9 \cdot 10^8\,\text{mm}^4$
Das anteilige Biegemoment des Stegblechs ist $M_b = M_{Tr} \cdot I / I_{Tr} = 111.290\,\text{N m}$.
Zweireihige Doppelllaschennietung mit 14 Nieten je Seite gewählt.
Abstände $u_1 = 660\,\text{mm}$, $u_2 = 440\,\text{mm}$, $u_3 = 220\,\text{mm}$
Anzahl Nieten $z_1 = z_2 = z_3 = 2$

Gesucht:
Festigkeitsnachweis

Berechnet:
Belastung aus Biegemoment

$$F_b = \frac{M_b \cdot u_1}{z_1 \cdot u_1^2 + z_2 \cdot u_2^2 + z_3 \cdot u_3^2} = 54.200\,\text{N}$$

Belastung aus Querkraft je Niet

$$F_q = \frac{F_Q}{z} = 6429\,\text{N}$$

Gesamtkraft je Niet

$$F_r = \sqrt{F_b^2 + F_q^2} = 54.580\,\text{N}$$

Notwendiger Durchmesser nach (9.26)

$$d = \sqrt{\frac{4 \cdot F_r}{\pi \cdot n \cdot \tau_{s\,\text{zul}}}} = 18{,}3\,\text{mm}$$

mit $\tau_{s\,\text{zul}} = 104\,\text{N/mm}^2$ nach Tab. 9.3 (Nietwerkstoff USt 36)
Gewählt: $d = 19\,\text{mm}$ (Nietdurchmesser $d_N = 18\,\text{mm}$)
Kontrolle der Lochleibungsspannung mit (9.23) und (9.28)

$$\sigma_l = \frac{F_r}{d \cdot t} = 390\,\frac{\text{N}}{\text{mm}^2} < \sigma_{l\,\text{zul}} = 2 \cdot \sigma_{z\,\text{zul}} = 360\,\frac{\text{N}}{\text{mm}^2}$$

mit $\sigma_{z\,\text{zul}} = 180\,\text{N/mm}^2$ nach Tab. 9.3

Beispiel 9.3

Leichtmetallbau-Nietung, Anschluss eines Druckstabs, Doppellaschennietung, Lastfall H.

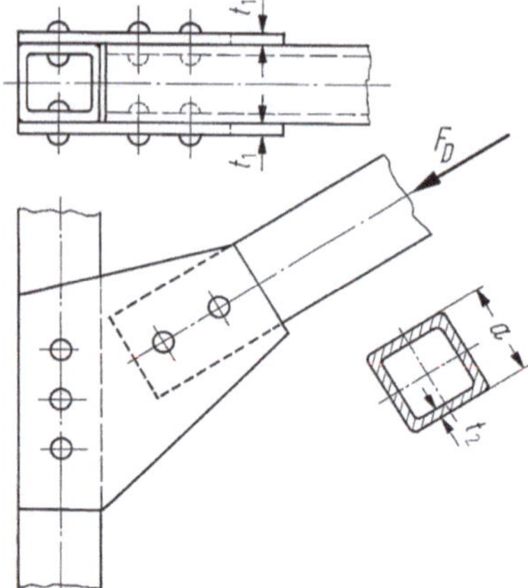

Gegeben: Bauteil: Druckkraft im Stab $F_D = 9000\,\text{N}$, Knicklänge $l_K = 1700\,\text{mm}$, Quadrat- Hohlprofil (AlMgSi1 F32) mit $a = 50\,\text{mm}$, $I = I_{\min} = 20{,}4 \cdot 10^4\,\text{mm}^4$, Fläche $A = 556\,\text{mm}^2$, Laschendicke $t_1 = 3{,}5\,\text{mm}$, Wanddicke $t_2 = 3\,\text{mm}$
Nietverbindung: Werkstoff der Nieten AlMgSi1 mit $d_N = 7\,\text{mm}$, $z = 4$

Gesucht:
Festigkeitsnachweis

Berechnet:
Prüfen der Lochleibungsspannung am Nietschaft nach (9.23)

$$\sigma_l = \frac{F_D}{d_N \cdot t \cdot z} = 107{,}1\,\frac{\text{N}}{\text{mm}^2} < \sigma_{l\,\text{zul}} = 210\,\frac{\text{N}}{\text{mm}^2}$$

mit $t = \min(t_1 \text{ oder } t_2) = t_2 = 3\,\text{mm}$ nach (9.24) und $\sigma_{l\,\text{zul}}$ nach Tab. 9.5 (Bauteilfestigkeit ist maßgebend)

Literatur

1. Aluminium-Zentrale e.V. (1992) Aluminium-Merkblatt V5: Nieten von Aluminium, 7. Aufl. GDA, Düsseldorf
2. Bauer C-D (1991) Handbuch der Verbindungstechnik. Hanser, München
3. Catrin K (2009/2014) Aluminium-Taschenbuch, Bd. 1–3, 16/17. Aufl. Beuth, Berlin Wien Zürich
4. DIN 124:2011-10 Halbrundniete – Nenndurchmesser 10 bis 36 mm
5. DIN 302:2011-03 Senkniete – Nenndurchmesser 10 bis 36 mm
6. DIN 660:2012-01 Halbrundniete – Nenndurchmesser 1 bis 8 mm
7. DIN 661:2011-03 Senkniete – Nenndurchmesser 1 bis 8 mm
8. DIN 662:2011-03 Linsenniete – Nenndurchmesser 1,6 bis 6 mm
9. DIN 674:2011-03 Flachrundniete – Nenndurchmesser 1,4 bis 6 mm
10. DIN 7331:2011-03 Hohlniete, zweiteilig
11. DIN 7338:2011-03 Niete für Brems- und Kupplungsbeläge
12. DIN 7339:2011-02 Hohlniete, einteilig, aus Band gezogen
13. DIN 7340:2011-03 Rohrniete, aus Rohr gefertigt
14. DIN 7341:1977-07 Nietstifte
15. DIN 8593 Fertigungsverfahren Fügen – Teil 5:2003-09 Fügen durch Umformen, Einordnung, Unterteilung, Begriffe
16. DIN EN 1993 Eurocode 3: Bemessung und Konstruktion von Stahlbauten – Teil 1-1:2010-12 Allgemeine Bemessungsregeln und Regeln für den Hochbau – Teil 1-3:2010-12 Allgemeine Regeln – Ergänzende Regeln für kaltgeformte Bauteile und Bleche – Teil 1-5:2010-12 Plattenförmige Bauteile – Teil 1-6:2010-12 Festigkeit und Stabilität von Schalen – Teil 1-8:2010-12 Bemessung von Anschlüssen – Teil 1-9:2010-12 Ermüdung – Teil 1-10:2016-04 Stahlsortenauswahl im Hinblick auf Bruchzähigkeit und Eigenschaften in Dickenrichtung – Teil 1-11:2010-12 Bemessung und Konstruktion von Tragwerken mit Zuggliedern aus Stahl
17. DIN EN 1999 Eurocode 9: Bemessung und Konstruktion von Aluminiumtragwerken – Teil 1-1:2014-03 Allgemeine Bemessungsregeln
18. DIN EN 13001 Krane – Konstruktion allgemein – Teil 3-1:2013-12 Grenzzustände und Sicherheitsnachweis von Stahltragwerken
19. Firmenschrift Fa. Audi, Ingolstadt
20. Firmenschrift Fa. EJOT Verbindungstechnik, Bad Laasphe
21. Firmenschrift Fa. Honsel, Frondenberg/Ruhr
22. Firmenschrift Fa. Titgemeier, Osnabrück
23. Firmenschrift Fa. TOX Pressotechnik, Weingarten
24. Krause, W (2004) Konstruktionselemente der Feinmechanik, 3. Aufl. Hanser, München Wien
25. LN 9118 Nietlöcher – Teil 2:1968-09 Senkungen und Durchzugswarzung
26. LN 29730 Nietrechnungswerte bei stat. Beanspruchung für Universalnietverbindungen – Teil 1:1989-10 einschnittig, Nietwerkstoffe 3.1124 u. 3.1324 – Teil 2: 1989-10 zweischnittig, Nietwerkstoffe 3.1124 u. 1324 – Teil 3: 1989-10 einschnittig, Nietwerkstoff 3.3354 – Teil 4: 1989-10 zweischnittig, Nietwerkstoff 3.3354 – Teil 5: 1989-10 einschnittig, Nietwerkstoff 2.4360 – Teil 6: 1989-10 zweischnittig, Nietwerkstoff 2.4360
27. LN 29731 Nietrechnungswerte bei stat. Beanspruchung für Senknietverbindungen – Teil 1: 1989-10 einschnittig, Nietwerkstoffe 3.1124 u. 3.1324 –Teil 2: 1989-10 zweischnittig, Nietwerkstoffe 3.1124 u. 3.1324 – Teil 5: 1989-10 einschnittig, Nietwerkstoff 2.4360 – Teil 6: 1989-10 einschnittig, gewarzt, Nietwerkstoff 2.4360 – Teil 51: 1989-10 einschnittig, gewarzt, Nietwerkstoffe 3.1124 u. 3.1324 – Teil 52: 1989-10 zweischnittig, gewarzt, Nietwerkstoffe 3.1124 u. 3.1324
28. Luftfahrtbundesamt (1990) Grundlagen der Luftfahrzeugtechnik in Theorie und Praxis, Band I Allgemeine Luftfahrttechnik. TÜV Rheinland Group

Schraubenverbindungen, Gewinde 10

► Schrauben werden nach ihrer Hauptfunktion in Befestigungsschrauben und Bewegungsschrauben unterschieden. Die Hauptfunktionen des Gewindes sind Kraftübersetzung, d. h. große Axialkräfte durch kleine Umfangskräfte erzeugen (selten umgekehrt), und/oder Wegübersetzung, d. h. kleine Axialwege durch große Umfangswege erzeugen (selten umgekehrt).

10.1 Anwendung, Eigenschaften, Funktionen

10.1.1 Befestigungsschrauben

Funktionen und Eigenschaften

- Bauteile, auch unterschiedlicher Werkstoffe, lassen sich durch Schrauben fest, aber lösbar, miteinander verbinden (z. B. Flansche von Rohren oder Wellen), bei geeigneten Werkstoffen und entsprechender Gestaltung für alle Temperaturbereiche.
- Zum Montieren und Demontieren von Befestigungsschrauben werden keine Sondereinrichtungen (nur geeignete Anzieh- und Lösewerkzeuge) benötigt.
- Schrauben, Muttern, Zubehör sowie Gewinde sind weitgehend genormt. Sonderausführungen sind meist nicht erforderlich.
- Bei dynamischer Beanspruchung sind Schrauben wegen großer Querschnittsübergänge/Kerben dauerbruchgefährdet.
- Bei dynamischer Beanspruchung (z. B. Rütteln), auch infolge Wärmedehnung, besteht die Gefahr, dass die Vorspannung abgebaut wird (Setzen) und dass sich Schraubenverbindungen selbsttätig lösen. Hier helfen eine zweckmäßige Gestaltung (Abschn. 10.8) und das Sichern der Schraubenverbindung (Abschn. 10.9).
- Das erforderliche Anziehdrehmoment steigt mit d^3. Dünne Schrauben (unter M6) werden leicht „abgerissen", dicke (über M16) lassen sich von Hand kaum noch ausreichend anziehen, Abschn. 10.5.1. Von Hand lassen sich Schrauben M8 auf 120 % R_p anziehen, M16 auf 80 % R_p, M24 auf 60 % R_p. Bei Mehrschraubenverbindungen müssen alle Schrauben gleichmäßig vorgespannt werden. Insbesondere Leichtmetall-Bauteile werden sonst verspannt und verziehen sich.
- Einen Überblick über mögliche Gefahrenquellen in der Auslegung von Schraubenverbindungen und Abhilfemaßnahmen werden in Abschn. 10.6.1 erläutert.
- Hinsichtlich der Kosten sind Schraubenverbindungen teurer als (nicht lösbare) Niet- und Schweißverbindungen.

Anwendungen und Bauarten

Heftverbindungen: Schrauben dienen hier zum Verschließen von Gehäusen, Gefäßen, Behältern ohne Innendruck, siehe z. B. Abb. 10.1. Sie sind keinen definierten Beanspruchungen ausgesetzt, müssen also so bemessen werden, dass sie zufälligen Beanspruchungen (unkontrolliertem Anziehen von Hand, Fehlbedienungen oder ähnlichen) standhalten und einfach zu montieren sind (einheitliche Schlüsselweiten). Sicherungen gegen selbsttätiges Losdrehen, Verliersicherungen, sind häufig angebracht, siehe Abschn. 10.9.

Längsbeanspruchte, nicht vorgespannte Befestigungsschrauben: Bei Einschraubverbindungen, z. B. für Lasthaken (Abb. 10.2a), überträgt das Gewinde erst nach dem Einschrauben die von außen eingeleiteten, statischen oder dynamischen Axialkräfte.

Unter Längskraft angezogene Befestigungsschrauben: Durch das Anziehen, z. B. beim Spannschloss (Abb. 10.2b),

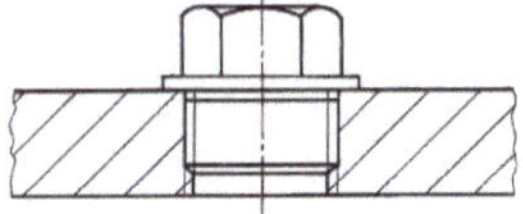

Abb. 10.1 Ölverschlussschraube

G. Niemann et al., *Maschinenelemente 1*, https://doi.org/10.1007/978-3-662-55482-1_10

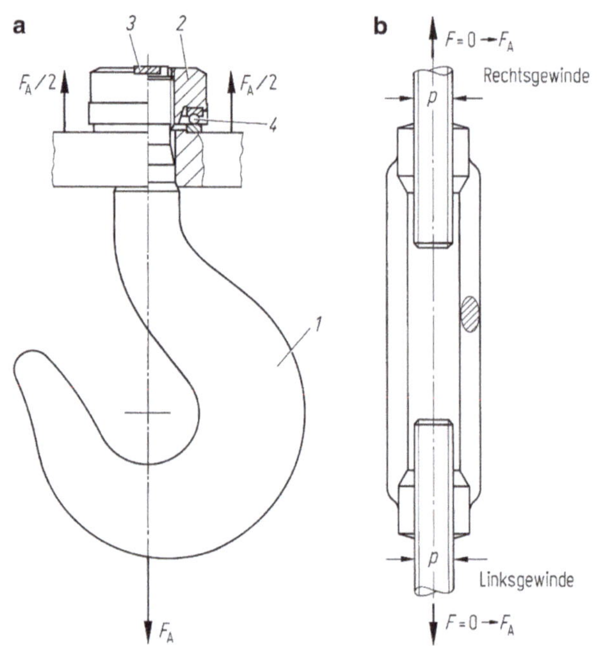

Abb. 10.2 Längsbeanspruchte Schrauben, **a** Lasthaken [100], *1* Haken, *2* Lasthakenmutter, *3* Innenvierkant mit formschlüssiger Sicherung gegen 2,4 Axialkugellager, **b** Spannschloss

wird eine Betriebskraft erzeugt, die danach unter Umständen von Zusatzkräften überlagert wird.

Längsbeanspruchte, vorgespannte Befestigungsschrauben: Die Schrauben, z. B. in Flanschverbindungen von Rohrleitungen, werden beim Montieren bis auf eine Vorspannkraft angezogen oder angespannt. Sie müssen bei allen danach aufgebrachten Betriebszuständen eine ausreichende Dichtkraft erzeugen und statischen sowie dynamischen Längskräften (z. B. infolge Druckschwankungen) standhalten, Abb. 10.3.

Querbeanspruchte Befestigungsschrauben: Diese werden benötigt für Bauteilverbindungen, z. B. für Wellenflansche, die ein statisches oder dynamisches Drehmoment der Welle übertragen müssen, Abb. 10.4. Hierfür kommen infrage:

- **Reibschlussverbindung**: Die Flansche werden durch die (längsbelasteten) Durchsteckschrauben (Abb. 10.4b) aufeinander gepresst, so dass die Querkraft allein durch Reibung übertragen wird. (Um Durchrutschen bei Stoßbelastungen zu vermeiden, werden mitunter zusätzlich Passstifte eingesetzt.)
- **Formschlussverbindung**: Die Querkraft wird durch Scherbeanspruchung und Lochleibung (= Flächenpressung) der genau in die Flanschlöcher „passenden" Passschrauben oder Büchsen übertragen.
- Im Stahlbau werden auch kombinierte Reibschluss-Formschluss-Verbindungen (GVP) verwendet.

10.1.2 Bewegungsschrauben (Schraubgetriebe)

Sie wandeln Umfangskräfte (oder Drehbewegungen) in Längskräfte (oder Längsbewegungen) um (Kraftgetriebe, Funktion: Kraftübersetzung; Stellgetriebe, Funktion: Wegübersetzung), zum Teil auch umgekehrt. Die Schrauben werden Spindeln genannt. Wichtige Anwendungsgebiete sind Druckspindeln in Pressen und Walzwerken, Leitspindeln in Drehmaschinen, Ventilspindeln (Abb. 10.5), Hubspindeln für Hebebühnen, Hebeböcke, Vorschubspindeln in Schleifmaschinen zum genauen Anfahren/Einstellen von Positionen und Messschrauben.

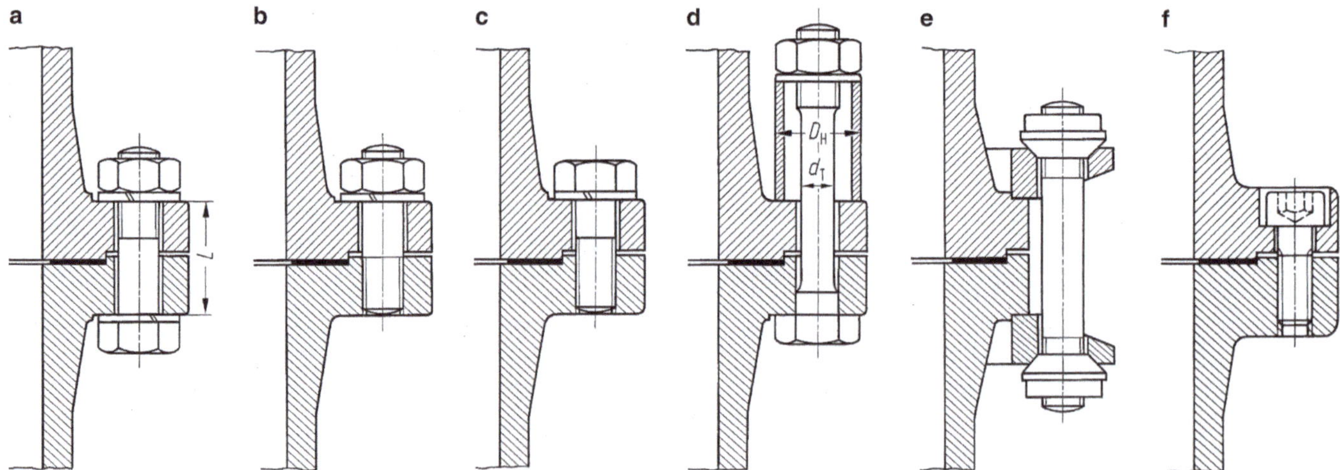

Abb. 10.3 Flanschverbindungen mit **a** Durchsteckschraube, **b** Stiftschraube, **c** Kopfschraube, **d** Durchsteck-Dehnschraube und Distanzstück, **e** Doppelmutter-Dehnschraube, **f** Innensechskantschraube. Bei festen, glatten Flanschoberflächen auch bei **a**, **b**, **c** keine mitverspannten Sicherungen

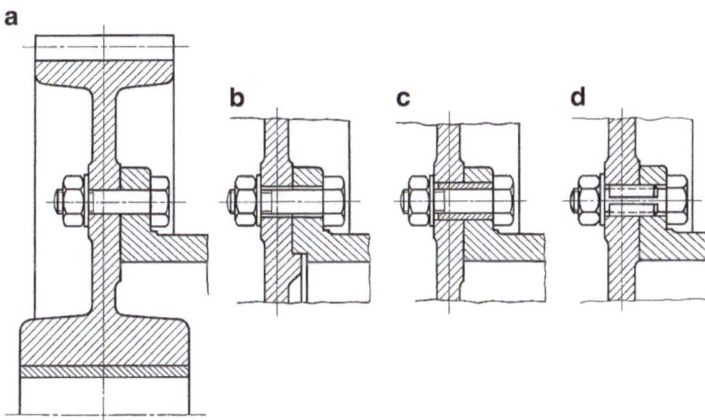

Abb. 10.4 Querbeanspruchte Flanschverbindungen, **a** mit Passschraube, **b** mit Durchsteckschraube, **c** mit Durchsteckschraube und Scherbüchse, **d** mit Durchsteckschraube und Spannhülse. Bei **a**, **c**, **d** Zentrierung durch die Schrauben oder Hülsen

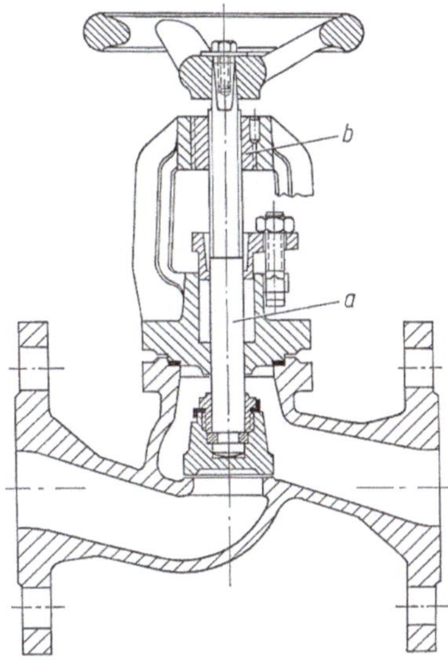

Abb. 10.5 Ventil [120], *a* Ventilspindel mit Handrad und Ventilteller, *b* Mutter im Ventilgehäuse

10.1.3 Gewinde

Je nach Verwendungszweck werden unterschiedliche Anforderungen an die Gewinde gestellt (Selbsthemmung, Wirkungsgrad, Übersetzung):

- Gewinde von Befestigungsschrauben oder Verschlussschrauben (und manchen Bewegungsschrauben, wie z. B. für Pressen) sollen kleine Umfangskräfte in große Axialkräfte wandeln (Kraftübersetzung). Sie müssen selbsthemmend sein, d. h. eine Axialkraft soll keine Los-Drehbewegung auslösen, der Wirkungsgrad soll also klein sein. Verschlussschrauben müssen in der Auflagefläche abdichten (Abb. 10.1), denn: Gewinde selbst dichten nicht.
- Manche Bewegungs-Kraftschrauben sollen selbsthemmend sein, (z. B. Wagenheber, Schraubstock), andere nicht selbsthemmend (z. B. Pressen, Hubwerke, Drillbohrer).
- Gewinde für Bewegungs-, Mess- oder Stellschrauben sollen selbsthemmend sein. Große Drehwege sollen kleine Längswege bewirken (Wegübersetzung siehe Abschn. 10.3.4). Anwendungen: Gewichtseinstellung von Waagen, Nachstellen von Spiel und Verschleiß (z. B. Kettenspanner).
- Zur Erzielung sehr kleiner Längswege oder großer Anpresskräfte mit grobem Gewinde eignen sich Differentialgewinde, Beispiel siehe Abb. 10.6.
- Die meisten Gewinde zentrieren nicht. Falls nötig, müssen also anderweitige (z. B. zylindrische) Führungen vorgesehen werden.

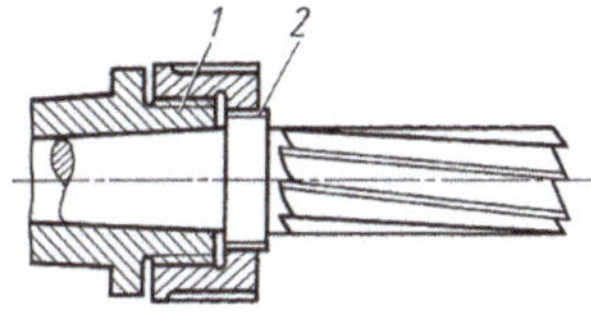

Abb. 10.6 Differentialgewinde *1* und *2* mit kleinem Steigungsunterschied, angewendet zum Befestigen und Lösen eines Fräsers

10.2 Befestigungsschrauben, Muttern, Zubehör (Bauarten, Auswahlkriterien, Bestelldaten)

Zu einer Befestigungsschraubenverbindung gehören:

- Schrauben (auch Schraubenbolzen, Gewindestifte, Gewindespindeln) mit Außengewinde
- Muttern mit entsprechendem Innengewinde
- Unterlegscheiben (nicht immer)
- Sicherungen (nicht immer)
- Werkzeuge zum Anziehen und Lösen der Verbindung werden in Abschn. 10.5.1 angegeben. Bauformen für die Handhabung ohne Werkzeug werden in Abschn. 10.2.2 beschrieben.

10.2.1 Schrauben

Eine Auswahl wichtiger Bauarten mit DIN-Blatt Nummer, Ausführung nach Qualität, Größe, Werkstoff und Bestellangaben zeigt Tab. 10.1, Anwendungen siehe Abschn. 10.2. Weitere Bauarten werden in [99] beschrieben. Nachfolgende Zeichen **a** bis **x** beziehen sich auf Tab. 10.1.

Kopfschrauben

- Sechskantkopf im Maschinenbau vorherrschend **a** ... **f** und **s** ... **t**, ermöglicht großes Anzieh- und Lösemoment, leichtes Umsetzen des Schraubenschlüssels, erfordert aber großen Raumbedarf für Schraubenschlüssel. Für Stahlkonstruktionen gibt es Sechskantschrauben mit be-

Tab. 10.1 Auswahl genormter Schrauben

Nummer	a	b	c	d
Name	Sechskantschraube	Sechskantschraube	Sechskantschraube mit Mutter	Sechskantschraube mit Zapfen
Skizze	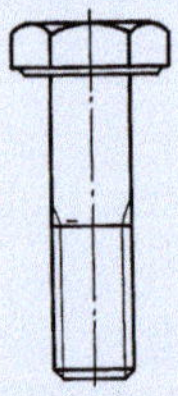	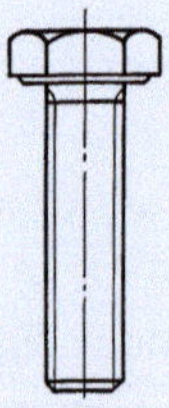	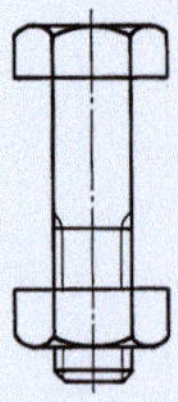	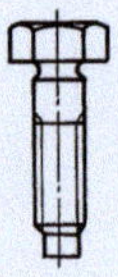
Normen	DIN EN ISO 4014 [75] DIN EN ISO 4016 [76] DIN EN ISO 8765 [93] DIN 931 [28] Teil 2	DIN EN ISO 4017 [77] DIN EN ISO 4018 [78] DIN EN ISO 8676 [92]	DIN EN ISO 4016 DIN 7990 [52]	DIN 561 [19]
Nummer	e	f	g	h
Name	Sechskantschraube mit Ansatzspitze	Sechskantpassschraube	Innensechskantschraube (hohe Form)	Innensechskantschraube (niedrige Form)
Skizze	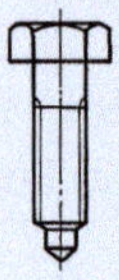	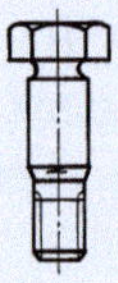	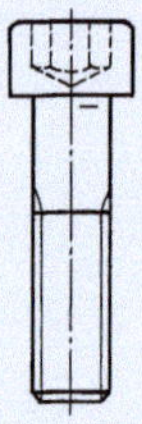	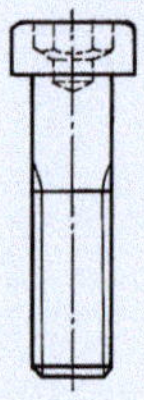
Normen	DIN 564 [20]	DIN 609 [22] DIN 7968 [50]	DIN EN ISO 4762 [85]	DIN 6912 [45]
Nummer	i	j	k	l
Name	Zylinderschraube mit Schlitz	Linsensenkschraube mit Schlitz	Linsensenkschraube mit Kreuzschlitz	Flachkopfblechschraube mit Schlitz
Skizze	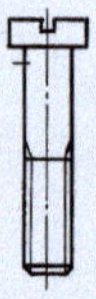	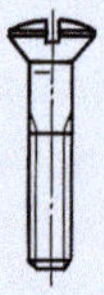	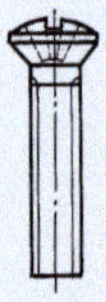	
Normen	DIN EN ISO 1207 [69]	DIN EN ISO 2010 [73]	DIN EN ISO 7047 [87]	DIN EN ISO 1481 [72]
Nummer	m	n	o	p
Name	Stiftschraube	Schraubenbolzen	Gewindestift mit Schlitz und Kegelkuppe	Gewindestift mit Innensechskant
Skizze		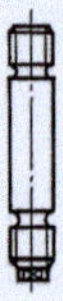		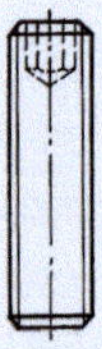
Normen	DIN 835 [23] DIN 938 [31] DIN 939 [32] DIN 940 [33]	DIN 2509 [38]	DIN EN ISO 4766 [86]	DIN EN ISO 4026 [79]

Tab. 10.1 (Fortsetzung)

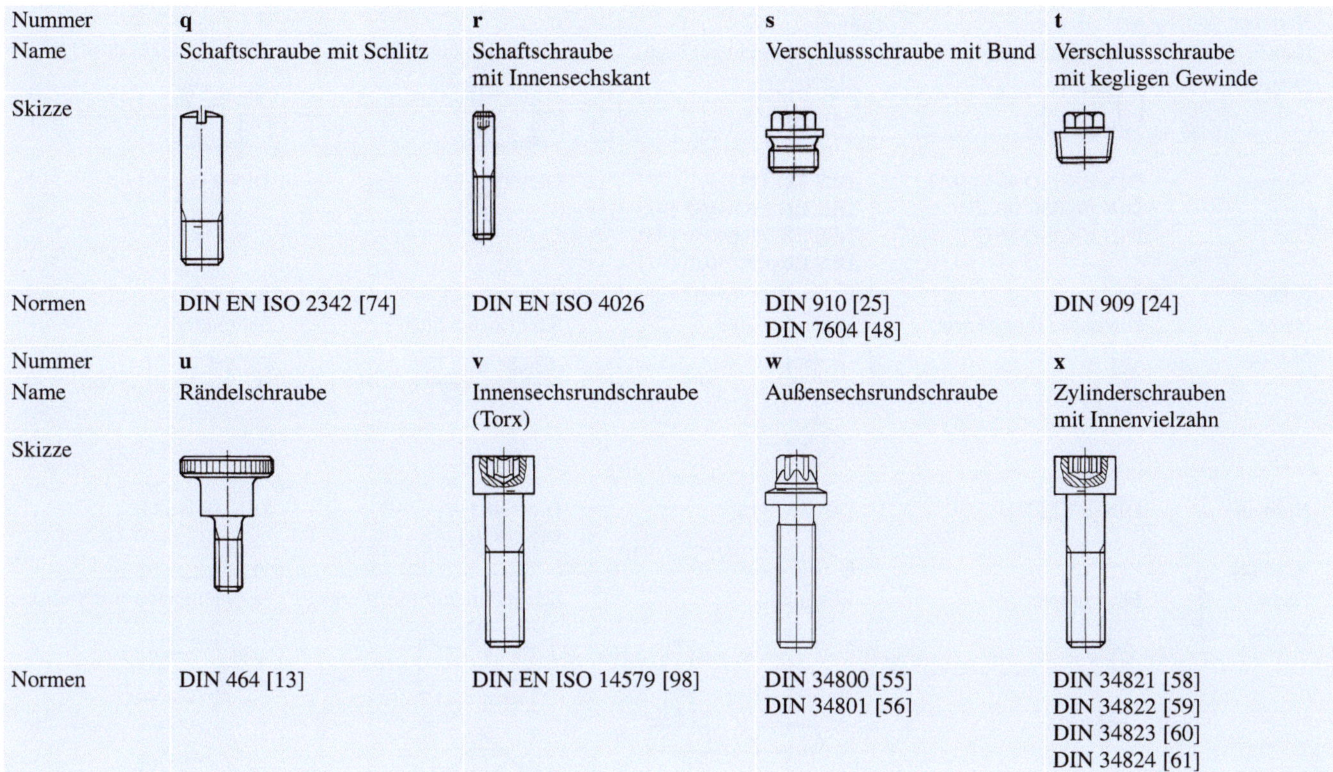

Nummer	**q**	**r**	**s**	**t**
Name	Schaftschraube mit Schlitz	Schaftschraube mit Innensechskant	Verschlussschraube mit Bund	Verschlussschraube mit kegligen Gewinde
Skizze				
Normen	DIN EN ISO 2342 [74]	DIN EN ISO 4026	DIN 910 [25] DIN 7604 [48]	DIN 909 [24]
Nummer	**u**	**v**	**w**	**x**
Name	Rändelschraube	Innensechsrundschraube (Torx)	Außensechsrundschraube	Zylinderschrauben mit Innenvielzahn
Skizze				
Normen	DIN 464 [13]	DIN EN ISO 14579 [98]	DIN 34800 [55] DIN 34801 [56]	DIN 34821 [58] DIN 34822 [59] DIN 34823 [60] DIN 34824 [61]

sonders großen Schlüsselweiten (DIN EN 14399 [65] Teil 4, für Passschrauben: DIN EN 14399 Teil 8).

- Ausführung als Durchsteckschraube (mit Mutter) **c**, für Durchgangslöcher in beiden Flanschen ist eine kostengünstige Lösung. (Tab. 10.19)
- Bei Ausführung mit Einschraubende (ohne Mutter), z. B. **a**, **b**, kein Platz für Mutter und Sechskantschlüssel am Unterflansch erforderlich, aber teurer (Gewindeschneiden im Unterflansch). Länge der Einschraubenden sind in Tab. 10.16 aufgelistet.
- Ausführung als Passschraube bedeutet Formschlussverbindung z. B. für querbeanspruchte Schraubenverbindungen, Abb. 10.4a, Abschn. 10.1.1.
- Ausführung als Dehnschraube mit langem Schaft und kleinem Schaftdurchmesser (Abb. 10.3). Damit wird eine hohe Sicherheit gegen Dauerbruch (Abschn. 10.6) und selbsttätiges Lösen (Abschn. 10.9) erzielt.
- Zylinderkopf (mit Innensechskant **g**, **h** oder Innensechsrund **v** [126]). Hierbei ist Ausführung mit versenktem Kopf möglich (wichtig bei umlaufenden Maschinenteilen). Kein Platz für Schraubenschlüssel erforderlich, damit auch reduzierte Flanschbreite (Abb. 10.3f).
- Schlitzschraube, evtl. mit versenktem Kopf, z. B. **j** (für glatte Außenhaut). Überwiegend für Heftverbindungen bei geringem Platzbedarf für Schraubendreher. Kreuzschlitzschraube ermöglicht bessere zentrische Führung des Schraubendrehers (wichtig bei Anziehen mit Elektroanziehwerkzeug).
- Sonderkopfformen, z. B. Vierkantkopf für kleinen Platzbedarf und kleine Anziehkräfte, aber exakte Führung in Drehrichtung (z. B. für Absperrhähne), Dreikantkopf für Schlagwetter- und explosionsgeschützte Geräte (nur mit Spezialschlüssel zu lösen), Torxkopf **v** [126] für maximales Anzugsmoment bei kleinem Kopfdurchmesser und geringer Platzbedarf für Werkzeuge bei gegebenem Schraubendurchmesser.
- Schneidschrauben. Das Gewinde hat Spannuten und erzeugt das Gewinde im Bauteil (aus Weichmetall oder dünnem Stahlblech) beim Einschrauben. Geeignet für Heftverbindungen.

Stiftschrauben

Stiftschrauben **m** werden hauptsächlich zum Verbinden von Gehäuseflanschen, insbesondere bei großen Abmessungen und Einzelfertigung (z. B. für Turbinengehäuse) eingesetzt. Eigenschaften siehe Kopfschraube mit Sechskantkopf, jedoch Auswechseln der Mutter bei Beschädigung möglich. Ein Mitdrehen der Schraube beim Lösen der Mutter wird durch Einschraubende mit Übergangspassung oder Festziehen eines Endzapfens gegen den Bohrungsgrund verhindert. Die Stiftschraube verbleibt beim Öffnen des Gehäuses im Unterflansch. Die Länge der Einschraubenden entsprechend der Festigkeit des Flanschwerkstoffs sind in Tab. 10.16 aufgelistet.

Ausführung als Durchsteckschraube, Passschraube, auch als Dehnschraube möglich, wie bei der Kopfschraube.

Tab. 10.2 Auswahl genormter Muttern

Nummer	a	b	c	d
Name	Sechskantmutter	Sechskantmutter (flach)	Kronenmutter	Kronenmutter (ab M12)
Skizze				
Normen	DIN EN ISO 4034 [81] DIN EN ISO 4032 DIN EN ISO 8673	DIN 431 [11] DIN EN ISO 4035 [82] DIN EN ISO 4036 [83] DIN EN ISO 8675 [91]	DIN 935 [30]	DIN 935
Nummer	e	f	g	h
Name	Hutmutter (hohe Form)	Vierkantmutter	Kreuzlochmutter	Nutmutter
Skizze				
Normen	DIN 1587 [34]	DIN 557 [18]	DIN 548 [17] DIN 1816 [36]	DIN 1804 [35]
Nummer	i	k	l	m
Name	Flügelmutter	Ringmutter	Schweißmutter mit Vierkant	Schweißmutter mit Sechskant
Skizze				
Normen	DIN 315 [9]	DIN 582 [21]	DIN 928 [26]	DIN 929 [27]
Nummer	n	o	p	q
Name	Punktschweißbare Blechmutter	Rändelmutter	Steckbare Blechmutter	Schlitzmutter
Skizze				
Normen		DIN 466 [14]		DIN 546 [16]

Schraubenbolzen

Schraubenbolzen **n** dienen zum Verbinden von Bauteilen mit Hilfe beiderseits aufgeschraubter Muttern und haben demgemäß gleich lange Gewinde an beiden Enden. Maße der hierfür erforderlichen Durchgangslöcher siehe Kopfschraube/Durchsteckschraube. Nachstehend wird auch der Schraubenschaft mit dem Gewindeteil als Schraubenbolzen bezeichnet.

Gewindestifte

Gewindestifte **o**, **p** weisen durchgehendes Gewinde auf. Zum Anziehen dient beispielsweise ein Schlitz oder ein Innensechskant. Sie werden hauptsächlich zur Lagesicherung verwendet, z. B. von Rädern oder Stellringen auf Wellen.

Schraubenenden

Ihre Ausführung hängt vom Herstellverfahren ab oder dient bestimmten Funktionen, z. B. Suchspitze zum automatischen Montieren oder Vierkant bei z. B. Schraubenbolzen (siehe oben).

10.2.2 Muttern

Zeichen **a** bis **q** beziehen sich auf Tab. 10.2.

- Im Maschinenbau überwiegt die Sechskantmutter **a**, **b**. Mutternhöhe m: früher war $m = 0{,}8 \times$ Gewindedurchmesser d üblich (nach DIN 934 [29]). Im Hinblick auf höhere Anziehmomente sind in DIN EN ISO 4032 [80]

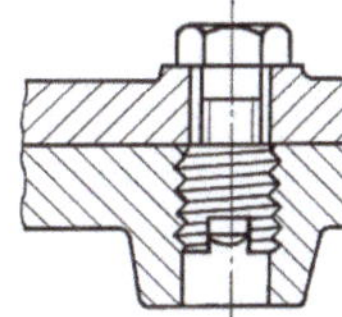

Abb. 10.7 Einsatzbüchse (Kerb Konus GmbH)

und DIN EN ISO 8673 [90] größere Mutternhöhen, $m = 0{,}84\ldots1{,}03 \times d$ vorgesehen, bei begrenzter Bauhöhe und kleinen Axialkräften sind aber auch niedrige Muttern nach DIN 431 oder DIN EN ISO 4036 verfügbar.

- Bei Mangel an Platz für den umgreifenden Sechskantschlüssel eignet sich die Schlitzmutter **q**. Die Hutmutter **e** bietet einen gewissen Verletzungsschutz, in Verbindung mit Dichtscheiben eignet sie sich auch zum Abdichten von Schraubenbohrungen. Die sehr schmal bauende Nutmutter **h** (mit Sicherungsblech, Kap. 14: Wälzlager) wird oft zur axialen Fixierung von Wälzlagern verwendet.
- Für Anziehen von Hand eignen sich besonders Rändelmuttern **o** oder Flügelmuttern **i** sonstige Bauformen, zum Teil mit Sicherungselementen.
- Für Blechkonstruktionen eignen sich Schweißmuttern **l**, **m** mit stirnseitigen Warzen (DIN 928 [26], 929 [27]), für Dünnblechkonstruktionen auch punktschweißbare Blechmuttern **n** oder steckbare Blechmuttern **p**.
- Mit Einsatzbüchsen (Abb. 10.7) lassen sich Werkstücke aus Leichtmetall, Kunststoffen oder Holz dauerhaft verschrauben. Sie schneiden sich mit den scharfen Kanten der Schlitze (oder Querbohrungen) selbst ihr Gewinde in die vorgebohrten Löcher. Sie werden für häufig zu lösende Schrauben verwendet und eignen sich auch zur Reparatur ausgerissener Gewindelöcher. Ähnlich wirken Heli-Coil Einsätze (Abb. 10.8). Eine Schraubenfeder aus Stahl- oder Bronzedraht mit Rhombusquerschnitt wird in ein mit Spezialgewindebohrern gefertigtes größeres Gewinde eingedreht, wodurch sich im Inneren dann ein normales metrisches Gewinde hoher Festigkeit ergibt.

10.2.3 Unterlegscheiben

Bei ebener, glatter, fester Unterlage sollten normalerweise keine Unterlegscheiben verwendet werden, sondern nur:

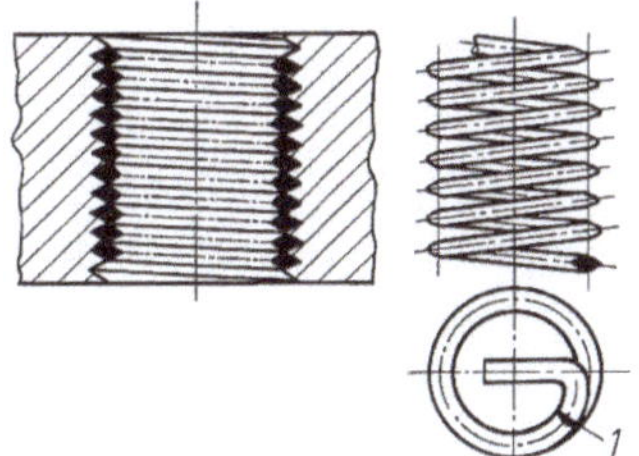

Abb. 10.8 Gewindeeinsatz (Heli-Coil, Böllhoff & Co), 1 Bruchkerbe (zum Abbrechen nach dem Eindrehen)

- bei weiten, z. B. gegossenen Durchgangslöchern und Langlöchern
- bei unbearbeiteten, rauen (gegossenen, geschmiedeten) Oberflächen oder geringer Bauteilfestigkeit. Beim Anziehen und Lösen gleitet die Schraubenkopfunterseite auf der glatten Unterlegscheibe, die Bauteiloberfläche wird dabei nicht verletzt.
- Bei U- und I-Trägern werden viereckige Unterlegscheiben zum Ausgleich der 8 %- bzw.14 %-igen Flanschneigung verwendet (Abb. 10.37).

Um zu vermeiden, dass die Unterlegscheiben sich beim Anziehen verformen, sollten dicke, gehärtete Scheiben verwendet werden: für Sechskantschrauben nach DIN EN ISO 7089 [88], für Zylinderschrauben nach DIN EN ISO 7091 [89], für Sechskantschrauben mit großen Schlüsselweiten nach DIN EN 14399 Teil 4, keinesfalls weiche Unterlegscheiben zum Ausgleich von Unebenheiten.

10.2.4 Schraubensicherungen

Alle Maßnahmen, die geeignet sind, ein ungewolltes Lösen der Schraubenverbindung zu verhindern, auch der Einsatz von zusätzlichen Sicherungselementen, sind im Zusammenhang mit der Gestaltung der Schraubenverbindung zu sehen, Abschn. 10.9.

10.3 Gewinde

Die Grundform des Gewindes ist die Schraubenlinie. Sie entsteht durch Aufwickeln einer Keilfläche mit dem Steigungswinkel φ auf einen Zylinder mit dem Radius $d_m/2$, Abb. 10.9.

10.3.1 Kenngrößen von Gewinden

- Steigung (früher Ganghöhe) P_h in mm: bei einer vollen Schraubendrehung wird die Mutter um P_h in Axialrichtung verschoben.
- Teilung P in mm: achsparalleler Abstand zweier aufeinander folgender Flanken. Bei eingängigem Gewinde ist $P = P_h$.
- Steigungswinkel der Schraubenlinie φ auf dem Flankendurchmesser d_2: Steigungswinkel der aufgewickelten Keilfläche

$$\tan\varphi = \frac{P_h}{\pi \cdot d_2} \tag{10.1}$$

- Gangzahl: Es werden eingängige und mehrgängige Gewinde unterschieden. Prinzip und Eigenschaften werden in Abb. 10.9 erläutert.

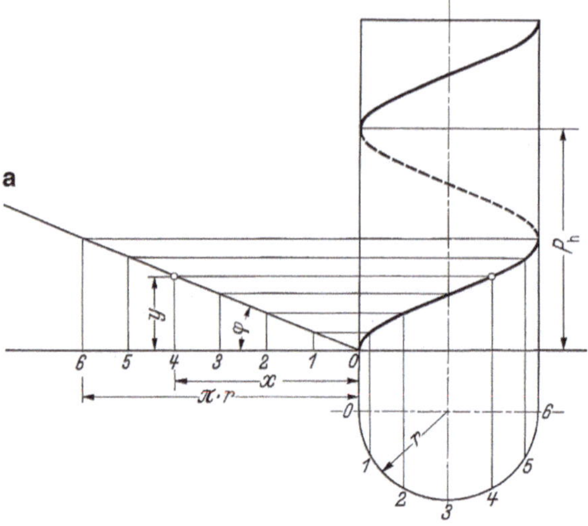

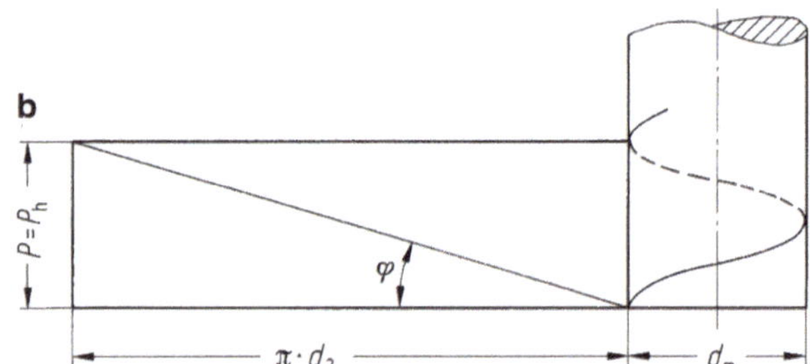

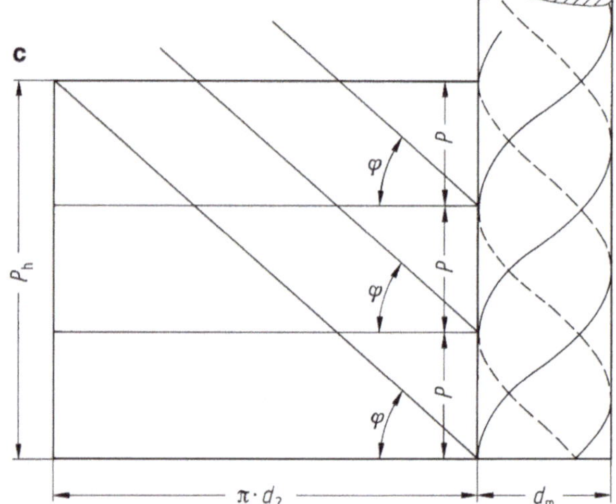

Kleines φ : Große Übersetzung (Weg)

- Befestigungsschrauben, große Axialkräfte
- feinfühlige Verstellung (großer Umfangsweg / kleiner Axialweg)
- schlechter Wirkungsgrad, u. U. Selbsthemmung

Großes φ : Kleine Übersetzung (Weg)

- Bewegungsschrauben, Schnecken
- guter Wirkungsgrad, u. U. keine Selbsthemmung

Abb. 10.9 Schraubenlinie und ihre Abwicklung mit Steigung P_h und Steigungswinkel φ, **a** allgemein, **b** für eingängiges Gewinde, **c** für mehrgängiges Gewinde (3-gängig; bei gleicher Teilung P, d. h. gleich feines Gewinde, größeres P_h)

10.3.2 Gebräuchliche Gewinde

Beim Gewinde tritt an die Stelle eines Punkts der Schraubenlinie (Abb. 10.9) ein Profil (Dreieck, Trapez, Rechteck, Halbrund), Tab. 10.3.

Die folgenden Zeichen **a** bis **e** beziehen sich auf Tab. 10.3.

10.3.2.1 Befestigungsgewinde im Maschinenbau

Die Funktionen der Befestigungsschraube werden in Abschn. 10.1.1 erläutert. Da Selbsthemmung erforderlich ist, werden eingängige Gewinde bevorzugt.

Üblich ist das metrische ISO-Gewinde **a**. Es wird im Weiteren Unterschieden in:

Regelgewinde
Es ist für Befestigungsschrauben üblich, es ist tragfähiger als Feingewinde. Jedem Durchmesser ist eine bestimmte Steigung zugeordnet. Daher genügt die Bezeichnung: M mit nachgesetztem Nenndurchmesser d (= Außendurchmesser) in mm (z. B. M10).

Feingewinde
Es hat eine kleinere Gewindetiefe und Steigung. Für Wellen, kurze Einschraublängen, dünnwandige Rohre und Stellschrauben ist das Regelgewinde oft zu grob und das Feingewinde besser geeignet. Gegenüber Regelgewinden wird beim Feingewinde, unabhängig vom Durchmesser, eine (kleinere)

Tab. 10.3 Gewindeprofile

Profil	Form	Maße	Toleranzklassen
a metrisches ISO-Gewinde und metrisches ISO-Feingewinde nach DIN 13 [2]	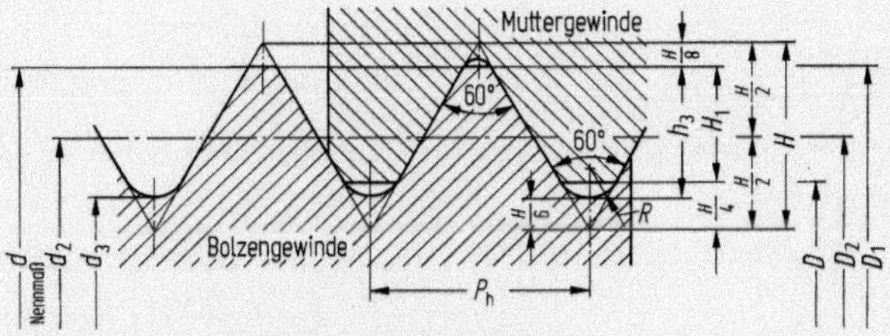 Durchmesserreihen siehe Tab. 10.19 Beispiele: Metr. ISO-Gewinde: M20 Metr. ISO-Feingewinde, Steigung 1,5 mm: M20×1,5	$H = 0{,}86603 \cdot P_h$ $H_1 = 0{,}54127 \cdot P_h = \frac{5}{8} \cdot H$ $h_3 = 0{,}61343 \cdot P_h = \frac{17}{24} \cdot H$ $R = 0{,}14434 \cdot P_h = \frac{H}{6}$ $D = d =$ Nenn-$\varnothing$ $D_2 = d_2 = d - 0{,}64953 \cdot P_h$ $D_1 = d - 2 \cdot H_1$ $d_3 = d - 1{,}22687 \cdot P_h$ Kerndurchmesser $A_3 = \frac{\pi}{4} \cdot d_3{}^2$ Spannungsquerschnitt $A_S = \frac{\pi}{4} \cdot (\frac{d_2+d_3}{2})^2$	fein, mittel, grob Passungen für Muttern siehe DIN 13 Teil 4
b Whithworth-Rohrgewinde nach DIN EN ISO 228 Teil 1 und DIN EN 10226	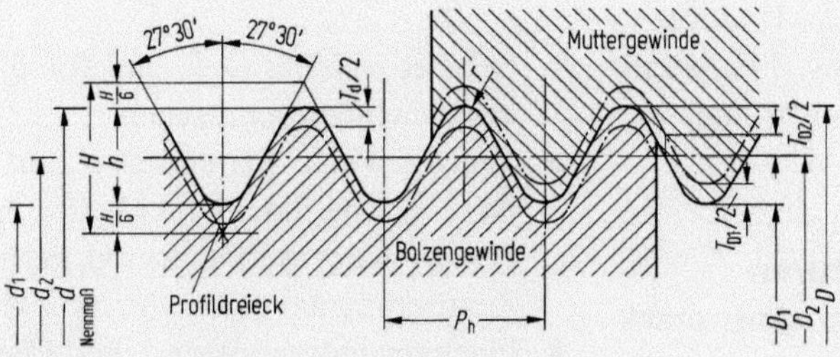 Beispiel: R 1/2″ mit $d = D = 20{,}955$ mm und $P_h = 1{,}814$ mm	$P_h = \frac{25{,}4}{z}$ $H = 0{,}960491 \cdot P_h$ $h = 0{,}640327 \cdot P_h$ $r = 0{,}137329 \cdot P_h$ z: Gangzahl je inch (Zoll)	A, B Maße siehe DIN EN ISO 228 Teil 1
c Rundgewinde nach DIN 405[10] und DIN 168 [7]	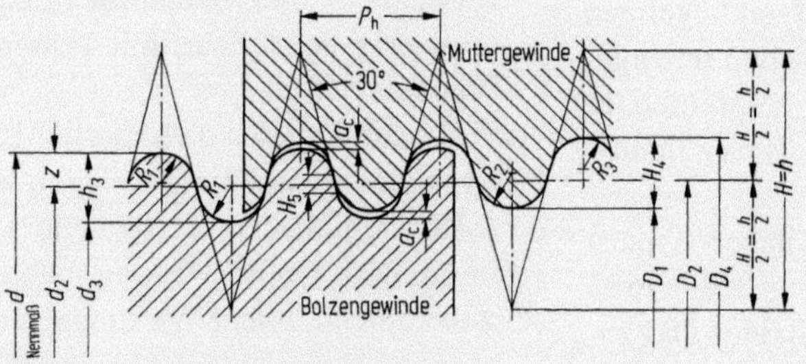 Beispiel: Rd 30×1/8″ mit $d = 30$ mm und $P_h = 1/8'' = 3{,}175$ mm	$H_4 = h_3 = 0{,}5 \cdot P_h$ $z = 0{,}25 \cdot P_h = \frac{h_3}{2}$ $D_4 = d + 2 \cdot a_c = d + 0{,}1 \cdot P_h$ $D_1 = D_4 - 2 \cdot H_4 = D_4 - P_h$ $= d - 0{,}9 \cdot P_h$ $d_3 = d - 2 \cdot h_3 = d - P_h$ $d_2 = D_2 = d - 2 \cdot z$ $= d - 0{,}5 \cdot P_h$ $a_c =$ Spiel $= 0{,}05 \cdot P_h$ $R_1 = 0{,}23851 \cdot P_h$ $R_2 = 0{,}25597 \cdot P_h$ $R_3 = 0{,}22105 \cdot P_h$	6, 7, 8 siehe DIN 405
d Trapezgewinde nach DIN 103 [3]	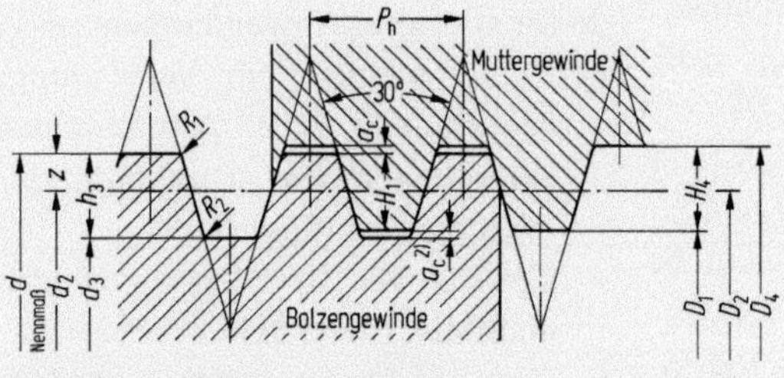 Beispiel: Tr 50×8 mit $d = 50$ mm und $P_h = 8$ mm	$D_1 = d - 2 \cdot H_1 = d - P_h$ $H_1 = 0{,}5 \cdot P_h$ $H_4 = H_1 + a_c = 0{,}5 \cdot P_h + a_c$ $h_3 = H_1 + a_c = 0{,}5 \cdot P_h + a_c$ $z = 0{,}25 \cdot P_h = \frac{H_1}{2}$ $D_4 = d + 2 \cdot a_c$ $d_3 = d - 2 \cdot h_3$ $d_2 = D_2 = d - 2 \cdot z$ $= d - 0{,}5 \cdot P_h$ $a_c =$ Spiel $R_1 =$ max. $0{,}5 \cdot a_c$ $R_2 =$ max. a_c	mittel, grob siehe DIN 103 Teil 2

Tab. 10.3 (Fortsetzung)

Profil	Form	Maße	Toleranzklassen
e Sägengewinde nach DIN 513 [15]	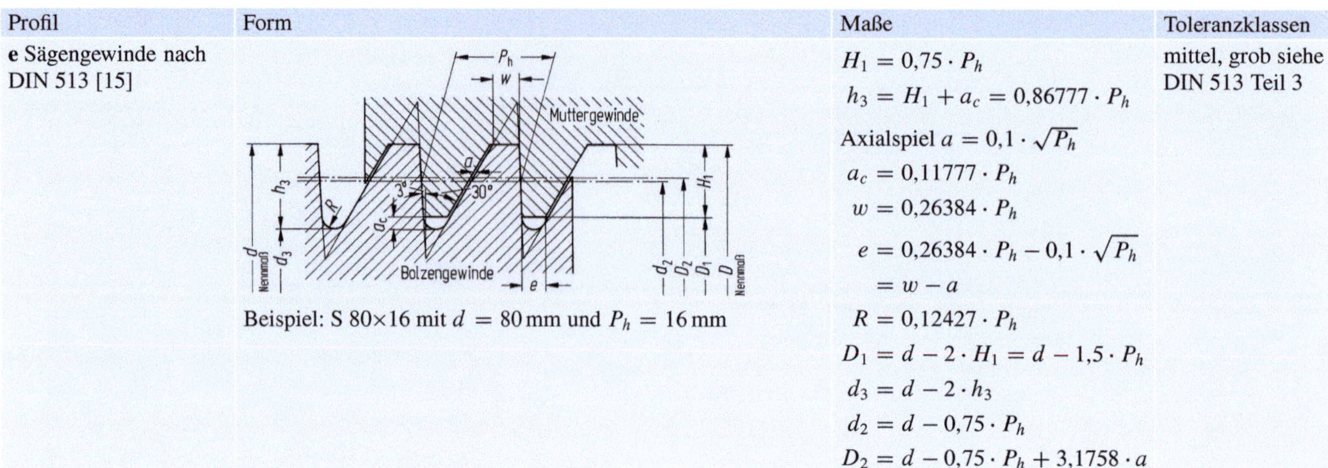 Beispiel: S 80×16 mit $d = 80\,\text{mm}$ und $P_h = 16\,\text{mm}$	$H_1 = 0{,}75 \cdot P_h$ $h_3 = H_1 + a_c = 0{,}86777 \cdot P_h$ Axialspiel $a = 0{,}1 \cdot \sqrt{P_h}$ $a_c = 0{,}11777 \cdot P_h$ $w = 0{,}26384 \cdot P_h$ $e = 0{,}26384 \cdot P_h - 0{,}1 \cdot \sqrt{P_h}$ $= w - a$ $R = 0{,}12427 \cdot P_h$ $D_1 = d - 2 \cdot H_1 = d - 1{,}5 \cdot P_h$ $d_3 = d - 2 \cdot h_3$ $d_2 = d - 0{,}75 \cdot P_h$ $D_2 = d - 0{,}75 \cdot P_h + 3{,}1758 \cdot a$	mittel, grob siehe DIN 513 Teil 3

Steigung vorgeschrieben, abgestuft nach 2 bzw. 3 Feinheitsgraden, Tab. 10.14. Bezeichnung daher: M mit nachgesetztem Nenndurchmesser d ×Steigung P_h (z. B. M10×1).

10.3.2.2 Gewinde für Rohre und Armaturen

Rohre mit dazugehörigen Armaturen müssen meist druckdicht miteinander verbunden werden. Hierzu werden die folgenden Gewinde verwendet:

- Metrisches Feingewinde nach DIN 158 [6] mit kegeligen Außengewinde (Kegel 1 : 16) und zylindrischen Innengewinde. Ab 26 mm Nenndurchmesser wird empfohlen, in das Gewinde ein Dichtmittel einzubringen. Bezeichnung: z. B. M30×2 keg. DIN 158.
- Leitungsrohre mit Zollabmessungen haben meist Whitworth-Rohrgewinde nach DIN EN 10226 [63], DIN 3858 [39] mit ebenfalls kegeligem Außen- und zylindrischem Innengewinde. Falls erforderlich, kann in das Gewinde ein geeignetes Dichtmittel eingebracht werden. *Man beachte* das vom metrischen Gewinde abweichende Profil sowie die abweichende Bezeichnung: R mit nachgesetztem Innendurchmesser (in Zoll) des Normrohres (z. B. nach DIN EN 10255), auf dessen Außendurchmesser das Gewinde geschnitten wird. Bezeichnung: z. B. Rohrgewinde EN 10226 R 1 1/2
- Whitworth-Rohrgewinde **b** nach DIN EN ISO 228 [67] Teil 1 mit einem zylindrischen Außen- und Innengewinde mit dem gleichen Profil wie nach DIN EN 10226 ist nicht selbstdichtend und nimmt lediglich axiale Kräfte auf. Bezeichnung analog dem Rohrgewinde nach DIN EN 10226.

10.3.2.3 Bewegungsgewinde

Die Funktionen der Bewegungsschraube werden in Abschn. 10.1.3 erläutert. Günstig sind Gewinde mit kleinen Flankenwinkeln. Genormt sind:

- Trapezgewinde **d** wird überwiegend für Kraft- und Wegübersetzung verwendet, es hat Kopf- und Grundspiel sowie Flankenspiel. Es darf daher nicht durch Querkräfte belastet werden. Ggf. sind Rundzentrierungen außerhalb des Gewindes vorzusehen.
- Sägengewinde für einseitig (auf die flachere Gewindeflanke) wirkende Druckkräfte, z. B. für Hubbewegungen (besserer Wirkungsgrad, geringere Flächenpressung). Zentrierung am Außendurchmesser H8/e8.
- Flachgewinde besitzen einen Flankenwinkel von 0°. Sie werden trotz der günstigen Reibungsverhältnisse kaum verwendet, sind daher auch nicht genormt. Sie sind schwierig herstellbar, mit Fräsen überhaupt nicht (kein Freiwinkel!).
- Wälzschraubgewinde (Abschn. 10.3.3)

Für genaues Positionieren eignen sich eingängige Gewinde (selbsthemmend), für schnelle Vorschübe und Wandeln von Längs- in Drehbewegung mehrgängige Gewinde (nicht selbsthemmend, hoher Wirkungsgrad!).

10.3.3 Sondergewinde

Nachstehend eine Auswahl aus der Vielfalt der Sondergewinde für spezielle Anwendungen:

- Rundgewinde **c** für Verbindungen, die oft gelöst werden müssen, z. B. Armaturenanschlüsse und Waggon-Kupplungen. Es ist unempfindlich gegen Schmutz und Witterungseinflüsse.
- Gewinde für Blechschrauben nach DIN EN ISO 1478 [71] und DIN 7975 [51]
- Gewinde für Holzschrauben nach DIN 7998 [53]
- Elektrogewinde (Edison-Gewinde) für Sicherungs- und Glühbirnen Fassungen
- Gewinde für Wälzschraubgewinde haben die geringsten Reibungsverluste (Wälzreibung statt Gleitreibung). Sie sind nicht genormt. Das Gewindeprofil, in dem die Wälzkörper laufen, hat Halbkreis- oder Spitzbogenform. Beispiel siehe Abb. 10.10. Anwendung z. B. für Werkzeugmaschinenführungen

Tab. 10.4 Kräfte an der Mutter einer Schraube mit Flachgewinde (F_S Längskraft, P_h Steigung, F_U Umfangskraft, Umfangsweg $\pi \cdot d_2$, bei Spitzgewinde ϱ' statt ϱ, μ Gleit-Reibungszahl, μ_0 Ruhe (= Haft)-Reibungszahl)

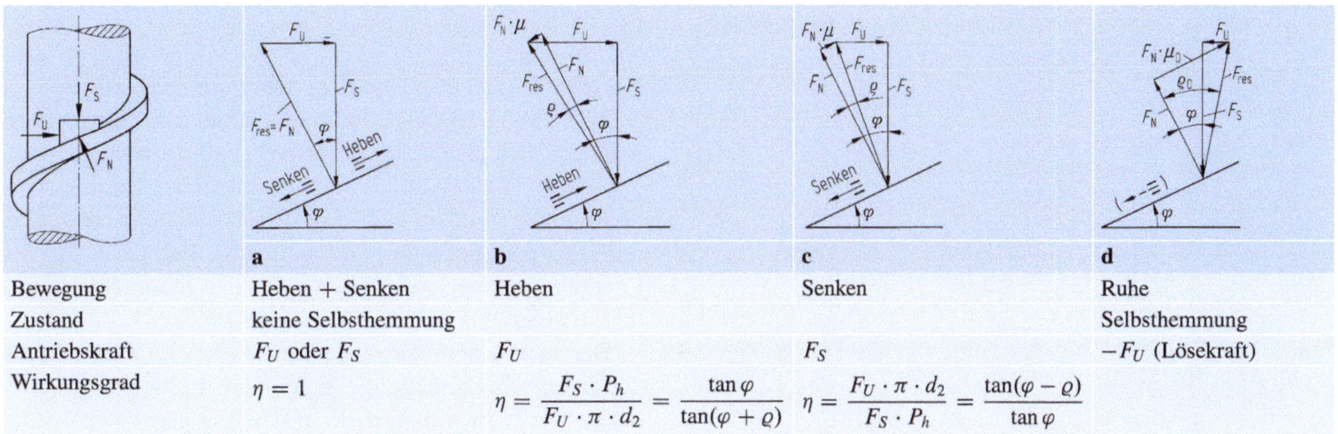

	a	b	c	d
Bewegung	Heben + Senken	Heben	Senken	Ruhe
Zustand	keine Selbsthemmung			Selbsthemmung
Antriebskraft	F_U oder F_S	F_U	F_S	$-F_U$ (Lösekraft)
Wirkungsgrad	$\eta = 1$	$\eta = \dfrac{F_S \cdot P_h}{F_U \cdot \pi \cdot d_2} = \dfrac{\tan\varphi}{\tan(\varphi + \varrho)}$	$\eta = \dfrac{F_U \cdot \pi \cdot d_2}{F_S \cdot P_h} = \dfrac{\tan(\varphi - \varrho)}{\tan\varphi}$	

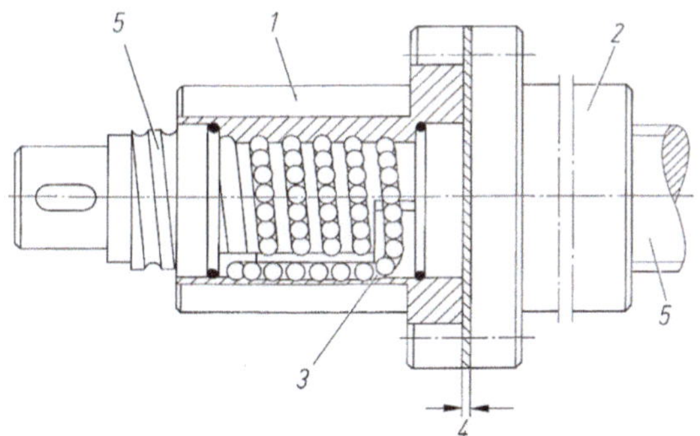

Abb. 10.10 Kugelgewindespindel [100], *1* erste Kugelmutter, *2* zweite Kugelmutter, *3* Kugelumlenkung zur Rückführung an den Gewindeanfang, *4* Vorbelastungs-Einstellscheibe, *5* Kugelgewindespindel

10.3.4 Weg- und Kraft-Übersetzung im Gewinde, Wirkungsgrad

Die Bewegungs- und Kraftübertragung durch Gewinde lässt sich anhand von Abb. 10.9 beschreiben.

10.3.4.1 Wegübersetzung

Aus der Definition der Steigung P_h folgt nach Abb. 10.9 und (10.1):

$$\text{Wegübersetzung} = \frac{\text{Umfangsweg}}{\text{Axialweg}} = \frac{\pi \cdot d_2}{P_h} = \frac{1}{\tan\varphi} \quad (10.2)$$

φ	in °	Steigungswinkel
d_2	in mm	Flankendurchmesser

Für eine feinfühlige, stufenlose Axialverschiebung wird beispielsweise ein Gewinde mit großer Wegübersetzung, d. h. kleiner Steigung P_h, benötigt, z. B. eingängiges Feingewinde (extra fein), Tab. 10.14. Andere Lösungen und Anwendungen werden in Abschn. 10.1.3 erläutert.

10.3.4.2 Kraftübersetzung bei Flachgewinde

Für diesen einfachsten Fall ist der Flankenwinkel $\alpha = 0$. Es werden die Kräfte, die an einem Mutternelement, einem Klötzchen (anstelle der Mutter), am mittleren Gewindedurchmesser d_2, angreifen, betrachtet, Tab. 10.4.

Ohne Reibung

Für die Umfangskraft gilt nach Tab. 10.4a

$$F_U = F_s \cdot \tan\varphi \quad (10.3)$$

F_S	in N	Längskraft
φ	in °	Steigungswinkel

D. h. Kraftübersetzung $F_s/F_U = 1/\tan\varphi$ = Wegübersetzung siehe (10.2).

Mit Reibung

Zu berücksichtigt ist die Reibung mit der (Gleit-)Reibungszahl

$$\mu = \tan\varrho \quad (10.4)$$

so wird erst Bewegung eintreten, wenn die Resultierende F_{res} um den Reibungswinkel ϱ zur Normalen geneigt ist.

Mit Reibung und Aufwärtsbewegung des Mutternelements, d. h. Lastheben, Drehbewegung der Mutter (F_U treibt), nach Tab. 10.4b gilt hierfür

$$F_U = F_S \cdot \tan(\varphi + \varrho) \quad (10.5)$$

Mit Reibung und Abwärtsbewegung, d. h. Lastsenken oder Drillbohrer, d. h. F_S treibt, nach Tab. 10.4c gilt

$$F_U = F_S \cdot \tan(\varphi - \varrho) \quad (10.6)$$

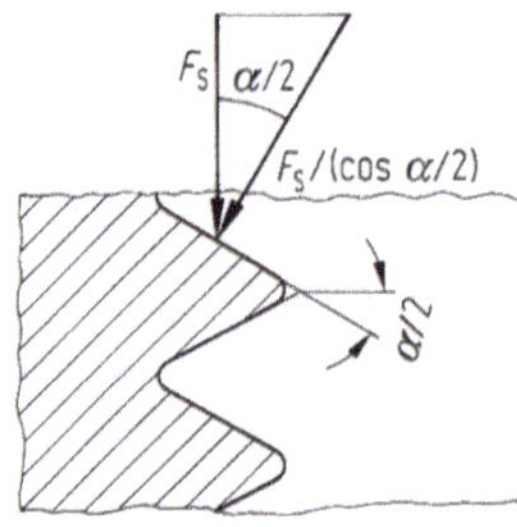

Abb. 10.11 Normalkraft am Mutternelement mit Spitzgewinde (aus F_S berechnet)

10.3.4.3 Kraftübersetzung bei Spitzgewinde

Es ist zu beachten, dass für die Reibungskraft die senkrecht zur Gewindeflanke wirkende Kraft F_N maßgebend ist, d. h. nach Abb. 10.11 gilt

$$\text{Reibungskraft} = F_N \cdot \mu \approx \frac{F_S}{\cos\left(\frac{\alpha}{2}\right)} \cdot \mu \approx F_S \cdot \mu' \quad (10.7)$$

mit der scheinbaren Reibungszahl

$$\mu' \approx \frac{\mu}{\cos\left(\frac{\alpha}{2}\right)} \quad (10.8)$$

oder analog der scheinbare Reibungswinkel

$$\tan\varrho' \approx \frac{\tan\varrho}{\cos\left(\frac{\alpha}{2}\right)} \quad (10.9)$$

bzw.

$$\mu' = \tan\varrho' \quad (10.10)$$

Reibungszahlen μ_G für Schraubengewinde und μ_K für Schraubenkopf- und Mutternauflage sind in Tab. 10.5 angegeben.

Für das metrische ISO-Gewinde ist $\alpha = 60°$ und somit $\mu' \approx 1{,}16 \cdot \mu$.

Das Spitzgewinde ergibt also bei gleicher Längskraft eine größere Reibungskraft als ein Flachgewinde. Auch aus diesem Grund wird es stets für Befestigungsschrauben verwendet. Entsprechend ist für Bewegungsgewinde ein Flachgewinde bzw. ein kleiner Flankenwinkel günstiger. Einschränkungen hierzu sind in Abschn. 10.3.2.3 angegeben.

Damit gilt allgemein für die Umfangskraft (mit den Erläuterungen zu Tab. 10.4)

$$F_U = F_S \cdot \tan(\varphi \pm \varrho') \quad (10.11)$$

mit Plus-Zeichen für Aufwärtsbewegung (F_U treibt), Minus-Zeichen für Abwärtsbewegung (F_S treibt). Gewinde-Anziehmoment T_{GA} bzw. -Lösemoment T_{GL} ergibt sich zu

$$T_{GA,L} = F_U \cdot \frac{d_2}{2} = F_S \cdot \tan(\varphi \pm \varrho') \cdot \frac{d_2}{2} \quad (10.12)$$

d_2	in mm	Flankendurchmesser siehe Abb. 10.27
F_S	in N	Längskraft siehe Abb. 10.11
α	in °	Flankenwinkel siehe Abb. 10.11
φ	in °	Steigungswinkel siehe Abb. 10.9

10.3.4.4 Selbsthemmung

Wenn der Reibungswinkel ϱ, bei treibender Axialkraft, größer als der Steigungswinkel φ ist, wird nach (10.6) $F_U < 0$, ebenso nach (10.12) $T_{G,L} < 0$. Auch eine noch so große Längskraft kann also kein (Los-)Drehmoment erzeugen.

Wie Tab. 10.4 zeigt, kehrt F_U beim Übergang von einem, im Vergleich zu φ, kleinem ϱ (Fall c) zu einem relativ großem ϱ (Fall d mit Reibungswinkel bei Ruhe ϱ_0) seine Richtung um. Um eine (Los-)Drehbewegung einzuleiten, um z. B. eine Schraubenverbindung zu lösen, ist also eine Losdreh-Umfangskraft bzw. ein Los-Drehmoment erforderlich: Es wird von Selbsthemmung gesprochen.

Bei metrischem Gewinde mit $\varphi \approx 2{,}5°$ liegt Selbsthemmung vor, solange die scheinbare Reibungszahl $\mu' = \tan\varrho' \geq 0{,}04$ ist, ein Wert, der fast immer gegeben ist. Solange Befestigungsschrauben also vorgespannt sind ($F_S > 0$), können sie sich nicht lösen.

Man beachte: Selbsthemmung gilt für den Zustand der Ruhe, d. h. hier wirkt die Reibungszahl der Ruhe (= Haft-Reibungszahl)

$$\mu_0 = \tan\varrho_0 \quad (10.13)$$

10.3.4.5 Hemmfaktor

Für Bewegungsgewinde wird zur Beurteilung der Selbsthemmfähigkeit nach VDI 2158 [121] ein Hemmfaktor r (Verhältnis Reibungskraft/treibender Kraft) verwendet. Bezogen auf die Umfangsrichtung gilt für das Gewinde

$$r = \frac{\tan\varrho_0}{\tan\varphi} \quad (10.14)$$

ϱ_0	in °	Reibungswinkel in Ruhe
φ	in °	Steigungswinkel

Bei Spindelantrieben sind weitere Reibungskräfte (insbesondere Lagerreibungskräfte) zu berücksichtigen, Abschn. 10.10.3. Selbsthemmung liegt demnach vor bei $r \geq 1$.

10.3.4.6 Wirkungsgrad η

Der Wirkungsgrad ist das Verhältnis von abgegebener zu aufgewendeter Arbeit. Einer Umdrehung entspricht ein Axialvorschub (Längsweg) von einer Steigung P_h. Wenn Umfangskraft (Drehmoment) in Längskraft umgesetzt wird (Anziehen), gelten (10.2) bis (10.11) sowie die Wirkungsgradgleichungen in Tab. 10.4b und c.

Ein hoher Wirkungsgrad, erwünscht bei Bewegungsschrauben, wird demnach folgendermaßen erhalten:

- große Steigungswinkel φ (z. B. mehrgängige Gewinde)
- kleine Reibungszahl μ (z. B. entsprechende Oberfläche, Schmierung, Wälzspindel)
- Flachgewinde ($\varrho' = \varrho$)

Tab. 10.5 Reibungszahlen für Schrauben aus Vergütungsstahl und Muttern aus Stahl, GG/GTS und AlMg-Legierung für verschiedene Oberflächen- und Schmierzustände [114]

					Schraube aus Vergütungsstahl										
					Gewinde μ_G							Kopfauflagefläche μ_K			
					gerollt			geschnitten	galv. Zn6		Geklebt[a]	gepresst	geschnitten	geschliffen	galv. Zn6
					schwarz oder phosphatiert							schwarz oder phosphatiert			
					trocken	geölt	MoS_2	geölt	trocken	geölt		geölt			
Mutter aus	Vergütungs-stahl	Innen-gewinde	geschnitten	blank	0,12 bis 0,18	0,10 bis 0,16	0,08 bis 0,12	0,10 bis 0,16	–	0,10 bis 0,18	0,16 bis 0,25				
			galv. Zn		0,10 bis 0,16	–	–	–	0,12 bis 0,20	0,10 bis 0,18	0,14 bis 0,25				
		Auflage-fläche	geschnitten	blank								0,10 bis 0,18			
				MoS_2								0,08 bis 0,12			
			geschliffen	blank								0,16 bis 0,22	0,10 bis 0,18	0,16 bis 0,22	0,10 bis 0,18
			galv. Zn									0,10 bis 0,16		0,10 bis 0,18	0,16 bis 0,20
	GG/GTS	Innen-gewinde	geschliffen	blank		0,10 bis 0,18		0,10 bis 0,18		0,10 bis 0,18					
		Auflage-fläche	geschliffen									0,10 bis 0,18		0,10 bis 0,18	
			geschnitten									0,14 bis 0,20	0,10 bis 0,18	0,14 bis 0,22	0,10 bis 0,18
	AlMg	Innen-gewinde	geschnitten	blank		0,08 bis 0,20									
		Auflage-fläche										0,08 bis 0,20			

[a] $\mu_G = 0{,}14$–$0{,}20$ für einige mikroverkapselte Kleber

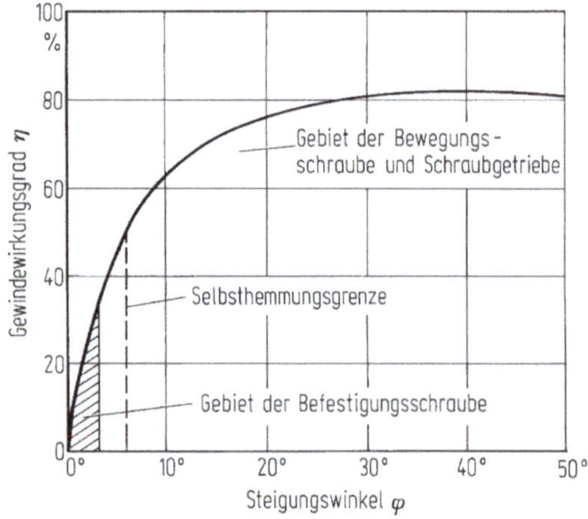

Abb. 10.12 Gewindewirkungsgrad der Schraube beim Heben und Senken $\mu_G = 0{,}08$ [111]

Abb. 10.12 zeigt, dass bei einem Steigungswinkel $\varphi = 45° - \varrho'/2$ der Gewindewirkungsgrad ein Maximum erreicht.

„Selbsthemmung" (Abschn. 10.3.4.4) ist bei Befestigungsschrauben erwünscht und liegt vor, wenn die Längskraft F kein Drehmoment erzeugen kann, also wenn $F_U = F \cdot \tan(\alpha - \varrho') \leq 0$ ist, d. h. $\alpha \leq \varrho'$ bzw. $\eta' \leq 0$ oder $\eta \leq 0{,}5$ ist.

10.4 Werkstoffe, Herstellung, Oberflächenbehandlung, Schmierung für Befestigungsschrauben

10.4.1 Werkstoffe

Allgemeine Informationen zu Werkstoffen gibt Kap. 5.

Werkstoffe für normale Befestigungsschrauben
Für normale Befestigungsschrauben sowie für die zugehörigen Muttern und das Zubehör wird überwiegend Stahl mit mittlerer bis hoher Festigkeit verwendet. Wichtig sind dabei hohe Zähigkeit (um Sprödbruch zu vermeiden) und gute Kaltverformbarkeit. Diese Stähle für normale Anwendungen, also ohne besondere Anforderungen an Warmfestigkeit (über +300 °C) und Kaltzähigkeit (unter −50 °C), werden nach DIN EN ISO 898 [68] in genormte Festigkeitsklassen eingestuft und entsprechend gekennzeichnet.

Festigkeitsklassen für Befestigungsschrauben
Tab. 10.6. Das Kennzeichen besteht aus zwei Zahlen, z. B. 10.9. Die erste Zahl bedeutet: 1/100 der Mindestzugfestigkeit des Werkstoffs: $R_m/100$. Die zweite Zahl bedeutet: 10-faches Verhältnis von Mindest-Fließgrenze R_p zu Zugfestigkeit R_m, d. h. $10 \cdot R_p/R_m$. Somit wird aus $R_m = 1000\,\text{N/mm}^2$, $R_e = 900\,\text{N/mm}^2$ die Festigkeitsklasse 10.9.

Festigkeitsklassen für Muttern
Tab. 10.7. Als Kennzeichen wird hier 1/100 der Mindestzugfestigkeit R_m des Werkstoffs der zugehörigen Schraube angegeben.

Die Verbindung Schraube 8.8 mit Mutter 8 darf bis zur Streckgrenze des Schraubenwerkstoffs belastet werden.

Bei Beanspruchung über die Streckgrenze hinaus, sollten Muttern höherer Festigkeitsklassen als die der zugeordneten Schraube verwendet werden.

Werkstoffe für besondere Anforderungen
Die Vorschriften nach DIN EN ISO 898, Tab. 10.6, gelten nicht für Stiftschrauben, Schraubenbolzen und Gewindestifte. Werkstoffe für hohe und niedrige Temperaturen sind in Tab. 10.8 angegeben. Für höchstfeste Schrauben werden Stähle mit $R_{p0,2}$ bis $1500\,\text{N/mm}^2$, für Schrauben im Leichtbau Titanlegierungen mit $R_{p0,2}$ von $830 \ldots 1100\,\text{N/mm}^2$ verwendet (Kap. 4: Leichtbau und Kap. 5: Werkstoffe).

Für Sonderanwendungen sind auch Schrauben und Muttern aus Messing und Thermoplasten (z. B. Polyamid, Polyoxymethylen) geeignet. Dabei steht weniger die Kraftübertragung im Vordergrund als Funktionen wie Leitfähigkeit, Isolation, Verbinden von Leichtmetall- oder Holzelementen, Korrosionsbeständigkeit, Schwingungsdämpfung. Teilweise lassen sich diese Eigenschaften bereits durch geeignete (kostengünstigere) Oberflächenbehandlung erreichen.

Tab. 10.6 Festigkeitsklassen für Befestigungsschrauben nach DIN EN ISO 898 Teil 1 und Werkstoffe

Festigkeitsklasse der Schraube	4.6	4.8	5.6	5.8	6.8	8.8		10.9	12.9
						≤ M16	> M16		
Mindestzugfestigkeit R_m in N/mm^2	400	420	500	520	600	800	830	1040	1220
Mindest-Streckgrenze R_e in N/mm^2	240	–	300	–	–	–	–	–	–
Mindest-0,2 %-Dehngrenze $R_{p0,2}$ in N/mm^2	–	–	–	–	–	640	660	940	1100
Bruchdehnung A_5 in %	22	–	20	–	–	12	12	9	8
Werkstoffe für Schrauben (Beispiele)	S235 9S20		C35 E295 35S20		C35 E295 10S20	C35 C45 34Cr4		41Cr4 34CrMo4	42CrMo4 34CrNiMo6

Tab. 10.7 Festigkeitsklassen für Muttern mit Regelgewinde nach DIN EN ISO 898 Teil 2 und Werkstoffe

Festigkeit der Mutter		5	6	8	10	12
Prüfkraft für M5-Gewinde[a] in N		8250	9500	12.140	14.800	16.300
Mindest-Vickers-Härte für Gewinde D in HV	$M5 \leq D \leq M16$	130	150	200	272	295
	$M16 < D \leq M39$	146	170	233		272
Werkstoffe für Muttern (Beispiele)		C35 E295	C35 E295	C35 C45 35S20	C45	

[a] Werte für andere Gewindegrößen in der Norm

Tab. 10.8 Schrauben- und Mutternwerkstoffe für hohe und tiefe Temperaturen nach [104], ergänzt

Temperaturbereich	Beispielwerkstoff	Werkstoffgruppe
≤ 700 °C	NiCr20TiAl	hochwarmfeste Werkstoffe
≤ 600 °C	X21CrMoNiV12-1	
≤ 500 °C	40CrMoV4 7	hochwarmfeste Werkstoffe
≤ 400 °C	24CrMo4	
≤ 300 °C	Werkstoffe nach Tab. 10.6 und 10.7	
≥ −50 °C		
≥ −70 °C	26CrMo4	kaltzähe Werkstoffe
≥ −140 °C	12Ni19	
≥ −250 °C	X12CrNi18 9	

10.4.2 Herstellung, Genauigkeit

Spanende Verfahren

Es werden für drei Bereiche spanende Verfahren angewendet:

- Schrauben niedriger Festigkeitsklassen 3.6 ... 6.8 (Tab. 10.6) aus Automatenstahl (Kap. 5) lassen sich auch bei großen Stückzahlen durch Drehen und Fräsen wirtschaftlich herstellen.
- Schrauben der höheren Festigkeitsklassen 6.8 ... 12.9 werden nach dem Gewindeschneiden vergütet (schlussvergütet) oder zusätzlich gewalzt (schlussgewalzt).
- Für Gewindespindeln großer Abmessungen wird oft Vergütungsstahl entsprechend Abschn. 10.10.3 (Bewegungsschrauben) verwendet. Sie werden meist in kleiner Stückzahl benötigt. Drehen und Fräsen, evtl. Gewindeschleifen, sind dabei wirtschaftliche und genaue Herstellverfahren.

Spanlose Herstellung

Wenn große Schraubenköpfe angestaucht werden müssen und bei Werkstoffen hoher Festigkeit, eignet sich die spanlose Herstellung der Schraubenbolzen. Es wird unterschieden in:

- Warmumformung: geeignet für große Abmessungen (etwa > M24)
- Kaltumformung: bei Abmessungen bis etwa M24 und in der Großserienfertigung von Normschrauben der Festigkeitsklassen 6.8 ... 12.9. Das Gewinde wird nach dem Vergüten nochmals gerollt. Dadurch werden Streckgrenze und Dauerfestigkeit erhöht, die Bruchdehnung allerdings gemindert.

Nachwalzen und Rollen des Gewindes führt zur Festigkeitssteigerung, Tab. 10.23.

Genauigkeit

Metrisches ISO-Gewinde wird in drei Toleranzklassen hergestellt:

- f (fein) für hohe Genauigkeitsanforderungen, Passung (Muttern/Schraubengewinde): 5H/4h
- m (mittel) für übliche Anforderungen im Maschinenbau, Passung: 6H/6g
- g (grob) bei Anwendungen ohne Genauigkeitsanforderungen

Toleranzklasse m wird in der Bestellangabe nicht angeführt. Hinweise zur Genauigkeit von Durchgangslöchern für Passschrauben werden in Abschn. 10.7.2.2 gegeben.

10.4.3 Oberflächenbehandlung

Sie dient bei Schraubenverbindungen insbesondere dem Korrosionsschutz, daneben der Verbesserung der Gleiteigenschaften und dem Verschleißschutz (bei Bewegungsschrauben) sowie zur farblichen Gestaltung. Meist angewendete Verfahren:

- Ölflächenfilm. Bereits durch Anlassen in Ölemulsion entsteht eine ölkohlehaltige Oberflächenschicht, die im Allgemeinen ausreichenden Korrosionsschutz für Lagerung und Transport bietet.
- Phosphatieren. Die hierbei erzeugte feinkristalline, poröse, ölhaltige, schwarze Phosphatschicht bietet einen gewissen Korrosionsschutz, mindert Reibungszahl und Fressgefahr und widersteht auch einem öfteren Lösen der Verbindung.
- Galvanisieren. Es gestattet die Aufbringung auch dickerer (3 ... 20 µm) Schichten z. B. aus Zink, die dauerhafteren Korrosionsschutz bewirken sowie ein übermäßiges

Anwachsen von Zunderschichten (Klemmgefahr!) verhindern. Für dekorative Zwecke werden auch Beschichtungen mit Kupfer, Messing, Nickel oder ähnliches verwendet.

- Feuerverzinken. Die hierbei verfügbaren Schichten von 50 ... 100 µm gewährleisten einen besonders sicheren Korrosionsschutz.

Besonderheiten der Oberflächenbehandlung metallischer Bauteile werden in Kap. 5: Werkstoffe, Wärmebehandlung, Oberflächenbehandlung sowie in DIN 267 [8] Teil 26 beschrieben.

10.4.4 Schmierung, Schmierstoffe

Durch geeignete Schmierstoffe können Festfressen, Verzundern bei hohen Temperaturen und Korrosion im Gewinde verhindert, die Reibungszahlen verringert und ihre Streuung eingeengt werden.

Einfache, kostengünstige Schmieröle und Fette sind hierfür nur mit Einschränkungen geeignet. Deshalb werden zunehmend Pasten, die Festschmierstoffe wie Graphit, Molybdändisulfid oder Metallpigmente enthalten, sowie Trockenschmierstoffe wie Gleitlacke, die Montage und Demontage erleichtern, druck-, hitze- und kältebeständig sind sowie gegen viele chemische Reaktionen schützen, verwendet, siehe Kap. 16: Schmierung, Schmierstoffe ...

10.5 Schraubenverbindungen für Befestigungsschrauben

Die durch Schrauben miteinander verbundenen Bauteile und die hierfür verwendeten Befestigungsschrauben beeinflussen sich gegenseitig.

10.5.1 Montage der Schraubenverbindungen

Die Beanspruchung der Schrauben hängt davon ab, wie die Verbindung montiert, d. h. wie die Schraubenvorspannung erzeugt wird.

Anziehen
Bei diesem, meist angewendeten Verfahren, wird die Kraftübersetzung des Gewindes genutzt, wobei ein Drehmoment in eine Längskraft, die Montagevorspannkraft F_M, umgewandelt wird.

Streuungen in der Reibungszahl, der Kraftaufbringung und der Kraftkontrolle führen dazu, dass die Montagevorspannkraft zwischen $F_{M\,\min}$ und $F_{M\,\max}$ unter Umständen erheblich streuen kann. Dies wird durch den Anziehfaktor berücksichtigt

$$\alpha_A = \frac{F_{M\,\max}}{F_{M\,\min}} \tag{10.15}$$

Anhaltswerte für den Anziehfaktor α_A für verschiedene Anziehverfahren sind in Tab. 10.9 zusammengefasst. Der empfohlene Richtwert für den Anziehfaktor entspricht dem Mittelwert des Bereichs, der für das Montieren vorgegeben wird. Die niedrigeren Werte können bei einer großen Zahl von Kontrollversuchen gewählt werden. Für den Festigkeitsnachweis wird mit $F_M = F_{M\,\max}$, für den Ansatz der durch Reibschluss übertragbaren Querkraft mit $F_{M\,\min}$, gerechnet.

Anspannen
Beim Anspannen wird die Montagevorspannkraft F_M direkt axial aufgebracht, der Einfluss der Reibung entfällt, siehe Abschn. 10.5.1.2.

10.5.1.1 Montage durch Anziehen

Anzieh- und Lösemoment
Beim Anziehen und Lösen einer Schraube mit dem Drehmoment T_{GA} bzw. T_{GL} ist neben der Reibung im Gewinde, nach (10.12) auch das Reibmoment in der Kopf- bzw. Mutterauflage zu überwinden.

$$T_K = F_S \cdot \mu_K \cdot \frac{D_{km}}{2} = F_S \cdot \mu_K \cdot \frac{d_w + D_{Ki}}{4} \tag{10.16}$$

d_w	in mm	Außendurchmesser der ebenen Kopfauflagefläche der Schraube (am Einlauf des Radiusübergangs vom Kopf)
D_{km}	in mm	wirksamer Durchmesser für das Reibungsmoment in der Schraubenkopf- oder Mutterauflage
F_S	in N	Längskraft
μ_K		Reibungszahl an Kopf- bzw. Mutternauflage

mit dem Innendurchmesser der ebenen Kopfauflage (siehe Abb. 10.31)

$$D_{Ki} = \max(D_a, d_{ha}, d_h, d_a) \tag{10.17}$$

d_a	in mm	Innendurchmesser der ebenen Kopfauflagefläche (am Einlauf des Radiusübergangs vom Schaft)
d_h	in mm	Bohrungsdurchmesser der verspannten Teile
d_{ha}	in mm	Innendurchmesser der kopfseitigen, ebenen Auflagefläche der verspannten Teile
D_a	in mm	Innendurchmesser der ebenen Mutternauflagefläche (Fasendurchmesser)

Tab. 10.9 Anhaltswerte für den Anziehfaktor α_A nach VDI 2230 [122] bzw. [105]

Anziehfaktor α_A	Streuung der Vorspannkräfte $\pm\frac{\Delta F_M}{F_M} = \pm\frac{\alpha_A - 1}{\alpha_A + 1}$ in %	Anziehverfahren
1	5 ... 12 (Streuung der Streckgrenze für überelastischen Bereich)	streckgrenzengesteuertes Anziehen (motorisch, manuell), drehwinkelgesteuertes Anziehen (motorisch, manuell), Anspannen (hydraulisch, thermisch)
1,1 ... 1,4	5 ... 17	hydraulisches Anziehen
1,4 ... 1,6	17 ... 23	drehmomentgesteuertes Anziehen (Drehmomentschlüssel, Präzisionsdrehschrauber) (Längenmessung)
1,7 ... 2,5 (Reibungszahlklasse A)	26 ... 43	drehmomentgesteuertes Anziehen (Drehschrauber, für geschätzte Reibungszahlen)
2,5 ... 4	43 ... 60	impulsgesteuertes Anziehen (Schlagschrauber, Einstellen des Schraubers mit Nachziehmoment)

Daraus ergibt sich das Gesamtanziehmoment für eine Schraubenkraft F_S = Montage-Vorspannkraft F_M bei Abschluss des Montagevorgangs

$$\begin{aligned} T_A &= T_{GA} + T_K \\ &= F_M \cdot \left[\frac{d_2}{2} \cdot \tan(\varphi + \varrho') + \mu_K \cdot \frac{d_w + \mathrm{D}_{Ki}}{4}\right] \end{aligned} \quad (10.18)$$

d_2	in mm	Flankendurchmesser siehe Abb. 10.27
T_K	in N mm	Reibmoment an Kopf- und Mutternauflage
μ_K		Reibungszahl an Kopf- bzw. Mutternauflage siehe Tab. 10.5
ϱ'	in °	scheinbarer Reibungswinkel
φ	in °	Steigungswinkel

Das Gesamtlösemoment einer Schraubenverbindung ergibt sich mit $F_S = F_V$, d. h. mit der nach dem Setzen noch vorhandenen Vorspannkraft (maximal gleich der Montage-Vorspannkraft F_M)

$$\begin{aligned} T_L &= T_{GL} - T_K \\ &= F_V \cdot \left[\frac{d_2}{2} \cdot \tan(\varphi - \varrho') - \mu_K \cdot \frac{d_w + D_{Ki}}{4}\right] \end{aligned} \quad (10.19)$$

Durch Veränderungen in den Kontaktflächen nach dem Montieren können die Reibungszahlen $\mu' = \tan\varrho'$ und μ_K sehr groß werden und somit auch das Lösemoment T_L.

Für genormte Schrauben mit einem Flankenwinkel $\alpha = 60°$ und $\tan\varphi$ nach (10.1) ergibt sich das Anziehmoment vereinfacht zu

$$T_A = F_M \cdot \left(0{,}16 \cdot P_h + 0{,}58 \cdot \mu_G \cdot d_2 + \mu_K \cdot \frac{d_w + D_{Ki}}{4}\right) \quad (10.20)$$

P_h	in mm	Steigung (früher Ganghöhe)
μ_G		Reibungszahl im Gewinde siehe Tab. 10.5

Die Reibungszahl μ_K an Kopf- bzw. Mutternauflage kann gleich μ_G im Gewinde gesetzt werden, siehe Tab. 10.5.

Anziehverfahren
Die zu den folgenden Verfahren gehörigen Anziehfaktoren α_A sind in Tab. 10.9 zusammengefasst.

Handmontage: Die Handmontage ist bei Heftverbindungen üblich und hinreichend. Wichtig ist hierbei die Erfahrung des Monteurs, Abschn. 10.1.1. Hebelverlängerungen verfälschen das Gefühl und sind daher möglichst zu vermeiden.

Drehmomentgesteuertes Anziehen: Das zum richtigen Anziehen erforderliche Drehmoment wird mit handbetätigtem oder motorbetriebenem Werkzeug erzeugt und gemessen oder als Grenzwert eingestellt. Bei handbetätigten Drehmomentschlüsseln bewirkt das Drehmoment eine Verdreh- oder Biegeverformung eines Stabs, die mittels eines Zeigers auf einer Skala abzulesen ist. Motorbetriebene Drehschrauber mit Elektro- oder Druckluftantrieb werden, da sie vorzugsweise in der Serienfertigung eingesetzt sind, auf Grenz-Anziehmomente eingestellt.

Anziehen mit Verlängerungsmessung: Als Maß zur Bestimmung der Vorspannkraft wird die elastische Verlängerung der Schraube gemessen. Prinzipiell ist dies die exakteste, allerdings auch aufwendigste Methode. Sie wird daher nur selten angewendet.

Winkelanzieher: Hierbei wird die Verbindung (mit ca. 15 % des Anzugsmoments) so weit vorgespannt, bis alle Trennflächen satt anliegen. Erst von da an zählt der Nachziehwinkel auf den Montagewert. Die Schrauben werden bis in den überelastischen Bereich angezogen. Winkelfehler wirken sich dann wegen des nahezu horizontalen Verlaufs der Verformungskennlinie nur wenig auf die Montage-Vorspannkraft aus. Die Streckgrenze wird dabei zwar überschritten, die Dauerhaltbarkeit jedoch nicht gemindert.

Streckgrenzengesteuertes Anziehen: Mit einer elektronischen Messeinrichtung werden beim Anziehen Drehmoment und Drehwinkel fortlaufend gemessen. Der Antrieb wird automatisch abgeschaltet, wenn die Streckgrenze überschritten und die Neigung der Verformungskennlinie unter einen

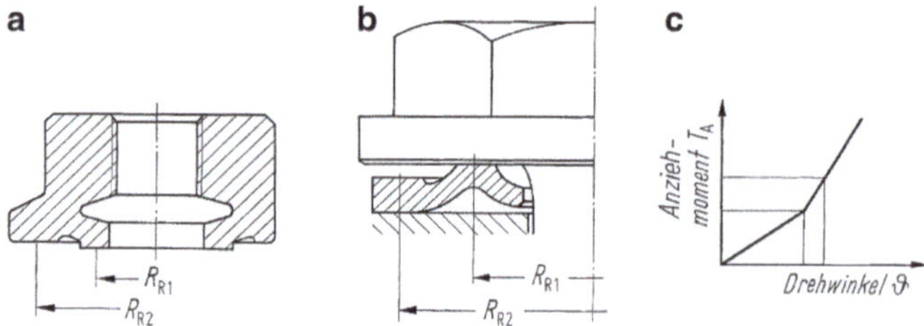

Abb. 10.13 Kospa-Prinzip [124], Erläuterung siehe Text, **a** und **b** Ausführungsformen, **c** Anzugsmoment über Drehwinkel [108]

vorher eingestellten Wert absinkt. Unregelmäßigkeiten zu Beginn des Anziehvorgangs, die auf elastische und plastische Verformungen bis zur satten Auflage der Teile zurückzuführen sind, überbrückt das System, indem es die Messung erst aufnimmt, nachdem ein vorgegebenes Fügemoment überschritten wurde. Die Reibungszahl hat praktisch keinen Einfluss.

Bis zur Streckgrenze angezogene Schraubenverbindungen sind durch einen Abbau der Spannungsspitzen an den Kerbstellen bei dynamischen Belastungen wesentlich haltbarer als solche, die nur im elastischen Bereich angezogen werden. Zusätzliche axiale Betriebsbelastungen führen zwar zunächst zu weiteren geringen bleibenden Längungen $f_{S\,\mathrm{pl}}$ innerhalb der Schraube und mindern damit die Klemmkräfte, die jedoch trotzdem höher sind als die bei drehmomentgesteuertem Anziehen.

Anziehen mit Schlagschraubern: Ein Schlagwerk mit Elektro- oder Druckluftantrieb erzeugt Drehimpulse. Diese lassen sich aber kaum einem Anzugsmoment zuordnen. Für hochbeanspruchte Verbindungen ist das Verfahren daher nicht zu empfehlen.

Montage nach dem Kospa-Prinzip (Abb. 10.13): Bis zum Erreichen der geforderten Vorspannung tritt Reibung nur an der inneren Kreis-Ringfläche auf. Bei weiterer Verformung kommt die äußere Ringfläche in Kontakt, der Verdrehwiderstand steigt damit deutlich spürbar sprunghaft an.

10.5.1.2 Montage durch Anspannen

Für Schrauben größerer Abmessungen ist die Montage durch Anziehen nicht geeignet, weil das Anziehmoment zu groß bzw. die damit erreichte Vorspannung zu unsicher ist. Gleiches gilt, wenn überdies für eine größere Anzahl von Schrauben die exakt gleiche Vorspannung erzeugt werden muss. In solchen Fällen wird mit Anspannen gearbeitet. Die vormontierten Schrauben werden, wie nachstehend beschrieben, auf die Montage-Vorspanndehnung verlängert und die Verlängerung gemessen. Die Schraubenschäfte werden somit nicht auf Torsion beansprucht. Vorab werden die Muttern nur mit einem kleinen Fügemoment angezogen. Hinweise zum Festhalten der Schraube beim Anziehen werden in Abschn. 10.8 und Abb. 10.36 gegeben.

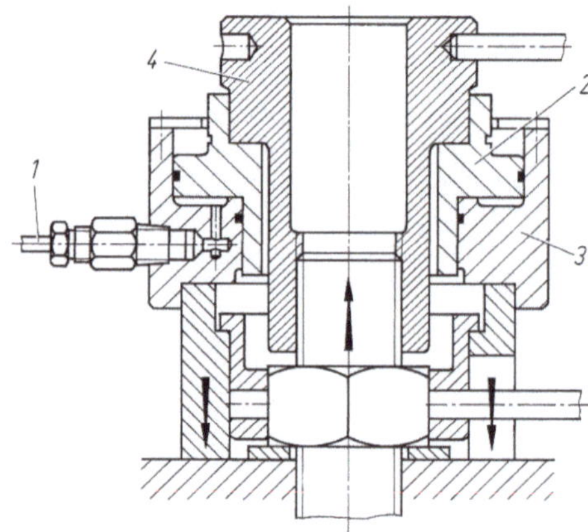

Abb. 10.14 Hydraulikmutter zum hydraulischen Anspannen, *1* Druckölzufuhr, *2* Kolben, *3* Druckzylinder, *4* Anspannmutter

Montage durch Wärmedehnung

Die Schraubenbolzen werden von innen erwärmt, die verspannten Teile bleiben kalt. Die Muttern werden nachgeführt. Beim Abkühlen stellt sich dann der Vorspannungszustand ein.

Hydraulisches Anspannen (Abb. 10.14)

Hiermit können große Vorspannkräfte mit großer Genauigkeit (bis nahe an die Streckgrenze des Schraubenwerkstoffs) aufgebracht werden. Bei einer Mehr-Schraubenverbindung lassen sich so alle Schrauben gleichzeitig mit gleichem Druck beaufschlagen, d. h. mit gleicher Kraft anspannen. Allerdings müssen die Schrauben über die Vorspannkraft hinaus belastet werden, da die verspannten Teile zurückfedern, wenn der Druck abgelassen und somit die Montagevorspannkraft gemindert wird. Evtl. kann „nachgespannt" werden, womit so auch Setzbeträge ausgeglichen werden können.

10.5.2 Kräfte und Verformungen – Verspannungsschaubild

Die Zusammenhänge zwischen Kraft und Längung der Schraube einerseits sowie Kraft und Zusammendrückung der verspannten Bauteile andererseits kann anschaulich im Verspannungsschaubild dargestellt werden. In der Berechnung der Nachgiebigkeiten muss zwischen der Einschraubverbindung und der Durchsteckschraubenverbindung unterschieden werden (siehe Abschn. 10.2.1 Kopfschrauben).

10.5.2.1 Vorspannungszustand nach dem Montieren

Abb. 10.15 zeigt: Werden Schrauben bis zur Montage-Vorspannkraft F_M angezogen, so längen sie sich um f_{SM}. Die verschraubten Bauteile (Platten, Flansche) werden gleichzeitig um f_{PM} zusammengedrückt. Dies lässt sich anschaulich in diesem Kraft-Dehnungs-Diagramm darstellen,

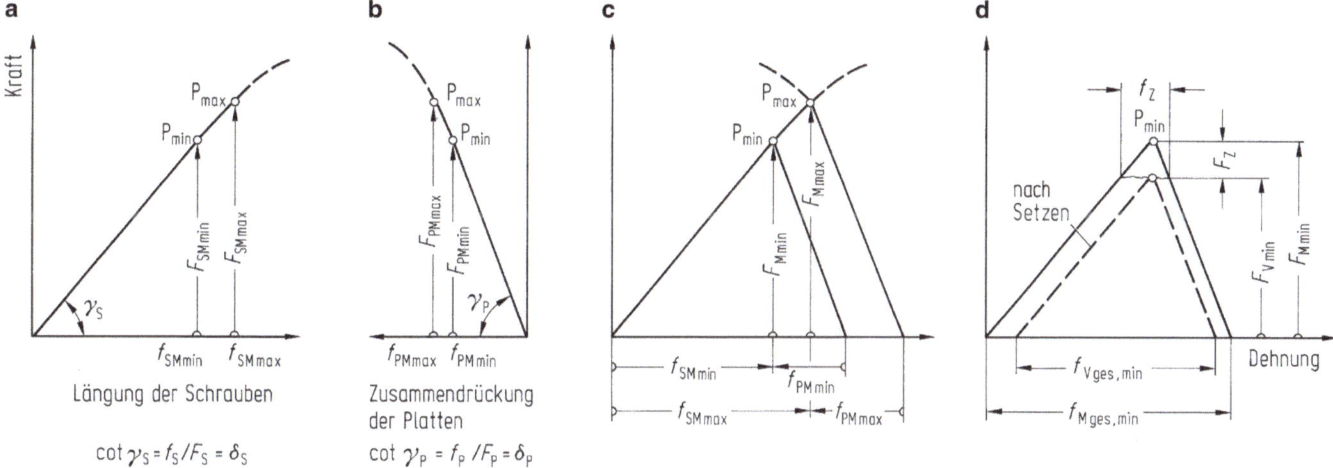

Abb. 10.15 Entstehung des Verspannungsschaubilds, **a** Kraft-Dehnungs-Kennlinie der Schrauben, **b** Kraft-Dehnungskennlinie der Bauteile (Platten), **c** Verspannungsschaubild der Verbindung unter Vorspannkraft F_M, **d** Abbau der Montagevorspannkraft $F_{M\,\min}$ auf die Vorspannkraft F_V durch Setzen (der vollständige Setzbetrag wird im Allgemeinen erst bei Aufbringung der Betriebskraft erreicht)

einmal für die Schrauben und einmal für die zusammengedrückten Platten. Im elastischen Bereich ist die Kraft-Dehnungs-Kennlinie eine Gerade. Beim Überschreiten der Streckgrenze tritt plastische Verformung ein, die Kurve biegt ab (Abb. 10.22). Die verspannten Platten sind meist steifer (weniger nachgiebig) als die Schraube, die Kennlinie verläuft daher steiler. In beiden Kennlinien wird in Höhe der Montage-Vorspannkraft F_M der Punkt P eingetragen. Anschließend werden beide Kennlinien zusammengezogen, bis die Punkte P zusammenfallen (Abb. 10.15c) und zwar infolge der möglichen Streuungen, siehe (10.15), zwischen $P_{\min}$ und $P_{\max}$.

10.5.2.2 Elastische Nachgiebigkeiten

Um das Verspannungsschaubild maßstäblich zeichnen zu können, werden die Schrauben- und Platten-Nachgiebigkeiten benötigt. Nach dem Hooke'schen Gesetz (Abschn. 3.4.1) beträgt die Längenänderung f im Bereich elastischer Verformungen

$$f = \frac{F \cdot l}{E \cdot A} \tag{10.21}$$

und damit die elastische Nachgiebigkeit

$$\delta = \frac{f}{F} = \frac{l}{E \cdot A} \tag{10.22}$$

l	in mm	Längen der Schrauben-Einzelelemente
A	in mm^2	Querschnitt
E	in N/mm^2	Elastizitätsmodul
F	in N	Kraft

δ beschreibt somit die Steilheit der Kennlinien in Abb. 10.15 im elastischen Bereich.

Nachgiebigkeit der Schraubenverbindung

Die Schraube setzt sich aus verschiedenen Einzelelementen zusammen. Für die Berechnung können sie durch zylindrische Körper unterschiedlicher Längen l_i und Querschnitte A_i ersetzt werden, Abb. 10.16.

Elastische Längung eines solchen Einzelelements unter der Kraft F bei Elastizitätsmodul des Schraubenwerkstoffs E_S beträgt

$$f_i = l_i \cdot \frac{F}{E_S \cdot A_i} \tag{10.23}$$

Die elastische Nachgiebigkeit eines zylindrischen Einzelelements beträgt

$$\delta_i = \frac{f_i}{F} = \frac{l_i}{E_S \cdot A_i} \tag{10.24}$$

Bei der Schraube sind die zylindrischen Elemente hintereinandergeschaltet, die gesamte elastische Nachgiebigkeit δ_S beträgt somit

$$\delta_S = \delta_{SK} + \delta_1 + \delta_2 + \delta_3 + \delta_{GM} \tag{10.25}$$

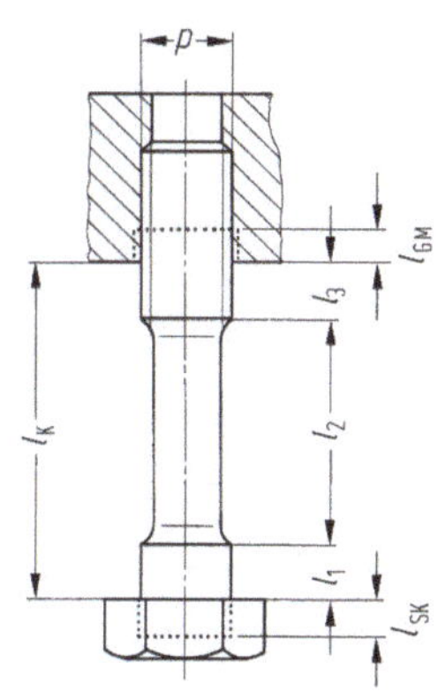

Abb. 10.16 Schraubenelemente für die Berechnung der elastischen Nachgiebigkeit

Hierin bedeutet (mit den Maßen nach Abb. 10.16):

- Elastische Nachgiebigkeit des Kopfes δ_{SK}: Erfahrungsgemäß gilt für genormte Sechskant- und Innensechskantschrauben etwa

$$\delta_{SK} = \frac{0{,}4 \cdot \mathrm{d}}{E_S \cdot A_N} \tag{10.26}$$

mit dem Nennquerschnitt der Schraube

$$A_N = \pi \cdot \frac{d^2}{4} \tag{10.27}$$

d	in mm	Nenndurchmesser

Eine größere oder geringere Kopfnachgiebigkeit als bei Normschrauben kann durch einen entsprechend angepassten Faktor ($\approx$ 0,4) berücksichtigt werden.

- Elastische Nachgiebigkeiten der zylindrischen Schaftelemente δ_1, δ_2:

$$\delta_{1,2} = \frac{l_{1,2}}{E_S \cdot A_{1,2}} \tag{10.28}$$

$l_{1,2}$	in mm	Schaftlängen
$A_{1,2}$	in mm^2	Schaftquerschnitten

- δ_{GM} berücksichtigt die Nachgiebigkeit des eingeschraubten Schraubengewindekerns δ_G und der Mutter δ_M (axiale Relativbewegung zwischen Schraube und Mutter infolge elastischer Biege- und Druckverformung der Schrauben- und Muttergewindegänge)

$$\delta_{GM} = \delta_G + \delta_M \tag{10.29}$$

Für den Gewindeanteil wurde folgende empirische Gleichung ermittelt:

$$\delta_G = \frac{l_G}{E_S \cdot A_3} = 0{,}5 \cdot \frac{d}{E_S \cdot A_3} \tag{10.30}$$

l_G	in mm	Gewindelänge

Bei Durchsteckschraubenverbindungen mit genormten Muttern nach DIN EN ISO 4032 und DIN EN ISO 8673 gilt

$$\delta_M = \frac{l_M}{E_S \cdot A_N} = 0{,}4 \cdot \frac{d}{E_S \cdot A_N} \tag{10.31}$$

Bei Einschraubverbindungen gilt

$$\delta_M = \frac{l_M}{E_{BI} \cdot A_N} = 0{,}33 \cdot \frac{d}{E_{BI} \cdot A_N} \tag{10.32}$$

l_M	in mm	Mutternlänge
E_{BI}	in N/mm^2	Elastizitätsmodul des Bauteils mit Innengewinde

- Die Nachgiebigkeit des nicht eingeschraubten Gewindeteils mit Kernquerschnitt A_3 beträgt

$$\delta_3 = \frac{l_3}{E_S \cdot A_3} \tag{10.33}$$

Nachgiebigkeit zentrisch verspannter Platten

Die elastische Nachgiebigkeit δ_p der vorgespannten Platten ist schwierig zu bestimmen, weil die Druckverteilung im Klemmbereich zwischen Schraubenkopf und Trennfuge radial nach außen abklingt. Nach [109] wird dieser Bereich näherungsweise durch einen Doppelkegel erfasst, der sich unter Schraubenkopf und Mutter mit einer Neigung $\tan\gamma$ ausbreitet (Tab. 10.10). Für die Berechnung der Nachgiebigkeit wird hieraus ein Ersatz-Hohlzylinder mit Querschnitt A_{ers} gebildet.

Nur im Fall, dass dünne Hülsen mit Außendurchmesser kleiner als der Kopfauflagedurchmesser d_W verspannt werden, kann mit gleichmäßiger Druckverteilung über dem Hülsenquerschnitt gerechnet werden. Ausgehend von diesen Annahmen, werden daher die drei Fälle für die Berechnung der Nachgiebigkeit, die in Tab. 10.10 dargestellt sind, unterschieden. Die Gleichungen beziehen sich auf die VDI 2230, Stand 1986. In der neuesten Richtlinie werden aufwendigere Gleichungen angegeben, die aber hinsichtlich ihrer Werte nur gering von den (einfacheren) hier aufgeführten Gleichungen abweichen [104].

Damit ergibt sich die Nachgiebigkeit der Platten mit dem Ersatzquerschnitt A_{ers} nach Tab. 10.10 zu

$$\delta_p = \frac{l_K}{A_{\mathrm{ers}} \cdot E_p} \tag{10.34}$$

l_K	in mm	Klemmlänge
E_p	in N/mm^2	Elastizitätsmodul der Platte

Nachgiebigkeit verspannter dünner Bleche

Die oben dargestellten Zusammenhänge gelten nur für satt aufeinanderliegende Teile und nicht für dünne Bleche größerer Anzahl, die nicht völlig eben sind. In diesen Fällen wird die Bauteilnachgiebigkeit δ_p größer und muss experimentell bestimmt werden.

10.5.2.3 Verspannungsschaubild für den Betriebszustand

Wird in die vorgespannte Schraubenverbindung eine Betriebskraft F_A (z. B. Massenkraft bei Pleuelverschraubungen, Abb. 10.17, oder Druckkraft in einer Rohrleitung) eingeleitet, so werden Schrauben und verspannte Platten zusätzlich statisch oder dynamisch beansprucht. Gleichzeitig und insbesondere in der ersten Zeit nach Betriebsbeginn führen Setzerscheinungen dazu, dass die Montagevorspannkraft gemindert wird.

Tab. 10.10 Ersatzdruckzylinder zur Berechnung der elastischen Nachgiebigkeit verspannter Hülsen und Platten nach VDI 2230, Stand 1986

Fall	Gültigkeitsbereich	Druckverteilung (schematisch)	Berechnungsgleichung für den Ersatzquerschnitt
a	$D_A < d_W$	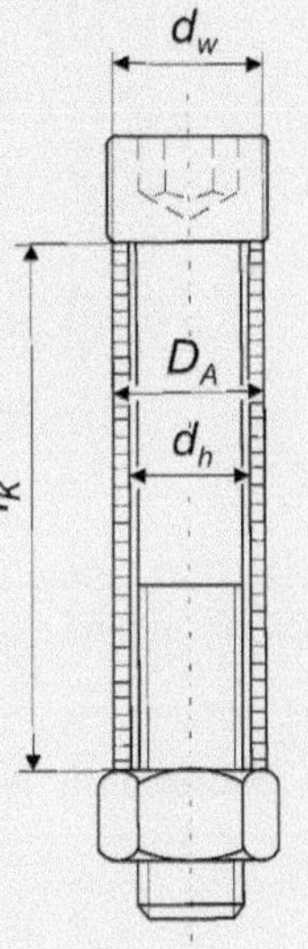 d_w, D_A, d_h, l_K	$A_{ers} = \frac{\pi}{4} \cdot (D_A{}^2 - d_h{}^2)$
b	$d_W \leq D_A \leq d_W + l_K$ und $l_K/d > 2$	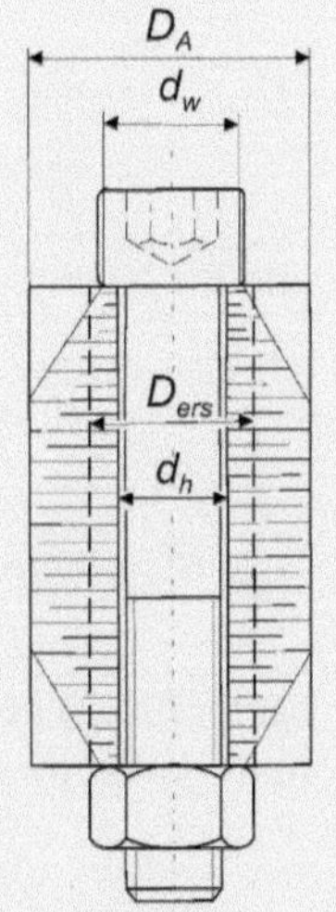 D_A, d_w, D_{ers}, d_h	$A_{ers} = \frac{\pi}{4} \cdot (d_W{}^2 - d_h{}^2) + \frac{\pi}{8} \cdot d_W \cdot (D_A - d_W) \cdot [(x+1)^2 - 1]$ Für Durchsteckschraubenverbindungen: $x = \sqrt[3]{\frac{l_K \cdot d_W}{D_A{}^2}}$ Für Einsteckschraubverbindungen: $x = \left(\frac{l_k}{D_A}\right)^{0,2}$
c	$d_W + l_K < D_A$	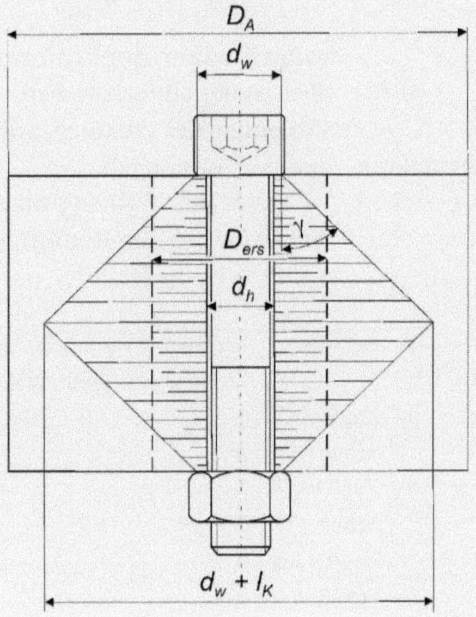 D_A, d_w, D_{ers}, γ, d_h, $d_w + l_K$	$A_{ers} = \frac{\pi}{4} \cdot (d_W{}^2 - d_h{}^2) + \frac{\pi}{8} \cdot d_W \cdot l_K \cdot [(x+1)^2 - 1]$ Für Durchsteckschraubenverbindungen: $x = \sqrt[3]{\frac{l_K \cdot d_W}{(l_K + d_W)^2}}$ Für Einsteckschraubverbindungen: $x = \left(\frac{l_k}{d_w + l_K}\right)^{0,2}$

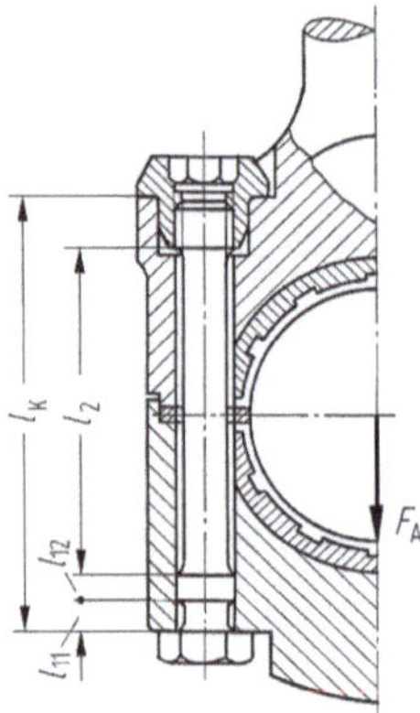

Abb. 10.17 Pleuelverschraubung (Längenangaben siehe Beispiel 10.2 in Abschn. 10.11)

Abb. 10.18 Zentrisch verspannte Platten, **a** im Montagezustand, **b** im Betriebszustand

Auswirkung von Setzerscheinungen

Setzen entspricht einem Kriechvorgang im Werkstoff (Relaxation). Als Folge ergeben sich eine Verlängerung der Schraube und eine Verkürzung der verspannten Teile. Schwingbeanspruchungen und höhere Temperaturen (auch bei Stahl) verstärken die Kriecherscheinungen, bei Kupfer und lackierten Oberflächen bereits bei Raumtemperatur.

Der Setzbetrag f_Z (nach dem Anziehen) ist sowohl von der Anzahl der Trennfugen als auch von der Größe der Rauheit der Fugenflächen abhängig. Für massive Verbindungen mit Schrauben nach DIN 931 und DIN EN ISO 4017 können nach VDI 2230 etwa die Setzbeträge nach Tab. 10.11 angesetzt werden. Dabei wird vorausgesetzt, dass Grenzwerte der Flächenpressung nicht überschritten werden, siehe Abschn. 10.6.3. Hinweise für die Gestaltung im Hinblick auf Setzerscheinungen werden in Abschn. 10.9 gegeben.

Ein wirksamer Setzbetrag f_Z vermindert die Montagevorspannkraft F_M (Es ist von der minimalen Montage-Vorspannkraft $F_{M\,\min}$ auszugehen.) um den Betrag F_Z und folgt aus den Beziehungen zwischen ähnlichen Dreiecken, Abb. 10.15d. Die verbleibende Vorspannkraft

$$F_V = F_{M\,\min} - F_Z \tag{10.35}$$

muss mindestens gleich der erforderlichen Vorspannkraft sein, damit eine Restklemmkraft F_{KR} im Betrieb gesichert ist (siehe (10.43)).

Werden die Nachgiebigkeiten der Schraube

$$\delta_S = \frac{f_{SM}}{F_M} \tag{10.36}$$

f_{SM}	in mm	Verformung der Schraube im Montagezustand

und die Nachgiebigkeit der Platte

$$\delta_P = \frac{f_{PM}}{F_M} \tag{10.37}$$

f_{PM}	in mm	Verformung der Platte im Montagezustand

nach (10.22) und das Kraftverhältnis Φ nach (10.47) eingeführt, so ergibt sich der Vorspannkraftverlust

$$F_Z = \frac{f_Z}{\delta_S + \delta_P} = \frac{f_Z \cdot (1 - \Phi)}{\delta_S} = \frac{f_Z \cdot \Phi}{\delta_P} \tag{10.38}$$

Angriff einer Zugkraft zentrisch unter Kopf und Mutter

Das ist der einfachste Fall, Abb. 10.18. Er eignet sich gut zur Ableitung der grundlegenden Beziehungen zwischen Kräften und Verformungen.

Unter der Wirkung einer äußeren Zugkraft F_A wird die Schraube um den Betrag f_{SA} gedehnt, die verspannten Teile

Tab. 10.11 Richtwerte für Setzbeträge bei Schrauben, Muttern und kompakten verspannten Teilen aus Stahl nach VDI 2230. Bei Aluminiumwerkstoffen etwa doppelte Werte

Gemittelte Rautiefe Rz nach DIN EN ISO 4287 [84][a]	Belastung	Richtwerte für Setzbeträge in µm		
		im Gewinde	je Kopf oder Mutternauflage	je innere Trennfuge
< 10 µm	Zug/Druck	3	2,5	1,5
	Schub	3	3	2
10 bis < 40 µm	Zug/Druck	3	3	2
	Schub	3	4,5	3,5
40 bis < 160 µm	Zug/Druck	3	4	3
	Schub	3	6,5	3,5

[a] Mittelwert aus den maximalen Rautiefen Rt von mindestens zwei Einzelmessstrecken, bei fünf Einzelmessstrecken entspricht Rz in guter Näherung dem „alten" R_z nach DIN 4768 [40]

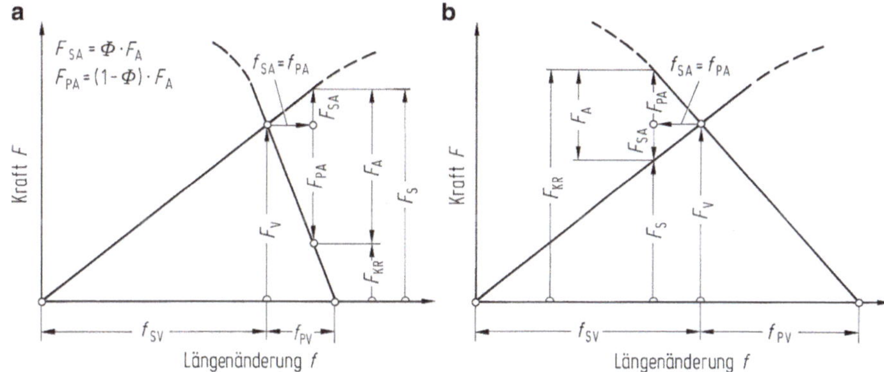

Abb. 10.19 Verspannungsschaubild für den Betriebszustand einer Schraubenverbindung nach dem Setzen, **a** Zugbeanspruchung, **b** Druckbeanspruchung

(Platten) gegenüber dem Montagezustand um den gleichen Betrag, d. h. $f_{PA} = f_{SA}$, entspannt (Abb. 10.19a).

Kräfte: Unter der Wirkung der Betriebskraft F_A steigt die Schraubenkraft zunächst auf $F_{S\,\max}$. $F_{S\,\max}$ ist um F_{SA} größer als die Montagevorspannkraft $F_{M\,\max}$. Dieser Zustand ist maßgebend für die maximale statische Beanspruchung. Infolge der Setzerscheinungen sinkt F_M auf die (Betriebs-) Vorspannkraft F_V ab und $F_{S\,\max}$ auf F_S. Die Klemmkraft in der Flanschfläche der verspannten Teile vermindert sich gleichzeitig um den Betrag F_{PA}, so dass im Betriebszustand nur noch die Restklemmkraft F_{KR} verbleibt. Damit gilt für den elastischen Bereich:

Zunahme der Schraubenkraft um die Schraubendifferenzkraft

$$F_{SA} = \frac{f_{SA}}{\delta_S} \tag{10.39}$$

Abnahme der Klemmkraft um die Plattenentlastungskraft

$$F_{PA} = \frac{f_{PA}}{\delta_P} \tag{10.40}$$

mit Schraubendehnung gleich Plattendehnung

$$f_{SA} = f_{PA} \tag{10.41}$$

Da die Klemmkraft in den verspannten Platten bei Einleitung einer äußeren Zugkraft F_A abnimmt, steigt die Schraubenkraft gleichzeitig nur um die Differenzkraft F_{SA} an.

$$F_{SA} = F_A - F_{PA} \tag{10.42}$$

Im Betriebszustand wirkt demnach in der Trennfuge nur die Restklemmkraft

$$F_{KR} = F_S - F_A = F_S - (F_{SA} + F_{PA}) = F_V - F_{PA} \tag{10.43}$$

Es herrscht somit im Betriebszustand das Kräftegleichgewicht

$$F_S = F_A + F_{KR} \tag{10.44}$$

Verformungen: Im Montagezustand beträgt die Gesamtverformung von Schraube und verspannten Platten (Abb. 10.15)

$$f_{M\,\text{ges}} = f_{SM} + f_{PM} \tag{10.45}$$

f_{SM}	in mm	Verformung der Schraube im Montagezustand
f_{PM}	in mm	Verformung der Platte im Montagezustand

und nach dem Abklingen der Setzerscheinungen

$$f_{V\,\text{ges}} = f_{SV} + f_{PV} \tag{10.46}$$

f_{SV}	in mm	Verformung der Schraube nach dem Abklingen der Setzerscheinung
f_{PV}	in mm	Verformung der Platte nach dem Abklingen der Setzerscheinung

mit den Maximal- bis Minimalwerten. Die Gesamtverformung bleibt also immer konstant, solange die Restklemmkraft F_{KR} größer als null ist, d. h. solange die Trennfugen unter der Wirkung von F_A nicht vollständig entlastet werden und auseinanderklaffen.

Kraftverhältnis: Der Anteil F_{SA} der Betriebsraft F_A, um den die Schraube im Betrieb zusätzlich beansprucht wird, kann durch das Kraftverhältnis Φ ausgedrückt werden.

$$\Phi = \frac{F_{SA}}{F_A} \tag{10.47}$$

Daraus folgt mit den oben genannten Beziehungen zwischen F_{SA}, f_{SA} und δ_S, F_{PA}, f_{PA} ($= f_{SA}$) und δ_P für den Fall der Krafteinleitung in die Schraubenkopf- und Mutternauflage das Kraftverhältnis für Durchsteckschraubenverbindungen

$$\Phi = \frac{\delta_P}{\delta_S + \delta_p} \tag{10.48}$$

δ_P	in mm/N	Nachgiebigkeit der Platte
δ_S	in mm/N	Nachgiebigkeit der Schraube

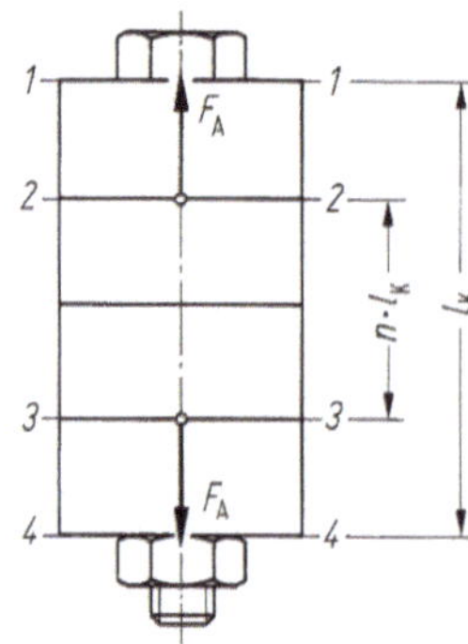

Abb. 10.20 Krafteinleitung in die Schraubenverbindung an den Stellen *2-2* und *3-3*, Beispiel: $n \approx 0{,}5$ (Verspannungsschaubild siehe Tab. 10.12)

und das Kraftverhältnis für Einsteckschraubverbindungen

$$\Phi = \frac{\delta_P + \delta_M}{\delta_S + \delta_p} \tag{10.49}$$

δ_M	in mm/N	Nachgiebigkeit des Einschraubgewindebereichs nach (10.32)

Schraubenzusatzkraft

$$F_{SA} = \Phi \cdot F_A \tag{10.50}$$

Plattenentlastungskraft

$$F_{PA} = (1 - \Phi) \cdot F_A \tag{10.51}$$

Die Klemmkraft wird null (Abheben), wenn F_{PA} = der Vorspannkraft F_V und somit $(1 - \Phi) \cdot F_A = F_V$ ist. Also ist die Betriebskraft, die zum Abheben führt

$$F_{Aab} = \frac{1}{1 - \Phi} \cdot F_V \tag{10.52}$$

In den bisherigen Betrachtungen wurde angenommen, dass die Kraft direkt unter Kopf- bzw. Mutterauflage eingeleitet wird. In der Praxis greift die Kraft jedoch zwischen Kopf- bzw. Mutterauflagefläche und der Trennfuge der verspannten Teile an.

Angriff einer Zugkraft zentrisch innerhalb der verspannten Platten

Das Prinzip ist in Abb. 10.20 dargestellt. Die von außen eingeleitete Kraft F_A bewirkt, dass nur noch die zwischen den Krafteinleitungsebenen *2-2* und *3-3* liegenden Teile durch F_A entlastet werden (sich dehnen). Die übrigen Teile werden zusätzlich durch F_{SA} belastet (zusammengedrückt), sie sind also, bezüglich der Verformung, der Schraube zuzuordnen.

Für die Berechnung wird angenommen, dass der Abstand zwischen den Kraftangriffsebenen *2-2* und *3-3* nur noch $n \cdot l_K$ beträgt (mit Klemmlängenfaktor $n < 1$). Entsprechend ergibt sich eine Nachgiebigkeit δ_P und, ausgehend von (10.48), ein Kraftverhältnis $n \cdot \Phi$, das in (10.48) bis (10.52) anstelle von Φ einzuführen ist. Damit werden die Schraubenzusatzkraft

$$F_{SA} = n \cdot \Phi \cdot F_A \tag{10.53}$$

und die Kraft, mit der die Platten entlastet werden, erhalten

$$F_{PA} = (1 - n \cdot \Phi) \cdot F_A \tag{10.54}$$

Zum Ansatz des Klemmlängenfaktors n sind in Tab. 10.12 Richtwerte angegeben, Hinweise zur Berechnung von n liefern [102] und VDI 2230.

Angriff einer Druckkraft zentrisch unter Kopf und Mutter

Für diesen Betriebszustand gelten dieselben Gleichungen wie für Zugkraftbeanspruchung, jedoch mit negativem Vorzeichen für F_{SA} und F_{PA}. Das bedeutet, die verspannten Teile werden bei Einleitung der Druckkraft zusätzlich zusammengedrückt, die Zugkraft der Schraube gemindert. Abb. 10.19b zeigt das Verspannungsschaubild. Die Restklemmkraft entspricht der Maximalkraft F_S (vgl. (10.43)).

Angriff einer Schwingkraft innerhalb der verspannten Platten

Abb. 10.21 zeigt die drei wichtigsten Beanspruchungsfälle und den Verlauf der äußeren Schwingkräfte F_A und der Schraubenzusatzkraft (Differenzkraft) F_{SA} in der Schraube. Die für die Dauerhaltbarkeit maßgebende Ausschlagkraft beträgt nach Abb. 10.21c

$$F_{SAa} = \frac{n \cdot \Phi \cdot (F_{Ao} - F_{Au})}{2} \tag{10.55}$$

Bei der am häufigsten vorkommenden Schwellbeanspruchung (Abb. 10.21a, b), d. h. wenn $F_{Au} = 0$, ist, berechnet sich die Ausschlagkraft zu

$$F_{SAa} = \frac{n \cdot \Phi \cdot F_A}{2} = \frac{F_{SA}}{2} \tag{10.56}$$

Bei wechselnd angreifender Zug/Druck-Belastung (Abb. 10.21d) beträgt die Ausschlagkraft

$$F_{SAa} = n \cdot \Phi \cdot F_{Ao} = -n \cdot \Phi \cdot F_{Au} \tag{10.57}$$

Die Plattenentlastungs-Differenzkraft ergibt sich nach (10.54) mit F_A = obere Betriebskraft F_{Ao}.

Die dazugehörige Schrauben-Mittelkraft nach Abklingen des Setzvorganges beträgt

$$F_{Sm} = F_V + \frac{n \cdot \Phi \cdot (F_{Ao} - F_{Au})}{2} = F_{M\,\max} - F_Z - F_{SAa} \tag{10.58}$$

n		Klemmlängenfaktor
$F_{M\,\max}$	in N	maximale Montagevorspannkraft
F_V	in N	Vorspannkraft
F_Z	in N	Vorspannkraftverlust durch Setzen
Φ		Kraftverhältnis

Tab. 10.12 Richtwerte für Klemmlängenfaktor n und Auswirkung auf das Verspannungsschaubild einer Schraubenverbindung nach VDI 2230 (Normal: $n \approx 0{,}3 \ldots 0{,}7$; Mittelwert $n = 0{,}5$; im Zweifelsfall den größeren Wert wählen)

Krafteinleitung in die zentrisch vorgespannte und zentrisch belastete Schraubenverbindung	Klemmlängenfaktor $n = l/l_k$	Verspannungsschaubild: – – – im Verspannungsfall für den Montagezustand —— bei Betriebskraft für den Betriebszustand	Qualitativer Verlauf der Schraubenzusatzkraft bei unterschiedlicher Betriebskraft und konstanten Randbedingungen $\Phi = \delta_P/(\delta_S + \delta_P)$ $F_{SA} = n \cdot \Phi \cdot F_A$	Konstruktive Gestaltung
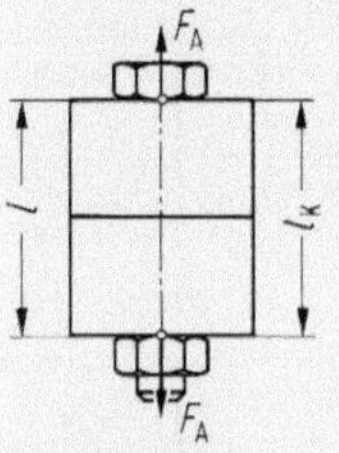	1	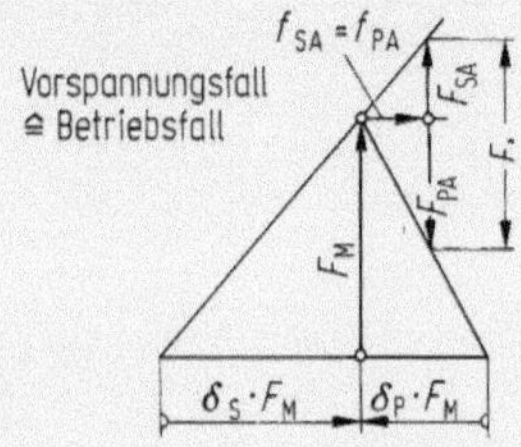	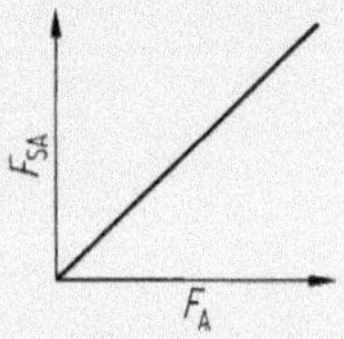	in der Praxis nicht vorkommend
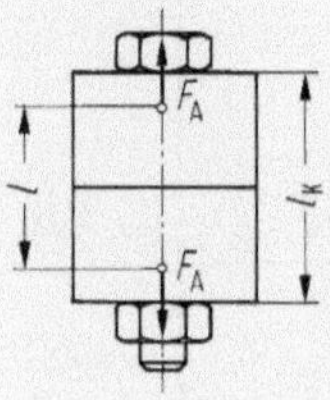	0,7	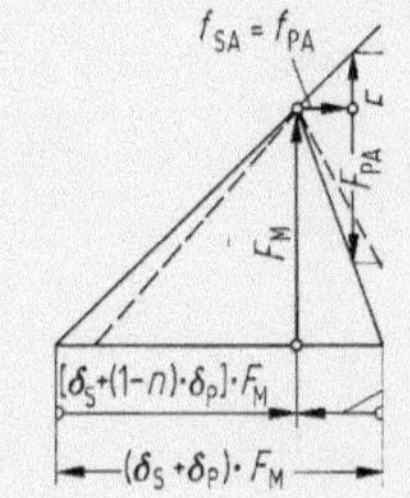	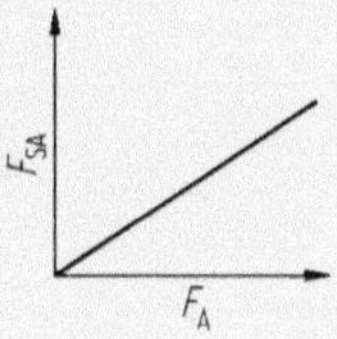	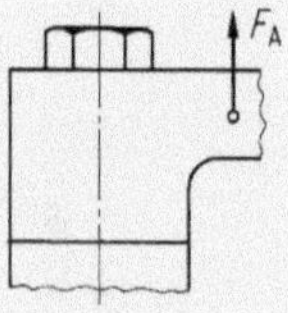
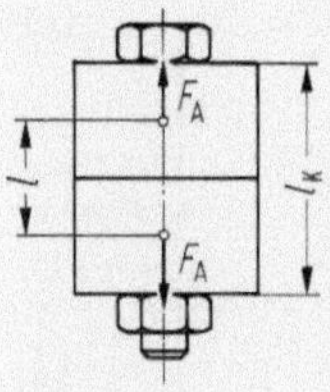	0,5	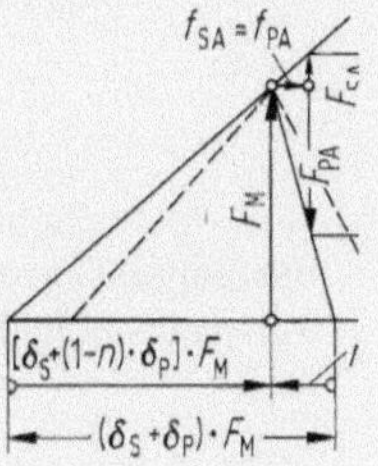	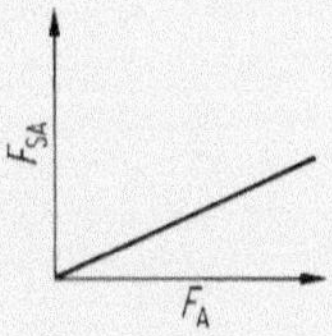	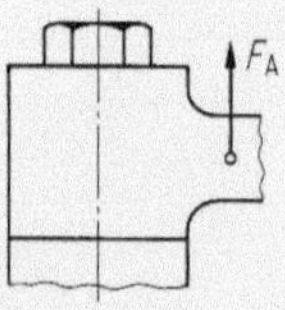
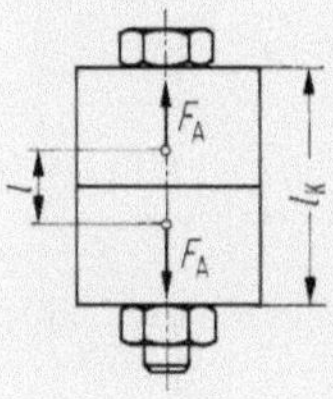	0,3	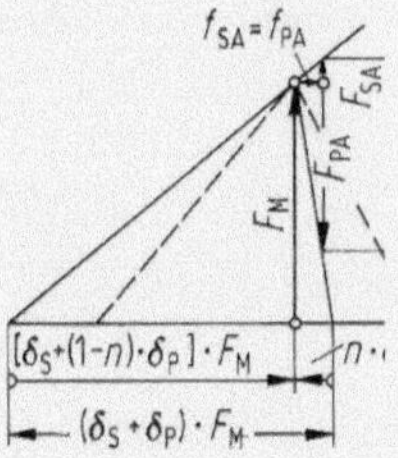	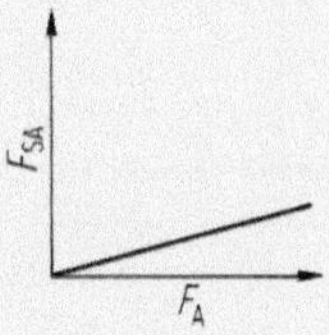	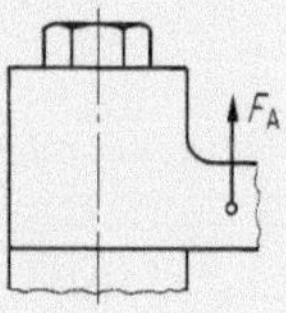
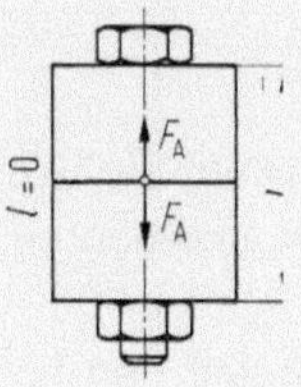	0	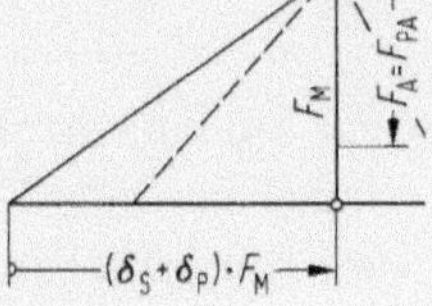	Die Schraubenzusatzkraft $F_{SA} = 0$, d. h. die gesamte Betriebskraft wird von den verspannten Teilen aufgenommen.	in der Praxis nicht vorkommend

Ein Vergleich der Abb. 10.21a und b zeigt, dass bei kleinerem f_{SV}/f_{PV}-Verhältnis, d. h. bei wenig elastischen (dicken) Schrauben bzw. bei sehr elastischen Flanschen (oder Dichtungen), F_{SA} größer ausfällt. Von der entsprechenden Ausschlagkraft F_{SAa} hängt aber die Dauerbruchgefahr ab. Ein großes Verhältnis f_{SV}/f_{PV} ist daher ein guter Schutz gegen Dauerbruch und ergibt eine kleinere Schraubenkraft $F_{S\,\max}$.

Belastung im plastischen Bereich

Wird die Schraube durch eine Betriebskraft F_A bis über die Streckgrenze beansprucht, d. h. plastisch verformt (Abb. 10.22) und danach entlastet, entspricht dies im Verspannungsschaubild einer Entspannung entlang der Geraden KB. Danach verbleibt somit eine plastische Verformung $f_{S\,\mathrm{pl}}$. Die verbleibende Vorspannkraft hat sich dabei gegenüber dem Montagezustand um F_{Zpl} verringert. Bei der

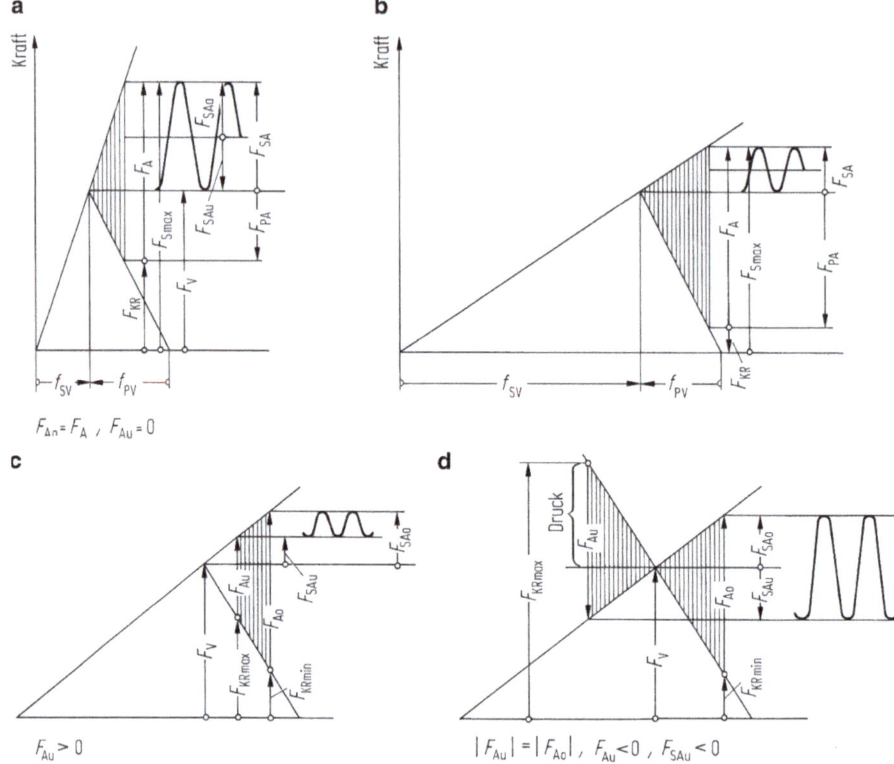

Abb. 10.21 Verspannungsschaubilder bei dynamischer Beanspruchung einer Schraubenverbindung. Verlauf der Ausschlagkraft in der Schraube, **a**, **b** F_{SA} schwellend, **c** F_{SA} dynamisch, nicht auf null abschwingend, **d** F_{SA} Zug-Druck wechselnd. Die schraffierten Felder kennzeichnen den zeitlichen Verlauf der äußeren, auf die Schraubenverbindung wirkenden Schwingkräfte

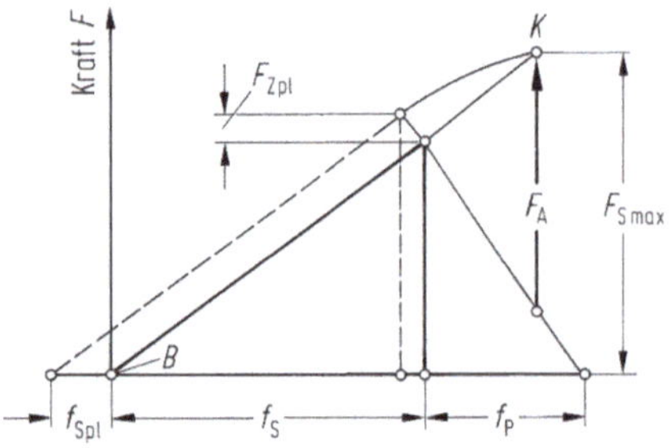

Abb. 10.22 Verspannungsschaubild bei Beanspruchung einer Schraube in den plastischen Bereich

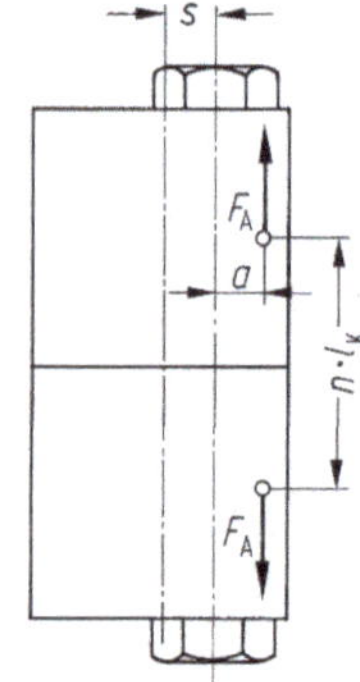

Abb. 10.23 Schraubenverbindung mit exzentrischer Verspannung und Krafteinleitung

plastischen Verformung der verspannten Teile durch eine Druckkraft F_A ergeben sich analoge Verhältnisse.

10.5.2.4 Nachgiebigkeit bei exzentrischer Verspannung und exzentrischer Krafteinleitung

Bisher wurde von der Annahme ausgegangen, dass die Schraubenachse S-S und die Resultierende der äußeren Kraft F_A mit der Schwerachse der verspannten Platten 0-0 zusammenfallen (nach Abb. 10.23: $s = 0$ und $a = 0$). Ist dies nicht der Fall, so ist die Pressung (und die Verformung) in der Trennfläche nicht mehr gleichmäßig verteilt, die Trennfuge kann unter Umständen aufklaffen, der Schraubenbolzen wird zusätzlich auf Biegung beansprucht.

Ansätze zur Berechnung einer so gestalteten und belasteten Schraubenverbindung siehe VDI 2230 und [100]. Die Berechnung ist mit großen Unsicherheiten behaftet. Es empfiehlt sich daher, die Schraubenverbindungen so zu gestalten, dass s und a klein werden, die Zusatzbeanspruchungen ebenfalls klein sind und Klaffen vermieden wird, siehe hierzu Abschn. 10.8.

10.6 Tragfähigkeit von Befestigungsschrauben

Schäden und Funktionsstörungen von Schraubenverbindungen können durch Mängel in der Dimensionierung (Berechnung), Gestaltung, Fertigung, Werkstoffwahl oder/und Montage verursacht werden.

10.6.1 Gefahrenquellen – Abhilfemaßnahmen

- Der größte Unsicherheitsfaktor für Dimensionierung und Berechnung liegt in der Abschätzung der wirklich auftretenden Kräfte. Auch die Nachgiebigkeit der verspannten Bauteile, insbesondere die Lage der Krafteinleitungsebene (Tab. 10.12, Klemmlängenfaktor n) ist meist schwer zu bestimmen. Dies ist bei der Gestaltung und beim Ansatz der zulässigen Spannung bzw. der Sicherheit zu berücksichtigen.
- Aufklaffen der verspannten Bauteile infolge zu kleiner Vorspannung, evtl. bedingt durch Setzerscheinungen. Gegenmaßnahmen werden in Abschn. 10.5.2.3 erläutert.
- Einseitiges Klaffen und Biegebeanspruchung bei exzentrischer Krafteinleitung (Abschn. 10.5.2.4). Abhilfe ist in Abschn. 10.8 angegeben.
- Auch eine einseitige Auflage des Schraubenkopfes führt zu schwer abschätzbaren Biegebeanspruchungen der Schraube. Abhilfe: planparallele Bearbeitung, kugelige Unterlegscheiben, hochfeste, biegeweiche Schrauben
- Die tatsächlich erzeugte Montage-Vorspannung ist oft unsicher, Hinweise zu Anziehverfahren und zu erwartenden Streuungen siehe Abschn. 10.5.1. Ansatz für Festigkeitsberechnung und Klemmkraft ist in Abschn. 10.6.2 angegeben.
- Verlust der Vorspannung durch Wärmedehnung oder plastische Verformung der Schraube und der verspannten Teile (Setzen) (Abschn. 10.5.2.3). Abhilfemaßnahmen werden in Abschn. 10.9.1 erläutert.
- Zusätzliche Stoßarbeit bei Wechsel der Kraftrichtung z. B. durch Lagerspiel bei Pleuelschrauben.
  Als Gegenmaßnahme sollten Dehnschrauben mit Zugmutter (Abb. 10.24) verwendet werden. Erläuterungen siehe Abschn. 10.8.
- Selbsttätiges Lösen bei Erschütterungen. Gegenmaßnahmen werden in Abschn. 10.8 erläutert.
- Chemische oder elektrolytische Korrosion kann insbesondere in den Trennfugen auftreten, Festfressen beim Anziehen. Abhilfe durch geeignete Werkstoffe, Oberflächenbehandlung und Schmierung (Abschn. 10.4).
- Brüche bei dynamisch beanspruchten Schrauben (Bruchstellen 1 und 2 nach Abb. 10.25) lassen sich durch besseres Ausrunden „entschärfen". Bruchstelle 3 ist am stärksten gefährdet, weil hier neben der starken Kerbwirkung der größte Anteil der Gesamt-Schraubenkraft übertragen wird. Dies gilt für die normale Druckmutter. Abhilfemaßnahmen werden in Abb. 10.24 und Abschn. 10.8 erläutert. Maßnahmen zur Minderung der Ausschlagspannung sind in Abschn. 10.5.2.3 angegeben.

10.6.2 Tragfähigkeitsberechnung – Vorgehensweise

Für die Berechnung der verschiedenen Schraubenverbindungen gelten eine Reihe von gleichen Grundgedanken und Voraussetzungen:

- Es wird mit Nennspannungen gerechnet. Schrauben sind, insbesondere im Gewindebereich, stark gekerbte Bauteile (Formzahl $\alpha_\sigma = 4 \ldots 10$, siehe Abschn. 3.2.5.1). Die Auswirkung der Kerben und auch der ungleichmäßigen Lastverteilung auf die Gewindegänge (Abb. 10.24) werden im Ansatz der Bauteilfestigkeit, die durch Versuche

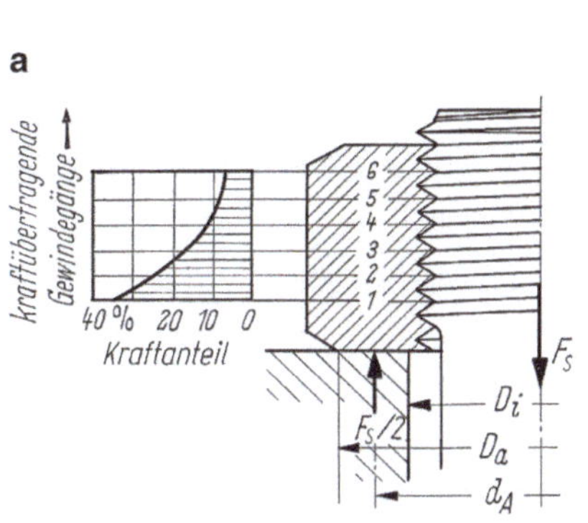

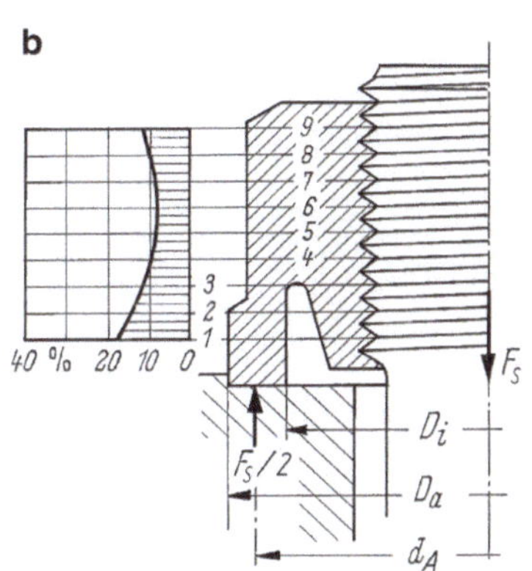

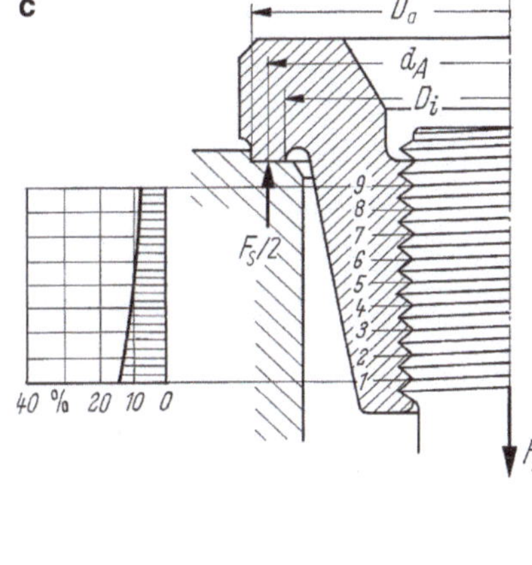

Abb. 10.24 Kraftaufteilung auf die Gewindegänge [108], **a** bei normaler Druckmutter, übergreifend, **b** bei ringförmig eingedrehter Mutter, **c** bei Zugmutter

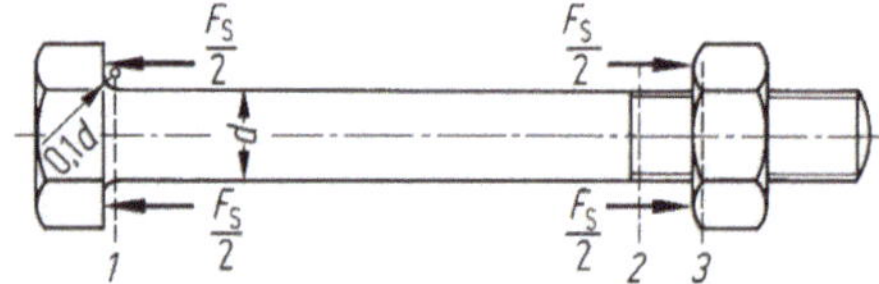

Abb. 10.25 Bruchstellen bei dynamisch beanspruchten Schrauben, nach MPA Darmstadt, bei *1*: 15 % aller Brüche, bei *2*: 20 %, bei *3*: 65 %

mit eingeschraubten Gewinden ermittelt wird, berücksichtigt.

Bei der Tragfähigkeitsberechnung der Schraubenverbindungen sind zu berücksichtigen:

- Wirkungsart: Schraube (Schraubenbolzen) mit Gewinde, Schraubenkopf, Mutter
- zeitlicher Verlauf der Beanspruchung: statisch, schwingend
- Beanspruchung aus Längskraft, Querkraft, Torsionsmoment (Zugspannung, Flächenpressung, Scherspannung)
- erforderliche Klemmkraft
- Betriebszustand: nach dem Anziehen bzw. Anspannen (Abschn. 10.5.1.2), nach dem Setzen, unter Betriebsbelastung

10.6.3 Beanspruchung und Festigkeit der Schraube

Außer bei Passschrauben wird der Schraubenbolzen im Gewinde und in zylindrischen Bereichen statisch oder dynamisch auf Zug beansprucht, wenn die Schraube durch Anziehen vorgespannt wird auch statisch auf Torsion. Durch Anspannen vorgespannte Schrauben werden nur auf Zug beansprucht.

Statische Festigkeit

Die statische Festigkeit ist maßgebend bei zeitlich konstanter Belastung und bei selten ($< 10^4$-mal während der Lebensdauer) auftretenden Sonderbelastungen, wie z. B. infolge Bedienungsfehlern, Kurzschluss, sonstigen Schadensereignissen. Bei der Berechnung der statischen Tragfähigkeit muss die Stützwirkung der Gewindegänge und eine Kaltverfestigung berücksichtigt werden (Abb. 10.26). Es wird deshalb ein sog. „Spannungsquerschnitt" A_S, der größer ist als der Kernquerschnitt A_3, für die Festigkeitsberechnung zugrunde gelegt. Der Spannungsquerschnitt A_S entspricht dem Querschnitt eines glatten Stabs etwa gleicher Zugfestigkeit, Abb. 10.27.

$$A_S = \frac{\pi}{4} \cdot d_S^2 = \frac{\pi}{4} \cdot \left(\frac{d_2 + d_3}{2}\right)^2 \quad (10.59)$$

d_s	in mm	Spannungsdurchmesser
d_2	in mm	Flankendurchmesser siehe Abb. 10.27
d_3	in mm	Kerndurchmesser

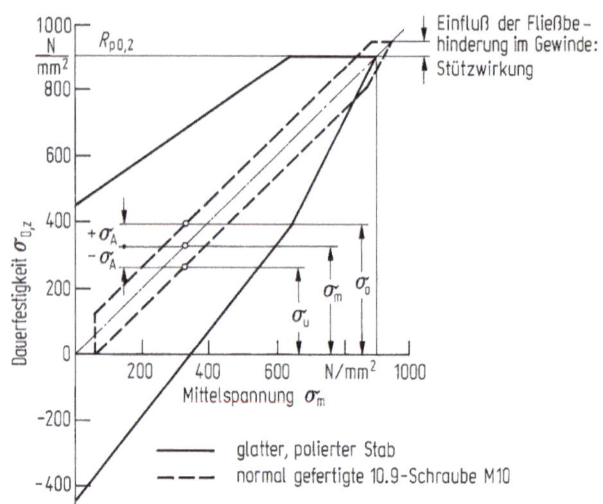

Abb. 10.26 Dauerfestigkeit einer Schraube mit Mutter und der glatten Probe aus Schraubenwerkstoff

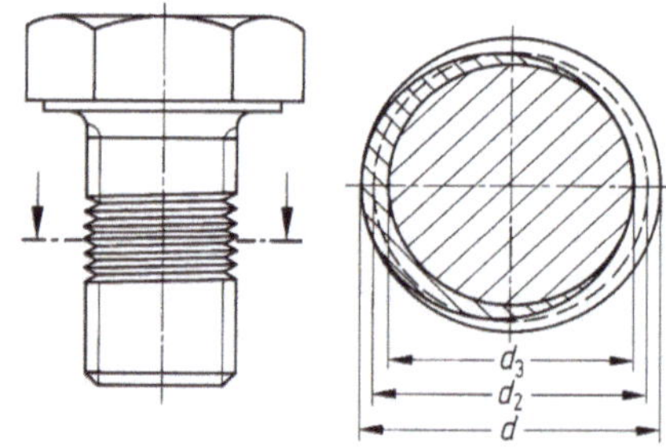

Abb. 10.27 Spannungsquerschnitt A_S

Bei Taillenschrauben wird mit dem kleinsten Schaftdurchmesser anstelle von A_S gerechnet.

Schwingfestigkeit

Die Dauerfestigkeit der Schraube beträgt nur 10 ... 25 % der Dauerfestigkeit der glatten, polierten Probe mit dem Kernquerschnitt A_3 (siehe z. B. Abb. 10.26). Für die Berechnung der dynamischen Schwingfestigkeit wird A_3 zugrunde gelegt, da die plastische Stützwirkung entfällt. Dauerfestigkeit (Ausschlagfestigkeit) in N/mm² für Schrauben der Festigkeitsklassen 6.9 ... 12.9 beträgt nach VDI 2230

für schlussvergütete Gewinde (Zahlenwertgleichung)

$$\sigma_{A,SV} = 0{,}85 \cdot \left(\frac{150}{d} + 45\right) \quad (10.60)$$

d	in mm	Nenndurchmesser

für schlussgewalzte Gewinde

$$\sigma_{A,SG} = \left(2 - \frac{F_{Sm}}{F_{p0,2}}\right) \cdot \sigma_{A,SV} \quad (10.61)$$

$F_{p0,2}$	in N	Zugkraft, führt zur Beanspruchung $R_{p0,2}$

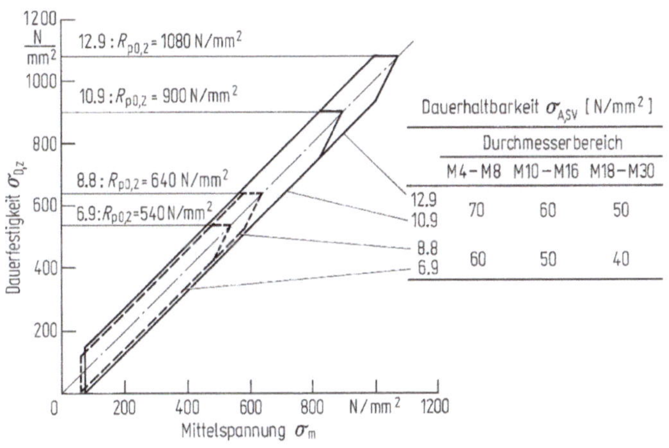

Abb. 10.28 Dauerfestigkeit schlussvergüteter Schrauben nach [106]

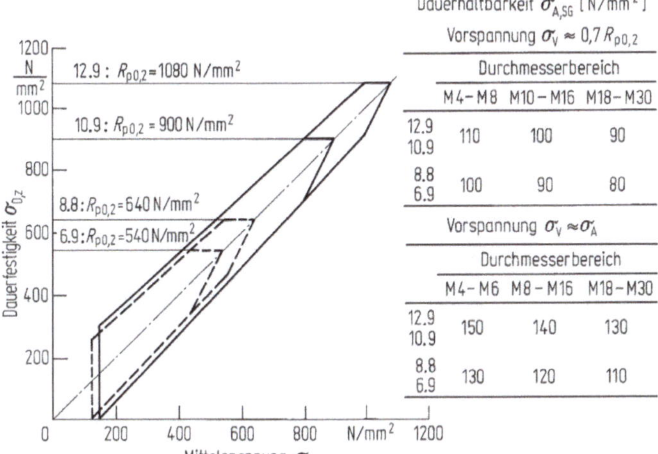

Abb. 10.29 Dauerfestigkeit von schlussgerollten Schrauben nach [106]

mit der mittleren Schraubenkraft

$$F_{Sm} = \frac{F_{SAo} + F_{SAu}}{2} + F_{M\,\text{zul}} \tag{10.62}$$

$F_{M\,\text{zul}}$	in N	zulässige Montagevorspannkraft
F_{SAo}	in N	obere Schraubenzusatzkraftkraft
F_{SAu}	in N	untere Schraubenzusatzkraft

Gültig im Bereich $0{,}3 \leq F_{Sm}/F_{p0,2} < 1$. Abb. 10.28 und 10.29 zeigen die dazugehörigen Dauerfestigkeitsschaubilder.

Die Ausschlagfestigkeit $\sigma_A = \sigma_{A,SV}$ schlussvergüteter Gewinde ist unabhängig von der Mittelspannung. Der Faktor 0,85 in (10.60) bedeutet, dass σ_A bis zu 15 % um die Messwerte streuen kann. Die Ausschlagfestigkeit $\sigma_A = \sigma_{A,SG}$ schlussgewalzter Gewinde wird infolge geringerer plastischer Verformungen mit wachsender Mittelspannung bzw. Vorspannung kleiner.

Abb. 10.30 zeigt Versuchsergebnisse. Hiernach liegen die Dauerfestigkeitswerte nach VDI 2230 bis ca. 50 mm Durchmesser auf der sicheren Seite, darüber ist mit niedrigeren Werten zu rechnen. Unvergütete Schrauben der Festigkeitsklassen unter 8.8 werden im Allgemeinen als Heftschrauben verwendet. Ihre Ausschlagfestigkeit σ_A ist wegen der dominierenden Kerbwirkung des Gewindes bei hoher Zähigkeit (siehe Bruchdehnung Tab. 10.6) kaum geringer als $\sigma_{A,SV}$ schlussvergüteter Schrauben. Wegen der geringen statischen Festigkeit sind allerdings nur kleinere Vorspannkräfte möglich bzw. größere Querschnitte nötig.

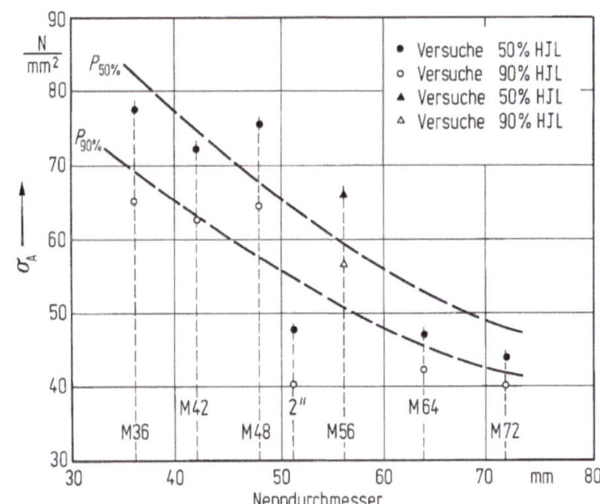

Abb. 10.30 Ausschlagfestigkeit von schlussgerollten Schrauben für unterschiedliche Gewindedurchmesser, Versuche ∘, • aus [103], Versuche △, ▲ aus [113]

Generell bestehen auch zwischen der Dauerfestigkeit niedriglegierter und hochlegierter nichtrostender Stähle bei ausreichender Zähigkeit wenig Unterschiede [125]. Das gilt weitgehend auch für Kupferlegierungen [1], [119]. Titanlegierungen weisen durchweg eine niedrigere Dauerhaltbarkeit auf [107].

10.6.4 Sicherheiten gegen Fließgrenze und Dauerfestigkeit der Schraube

Die Sicherheit gegen statische Festigkeit (Fließgrenze) kann im Allgemeinen wegen der oben erwähnten Stützwirkung und Kaltverfestigung niedriger als gegen Dauerfestigkeit angesetzt werden. Örtliche Spannungsspitzen können durch Fließen abgebaut werden. Überschreitung der Dauerfestigkeit führt dagegen zu verformungslosen Dauerbrüchen, statische Überschreitung der Bruchfestigkeit zu Gewaltbruch.

Nach VDI 2230 ist bei elastischem Anziehen bis zur Montage-Vorspannkraft F_M eine Sicherheit gegen die Fließgrenze von $S_F = 1$ ausreichend, bei Fließgrenz- und fließgrenzüberschreitendem Anziehen wäre hiernach eine Überschreitung der Fließgrenze um 20 % zulässig ($S_F \approx 0{,}83$). Voraussetzung dafür ist, dass die wirkenden Kräfte sicher bekannt sind (Abschn. 10.6.1) und dass alle Einflussfaktoren für die Montagevorspannkraft realistisch und eher vorsichtig abgeschätzt wurden.

Tab. 10.13 Mindestsicherheiten für (Befestigungs-)Schraubenverbindungen

Anwendungsfall	Mindestsicherheit
Statisch	
Sicherheit gegen Fließgrenze R_p	$S_{F\,\min} = 1{,}1\ldots1{,}5$
Sicherheit gegen Fließgrenze R_p bei streckgrenzengesteuertem Anziehen (siehe Abschn. 10.5.1.1)	$S_{F\,\min} < 1$
Dynamisch	
Sicherheit gegen Bruchfestigkeit R_m und Ausschlagfestigkeit σ_A	$S_{B\,\min} = S_{D\,\min} = 1{,}3\ldots2$

Normalerweise werden unter diesen Voraussetzungen die Mindestsicherheiten nach Tab. 10.13 gefordert. Bei unsicheren Angaben über Belastung (insbesondere die oben erwähnten Sonderbelastungen), Steifigkeit der Verbindung und Werkstofffestigkeit sind unter Umständen wesentlich höhere Sicherheiten erforderlich. Allgemeine Kriterien für den Ansatz der Mindestsicherheit werden in Abschn. 1.4.8 beschrieben.

10.6.5 Dimensionierung und Festigkeitsnachweis

Für den Festigkeitsnachweis müssen die Hauptabmessungen von Schraube, Gewinde und Bauteil bekannt sein. Andernfalls wird der erforderliche Schraubenquerschnitt aufgrund einer Überschlagsrechnung (Dimensionierung) zunächst abgeschätzt. Das Ergebnis ist durch die genauere Nachrechnung der gewählten Schraube zu überprüfen und ggf. durch Wahl einer anderen zu korrigieren.

Der Festigkeitsnachweis schließt die Kontrolle der Klemmkraft ein, die in jedem Betriebszustand gesichert sein muss.

10.6.5.1 Durch Anziehen vorgespannte, statisch oder dynamisch belastete Schraube

Typische Beispiele sind Flanschschrauben und Zylinderdeckelschrauben. Das Zusammenwirken von Montage-Vorspannung F_M, Betriebskraft F_A und Setzerscheinungen wird in Abschn. 10.5.2 erläutert.

(A) Gegeben

- Abmessungen der verspannten Bauteile
- erforderliche Mindest-Klemmkraft $F_{KR\,\min}$
- äußere (axiale) Betriebskraft F_A bzw. zwischen F_{Ao} und F_{Au} schwingende Betriebskraft
- Anziehverfahren

(B) Dimensionierung

Die nachfolgend dargestellten Beziehungen werden nur für die Dimensionierung, nicht für den Festigkeitsnachweis, benötigt.

Zugspannung: bei ruhender Vorspannkraft F_M

$$\sigma_{zM} = \frac{F_M}{A_S} \tag{10.63}$$

A_S	in mm²	Spannungsquerschnitt nach (10.59) siehe Abb. 10.27 (bei Schraube mit Dehnschaft oder Taillenschraube der kleinere Schaftdurchmesser d_T (Abb. 10.3d))

Torsionsspannung: bei Abschluss des Anziehvorgangs (vor Eintreten der Setzvorgänge)

$$\tau_{tM} = \frac{T_G}{W_t} = \frac{F_M \cdot d_2 \cdot \tan(\varphi + \varrho')}{2 \cdot \pi \cdot \frac{d_S{}^3}{16}} = \sigma_{zM} \cdot 2 \cdot \tan(\varphi + \varrho') \cdot \frac{d_2}{d_S} \tag{10.64}$$

d_S	in mm	Durchmesser des Spannungsquerschnitts A_S siehe Abschn. 10.6.3
d_2	in mm	Flankendurchmesser siehe Abb. 10.27
T_G	in N mm	Gewindemoment nach (10.12) für die Montagevorspannkraft F_M nach Abschn. 10.6.3 (T_G tritt wie auch F_M immer statisch auf)
W_t	in mm³	Widerstandsmoment
ϱ'	in °	scheinbarer Reibungswinkel
φ	in °	Steigungswinkel

Vergleichsspannung: Nach der Gestaltänderungsenergiehypothese (Abschn. 3.4.4.2) ergibt sich beim Zustand nach dem Anziehen auf die Montage-Vorspannung eine aus Zug und Torsion zusammengesetzte Vergleichsspannung

$$\sigma_{vM} = \sqrt{\sigma_{zM}{}^2 + 3 \cdot \tau_{tM}{}^2} \tag{10.65}$$

mit σ_{zM} nach (10.63) und τ_{tM} nach (10.64):

$$\sigma_{vM} = \sigma_{zM}\sqrt{1 + 3 \cdot \left(2 \cdot \tan(\varphi + \varrho') \cdot \frac{d_2}{d_S}\right)^2} \tag{10.66}$$

Für metrisches Regelgewinde nach DIN/ISO gilt etwa: $\varphi = 2\ldots3°$, $d_2/d_S = 1{,}065\ldots1{,}039$, für mittlere Verhältnisse und Reibungszahl $\mu' = \tan\varrho' = 0{,}15$ ergibt sich etwa

$$\sigma_{vM} = 1{,}23 \cdot \sigma_{zM} = 1{,}23 \cdot \frac{F_M}{A_S} \tag{10.67}$$

Vorläufiger Ansatz für die maximale Schraubenkraft:

$$F_{S\,\max} \approx \alpha_A \cdot F_{KR\,\min} + F_A \tag{10.68}$$

Tab. 10.14 Metrisches ISO-Gewinde, Regel- und Feingewinde, Auswahlreihen (nach DIN ISO 261 und DIN 13 Teil 28)

Nenndurchmesser d	Regelgewinde			Feingewinde (fein)			Feingewinde (extra fein)		
	Steigung P_h	Kernquerschnitt A_3	Spannungsquerschnitt A_S	Steigung P_h	Kernquerschnitt A_3	Spannungsquerschnitt A_S	Steigung P_h	Kernquerschnitt A_3	Spannungsquerschnitt A_S
in mm	in mm	in mm²	in mm²	in mm	in mm²	in mm²	in mm	in mm²	in mm²
8	1,25	32,84	36,6	1	36,03	39,2	–	–	–
10	1,5	52,30	58,0	1,25	56,29	61,2	–	–	–
12	1,75	76,25	84,3	1,25	86,03	92,1	1	91,15	96,1
16	2	144,1	157	1,5	157,5	167	1	171,4	178
20	2,5	225,2	245	1,5	259,0	272	1	276,8	285
24	3	324,3	353	2	364,6	384	1,5	385,7	401
30	3,5	519,0	561	2	596,0	621	1,5	622,8	642
36	4	759,3	817	3	820,4	865	1,5	916,5	940
42	4,5	1045	1121	3	1153	1206	1,5	1267	1294
48	5	1377	1473	3	1543	1604	1,5	1674	1705
56	5,5	1905	2030	4	2050	2144	2	2252	2301
64	6	2520	2676	4	2743	2851	2	2975	3031

Nenndurchmesser d	Feingewinde (fein 1)			Feingewinde (fein 2)			Feingewinde (extra fein)		
	Steigung P_h	Kernquerschnitt A_3	Spannungsquerschnitt A_S	Steigung P_h	Kernquerschnitt A_3	Spannungsquerschnitt A_S	Steigung P_h	Kernquerschnitt A_3	Spannungsquerschnitt A_S
in mm	in mm	in mm²	in mm²	in mm	in mm²	in mm²	in mm	in mm²	in mm²
72	6	3287	3463	4	3536	3658	2	3799	3862
80	6	4144	4344	4	4429	4566	2	4723	4794
90	6	5364	5590	4	5687	5840	2	6020	6100
100	6	6740	7000	4	7102	7280	2	7473	7560
110	6	8273	8560	4	8674	8870	2	9084	9180
125	6	10.869	11.200	4	11.327	11.500	2	11.795	11.900
140	6	13.818	14.200	4	14.334	14.600	2	14.859	15.000

Entsprechend (10.66) lässt sich der erforderliche Spannungsquerschnitt abschätzen zu

$$A_S = 1{,}23 \cdot \frac{F_{S\,\max}}{\frac{R_p}{S_{F\,\min}}} \tag{10.69}$$

F_A	in N	Betriebskraft
$F_{KR\,\min}$	in N	minimale Restklemmkraft
R_p	in N/mm²	Fließgrenze siehe Tab. 10.6
$S_{F\,\min}$		Mindestsicherheit siehe Tab. 10.13
α_A		Anziehfaktor siehe Tab. 10.9

Auf Basis des erforderlichen Querschnitts wird aus Tab. 10.14 das zugehörige (im Hinblick auf die ungünstige Annahme für die Beanspruchung), nächstgrößere Normgewinde entnommen.

(C) Nachrechnen gegen statische Festigkeit (Fließgrenze R_p/Festigkeit R_m)

Mit den gegebenen Daten, den Daten des gewählten Werkstoffs und des gewählten Gewindes wird die Sicherheit berechnet. Dabei ist zweckmäßigerweise nach folgenden Rechenschritten vorzugehen:

(1) Nachgiebigkeit der Schraube δ_S nach (10.25)
(2) Nachgiebigkeit der verspannten Platten δ_P nach (10.34)
(3) Kraftverhältnis Φ nach (10.48)
(4) Krafteinleitungsebene, Klemmlängenfaktor n nach Tab. 10.12
(5) Schrauben-Differenzkraft F_{SA} nach (10.53)
(6) Bauteil-Differenzkraft F_{PA} nach (10.54)
(7) Vorspannkraftverlust durch Setzen F_Z nach (10.38)
(8) Mindesterforderliche Betriebs-Vorspannkraft

$$F_{V\,\min} = F_{KR\,\min} + F_{PA} \tag{10.70}$$

(9) Mindest-Montage-Vorspannkraft

$$F_{M\,\min} = F_{V\,\min} + F_Z \tag{10.71}$$

(10) Maximale Montage-Vorspannkraft

$$F_{M\,\max} = \alpha_A \cdot F_{M\,\min} = \alpha_A \cdot (F_{KR\,\min} + F_{PA} + F_Z) \tag{10.72}$$

„Hauptdimensionierungsformel“ nach VDI 2230, mit dem Anziehfaktor α_A nach Tab. 10.9

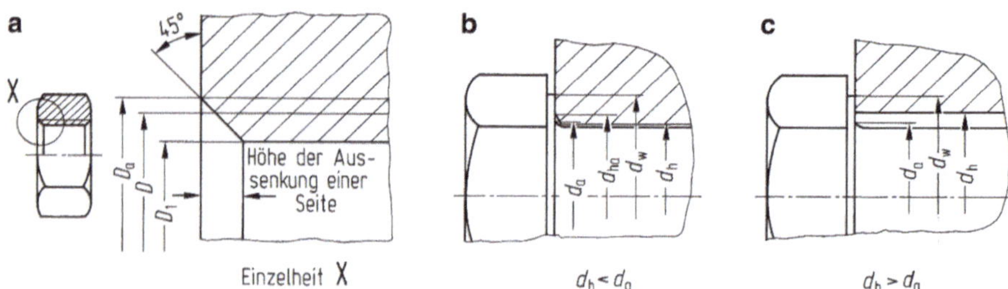

Abb. 10.31 Geometrie der Kopfauflageflächen nach VDI 2230

(11) Maximale Betriebs-Vorspannkraft

$$F_{V\,\max} = F_{M\,\max} - F_Z \tag{10.73}$$

(12) Maximale Schraubenkraft

$$F_{S\,\max} = F_{M\,\max} + F_{SA} \tag{10.74}$$

(13) Statische Sicherheit für zusammengesetzte Beanspruchung aus Zug und Torsion (Vergleichssicherheit):

$$S_F = \frac{A_S \cdot R_p}{\sqrt{F_{S\,\max}{}^2 + 3 \cdot \left(F_{M\,\max} \cdot 2 \cdot \tan(\varphi + \varrho') \cdot \frac{d_2}{d_S}\right)^2}} \geq S_{F\,\min} \tag{10.75}$$

Wird eine kleinere Sicherheit als berechnet für ausreichend angesehen bzw. eine höhere Sicherheit als berechnet gefordert, so wird eine dünnere bzw. dickere Schraube (bzw. Schraube anderer Festigkeit) gewählt und die Nachrechnung wiederholt.

(D) Nachrechnen gegen Schwingfestigkeit (Dauerfestigkeit σ_A)

Rechenschritte (1) bis (4) zur Bestimmung von Φ und n wie in Abschn. (C).

(14) Schrauben-Ausschlagkraft F_{SAa} nach (10.55)
(15) Schrauben-Ausschlagspannung σ_{Sa} nach (10.63) mit A_3 statt A_S für das gewählte Normgewinde,
(16) Sicherheit gegen Dauerbruch

$$S_D = \frac{\sigma_A}{\sigma_{Sa}} \geq S_{D\,\min} \tag{10.76}$$

$S_{D\,\min}$		Mindestsicherheit siehe Tab. 10.13
σ_A	in N/mm^2	Ausschlagfestigkeit üblicher Schraubenwerkstoffe und Herstellung siehe Abschn. 10.6.3

Wird eine kleinere Sicherheit als berechnet für ausreichend angesehen bzw. eine höhere Sicherheit als berechnet gefordert, so wird eine dünnere bzw. dickere Schraube (bzw. Schraube anderer Festigkeit) gewählt und die Nachrechnung wiederholt.

Anmerkung zum Ansatz der Dauerhaltbarkeit σ_A: Bei einer genaueren Betrachtungsweise ist zwischen den Überlastfällen nach Abschn. 3.5.5b) zu unterscheiden.

(E) Nachrechnen der Flächenpressung unter Kopf und Mutter

Maßgebend ist die Flächenpressung p aus der maximalen Schraubenkraft vor Eintreten der Setzvorgänge. p muss kleiner als eine vom Werkstoff abhängige Grenzflächenpressung p_G sein, um plastisches Fließen und damit einen Abbau der Vorspannung zu vermeiden.

$$p = \frac{F_{S\,\max}}{A_p} \leq p_G \tag{10.77}$$

A_p	in mm^2	Berührfläche zwischen Bauteil und Schraube/Mutter (Loch Anfasung und Ausrundung beachten: Abb. 10.31)
$F_{S\,\max}$	in N	maximale Schraubenkraft nach (10.74)

p_G für einige Maschinenbauwerkstoffe ist in Tab. 10.15 zusammengefasst. Falls diese Werte überschritten werden, können dicke Unterlegscheiben ausreichender Festigkeit Abhilfe schaffen (Abschn. 10.2.3). Dann Faktor n für veränderte Klemmlänge und Anzahl der Teilfugen Abschn. (C) Rechenschritt (4) und folgende überprüfen.

(F) Nachrechnen der Flächenpressung im Gewinde

Hierfür gilt im Prinzip (10.77), wobei entsprechend (10.109) für A_p die Projektion der beanspruchten Gewindefläche einzusetzen ist. Bei Schrauben-Muttern-Kombinationen mit festgelegten Prüfkräften nach DIN EN ISO 898 braucht die Flächenpressung bei zügiger Belastung nicht nachgerechnet zu werden, wenn Einschraubtiefe (ESV) bzw. Mutternhöhe (DSV) nach Tab. 10.16 gesichert ist.

(G) Nachrechnen der Scherbeanspruchung im Schraubenkopf, erforderliche Kopfhöhe

Die Scherspannung in der Mantelfläche nach Abb. 10.32a aus der maximalen Schraubenkraft darf die Scherfestigkeit $\tau_{B,s}$ nicht überschreiten.

$$\tau_{B,s} \approx 0{,}6 \cdot R_m \tag{10.78}$$

R_m	in N/mm^2	Zugfestigkeit

Tab. 10.15 Grenzflächenpressung p_G für gedrückte Teile verschiedener Werkstoffe (Richtwerte, Auszug aus VDI 2230)

Werkstoff	Mindestzugfestigkeit R_m in N/mm^2	Grenzflächenpressung[a] p_G in N/mm^2
S235	360	260
E295	490	420
C45	700	700
42CrMo4	1100	850
30CrNiMo8	1250	750
EN-GJL-150	150	600
EN-GJL-250	250	800
EN-GJL-350	350	900
EN-GJL-400	400	1100
AlZnMgCu0,5	450	370

[a] Beim motorischen Anziehen können die Werte der Grenzflächenpressung bis zu 25 % kleiner sein.

Tab. 10.16 Empfohlene Mindest-Einschraubtiefen für Sacklochgewinde (ESV) bzw. Mindest-Mutternhöhe m (DSV) als Funktion des Nenndurchmessers der Schraube d nach VDI 2230 und [110]

Schraubenfestigkeitsklasse	8.8	8.8	10.9	10.9
Gewindefeinheit d/P_h	< 9	≥ 9	< 9	≥ 9
AlCuMg 1 F40	$1{,}1 \cdot d$	$1{,}4 \cdot d$		$1.6 \cdot d$
EN-GJL-250	$1{,}0 \cdot d$	$1{,}25 \cdot d$		$1{,}4 \cdot d$
S235, Ck15	$1{,}0 \cdot d$	$1{,}25 \cdot d$		$1{,}4 \cdot d$
E295, C35	$0{,}9 \cdot d$	$1{,}0 \cdot d$		$1{,}2 \cdot d$
C45V	$0{,}8 \cdot d$	$0{,}8 \cdot d$		$0{,}9 \cdot d$

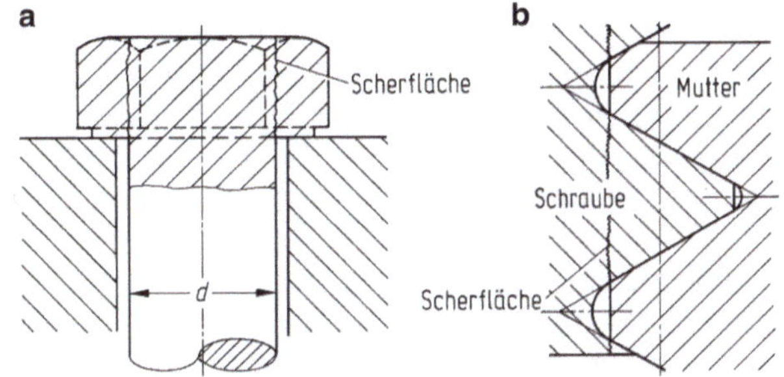

Abb. 10.32 Bruchverlauf beim Abscheren (Mantelfläche), **a** im Schraubenkopf [118], **b** im Gewinde

Die Berechnung wird in VDI 2230 und [126] beschrieben.

Die Kopfhöhe der Sechskantschrauben nach DIN 931, DIN EN ISO 4014 und die Restbodendicke der Innensechskantschrauben nach DIN 912 ist ausreichend groß, so dass bei zügiger Überbeanspruchung der Bruch im Schraubenbolzen oder im Schaft auftritt, bevor die Festigkeitsgrenze im Schraubenkopf erreicht wird. In diesen Fällen ist also eine Nachrechnung nicht erforderlich.

(H) Nachrechnen der Scherbeanspruchung im Mutterngewinde

Eine Bedingung für die Mindesthöhe der Mutter folgt daraus, dass die Scherfläche im Gewindegrund (Abb. 10.32b) ausreicht, um der Scherbeanspruchung aus der maximalen Schraubenkraft zu widerstehen, $\tau_{B,s}$ siehe (10.78).

- Bei genormten Muttern mit $m \geq 0{,}8 \cdot d$ und Schlüsselweite $S \geq 1{,}45 \cdot d$ ist eine Nachrechnung nicht erforderlich, wenn für Schrauben und Muttern dieselbe Festigkeitsklasse gewählt wird („Muttern mit voller Belastbarkeit").
- Bei Verwendung von Muttern mit $m = 0{,}5 \cdot d \ldots < 0{,}8 \cdot d$ kann die Festigkeit der Schraube nicht ausgenutzt werden („Muttern mit eingeschränkter Belastbarkeit"), ebenso nicht bei „Muttern ohne festgelegte Belastbarkeit". Die Kennzeichnung der Festigkeitsklassen wird in Abschn. 10.4.1 beschrieben.

(J) Nachrechnen der Klemmkraft

Die minimale Restklemmkraft $F_{KR\,\min}$ muss größer sein als die vorgegebene Klemmkraft. Daraus ergibt sich mit (10.70) und (10.71) die Mindest-Montagevorspannkraft

$$F_{M\,\min} = F_{KR\,\min} + F_Z + F_{PA} \tag{10.79}$$

F_{PA}	in N	Plattenentlastungskraft
F_Z	in N	Vorspannkraftverlust durch Setzen

(K) Vorgaben für das Montieren

Gesamt-Anziehmoment T_A nach (10.18) mit $F_{M\,\max}$ nach Abschn. (C) Rechenschritt (10).

10.6.5.2 Durch Anspannen vorgespannte, statisch oder dynamisch belastete Schraube

Typische Beispiele sind Flanschschrauben und Zylinderdeckelschrauben. Wie in Abschn. 10.5.1.2 erläutert, wird der Schraubenbolzen bis zum Erreichen der Montagevorspannkraft statisch nur auf Zug beansprucht. Die Betriebskraft F_A und der Vorspannkraftverlust durch Setzen F_Z wirken in gleicher Weise wie bei Schraubenverbindungen, die durch Anziehen montiert wurden.

(A) Gegeben
Daten wie in Abschn. 10.6.5.1, Montieren durch Anspannen statt Anziehen.

(B) Dimensionierung
Die maximale Schraubenkraft $F_{S\,\max}$ wird nach (10.68) mit $\alpha_A = 1$ ermittelt.

Da reine Zugbeanspruchung vorliegt, ergibt sich der Spannungsquerschnitt nach (10.63) und Abb. 10.27 wie folgt:

$$A_S = \frac{F_{S\,\max}}{\sigma_{z\,\text{zul}}} = \frac{F_{S\,\max}}{\frac{R_p}{S_{F\,\min}}} \qquad (10.80)$$

$F_{S\,\max}$	in N	maximale Schraubenkraft
R_p	in N/mm^2	Fließgrenze siehe Tab. 10.6
$S_{F\,\min}$		Mindestsicherheit siehe Tab. 10.13

Auf Basis des erforderlichen Querschnitts wird aus Tab. 10.14 das nächstgrößere Normgewinde entnommen.

(C) Nachrechnen gegen statische Festigkeit (Fließgrenze R_p, Festigkeit R_m)
Mit den gegebenen Daten und Abmessungen des gewählten Gewindes wird weitergerechnet:

Rechenschritte (1) bis (9) in Abschn. 10.6.5.1(C)
Rechenschritt (10) Maximale Montage-Vorspannkraft $F_{M\,\max}$ mit $\alpha_A = 1$
Rechenschritte (11) und (12): $F_{V\,\max}$ und $F_{S\,\max}$
(18) Statische Sicherheit

$$S_F = \frac{A_S \cdot R_p}{F_{S\,\max}} \geq S_{F\,\min} \qquad (10.81)$$

A_S	in mm^2	Spannungsquerschnitt nach (10.80)
R_p	in N/mm^2	Fließgrenze siehe Tab. 10.6
$S_{F\,\min}$		Mindestsicherheit gegen Fließen siehe Tab. 10.13

Entsprechend errechnet sich die Sicherheit gegen Bruchfestigkeit S_B mit R_m statt R_p und $S_{B\,\min}$ statt $S_{F\,\min}$.

(D) Nachrechnen gegen Schwingfestigkeit, (E) der Flächenpressung unter Schraubenkopf und Mutter, (F) der Flächenpressung im Gewinde, (G) der Scherbeanspruchung im Schraubenkopf, (H) der Scherbeanspruchung im Mutterngewinde
Wie in Abschn. 10.6.5.1

(J) Nachrechnen der Klemmkraft
Wie in Abschn. 10.6.5.1(J)

(K) Vorgaben für das Montieren durch Anspannen
Montage-Anspannkraft $F_{M\,\max}$ nach (10.72) mit $\alpha_A = 1$.

10.6.5.3 Längsbelastete Schraube ohne Vorspannung

Ein typisches Beispiel zeigt Abb. 10.2a: ein Lasthakengewinde. Der Schraubenbolzen wird praktisch ohne Vorspannung eingeschraubt und formschlüssig gegen Losdrehen gesichert. Nach dem Einschrauben wird er statisch oder dynamisch auf Zug, das Gewinde auf Flächenpressung und Abstreifen beansprucht. Setzerscheinungen im Gewinde führen zwar zu Verschiebungen f_Z, haben aber keinen Einfluss auf die Beanspruchung.

10.6.5.4 Schrauben die unter Längskraft angezogen werden

Ein typisches Beispiel zeigt Abb. 10.2b: ein Spannschloss. Der Schraubenbolzen wird durch Anziehen vorgespannt und dabei statisch auf Zug und Torsion beansprucht. Die statisch oder dynamisch wirkende Betriebskraft führt zu Zug-Zusatz- oder Minder-Beanspruchungen. Setzerscheinungen haben im Allgemeinen wenig Einfluss auf die Beanspruchung, Abschn. 10.6.5.1.

(A) Gegeben

- die Mindest-Montage-Vorspannkraft $F_{M\,\min}$
- die maximale Betriebskraft $F_A = F_{M\,\max} + F_{SA}$ (bei statischer Belastung ist F_{SA} = konst.,bei schwingender Belastung $F_{SA} = F_{Ao}$)
- Ausschlagkraft $F_{SAa} = (F_{So} + F_{Su})/2$

(B) Dimensionierung
Erforderlicher Spannungsquerschnitt A_S nach (10.69) mit $F_{S\,\max}$ = maximaler Längskraft $F_A \geq F_{M\,\max}$ nach (10.68) und $F_{M\,\max} = \alpha_A \cdot F_{M\,\min}$ nach (10.72) mit α_A nach Tab. 10.9.

Auf Basis des erforderlichen Querschnitts wird aus Tab. 10.14 das zugehörige Normgewinde, bei $F_A > F_{M\,\max}$ (ungünstige Annahme für die Berechnung) das nächstkleinere Normgewinde, bei $F_A = F_{M\,\max}$(zutreffende Annahme) das nächstgrößere Normgewinde entnommen.

(C) Nachrechnen gegen statische Festigkeit (Fließgrenze R_p, Festigkeit R_m)
Mit den Abmessungen des gewählten Gewindes und der maximalen Montage-Vorspannkraft $F_{M\,\max}$ wird mit den Rechenschritten (11) und (12) nach Abschn. 10.6.5.1 fortgefahren.

Anschließend kann die statische Sicherheit nach (10.75) berechnet werden.

Wird eine kleinere Sicherheit als berechnet für ausreichend angesehen bzw. eine höhere Sicherheit als berechnet gefordert, so wird eine dünnere bzw. dickere Schraube (bzw. Schraube anderer Festigkeit) gewählt und die Nachrechnung wiederholt.

(D) Nachrechnen gegen (dynamische) Dauerfestigkeit
Nach Abschn. 10.6.5.1(D)

(E) Nachrechnungen auf Abstreifen des Gewindes und Flächenpressung im Gewinde
Nach Abschn. 10.6.5.1

(F) Vorgabe für das Montieren
Nach Abschn. 10.6.5.1(H) mit vorgegebenem $F_{M\,\min}$. Das kann aber entfallen, wenn die Mindesteinschraubtiefe nach Tab. 10.16 eingehalten wird.

10.7 Querbelastete Schraubenverbindungen

Zur Übertragung von Kräften quer zur Schraubenachse gibt es verschiedene Konzepte, die in Abb. 10.4 dargestellt sind. Die Schrauben werden, auch bei dynamischen Querkräften, statisch beansprucht.

Man beachte: Flanschkupplungen von Wellen werden unter Umständen zusätzlich auf Wechselbiegung beansprucht, die sich in einer überlagerten Zug-Schwellbeanspruchung der Schrauben äußert!

10.7.1 Kraftübertragung durch Reibschluss

Die Bauteile werden hierbei durch vorgespannte Schrauben mit der Klemmkraft F_{KR} aufeinandergepresst. In jeder Reibfläche kann dadurch eine Reibungskraft (= Querkraft)

$$F_Q = F_{KR} \cdot \mu_{Tr} \tag{10.82}$$

übertragen werden. Die Schraubenbolzen haben Spiel am Schaft. Die erforderliche Mindest-Klemmkraft (= Mindest-Vorspannkraft) ist

$$\sum F_{KR\min} = \sum F_{V\,\min} = \frac{\sum F_Q \cdot S_{H\,\min}}{\mu_{Tr} \cdot k} \tag{10.83}$$

k		Anzahl der Trennfugen (meist $k = 1$)
$F_{V\,\min}$	in N	Vorspannkraft
$S_{H\,\min}$		Mindestrutschsicherheit siehe Tab. 10.17
μ_{Tr}		Reibungszahl in der Trennfuge siehe Tab. 10.18

Die Klemmkraft kann durch Anziehen oder Anspannen erzeugt werden. Entsprechend gilt für die Berechnung die Vorgehensweise nach Abschn. 10.6.5.1 (Anziehen) oder Abschn. 10.6.5.2 (Anspannen).

10.7.1.1 Durch Anziehen vorgespannte, querbelastete Schrauben

Der Schraubenbolzen wird bis zum Erreichen der Montage-Vorspannkraft $F_{M\,\max} = F_{S\,\max}$ statisch auf Zug und Torsion beansprucht. Im Betrieb führen Setzerscheinungen zu einem Abbau von F_M um den Kraftverlust durch Setzen F_Z auf die Betriebs-Vorspannkraft $F_V \geq F_{KR\min}$.

(A) Gegeben
Abmessungen und Werkstoff der verspannten Bauteile und die erforderliche Mindest-Klemmkraft $\sum F_{KR\min}$ nach (10.83).

(B) Dimensionierung
Ein erster Anhalt für den Schraubendurchmesser d_S bzw. -querschnitt A_S ergibt sich aus der Bauteildicke nach

Tab. 10.17 Mindestrutsch(Haft)-Sicherheiten $S_{H\,\min}$ für querbelastete Reibschlussverbindungen mit Durchsteckschraube (Lastfälle H, HZ siehe Abschn. 9.6.1)

Anwendung	$S_{H\,\min}$	Bemerkung
Maschinenbau	1,3	bei ruhender Belastung
	1,5	bei schwingender Belastung
	$\geq 2{,}5$	bei großen Wellenkupplungen (Schrauben > M56) mit überlagerter Wechselbiegung
Stahlbau (nach DIN 18800 [54])	für gleitfeste (GV) Verbindungen	
	1,25	für Lastfall H
	1,1	für Lastfall HZ

Tab. 10.18 Haft-Reibungszahlen μ_{Tr} in der Trennfuge zwischen den Bauteilen

Anwendung	μ_{Tr}	Bemerkung
Maschinenbau	0,10 ... 0,30	Stahl gehärtet/Stahl gehärtet – geschliffen ($Rz = 4 \ldots 8\,\mu m$) – trocken
	0,15 ... 0,40	Stahl ungehärtet/Stahl ungehärtet – gefräst, gedreht ($Rz = 25 \ldots 40\,\mu m$) – trocken
	0,11 ... 0,24	Stahl ungehärtet/GJL oder Bronze – gefräst, gedreht – trocken
	0,15 ... 0,30	GJL/GJL – gefräst, gedreht – trocken
	0,28	GJL/Bronze – gefräst, gedreht – trocken
Stahlbau (nach DIN 18800)	0,5	Stahl oder GS ungehärtet/Stahl oder GS ungehärtet – gefräst, kiesgestrahlt oder flammgestrahlt oder sandgestrahlt oder gleitfester Anstrich – trocken

Abschn. 10.8. Für eine erste Überschlagsrechnung und mit der Annahme, dass sich die Gesamtquerkraft gleichmäßig auf alle Schrauben verteilt, errechnet sich die Anzahl der erforderlichen Schrauben nach (10.69) aus

$$z = \frac{1{,}23 \cdot \sum F_{S\,\max}}{A_S \cdot \frac{R_p}{S_F}} = \frac{1{,}23 \cdot \alpha_A \cdot \sum F_{KR\,\min}}{A_S \cdot \frac{R_p}{S_F}} \qquad (10.84)$$

mit einer Sicherheit gegen Fließen S_F

$$S_F \geq S_{F\,\min} \qquad (10.85)$$

$F_{KR\,\min}$	in N	minimale Restklemmkraft
$F_{S\,\max}$	in N	maximale Schraubenkraft
R_p	in $\mathrm{N/mm^2}$	Fließgrenze siehe Tab. 10.6
$S_{F\,\min}$		Mindestsicherheit gegen Fließen. Anhaltswerte siehe Tab. 10.13
α_A		Anziehfaktor siehe Tab. 10.9

Dabei wird der Kraftverlust durch Setzen zunächst vernachlässigt.

Mit dem nächstgrößeren, ganzzahligen Wert von z und den Loch- und Schraubenabmessungen werden Loch- und Rand-Abstände sowie Platz für Schraubendreher nach Abschn. 10.8 überprüft und die passende Normschraube ausgewählt.

(C) Nachrechnen gegen statische Festigkeit (Fließgrenze R_p, Festigkeit R_m)

Mit den vorgegebenen Daten in Abschn. (A) und den Abmessungen des gewählten Gewindes wird die Sicherheit entsprechend Abschn. 10.6.5.1(C) berechnet:

(1) $\rightarrow \delta_S$
(2) $\rightarrow \delta_P$
(3) $\rightarrow \Phi$
(4) $\rightarrow n$
(7) $\rightarrow F_Z$
(9) $\rightarrow F_{M\,\min}$
(10) $\rightarrow F_{M\,\max} = \alpha_A \cdot F_{M\,\min} = F_{S\,\max}$
(13) und Erläuterungen $\rightarrow S_F, S_B$
(E) $\rightarrow p$
(F) $\rightarrow$ Flächenpressung im Gewinde
(G) $\rightarrow$ Scherbeanspruchung im Schraubenkopf
(H) $\rightarrow$ Scherbeanspruchung im Mutterngewinde
(J) $\rightarrow$ Überprüfung Klemmkraft

(D) Nachrechnen der Rutschsicherheit S_H

Mit Anzahl und Abmessungen der gewählten Schrauben nach (10.83)

(H) Vorgaben für das Montieren

Siehe Abschn. 10.6.5.1(K)

10.7.1.2 Durch Anspannen vorgespannte, querbelastete Schrauben

Der Schraubenbolzen wird bis zum Erreichen der Montage-Vorspannkraft F_M statisch auf Zug beansprucht. F_M wird durch den Kraftverlust durch Setzen F_Z auf die Betriebs-Vorspannkraft F_V abgemindert, siehe Abschn. 10.7.1.1.

(A) Gegebene Daten

Wie in Abschn. 10.7.1.1.

(B) Dimensionierung

Abschätzen der Abmessungen und Anzahl der Schrauben entsprechend Abschn. 10.7.1.1. Da beim Anspannen die Torsion entfällt, kann näherungsweise aus (10.81) die Anzahl bestimmt werden zu:

$$z = \frac{\sum F_{S\,\max}}{A_S \cdot \frac{R_p}{S_{F\,\min}}} = \frac{\sum F_{KR\,\min}}{A_S \cdot \frac{R_p}{S_{F\,\min}}} \qquad (10.86)$$

A_S	in $\mathrm{mm^2}$	Spannungsquerschnitt nach (10.59) siehe Abb. 10.27
$F_{KR\,\min}$	in N	minimale Restklemmkraft
$F_{S\,\max}$	in N	maximale Schraubenkraft
R_p	in $\mathrm{N/mm^2}$	Fließgrenze siehe Tab. 10.6
$S_{F\,\min}$		Mindestsicherheit gegen Fließen siehe Tab. 10.13

Wird eine kleinere Sicherheit als berechnet für ausreichend angesehen bzw. eine höhere Sicherheit als berechnet gefordert, so kann z und A_S angepasst werden. Mit dem nächstgrößeren, ganzzahligen Wert von z und den Loch- und Schraubenabmessungen werden Loch- und Randabstände sowie Platz für Schraubendreher nach Abschn. 10.8 überprüft und die passende Normschraube ausgewählt.

(C) Nachrechnen gegen statische Festigkeit (Fließgrenze R_p, Festigkeit R_m)

Mit den vorgegebenen Daten und den Abmessungen des gewählten Gewindes wird die Sicherheit S_F bzw. S_B folgendermaßen berechnet:

Rechenschritte (1) bis (9) in Abschn. 10.6.5.1(C)
Rechenschritt (10) Maximale Montage-Vorspannkraft $F_{M\,\max}$ mit $\alpha_A = 1$
Rechenschritte (11) und (12): $F_{V\,\max}$ und $F_{S\,\max}$
Rechenschritt (18) S_F

Wird eine kleinere Sicherheit als berechnet für ausreichend angesehen bzw. eine höhere Sicherheit als berechnet gefordert, so wird eine dünnere bzw. dickere Schraube (bzw. Schraube anderer Festigkeit) gewählt und die Nachrechnung wiederholt.

(D) Nachrechnen der Rutschsicherheit S_H

Mit Anzahl und Abmessungen der gewählten Schrauben nach (10.83)

(H) Vorgaben für das Montieren
Siehe Abschn. 10.6.5.2

10.7.1.3 Gestaltung und Herstellung der Reibschlussverbindung

Lochdurchmesser (Tab. 10.19) und Lochteilung können relativ grob toleriert, Flansch und Gegenflansch getrennt gefertigt werden, so dass Austauschbarkeit ohne Nacharbeit möglich ist. Die Schrauben müssen gleichmäßig und so hoch angezogen bzw. angespannt, die Flanschflächen planparallel bearbeitet werden, dass der Reibschluss auch bei den höchsten Querkräften nicht durchbrochen wird. Diese Gefahr besteht insbesondere bei schwellenden und wechselnden Querkräften. Gleitbewegungen in der Trennfuge führen zu Passungsrost, Scher- und Biegebeanspruchung der Schraubenbolzen. Wegen der groben Toleranzen von Lochdurchmesser und Lochteilung (z. B. bei Flanschverbindungen) besteht die Gefahr, dass beim Durchrutschen ein Schraubenbolzen nach dem anderen zur Anlage kommt, verformt und evtl. zerstört wird. In kritischen Fällen und zur Lagesicherung werden daher zusätzliche Passstifte angeordnet. Die Reibfläche soll durch den Schraubenkreis in zwei etwa gleich große Ringbereiche aufgeteilt werden. Die blanken Flächen werden mit Korrosionsschutzmittel behandelt.

Maßnahmen zur Erhöhung der Reibungszahl in der Trennfuge, z. B. mittels Oberflächenbehandlung (Tab. 10.18) oder Korund- oder Siliziumkarbid-Paste, bedürfen einer konsequenten Überwachung bei der Vorbereitung und Montage. Es muss sichergestellt werden, dass die Reibschicht auch nach wiederholter Demontage und Montage noch voll funktionsfähig ist. Falls zusätzlich zum Reibschluss die Kraftübertragung durch Formschluss (Scherbeanspruchung und Lochleibung siehe Abschn. 10.7.2) genutzt werden soll, wird das Lochspiel eingeengt ($< 0{,}3$ mm), die Bauteile werden gemeinsam verbohrt und Passschrauben eingesetzt. Hiervon wird im Stahlbau Gebrauch gemacht: Gleitfeste Verbindungen mit hochfesten Schrauben (GVP-Verbindungen) siehe DIN 18800 Teil 1, Berechnung und Gestaltung nach DIN EN 1993 [62] Teil 1-8 und Teil 1-9.

Tab. 10.19 Maße für Durchgangslöcher nach DIN EN 20273 [66]

Gewinde	Durchmesser in mm		
	fein	mittel[a]	grob
M3	3,2	3,4	3,6
M4	4,3	4,5	4,8
M5	5,3	5,5	5,8
M6	6,4	6,6	7
M8	8,4	9	10
M10	10,5	11	12
M12	13	13,5	14,5
M14	15	15,5	16,5
M16	17	17,5	18,5
M20	21	22	24
M24	25	26	28
M30	31	33	35
M36	37	39	42

[a] Vorzugsreihe

10.7.2 Kraftübertragung durch Formschluss: Passschrauben, Scherbüchsen

Die Schraubenschäfte bzw. Scherbüchsen werden hierbei wie eine Niete auf Abscheren und Lochleibung beansprucht (Kap. 9). Der durch die nicht definierte Vorspannung erzeugte Reibschluss wird bei der Berechnung nicht berücksichtigt. Eine Ausnahme stellen die kombinierte Reibschluss-Formschluss-Verbindungen (GVP-Verbindungen) im Stahlbau, Abschn. 10.7.1.3, 10.7.3, dar.

10.7.2.1 Berechnung

(A) Gegeben
Abmessungen der verschraubten Bauteile und die zu übertragende Gesamt-Querkraft $\sum F_Q$.

(B) Dimensionierung
Für den Ansatz für Schraubenschaftdurchmesser und Querschnitte A sowie Kontrolle der Rand- und Lochabstände sowie Platz für Schraubendreher nach der Bauteildicke werden in Abschn. 10.8 Hinweise angegeben. Die Anzahl der Schrauben wird aus der zulässigen Scherspannung abgeschätzt.

$$z = \sum F_Q \cdot S_{F,s\,\min} \cdot (A \cdot k \cdot \tau_{F,s}) \qquad (10.87)$$

k		Anzahl der Trennfugen (meist $k = 1$)
$S_{F,s\,\min}$		Mindestsicherheit gegen Fließen siehe Tab. 10.20
$\tau_{F,s}$	in $\mathrm{N/mm^2}$	Scherfestigkeit nach (10.89)

Zu dem nächstgrößeren ganzzahligen Wert von z wird die passende Normschraube bzw. Scherbüchse gewählt, siehe im übrigen Hinweise zu (10.84).

(C) Nachrechnen auf Abscheren und Lochleibung
Mit den vorgegebenen Daten und den Abmessungen der gewählten Schraube bzw. Scherbüchse ergibt sich die Sicherheit gegen Abscheren

$$S_{F,s} = \frac{\tau_{F,s} \cdot z \cdot k \cdot A}{\sum F_Q} \geq S_{F,s\,\min} \qquad (10.88)$$

z		Anzahl der erforderlichen Schrauben
$S_{F,s\,\min}$		Mindestsicherheit gegen Fließen siehe Tab. 10.20

Tab. 10.20 Mindestsicherheiten gegen Abscheren $S_{F,s\,\min}$ und Grenzlochleibung $S_{L\,\min}$ querbelasteter Passschrauben und Scherbüchsen in Formschlussverbindungen (Lastfälle H, HZ siehe Abschn. 9.6.1)

Anwendung	$S_{F,s\,\min}$	$S_{L\,\min}$	Bemerkungen	
Maschinenbau	1,0	1,0	bei ruhender Belastung	
	1,2	1,2	bei schwellender Belastung	
	1,5	1,5	bei wechselnder Belastung	
Stahlbau (nach DIN 18800)	1,0		Lastfall H	für Schraubenstahl 4.6 ($A_S = 25\,\%$)
	0,9		Lastfall HZ	
	0,9		Lastfall H	für Schraubenstahl 5.6 ($A_S = 20\,\%$)
	0,8		Lastfall HZ	
	1,9		Lastfall H	für Schraubenstahl 10.9 ($A_S = 10\,\%$)
	1,7		Lastfall HZ	
Stahlbau (nach DIN 18800)		0,9	Lastfall H	für Bauteile aus S235 und S355
		0,8	Lastfall HZ	

mit der Scherfestigkeit

$$\tau_{F,s} = 0{,}6 \cdot R_p \tag{10.89}$$

R_p	in $\mathrm{N/mm^2}$	Fließgrenze des Flansch-, Schrauben- oder Scherbüchsenwerkstoffs, wobei der kleinere Wert maßgebend ist

und die Sicherheit gegen Lochleibung

$$S_L = \frac{\sigma_{L\,\mathrm{zul}} \cdot d \cdot s \cdot z}{\sum F_Q} \geq S_{L\,\min} \tag{10.90}$$

d	in mm	Schraubenschaftdurchmesser
s	in mm	Dicke des dünneren Blechs (Flansches)
$S_{L\,\min}$		Mindestsicherheit gegen Lochleibung siehe Tab. 10.20

mit der zulässigen Lochleibungsspannung

$$\sigma_{L\,\mathrm{zul}} \approx 2 \cdot \tau_{F,s} = 1{,}2 \cdot R_p \tag{10.91}$$

Bei nicht ausreichenden Sicherheiten S_{Fs} oder S_L ist die Nachrechnung mit geänderten Abmessungen zu wiederholen, siehe Abschn. 10.6.5.1(C).

10.7.2.2 Gestaltung und Herstellung der Passschraubenverbindung

Übliche Ausführungen zeigt Abb. 10.4. Sämtliche Schraubenschäfte oder Scherbuchsen einer Bauteilverbindung müssen an den Lochwandungen anliegen. Die Bohrungen müssen daher eng toleriert werden (H7/j6). Die Lochteilungen in beiden zu verbindenden Bauteilen müssen genau übereinstimmen. Deshalb werden oft beide Teile zwar getrennt, jedoch mit Hilfe der gleichen Schablone gebohrt und die Bohrungen nach dem Fügen gemeinsam gerieben (mit Reibahle). Die Fügeposition/Lagezuordnung wird gekennzeichnet. Die Bearbeitung der Flanschflächen nach Abschn. 10.7.1.3 ist zu beachten.

Hinweis: Spannhülsen nach Abb. 10.4 können infolge ihrer größeren Querfederung zwar gröbere Lochtoleranzen ausgleichen, bei dynamischen Querkräften besteht jedoch die Gefahr, dass die Bauteile gegeneinander gleiten, was zu Passungsrost in den Trennfugen und Losdrehen der Schrauben führen kann.

Die Angaben zu Lochabständen, Randabständen und Dicke der Flansche aus Abschn. 10.7.1.3 gelten auch hier.

10.7.3 Kraftübertragung durch Kraft- und Reibschluss

Im Stahlbau werden Passschrauben, die zusätzlich planmäßig nach DIN EN 1993 und DASt-Richtlinie 010RdErl NW vorgespannt werden (GVP-Verbindungen), verwendet. Hierfür wird die zulässige Querkraft zu

$$F_{Q\,\mathrm{zul}} = 0{,}5 \cdot F_{SLP} + F_{GV} \tag{10.92}$$

berechnet.

F_{GV}	in N	die zulässige durch Reibschluss übertragbare Querkraft $\sum F_Q$ nach (10.83)
F_{SLP}	in N	die zulässige durch Formschluss/Scherbeanspruchung übertragene Querkraft $\sum F_Q$ nach (10.88)

10.8 Gestaltung von Befestigungsschraubenverbindungen

- Große Anzahl (dünner) Schrauben wählen, damit sich die Druckkegel überlappen, Abb. 10.33, siehe auch Tab. 10.10. Anhaltswerte: Schraubendurchmesser für 5 ... 20 mm dicke Bleche/Flansche $d \approx 1{,}6 \times$ Dicke des dickeres Bleches/Flanschs, Schraubenabstand ca. $3 \times d$. Schrauben und Muttern müssen allerdings für Schraubenschlüssel bei Montage und Reparatur gut zugänglich sein.

Tab. 10.21 Richtlinien für die Gestaltung von Zylinderverbindungen [122]

Gestaltungsrichtlinien	Ungünstig	Günstig
1 Vorspannkräfte: möglichst hoch vorspannen – höhere Festigkeitsklasse – genaues Anziehverfahren – kleine Reibungszahlen	niedrige Vorspannkräfte	hohe Vorspannkräfte (Anziehverfahren mit kleinem Anziehfaktor α_r wählen)
2 Steifigkeit: Die Nachgiebigkeit der Schraube soll möglichst viel größer sein als die der Platte (evt. Taillenschraube) $\delta_S \gg \delta_P$	dünner schmaler Zylinder (bei gegebenem Nenndurchmesser)	Zylinderdurchmesser $G = d_W + h_{\min}$
3 Exzentrizität der Schraube: Eine möglichst geringe Exzentrizität der Schraubenlage (vor allem bei zentrischer Last) vorsehen	große Exzentrizität s	minimale Exzentrizität s
4 Exzentrizität des Kraftangriffs: Minimale Exzentrizität bewirkt meist kleinere Schraubenzusatzbelastungen, wenn $a > s$	große Exzentrizität a	minimale Exzentrizität a
5 Höhe der Krafteinleitung. Den Kraftangriffspunkt möglichst weit nach unten zur Trennfuge legen	Kraftangriff im oberen Bereich, $n \approx 0{,}7$	Kraftangriff in der Nähe der Trennfuge, $n \approx 0{,}3$

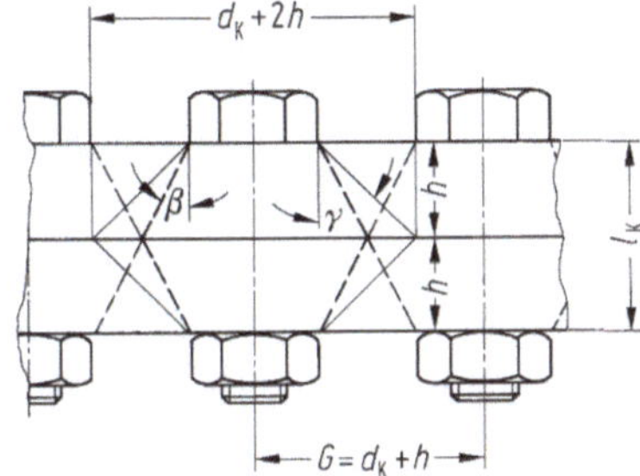

Abb. 10.33 Ausbildung der Druckkegel in verspannten Platten nach [101]

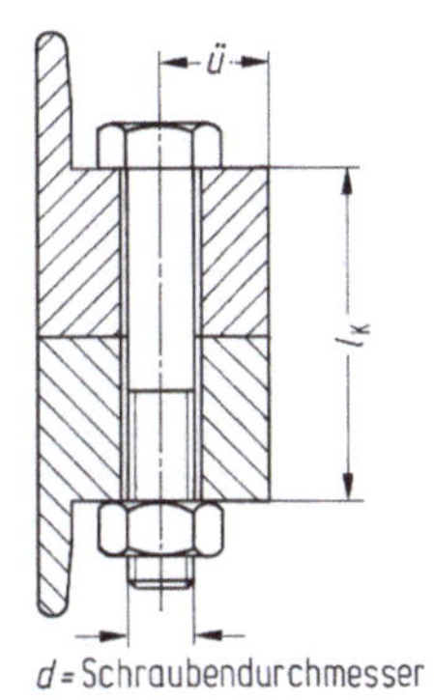

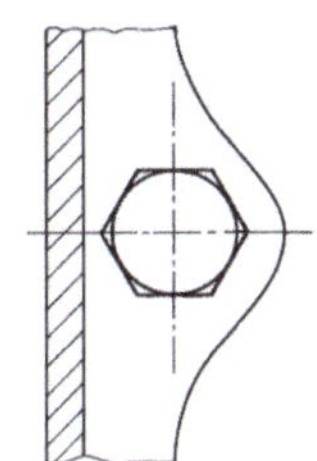

Abb. 10.34 Empfehlung für die Gestaltung einer Schraubenverbindung [123]

Platzbedarf für Außen- und Innensechskantschrauben beachten, Abb. 10.3. Für ein Lochbild möglichst gleich dicke Schrauben verwenden!

- Die Resultierende der äußeren Kraft F_A sollte möglichst mit der Schraubenachse und diese mit der Schwerlinie der verspannten Teile zusammenfallen. Maßnahmen sind in Tab. 10.21 und 10.22 zusammengefasst
- Die Auflageflächen für Schraubenkopf und Mutter sollen eben und senkrecht zur Schraubenachse ausgeführt und eine sichere Abstützung des eingeleiteten Moments ermöglichen (Abstand f nach Tab. 10.22). Weiche Zwischenlagen, Flachdichtungen vermeiden, besser O-Ringe, die sich so verformen, dass die ebenen metallischen Flächen aufliegen.
- Kleine Bauteilnachgiebigkeit δ_p und große Schraubennachgiebigkeit δ_s (Dehnschrauben, Dehnhülsen) sind günstig, Erläuterung siehe Abschn. 10.5.2.3, Empfehlungen siehe Abb. 10.34. Kraftangriffspunkt durch geeignete Gestaltung in die Nähe der Teilfuge legen. Dies führt zu quasi steiferem Flansch (kleines δ_p) und elastischerer Schraube (großes δ_s). Abb. 10.3 und 10.17 zeigen Beispiele.

Tab. 10.22 Richtlinien für die Gestaltung von Mehrschraubenverbindungen [100]

	Gestaltungsrichtlinien	Ungünstig	Günstig
1	Vorspannkräfte: möglichst hoch vorspannen – höhere Festigkeitsklasse – genaues Anziehverfahren kleine Reibungszahlen	niedrige Vorspannkräfte	hohe Vorspannkräfte (Anziehverfahren mit kleinem Anziehfaktor α_r wählen)
2	Schraubenanzahl z: Eine möglichst große Schraubenanzahl vorsehen, die durch die Schlüsselaußenmaße begrenzt wird	geringe Schraubenanzahl bzw. wenige große Schrauben	große Schraubenanzahl, bei rotatorisch symmetrischen Verbindungen: $z = \frac{d_t \cdot \pi}{d_w + h}$ (aufgerundet)
3	Flanschblatthöhe: Flanschblatt möglichst dick gestalten		Richtwert: $h > f$
4	Exzentrizität f: minimieren, evt. Innensechskantschraube wählen, jedoch Übergangsradius R nach Festigkeit (z. B. Dauerfestigkeit) bemessen		f minimal
5	Blattüberstand $ü$: Blattüberstand mindestens gleich der Blatthöhe h oder größer setzen	$ü < h$	$ü \approx h$
6	Auflagefläche: Eine definierte Fläche in der Trennfuge durch einen Einstich schaffen. Tiefe des Einstichs h_e maximal 10 % der Blatthöhe h		$l_F \approx (d_W + h)/2$
7	Anschlusssteifigkeit: Möglichst große Anschlusssteifigkeiten erzeugen, ideal ist der volle Anschlussquerschnitt		

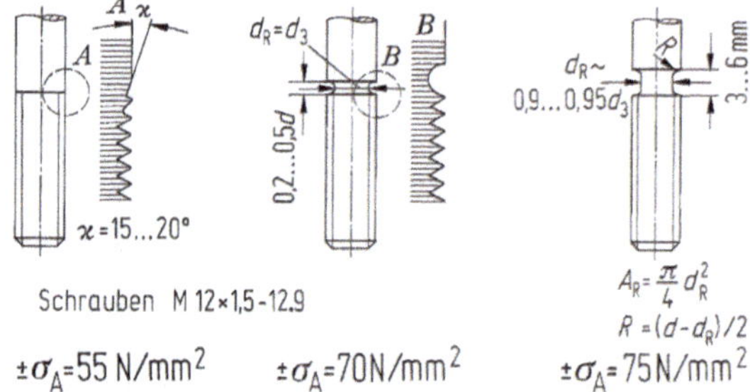

Abb. 10.35 Einfluss der Gestaltung von Gewindeausläufen auf die Ausschlagfestigkeit

- Aus diesem Grund sind dünnere, hochfeste, d. h. dehnfähige Schrauben von Vorteil. Sie gestatten einen großen Dehnweg bis zur Streckgrenze, können also Setzbeträge eher ausgleichen. Gleichzeitig werden damit kleinere Flanschabmessungen erreicht, also Gewicht gespart. Zylinderschrauben sind in dieser Hinsicht besonders günstig. *Man beachte*: Platzbedarf für die Montagewerkzeuge.
- Gestaltungshinweise zur Minderung der Kerbwirkung zeigt Abb. 10.35. Den Einfluss von Werkstoff und Herstellung auf die Festigkeit zeigt Tab. 10.23.
- Die übliche Sechskant-Druckmutter ist sehr ungünstig, da die Gewindegänge der Mutter hierbei auf Druck-, die entsprechenden Gewindegänge des Bolzens auf Zug beansprucht werden. Die daraus resultierenden Differenzen in der Gewindeteilung führen zu Überlastung der ersten und Entlastung der hinteren Gewindegänge. Abhilfe durch ringförmig eingedrehte Nut oder Zugmutter, (hierbei werden die ersten Gewindegänge in Bolzen und Mutter auf Zug beansprucht), siehe Abb. 10.24. Eine gewisse Entlastung der ersten Gewindegänge ergibt sich auch, wenn das Mutterngewinde schwach konisch ausgeführt wird, so dass beim Anziehen zunächst die hinteren und später erst die vorderen (gefährdeten) Gewindegänge zum Tragen kommen.
- Höchste Tragfähigkeit wird durch Anspannen von hochfesten Schrauben, d. h. indem die beim Anziehen entstehenden Torsionsbeanspruchungen vermieden werden, erzielt. Dies kann auch durch Festhalten der Schraube beim Anziehen erreicht werden. Hier wird das über eine Mutter eingeleitete Torsionsmoment nicht in den Schraubenschaft geleitet und dieser nicht verdreht, Abb. 10.36. In Abschn. 10.5.1 und 10.5.2 werden weitere Verfahren beschrieben.

Tab. 10.23 Anhaltswerte für die Ausschlagfestigkeit σ_A für zugbelastete Schrauben (M10… M16) mit normaler Druckmutter aus Stahl für Vorspannungen bis etwa $0{,}7 \cdot R_{p0,2}$; σ_A erhöht sich für Zugmutter um 20 %; übergreifende Mutter um 5 % und ringförmig eingedrehte Mutter um 10 %; für Schrauben < M8 kann σ_A um $\approx 10\,\text{N/mm}^2$ erhöht werden, für Schrauben wird σ_A um ca. $10\,\text{N/mm}^2$ kleiner

Herstellung	geschnitten und vergütet, gerollt und vergütet			vergütet und dann gerollt		vergütet, geschliffen und im Kern nachgedrückt	
Festigkeits-klasse	5.6	8.8	10.9 12.9	8.8	10.9 12.9	10.9	12.9
σ_A in N/mm^2	30…40	50	60	90	100	140	170

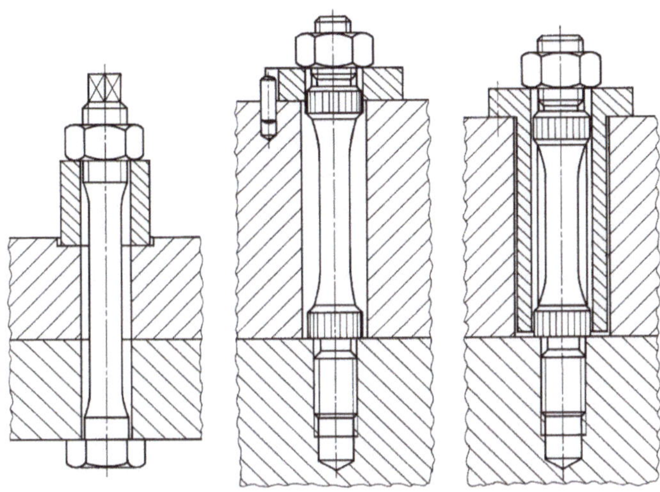

Abb. 10.36 Ausführungen der Schrauben zum Festhalten beim Anziehen [117]

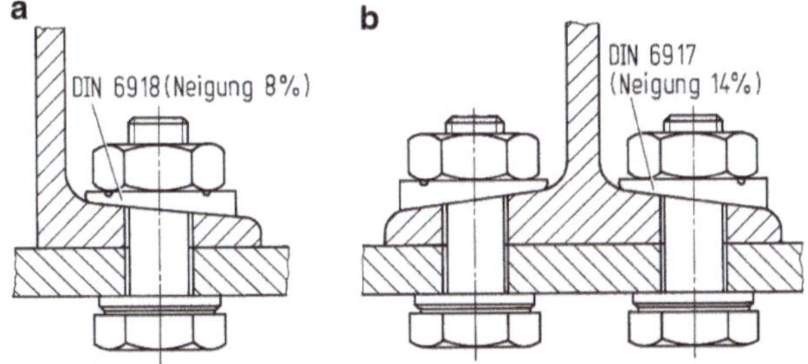

Abb. 10.37 Schraubenverbindungen im Stahlbau, **a** U-Träger mit keilförmiger Scheide nach DIN 6918 [47], **b** I-Träger mit keilförmiger Scheibe nach DIN 6917 [46]

- Möglichst keine Sicherungsbleche, Unterlegscheiben und Federringe verwenden (Abschn. 10.2.3 und 10.9). Mitverspannte Elemente bringen zusätzliche Trennfugen mit sich, die Verbindung wird unter Umständen durch Spaltkorrosion gefährdet. Ausnahmen gelten entsprechend den Angaben in Abschn. 10.2.3 sowie im Stahlbau: Hier werden eine (evtl. zwei) Unterlegscheiben gewählt, damit das Gewinde nicht in das Bauteil hineinragt. Zum Ausgleich von Schrägen an Walzprofilen sind schräge Unterlegscheiben erforderlich, Abb. 10.37.
- Durchgangslöcher bevorzugen, sie sind einfacher herstellbar (Spanfluss nicht behindert), die Verbindung tragfähiger (Abschn. 10.6.2, Abb. 10.38), jedoch Sacklöcher vorziehen, wenn die Abdichtung zum Innenraum von Gehäusen wichtig ist. Die Beanspruchung des Gewindes bei Durchgangs- und Sacklöchern zeigt Abb. 10.38.
- Wiederholtes Ein- und Ausschrauben bei Guss- und Leichtmetallflansch ist ungünstig.

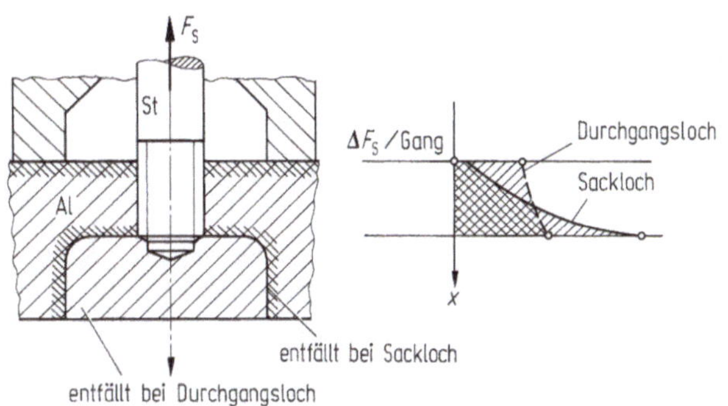

Abb. 10.38 Lastverteilung im Gewinde für Durchgangs- und Sacklöcher

10.9 Sichern von Befestigungsschraubenverbindungen

Eine Schraubenverbindung sollte möglichst so gestaltet und montiert werden, dass bei allen Betriebszuständen eine ausreichende Vorspannung vorhanden ist. Dann werden keine zusätzlichen Schraubensicherungen gebraucht, die Schraubenverbindung kann sich nicht selbsttätig lösen.

Vorspannungsabfall kann im Wesentlichen auf zwei mögliche Ursachen zurückgeführt werden: Lockern und Losdrehen.

10.9.1 Lockern

Lockern heißt Verlust der Vorspannung ohne Losdrehen der Schraube oder Mutter. Ursache hierfür sind die in Abschn. 10.5.2 beschriebenen Setzvorgänge, die unter Umständen zur vollständigen Entlastung der verspannten Teile führen können. Dann beginnen diese unter Wirkung der äußeren Schwingkräfte aufeinanderzuschlagen, was zum Dauerbruch führen oder Losdrehen (Abschn. 10.9.2) einleiten kann.

Hieraus ergeben sich folgende Maßnahmen gegen die Gefahr des Lockerns, d. h. zur Aufrechterhaltung der Vorspannung:

- hohe Bauteilsteifigkeit und niedrige Schraubensteifigkeit, ebene und feste Auflageflächen, Abschn. 10.8
- Wahl eines Anziehverfahrens mit Anziehfaktor α_A nahe 1 (insbesondere „Anspannen" und „streckgrenzengesteuertes Anziehen"), weil so die Streuungen gemindert und eine hohe Vorspannung sicher erreicht wird. Hierfür ist z. B. das Anziehen nach dem Kospa-Prinzip geeignet, Abb. 10.13.
- kleine Flächenpressung unter dem Schraubenkopf oder hohe Festigkeit, notfalls harte Unterlegscheiben verwenden, Abschn. 10.2.3
- Bei kurzen, niedrig belasteten Schrauben der Festigkeitsklasse ≤ 6.8 wählen sowie federnde Unterlegscheiben (Tellerfedern) verwenden. Die Federkraft muss allerdings bei höchster Belastung, d. h. Längung der Schraube, noch vorhanden sein.

10.9.2 Losdrehen

Selbsttätiges Losdrehen führt ebenfalls zum Abbau der Vorspannung und zu den oben beschriebenen Folgen.

Das Lösemoment nach (10.19) lässt sich für eine nach dem Setzen verbliebene Vorspannung F_V näherungsweise wie folgt abschätzen (*Man beachte*: für diese Überlegungen muss von der minimalen Vorspannkraft $F_{V\,\min}$ ausgegangen werden):

$$T_L \approx F_{V\,\min} \cdot \left[\frac{d_2}{2} \cdot \tan\varphi - \frac{d_2}{2} \cdot \tan\varrho' + \frac{d_w + D_{ki}}{4} \cdot \mu_K \right] \tag{10.93}$$

mit den folgenden Anteilen:

$$\text{Inneres Lösemoment} = F_{V\,\min} \cdot \frac{d_2}{2} \cdot \tan\varphi \tag{10.94}$$

$$\text{Haltemoment im Gewinde} = F_{V\,\min} \cdot \frac{d_2}{2} \cdot \tan\varrho' \tag{10.95}$$

$$\text{Haltemoment der Auflagefläche} = F_{V\,\min} \cdot \frac{d_w + D_{ki}}{4} \cdot \mu_K \tag{10.96}$$

d_w	in mm	Außendurchmesser der ebenen Kopfauflagefläche der Schraube (am Einlauf des Radiusübergangs vom Kopf) siehe Abb. 10.31
d_2	in mm	Flankendurchmesser
D_{ki}	in mm	Innendurchmesser der ebenen Kopfauflage nach (10.17)
μ_K		Reibungszahl im Gewinde
ϱ'	in °	scheinbarer Reibungswinkel
φ	in °	Steigungswinkel

Bei Befestigungsschrauben unter statischer Beanspruchung ist stets $\varrho' > \varphi$ und damit bereits das Haltemoment im Gewinde größer als das innere Lösemoment (das Reibmoment unter dem Schraubenkopf verstärkt das Haltemoment). Solange eine Vorspannkraft F_V wirkt, ist kein Losdrehen möglich, siehe „Selbsthemmung" Abschn. 10.3.4.4.

Dynamische Beanspruchung, insbesondere senkrecht zur Schraubenachse, kann zu Relativbewegungen in den Trennfugen und damit, insbesondere bei hoher Schwingfrequenz, zu einem drastischen Abbau der Reibungszahl führen. Dadurch kann das Haltemoment kleiner als das innere Lösemoment werden und die Losdrehbewegung setzt ein. Besonders gefährdet sind Verbindungen von dünnen verspannten Platten mit kurzen Schrauben, deren Vorspannkraft durch normales Setzen unter Umständen schnell abgebaut wird.

Auch extrem hohe axiale Schwingkräfte können bei Spitzgewinde zu kleinen axialen Gleitbewegungen („Atmen" des Gewindes) und damit zu einem weitgehenden Abbau des Reibschlusses im Gewinde führen.

Hieraus ergeben sich folgende Maßnahmen gegen selbsttätiges Losdrehen:

- Die Schraubenverbindung so dimensionieren und montieren, dass keine Relativbewegungen in den Teilfugen auftreten, deshalb hohe Vorspannung in allen Betriebszuständen. Hierfür geeignete Maßnahmen wie gegen Lockern, Abschn. 10.9.1.
- Bei großen Abmessungen werden mitunter Schraubenköpfe oder Muttern mit dem Bauteil verschweißt, siehe auch Tab. 10.2n.
- Sicherungselemente, die sich in den verspannten Teilen verhaken können, nur bei weicherem Werkstoff (z. B. S235). Bei härteren Werkstoffen sind sie wirkungslos [112].
- Stoffschlüssige Sicherungen: Kleber, die in unterschiedlicher Form auf das Gewinde aufgebracht werden, härten nach dem Einschrauben aus und verhindern Losdrehbewegungen (mikroverkapselte Kleber gestatten eine lagerfähige Vorbeschichtung der Schrauben), siehe Tab. 10.24. *Man beachte* die begrenzte Wirkung bei hohen Temperaturen und Probleme beim Demontieren. Schrauben und Muttern können meist nicht wiederverwendet werden.
- Formschlüssige Sicherungen nach Tab. 10.24 können ein gewisses Losdrehen (mit Abbau der Vorspannung) nicht verhindern und danach nur ein begrenztes Losdrehmoment aufnehmen. Sie eignen sich daher nur für Fertigkeitsklassen ≤ 6.8.
- Reibschlüssige Sicherungen, z. B. sog. „selbstsichernde" Muttern, erhöhen das Haltemoment und wirken somit einem selbsttätigen Losdrehen entgegen, siehe Tab. 10.24.
- Zur zum Teil sehr begrenzten Wirkung einiger Schraubensicherungen zeigt Abb. 10.39 Beispiele.

Tab. 10.24 Schraubensicherungen in Anlehnung an [104] und [122]

Ursache des Vorspannkraftverlusts	Einstellung nach		Beispiele	
	Funktion	Wirkprinzip		
Lockern durch setzen und/oder Relaxation	teilweise Kompensation von Setz- und Relaxationsverlusten	mitverspannte federnde Elemente	Federring DIN 127[4]	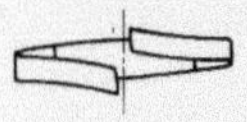
			Federscheibe DIN 137 [5]	
			Zahnscheibe DIN 6797 [42]	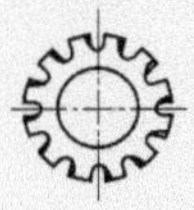
			Fächerscheibe DIN 6798 [43]	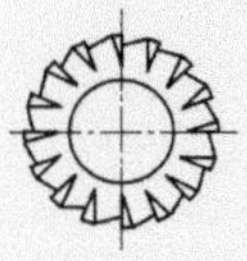
			Spannscheiben DIN 6796 [41] und DIN 6908 [44]	
			Kombischrauben DIN EN ISO 10644 [97]	
			Kombi-Blechschrauben DIN EN ISO 10510 [94]	
			Kombimuttern	
Losdrehen durch Aufhebung der Selbsthemmung	Verliersicherung	Formschluss	Kronenmutter DIN 935	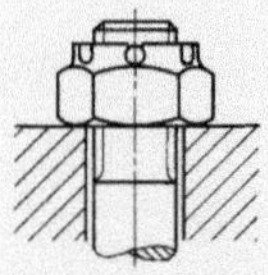
			Schrauben mit Splintloch DIN 34803 [57] und Splint DIN EN ISO 1234 [70]	siehe Abb. 11.7
			Drahtsicherung	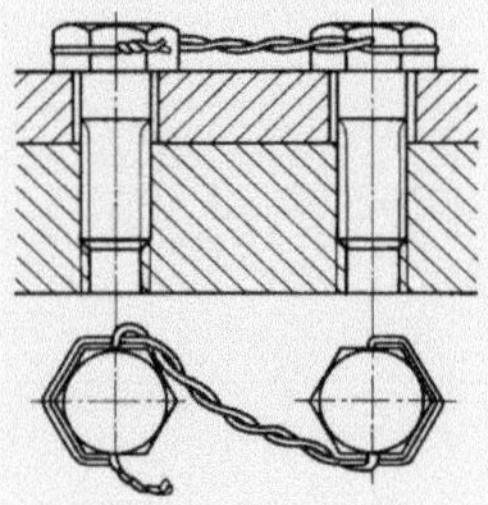
			Sicherungsblech mit Innennase DIN 462 [12]	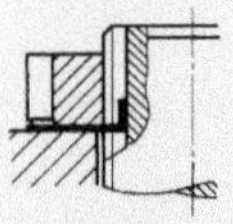
		Reibschluss (Klemmen)	selbstsichernde Muttern mit Klemmteil – mit nichtmetallischen Einsatz DIN EN ISO 10512 [95] – Ganzmetallmuttern DIN EN ISO 10513 [96]	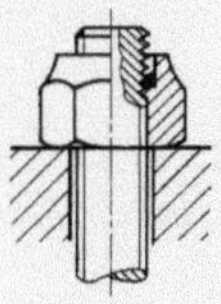
			Schrauben mit Kunststoffbeschichtung im Gewinde	
			gewindefurchende Schrauben	
			trilobulares Gewinde	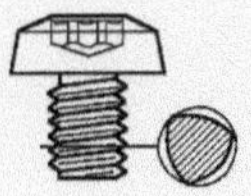

Tab. 10.24 (Fortsetzung)

Ursache des Vorspannkraftverlusts	Einstellung nach		Beispiele
	Funktion	Wirkprinzip	
Losdrehen durch Aufhebung der Selbsthemmung	Verliersicherung	Reibschluss (Klemmen)	Kontermutter
			Kegelauflage (erhöhte Reibung)
			Sicherungsmutter DIN 7967 [49]
			Kunststoffsicherungsring („Dubo-Sicherung")
	Losdrehsicherung	Mikroformschluss (Sperren)	Sperrzahnschrauben
			Sperrzahnmuttern
			Sperrkantscheiben
			Keilsicherungsscheiben
			Rippscheiben
		Stoffschluss (Kleben)	mikroverkapselte Schrauben DIN 267 Teil 27
			Flüssigklebstoff

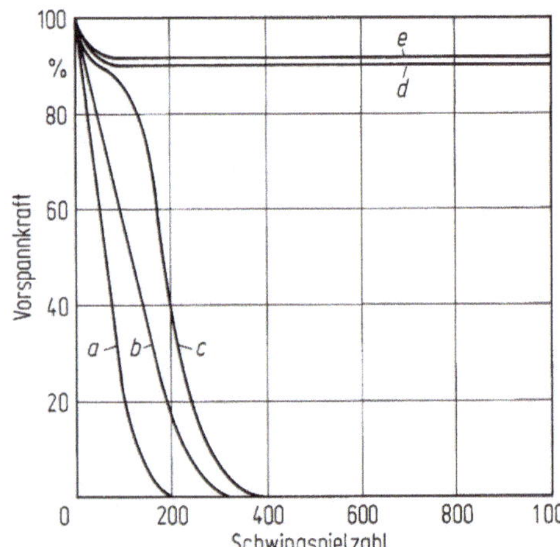

Abb. 10.39 Losdrehverhalten einer Schraubenverbindung [116] mit *a* Federring DIN 127 B, *b* Fächerscheibe DIN 6798 A, *c* Zahnscheibe DIN 6797, *d* Schraubenkopf mit Sperrzähnen, *e* mikroverkapseltem Klebstoff

10.9.3 Verliersicherungen

Einige der oben beschriebenen Sicherungselemente können dem Losdrehen und dem Vorspannungsabbau nur begrenzt entgegenwirken, sie verhindern aber, dass die Verbindung nach Verlust der Vorspannung auseinanderfällt.

10.10 Bewegungsschrauben

Funktionen und Anwendungsgebiete werden in Abschn. 10.1.2 beschrieben. Wichtig sind folgende Eigenschaften des Gewindes:

- geringer Verschleiß (beeinflusst Lebensdauer, Umkehrspiel, Stellgenauigkeit): geeignete Gewinde, Werkstoffe, Herstellung, Schmierung, Abdichtung, Flächenpressung

- hoher Wirkungsgrad bei Kraftgetrieben: gleiche Maßnahmen wie zu Verschleiß
- Selbsthemmung bei Stellgetrieben (geeignetes Gewinde)
- hohe Fertigungsgenauigkeit bei Mess- und Einstellfunktionen

10.10.1 Bauarten, Gewinde

- Bauarten nach Abb. 10.5: Die Mutter steht still und die angetriebene Spindel führt unter Drehung die Längsbewegung aus. Das Gewinde der „Mutter“ wird entweder unmittelbar in das Gehäuse (Werkstoffpaarung!) oder in Buchsen aus geeignetem Werkstoff geschnitten, die mit dem Gehäuse dreh- und axialfest verbunden sind. Durch Abdeckungen und Dichtungen wird für konstante Schmierbedingungen gesorgt und gegen Verschmutzung geschützt (Wirkungsgrad, Verschleiß!).
- Umkehrung zu Abb. 10.5: Die angetriebene Mutter ist axial abgestützt, die an der Drehung gehinderte Spindel führt die Längsbewegung aus.
- Bauform nach Abb. 10.40: Die drehende, axial abgestützte Spindel treibt die Mutter (Stempel) an, die bei der Axialbewegung gegen Drehen gesichert werden muss.

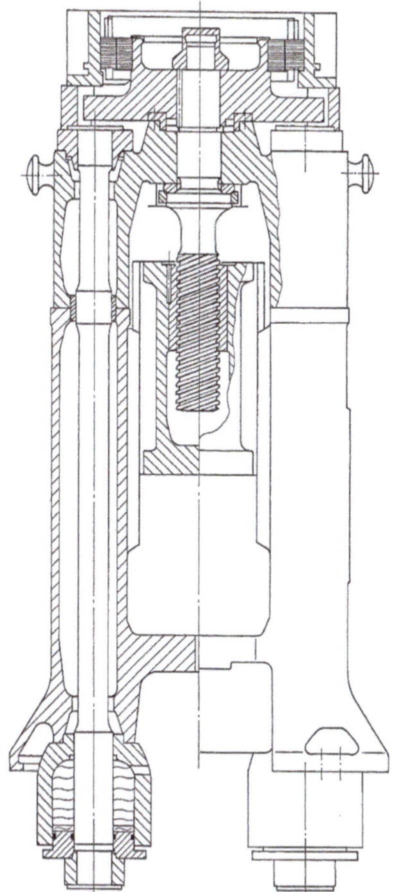

Abb. 10.40 Spindelpresse mit hydraulischer Überlastsicherung (Müller, Weingarten)

10.10.2 Kraft- und Wegübersetzung, Wirkungsgrad, Selbsthemmung – Hemmfaktor, Bremsfaktor

Für das Gewinde gelten die Beziehungen nach Abschn. 10.3.4. Da sich der drehende Teil (Spindel oder Mutter) aber in einem Axiallager abstützt, muss zusätzlich ein Lagerreibmoment T_B überwunden werden, um eine Hub- oder Senkbewegung unter Axialkraft (= Hubkraft) F_H einzuleiten

$$T_B = F_H \cdot \mu_B \cdot \frac{d_B}{2} \qquad (10.97)$$

d_B	in mm	mittlerer Durchmesser des Axiallagers
μ_B		Lagerreibungszahl, kann näherungsweise der Gewinde-Reibungszahl gesetzt werden siehe Tab. 10.25

Reibungszahlen von Axial-Wälzlagern $\mu_{BG} = 0{,}0015 \ldots 0{,}004$, für Anlaufreibung etwa doppelte Werte. Das Gesamt-Antriebsmoment (Hubmoment) beträgt damit

$$T_A = T_G + T_B \qquad (10.98)$$

T_G	in N mm	Gewinde-Anziehdrehmoment

Wenn T_A positiv ist, muss ein Antriebs-Drehmoment aufgebracht werden, auch um eine Senkbewegung einzuleiten. Für den Wirkungsgrad beim Heben gilt

$$\eta = \frac{W_H}{W_A} = \frac{F_H \cdot P_h}{F_U \cdot \pi \cdot d_2 + F_H \cdot \mu_B \cdot \pi \cdot d_B} = \frac{\tan\varphi}{\tan(\varphi + \varrho') + \mu_B \cdot \frac{d_B}{d_2}} \qquad (10.99)$$

mit dem scheinbaren Reibungswinkel ϱ' nach (10.8) und (10.10)

$$\mu' = \tan\varrho' = \frac{\mu_{G,G0}}{\cos\left(\frac{\alpha}{2}\right)} \qquad (10.100)$$

d_2	in mm	Flankendurchmesser siehe Abb. 10.27
F_U	in N	Umfangskraft
P_h	in mm	Steigung (früher Ganghöhe)
W_A	in N mm	dem Antrieb von der Mutter zugeführte Energie
W_H	in N mm	vom Antrieb abgegebene an der Spindel wirkende Energie
φ	in °	Steigungswinkel

Tab. 10.25 Mittlere Gewinde-Reibungszahlen für Bewegungsgewinde bei geschliffenen Spindeln aus Stahl ($Ra = 0{,}4\,\text{mm}$) im eingelaufenen Zustand (Klammer-Werte bei Betriebsbeginn und nach Verschleiß)

Werkstoff der Mutter	Schmierung	Gewinde-Reibungszahlen	
		der Ruhe μ_{G0}[a]	der Bewegung μ_G
Bronze, Rotguss	Fett	0,24 (0,35)	0,12 (0,15)
Bronze, Rotguss	Fett/Öl – 50/50	0,19	0,08
Polyamid PA6	Fett	0,19 (0,23)	0,07 (0,10)

[a] Durch Schwingungen kann μ_0 drastisch absinken, so dass Selbsthemmung unter Umständen nicht mehr gewährleistet ist.

Der Hemmfaktor ist nach Abschn. 10.3.4.5 mit Berücksichtigung der Lagerreibung

$$r = \frac{\tan \varrho_0'}{\tan \varphi} + \mu_{B0} \cdot \frac{d_B}{d_2} \cdot \left(\tan \varrho_0' + \frac{1}{\tan \varphi}\right) \qquad (10.101)$$

μ_{B0}		Lagerreibungszahl im ruhendem System
ϱ_0'	in °	scheinbarer Reibungswinkel im ruhendem System

Antriebe für z. B. Vorschubspindeln, Hebe- oder Verschiebe-Bühnen, dürfen sich aus der Ruhe nicht in Bewegung setzen, d. h. sie müssen unter der Wirkung der Ruhereibung (Reibungszahlen $\mu_0' = \tan \varrho_0'$ und μ_{B0}) selbsthemmend sein bzw. einen Hemmfaktor $r > 1$ aufweisen. Andererseits dürfen sie bei Abschalten oder Ausfall des Antriebs, aus der Bewegung heraus, nicht schlagartig blockieren, d. h. sie sollen unter der Wirkung der Gleitreibung nicht selbsthemmend, jedoch selbstbremsend sein, d. h. die Gleitreibung muss allmählich in Ruhereibung übergehen. Dabei soll der Nachlaufweg möglichst kurz sein. Im Allgemeinen ist dann eine zusätzliche Bremse erforderlich.

Selbstbremsung tritt ein, wenn die rechnerisch von der Mutter (pro Umdrehung) übertragene Reibungsenergie

$$W_A = 2 \cdot \pi \cdot T_A \qquad (10.102)$$

größer ist als die (pro Umdrehung) von der Spindel zugeführte Energie

$$W_H = P_h \cdot F_H \qquad (10.103)$$

Mit dem Bremsfaktor b wird nach VDI 2158 die Selbstbremsfähigkeit

$$b = 1 + \frac{W_A}{W_H} \qquad (10.104)$$

beurteilt.
Mit (10.99) ergibt sich

$$b = 1 - \frac{\tan(\varphi - \varrho')}{\tan \varphi} + \frac{\mu_B \cdot d_B}{\tan \varphi \cdot d_2} \qquad (10.105)$$

Für mittlere Verhältnisse sollte der Bremsfaktor etwa zwischen 1,5 bei kleinen Senkgeschwindigkeiten (0,02 m/s) und etwa 2,5 bei größeren Senkgeschwindigkeiten (0,1 m/s) liegen.

Man beachte also: Selbsthemmung (in Ruhe) muss nicht zwangsläufig Selbstbremsung (aus der Bewegung) einschließen (siehe Beispiel 10.3 in Abschn. 10.11). Zur Dimensionierung sicherer und wirtschaftlicher Spindel-Antriebe siehe VDI 2158. Hier können auch Angaben zur Berechnung des Auslaufwegs bei Selbstbremsbetrieb und des Bremsfaktors aus dem gemessenen Auslaufweg oder der Auslaufzeit sowie eine Darstellung des Geschehens bei Blockier- und Rattererscheinungen gefunden werden.

10.10.3 Werkstoffe, Herstellung

Werkstoff für die Spindel

Meist E295, E355, Vergütungsstahl und Einsatzstahl gehärtet (z. B. für Wälzschraubgetriebe), das Gewinde wird im Allgemeinen geschliffen, Rauheit $Ra = 0{,}3 \ldots 0{,}5\,\mu\text{m}$.

Werkstoff für die Muttern

Bronze, Rotguss, Grauguss, Kunststoff (z. B. Gusspolyamid PAG). Bei Mangelschmierung oder Trockenlauf: Sintermetall mit Graphit oder Molybdändisulfit imprägniert. Stahl nur bei Aussetzbetrieb, dann EP-Schmierstoff erforderlich (Fressgefahr), das Mutterngewinde wird meist gefräst oder geschnitten, Rauheit $Ra = 1 \ldots 5\,\mu\text{m}$. Werkstoffdaten sind in Kap. 5 angegeben.

10.10.4 Schmierung, Schmierstoffe

Im Allgemeinen wird Fettschmierung gewählt, z. B. Lithiumseifenfett mit 3 % Festschmierstoffanteil, auch Fett-Mineralöl-Mischung (niedrigere Reibungszahl, aber schwerer abzudichten), siehe auch Abschn. 10.4.4.

10.10.5 Dimensionierung und Festigkeitsnachweis

Wenn die Abmessungen nicht vorgegeben sind, können sie wie folgt nach einem Näherungsverfahren geschätzt werden.

Tab. 10.26 Mindestsicherheiten für (Bewegungs-) Schraubenverbindungen nach Erfahrung

Anwendungsfall	Mindestsicherheit $S_{F\,\min}$
schwellende Beanspruchung	≈ 3
wechselnde Beanspruchung	≈ 5

Mit den hiernach gewählten Werten wird der Festigkeitsnachweis geführt, Abschn. 10.6.5.

(A) Gegeben

Axiale Zug- oder Druckkraft F_A, ferner ist zu beachten, dass das Lagerreibmoment über die Spindel geleitet wird. Die Spindel wird demgemäß mit Zug oder Druck sowie auf Torsion durch das Gewindemoment und das Lagerreibmoment beansprucht. Bei einer Hubspindel treten die höchsten Beanspruchungen beim Hubvorgang auf. Hierbei summieren sich die Beanspruchungsanteile.

(B) Dimensionierung

Der erforderliche Kernquerschnitt wird entsprechend (10.69) mit der Fließgrenze R_p nach Tab. 10.6 (bei Einsatzstahl des Kernwerkstoffs) wie folgt abgeschätzt:
Bei Abstützung durch Wälzlager

$$A_3 = 1{,}35 \cdot \frac{F_A}{\frac{R_p}{S_F}} \tag{10.106}$$

Bei Abstützung durch Gleitlager

$$A_3 = 1{,}45 \cdot \frac{F_A}{\frac{R_p}{S_F}} \tag{10.107}$$

F_A	N	Betriebskraft
S_F		Sicherheit gegen Fließen siehe Tab. 10.26

Um das zusätzliche Lagerreibmoment zu berücksichtigen, ist der Faktor höher gegenüber Befestigungsschrauben in (10.69).

Es wird aus Tab. 10.14 das zugehörige (nächst größere) Normgewinde ausgewählt.

(C) Nachrechnen gegen statische Festigkeit (Fließgrenze R_p, Festigkeit R_m)

Mit den vorgegebenen Daten, dem gewählten Werkstoff und den Abmessungen des gewählten Gewindes wird die Sicherheit nach folgenden Rechenschritten berechnet:

(1) Zug-, Druckspannung σ_{zd} (statt σ_{zM}) nach (10.63) mit maximaler Betriebskraft F_A (statt F_M), Spannungsquerschnitt A_s nach Tab. 10.14

(2) Torsionsspannung τ_t nach (10.64) mit Gesamt-Antriebsmoment T_A nach (10.98) (statt T_G) und W_t Widerstandsmoment des Spannungsquerschnitts A_S

Tab. 10.27 Zulässige Flächenpressungen für Bewegungsschrauben bei Gewindespindeln aus Stahl (obere Werte für aussetzenden Betrieb, sorgfältige Schmierung; gehärtetes geschliffenes Spindel-Gewinde; untere Werte bei Dauerbetrieb, Mangelschmierung, geschnittenes oder gefrästes Gewinde)

Anwendungsfall	p_{zul} in N/mm^2
für Bronze- oder Rotgussmuttern (z. B. CuPb22Sn)	5 … 15
für Graugussmuttern	3 … 8
für Kunststoffmuttern (z. B. PA6)	2 … 5

(3) Vergleichsspannung σ_v nach (10.65) mit σ_{zd} und τ_t

(4) Sicherheit

$$S_F = \frac{R_p}{\sigma_v} \geq S_{F\,\min} \tag{10.108}$$

R_p	in N/mm^2	Fließgrenze siehe Tab. 10.6
$S_{F\,\min}$		Mindestsicherheit gegen Fließen siehe Tab. 10.26

(D) Nachrechnen auf Knicksicherheit

Bei druckbeanspruchten Spindeln erforderlich, Abschn. 3.2.7.1

(E) Nachrechnen der Flächenpressung im Gewinde

Die Gleitbeanspruchung führt zu Verschleiß der Gewindeflanken. Im Hinblick auf ausreichende Lebensdauer und evtl. Begrenzung des Flankenspiels darf die Flächenpressung p nicht zu hoch sein. Verschleißgefährdet ist in erster Linie das weichere Gewinde der Mutter.

Die Flächenpressung berechnet sich zu

$$p = \frac{F_A}{A_G \cdot i} \leq p_{zul} \tag{10.109}$$

p_{zul}	in N/mm^2	zulässige Flächenpressung siehe Tab. 10.27

mit der Projektionsfläche eines Gewindegangs in Achsrichtung

$$A_G = \pi \cdot d_2 \cdot H_1 \tag{10.110}$$

sowie der Anzahl der tragenden Gewindegänge

$$i = \frac{m}{P_h} \tag{10.111}$$

d_2	in mm	Flankendurchmesser siehe Tab. 10.3
m	in mm	Mutternhöhe
H_1	in mm	siehe Tab. 10.3
P_h	in mm	Steigung (früher Ganghöhe) siehe Abb. 10.9

10.11 Berechnungsbeispiele

Beispiel 10.1

Gegeben:
Schraube (Abb. 10.34) mit Klemmlänge $l_K = 50\,\text{mm}$ und Blattüberstand $\ddot{u} = 25\,\text{mm}$, ruhende Betriebskraft je Schraube $F_A = 20.000\,\text{N}$ (Zug/Druck-Belastung), Stahlflansche, Geforderte Klemmkraft je Schraube $F_{KR\,\text{min}} = 100\,\text{N}$, Sicherheit gegen Fließen $S_F = 1{,}1$

Gewählt:
Sechskantschrauben mit Schaft, Schraubenfestigkeitsklasse 8.8, Regelgewinde nach DIN EN ISO 4016 (siehe Tab. 10.28), drehmomentgesteuertes Anziehen mit Drehmomentenschlüssel, Rauhtiefe $Rz = 20\,\mu\text{m}$ und Reibungszahl $\mu' = 0{,}15$ (angenommen)

Gesucht:
Schraubengröße und Nachrechnung der statischen Sicherheit

Berechnet:

Dimensionierung:
Maximale Schraubenkraft nach (10.68)

$$F_{S\,\text{max}} \approx \alpha_A \cdot F_{KR\,\text{min}} + F_A = 20.140\,\text{N}$$

mit Anziehfaktor $\alpha_A = 1{,}4$ nach Tab. 10.9
Der Spannungsquerschnitt lässt sich nach (10.69) abschätzen zu

$$A_S = 1{,}23 \cdot \frac{F_{S\,\text{max}}}{\frac{R_p}{S_F}} = 42{,}6\,\text{mm}^2$$

mit $R_{p0,2} = 640\,\text{N/mm}^2$ nach Tab. 10.6
Gewählt: Gewinde M10 mit $A_S = 58\,\text{mm}^2$ nach Tab. 10.14.

Nachrechnen der Sicherheit für die gewählte Schraubengröße:
Nachgiebigkeit des Schraubenkopfes nach (10.26)

$$\delta_{SK} = \frac{0{,}4 \cdot \text{d}}{E_S \cdot A_N} = 2{,}4 \cdot 10^{-7}\,\frac{\text{mm}}{\text{N}}$$

mit dem Nennquerschnitt der Schraube $A_N = (\pi \cdot d^2)/4 = 78{,}54\,\text{mm}^2$
und dem E-Modul für Stahl $E_S = 210.000\,\text{N/mm}^2$.
Nachgiebigkeit des Schaftes nach (10.28)

$$\delta_1 = \frac{l_1}{E_S \cdot A_1} = 17{,}0 \cdot 10^{-7}\,\frac{\text{mm}}{\text{N}}$$

mit $d_1 = d$ also $A_1 = A_N$ und $l_1 = 28\,\text{mm}$ gewählt nach Tab. 10.28 für eine Schraubennennlänge $l = 60\,\text{mm} > l_K +$ Mutternhöhe.

Nachgiebigkeit des nicht eingeschraubten Gewindeteils nach (10.33)

$$\delta_3 = \frac{l_3}{E_S \cdot A_3} = 20{,}0 \cdot 10^{-7}\,\frac{\text{mm}}{\text{N}}$$

mit Kernquerschnitt $A_3 = 52{,}3\,\text{mm}^2$ nach Tab. 10.14 und $l_3 = l_K - l_1 = 22\,\text{mm}$, da $l_2 = 0$ siehe Abb. 10.34.
Nachgiebigkeit des eingeschraubten Schraubengewindekerns nach (10.29), (10.30), (10.31)

$$\delta_{GM} = 0{,}5 \cdot \frac{d}{E_S \cdot A_3} + 0{,}4 \cdot \frac{d}{E_S \cdot A_N} = 7{,}0 \cdot 10^{-7}\,\frac{\text{mm}}{\text{N}}$$

Damit wird die Nachgiebigkeit der Schraube nach (10.25) zu

$$\delta_S = \delta_{SK} + \delta_1 + \delta_3 + \delta_{GM} = 46{,}4 \cdot 10^{-7}\,\frac{\text{mm}}{\text{N}}$$

Nachgiebigkeit der verspannten Platten nach (10.34)

$$\delta_P = \frac{l_K}{A_{\text{ers}} \cdot E_P} = 5{,}6 \cdot 10^{-7}\,\frac{\text{mm}}{\text{N}}$$

mit $A_{\text{ers}} = \pi/4 \cdot (d_w{}^2 - d_h{}^2) + \pi/8 \cdot d_w \cdot (D_A - d_w) \cdot [(\sqrt[3]{l_K \cdot d_w/D_A{}^2} + 1)^2 - 1] = 426{,}6\,\text{mm}^2$ nach Tab. 10.10, Fall b
mit Kopfauflagedurchmesser $d_w = 14{,}5\,\text{mm}$ nach Tab. 10.28,
Bohrungsdurchmesser $d_h = 11\,\text{mm}$ nach Tab. 10.19
sowie Ersatzdurchmesser $D_A = 2 \cdot \ddot{u} = 50\,\text{mm}$
und dem E-Modul für Stahl $E_P = 210.000\,\text{N/mm}^2$
Es ergibt sich das Kraftverhältnis nach (10.48)

$$\Phi = \frac{\delta_P}{\delta_S + \delta_P} = 10{,}77 \cdot 10^{-2}$$

Unter Berücksichtigung der Krafteinleitungsebene nach Tab. 10.12 mit der Annahme, dass Krafteinleitung nahe des Schraubenkopfes vorliegt, beträgt die Schraubenzusatzkraft nach (10.53)

$$F_{SA} = n \cdot \Phi \cdot F_A = 1508\,\text{N}$$

und die Plattenentlastungskraft nach (10.54)

$$F_{PA} = (1 - n \cdot \Phi) \cdot F_A = 18.492\,\text{N}$$

mit $n = 0{,}7$ nach Tab. 10.12.
Der durch Setzerscheinungen auftretende Vorspannkraftverlust beträgt nach (10.38)

$$F_Z = \frac{f_Z}{\delta_S + \delta_P} = 2115\,\text{N}$$

mit einem Setzbetrag $f_Z = 1 \cdot 3\,\mu\text{m} + 2 \cdot 3\,\mu\text{m} + 1 \cdot 2\,\mu\text{m} = 11\,\mu\text{m}$ nach Tab. 10.11.

Tab. 10.28 Schraubenlängen nach DIN EN ISO 4016, Maße in Millimeter

Gewinde, Nenndurchmesser d			M5		M6		M8		M10		M12		M16		M20	
Steigung P_h			0,8		1		1,25		1,5		1,75		2		2,5	
Kopfauflagedurchmesser d_w min			6,74		8,74		11,47		14,47		16,47		22		27,7	
Schlüsselweite s, Nennmaß = max			8,00		10,00		13,00		16,00		18,00		24,00		30,00	
Nennlänge l			Schaftlänge l_s und Abstand von der Auflagefläche bis zum ersten vollen Gewindegang l_g													
Nennmaß	min.	max.	l_s min.	l_g max.	l_s min.	l_g max.	l_s min.	l_g max.	l_s min.	l_g max.	l_s min.	l_g max.	l_s min.	l_g max.	l_s min.	l_g max.
25	23,95	26,05	5	9												
30	28,95	31,06	10	14	7	12										
35	33,75	36,25	15	19	12	17										
40	38,75	41,25	20	24	17	22	11,75	18								
45	43,75	46,25	25	29	22	27	16,75	23	11,5	19						
50	48,75	51,25	30	34	27	32	21,75	28	16,5	24						
55	53,5	56,5			32	37	26,75	33	21,5	29	16,25	25				
60	58,5	61,5			37	42	31,75	38	26,5	34	21,25	30				
65	63,5	66,5					36,75	43	31,5	39	26,25	35	17	27		
70	68,5	71,5					41,75	48	36,5	44	31,25	40	22	32		
80	78,5	81,5					51,75	58	46,5	54	41,25	50	32	42	21,5	34
90	88,25	91,75							56,5	64	51,25	60	42	52	31,5	44
100	98,25	101,75							66,5	74	61,25	70	52	62	41,5	54
110	108,25	111,75									71,25	80	62	72	51,5	64
120	118,25	121,75									81,25	90	72	82	61,5	74
130	128	132											76	86	65,5	78
140	138	142											86	96	75,5	88
150	148	152											96	106	85,5	98
160	156	164											106	116	95,5	108
180	176	184													115,5	128
200	195,4	204,6													135,5	148

Die Maximale-Montage-Vorspannkraft berechnet sich nach (10.72) zu

$$F_{M\,\max} = \alpha_A \cdot (F_{KR\,\min} + F_{PA} + F_Z) = 28.990\,\mathrm{N}$$

Die statische Sicherheit wird nach (10.75) folgendermaßen berechnet

$$S_F = A_S \cdot \frac{R_p}{\sqrt{F_{S\,\max}^2 + 3 \cdot (F_{M\,\max} \cdot 2 \cdot \tan(\varphi + \varrho') \cdot \frac{d_2}{d_S})^2}}$$

$$= 1{,}257 > S_{F\,\min} = 1{,}1$$

mit dem Spannungsquerschnitt der gewählten M10 Schraube $A_s = 58\,\mathrm{mm}^2$,
Reibungswinkel $\varrho' = \arctan \mu' = 8{,}53°$ nach (10.4),
Steigungswinkel $\varphi = \arctan P_h/(\pi \cdot d_m) = 3{,}03°$ nach (10.1) mit $P_h = 1{,}5$ nach Tab. 10.28,
Flankendurchmesser $d_2 = d - 0{,}64953 \cdot P_h = 9{,}026\,\mathrm{mm}$ nach Tab. 10.3a,
Spannungsdurchmesser $d_S = \sqrt{A_S \cdot 4/\pi} = 8{,}59\,\mathrm{mm}$ nach (10.59).

Beispiel 10.2

Gegeben:
Pleuelschraube (Abb. 10.17) mit geschnittenem und schlussvergütetem Gewinde, die als Taillenschraube (Abb. 10.16) ausgebildet ist, dynamische Betriebskraft $F_A = 15.000\,\mathrm{N}$ (Zug/Druckbelastung), Schraube M10, Festigkeitsklasse 10.9.
Geforderte Mindestklemmkraft $F_{KR\,\min} = 500\,\mathrm{N}$. Geforderte statische Sicherheit $S_{F\,\min} = 1{,}1$, geforderte dynamische Sicherheit $S_{D\,\min} = 1{,}5$, $R_{p0,2} = 940\,\mathrm{N/mm}^2$ (Tab. 10.6).
Abmessungen: $l_K = 70\,\mathrm{mm}$, $l_{11} = l_{12} = 10\,\mathrm{mm}$, $l_2 = 40\,\mathrm{mm}$, $d_{11} = 8\,\mathrm{mm}$, $d_2 = 7{,}3\,\mathrm{mm}$, $d_w = 17\,\mathrm{mm}$, $D_A = 25\,\mathrm{mm}$.
Krafteinleitung geschätzt etwa Mitte Flansch. Drehmomentgesteuertes Anziehen mit Drehmomentenschlüssel, Reibungszahl $\mu' = 0{,}15$ angenommen.

Gesucht:
Nachrechnung der Schraube mittels Berechnung der statischen und dynamischen Sicherheit und des Gesamt-Anziehmoments.

Berechnet:
Analog zu Beispiel 10.1 ergibt sich die Nachgiebigkeit der Schraube nach (10.25)

$$\delta_S = \delta_{SK} + \delta_{11} + \delta_{12} + \delta_2 + \delta_{GM}$$
$$= (2{,}4 + 9{,}5 + 6{,}1 + 45{,}5 + 7{,}0) \cdot 10^{-7}\,\frac{\text{mm}}{\text{N}}$$
$$= 70{,}5 \cdot 10^{-7}\,\frac{\text{mm}}{\text{N}}$$

mit $d_2 = d$,
die Nachgiebigkeit der verspannten Platten $\delta_P = l_K/(A_{\text{ers}} \cdot E_P) = 9{,}6 \cdot 10^{-7}\,\text{mm/N}$ nach (10.34)
mit A_{ers} aus Tab. 10.10 Fall b (d_h siehe Tab. 10.19),
Kraftverhältnis $\Phi = \delta_P/(\delta_S \cdot \delta_P) = 12{,}0$ nach (10.48).
Die Schraubenzusatzkraft wird nach (10.53) zu

$$F_{SA} = n \cdot \Phi \cdot F_A = 900\,\text{N}$$

mit $n = 0{,}5$ nach Tab. 10.12.
Die Plattenentlastungskraft folgt aus (10.54)

$$F_{PA} = (1 - n \cdot \Phi) \cdot F_A = 14.100\,\text{N}$$

Es errechnet sich der durch Setzerscheinungen auftretende Vorspannkraftverlust nach (10.38)
$F_Z = f_Z/(\delta_S + \delta_P) = 1623\,\text{N}$
mit einem Setzbetrag $f_Z = 1 \cdot 3\,\mu\text{m} + 2 \cdot 3\,\mu\text{m} + 2 \cdot 2\,\mu\text{m} = 13\,\mu\text{m}$ nach Tab. 10.11.
Daraus ergibt sich die statische Sicherheit nach (10.75) zu

$$S_F = A_S \cdot \frac{R_p}{\sqrt{F_{S\max}^2 + 3 \cdot (F_{M\max} \cdot 2 \cdot \tan(\varphi + \varrho') \cdot \frac{d_2}{d_S})^2}}$$
$$= 1{,}55 > S_{F\min} = 1{,}1$$

mit $F_{S\max} \approx \alpha_A \cdot F_{KR\min} + F_A = 15.700\,\text{N}$ nach (10.68) und
$F_{M\max} = \alpha_A \cdot (F_{KR\min} + F_{PA} + F_Z) = 22.712\,\text{N}$ nach (10.72)
mit Spannungsquerschnitt $A_S = A_2 = \pi \cdot {d_2}^2/4 = 41{,}85\,\text{mm}^2$ nach Abschn. 10.6.3, da kleinster Schaftdurchmesser der Taillenschraube, $d_S = d_{2,\text{Schaft}} = 7{,}3\,\text{mm}$, $d_2 = d_{2,\text{Gewinde}} = d - 0{,}64953 \cdot P_h = 9{,}026\,\text{mm}$ nach Tab. 10.3,
Reibungswinkel $\varrho' = \arctan \mu' = 8{,}53°$ nach (10.4),
Steigungswinkel $\varphi = \arctan P_h/(\pi \cdot d_m) = 3{,}03°$ nach (10.1)
mit $P_h = 1{,}5$ nach Tab. 10.28.
Zur Ermittlung der Dauerschwingfestigkeit werden die Schraubenausschlagspannung für Schwellbeanspruchung nach (10.63) und (10.56) errechnet

$$\sigma_{Sa} = \frac{F_{SAa}}{A_3} = \frac{F_{SA}}{2 \cdot A_3} = 8{,}6\,\frac{\text{N}}{\text{mm}^2}$$

mit Kernquerschnitt $A_3 = 52{,}3\,\text{mm}^2$ nach Tab. 10.14.

Die Dauerfestigkeit schlussvergüteter Gewinde beträgt nach Abb. 10.28

$$\sigma_A = 0{,}85 \cdot \left(\frac{150}{d} + 45\right) = 61{,}67\,\frac{\text{N}}{\text{mm}^2}$$

Es ergibt sich die Dauerbruchsicherheit nach (10.76)

$$S_D = \frac{\sigma_A}{\sigma_{Sa}} = 7{,}2 > S_{D\min}$$

Das erforderliche Gesamt-Anziehmoment für die Schraubenverbindung liegt nach (10.20) bei

$$T_A = F_M \cdot (0{,}16 \cdot P_h + 0{,}58 \cdot \mu_G \cdot d_2 + \mu_K \cdot \frac{d_w + D_{Ki}}{4}$$
$$= 44{,}4\,\text{N m}$$

mit Montagevorspannkraft $F_M = F_{M\max}$,
$\mu_K = 0{,}14$ nach Tab. 10.5 (GG/St, spanend bearbeitet, geölt, minimaler Wert, da Mindest-Anziehmoment gesucht),
$\mu_G = \mu_K$ (siehe Hinweis unter (10.20)),
$d_2 = d_{2,\text{Gewinde}}$ und
$D_{Ki} = \max(D_a, d_{ha}, d_h, d_a) =$ Durchgangsloch $d_h = 11\,\text{mm}$ nach (10.17) und Tab. 10.19.

Beispiel 10.3
Hubspindel für Höhenverstellung der Anoden eines Elektroschmelzofens [115]

Gegeben:
Hauptdaten des Hubspindelantriebs siehe Abb. 10.41. Die Hubspindel ist mit dem Anodengestell fest verbunden. Ein zweiter Hubspindelantrieb dreht gegensinnig, so dass die auf das Anodengestell wirkenden Drehmomente sich aufheben. Die Hubspindel wird dadurch an der Drehbewegung gehindert und führt eine reine Axialbewegung aus.
Hinweis: Bei einem einzelnen Hubspindelantrieb muss die Hubspindel durch eine Axialführung an der Drehbewegung gehindert werden. In der Axialführung tritt eine dem Abstützmoment proportionale Reibungskraft auf, die der Axialbewegung der Hubspindel entgegengesetzt wirkt. Dies ist bei der Berechnung des Bremsfaktors zu berücksichtigen.

Angenommen:
Gewinde-Haftreibungszahl $\mu_{G0} = 0{,}1$, Gewinde-Gleitreibungszahl $\mu_G = 0{,}05$, Lager-Haftreibungszahl $\mu_{B0} = 0{,}003$, Lager-Gleitreibungszahl $\mu_B = 0{,}0015$.

Gesucht:
1. Wirkungsgrad für Heben η
2. Hemmfaktor r
3. Bremsfaktor b

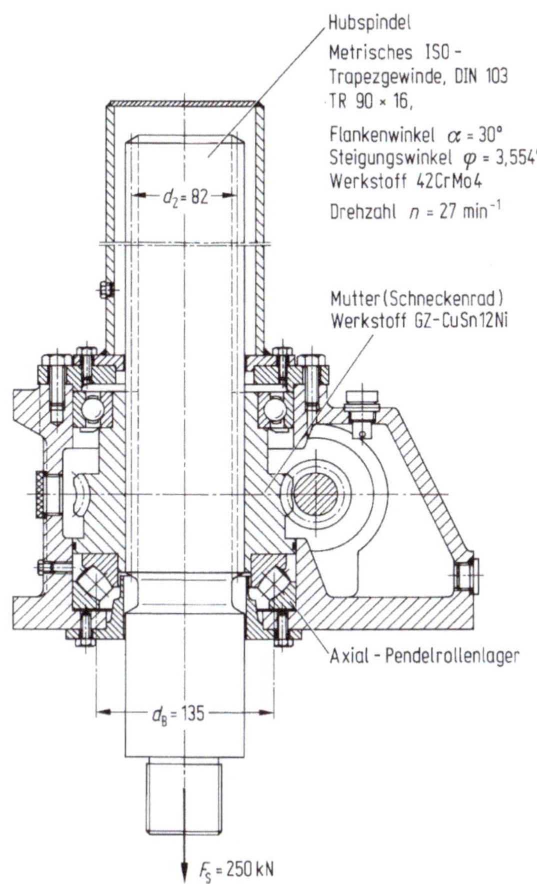

Abb. 10.41 Beispiel 3: Hauptdaten des Hubspindelantriebs mit Schneckengetriebe (Flender, Bocholt)

Betriebszustand des Hubspindelantriebs
Prüfung, ob der Antrieb selbsthemmend und selbstbremsend ist.
Hinweis: Für das vorgeschaltete Schneckengetriebe sind die gleichen Überlegungen zu Selbsthemmung und Selbstbremsung anzustellen. Vorgehensweise siehe VDI 2158. Für das vorliegende Beispiel ergibt sich damit unverändert Selbsthemmung und keine Selbstbremsung, jedoch mit verändertem Betrag [115].

Berechnet:

1. Wirkungsgrad für Heben nach (10.99):

$$\eta = \frac{\tan\varphi}{\tan(\varphi + \varrho') + \mu_B \cdot d_B/d_2} = 0{,}532$$

mit $\tan\varrho' = \mu_G' = \tan\varphi/\cos(\alpha/2) = \mu_G/\cos(\alpha/2) = \mu_G/\cos 15° = 0{,}0518$, also $\varrho' = 2{,}9632°$ nach (10.4), (10.8) und (10.9)

2. Hemmfaktor nach (10.101)

$$r = \frac{\tan\varrho_0'}{\tan\varphi} + \mu_{B0} \cdot \frac{d_B}{d_2} \cdot \frac{\tan\varrho_0' + 1}{\tan\varphi} = 1{,}75$$

mit $\tan\varrho_0' = \mu_{G0}' = \tan\varrho_0/\cos(\alpha/2) = \mu_{G0}/\cos(\alpha/2) = 0{,}10353$, d. h. $r > 1$: der Hubspindelantrieb ist selbsthemmend.
Zustand in Ruhe nach Abschn. 10.10.2.

3. Bremsfaktor nach (10.105):

$$b = 1 - \frac{\tan(\varphi - \varrho')}{\tan\varphi} + \mu_B \cdot \frac{d_B}{\tan\varphi \cdot d_2} \cdot \frac{\tan\varrho_0' + 1}{\tan\varphi}$$
$$= 0{,}87$$

d. h. der Hubspindelantrieb ist nicht selbstbremsend, da $b < 1{,}5$ nach Abschn. 10.10.2. Die Spindel bleibt nach Abschalten des Antriebs in Bewegung. Zum Stillsetzen ist eine Bremse erforderlich.

Literatur

1. Bollenrath F, Cornelius H, Siedenburg W (1939) Festigkeitseigenschaften von Leichtmetallschrauben. VDI-Z 83:1169–1173
2. DIN 13 Metrisches ISO-Gewinde allgemeiner Anwendung – Teil 4:1999-11 Nennmaße für Feingewinde mit Steigung 0,75 mm; Gewinde-Nenndurchmesser von 5 mm bis 110 mm – Teil 28:1975-09 Regel- und Feingewinde von 1 bis 250 mm Gewindedurchmesser, Kernquerschnitte, Spannungsquerschnitte und Steigungswinkel
3. DIN 103 Metrisches ISO-Trapezgewinde – Teil 2:1977-04 Gewindereihen
4. DIN 127: 1985-03 Federringe, aufgebogen oder glatt mit rechteckigem Querschnitt. Zurückgezogen: 1993-07
5. DIN 137:1994-05 Federscheiben, gewellt. Zurückgezogen: 2003-05
6. DIN 158 Metrisches kegeliges Außengewinde mit zugehörigem zylindrischen Innengewinde – Teil 1:1997-06 Nennmaße, Grenzabmaße, Grenzmaße und Prüfung – Teil 2:1997-06 Lehrensystem, Anwendung der Lehren, Berechnung der Lehrenmaße und Baumerkmale
7. DIN 168 Rundgewinde – Teil 1:1998-04 Gewindemaße für Glasbehältnisse
8. DIN 267 Mechanische Verbindungselemente – Technische Lieferbedingungen – Teil 26:2005-12 Spannscheiben aus Federstahl für Schraubenverbindungen – Teil 27:2009-09 Schrauben aus Stahl mit klebender Beschichtung
9. DIN 315:2016-12 Mechanische Verbindungselemente – Flügelmuttern – Runde Flügelform
10. DIN 405 Rundgewinde allgemeiner Anwendung – Teil 1:1997-11 Gewindeprofile, Nennmaße – Teil 2:1997-11 Abmaße und Toleranzen – Teil 3:1997-11 Lehren für Außen- und Innengewinde; Lehrenarten, Profile, Toleranzen
11. DIN 431:2013-05 Rohrmuttern mit Rohrgewinde nach DIN EN ISO 228-1
12. DIN 462:1973-09 Werkzeugmaschinen – Sicherungsbleche mit Innennase, für Nutmuttern nach DIN 1804
13. DIN 464:2007-01 Rändelschrauben, hohe Form
14. DIN 466:2006-08 Rändelmuttern, hohe Form
15. DIN 513 Metrisches Sägegewinde – Teil 1:1985-04 Gewindeprofile – Teil 2:1985-04 Gewindereihen – Teil 3:1985-04 Abmaße und Toleranzen
16. DIN 546:2010-09 Schlitzmuttern
17. DIN 548:2007-01 Kreuzlochmuttern
18. DIN 557:1994-01 Vierkantmuttern – Produktklasse C

19. DIN 561:1995-02 Sechskantschrauben mit Zapfen und kleinem Sechskant
20. DIN 564:1995-02 Sechskantschrauben mit Ansatzspitze und kleinem Sechskant
21. DIN 582:2010-09 Ringmuttern
22. DIN 609:2016-12 Sechskant-Passschrauben mit langem Gewindezapfen
23. DIN 835:2010-07 Stiftschrauben – Einschraubende ≈ 2 d
24. DIN 909:2012-04 Verschlussschrauben mit Außensechskant – Kegeliges Gewinde
25. DIN 910:2012-04 Verschlussschrauben mit Bund und Außensechskant – zylindrisches Gewinde
26. DIN 928:2013-12 Vierkant-Schweißmuttern
27. DIN 929:2013-12 Sechskant-Schweißmuttern
28. DIN 931 Sechskantschrauben mit Schaft – Teil 2:2009-06 Metrisches Gewinde M68 bis M160 × 6 – Produktklasse B
29. DIN 934:1987-10 Sechskantmuttern – Metrisches Regel- und Feingewinde; Produktklassen A und B. Zurückgezogen: 1992-02
30. DIN 935 Sechskant-Kronenmuttern – Teil 1:2013-08 Metrisches Regel- und Feingewinde, Produktklassen A und B – Teil 3:2013-08 Metrische Regelgewinde, Produktklasse C
31. DIN 938:2012-12 Stiftschrauben – Einschraubenden ≈ 1 d
32. DIN 939:1995-02 Stiftschrauben – Einschraubenden ≈ 1,25 d
33. DIN 940:2010-07 Stiftschrauben – Einschraubenden ≈ 2,5 d
34. DIN 1587:2014-07 Sechskant-Hutmuttern, hohe Form
35. DIN 1804:1971-03 Nutmuttern – Metrisches ISO-Feingewinde
36. DIN 1816:1971-03 Kreuzlochmuttern – Metrisches ISO-Feingewinde
37. DIN 2440 Geometrische Produktspezifikation (GPS) – Lehrengriffe – Teil 1:2001-12 Für Lehrenkörper mit Kegelzapfen 1:50 bis 40 mm Nenndurchmesser – Teil 2:2001-12 Für Lehrenkörper über 40 mm Nenndurchmesser; Griffe, Zylinderschrauben, Klemmstücke
38. DIN 2509:2016-05 Mechanische Verbindungselemente – Schraubenbolzen
39. DIN 3858:2005-08 Whitworth-Rohrgewinde für Rohrverschraubungen – Zylindrisches Innengewinde und kegeliges Außengewinde – Maße
40. DIN 4768:1990-05 Ermittlung der Rauheitskenngrößen R_a, R_z, R_{max} mit elektrischen Tastschnittgeräten – Begriffe, Meßbedingungen. Zurückgezogen: 1999-09
41. DIN 6796:2009-08 Spannscheiben für Schraubenverbindungen
42. DIN 6797:1988-07 Zahnscheiben. Zurückgezogen: 2003-05
43. DIN 6798:1988-07 Fächerscheiben. Zurückgezogen: 2003-05
44. DIN 6908:1995-08 Zylinderschrauben mit Innensechskant – Niedriger Kopf, mit Schlüsselführung
45. DIN 6912:2009-06 Zylinderschrauben mit Innensechskant – Niedriger Kopf mit Schlüsselführung
46. DIN 6917:1998-10 Scheiben, vierkant, keilförmig, für HV-Schrauben an I-Profilen in Stahlkonstruktionen
47. DIN 6918:1990-04 Scheiben, vierkant, keilförmig für HV-Schrauben an U-Profilen in Stahlkonstruktionen
48. DIN 7604:2016-05 Verschlussschrauben mit Außensechskant – Leichte Ausführung – Zylindrisches Gewinde
49. DIN 7967:1970-11 Sicherungsmuttern. Zurückgezogen: 2003-05
50. DIN 7968:2007-07 Sechskant-Passschrauben mit Sechskantmutter für Stahlkonstruktionen
51. DIN 7975:2016-04 Blechschraubverbindungen – Anwendung, Richtwerte für Kernlochdurchmesser
52. DIN 7990:2008-04 Sechskantschrauben mit Sechskantmuttern für Stahlkonstruktion
53. DIN 7998:1975-02 Gewinde- und Schraubenenden für Holzschrauben
54. DIN 18800 Stahlbauten – Teil 1:1990-11 Bemessung und Konstruktion. Zurückgezogen: 2010-12
55. DIN 34800:2016-11 Schrauben mit Außensechsrund mit kleinem Flansch
56. DIN 34801:1999-12 Schrauben mit Außensechsrund mit großem Flansch
57. DIN 34803:2001-11 Splintlöcher und Drahtlöcher für Schrauben
58. DIN 34821:2005-11 Zylinderschrauben mit Innenvielzahn mit Gewinde bis Kopf
59. DIN 34822:2005-11 Zylinderschrauben mit Flansch mit Innenvielzahn mit Gewinde bis Kopf“
60. DIN 34823:2005-11 Linsensenkschrauben mit Innenvielzahn
61. DIN 34824:2007-11 Innenvielzahn für Schrauben
62. DIN EN 1993 Eurocode 3: Bemessung und Konstruktion von Stahlbauten – Teil 1-8:2010-12 Bemessung von Anschlüssen – Teil 1-9:2010-12 Ermüdung
63. DIN EN 10226 Rohrgewinde für im Gewinde dichtende Verbindungen – Teil 1:2004-10 Kegelige Außengewinde und zylindrische Innengewinde – Teil 2:2005-11 Kegelige Außengewinde und kegelige Innengewinde – Teil 3:2005-05 Prüfung mit Grenzlehren
64. DIN EN 10255:2007-07 Rohre aus unlegiertem Stahl mit Eignung zum Schweißen und Gewindeschneiden – Technische Lieferbedingungen
65. DIN EN 14399 Hochfeste vorspannbare Garnituren für Schraubverbindungen im Metallbau – Teil 4:2015-04 System HV – Garnituren aus Sechskantschrauben und -muttern – Teil 8:2008-03 System HV – Garnituren aus Sechskant-Passschrauben und Muttern
66. DIN EN 20273:1992-02 Mechanische Verbindungselemente – Durchgangslöcher für Schrauben
67. DIN EN ISO 228 Rohrgewinde für nicht im Gewinde dichtende Verbindungen – Teil 1:2003-05 Maße, Toleranzen und Bezeichnung
68. DIN EN ISO 898 Mechanische Eigenschaften von Verbindungselementen aus Kohlenstoffstahl und legiertem Stahl – Teil 1:2013-05 Schrauben mit festgelegten Festigkeitsklassen – Regelgewinde und Feingewinde – Teil 2:2012-08 Muttern mit festgelegten Festigkeitsklassen – Regelgewinde und Feingewinde
69. DIN EN ISO 1207:2011-10 Zylinderschrauben mit Schlitz – Produktklasse A
70. DIN EN ISO 1234:1998-02 Splinte
71. DIN EN ISO 1478:1999-12 Blechschraubengewinde
72. DIN EN ISO 1481:2011-10 Flachkopf-Blechschrauben mit Schlitz
73. DIN EN ISO 2010:2011-12 Linsensenkschraube mit Schlitz – Produktklasse A
74. DIN EN ISO 2342:2004-05 Gewindestifte mit Schlitz mit Schaft
75. DIN EN ISO 4014:2011-06 Sechskantschrauben mit Schaft – Produktklassen A und B
76. DIN EN ISO 4016:2011-06 Sechskantschrauben mit Schaft – Produktklasse C
77. DIN EN ISO 4017:2015-05 Mechanische Verbindungselemente – Sechskantschrauben mit Gewinde bis Kopf – Produktklassen A und B
78. DIN EN ISO 4018:2011-07 Sechskantschrauben mit Gewinde bis Kopf – Produktklasse C
79. DIN EN ISO 4026:2004-05 Gewindestifte mit Innensechskant und Kegelstumpf
80. DIN EN ISO 4032:2013-04 Sechskantmuttern (Typ 1) – Produktklassen A und B
81. DIN EN ISO 4034:2013-04 Sechskantmuttern – Produktklasse C
82. DIN EN ISO 4035:2013-04 Niedrige Sechskantmuttern mit Fase (Typ 0) – Produktklassen A und B

83. DIN EN ISO 4036:2013-04 Niedrige Sechskantmuttern ohne Fase (Typ 0) – Produktklasse B
84. DIN EN ISO 4287:2010-07 Geometrische Produktspezifikation (GPS) – Oberflächenbeschaffenheit: Tastschnittverfahren – Benennungen, Definitionen und Kenngrößen der Oberflächenbeschaffenheit
85. DIN EN ISO 4762:2004-06 Zylinderschrauben mit Innensechskant
86. DIN EN ISO 4766:2011-11 Gewindestifte mit Schlitz und Kegelkuppe
87. DIN EN ISO 7047:2011-12 Linsensenkschrauben (Einheitskopf) mit Kreuzschlitz Form H und Form Z – Produktklasse A
88. DIN EN ISO 7089:2000-11 Flache Scheiben – Normale Reihe, Produktklasse A
89. DIN EN ISO 7091:2000-11 Flache Scheiben – Normale Reihe, Produktklasse C
90. DIN EN ISO 8673:2013-04 Sechskantmuttern (Typ 1) mit metrischem Feingewinde – Produktklassen A und B
91. DIN EN ISO 8675:2013-04 Niedrige Sechskantmuttern mit Fase (Typ 0) mit metrischem Feingewinde – Produktklassen A und B
92. DIN EN ISO 8676:2011-07 Sechskantschrauben mit Gewinde bis Kopf und metrischem Feingewinde – Produktklassen A und B
93. DIN EN ISO 8765:2011-06 Sechskantschrauben mit Schaft und metrischem Feingewinde – Produktklassen A und B
94. DIN EN ISO 10510:2011-07 Kombi-Blechschrauben mit flachen Scheiben
95. DIN EN ISO 10512:2013-05 Sechskantmuttern mit Klemmteil (nicht metallischer Einsatz), mit Feingewinde – Festigkeitsklassen 6, 8 und 10
96. DIN EN ISO 10513:2013-05 Hohe Sechskantmuttern mit Klemmteil (Ganzmetallmuttern) mit metrischem Feingewinde – Festigkeitsklassen 8, 10 und 12
97. DIN EN ISO 10644:2009-10 Kombi-Schrauben aus Stahl mit flachen Scheiben – Härteklassen der Scheiben 200 HV und 300 HV
98. DIN EN ISO 14579:2011-06 Zylinderschrauben mit Innensechsrund
99. DIN-Taschenbuch 140 (1986) Mechanische Verbindungselemente – Schrauben, Muttern, Zubehör. Berlin: Beuth
100. DUBBEL (2014) Taschenbuch für den Maschinenbau, 24. Aufl. Springer, Berlin Heidelberg New York
101. Galwelat M (1984) Rechnergestützte Gestaltung von Schraubenverbindungen. Schriftenreihe Konstruktionstechnik 2. TU Berlin
102. Hanau A (1994) Zum Krafteinleitungsfaktor bei der Berechnung von Schraubenverbindungen. Konstruktion 46:99–106
103. Havenkamp W (1992) Untersuchungen zur Zeit- und Dauerfestigkeit von hochfesten Schraubenbolzen (10.9) im Durchmesserbereich M36 bis M72. Konstruktion 44:255–260
104. Illgner K-H, Blume D (1988) Schrauben Vademecum. Fa. Bauer & Schaurte Karcher GmbH, Neuss/Rhein
105. Junker GH (1987) Mechanische Grundlagen moderner Steuerungsverfahren für Verschraubungsprozesse. VDI-Z 129(9):85–106
106. Junker G, Blume D (1964) Neue Wege einer systematischen Schraubenberechnung. Wissenschaftliche Veröffentlichung der Firma Bauer Schaurte, Neuss-Rhein. Michael Triltsch Verlag, Düsseldorf
107. Kellermann R, Turlach G (1967) Hochfeste Titanschrauben aus der Titanlegierung TiAl6V4. Techn Rundsch 59(30):9–15
108. Klein H-C (1959) Hochwertige Schraubenverbindungen, einige Gestaltungsprinzipien und Neuentwicklungen. Konstruktion 11:201–259
109. Koch I, Izykowski S (1979) Vorspannkräfte und ihr Einfluss aus die statische Steifigkeit von Flanschverbindungen. Konstruktion 31(4):164–166
110. Kübler K-H, Mages J (1986) Handbuch der hochfesten Schrauben. W. Girardet Buchverlag, Essen
111. Müller HW (1987) Kompendium Maschinenelemente, 7. Aufl. Selbstverlag, Darmstadt
112. Rende H (1996) Unterlegscheiben und Sicherungselemente in Schraubenverbindungen – ist der Einsatz immer noch erforderlich? Der Konstrukteur 10:82–86
113. Schwingfestigkeitsversuche mit Gewindebolzen M56. Frauenhofer Institut f. Betriebsfestigkeit. Ber. Nr.: 6011. Darmstadt (unveröffentlicht)
114. Strelow D (1981) Reibungszahlen und Werkstoffpaarung in der Schraubenmontage. Verbindungstechnik 13(6):19–29
115. Theißen J (1991) Die Richtlinie VDI 2158 „Selbsthemmende und selbstbremsende Getriebe“ (in VDI-Berichte 905)
116. Thieme KH (1996/97) Der Loctite. Loctite Deutschland GmbH, München
117. Thomala W (1982) Elastische Nachgiebigkeit verspannter Teile einer Schraubenverbindung. VDI-Z 124:205–214
118. Thomala W (1984) Beitrag zur Berechnung der Haltbarkeit von Schraubenköpfen mit Kraftinnenangriff. VDI-Z 126:315–321
119. Thum A, Lorenz H (1940) Versuche an Schrauben aus Mg-Legierungen. VDI-Z 84:667–673
120. Trutnovsky K (1975) Berührungsdichtungen an ruhenden und bewegten Maschinenteilen. Springer, Berlin Heidelberg New York
121. VDI 2158:1991-12 Selbsthemmende und selbstbremsende Getriebe
122. VDI 2230 Blatt 1:2015-11 Systematische Berechnung hochbeanspruchter Schraubenverbindungen – Zylindrische Einschraubenverbindungen
123. Webjörn J (1988) Die moderne Schraubenverbindung. VDI-Z 130(1):76–78
124. Wiegand H, Illgner K-H (1962) Konstruktionsbücher Nr. 5 – Berechnung und Gestaltung von Schraubenverbindungen. Springer, Berlin Heidelberg
125. Wiegand H, Illgner K-H, Beelich KH (1967) Festigkeit und Formänderungsverhalten von Schraubenverbindungen insbesondere aus austenitischen Werkstoffen. Draht 18:517–526
126. Wiegand H, Kloos K-H, Thomala W (1988) Schraubenverbindungen. Springer, Berlin Heidelberg New York

Stift- und Bolzenverbindungen

11

▶ Stift- und Bolzenverbindungen sind die einfachsten und ältesten Formen der Verbindung von Bauteilen.
Stifte verschiedener Bauformen dienen zur festen Verbindung oder Zuordnung von Bauteilen. Bolzen sind ebenfalls Verbindungselemente, lassen aber Schwenkbewegungen eines Bauteils zu, z. B. in einem Gelenk.

11.1 Stiftverbindungen

Hauptfunktionen

- Kraftübertragung durch formschlüssige Verbindung, z. B. von Wellen oder Achsen mit Naben, Hebeln, Stellringen, als Steckstifte zur Einleitung von Feder- oder Seilkräften, Abb. 11.1
- Lagesicherung (Passstifte) von zwei Bauteilen zueinander, z. B. Getriebe-Oberkasten zu Unterkasten, Lagerbock zu Fundament
- Verlier- und Verschiebesicherung
- Verdrehsicherung durch Splinte (z. B. bei Schraubenverbindungen), Querstifte
- Überlastsicherung, z. B. als Brechbolzen (eigentlich „Stifte") in verschraubten Kupplungsflanschen, Abb. 11.2, Längs- und Querstifte als Formschlusssicherung, Abb. 11.3
- Heftverbindung von Bauelementen ohne definierte Kraftübertragung, z. B. von Schildern, Scharnieren und ähnlichen, auf metallischen Gestellen, Gerüsten und ähnlichen, Abb. 11.4

Ausführung, Anwendung

Die Stifte werden mit Übermaß in Bohrungen eingeschlagen. Ihre Festigkeit soll höher sein als die der Bauteile, damit sich beim Einschlagen am Stift keine Wulst bildet und Fressen beim Einschlagen und Lösen vermieden wird. Übliche Werkstoffe sind in Tab. 11.6 aufgelistet. Übliche Passungen zeigt Abb. 11.6. Ein Vergleich der Eigenschaften der verschiedenen Ausführungsformen ist in Tab. 11.1 aufgelistet.

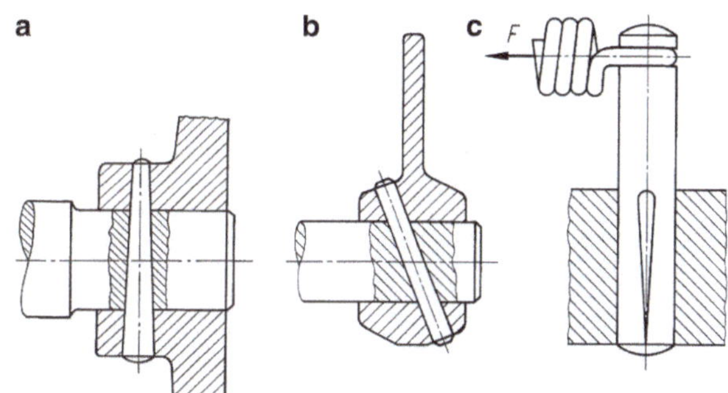

Abb. 11.1 Stiftverbindungen, **a** Kegelstift, **b** Zylinderstift, **c** Kerbstift

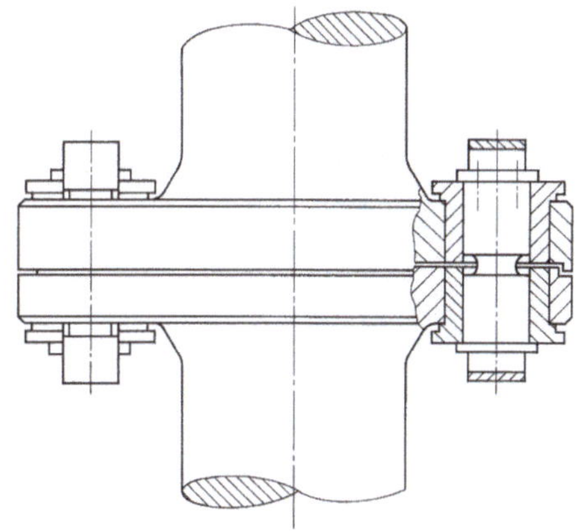

Abb. 11.2 Flanschverbindung mit Brechbolzen

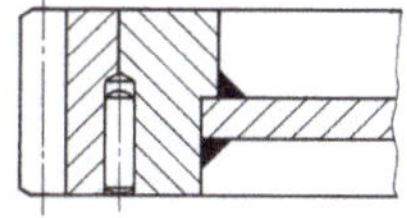

Abb. 11.3 Querstift für Formschlusssicherung eines Zahnkranzes

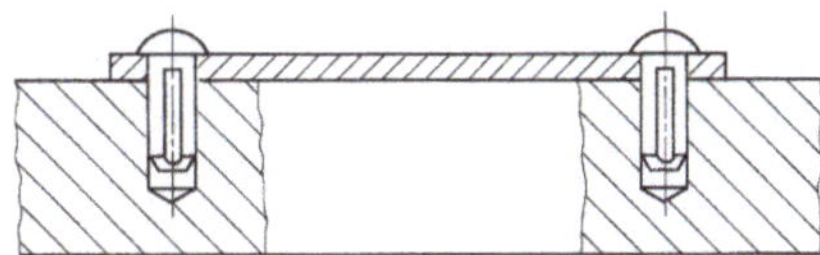

Abb. 11.4 Kerbrundnägel zur Befestigung eines Schilds

G. Niemann et al., *Maschinenelemente 1*, https://doi.org/10.1007/978-3-662-55482-1_11

Tab. 11.1 Eignung von Stiftverbindungen, Zeichen: ● sehr gut, erfüllt ... ○ mangelhaft, ungünstig

Eigenschaften	Zylinderstift		Kegelstift	Spannstift	
	glatt	gekerbt		einfach	spiral
hohe Lagegenauigkeit	●	◕	●	◔	◑
hohe Abscherkraft	◑	◑	◑	●	●
Festsitz bei dynamischer Belastung	◑	◑	◑	◕	●
Festsitz und Lagegenauigkeit bei wiederholtem Fügen	○	◑	●	◔	○
kostengünstig (weite Bohrungstoleranz)	○	◑	○	●	◕

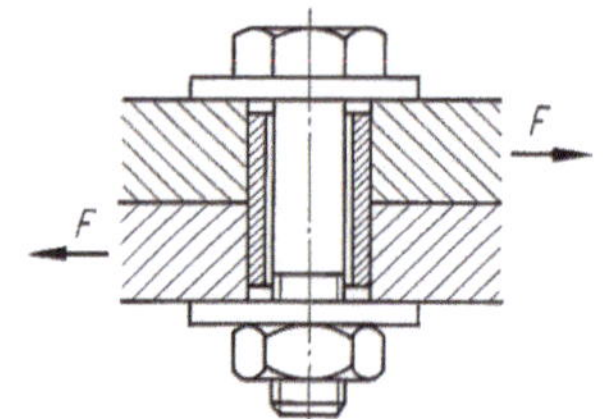

Abb. 11.5 Spannhülse als Scherbuchse einer querbelasteten Schraubenverbindung

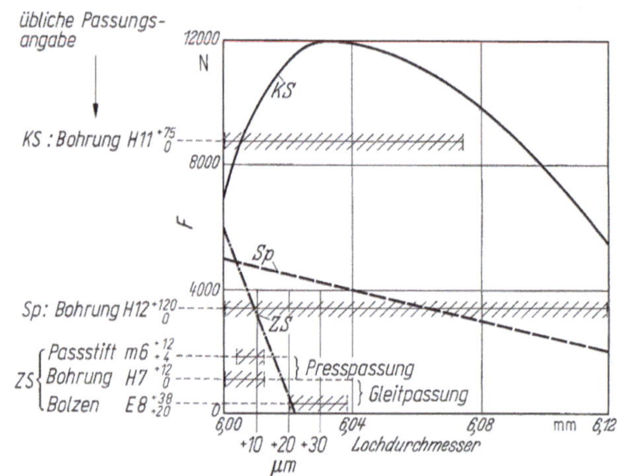

Abb. 11.6 Einfluss des Lochdurchmessers auf Durchdrückkraft F verschiedener Stifte mit Nenndurchmesser 6 mm und 40 mm Lochlänge, ZS = Zylinderstift, Sp = Spannhüle, KS = Kerbstift. Übliche Passungen

Zylinderstifte, Tab. 11.2a–d, sind besonders geeignet als Passstift m6, in ein Bauteil mit Bohrung H7 (Presspassung) eingeschlagen, im anderen Bauteil mit Bohrung E8 (als Bolzen mit Gleitpassung) gefügt. Zur Übertragung von Querkräften genügen Zylinderstifte h8 (Bohrung H8).

Die Bohrlöcher für Stifte m6 und h8 müssen auf Passmaß gerieben werden (teuer!).

Zylinderstifte h11 werden als Nietstifte (Kap. 9 Nietverbindungen) oder für einfache Gelenke mit Spiel (Bohrung z. B. D11) verwendet, also eigentlich „Bolzen".

Sitzlänge der Zylinderstifte ca. $(4\ldots5)\cdot d$. Längere Stifte erfordern zu große Kräfte beim Eintreiben, so dass die Stiftenden unter Umständen dabei verformt werden.

Kegelstifte, Tab. 11.2e–g, sind geeignet als Passstift und zur Übertragung von Querkräften. Beliebig oft füg- und lösbar. Wegen kurzem axialen Löseweg besteht dabei keine Fressgefahr. Teures Element. Die Durchmessertoleranz der Bohrung ist zwar unwichtig, jedoch ist das Aufreiben der kegeligen Bohrung (enge Formtoleranz!) teurer. Für Sacklöcher eignen sich Kegelstifte f und g, die mit Zugschrauben oder Abdrückmuttern gelöst werden können.

Spannstifte werden als geschlitzte Spannstifte (Schlitzbreite ≈ Wanddicke) und Spiralspannstifte ausgeführt, Tab. 11.2h, i. Beide sind aus Federstahl und gleichen infolge ihrer Querelastizität grobe Lochtoleranzen aus. Daher genügen normal gebohrte Löcher, Toleranz H12. Sie werden als Passstifte, bei geringer Zentriergenauigkeit als Sicherungselement und zur Übertragung von Querkräften verwendet. Beim Spannstift ist die Querelastizität von der Lastrichtung abhängig. Unter der Wirkung von Querkräften besteht gegenüber Zylinder- und Kegelstiften also eher die Gefahr von Relativbewegung (Gleiten) der verstifteten Bauteile. Eine sichere, aufwendige Lösung zeigt Abb. 11.5. Je nach Ausführung sind die übertragbaren Querkräfte größer oder kleiner als bei Vollstiften (100 %):

- leichte Spannhülse nach DIN EN ISO 13337 [31] ca. 62 %
- schwere Spannhülse nach DIN EN ISO 8752 [30] ca. 112 %
- schwere Vorspannhülse (Verbundspannhülse, 2 ineinander gesteckte Spannhülsen nach DIN EN ISO 8752) ca. 155 %
- leichte Spiralspannstifte ca. 130 %

Kerbstifte, Kerbnägel, Tab. 11.3, weisen 3 um 120° versetzte Wulstkerben auf, die sich beim Einschlagen elastisch-plastisch verformen. Festsitz wird daher ohne enge Lochtoleranz erreicht [33], so dass sauberes Bohren genügt: bis 3 mm Durchmesser – H9, über 3 mm – H11, Abb. 11.6. Selbst nach 50-maligem Demontieren beträgt die Vorspannkraft noch 50 %. Die Zentriergenauigkeit (wichtig für Passstifte) ist allerdings niedriger als bei Zylinder- und Kegelstiften. Für niedrig belastete Heftverbindungen gibt es Kerbstifte und -nägel aus Kunststoff.

Tab. 11.2 Auswahl genormter Stifte

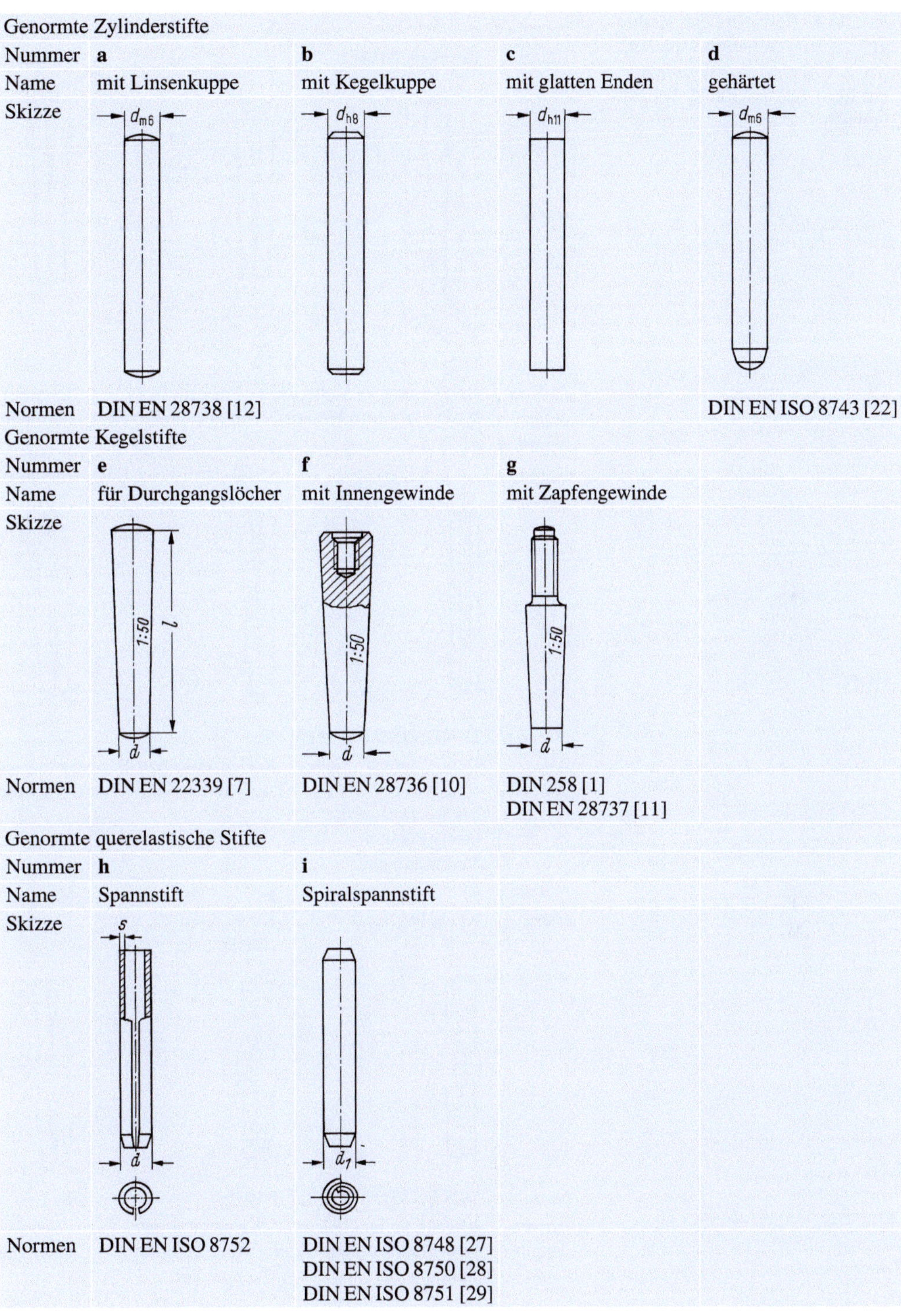

Genormte Zylinderstifte				
Nummer	**a**	**b**	**c**	**d**
Name	mit Linsenkuppe	mit Kegelkuppe	mit glatten Enden	gehärtet
Skizze	d_{m6}	d_{h8}	d_{h11}	d_{m6}
Normen	DIN EN 28738 [12]			DIN EN ISO 8743 [22]
Genormte Kegelstifte				
Nummer	**e**	**f**	**g**	
Name	für Durchgangslöcher	mit Innengewinde	mit Zapfengewinde	
Skizze	1:50, l, d	1:50, d	1:50, d	
Normen	DIN EN 22339 [7]	DIN EN 28736 [10]	DIN 258 [1] DIN EN 28737 [11]	
Genormte querelastische Stifte				
Nummer	**h**	**i**		
Name	Spannstift	Spiralspannstift		
Skizze	s, d	d_1		
Normen	DIN EN ISO 8752	DIN EN ISO 8748 [27] DIN EN ISO 8750 [28] DIN EN ISO 8751 [29]		

Tab. 11.3 Kerbstifte und Kerbnägel mit Anwendungsbeispielen, S6 ... S12 sind Ausführungen der Kerb-Konus-GmbH, Schnaittenbach

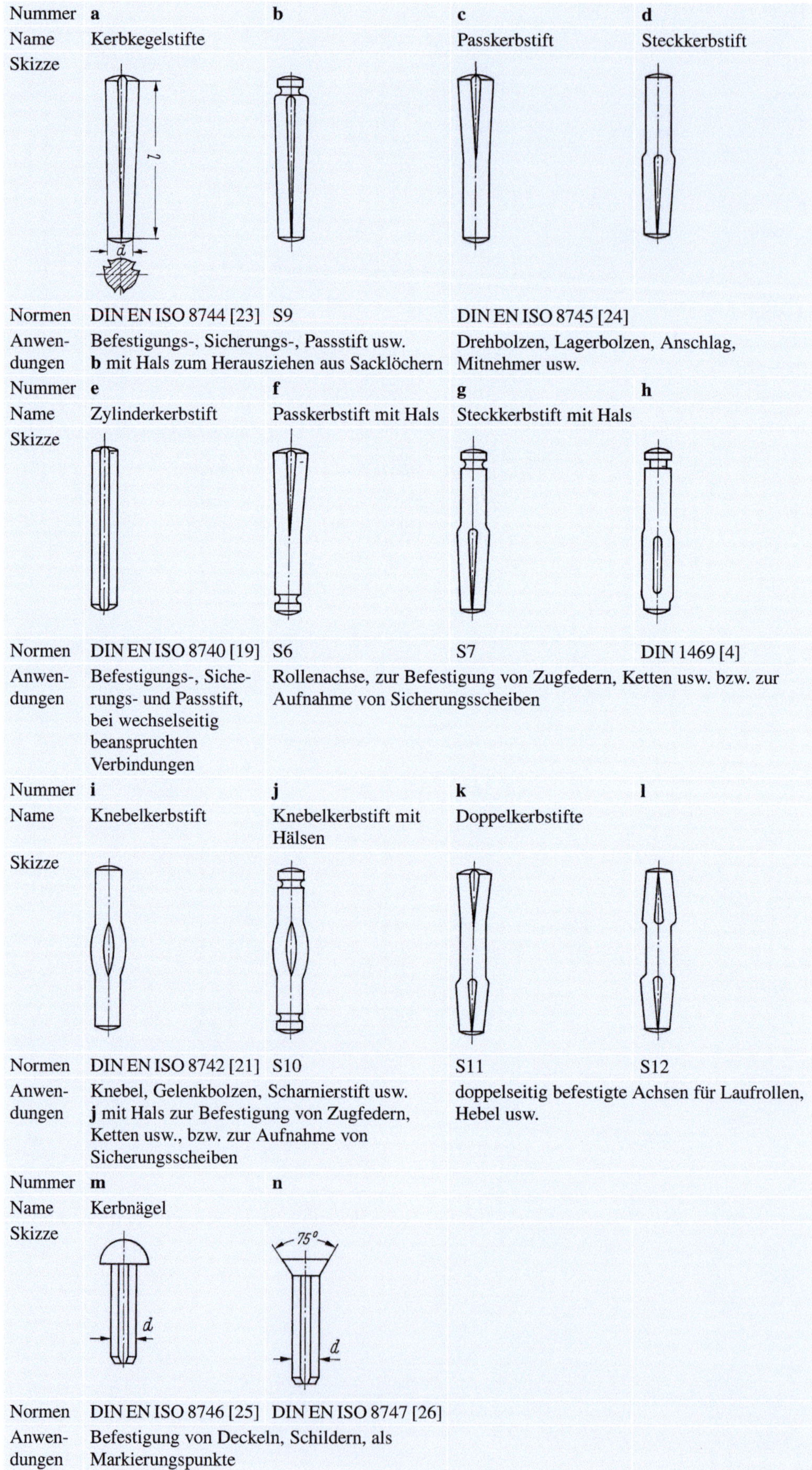

Nummer	a	b	c	d
Name	Kerbkegelstifte		Passkerbstift	Steckkerbstift
Skizze				
Normen	DIN EN ISO 8744 [23]	S9	DIN EN ISO 8745 [24]	
Anwendungen	Befestigungs-, Sicherungs-, Passstift usw. **b** mit Hals zum Herausziehen aus Sacklöchern		Drehbolzen, Lagerbolzen, Anschlag, Mitnehmer usw.	
Nummer	**e**	**f**	**g**	**h**
Name	Zylinderkerbstift	Passkerbstift mit Hals	Steckkerbstift mit Hals	
Skizze				
Normen	DIN EN ISO 8740 [19]	S6	S7	DIN 1469 [4]
Anwendungen	Befestigungs-, Sicherungs- und Passstift, bei wechselseitig beanspruchten Verbindungen	Rollenachse, zur Befestigung von Zugfedern, Ketten usw. bzw. zur Aufnahme von Sicherungsscheiben		
Nummer	**i**	**j**	**k**	**l**
Name	Knebelkerbstift	Knebelkerbstift mit Hälsen	Doppelkerbstifte	
Skizze				
Normen	DIN EN ISO 8742 [21]	S10	S11	S12
Anwendungen	Knebel, Gelenkbolzen, Scharnierstift usw. **j** mit Hals zur Befestigung von Zugfedern, Ketten usw., bzw. zur Aufnahme von Sicherungsscheiben		doppelseitig befestigte Achsen für Laufrollen, Hebel usw.	
Nummer	**m**	**n**		
Name	Kerbnägel			
Skizze				
Normen	DIN EN ISO 8746 [25]	DIN EN ISO 8747 [26]		
Anwendungen	Befestigung von Deckeln, Schildern, als Markierungspunkte			

11.2 Bolzenverbindungen

Hauptfunktionen

Die Hauptfunktionen sind:

- Übertragung von Querkräften in Gelenken, d. h. unter Presssitz in einem Bauteil und Gleitsitz (Spielpassung) im anderen Bauteil
- Übertragung von Querkräften und Führung zweier Bauteile zueinander unter Schwenkbewegung, z. B. in einem Gelenk

Ausführung, Anwendung

Gemäß diesen Funktionen muss der Bolzen in einem Bauteil (beim Gelenk meist in der Gabel) axial- und drehfest gelagert werden, möglichst durch geeignete Gestaltung des Bolzens selber: axial durch Bund (teuer!) oder Absatz, gegen Verdrehen durch abgefrästen Bund oder Presssitz. Kostengünstiger sind Bolzen ohne Kopf, die durch Splinte, Sicherungsringe oder ähnlich gesichert werden müssen. Ein Beispiel zur Bolzensicherung zeigt Abb. 11.7. Genormte Bolzen sind in Tab. 11.4 aufgelistet. Abb. 11.8 zeigt ein Beispiel einer Sonderausführung.

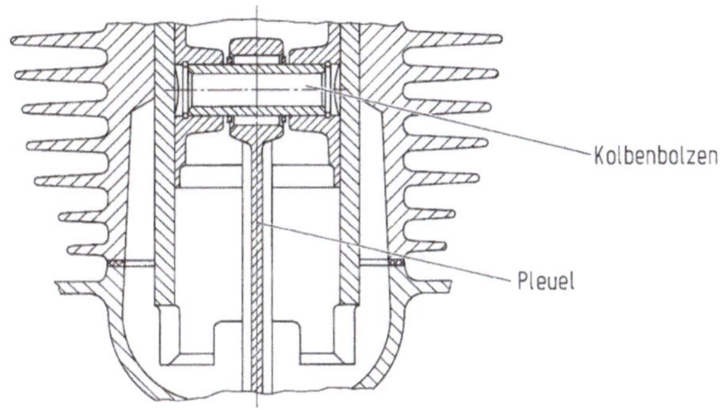

Abb. 11.8 Kolbenbolzen eines Mopedmotors (FAG)

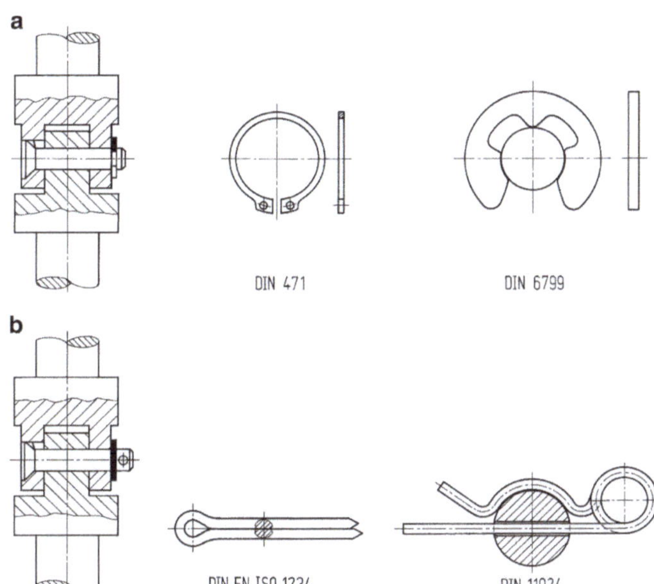

Abb. 11.7 Beispiele für Bolzensicherungen, **a** Bauteil und zwei Verschiebesicherungen: Sicherungsring (DIN 471 [2]) und Sicherungsscheibe (DIN 6799 [5]), **b** Bauteil und zwei Verliersicherungen: Splint (DIN EN ISO 1234) und Federstecker (DIN 11024 [6])

11.3 Dimensionierung und Festigkeitsnachweis für Stift- und Bolzenverbindungen

Die tatsächlich auftretenden örtlichen Beanspruchungen sind nur schwer zu bestimmen. Durch das Einschlagen/Einpressen unter Übermaß werden Stifte und Bauteile vorgespannt. Diesen Vorspannungen überlagern sich die durch äußere Kräfte aufgeprägten Spannungen.

Für die betreffenden Bauteile, z. B. die Gabel eines Gelenks, ergibt sich aus dem Festsitz eine Sprengkraft, die bei der Bemessung zu beachten ist. Die Gleitbewegung bei der Bolzenverbindung erfordert einen Spielsitz mit entsprechend niedrigerer zulässiger Flächenpressung.

Vorgehen im Festigkeitsnachweis:

- Bei Vollstiften und Bolzen wird im Allgemeinen mit den aus den äußeren Kräften erzeugten Nennspannungen gerechnet, die mit Erfahrungswerten für die zulässigen Spannungen verglichen werden. Die vernachlässigten

Tab. 11.4 Genormte Bolzen

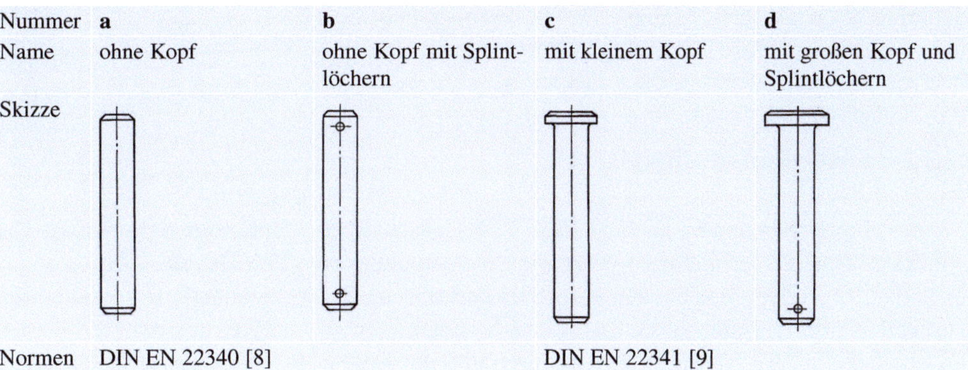

Nummer	a	b	c	d
Name	ohne Kopf	ohne Kopf mit Splintlöchern	mit kleinem Kopf	mit großen Kopf und Splintlöchern
Skizze				
Normen	DIN EN 22340 [8]		DIN EN 22341 [9]	

Tab. 11.5 Minderungsfaktoren

Minderungsfaktor für dynamische Beanspruchung für Vollstifte	$C_d = 1$	bei ruhender Last und Größtwert eines Lastkollektivs
	$C_d = 0{,}7$	für Schwelllast
	$C_d = 0{,}5$	für Wechsellast
Minderungsfaktor für Biege- und Schubspannung bei Kerbstiften	$C_k = 0{,}8$	
Minderungsfaktor für Flächenpressung bei Kerbstiften	$C_{kp} = 0{,}7$	

Tab. 11.6 Werkstoffe und zulässige Beanspruchungen für Stiftverbindungen mit Vollstiften und Bolzenverbindungen

Zulässige Beanspruchungen in N/mm^2	Bauteilwerkstoff					
	GJL	GS	S235	E295	E335	E260
$p_{zul,r}$	70	84	91	126	140	154
	Stift- oder Bolzenwerkstoff mit					
	$R_m = 400\,N/mm^2$ z. B. 9520		$R_m = 490\,N/mm^2$ E295		$R_m = 590\,N/mm^2$ E335	$R_m = 690\,N/mm^2$ E360
$\sigma_{b\,zul,r}$	77		112		133	147
$\tau_{s\,zul,r}$	56		70		84	98
	Geschmierte Gleitsitze (Gelenke), Bolzen/Stifte aus Stahl Bauteilwerkstoff					
	GJL		GS		Bronze	Stahl[b]
p_{zul}[a]	5		8		10	15

[a] Werte von p_{zul} bei Verwendung von Lagerbuchsen siehe Kap. 15.
[b] Werkstoffpaarung Stahl gehärtet/Stahl gehärtet.

Vorspannungen und örtlichen Kerbspannungen werden somit beim Ansatz der zulässigen Spannungen berücksichtigt.

- Für Spannstifte und Spiralspannstifte (Tab. 11.2h, i) wurden die Scherkräfte experimentell ermittelt. Es ist also nachzuweisen, dass die auftretenden Querkräfte kleiner als die zulässigen Scherkräfte nach den betreffenden DIN-Normen sind. Die Flächenpressungen sind ebenso wie bei Vollstiften zu überprüfen, da die zulässigen Werte durch die Bauteilwerkstoffe bedingt sind.

11.3.1 Dimensionierung

Die erforderlichen Stift- und Bolzenabmessungen lassen sich aus den Gleichungen für die Beanspruchungen in Abschn. 11.3.2 und den zulässigen Beanspruchungen bzw. Scherkräften nach Tab. 11.6 bzw. 11.7 bestimmen. Hiernach wird die nächstgrößere genormte Ausführung gewählt.

11.3.2 Festigkeitsnachweis

Für die vorgegebenen oder nach Abschn. 11.3.1 geschätzten Abmessungen der Verbindung werden die Beanspruchungen nach den folgenden Gleichungen berechnet und mit den zulässigen Werten verglichen. Ggf. sind die Abmessungen zu ändern (eine andere Normgröße zu wählen) und der Festigkeitsnachweis zu wiederholen.

Zulässige Spannungen/Flächenpressungen für Vollstifte, Kerbstifte und Bolzen

Biegespannung

$$\sigma_{b\,zul} = \sigma_{b\,zul,r} \cdot C_d \cdot C_k \tag{11.1}$$

Schubspannung

$$\tau_{s\,zul} = \tau_{s\,zul,r} \cdot C_d \cdot C_k \tag{11.2}$$

Flächenpressung

$$p_{zul} = p_{zul,r} \cdot C_d \cdot C_{kp} \tag{11.3}$$

$\sigma_{b\,zul,r}$, $\tau_{s\,zul,r}$, $p_{zul,r}$	in N/mm^2	zulässige Spannungen/Flächenpressungen, Referenzwerte siehe Tab. 11.6
C_d		Minderungsfaktor für dynamische Beanspruchung siehe Tab. 11.5
C_k		Minderungsfaktor für Biege- und Schubspannung bei Kerbstiften siehe Tab. 11.5
C_{kp}		Minderungsfaktor für Flächenpressung bei Kerbstiften siehe Tab. 11.5

Zulässige Scherkräfte für Spannstifte und Spiralspannstifte

Anhaltswerte nach verschiedenen Normen sind in Tab. 11.7 aufgelistet.

Man beachte: Für Gleitsitze in Gelenken sind nur relativ niedrige Flächenpressungen zulässig!

Tab. 11.7 Zulässige Scherkräfte in kN für zweischnittige Spannstiftverbindungen nach den angeführten Normen

Art der Spannstiftverbindung	Nenndurchmesser in mm											
	3	4	5	6	8	10	12	16	20	30	40	50
Spannstift, leicht DIN EN ISO 13337	3,5	8	10,4	18	24	40	48	98	158	302	634	1000
Spiralspannstifte, geschlitzt DIN EN ISO 8752	6,3	11,2	17,5	26,0	42,8	70,2	104	171	281	631	1068	1685
Spiralspannstifte, Regelausführung DIN EN ISO 8750	5,5	9,6	15	22	39	62	89	155	250	–	–	–
Spiralspannstifte, schwere Ausführung DIN EN ISO 8748	7,6	13,5	20	30	53	84	120	210	340	–	–	–

Tragfähigkeitsberechnung von Stiftverbindungen

Die zulässigen Beanspruchungen für verschiedene Werkstoffe sind in Tab. 11.6 aufgelistet.

Querstift unter Drehmoment:

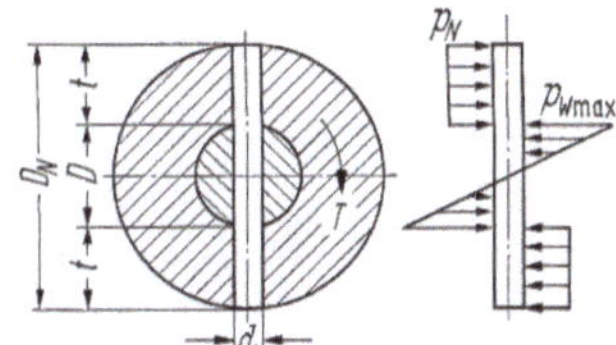

Annahme: Feste Einspannung des Stifts als Passstift (Toleranzen siehe Abschn. 11.1), deshalb Berechnung auf Abscheren.

Aus der Scherkraft

$$F_s = \frac{T}{D} \tag{11.4}$$

D	in mm	Wellendurchmesser
T	in N mm	Drehmoment

und der Scherfläche

$$A_s = \frac{\pi}{4} \cdot d^2 \tag{11.5}$$

d	in mm	Stiftdurchmesser

kann die Schubspannung berechnet werden zu

$$\tau_s = \frac{F_s}{A_s} \leq \tau_{s\,\text{zul}} \tag{11.6}$$

$\tau_{s\,\text{zul}}$	in N/mm^2	zulässige Schubspannung nach (11.2)

Maximale Flächenpressung in der Welle

$$p_{W\max} = \frac{6 \cdot T}{d \cdot D^2} \leq p_{\text{zul}} \tag{11.7}$$

Flächenpressung in der Nabe

$$p_N = \frac{T}{t \cdot d \cdot (D + t)} \leq p_{\text{zul}} \tag{11.8}$$

p_{zul}	in N/mm^2	zulässige Flächenpressung nach (11.3)
t	in mm	Dicke der Nabe

Anhaltswerte: $d/D = 0{,}2 \ldots 0{,}3$, $D_N/D \approx 2$ für Stahl und GS-Nabe; $\approx 2{,}5$ für GJL-Nabe

Längsstift unter Drehmoment:

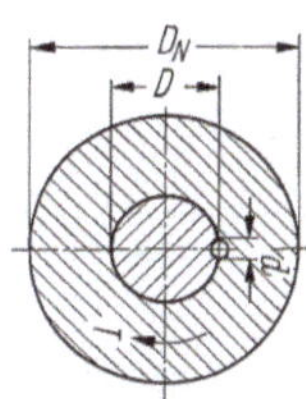

Nachrechnung des Stifts auf Schubspannung τ_s erübrigt sich, wenn $2 \cdot \tau_{s\,\text{zul}} > p_{\text{zul}}$ ist.

Aus der Scherkraft

$$F_s = \frac{T}{D} \tag{11.9}$$

D	in mm	Wellendurchmesser
T	in N mm	Drehmoment

und der Scherfläche

$$A_s = \frac{d \cdot l}{2} \tag{11.10}$$

d	in mm	Stiftdurchmesser
l	in mm	Stiftlänge

kann die Schubspannung berechnet werden zu

$$\tau_s = \frac{F_s}{A_s} \leq \tau_{s\,\text{zul}} \tag{11.11}$$

$\tau_{s\,\text{zul}}$	in N/mm^2	zulässige Schubspannung nach (11.2)

Maximale Flächenpressung in Welle und Nabe

$$p_{\max} = \frac{4 \cdot T}{l \cdot d \cdot D} \leq p_{\text{zul}} \tag{11.12}$$

p_{zul}	in N/mm^2	zulässige Flächenpressung nach (11.3)

Anhaltswerte: $d/D = 0{,}13 \ldots 0{,}2$ und Stiftlänge $l = (1 \ldots 1{,}5) \cdot D$

Steckstift unter Biegekraft:

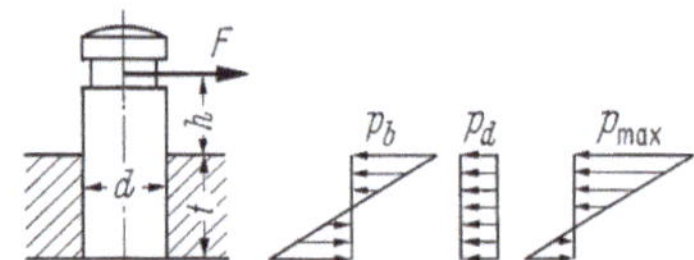

Das angreifende Biegemoment berechnet sich zu

$$M_b = F \cdot h \tag{11.13}$$

h	in mm	Hebelarm für Kraftangriff
F	in N	angreifende Kraft

Die Biegespannung beträgt

$$\sigma_b = \frac{M_b}{W_b} \leq \sigma_{b\,\text{zul}} \tag{11.14}$$

$\sigma_{b\,\text{zul}}$	in N/mm^2	zulässige Biegespannung nach (11.1)

mit dem Wiederstandsmoment

$$W_b = \frac{\pi \cdot d^3}{32} \tag{11.15}$$

d	in mm	Stiftdurchmesser

Aus der Scherkraft

$$F_s = F \tag{11.16}$$

und der Scherfläche

$$A_s = \frac{\pi}{4} \cdot d^2 \tag{11.17}$$

kann die Schubspannung berechnet werden

$$\tau_s = \frac{F_s}{A_s} \leq \tau_{s\,\text{zul}} \tag{11.18}$$

$\tau_{s\,\text{zul}}$	in N/mm^2	zulässige Schubspannung nach (11.2)

Die maximale Flächenpressung $p_{\max}$ errechnet sich aus einem Anteil aus dem Biegemoment

$$p_b = \frac{F \cdot (h + \frac{t}{2}) \cdot 6}{d \cdot t^2} \tag{11.19}$$

t	in mm	Bauteildicke

und einem Anteil aus der Kraft F

$$p_d = \frac{F}{d \cdot t} \tag{11.20}$$

$$p_{\max} = p_b + p_d = \frac{F \cdot (4 + \frac{6 \cdot h}{t})}{d \cdot t} \leq p_{\text{zul}} \tag{11.21}$$

p_{zul}	in N/mm^2	zulässige Flächenpressung nach (11.3)

Anhaltswerte: $t/d = 4 \ldots 5$

Bolzenverbindung querbelastet (zweischnittig):

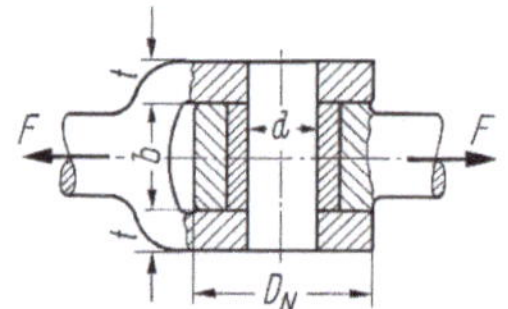

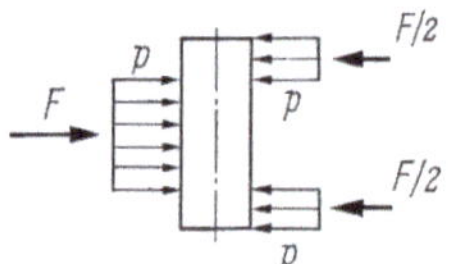

Das angreifende Biegemoment berechnet sich in Abhängigkeit von der Passung nach Tab. 11.8.
Die Biegespannung beträgt

$$\sigma_b = \frac{M_{b\,\max}}{W_b} \leq \sigma_{b\,\text{zul}} \tag{11.22}$$

$M_{b\,\max}$	in N mm	maximales Biegemoment siehe Tab. 11.8
$\sigma_{b\,\text{zul}}$	in N/mm^2	zulässige Biegespannung nach (11.1)

mit dem Wiederstandsmoment

$$W_b = \frac{\pi \cdot d^3}{32} \tag{11.23}$$

d	in mm	Bolzendurchmesser

Aus der Scherkraft

$$F_s = \frac{F}{2} \tag{11.24}$$

F	in N	angreifende Kraft

Tab. 11.8 Biegemomentenverlauf von querbelasteten Bolzenverbindungen (zweischnittig)

Fall	Passung		Idealisierter Biegemomentenverlauf, gefährdeter Querschnitt I-I	Biegemoment
	Gabel/Bolzen	Stange/Bolzen		
a	Spielpassung	Spielpassung	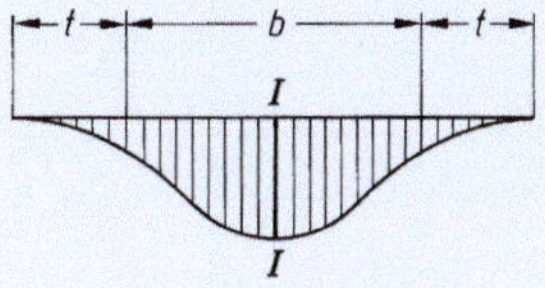	$M_{b\,\max} = \frac{F}{8}(2 \cdot t + b)$
b	Presspassung	Spielpassung	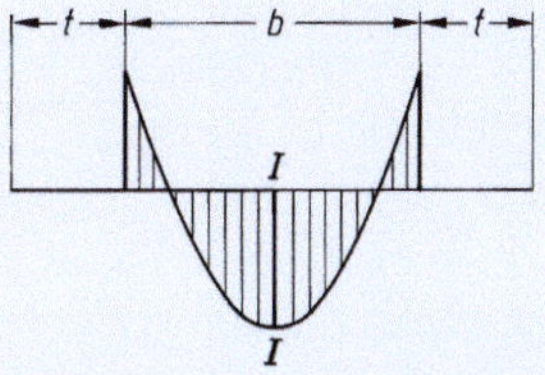	$M_{b\,\max} = \frac{F \cdot b}{12}$
c	Spielpassung	Presspassung	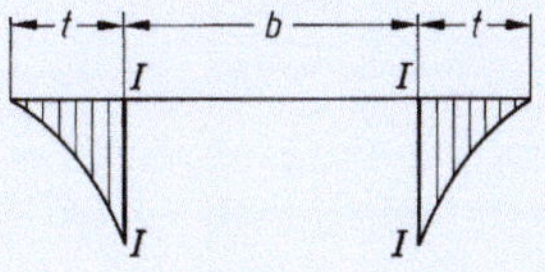	$M_{b\,\max} = \frac{F \cdot t}{4}$

und der Scherfläche

$$A_s = \frac{\pi}{4} \cdot d^2 \tag{11.25}$$

kann die Schubspannung berechnet werden

$$\tau_s = \frac{F_s}{A_s} \leq \tau_{s\,\text{zul}} \tag{11.26}$$

$\tau_{s\,\text{zul}}$	in N/mm^2	zulässige Schubspannung nach (11.2)

Die Flächenpressung berechnet sich aus

$$p = \frac{F_p}{A_p} \leq p_{\text{zul}} \tag{11.27}$$

p_{zul}	in N/mm^2	zulässige Flächenpressung nach (11.3)

mit der Druckkraft

$$F_p = F \tag{11.28}$$

und der Druckfläche der Gabel

$$A_p = 2 \cdot d \cdot t \tag{11.29}$$

t	in mm	Bauteildicke

bzw. der Druckfläche der Stange

$$A_p = d \cdot b \tag{11.30}$$

Anhaltswerte: $b/d = 1{,}5 \ldots 1{,}7$; $b/t = 2 \ldots 3{,}5$; $D_N/d \approx 2{,}5$ für Stahl und GS; $\approx 3{,}5$ für GJL-Nabe

11.4 Berechnungsbeispiele

Beispiel 11.1

Querstift unter Drehmoment siehe Abschn. 11.3.2

Angenommen wird feste Einspannung des Stifts als Passstift, so dass der Stift auf Abscheren berechnet wird. Flächenpressung p in der Welle nimmt zum Rand hin zu, Annäherung durch eingezeichnete lineare Verteilung.

Gegeben:
Welle S235, $D = 30\,\text{mm}$; Nabe aus GJL mit $D_N = 75\,\text{mm}$; Stift aus E295 mit $d = 8\,\text{mm}$, $d/D = 0{,}27$; Drehmoment $T = 50\,\text{N\,m}$ schwellend

Gesucht:
Festigkeitsnachweis

Berechnet:
Schubspannung am Stift nach (11.6) mit (11.4) und (11.5)

$$\tau_s = \frac{4 \cdot T}{D \cdot \pi \cdot d \cdot 2} = 33{,}16\,\frac{\text{N}}{\text{mm}^2} < \tau_{s\,\text{zul}} = 49\,\frac{\text{N}}{\text{mm}^2}$$

mit $\tau_{s\,\text{zul}}$ für E295 nach (11.2) und $C_d = 0{,}7$ nach Tab. 11.5

Flächenpressung der Welle nach (11.7)

$$p_{W\,\max} = \frac{6 \cdot T}{d \cdot D^2} = 41{,}67\,\frac{\text{N}}{\text{mm}^2} < p_{\text{zul}} = 63{,}7\,\frac{\text{N}}{\text{mm}^2}$$

mit p_{zul} für S235 nach (11.3) und $C_d = 0{,}7$ nach Tab. 11.5

Flächenpressung der Nabe nach (11.8)

$$p_{N\,\max} = \frac{T}{t \cdot d \cdot (D + t)} = 5{,}29\,\frac{\text{N}}{\text{mm}^2} < p_{\text{zul}} = 49\,\frac{\text{N}}{\text{mm}^2}$$

mit p_{zul} für GJL nach (11.3) und $C_d = 0{,}7$ nach Tab. 11.5

Beispiel 11.2

Längsstift unter Drehmoment siehe Abschn. 11.3.2

Gegeben:
Welle, Nabe und Drehmoment wie Beispiel 11.1, Stift $d = 4\,\text{mm}$, $l = 40\,\text{mm}$

Gesucht:
Festigkeitsnachweis

Berechnet:
Flächenpressung der Nabe nach (11.12)

$$p_{\text{max}} = \frac{4 \cdot T}{l \cdot d \cdot D} = 41{,}67\,\frac{\text{N}}{\text{mm}^2} < p_{\text{zul}} = 49\,\frac{\text{N}}{\text{mm}^2}$$

mit p_{zul} für GJL nach (11.3) und $C_d = 0{,}7$ nach Tab. 11.5
Flächenpressung am Stift kann entfallen, da

$$p_{\text{zul}} = 49\,\frac{\text{N}}{\text{mm}^2} < 2 \cdot \tau_{s\,\text{zul}} = 98\,\frac{\text{N}}{\text{mm}^2}$$

mit $\tau_{s\,\text{zul}}$ für E295 nach (11.2) und $C_d = 0{,}7$ (Schwelllast) nach Tab. 11.5.

Beispiel 11.3

Steckstift unter Biegekraft siehe Abschn. 11.3.2

Gegeben:
Kerbstift aus E295, $d = 13\,\text{mm}$, $h = 12\,\text{mm}$; Platte aus GS mit $t = 18\,\text{mm}$, Kraft $F = 1000\,\text{N}$ schwellend

Gesucht:
Festigkeitsnachweis

Berechnet:
Biegespannung am Stift nach (11.14) mit (11.13) und (11.15)

$$\sigma_b = \frac{32 \cdot F \cdot h}{\pi \cdot d \cdot 3} = 55{,}6\,\frac{\text{N}}{\text{mm}^2} < \sigma_{b\,\text{zul}} = 62{,}7\,\frac{\text{N}}{\text{mm}^2}$$

mit $\sigma_{b\,\text{zul}}$ für E295 nach (11.1) und $C_d = 0{,}7$, $C_k = 0{,}8$ nach Tab. 11.5
Flächenpressung der Platte nach (11.21)

$$p_{\text{max}} = \frac{F \cdot (4 + 6 \cdot \frac{h}{t})}{d \cdot t} = 34{,}2\,\frac{\text{N}}{\text{mm}^2} < p_{\text{zul}} = 34{,}3\,\frac{\text{N}}{\text{mm}^2}$$

mit p_{zul} für GJL nach (11.3) und $C_d = 0{,}7$, $C_{kp} = 0{,}7$ nach Tab. 11.5

Beispiel 11.4

Querbolzen in Zugstange siehe Abschn. 11.3.2

Gegeben:
Bolzen aus E360, $d = 20\,\text{mm}$; Stange und Gabel aus E295; Lagerbuchse Bronze, $t = 12\,\text{mm}$, $b = 32\,\text{mm}$; Zugkraft $F = 5200\,\text{N}$ schwellend; Gabel/Bolzen: Presspassung; Stange/Bolzen: Spielpassung

Gesucht:
Festigkeitsnachweis

Berechnet:
Schubspannung im Bolzen nach (11.26) mit (11.24) und (11.25)

$$\tau_s = \frac{F}{2 \cdot \frac{\pi}{4} \cdot d^2} = 8{,}28\,\frac{\text{N}}{\text{mm}^2} \ll \tau_{s\,\text{zul}} = 68{,}6\,\frac{\text{N}}{\text{mm}^2}$$

mit $\tau_{s\,\text{zul}}$ für E360 nach (11.2) und $C_d = 0{,}7$ nach Tab. 11.5
Biegespannung im Bolzen nach (11.22) mit (11.23) und Tab. 11.8 Fall b

$$\sigma_b = \frac{F \cdot b}{12 \cdot \pi \cdot d \cdot 3} \cdot \frac{32}{\pi \cdot d^3} = 17{,}7\,\frac{\text{N}}{\text{mm}^2} < \sigma_{b\,\text{zul}} = 102{,}9\,\frac{\text{N}}{\text{mm}^2}$$

mit $\sigma_{b\,\text{zul}}$ für E360 nach (11.1) und $C_d = 0{,}7$ nach Tab. 11.5
Flächenpressung Stange nach (11.27) mit (11.28) und (11.30)

$$p = \frac{F}{d \cdot b} = 8{,}1\,\frac{\text{N}}{\text{mm}^2} < p_{\text{zul}} = 10\,\frac{\text{N}}{\text{mm}^2}$$

mit p_{zul} für Paarung Stahl/Bronze nach Tab. 11.6
Flächenpressung Gabel nach (11.27) mit (11.28) und (11.29)

$$p = \frac{F}{2 \cdot d \cdot t} = 10{,}8\,\frac{\text{N}}{\text{mm}^2} < p_{\text{zul}} = 88{,}2\,\frac{\text{N}}{\text{mm}^2}$$

mit p_{zul} für E295 nach (11.3) und $C_d = 0{,}7$ nach Tab. 11.5

Literatur

1. DIN 258:2012-05 Kegelstifte mit Gewindezapfen und konstanten Kegellängen
2. DIN 471:2011-04 Sicherungsringe (Halteringe) für Wellen – Regelausführung und schwere Ausführung
3. DIN 1445:2001-02 Bolzen mit großem Kopf; Ausführung mg
4. DIN 1469:2012-05 Passkerbstifte mit Hals
5. DIN 6799:2011-04 Sicherungsscheiben (Haltescheiben) für Wellen
6. DIN 11024:1973-01 Federstecker
7. DIN EN 22339:1992-10 Kegelstifte, ungehärtet
8. DIN EN 22340:1992-10 Bolzen ohne Kopf
9. DIN EN 22341:1992-10 Bolzen mit Kopf
10. DIN EN 28736:1992-10 Kegelstifte mit Innengewinde, ungehärtet
11. DIN EN 28737:1992-10 Kegelstifte mit Gewindezapfen, ungehärtet
12. DIN EN 28738:1992-10 Scheiben für Bolzen
13. DIN EN ISO1234:1998-02 Splinte
14. DIN EN ISO 2338:1998-02 Zylinderstifte aus ungehärtetem Stahl und austenitischem nichtrostendem Stahl
15. DIN EN ISO 8733:1998-03 Zylinderstifte mit Innengewinde aus ungehärtetem Stahl und austenitischem nichtrostendem Stahl
16. DIN EN ISO 8734:1998-03 Zylinderstifte mit Innengewinde aus gehärtetem Stahl und martensitischem nichtrostendem Stahl
17. DIN EN ISO 8735:1998-03 Zylinderstifte mit Innengewinde aus gehärtetem Stahl und martensitischem nichtrostendem Stahl
18. DIN EN ISO 8739:1998-03 Zylinderkerbstifte mit Einführende
19. DIN EN ISO 8740:1998-03 Zylinderkerbstifte mit Fase
20. DIN EN ISO 8741:1998-03 Steckkerbstifte
21. DIN EN ISO 8742:1998-03 Knebelkerbstifte mit kurzen Kerben
22. DIN EN ISO 8743:1998-03 Knebelkerbstifte mit langen Kerben
23. DIN EN ISO 8744:1998-03 Kegelkerbstifte
24. DIN EN ISO 8745:1998-03 Passkerbstifte
25. DIN EN ISO 8746:1998-03 Halbrundkerbnägel
26. DIN EN ISO 8747:1998-03 Senkkerbnägel
27. DIN EN ISO 8748:2007-07 Spiralspannstifte – Schwere Ausführung
28. DIN EN ISO 8750:2007-07 Spiralspannstifte – Regelausführung
29. DIN EN ISO 8751:2007-07 Spiralspannstifte – Leichte Ausführung
30. DIN EN ISO 8752:2009-10 Spannstifte(/-hülsen) – Geschlitzt, schwere Ausführung
31. DIN EN ISO 13337:2009-10 Spannstifte(/-hülsen) – Geschlitzt, leichte Ausführung
32. DIN ISO 1481:2011-10 Flachkopf – Blechschrauben mit Schlitz
33. Mintrop H (1957) Untersuchungen über die Passungsgenauigkeit von Kerbstiftverbindungen bei Verwendung von Kerbstiften mit 3 mm Durchmesser. Konstruktion 9:13–18
34. Schmitz H (1960) Theoretische und experimentelle Untersuchungen an Stift-Verbindungen. Konstruktion 12:13–18, 83–85

12 Elastische Federn

▶ Federn sind Elemente, die sich unter Belastung gezielt verformen und bei Entlastung wieder zurückverformen. Diese Funktion wird durch geeignete Gestaltung und Werkstoffwahl erreicht.

Im Folgenden werden mechanische, hydraulische und pneumatische Federn behandelt. Federn werden meist nach ihrer Gestalt benannt, z. B. Tellerfeder (Abb. 12.25), Drehstabfeder (Abb. 12.34), alternativ nach dem Werkstoff, z. B. Metallfeder, Gummifeder, wie es in den Abschn. 12.5–12.8 verwendet wird.

Für die Berechnung ist die Art der Beanspruchung maßgebend, deshalb werden die Federarten im Abschn. 12.5 nach ihrer vorwiegenden Beanspruchung (zugbeansprucht, biegebeansprucht und torsionsbeansprucht) geordnet.

12.1 Anwendung, Eigenschaften, Funktionen

Kräfte elastisch leiten
Kleine Kräfte/Kraftänderungen bewirken große Verformungen, d. h. Wege, und umgekehrt.

Anwendungen

- Spannfedern sollen eine Vorspannung aufrechterhalten, um z. B. Wärmedehnungen auszugleichen (z. B. Ringspannscheiben zur Schraubensicherung). Sie gestatten auch, eine definierte Kraft (z. B. in Rutschkupplungen) einzustellen oder eine Anpresskraft bei Verschleiß (z. B. bei Kontaktfingern oder Dichtungen) aufrechtzuerhalten.
- Kraftverteilung: Verteilung der Kraft z. B. auf mehrere Räder eines Fahrzeugs oder über eine Fläche (z. B. Matratze)
- Kraftmessung: Jedem Federweg ist eine definierte Kraft zugeordnet.
- Regelung von Fluidströmen (Rückschlagventil: Fluidstrom nur gegen Federkraft möglich)
- Regelung von Fluiddrücken (Druckminderventil: Vordruck wird über Federkraft auf gewünschten Druck reduziert)

Potentielle Energie speichern
Beim Verformen gespeicherte Energie wird nach Bedarf wieder abgegeben.

Anwendungen

- Rückholfedern sollen bewegliche Maschinenteile in ihre Ausgangslage zurückführen (z. B. Rückstellfedern in hydraulischen Ventilen).
- Energiespeicher: Uhrfeder, Spielzeugfedermotor usw.

Kinetische Energie wandeln
Kinetische Energie wird in potentielle Energie und Wärme umgewandelt (dadurch werden Rückstoßkräfte gemindert).

Anwendungen

- Stoßisolierung: Stoßenergie wird auf längeren Wegen, d. h. mit geringeren Kräften aufgenommen (z. B. Fahrzeugfedern, Pufferfedern). Dabei kann auch Stoßenergie in Reibungsarbeit, d. h. Wärme umgewandelt werden.
- Schwingungsisolierung (aktiv oder passiv) durch Verlagern der Eigenfrequenz
- Schwingelemente verlagern den Betrieb in den Resonanzbereich (d. h. Verstärken der Schwingamplituden): Schwingsiebe, Wuchtförderer usw.

12.2 Wahl der Federart

Federarten
Es werden als Grundelemente (Wirkkörper) einfach herstellbare Formen verwendet: Flachstab, Zylinder, Ring, Platte, Scheibe. Hieraus und mit geeignetem Werkstoff lassen sich die in Tab. 12.1 dargestellten Federarten bilden. Je nach Anforderungen des Anwendungsgebiets können damit große oder kleine Federwege realisiert und die Federn den Einbaubedingungen angepasst werden.

Eigenschaften, Auswahl
(Tab. 12.1) Im Maschinenbau werden vorwiegend Schraubenfedern aus Stahldraht verwendet, die kostengünstig herstellbar, einfach zu bemessen und einzubauen sind. Sie

G. Niemann et al., *Maschinenelemente 1*, https://doi.org/10.1007/978-3-662-55482-1_12

können sowohl Zugkräfte als auch Druckkräfte übertragen. Bei anderer Einspannung (d. h. als Schenkelfeder) können sie Drehbewegungen ausführen und schließlich auch als Kupplung dienen (Schraubenband-Wellenkupplung).

Im Übrigen ist die Wahl der Federart wesentlich davon abhängig, welche besonderen Gesichtspunkte jeweils im Vordergrund stehen. Hierzu einige Hinweise:

- Geringes Gewicht und geringes Volumen bei gegebener Federungsarbeit ermöglichen Gummifedern, hochwertige Ringfedern aus Stahl, Tellerfedern, auf Zug beanspruchter, dünner Stahldraht, faserverstärkte Kunststofffedern.
- Niedrige Bauhöhe ermöglichen Blattfedern, Ringfedern und Drehstabfedern (Fahrzeugbau!).
- Schmalflächige Anordnung ermöglichen ebene Spiralfedern (z. B. bei Uhren) und Tellerfedern.
- Große Federwege im Vergleich zur Baulänge ermöglichen Gummifedern, dünndrahtige Schraubenfedern mit großem Windungsdurchmesser, Gasfedern und dünne

Tab. 12.1 Wirkkörper und Beanspruchungen mechanischer Federn

Beanspruchungsart	Reibung bzw. Dämpfung	Wirkkörper		
		gerade	gewunden	Platte, Ring, Scheibe
Zug/Druck	ohne	Zugstab 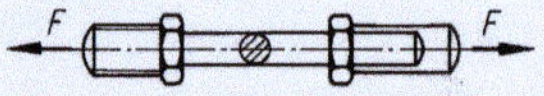 keine Bedeutung in der Praxis		Zylinderfeder 
	mit	Stahlseil, Gummiseil, Gummiplatte 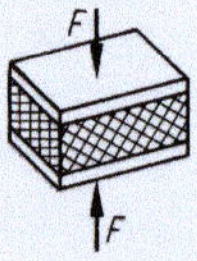		Ringfeder 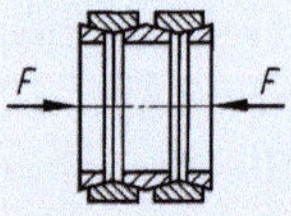 $D_m = 18 \dots 400\,\text{mm}$ $F = 5 \dots 1800\,\text{kN}$ $f = 0{,}4 \dots 7{,}6\,\text{mm}$ pro Element
Schub	ohne			
	mit	Gummiplatte 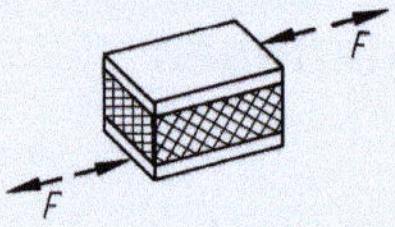		Gummielement 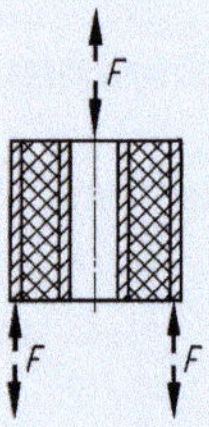
Biegung	ohne	Biegestab 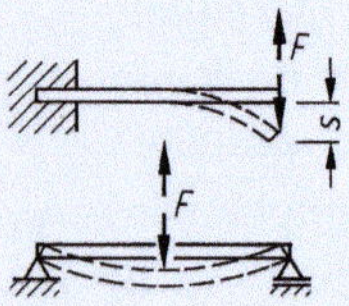 fast alle Abmessungen möglich	Spiralfeder 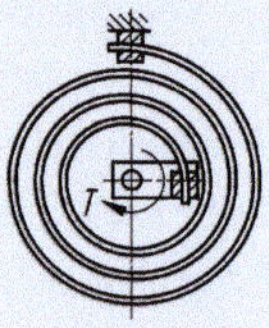 Schenkelfeder 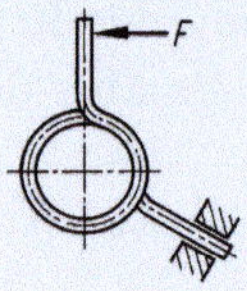	wechselsinnige Tellerfedern 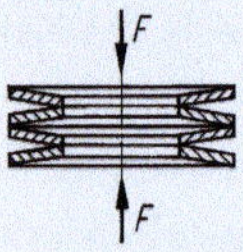 $D_a = 8 \dots 250\,\text{mm}$ $F = 0{,}1 \dots 400\,\text{kN}$
	mit	Blattfeder 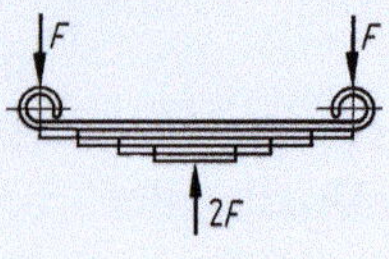		gleichsinnige Tellerfedern 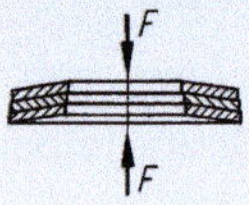

Tab. 12.1 (Fortsetzung)

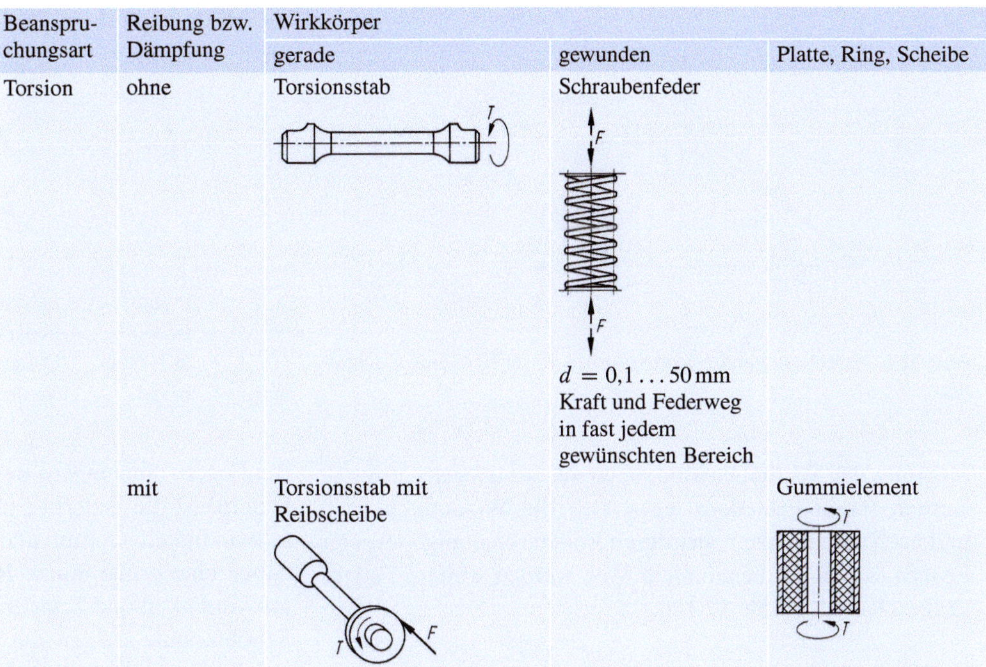

Beanspruchungsart	Reibung bzw. Dämpfung	Wirkkörper gerade	gewunden	Platte, Ring, Scheibe
Torsion	ohne	Torsionsstab	Schraubenfeder $d = 0{,}1 \ldots 50\,\text{mm}$ Kraft und Federweg in fast jedem gewünschten Bereich	
	mit	Torsionsstab mit Reibscheibe		Gummielement

Tellerfedern sowie im Vergleich zur Bauhöhe die Biegestabfedern.

- Zusätzliche Reibungsarbeit ermöglichen in erheblichem Maße Ringfedern, in geringerem Maße geschichtete Blatt- und Tellerfedern, Litzenschraubenfedern und Gummifedern. Sie sind also zur Stoßaufnahme bzw. zur Schwingungsdämpfung besonders geeignet. Als Trag-, Fahrzeug- und Fundamentfedern werden insbesondere Gummifedern verwendet.
- Kraftrichtungsumkehr bei gleicher Federkennlinie ermöglichen Biegestabfedern, Drehstabfedern, Schraubenfedern sowie schub- und torsionsbeanspruchte Gummifedern.
- Der Federweg ist bei den meisten Federn proportional zur Federkraft (gerade Kennlinie). Sonderkennlinien (abweichend von der Geraden) zeigen Kegelfedern, Tellerfedern und Gummifedern. Außerdem kann die Kennlinie durch Änderung der Kraftrichtung zur Federachse oder des wirksamen Hebelarms (Wälzfeder) oder der wirksamen Federlänge in Abhängigkeit vom Federweg beeinflusst werden.
- Für besonders leichte und besonders weiche Federungen werden Gummifedern oder Kunststofffedern (faserverstärkt) verwendet.
- Kompressionsfedern, Luftfedern (eingeschlossene Luft) und Flüssigkeitsfedern, werden vorwiegend im Fahrzeugbau verwendet. Sie eignen sich auch zur Höhenverstellung.
- Besonderen Anforderungen hinsichtlich gleichbleibender Elastizität genügen berylliumlegierte Federn (z. B. für Uhren), hinsichtlich magnetischen Verhaltens, Hitze und Korrosion besondere Stahllegierungen bzw. Sonderbronzen und Schutzüberzüge.
- Gummi-Federelemente werden einbaufertig in großen Serien hergestellt. In den Herstellerkatalogen sind hierfür Steifigkeits- und Festigkeitsangaben enthalten.
- Bei Auswahl, Gestaltung und Anordnung der Federelemente sollte auf die Erfahrung der Hersteller zurückgegriffen werden.

12.3 Kennwerte

12.3.1 Federkennlinien

Wird die Belastungskraft (Federkraft) F über dem Federweg s bzw. das Drehmoment T über dem Verdrehwinkel φ aufgetragen, so entsteht die Federkennlinie (Abb. 12.1). Je steiler die Kennlinie, desto „härter" ist die Feder.

Linearer Verlauf
Gerade Kennlinien haben beispielsweise Schraubenfedern und Drehstabfedern, Kennlinie A in Abb. 12.1.

Progressiver Verlauf
Für bestimmte Anwendungsfälle, z. B. Fahrzeugtragfedern, wird ein progressiver Verlauf nach Kennlinie B in Abb. 12.1 gewünscht, um das Eigenschwingverhalten des vollen und leeren Fahrzeugs in etwa gleich zu halten. Pneumatische und hydropneumatische Federn besitzen eine progressive Kennlinie. Bei Schraubenfedern kann sie durch inkonstante

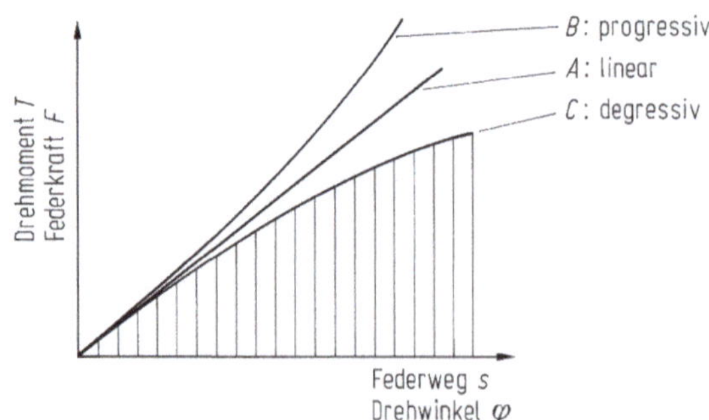

Abb. 12.1 Federkennlinien, Federungsarbeit W für Kennlinie C schraffiert

Steigung der Schraubenwindungen näherungsweise erreicht werden (beim Einfedern legen sich die Windungen nach und nach aufeinander) oder durch Reihenschaltung mehrerer Federn (ab einem bestimmten Weg werden weitere Federn „zugeschaltet"), Abb. 12.15d.

Degressiver Verlauf

Gilt es z. B. Stöße aufzufangen, d. h. Energie zu wandeln, so ist eine degressive Kennlinie (Kennlinie C in Abb. 12.1) erwünscht, da bei gleichem Energieaufnahmevermögen die auftretende Maximalkraft geringer ist. Federn mit degressiver Kennlinie eignen sich auch für Reibkupplungen und Bremsen, um den Verschleiß auszugleichen und die Anpresskraft nur wenig absinken zu lassen. Derartige Kennlinien können beispielsweise mit Tellerfedern und hydraulischen Dämpfern erreicht werden.

12.3.2 Federrate

Die Federrate R (früher Federsteifigkeit) ist die Steigung der Federkennlinie im Federdiagramm, Abb. 12.1. Bei linearer Kennlinie ist R (bzw. R_t bei Belastung mit einem Drehmoment) konstant.

$$R = \frac{dF}{ds} \tag{12.1}$$

$$R_t = \frac{dT}{d\varphi} \tag{12.2}$$

s	in mm	Federweg
F	in N	Federkraft
T	in N mm	Drehmoment
φ	in rad	Verdrehwinkel

Bei Federn ohne innere Reibung (praktisch alle metallischen Federn) ist die Federrate unabhängig von der Belastungsgeschwindigkeit. Gummi und andere hochpolymere Werkstoffe haben eine große innere Reibung, die von Verformungsgeschwindigkeit und Temperatur abhängt. Die Elastizitäts- und Schubmodule steigen mit der Verformungsgeschwindigkeit an, die Folge sind größere Federraten. Es wird deshalb die statische und die dynamische Federrate R_{stat} und R_{dyn} unterschieden, die im Versuch ermittelt werden müssen.

12.3.3 Dämpfung

Bei äußerer oder innerer Reibung verläuft die Kennlinie prinzipiell wie in Abb. 12.2 dargestellt. Beim Entlasten der Feder wird weniger Federungsarbeit abgegeben als beim Belasten aufgenommen wurde. Die Differenz wird in Wärme umgewandelt. Im Feder-Diagramm zeigt sich der Energieverlust (Hysterese) als von der Kennlinie umschlossene Fläche. Zur Kennzeichnung der Dämpfungseigenschaften einer Feder werden der Energieverlust W_D mit der Federungsarbeit W_{pot} einer verlustlosen Feder verglichen (Abb. 12.2). Es errechnet

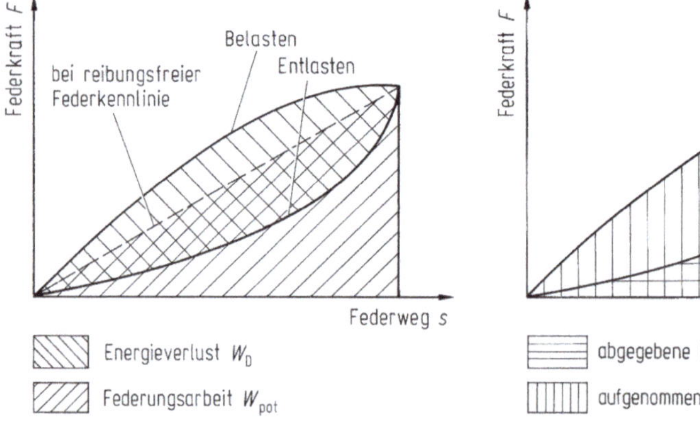

Abb. 12.2 Federkennlinie bei äußerer oder innerer Reibung (= Dämpfung)

sich daraus der Dämpfungsfaktor

$$\psi = \frac{W_D}{W_{\text{pot}}} \tag{12.3}$$

Bei Schwingungs- und Dämpfungsvorgängen wird mit dem Dämpfungswert δ gerechnet.

$$\delta = \frac{W_{\text{ges}} - W'}{W_{\text{ges}} + W'} \tag{12.4}$$

W_{ges}	in N mm	gesamte Federungsarbeit bei dynamischer Beanspruchung mit Dämpfung
W'	in N mm	Federungsarbeit

Beispiele: Bei Schwingungs- und Stoßdämpfung (Puffer) ist ein großer Dämpfungswert der Federn erwünscht, um den Rückstoß zu mindern. Bei Fahrzeugreifen soll er möglichst klein sein, um die Erwärmung gering zu halten.

12.3.4 Federungsarbeit

Mit den Definitionen in Abb. 12.1 gilt für die Federungsarbeit

$$W = \int_0^s F ds \tag{12.5}$$

s	in mm	Federweg
F	in N	Federkraft

bzw.

$$W_t = \int_0^\varphi T d\varphi \tag{12.6}$$

T	in N m	Drehmoment
φ	in rad	Verdrehwinkel

Die Federungsarbeit, auch Arbeitsaufnahme oder Arbeitsvermögen genannt, entspricht der Fläche unter der Federkennlinie. Für Federn mit gerader Kennlinie gilt für die Federungsarbeit

$$W = F \cdot \frac{s}{2} = R \cdot \frac{s^2}{2} = \frac{F^2}{2 \cdot R} \tag{12.7}$$

$$W_t = T \cdot \frac{\varphi}{2} = R_t \cdot \frac{\varphi^2}{2} = \frac{T^2}{2 \cdot R_t} \tag{12.8}$$

R	in N/mm	Federrate nach (12.1)
R_t	in N mm/rad	Federrate nach (12.2)

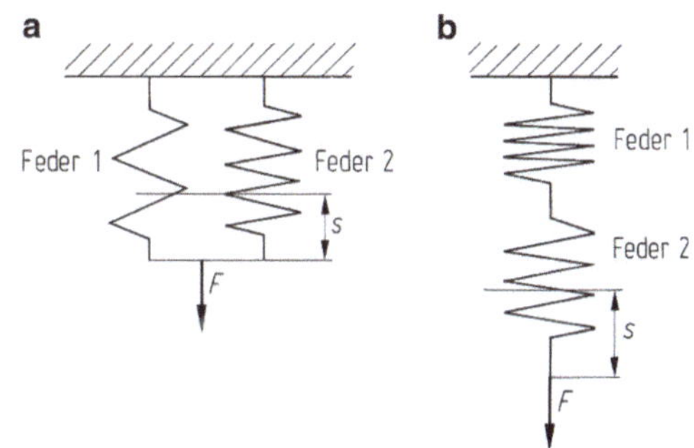

Abb. 12.3 Zusammenwirken mehrerer Federn, **a** Parallelschaltung, **b** Reihenschaltung

12.3.5 Parallel- und Reihenschaltung

Federn können parallel oder hintereinander (in Reihe) geschaltet werden. Auch eine Kombination ist möglich, Abb. 12.3.

Parallelschaltung
Hierbei werden Federn derart miteinander gekoppelt, dass sich die angreifende Kraft F anteilsmäßig auf die einzelnen Federn verteilt. Hierfür gilt

$$F = R_1 \cdot s + R_2 \cdot s = \sum R_i \cdot s \tag{12.9}$$

s	in mm	Federweg

Die resultierende Gesamtfederrate ergibt sich aus der Summe der Einzelfederraten R_1 (Feder 1) und R_2 (Feder 2)

$$R_{\text{ges}} = R_1 + R_2 \tag{12.10}$$

Reihenschaltung
Hier werden Federn derart miteinander gekoppelt, dass die äußere Kraft in voller Größe an allen Federn angreift. Hier gilt für den Gesamtfederweg

$$s_{\text{ges}} = s_1 + s_2 = \frac{F}{R_1} + \frac{F}{R_2} \tag{12.11}$$

s_1	in mm	Federweg der Feder 1
s_2	in mm	Federweg der Feder 2

Die resultierende Gesamtfederrate R_{ges} ergibt sich zu

$$\frac{1}{R_{\text{ges}}} = \frac{1}{R_1} + \frac{1}{R_2} \tag{12.12}$$

12.3.6 Nutzgrade

Nutzgrade sind Kennwerte, die sich zur Bewertung und Auswahl von Federn eignen.

Artnutzgrad η_A

Der Artnutzgrad kennzeichnet die Güte der Feder bezüglich der aufnehmbaren Federungsarbeit W. η_A ist definiert als Verhältnis von W, (12.5), bzw. W_t, (12.6), zum Idealwert einer elastischen Feder (ohne Dämpfung) mit gleich großer Spannung im gesamten federnden Volumen (Zugfeder, Druckfeder) $W_{pot,opt}$.

$$\eta_A = \frac{W}{W_{pot,opt}} \tag{12.13}$$

Bei gleichmäßig über Querschnitt A und Länge L, d. h. Volumen V, verteilter Zug- oder Druckspannung ist

$$W_{pot,opt} = \int_0^{s_{max}} F ds = F_{max} \cdot \frac{s_{max}}{2} = \frac{1}{2} \cdot A \cdot L \cdot \sigma_{max} \cdot \varepsilon_{max} \tag{12.14}$$

s_{max}	in mm	maximaler Federweg
F	in N	Federkraft
F_{max}	in N	maximale Federkraft
σ_{max}	in N/mm²	maximale Spannung

Mit der maximalen Dehnung

$$\varepsilon_{max} = \frac{\sigma_{max}}{E} \tag{12.15}$$

E	in N/mm²	Elastizitätsmodul

ergibt sich

$$W_{pot,opt} = \frac{V \cdot {\sigma_{max}}^2}{2 \cdot E} \tag{12.16}$$

und

$$\eta_A = \frac{W}{W_{pot,opt}} = \frac{W \cdot 2 \cdot E}{V \cdot {\sigma_{max}}^2} \tag{12.17}$$

Bei gleichmäßig verteilter Schubspannung gilt für den Idealwert der Federungsarbeit

$$W_{pot,opt} = \frac{1}{2} \cdot A \cdot L \cdot \tau_{max} \cdot \gamma_{max} \tag{12.18}$$

τ_{max}	in N/mm²	maximale Schubspannung

Mit der maximalen Dehnung in Querrichtung

$$\gamma_{max} = \frac{\tau_{max}}{G} \tag{12.19}$$

G	in N/mm²	Schubmodul

ergibt sich

$$W_{pot,opt} = \frac{V \cdot {\tau^2}_{max}}{2 \cdot G} \tag{12.20}$$

und der Artnutzgrad

$$\eta_A = \frac{W}{W_{pot,opt}} = \frac{W_t \cdot 2 \cdot G}{V \cdot {\tau^2}_{max}} \tag{12.21}$$

η_A ist abhängig von der Spannungsverteilung, also von Gestalt und Belastungsart der Feder. Im oben erwähnten Idealfall einer dämpfungsfreien Zugfeder ist $\eta_A = 1$. Bei zusätzlicher Arbeitsaufnahme durch innere oder äußere Reibung kann η_A auch größer als 1 werden, z. B. bei Ringfeder, Abb. 12.6.

Der Einfluss von σ und E bzw. τ und G auf die erreichbare Federarbeit wird durch η_A nicht erfasst.

Volumennutzgrad η_V

Der Volumennutzgrad kennzeichnet das zur Aufnahme der Federungsarbeit erforderliche Volumen und ist damit ein geeigneter Maßstab für die Auswahl von Federn zur optimalen Nutzung des Bauraumes

$$\eta_V = \frac{W}{V} = \frac{\eta_A \cdot {\sigma_{max}}^2}{2 \cdot E} \tag{12.22}$$

Gewichtsnutzgrad η_Q

Der Gewichtsnutzgrad kennzeichnet das zur Aufnahme der Federungsarbeit erforderliche Gewicht und ist damit ein geeigneter Maßstab zur Beurteilung des Kriteriums Leichtbau

$$\eta_Q = \frac{W}{Q} = \frac{\eta_A \cdot {\sigma_{max}}^2}{2 \cdot \varrho \cdot E} \tag{12.23}$$

Q	in N	Gewichtskraft
ϱ	in kg/mm³	Dichte

Nutzgrade η_A, η_V, η_Q einiger Federarten sind in Tab. 12.2 aufgelistet.

Tab. 12.2 Nutzgrade einiger Federn

Federart	Nutzgrade			Zur Berechnung verwendete Werte
	Artnutz-grad η_A	Volumennutz-grad η_V in N/mm^2	Gewichtnutz-grad η_Q in 10^3 mm	
dünner Stahldraht auf Zug	1,000	5,360	68,70	$\sigma = 1500\,N/mm^2$ $E = 2{,}1 \cdot 10^5\,N/mm^2$ $\varrho = 7{,}8\,kg/dm^3$
umgesponnenes Gummikabel auf Zug	0,900	3,740	370,00	$\sigma = 8{,}3\,N/mm^2$ $A = 1{,}3\,cm^2$ $f = L$ $\varrho = 1\,kg/dm^3$
Ringfeder aus Stahl	1,620	4,900	62,80	$\sigma = 1150\,N/mm^2$ $E = 2{,}1 \cdot 10^5\,N/mm^2$ $\varrho = 7{,}8\,kg/dm^3$ $\alpha = 14°$ $\varrho' = 8°$
Dreieckbiegefeder oder geschichtete Blattfeder aus Stahl	0,334	0,795	10,20	$\sigma = 1000\,N/mm^2$ $E = 2{,}1 \cdot 10^5\,N/mm^2$ $\varrho = 7{,}8\,kg/dm^3$
Rechteckbiegefeder oder einfache Blattfeder aus Stahl	0,111	0,264	3,45	$\sigma = 1000\,N/mm^2$ $E = 2{,}1 \cdot 10^5\,N/mm^2$ $\varrho = 7{,}8\,kg/dm^3$
Drehstabfeder oder Schraubenfeder mit Kreisquerschnitt aus Stahl	0,500	2,040	26,13	$\tau = 800\,N/mm^2$ $G = 7{,}85 \cdot 10^4\,N/mm^2$ $\varrho = 7{,}8\,kg/dm^3$
Drehstabfeder mit Rohrquerschnitt aus Stahl	0,626	2,550	32,72	wie vorher $d_i/d = 0{,}5$

12.4 Werkstoffe, zulässige Spannungen und Sicherheiten, allgemein

12.4.1 Werkstoffe

Aus (12.17) und (12.21) geht hervor, dass die aufnehmbare Federarbeit proportional zu σ^2 bzw. τ^2 ist und umgekehrt proportional zum Elastizitätsmodul bzw. Schubmodul.

Metallfedern
Sie (mit hohen Elastizitätsmoduln) werden meist aus hochfesten Federstählen mittleren bis hohen Kohlenstoffgehalts hergestellt, Kap. 5: Werkstoffe.

Bei statisch oder quasistatisch ($< 10^4$ Schwingspiele während der gesamten Lebensdauer) beanspruchten Stahlfedern ist eine hohe Streckgrenze wichtig. Dies wird erreicht durch Wärmebehandlung mit niedriger Anlasstemperatur (250 ... 350 °C), hohem Ausziehgrad und, bei Federn mit ungleichmäßiger Spannungsverteilung, einmaligem Überlasten über die Fließgrenze hinaus (Vorsetzen) und zwar nur in Richtung der späteren Betriebsbeanspruchung und nur dann, wenn keine Wechselbeanspruchung zu erwarten ist. Durch diese Maßnahmen werden auch ungünstige Eigenspannungen abgebaut und die Federn maßstabilisiert. Für Sonderzwecke werden Beryllium und Phosphorbronze verwendet. Sonderwerkstoffe sind z. B. in [45] angegeben.

Wenn eine bestimmte Federkraft genau einzuhalten ist (und nur dann), müssen die Effekte Relaxation und Kriechen berücksichtigt werden, welche abhängig von Spannung, Temperatur und Beanspruchungsdauer, die Federkraft geringfügig reduzieren können. Relaxation wird der Kraftverlust bei konstanten Werten für Einspannlänge bzw. Drehwinkel bezeichnet. Beim Kriechen vergrößert sich die Einspannlänge bzw. der Drehwinkel bei konstanten Werten für Kraft bzw. Drehmoment. Abb. 12.4 zeigt ein typisches Relaxationsbild. Gegenmaßnahmen sind: hochlegierte Stähle, höchstmögliche Anlasstemperatur (und damit Abbau der Ei-

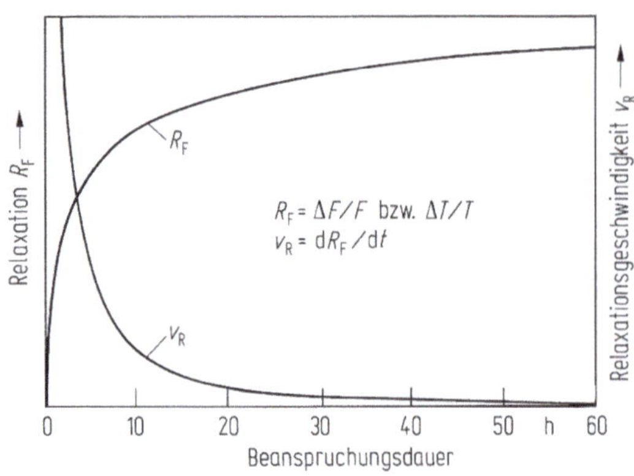

Abb. 12.4 Relaxation R_F und Relaxationsgeschwindigkeit v_R nach DIN EN 13906 Teil 1 [30]

genspannungen) und Warmsetzen (die Federn werden unter Belastung erwärmt). Dadurch wird das erste Stadium der Relaxation aufgehoben.

Eine hohe Dauerfestigkeit dynamisch belasteter Federn wird durch hochfeste Stähle, höhere Anlasstemperaturen (350 ... 500 °C) und eine kerbfreie Oberfläche erreicht. Wichtig ist ferner, dass bei Montage und Betrieb keine Risse oder Scheuerstellen entstehen. Bei galvanisch geschützten Oberflächen besteht die Gefahr, dass die Dauerfestigkeit durch Wasserstoffversprödung gemindert wird. Durch nachträgliches Erwärmen auf 190 ... 230 °C für eine Dauer von 0,5 ... 3 h kann die Wasserstoffkonzentration reduziert werden. Auch Korrosionsmarken sind Oberflächenkerben und mindern die Dauerfestigkeit. Gegenmaßnahmen: Verwendung nichtrostender Federstähle bzw. Sonderstähle in Abhängigkeit vom angreifenden Medium [45], Ölen, Lackieren, galvanisches Beschichten der Federn.

Gummifedern
Diese Federn mit niedriger Werkstofffestigkeit lassen sich bis zu mehreren 100 % dehnen bei geringem Formänderungsrest (2 ... 5 %), weisen starke, temperaturabhängige Dämpfung auf (5 ... 30 %), isolieren gut gegen elektrischen Strom- und Wärmedurchgang. Allerdings wird dadurch die aus der inneren Reibung resultierende Reibungswärme auch schlecht abgeleitet (im Inneren können hohe Temperaturen entstehen). Der Einsatz ist günstigstenfalls auf Temperaturen zwischen −60 ... 120 °C beschränkt. Die starke Neigung zum Kriechen ist zu beachten. Weitere Angaben sind in Abschn. 12.6 enthalten.

Gasfedern
Im Gegensatz zu Metall und Gummi ist Gas (meist wird Luft verwendet) kompressibel. Die Federwirkung ergibt sich aus dem Zusammenhang von Druck-(= Kraft-)änderung und Volumen-(= Weg-)änderung.

Flüssigkeitsfedern, z. B. Ölfedern
Es wird die Volumenänderung von Öl und die Aufweitung des Gehäuses unter Druck zur Federung genutzt. Aufgrund der geringen Kompressibilität von Öl werden hohe Drücke benötigt, um nennenswerte Federwege zu erzielen.

Kombinierte (hintereinandergeschaltete) Gas-Öl-Federn
Die Gasfeder übernimmt dabei die Federung, die Ölfeder durch entsprechende innere Gestaltung die Dämpfung. Über die Ölmenge wird die Lage des Kolbens regelt. Hauptanwendungsgebiet ist die Federung und Niveauregelung von Fahrzeugaufbauten.

Kunststofffedern
Der Grundkörper (im Allgemeinen Polyester- oder Epoxidharz) wird durch Fasern (aus Glas, Aramid oder Kohlenstoff) verstärkt. Der Kunststoff-Grundkörper bringt Eigenschaften von Gummifedern ein (geringes Gewicht, starke Dämpfung, empfindlich gegen Umgebungseinflüsse), die Fasern Eigenschaften von Metallen (hohe Festigkeit und Steifigkeit). Durch unterschiedliche Volumenanteile können die Eigenschaften variieren. Besondere Aufmerksamkeit erfordert die Krafteinleitung, beispielsweise werden bei Blattfedern Stahl- oder Leichtmetallösen gewählt, die die Fasern umschlingen und Führungsbolzen aufnehmen. Bei der Berechnung kann wie bei Metallfedern vorgegangen werden, es müssen jedoch im Allgemeinen die Festigkeitswerte in Bauteilversuchen bestimmt werden [1], [46].

Glas- und Keramikfedern
Sie werden in der Messtechnik (Kraft-, Wegmessung) verwendet, wo es auf hohe Konstanz bestimmter physikalischer Kennwerte (z. B. thermischer Ausdehnungskoeffizient) ankommt. Ausführungsformen sind stabförmige Biege- bzw. Torsionsfedern, Schraubenfedern und Tellerfedern [44].

12.4.2 Tragfähigkeit, zulässige Spannung und Sicherheiten

Nach allgemeiner Praxis, so auch nach den einschlägigen DIN-Normen, werden Federn mit Nennspannungen berechnet. Grundgedanken und Voraussetzungen werden in Abschn. 1.4.2 erläutert.

Dementsprechend hängen die zulässigen Spannungen nicht nur von Werkstoff, Wärmebehandlung, Oberflächenbehandlung usw. ab, sondern auch von der Federart. Sie werden daher nachstehend bei den Angaben zur Dimensionierung und zum Festigkeitsnachweis der jeweiligen Federart angeführt.

Für den Ansatz der Sicherheit (Verhältnis von zulässiger zu auftretender Spannung) gelten im Übrigen die in

Abschn. 1.4.8 dargelegten Gesichtspunkte. Im Vergleich zu anderen Bauteilen wird jedoch bei Federn mit relativ geringen Sicherheiten gearbeitet, um ausreichende Federung bei entsprechend geringerer Lebensdauer zu erreichen. Die zur Berechnung der Federarten angegebenen zulässigen Spannungen gelten unter der Voraussetzung, dass die Belastungen realistisch angesetzt werden.

12.4.2.1 Berechnung bei statischer und quasistatischer ($N < 10^4$) Belastung

Die zulässigen Spannungen σ_{zul}, τ_{zul} müssen unterhalb der Fließgrenze R_p liegen, sie werden jedoch bei Federn üblicherweise mit entsprechend höherem Sicherheitsabstand im Verhältnis zur Zugfestigkeit R_m angesetzt.

12.4.2.2 Berechnung bei dynamischer Beanspruchung

Die maximale Beanspruchung, welche die Oberspannung σ_o ist, muss kleiner sein als die zulässige statische Spannung $\sigma_{\text{statisch zul}}$ (z. B. die obere waagerechte Grenze des Goodman-Diagramms, Abb. 12.27, Abb. 12.42).

$$\sigma_o = \sigma_u + \sigma_h \leq \sigma_{\text{statisch zul}} \tag{12.24}$$

σ_h	in N/mm²	Hubspannung
σ_u	in N/mm²	Unterspannung

bzw.

$$\sigma_o = \sigma_m + \sigma_a \leq \sigma_{\text{statisch zul}} \tag{12.25}$$

σ_a	in N/mm²	Ausschlagspannung
σ_m	in N/mm²	Mittelspannung

Vereinfachter Nachweis der Schwingfestigkeit

Für eine Reihe von Federarten sind neben Angaben über die zulässige statische Beanspruchung lediglich Erfahrungsangaben über die zulässige dynamische Beanspruchung in % der statischen Werte oder eine Ausschlagfestigkeit σ_A bekannt, ohne dass bezüglich des Überlastungsfalls (Kap. 3) unterschieden wird.

Erweiterter Nachweis der Schwingfestigkeit

Für manche Federarten stehen Dauerfestigkeits-Schaubilder zur Verfügung, so dass ein genauerer Festigkeitsnachweis nach den Regeln der Festigkeitslehre, Kap. 3, möglich ist.

Im Allgemeinen liegt bei Federn der Überlastungsfall F3 (konstante Unterspannung) vor. Gleiches gilt für Federn, die statisch vorgespannt und durch zusätzliche Schwingungs- und Stoßkräfte belastet werden, wie z. B. bei Pressen. Seltener ist der Überlastungsfall F1, beispielsweise bei Fahrzeugfedern, die statisch durch das Fahrzeuggewicht belastet sind und bei denen sich infolge der Fahrdynamik Schwingungsausschläge überlagern.

Besonderheiten

In der Literatur, so z. B. in DIN EN 16983 [33] (Tellerfedern) und DIN EN 13906 Teil 1 (Schraubendruckfedern), werden für die Dauerfestigkeitsberechnung Goodman-Diagramme verwendet und zwar speziell für den Überlastungsfall F3. Der Festigkeitsnachweis für den Überlastungsfall F1 lässt sich anschaulicher im Smith-Diagramm darstellen, es können aber auch hierfür die vorhandenen Goodman-Diagramme verwendet werden. Der Rechengang wird im Beispiel 12.6 in Abschn. 12.9 erläutert.

12.5 Metallfedern

In Tab. 12.3 wird eine Übersicht über die gängigen Arten von Metallfedern gegeben, ergänzt um das relevante Normenwerk mit den Regeln für Gestaltung, Berechnung, Werkstoffe, Herstellung, Bestellangaben usw. Diese Regeln sind zu beachten.

12.5.1 Zug- und druckbeanspruchte Federn

12.5.1.1 Zugstäbe, Druckstäbe, Drahtzugfedern

Ausführung als Stäbe mit großer Federrate, z. B. für hochfrequente Prüfmaschinen, und Schwingungserreger mit gerader Federkennlinie üblich. Bei Ausführung als Drahtzugfeder wird eine große Baulänge benötigt, um nennenswerte Federwege zu erzielen.

Dimensionierung und Berechnung: Geometriemaße siehe Abb. 12.5

Spannung

$$\sigma = \frac{F}{A} \leq \sigma_{zul} \tag{12.26}$$

A	in mm²	Fläche
F	in N	Federkraft
σ_{zul}	in N/mm²	zulässige Spannung

Federweg

$$s = \frac{L \cdot \sigma}{E} = \frac{L \cdot F}{E \cdot A} \tag{12.27}$$

E	in N/mm²	Elastizitätsmodul
L	in mm	Federlänge

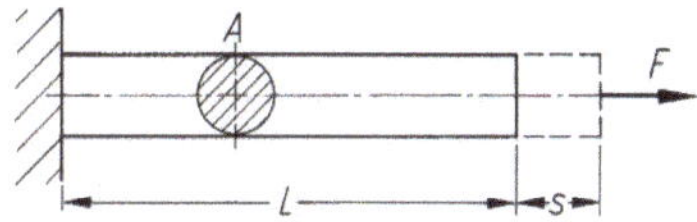

Abb. 12.5 Zugstab, Druckstab und Drahtzugfeder, Abmessungen

Tab. 12.3 DIN-Normen für Gestaltung und Berechnung von Stahlfedern

Beanspruchung	Federgestalt (DIN ISO 2162 [37]) Belastungsart	Gestaltung Lasteinleitung (Toleranzen)	Halbzeugnormen, Werkstoffnormen	Berechnung (ruhende oder schwingende Belastung)
Zug-, Druckbeanspruchung	Ringfeder, druckkraftbelastet	Ringe mit konischer Wirkfläche, abwechselnd zug- und druckbeansprucht	(Werknormen, Ringfeder GmbH, Krefeld)	Berechnung siehe Abschn. 12.5.1.2
Biegebeanspruchung	Einzelblattfeder, querkraftbelastet (Rechteck-, Dreieck- und Trapezform)	bei dynamisch hochbeanspruchten Federn nach Abb. 12.3	DIN EN 10140 [25] (Kaltbänder) DIN EN 10089 [22] (warmgewalzt) DIN EN 10132 [24] (kaltgewalzt)	Berechnung siehe Abschn. 12.5.2.1
	geschichtete Blattfedern, querkraftbelastet	DIN EN 14200 [31] (Beilagen, Keile) DIN 2094 [8] (Straßenfahrzeuge) DIN 4621 [12] (Klammern) DIN 5542 [14] (Enden) DIN 5543 [15] (Aufhängung) DIN EN 14200 [31] (Beilagen, Keile, Schienenfahrzeuge) DIN 11747 [19] (Landmaschinen)	DIN EN 10092 [23] (warmgewalzt, gerippt)	DIN EN 14200 (Federdiagramme) Berechnung siehe Abschn. 12.5.2.1d)
	zylindrische Schraubendrehfeder (Schenkelfeder)	DIN EN 13906 Teil 3 (Konstruktions-Hinweise, Einspannbedingungen)	DIN EN 10270 Teil 1, 2 [28] DIN EN 10151 [26] (nichtrostend) DIN 2077 [5]	DIN EN 13906 Teil 3 (Gleichungen Beispiele, Leitertafeln, zulässige Spannungen) Berechnung siehe Abschn. 12.5.2.3a)
	Spiralfeder, drehmomentbelastet	DIN 8255 Teil 1 [17] (Rollen) DIN 8287 [18] (für Uhren)	DIN EN 10132 (kaltgewalzt) DIN EN 10140 (Kaltbänder) (DIN 43801 Teil 1 [20])	DIN 43801 Teil 1 Berechnung siehe Abschn. 12.5.2.3b)
	Tellerfedern, druckkraftbelastet (Einzelfedern, Federpakete, Federsäulen)	DIN EN 16983 (Ausführung, Spiel) (DIN 6796 [16] Spannscheiben)		DIN EN 16984 [34] (Gleichungen, Kennlinien, Kombinationen, Beispiele, Schrifttum) Berechnung siehe Abschn. 12.5.2.4
Torsionsbeanspruchung	Drehstabfeder, mit rundem Querschnitt, drehmomentbelastet	DIN 2091 [7] (Drehstabköpfe) DIN 5481 [13] (Kerbverzahnung)	DIN EN 10089 DIN 2077	DIN 2091 (Gleichungen, Ersatzlängen, Vorsetzen, Zeit- und Dauerfestigkeitsschaubild, Relaxation) Berechnung siehe Abschn. 12.5.3.1
	zylindrische Schraubenzugfeder mit rundem Querschnitt	DIN 2097 [10] (Ösen) DIN 2099 Teil 2 [11] (Bestellvordruck)	DIN EN 10270 Teil 1, 2 DIN EN 10151 DIN 17225 (warmfest) DIN EN 10089 (warmgeformt) DIN EN 10218 [27] DIN EN 12166 [29] DIN 2077	DIN EN 13906 Teil 2 (Gleichungen, Beiwert Beispiele, Leitertafeln) Berechnung siehe Abschn. 12.5.3.2b)
	zylindrische Schraubendruckfeder mit rundem Querschnitt	DIN 2099 Teil 1 (Bestellvordruck) DIN EN 13906 Teil 1	DIN EN 15800 [32] DIN 2096 [9] DIN EN 13906 Teil 1	DIN EN 13906 Teil 1 (Gleichungen, Kennwerte, Knickung, Querfederung, Relaxation, Zeit- und Dauerfestigkeitsschaubild) Berechnung siehe Abschn. 12.5.3.2a)

Tab. 12.4 Zulässige Spannungen, Erfahrungswerte für Zugstäbe, Druckstäbe und Drahtzugfedern aus Vergütungsstahl

Anwendungsfall	Zulässige Spannungen in N/mm^2
Statisch:	
Zugfeder	$\sigma_{z\,zul} \approx 0{,}75 \cdot R_m$
Druckfeder	$\sigma_{d\,zul} \approx 0{,}85 \cdot R_m$
Dynamisch:	
Ausschlagspannung	$\sigma_{a\,zul} \approx 0{,}7 \cdot \sigma_{A,zd}$
Wechselfestigkeit	$\sigma_W = 0{,}4 \cdot R_m$
Schwellfestigkeit, Zug	$\sigma_{Sch,z} = 0{,}32 \cdot R_m$
Schwellfestigkeit, Druck	$\sigma_{Sch,d} = 0{,}4 \cdot R_m$

Federrate

$$R = \frac{dF}{ds} \tag{12.28}$$

Federungsarbeit

$$W = \frac{F \cdot s}{2} = \eta_A \cdot \frac{A \cdot L \cdot \sigma^2}{2 \cdot E} \tag{12.29}$$

Artnutzgrad

$$\eta_A = 1 \tag{12.30}$$

Zulässige Spannungen: Siehe Tab. 12.4.

12.5.1.2 Ringfedern

Innen- und Außenringe (Abb. 12.6a) berühren sich in Kegelflächen. Die Axialkraft F schiebt die Ringe unter Reibung ineinander. Dabei werden die Außenringe gedehnt (tangentiale Zugspannung im Ringquerschnitt) und die Innenringe gedrückt (tangentiale Druckspannung). Bei maximaler Axialkraft sollen sich die Innenringe an den Stirnflächen berühren (Überlastschutz). Um eine stabile Lage der Ringe zu erreichen, müssen Ringfedern mit mindestens 5 ... 10 % des Federwegs vorgespannt werden. Bei $L_0 > 1{,}5 \cdot d_i$ sollte eine Innen- oder Außenführung der Federsäule vorgesehen werden, um Ausknicken zu vermeiden.

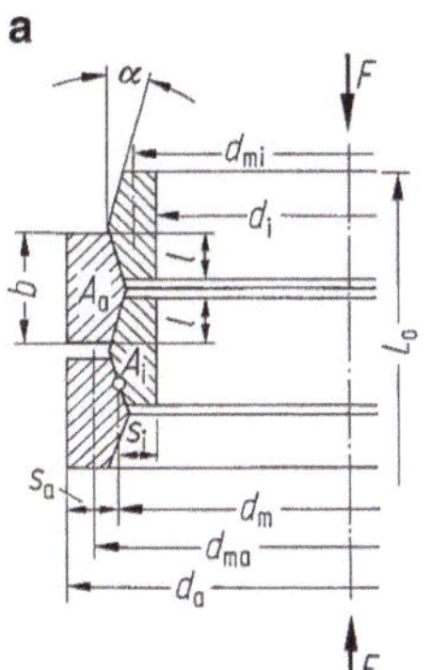

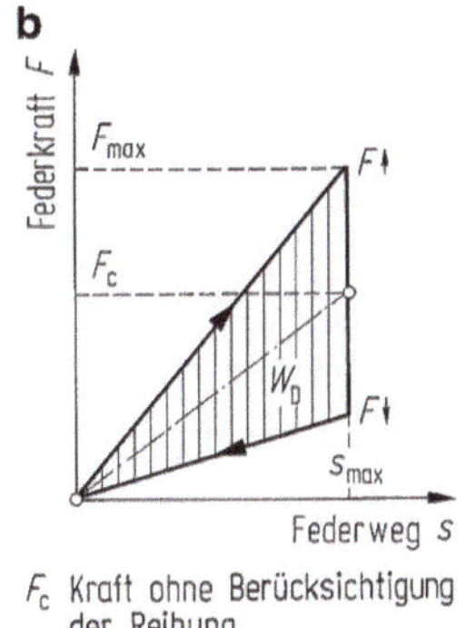

Abb. 12.6 Ringfedern, **a** Abmessungen, **b** Federkennlinie

Federkennlinie: Die Kennlinie ist eine Gerade mit starker Dämpfung, Abb. 12.6b. Eine kleinere Federrate bei stärkerer Dämpfung wird erreicht, wenn ein oder mehrere Innenringe geschlitzt werden (bis zum Schließen arbeiten diese Ringe als weichere Biegefedern). Das Maß der Dämpfung wird durch den Artnutzgrad (Abschn. 12.3.6) ausgedrückt.

Dimensionierung und Berechnung: Geometriemaße zeigt Abb. 12.6.

Federkraft beim Entlasten

$$F{\downarrow} = F{\uparrow} \frac{\tan(\alpha - \varrho)}{\tan(\alpha + \varrho)} \tag{12.31}$$

α	in °	Neigungswinkel
ϱ	in °	Reibungswinkel

mit der Federkraft beim Belasten

$$F{\uparrow} = \frac{2 \cdot \pi \cdot b \cdot s \cdot E \cdot \tan^2 \alpha}{n \cdot \left(\frac{d_a}{s_a} + \frac{d_i}{s_i}\right)} \tag{12.32}$$

b	in mm	Querschnittsbreite
d_a	in mm	Außendurchmesser
d_i	in mm	Innendurchmesser
n		Anzahl der Kegelpaarungen
s	in mm	Federweg
s_a	in mm	Ringdicke außen
s_i	in mm	Ringdicke innen

Beim Belasten gespeicherte Federungsarbeit (einschließlich Reibungsarbeit bei n Kegelpaarungen

$$W{\uparrow} = F{\uparrow} \cdot \frac{s}{2} = \frac{A \cdot I \cdot \sigma^2}{2 \cdot E} \cdot \eta_A \tag{12.33}$$

A	in mm^2	Fläche
I	in mm^4	Flächenträgheitsmoment

Artnutzgrad η_A bei gleichmäßig verteilter Spannung

$$\eta_A = \frac{\tan(\alpha + \varrho)}{\tan \alpha} \tag{12.34}$$

Beim Entlasten abgegebene Federungsarbeit

$$W{\downarrow} = W{\uparrow} \frac{\tan(\alpha - \varrho)}{\tan(\alpha + \varrho)} \tag{12.35}$$

Damit die Feder bei Entlastung in die Ausgangslage zurückfedert, muss Selbsthemmung vermieden werden, d. h. $\tan \alpha > \mu$ (Beziehungen zwischen Reibungswinkel ϱ und Reibungszahl μ siehe Abschn. 10.3.4.3).

In Wärme umgewandelte Reibungsarbeit

$$W_D = W\uparrow - W\downarrow \tag{12.36}$$

Federung bei n Kegelpaarungen

$$s = n \cdot \left(\frac{d_{ma} \cdot \sigma_z + d_{mi} \cdot \sigma_d}{2 \cdot E \cdot \tan \alpha} \right) \tag{12.37}$$

d_{ma}	in mm	mittlerer Durchmesser außen
d_{mi}	in mm	mittlerer Durchmesser innen

mit der Zugspannung im Außenring

$$\sigma_z = \frac{F\uparrow}{A_a \cdot \pi \cdot \tan(\alpha + \varrho)} \leq \sigma_{z\,\text{zul}} \tag{12.38}$$

$\sigma_{z\,\text{zul}}$	in N/mm^2	zulässige Zugspannung

und der Druckspannung im Innenring

$$\sigma_d = y \cdot \sigma_z = \frac{F\uparrow}{A_i \cdot \pi \cdot \tan(\alpha + \varrho)} \leq \sigma_{d\,\text{zul}} \tag{12.39}$$

$\sigma_{d\,\text{zul}}$	in N/mm^2	zulässige Druckspannung

und dem Verhältnis

$$y = \frac{\sigma_d}{\sigma_z} = \frac{A_a}{A_i} = \frac{s_a}{s_i} \tag{12.40}$$

A_a	in mm^2	Fläche außen
A_i	in mm^2	Fläche innen

Aus der Gleichgewichtsbedingung folgt

$$\sigma_z \cdot A_a = \sigma_d \cdot A_i \tag{12.41}$$

Die Flächenpressung in der Reibfläche ergibt sich zu

$$p = \frac{\sigma_z \cdot A_a}{I \cdot d_m} \leq p_{\text{zul}} \tag{12.42}$$

d_m	in mm	mittlerer Durchmesser
p_{zul}	in N/mm^2	zulässige Flächenpressung siehe Tab. 12.5

Die Ringdicke außen berechnet sich zu

$$s_a = s_i \cdot y = \frac{d_m \cdot p_{\text{zul}}}{2 \cdot \sigma_{z\,\text{zul}}} \tag{12.43}$$

Anhaltswerte für feinbearbeitete Ringe aus gehärtetem Edelstahl, beim Fügen geschmiert:

Tab. 12.5 Zulässige Spannungen, Erfahrungswerte für Ringfedern

Anwendungsfall	Zulässige Spannungen
statisch, bei seltener Höchstbeanspruchung	
Zugfeder	$\sigma_{z\,\text{zul}} = 1000\,\text{N/mm}^2$
Druckfeder	$\sigma_{d\,\text{zul}} = 1200\,\text{N/mm}^2$
dynamisch, bei Dauerschwellbeanspruchung	
Ausschlagfestigkeit	$\sigma_{A,z\,\text{zul}} = 0{,}35 \cdot \sigma_{z\,\text{zul}}$
zulässige Flächenpressung in der Reibfläche	$p_{\text{zul}} = 0{,}1 \cdot \sigma_{z\,\text{zul}}$

Neigungswinkel $\alpha \approx 12°$, Reibungswinkel $\varrho = \arctan(\mu) \approx 0{,}7°$ (Beziehungen zwischen Reibungswinkel ϱ und Reibungszahl μ siehe Abschn. 10.3.4.3) d. h. Reibungszahl $\mu \approx 0{,}12$

Anhaltswerte für unbearbeitete, im Gesenk geschlagene Ringe, beim Fügen geschmiert:

$\alpha \approx 14°$, $\varrho \approx 9°$, d. h. $\mu \approx 0{,}16$

Besonderheiten hierzu werden in [44] erläutert.

Zulässige Spannungen: Erfahrungswerte für Ringfedern sind in Tab. 12.5 zusammengefasst. Es gelten hierbei die folgenden Randbedingungen:

$E = 2{,}1 \cdot 10^5\,\text{N/mm}^2$, $y \approx 1{,}2$ siehe (12.39), Anzahl der Kegelpaarungen $n = 4 \ldots 10$, Ringbreite $b = (5 \ldots 9) \cdot s/n$, Flächenverhältnis $A_i/A_a \approx 0{,}8$, Durchmesser-Breiten-Verhältnis $d_a/b \approx 5 \ldots 6$

Anwendungen: Eisenbahnpuffer, Pressen (Überlastschutz)

12.5.2 Biegebeanspruchte Federn

12.5.2.1 Gerade Biegefedern

Bei jedem auf Biegung beanspruchten Körper ist die Spannung über den Querschnitt nicht konstant, so dass η_A von daher bereits kleiner als 1 sein muss. Die Berechnung der Biegefedern lässt sich für sämtliche Bauformen auf die einseitig eingespannte Biegestabfeder zurückführen.

a) Einseitige Biegestabfeder mit konstantem Rechteckquerschnitt

Die Spannungsverteilung über den Querschnitt und der Nutzgrad η_A sind in Tab. 12.2 angegeben. Bei dieser Blattfeder ist die Biegespannung auch längs der Feder ungleich groß. η_A wird auch deshalb nochmals kleiner ($\eta_A = 1/9$).

Federkennlinie: Die Federkennlinie kann als Gerade, d. h. R = konst., angenommen werden, wenn der Federweg s klein ist gegenüber der Federlänge L. Es wird die Hebelarmverkürzung durch das Einfedern (bei $s/L < 0{,}2$ ist der Fehler $< 4\,\%$) vernachlässigt. Die Federn sind praktisch dämpfungsfrei.

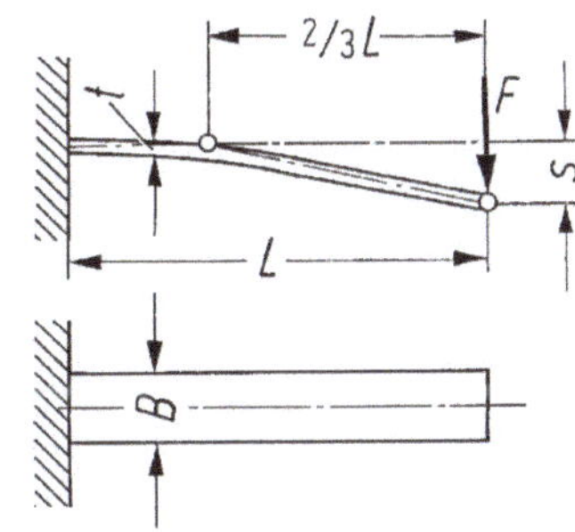

Abb. 12.7 Rechteckfeder

Grundformen, Gestaltung (Abb. 12.7): Um die Kerbwirkung an der dickeren Einspannstelle zu mindern, sollten die Querschnittsübergänge gut ausgerundet werden und Beilagen aus Papier, Kunststoff, Messing, Kupfer eingefügt bzw. die Feder im Einspannbereich verkupfert oder verzinkt werden (Gefahr von Reibkorrosion).

Dimensionierung und Berechnung der Rechteckfeder: Geometriemaße zeigt Abb. 12.7.
Maximale Biegespannung

$$\sigma_{b\,\max} = \frac{6 \cdot F \cdot L}{B \cdot t^2} \leq \sigma_{b\,\text{zul}} \tag{12.44}$$

t	in mm	Dicke
B	in mm	Querschnittsbreite
F	in N	Federkraft
L	in mm	Federlänge
$\sigma_{b\,\text{zul}}$	in N/mm^2	zulässige Biegespannung siehe Tab. 12.7

Federweg

$$s = \frac{4 \cdot F \cdot L^3}{B \cdot t^3 \cdot E} \tag{12.45}$$

E	in N/mm^2	Elastizitätsmodul

Federungsarbeit

$$W = F \cdot \frac{s}{2} \tag{12.46}$$

Erdneigung

$$\tan\alpha = \frac{6 \cdot F \cdot L^2}{E \cdot B \cdot t^3} \tag{12.47}$$

Artnutzgrad

$$\eta_A = \frac{1}{9} \tag{12.48}$$

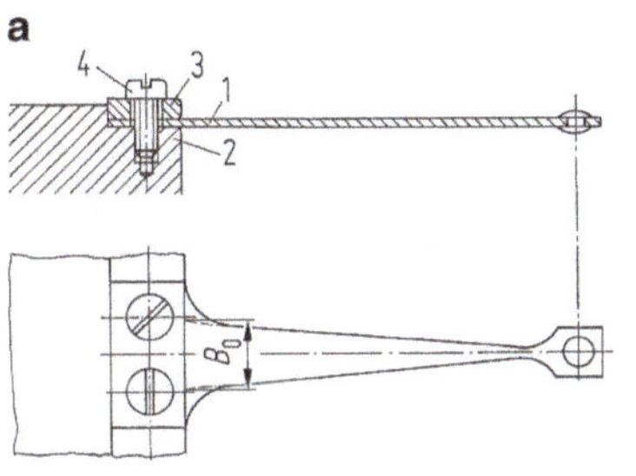

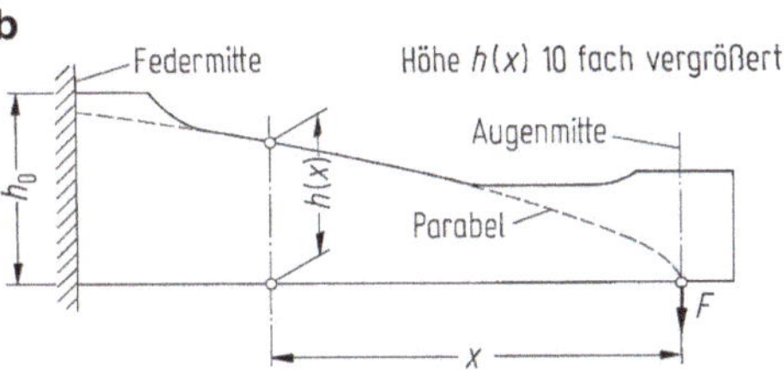

Abb. 12.8 Feingestaltung dynamisch beanspruchter Blattfedern [38], **a** Dreieckfeder 1 (mit auf $2 \cdot B_0$ verbreiterter Einspannbreite), 2 Spannfläche mit Anschlag, 3 Deckscheibe, 4 Schrauben (lackgesichert), **b** Dickenverlauf bei einer Brüninghaus-Parabelfeder

Festigkeitswerte und zulässige Spannungen: Erfahrungswerte für Blattfedern aus Federstahl sind in Tab. 12.7 zusammengefasst.

Anwendungen: Wegen der schlechten Werkstoffausnutzung wird die gerade Biegefeder nur für kleine Kräfte verwendet, z. B. als dämpfungsfreie Rastfeder, Kontaktfeder in Schaltern, Andrückfeder für Klinken.

b) Einseitige Biegestabfedern mit abnehmendem Querschnitt

Durch den von der Einspannung bis zum Kraftangriff abnehmenden Querschnitt sind die Spannungen längs des Biegestabs nicht mehr so unterschiedlich. Der Werkstoff wird besser ausgenutzt, η_A ist günstiger. Übliche Bauformen sind:

- Parabelfeder: Infolge der parabelförmig abnehmenden Dicke wird bei konstanter Breite eine konstante Spannung längs der Feder erreicht und damit $\eta_A = 1/3$. Die Gestaltung zeigt Abb. 12.8b.
- Rechteck-Parallelfeder: einseitige Biegestabfeder mit konstantem Rechteckquerschnitt. Aufgrund der zwei Einzelfedern ist sie aber „härter" (höhere Federrate).
- Dreieckfeder mit konstanter Dicke: Die Spannung ist längs der Feder konstant, die Biegelinie wird zum Kreisbogen, $\eta_A = 1/3$, d. h. es wird nur $1/3$ des Volumens der Rechteckfeder benötigt. Wird als reine Dreiecksfeder in der Praxis kaum verwendet. Ein Beispiel für die Gestaltung zeigt Abb. 12.8a.
- Trapezfeder mit konstanter Dicke: Durch den Grad der Verjüngung kann die Federrate variiert werden.

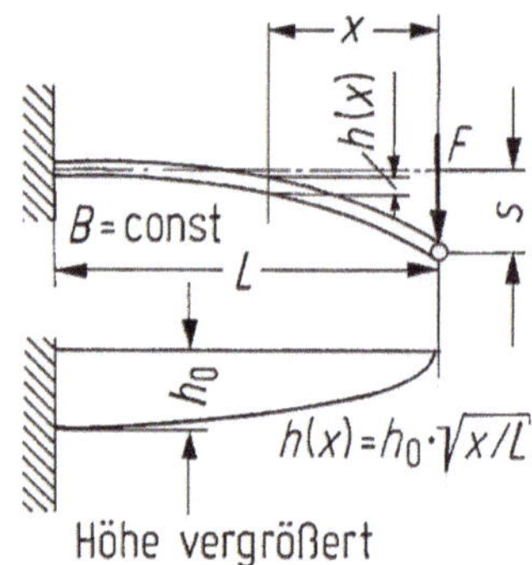

Abb. 12.9 Parabelfeder

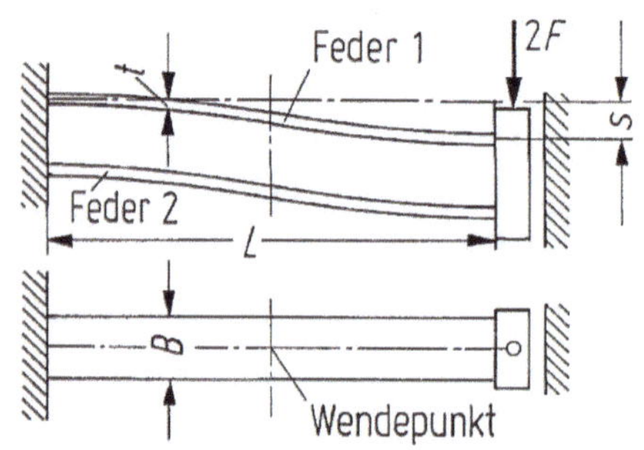

Abb. 12.10 Rechteck-Parallelfeder

Dimensionierung und Berechnung der Parabelfeder: Geometriemaße zeigt Abb. 12.9.

Maximale Biegespannung

$$\sigma_{b\,\max} = \frac{6 \cdot F \cdot L}{B \cdot {h_0}^2} \leq \sigma_{b\,\text{zul}} \tag{12.49}$$

h_0	in mm	Ausgangshöhe an der Einspannstelle
B	in mm	Querschnittsbreite
F	in N	Federkraft
L	in mm	Federlänge
$\sigma_{b\,\text{zul}}$	in N/mm²	zulässige Biegespannung siehe Tab. 12.7

Federweg

$$s = \frac{8 \cdot F \cdot L^3}{B \cdot {h_0}^3 \cdot E} \tag{12.50}$$

E	in N/mm²	Elastizitätsmodul

Federungsarbeit

$$W = F \cdot \frac{s}{2} \tag{12.51}$$

Artnutzgrad

$$\eta_A = \frac{1}{3} \tag{12.52}$$

Dimensionierung und Berechnung der Rechteck-Parallelfeder: Geometriemaße zeigt Abb. 12.10.

Maximale Biegespannung

$$\sigma_{b\,\max} = \frac{3 \cdot F \cdot L}{B \cdot t^2} \leq \sigma_{b\,\text{zul}} \tag{12.53}$$

t	in mm	Dicke
B	in mm	Querschnittsbreite
F	in N	Federkraft
L	in mm	Federlänge
$\sigma_{b\,\text{zul}}$	in N/mm²	zulässige Biegespannung siehe Tab. 12.7

Federweg

$$s = \frac{F \cdot L^3}{B \cdot t^3 \cdot E} \tag{12.54}$$

E	in N/mm²	Elastizitätsmodul

gesamte Federungsarbeit bei dynamischer Beanspruchung mit Dämpfung

$$W_{\text{ges}} = F \cdot s \tag{12.55}$$

Artnutzgrad

$$\eta_A = \frac{1}{9} \tag{12.56}$$

Dimensionierung und Berechnung der Dreieck- und Trapezfeder: Geometriemaße der Dreieckfeder zeigt Abb. 12.11 und der Trapezfeder Abb. 12.12.

Maximale Biegespannung

$$\sigma_{b\,\max} = \frac{6 \cdot F \cdot L}{B_0 \cdot t^2} \leq \sigma_{b\,\text{zul}} \tag{12.57}$$

t	in mm	Dicke
B_0	in mm	Querschnittsbreite
F	in N	Federkraft
L	in mm	Federlänge
$\sigma_{b\,\text{zul}}$	in N/mm²	zulässige Biegespannung siehe Tab. 12.7

Abb. 12.11 Dreieckfeder

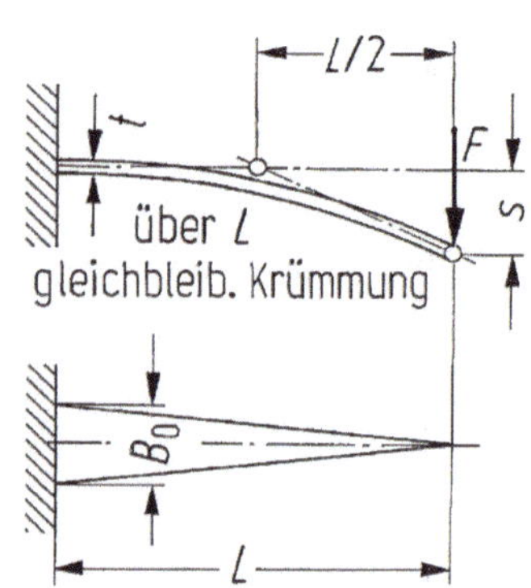

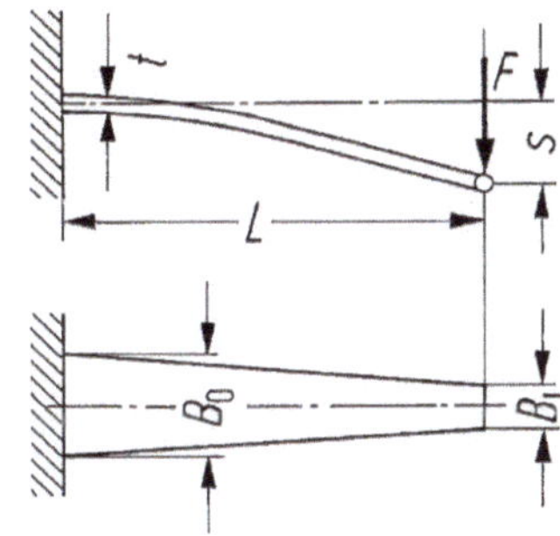

Abb. 12.12 Trapezfeder

Federweg

$$s = \psi \cdot \frac{4 \cdot F \cdot L^3}{B_0 \cdot t^3 \cdot E} \tag{12.58}$$

E	in $\mathrm{N/mm^2}$	Elastizitätsmodul
ψ		Dämpfungsfaktor siehe Tab. 12.6

Federungsarbeit

$$W = \psi \cdot F \cdot \frac{s}{2} \tag{12.59}$$

Artnutzgrad

$$\eta_A = \frac{2}{9} \cdot \frac{\psi}{1 + \beta} \tag{12.60}$$

mit dem Trapezverhältnis

$$\beta = \frac{B_L}{B_0} \tag{12.61}$$

B_L	in mm	Querschnittsbreite bei L

Hinweis: Wenn Breite B und Dicke t der Feder klein sind gegenüber der Länge L, kann die Schubspannung vernachlässigt werden. Ist die Breite sehr groß gegenüber der Dicke der Feder, so muss in den Berechnungsgleichungen E ersetzt werden durch $E/(1-\nu)$ (maßgebend bei eingespannter Platte).

Festigkeitswerte und zulässige Spannungen: Erfahrungswerte für Blattfedern aus Federstahl sind in Tab. 12.7 zusammengefasst.

Tab. 12.6 Dämpfungsfaktor für Dreiecks- und Trapezfedern

Trapezverhältnis β	Dämpfungsfaktor ψ
0	1,500
0,1	1,390
0,2	1,315
0,3	1,250
0,4	1,202
0,5	1,160
0,6	1,121
0,7	1,085
0,8	1,054
0,9	1,025
1,0	1,000

Tab. 12.7 Zulässige Spannungen, Erfahrungswerte für Blattfedern aus Federstahl nach DIN 17221, DIN 17222

Anwendungsfall	Zulässige Spannungen und Festigkeitswerte
statisch	$\sigma_{b\,\mathrm{zul}} \leq 0{,}68 \cdot R_m$
dynamisch	$\sigma_{a\,\mathrm{zul}} \leq 0{,}75 \cdot \sigma_A$
Blattfederstahl, gehärtet	$R_m = 1200 \ldots 1850\,\mathrm{N/mm^2}$
	$R_p = 1050 \ldots 1550\,\mathrm{N/mm^2}$
	$E = 2{,}1 \cdot 10^5\,\mathrm{N/mm^2}$
Legierter Blattfederstahl, gehärtet mit $R_m \geq 1400\,\mathrm{N/mm^2}$ und $\sigma_m = 500\,\mathrm{N/mm^2}$	
mit Walzhaut	$\sigma_{a,b\,\mathrm{zul}} = 120 \ldots 200\,\mathrm{N/mm^2}$
kugelgestrahlt	$\sigma_{a,b\,\mathrm{zul}} = 300 \ldots 330\,\mathrm{N/mm^2}$
geschliffen	$\sigma_{a,b\,\mathrm{zul}} = 400 \ldots 450\,\mathrm{N/mm^2}$
oberflächengedrückt	noch höher
Fahrzeug – Blattfedern, σ auf statische Belastungen bezogen	
für Vorderfedern	$\sigma_{b\,\mathrm{zul}} \leq 400 \ldots 500\,\mathrm{N/mm^2}$
für Hinterfedern	$\sigma_{b\,\mathrm{zul}} \leq 550 \ldots 650\,\mathrm{N/mm^2}$
für Schienenfahrzeuge	$\sigma_{b\,\mathrm{zul}} \leq 700\,\mathrm{N/mm^2}$

c) Doppelseitige Biegestabfeder

Die doppelseitigen Biegestabfedern können als doppelte einseitige Biegestabfedern aufgefasst und mit den hierfür angegebenen Gleichungen unter a) oder b) berechnet werden. Maße und Kräfte werden dabei entsprechend Abb. 12.13 angesetzt (Einspannung in der Mitte gedacht).

d) Geschichtete Blattfeder

Die geschichtete Blattfeder kann sich aus einer doppelseitigen Trapezfeder entstanden gedacht werden, Abb. 12.14.

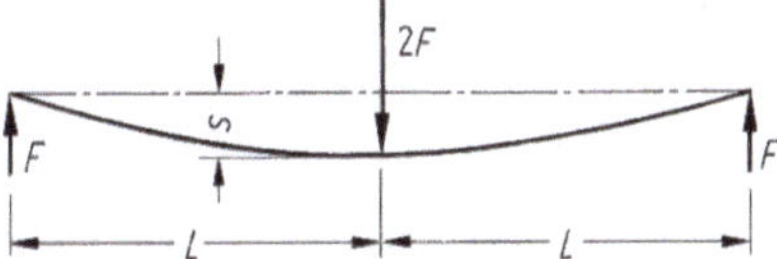

Abb. 12.13 Doppelseitige Biegestabfeder (schematisch)

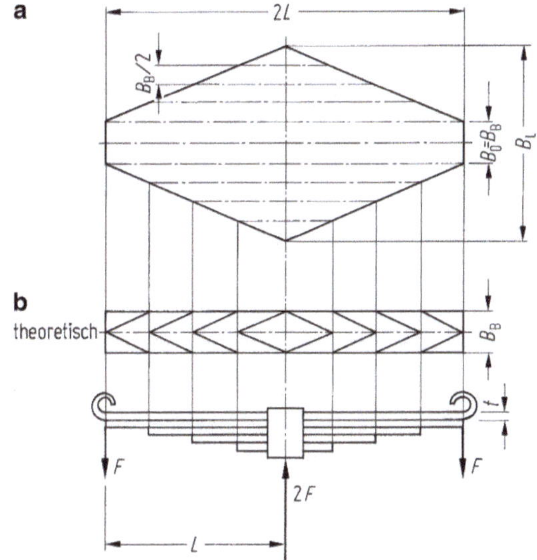

Abb. 12.14 Geschichtete Blattfeder, Prinzip, **a** Ausgangsform: Doppel-Trapezfeder, **b** Streifen aus **a** übereinandergeschichtet

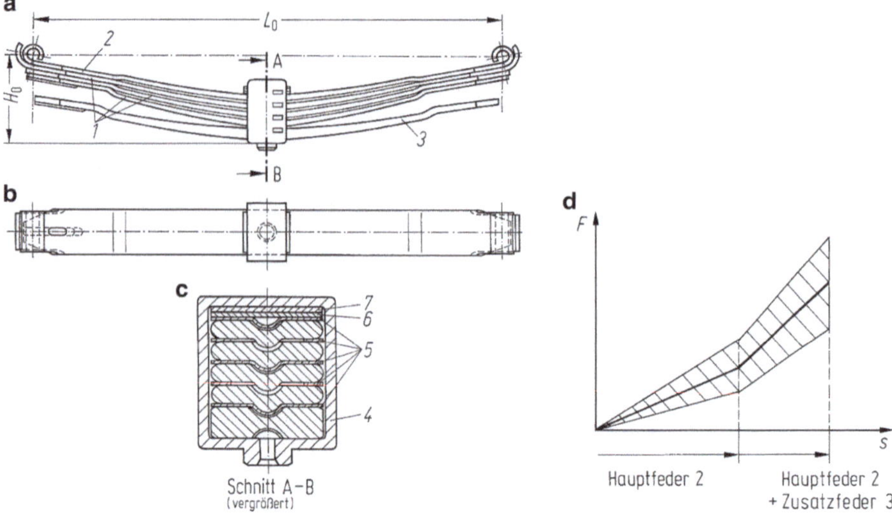

Abb. 12.15 Zweistufige geschichtete Blattfeder (Reihenschaltung) für Güterwagen [38], **a** Ansicht, **b** Draufsicht, **c** Querschnitt in Mitte: *1* Federblatt, *2* Hauptfederblatt (Zugseite kugelgestrahlt), *3* Zusatzfeder, *4* Federbund, *5* Zwischenlage (verzinkt), *6* Nasenkeil, *7* Treibkeil, **d** Federkennlinie

Tab. 12.8 Zulässige Spannungen, Erfahrungswerte für geschichtete Blattfeder

Anwendungsfall	Zulässige Biegespannungen
statisch	$\sigma_{b\,\text{zul}} = 0{,}65 \cdot R_m$
dynamisch	$\sigma_{a,b\,\text{zul}} = 0{,}25 \cdot R_m$

Federkennlinie: Die Kennlinie ist eine Gerade mit Dämpfung, die Federrate R = konst. Durch „Zuschalten" bzw. „Abschalten" von Zusatzfedern lässt sich eine quasi progressive Kennlinie erreichen, z. B. siehe Abb. 12.15: Bei niedriger Belastung trägt nur die Hauptfeder, nach einem bestimmten Federweg auch die Zusatzfeder.

Bauformen: Elliptisch vorverformte Blattfedern mit Rechteckquerschnitt und Längsrippen siehe DIN 11747, vorverformte Trapez- und Parabelfedern siehe DIN 2094.

Berechnung: Näherungsweise können die Federblätter als nebeneinanderliegend (mit derselben neutralen Faser) betrachtet werden, Abb. 12.14. Damit können die Gleichungen nach Abschn. 12.5.2.1a) und b) für die Rechteck- und Trapezfeder angewendet und wie bei der doppelseitigen Biegefeder verfahren werden.

Zulässige Spannungen: Erfahrungswerte für geschichtete Blattfedern sind in Tab. 12.8 zusammengefasst.

Anwendungen: Tragfedern für Kfz und Schienenfahrzeuge

12.5.2.2 Gekrümmte Biegefedern

a) Ellipsenfedern

Ellipsenfedern, Abb. 12.16, sind Biegefedern, normalerweise mit Rechteckquerschnitt. Wenn sich die Enden frei bewegen können, können für $s/L < 0{,}15$ die folgenden Gleichungen angesetzt werden.

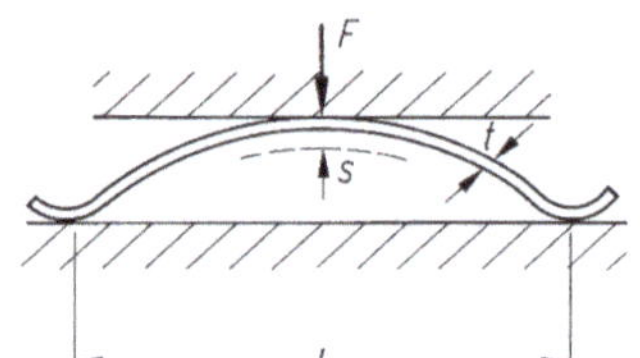

Abb. 12.16 Ellipsenfeder

Federweg

$$s = \frac{F \cdot L^3}{4 \cdot E \cdot B \cdot t^3} \tag{12.62}$$

maximale Biegebeanspruchung

$$\sigma_{b\,\max} = \frac{1{,}5 \cdot F \cdot L}{B \cdot t^2} \leq \sigma_{b\,\text{zul}} \tag{12.63}$$

t	in mm	Dicke
B	in mm	Querschnittsbreite
E	in N/mm²	Elastizitätsmodul
F	in N	Federkraft
L	in mm	Federlänge
$\sigma_{b\,\text{zul}}$	in N/mm²	zulässige Biegespannung siehe Tab. 12.7

Berechnung der Ausschlagspannung $\sigma_{a,b}$ wird mit $F = F_a$ nach (12.63) durchgeführt. Es gelten die zulässigen Spannungen wie bei Blattfedern nach Tab. 12.7.

b) Formfedern

Es sind Ausführungen als Flachformfeder, Abb. 12.17, und Drahtformfeder, Abb. 12.18, z. B. für Anwendung im Feingerätebau [42], üblich. Berechnung, Wahl der Abmessungen und Herstellerangaben werden in [39] und [41] erläutert.

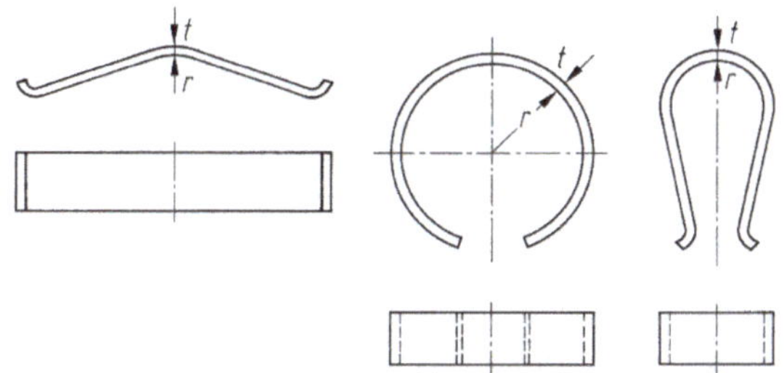

Abb. 12.17 Flachformfedern (Beispiele) [44]

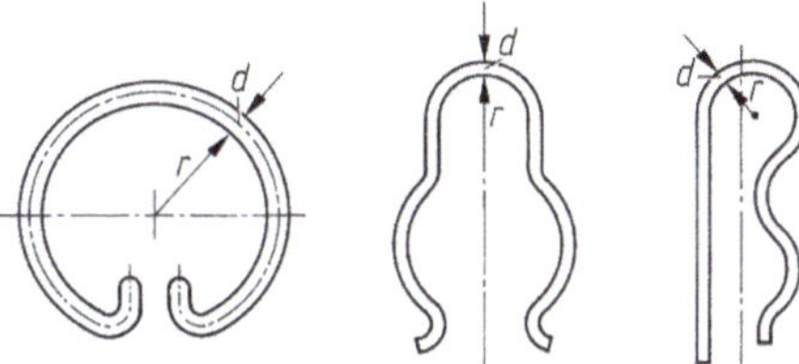

Abb. 12.18 Drahtformfedern (Beispiele) [44]

Gestaltung: Krümmungsradius $r \geq (1{,}2 \ldots 1{,}4) \cdot$ Drahtdicke d (bzw. Blechdicke t), um extreme Spannungsspitzen in der Krümmung zu vermeiden.

12.5.2.3 Gewundene Biegefedern

a) Zylindrische Schraubendrehfedern (Schenkelfedern) nach DIN EN 13906 Teil 3

Das belastende Biegemoment $F \cdot r$ ist längs der Feder (Abb. 12.19) nahezu konstant, ebenso die Biegespannung. Die Spannungsverteilung über dem Querschnitt ist nicht symmetrisch, sondern die Randspannung an der Innenseite der Feder und der Abbiegungen etwas größer als außen (Abschn. 3.2.3.6: Normalspannungen aus Biegung in stark gekrümmten Trägern). Entsprechend ergibt sich ein Artnutzgrad η_A etwas kleiner als der nominelle Wert aus (12.71) und (12.72).

Federkennlinie: Sie ist linear, d. h. die Federrate $R =$ konst.

Gestaltung: Die Feder soll möglichst nur in Wickelrichtung belastet werden. Andernfalls ist die zusätzliche Biegespannung zu berücksichtigen. Die Schenkelenden sollen fest eingespannt oder die Feder auf einem Dorn geführt werden (Dorndurchmesser $d \approx (0{,}8 \ldots 0{,}9) \cdot$ Federinnendurchmesser D_i, für Spiel zwischen Feder und Hülse). Dabei ist die Reibung zu beachten.

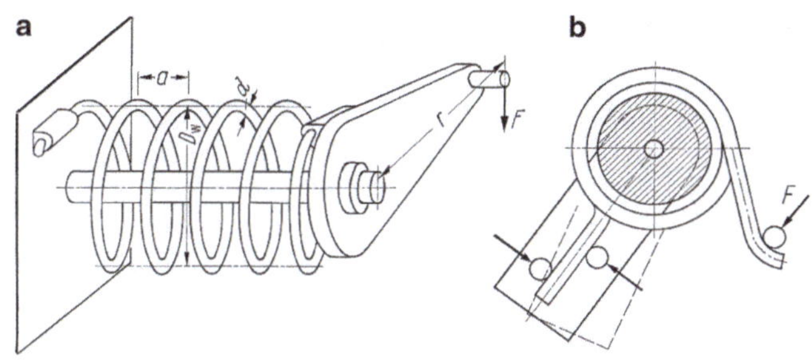

Abb. 12.19 Schraubendrehfedern, **a** beidseitig eingespannt, **b** auf Dorn und einseitig fest eingespannt

Berechnung: Geometriemaße zeigt Abb. 12.20.
Federmoment

$$T = F \cdot r \tag{12.64}$$

r	in mm	Federradius, im ungespannten Zustand
F	in N	Federkraft

Maßgebend bei Belastung in Wickelrichtung:
Maximale Biegespannung

$$\sigma_{b\,\max} = \frac{32 \cdot T}{\pi \cdot d^3} \leq \sigma_{b\,\text{zul}} \tag{12.65}$$

d	in mm	Draht- oder Stabdurchmesser
$\sigma_{b\,\text{zul}}$	in N/mm²	zulässige Biegespannung siehe Tab. 12.10

Drehwinkel (im Bogenmaß)

$$\alpha = \frac{64 \cdot D_m \cdot T \cdot n}{E \cdot d^4} \tag{12.66}$$

n		Anzahl der wirksamen (federnden) Windungen
D_m	in mm	mittlerer Windungsdurchmesser
E	in N/mm²	Elastizitätsmodul

bei tangentialem Schenkel (Abb. 12.20a) (im Bogenmaß)

$$\beta = 1{,}7 \cdot \frac{F \cdot (4 \cdot r^2 - {D_m}^2)}{E \cdot d^4} \tag{12.67}$$

bei abgebogenem Schenkel (Abb. 12.20b) (im Bogenmaß)

$$\beta = 0{,}85 \cdot \frac{F \cdot (2 \cdot r - D_m)^3}{E \cdot r \cdot d^4} \tag{12.68}$$

Federungsarbeit

$$W = \frac{T \cdot \alpha}{2} \tag{12.69}$$

Maßgebend bei Belastung entgegen der Wickelrichtung:
Korrigierte Biegespannung auf der Innenseite der Krümmung

$$\sigma_q = q \cdot \sigma \tag{12.70}$$

q		Spannungsbeiwert für Schraubendrehfedern siehe Abb. 12.21
σ	in N/mm²	Spannung

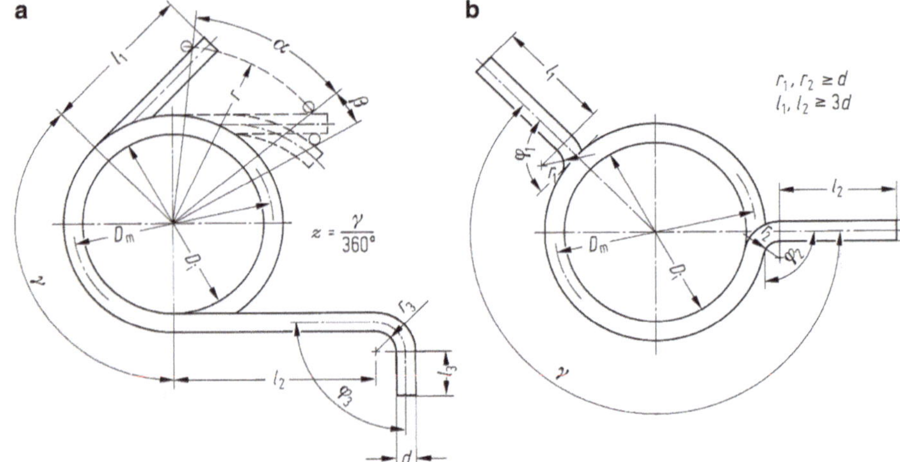

Abb. 12.20 Schraubendrehfedern nach DIN EN 13906 Teil 3, **a** tangentialer Schenkel, **b** abgebogener Schenkel

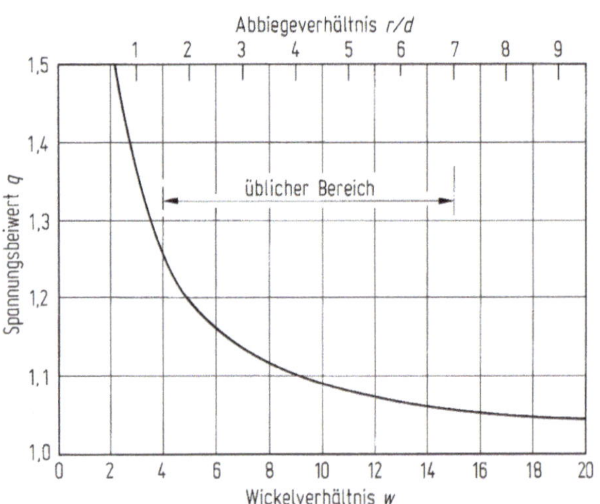

Abb. 12.21 Spannungsbeiwert q für Schraubendrehfedern nach DIN EN 13906 Teil 3

nomineller Artnutzgrad für Kreisquerschnitt

$$\eta_A = \frac{1}{4} \tag{12.71}$$

und für Rechteckquerschnitt

$$\eta_A = \frac{1}{3} \tag{12.72}$$

real wegen der ungleichen Spannungsverteilung etwas kleiner.

Die oben angesprochene Spannungserhöhung auf der Innenseite wird durch den Spannungsbeiwert q in (12.70) berücksichtigt. Werte für q in Abhängigkeit vom Wickelverhältnis zeigt Abb. 12.21.

Zulässige Spannungen: Erfahrungswerte für zylindrische Schraubenfedern sind in Tab. 12.9 zusammengefasst.

Abb. 12.22 Spiralfeder

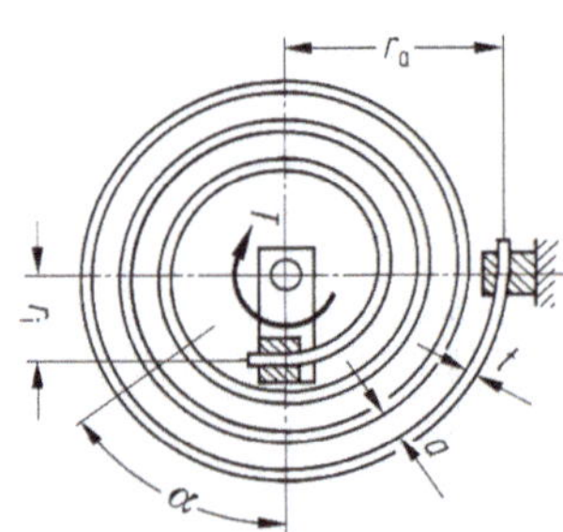

Anwendungen: Zum Rückführen oder Andrücken von Hebeln, Deckeln, Türen usw., z. B. in Scharnieren, („Mausefallenfeder")

b) Spiralfedern

Spiralfedern (Abb. 12.22) werden im Allgemeinen mit Rechteckquerschnitt und beidseitig fest eingespannten Federenden ausgeführt. Ist das äußere Federende gelenkig befestigt, wird der Werkstoff schlechter ausgenutzt (η_A sinkt erheblich!).

Berechnung: Die folgenden Gleichungen gelten nur solange die Windungen nicht aufeinanderliegen. Legen sich die Windungen beim Spannen der Feder aufeinander, so wird die Feder „härter". Die Berechnung hierfür zeigt [44]. Die durch die Krümmung vorhandene Spannungserhöhung auf der Innenseite kann vernachlässigt werden, da der Krümmungsradius, bezogen auf die Banddicke, ausreichend groß ist.

Maximale Biegespannung

$$\sigma_{b\,\max} = \frac{6 \cdot T}{B \cdot t^2} \leq \sigma_{b\,\mathrm{zul}} \tag{12.73}$$

t	in mm	Dicke
B	in mm	Querschnittsbreite
T	in N mm	Drehmoment
$\sigma_{b\,\mathrm{zul}}$	in N/mm²	zulässige Biegespannung siehe Tab. 12.9

Tab. 12.9 Zulässige Spannungen, Erfahrungswerte für zylindrische Schraubenfedern nach DIN EN 13906 Teil 3

Anwendungsfall	Zulässige Biegespannungen
statisch	$\sigma_{b\,\text{zul}} = 0{,}7 \cdot R_m$
dynamisch, für Federdraht DHC nach DIN EN 10270 Teil 1 bevorzugt, mit $R_m = 2270\,\text{N/mm}^2$, $d = 1\,\text{mm}$	$\sigma_{a,b\,\text{zul}} \approx \sigma_{a,b} - 0{,}125 \cdot \sigma_u$ mit $\sigma_{a,b} \approx 345\,\text{N/mm}^2$

Neigungswinkel

$$\alpha \approx \frac{24 \cdot T \cdot \pi \cdot n}{B \cdot t^3 \cdot E} \cdot \left[r_a - \frac{n}{2} \cdot (t + a)\right] \qquad (12.74)$$

$$\approx \frac{24 \cdot T \cdot \pi \cdot n}{B \cdot t^3 \cdot E} \cdot (r_a + r_i) \cdot \pi \cdot n \qquad (12.75)$$

n		Anzahl der wirksamen (federnden) Windungen
r_a	in mm	Federradius außen
r_i	in mm	Federradius innen
E	in N/mm²	Elastizitätsmodul

Artnutzgrad

$$\eta_A \approx \frac{1}{3} \qquad (12.76)$$

Zulässige Spannungen: Gelten wie bei zylindrischen Schraubendrehfedern nach Tab. 12.9.

Anwendungen: Als Triebfeder für Uhren und Rückstellfeder in Messgeräten siehe DIN 8287

c) Rollfedern

Rollfedern werden hergestellt, indem das Federband hoher Elastizität (vergütet und auch texturgewalzt bzw. kaltgewalzt und nichtrostend) durch eine spezielle Verformungsvorbehandlung die Form einer gewickelten Spirale erhält.

Bauformen: Federantriebe gewährleisten ein nahezu konstantes Drehmoment pro Umdrehung (Änderung 0,3 ... 1 % je Umdrehung). Es werden zwei Bauformen unterschieden, die eine mit gleich-, die andere mit entgegengesetzter Richtung der Bandkrümmung, Abb. 12.23.

Berechnung: Die Gleichungen sind in [44] angegeben.

Anwendungen: Triebfedern für Kabeltrommelantriebe, Spielzeuge

12.5.2.4 Tellerfedern

a) Ungeschlitzte Tellerfeder

Diese meist verwendete Bauart ist eine kegelförmige Ringscheibe, auf die die Kraft F als Stülpkraft wirkt, Abb. 12.26.

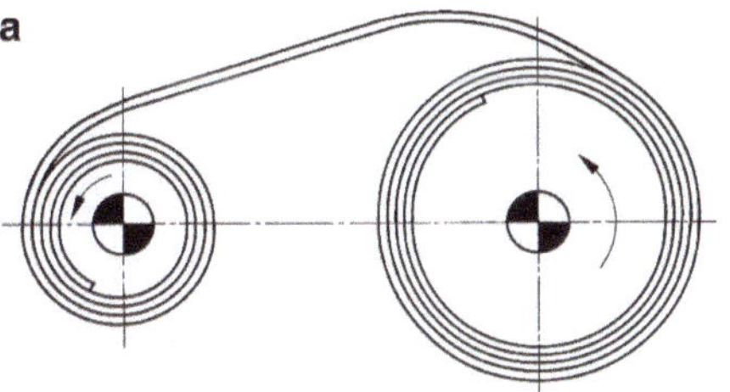

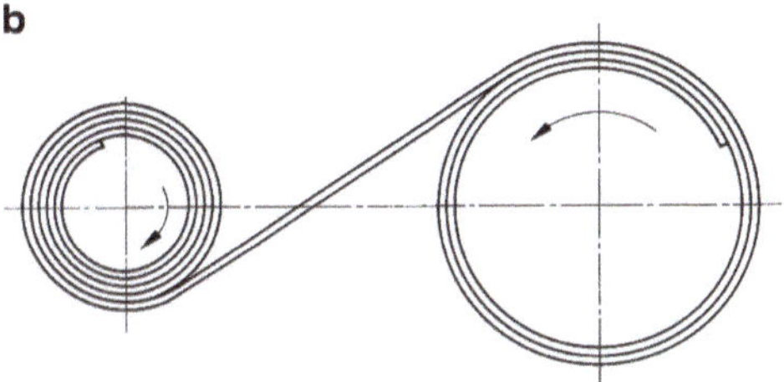

Abb. 12.23 Rollfedern, **a** Rollfeder A-Motor, **b** Rollfeder B-Motor

Federkennlinie: Die Federkennlinie eines einzelnen Tellers lässt sich durch die Wahl von Federhöhe h_0 und Federdicke t beeinflussen. Es sind gerade ansteigende, teils waagerechte oder sogar abfallende Kennlinien möglich, Abb. 12.24. So haben Tellerfedern mit $h_0/t < 0{,}6$ nahezu gerade, mit $h_0/t > 0{,}6 \ldots 2$ nichtlineare, teils degressive Kennlinien.

Die unterschiedlichsten Kennlinien lassen sich realisieren, indem gleich große Tellerfedern zu Federpaketen (gleichsinnig) oder zu Federsäulen (gegensinnig) geschichtet werden, Abb. 12.25.

Man sieht: Das gleichsinnige Schichten von Federtellern bedingt, neben der erhöhten Federsteifigkeit, auch Dämpfung infolge Reibung zwischen den Tellern. Dadurch wird 3 ... 6 % der Federungsarbeit in Wärme umgesetzt.

Durch wechselseitiges Schichten unterschiedlich dicker Teller oder Pakete unterschiedlicher Anzahl gleicher Teller sind auch progressive Kennlinien möglich.

Bauarten: Tellerfedern werden in Gruppen (Unterteilung nach Dicke t der Tellerfeder) und Reihen (Unterteilung nach Steifigkeit bei Hauptabmessung $D_a/D_i \approx 2$) unterteilt, siehe DIN EN 16983 und Tab. 12.11.

- 3 Gruppen
  - Gruppe 1: Kaltgeformte (gestanzte) Teller mit $t \leq 1{,}1\,\text{mm}$.
  - Gruppe 2: Kaltgeformte, am Innen- und Außenrand spanabhebend bearbeitete Teller mit abgerundeten Kanten und $t = 1 \ldots 6\,\text{mm}$.

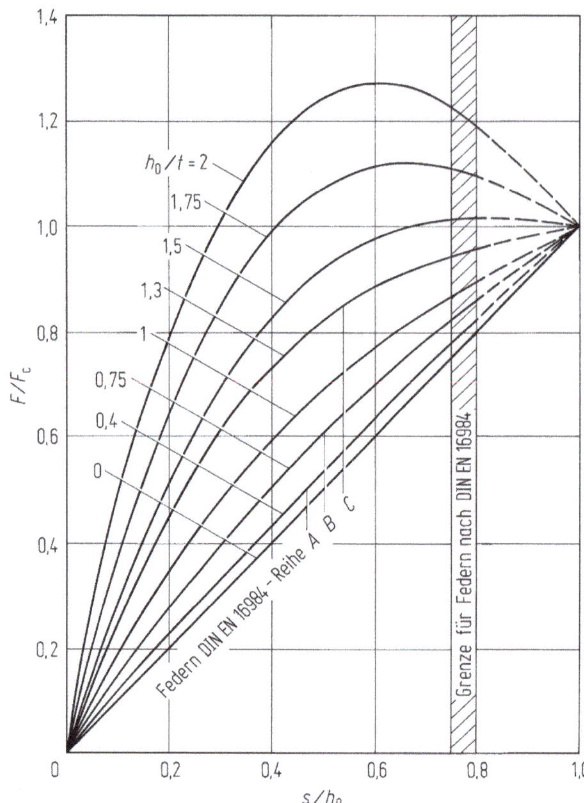

Abb. 12.24 Federkennlinien von Einzeltellern mit unterschiedlichem h_0/t nach DIN EN 16984

- Gruppe 3: Kaltgeformte, allseitig spanabhebend bearbeitete Teller mit Auflageflächen, gerundeten Kanten und einer auf $t' = 0{,}94 \cdot t$ reduzierten Tellerdicke zur Erzielung der gleichen Federkennlinie wie Gruppe 2, $t = 6 \ldots 14\,\text{mm}$.

- 3 Reihen:
  - Reihe A (steif): $D_a/t \approx 18$, $h_0/t \approx 0{,}4$
  - Reihe B (mittel): $D_a/t \approx 28$, $h_0/t \approx 0{,}75$
  - Reihe C (weich): $D_a/t \approx 40$, $h_0/t \approx 1{,}3$

Dimensionierung, Vorauswahl: Es wird unter Beachtung des Einbauraums möglichst eine genormte Tellerfeder nach Tab. 12.11 für die statische oder quasistatische ($N < 10^4$) Belastung mit der zulässigen Federkraft nach DIN EN 16983 $F_{0,75} \geq$ Federkraft F gewählt. Nicht genormte Tellerfedern werden mit Hilfe einer Näherungsformel für Federn mit $h_0/t \leq 0{,}4$ (entspr. Reihe A) nach (12.78) und den folgenden Gleichungen dimensioniert.

Berechnung: Nach DIN EN 16984 und [45], ergänzt. Geometriemaße zeigt Abb. 12.26.

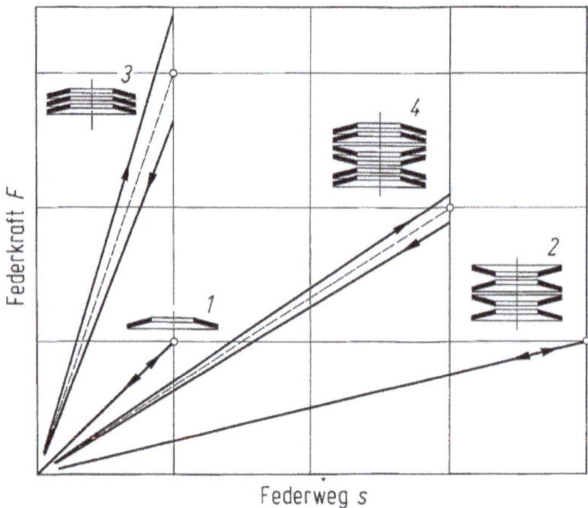

Abb. 12.25 Federkennlinien im linearen Bereich durch unterschiedliche Schichtung gleicher Teller (*1* Einzelteller, *2* Federsäule aus Einzeltellern, *3* Federpaket, *4* Federsäule aus Federpaketen)

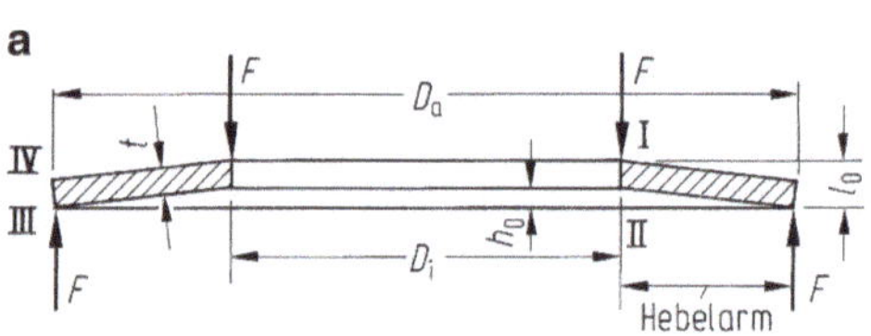

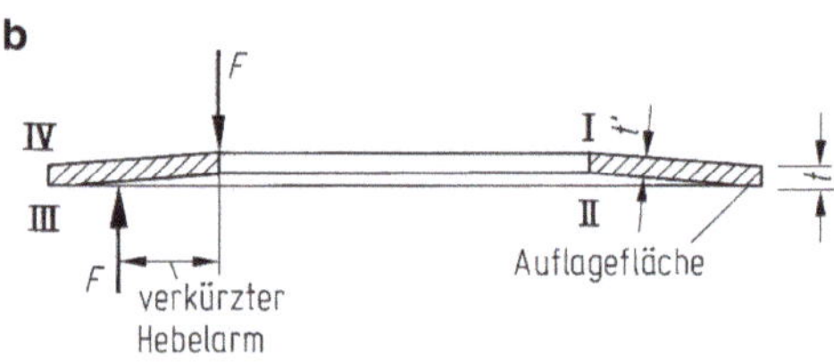

Abb. 12.26 Tellerfedern nach DIN EN 16984, **a** ohne Auflagefläche, **b** mit Auflagefläche

Federkraft (Ermittlung des Federwegs s mit F/F_c und Abb. 12.24 möglich mit F_c errechnete Federkraft bei Feder in Planlage)

$$F = \frac{4 \cdot E}{(1-\mu^2)} \cdot \frac{{K_4}^2 \cdot t^4}{K_1 \cdot {D_a}^2} \cdot \frac{s}{t} \cdot \left[{K_4}^2 \cdot \left(\frac{h_0}{t} - \frac{s}{t}\right) \cdot \left(\frac{h_0}{t} - \frac{s}{2 \cdot t}\right) + 1\right] \tag{12.77}$$

h_0	in mm	Ausgangskegelhöhe
s	in mm	Federweg
t	in mm	Dicke der Einzelfeder
μ		Querkontraktionszahl
E	in N/mm^2	Elastizitätsmodul
σ_{zul}	in N/mm^2	zulässige Zugspannung siehe Tab. 12.10

Bei statischer Belastung und Krafteinleitung über die Kreislinien I und III (Abb. 12.26) und $h_0/t \leq 0{,}4$ (Reihe A), für gehärteten Edelstahl mit $4 \cdot E/(1-\nu^2) \approx 905{,}5\,\text{kN/mm}^2$ gilt

$$F \approx 1{,}312\,\frac{\text{kN}}{\text{mm}^2} \cdot t^3 \cdot \frac{s}{D_a^2} \cdot 10^3 \tag{12.78}$$

D_a	in mm	äußerer Windungsdurchmesser

Federrate

$$R \approx 1{,}312\,\frac{\text{kN}}{\text{mm}^2} \cdot \frac{t^3}{D_a^2} \cdot 10^3 \tag{12.79}$$

Spannungen
Druckspannung bei I (absolut größte Spannung) ist maßgebend für die statische Beanspruchung

$$\sigma_\text{I} = -\frac{4 \cdot E}{(1-\mu^2)} \cdot \frac{K_4 \cdot t^2}{K_1 \cdot {D_a}^2} \cdot \frac{s}{t} \cdot \left[K_2 \cdot K_4 \cdot \left(\frac{h_0}{t} - \frac{s}{2 \cdot t}\right) + K_3\right] \leq \sigma_\text{zul} \tag{12.80}$$

Zugspannungen bei II und III (größte Zugspannungen) sind maßgebend für die dynamische Beanspruchung

$$\sigma_\text{II} = -\frac{4 \cdot E}{(1-\mu^2)} \cdot \frac{K_4 \cdot t^2}{K_1 \cdot {D_a}^2} \cdot \frac{s}{t} \cdot \left[K_2 \cdot K_4 \cdot \left(\frac{h_0}{t} - \frac{s}{2 \cdot t}\right) - K_3\right] \leq \sigma_\text{zul} \tag{12.81}$$

$$\sigma_\text{III} = -\frac{4 \cdot E}{(1-\mu^2)} \cdot \frac{K_4 \cdot t^2}{K_1 \cdot {D_a}^2} \cdot \frac{s}{t} \cdot \frac{1}{\delta} \cdot \left[K_4 \cdot (K_2 - 2 \cdot K_3) \cdot \left(\frac{h_0}{t} - \frac{s}{2 \cdot t}\right) - K_3\right] \leq \sigma_\text{zul} \tag{12.82}$$

$$\sigma_\text{IV} = -\frac{4 \cdot E}{(1-\mu^2)} \cdot \frac{K_4 \cdot t^2}{K_1 \cdot {D_a}^2} \cdot \frac{s}{t} \cdot \frac{1}{\delta} \cdot \left[+K_4 \cdot (K_2 - 2 \cdot K_3) \cdot \left(\frac{h_0}{t} - \frac{s}{2 \cdot t}\right) + K_3\right] \leq \sigma_\text{zul} \tag{12.83}$$

Positive Spannungen sind Zugspannungen, negative Druckspannungen.
Federungsarbeit

$$W = \frac{2 \cdot E}{(1-\mu^2)} \cdot \frac{t \cdot s^2}{K_1 \cdot {D_a}^2} \cdot {K_4}^2 \cdot \left[{K_4}^2 \cdot \left(h_0 - \frac{s}{2}\right)^2 + t^2\right] \tag{12.84}$$

mit den Beiwerten K_1, K_2, K_3

$$K_1 = \frac{1}{\pi} \cdot \frac{\left(\frac{\delta-1}{\delta}\right)^2}{\frac{\delta+1}{\delta-1} - \frac{2}{\ln\delta}} \tag{12.85}$$

$$K_2 = \frac{1}{\pi} \cdot \frac{6}{\ln\delta} \cdot \left(\frac{\delta-1}{\ln\delta} - 1\right) \tag{12.86}$$

$$K_3 = \frac{1}{\pi} \cdot \frac{6}{\ln\delta} \cdot \frac{\delta-1}{2} \tag{12.87}$$

Tab. 12.10 Zulässige Spannungen, Erfahrungswerte für ungeschlitzte Tellerfedern

Anwendungsfall	Zulässige Biegespannungen
für $s \leq 0{,}75 \cdot h_0$	$\sigma_\text{zul} \leq 2000\ldots2400\,\text{N/mm}^2$
für $0{,}75 \cdot h_0 < s < h_0$ gültig für Werkstoffe nach DIN EN 10089 und DIN EN 10132	$\sigma_\text{zul} \leq 2600\ldots3000\,\text{N/mm}^2$

mit dem Dämpfungswert

$$\delta = \frac{D_a}{D_i} \tag{12.88}$$

D_i	in mm	innerer Windungsdurchmesser

und K_4 für Tellerfedern mit Auflagefläche

$$K_4 = \sqrt{-\frac{C_1}{2} + \sqrt{\left(\frac{C_1}{2}\right)^2 + C_2}} \tag{12.89}$$

mit

$$C_1 = \frac{\left(\frac{t'}{t}\right)^2}{\left(\frac{1}{4} \cdot \frac{l_0}{t} - \frac{t'}{t} + \frac{3}{4}\right) \cdot \left(\frac{5}{8} \cdot \frac{l_0}{t} - \frac{t'}{t} + \frac{3}{8}\right)} \tag{12.90}$$

$$C_2 = \frac{C_1}{\left(\frac{t'}{t}\right)^3} \cdot \left[\frac{5}{32} \cdot \left(\frac{l_0}{t} - 1\right)^2 + 1\right] \tag{12.91}$$

l_0	in mm	Bauhöhe des unbelasteten Einzeltellers
t'	in mm	reduzierte Dicke der Einzeltellerfeder mit Auflageflächen

bzw. für Tellerfedern ohne Auflagefläche

$$K_4 = 1 \tag{12.92}$$

Außerdem sind für Tellerfedern mit Auflagefläche folgende Größen zu verwenden:
$t'/t = 1$, $h_0' = l_0 - t'$ statt h_0

Zulässige Spannungen: Erfahrungswerte für ungeschlitzte Tellerfedern sind in Tab. 12.10 zusammengefasst.

Festigkeitsnachweis:

- Bei genormten Tellerfedern ist für $s \leq 0{,}75 \cdot h_0$ kein Festigkeitsnachweis erforderlich. Es wird geprüft, ob für die gewählte Feder $F < F_{0{,}75}$ ist.
- Bei genormten Tellerfedern mit $s > 0{,}75 \cdot h_0$ wird wie bei nicht genormten Tellerfedern verfahren.
- Nicht genormte Tellerfedern: Mit den vorläufig gewählten Abmessungen wird die maßgebende Spannung an der Stelle I nach (12.80) berechnet und mit den auch allgemein gültigen zulässigen Spannungen aus Tab. 12.10 verglichen.

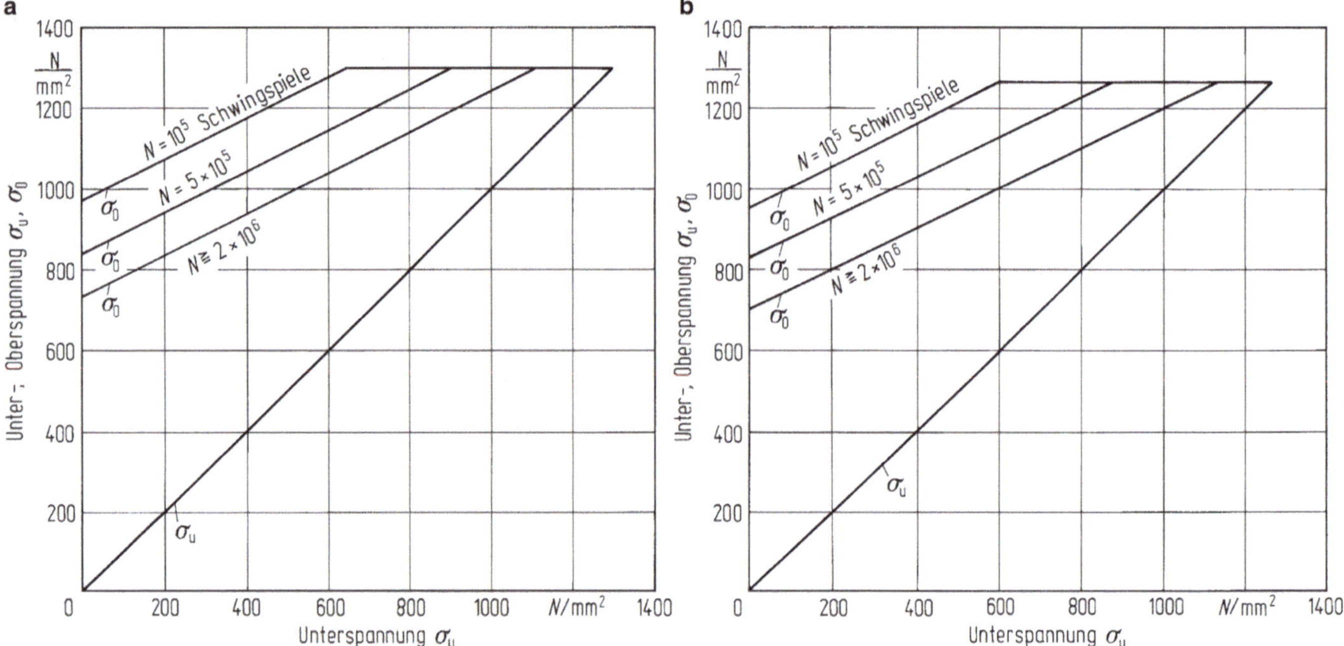

Abb. 12.27 Goodman-Diagramme für Dauer- und Zeitfestigkeit von nicht kugelgestrahlten Tellerfedern (Festigkeitswerte nach DIN EN 16983), **a** $t < 1{,}25\,\text{mm}$, **b** $1{,}25\,\text{mm} < t < 6\,\text{mm}$

- Zulässige Spannungen für dynamische Beanspruchung (Überlastungsfall F3, konstante Unterspannung σ_u) zwischen den Federweggrenzen s_0 und s_u: Maßgebend ist die größere der Zugspannungen σ_{II} oder σ_{III} nach (12.81) und (12.82). Für diese Stelle wird die Hubspannung σ_H berechnet. Die Hubfestigkeit σ_H für Dauerfestigkeit ($N \geq 2 \cdot 10^6$) bzw. Zeitfestigkeit σ_H ($N = 10^4 \ldots 2 \cdot 10^6$) wird üblicherweise mit den Goodmann-Diagrammen nach Abb. 12.27 bestimmt. Es wird σ_H mit der vorhandenen Hubspannung σ_h verglichen: $\sigma_H \geq \sigma_h$. Der Rechengang für den Festigkeitsnachweis bei Überlastungsfall F1 (konstante Mittelspannung σ_m) wird im Beispiel 12.6 in Abschn. 12.9 für eine Schraubendruckfeder dargestellt.

Gestaltung, Vorspannung:

- Die maximale Verformung soll $s = 0{,}75 \cdot h_0$ nicht überschreiten, sonst „rollt“ die Tellerfeder auf ihrer Unterlage ab, d. h. der Hebelarm wird kürzer und die tatsächliche Kennlinie wesentlich steiler.
- Beim Einbau der Tellerfedern ist die Durchmesserveränderung (Vergrößerung außen bzw. Verkleinerung innen) im beanspruchten Zustand zu berücksichtigen und Spiel ΔD_a zur Führungshülse bzw. zum Führungsbolzen ΔD_i vorzusehen. Anhaltswerte sind in Tab. 12.11 angegeben. Führungsbolzen und Auflagen sollten oberflächengehärtet und geschliffen werden.
  Bei dynamischer Belastung werden die Federn mit $s_u = (0{,}15 \ldots 0{,}2) \cdot h_0$ vorgespannt, um Setzbeträge auszugleichen und evtl. Anrisse an der Stelle I zu verhindern.

b) Geschlitzte Tellerfeder

Federkennlinie: Sie weist einen sehr flachen Verlauf auf.

Anwendungen: Z. B. in Fahrzeugkupplungen, ausgeführt als innengeschlitzte bzw. außengeschlitzte Tellerfedern

Berechnung: Geometriemaße zeigt Abb. 12.28.
Federkraft

$$F = \frac{F' \cdot h_0'}{h_0} \tag{12.93}$$

h_0	in mm	Ausgangskegelhöhe von Federn ohne Schlitze
h_0'	in mm	Ausgangskegelhöhe von Federn mit Schlitzen

$$F' = \frac{4 \cdot E \cdot t^3 \cdot s}{(1-\mu^2) \cdot K_1 \cdot {D_a}^2} \cdot \left[\left(\frac{h_0'}{t} - \frac{s}{t}\right) \cdot \left(\frac{h_0'}{t} - \frac{s}{2 \cdot t}\right) + 1\right] \tag{12.94}$$

s	in mm	Federweg
t	in mm	Dicke der Einzelfeder
μ		Querkontraktionszahl
D_a	in mm	Außendurchmesser
E	in N/mm²	Elastizitätsmodul
K_1		Beiwert zur Tellerfederberechnung nach (12.85) und Abb. 12.29

Tab. 12.11 Abmessungen und Kennwerte genormter Tellerfedern nach DIN EN 16983

D_a (h12) in mm	Gesamt-spiel[a] ΔD_a in mm	D_i (H12) in mm	Gesamt-spiel[a] ΔD_i in mm	Reihe											
				A				B				C			
				Gruppe	t bzw. (t') in mm	h_0 in mm	$F_{0,75}$ in N	Gruppe	t bzw. (t') in mm	h_0 in mm	$F_{0,75}$ in N	Gruppe	t bzw. (t') in mm	h_0 in mm	$F_{0,75}$ in N
					$L_0 = t + h_0$				$L_0 = t + h_0$				$L_0 = t + h_0$		
8	0,2	4,2	0,2	1	0,4	0,2	210	1	0,3	0,25	118		0,2	0,25	39
10		5,2			0,5	0,25	325		0,4	0,3	209	1	0,25	0,3	58
12,5		6,2			0,7	0,3	660		0,5	0,35	294		0,35	0,45	151
14		7,2			0,8	0,3	797		0,5	0,4	289		0,35	0,45	123
16		8,2			0,9	0,35	1013		0,6	0,45	410		0,4	0,5	154
18	0,3	9,2			1,0	0,4	1254		0,7	0,5	566		0,45	0,6	214
20		10,2			1,1	0,45	1521		0,8	0,55	748		0,5	0,65	254
22,5	0,4	11,2			1,25	0,5	1929		0,8	0,65	707		0,6	0,8	426
25		12,2		2	1,5	0,55	2926		0,9	0,7	862		0,7	0,9	600
28	0,5	14,2			1,5	0,65	2841		1,0	0,8	1107		0,8	1,0	801
31,5		16,3	0,3		1,75	0,7	3871		1,25	0,9	1913		0,8	1,05	687
35,5	0,6	18,3			2,0	0,8	5187	2	1,25	1,0	1699		0,9	1,15	832
40		20,4	0,4		2,25	0,9	6500		1,5	1,15	2622		1	1,3	1017
45		22,4			2,5	1,0	7716		1,75	1,3	3646		1,25	1,6	1891
50		25,4			3,0	1,1	11.976		2,0	1,4	4762	2	1,25	1,6	1550
56	0,8	28,5	0,5		3,0	1,3	11.388		2,0	1,6	4438		1,5	1,95	2622
63		31			3,5	1,4	15.025		2,5	1,75	7189		1,8	2,35	4238
71		36	0,6		4,0	1,6	20.535		2,5	2,0	6725		2	2,6	5144
80		41			5,0	1,0	22.559		3,0	2,3	10.518		2,25	2,95	6613
90	1,0	46			5,0	2,0	31.354		3,5	2,5	14.161		2,5	3,2	7684
100		51	0,8		6,0	2,2	48.022		3,5	2,8	13.070		2,7	3,5	8609
112		57			6,0	2,5	43.707		4,0	3,2	17.752		3	3,9	10.489
125		64		3	8,0 (7,5)	2,6	85.926		5,0	3,5	29.908		3,5	4,5	15.416
140		72			8,0 (7,5)	3,2	85.251		5,0	4,0	27.920		3,8	4,9	17.195
160	1,6	82	1,0		10,0 (9,4)	3,5	138.331		6,0	4,5	41.008		4,3	5,6	21.843
180		92			10,0 (9,4)	4,0	125.417		6,0	5,1	37.502		4,8	6,2	26.442
200		102			12,0 (11,25)	4,2	183.020	3	8,0 (7,5)	5,6	76.378		5,5	7,0	36.111
225		112			12,0 (11,25)	5,0	171.016		8,0 (7,5)	6,5	70.749	3	6,5 (6,2)	7,1	44.580
250		127			14,0 (13,1)	5,6	248.828		10,0 (9,4)	7,0	119.050		7,0 (6,7)	7,8	50.466

[a] empfohlenes Spiel zwischen Tellerfeder und Führungselement, bei D_a entspricht es einer Durchmesservergrößerung, bei D_i einer Durchmesserverkleinerung

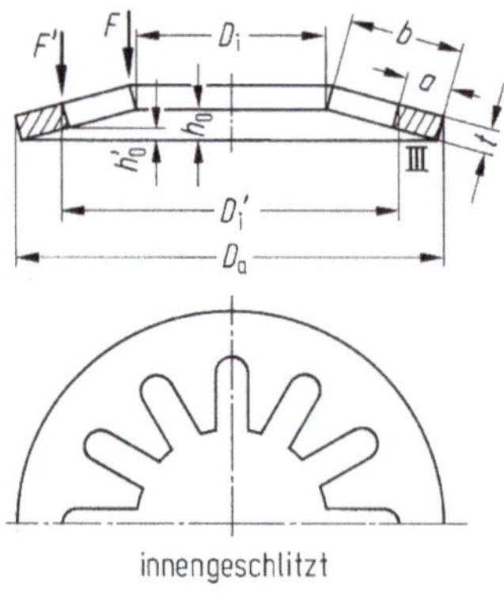

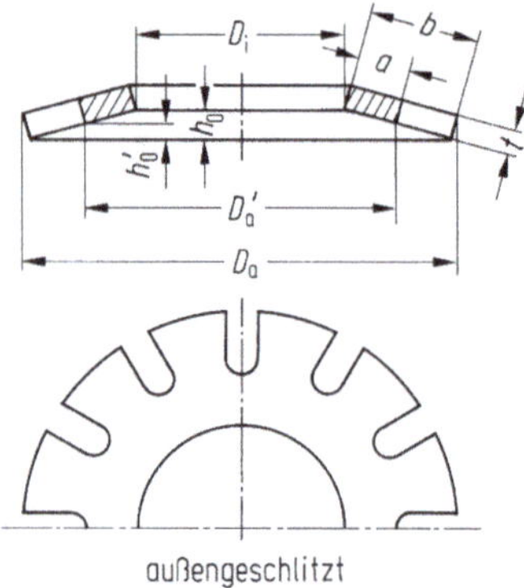

Abb. 12.28 Geschlitzte Tellerfedern

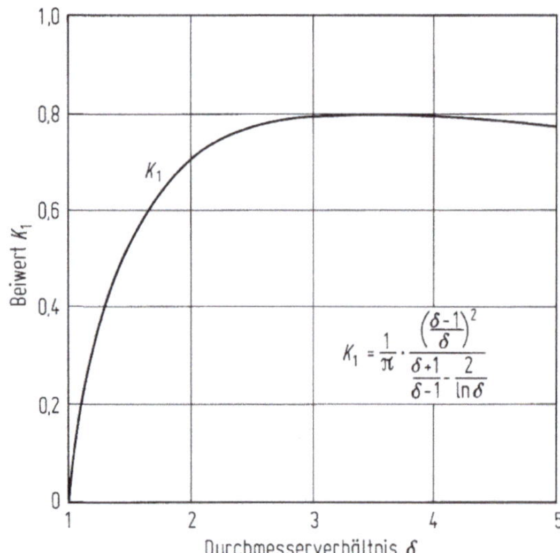

Abb. 12.29 Berechnung von Tellerfedern, Beiwert K_1 nach DIN EN 16984, grafisch dargestellt

Zugspannung bei III maßgebend für dynamische Beanspruchung

$$\sigma_{\mathrm{III}} = 4 \cdot E \cdot h'_0 \cdot t + (1-\mu^2) \cdot K_1 \cdot {D_a}^3 \cdot \frac{D'_i \cdot (2 \cdot K_3 - K_2) \cdot h'_0}{2 \cdot t} + K_3 < \sigma_{\mathrm{zul}} \quad (12.95)$$

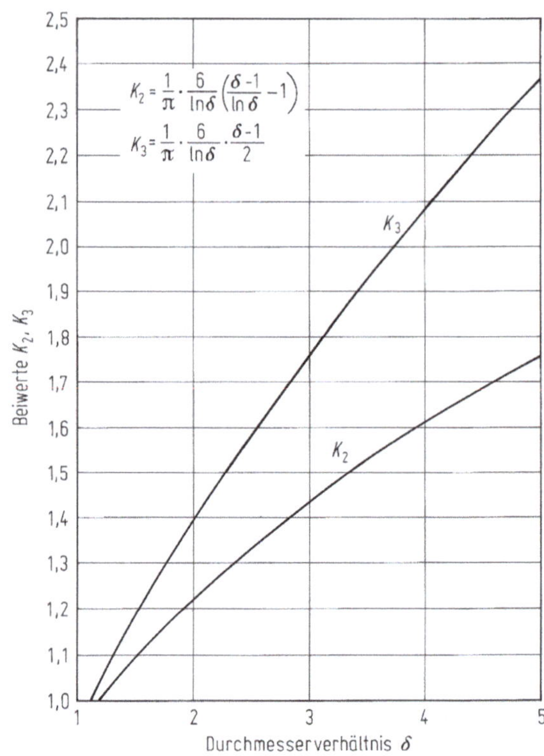

Abb. 12.30 Berechnung von Tellerfedern, Beiwert K_2 und K_3 nach DIN EN 16984, grafisch dargestellt

D'_i	in mm	vergrößerter Innendurchmesser innengeschlitzter Tellerfedern
K_2, K_3		Beiwerte zur Tellerfederberechnung nach (12.86), (12.87) und Abb. 12.30
σ_{zul}	in N/mm^2	zulässige Zugspannung

Abmessungen
innengeschlitzt

$$\frac{h_0}{h'_0} = \frac{D_a - D_i}{D_a - D'_i} = \frac{b}{a} \quad (12.96)$$

außengeschlitzt

$$\frac{h_0}{h'_0} = \frac{D_a - D_i}{D'_a - D_i} = \frac{b}{a} \quad (12.97)$$

a	in mm	reduzierte Breite am Schlitz
b	in mm	Querschnittsbreite
D'_a	in mm	reduzierter Außendurchmesser der außengeschlitzten Tellerfeder
D_i	in mm	Innendurchmesser

Zulässige Spannungen: Gelten wie für ungeschlitzte Tellerfedern nach Tab. 12.10.

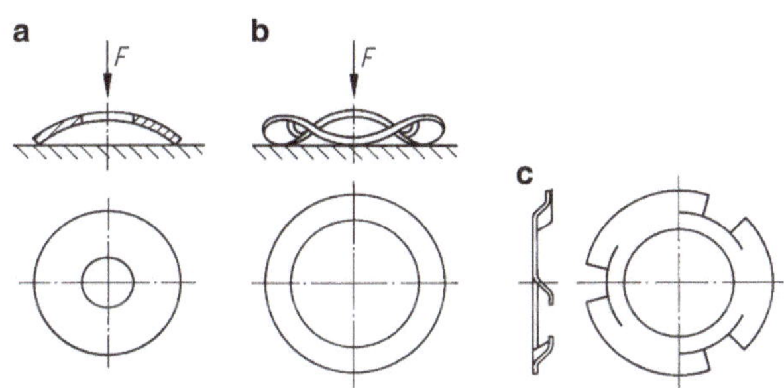

Abb. 12.31 Federscheiben [44], **a** einfach gewölbte Federscheibe, **b** Wellfederscheibe (axiale Wellfeder), **c** Fingerfederscheibe für Lager

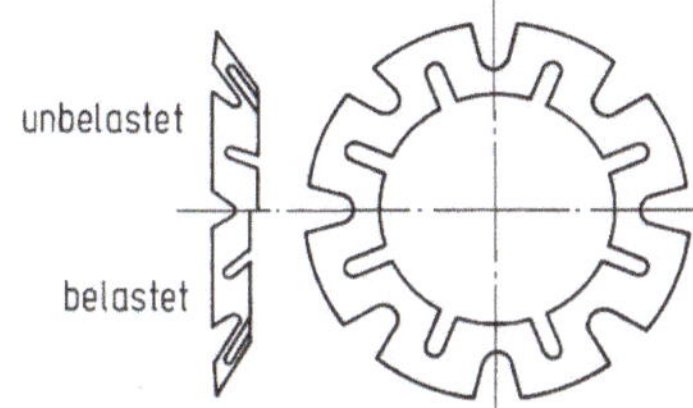

Abb. 12.32 Sternfeder

c) Tellerfedern mit Trapezquerschnitt

Bei Tellerfedern mit Trapezquerschnitt (von innen nach außen zunehmende Blechdicke) ist eine gleichmäßigere Spannungsverteilung gegenüber üblichen Tellerfedern nach DIN EN 16983 möglich, jedoch ist die Stützwirkung der weniger beanspruchten Querschnittszonen geringer, die Setzneigung steigt. Die Bauform lässt nur eine wechselseitige Schichtung zu.

Federkennlinie: Die Kennlinie ist auch bei $s > 0{,}75 \cdot h_0$ annähernd linear, d. h. die Federrate $R \approx$ konst.

Berechnung: Wichtige Gleichungen sind in [44] angegeben.

12.5.2.5 Sonstige biegebeanspruchte Federn

a) Federscheiben

Ausführungen zeigt Abb. 12.31. Sie werden vorwiegend für Spielausgleich und Erzeugung eines Vorspannungszustands eingesetzt. Die Berechnung wird in [44] erläutert.

b) Sternfedern

Sternfedern bieten innen und außen eine ringförmige Abstützung Sie werden vorwiegend zum Spielausgleich (z. B. in Wälzlagerungen) eingesetzt, Abb. 12.32.

c) Membranfedern

Dünne, elastische Platten, die an ihrem gesamten Rand gestellfest gelagert sind, Schema Abb. 12.33, sind meist kreisförmige profilierte und durchbrochene Membrane mit kreisförmigem steifem Zentrum (verwendet als Führungselemente in Kraft- und Druck-Messgeräten). Die Berechnung wird in [44] erläutert.

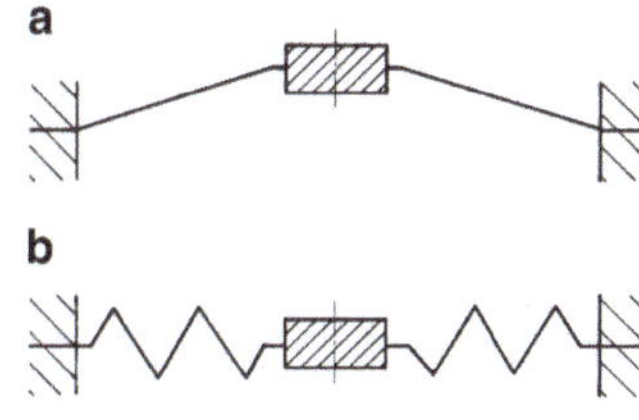

Abb. 12.33 Wirkprinzipien von Membranfedern [44], **a** kegelig gewölbt, **b** konzentrisch profiliert

12.5.3 Torsionsbeanspruchte Federn

12.5.3.1 Drehstabfedern

Üblich sind Drehstäbe mit Kreisquerschnitt (DIN 2091), Abb. 12.34. Drehmoment T und maximale Torsionsspannung τ sind längs des Stabs konstant, wenn reines Drehmoment eingeleitet wird (ohne Biegung). Da τ nicht konstant über dem Querschnitt ist, folgt ein Artnutzgrad $\eta_A \approx 0{,}5$ (Abschn. 12.3.6). Die Oberflächen können einfach und sicher gegen Korrosion geschützt werden. Bei geeigneter Einspannung arbeiten sie verschleiß- und reibungsfrei.

Federkennlinie: Die Kennlinie ist eine Gerade, d. h. die Federrate R_t = konst. Aus mehreren Rund- oder Flachstäben gebündelte Drehstabfedern haben bei gleicher Länge eine kleinere Federrate R_t als Vollstabfedern, sie können daher bei gleichem Federweg kürzer ausgeführt werden. Allerdings treten Relativbewegungen zwischen den Einzel-Flachstäben auf. Dies bedeutet Dämpfung und gleichzeitig Verschleiß. Korrosionsschutz ist nur begrenzt möglich.

Berechnung: Geometriemaße zeigt Abb. 12.34.
Maximale Schubspannung

$$\tau_{t\,\max} = \frac{16 \cdot T}{\pi \cdot d^3} \leq \tau_{t\,\text{zul}} \tag{12.98}$$

d	in mm	Draht- oder Stabdurchmesser
T	in N mm	Drehmoment
$\tau_{t\,\text{zul}}$	in N/mm^2	zulässige Schubspannung siehe Tab. 12.12

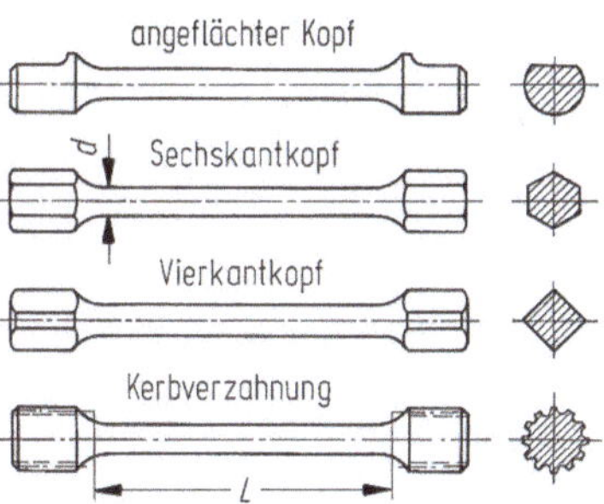

Abb. 12.34 Drehstabfedern

Tab. 12.12 Zulässige Spannungen, Erfahrungswerte für Drehstabfedern

Anwendungsfall	Zulässige Spannungen
Statisch: Bei Verwendung von Werkstoffen nach DIN EN 10089 mit einer Vergütungsfestigkeit 1600 N/mm² < R_m < 1800 N/mm²)	
vorgesetzte Stäbe	$\tau_{t\,zul} = 1000\,\text{N/mm}^2$
nicht vorgesetzte Stäbe	$\tau_{t\,zul} = 700\,\text{N/mm}^2$
Dynamisch: Weitere Werte für Dauer- und Zeitfestigkeit in Abhängigkeit von der Mittelspannung siehe DIN 2091	
Dauerschwellfestigkeit für vorgesetzte Stäbe für $N = 2 \cdot 10^6$	
bei $d = 20\,\text{mm}$	$\tau_{t\,zul} = 740\,\text{N/mm}^2$
bei $d = 60\,\text{mm}$	$\tau_{t\,zul} = 550\,\text{N/mm}^2$
Zeitschwellfestigkeit für $N = 2 \cdot 10^5$	
bei $d = 20\,\text{mm}$	$\tau_{t\,zul} = 900\,\text{N/mm}^2$
für $d = 60\,\text{mm}$	$\tau_{t\,zul} = 680\,\text{N/mm}^2$

Verdrehwinkel

$$\varphi = \frac{32 \cdot T \cdot L}{\pi \cdot G \cdot d^4} \tag{12.99}$$

G	in N/mm²	Schubmodul
L	in mm	Federlänge

Federungsarbeit

$$W = \frac{16 \cdot T^2 \cdot L}{G \cdot \pi \cdot d^4} \tag{12.100}$$

Federrate

$$R = \frac{\pi \cdot d^4 \cdot G}{32 \cdot L} \tag{12.101}$$

Artnutzgrad

$$\eta_A = \frac{1}{2} \tag{12.102}$$

Zulässige Spannungen: Erfahrungswerte für Drehstabfedern sind in Tab. 12.12 zusammengefasst.

Gestaltung, Herstellung: Besonders gefährdet sind die Einspannstellen, die deshalb meist dicker als die Drehstäbe ausgeführt werden, Abb. 12.34. Durch sanften Querschnittsübergang, Schleifen, Oberflächendrücken oder Kugelstrahlen lässt sich die Dauerfestigkeit um bis zu 12 % steigern. Durch Vorsetzen, d. h. Überlasten mit plastischer Verformung, wird eine Steigerung der Dauerfestigkeit um bis zu 55 % erreicht.

Anwendungen: Wegen der niedrigen Bauhöhe und großen Baulänge, z. B. in Kraftfahrzeugen zur Radaufhängung und -federung und im Drehmomentschlüssel zum Anziehen von Schrauben. Drehstäbe mit Rechteckquerschnitt (in Form von Torsionsbändern) werden selten verwendet.

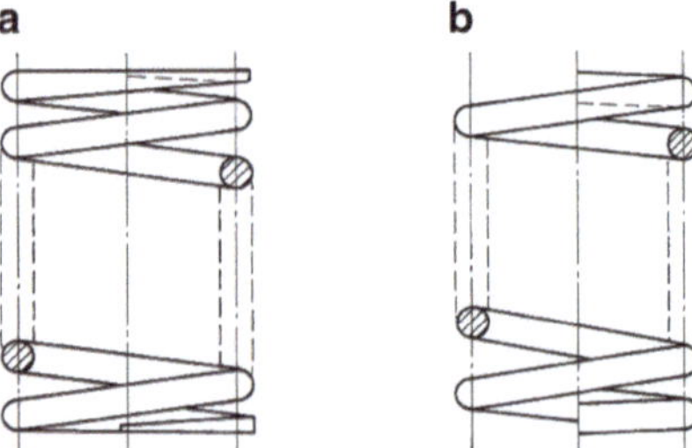

Abb. 12.35 Ausführung zylindrischer Schraubenfedern, **a** Enden angeschmiedet und plangeschliffen, **b** Enden angelegt und unbearbeitet

12.5.3.2 Zylindrische Schraubenfedern

Die zylindrische Schraubenfeder ist eine in Form einer Schraubenlinie gewundene Drehstabfeder, die durch eine Druck- oder Zugkraft F in der Federachse belastet wird.

Herstellung: Schraubenfedern mit Drahtdurchmesser $d \leq 16\,\text{mm}$ können kalt gewickelt werden (DIN EN 15800), ab $d = 16\,\text{mm}$ (zum Teil bereits ab $d = 10\,\text{mm}$) werden sie warm gewickelt und dann wärmebehandelt. Der Draht wird im gewalzten oder gezogenen Zustand verwendet (insbesondere für dynamische Beanspruchung), danach gedreht, geschält oder geschliffen. Fertigungstoleranzen siehe DIN EN 15800 und DIN 2096. Hier werden für kaltgeformte Federn 3 Gütegrade unterschieden (ohne Angaben gilt Gütegrad 2), für warmgeformte Federn gibt es nur einen Gütegrad. Die Federn werden meist kugelgestrahlt. die dynamische Festigkeit kann dadurch wesentlich gesteigert werden.

a) Schraubendruckfedern

Besonderheiten der Herstellung: Um die Relaxation zu mindern (näheres siehe DIN EN 13906 Teil 1), werden die Federn im Allgemeinen als letzter Fertigungsgang auf Blocklänge L_c zusammengedrückt und wieder entspannt (Vorsetzen). Dadurch werden günstige Eigenspannungen wesentlich gesteigert. Die Länge sollte durch Setzen um mindestens 10 % reduziert werden, um volle Wirkung zu erzielen.

Gestaltung:

- Wickelverhältnis w nach (12.109) möglichst zwischen 5 ... 9. Kleinere Werte (< 3) erfordern spezielle Fertigungseinrichtungen, größere (≥ 15) sind nur schwer stabil zu halten, der Federdraht kann sich leicht verwickeln (tangling).
- Federenden (Abb. 12.35): Meist werden an jedem Federende 3/4 Windungen angelegt (beigedrückt) und plangeschliffen (über 270 ... 330°), bei geringeren Anforderungen unbearbeitet gelassen. Bei dickeren Drähten werden angepasste Federteller benötigt. Für die zentrische Kraftwirkung ist es günstig, wenn die Federenden um 180°

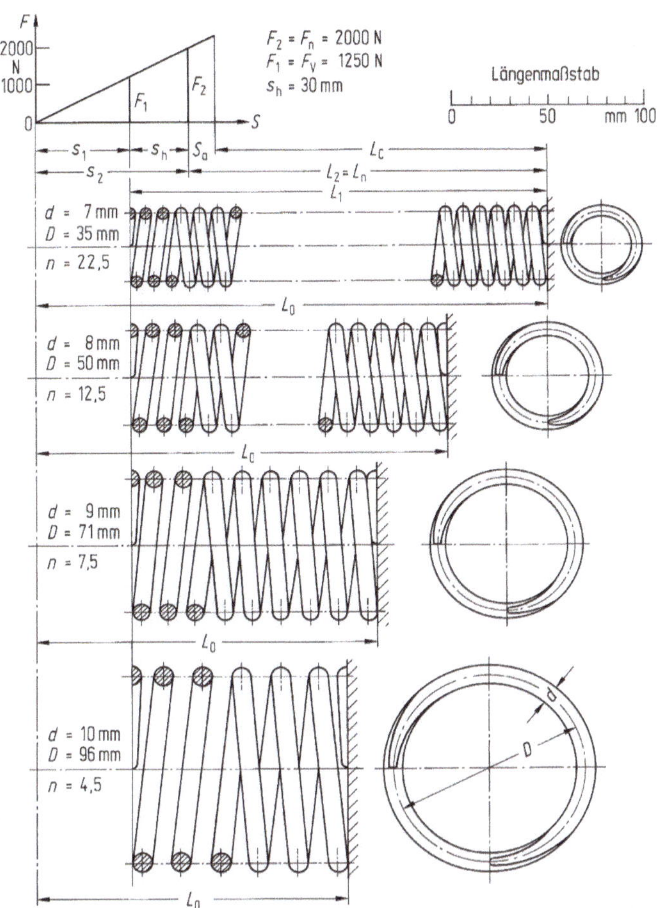

Abb. 12.36 Gestaltungsmöglichkeiten von Schraubendruckfedern gleicher Federkennlinie, Anpassung an den jeweiligen Einbauraum

versetzt liegen, d. h. die Gesamtwindungszahl mit 1/2 endet.

Man beachte: Planschleifen von Federn mit dünnen Drähten ist schwierig.

- Steigungsrichtung: In der Regel werden die Federn rechtsgewickelt. Ineinander geschachtelte Federn müssen entgegengesetzt gewickelt werden, wobei die Außenfeder im Allgemeinen rechtsgewickelt wird. Wenn die Feder durch einen Gewindebolzen geführt wird, müssen Federn und Gewinde entgegengesetzte Steigungsrichtung aufweisen.

Hauptabmessungen: Schraubenfedern lassen sich weitgehend an den verfügbaren Bauraum anpassen. Abb. 12.36 zeigt ein Beispiel. Zu beachten ist aber, dass bei Vorgabe bestimmter Größen (z. B. zwei Federkräfte und zugehöriger Federweg), andere Größen nicht exakt eingehalten werden, sondern vom Hersteller angepasst werden, siehe z. B. DIN EN 15800. Der Außendurchmesser wird vorgeschrieben, wenn die Federenden in einer Bohrung geführt werden. Der Innendurchmesser ist bestimmt, wenn die Feder auf einen Dorn aufgeschoben wird. Wenn die Feder eng geführt wird, ist zu beachten, dass der Windungsdurchmesser zunimmt, wenn die Feder zusammengedrückt wird. Diese Änderung des Außendurchmessers kann in etwa beschrieben werden mit

$$\Delta D_a = 0{,}1 \cdot \frac{m^2 - 0{,}8 \cdot m \cdot d - 0{,}2 \cdot d^2}{D_m} \qquad (12.103)$$

mit der Steigung m für Federn mit angelegten, planbearbeiteten Federenden

$$m = \frac{L_0 - d}{n} \qquad (12.104)$$

für Federn mit unbearbeiteten Federenden

$$m = \frac{L_0 - 2{,}5 \cdot d}{n} \qquad (12.105)$$

d	in mm	Draht- oder Stabdurchmesser
n		Anzahl der wirksamen (federnden) Windungen
D_m	in mm	mittlerer Windungsdurchmesser
L_0	in mm	Länge der unbelasteten Feder

Allgemeine Beanspruchung: Durch die Kraft F und den Hebelarm $D_m/2$ wirkt auf einen Drahtquerschnitt rechtwinklig zur Schraubenlinie (Steigungswinkel) ein Torsionsmoment T, ein Biegemoment M_b, eine Querkraft F_Q und eine Druckkraft F_D, Abb. 12.37. Gegenüber der Beanspruchung aus dem Torsionsmoment treten die übrigen Spannungen (bei kleinem Steigungswinkel und kleinem Verhältnis d/D_m) zurück, da $\cos\beta \approx 1$ und $\sin\beta \approx 0$. Es wird daher nur mit der Spannung aus dem Torsionsmoment $F \cdot D_m/2$ gerechnet. Es ist jedoch zu beachten, dass die Spannung auf der Innenseite des Drahtquerschnitts infolge der Krümmung größer ist, als außen, siehe Abb. 12.38a und Abschn. 12.5.2.3. Dies kann bei der Berechnung durch den Spannungsbeiwert k berücksichtigt werden.

Druckeigenspannungen in der Randschicht, erzeugt durch das Setzen beim Herstellprozess, führen bei statischer Beanspruchung zu einer gleichmäßigeren Spannungsverteilung. Hierbei wird mit $k = 1$ gerechnet. Bei dynamischer Beanspruchung, d. h. unter elastischen Bedingungen, setzt an der Innenseite der Dauerbruch ein. Deshalb wird hierbei der Beiwert $k > 1$ nach Abb. 12.38b berücksichtigt.

Dimensionierung, Vorauswahl: Beim ersten Entwurf wird von der (oben definierten, vereinfachten) Nennschubspannung ausgegangen. Hierfür und für Variationsrechnungen eignet sich das Geradliniendiagramm, Abb. 12.39. Abhängig von Federkraft F und zulässiger Schubspannung τ können hieraus für ein gewünschtes Wickelverhältnis w (nach (12.109)) die Werte von D und d abgelesen werden, ebenso der Federweg je Windung s/n. Bei Stahlfedern wird zweckmäßigerweise zunächst von einer zulässigen statischen Schubspannung $\tau_{zul} = 500\,\mathrm{N/mm^2}$ ausgegangen: Leitertafeln siehe DIN EN 13906 Teil 1.

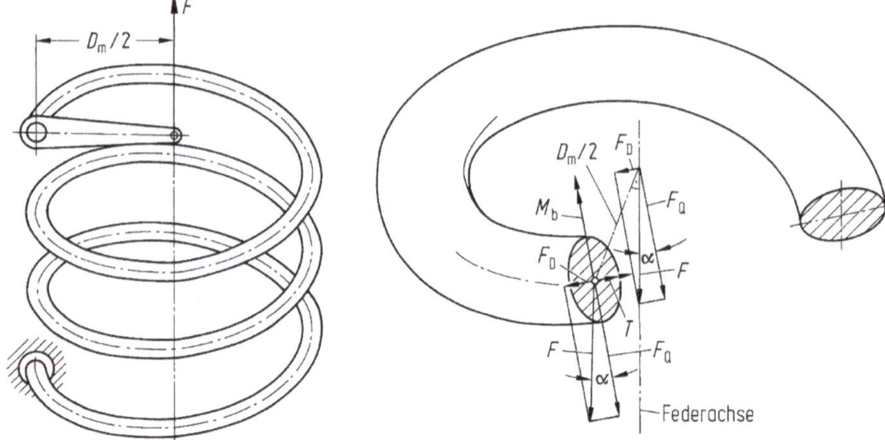

Abb. 12.37 Beanspruchung (Kräfte und Momente) der zylindrischen Schraubenfeder

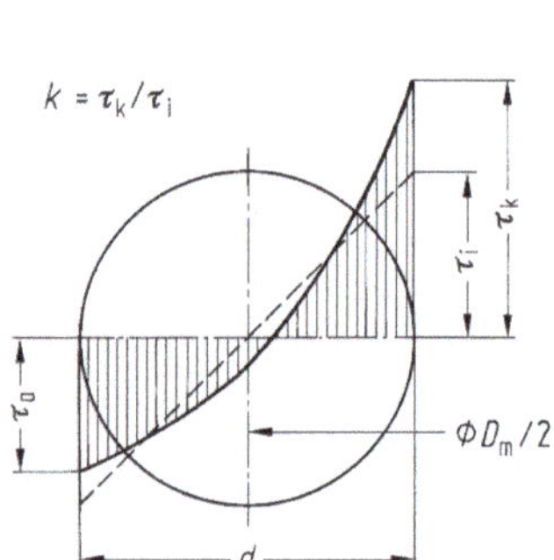

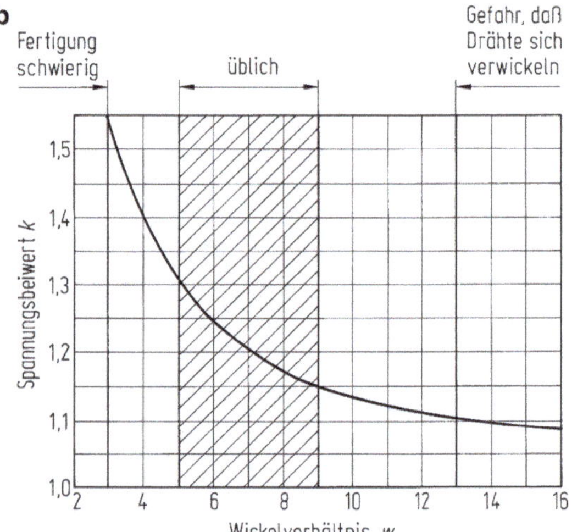

Abb. 12.38 Spannung in einer Schraubenfeder, **a** Spannungsverteilung im Stabquerschnitt, **b** Spannungsbeiwert k für Kreisquerschnitte nach DIN EN 13906 Teil 1. Näherungsgleichung: (12.108)

Berechnung: Geometriemaße zeigen Abb. 12.40 und 12.41. Nennschubspannung

$$\tau_{\text{nenn}} = \frac{8 \cdot F \cdot D_m}{\pi \cdot d^3} \tag{12.106}$$

d	in mm	Draht- oder Stabdurchmesser
D_m	in mm	Mittlerer Windungsdurchmesser
F	in N	Federkraft

Schubspannung mit Drahtkrümmungseinfluss

$$\tau_k = k \cdot \tau_{\text{nenn}} \leq \tau_{k\,\text{zul}} \tag{12.107}$$

$\tau_{k\,\text{zul}}$	in N/mm^2	zulässige Schubspannung mit Drahtkrümmungseinfluss

Spannungsbeiwert

$$k = \frac{w + 0{,}5}{w - 0{,}75} \tag{12.108}$$

statisch: $k = 1$, dynamisch: k nach Abb. 12.38b

mit dem Wickelverhältnis

$$w = \frac{D_m}{d} \tag{12.109}$$

Federweg ohne Vorspannung

$$s = \frac{8 \cdot {D_m}^3 \cdot n \cdot F}{G \cdot d^4} \tag{12.110}$$

bzw. mit Vorspannung

$$s = \frac{8 \cdot {D_m}^3 \cdot n \cdot (F + F_1)}{G \cdot d^4} \tag{12.111}$$

n		Anzahl der wirksamen (federnden) Windungen
F_1	in N	Vorspannkraft
G	in N/mm^2	Schubmodul

Federrate

$$R = \frac{G \cdot d^4}{8 \cdot {D_m}^3 \cdot n} \tag{12.112}$$

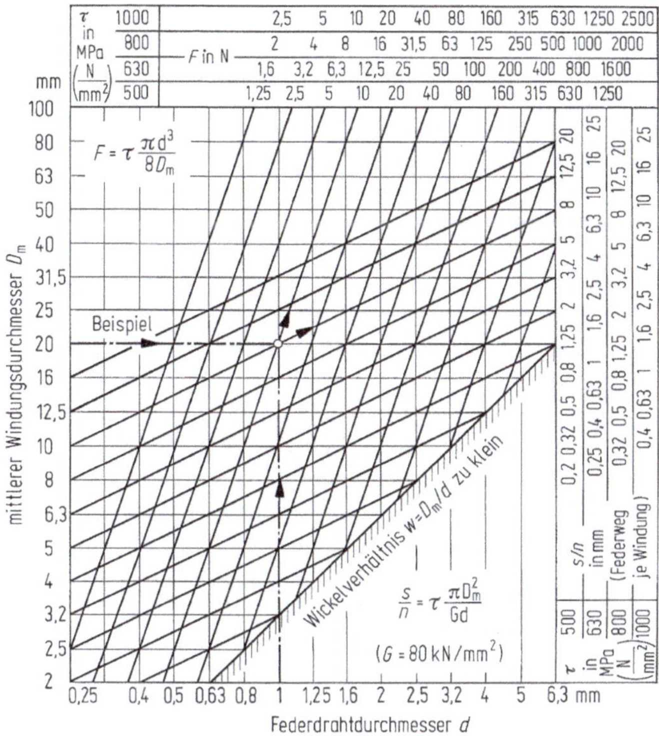

Abb. 12.39 Geradliniendiagramm zur Vorauswahl von Schraubenfedern [38], Beispiel: $d = 1\,\text{mm}$, $D = 20\,\text{mm}$, $\tau = 500\,\text{N/mm}^2$, $F = 10\,\text{N}$, $s/n = 8\,\text{mm}$

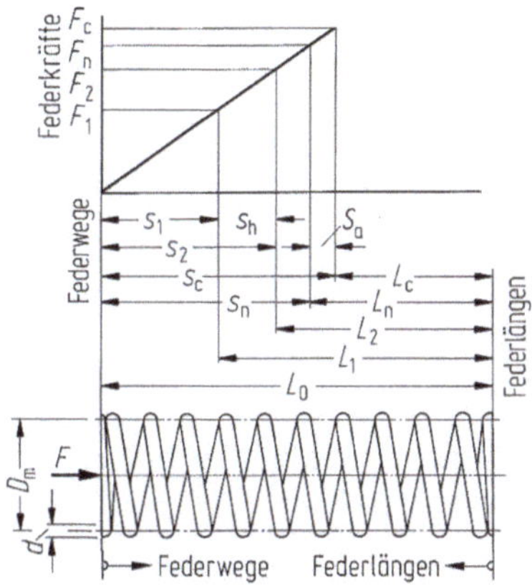

Abb. 12.40 Berechnung zylindrischer Schraubendruckfedern nach DIN EN 13906 Teil 1

Federungsarbeit ohne Vorspannung

$$W = \frac{1}{2} \cdot F \cdot s \tag{12.113}$$

s	in mm	Federweg
F	in N	Federkraft

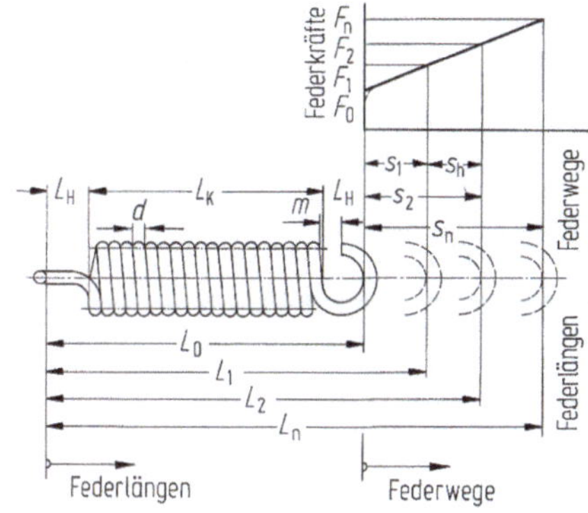

Abb. 12.41 Berechnung zylindrischer Schraubenzugfedern nach DIN EN 13906 Teil 2

bzw. mit Vorspannung

$$W = \frac{1}{2} \cdot (F_1 + F) \cdot (s - s_1) \tag{12.114}$$

s_1	in mm	vorgespannter Federweg
F_1	in N	Vorspannkraft

Bei Zugfedern mit innerer Vorspannung ist zur Berechnung von Federweg s und Federrate R ($R = \Delta F/\Delta s$) anstelle von F der Wert $(F - F_0)$, zur Berechnung der Federungsarbeit W der Wert $(F + F_0)$ einzusetzen.
Länge der unbelasteten Schraubenzugfeder

$$L_0 = (n + 1) \cdot d + 2 \cdot L_H \tag{12.115}$$

L_H	in mm	Abstand der Ösen-Innenkante vom Federkörper

Abmessungen Schraubendruckfeder:
Blocklänge, allgemein

$$L_c \leq n_t \cdot d_{\max} \tag{12.116}$$

$d_{\max}$	in mm	maximaler Draht- oder Stabdurchmesser

bzw. bei angelegten Federenden, ungeschliffen, kaltgeformt

$$L_c \leq (n_t + 1{,}5) \cdot d_{\max} \tag{12.117}$$

bzw. bei angelegten Federenden, geschliffen, warmgeformt

$$L_c \leq (n_t - 0{,}3) \cdot d_{\max} \tag{12.118}$$

bzw. bei angelegten Federenden, ungeschliffen, warmgeformt

$$L_c \leq (n_t + 1{,}1) \cdot d_{\max} \tag{12.119}$$

bzw. bei unbearbeiteten Federenden, warmgeformt mit

$$d_{\max} \approx d \tag{12.120}$$

(genaue Werte siehe DIN EN 10270)
mit der Gesamtzahl der Windungen kaltgeformt

$$n_t = n + 2 \tag{12.121}$$

und warmgeformt

$$n_t = n + 1{,}5 \tag{12.122}$$

Kleinste zulässige Federlänge

$$L_n \geq L_c + S_a \tag{12.123}$$

Summe der Windungs-Mindestanstände kaltgeformt

$$S_a \geq (0{,}0015 \cdot w^2 + 0{,}1) \cdot d \cdot n \tag{12.124}$$

und warmgeformt

$$S_a \geq 0{,}02 \cdot (w + 1) \cdot d \cdot n \tag{12.125}$$

Festigkeitsnachweis: Mit den vorläufig gewählten Abmessungen werden die Spannungen nach den (12.106) und ff. berechnet, mit den zulässigen Spannungen verglichen und ggf. der erste Entwurf korrigiert.

Zulässige Spannungen:

- Die zulässige Schubspannung kaltgeformter Federn für statische und quasistatische ($N \leq 10^4$) Beanspruchung bei Blocklänge: Im Allgemeinen kann $\tau_{c\,zul} = 0{,}56 \cdot R_m$ angesetzt werden. Die Mindestzugfestigkeit R_m von Federstählen ist in Kap. 5 angegeben. Die zulässige Nennschubspannung bei statischer oder quasistatischer Beanspruchung wird durch die entsprechend dem Anwendungsfall vertretbare Relaxation begrenzt.
- Zulässige Schubspannung kaltgeformter Federn für dynamische Beanspruchung (Überlastungsfall F3, konstante Unterspannung τ_u): Die zusätzlich aufgebrachte Spannung τ_k nach (12.107) entspricht der Hubspannung τ_{kh}. Die Hubfestigkeit τ_{kH} für Dauerfestigkeit ($N \geq 10^7$) bzw. Zeitfestigkeit wird mit den Goodman-Diagrammen nach DIN EN 13906 Teil 1 bestimmt, Beispiele siehe Abb. 12.42. Der Rechengang für den Festigkeitsnachweis für Überlastungsfall F1 (konstante Mittelspannung τ_{km}) wird in Beispiel 12.6 in Abschn. 12.9 erläutert.
- Zulässige Schubspannungen warmgeformter Federn $\tau_{c\,zul}$ für statische und quasistatische Belastung zeigt Abb. 12.43. Die Hinweise zu Relaxation und die zulässige Schubspannung für dynamische Beanspruchung gelten wie bei kaltgeformten Federn. Goodman-Diagramme für Schraubendruckfedern aus patentiert-gezogenem Federstahldraht zeigt Abb. 12.42.

Stabilität, Stoßbeanspruchung, Schwingungen:

- Knickgefahr: Druckfedern können bei einem kritischen Federweg s_k ausknicken, Abb. 12.44. Nicht knicksichere Federn können zwar durch Hülse oder Dorn geführt werden, dabei treten aber Reibungsverluste auf, insbesondere bei großem Schlankheitsgrad.
- Schwingungen, Resonanz: Bei schnellen Belastungsänderungen (wie z. B. bei Ventilfedern) können Resonanzen auftreten, wenn die Frequenz der dynamischen Kraft gleich der Eigenfrequenz der Feder ist oder einem ganzzahligen Vielfachen. Infolgedessen können wesentlich höhere Spannungen auftreten, als sich aus der statischen Belastung ergibt. Wenn die Eigenfrequenz f_e mindestens 13-Mal [43] so groß ist wie die Kraftfrequenz f_F, liegt die Berechnung auf der sicheren Seite.
  Für Druckfedern mit geführten Federenden ohne Dämpfung kann die Eigenerregerfrequenz in s^{-1} mit der folgenden Zahlenwertgleichung berechnet werden.

$$f_e = 3560 \cdot \frac{d}{n \cdot D_m^2} \cdot \sqrt{\frac{G}{\varrho}} \tag{12.126}$$

Für Stahlfedern ($G_{\text{Stahl}} = 78.500\,\text{N/mm}^2$, $\rho_{\text{Stahl}} = 7{,}8\,\text{kg/dm}^3$) ergibt sich:

$$f_e = 11{,}3 \cdot 10^{4,5} \cdot \frac{d}{n \cdot D_m^2} \tag{12.127}$$

d	in mm	Draht- oder Stabdurchmesser
n		Anzahl der federnden Windungen
D_m	in mm	mittlerer Windungsdurchmesser
G	in N/mm²	Schubmodul
ϱ	in kg/dm³	Dichte

Wenn die Bedingung $f_e > 12 \cdot f_F$ nicht einzuhalten ist, kann Dämpfung verwendet werden (meist mittels Reibung an den Windungen). Ferner eignen sich dann Federn mit veränderlichem Windungsabstand.

- Stoßbeanspruchung (DIN EN 13906 Teil 1): Wenn eine Feder zusammengedrückt, d. h. mit einer entsprechenden Beanspruchung beaufschlagt und dann plötzlich entlastet wird, bewegt sich das Federende mit der maximalen Geschwindigkeit v_x in m/s. Diese kann mit der folgenden Zahlenwertgleichung berechnet werden

$$v_x = \frac{\tau}{\sqrt{2 \cdot 10^{-3} \cdot \varrho \cdot G}} \tag{12.128}$$

Für Stahlfedern ($G_{\text{Stahl}} = 78.500\,\text{N/mm}^2$, $\rho_{\text{Stahl}} = 7{,}8\,\text{kg/dm}^3$) gilt

$$v_x = \frac{\tau}{35{,}0} \tag{12.129}$$

G	in N/mm²	Schubmodul
ϱ	in kg/dm³	Dichte
τ	in N/mm²	Schubspannung

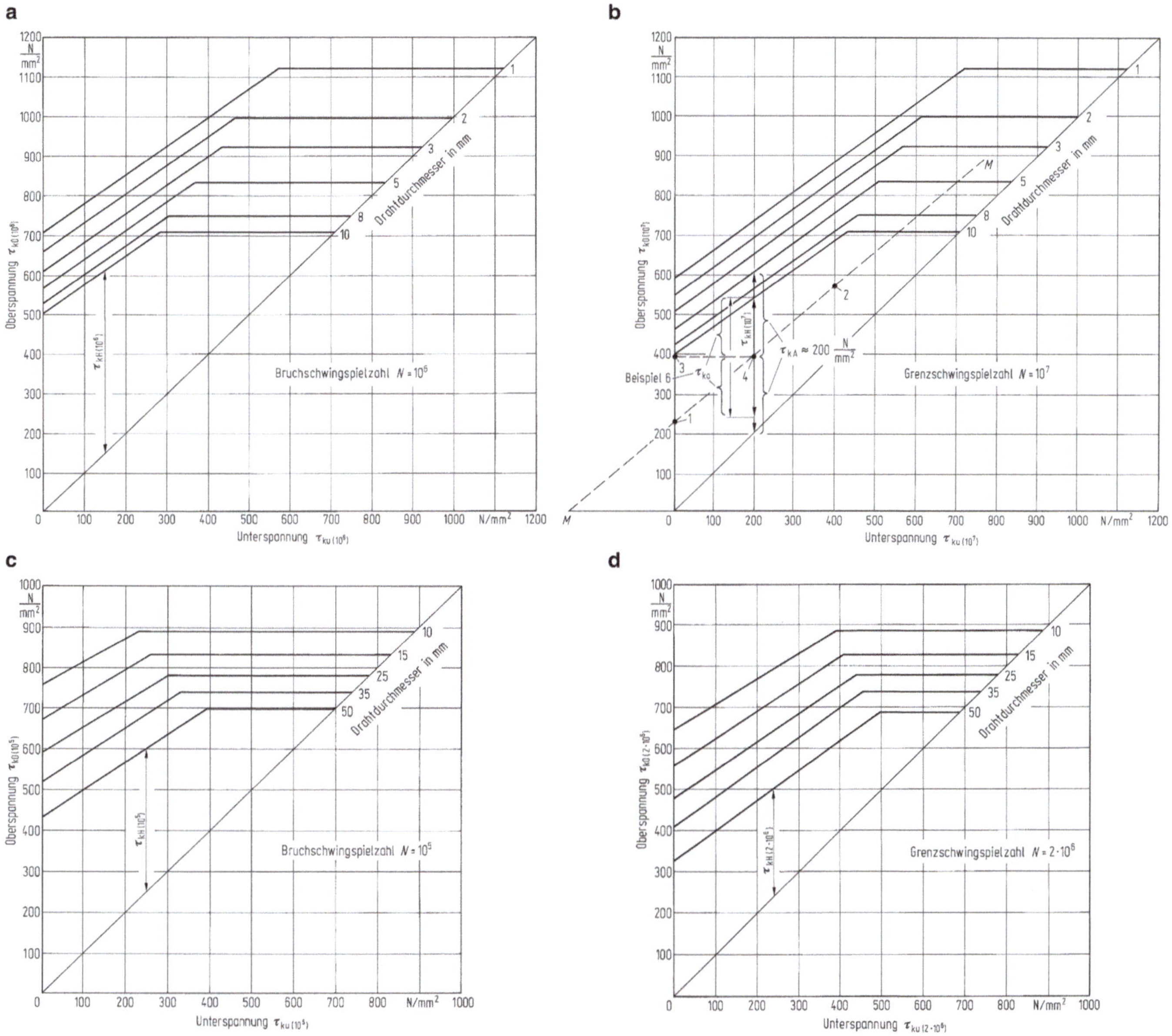

Abb. 12.42 Zeit- bzw. Dauerfestigkeiten für Schraubendruckfedern aus patentiert-gezogenem Federstahldraht, kugelgestrahlt, **a**, **b** kaltgeformt, Sorte DH oder SH nach DIN EN 10270 Teil 1, in **b** eingetragene Ausschlagfestigkeit τ_{kA} siehe Abschn. 12.9, Beispiel 12.6, **c**, **d** warmgeformt, Edelstahl nach DIN EN 10089

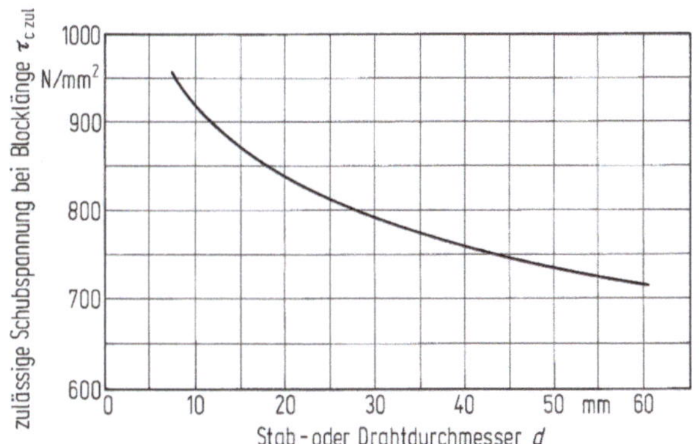

Abb. 12.43 Zulässige Schubspannung $\tau_{c\,\mathrm{zul}}$ für warmgeformte Druckfedern bei statischer oder quasistatischer Belastung nach DIN EN 13906 Teil 1

Entsprechend gilt: Wenn eine Feder mit einer Geschwindigkeit v_x beaufschlagt wird, so ergibt sich daraus die Stoßbeanspruchung τ. Bei sehr hohen Stoßgeschwindigkeiten treten also momentane Beanspruchungen auf, die höher sind, als sich aus der statischen Betrachtungsweise ergibt.

Bestellung, Beschaffung: Um alle erforderlichen Daten für Auswahl und Herstellung zu berücksichtigen, werden zweckmäßigerweise die Vordrucke nach DIN 2099 Teil 1 verwendet.

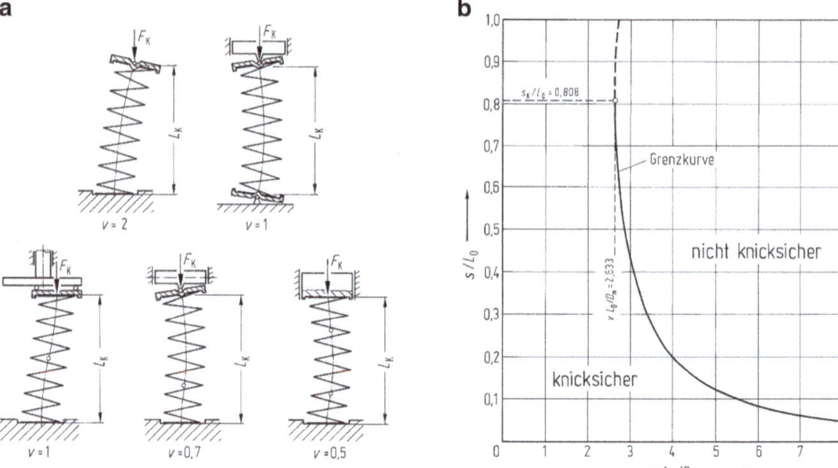

Abb. 12.44 Knicksicherheit axial beanspruchter Schraubendruckfedern nach DIN EN 13906 Teil 1, **a** Lagerungsarten und zugehöriger Lagerungsbeiwert v, **b** Bestimmung der Knicksicherheit

b) Schraubenzugfedern

Besonderheiten der Herstellung: Bei kaltgewickelten Federn wird eine innere Vorspannung ($\tau_o \leq 0{,}1 \cdot R_m$) erzeugt, so dass die federnden Windungen ohne Belastung aufeinanderliegen. Übliche Werte zeigt Abb. 12.45. Niedrig belastete Federn kleiner Federsteifigkeit sollen mitunter nur eine kleine oder keine Vorspannung haben. Dies kann durch Spannungsarmglühen oder Wickeln mit kleinerem Windungsabstand erreicht werden. Die weniger oft verwendeten warmgewickelten Zugfedern haben keine innere Vorspannung und werden zum Teil mit einem Abstand zwischen den Windungen erzeugt. Zugfedern werden meist keiner Setzbehandlung unterzogen. Sie können wegen der anliegenden Windungen nicht kugelgestrahlt werden.

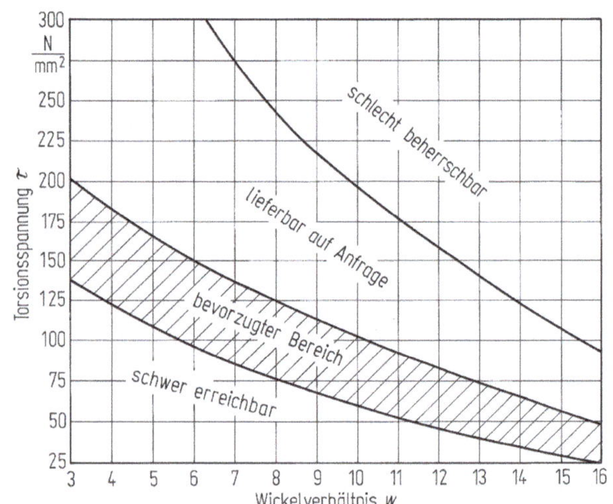

Abb. 12.45 Durch innere Vorspannung hervorgerufene Torsionsbeanspruchung [47]

Anwendungen: Die Beanspruchung wird naturgemäß nicht durch ein Zusammendrücken „auf Block" begrenzt wie bei Druckfedern. Aus diesem Grund werden für Zugfedern nur kleinere Spannungen im Vergleich zu Druckfedern zugelassen. Auch ist zu beachten, dass ein Federbruch im Gegensatz zu Druckfedern zu einer vollständigen Unterbrechung des Kraftflusses führt.

Gestaltung: Federenden zur Einleitung der Zugkraft zeigt Abb. 12.46. Für kleine Federkräfte genügen angebogene Ösen und Hakenösen, für kleinere und mittlere Kräfte werden eingerollte Federenden mit beweglicher Öse (Abb. 12.46d) oder Gewindebolzen (Abb. 12.46e) gewählt. Ebenso zuverlässig sind eingeschraubte Laschen (Abb. 12.46f). Für besonders große Zugkräfte und auch für zug- und druckbelastete Schraubenfedern eignen sich eingeschraubte Gewindestopfen (Abb. 12.46g). Wenn dynamisch beanspruchte Zugfedern nicht zu vermeiden sind, sollten nach Möglichkeit gerollte oder eingeschraubte Endstücken verwendet werden. Wenn angebogene Haken oder Ösen notwendig sind, muss der Krümmungsradius am Übergang möglichst groß sein (DIN EN 13906 Teil 2). Die Haken

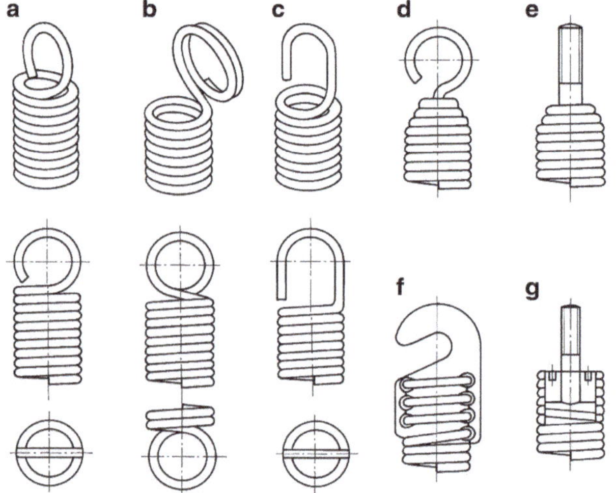

Abb. 12.46 Federenden zylindrischer Schraubenzugfedern, **a** ganze deutsche Öse, **b** doppelte deutsche Öse, seitlich hochgestellt, **c** Hakenöse, **d** Haken eingerollt, **e** Gewindebolzen eingerollt, **f** Lasche eingeschraubt, **g** eingeschraubte Gewindestopfen. Weitere Ausführungen siehe DIN 2097

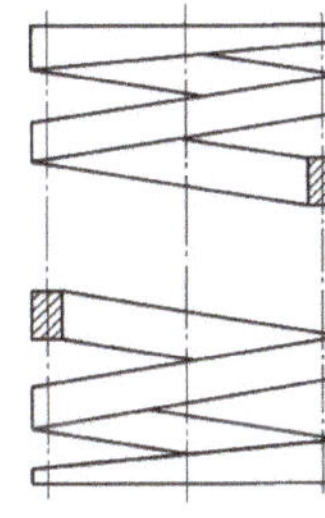

Abb. 12.47 Zylindrische Schraubendruckfeder mit Rechteckquerschnitt

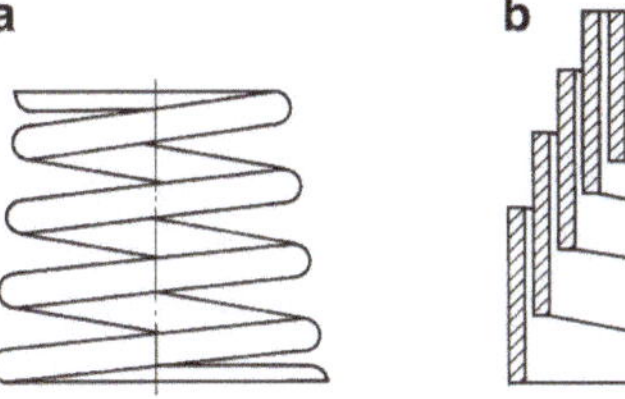

Abb. 12.48 Kegeldruckfedern, **a** mit Kreisquerschnitt, **b** mit Rechteckquerschnitt aus Federband

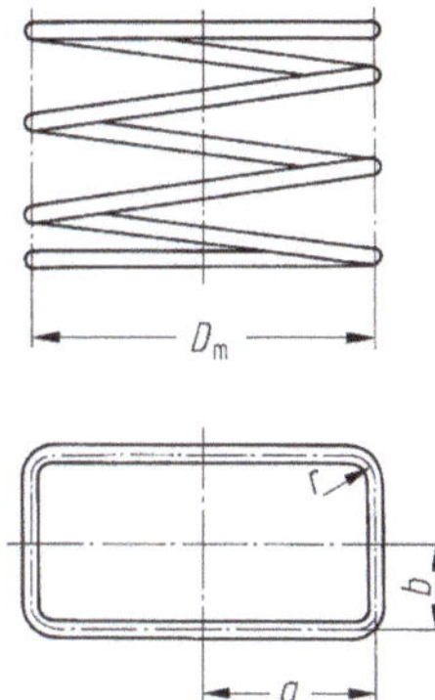

Abb. 12.49 Rechteckige Schraubendruckfedern aus Runddraht

und Ösen müssen frei von Beschädigungen und Bearbeitungsmarken sein. Andernfalls wird die Tragfähigkeit stark reduziert. Übliche Drahtabmessungen $d \leq 35\,\text{mm}$.

Die Hinweise zum Wickelverhältnis und der Steigungsrichtung wie für Druckfedern, Abschn. 12.5.3.2a).

Tragfähigkeit: Für die Tragfähigkeit wird die Beanspruchung, Vorentwurf und Dimensionierung berücksichtigt. Der Festigkeitsnachweis wird allgemein wie bei Druckfedern gehandhabt, Abschn. 12.5.3.2a).

Zulässige Spannung, Festigkeit: Anhaltswert für die zulässige Schubspannung τ_{zul} für statische und quasistatische Belastung kaltgeformter Zugfedern ist $\tau_{\text{zul}} = 0{,}45 \cdot R_m$. Mindestzugfestigkeit R_m von Federstählen ist in Kap. 5 angegeben. Für warmgeformte Zugfedern soll $\tau_{\text{zul}} = 600\,\text{N/mm}^2$ für die höchste zulässige Federkraft F_n nicht überschritten werden.

Dynamische Beanspruchung sollte möglichst vermieden werden, da die Schwingfestigkeit in starkem Maße durch die Form der Ösen und Endstücke beeinflusst wird, was rechnerisch schwer zu erfassen ist. Weitere Hinweise zu dynamisch beanspruchten Zugfedern siehe DIN EN 13906 Teil 2.

12.5.3.3 Sonstige Schraubenfedern

a) Zylindrische Schraubendruckfedern mit Rechteckquerschnitt

Wenn Runddrahtfedern aufgrund der Einbauverhältnisse nicht eingesetzt werden können, werden zylindrische Schraubendruckfedern mit Rechteckquerschnitt, Abb. 12.47, verwendet, bei vorgegebenem Wickeldurchmesser und vergleichbarer Blocklänge. Mit ihnen kann eine größere Materialmenge untergebracht werden.

b) Kegeldruckfedern

Die zumeist mit Kreisquerschnitt hergestellten Federn (Abb. 12.48a) werden verwendet, wenn eine progressive Kennlinie erwünscht ist (bei größeren Federwegen nimmt durch Anlegen der Windungen, beginnend beim größten Windungsdurchmesser, die Anzahl der federnden Windungen ab). Kegeldruckfedern aus Federband (Abb. 12.48b) werden seltener verwendet. Sie besitzen ebenfalls eine progressive Kennlinie und werden wegen der hohen Eigendämpfung als Pufferfedern (eng gewickelt) verwendet.

c) Rechteckige Schraubendruckfedern

Wenn prismatische Bauteile in engen Führungen bewegt werden sollen, werden rechteckige Schraubendruckfedern, Abb. 12.49, verwendet.

Berechnung der oben genannten Federn und weitere Sonderbauformen wie Schraubendruckfedern mit veränderlichem Drahtdurchmesser und veränderlicher Windungssteigung, siehe [44].

12.6 Gummifedern

Informationen zum Werkstoff Gummi gibt Kap. 5. Grundlegende Eigenschaften sind in Abschn. 12.4.1 angegeben. Gummi-Federelemente werden zur elastischen Verbindung in Ausgleichskupplungen und Gelenken, zur Schwingungsisolierung sowie zur Dämpfung von Schwingungen, Stößen und Geräuschen von Maschinen verwendet, Beispiele zeigt Abb. 12.50.

12.6.1 Gummi als Federwerkstoff

Die elastischen Elemente bestehen aus natürlichem oder synthetischem Kautschuk sowie anderen molekularen Werkstoffen (Hochpolymere). Gummi kann durch Vulkanisation zug-, druck- und schubfest mit Metallelementen verbunden werden und haftet auch bei entsprechender Anpressung sicher an Metallflächen. Mit solchen Federelementen können in einfacher Weise weiche oder härtere Federung, gleichzeitige Federung nach allen Seiten und vor allem eine Kombinati-

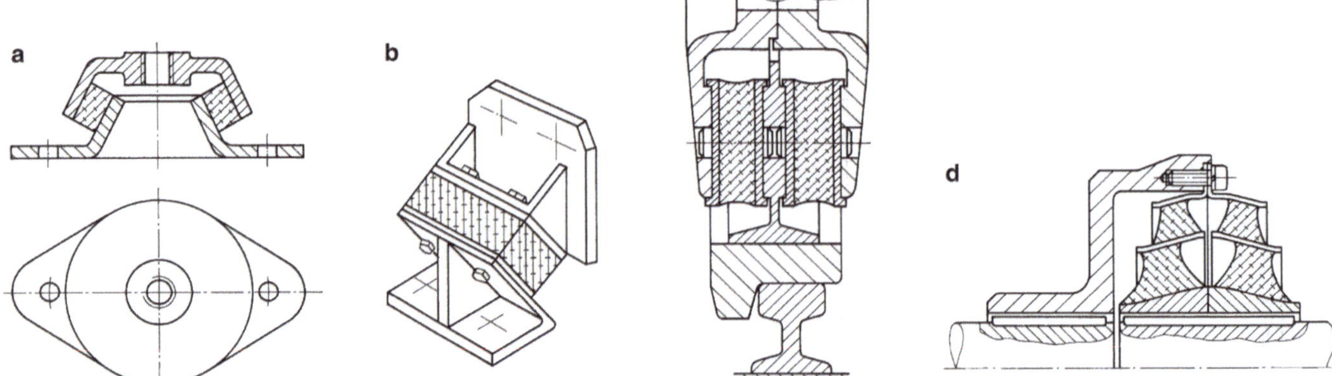

Abb. 12.50 Gummifeder-Anwendungen, **a** Maschinenfuß mit konischer Ringgummifeder, **b** Gummi- Quaderelement, **c** gummigefedertes Rad von Schienenfahrzeugen, **d** drehelastische Kupplung mit Gummifedern (Elco-Kupplung) [46]

on von Federung und Dämpfung realisiert werden. Sie lassen sich optimal an einen gegebenen Bauraum anpassen.

Man beachte jedoch: Gummi neigt bei andauernder Belastung zum Kriechen, und außerdem bei schwingender Belastung zum Setzen (während der ersten $0{,}5 \cdot 10^6$ Schwingspiele). Hinzu kommt Gefährdung durch innere Reibungswärme.

Kriech- und Setzerscheinungen sind stark temperaturabhängig (bei 80 °C beginnen auch hochelastische Gummimischungen bereits erheblich zu kriechen). Je nach Belastung sind 8 ... 20 % der elastischen Verformung für Kriechen und Setzen zu berücksichtigen.

Zur Kennzeichnung von Gummiqualitäten wird in der Praxis die Shore-Härte (A), kurz sh A, nach DIN EN ISO 868 [35] verwendet. Geeignete Gummisorten sind in Tab. 12.13 aufgelistet.

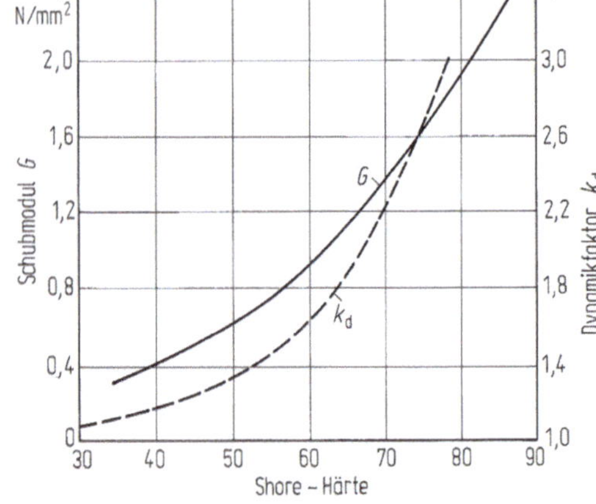

Abb. 12.51 Schubmodul G und Dynamikfaktor k_d von Gummi (Naturkautschuk) [40]

12.6.2 Berechnung und Gestaltung

Alle Gleichungen für die praktische Berechnung beruhen auf den Hooke'schen Beziehungen $\sigma = \varepsilon \cdot E$ und $\tau = \gamma \cdot G$.

Schubmodul, Elastizitätsmodul

Der Schubmodul G ist, wie er bei zügiger Beanspruchung gemessen und in Werkstofftabellen angegeben wird, eine werkstoffspezifische Größe. Abb. 12.51 zeigt die mittlere Abhängigkeit von der Shore-Härte.

Die theoretische Beziehung $E = 2{\cdot}(1{+}\nu){\cdot}G$, mit $\nu = 0{,}5$ für Gummi, d. h. $E = 3 \cdot G$, ist für die meisten Gummifedern nicht brauchbar, da die Querdehnung durch die anvulkanisierten oder angepressten Metallelemente behindert wird. Der Einfluss auf den rechnerischen Elastizitätsmodul wird durch den Formfaktor k' berücksichtigt, Abb. 12.52. k' kann durch eine mehr oder weniger enge Unterteilung mittels Zwischenplatten oder durch sonstige äußere Begren-

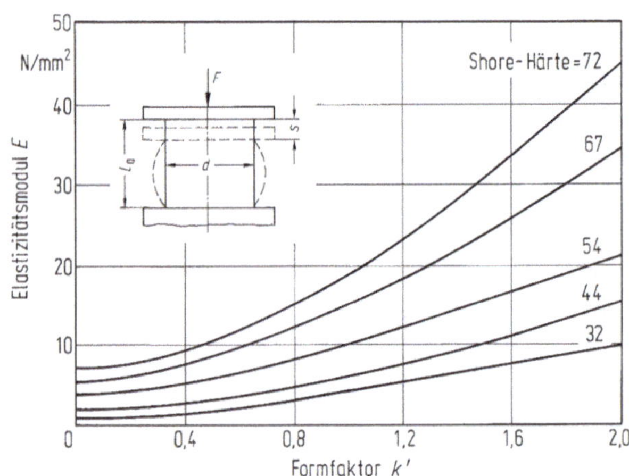

Abb. 12.52 Elastizitätsmodul E von Gummi abhängig vom Formfaktor k' und der Shore-Härte [40]

Tab. 12.13 Für Gummifedern verwendete Elastomere [38]

Eigenschaften	Elastomere mit Kurzzeichen nach DIN ISO 1629 [36] und Handelsnamen-Beispiel										
	Styrol-Butadien-Kautschuk	Naturkautschuk (Polyisopren)	Butyl-Kautschuk (Brom-, Chlor-)	Ethylen-Propylen-Dien-Kautschuk	Chloropren-Kautschuk	Chlorsulphonyl-Polyethylen-Kautschuk	Nitril-Butadien-Kautschuk	Polyester-Urethane-Kautschuk	Methyl-Vinyl-Silikon-Kautschuk	Polyacrylat-Kautschuk (PA)	Fluor-Kautschuk
	SBR	NR	BIIRCHR	EPDM	CR	CSM	NBR	AUEU	MVQ	ACM	FPM
	Buna	Gummi	Butyl	Buna AP	Neoprene	Hypalon	Perbunan	Vulkollan	Silopren	Cyanacryl	Viton
Shore-A-Härte in sh A (DIN EN ISO 868)	30 … 100	20 … 100	40 … 85	40 … 85	20 … 90	50 … 85	40 … 100	65 … 95	40 … 80	55 … 90	65 … 90
Reißdehnung (DIN 53504 [21])	100 … 800	100 … 800	400 … 800	150 … 500	100 … 800	200 … 250	100 … 700	300 … 700	100 … 400	100 … 350	100 … 300
Temperatureinsatzbereich in °C	−50 … 100	−55 … 90	−40 … 120	−50 … 130	−40 … 100	−20 … 120	−40 … 100	−35 … 80	−60 … 200	−20 … 150	−20 … 200
Beständigkeit gegen Kohlenwasserstoffe	gering	gering	gering	mittelmäßig	mittelmäßig	gut bis mittelmäßig	gut		gut	sehr gut	hervorragend
Kriechfestigkeit	sehr gut	hervorragend	mittel	gut	gut	mittel	sehr gut	gut	gut	gut	gut
Dämpfung	gut	mittelmäßig	sehr gut	gut	gut	sehr gut	sehr gut	gut	gut	sehr gut	stark temperaturabhängig
Haftfestigkeit an Metall	gut	hervorragend	mittelmäßig	mittelmäßig	gut	mittelmäßig	sehr gut	sehr gut	mittel	mittel	gut
spezielle Eigenschaften		brennbar	gut säurebeständig	hervorragend ozonbeständig		gut säurebeständig		wasserempfindlich bei 40 °C	flammwidrig	brennbar (hell herstellbar)	silikonölbeständig
Preisindex	100	85	125	120	250	270	170	400	800	350	1000

zungen beeinflusst werden. Dieser Formfaktor, Verhältnis von krafteinleitender zur freien Oberfläche, kann mit der folgenden Näherungsgleichung bestimmt werden.

$$k' = \frac{\pi \cdot \frac{d^2}{4}}{\pi \cdot d \cdot L} = \frac{d}{4 \cdot L} \qquad (12.130)$$

d	in mm	Durchmesser
L	in mm	Federlänge

Allseitig umschlossener Gummi ($k' = \infty$) ergibt praktisch keine Federwirkung, da Gummi sein Volumen unter Druck kaum ändert (Anwendung in der Fertigungstechnik: Tiefziehen von Blechen in Gummikissen).

Bei Schwingbeanspruchung mit hoher Verformungsgeschwindigkeit sind E- und G-Module unter Umständen wesentlich höher als bei statischer Beanspruchung. Dies wird durch den Dynamikfaktor k_d berücksichtigt, Abb. 12.51, der von der Shore-Härte abhängt.

Man beachte auch: Neue Gummifedern sind im Allgemeinen härter (d. h. E- und G-Modul sind größer) als bereits dynamisch belastete.

Damit gilt näherungsweise für den rechnerischen Elastizitätsmodul

$$E_{\text{rechn}} = k' \cdot k_d \cdot E \qquad (12.131)$$

Für den rechnerischen Schubmodul gilt

$$G_{\text{rechn}} = k_d \cdot G \qquad (12.132)$$

Federkennlinie, Federrate, Dämpfung

Der Gummiklotz in Abb. 12.53 kann auf Zug, Druck oder Schub beansprucht werden, wobei sich schon bei rein statischer Beanspruchung unterschiedliche Kennlinien ergeben: entsprechend der Belastungsart, der Dehnbehinderung durch die Metallflächen (siehe oben: rechnerischer Schub- und Elastizitätsmodul) sowie entsprechend der Zu- oder Abnahme der Querschnitte beim Be- oder Entlasten auch progressiv oder degressiv. Beim Entlasten verlaufen die Kennlinien infolge der inneren Reibung niedriger, Abb. 12.2.

Werden in den Gummiklotz dünne Metallplatten einvulkanisiert oder eingepresst, wird die Querdehnung des Gummis noch stärker behindert, der rechnerische E- bzw. G-Modul wird entsprechend dem größeren Formfaktor k', Abb. 12.52, größer. Die Metallplatten bewirken ferner, dass die innere Reibungswärme besser abgeleitet werden kann (besonders wichtig bei dynamisch druckbeanspruchten Elementen).

Die Federkennlinien werden oft bis in den nichtlinearen Bereich genutzt. Das heißt ein linearer Zusammenhang zwischen Belastung und Verformung (Hooke'sches Gesetz) besteht dann nur näherungsweise, auch nur bei statischer oder quasistatischer Belastung und nur innerhalb bestimmter Verformungsgrenzen.

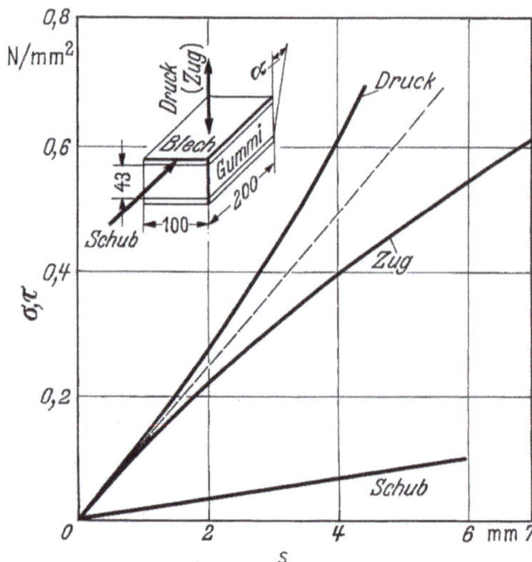

Abb. 12.53 Kennlinie für einen Gummiklotz (Schwingmetall), Gummisorte mittelhart (DVM 63), $G = 0{,}8\,\text{N/mm}^2$, bei unterschiedlicher Belastung

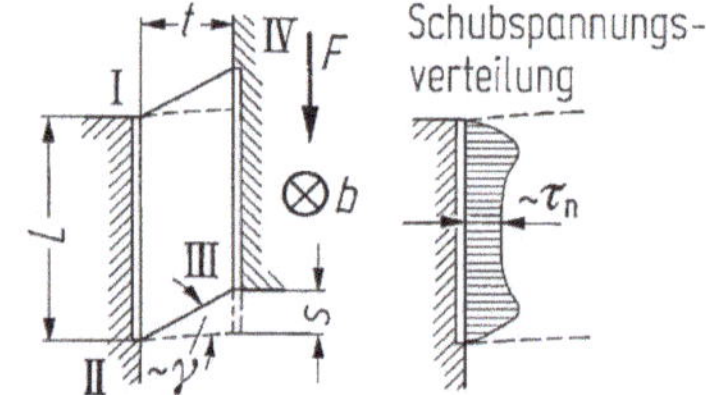

Abb. 12.54 Scheibenfeder unter Parallelschub

Berechnung der Scheibenfeder unter Parallelschub

Geometriemaße zeigt Abb. 12.54.

Schubspannung

$$\tau \approx \frac{F}{b \cdot L} \leq \tau_{\text{zul}} \qquad (12.133)$$

b	in mm	Querschnittsbreite
F	in N	Federkraft
L	in mm	Federlänge
τ_{zul}	in N/mm^2	zulässige Schubspannung

Winkel

$$\tan\gamma = \frac{s}{t} \approx \gamma \qquad (12.134)$$

t	in mm	Querschnittshöhe, Dicke

Federweg

$$s = t \cdot \gamma = \frac{F \cdot t}{b \cdot G \cdot L} \qquad (12.135)$$

G	in N/mm^2	Schubmodul

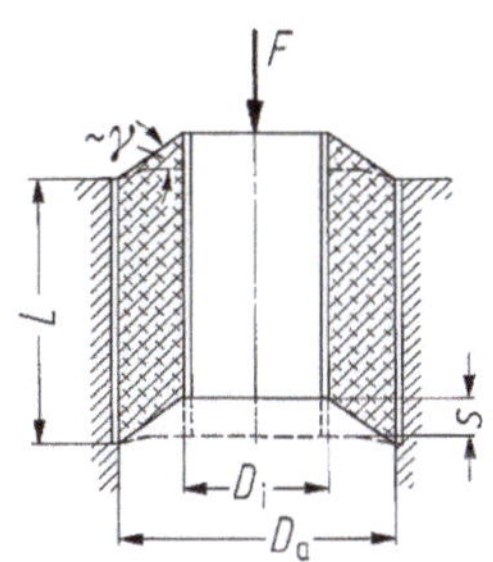

Abb. 12.55 Hülsenfeder unter Axialschub

Federungsarbeit

$$W = \frac{\tau^2 \cdot b \cdot t \cdot L}{2 \cdot G} \tag{12.136}$$

Artnutzgrad

$$\eta_A = 1 \quad \text{für } t \ll 1 \tag{12.137}$$

Gültigkeitsbereich/Bemerkungen:

- bis $\gamma \approx 20°$ (etwa konstante Federrate) bzw. bis $s \approx 0{,}35 \cdot t$
- bei I und III treten zusätzlich Zug-, bei II und IV zusätzlich Druckspannungen auf.

Berechnung der Hülsenfeder unter Axialschub
Geometriemaße zeigt Abb. 12.55.
Innere Schubspannung

$$\tau_i = \frac{F}{\pi \cdot D_i \cdot L} \leq \tau_{\text{zul}} \tag{12.138}$$

D_i	in mm	innerer Windungsdurchmesser
F	in N	Federkraft
L	in mm	Federlänge
τ_{zul}	in N/mm^2	zulässige Schubspannung

Äußere Schubspannung

$$\tau_a = \frac{F}{\pi \cdot D_a \cdot L} \leq \tau_{\text{zul}} \tag{12.139}$$

D_a	in mm	äußerer Windungsdurchmesser

Winkel

$$\gamma_i = \frac{\tau_i}{G} \tag{12.140}$$

G	in N/mm^2	Schubmodul

Federweg

$$s \approx \frac{F \cdot \ln(D_a/D_i)}{2 \cdot \pi \cdot L \cdot G} \tag{12.141}$$

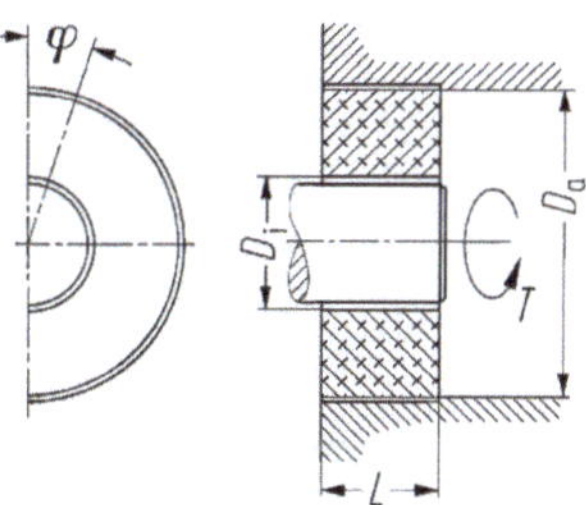

Abb. 12.56 Scheibenfeder unter Drehschub

Gültigkeitsbereich/Bemerkungen: Bis 25 % Verschiebung von $(D_a - D_i)/2$ bzw. bis $\gamma \approx 20°$ (konstante Federrate)

Berechnung der Scheibenfeder unter Drehschub
Geometriemaße zeigt Abb. 12.56.
Innere und äußere Schubspannung

$$\tau_i = \tau_a \approx \frac{12 \cdot T}{\pi \cdot (D_a{}^3 - D_i{}^3)} \leq \tau_{\text{zul}} \tag{12.142}$$

D_a	in mm	äußerer Windungsdurchmesser
D_i	in mm	innerer Windungsdurchmesser
T	in N mm	Drehmoment
τ_{zul}	in N/mm^2	zulässige Schubspannung

Winkel

$$\varphi \approx \frac{24 \cdot T \cdot t_a}{\pi \cdot G \cdot (D_a{}^4 - D_i{}^3 \cdot D_a)} \tag{12.143}$$

t_a	in mm	äußere Dicke
G	in N/mm^2	Schubmodul

Federungsarbeit

$$W = \frac{\tau^2 \cdot \pi \cdot (D_a{}^3 - D_i{}^3) \cdot t_a}{12 \cdot G \cdot D_a} \tag{12.144}$$

Artnutzgrad

$$\eta_A = 1 \tag{12.145}$$

Gültigkeitsbereich/Bemerkungen: Bis 25 % Verdrehung bis $\gamma \approx 20°$ (konstante Federrate)

Berechnung der Hülsenfeder unter Drehschub
Geometriemaße zeigt Abb. 12.57.
Innere Schubspannung

$$\tau_i = \frac{2 \cdot T}{\pi \cdot D_i{}^2 \cdot L} \tag{12.146}$$

D_i	in mm	innerer Windungsdurchmesser
L	in mm	Federlänge
T	in N mm	Drehmoment

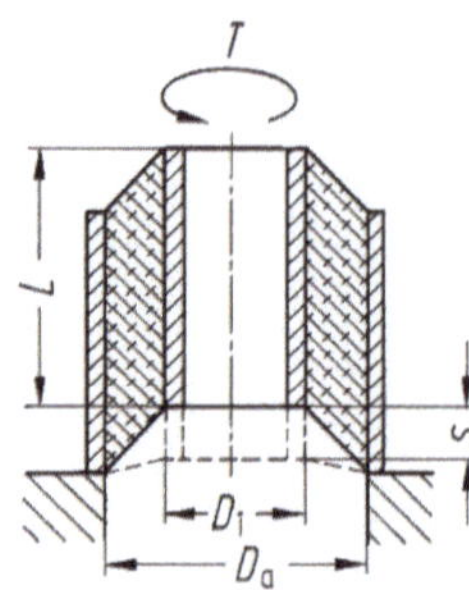

Abb. 12.57 Hülsenfeder unter Drehschub

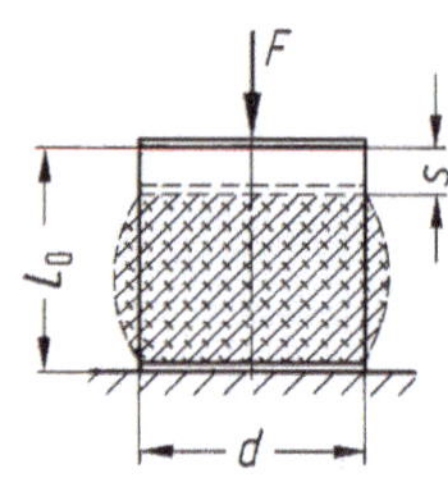

Abb. 12.58 Zylindrische Gummifeder unter Druck

Äußere Schubspannung

$$\tau_a = \frac{2 \cdot T}{\pi \cdot {D_a}^2 \cdot L} \tag{12.147}$$

D_a	in mm	äußerer Windungsdurchmesser

Verdrehwinkel

$$\varphi = \frac{T}{\pi \cdot L \cdot G} \cdot \left(\frac{1}{{D_i}^2} + \frac{1}{{D_a}^2} \right) \tag{12.148}$$

G	in N/mm²	Schubmodul

Gültigkeitsbereich/Bemerkungen: Bis 40 % Verdrehung (Linearität)

Berechnung der zylindrischen Gummifeder unter Druck
Geometriemaße zeigt Abb. 12.58.
Spannung

$$\sigma = \frac{F}{A} = \frac{4 \cdot F}{\pi \cdot d^2} \leq \sigma_{zul} \tag{12.149}$$

d	in mm	Draht- oder Stabdurchmesser
A	in mm²	Fläche
F	in N	Federkraft
σ_{zul}	in N/mm²	zulässige Spannung

Federweg

$$s = \frac{4 \cdot F \cdot L_0}{k' \cdot E \cdot \pi \cdot d^2} \tag{12.150}$$

E	in N/mm²	Elastizitätsmodul
L_0	in mm	Länge der unbelasteten Feder

Abb. 12.59 Eckige Gummifeder unter Druck

mit dem Formfaktor

$$k' = \frac{d}{4 \cdot L_0} \tag{12.151}$$

Federungsarbeit

$$W = \frac{1}{8} \cdot \frac{\sigma^2 \cdot \pi \cdot d^2 \cdot L_0}{k' \cdot E} \tag{12.152}$$

Artnutzgrad

$$\eta_A = 1 \tag{12.153}$$

Gültigkeitsbereich/Bemerkungen:

- Bis 20 % Zusammendrückung ($s/L_0 \approx 0{,}2$), bei Dauerbelastung $s/L_0 < 0{,}1$, sonst Kriechen.
- Formfaktor k' siehe Abb. 12.52

Berechnung der eckigen Gummifeder unter Druck
Geometriemaße zeigt Abb. 12.59.
Spannung

$$\sigma = \frac{F}{b \cdot h} \leq \sigma_{zul} \tag{12.154}$$

b	in mm	Querschnittsbreite
h	in mm	Querschnittstiefe
F	in N	Federkraft
σ_{zul}	in N/mm²	zulässige Spannung

Federweg

$$s = \frac{F \cdot L_0}{b \cdot h \cdot E \cdot k'} \tag{12.155}$$

E	in N/mm²	Elastizitätsmodul
L_0	in mm	Länge der unbelasteten Feder

mit dem Formfaktor

$$k' = \frac{b \cdot h}{2 \cdot L_0 \cdot (b + h)} \tag{12.156}$$

Federungsarbeit

$$W = \frac{\sigma^2 \cdot b \cdot h \cdot L_0}{2 \cdot E \cdot k'} \tag{12.157}$$

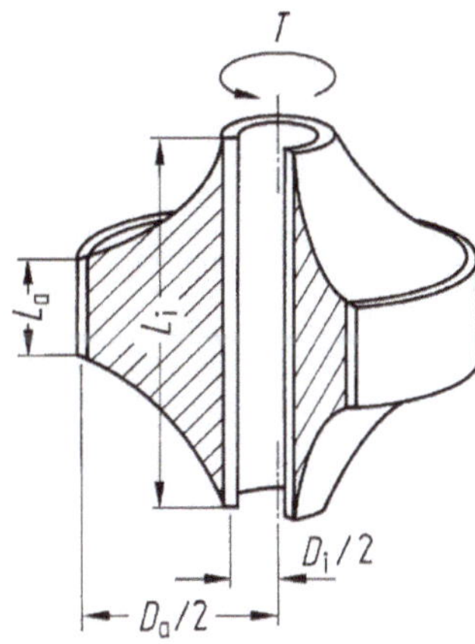

Abb. 12.60 Hülsenfeder unter Drehschub mit konstanter Schubspannung

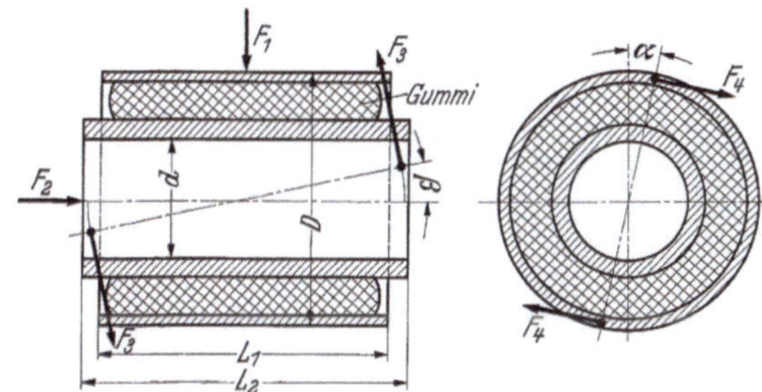

Abb. 12.61 Silentbuchsen (Gummi zwischen Rohrstücken einvulkanisiert) bei unterschiedlicher Belastung F1 ... F4. Zulässige Verformungen je nach Ausführung: $\alpha = \pm 15° \ldots \pm 30°$, $\beta = \pm 1° \ldots \pm 7°$, radialer Federweg 0,5 ... 1,5 mm, axialer Federweg $0{,}5 \cdot (L_2 - L_1)$, (Fa. Boge & Sohn GmbH, Eitdorf)

Gültigkeitsbereich/Bemerkungen:

- Bis 20 % Zusammendrückung ($s/L_0 \approx 0{,}2$)
- Formfaktor k' siehe Abb. 12.52

Berechnung der Hülsenfeder unter Drehschub mit konstanter Schubspannung

Geometriemaße zeigt Abb. 12.60.

Innere Schubspannung

$$\tau_i = \frac{2 \cdot T}{\pi \cdot {D_i}^2 \cdot L_i} \leq \tau_{\text{zul}} \tag{12.158}$$

D_i	in mm	innerer Windungsdurchmesser
L_i	in mm	Innenlänge
T	in N mm	Drehmoment
τ_{zul}	in N/mm²	zulässige Schubspannung

Äußere Schubspannung

$$\tau_a = \frac{2 \cdot T}{\pi \cdot {D_a}^2 \cdot L_a} \leq \tau_{\text{zul}} \tag{12.159}$$

D_a	in mm	äußerer Windungsdurchmesser
L_a	in mm	Außenlänge

Winkel

$$\varphi = \frac{2 \cdot T}{\pi \cdot L_i \cdot {D_i}^2 \cdot G} \cdot \ln \frac{D_a}{D_i} \tag{12.160}$$

G	in N/mm²	Schubmodul

Artnutzgrad

$$\eta_A = 1 \tag{12.161}$$

Gültigkeitsbereich/Bemerkungen: Bis 40 % Verdrehung (Linearität)

Zulässige Beanspruchungen und Verformungen

Sie sind für marktübliche Ausführungen in den Herstellerkatalogen angegeben. Sie sind unmittelbar am jeweiligen Produkt messtechnisch ermittelt. Hierauf sollte sich möglichst gestützt werden. Anhaltswerte sind in Tab. 12.14 zusammengefasst.

Allgemeine Gestaltung

Nach [40] werden die folgenden Grundformen unterschieden:

- Ungebundene, d. h. frei geformte Gummifedern: z. B. Gummiblöcke zur Schwingungsisolierung von Maschinengestellen, Gummischnüre
- Gefügte Gummifedern: Der Gummikörper ist fest in ein Metallgehäuse eingepresst (z. B. Silentbuchsen, Abb. 12.61). Durch ausreichende Pressung ist sicherzustellen, dass die Spannungen gleichmäßig vom Gummielement übertragen werden.
- Gebundene Gummifedern: Der Gummikörper wird zwischen Metallflächen Röhren oder Ringen einvulkanisiert. Die Haftfestigkeit ist bei allen üblichen Metallen höher als die Festigkeit des Gummis selber. Sie muss daher nicht nachgerechnet werden.
- Schaumgummi- bzw. Moosgummifedern für großflächige Abstützung (z. B. Gummipolster)

Auswahlempfehlung

Wegen der durch die Beanspruchungsart bedingten unterschiedlichen Kennlinien bieten sich folgende Lösungen an:

- Für große Kräfte bei großer Steifigkeit (hoher Federrate) in Kraftrichtung: Druckbeanspruchte Gummifedern
- Für mittlere Belastungen bei großen Federwegen bzw. Drehwinkeln, z. B. wenn niedrige Eigenschwingungszahlen erreicht werden sollen (Schwingungsisolierung): Schubbeanspruchte Gummifedern
- Zur Schwingungs- und Geräuschisolierung sehr kleiner Massen: Zugbeanspruchte Gummifedern (Schnüre, Ringe, Laschen, Beispiel: Aufhängung von Auspuffanlagen im Kfz). Achtung: Oberflächenrisse führen zum Dauerbruch, d. h. Unterbrechung der Abstützung.

Tab. 12.14 Anhaltswerte für zulässige Beanspruchung und Verformung von Gummielementen, zulässige Wechselbeanspruchung = 0,3 … 0,5-fache der zulässigen statischen Beanspruchung [38]

Shore-Härte in sh A	Dichte in t/m^3	E-Modul E_{st} bei Druck in N/mm^2		G-Modul G_{st} in N/mm^2	Dynamikfaktor k_d	Zulässige statische Verformung bei ständiger statischer Belastung in %		Zulässige Spannung bei ständiger statischer Belastung in N/mm^2		
		$k = 1/4$	$k' = 1$			Druck	Schub, Zug	Druck $k' = 1/4$ $\sigma_{d\,zul}$	Druck $k' = 1$ $\sigma_{d\,zul}$	Schub, Zug $\tau_{s\,zul}$, $\sigma_{z\,zul}$
30	0,99	1,1	4,5	0,30	1,1	10 … 15	50 … 75	0,18	0,7	0,20
40	1,04	1,6	6,5	0,40	1,2	10 … 15	45 … 70	0,25	1,0	0,28
50	1,10	2,2	9,0	0,55	1,3	10 … 15	40 … 60	0,36	1,4	0,33
60	1,18	3,3	13,0	0,80	1,6	10 … 15	30 … 45	0,50	2,0	0,36
70	1,27	5,2	20,0	1,30	2,3	10 … 15	20 … 30	0,80	3,2	0,38

12.6.3 Besonderheiten von schubbeanspruchten Gummifedern

Um größere zusätzliche Zugspannungen an den schubbeanspruchten Metallflächen zu vermeiden, sollte das Verhältnis Dicke/Länge des Gummikörpers $t/L < 0,25$ sein. Diese Spannungen können abgebaut werden, indem den Gummikörpern eine Druckvorspannung überlagert wird, Abb. 12.50b.

Bei rotationssymmetrischen Elementen treten derartige Spannungserhöhungen an den Metallflächen nicht auf. Sie können deshalb stärker verformt werden. Durch geeignete Gestaltung kann erreicht werden, dass die Schubbeanspruchung über das Gummivolumen gleichmäßig verteilt ist, siehe z. B. Abb. 12.50d.

12.7 Gasfedern

Gas, meist Luft, lässt sich durch einen Kolben, Abb. 12.62, zusammendrücken und ist damit das federnde Medium. Der Arbeitsdruck beträgt ca. 10 bar.

Berechnung: Wie folgend und [2]. Geometriemaße zeigt Abb. 12.62.
Federkraft

$$F = A \cdot p_0 \cdot \left[\left(\frac{V_0}{V}\right)^n - 1\right] = A \cdot p_0 \cdot \left[\left(\frac{L_0}{L_0 - s}\right)^n - 1\right] \quad (12.162)$$

p_0	in N/mm^2	Ruhedruck
n		Polytropenexponent
A	in mm^2	Fläche
L_0	in mm	Länge der unbelasteten Feder
V	in mm^3	Volumen
V_0	in mm^3	Ruhevolumen

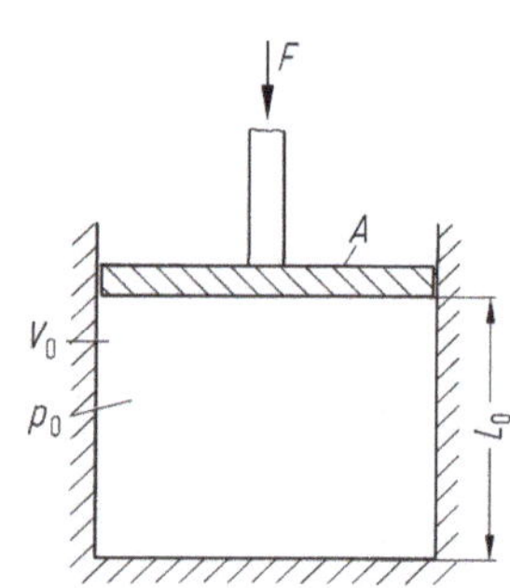

Abb. 12.62 Gasfeder

Federweg

$$s = L_0 \cdot \left(1 - \sqrt[n]{\frac{p_0}{p}}\right) \quad (12.163)$$

p	in N/mm^2	Druck

Federungsarbeit

$$W = -\int_{V_0}^{V} p\,dV = \frac{p_0 \cdot V_0}{n-1} \cdot \left[\left(\frac{p}{p_0}\right)^{\frac{n-1}{n}} - 1\right] = \frac{p_0 \cdot V_0}{n-1} \cdot \left[\left(\frac{L_0 - s}{L_0}\right)^{1-n} - 1\right] \quad (12.164)$$

mit der Bedingung aufgrund isothermer Zustandsänderung

$$\frac{p}{p_0} = \left(\frac{V_0}{V}\right)^n \quad (12.165)$$

Der Polytropexponent n

- Hochfrequente, dynamische Belastung (z. B. Fahrzeugfederung): $n = 1,4$
- Belastung mit niedrigen Frequenzen: $n = 1,0$

- Für isobaren Zustand (p und F konstant) gilt für zwei Temperaturzustände

$$\frac{R_1}{R_2} = \frac{T_1}{T_2} \quad (12.166)$$

R_1	in N/mm	Federrate Zustand 1
R_2	in N/mm	Federrate Zustand 2
T_1	in N m	Drehmoment Zustand 1
T_2	in N m	Drehmoment Zustand 2

Federkennlinie: Sie ist flach (weiche Feder) und stark progressiv, steuerbar durch veränderliche wirksame Kolbenfläche.

Anwendungen: Wegen ihrer Kennlinie eignen sich Gasfedern für Fahrzeuge. Sie werden auch zum Öffnen und Schließen von Türen, Verstellen von Sitzen und Geräten verwendet. Nachteilig ist der große Raumbedarf, ggf. mit Einrichtung zur Gasversorgung.

12.8 Flüssigkeitsfedern

Als Flüssigkeiten werden überwiegend Hydrauliköle verwendet. Wichtig sind Kompressibilität, Schmierfähigkeit und Temperaturabhängigkeit. Meist genügen Mineralöle, für höhere Anforderungen eignen sich die teuren Silikonöle. Wegen insgesamt geringer Kompressibilität sind hohe Arbeitsdrücke (etwa 1000 bar) erforderlich, in Verbindung mit Gasfedern ca. 100 bar. Wichtig sind daher leistungsfähige Dichtungen.

Berechnung: Wie folgt und [3], [4]. Geometriemaße zeigt Abb. 12.63.
Federkraft

$$F = A \cdot (p - p_0) \quad (12.167)$$

p	in N/mm²	Druck
p_0	in N/mm²	Ruhedruck
A	in mm²	Fläche

Federrate

$$R = \frac{F}{s} = \frac{A^2}{\kappa \cdot V} \quad (12.168)$$

V	in mm³	Volumen

mit dem Kompressibilitätskoeffizient

$$\kappa = -\frac{1}{V} \cdot \frac{dV}{dp} \quad (12.169)$$

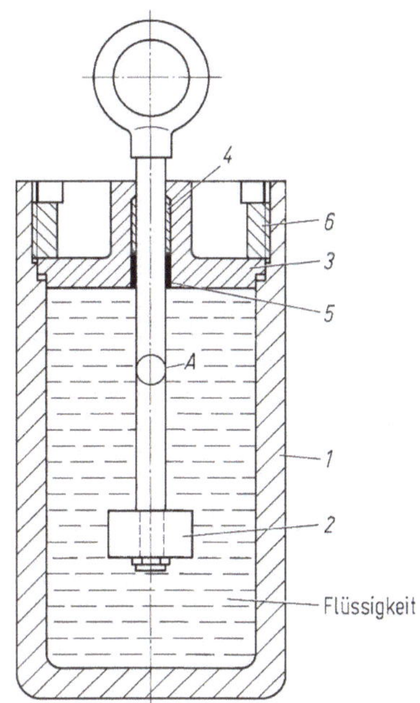

Abb. 12.63 Ölfeder

Anhaltswerte für κ: Wasser: $5 \cdot 10^{-5}\,\mathrm{bar}^{-1}$, Hydrauliköl: $6 \cdot 10^{-5}\,\mathrm{bar}^{-1}$.
Federweg

$$s = \frac{V_0 - V}{A} = \frac{\kappa \cdot V}{A} \cdot (p - p_0) \quad (12.170)$$

V_0	in mm³	Ruhevolumen

Federungsarbeit

$$W = \frac{F \cdot s}{2} = \frac{\kappa \cdot V}{2} \cdot (p - p_0)^2 \quad (12.171)$$

Anwendungen: Wegen der großen Federkräfte und dem geringen Bauvolumen werden Ölfedern z. B. in Pressen und Stanzen zur Aufnahme von Stößen und in Verbindung mit Gasfedern in Fahrzeugen verwendet.

12.9 Berechnungsbeispiele

Beispiel 12.1

Zugstabfeder, runder Querschnitt (Abb. 12.5)

Gegeben:
Werkstoff 50CrV4 mit $R_m \approx 1400\,\mathrm{N/mm^2}$, $A = 10\,\mathrm{mm}^2$, $L = 250\,\mathrm{mm}$, Zugkraft (statisch) $F = 5000\,\mathrm{N}$

Gesucht:
Festigkeitsnachweis, Federweg s, Federrate R, Federungsarbeit W

Berechnet:
Zugspannung nach (12.26) und Tab. 12.4

$$\sigma = \frac{F}{A} = 500\,\frac{\mathrm{N}}{\mathrm{mm}^2}$$
$$< \sigma_{z\,\mathrm{zul}} \approx 0{,}75 \cdot R_m = 1050\,\frac{\mathrm{N}}{\mathrm{mm}^2}$$

Federweg nach (12.27)

$$s = \frac{L \cdot F}{E \cdot A} = 0{,}60\,\mathrm{mm}$$

Federrate nach (12.28)

$$R = \frac{F}{s} = 8333\,\frac{\mathrm{N}}{\mathrm{mm}}$$

Federungsarbeit nach (12.29)

$$W = \frac{F \cdot s}{2} = 1{,}5\,\mathrm{J}$$

Beispiel 12.2

Drehfeder, ein tangentialer Schenkel (Index I), ein abgebogener Schenkel (Index II), statisch belastet (Abb. 12.20)

Gegeben:
$D_m = 10\,\mathrm{mm}$, $n = 20$, $F_\mathrm{I} = 4\,\mathrm{N}$, Anlageradien der Schenkel I und II: $r_\mathrm{I} = 75\,\mathrm{mm}$, $r_\mathrm{II} = 30\,\mathrm{mm}$, Federstahl DH mit $R_m = 2270\,\mathrm{N/mm^2}$

Gesucht:
Drahtdurchmesser d, Gesamtverdrehwinkel φ_ges, maximale Biegespannung σ_max

Berechnet:
Drahtdurchmesser aus (12.65)

$$d = \left(\frac{32 \cdot T}{\pi \cdot \sigma_{b\,\mathrm{zul}}}\right)^{1/3} = 1{,}27\,\mathrm{mm}$$

mit $T = F_\mathrm{I} \cdot r_\mathrm{I} = 300\,\mathrm{N\,mm}$ nach (12.64)
und $\sigma_\mathrm{max} = \sigma_{b\,\mathrm{zul}} \approx 1500\,\mathrm{N/mm^2}$ nach Tab. 12.9
Gewählt: $d = 1{,}3\,\mathrm{mm}$
Gesamtwinkel

$$\varphi_\mathrm{ges} = \alpha + \beta_\mathrm{I} + \beta_\mathrm{II} = 6{,}75 = 382{,}2^\circ$$

mit $\alpha = 64 \cdot D_m \cdot T \cdot n/(E \cdot d^4) = 6{,}4 = 366{,}7^\circ$ nach (12.66)
$\beta_\mathrm{I} = 1{,}7 \cdot F_\mathrm{I} \cdot (4 \cdot r_\mathrm{I}^2 - D_m^2)/(E \cdot d^4) = 0{,}25 = 14{,}3^\circ$ nach (12.67)
$\beta_\mathrm{II} = 0{,}85 \cdot F_\mathrm{I} \cdot (2 \cdot r_\mathrm{II} - D_m)^3/(E \cdot r_\mathrm{II} \cdot d^4) = 0{,}02 = 1{,}2^\circ$ nach (12.68)
Maximale Biegespannung nach (12.65)

$$\sigma_\mathrm{max} = \frac{32 \cdot T}{\pi \cdot d^3} = 1391\,\frac{\mathrm{N}}{\mathrm{mm}^2}$$
$$< \sigma_{b\,\mathrm{zul}} = 0{,}7 \cdot R_m = 1589\,\frac{\mathrm{N}}{\mathrm{mm}^2}$$

Beispiel 12.3

Dynamisch belastete Tellerfeder nach DIN EN 16983 (Abb. 12.26a, Tab. 12.11) ohne Auflagefläche

Gegeben:
$D_a = 45\,\mathrm{mm}$, $D_i = 22{,}4\,\mathrm{mm}$, $h_0 = 1\,\mathrm{mm}$, $t = 2{,}5\,\mathrm{mm}$, belastet mit $F_o = 6000\,\mathrm{N}$ und $F_u = 3000\,\mathrm{N}$

Gesucht:
Federweg s_o bei Belastung durch F_0, dynamischer Festigkeitsnachweis für $N = 10^5$ Schwingspiele

Berechnet:
Mit $h_0/t = 0{,}4$ folgt nach Abb. 12.24 eine lineare Kennlinie mit $F_c/F_o = s_c/s_o$, somit gilt

$$s_o = s_c \cdot \frac{F_o}{F_c} = s_c \cdot 0{,}58$$
$$= h_0 \cdot 0{,}58 = 0{,}58\,\mathrm{mm}$$

mit $F_c = 4 \cdot E \cdot K_4^2 \cdot t^4 \cdot h_0/((1-\mu^2) \cdot K_1 \cdot D_a^2 \cdot t) = 10.322\,\mathrm{N}$ nach (12.77)
mit $s_C = h_0$ für voll durchgedrückte Feder,
$\delta = D_a/D_i = 2{,}0$ nach (12.88),
$K_1 = 0{,}69$, $K_4 = 1$ nach (12.85) und (12.92)

Dynamischer Festigkeitsnachweis:
Zugspannung bei I, Nachrechnung entfällt, da $s_o \leq 0{,}75 \cdot h_0$
Zugspannungen bei II nach (12.81)

$$\sigma_{\mathrm{II}o} = 990\,\frac{\mathrm{N}}{\mathrm{mm}^2} \quad \text{und} \quad \sigma_{\mathrm{II}u} = 461\,\frac{\mathrm{N}}{\mathrm{mm}^2}$$

Zugspannung bei III nach (12.82)

$$\sigma_{\mathrm{III}o} = 451\,\frac{\mathrm{N}}{\mathrm{mm}^2} \quad \text{und} \quad \sigma_{\mathrm{III}u} = 204\,\frac{\mathrm{N}}{\mathrm{mm}^2}$$

mit $K_2 = 1{,}22$, $K_3 = 1{,}38$ nach (12.86) und (12.87)
$s_u = s_c \cdot F_u/F_c = 0{,}29\,\mathrm{mm}$ bei Annahme linearer Kennlinie nach Abb. 12.24
Maßgebend ist die größere der Zugspannungen σ_II und σ_III, d. h. kritische Stelle bei II.
Hubspannung bei II

$$\sigma_{h\mathrm{II}} = \sigma_{\mathrm{II}o} - \sigma_{\mathrm{II}u} = 529\,\frac{\mathrm{N}}{\mathrm{mm}^2}$$
$$\leq \text{Hubfestigkeit } \sigma_H = \sigma_{o\,\mathrm{zul}} - \sigma_{\mathrm{II}u} = 709\,\frac{\mathrm{N}}{\mathrm{mm}^2}$$

mit $\sigma_{o\,\mathrm{zul}} = 1170\,\mathrm{N/mm^2}$ nach Abb. 12.27b
Festigkeitsnachweis erfüllt.

Beispiel 12.4

Drehstabfeder (vergütet, geschliffen und vorgesetzt) mit dynamischer Belastung (schwellend) (Abb. 12.34)

Gegeben:
$d = 20\,\text{mm}$, $L = 1000\,\text{mm}$, $G = 78.500\,\text{N/mm}^2$

Gesucht:
zulässiges Drehmoment T_{zul} und zugehörige Werte für Verdrehwinkel φ und Federungsarbeit W

Berechnet:
Zulässiges Drehmoment nach (12.98)

$$T_{\text{zul}} = \frac{\tau_{t\,\text{zul}} \cdot \pi \cdot d^3}{16} = 1.162.390\,\text{N mm}$$

mit $\tau_{t\text{zul}} = 740\,\text{N/mm}^2$ (dauerfest) nach Tab. 12.12 ($\tau_{t\text{zul,dyn}} < \tau_{t\text{zul,stat}}$)
Verdrehwinkel nach (12.99)

$$\varphi = \frac{32 \cdot T \cdot L}{\pi \cdot G \cdot d^4} = 0{,}943\,\text{rad} = 54{,}0\,°$$

Federungsarbeit nach (12.100)

$$W = \frac{16 \cdot T^2 \cdot L}{G \cdot \pi \cdot d^4} = 547{,}9\,\text{J}$$

Beispiel 12.5

Schraubendruckfeder (kaltgeformt, aus patentiertgezogenem Federstahldraht der Klasse DH nach DIN EN 10270 Teil 1, kugelgestrahlt), dynamisch belastet (Abb. 12.40)

Gegeben:
$F_1 = 300\,\text{N}$, $F_2 = 650\,\text{N}$, $s = s_h = 22\,\text{mm}$, $D_a \leq 38\,\text{mm}$, $G = 78.500\,\text{N/mm}^2$

Gesucht:
Drahtdurchmesser d, mittlerer Windungsdurchmesser D_m und Anzahl der erforderlichen Windungen bei dauerfester Auslegung

Berechnet:
Vorauswahl einer Feder mit Abb. 12.39 (siehe auch Abschn. 12.5.3.2a) mit $\tau_{t\text{zul}} = 500\,\text{N/mm}^2$ nach Hinweis in Abschn. 12.5.3.2a) unter „Dimensionierung, Vorauswahl"
Gesamtkraft $F = F_1 + F_2 = 950\,\text{N}$
Gedachte Linie in Abb. 12.39 liegt zwischen 630 N und 1250 N
Gewählt: $D_m = 32\,\text{mm}$ (in Anlehnung an Vorgabe $D_a \leq 38\,\text{mm}$), damit ergibt sich: $d = 5\,\text{mm}$.

Nachrechnung der Spannungen mit Drahtkrümmungseinfluss nach (12.106) und (12.107)

$$\tau_{ku} = \frac{8 \cdot k \cdot D_m \cdot F_1}{\pi \cdot d^3} = 239\,\frac{\text{N}}{\text{mm}^2}$$

$$\tau_{ko} = \tau_{ku} \cdot \frac{F_2}{F_1} = 518\,\frac{\text{N}}{\text{mm}^2}$$

$$\tau_{kh} = \tau_{ko} - \tau_{ku} = 279\,\frac{\text{N}}{\text{mm}^2}$$

mit $k = 1{,}221$ nach (12.108)
mit $w = 6{,}4$ nach (12.109)
Sicherheit gegen Dauerbruch ($N = 10^7$)

$$S_D = \frac{\tau_{kH}}{\tau_{kh}} = 1{,}44$$

mit Hubfestigkeit $\tau_{kH} = \tau_{ko\,\text{zul}} - \tau_{ku} = 401\,\text{N/mm}^2$
mit $\tau_{ko\,\text{zul}} = 640\,\text{N/mm}^2$ für $\tau_{ku} = 239\,\text{N/mm}^2$ nach Abb. 12.42b
Anzahl der federnden Windungen nach (12.112)

$$n = \frac{G \cdot d^4}{8 \cdot D_m^3 \cdot R} = 11{,}8$$

mit Federrate $R = (F_2 - F_1)/s_h = 15{,}9\,\text{N/mm}$ nach (12.1)
Gewählt: $n = 12$. Soll die Federrate genau eingehalten werden, ist D_m auf $D_m = 31{,}8\,\text{mm}$ zu ändern, die Spannungen werden dadurch geringfügig verkleinert.

Beispiel 12.6

Schraubendruckfeder, ausgewählt nach Beispiel 12.5 (Abb. 12.40)

Gegeben:
statische Vorbelastung $F_1 = 500\,\text{N}$, dynamische Ausschlag-Zusatzbelastung $F_a = 200\,\text{N}$, $D_m = 32\,\text{mm}$, $d = 5\,\text{mm}$ nach Beispiel 12.5

Gesucht:
Festigkeitsnachweis für dauerfeste Auslegung, d. h. näherungsweise $N = 10^7$ Schwingspiele

Berechnet:
(siehe auch Kap. 3)
Mittel- und Ausschlagspannung nach (12.106) und (12.107)

$$\tau_{km} = \frac{8 \cdot k \cdot D_m \cdot F_1}{\pi \cdot d^3} = 398{,}0\,\frac{\text{N}}{\text{mm}^2}$$

$$\tau_{ka} = \frac{8 \cdot k \cdot D_m \cdot F_a}{\pi \cdot d^3} = 159{,}2\,\frac{\text{N}}{\text{mm}^2}$$

mit $k = 1{,}221$ nach (12.108)
$w = 6{,}4$ nach (12.109)

Es liegt der Überlastungsfall F1 vor (konstante Mittelspannung τ_m), Festigkeitsnachweis anschaulich am besten mit dem Smith-Diagramm, siehe hierzu Abschn. 3.5.5 (bzw. Abb. 3.44). Wenn ein Goodman-Diagramm für die betreffende Federart vorliegt und die Beanspruchung im Schwellbereich ($\tau_{ku} > 0$) liegt, kann die Ausschlagfestigkeit auch hiermit bestimmt werden:
Bestimmung der Ausschlagfestigkeit bei der berechneten Mittelspannung $\tau_{km} = 398{,}0\,\mathrm{N/mm^2}$:

1. Graphische Näherung: Mittelspannungsgerade M–M für Beispiel 12.6 in Abb. 12.42b eintragen. Mit der Einführung der Mittelspannungsgeraden M–M in Abb. 12.42b wird ein angenähertes Smith-Diagramm erzeugt. Wegen der Mittelspannungsempfindlichkeit M_τ verläuft M–M nicht exakt unter 45° zur Abszisse. Da M_τ klein ist, genügt im Allgemeinen die Näherung.
   1. Koordinate für Punkt 1: Unterspannung $\tau_{ku,1} = 0$, Oberspannung $\tau_{ko,1} = 465\,\mathrm{N/mm^2}$
   2. Daraus Mittelspannung 1: $\tau_{km,1} = 0{,}5 \cdot (\tau_{ko,1} + \tau_{ku,1}) = 232{,}5\,\mathrm{N/mm^2}$
   3. Koordinate für Punkt 2: z. B. Unterspannung $\tau_{ku,2} = 400\,\mathrm{N/mm^2}$, Oberspannung $\tau_{ko,2} = 755\,\mathrm{N/mm^2}$
   4. Daraus Mittelspannung 2: $\tau_{km,2} = 0{,}5 \cdot (\tau_{ko,2} + \tau_{ku,2}) = 577{,}5\,\mathrm{N/mm^2}$
   5. Gerade durch Punkte 1 und 2 = Mittelspannungsgerade M–M
   6. Berechnete Mittelspannung an der Ordinate auftragen: $\tau_{km} = 398{,}1\,\mathrm{N/mm^2}$, Punkt 3
   7. Schnittpunkt der Parallelen zur Abszisse durch Punkt 3 mit der Mittelspannungsgeraden: Betriebspunkt 4
   8. Hier Ausschlagfestigkeit (nach oben und unten) ablesen: $\tau_{kA} \approx 200\,\mathrm{N/mm^2}$
   9. Ausschlagspannung eintragen
2. Rechnerische Näherung: Mittelspannungsempfindlichkeit M_τ bestimmen:
   1. Ausschlagfestigkeit bei Unterspannung $\tau_{ku,1} = 0$: $\tau_{kA,1} = \tau_{ko,1} - \tau_{km,1} = 232{,}5\,\mathrm{N/mm^2}$
   2. Ausschlagfestigkeit bei Unterspannung $\tau_{ku,2} = 400\,\mathrm{N/mm^2}$: $\tau_{kA,2} = \tau_{ko,2} - \tau_{km,2} = 177{,}5\,\mathrm{N/mm^2}$
   3. Mittelspannungsempfindlichkeit $M_\tau = (\tau_{kA,1} - \tau_{kA,2})/(\tau_{km,2} - \tau_{km,1}) = 0{,}159$
   4. Ausschlagfestigkeit bei Betriebspunkt 4, d. h. Mittelspannung $\tau_{km} = 398{,}1\,\mathrm{N/mm^2}$: $\tau_{kA} = \tau_{kA,1} - M_\tau(\tau_{km} - \tau_{km,1}) = 206{,}8\,\mathrm{N/mm^2}$
3. Ergebnis: $\tau_{kA} = 200\,\mathrm{N/mm^2}$ (graphische Näherung, siehe 1.) bzw. $\tau_{kA} = 206{,}8\,\mathrm{N/mm^2}$ (rechnerische Näherung, siehe 2.) $\geq \tau_{ka} = 159{,}2\,\mathrm{N/mm^2}$, d. h. Dauerfestigkeitsnachweis erfüllt.

Literatur

1. Alicke G, Schriever H (1978) Kraftfahrzeugfedern aus zelligem PUR-Elastomer. Automobil-Techn Zeitschrift 80(2):63–66
2. Behles F (1961) Zur Berechnung von Luftfedern. Automobil-Techn Zeitschrift 63(9):311–314
3. Bittel K (1960) Zur Dimensionierung von Ölfedern. Automobil-Techn Zeitschrift 62(7):183–191
4. Bittel K (1967) Kombination der Flüssigkeitsfeder mit einer Korrekturfeder. Automobil-Techn Zeitschrift 69(4):109–111
5. DIN 2077:1979-02 Federstahl, rund, warmgewalzt; Maße, zulässige Maß- und Formabweichungen. Zurückgezogen: 2005-03
6. DIN 2090:1971-01 Zylindrische Schraubendruckfedern aus Flachstahl – Berechnung
7. DIN 2091:1981-06 Drehstabfedern mit rundem Querschnitt – Berechnung und Konstruktion
8. DIN 2094:2006-09 Blattfedern für Straßenfahrzeuge – Anforderungen, Prüfung
9. DIN 2096 Zylindrische Schraubendruckfedern aus runden Drähten und Stäben – Teil 1:1981-11 Güteanforderungen bei warmgeformten Druckfedern – Teil 2:1979-01 Güteanforderungen für Großserienfertigung
10. DIN 2097:1973-05 Zylindrische Schraubenfedern aus runden Drähten – Gütevorschriften für kaltgeformte Zugfedern
11. DIN 2099 Zylindrische Schraubenfedern aus runden Drähten und Stäben – Teil 1:2003-02 Angaben für kaltgeformte Druckfedern; Vordruck A – Teil 2:2004-05 Angaben für kaltgeformte Zugfedern, Vordruck B
12. DIN 4621:1995-12 Geschichtete Blattfedern – Federklammern
13. DIN 5481:2005-06 Passverzahnungen mit Kerbflanken
14. DIN 5542:1975-06 Blattfedern für Schienenfahrzeuge
15. DIN 5543:1980-05 Blattfedern – Federsattelplatten und Federzwischenplatten für Federaufhängungen
16. DIN 6796:2009-08 Spannscheiben für Schraubenverbindungen
17. DIN 8255:1972-11 Spiralfederrollen für Uhren, geschlitzt, rund
18. DIN 8287:1983-04 Triebfedern – Begriffe, Anforderungen, Prüfung. Zurückgezogen: 2006-03
19. DIN 11747:1992-02 Landmaschinen und Traktoren – Blattfedern für Transportanhänger – Maße
20. DIN 43801 Spiralfedern – Teil 1:1976-08 Maße
21. DIN 53504:2017-03 Prüfung von Kautschuk und Elastomeren – Bestimmung von Reißfestigkeit, Zugfestigkeit, Reißdehnung und Spannungswerten im Zugversuch
22. DIN EN 10089:2003-04 Warmgewalzte Stähle für vergütbare Federn – Technische Lieferbedingungen
23. DIN EN 10092 Warmgewalzte Flachstäbe aus Federstahl – Teil 1:2004-01 Flachstäbe, Maße, Formtoleranzen und Grenzabmaße – Teil 2:2004-01 Gerippter Federstahl – Maße, Formtoleranzen und Grenzabmaße
24. DIN EN 10132 Kaltband aus Stahl für eine Wärmebehandlung – Technische Lieferbedingungen – Teil 1:2000-05 Allgemeines – Teil 4:2003-04 Federstähle und andere Anwendungen
25. DIN EN 10140:2006-09 Kaltband – Grenzabmaße und Formtoleranzen
26. DIN EN 10151:2003-02 Federband aus nichtrostenden Stählen – Technische Lieferbedingungen
27. DIN EN 10218 Stahldraht und Drahterzeugnisse – Allgemeines – Teil 2:2012-03 Drahtmaße und Toleranzen
28. DIN EN 10270 Stahldraht für Federn – Teil 1:2012-01 Patentiert gezogener unlegierter Federstahldraht – Teil 2:2012-01 Ölschlussvergüteter Federstahldraht
29. DIN EN 12166:2016-11 Kupfer und Kupferlegierungen – Drähte zur allgemeinen Verwendung

30. DIN EN 13906 Zylindrische Schraubenfedern aus runden Drähten und Stäben – Berechnung und Konstruktion – Teil 1:2013-11 Druckfedern – Teil 2:2013-09 Zugfedern – Teil 3:2014-06 Drehfedern
31. DIN EN 14200:2004-05 Bahnanwendungen – Federungselemente – Parabelfedern aus Stahl
32. DIN EN 15800:2009-03 Zylindrische Schraubenfedern aus runden Drähten – Gütevorschriften für kaltgeformte Druckfedern
33. DIN EN 16983:2017-02 Tellerfedern – Qualitätsanforderungen – Maße
34. DIN EN 16984:2017-09 Tellerfedern – Berechnung
35. DIN EN ISO 868:2003-10 Kunststoffe und Hartgummi – Bestimmung der Eindruckhärte mit einem Durometer (Shore-Härte)
36. DIN ISO 1629:2015-03 Kautschuk und Latices – Nomenklatur
37. DIN ISO 2162 Technische Produktdokumentation – Federn – Teil 1:1994-08 Vereinfachte Darstellung; Identisch mit ISO 2162-1:1993
38. Dubbel (2018) Taschenbuch für den Maschinenbau, 25. Aufl. Springer, Berlin
39. Geisel A (1971) Berechnung, Gestaltung und Herstellung von Formfedern aus Draht und Band. Draht 22(6):376–381
40. Göbel EF (1969) Gummifedern, Berechnung und Gestaltung, 3. Aufl. Springer, Berlin
41. Kaiser B (1983) Dauerfestigkeitsuntersuchungen an biegebeanspruchten Flachfedern. Draht 34(10):500
42. Krause W (1989) Konstruktionselemente der Feinmechanik. VEB Verlag Technik, Berlin
43. Kurasz G (1976) Fatigue failure in springs. Mach Design, Cleveland/Ohio 48(11):106–110
44. Meissner M, Wanke K (1993) Handbuch Federn; Berechnung und Gestaltung im Maschinen und Gerätebau, 2. Aufl. Verlag Technik, Berlin/München
45. Meissner M, Schorch H-J (1997) Metallfedern; Grundlagen, Werkstoffe, Berechnung und Gestaltung. Springer, Berlin
46. Pinnekamp W, Jörn R (1964) Neue Drehfederelemente aus Gummi für elastische Kupplungen. MTZ 25:130–135
47. Shigley JE, Mischke CR (2004) Standard handbook of machine design, 3. Aufl. McGraw-Hill Book Company

Wälzpaarungen

13

> Eine Wälzpaarung liegt vor, wenn zwei starre Körper mit beliebig gekrümmten Oberflächen gegeneinander gepresst werden und relativ zueinander rollen und gleiten. Reines Rollen (ohne Gleiten) kommt bei technischen Anwendungen kaum vor, da auch wenn die Tangentialbewegung zwischen den beiden Wälzkörpern verhindert wird (Abb. 13.1b), im Bereich der verformungsbedingten Abplattung Mikro-Gleitbewegungen stattfinden.

13.1 Anwendung, Funktionen, Wirkprinzipien

Abb. 13.1 zeigt die wichtigsten Wälzpaarungen. Es wird unterschieden nach:

Art der Berührung
Punktberührung bei Kugel gegen Ebene oder Linienberührung bei Rolle gegen Ebene.

Art der Bewegung
Meist überwiegen die Rollanteile, z. B. reines Rollen (abgesehen von den eingangs genannten Mikro-Gleitbewegungen) beim Laufrad ohne Antrieb (Abb. 13.1a), zusammen mit (geringem) Kriechschlupf bei Reibrädern (Abb. 13.1k) bzw. (größeren) Gleitschlupf bei Zahnradpaarungen (Abb. 13.1i) und der Bohrbewegung, wie bei einer nur um ihre eigene Achse drehende Kugel oder abgerundeten Spitze, oder im Grenzfall ohne Bewegung. Ferner kann die Bewegung hin- und hergehend oder umlaufend sein.

Art der Belastung
Entweder nur normal zur Berührungsebene wie beim Wälzlager oder auch noch tangential wie beim angetriebenen Laufrad oder beim Reibgetriebe. Ferner, ob die Belastung ruhend, schwingend oder stoßhaft auftritt.

Lagensicherung und Führung der Wälzkörper
Entweder nur reibschlüssig oder formschlüssig durch Käfige und Rillen oder Borde oder durch verspannende Wälzbänder (Abb. 13.1b).

Verlustleistung
Die Verlustleistung aus Rollreibung ist meist klein gegenüber den Gleitreibungsverlusten.

Geschwindigkeiten
Der Drehbewegung eines Körpers (Wirkkörpers) mit dem Durchmesser D_1 und der Winkelgeschwindigkeit ω_1, d. h. der Umfangsgeschwindigkeit

$$v_1 = \omega_1 \cdot \frac{D_1}{2}$$

ist oft eine Translationsbewegung mit Geschwindigkeit v_2 überlagert (z. B. bei Rad/Schiene), Abb. 13.2. Die Verhältnisse bei zwei Wälzzylindern zeigt Abb. 16.2. Bei parallelen Drehachsen gilt für die Gleitgeschwindigkeit

$$v_g = \Delta v = v_1 - v_2 \tag{13.1}$$

Nach VDI 2155 [43] wird der Schlupf wie folgt definiert:

$$s = \frac{(v_1 - v_2)}{v_1} \cdot 100\,\% \tag{13.2}$$

Man beachte: Die Definition bei Zahnradgetrieben ([30]) und die Bezeichnungen in den Hertz'schen Gleichungen, Abschn. 13.2.1 und Abb. 13.1f, sind hierzu abweichend.

Großer Schlupf bewirkt hohe Verlustleistung und niedrigere Tragfähigkeit, siehe Abschn. 13.3.2.1b) und [31]. Bei manchen Anwendungen sind die Drehachsen nicht parallel (Schräglauf) oder der Wälzbewegung ist in Umfangsrichtung eine Bohrbewegung überlagert. Dies führt zu überlagerten Schlupfanteilen, die zu erhöhtem Schlupf und geänderten Geschwindigkeitsverhältnissen führen.

Eine weitere wichtige Kenngröße ist die Summengeschwindigkeit

$$v_\Sigma = v_1 + v_2 \tag{13.3}$$

Bei geschmierten Kontakten ist v_Σ maßgebend für die Schmierfilmbildung, siehe Kap. 16: Schmierung.

G. Niemann et al., *Maschinenelemente 1*, https://doi.org/10.1007/978-3-662-55482-1_13

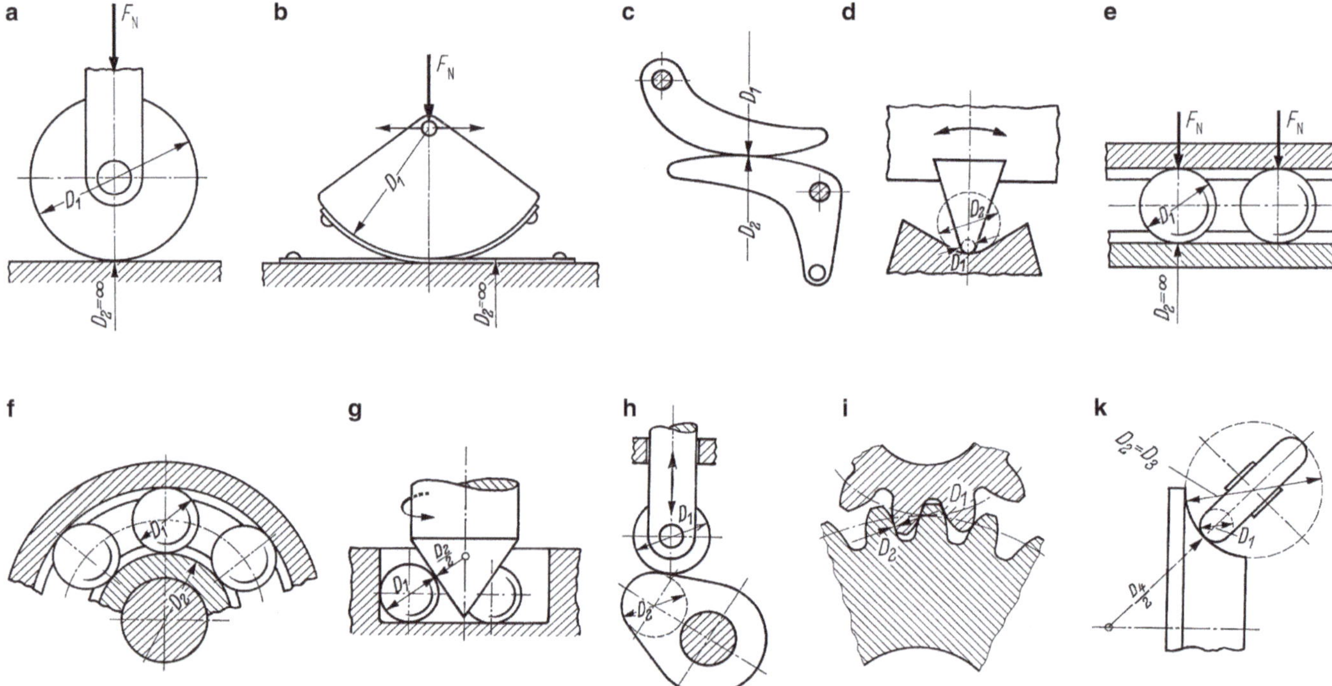

Abb. 13.1 Wälzpaarungen, **a** Laufrad auf Schiene, **b** Wälzbogen zur Lagerung des Werkstückträgers bei einer Kegelrad-Hobelmaschine, **c** Wälzhebel zur Übertragung von Winkelbewegungen oder Längsbewegungen mit stetig veränderlicher Übersetzung, **d** Schneidenlager einer Waage, **e** Linearführung mit Kugeln oder Rollen (z. B. Werkstücktisch), **f** Wälzlager mit Kugeln oder Rollen, **g** Spitzenlager mit Abstützung durch 3 Kugeln (z. B. Reitstockspitze), **h** Nocken und Rolle mit Stößel, **i** Zahnradpaarung, **k** Reibradpaarung

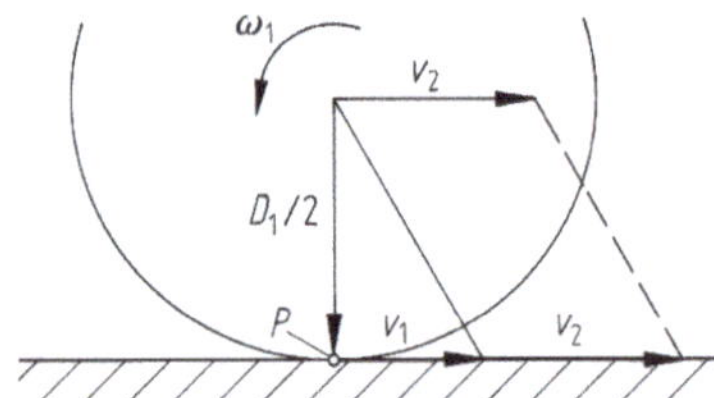

Abb. 13.2 Zum Wirkprinzip der Wälzbewegung beim Kontakt Zylinder gegen Ebene mit Geschwindigkeit-Translationsanteil v_2 und -Rotationsanteil v_1

Anwendung

In der Praxis werden meist einfach herstellbare Wirkflächen verwendet wie Ebenen, Zylinder, evolventische Oberflächen (Linienberührung) oder Kugeln, Kegel, Hohlkugeln (Punktberührung). Je genauer die Oberfläche hergestellt ist und je niedriger die Belastung, desto eher ist geometrisch reines Rollen erreichbar.

13.2 Beanspruchung nach Hertz

Bei Belastung der Wälzpaarung senkrecht zur Berührebene werden die Wälzkörper abgeplattet, bei Linienberührung, abgesehen von Endeffekten, rechteckig (Abb. 13.3), bei Punktberührung elliptisch, (Abb. 13.4), im Sonderfall kreisförmig. Größe und Pressung (= Normalbeanspruchung) der Druckflächen können mit Hilfe der Hertz'schen Gleichungen berechnet werden. Sie gelten genau genommen nur unter folgenden Voraussetzungen:

- ideal homogene Werkstoffe
- keine Eigenspannungen
- rein elastische Verformung, d. h. Abmessungen der Druckfläche klein gegenüber den Wälzkörperabmessungen
- ideal geometrische Oberflächen ohne Rauheits- und Formabweichungen
- unendlich breite Wälzkörper bei Linienberührung
- keine tangentiale Beanspruchung der Druckfläche (Scherspannungen)
- ungeschmierter trockener Kontakt

Grundlegende Untersuchungen (z. B. [41], [44]) zeigen jedoch, dass die Hertz'sche Theorie sich als Modellgesetz über diese Grenzen hinaus eignet, Abschn. 13.2.3.

Abweichende Verhältnisse können zumeist beim Ansatz der zulässigen Spannung berücksichtigt werden, die durch Versuche am Bauteil (z. B. Zahnrad, Wälzlager) zu bestimmen sind. Da hierbei unterschiedliche Voraussetzungen vorliegen, dürfen die an einem Bauteil (z. B. Wälzlager) ermittelten Festigkeitswerte nicht auf andere Bauteile (z. B. Zahnräder) übertragen werden.

Man beachte: Die Anwendung der Hertz'schen Theorie auf Bauteile mit von den Hertz'schen Voraussetzungen abweichenden Verhältnissen erlaubt nur relative Aussagen.

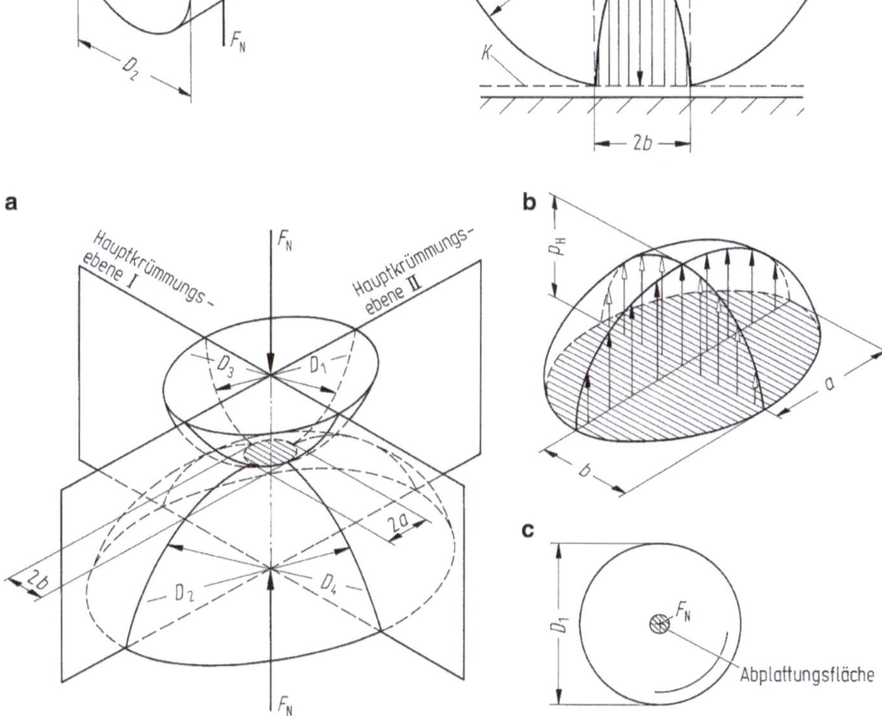

Abb. 13.3 Wälzpaarung bei Linienberührung (Prinzipdarstellung), **a** Abplattung zwischen den Wälzkörpern, **b** Beanspruchung, Hertz'sche Druckverteilung, **c** Vergleich von Hertz'scher Pressung p_H, mittlerer Pressung p_m und Stribeck'scher Pressung K. Berechnungsgleichungen siehe Tab. 13.1

Abb. 13.4 Wälzpaarung bei Punktberührung (Prinzipdarstellung), **a** in zwei Ebenen beliebig gekrümmte Oberflächen, **b** Beanspruchung, Hertz'sche Druckverteilung, **c** Paarung Kugel/Ebene (Draufsicht). Berechnungsgleichungen siehe Tab. 13.1

13.2.1 Oberflächenbeanspruchung nach Hertz

Für die Berechnung wird bei Linienberührung aus den Durchmessern D_1 und D_2 der Ersatzdurchmesser D_I eines äquivalenten Wälzkörpers bestimmt. Dieser weist bei Anpressung an eine Ebene dieselbe Hertz'sche Pressung und Pressungsverteilung auf wie bei Anpressung der beiden Zylinder mit den Durchmessern D_1 und D_2 gegeneinander.

Die wichtigsten Berechnungsgrundlagen einschließlich häufig vorkommender Sonderfälle sind in Tab. 13.1 (mit Abb. 13.5 und Tab. 13.2) zusammengefasst.

Bei Punktberührung werden analog aus D_1, D_2, D_3, D_4 zwei Ersatzdurchmesser D_I, D_{II} bestimmt. Dies sind die Krümmungsdurchmesser in den senkrecht aufeinander stehenden Hauptkrümmungsebenen I, II. Ein so definierter

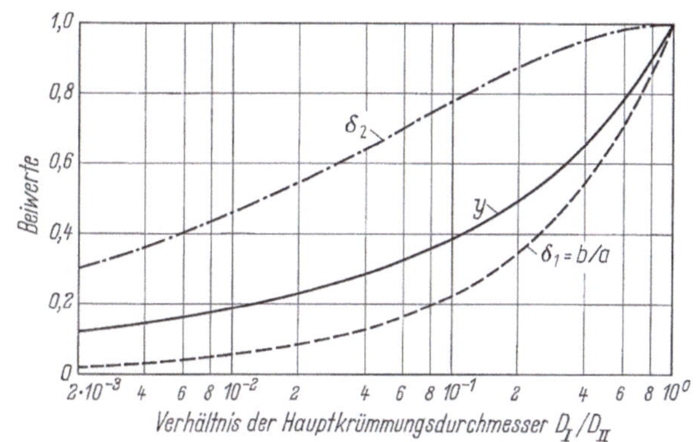

Abb. 13.5 Verlauf der Beiwerte nach Tab. 13.2 für die Berechnung der Hertz'schen Pressung bei Punktberührung

Tab. 13.1 Gleichungen zur Berechnung der Hertz'schen Pressung nach den Gleichungen für Linien-bzw. Punktberührung. Geometrie- und Kraftgrößen siehe Abb. 13.3 und Abb. 13.4

Bezeichnung	Linienberührung	Punktberührung
spezifische Belastung[a] in N/mm²	$k_0 = \dfrac{F_N}{D_1 \cdot l_{eff}}$	$k_0 = \dfrac{F_N}{{D_1}^2}$
Ersatzdurchmesser in Hauptebene I in mm	$D_I = \dfrac{D_1 \cdot D_2}{D_1 + D_2}$	
Ersatzdurchmesser in Hauptebene II in mm	–	$D_{II} = \dfrac{D_3 \cdot D_4}{D_3 + D_4}$
Schmiegungsbeiwert[b, c]	$\varphi = \dfrac{D_I}{D_1}$	$\varphi = \dfrac{D_I^2}{D_1^2 \cdot y^2}$
Stribeck'sche Wälzpressung[b, c] in N/mm²	$K = \dfrac{F_N}{D_I \cdot l_{eff}}$	$K = \dfrac{F_N}{\left(\dfrac{D_I}{y}\right)^2}$
mittlere Pressung in N/mm²	$p_m = \dfrac{F_N}{2 \cdot b \cdot l_{eff}}$	$p_m = \dfrac{F_N}{\pi \cdot a \cdot b}$
Hertz'sche Pressung[d] in N/mm²	$p_H = \dfrac{4}{\pi} \cdot p_m = \sqrt{K \cdot \dfrac{E'}{\pi}}$	$p_H = 1{,}5 \cdot p_m = \dfrac{1}{\pi} \cdot \sqrt[3]{6 \cdot K \cdot E'^2}$
	Sonderfall: Zylinder/Ebene[e, f] (Zahlenwertgleichung) $p_H = 271 \cdot \sqrt{K}$ mit K in N/mm²	Sonderfälle: Kugel/Ebene[e, g] bzw. Kugel/Kugel[e, h] (Zahlenwertgleichung) $p_H = 2176 \cdot \sqrt[3]{K}$ mit $K = k_0$ in N/mm²
große Halbachse der Druckfläche[c] in mm	–	$a = 0{,}691 \cdot \sqrt{\dfrac{F_N}{p_H \cdot \delta_1}}$
halbe Druckbreite[b, c, d] in mm	$b = 2 \cdot D_I \cdot \dfrac{p_H}{E'}$	$b = a \cdot \delta_1$
	Sonderfall: Zylinder/Ebene[e, f] (Zahlenwertgleichung) $b = 2{,}349 \cdot 10^{-3} \cdot D_1 \cdot \sqrt{K}$ mit D_1 in mm, K in N/mm²	Sonderfälle: Kugel/Ebene[e, g] bzw. Kugel/Kugel[e, h] $b = 0{,}691 \cdot \sqrt{F_N / p_H}$
Annäherung der beiden Wälzkörper nach [21][b, c, d, e] in mm	$\delta = \dfrac{0{,}398 \cdot {F_N}^{0{,}925}}{10^4 \cdot {l_{eff}}^{0{,}85}}$	$\delta = 1{,}648 \cdot \delta_2 \cdot \sqrt[3]{\dfrac{{F_N}^2 \left(\dfrac{1}{D_I} + \dfrac{1}{D_{II}}\right)}{2 \cdot E'^2}}$
Wälzkörperkonstante für statische Beanspruchung[b, d]	$c_{SL} = \sqrt{\dfrac{D_1 \cdot E'}{D_I \cdot \pi}}$ in $(\text{N/mm}^2)^{1/2}$	$c_{SP} = \dfrac{1}{\pi} \sqrt[3]{6 \cdot y^2 \cdot E'^2 \cdot \left(\dfrac{D_1}{D_I}\right)^2}$ in $(\text{N/mm}^2)^{2/3}$
	Sonderfall: Zylinder/Ebene[e, f] $c_{SL} = 271\ (\text{N/mm}^2)^{1/2} = \text{konst.}$	Sonderfall: Kugel/Ebene[e, g] $c_{SP} = 2176\ (\text{N/mm}^2)^{2/3}$
		Sonderfall: Kugel/Kugel[e, h] $c_{SP} = 2176 \sqrt[3]{\left(\dfrac{D_1}{D_I}\right)^2} \cdot 1\ (\text{N/mm}^2)^{2/3}$

[a] D_1 ist der kleinere der beiden Wälzkörper.
[b] D_I ist der kleinere der Ersatzdurchmesser.
[c] Beiwerte y, δ_1, δ_2 siehe Abb. 13.5, Tab. 13.2.
[d] E' nach (13.5)
[e] Paarung Stahl/Stahl mit $E_1 = E_2 = 2{,}1 \cdot 10^5\ \text{N/mm}^2$ und $\nu_1 = \nu_2 = 0{,}3$
[f] $D_1 = D_I$, $D_2 = \infty$
[g] $D_I = D_{II}$, $D_2 = D_4 = \infty$
[h] $D_I = D_{II}$, $D_1 = D_3$, $D_2 = D_4$

Tab. 13.2 Beiwerte y, δ_1, δ_2 zur Berechnung der Hertz'schen Pressung bei Punktberührung

D_I/D_{II}	1,0	0,9	0,8	0,7	0,6	0,5	0,4	0,3	0,2
y	1,0	0,9491	0,8963	0,8411	0,7830	0,7212	0,6545	0,5805	0,4947
δ_1	1,0	0,9322	0,8618	0,7885	0,7117	0,6306	0,5441	0,4504	0,3460
δ_2	1,0	0,9994	0,9972	0,9930	0,9857	0,9741	0,9557	0,9261	0,8757

D_I/D_{II}		0,15	0,10	0,08	0,06	0,04	0,02	0,01	0,008
y		0,4442	0,3843	0,3558	0,3231	0,2831	0,2279	0,1850	0,1732
δ_1		0,2876	0,2223	0,1932	0,1615	0,1259	0,0828	0,0550	0,0483
δ_2		0,8357	0,7761	0,7426	0,6994	0,6397	0,5439	0,4581	0,4329

D_I/D_{II}		0,006	0,004	0,002	0,001	0,0005	0,0001	0,00009	0
y		0,1593	0,1421	0,1191	0,1017	0,0835	0,0414	0,0392	0
δ_1		0,0408	0,0322	0,0214	0,0141	0,0096	0,0048	0,0046	0
δ_2		0,4020	0,3618	0,3011	0,2495	0,2053	0,1289	0,1251	0

Tab. 13.3 Größe und Ort der maximalen Hauptschubspannung und Wechselschubspannung (siehe auch Abb. 13.6)

Bezeichnung	Linienberührung	Punktberührung
maximale Hauptschubspannung	$\tau_{H\,\max} = 0{,}304 \cdot p_H$	$\tau_{H\,\max} = 0{,}310 \cdot p_H$
Abstand von $\tau_{H\,\max}$ von der Oberfläche	$z = 0{,}78 \cdot b_H$	$z = 0{,}47 \cdot b_H$
	unter 45° zu Oberfläche geneigt	
maximale Wechselschubspannung	$\tau_{yz\,\max} = \pm 0{,}25 \cdot p_H$	$\tau_{yz\,\max} = \pm 0{,}215 \cdot p_H$
Abstand von $\tau_{yz\,\max}$ von der Oberfläche	$z = 0{,}5 \cdot b_H$	$z = 0{,}35 \cdot b_H$

äquivalenter Wälzkörper weist wiederum bei Anpressung gegen eine Ebene dieselbe Hertz'sche Pressung und Pressungsverteilung auf wie bei Anpressung der beiden Wälzkörper mit den Durchmessern D_1, D_2 und D_3, D_4. Zusätzlich wird aus den Elastizitätsmoduln der beiden Wälzkörper E_1 und E_2 nach dem Gesetz zweier hintereinander geschalteter Federn ein Ersatz-Elastizitätsmodul E', siehe (13.5), gebildet.

Bei konkaver Krümmung liegt der Krümmungsmittelpunkt außerhalb des betreffenden Wälzkörpers und ist negativ einzusetzen. Bei den Hertz'schen Gleichungen kennzeichnet, anders als bei den Bewegungsgleichungen (Abschn. 13.1), der Index 1 (bzw. 3) und I den kleineren, 2 (bzw. 4) und II den größeren Wälzkörper.

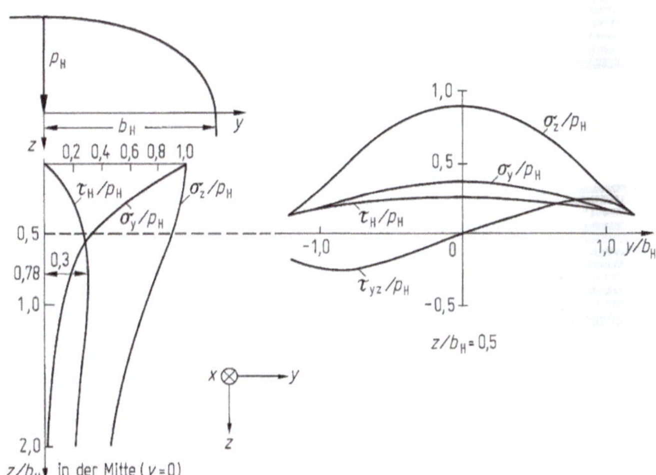

Abb. 13.6 Spannungen nach Hertz unter der Oberfläche bezogen auf die Hertz'sche Pressung bei Linienberührung p_H

13.2.2 Spannungen unter der Oberfläche nach Hertz

Abb. 13.6 zeigt den Verlauf der Hauptspannungen unter der Oberfläche bei Linienberührung eines Wälzkörpers: Normalspannung σ_z senkrecht zur Oberfläche, Normalspannung σ_y tangential zur Oberfläche, Hauptschubspannung τ_H. Die Wechselschubspannung τ_{yz} wechselt unterhalb des Hertz'schen Kontaktes ihre Richtung.

Man beachte: Die größte Schubspannung und auch die größte Wechselschubspannung tritt im Innern unterhalb der Druckfläche auf. Die Berechnung ist in Tab. 13.3 zusammengefasst.

In [8] werden Fließlinien beschrieben, die vom $\sigma_{H\,\max}$-Punkt bogenförmig zur Oberfläche verlaufen. Dies schien eine gute Begründung für die grübchenartigen Ausbrüche zu bieten, wie sie an überlasteten Wälzflächen bei dauernd wiederholter Überrollung auftreten. Es wird angenommen, dass die Anrisse, die zu Grübchen führen, entweder von Störstellen an der Oberfläche (z. B. Schleifriefen) oder nahe der Oberfläche (z. B. sulfidische oder oxidische Einschlüsse) ausgehen, Abschn. 13.2.3.

Man beachte: Alle Spannungen (nach Hertz) unter der Oberfläche sind proportional zur Hertz'schen Pressung p_H. Daher genügt es meist, p_H zur Beurteilung der Beanspruchung heranzuziehen, siehe Tab. 13.1.

Aus den an gleicher Stelle wirkenden Hauptspannungen können mit Hilfe der Festigkeitshypothesen Vergleichsspannungen (Kap. 3: Praktische Festigkeitsberechnung) berechnet werden. Abb. 13.7 zeigt exemplarische Ergebnisse.

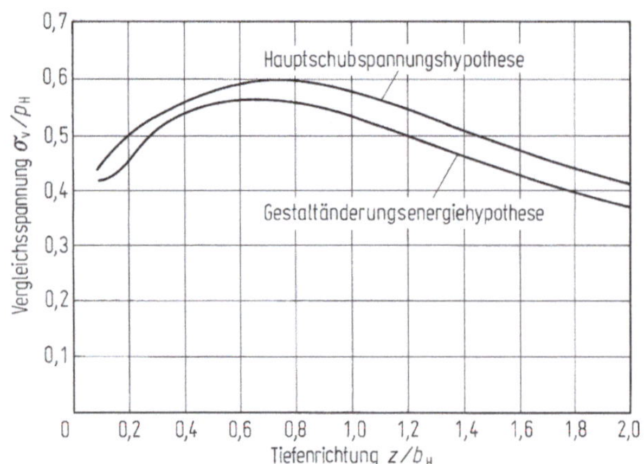

Abb. 13.7 Vergleichsspannung, bezogen auf die Hertz'sche Pressung [20]

13.2.3 Beanspruchung des technischen Wälzkontakts

Die in der Einleitung zu Abschn. 13.1 genannten Voraussetzungen für die Gültigkeit der Hertz'schen Gleichungen treffen im Allgemeinen für den technischen Wälzkontakt nicht zu. Insbesondere folgende Einflüsse wirken sich auf den Beanspruchungszustand aus:

Eigenspannungen

Einem Wälzkörper können durch Bearbeitung des Bauteils, Oberflächenhärten oder äußere Belastung Eigenspannungen am Rand, meist Druckspannungen, eingeprägt werden. Nach verschiedenen Arbeiten [15], [46] lassen sich Höhe und Tiefenwirkung abschätzen. Abb. 13.8 zeigt zwei Beispiele.

Größe und Verlauf der Eigenspannungen verändern sich mit der Anzahl der Schwingspiele. Auch deswegen ist es schwierig, ihren Einfluss auf die an der Oberfläche oder in der Tiefe auftretenden Spannungen unmittelbar zu berücksichtigen. Ihr Einfluss ist in den, aus Laufversuchen ermittelten, Festigkeitswerten enthalten.

Oberflächenspannungen infolge Oberflächenrauheit und Tangentialkräften

Riefen, Rauheiten der technischen Oberflächen oder Vorschädigungen führen zu mangelnder Abstützung durch den Gegenkörper. Bei überlagerter Tangentialbeanspruchung treten im Grund der (Rauheits-)Kerben Mikro-Hertz'sche Spannungen auf, Abb. 13.9. Diese Spannungen sind größer als die Maximalwerte nach den üblichen Spannungshypothesen und bei negativem Schlupf wesentlich größer als bei positivem Schlupf [15], [19]. Die größten Werte treten hiernach in einer Tiefe von $z/b_H = 0{,}05 \dots 0{,}1$ auf (gegenüber 0,78 nach Hertz). Siehe hierzu auch Abschn. 21.6.2 in [30].

Da Kerbform und -tiefe sowie die Tangentialkräfte schwer abzuschätzen sind, wird in der Praxis häufig mit p_H nach Hertz gerechnet und der Einfluss von Rauheit und Tangentialkräften (Reibung) durch Abminderungsfaktoren berücksichtigt (siehe auch [30]).

Einschlüsse

Neben Oberflächenkerben können von Verunreinigungen des Werkstoffgefüges, z. B. durch sulfidische, MnS- oder oxidische Al_2O_3-Einschlüsse in der Randschicht, Risse ausgehen [10], [15], [20]. Dies gilt insbesondere dann, wenn ausreichende Schmierung und geringe Oberflächenrauheiten (z. B. bei Wälzlagern) vorliegen. Die von den Einschlüssen verursachten Spannungen können mitunter zu Gefügeänderungen führen, die im Schliffbild weiß erscheinen (White Etching Areas), wegen ihres Erscheinungsbildes auch Butterflies (Schmetterlinge) genannt. Sowohl bei Einschlüssen, die härter als auch weicher als die ungestörte Werkstoffumgebung sind, treten höhere Beanspruchungen als nach Hertz auf (innere Kerbwirkung), sofern der Einschluss in der Randzone liegt (Abb. 13.10). Bei formgenauen Wälz-

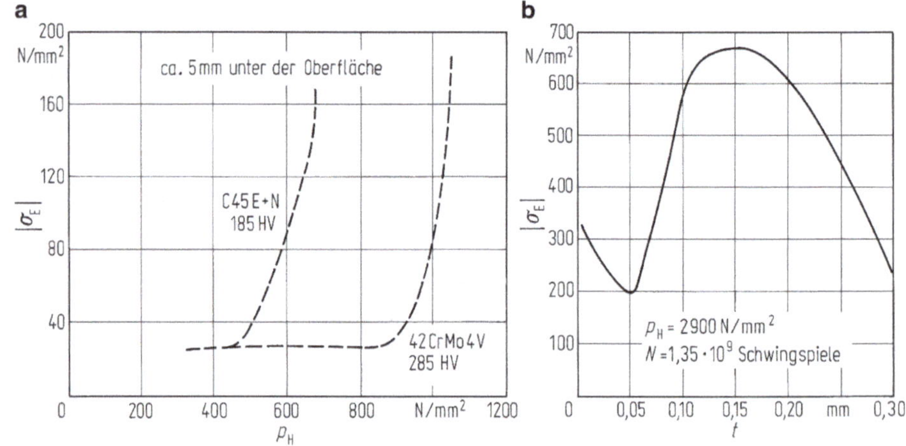

Abb. 13.8 Druckeigenspannungen $|\sigma_E|$ infolge Wälzbeanspruchung, **a** bei vergüteten Zahnrädern (Modul 4 mm) als Funktion der Hertz'schen Pressung nach [15], **b** Rillenkugellager-Innenringe ($D_I = 8$ mm, $D_{II} = 200$ mm) aus 100Cr6, ca. 750 HV, Verlauf der Druckeigenspannung in die Tiefe

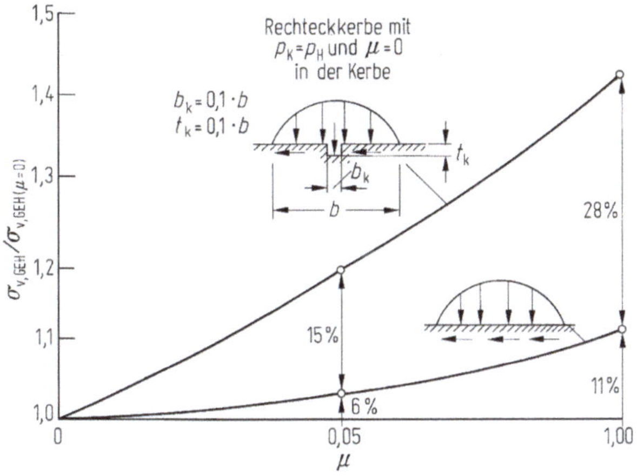

Abb. 13.9 Einfluss von Reibungszahl μ und Oberflächenkerben auf die Vergleichsspannung nahe der Oberfläche [15]

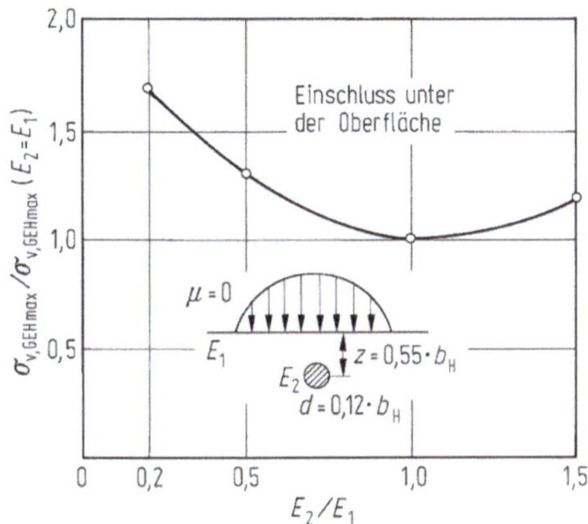

Abb. 13.10 Einfluss des Elastizitätsmoduls von Einschlüssen auf die Vergleichsspannung nach [15]. $\sigma_{v,\mathrm{GEH}}/p_H = 0{,}55$ bei $E2/E1 = 1$ (ungestörte Oberfläche)

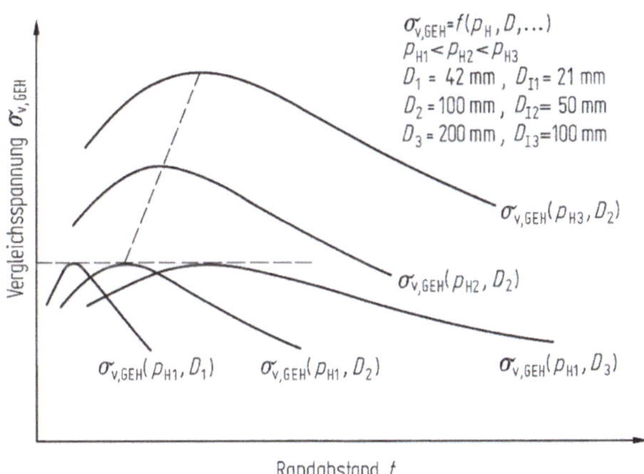

Abb. 13.11 Vergleichsspannungen nach der Gestaltänderungsenergiehypothese $\sigma_{v,\mathrm{GEH}}$ an Rollen unterschiedlicher Größe und Hertz'scher Pressung p_H bei reinem Rollen mit $v = 7\,\mathrm{m/s}$ nach [10]

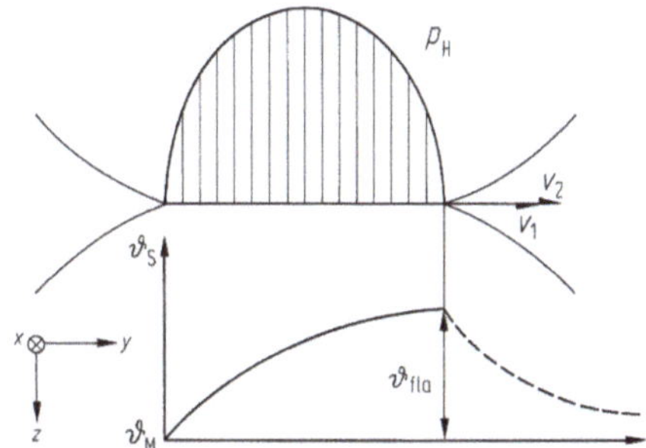

Abb. 13.12 Prinzipieller Verlauf der Kontakttemperatur ϑ_S in einer Wälzpaarung

paarungen mit glatten, polierten Oberflächen wird daher ein hoher Reinheitsgrad des Werkstoffs angestrebt, um eine hohe Wälzfestigkeit zu erreichen.

Wälzkörpergröße

Abb. 13.11 zeigt die Lage des Spannungsmaximums in Abhängigkeit vom Ersatzdurchmesser dreier Wälzpaarungen. $\sigma_{v,\mathrm{GEH}}$ ist proportional zu p_H. Es ist zu erkennen, dass sich das Spannungsmaximum bei konstantem p_H mit größerem Ersatzdurchmesser D_I in tiefere Randschichtbereiche verschiebt. Der Spannungsgradient nimmt mit zunehmendem D_I ab. Bei Punktberührung liegen entsprechende Verhältnisse vor. Die mit zunehmender Baugröße abnehmende Stützwirkung des Werkstoffs wird beim Ansatz des maßgebenden Festigkeitswerts berücksichtigt (Abschn. 13.3.2.1e)), siehe auch Kap. 3: Praktische Festigkeitsberechnung.

Temperatur

Die im tangential belasteten Wälzkontakt auftretende Reibungsenergie wird in Wärme umgesetzt. Im stationären Zustand (Wälzkörper mit Massentemperatur ϑ_M, bei der der Körper wärmespannungsfrei ist) ergibt sich dabei nach [1] der in Abb. 13.12 eingetragene Temperaturverlauf an den Oberflächen ϑ_S und die Blitztemperatur ϑ_{fla} in K als maximale Überhöhung gegenüber ϑ_M bei Linienberührung mit der Zahlenwertgleichung:

$$\vartheta_{\mathrm{fla}} = \frac{0{,}62 \cdot \mu_m \cdot (\frac{F_N}{l_{\mathrm{eff}}})^{0{,}75} \cdot (\frac{E'}{R})^{0{,}25} \cdot |v_1 - v_2|}{\sqrt{\lambda_1 \cdot \varrho_1 \cdot v_1 \cdot c_1} + \sqrt{\lambda_2 \cdot \varrho_2 \cdot v_2 \cdot c_2}} \tag{13.4}$$

c_1, c_2	in J/(kg K)	spezifische Wärmekapazitäten der Wälzkörper 1, 2
l_{eff}	in mm	tragende Breite bei Linienberührung
v_1, v_2	in m/s	Umfangsgeschwindigkeiten der Wälzkörper 1, 2
E'	in N/mm²	Ersatz-Elastizitätsmodul
F_N	in N	Normalkraft
R	in mm	Ersatzkrümmungsradius
λ_1, λ_2	in W/(m K)	Wärmeleitfähigkeiten der Wälzkörper 1, 2
μ_m		mittlere Reibungszahl, z. B. aus Scheibenversuchen, siehe Abb. 13.21
ν_1, ν_2		Querkontraktionszahlen (Poisson'sche Konstanten)
ϱ_1, ϱ_2	in kg/m³	Dichten der Wälzkörper 1, 2

mit dem Ersatz-Elastizitätsmodul

$$\frac{1}{E'} = \frac{1}{2} \cdot \left(\frac{1 - \nu_1{}^2}{E_1} + \frac{1 - \nu_2{}^2}{E_2} \right) \quad (13.5)$$

E_1, E_2	in N/mm^2	Elastizitätsmoduln der Wälzkörper 1,2

und dem Ersatzkrümmungsradius

$$R = \frac{R_1 \cdot R_2}{R_1 + R_2} \quad (13.6)$$

R_1, R_2	in mm	Krümmungsradien der Wälzkörper 1,2

Für die Paarung Stahl/Stahl ergeben sich in etwa die folgenden Werte:

$$E_{1,2} = 2{,}1 \cdot 10^5 \,\frac{N}{mm^2}, \qquad \nu_{1,2} = 0{,}3,$$
$$E' = 2{,}31 \cdot 10^5 \,\frac{N}{mm^2}, \quad \lambda_{1,2} = 35 \,\frac{W}{m\,K},$$
$$\varrho_{1,2} = 7850 \,\frac{kg}{m^3}, \qquad c_{1,2} = 465 \,\frac{J}{kg\,K}.$$

Es ergibt sich die maximale Wärmedruckspannung in Umfangsrichtung in N/mm^2 aus der Zahlenwertgleichung

$$\sigma_{Wx\,max} = -\alpha_T \cdot (1 + \nu) \cdot E' \cdot \vartheta_{fla} \quad (13.7)$$

E'	in N/mm^2	Ersatz-Elastizitätsmodul
α_T	in $1/K$	Wärmeausdehnungskoeffizient
ϑ_{fla}	in K	Blitztemperatur

Für Stahl-Wälzkörper ($\alpha_T = 1{,}1 \cdot 10^{-5}\,K^{-1}$, $\nu = 0{,}3$ und $E' = 2{,}31 \cdot 10^5\,N/mm^2$) ist damit

$$\sigma_{Wx\,max} = -3{,}23 \cdot \vartheta_{fla} \quad (13.8)$$

(13.7) und (13.8) gelten für den Grenzfall, dass keine Verformungsmöglichkeit in Umfangsrichtung besteht. Nach diesen Überlegungen ist $\sigma_{Wx\,max}$ in Wirklichkeit etwas kleiner. Diese Angaben gelten für Linienberührung. Zu Punktberührung siehe [11] und [16].

Messtechnische Untersuchungen [17] für den geschmierten Kontakt ergaben deutlich höhere Temperaturen als nach (13.4). Die Verhältnisse des trockenen Kontaktes, die (13.4) zugrunde liegen, können nicht einfach auf geschmierte, hoch belastete Kontakte übertragen werden. Die Berechnung mit (13.4) eignet sich jedoch für Relativbetrachtungen.

13.2.4 Der geschmierte Wälzkontakt nach der Theorie der Elastohydrodynamik (EHD)

Bei Anwesenheit eines Schmierstoffs verhalten sich Wälzpaarungen anders als nach den Hertz'schen Gleichungen und bei hoch belasteten Paarungen anders als bei niedrig belasteten Paarungen (z. B. bei Gleitlagern). Druckverteilung, Schmierspaltdicke und -verlauf lassen sich mit Hilfe der Elastohydrodynamik (EHD) berechnen [18], [23], [24], [25], [32], [38], [39]. Messungen haben gezeigt, dass die Berechnungsansätze, mit den entsprechenden Voraussetzungen, die Wirklichkeit recht gut beschreiben. Dabei hängt die Viskosität des Schmierstoffs außer von der Temperatur auch vom Druck im Schmierspalt ab. Bei hohem Druck kann sie sehr hohe Werte annehmen. Die Zusammenhänge sind allerdings noch nicht umfassend erforscht. Trotzdem eignet sich die EHD zur Berechnung der Beanspruchung und der Schmierfilmdicke des geschmierten, hoch belasteten Wälzkontaktes. Verformung und Druckverlauf zeigt Abb. 13.13.

Zur analytischen Beschreibung des EHD-Kontaktes werden im Allgemeinen folgende dimensionslose EHD-Parametergruppen verwendet.

Elastizitätskennwert

$$G = \alpha \cdot E' \quad (13.9)$$

E'	in N/mm^2	Ersatz-Elastizitätsmodul nach (13.5)
α	in mm^2/N	Druck-Viskositätskoeffizient

Die Berechnung mit α bei 2000 bar führt zu Ergebnissen, die mit Messungen gut übereinstimmen, da für den Schmierfilmaufbau und damit für die Schmierfilmdicke die Viskosität im Einlaufbereich des EHD-Kontaktes relevant ist. Zahlenwerte für einige Schmierstoffe sind in Abb. 13.14 und Tab. 13.4 angegeben.

Geschwindigkeitskennwert

$$U = \frac{\eta_0 \cdot v_m}{E' \cdot R} \quad (13.10)$$

R	in mm	Ersatzkrümmungsradius nach (13.6)
η_0	in m Pa s	dynamische Viskosität bei Umgebungsdruck und Massentemperatur ϑ_M (ϑ_M bei Zahnrädern nach Abschn. 21.7.1 in [30])

mit der mittleren Umfangsgeschwindigkeit

$$v_m = \frac{v_\Sigma}{2} = \frac{v_1 + v_2}{2} \quad (13.11)$$

v_1, v_2	in m/s	Umfangsgeschwindigkeiten der Wälzkörper 1,2

Lastkennwert

$$W = \frac{F_N}{l_{eff} \cdot E' \cdot R} = 2 \cdot \pi \cdot \left(\frac{p_H}{E'} \right)^2 \quad (13.12)$$

l_{eff}	in mm	tragende Breite bei Linienberührung
F_N	in N	Normalkraft
p_H	in N/mm^2	Hertz'sche Pressung

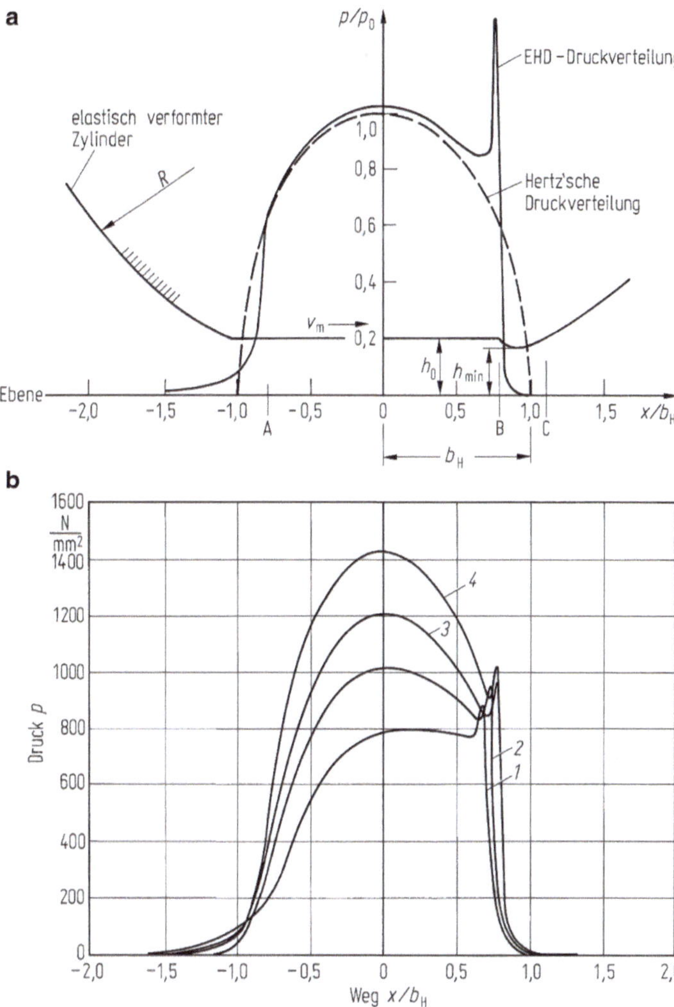

Abb. 13.13 Schmierspalt- und Druckverlauf im EHD-Kontakt bei dem Ersatzmodell Zylinder gegen Ebene, **a** Prinzip (Einschnürung bei B–C, da hier praktisch keine Belastung, d. h. Verformung), **b** gemessene Druckverteilungen nach [17]. Getriebeöl mit $\vartheta_{\text{oil}} = 40\,°\text{C}$; Stahlscheiben $R_1 = R_2 = 40\,\text{mm}$, $b = 10\,\text{mm}$; $v_\Sigma = 8\,\text{m/s}$, $s = 0\,\%$; Einfluss der Belastung *1*: $p_H = 800\,\text{N/mm}^2$; *2*: $p_H = 1000\,\text{N/mm}^2$; *3*: $p_H = 1200\,\text{N/mm}^2$; *4*: $p_H = 1400\,\text{N/mm}^2$

Tab. 13.4 Wichtige Schmierstoffdaten einiger Schmierstoffe nach [22] und [39] (exemplarisch)

Schmierstoff		FVA 3	FVA 4	LP 3600
Viskositätsgruppe nach ISO (ISO VG)		100	460	32
Viskositätsindex VI		95	95	135
kinematische Viskosität v	bei 40 °C	95,0 … 100,0	414,0 … 500,0	36,0
in mm^2/s	bei 100 °C	10,2 … 11,2	30,0 … 32,0	6,5
Dichte ϱ in kg/m^3	bei 15 °C	875 … 885	892 … 912	956

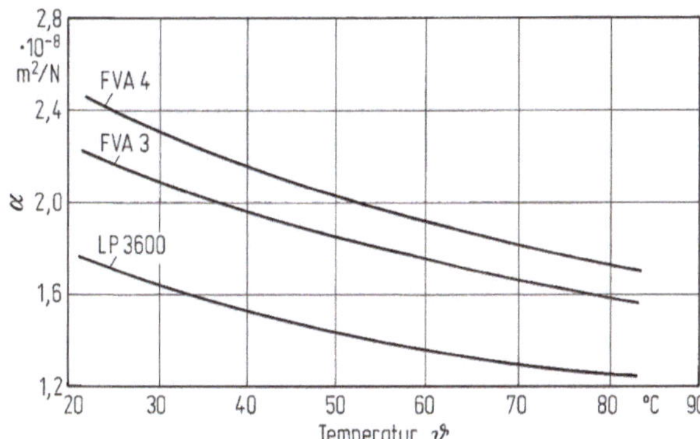

Abb. 13.14 Druck-Viskositätskoeffizient α der Schmierstoffe in Tab. 13.4 bei 2000 bar Schmierdruck

Bezogene Schmierfilmdicke allgemein

$$H = \frac{h}{R} \tag{13.13}$$

h	in µm	Schmierfilmdicke

Mit den dimensionslosen Parametergruppen U, G, W können auf Basis der Annahmen von [5], [7], [9] die Schmierfilmdicken des EHD-Kontaktes abgeschätzt werden:

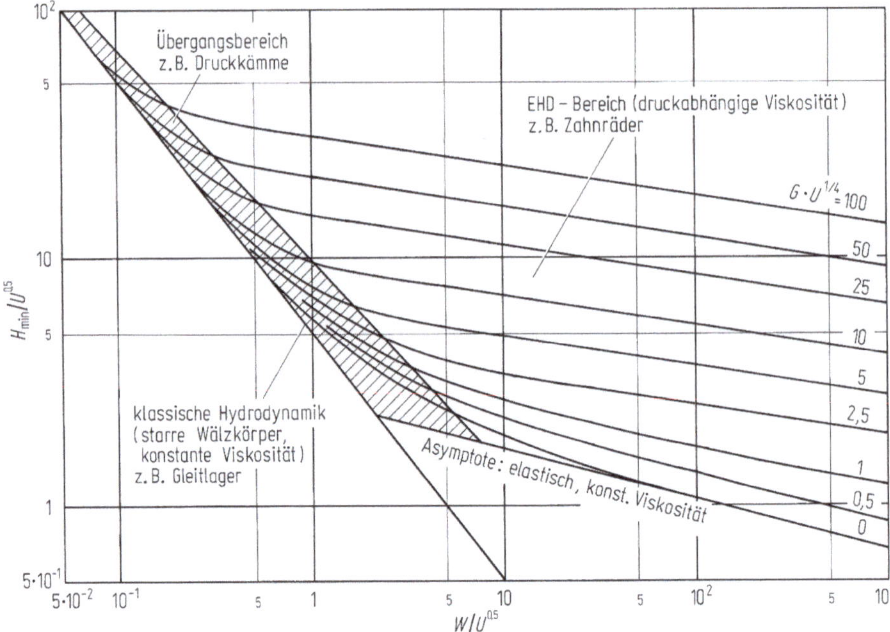

Abb. 13.15 Einteilung des Schmierzustands von Wälzpaarungen nach Moses (siehe [40]) (ohne Berücksichtigung der Temperatur)

Schmierfilmdicke im Parallelspalt bei Linienberührung nach [7]

$$H_0 = \frac{h_0}{R} = 1{,}95 \cdot (G \cdot U)^{8/11} \cdot W^{-1/11} \tag{13.14}$$

Minimale Schmierfilmdicke bei Linienberührung nach [5]

$$H_{\min} = \frac{h_{\min}}{R} = 2{,}65 \cdot G^{0{,}54} \cdot U^{0{,}7} \cdot W^{-0{,}13} \approx 0{,}8 \cdot H_0 \tag{13.15}$$

Minimale Schmierfilmdicke bei Punktberührung nach [9]

$$h_{\min} = 2{,}419 \cdot \left(\frac{U}{2}\right)^{0{,}68} \cdot G^{0{,}49} \cdot \left(\frac{W \cdot R}{l_{\text{eff}}}\right)^{-0{,}073} \cdot \left(1 - \exp\left[-0{,}67 \cdot \left(\frac{R_{\text{II}}}{R_{\text{I}}}\right)^{0{,}66}\right]\right) \tag{13.16}$$

mit den Ersatzkrümmungsradien

$$R_{\text{I}} = D_{\text{I}}/2 \tag{13.17}$$

$$R_{\text{II}} = D_{\text{II}}/2 \tag{13.18}$$

Nachweis der Kontaktverhältnisse
Wenn mit den oben genannten Kennwerten die Voraussetzungen für EHD erfüllt sind (Abb. 13.15), kann für die praktische Anwendung mit (13.14), (13.15) oder (13.16) die Schmierfilmdicke abgeschätzt werden. Grenzen des EHD-Bereichs werden in [34] erläutert. Bei hochbelasteten geschmierten Wälzpaarungen sollte die auf die Oberflächenrauheit bezogene (spezifische) Schmierfilmdicke λ (Abschn. 16.3.2) möglichst > 2 sein. Darunter sind Schmierstoffzusätze erforderlich, die mit den metallischen Oberflächen wechselwirken und Triboschichten bilden. Weitere Hinweise hierzu werden in Abschn. 21.6, 21.8.1 und 22.3.7 in [30] gegeben.

13.3 Praktische Berechnung der Tragfähigkeit

Bei statischer Belastung wird die Tragfähigkeit durch andere Schadenskriterien begrenzt als bei dynamischer Belastung.

13.3.1 Zulässige statische Belastung

Unter statischer Belastung wird die Belastung ruhender oder langsam bewegter, auch langsam pendelnder Wälzkörper (z. B. Brückenlager, Waagenschneide) verstanden. Als Grenzkriterium gilt meist die Beanspruchung, bei der eine bestimmte bleibende Verformung δ_b (Summe der Verformung beider Wälzkörper mit Durchmesser D_W) auftritt. In den meisten Fällen wird $\delta_b / D_W = 0{,}01\,\%$ zugelassen (vgl. Definition der 0,2 %-Dehngrenze: bleibende Verformung 0,2 %). Aber auch größere bleibende Verformungen oder anders definierte Grenzwerte werden mitunter zugelassen.

Grenzwerte für die spezifische Belastung k_0 und die Stribeck'sche Pressung K sind in Tab. 13.5 und 13.6 aufgelistet.

Grenzwerte für die Hertz'sche Pressung zeigt Abb. 13.16. Die empirisch ermittelten Kurven entsprechen den folgenden Gleichungen:

Tab. 13.5 Mittlere Grenzwerte der spezifischen Belastung k_0 und der Stribeck'schen Pressung K nach Bruchlastversuchen an gehärteten Wälzlagerkugeln aus Stahl nach [41]

Grenzmerkmal	Kugel/Kugel $D_I = D_{II}$		Kugel/Ebene
	k_0 in N/mm^2	K in N/mm^2	$k_0 = K$ in N/mm^2
bleibende Verformung 0,02 %	3	12	4
Proportionalitätsgrenze	5	20	20
1. Kreisriss am Umfang der Druckfläche	100	400	350
Bruchlast	520	2080	800

Tab. 13.6 Erfahrungswerte für k_{0zul} bei statischer Belastung

Angabe nach	Anwendung	Wälzkörper-durchmesser	Werkstoff	$k_{0\,zul}$ in N/mm^2
[27], [33]	Kugel/Ebene	$D_2 = \infty$	gehärteter Stahl	18
	Axialkugellager	$D_4 = -1{,}08 \cdot D_1$		40
	Rolle/Ebene	$D_2 = \infty$		80
Wälzlager-firmen	Kugel/Ebene	$D_2 = \infty$		14
	Axialkugellager	$D_4 = -1{,}08 \cdot D_1$		58
	Rolle/Ebene	$D_2 = \infty$		100
DIN 622 Bl. 2 [4]	Rillenkugellager (Innenring)	$D_2 \approx 5 \cdot D_1$ $D_4 = -1{,}06 \cdot D_1$		62
	Pendelkugellager (Außenring)	$D_2 = D_4 \approx \lvert 7 \cdot D_1 \rvert$		17
	Zylinderrollenlager (Innenring)	$D_2 = 6 \cdot D_1$		110
	Axialkugellager	$D_4 = -1{,}08 \cdot D_1$		50
	Axialrollenlager	$D_2 = \infty$		100
[36]	Brückenauflager (Kugel/Ebene)	$D_2 = \infty$		10
–	Kranlaufrad Rolle/Ebene	$D_2 = \infty$	GJL	6 … 8
			GS	10 … 24
			C35E	12 … 20

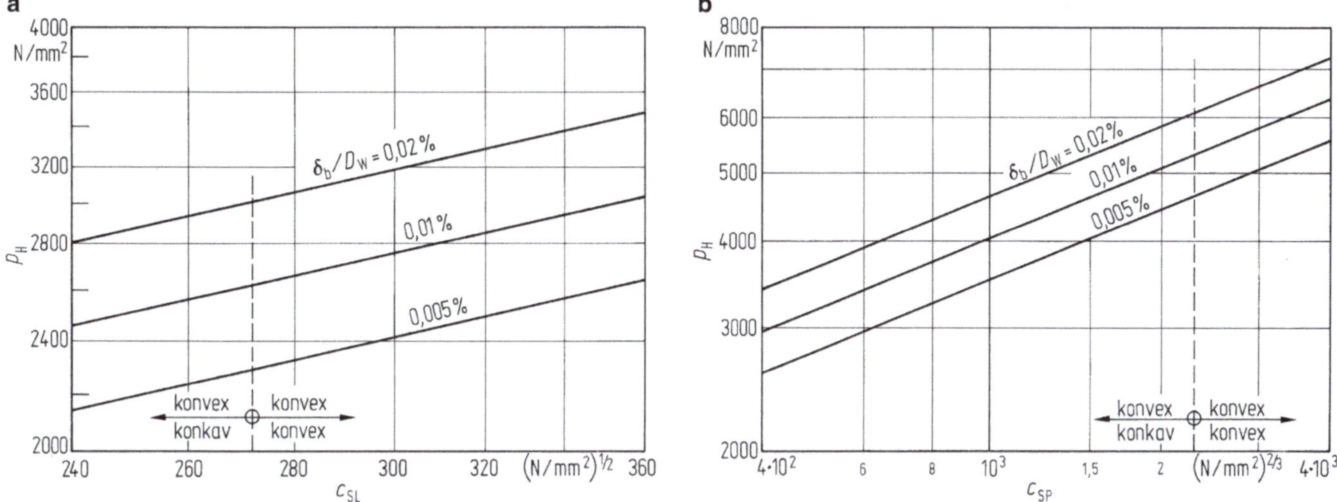

Abb. 13.16 Grenzwert der Hertz'schen Pressung für statische Belastung bei Stahl-Stahl-Wälzpaarung und unterschiedlichen Grenzverformungen δ_b nach [2] für **a** Linien-, **b** Punktberührung

Tab. 13.7 Anhaltswerte für Maße und Belastungen von glasharten Schneiden und Pfannen nach Abb. 13.17

Verwendung	Belastung	Schneide			Pfanne		Stribeck'sche Pressung
	F_N / l_{eff} in N/mm	α	α'	D_1 in mm	β	D_2 in mm	K in N/mm²
Feinwaagen	bis 2	45°	75°	0,03	120°	0,15	50
mittlere Waagen	100	60°	80°	0,20	140°	0,50	150
schwere Waagen	1000	90°	90°	1,50	140°	3,00	330
Festigkeitsprüfmaschinen	2000	90°	110°	2,35	160°	4,00	350

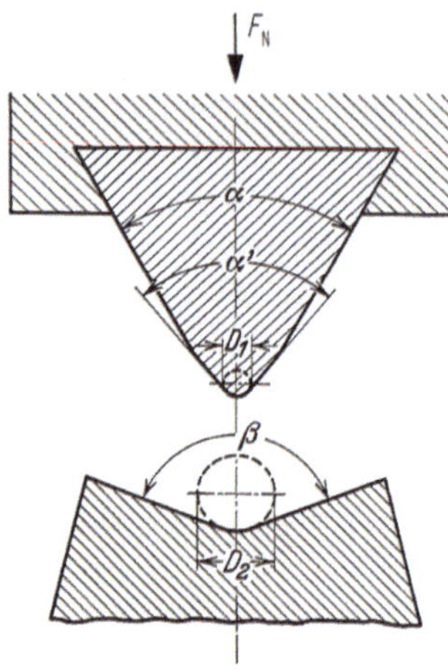

Abb. 13.17 Winkel und Ausrundungen an Schneiden und Pfannen

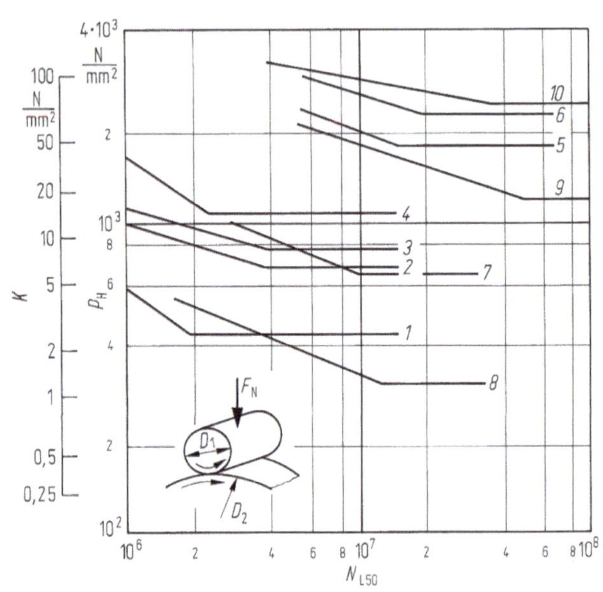

Abb. 13.18 Wöhlerlinien der Grübchentragfähigkeit bei Linienberührung nach Versuchen mit zylindrischen Rollen ohne Schlupf nach [10], [12], [29] für 50 % Schadenswahrscheinlichkeit

Grenzwert der Hertz'schen Pressung für Linienberührung

$$p_H = 2690 \cdot c_{SL}^{2/5} \cdot \left(\frac{\delta_D}{D_W}\right)^{1/5} \tag{13.19}$$

und für Punktberührung

$$p_H = 3300 \cdot c_{SP}^{3/10} \cdot \left(\frac{\delta_D}{D_W}\right)^{1/5} \tag{13.20}$$

c_{SL}	in $(\mathrm{N/mm^2})^{1/2}$	Schmiegungskonstante für Linienberührung siehe Tab. 13.1
c_{SP}	in $(\mathrm{N/mm^2})^{2/3}$	Schmiegungskonstante für Punktberührung siehe Tab. 13.1

Für die Belastung von glasharten Waagenschneiden und Pfannen werden je mm tragender Länge von 2 N bis 2000 N angegeben, siehe Tab. 13.7. In Wirklichkeit ist die zulässige Belastung auch hier eine Frage der Wälzpressung, also der Ausrundung von Schneide und Pfanne, wobei eine Überlastung eine plastische Verformung und somit eine selbsttätige Anpassung der Ausrundung zur Folge haben wird. Übliche Ausführungen und Erfahrungswerte sind in Abb. 13.17 und Tab. 13.7 angegeben.

13.3.2 Zulässige dynamische Belastung

Dies ist die ertragbare Belastung unter wiederholter umlaufender oder hin- und hergehender Wälzbewegung. Bei trocken laufenden Wälzpaarungen können nach gewissen Laufzeiten Oberflächenteile abblättern (schälen) oder kontinuierlich verschleißen. Kontinuierlicher Verschleißabtrag kann auch bei langsamen Wälzbewegungen geschmierter Wälzkörper die maßgebliche Schadensgrenze sein. Sobald sich ein tragender Schmierfilm ausbilden kann, wird die Tragfähigkeit durch die Gefahr von Grübchen, Graufleckigkeit oder Fressen begrenzt. Versuchs- und Erfahrungswerte zulässiger Pressungen sind in Abb. 13.18 und Tab. 13.8 angegeben.

13.3.2.1 Grübchentragfähigkeit

Die muschelförmigen grübchenartigen Ausbrüche sind Ermüdungsschäden. Sie sind etwa 1,5 … 2-mal so tief wie der Abstand der maximalen Hauptschubspannung von der Oberfläche. In der Regel zeigen die Grübchenspitzen in Gleitrichtung. Je höher die Wälzpressung, desto tiefer sind sie und desto eher treten sie auf. Daher kann in Laufversuchen die ertragbare Wälzpressung in Abhängigkeit von der Lebensdauer, d. h. von der Anzahl der Überrollungen bis zur Grübchenbildung (pitting) ermittelt werden (siehe hierzu auch Abschn. 21.6 in [30]). Abb. 13.18, Tab. 13.8 und

Tab. 13.8 Wöhlerlinien der Grübchentragfähigkeit bei Linienberührung nach Versuchen mit zylindrischen Rollen ohne Schlupf nach [10], [12], [29] für 50 % Schadenswahrscheinlichkeit

Daten der Wälzpaarung	Nr.	Werkstoff	Brinellhärte	Literatur
$D_1 = 42\,\text{mm}$, $D_2 = 90\,\text{mm}$, $\nu_{40} = 85\,\text{mm}^2/\text{s}$, $l_{\text{eff}} = 5\,\text{mm}$, gegen gehärteten Wälzlagerstahl	1	S275JR	140	
	2	E360	230	
	3	Si-Mn-Stahl, $R_m = 850–900\,\text{N/mm}^2$	255	[29]
	4	Cr-Mo-Stahl, $R_m = 1100–1200\,\text{N/mm}^2$	347	
	5	Nitrierstahl	555	[12]
	6	Wälzlagerstahl	651	[12]
	7	Aluminium-Bronze	200	
	8	Aluminium	152	
$D_1 = 42\,\text{mm}$, $D_2 = 42\,\text{mm}$, FVA 3, $l_{\text{eff}} = 15\,\text{mm}$, beide Wälzkörper gleicher Werkstoff	9	42CrMo4	290 HV	[10]
	10	16MnCr5E	65 HRC	

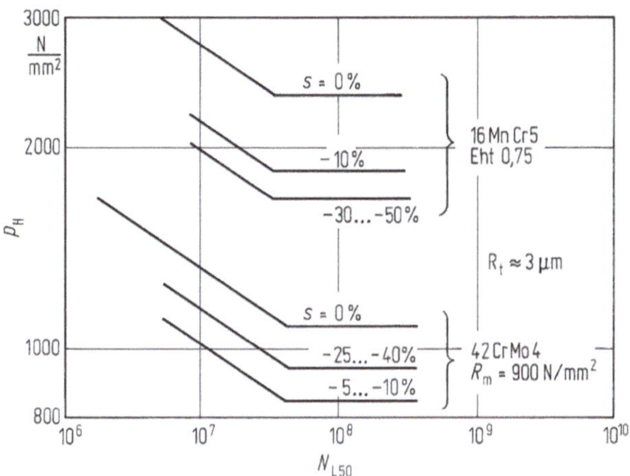

Abb. 13.19 Wöhlerlinien der Grübchentragfähigkeit von Rollen bei Linienberührung für 50 % Schadenswahrscheinlichkeit ($D_1 = 21\,\text{mm}$, $l_{\text{eff}} = 15\,\text{mm}$): Einfluss des Schlupfes nach [28]. Die Hertz'schen Pressungen wurden aus den Abmessungen der Krümmungsradien der Wälzkörper vor Versuchsbeginn ermittelt. Die Dauerfestigkeit wurde bei ca. $33 \cdot 10^6$ Überrollungen erreicht

Abb. 13.19 zeigen einige so gewonnene Wöhlerlinien der Grübchentragfähigkeit. Den unteren Grenzwert, bei dem keine Grübchenschäden mehr erzielt werden (Abknicken der Kurven in die Waagerechte), kann als Dauer-Wälzfestigkeit (= Grübchen-Dauerfestigkeit) bezeichnet werden. Je nach Oberflächenbeschaffenheit und Schmierungszustand muss im Bereich hoher Überrollungszahlen mit einem Abfall der Grübchentragfähigkeit gerechnet werden (ISO 6336 Teil 2 [13]).

Die in diesen Versuchen ermittelten Lebensdauerwerte streuen sehr stark. Ursache hierfür sind die regellos verteilten Schwachstellen an der Oberfläche (z. B. Schleifriefen, Poren) und unter der Oberfläche (z. B. nichtmetallische Einschlüsse). Den Ergebnissen (Anzahl der Überollungen bis zum Schaden bzw. den Dauerfestigkeitswerten) wird daher eine bestimmte Schadenswahrscheinlichkeit zugeordnet. Die Streuung der Ergebnisse lässt sich recht gut mit der „Weibull"-Verteilung beschreiben, siehe [14], [30].

a) Grübchentragfähigkeit bei reinem Rollen

Abb. 13.18 und Tab. 13.8 zeigen hierzu einige Versuchsergebnisse. Hiernach können für Wälzkörper aus Stahl und den dort angegebenen Versuchsbedingungen die folgenden Dauerfestigkeitswerte auf Basis der vorliegenden Brinellhärte HB (in N/mm^2) angesetzt werden:

Im Dauerlauf ertragbare Hertz'sche Pressung bei reinem Rollen und Linienberührung

$$p_{HD} \approx 3 \cdot \text{HB} \qquad (13.21)$$

bzw. Dauer-Walzenfestigkeit

$$K_D \approx 1{,}25 \cdot \left(\frac{\text{HB}}{100}\right)^2 \qquad (13.22)$$

Versuche mit Kugelprüfkörpern aus gehärtetem Wälzlagerstahl ($\text{HB} = 710\,\text{N/mm}^2$) ergaben:

Im Dauerlauf ertragbare Hertz'sche Pressung bei reinem Rollen und Punktberührung

$$p_{HD} \approx 5{,}25 \cdot \text{HB} \qquad (13.23)$$

bzw. Dauer-Walzenfestigkeit

$$K_D \approx 14{,}05 \cdot \left(\frac{\text{HB}}{1000}\right)^3 \qquad (13.24)$$

Weitere Versuchsergebnisse auch für reines Rollen (Schlupf $s = 0\,\%$) sind in Abb. 13.19 und 13.20 enthalten. Weitere Erfahrungswerte sind in Tab. 13.9 zusammengefasst.

Eine höhere Tragfähigkeit bei Punktberührung kann mit der besseren Stützwirkung des Werkstoffs erklärt werden. Sie kann bei Punktberührung im gesamten Umfeld der Berührellipse wirksam werden. Ferner ist der Spannungsgradient am Rand der Berührfläche größer als bei Linienberührung (zu Stützwirkung siehe auch Kap. 3: Praktische Festigkeitsberechnung).

b) Grübchentragfähigkeit bei Schlupf

Die ertragbare Hertz'sche Pressung ist bei positivem Schlupf um mindestens 30 % höher als bei negativem Schlupf [35].

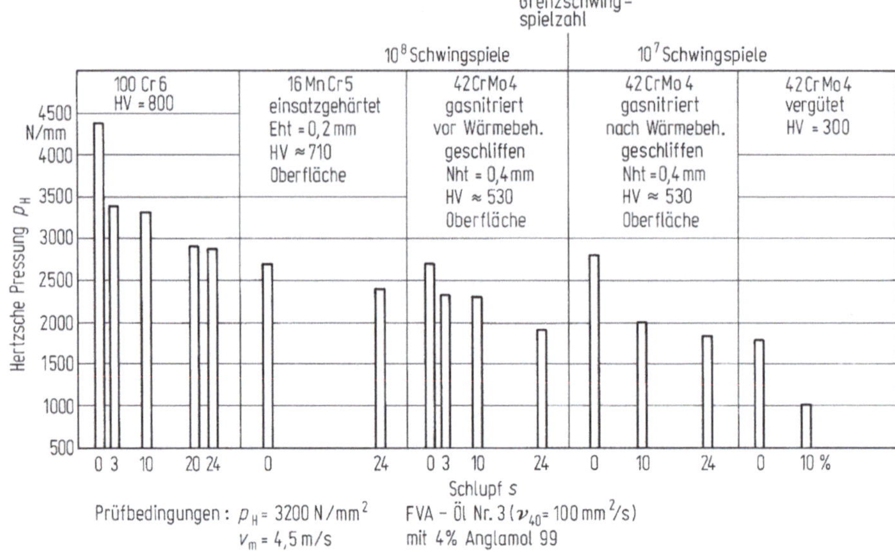

Abb. 13.20 Einfluss von Schlupf, Werkstoff und Wärmebehandlung auf die Grübchendauerfestigkeit von bombierten Rollen bei Punktberührung ($D_{\mathrm{I}} = 21\,\mathrm{mm}$, $D_{\mathrm{II}} = 200\,\mathrm{mm}$) nach [35]

Tab. 13.9 Erfahrungswerte für die zulässige Hertz'sche Pressung $p_{H\,\mathrm{zul}}$ bei dynamischer Belastung, L = Linienberührung, P = Punktberührung

Quelle	Berührart	Anwendungsgebiet	Grenzkriterien	Werkstoff	Größe $D_{\mathrm{I}}/D_{\mathrm{II}}$ in mm	$p_{H\,\mathrm{zul}}$ in $\mathrm{N/mm^2}$
[29]	L	Rollen $s = 0\,\%$	mittlere Dauerfestigkeit	Stahl/Stahl	30/–	3 HB
[30]	L	Zahnflanken	dauerfest bei 1 % Schadenswahrscheinlichkeit	Baustahl	im Wälzpunkt 16/–	370 … 460
				Vergütungsstahl		530 … 630
				Einsatzstahl		1500
[42]	P	Laufrad/Schiene, $s = 0\,\%$	ca. 1 Mio. km Laufleistung ohne Nachbearbeitung der Räder	C-Stahl	1000/2000	800
				$R_m = 800/900\,\mathrm{N/mm^2}$	500/1000	1000
[9]	P	Laufrad/Schiene bei Kränen		GS45/E295	100 … 600	500
				GS70/E360		600
[31]	P	Reibradgetriebe $s = 1 \ldots 5\,\%$		Stahl/Stahl gehärtet	bis zu 30/30	2000 … 3000
	L	Reibradgetriebe $s = 1 \ldots 5\,\%$		E360/Stahl gehärtet	–	650
				EN-GJL-250/E360		450
[30]	P	Zahnflanken Schraubräder	dauerfest bei 1 % Schadenswahrscheinlichkeit	Stahl/Stahl, boriert	–	1700
				Vergütungsstahl/B2		1000
				GJL/GJL		750
[30]	L	Zahnflanken Schneckenräder	dauerfest bei 1 % Schadenswahrscheinlichkeit	Stahl gehärtet	–	350
				EN-GJL-250 GZCuSn12Ni		520

Zur Abschätzung der Lebensdauer für 50 % Schadenswahrscheinlichkeit von Rollen aus Wälzlagerstahl 100Cr6 bei Schlupf zwischen $-3\,\% < s < 25\,\%$ entsprechend Abb. 13.19 wird in [35] die Schwingspielzahl mit der folgenden Zahlenwertgleichung angegeben

$$N_{L50} = 2{,}74 \cdot 10^4 \cdot (1{,}7 \cdot 10^{11})^k \cdot {p_H}^{-3k} \qquad (13.25)$$

mit dem Wöhlerlinienexponent k

$$k = 6{,}6 - 0{,}5 \cdot \sqrt{|s|} \qquad (13.26)$$

p_H	in $\mathrm{N/mm^2}$	Hertz'sche Pressung
s	in %	Schlupf

c) Werkstoff

Versuchsergebnisse mit Rollen aus unterschiedlichen Werkstoffen bei veränderlichem Schlupf bei Linienberührung zeigt Abb. 13.19. Auch bei Punktberührung nimmt die Wälzfestigkeit bei allen untersuchten Werkstoffen mit steigendem negativen Schlupf ab, siehe Abb. 13.20. Detaillierte Untersuchungen im hohen Zeitfestigkeitsgebiet siehe [35]. Auch hier zeigt sich, dass die Tragfähigkeit bei Punktberührung höher ist als bei Linienberührung.

d) Schmierfilm, Reibungszahl, Rauheit

Laufversuche mit geschmierten Kontakten (z. B. [39], [45]) haben gezeigt, dass die Tragfähigkeit mit zunehmender

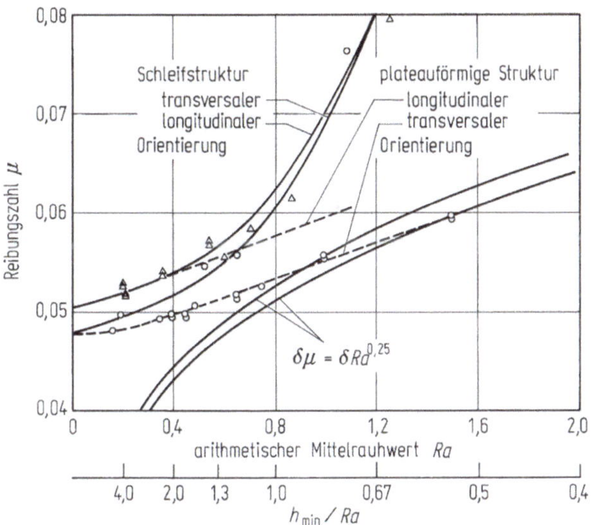

Abb. 13.21 Einfluss der Rauheit auf die mittlere Reibungszahl bei Wälzpaarungen [34]. Werkstoff des harten Wälzpartners: 100Cr6, Werkstoff des weichen Wälzpartners 42CrMo4V, Schmierstoff FVA 4 (Öldaten siehe Abb. 13.14 und Tab. 13.4), Hertz'sche Pressung $p_H = 1300\,\text{N/mm}^2$, Summengeschwindigkeit $v_\Sigma = 8\,\text{m/s}$, Schlupf $s = 10\,\%$, Massentemperatur $\vartheta_M = 84\,°\text{C}$, Schmierfilmdicke $h_{\min} = 8\,\mu\text{m}$

Umfangsgeschwindigkeit zunimmt. Ursachen hierfür sind günstigere Schmierfilmbildung ($h_{\min}$ in (13.15) und (13.16)) und sinkende Reibungszahlen sowie abnehmende Kontaktdurchlaufzeit. Aus einer großen Anzahl von Versuchen mit zylindrischen Scheiben aus Vergütungsstahl bei 2 … 30 % Schlupf [39] lässt sich folgende Beziehung zwischen den Schwingspielzahlen N_L (bzw. Lebensdauern) bei Betriebsbedingungen A und B ableiten:

$$\frac{N_{LA}}{N_{LB}} = \left(\frac{p_{HA}}{p_{HB}}\right)^{-7} \cdot \left(\frac{\mu_A}{\mu_B}\right)^{-3} \cdot \left(\frac{\vartheta_{\text{fla}A}}{\vartheta_{\text{fla}B}}\right)^{-2} \cdot \left(\frac{v_{2A}}{v_{2B}}\right)^{1,2} \cdot \left(\frac{\lambda_A}{\lambda_B}\right)^{2,2} \qquad (13.27)$$

p_H	in N/mm^2	Hertz'sche Pressung
v_2	in m/s	Geschwindigkeit der langsamen Scheibe an der die Grübchen auftreten
λ		spezifische Schmierfilmdicke
μ		Reibungszahl
ϑ_{fla}	in K	Blitztemperatur

(13.27) gilt für den Bereich der Mischschmierung, d. h. für λ_A bzw. $\lambda_B < 2$ (Abschn. 13.2.4). Für den Bereich der Vollschmierung, d. h. λ_A bzw. $\lambda_B > 2$ ist λ_A bzw. $\lambda_B = 2$ zu setzen.

Der starke Einfluss der Reibungszahl auf die Lebensdauer (Exponent ≈ −3!) wird aus (13.4) deutlich, in der die Blitztemperatur $\vartheta_{\text{fla}A}$ proportional der Reibungszahl μ angesetzt wird. Abb. 13.21 zeigt den Einfluss der Rauheit

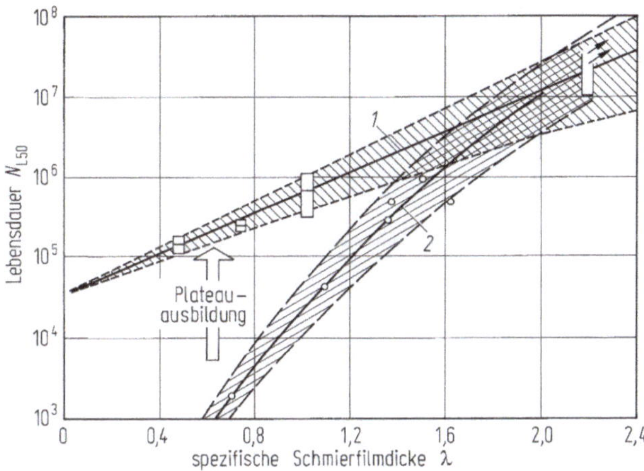

Abb. 13.22 Einfluss der Rauheitsstruktur auf die mittlere Lebensdauer L_{50} bis zur Grübchenbildung bei gleicher Herstell-Rautiefe nach dem Schleifen bzw. gleicher spezifischer Filmdicke λ für: 1 plateauförmige, 2 normalverteilte Struktur [34]

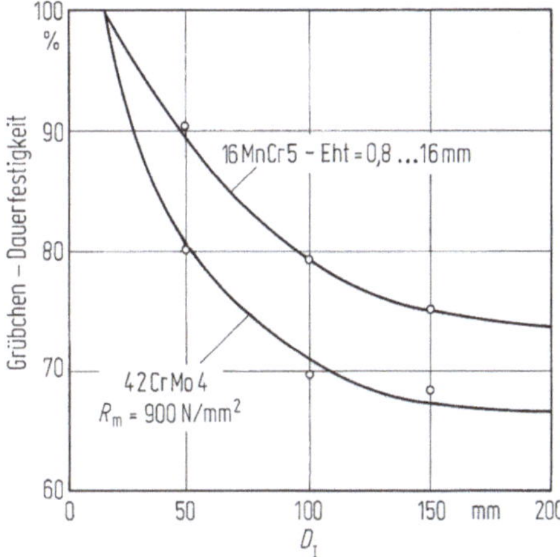

Abb. 13.23 Einfluss der Bauteilgröße auf die Grübchen-Dauerfestigkeit bei Linienberührung [10]

auf die Reibungszahl. Ebenso ist die Rauheitsstruktur entscheidend. Günstig ist eine plateauförmige Struktur, wie sie etwa durch Polieren, Honen oder Einlaufen geschliffener Oberflächen entsteht. Abb. 13.22 zeigt, wie sich nach derselben Untersuchung Rauheit Ra (häufige Bezugsgröße in der spezifischen Schmierfilmdicke λ) und Rauheitsstruktur auf die Lebensdauer auswirken. Es sind deutlich die Vorteile einer plateauförmigen Rauheitsstruktur zu erkennen, besonders bei kleinen λ-Werten.

e) Baugröße

Die Ursachen für die mit der Baugröße abnehmende Festigkeit werden in Abschn. 13.2.3 erläutert. Aus den dort beschriebenen Gründen nimmt auch die Grübchentragfähigkeit mit zunehmendem Wälzkörperdurchmesser ab. Anhaltswerte für einen Größenfaktor zeigt Abb. 13.23.

13.3.2.2 Graufleckentragfähigkeit

Ein Wälzpartner mit Grauflecken erscheint, makroskopisch betrachtet, als graue Fläche, mikroskopisch betrachtet sind viele Poren zu erkennen. Diese entstehen, ähnlich wie Grübchen, aus Rissen, die von Unebenheiten der Oberfläche, z. B. an Schleifriefen, ausgehen (daher englisch „micropitting"). Die Poren sind etwa 10 ... 50 µm tief. Mitunter kommt die Graufleckenentwicklung nach Abbau der Unebenheiten zum Stillstand und wirkt somit quasi als Einlaufverschleiß. Bei ungünstigen Bedingungen führt die fortschreitende Porenbildung zu verschleißartigen Auskolkungen. Von den Poren können auch Anrisse ausgehen, die zu regulären Grübchen führen. Gefährdet sind insbesondere Werkstoffe mit HV > 400 und Paarungen bei Betriebszuständen mit spezifischen Schmierfilmdicken $\lambda < 0{,}7 \ldots 1$ nach Abschn. 16.3.2 mit (13.21) und (13.22). In den gefährdeten Bereichen kann die Schadensgrenze durch geeignete Additive beachtlich angehoben werden. Der Nachweis ist durch geeignete Testverfahren (z. B. [6] und [37]) möglich.

13.3.3 Fresstragfähigkeit

Fressschäden treten nur bei Schlupf auf. Sie äußern sich als Aufrauhungen der Oberflächen, denen oft eine Riefenbildung vorausgeht. Ursache ist offensichtlich ein Zusammenbrechen der Triboschichten (chemische und physikalische Reaktionsschichten siehe Kap. 16: Schmierung), so dass die metallisch reinen Oberflächen miteinander verschweißen. Infolge der Relativbewegung werden diese Verschweißungen dann sofort wieder getrennt. Als maßgebendes Grenzkriterium kann die Temperatur im Wälzkontakt angesehen werden (Abschn. 13.2.3). Fressen ist also kein Ermüdungsschaden. Der Schaden tritt meist nach relativ kurzer Betriebszeit plötzlich auf, sobald nämlich eine für die Schmierstoff/Werkstoffpaarung maßgebende kritische Fresstemperatur erreicht ist. Die Fresstragfähigkeit kann insbesondere durch geeignete Additive erhöht werden. Der Einfluss der Kontaktzeit wird in [3] erläutert.

Diese Tragfähigkeitsgrenze ist insbesondere bei Zahnradgetrieben zu beachten, siehe Kap. 21 und 22 in [30]. Versuche mit Scheiben zu diesem Thema werden in [25] beschrieben.

13.3.4 Verschleißtragfähigkeit

Verschleiß äußert sich zunächst als kontinuierlicher Abtrag von Rauheitsbergen oder deren plastische Verformung. Wenn er danach zum Stillstand kommt, liegt sog. Einlaufverschleiß vor, der sich sowohl auf die Reibungszahl als auch auf Grübchen-, Grauflecken- und Fresstragfähigkeit günstig auswirkt, siehe z. B. Tab. 13.9 und Abb. 13.21.

Fortschreitender Verschleiß, der insbesondere durch ungünstige Schmierbedingungen und Verunreinigungen des Schmierstoffs begünstigt wird, führt zu Formabweichungen (Zahnräder) oder Abtrag der Reibschicht (Reibradgetriebe).

Bei geschmierten Wälzkontakten ist die rechnerische Schmierfilmdicke nach (13.15) neben der Werkstoffpaarung (nicht jedoch die Rauheit) ein wichtiges Kriterium für die erreichbare Lebensdauer (bei Zahnrädern ist der Bereich $h_{\min} < 0{,}05\,\mu\text{m}$ kritisch). Praktische Berechnungen für Zahnrad-, Schnecken- und Reibradgetriebe sind in Kap. 21 in [30] und Kap. 25 und 28 in [31] enthalten.

13.4 Rollreibung

Die Betrachtungsweise bei der Rollreibung gilt für den Wälzkontakt ohne Schlupf, wie er bei ungeschmierten Paarungen wie Rad/Schiene, Brückenlager oder Ähnlichen vorkommt (vgl. Einschränkungen in der Einleitung zu Kap. 13). Bei Reibkraftübertragung (Kap. 28 in [31]) überwiegt die Reibung aus Schlupf gegenüber dem auch hierbei vorhandenen Rollreibungsanteil. Rollreibung wird durch die elastische Verformung (Abplattung) der Wälzkörper verursacht. Das Rollreibmoment lässt sich mit den in Abb. 13.24 angegebenen Größen für Linienberührung wie folgt erfassen:

Rollwiderstand

$$F_W = T_R \cdot \frac{2}{D_1} \tag{13.28}$$

D_1	in mm	Durchmesser der Rolle

mit dem Moment der Rollreibung für den Kontakt Rolle auf einer Laufbahn

$$T_R = f \cdot F_N \tag{13.29}$$

bzw. für den Kontakt Rolle zwischen zwei Laufbahnen

$$T_R = (F_N + F_G) \cdot f_1 + F_N \cdot f_2 \tag{13.30}$$

f, f_1, f_2	in mm	Hebelarme der Rollreibung siehe Abb. 13.24, Anhaltswerte siehe Tab. 13.10
F_G	in N	Gewichtskraft der Rolle
F_N	in N	äußere Belastung

Weitere Angaben für geschmierte und ungeschmierte Werkstoffpaarungen sind in Kap. 28 in [31] enthalten.

Zusätzliche Gleitreibung

Bei Berührung der Wälzkörper außerhalb der Wälzlinie, z. B. bei Spurkranzreibung der Laufräder, bei Bord-, Stirn- und Käfigreibung der Wälzlager, bei zusätzlicher Gleitreibung

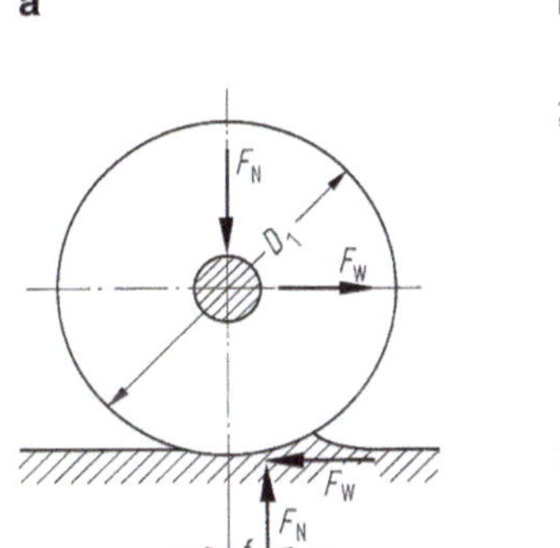

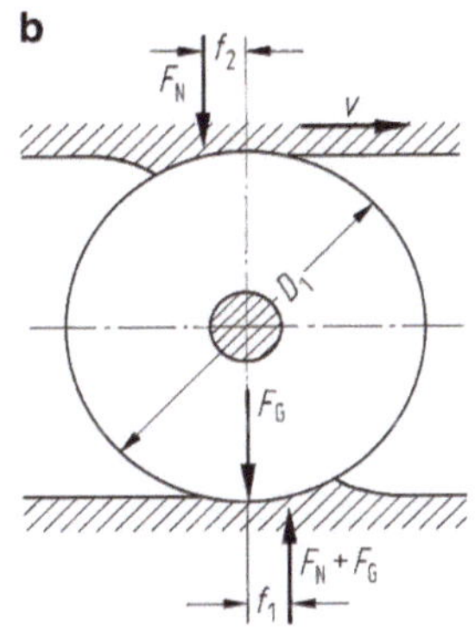

Abb. 13.24 Größen für die Berechnung der Rollreibung für **a** Kontakt Rolle auf Laufbahn, **b** Kontakt Rolle zwischen zwei Laufbahnen

Tab. 13.10 Anhaltswerte für den Hebelarm f

Anwendungsfall	Hebelarm f
Allgemein für Wälzpaarungen aus Stahl, Stahlguss und Gusseisen mit Lamellengraphit	0,5 mm
Wälzlager, gehärteter, geschliffener Stahl	0,005 ... 0,01 mm
Rad (Durchmesser D_1 in mm)/Schiene	Zahlenwertgleichung $0{,}013 \cdot \sqrt{D_1}$
Brückenlager, Hartstahl	0,015 mm

von Dichtungen und Lagerzapfen, ist ein zusätzliches Reibmoment zu überwinden, das häufig erheblich größer ist als das Rollreibmoment.

13.5 Berechnungsbeispiele

Beispiel 13.1

Kranlaufrad aus Stahlguss (Abb. 13.1a)

Gegeben:
$D_1 = 800\,\text{mm}$, $l_{\text{eff}} = 65\,\text{mm}$, $f = 0{,}5\,\text{mm}$, $E = 2{,}1 \cdot 10^5\,\text{N/mm}^2$, $p_{H\,\text{zul}} = 500\,\text{N/mm}^2$ nach Tab. 13.9 und Zapfendurchmesser $d = 80\,\text{mm}$, Gleitreibungszahl des Zapfens $\mu = 0{,}1$

Gesucht:
Die maximal zulässige Normalkraft F_N, das Roll-Reibmoment T_R, der Roll-Widerstand F_W und der Gleitreibungswiderstand F_Z der Laufradlagerung.

Berechnet:
Mit der Stribeck'schen Wälzpressung nach Tab. 13.1

$$K = p_{H\,\text{zul}}^2 \cdot \frac{\pi}{E'} = 3{,}4\,\text{N/mm}^2$$

und $E' = E/(1-\nu^2) = 2{,}3 \cdot 10^5\,\text{N/mm}^2$ nach (13.5) für Kontakt Stahl/Stahl ($E_1 = E_2$, $\nu_1 = \nu_2 = 0{,}3$) wird die maximal zulässige Normalkraft nach Tab. 13.1 bestimmt

$$F_N = K \cdot D_1 \cdot l_{\text{eff}} = 176{,}8\,\text{kN}$$

Daraus folgt ein Roll-Reibmoment nach (13.29)

$$T_R = f \cdot F_N = 88{,}4\,\text{N m}$$

oder der Roll-Widerstand nach (13.28)

$$F_W = 2 \cdot \frac{T_R}{D_1} = 221{,}0\,\text{N}$$

Hierzu kommt der Gleitreibungswiderstand F_Z der Laufradlagerung, der ein Vielfaches des Rollwiderstands beträgt, z. B.

$$F_Z = F_N \cdot \mu \cdot \frac{d}{D_1} = 1768\,\text{N}$$

Beispiel 13.2

Nocken und Nockenrolle (Abb. 13.1h) aus gehärtetem Stahl

Gegeben:
$D_1 = 5\,\text{mm}$, $D_2 = 20\,\text{mm}$, HB $= 600$, $l_{\text{eff}} = 10\,\text{mm}$.

Gesucht:
Die größte zulässige Stößelbelastung F_N.

Berechnet:
Mit der Stribeck'sche Pressung für Dauerbetrieb nach (13.22)

$$K = 1{,}25 \cdot \left(\frac{\text{HB}}{100}\right)^2 = 45\,\text{N/mm}^2$$

und der Ersatzdurchmesser nach Tab. 13.1

$$D_\text{I} = \frac{D_1 \cdot D_2}{D_1 + D_2} = 4\,\text{mm}$$

wird die größte zulässige Stößelbelastung nach Tab. 13.1 zu

$$F_N = K \cdot D_\text{I} \cdot l_{\text{eff}} = 1800\,\text{N}$$

Beispiel 13.3

Zahnradpaarung Stahl/Stahl (Abb. 13.1i)

Gegeben:
Mittlere Umfangsgeschwindigkeit $v_m = 5\,\text{m/s}$, Radius $R = 10\,\text{mm}$, Druck-Viskositätskoeffizienten $\alpha = 1{,}6 \cdot 10^{-8}\,\text{m}^2/\text{N}$, dynamischen Viskosität $\eta_0 = 10\,\text{m Pa}$, Ersatz-Elastizitätsmodul $E' = 2{,}31 \cdot 10^5\,\text{N/mm}^2$, Hertz'sche Pressung $p_H = 1000\,\text{N/mm}^2$

Gesucht:
Überprüfung, ob nach Abb. 13.15 ein EHD-Kontakt vorliegt.

Berechnet:
Mit dem Elastizitätskennwert nach (13.9)

$$G = \alpha \cdot E' = 3692$$

und der Hertz'schen Pressung p_H ergibt sich der Lastkennwert nach (13.12)

$$W = 2\pi \cdot \left(\frac{p_H}{E'}\right)^2 = 1{,}18 \cdot 10^{-4}$$

Daraus folgt die Schmierfilmdicke des Parallelspalts (Abb. 13.13) nach (13.14)

$$h_0 = 1{,}95 \cdot R \cdot (G \cdot U)^{\frac{8}{11}} \cdot W^{-\frac{1}{11}} = 0{,}31\,\mu\text{m}$$

und die minimale Schmierfilmdicke nach (13.15)

$$h_{\min} = 2{,}65 \cdot R \cdot G^{0{,}54} \cdot U^{0{,}7} \cdot W^{-0{,}13} = 0{,}25\,\mu\text{m}$$

(zum Vergleich: nach klassischer Rechnung ohne Berücksichtigung der EHD würde sich eine Schmierfilmdicke von $h_0 = 4{,}9 \cdot R \cdot U/W = 0{,}009\,\mu\text{m}$ ergeben [2]).
Mit $H_{\min}/\sqrt{U} = 5{,}3$ und $W/\sqrt{U} = 25{,}3$ liegt nach Abb. 13.15 ein EHD-Kontakt vor.

Literatur

1. Blok H (1937) Theoretical Study of Temperature Rise at Surface of Actual Contact under Oiliness Lubrications. Proc Gen Disc Lubric IME London, Bd 2, S 225–235
2. Brändlein J, Eschmann P, Hasbargen L, Weigand K (1995) Die Wälzlagerpraxis, Handbuch für die Berechnung und Gestaltung von Lagerungen, 3. Aufl. Vereinigte Fachverlage, Mainz
3. Collenberg C (1991) Untersuchungen zur Fresstragfähigkeit schnelllaufender Stirnradgetriebe. Dissertation, TU München
4. DIN 622 Kugellager – Zweireihige leichte Querlager – Teil 2:1927-04 Bohrung d=120 bis 320. Zurückgezogen: 1963-04
5. Dowson D, Higginson GR (1966) Elastohydrodynamic Lubrication. Pergamon Press, Oxford
6. Emmert S (1994) Untersuchungen zur Zahnflankenermüdung (Graufleckigkeit, Grübchenbildung) schnelllaufender Stirnradgetriebe. Dissertation, TU München
7. Ertel-Mohrenstein A (1984) Die Berechnung der hydrodynamischen Schmierung gekrümmter Oberflächen unter hoher Belastung und Relativbewegung. VDI-Fortschrittsbericht Reihe 1, Nr 115
8. Föppl L (1936) Der Spannungszustand und die Anstrengung des Werkstoffs bei Berührung zweier Körper. Forschg Ing Wes 7:209
9. Gohar R (1988) Elastohydrodynamics. Ellis Horwood Limited
10. Gohritz A (1982) Ermittlung der Zahnflankentragfähigkeit mittlerer und großer Getriebe durch Analogieversuche. Dissertation, RWTH Aachen
11. Grekoussis R (1969) Vergleichende Untersuchungen zur Fresstragfähigkeit von Hypoid- und Stirnrädern. Dissertation, TU München
12. Helbig F (1943) Walzenfestigkeit und Grübchenbildung von Zahnrad- und Wälzlagerwerkstoffen. Dissertation, TH Braunschweig
13. ISO 6336 Tragfähigkeitsberechnung von gerad- und schrägverzahnten Stirnrädern – Teil 2:2006-09 Berechnung der Oberflächentragfähigkeit (Grübchenbildung)
14. Joachim F (1982) Streuungen der Grübchentragfähigkeit. Antriebstechnik 21
15. Joachim F (1984) Untersuchungen zur Grübchenbildung an vergüteten und normalisierten Zahnrädern. Dissertation, TU München
16. Johnson KL (1987) Contact mechanics. Cambridge University
17. Kagerer E (1991) Messung von elastohydrodynamischen Parametern im hochbelasteten Scheiben- und Zahnkontakt. Dissertation, TU München
18. Kannel JW, Bell JC, Allen CM (1965) Methods for determing pressure distributions between lubricated rolling contacts. ASLE Trans 8:250–270
19. Käser W (1977) Beitrag zur Grübchenbildung an gehärteten Zahnrädern. Einfluss von Härtetiefe und Schmierstoff auf die Flankentragfähigkeit. Dissertation, TU München
20. Kloos KH, Broszeit E (1974) Zur Frage der Dauerwälzfestigkeit. Z f Werkstofftechnik 4
21. Kunert KH (1961) Die Spannungsverteilung im Halbraum bei elliptischer Flächenpressungsverteilung über einer rechteckigen Druckfläche. Dissertation, TH München
22. Lautotka, EM (2003) Referenzöle – Datensammlung: Berichtszeitraum 1984 – 2003. FVA-Heft 660. FVA, Frankfurt
23. Lohner T (2016) Berechnung von TEHD Kontakten und Einlaufverhalten von Verzahnungen. Dissertation, TU München
24. Mann U (1995) Schmierfilmbildung in elastohydrodynamischen Kontakten, Einfluss verschiedener Grundöle und Viskositäts-Index-Verbesserer. Dissertation, TU München
25. Mayer J (2013) Einfluss der Oberfläche und des Schmierstoffs auf das Reibungsverhalten im EHD-Kontakt. Dissertation, TU-München
26. Michaelis K (1987) Die Integraltemperatur zur Beurteilung der Fresstragfähigkeit von Stirnradgetrieben. Dissertation, TU München
27. Mundt R (1936) Höchstbelastbarkeit von Wälzlagern. Forsch. Ing. Wes. 7: 292 und Hütte Bd. II 27. Aufl., 192. Berlin 1944. – Zur Berechnung der Tragfähigkeit – ... Z. VDI 85 (1941) 801
28. Niemann G (1940) Walzenpressung und Grübchenbildung bei Zahnrädern. Maschinenelemente-Tagung Düsseldorf 1938. VDI-Verlag, Berlin
29. Niemann G (1943) Walzenfestigkeit und Grübchenbildung von Zahnrad- und Wälzlagerwerkstoffen. Z VDI 87:521
30. Niemann G, Winter H (2003) Maschinenelemente, Bd. II, 2. Aufl. Springer, Berlin Heidelberg
31. Niemann G, Winter H (1986) Maschinenelemente, Bd. III, 2. Aufl. Springer, Berlin Heidelberg
32. Oster P (1982) Beanspruchung der Zahnflanken unter Bedingungen der Elastohydrodynamik. Dissertation, TU München
33. Palmgren A (1930) Untersuchung über die statische Tragfähigkeit von Kugellagern. Dissertation, Stockholm
34. Prexler F (1990) Einfluss der Wälzflächenrauheit auf die Grübchenbildung vergüteter Scheiben im EHD-Kontakt. Dissertation, TU München
35. Rösch H (1976) Untersuchungen zur Wälzfestigkeit von Rollen. Einfluss von Werkstoff, Wärmebehandlung und Schlupf. Dissertation, TU München
36. Schönhöfer R (1941) Neuartige Ausführungen von Brückenlagern VDI-Z 85:215
37. Schönnenbeck G (1984) Einfluss der Schmierstoffe auf die Zahnflankenermüdung (Graufleckigkeit und Grübchenbildung) hauptsächlich im Umfangsgeschwindigkeitsbereich 1 ... 9 m/s. Dissertation, TU München

38. Schouten JM (1973) Elastohydrodynamische Schmierung. Forsch. H., Forsch. Kurat. Maschinenbau Frankfurt
39. Simon M (1984) Messung von elastohydrodynamischen Parametern und ihre Auswirkung auf die Grübchentragfähigkeit vergüteter Scheiben und Zahnräder. Dissertation, TU München
40. Stößel K (1971) Reibungsverhalten unter elastohydrodynamischen Bedingungen. Dissertation, TU München
41. Stribeck R (1901) Kugellager für beliebige Belastungen. Mitt. Forschr.-Arb. VDI 2. Berlin 1901 und Z. VDI 45: 73, 118 und Glasers Ann. Nr. 577, 1. Juli 1901 und Z. VDI 51 (1907) 1495
42. UIC-Kodex Deutsche Bundesbahn
43. VDI 2155:1977-04 Gleichförmig übersetzende Reibschlussgetriebe – Bauarten und Kennzeichen. Zurückgezogen: 2000-11
44. Weber C (1933) Beitrag zur Berührung gewölbter Oberflächen beim ebenen Formänderungszustand. ZAMM 13:11
45. Wech L (1987) Untersuchungen zum Wirkungsgrad von Kegelrad- und Hypoidgetrieben. Dissertation, TU München
46. Zwirlein O, Schlicht H (1980) Werkstoffanstrengung bei Wälzbeanspruchung – Einfluss von Reibung und Eigenspannungen. Z f Werkstofftechnik 11

Wälzlager

14

► Wälzlager sind Drehführungen. Sie ermöglichen die zwangsfreie Bewegung von Bauteilen relativ zueinander und übertragen Kräfte.

14.1 Führungen

Führungen allgemein werden verwendet, um Bauteile zwangsfrei relativ zueinander zu bewegen. Am wichtigsten sind Drehführungen (= Lager) und Linearführungen (meist Geradführungen). Ein Sonderfall sind Schwenkbewegungen. Hierfür eignen sich Gelenke. In allen Fällen müssen die Führungen Kräfte übertragen.

14.1.1 Lager

14.1.1.1 Bauarten

Lager werden nach ihrem Wirkprinzip unterschieden in

- Wälzlager (Kap. 14): Die zwei Laufflächen von Bauteilen sind durch Wälzkörper voneinander getrennt, die auf beiden Flächen abwälzen. Die Lagerreibung (z. B. Rollreibung zwischen Wälzkörper und Lagerring, Reibung zwischen Wälzkörper und Käfig, Mikrogleiten durch Oberflächen-Abplattung) wird durch geeignete Schmierstoffe (Öl, Fett) gemindert.
- Gleitlager (Kap. 15): Zwei enggeschmiegte Flächen gleiten auf einander. Die Reibung wird durch geeignete Oberflächengüte (geschliffen) und geeignete Werkstoffpaarung (z. B. Stahl/Bronze, Sintermetalle, Kunststoffe) und/oder durch einen Schmierfilm (Öl, Fett, Luft) vermindert.

Des Weiteren werden sie nach der Hauptbelastungsrichtung unterschieden in

- Radiallager übertragen radiale Kräfte zwischen zueinander umlaufenden Bauteilen (z. B. Stützrolle), auch Trag- oder Querlager genannt.
- Axiallager übertragen axiale Kräfte zwischen zueinander umlaufenden Bauteilen (z. B. Kupplungsdrucklager), auch Längs- oder Spurlager genannt.

14.1.1.2 Anforderungen

Vor der Entscheidung für eine Lagerbauart empfiehlt es sich, eine Anforderungsliste zu erstellen. Diese Liste bildet auch die Grundlage für die Dimensionierung und die Konstruktion.

Allgemeine Einflüsse

Folgende allgemeine Einflüsse sind zunächst abzuklären:

- Belastung (Lagerkräfte): Welche Art der Belastung (Umfangs- oder Punktlast) tritt auf? Wechselt die Kraft die Richtung?
- Drehzahl, Relativbewegung
- Schwingungen und Geräusche (Anforderungen)
- Lebensdauer, Lebensdauer bei eingeschränkter Funktion
- Betriebssicherheit, Schadensfolgen

Spezielle Anforderungen

Speziell für Lagerungen sind folgende weitere Fragen abzuklären:

- Einbauraum: Ist er festgelegt oder variabel? Welche Möglichkeiten stehen zum Abstützen zur Verfügung? Sind Sonderbauformen sinnvoll? Ist ein Zugang für Wartung und Reparatur erforderlich?
- Wellenanordnung: Horizontal oder vertikal? Welche Lagerart und Abdichtung ist geeignet, wie ist die Schmierung sicherzustellen? Ist Längen- oder Winkelausgleich notwendig?
- Umweltbedingungen: Wirken im Stillstand (auch Transport) Erschütterungen auf die Lager? Ist mit starker Verschmutzung zu rechnen? Wo muss abgedichtet werden? Fließt elektrischer Strom durch die Lager? Wie hoch ist die Außentemperatur?
- Erwärmung: Welche Lagerreibung ist zulässig? Muss Wärmeentwicklung und Wärmeabfuhr berücksichtigt werden?
- Schmierung: Welche Art der Schmierung ist möglich oder notwendig (Lebensdauerschmierung, Tauchschmierung, Einspritzschmierung (Ölpumpe vorhanden?) oder Ölnebelschmierung)?

G. Niemann et al., *Maschinenelemente 1*, https://doi.org/10.1007/978-3-662-55482-1_14

Tab. 14.1 Eigenschaften von Wälzlagern und Gleitlagern

Wälzlager (WL)	Gleitlager (GL)
Ausbildung eines hydrodynamischen Schmierfilms	
ungünstig (weite Schmiegung, hohe Pressung)	günstig (enge Schmiegung, niedrige Pressung)
Lebensdauer/Schadensgrenze	
Grübchenbildung (Oberflächenermüdung), Verschleiß	An- und Auslauf, evtl. Betriebsverschleiß (nicht bei hydro- und aerostatischen Lagern)
– weitgehend genormt, austauschbar (zum Teil auch für Gleitlager erreichbar) – geringer Wartungsaufwand (zum Teil wartungsfrei) – geringe Anlaufreibung ($\mu_{wL} \approx 0{,}002 \ldots 0{,}01$) – geringe Wärmeentwicklung – kein Ruckgleiten (stick-slip) – im Allgemeinen kein Einlaufen nötig – geringer Schmierstoffverbrauch – geringe Lagerbreite – Beratung durch Spezialfirmen (Software, Verantwortung) (zum Teil auch für Gleitlager erreichbar) – in der Regel kein Einfluss des Wellenwerkstoffs	– unempfindlich gegen Stöße und Erschütterungen – geräusch- und schwingungsdämpfend (Schmierfilm) – geteilte Lager möglich (z. B. für Kurbelwelle) (als Sonderausführung auch bei Wälzlagern möglich) – besonders kostengünstig bei großen Durchmessern (z. B. Turbinenwellen) und sehr kleinen Durchmessern (z. B. Kunststofflager für Haushaltsmaschinen) – kleiner Außendurchmesser, sehr hohe Drehzahlen möglich (z. B. Turbinen) – bei vollem Schmierfilm geringe Reibung, lange Lebensdauer (insbesondere bei hydro- und aerostatischen Lagern erreichbar) – hohe Steifigkeit – Gefahr des Ruckgleitens (stick-slip)

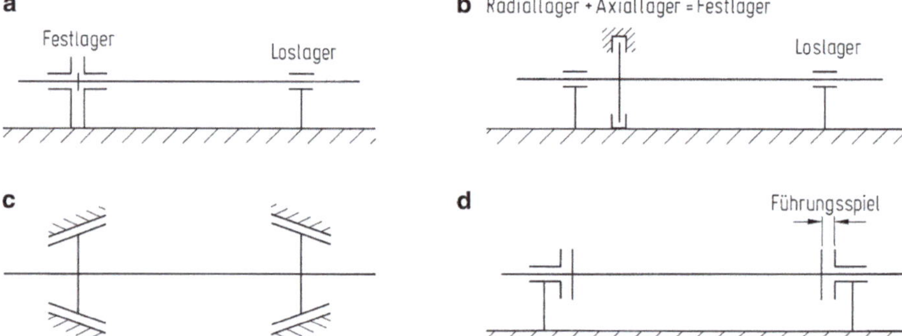

Abb. 14.1 Möglichkeiten der Lageranordnung, **a**, **b** Fest-Los-Lagerung, **c** Stützlagerung (angestellte Lagerung), **d** Stützlagerung (schwimmende Lagerung)

- Wartung: Soll wartungsfreier Betrieb gewährleistet sein? Müssen die Lagertemperaturen überwacht werden (Kosten und Sicherheit)?
- Montage: Wie sollen die Lager festgelegt werden? Sind Montagehilfen nötig (Ölpressverband, Spezialwerkzeuge)? Sind die Lager bei Wartung oder Austausch zugänglich? Sind konstruktiv Möglichkeiten zur Einstellung, Montage und Demontage vorzusehen?

14.1.1.3 Auswahl der Lagerbauart: Wälzlager oder Gleitlager

Eine Übersicht über die wichtigsten Eigenschaften und Hinweise zur Auswahl enthält Tab. 14.1.

14.1.1.4 Lageranordnung

Bei der Lagerung eines Bauteils in einem anderen, z. B. einer drehenden Welle im Gehäuse, muss überlegt werden, wie die radialen und axialen Lastanteile auf die Lager aufgeteilt werden. Es werden die folgenden prinzipiellen Anordnungsformen unterschieden, siehe Abb. 14.1:

Fest-Los-Lagerung

Eine Lagerstelle (evtl. Axial- und Radiallager separat) übernimmt die axiale Führung in beiden Richtungen (Festlager), das Loslager ist axial frei (Wärmedehnung oder Herstellabweichung führen nicht zur Verspannung).

Stützlagerung

Die Axiallast wird von zwei Lagerstellen in jeweils einer Richtung aufgenommen. Konstruktionsbeispiele für Wälzlagerungen werden in Abschn. 14.6.2 gegeben, für Gleitlagerungen in Abb. 15.15 und 15.32.

Es wird nach der Art der Stützlagerung wie folgt unterschieden:

Angestellte Lagerung: Lager, die jeweils Axialkraft in eine Richtung aufnehmen können, werden paarweise angeordnet. Abhängig von den Einbauverhältnissen können die Lager gegeneinander axial vorgespannt werden (mechanisch bei Wälzlagern, hydraulisch oder pneumatisch bei Gleitlagern). Dies ergibt eine steife Führung und Spielfreiheit.

Schwimmende Lagerung: Auf eine definierte axiale Führung wird verzichtet, wenn sich das Bauteil (z. B. Seilrolle, Pfeilverzahnung) selber einstellt oder wenn eine einfache Konstruktion möglich ist (evtl. Führungsspiel vorsehen, 0,3 . . . 2 mm).

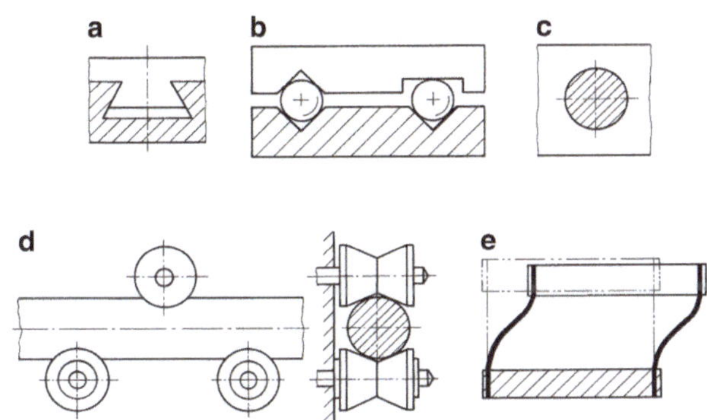

Abb. 14.2 Funktionsprinzipien von Geradführungen [10], **a** Gleit-Prismenführung (Schwalbenschwanzführung, Gleitführung), **b** Kugelwälzführung (Wälzkörperführung), **c** Gleit-Zylinderführung, **d** zylindrische Rollenführung (Gleitführung), **e** Federführung

14.1.2 Geradführungen

Am weitesten verbreitet sind Gleitführungen und Wälzführungen. Für besondere Anwendungen in der Gerätetechnik werden auch Federführungen verwendet. Funktionsprinzipien zeigt Abb. 14.2. Dimensionierung und Konstruktion von Führungen werden in der Literatur über Werkzeugmaschinen, Mess- und Feingeräte behandelt, siehe z. B. [7], [10], [12], [19]. Daher beschränken wir uns hier auf eine Übersicht.

Wälzführungen
Wälzführungen werden nach unterschiedlichen Wirkprinzipien ausgeführt:

Bei Wälzkörperführungen wird das zu führende Teil direkt auf Kugeln, Rollen oder Nadeln gelagert. Die in Käfigen geführten Wälzkörper bewegen sich um den halben Führungsweg dieses Teils, das daher entsprechend länger ausgeführt werden muss. Dieser Nachteil wird vermieden durch die Verwendung einer geschlossenen Kugelbahn, durch die die Wälzkörper zurückgeführt werden (Beispiel siehe Abb. 14.3). Dieses Wirkprinzip ist besonders für lange Verfahrwege geeignet.

Bei Rollenführungen, Abb. 14.2d, wird das zu führende Teil auf Rollen gelagert, die örtlich fest drehbar im Gestell gelagert sind. Eigenschaften sind hohe Tragfähigkeit sowie besonders exakte und reibungsarme Führung, bei größerem Bedarf an Bauhöhe.

Gleitführungen
Gleitführungen erfordern einen geringeren Konstruktions- und Fertigungsaufwand, benötigen weniger Bauraum. Sie werden meist mit hydrodynamischer Schmierung (häufig mit Intervallschmieranlagen, Abschn. 15.8.4) ausgeführt. Um die Anlaufreibung und die Gefahr des Ruckgleitens (stick-slip) zu mindern, wird als Werkstoffpaarung Stahl-Kunststoff (z. B. gefülltes Epoxidharz) verwendet. Gleitschichten aus PTFE (Teflon) mit Bronzepulver haben sich als besonders reibungsarm erwiesen. In gleichem Sinne wirken Querriefen in einer Gleitfläche. Für hohe Anforderungen an die Positioniergenauigkeit (keine Anfahrreibung, verschleißfrei) eignet sich die apparativ aufwendige hydrostatische Schmierung. Für kleinere Belastungen eignet sich die aerostatische Schmierung, die keine Dichtungen und keine Schmierstoffrückführung jedoch größere Abmessungen und hohe Fertigungsgenauigkeit (Schmierspaltdicke ca. 10 μm) benötigt. Als Folge ergeben sich schlechte Notlaufeigenschaften.

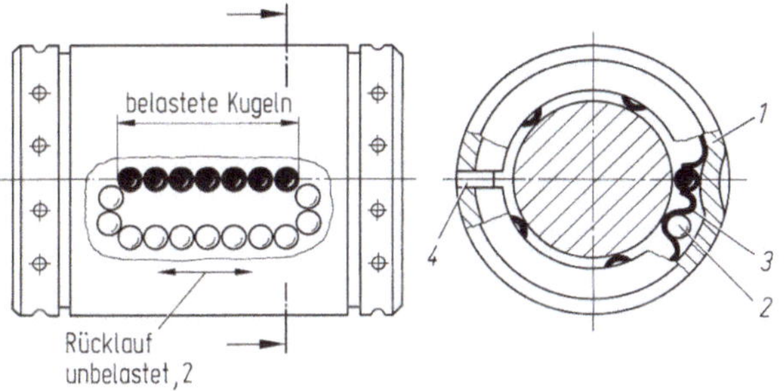

Abb. 14.3 Wälzführung mit Kugelrücklauf [10], *1* geschlitztes Außenteil, *2* Kugeln im Rücklauf, *3* Führungskäfig, *4* Schlitz

14.1.2.1 Anforderungsliste – Auswahl der Bauart

Die Anforderungen an die Lagerbauart in Abschn. 14.1.1.2 gelten sinngemäß auch für Geradführungen, ebenso die meisten Angaben zu Auswahl und Eigenschaften in Abschn. 14.1.1.3. Reibungszahlen verschiedener Geradführungen sind in Abb. 14.4 angegeben, Kostenvergleich in Abb. 14.5.

Die Fertigungs- und Messgenauigkeit der Maschinen und Geräte mit Geradführungen hängt in hohem Maße von der Genauigkeit und Steifigkeit aller beteiligten Elemente ab. Wichtig sind:

- große Führungslänge (für kleine Neigungsfehler)
- spielarme (evtl. -freie) Führung und Antriebskette (evtl. Verspannen durch Zusatzelemente)
- steife Unterstützung der Führungsbahnen, -schienen und -leisten in Richtung der Funktionskräfte: Querschnitte mit großem Trägheitsmoment, z. B. Rechteck, L-, T-, Doppel-T-Träger, hohe Steifigkeit der gesamten Antriebskette

Besonders genau und einfach sind zylindrische Führungen herzustellen.

14.1.2.2 Anwendungen

Hauptanwendungsgebiete sind:

- Werkzeugmaschinen für die exakte Geradführung von Schlitten, Stößeln usw. für Schnitt- und Vorschubbewegungen, wobei zum Teil große Kräfte aufzunehmen sind. Literatur: [7] und [19]

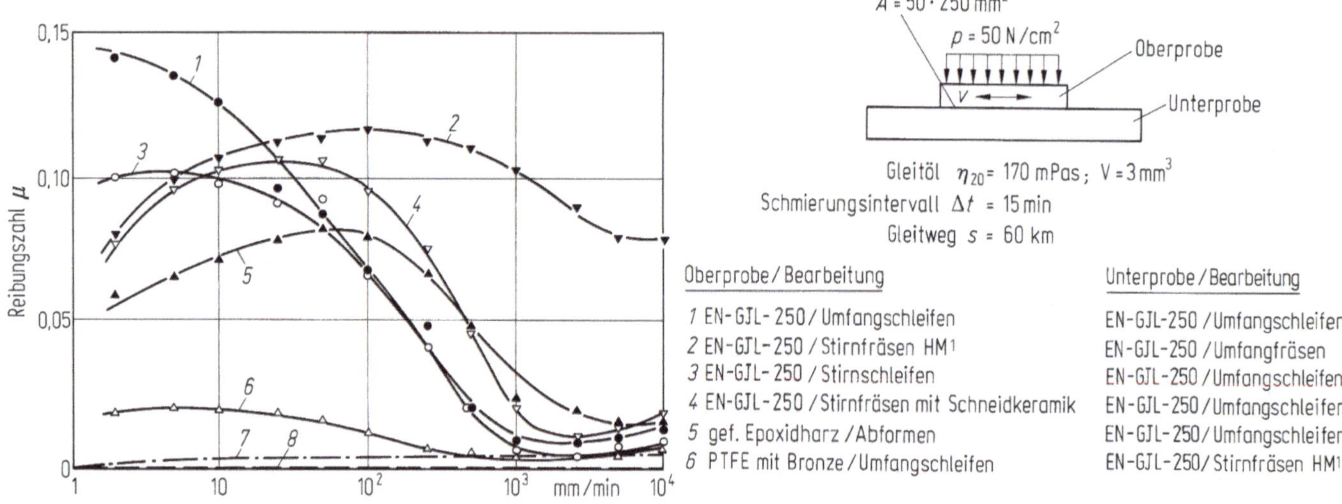

Abb. 14.4 Reibungszahlen verschiedener Geradführungen [12], *1* ... *6* Gleitführungen, *7* Wälzführung, *8* hydrostatische Führung

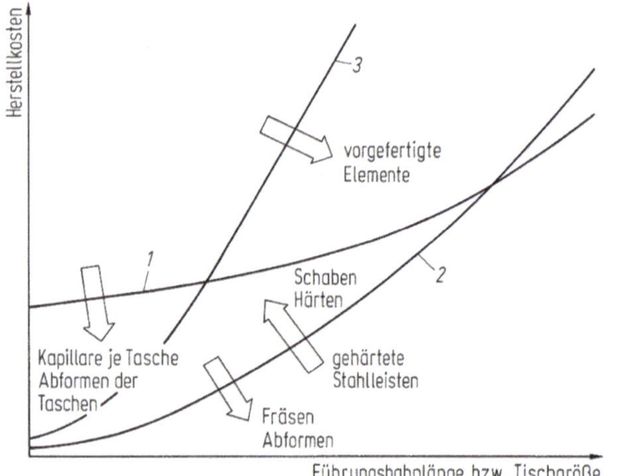

Abb. 14.5 Herstellkosten von Geradführungen, Tendenzen [12], *1* Hydrostatik, eine Pumpe pro Tasche, GJL/GJL, Fräsen/Fräsen; *2* Gleitführung, GJL/GJL, Schleifen/Schleifen; *3* Wälzführung, Rollenumlaufschuhe/gehärtete Stahlleisten

- Geräte zur Führung von Koordinaten-Messtischen, Feinmessgeräten, Mikroskope, Fernrohre usw. mit besonders hohen Anforderungen an die Positioniergenauigkeit, meist bei kleinen Belastungen. Literatur: [10]

14.2 Aufbau der Wälzlager, Wirkprinzip

Ein vollständiges Wälzlager, Abb. 14.6, besteht aus zwei Wälzbahnkörpern und den dazwischen angeordneten Wälzkörpern. Als Wälzbahnkörper (= Laufringe) dienen im Allgemeinen je ein Wellen- und ein Gehäusering. Mitunter wird auch, um Bauraum zu sparen, die Welle oder/und Gehäusebohrung direkt als Wälzbahn verwendet. Die Wälzkörper wälzen zwischen Innen- und Außenring, die sich relativ zueinander drehen. Sie werden durch einen Käfig in definiertem Abstand, Rollen auch achsparallel, zueinander geführt (Ausnahme: vollkugelige und vollrollige Lager ohne Käfig, siehe z. B. Abschn. 14.2.2 und 14.4.1). Die Reibung wird durch einen Schmierstoff (Fett oder Öl) gemindert. Oft sind auch Dichtungselemente im Lager integriert (Abb. 14.7), siehe auch Abschn. 14.3.3.

Die Wälzkörper werden zum Teil durch die Laufrille selbst geführt, zum Teil durch den Käfig oder durch „Spielführung“ parallel zur Wellenachse zwischen den seitlichen Borden (Abb. 14.8a), bei Kegelrollen durch „Spannführung“ (Abb. 14.8b), Abschn. 14.2.3.

Reine Rollbewegung ist im Wälzlager nur möglich, wenn sich die Berührlinien bzw. -tangenten (Momentanachsen) der Wälzkörper und Rollbahnen in einem Punkt (Kegelrollenlager, Abb. 14.8b) bzw. im Unendlichen (Zylinderrollenlager, Abb. 14.8a) schneiden. Ist dies nicht der Fall, wird der Rollbewegung eine Bohrbewegung senkrecht zur Berührebene überlagert, Abb. 14.9. Hierbei entsteht ein Gleitreibungsanteil in der Abplattungsfläche.

Bei einigen Wälzlagerbauarten lassen sich Innen- und Außenring getrennt montieren, Abschn. 14.4.

14.2.1 Wälzkörper und Wälzbahnen

Aus der Geometrie der Wälzkörper, Abb. 14.10, ergibt sich die Geometrie für die Innen- und Außenringe: Zylinder beim Zylinderrollenlager, Torusausschnitt beim Kugellager und Pendellagerinnenring, Kegel beim Kegelrollenlager, Kugelausschnitt beim Pendellageraußenring.

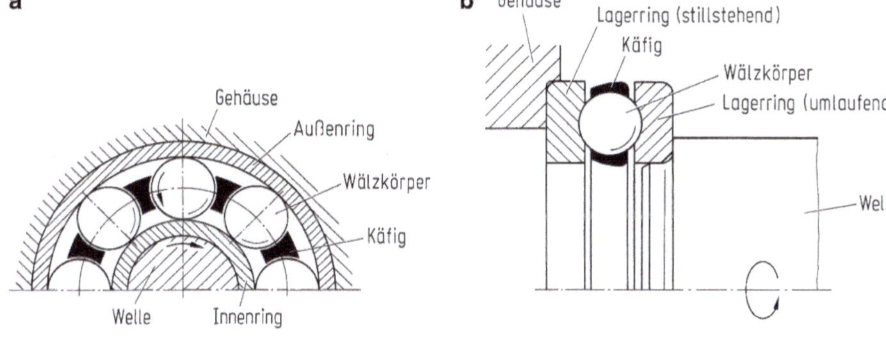

Abb. 14.6 Aufbau und Funktionsprinzip von Wälzlagern, **a** Radiallager (hier Rillenkugellager), **b** Axiallager (hier Axial-Rillenkugellager)

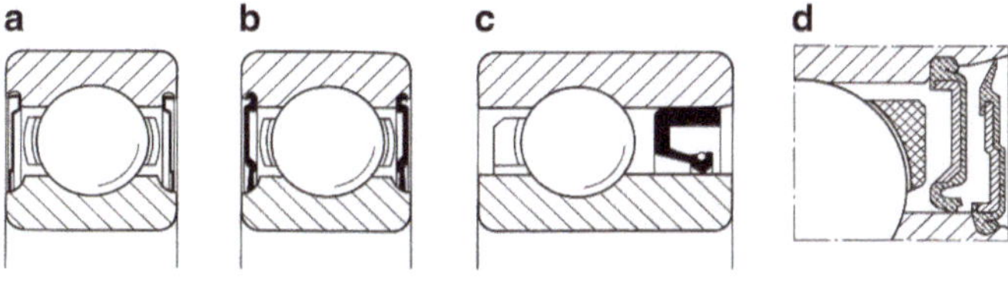

Abb. 14.7 Wälzlager mit integrierten Dichtungen [16], **a** Deckscheibe, **b** Dichtscheibe, **c** Radialwellendichtring, **d** Schleuderscheibe mit Blecharmierung (außen) und Dichtscheibe

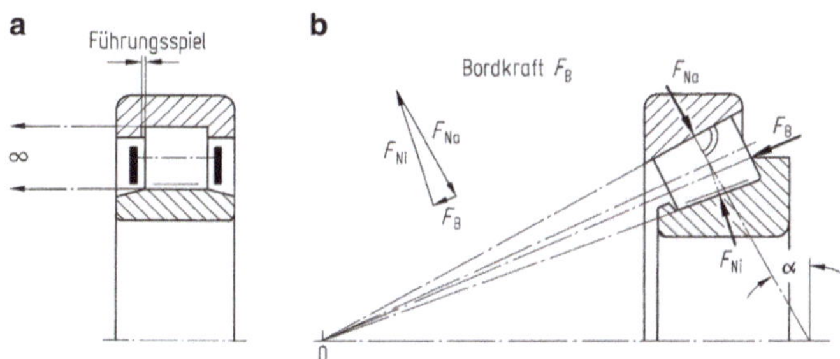

Abb. 14.8 Führung der Wälzkörper, **a** Spielführung, **b** Spannführung (eingezeichnet sind die Momentanachsen der Bewegung); Druckwinkel α siehe Abschn. 14.2.4

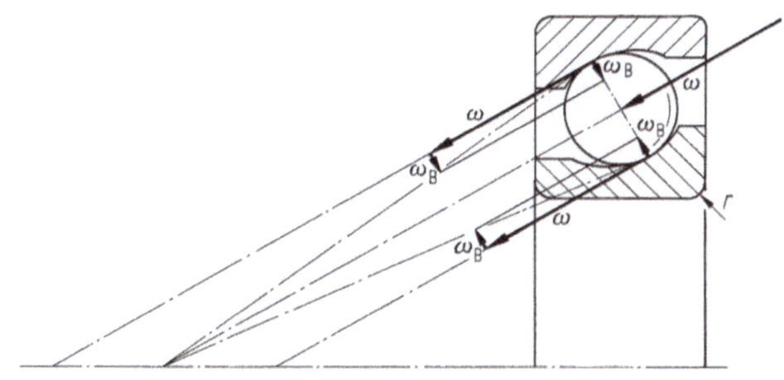

Abb. 14.9 Abwälzverhältnisse im Schrägkugellager, ω Winkelgeschwindigkeit der Wälzbewegung, ω_B Winkelgeschwindigkeit der Bohrbewegung

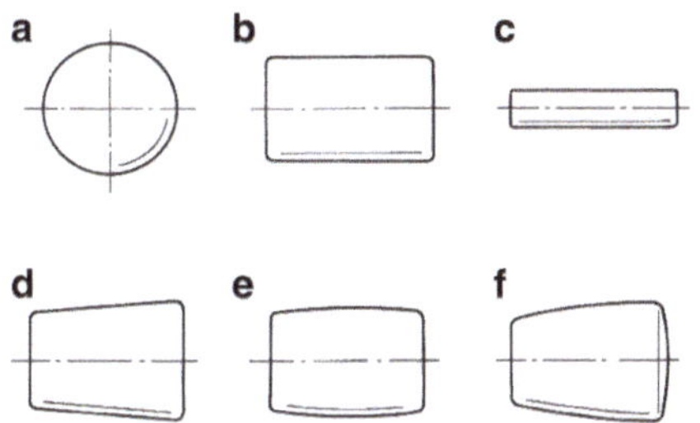

Abb. 14.10 Wälzkörper, **a** Kugel, **b** Zylinder, **c** Nadel, **d** Kegelrolle, **e** symmetrische Tonnenrolle, **f** asymmetrische Tonnenrolle

14.2.2 Käfige

Mit Hilfe von Käfigen lassen sich folgende Funktionen erfüllen:

- Die Wälzkörper werden gleichmäßig über den Umfang verteilt.
- Berührung der Wälzkörper wird verhindert (andernfalls ungünstige Schmierbedingungen!).
- Die Wälzkörper lassen sich mit einem der Laufringe zu einer Einheit verbinden (erleichtert den Einbau, hilft Beschädigungen zu vermeiden).
- Rollen werden primär durch die Lagerborde achsparallel geführt (der Käfig führt die Rollen ebenfalls, jedoch weniger eng). Nadeln werden allein durch den Käfig geführt.

Käfigbauarten für Rillenkugellager zeigt Abb. 14.11, Eigenschaften und Anwendungsgebiete von Käfigen verschiedener Bauarten sind in Tab. 14.2 zusammengefasst. Vollrollige Lager haben keinen Käfig, Abschn. 14.4.1. In Sonderfällen, insbesondere bei großen Lagern, werden mitunter noch durchbohrte Rollen verwendet, die in einem Käfig drehbar gelagert sind. Stattdessen werden aber zunehmend Lager mit außengeführtem Massivkäfig gewählt.

Käfigwerkstoffe sind in Tab. 14.2 enthalten. Käfige aus Kunststoff haben wegen vieler Vorzüge an Bedeutung gewonnen, insbesondere Thermoplaste, die durch Spritzgießen verarbeitet werden können. Durch Füllstoffe (z. B. Glasfasern) wird die Festigkeit und Maßstabilität erhöht. Hartgewe-

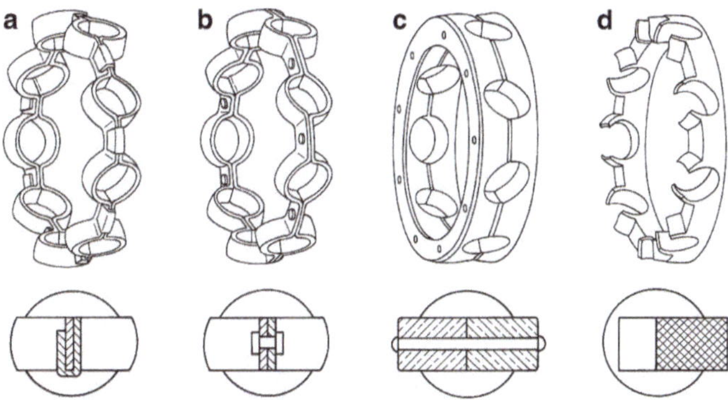

Abb. 14.11 Käfigbauarten für Rillenkugellager, **a** geklammerter Käfig, **b** genieteter bzw. geschweißter Käfig, **c** Massivkäfig, **d** offener Spritzgusskäfig

Tab. 14.2 Eigenschaften und Anwendung von Käfigen verschiedener Bauart

Käfigbauart und Werkstoff	Drehzahlgrenze	Temperatur	Schmierung	Vibrationsbeständigkeit	Starke Beschleunigungen (positiv und negativ)	Fluchtungsfehler	Bemerkungen, Anwendungen
gestanzter Blechkäfig – Stahl – Messing	Drehzahlgrenze des Lagers	keine Einschränkungen der Betriebstemperatur des Lagers (normal 70 °C)	Berührung Metall/Metall, daher Schmierung erforderlich	Begrenzt durch: – mechanische Festigkeit – Montageart – eventuelle Unwucht	Bruchgefahr	Bruchgefahr, empfindlich gegen Verkippen	billig, geklammert für kleine Lager, große Stückzahlen, genietet oder geschweißt bei dickeren Blechen (für mittlere Stückzahlen)
spanend bearbeiteter Massivkäfig – Messing – Stahl – Leichtmetall – Sintermetall	Drehzahlgrenze des Lagers kann erhöht werden (genauer Rundlauf)	keine Einschränkung der Betriebstemperatur des Lagers (normal 70 °C)	kleinste Reibungszahl Metall/Metall, bietet ausreichend Raum für Schmierstoff	ausgezeichnete Beständigkeit, insbesondere bei ringgeführtem Käfig, Käfigführung bleibt auch bei dynamischer Unwucht erhalten	hohe mechanische Festigkeit, jedoch mangelnde Flexibilität, große Trägheit	Verwendung nicht empfehlenswert	teuer, für mittelgroße und große Lager, in feuchter Umgebung anfällig für elektrolytische Reaktionen
spanend bearbeiteter Massivkäfig – Phenolharz	Führung im Allgemeinen durch einen der Ringe, Drehzahlgrenze des Lagers kann dadurch erhöht werden (genauer Rundlauf)	maximal 110 °C im Dauerbetrieb	kleine Reibungszahl, ölbenetzter Käfig: optimale Lagerschmierung	gutes Verhalten bei ringgeführtem Käfig, geringe Trägheit, gute Gleichgewichtseinstellung	ausgezeichnetes Verhalten durch: – geringe Trägheit – hohe mechanische Festigkeit	Verwendung nicht empfehlenswert	teuer, für mittelgroße Lager, Verwendung im Allgemeinen nur bei Hochgenauigkeitslagern bzw. Lagern mit hohen Drehzahlen
Spritzgußkäfig – Kunststoff (im Allgemeinen glasfaserverstärkter PA66)	Drehzahlgrenze des Lagers	PA66. GF 120 °C im Dauerbetrieb, 150 °C für mehrere Stunden, Spitzen bis 180 °C, modifizierte Polyamide bis 300 °C	niedrige Reibungszahl, unempfindlich gegen Mangelschmierung	geringe Schwingbruchgefahr – geringes Gewicht – hohe Elastizität	hervorragendes Verhalten – geringes Gewicht – hohe Elastizität	unempfindlich gegen Verkippen, hohe Elastizität	Austausch gegen Blechkäfig in zahlreichen Lagerarten, mehr Wälzkörper am Umfang unempfindlich gegen Feuchtigkeit, kostengünstig

bekäfige haben sich insbesondere für Lager schnelllaufender Werkzeugmaschinenspindeln bewährt.

Käfige (insbesondere Blechkäfige) werden häufig oberflächenbehandelt (in Sonderfällen mit Silber, Gold oder Titan-Nitrit beschichtet), um Gleit- oder Korrosionseigenschaften zu verbessern.

14.2.3 Führung der Wälzkörper und Käfige

Blechkäfige werden durch die Wälzkörper oder Borde geführt, die Kugeln allein durch die Wälzbahnen. Massivkäfige werden oft innen (d. h. auf dem Lagerinnenring) geführt, wenn der Ausdehnungskoeffizient des Käfigwerkstoffs größer als der von Stahl ist (z. B. Leichtmetall), außengeführt bei hohen Fliehkräften (z. B. bei Planetengetrieben), bei mittleren Verhältnissen wälzkörpergeführt. Bei der Wahl des Führungsspiels sind die Betriebsbedingungen zu beachten.

Rollen und Nadeln müssen achsparallel geführt werden. Bei Nadeln übernimmt diese Funktion allein der Käfig. Bei den (kürzeren) Rollen reicht die Käfigführung allein hierfür nicht aus. Sie müssen zusätzlich seitlich an den Borden geführt werden, damit sie sich nicht schräg stellen (verschränken). Bei symmetrischen (zylindrischen) Rollen wird beiderseits ein enges Spiel vorgesehen: Spielführung. Unsymmetrische (z. B. kegelige) Rollen werden gegen einen Führungsbord gedrückt: Spannführung. Die Kraftkomponente F_B, resultierend aus den unterschiedlichen Kegelöffnungswinkeln von Innen- und Außenring, drückt die Rolle gegen den Bord, Abb. 14.8b.

Man beachte: Schränkung der Rollen, infolge Fertigungsabweichungen und elastischen Verformungen, führt zu Abweichungen von der Linienberührung und bewirkt axiales Schieben, d. h. zusätzliche Reibung, Verschleiß und Erwärmung sowie erhöhte örtliche Belastung.

14.2.4 Grundbegriffe (Schmiegung, Druckwinkel, Lagerluft, Betriebsspiel, Steifigkeit)

Schmiegung

Bei gekrümmtem Laufbahn- und Rollkörperprofil sind die zugehörigen Radien r_J, r_A größer als der entsprechende Radius des Rollkörpers $D_W/2$ (Abb. 14.12). Daraus ergibt sich die Schmiegung $\overline{\kappa}$ (am Innenring Index „J“, am Außenring Index „A“) abhängig von der Wälzkörperform:
für Kugellager

$$\overline{\kappa}_{J,A} = \frac{r_{J,A} - \frac{D_W}{2}}{\frac{D_W}{2}} \tag{14.1}$$

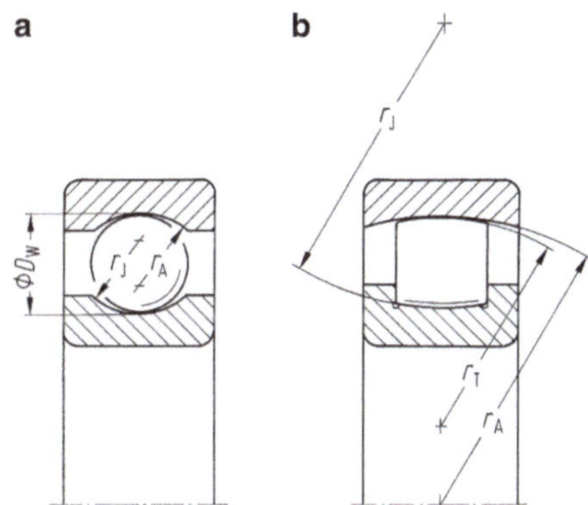

Abb. 14.12 Krümmungsradien im Axialschnitt, **a** Rillenkugellager, **b** Tonnenlager

für Tonnen- und Pendelrollenlager

$$\overline{\kappa}_{J,A} = \frac{r_{J,A}}{r_T} - 1 \tag{14.2}$$

r_T	in mm	Krümmungsradius der Tonnenrollen

für Zylinderrollenlager

$$\overline{\kappa}_{J,A} = 0 \tag{14.3}$$

Eine enge Schmiegung ($\overline{\kappa} \to 0$) steht für hohe Tragfähigkeit, eine weite Schmiegung für geringe Reibungsverluste und geringe Empfindlichkeit gegen Kippen. Für übliche Rillenkugellager ist $\overline{\kappa} \approx 0{,}02\ldots0{,}05$.

Druckwinkel α

α ist der Winkel zwischen der Radialebene und der Wirkungslinie der Wälzkörperbelastung, Abb. 14.13. Er ist maßgebend für den Zusammenhang zwischen Radial- und Axialkraft. Bei Kegelrollenlagern wird der Druckwinkel durch den bordlosen Außenring bestimmt, Abb. 14.8b.

Bei Kugellagern ist zwischen Nenndruckwinkel des unbelasteten Lagers α_0 und Betriebsdruckwinkel des belasteten Lagers α zu unterscheiden. α ändert sich mit zunehmender

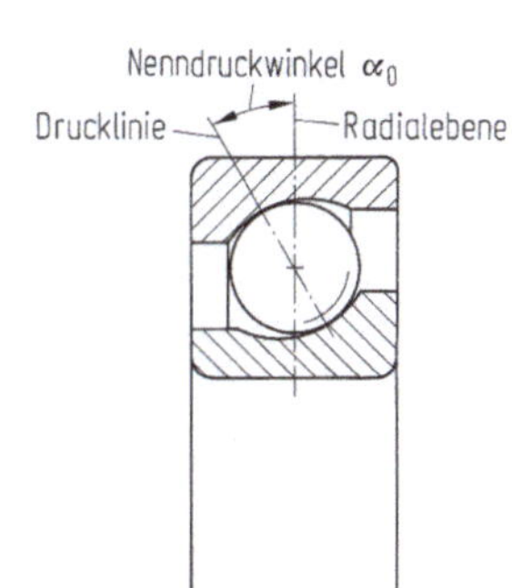

Abb. 14.13 Nenndruckwinkel α_0 eines Schrägkugellagers

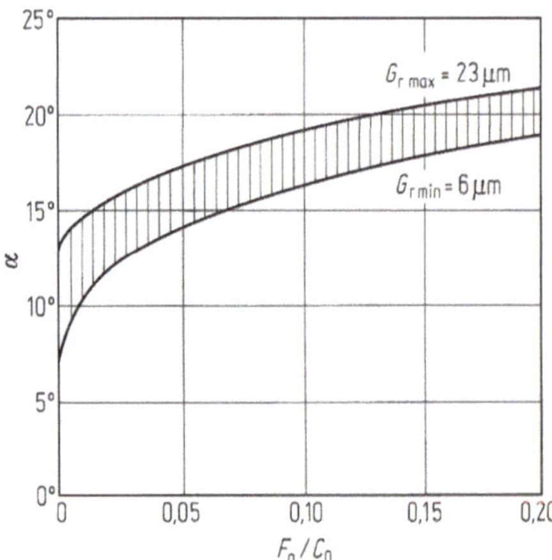

Abb. 14.14 Betriebsdruckwinkel α eines axial belasteten Rillenkugellagers mit normalem Radialspiel G_r aufgetragen über dem Verhältnis von Axialkraft F_a zu Tragzahl C_0 [14]

Belastung wegen elastischer Verformungen von Wälzkörpern und Laufflächen. Er hängt von der axialen Belastung des Lagers und dem Leerlaufspiel ab, siehe z. B. Abb. 14.14. Für Kegelrollenlager gilt $\alpha = \alpha_0$.

Bei angestellter Lagerung ergeben sich aus Druckwinkel und äußerer Belastung F_r und K_a die axialen Reaktionskräfte F_a, Abb. 14.15, Berechnung siehe Abschn. 14.5.3.2. Die Spitze 0 des Druckkegels ist der rechnerische Angriffspunkt für die äußere Lagerkraft (Maß a ist in den Katalogen angegeben). Größere Druckwinkel eines Lagers führen zu einer höheren axialen Tragfähigkeit.

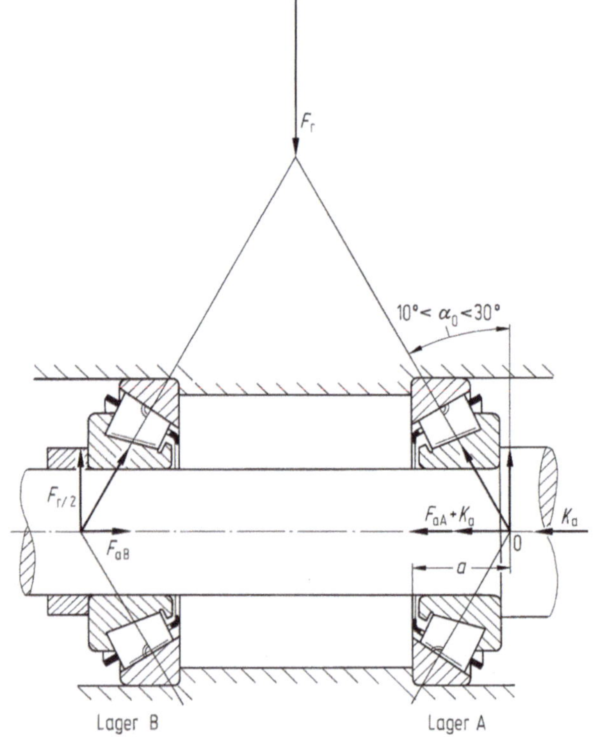

Abb. 14.15 Nenndruckwinkel α_0 und axiale Reaktionskräfte bei Kegelrollenlagern, a Abstand des rechnerischen Kraftangriffspunktes 0 von der Anlage, K_a äußere Axialkraft

Lagerluft und Betriebsspiel

Die Lagerluft ist das Maß, um das sich die Lagerlaufringe ohne relevante Last in radialer (Radialluft G_r) bzw. axialer Richtung (Axialluft G_a) zueinander verschieben lassen (Abb. 14.16). Sie wird im nicht eingebauten Zustand bestimmt. Um unterschiedliche Betriebsverhältnisse zu berücksichtigen, werden Lager in verschiedenen Radialluftgruppen gefertigt. Diese werden durch ein Nachsetzzeichen (C + Zahl) gekennzeichnet, Abschn. 14.4.3. Hinweise zur Auswahl der Lagerluft sind in Tab. 14.3 zusammengefasst.

Bei kegeliger Bohrung kann die Radialluft durch axiales Verschieben des Innenrings eingestellt werden. Schräglager (z. B. Kegelrollenlager) lassen sich durch Anstellen des Innen- oder Außenrings auf die gewünschte Lagerluft oder durch Tellerfedern spielfrei einstellen. Wichtig ist hierbei ein genauer Planlauf der Anstell-Muttern und Scheiben.

Durch Presspassung auf der Welle bzw. im Gehäuse sowie durch unterschiedliche Temperaturen von Innen- und Außenring im Betrieb verringert sich die Lagerluft und wird zum Betriebsspiel (im Mittel um 50 . . . 70 % des wirksamen Passungsübermaßes des Ringes, der mit Presspassung eingebaut wird).

Um Reibungsverluste und Lagerbelastung durch Vorspannung klein zu halten, ist bei Radiallagern ein radiales Betriebsspiel von ca. 0 . . . 5 µm anzustreben. Ein zu großes G_r verursacht ungenaue Wellenführung sowie eine ungünstige Lastverteilung auf die Wälzkörper. Spielfreiheit ist bei hoher Anforderung an die Führungsgenauigkeit, z. B. bei Werkzeugmaschinen, anzustreben, setzt aber bekannte und gleichbleibende Betriebsverhältnisse (Temperatur, Maximaldrehzahl) voraus. Für eine genaue Bestimmung des Betriebsspiels bieten die Wälzlagerhersteller geeignete Rechenprogramme an.

Steifigkeit

Die Steifigkeit ist ein Maß für die elastische Verformung durch die Belastung. Sie ist wie folgt definiert:
Radiale Steifigkeit

$$S_r = \frac{F_r}{f_r} \tag{14.4}$$

Axiale Steifigkeit

$$S_a = \frac{F_a}{f_a} \tag{14.5}$$

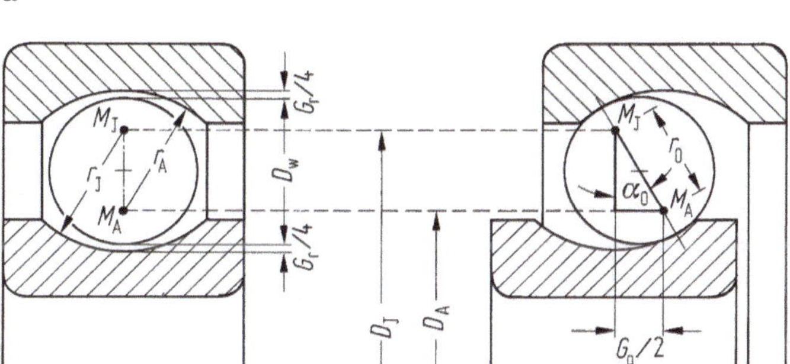

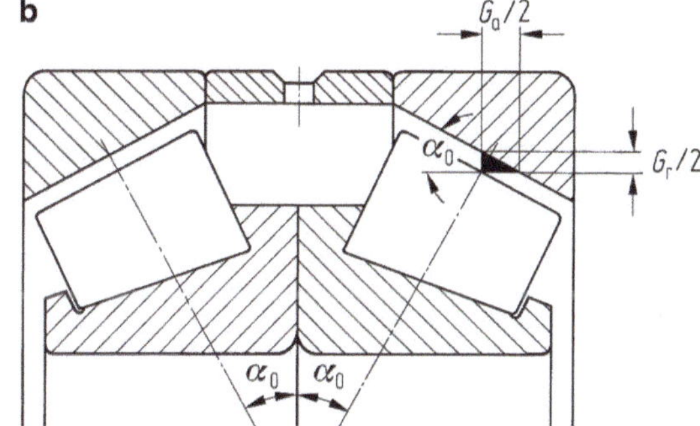

Abb. 14.16 Radialluft G_r und Axialluft G_a, **a** Rillenkugellager, **b** Kegelrollenlager

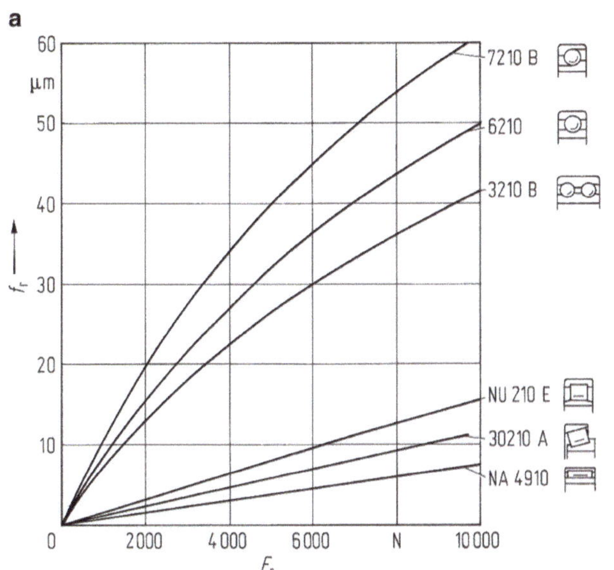

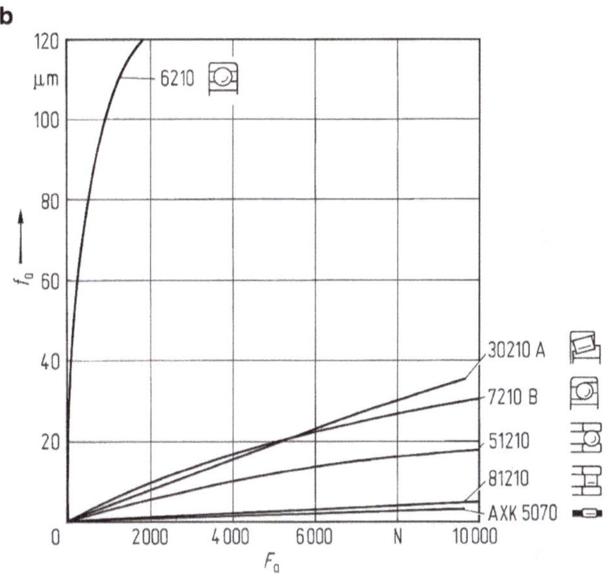

Abb. 14.17 Federweg einiger Wälzlager mit 50 mm Bohrung [14], **a** radial f_r, **b** axial f_a

Tab. 14.3 Empfehlungen zur Auswahl der Lagerluft

Anwendung, Eigenschaften	Außenring wärmer als Innenring, geringes Betriebsspiel, hohe Führungsgenauigkeit, hohe Tragfähigkeit		Normale Temperatur, übliche Passung (Tab. 14.18)	Innenring wärmer als Außenring, Presspassung an beiden Ringen, geringe Reibung, Vermeidung von Zwangskräften bei statisch überbestimmter Lagerung		
Nachsetzzeichen	C1 (CN)	C2	C0	C3	C4	C5
Lagerluft	vermindert		normal	erhöht		

Hierbei ist F_r die radiale, F_a die axiale Kraft, welche den elastischen Federweg f_r (f_a) der Welle in radialer (axialer) Richtung bewirkt. Kennlinien für radiale und axiale Federung von verschiedenen Lagern gleicher Baugröße (Bohrungsdurchmesser) zeigt Abb. 14.17.

Die Steifigkeit ist wichtig für die Führungsgenauigkeit, Verformung der Lagerstelle, Lastverteilung auf die Wälzkörper und das Schwingungsverhalten (Berechnung siehe [14] und [16]).

14.3 Herstellung, Schmierung, Abdichtung

14.3.1 Werkstoffe, Wärmebehandlung

Im Kontakt der Wälzpaarung ist im Mittel mit Hertz'schen Pressungen zwischen 1000 ... 2000 N/mm^2 zu rechnen, in Sonderfällen bis zu 4000 N/mm^2. Hohe Wälzfestigkeit ist daher das entscheidende Kriterium für die Werkstoffauswahl. Daneben entscheiden die Wälzlagerhersteller nach Gesichtspunkten der Wirtschaftlichkeit, Verfügbarkeit und Verarbeitbarkeit.

Generell gilt, dass der Reinheitsgrad des Werkstoffs für die Wälzfestigkeit von entscheidender Bedeutung ist. Durch Maßnahmen wie Vakuum-Erschmelzung und -Entgasung konnten Verunreinigungen durch oxidische und sulfidische Einschlüsse drastisch reduziert werden. Folgende Werkstoffe haben sich durchgesetzt:

Durchhärtende Stähle
Für Wälzkörper werden überwiegend durchhärtende Stähle wie der „Wälzlagerstahl" 100Cr6 bis 100CrMnMo8 mit einer Härte von 58 ... 62 HRC verwendet, für höhere Warmfestigkeit M50 (mit hohen Cr- und Mo-Anteilen), für dünne gestanzte Laufscheiben auch Ck67 und Ck75.

Einsatzstähle
Einsatzstähle, wie der 16MnCr5, werden bei starker Stoßbeanspruchung bevorzugt oder wenn Relativbewegungen zwischen Welle und Laufring nicht zu vermeiden sind, wie etwa bei Walzwerken. Manche Hersteller verwenden Einsatzstahl aufgrund von Wirtschaftlichkeitsgesichtspunkten als Standardstahl.

Vergütungsstähle
Für Lagerringe werden häufig Vergütungsstähle verwendet (z. B. 42CrMo4), wenn diese zusätzlich Bauteilfunktionen übernehmen müssen, z. B. Fahrzeugradlager mit integriertem Flansch, oder auch für große Schwenklagerringe. Nur die Laufbahnen und Dichtungsflächen werden flamm- oder induktivgehärtet. Die Oberflächenhärte liegt unter Umständen unter 58 HRC. Dies ist bei der Tragfähigkeitsberechnung zu berücksichtigen.

Werkstoffe für Sonderanwendungen
Korrosionsbeständige Stähle des Typs X45Cr13 mit geringerer Oberflächenhärte haben sich bei niedrig beanspruchten Lagern bewährt, unter Umständen auch nicht härtbarer rostfreier Stahl und Kunststoff. Für hochbeanspruchte Lager der Luftfahrt und Lebensmittelindustrie wurden hochaufgestickte martensitische HNS-Stähle (Typ X30CrMoN15 und AMS5898) entwickelt. Mitunter genügt eine Oberflächenbehandlung, Abschn. 5.4.1, 5.4.2.

Für hohe Temperaturen, wie z. B. in Flugtriebwerken, werden warmfeste Werkstoffe ähnlich den Wälzlagerstählen (z. B. 80 MoCrV42-16) verwendet, ferner der oben erwähnte HNS-Stahl, für höchste Temperaturen (bis 600 °C) gegossene oder gesinterte Hartlegierungen (Stellite). Für Sonderfälle werden auch Wälzkörper aus Keramik verwendet, wenn neben hoher Temperaturbeständigkeit elektrische Isolierung wichtig ist. Hierfür werden auch Lager mit keramikbeschichteten Laufringen verwendet.

Maßstabilität
Bei Standardlagern mit normaler Wärmebehandlung sind Gefügeänderungen und damit verbundene Maßänderungen nicht zu erwarten, wenn eine Betriebstemperatur (Abschn. 14.7.2) von 120 °C nicht überschritten wird. Für höhere Temperaturen ist eine spezielle Anlaßbehandlung erforderlich, damit die Lager maßstabil bleiben, Tab. 14.4.

Man beachte: Die damit verbundene Härteminderung muss bei der Tragfähigkeitsberechnung berücksichtigt werden, Abschn. 14.5.

Tab. 14.4 Maximale Betriebstemperaturen maßstabilisierter Lager, Stabilisierungsgrade (Nachsetzzeichen siehe Tab. 14.6)

Nachsetzzeichen für maßstabilisierte Lager	Maximale Betriebstemperatur
ohne (entspricht SN)	120 °C
S0	150 °C
S1	200 °C
S2	250 °C
S3	300 °C

Werkstoffe für Käfige
Werkstoffe für Käfige sind in Abschn. 14.2.2 aufgeführt. Die Angabe der Käfig-Werkstoffe im Wälzlager-Kurzzeichen wird in Abschn. 14.4.3 beschrieben.

14.3.2 Genauigkeit, Toleranzen

Zur Kennzeichnung der Laufgenauigkeit werden Wälzlager unterschiedlicher Toleranzklassen mit dem Kennzeichen: P + Zahl unterschieden. Für normale Anforderungen des Maschinenbaus genügt im Allgemeinen die Normaltoleranz P0 (PN). Für Werkzeugmaschinen, Messgeräte usw., von denen besonders hohe Maßgenauigkeit oder Laufruhe gefordert wird, sind die genormten Toleranzklassen P6, P5, P4 und für höchste Ansprüche P2 vorgesehen. Darüber hinaus gibt es für extreme Anforderungen nicht genormte Speziallager der Toleranzklassen SP (Spezial-Präzision), UP (Ultra-Präzision) und HG (Hoch-Genau). Die Kennzeichen werden als Nachsetzzeichen in das Wälzlager-Kurzzeichen aufgenommen, Abschn. 14.4.3.

Man beachte: Insbesondere bei Einsatz hochgenauer Wälzlager müssen Rundheit, Oberflächengüte und Lage der radialen, insbesondere der axialen Sitzflächen von Welle und Gehäuse der Qualität der Lager entsprechen und unter Belastung ihre Formgenauigkeit behalten, also steif ausgebildet sein.

14.3.3 Schmierung

Allgemeine Angaben sind in Kap. 16: Schmierung enthalten, ergänzend hierzu werden im Folgenden die Besonderheiten bei Wälzlagern erläutert.

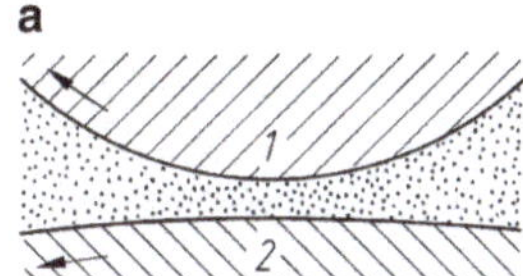

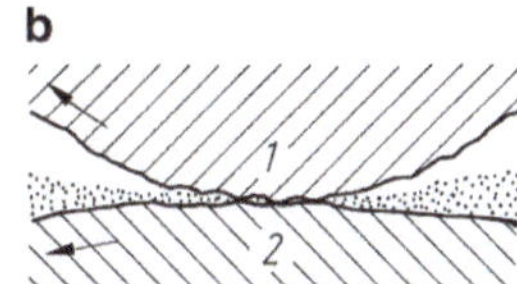

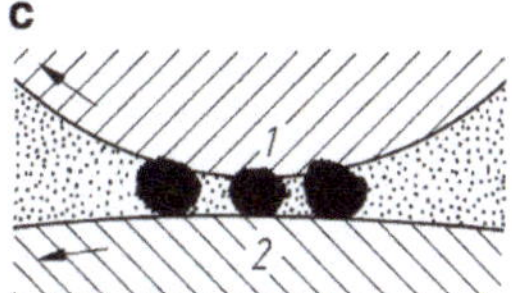

Abb. 14.18 Betriebszustände im Wälzlager [16], *1* Wälzkörper, *2* Lagerring, **a** elastohydrodynamische (EHD) Bedingungen, **b** Mischreibung, **c** Fremdkörper zwischen den Wälzelementen

Funktion des Schmierstoffs

Hauptfunktion ist die Bildung eines tragfähigen Schmierfilms im Wälzkontakt, siehe auch Kap. 13. Abb. 14.18 zeigt die folgenden unterschiedlichen Betriebszustände:

(a) Der Schmierfilm trennt Laufring und Wälzkörper. Es herrschen EHD-Bedingungen (EHD = Elastohydrodynamik siehe Kap. 13). Bis zur Hertz'schen Pressung von $2000\,\mathrm{N/mm^2}$ treten im Allgemeinen keine Schäden an den Kontaktflächen auf. Dauerfestigkeit ist möglich.

(b) Es herrscht Mischreibung infolge kleiner Schmierfilmdicke, bedingt durch hohe Belastung, niedrige Schmierstoffviskosität, Formabweichungen. Als Folge treten größere tangentiale Reibungskräfte in den Kontaktflächen auf. Die Folgen sind Verschleiß, begrenzte Lebensdauer.

(c) Fremdkörper gelangen zwischen die Kontaktflächen und führen zu adhäsivem oder abrasivem Verschleiß oder Eindrückungen mit der Folge von Grübchenschäden.

Um den Betriebszustand (a) zu erreichen, muss der Schmierstoff (Öl oder Fett) eine ausreichende Viskosität aufweisen.

Man beachte jedoch: Hohe Viskosität führt auch zu höheren Walk- und Reibungsverlusten und damit höheren Temperaturen. Wenn EHD-Bedingungen nicht zu erreichen sind, werden EP-Additive dem Schmierstoff zugefügt.

Je nach Einsatzbedingungen muss der Schmierstoff weitere Funktionen erfüllen: Korrosionsschutz (bei Betrieb in korrosiven Medien), Abdichtung (z. B. durch Fettkragen in Labyrinthdichtungen), Wärmeabführung (bei Ölschmierung), Abtransport von Verunreinigungen (bei Ölumlaufschmierung mit anschließendem Filtern).

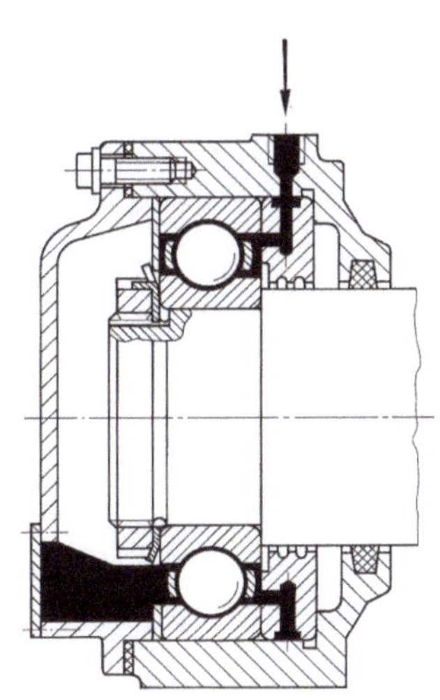

Abb. 14.19 Wälzlager mit Fettschmierung [14] (nach mehrmaliger Nachschmierung muss das alte Fett aus der Kammer (links unten) entfernt werden)

Auswahl von Schmierstoffen und Schmierverfahren

In Tab. 14.5 sind Schmierverfahren, Eigenschaften und Anwendung geordnet nach der Schmierstoffart aufgelistet. Ausführliche Hinweise werden in [14] gegeben.

Schmierstoffversorgung

In der Regel sind sehr geringe Schmierstoffmengen ausreichend, zur Wärmeabfuhr sind größere Öldurchflussmengen erforderlich. Beispiele für fett- bzw. ölgeschmierte Lager zeigen Abb. 14.19 und 14.20.

Man beachte: Bei Schräglagern wird das Öl vom kleineren zum größeren Durchmesser gepumpt. Es muss hier ablaufen können. Vor Staustellen, z. B. auch vor Wellendichtringen, ist eine Druckentlastung vorzusehen. Seitlich des Lagers soll ausreichend Raum für Schmierstoff vorhanden sein. Bei Ölsumpfschmierung soll der Ölspiegel etwa bis zur Mitte des untersten Wälzkörpers reichen, ein höherer Ölstand führt zu erhöhter Erwärmung. Bei Fettschmierung soll der freie Raum nur bis $2/3$ mit Fett gefüllt werden (sonst sind die Walkverluste im Lager zu groß).

Dichtung

Die Lebensdauer eines Wälzlagers hängt in hohem Maße davon ab, ob es gelingt, feste Verunreinigungen vom Wälzkontakt fernzuhalten. Im Allgemeinen wird zu diesem Zweck eine separate, neben dem Lager angeordnete Dichtung (Empfehlungen siehe Kap. 19) gewählt. Viele kleine, mittelgroße und Sonder-Großlager werden jedoch mit integrierten Dichtungselementen ausgeführt. Die Lager sind auf diese Weise betriebssicher mit Fett geschmiert, auch unabhängig von einer ölhaltigen Umgebung.

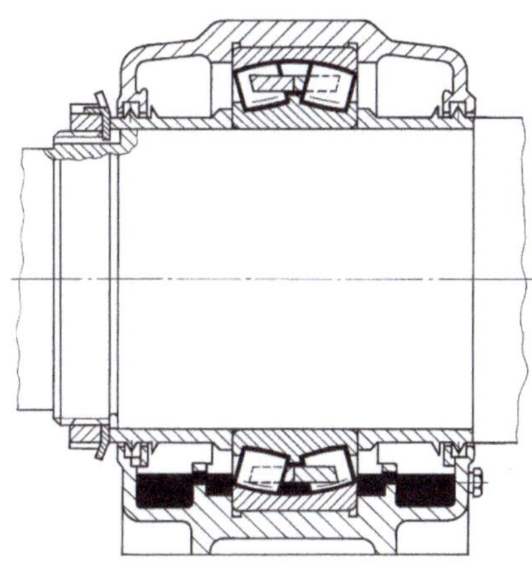

Abb. 14.20 Pendelrollenlager mit Öl-Tauchschmierung

Tab. 14.5 Schmierstoffe und Schmierverfahren für Wälzlager

Schmierstoff	Verfahren	Merkmale	Eigenschaften	Anwendung
Festschmierstoff	– for life – Nachschmierung	– MoS_2 und Graphit als Pulver, Paste, Gleitlack – selten Weichmetallfilme (Kupfer, Gold) und PTFE – Sonderfall: „selbstschmierende" Käfige (Käfig mit eingelagertem Schmierstoff)	– temperaturstabil – nicht fließend – hohe Reibung – teuer – maximaler Drehzahl-Kennwert[a] ≈ 1500	– im Vakuum – bei extrem hohen Betriebstemperaturen – Kerntechnik (hohe radioaktive Bestrahlung) – Lebensmittelindustrie – vorwiegend Rillenkugellager
Fett	– for life	– einmalige Fettfüllung – geringe Menge – ggf. Dichtung	– einfache Konstruktionen – wartungsfrei – Dichtwirkung (Fett) – Temperatur begrenzt (ca. 100 °C) – maximaler Drehzahl-Kennwert[a] $\approx 0{,}5 \cdot 10^6$	alle Lagerbauarten, außer Axial-Pendelrollenlager (abhängig von Drehgeschwindigkeit und Fettart)
	– Nachschmierung	– Zuführbohrungen (z. B. Schmiernippel) – evtl. Fettmengenregler – Auffangraum für Altfett – Füllung: 2/3 des Freiraums	– Fett austauschbar – Menge vorzugeben – aufwendigere Konstruktionen – maximaler Drehzahl-Kennwert[a] $\approx 1 \cdot 10^6$	
	– Sprühschmierung	– Zuführung durch Rohre oder Bohrungen – Auffangraum für Altfett	– Schmierfristen beachten – niedrige Reibung und günstiges Geräuschverhalten mit Sonderfetten	
Öl (größere Mengen)	– Ölsumpfschmierung zum Teil for life	– Eintauchen im Ölbad (Mitte unterer Wälzkörper) oder Spritzöl – mittlere Menge – Gehäuse mit ausreichendem Ölvolumen	– gemeinsame Schmierung mit anderen Maschinenelementen (z. B. Zahnräder) – gute Wärmeabfuhr – hohe Drehzahlen – Planschverluste – maximaler Drehzahl-Kennwert[a] $\approx 0{,}5 \cdot 10^6$	alle Lagerbauformen
	– Ölumlaufschmierung zum Teil for life	– Versorgung durch Pumpe – Ablaufbohrung – große Menge – evtl. Förderwirkung der Lager berücksichtigen	– sehr gute Wärmeabfuhr – Filterung möglich (ca. 25 µm) – aufwendig – maximaler Drehzahl-Kennwert[a] $\approx 1 \cdot 10^6$	
	– Öleinspritzschmierung	– Ölzulauf durch gerichtete Düsen – Versorgung durch Pumpe – mittlere Menge	– wie Ölumlaufschmierung aber: – maximaler Drehzahl-Kennwert[a] $\approx 4 \cdot 10^6$	
Öl (Minimalmenge)	– Öltropfschmierung – Ölimpulsschmierung	– Spritzöl – Tropföler – minimale Menge	– geringe Reibung – schlechte Wärmeabfuhr – maximaler Drehzahl-Kennwert[a] $\approx 1{,}5 \cdot 10^6$ (abhängig von Lagerbauform, Ölviskosität, Konstruktion)	alle Lagerbauformen
	– Ölnebelschmierung	– Ölnebelanlage (Mikroskopische Öltröpfchen mit Pressluft)	– geringe Reibung – sichere Schmierung – hohe Drehzahlen – teuer, aufwendig – Geruch – maximaler Drehzahl-Kennwert[a] $\approx 1 \cdot 10^6$ (abhängig von Lagerbauform, Ölviskosität, Konstruktion)	
	– Öl-Luft-Schmierung	– Öl-Luft-Anlage (makroskopische Öltröpfchen mit Pressluft)	– wie Ölnebelschmierung, aber – weniger Geruchsbelästigung	

[a] Drehzahlkennwert $n \cdot d_m$ in min^{-1} mm

Abb. 14.7 zeigt verschiedene Lösungen, als einfachste die Abdichtung mit Deckscheiben aus profiliertem Blech für nicht winkelbewegliche Lager (Abb. 14.7a), Dichtscheiben (Abb. 14.7b) aus einer Stützscheibe aus Blech mit (ausgleichfähiger) aufvulkanisierter Gummi- oder Kunststoffscheibe, die auf dem Innenring gleitet. Weitere Ausführungen zeigen Abb. 14.7c und d. Für höhere thermische und chemische Anforderungen sind in [14] weiterführende Angaben enthalten.

Angaben für die Abdichtung im Wälzlagerkurzzeichen werden in Abschn. 14.4.3 erläutert.

14.4 Bauarten

Grundlegende Informationen zur Bezeichnung der Bauarten werden in Abschn. 14.1.1.1 gegeben. Zu den Radiallagern werden Wälzlager mit einem Druckwinkel $\alpha_0 < 45°$ gerechnet, zu den Axiallagern Lager mit $\alpha_0 > 45°$, Abschn. 14.2.4.

14.4.1 Eigenschaften und Auswahl der Normal-Bauformen

Für reine Radialbelastung sind alle Radiallager geeignet, für reine Axialbelastung alle Axiallager und alle Radial-Kugellager, für kombinierte Belastung vorwiegend Rillenkugellager, Schrägkugellager, Kegelrollenlager, Pendelrollenlager und Axial-Pendelrollenlager sowie in begrenztem Maße Zylinderrollenlager, Pendelkugellager und Tonnenlager. Eine Auswahlhilfe für Radial- und Axiallager (Normalbauformen) zeigt Abb. 14.24.

Besondere Merkmale und Eigenschaften der Normal-Bauformen sind:

Radial-Kugellager, Abb. 14.21

- Rillenkugellager (ein- und zweireihig) eignen sich als Fest- und Loslager (Abschn. 14.6.2), beim Loslager ist der Ring mit Punktlast (Abschn. 14.6.1) auf der Welle oder im Gehäuse verschieblich, wird daher mit Spielpassung eingebaut. Sie sind preisgünstig, reibungsarm und in vielen Sonderbauformen (mit Dichtscheiben, mit Sprengringnut im Außenring zur axialen Festlegung usw.) erhältlich. Sie sind je nach Lagerluft bis 15′ winkelig einstellbar und für hohe Drehzahlen geeignet. Das zweireihige Rillenkugellager kann Kippkräfte aufnehmen, eignet sich daher, wenn kurze Wellen in nur einem Lager gelagert werden.
- Vierpunktlager haben Laufbahnen, deren Krümmungsradien gegeneinander versetzt sind. Dadurch berühren die Kugeln die Laufringe bei Radialbelastung in vier Punkten. Der Innenring (mitunter der Außenring) ist geteilt, so dass eine größere Anzahl von Kugeln eingefüllt werden kann. Sie eignen sich für wechselnde, reine oder überwiegende Axialkraft, jedoch nicht zur Aufnahme reiner Radialkräfte (nicht als Loslager), da hierbei starke Bohrreibung auftritt. Sie werden oft in Getrieben parallel zu Rollenlagern verwendet, wo Axialkräfte auftreten und wo eine enge axiale Führung und kleine Lagerbreite gefordert wird.
- Einreihige Schrägkugellager werden mit Druckwinkeln von $\alpha_0 = 15\ldots40°$ ausgeführt. Wie Kegelrollenlager werden sie paarweise angeordnet und beim Einbau axial gegeneinander angestellt. Sie sind besonders geeignet zur Aufnahme größerer Axialkräfte. Radialkräfte können sie nur übertragen, wenn sie zugleich axial belastet sind. Bei nur zeitweise wirkender Axialkraft oder relativ großen Radialkräften müssen zwei Schrägkugellager spiegelbildlich angeordnet werden. Weitere Besonderheiten siehe [14]. Anwendung: Lagerung von Werkzeugmaschinenspindeln und Seilrollen.
- Zweireihige Schrägkugellager stellen ein bereits gegeneinander angestelltes Schrägkugellagerpaar dar. Sie können hohe Radial- und Axialkräfte aufnehmen sowie als Fest- und Loslager verwendet werden, sind aber aufgrund der großen Stützbreite (Abstand der Druckkegelspitzen) wesentlich kippsteifer (hohe Führungsgenauigkeit, geringe Winkeleinstellbarkeit). Größere Lager dieser Bauart haben auf einer Seite eine Füllnut. Sie müssen so eingebaut werden, dass diese Seite keine Axialkräfte aufnehmen muss.

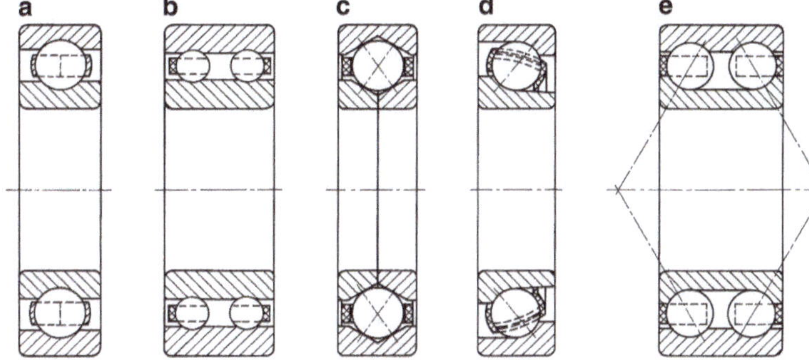

Abb. 14.21 Radial-Kugellager, **a** Rillenkugellager (einreihig), **b** Rillenkugellager (zweireihig), **c** Vierpunktlager, **d** Schrägkugellager (einreihig), **e** Schrägkugellager (zweireihig), **f** Pendelkugellager

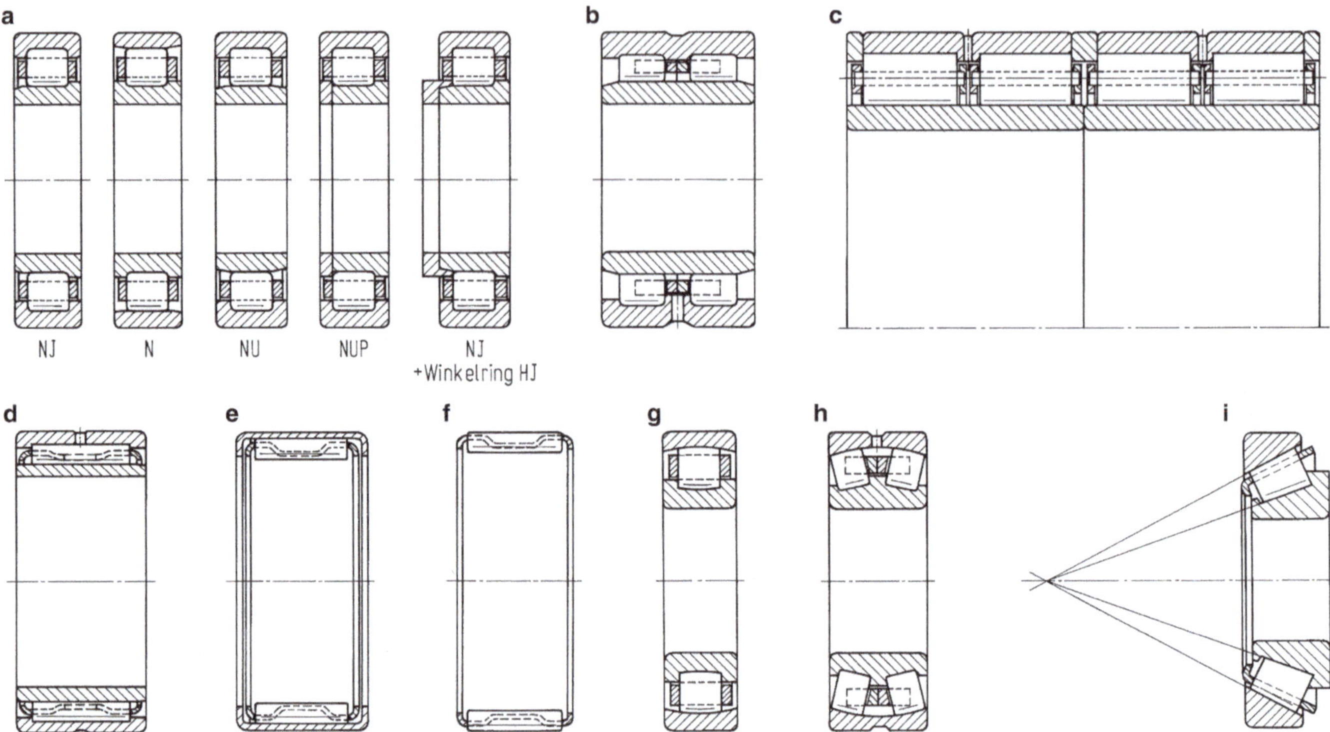

Abb. 14.22 Radial-Rollenlager, **a** Zylinderrollenlager unterschiedlicher Bauform (einreihig), **b** Zylinderrollenlager (zweireihig), **c** Zylinderrollenlager (vierreihig), **d** Nadellager, **e** Nadelhülse, **f** Nadelkranz, **g** Pendelrollenlager (einreihig), **h** Pendelrollenlager (zweireihig), **i** Kegelrollenlager

- Spindellager sind hochgenaue Schrägkugellager mit kleinem Druckwinkel ($\alpha_0 = 15 \ldots 25°$), geringer Reibung und hoher Führungsgenauigkeit, besonders geeignet für Werkzeugmaschinenspindeln. Noch höhere Drehzahlen sind möglich bei Sonderausführungen mit kleineren Stahlkugeln oder Keramikkugeln, d. h. reduzierten Fliehkräften [14].
- Pendelkugellager (mit kugelig ausgebildeter Laufbahn des Außenrings) sind unempfindlich gegen größere Wellendurchbiegung und Fluchtfehler (Winkeleinstellbarkeit je nach Bauform $1{,}5 \ldots 3°$). Hauptanwendungsgebiete sind Land-, Förder- und Holzbearbeitungsmaschinen, Ventilatoren.

Radial-Rollenlager, Abb. 14.22

- Alle hierfür verwendeten Rollen und Nadeln sind nicht rein zylindrisch. Um Spannungsspitzen an den Kanten zu vermeiden, weisen sie ein Profil mit leichter logarithmischer Verjüngung an den Rollenenden auf. Damit wird bei Belastung eine etwa konstante Pressung über der Breite erreicht. Das stirnseitige Profil der Rollen und die Bunde von Innen- und Außenring sind so ausgebildet, dass bei Schiefstellung bis $4'$ und normaler Belastung keine hohen Kantenpressungen auftreten und dass sich auch dann ein hydrodynamischer Schmierfilm ausbilden kann.
- Einreihige Zylinderrollenlager sind zur Aufnahme hoher Radialkräfte und in begrenztem Umfang je nach Ausführung auch für Axialkräfte und hohe Drehzahlen geeignet. Die Ausführungen NU und N ermöglichen eine Längenausdehnung im Lager und werden als Loslager eingesetzt (Auswahl nach Montierbarkeit). Die Bauform NUP und NJ + Winkelring HJ (unter Umständen aus Montagegründen vorzuziehen) lassen eine gewisse axiale Belastung in beiden Richtungen zu, Bauform NJ in einer Richtung (Reibung wegen Gleiten der Wälzkörper an den Borden beachten).
- Mehrreihige Zylinderrollenlager haben gleiche Eigenschaften wie die entsprechenden einreihigen, jedoch ist die Tragzahl höher und die Winkeleinstellbarkeit aufgrund der größeren Breite geringer.
- Vollrollige Zylinderrollenlager haben keinen Käfig, die Wälzkörper führen sich selber und werden an den Borden geführt. Sie zeichnen sich durch besonders hohe Tragzahlen aus, nachteilig ist das hohe Reibmoment und, zunehmend mit der Drehzahl, Verschleiß im Kontakt Rolle/Rolle.
- Nadellager gleichen in ihrer Funktion den Zylinderrollenlagern, sie sind breiter und benötigen einen besonders kleinen radialen Einbauraum bei hoher radialer Tragfähigkeit. Die dünnen langen Wälzkörper können nur durch einen Käfig achsparallel und ebenfalls durch den Käfig oder durch Borde der Lagerringe seitlich geführt werden. Die Reibungsverluste dieser Lager sind vergleichsweise hoch (Abschn. 14.7.1). Nadellager sind teilbar, sie können nur als Loslager verwendet werden.

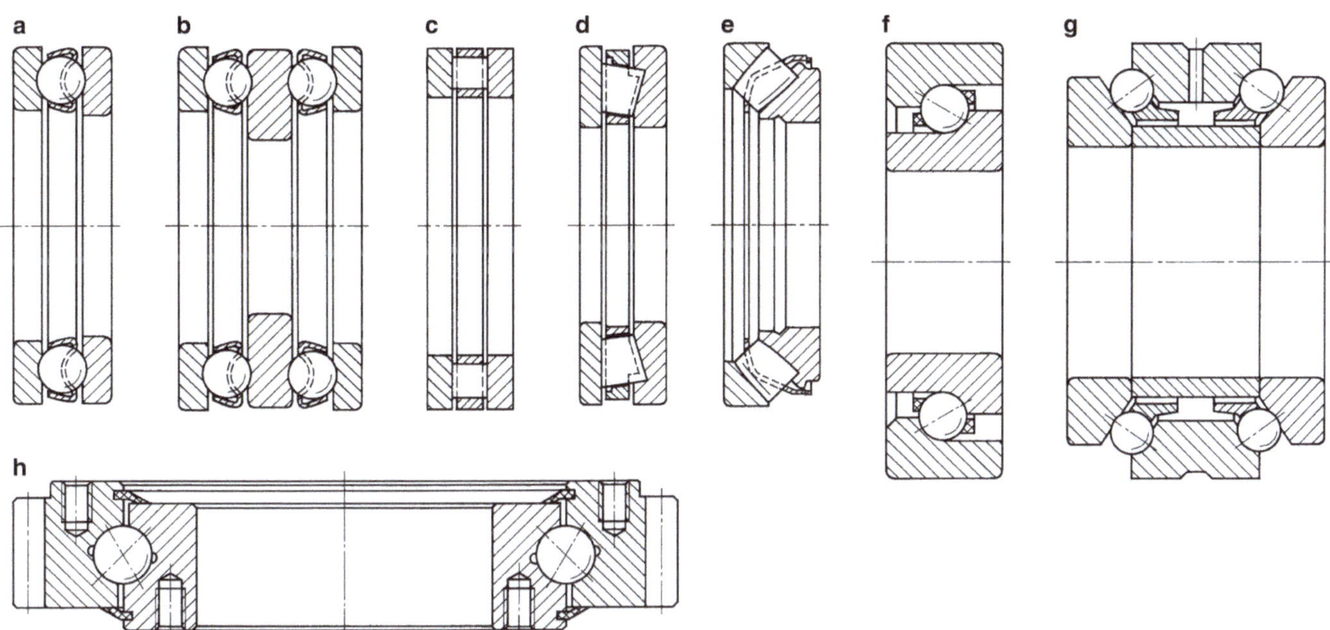

Abb. 14.23 Axiallager, **a** Axial-Rillenkugellager (einreihig), **b** Axial-Rillenkugellager (zweireihig), **c** Axial-Zylinderrollenlager, **d** Axial-Kegelrollenlager, **e** Axial-Pendelrollenlager, **f** Axial-Schrägkugellager (einreihig), **g** Axial-Schrägkugellager (zweireihig), **h** Schwenklager

- Nadelhülsen sind Nadellager, deren Außenring aus einem dünnen Blechmantel besteht, der spanlos hergestellt wird. Die erforderliche radiale Steifigkeit wird erst durch den Einbau in ein Gehäuse mit entsprechender Passung erreicht (Vorteil: noch geringerer radialer Platzbedarf). Die Welle muss die Eigenschaften des Innenringes haben.
- Nadelkränze sind wie Nadelhülsen aufgebaut. Bezogen auf das Bauvolumen haben sie die höchste Tragfähigkeit aller Rollenlager. Gehäuse und Welle müssen die Eigenschaften von Außen- und Innenring haben.
- Tonnenlager werden wie Pendelkugellager eingesetzt, wenn große Winkeleinstellbarkeit gefordert ist. Sie sind teuer in der Herstellung und haben eine geringe axiale Tragfähigkeit.
- Pendelrollenlager besitzen eine höhere axiale Tragfähigkeit als Tonnenlager, sie sind mit kegeliger Innenbohrung lieferbar (Montage mit Spannhülse siehe Abb. 14.41e). Von dieser Bauart gibt es ab Durchmesser $d = 55\,\text{mm}$ auch geteilte Ausführungen, um die Reparaturzeiten (Austauschzeit) bei langen Wellen zu reduzieren.
- Kegelrollenlager werden in der Regel paarweise gegeneinander eingebaut und besitzen eine hohe radiale und axiale Tragfähigkeit. Wegen der kegeligen Form schneiden sich die Momentanachsen von Laufflächen und Wälzkörpern in einem Punkt. Reibungsverluste entstehen daher hauptsächlich durch die Bordkraft F_B (Abb. 14.8b). Die Folge ist eine niedrige Drehzahlgrenze. Diese Stelle muss stets gut mit Schmierstoff versorgt sein. Der Käfig hält Innenring und Rollenkranz zusammen, der Außenring kann abgezogen werden.

Axial-Kugel- und -Rollenlager, Abb. 14.23

- Axial-Rillenkugellager können nur rein axiale Kräfte aufnehmen, in einer (einseitig wirkenden) oder in zwei (zweiseitig wirkenden) Richtungen. Fluchtungsfehler können durch Lager mit kugeliger Auflagefläche eines Lagerrings ausgeglichen werden.
- Axial-Zylinderrollenlager dienen zur Aufnahme hoher axialer Kräfte bei niedrigen Drehzahlen. Da sich die Momentanachsen nicht in einem Punkt schneiden, treten mit wachsender Drehzahl höhere Reibungsverluste (Bohrreibung) auf.
- Axial-Kegelrollenlager ähneln Axial-Zylinderrollenlagern. Da sich die Momentanachsen schneiden, ist die Reibung jedoch geringer, weil in der Berührfläche kein Zwangsschlupf auftritt.
- Axial-Pendelrollenlager eignen sich zur Aufnahme hoher Axialkräfte und können Fluchtungsfehler winkelig ausgleichen. Sie sind, wie alle Pendellager, vergleichsweise teuer.
- Axial-Schrägkugellager übertragen die Kräfte unter einem Druckwinkel (meist 60 °) von einer Laufbahn auf die andere. Die einreihigen bzw. zweireihigen Lager werden im Allgemeinen im Werkzeugmaschinenbau eingesetzt (Lager höherer Genauigkeit), der paarweise Einbau (X- bzw. O-Anordnung, Abschn. 14.6.2) einreihiger Lager er-

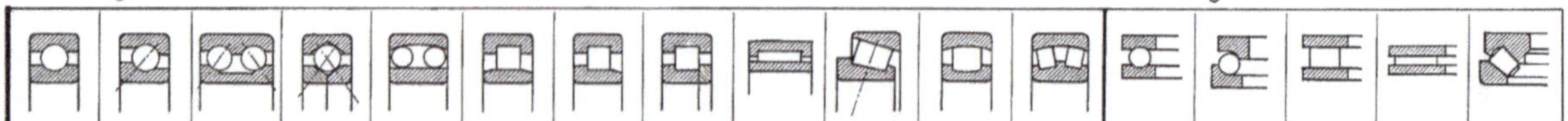

Funktionsmerkmal	Wälzlagerbauform: Radiallager												Axiallager				
	1	2	3	4	5	6	7	8	9	10	11	12	13	14	15	16	17
Radiallastaufnahme	◕	◑	◕	◔	◑	●	●	●	◕	●	●	●	○	○	○	○	○
Axiallastaufnahme	◑	◕	◕	◕	◔	○	◔	◔	○	●	◔	◑	◕	◕	●	◕	●
Winkel-einstellbarkeit	◑	◔	○	◔	●	◔	◔	◔	○	◔	●	◕	○	○	○	○	●
hohe Drehzahlen	●	●	◕	◕	●	●	●	●	◕	○	◑	◑	○	○	◑	○	○
geringe Lagerreibung	●	●	◕	◕	●	●	●	●	◑	◑	◑	◑	◕	◕	◑	◑	◑
hohe radiale Steifigkeit	◕	◑	◕	◑	◑	●	●	●	●	●	●	●	○	◔	○	○	◑
hohe axiale Steifigkeit	◑	◕	◕	◕	◔	○	◑	◑	○	◕	◔	◑	◕	◕	●	●	●
Zerlegbarkeit	○	○	○	●	○	●	●	●	●	●	○	○	●	●	●	●	●
Längenausgleich im Lager	○	○	○	○	○	●	◑	○	●	○	○	○	○	○	○	○	○
Führungsgenauigkeit	◑	●	◕	◑	◑	◕	◕	◕	●	●	◑	◑	●	●	◕	◑	◕
geringer axialer Einbauraum	◕	◕	◔	◕	◔	◕	◕	◕	◔	◑	◕	◔	◑	◑	◑	●	◑
geringer radialer Einbauraum	◕	◑	◑	◑	◑	◑	◑	◑	●	◑	◑	◕	◕	◑	◑	◔	◔

Funktionsmerkmal wird von der Lagerbauform:

● sehr gut erfüllt
◕ gut erfüllt
◑ ausreichend erfüllt
◔ unter bestimmten Bedingungen erfüllt
○ nicht erfüllt

Abb. 14.24 Auswahlhilfe für umlaufende Wälzlager

möglicht durch definierte Vorspannung eine hohe axiale Steifigkeit und genaue Führung.

- Schwenklager können Axial-, Radialkräfte und Kippmomente aufnehmen. Sie werden als Kugel- und Rollenlager mit bis zu mehreren Metern Durchmesser ausgeführt. Anwendung im Allgemeinen im Schwermaschinenbau bei begrenztem Bauraum und hohen Belastungen, wie z. B. zur Abstützung von Bagger und Kranaufbauten [14].

14.4.2 Sonderbauarten

In zunehmendem Maß kommen Sonderbauarten zum Einsatz, die mehrere Funktionen erfüllen. Beispiele zeigt Abb. 14.25. Die Lager sind kostengünstig bei Großserien und auch bei Einzelfertigung von Großbauteilen. Sie gestatten raumsparende, kompakte, beanspruchungsspezifische Gestaltung.

Umlaufende Sonderwälzlager für Großbauteile, Abb. 14.26

- Kugel- und Rollendrehverbindungen (Abb. 14.26a, b) bestehen aus Rollbahnkörpern, die unmittelbar von den betreffenden Maschinenteilen geführt werden. Anwendungen bei Drehkränen, Baggern, LKW-Anhängern, Drehtürmen (z. B. von Windkraftwerken). Der Außendurchmesser beträgt dabei etwa 800 ... 4500 mm.
- Drahtkugellager (Abb. 14.26c) sind Vierpunktlager, d. h. jede Kugelreihe weist 4 Rollbahnen auf. Diese bestehen aus Stahldrähten hoher Festigkeit (Härte HBW ≈

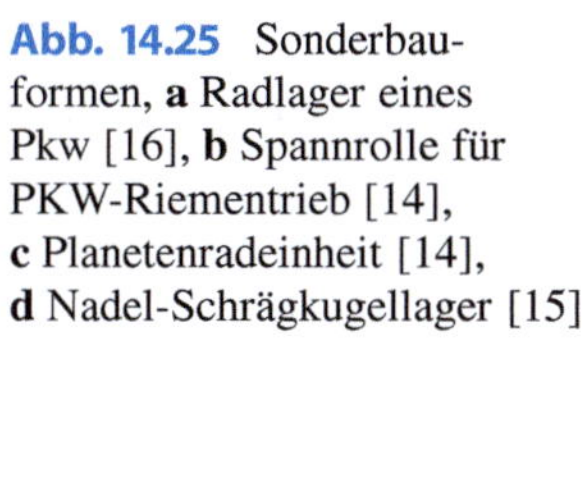

Abb. 14.25 Sonderbauformen, **a** Radlager eines Pkw [16], **b** Spannrolle für PKW-Riementrieb [14], **c** Planetenradeinheit [14], **d** Nadel-Schrägkugellager [15]

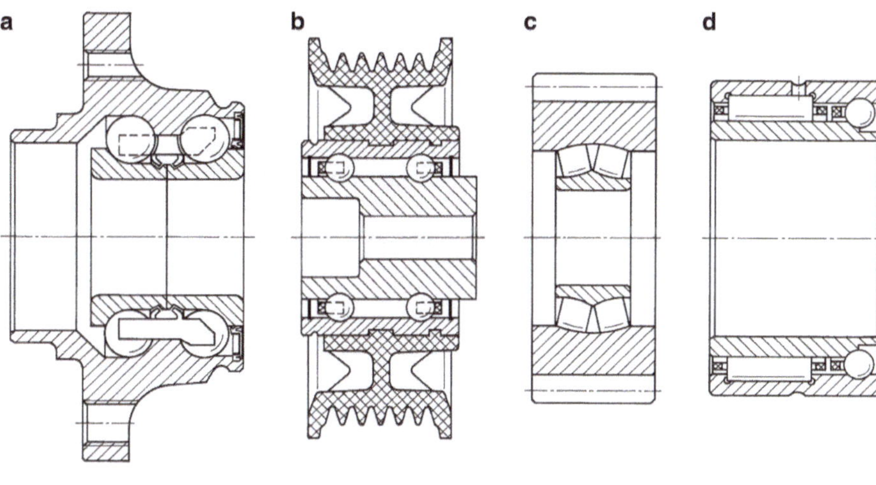

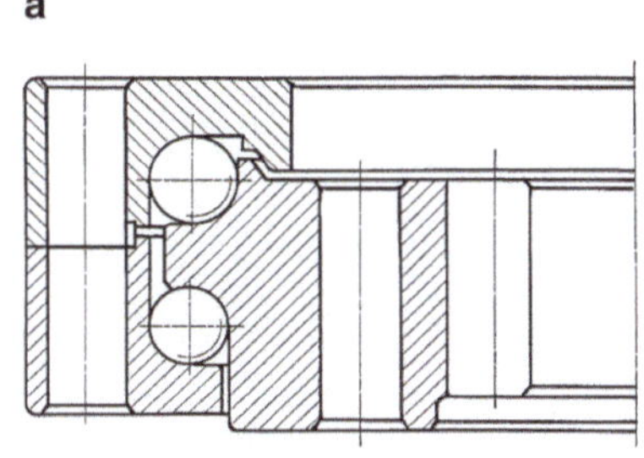

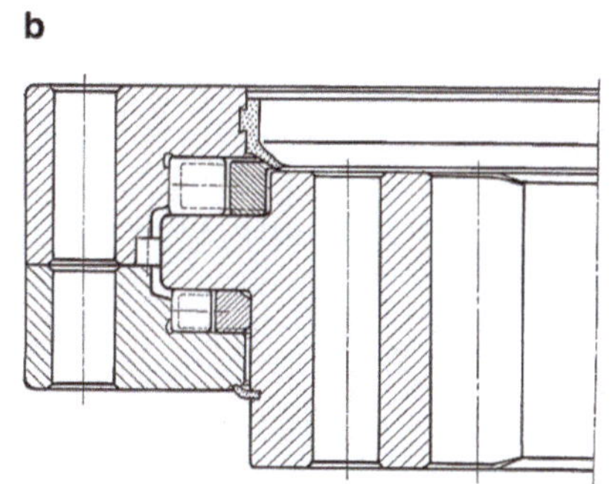

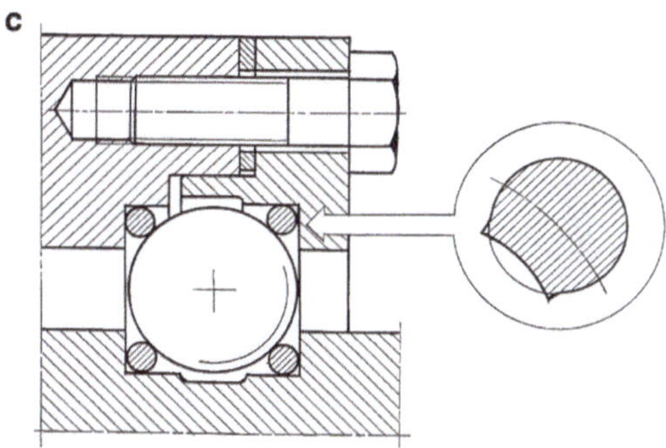

Abb. 14.26 Drehverbindungen, **a** Kugeldrehverbindung mit Innenverzahnung (nach Rothe Erde), **b** Rollendrehverbindung mit Innenverzahnung (FAG), **c** Drahtkugellager nach Conti [2]

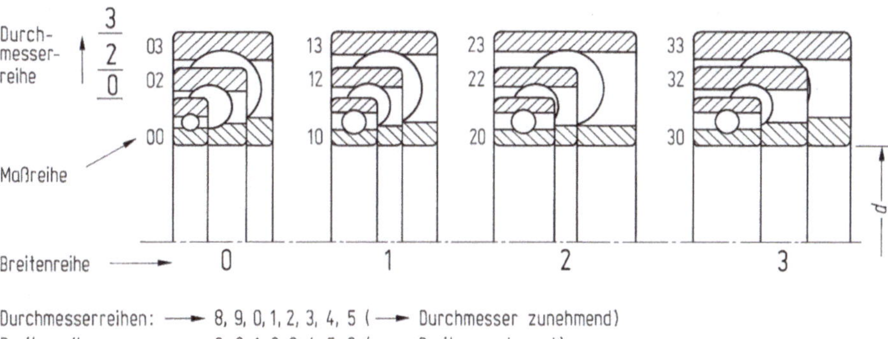

Abb. 14.27 Wälzlager-Maßreihen

400 ... 680), die in entsprechende Führungen aus Stahl, Leichtmetall oder auch Kunststoff eingelegt und unter hoher Belastung eingewalzt sind. Es werden eine hohe Laufgenauigkeit und relativ hohe Drehzahlen erreicht. Anwendung in Werkzeugmaschinen, Drehsockeln für Antennen und Peilgeräten. Außendurchmesser etwa 800 ... 4500 mm bei einteiligen Führungsringen.

Linearführungen

Eine Übersicht über allgemeine Anforderungen gibt Abschn. 14.1.2.1.

14.4.3 Maße und Bezeichnungen

Die äußeren Abmessungen der Wälzlager sind in DIN 616 [3] festgelegt (die Innenkonstruktion ist herstellerspezifisch).

Hiernach werden die Radiallager in mehreren „Durchmesserreihen" hergestellt. Jedem genormten Bohrungsdurchmesser sind mehrere genormte Außendurchmesser zugeordnet. Innerhalb der Durchmesserreihen gibt es wiederum Lager unterschiedlicher Breite, Abb. 14.27.

Vorsetzzeichen + Lagerreihe + Bohrungskennzahl + Nachsetzzeichen

Eine Auswahl einiger Nachsetzzeichen ist in Tab. 14.6 zusammengefasst.

Tab. 14.6 Auswahl einiger Nachsetzzeichen nach DIN 623 Teil 1

Bezeichnung von	Nachsetzzeichen	Bedeutung
Außenmaße und äußere Form	K	Lager mit kegeliger Bohrung (Kegel 1 : 12)
	N	Lager mit Ringnut im Außenring
	NR	Lager mit Ringnut und Sprengring
Abdichtung	ZR, 2ZR	Lager mit einer bzw. zwei Deckscheiben
	RSR, 2RSR	Lager mit einer bzw. zwei Dichtscheiben
Käfigwerkstoffe	J	Käfig aus Stahlblech
	Y	Käfig aus Messingblech
	M	Massivkäfig aus Messing
	F	Massivkäfig aus Stahl
	L	Massivkäfig aus Leichtmetall
	T, TV	Massivkäfig aus Kunststoff mit Gewebeeinlage oder aus glasfaserverstärktem Polyamid
Maß- und Laufgenauigkeit	P0 (PN)	Normaltoleranzklasse (wird nicht angegeben)
	P6	genauer als P0
	P5	genauer als P6
	P4	genauer als P5
	P2	genauer als P4
Lagerluft	Tab. 14.3	
Genauigkeit und Lagerluft	Beispiel: P63 = P6 + C3 (siehe oben und Tab. 14.3)	
Maßstabilisierte Lager	Tab. 14.4	

Beispiel 14.1

Zylinderrollenlager Bauform NU der Maßreihe 23 (Breitenreihe, Durchmesserreihe 3), Lagerbohrung 45 mm ($09 \times 5 = 45$), verstärkte Ausführung (E) mit Messing-Massivkäfig am Außenring geführt (MA) und Lagerluft C3.

NU 2309 EMA-C3

14.5 Tragfähigkeit, Dimensionierung

Durch die zwischen Wälzkörper und Laufbahn übertragene Druckkraft bildet sich an der belasteten Kontaktstelle eine Abplattung, über der sich eine ungleichmäßige Pressung verteilt, die auch vom Schmierzustand im Kontakt abhängt (siehe hierzu Grundlagen der Elastohydrodynamik in Kap. 13).

14.5.1 Übersicht: Tragfähigkeitsgrenzen, Berechnungsmethoden

Wälzlager unterliegen statischer oder (dynamischer) Ermüdungs- oder einer kombinierten Beanspruchung. Für die Tragfähigkeitsberechnung gelten die in Abschn. 1.4.6.1–1.4.6.3 beschriebenen Grundgedanken und Gesetzmäßigkeiten.

Statische Belastung

Als statische Belastung werden folgende Betriebszustände bezeichnet: Stillstehendes oder langsam schwenkendes Lager, seltene hohe Stöße bei dynamischer Betriebsbelastung, ferner Betrieb bei kleinen Drehzahlen ($n < 10\,\text{min}^{-1}$).

Die statische Tragfähigkeit wird begrenzt durch zulässige plastische Verformungen, deren Überschreitung zu unzulässigen Schwingungen, Geräuschen, Reibungsverlusten führen würden oder Verlust der Führungsgenauigkeit. Beispiele für statisch beanspruchte Wälzlager sind: Schiffsruder, Waage, Brückenauflager.

Die Berechnung der statischen Tragfähigkeit ist in DIN ISO 76 [5] genormt und wird einheitlich angewandt.

Dynamische Belastung

Dynamische Belastung, d. h. auf Materialermüdung beanspruchte, umlaufende Lager, sind der Normalfall im Maschinenbau. Die „Gebrauchsdauer" eines Wälzlagers, d. h. die Lebensdauer bis zum Ausfall wird begrenzt durch Ermüdung der Laufringe und Wälzkörper (Grübchen) sowie Verschleiß oder Korrosion. Sie kann umso treffsicherer berechnet werden, je genauer die Betriebsverhältnisse bekannt sind und je umfassender sie im Berechnungsansatz berücksichtigt werden.

Es werden drei Berechnungsmethoden unterschieden, die sich nach Aufwand und Treffsicherheit unterscheiden.

(1) Nominelle Lebensdauer (nominal rating life) nach DIN ISO 281 [6]: Für diese einfachste Berechnungsmethode werden nur die für jede Lagerart und Größe bekannte Tragzahl C (für „normale" Ausfallwahrscheinlichkeit von 10 %) sowie Belastung und Drehzahl benötigt. Weitere Einflüsse auf die Lebensdauer, wie Schmierstoff, Schmierfilmdi-

cke, Verunreinigungen, sind für „normale“ Anforderungen in der Tragzahl enthalten. Das Verfahren eignet sich also für die erste, überschlägige Berechnung und wenn die Betriebsbedingungen im Erfahrungsbereich liegen, aber nicht genauer spezifiziert sind.

(2) Angepasste nominelle Lebensdauer (adjusted rating life) nach DIN ISO 281: Diese erweiterte Berechnungsmethode gestattet auch den Einfluss einer anderen Ausfallwahrscheinlichkeit (Abschn. 14.5.3.1), der Werkstoffqualität sowie der Lagerschmierung zu berücksichtigen. Die Grenzwerte basieren auf der Annahme einer „normalen“ Schmierstoffsauberkeit, wie bei der Berechnungsmethode nach (1).

(3) Modifizierte Lebensdauer (modified rating life): In DIN ISO 281 ist das Prinzip für ein erweitertes Verfahren festgelegt. Es basiert auf einer Ermüdungsgrenzbelastung P_u (Hertz'sche Pressung ca. $1500\,\mathrm{N/mm^2}$ für normale Wälzlagerstähle). Es wird davon ausgegangen, dass die Wälzkörper dann (bei günstigen Schmierbedingungen) durch einen Schmierfilm getrennt sind und keine Ermüdungsschäden auftreten. Über die Einflüsse in der Methode nach (2) hinaus kann der Einfluss der Verunreinigungen des Schmierstoffs quantitativ berücksichtigt werden.

Hinweise:

- Wie in Abschn. 1.4.6.3 erläutert, ist stets zu prüfen, ob zusätzlich zur Lebensdauerberechnung nach Methode (1), (2) und (3) ein statischer Festigkeitsnachweis für im Lastkollektiv enthaltene Belastungsspitzen erforderlich ist.
- In Abschn. 14.5.4 wird die dynamische Tragfähigkeit nach Methode (1) bis (3) behandelt, zum Teil in vereinfachter Form, um sie handhabbar zu machen. Damit kann der Konstrukteur die Wälzlager dimensionieren. Wenn ausreichende Betriebserfahrungen mit vergleichbaren Lagerungen fehlen und in kritischen Fällen sollte er den so konzipierten Entwurf zweckmäßigerweise der technischen Beratung des Wälzlagerherstellers zur Prüfung vorlegen. Hier stehen die ausführlichen Berechnungsmethoden in Form von Rechenprogrammen zur Verfügung.
- Verbesserte Ansätze basieren auf der Berechnung der lagerinternen Hertz'schen Pressungen der Laufbahnen und Wälzkörper einerseits und der Lebensdauer auf der Basis der inneren Lastkollektive aus der Gesamtheit der Hertz'schen Pressungen nach den Regeln der Betriebsfestigkeitslehre andererseits [17].

14.5.2 Statische Tragfähigkeit

Grundlagen

Für die meisten statisch belasteten Lager wird eine plastische Verformung im höchst belasteten Wälzkontakt von $\delta_b \approx 0{,}01\,\%$ des Wälzkörperdurchmessers D_W als zulässig angesehen. Dem Grenzwert δ_b entspricht eine zulässige Hertz'sche Pressung $p_{H\,\mathrm{zul}}$, die in erster Linie von der Lagergeometrie (Punkt- oder Linienberührung, Schmiegung) abhängig ist. Allgemeine Grundlagen zur Hertz'schen Pressung werden in Abschn. 13.2 erläutert. Nach [14] können die folgenden Werte angesetzt werden:

Pendel- und Schulterkugellager: $p_{H\,\mathrm{zul}} = 4600\,\mathrm{N/mm^2}$
Kugellager: $p_{H\,\mathrm{zul}} = 4200\,\mathrm{N/mm^2}$
Rollenlager: $p_{H\,\mathrm{zul}} = 4000\,\mathrm{N/mm^2}$

Hieraus ergibt sich die statische Tragzahl C_0 eines Lagers, d. h. die Belastung, bei der die maximale Hertz'sche Pressung p_H gleich der zulässigen Pressung $p_{H\,\mathrm{zul}}$ ist. Diese Tragzahl hängt auch vom Betriebsspiel und der davon beeinflussten Lastverteilung auf die Wälzkörper ab. Für Lager mit normalem Spiel und einem Verhältnis Wälzkörperdurchmesser zu mittlerem Laufbahndurchmesser von $D_W/d_m \approx 0{,}2$ können die folgenden Zahlenwertgleichungen angesetzt werden:

Statische Tragzahl für Kugellager (in N):

$$C_0 = 14 \cdot i \cdot z \cdot {D_w}^2 \cdot \cos\alpha_0 \tag{14.6}$$

Statische Tragzahl für Rollenlager (in N):

$$C_0 = 35 \cdot i \cdot z \cdot D_w \cdot l_{\mathrm{eff}} \cdot \cos\alpha_0 \tag{14.7}$$

i		Anzahl der Rollkörperreihen
l_{eff}	in mm	tragende Breite der Wälzkörper
z		Anzahl der Rollkörper pro Reihe
D_w	in mm	Wälzkörperdurchmesser
α_0	in °	Nenndruckwinkel

Zahlenwerte sind in den Katalogen der Wälzlagerhersteller angegeben. Für Radiallager, die zusätzlich axial belastet sind, wird eine statisch-äquivalente Belastung definiert. Dies ist diejenige rein radiale Belastung, die die gleiche Hertz'sche Pressung in der höchstbelasteten Berührstelle zwischen Wälzkörper und Laufbahn ergibt, wie die tatsächliche Belastungs-Kombination. Für die statisch äquivalente Belastung von Radiallager gilt

$$P_0 = X_0 \cdot F_r + Y_0 \cdot F_a \tag{14.8}$$

F_a	in N	Axialkraft
F_r	in N	Radialkraft
X_0		Radialfaktor siehe Tab. 14.7
Y_0		Axialfaktor siehe Tab. 14.7

Für Axiallager, die zusätzlich radial belastet sind, wird sinngemäß eine statisch äquivalente Belastung P_{0a} definiert, die einer rein axialen, zentrisch wirkenden Belastung gleichwertig ist. Für Axiallager mit $45° < \alpha_0 < 90°$ und $F_r <$

Tab. 14.7 Radialfaktor X_0 und Axialfaktor Y_0 für statisch beanspruchte Radiallager

Lagerbauart		Einreihig[a]		Zweireihig	
		X_0	Y_0	X_0	Y_0
Radial-Rillenkugellager[a]		0,6	0,5	0,6	0,5
Radial-Schrägkugellager[b]	$\alpha_0 = 20°$	0,5	0,42	1	0,84
	$\alpha_0 = 25°$	0,5	0,38	1	0,76
	$\alpha_0 = 30°$	0,5	0,33	1	0,66
	$\alpha_0 = 35°$	0,5	0,29	1	0,58
	$\alpha_0 = 40°$	0,5	0,26	1	0,52
Radial-Pendelkugellager		0,5	$0{,}22 \cdot \cot\alpha_0$	1	$0{,}44 \cdot \cot\alpha_0$
Radial-Pendelrollenlager		0,5	$0{,}22 \cdot \cot\alpha_0$	1	$0{,}44 \cdot \cot\alpha_0$
Radial-Kegelrollenlager		0,5	$0{,}22 \cdot \cot\alpha_0$	1	$0{,}44 \cdot \cot\alpha_0$

[a] Es muss stets $P_0 \geq F_r$ sein.
[b] Für gleichgroße einreihige Schrägkugellager in X- und O-Anordnung sind die Werte für zweireihige Lager einzusetzen, für Lager in Tandem-Anordnung (nicht angestellt) dagegen die Werte für einreihige Lager.

Tab. 14.8 Anhaltswerte für die statische Tragsicherheit f_S [18]

Betriebsweise	Umlaufende Lager Anforderungen an die Laufruhe						Nicht umlaufende Lager		Anwendung
	gering		normal		hoch				
	Kugellager	Rollenlager	Kugellager	Rollenlager	Kugellager	Rollenlager	Kugellager	Rollenlager	
ruhig, erschütterungsfrei	0,5	1	1	1,5	2	3	0,4	0,8	Lenkkopflager bei Motorrädern, Waagen
normal	0,5	1	1	1,5	2	3,5	0,5	1	
stark stoßbelastet[a]	$\geq 1{,}5$	$\geq 2{,}5$	$\geq 1{,}5$	≥ 3	≥ 2	≥ 4	≥ 1	≥ 2	Axiallager von Stoßdämpfern

Für Axial-Pendelrollenlager sollte $f_S \geq 4$ sein.
[a] Bei Stoßbelastungen nicht näher bekannter Größe sind mindestens die angegebenen Werte in die Formel einzusetzen. Wenn sich die Stoßbelastungen genauer bestimmen lassen, können diese Anhaltswerte auch unterschritten werden. Für $f_s = 2$ ergibt sich eine plastische Verformung von $\delta_b/D_W \approx 0{,}003\,\%$.

$0{,}44 \cdot F_a \cdot \cot\alpha_0$ gilt

$$P_{0a} = F_a + 2{,}3 \cdot F_r \cdot \tan\alpha_0 \tag{14.9}$$

Dimensionierung
Das Verhältnis von statischer Tragzahl C_0 und statisch äquivalenter Belastung P_0 wird als statische Kennzahl f_S bezeichnet und entspricht einer Sicherheit gegen die oben spezifizierte örtliche plastische Verformung.

$$f_S = \frac{C_0}{P_0} \tag{14.10}$$

Anhaltswerte für f_S sind in Tab. 14.8 aufgelistet.

14.5.3 Einflussgrößen für die dynamische Tragfähigkeit

14.5.3.1 Grundlagen

An oder unter den Laufflächen können nach einer bestimmten Betriebsdauer, d. h. Anzahl von Schwingspielen, Ermüdungserscheinungen entstehen, die meist von Schwachstellen oder Inhomogenitäten des Werkstoffs oder von Eindrückungen überrollter Feststoffpartikel ausgehen. Da es sich hierbei um zufällig auftretende Schwachstellen handelt, kann die Zahl der ertragbaren Schwingspiele nur mit einer gewissen Wahrscheinlichkeit angegeben werden. Die bei einer bestimmten Belastung schadfrei ertragene Umdrehungszahl (Lebensdauer) wird für eine Anzahl von gleichartigen Lagern im Versuch ermittelt und statistisch ausgewertet [16]. Bei der klassischen Berechnungsmethode (DIN ISO 281) wird davon ausgegangen, dass jede Überrollung, auch bei kleinerer Belastung, zur Ermüdung beiträgt (Palmgren-Miner-Regel, Abschn. 21.5.1 in [11]). Inzwischen wurde festgestellt, dass unter günstigen Bedingungen auch eine Dauerfestigkeit existiert, siehe Kap. 3: Praktische Festigkeitsberechnung. Dies kann durch einen erweiterten Berechnungsansatz berücksichtigt werden.

Abb. 14.28a zeigt als Beispiel, welche Laufdauer 30 gleiche Lager bei gleicher Belastung und Drehzahl bis zum Lagerausfall erreichen. In Abb. 14.28b sind dieselben Ergebnisse in Form einer Ausfallwahrscheinlichkeit in einem Weibull-Netz dargestellt. Hieraus kann für jede Schwingspielzahl die Ausfallwahrscheinlichkeit (= Schadenswahrscheinlichkeit, Abschn. 21.8.1 in [11]) des Lagers abgelesen werden.

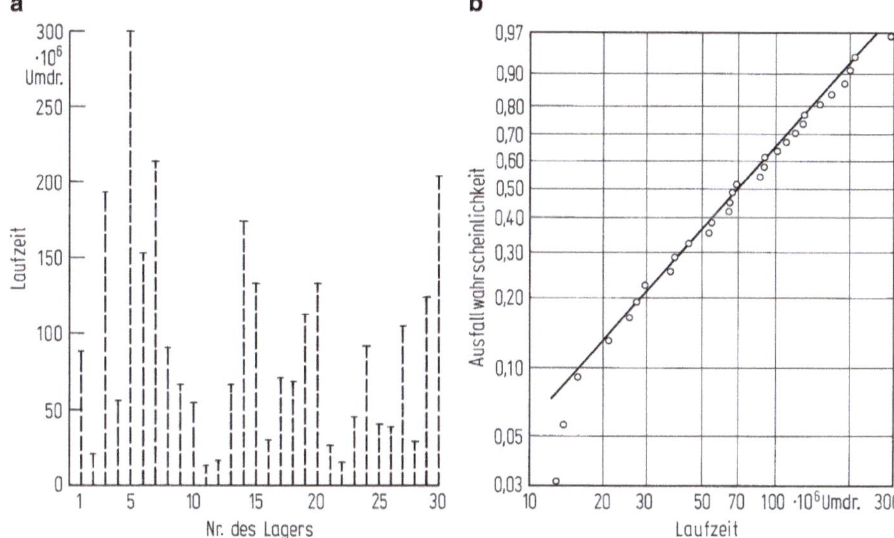

Abb. 14.28 Lebensdauer-Versuchsergebnisse von 30 Rillenkugellagern 6309 [14], **a** Streuung, **b** Darstellung im Weibull-Netz

Nominelle Lebensdauer L_{10}

Eine nominelle Lebensdauer L_{10} wurde als Grundlage für die Tragfähigkeitsberechnung festgelegt. Dies ist die Anzahl Umdrehungen, die 90 % einer genügend großen Menge nominell gleicher Lager erreichen oder überschreiten, bevor die ersten Anzeichen einer Werkstoffermüdung auftreten. Mit anderen Worten: Ein solches Lager hat eine Ausfallwahrscheinlichkeit von 10 %. Mit 90 % Wahrscheinlichkeit ist die Lebensdauer größer als L_{10}. Abb. 14.29 zeigt, wie sich hieraus eine Wöhlerlinie (Kap. 3) ableiten lässt, siehe auch Abschn. 14.5.4.1.

Gebrauchsdauer

Die Gebrauchsdauer eines Wälzlagers kann die nominelle Lebensdauer beträchtlich übersteigen, wenn erste kleine Grübchen bei geringer Beeinträchtigung von Laufruhe und Reibungsarmut toleriert werden. Voraussetzung sind ausreichende Schmierung und Sauberkeit sowie eine im Versuch nachgewiesene Lebensdauer $\gg L_{10}$.

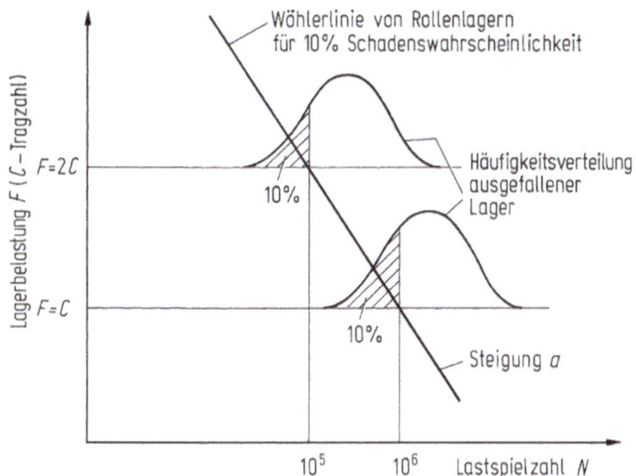

Abb. 14.29 Wöhlerlinie für 10 % Ausfallwahrscheinlichkeit

Dynamische Tragzahl C

Die dynamische Tragzahl C für Radiallager (bzw. C_a für Axiallager) ist ein Maß für die dynamische Tragfähigkeit. Die radiale (bzw. axiale), zentrisch wirkende Belastung unveränderlicher Größe und Richtung, bei der eine große Menge offensichtlich gleicher Lager eine nominelle Lebensdauer L_{10} erreicht oder überschreitet bevor Anzeichen einer Werkstoffermüdung auftreten.

Die dynamische Tragzahl ist abhängig von Wälzkörperdurchmesser und -länge (Rollenlager), Druckwinkel, Schmiegungsverhältnissen und Zahl der Wälzkörper. Aus zahlreichen Versuchen konnten empirische Gleichungen zur Berechnung der dynamischen Tragzahl abgeleitet werden. Zahlenwerte sind in den Katalogen der Wälzlagerhersteller angegeben. Beispiele für entsprechende Kennlinien zeigt Abb. 14.30.

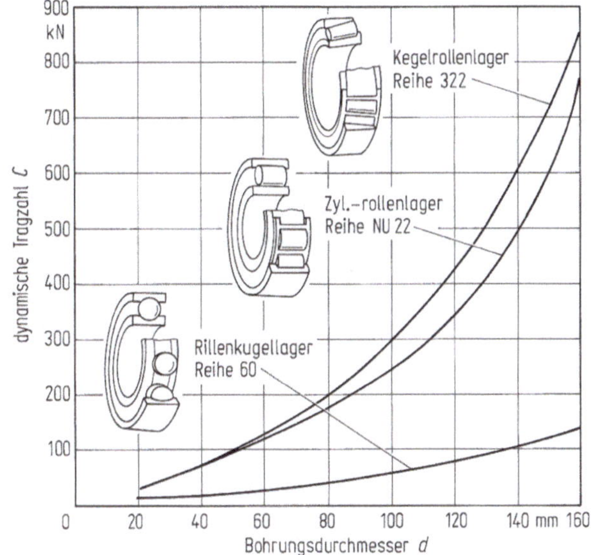

Abb. 14.30 Dynamische Tragzahl C verschiedener Wälzlager

Tab. 14.9 Radialfaktor X und Axialfaktor Y für dynamisch beanspruchte Radiallager [14], [15] (ohne Bemerkung: einreihige Lager)

Relative Axiallast bei Lagerart	$\frac{f_0 \cdot F_a}{C_0}$ [b]	e	$\frac{F_a}{F_r} \leq e$		$\frac{F_a}{F_r} > e$	
			X	Y	X	Y
Rillenkugellager normale Lagerluft C0	0,3	0,22	1	0	0,56	2,0
	0,5	0,24	1	0	0,56	1,8
	0,9	0,28	1	0	0,56	1,6
	1,6	0,32	1	0	0,56	1,4
	3,0	0,36	1	0	0,56	1,2
	6,0	0,43	1	0	0,56	1
Schrägkugellager $\alpha_0 = 5°$	0,3	0,26	1	0	0,56	2,0
	0,5	0,29	1	0	0,56	1,8
	0,9	0,33	1	0	0,56	1,6
	1,6	0,38	1	0	0,56	1,4
	3,0	0,43	1	0	0,56	1,2
	6,0	0,50	1	0	0,56	1,0
Schrägkugellager[a]	$\alpha_0 = 20°$	0,57	1 (1)	0 (1,09)	0,43 (0,7)	1 (1,63)
	$\alpha_0 = 25°$	0,68	1 (1)	0 (0,92)	0,41 (0,67)	0,87 (1,41)
	$\alpha_0 = 30°$	0,80	1 (1)	0 (0,78)	0,39 (0,63)	0,76 (1,24)
	$\alpha_0 = 35°$	0,95	1 (1)	0 (0,66)	0,37 (0,6)	0,66 (1,07)
	$\alpha_0 = 40°$	1,14	1 (1)	0 (0,55)	0,35 (0,57)	0,57 (0,93)
	$\alpha_0 = 45°$	1,34	1 (1)	0 (0,47)	0,33 (0,54)	0,50 (0,81)
Pendelkugellager[a]		$1{,}5 \cdot \tan\alpha_0$	1	$0{,}42 \cdot \cot\alpha_0$	0,65	$0{,}65 \cdot \cot\alpha_0$
Schulterkugellager		0,20	1	0	0,50	2,5
Pendelrollenlager[a]		$1{,}5 \cdot \tan\alpha_0$	1	$0{,}45 \cdot \cot\alpha_0$	0,67	$0{,}67 \cdot \cot\alpha_0$
Kegelrollenlager		$1{,}5 \cdot \tan\alpha_0$	1	0	0,40	$0{,}4 \cdot \cot\alpha_0$

[a] zweireihige Lager (Klammerwerte gelten ebenfalls für zweireihige Lager)
[b] Anhaltswerte für f_0: Rillen- und Schrägkugellager: $f_0 \approx 14$, Rollenlager: $f_0 \approx 35$, Pendel- und Schulterkugellager: $f_0 \approx 2{,}5$. Genauere Angaben siehe z. B. [14].

14.5.3.2 Konstante Lagerbelastung und -drehzahl

Auch dynamisch belastete Radiallager werden häufig zusätzlich axial belastet, dynamisch belastete Axiallager zusätzlich radial. Andere Lagerbauarten sind stets gleichzeitig radial und axial belastet.

Radial- und Axiallager

Entsprechend der Definition der statischen Tragfähigkeit, Abschn. 14.5.1, 14.5.2, wird für die Berechnung der dynamischen Tragfähigkeit eine dynamisch äquivalente Belastung P für Radiallager (P_a für Axiallager) verwendet. Dies ist diejenige rein radiale (axiale, zentrisch wirkende) Belastung konstanter Größe und Richtung, welche für das Lager die gleiche Lebensdauer ergibt, wie die tatsächliche Belastungs-Kombination.

für Radiallager:

$$P = X \cdot F_r + Y \cdot F_a \tag{14.11}$$

für Axiallager mit $\alpha < 90°$:

$$P_a = X_a \cdot F_r + Y_a \cdot F_a \tag{14.12}$$

F_a	in N	Axialkraft
F_r	in N	Radialkraft
X		Radialfaktor (dynamisch) für Radiallager
X_a		Radialfaktor (dynamisch) für Axiallager
Y		Axialfaktor (dynamisch) für Radiallager
Y_a		Axialfaktor (dynamisch) für Axiallager

Die Werte X, X_a, Y, Y_a sind abhängig vom Verhältnis Axialkraft/Radialkraft, Bauart und Lagerspiel. Sie wurden experimentell ermittelt. Faktoren für gebräuchliche Radiallager sind in Tab. 14.9 aufgelistet. Werte für andere Verhältnisse können Wälzlagerkatalogen entnommen werden, z. B. [15], [18].

Bei allen Radiallagern, außer Zylinderrollen- und Nadellagern, hat ein geringer Axiallastanteil eine Minderung der Wälzkörperbeanspruchung zur Folge, da hierdurch mehr Wälzkörper an der Aufnahme der Radiallast beteiligt sind. Erst oberhalb eines bestimmten Betrags

$$e = \frac{F_a}{F_r} \tag{14.13}$$

führt eine höhere Axialkraft auch zu einer höheren Wälzkörperbeanspruchung. Durch die Berechnung wird dieser Verlauf angenähert, Abb. 14.31.

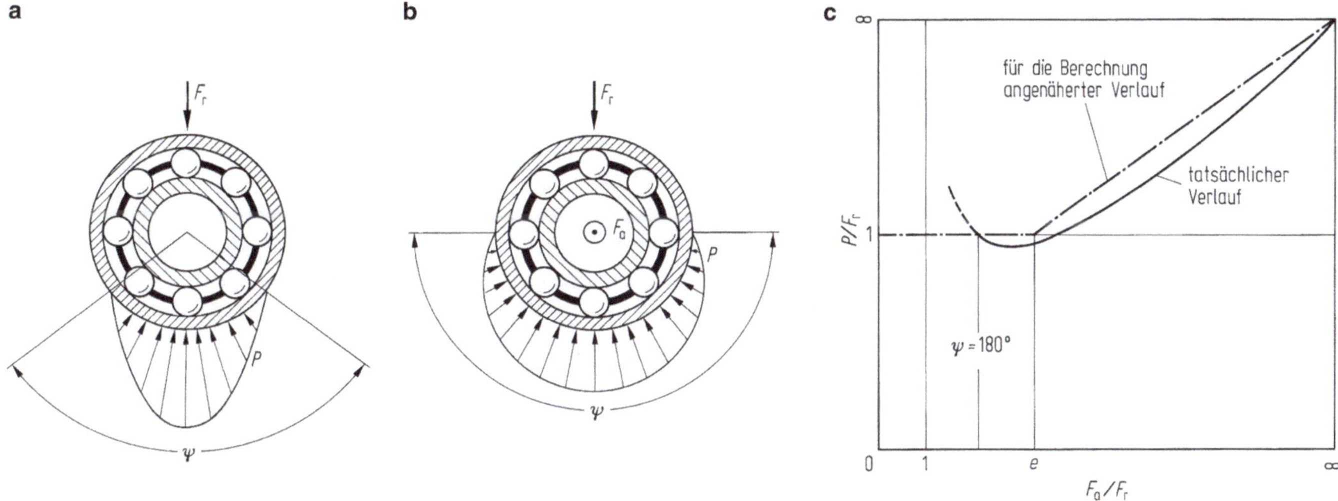

Abb. 14.31 Beanspruchung der Wälzkörper, **a** reine Radialbelastung F_r, **b** überlagerte (kleine) Axialkraft F_a, d. h. für $F_a/F_r < e$, **c** dynamisch äquivalente Belastung von einreihigen Schrägkugellagern mit $\alpha_0 \geq 40°$ [14]

Tab. 14.10 Berechnung der resultierenden Axialkräfte F_{aA} und F_{aB} bei angestellter Lagerung (das Lager, das die äußere Axialkraft K_a aufnimmt, wird mit A, das Gegenlager mit B bezeichnet)

Fall	Belastungsverhältnisse	Äußere Axialkraft	Resultierende Axialkraft F_a	
			Lager A	Lager B
1	$F_{rA}/Y_A \leq F_{rB}/Y_B$	$K_a \geq 0$	$F_a = K_a + 0{,}5 \cdot F_{rB}/Y_B$	$F_a = 0{,}5 \cdot F_{rB}/Y_B$
2	$F_{rA}/Y_A > F_{rB}/Y_B$	$K_a > 0{,}5 \cdot (F_{rA}/Y_A - F_{rB}/Y_B)$	$F_a = K_a + 0{,}5 \cdot F_{rB}/Y_B$	$F_a = 0{,}5 \cdot F_{rB}/Y_B$
3	$F_{rA}/Y_A > F_{rB}/Y_B$	$K_a \leq 0{,}5 \cdot (F_{rA}/Y_A - F_{rB}/Y_B)$	$F_A = 0{,}5 \cdot F_{rA}/Y_A$	$F_a = 0{,}5 \cdot F_{rA}/Y_A - K_a$

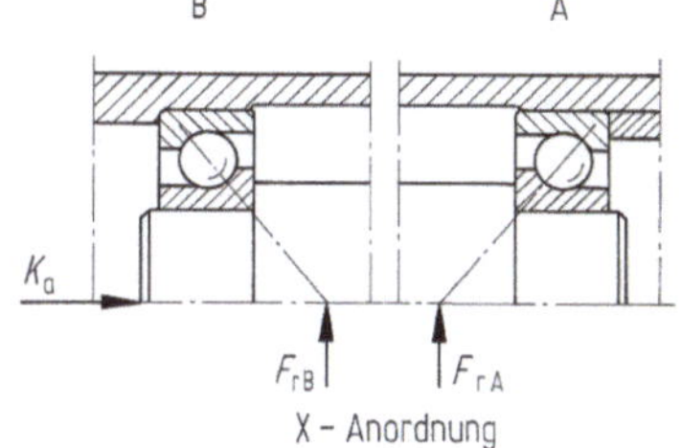

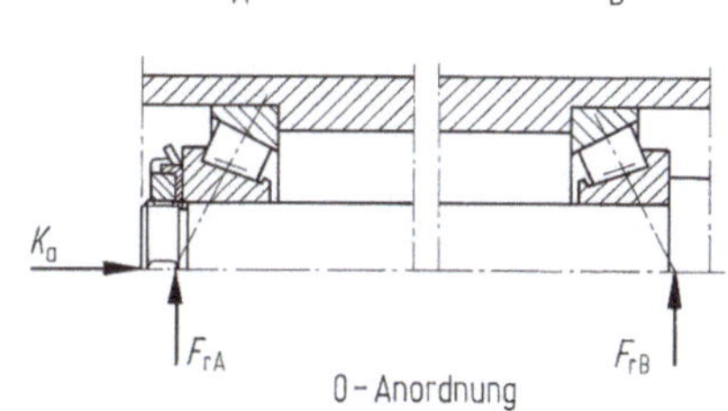

Abb. 14.32 Berechnung der resultierenden Axialkräfte F_{aA} und F_{aB} bei angestellter Lagerung (das Lager, das die äußere Axialkraft K_a aufnimmt, wird mit A, das Gegenlager mit B bezeichnet)

Vierpunktlager, Schrägkugellager, Kegelrollenlager

Bei Vierpunktlagern und Schrägkugellagern muss stets eine Axialkraft

$$F_a \geq 1{,}22 \cdot F_r \cdot \tan\alpha \tag{14.14}$$

wirken, um eine Radialkraft F_r aufnehmen zu können, für Kegelrollenlager gilt

$$F_a \geq 1{,}26 \cdot F_r \cdot \tan\alpha \tag{14.15}$$

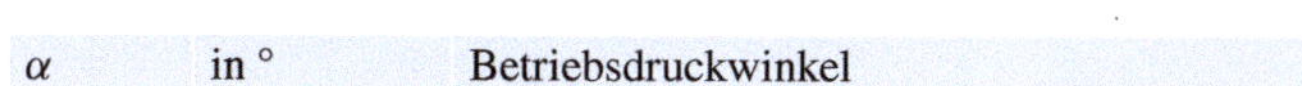

α	in °	Betriebsdruckwinkel

Andernfalls tragen weniger als die Hälfte aller Wälzkörper und die dynamische Belastung steigt wieder an.

Angestellte Lager

Bei einreihigen Schrägkugellagern und Kegelrollenlagern ist ferner zu beachten, dass bei radialer Belastung wegen der Neigung der Laufbahnen ($\alpha \neq 0$) eine in Achsrichtung wirkende Reaktionskraft (Abb. 14.15) entsteht, die von einem zweiten Lager aufgenommen werden muss.

Die Größe der axialen Reaktionskräfte F_{aA} und F_{aB} und die Geometrie beider Lager führen zu einer inneren Axialbelastung, die zusammen mit der äußeren Axialkraft K_a bei der Berechnung der äquivalenten Belastung berücksichtigt werden muss, Abb. 14.32 und Tab. 14.10.

Axial belastete Radial-Rollenlager

Die axiale Tragfähigkeit ist am höchsten, wie in Abschn. 14.4.1 erläutert, wenn Wälzkörper und Bord durch einen hydrodynamischen Schmierfilm getrennt sind. Diese Bedingungen hängen von der Gestalt der Kontaktfläche, der Axialkraft, der Geschwindigkeit und der Betriebsviskosität des Schmierstoffs ab (siehe auch Kap. 15). In [14] wird eine Gebrauchsformel als Zahlenwertgleichung für die hydrodynamische Grenzbelastung von Zylinderrollenlagern in N wie

Tab. 14.11 Berechnung der dynamisch äquivalenten Lagerbelastung P axial belasteter Radial-Rollenlager [14]

$F_a/F_r \leq A \rightarrow P = F_r$ $0{,}4 \geq F_a/F_r > A \rightarrow P = B \cdot F_r + E \cdot F_A$			
Maßreihen	Faktoren A, B, E		
	A	B	E
19, 10, 2, 3, 4	0,20	0,92	0,60
50	0,24	0,92	0,60
22, 23, 29, 30	0,30	0,92	0,40

folgt angegeben:

$$F_{aH} = \sqrt{\frac{f_b \cdot d_m \cdot n \cdot \nu \cdot (D^2 - d^2)}{7}} \quad (14.16)$$

mit dem mittleren Lagerdurchmesser

$$d_m = \frac{D - d}{2} \quad (14.17)$$

d	in mm	Bohrungsdurchmesser
d_m	in mm	mittlerer Lagerdurchmesser
f_b		$f_b = 0{,}0048$ für Lager mit Käfig, $f_b = 0{,}0061$ für vollrollige Lager
n	in min^{-1}	Drehzahl
D	in mm	Außendurchmesser
ν	in mm^2/s	kinematische Viskosität bei Betriebstemperatur

Wird die hydrodynamische Grenzbelastung überschritten, tritt Mischreibung auf, die zu Fresserscheinungen oder abrasivem Verschleiß führen kann. Die Grenzbelastung ergibt sich im Übrigen aus der geforderten Lebensdauer und durch das zulässige Belastungsverhältnis $F_a/F_r \leq 0{,}4$.

Die dynamisch äquivalente Belastung P und damit die Lebensdauer wird bei axial belasteten Radial-Rollenlagern ähnlich wie bei Kugellagern bestimmt, siehe Tab. 14.11. Die Faktoren zur Bewertung der Radial- und Axialkraftanteile wurden experimentell bestimmt.

14.5.3.3 Veränderliche Lagerbelastung und Lagerdrehzahl

Wie in Abschn. 1.4.6.3 erläutert, wird bei der Berechnung unterschiedlich verfahren, je nachdem wie genau die Betriebsverhältnisse, hier die Lagerbelastungen und Drehzahl, bekannt sind.

Für andere Anwendungsgebiete sind in Tab. 14.12 Erfahrungswerte für den Anwendungsfaktor nach Angaben der Wälzlagerhersteller und die Bezugswerte (Nennkraft, -moment und -drehzahl) zusammengestellt.

Ein Lastkollektiv nach Abb. 14.33 steht zur Verfügung
Für diesen Fall wird eine äquivalente, konstante Lagerkraft P bei einer mittleren Drehzahl berechnet, die rechnerisch die gleiche Lebensdauer ergibt wie das tatsächlich auftretende Lastkollektiv, siehe [11].

$$P = \sqrt[3]{P_1{}^3 \cdot \frac{n_1}{n_m} \cdot \frac{q_1}{100\%} + P_2{}^3 \cdot \frac{n_2}{n_m} \cdot \frac{q_2}{100\,\%} + \ldots} \quad (14.18)$$

mit Bezeichnungen nach Abb. 14.33 und der mittleren Drehzahl

$$n_m = n_1 \cdot \frac{q_1}{100\,\%} + n_2 \cdot \frac{q_2}{100\,\%} + \ldots \quad (14.19)$$

n_i	in min^{-1}	Drehzahl im Betriebszustand des i-ten Zeitanteils
q_i	in %	Zeitanteil des Betriebszustands des i-ten Zeitanteils
P	in N	äquivalente konstante Lagerkraft
P_i	in N	dynamisch äquivalente Belastung des i-ten Zeitanteils

Tab. 14.12 Anwendungsfaktoren für Wälzlager nach Katalogangaben der Wälzlagerhersteller (weitere Angaben siehe Kataloge)

Anwendung	K_A	Bezugswert	Bemerkung
Kfz-Radlager			
PKW, Bus, Motorrad	1,3	statische Achszapfenbelastung, mittlere Geschwindigkeit	$K_A \times m$ für Bodenhaftung: lenkbare Räder $m = 0{,}6$ nicht lenkbare Räder $m = 0{,}35$
Kombiwagen, Zugmaschine, LKW	1,5		
LKW geländegängig, Ackerschlepper	1,5 ... 1,7		
Kfz-Getriebe	siehe [11]		schmutzgeschützt
Schienenfahrzeuge – Radlager			
Abraumwagen, Förderwagen, Hüttenbetriebswagen	1,2 ... 1,4	statische Achslast, Höchstgeschwindigkeit	abhängig von Betriebsart, Gleisoberbau
Hüttenbetriebswagen	1,2 ... 1,5		
Lok	1,3 ... 1,8		
Baumaschinen			
Planierraupen, Lader, Bagger	1,1 ... 1,3	mittleres Moment des hydrostatischen Antriebs, mittlere Drehzahl	
Vibrationsgeräte			Fliehkraft $\times K_A$
Elektromotoren			
stationäre Maschinen	1,5 ... 2	Nenndrehzahl	Rotorgewicht $\times K_A$, bei Ritzelantrieb Beanspruchungskollektiv
Fahrmotoren	1,5 ... 2,5		

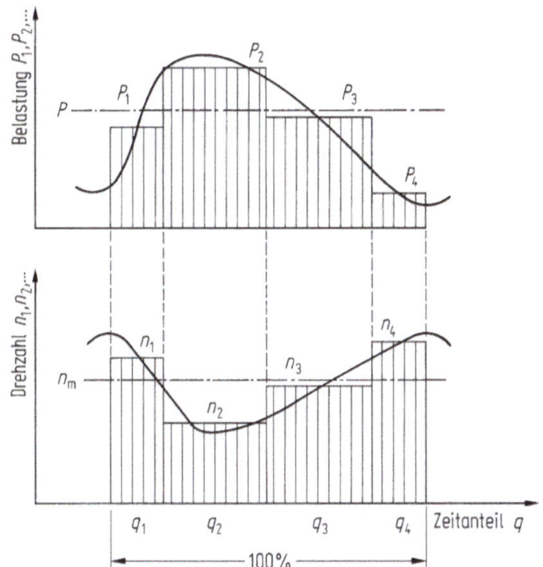

Abb. 14.33 Lastkollektiv mit Zeitanteilen unterschiedlicher Belastung und Drehzahl [15]

Der Exponent 3 in (14.18) gilt für Kugellager (siehe Erläuterungen zu (14.23)), näherungsweise wird hier für Rollenlager ebenfalls 3 gesetzt.

Bei einem Lastkollektiv nach Abb. 14.34 und konstanter Drehzahl

Für diesen Fall ergibt sich für die äquivalente, konstante Lagerkraft P entsprechend

$$P = \frac{P_{\min} + 2 \cdot P_{\max}}{3} \tag{14.20}$$

$P_{\max}$	in N	minimale Lagerkraft im Lastkollektiv
$P_{\min}$	in N	maximale Lagerkraft im Lastkollektiv

Lastkollektiv mit periodisch veränderlicher Belastung

Setzt sich die Lagerbelastung wie in Abb. 14.35 aus einer stillstehenden Kraft P_1 (z. B. dem Gewicht eines Rotors) und einer umlaufenden Kraft P_2 (z. B. einer Unwucht) zusammen, so ergibt sich für $P_1 > P_2$ näherungsweise für die äquivalente, konstante Lagerkraft P [14]

$$P = P_1 \cdot \left[1 + 0{,}5 \cdot \left(\frac{P_2}{P_1}\right)^2\right] \tag{14.21}$$

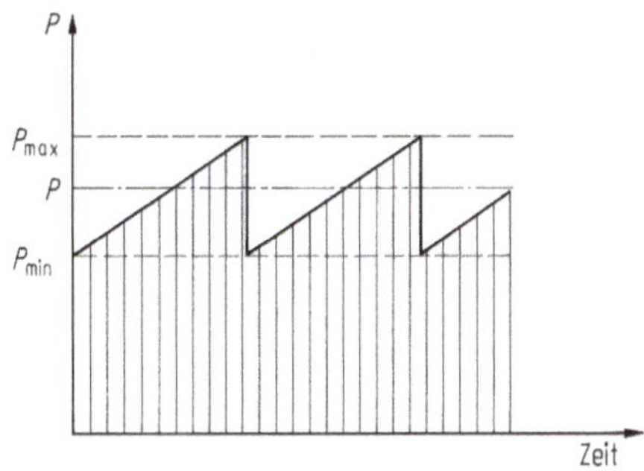

Abb. 14.34 Lastkollektiv mit veränderlicher Belastung und konstanter Drehzahl [15]

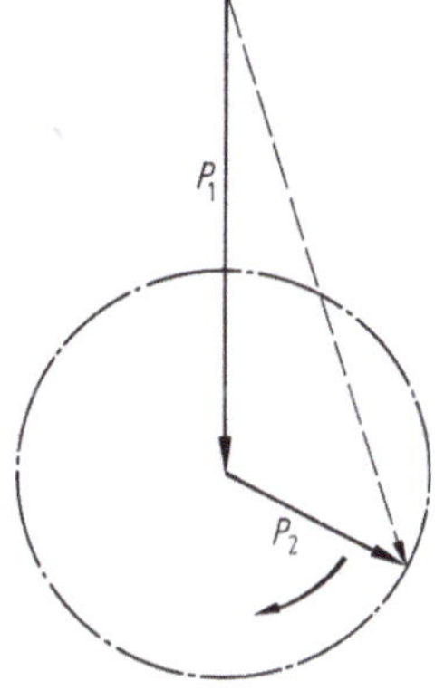

Abb. 14.35 Überlagerung von stillstehender, nach Größe und Richtung konstanter Belastung P_1 und umlaufender konstanter Belastung P_2 [18]

Kein Lastkollektiv

Wenn kein Lastkollektiv zur Verfügung steht, berechnet sich die äquivalente konstante Lagerkraft zu

$$P = F_{\text{eq}} = F_N \cdot K_A \tag{14.22}$$

F_{eq}	in N	äquivalente Kraft
F_N	in N	Normalkraft
K_A		Anwendungsfaktor siehe Abschn. 1.4.6.3 und Tab. 14.12

P (Zeichen nach ISO) entspricht der äquivalenten Kraft F_{eq} nach Abschn. 1.4.6.3, mit Anwendungsfaktoren K_A aus Tabellen, wie in Abschn. 1.4.6.3 erläutert. Dort sind Anwendungsfaktoren K_A für Zahnradgetriebe angegeben, die näherungsweise auch für die Lagerberechnung verwendet werden können. Bei Zahnradgetrieben wirken ferner anteilig die inneren dynamischen Zusatzkräfte auf die Lager. Anstelle von P nach (14.18) bis (14.22) wird vereinfacht die Lebensdauer mit $P \cdot K_A \cdot K_v$ mit dem Dynamikfaktor K_v (siehe Abschn. 21.5.7 in [11]) berechnet.

14.5.3.4 Tragfähigkeit bei besonderen Betriebszuständen

Hohe Betriebstemperatur

Bei höheren Temperaturen nimmt die dynamische Tragfähigkeit ab. Dies wird bei der Berechnung durch den Temperaturfaktor f_t berücksichtigt, der mit dem die Tragzahl C multipliziert wird, Tab. 14.13. Für Temperaturen über 125 °C

Tab. 14.13 Temperaturfaktor f_t, abgeschätzt [1]

Betriebstemperatur	Wälzlagerwerkstoff	
	100Cr6	M50
≤ 100 °C	1,00	1,00
≤ 150 °C	0,75	0,85
200 °C	0,50	0,75
250 °C	–	0,60

werden unter Umständen spezielle warmfeste Wälzlager verwendet. Diese werden einer besonderen Wärmebehandlung unterzogen (maßstabilisiert). Dabei ist stets zu prüfen, ob Schmierstoff, Dichtungen und Käfige den Anforderungen entsprechen.

Mindestbelastung
Bei niedriger Belastung, z. B. im Probelauf mit reduzierter Belastung, kann Schlupf auftreten, der zu Verschleiß führen kann. Als Richtwerte für C_0/P werden empfohlen: für Kugellager 100, für Rollenlager 60, für vollrollige Lager 75 (siehe hierzu die Angaben in den Tabellen der Wälzlagerkataloge). Kritische Zustände sind insbesondere bei hohen Beschleunigungen und Drehzahlen oberhalb 75 % der in den Lagertabellen angegebenen Bezugsdrehzahlen zu erwarten (siehe Abschn. 14.5.5).

Überdimensionierung
Größere Lager als nach Berechnung erforderlich haben nicht unbedingt eine höhere Sicherheit. Solche Lager sind durch Schlupf gefährdet mit den bei „Mindestbelastung" beschriebenen Folgeschäden.

Unbelastete Lager
In Werkshallen (als Ersatzmaschinen) oder in Transport-Fahrzeugen gelagerte Maschinen können Fundamentschwingungen ausgesetzt sein. Die Schwingungskräfte in den (stillstehenden) Lagern können, infolge Mikrobewegungen, zu Verschleiß in den unbelasteten, federnden Kontaktflächen der Laufbahnen und Wälzkörpern führen. Ggf. müssen die Lager durch Abstützungen entlastet werden.

14.5.4 Berechnung der dynamischen Tragfähigkeit

Grundgedanken, Bewertung und Anwendungsbereich der Berechnungsmethoden werden in Abschn. 14.5.1 erläutert.

14.5.4.1 Nominelle Lebensdauer (nominal rating life) nach DIN ISO 281

Besonderheiten und Möglichkeiten dieser Berechnungsmethode sind in Abschn. 14.5.1(1) angegeben. Die Grundlagen der Berechnung werden in Abschn. 14.5.3.1 erläutert. Nach Versuchen beträgt die nominelle Lebensdauer L_{10} in Umdrehungen

$$L_{10} = L = \left(\frac{C}{P}\right)^a \cdot 10^6 \tag{14.23}$$

a		Steigung der Wöhlerlinie in Abb. 14.29, $a = 3$ für Kugellager, $a = 10/3$ für Rollenlager
C	in N	dynamische Tragzahl nach Abschn. 14.5.3.1
P	in N	dynamisch äquivalente Belastung nach Abschn. 14.5.3.2

So werden z. B. bei der halben Belastung (Tragsicherheit $C/P = 2$) eine achtfache (Kugellager) bzw. 10-fache Lebensdauer (Rollenlager) erreicht.

In Stunden errechnet sich

$$L_{10} = \frac{L_{10} \cdot 10^6}{n \cdot 60} \tag{14.24}$$

n	in min^{-1}	Drehzahl

Falls eigene Erfahrungen fehlen, können Erfahrungswerte für die erforderliche nominelle Lebensdauer aus Abb. 14.36 entnommen werden.

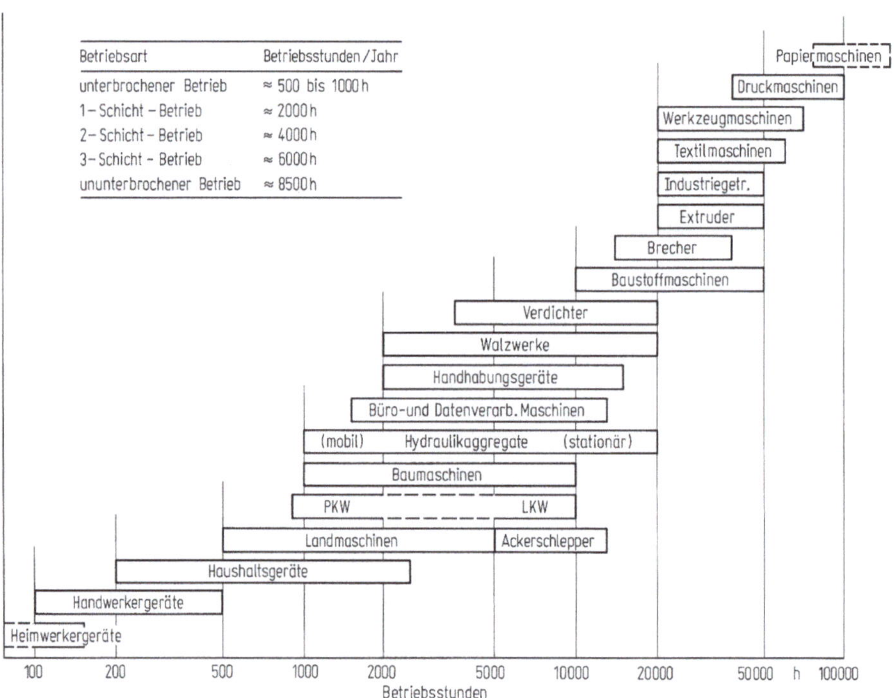

Abb. 14.36 Erfahrungswerte für die nominelle Lebensdauer von Wälzlagern [15]

Tab. 14.14 Faktor a_1 für die Ausfallwahrscheinlichkeit nach DIN ISO 281

Ausfallwahrscheinlichkeit in %	10	5	4	3	2	1
Ermüdungslaufzeit	L_{10}	L_5	L_4	L_3	L_2	L_1
Faktor a_1	1	0,64	0,55	0,47	0,37	0,25

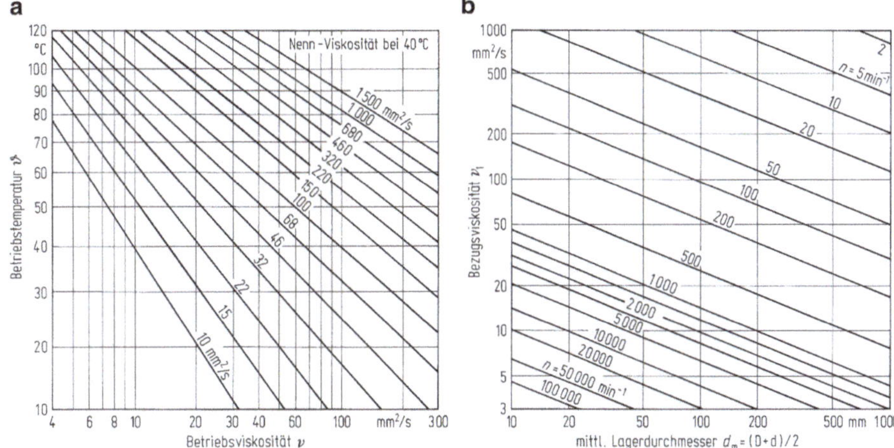

Abb. 14.37 Viskositäts-Temperatur-Verhalten von Mineralölen, **a** Betriebsviskosität ν, **b** Bezugsviskosität ν_1 [15]

14.5.4.2 Angepasste nominelle Lebensdauer (adjusted rating life) nach DIN ISO 281

Besonderheiten und Möglichkeiten dieser Berechnungsmethode sind in Abschn. 14.5.1(2) angegeben. Wenn die dort genannten Einflüsse genauer bekannt sind, kann die wirklichkeitsnähere, modifizierte Lebensdauer bestimmt werden.

Für konstante Betriebsbedingungen

$$L_{na} = a_1 \cdot a_{23} \cdot L_{10} \tag{14.25}$$

L_{10}	in h	nominelle Lebensdauer nach (14.24)

Der Wert für den Index n gibt die für die Berechnung zugrunde gelegte Ausfallwahrscheinlichkeit an.

Der Faktor a_1 berücksichtigt die geforderte Ausfallwahrscheinlichkeit, siehe Tab. 14.14, für Anwendungen, bei denen 10 % zu groß ist, Abschn. 14.5.3.1. Beispiele: Lebensgefahr bei Ausfall, schwierige Ersatzbeschaffung, hohe Kosten bzw. Folgekosten bei Ausfall.

Der Faktor a_{23} berücksichtigt die Einflüsse der Werkstoffeigenschaften und Schmierbedingungen. Wegen der Wechselwirkung von Werkstoff und Schmierbedingungen werden beide Einflüsse mit einem gemeinsamen Faktor erfasst.

Der in a_{23} enthaltene Anteil a_2 berücksichtigt die Eigenschaften von Werkstoff und Wärmebehandlung. Besonders reine, z. B. vakuumentgaste Stähle erhöhen die Lebensdauer, dann ist $a_2 > 1$. Für handelsübliche Wälzlager wird heute ausreichend hochwertiger Stahl verwendet, so dass hierfür $a_2 = 1$ angesetzt werden kann.

Der Anteil a_3 berücksichtigt die Betriebsbedingungen, vor allem den Schmierungszustand im Wälzkontakt, d. h. ob und mit welchem Anteil hier ein trennender Schmierfilm vorliegt. a_3 gilt unter der Voraussetzung normaler Sauberkeit des Schmierstoffs und wirksamer Abdichtung.

Das Kurzverfahren zur Bestimmung von a_{23} berücksichtigt die wichtigsten Einflüsse. Zweckmäßigerweise wird schrittweise wie folgt vorgegangen:

1. Aus der Nennviskosität des gewählten oder vorgegebenen Schmierstoffs (bei Fett des Grundöls) und der Betriebstemperatur wird mit Abb. 14.37a die kinematische Betriebsviskosität ν bestimmt. Empfehlungen zur Schmierstoffwahl werden in Abschn. 14.3.3 gegeben.
2. Die bei Betriebstemperatur für ausreichende Schmierfilmbildung erforderliche kinematische Bezugsviskosität ν_1 im Schmierspalt hängt von Lagerart, -größe, -belastung und -drehzahl ab. Sie kann näherungsweise (für die Haupteinflussfaktoren Größe und Drehzahl) aus Abb. 14.37b entnommen werden.
3. Damit ergibt sich das Viskositätsverhältnis

$$\kappa = \frac{\nu}{\nu_1} \tag{14.26}$$

κ ist ein Maß für die hydrodynamische Schmierfilmdicke. Hiernach können grob drei Betriebszustände unterschieden werden:

- $\kappa < 0{,}4$ Grenzschichtreibung: Wegen Festkörperberührung dominiert der Verschleiß, Additive haben hier einen starken Einfluss.
- $0{,}4 < \kappa < 4$ Mischreibung: Hier liegt teilweise metallische Berührung vor, Additive haben einen anteiligen Einfluss.
- $\kappa > 4$: Die Oberflächen sind hier vollständig durch den Schmierfilm getrennt (Schmierfilmdicke $h > 2 \cdot$ Oberflächenrauheit Ra, Additive haben keinen Einfluss).

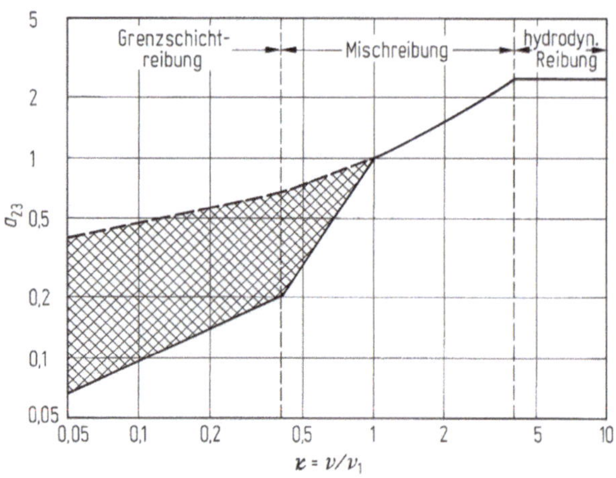

Abb. 14.38 Faktor a_{23} für Einfluss von Werkstoff und Schmierungsbedingungen [18]

4. Der Faktor a_{23} kann aus Abb. 14.38 abgelesen werden. Die durchgezogene Linie gilt für Schmierung mit Mineralöl oder Mineralöl mit „unschädlichen" Zusätzen, die die Lebensdauer nicht mindern. Durch geeignete EP-Zusätze können höhere Werte für a_{23} (im Rasterfeld) erreicht werden, die obere Grenze bei optimalen EP-Zusätzen, wenn deren Wirksamkeit nachgewiesen wurde.
5. Damit berechnet sich die nominelle Lebensdauer nach (14.25).

Für veränderliche Betriebsbedingungen

Wenn sich die Einflussgrößen für die Lebensdauer ändern (z. B. Belastung, Drehzahl, Temperatur, Schmierstoff, Sauberkeit), so wird für jede Wirkungsdauer q in % mit den betreffenden Bedingungen die anteilige modifizierte Lebensdauer ($L_{\mathrm{hna},1}$, $L_{\mathrm{hna},2}$, ...) bestimmt und die Gesamtlebensdauer wie folgt errechnet:

$$L_{\mathrm{hna}} = \frac{100\,\%}{\frac{q_1}{L_{\mathrm{hna},1}} + \frac{q_2}{L_{\mathrm{hna},2}} + \ldots} \tag{14.27}$$

$L_{\mathrm{hna},i}$	in h	modifizierte Lebensdauer im Betriebszustand des i-ten Zeitanteils
q_i	in %	prozentualer Zeitanteil des Betriebszustandes des i-ten Zeitanteils

Grenzen

Das Verfahren basiert auf der Werkstoffermüdung als Ausfallursache. Es ist nur aussagefähig, wenn die Gebrauchsdauer nicht durch Verschleiß oder Versagen des Schmierstoffs bedingt ist. Die Bestimmung der Einflussfaktoren ist nicht genormt, Angaben der Hersteller sind zu beachten.

14.5.4.3 Modifizierte Lebensdauer (modified rating life) nach dem Prinzip von DIN ISO 281

Grundgedanken dieser neuen Berechnungsmethode sind in Abschn. 14.5.1(3) angegeben. Nur wenn die dort genannten Einflüsse bekannt sind, kann die modifizierte Lebensdauer bestimmt werden zu

$$L_{\mathrm{naa}} = a_1 \cdot a_{\mathrm{ISO}} \cdot \left(\frac{C}{P}\right)^a \tag{14.28}$$

a		Steigung der Wöhlerlinie in Abb. 14.29, $a = 3$ für Kugellager, $a = 10/3$ für Rollenlager
a_1		Faktor für die erweiterte Lebensdauerberechnung nach Tab. 14.14
a_{ISO}		Lebensdauerfaktor nach ISO
C	in N	dynamische Tragzahl nach Abschn. 14.5.3.1
P	in N	dynamisch äquivalente Belastung nach Abschn. 14.5.3.2

Der Lebensdauerfaktor nach ISO (life modification factor) a_{ISO} berücksichtigt die Einflüsse von Schmierung, Verunreinigungen, Härte-Eigenspannungen, Montage sowie der Ermüdungsfestigkeit des Werkstoffs, die in Form der Ermüdungsbelastung P_u in die Berechnung eingeht.

Das Kurzverfahren zur Bestimmung von a_{ISO} berücksichtigt die wichtigsten Einflüsse. Zweckmäßigerweise werden die entsprechenden Einflussfaktoren nacheinander wie folgt ermittelt:

1. Kinematische Viskosität ν des Schmierstoffs bei Betriebstemperatur wie nach Abschn. 14.5.4.2 1.
2. Kinematische Viskosität ν_1 für ausreichende Schmierfilmbildung nach Abschn. 14.5.4.2 2.
3. Viskositätsverhältnis κ nach (14.26), Abschn. 14.5.4.2 3.
4. Die Ermüdungsgrenzbelastung P_u kann für Standardstahl aus Tabellen der Wälzlagerkataloge entnommen werden, siehe z. B. [15]. Das Belastungsverhältnis P_u/P bewertet die Ausnutzung der Tragfähigkeit eines Lagers, ist also eine Sicherheit gegenüber der Dauerfestigkeit.
5. Der Verunreinigungsbeiwert e_c hängt, außer von Größe, Verteilung und Art (hart, weich) der Verunreinigungen, auch von der Lagergröße und -bauart (Kontaktfläche) und Schmierfilmdicke ab. Näherungsweise kann e_c nach den Anforderungen und Voraussetzungen für den Betriebszustand nach Tab. 14.15 ausgewählt werden. Der Betriebszustand „starke Verunreinigungen" sollten vermieden, d. h. Schmierung, Abdichtung, Filterung verbessert werden. Bei extremen Verunreinigungen dominiert im Übrigen meist der Verschleiß. Die Lebensdauer liegt dann noch weit unter dem errechneten Wert.

Um den jeweiligen Betriebszustand zu sichern, d. h. als Voraussetzung für den jeweiligen Verunreinigungsbeiwert e_c, müssen Ölreinheit und Filterqualität entsprechenden Anforderungen genügen, Tab. 14.15. Orientierungswerte gibt Tab. 14.16.

Sauberkeit erfordert also besondere Aufwendungen, ist aber Voraussetzung für eine große Lebensdauer. Dies kommt durch einen großen Verunreinigungsbeiwert e_c zum Ausdruck.

Tab. 14.15 Richtwerte für den Verunreinigungsbeiwert e_c [14], [18], mittlerer Lagerdurchmesser d_m nach (14.17)

Betriebszustand	Anforderungen, Voraussetzungen	e_c	
		$d_m < 100\,\mathrm{mm}$	$d_m \geq 100\,\mathrm{mm}$
extreme Sauberkeit	Partikelgröße in der Größenordnung der Schmierfilmhöhe; Laborbedingungen	1	1
hohe Sauberkeit	A. vom Hersteller gefettete Lager, abgedichtet gegen Staub und Dicht- oder Deckscheiben B. Fettschmierung durch den Anwender bei gleicher Qualität der Sauberkeit von Lager und Gehäuse, sowie Abdichtung während der Betriebszeit wie bei A C. Ölumlaufschmierung bei gleicher Qualität der Sauberkeit von Lager und Ölumlaufsystem wie bei A. Ölreinheit und Filter entsprechend den Anforderungen nach Tab. 14.16	0,8 ... 0,6	0,9 ... 0,8
normale Sauberkeit	D. Fettschmierung wie nach B bei qualifizierter fachgerechter Montage durch den Anwender E. Ölumlaufschmierung bei guter Qualität von Lager und Ölumlaufsystem F. Ölreinheit und Filter entsprechend den Anforderungen nach Tab. 14.16	0,6 ... 0,5	0,8 ... 0,6
leichte Verunreinigung	G. gute, auf die Umgebung abgestimmte Abdichtung, auch vom Anwender gefettete mit getrennten und normalem Aufwand montierten Dicht- oder Deckscheiben H. Öltauch- oder Ölspritzschmierung aus dem Ölsumpf im Gehäuse, saubere, fachgerechte Montage, Kontrolle der empfohlenen Ölwechselfristen, Anforderungen nach Tab. 14.16	0,5 ... 0,3	0,6 ... 0,4
mäßige Verunreinigung	I. Fettgeschmierte Lager ohne Dicht- oder Deckscheiben J. Öltauch- oder Ölspritzschmierung, unsichere Kontrolle der Ölwechselfristen K. Kontrollierte Ölreinheit entsprechend den Anforderungen nach Tab. 14.16	0,3 ... 0,1	0,4 ... 0,2
starke Verunreinigung	L. nicht oder schlecht gereinigte Gehäuse (Formsand, Schweißpartikel), Abrieb aus Bearbeitungsprozessen und verschleißenden Bauelementen M. unzureichende Abdichtung nach außen, Fremdpartikel gelangen in die Lager N. Wasser (auch Kühlwasser) oder Kondenswasser verursacht Stillstandskorrosion oder mindert die Schmierstoffqualität O. geschätzte Ölreinheit entsprechend den Anforderungen nach Tab. 14.16	0,1 ... 0	0,1 ... 0
sehr starke Verunreinigung		0	0

Tab. 14.16 Voraussetzungen (Ölreinheit, Filter) [14]

$(D-d)/2$ in mm	Betriebszustand nach Tab. 14.15	Punktberührung			Linienberührung		
		erforderliche Ölreinheits-Klasse nach ISO 4406 [8]	erforderliche Filterrückhalterate nach ISO 16889 [9]	maximale Größe überrollter Partikel in µm	erforderliche Ölreinheits-Klasse nach ISO 4406	erforderliche Filterrückhalterate nach ISO 16889	maximale Größe überrollter Partikel in µm
$\leq 12{,}5$	hohe Sauberkeit	11/8	$\beta_3 \geq 200$	10	12/9	$\beta_3 \geq 200$	20
	normale Sauberkeit	12/9	$\beta_3 \geq 200$		13/10	$\beta_3 \geq 75$	
	leichte Verunreinigung	14/11	$\beta_6 \geq 75$	30	15/12	$\beta_6 \geq 75$	60
	mäßige Verunreinigung	15/12	$\beta_6 \geq 75$		16/13	$\beta_{12} \geq 75$	
	starke Verunreinigung	16/13	$\beta_{12} \geq 75$	100	17/14	$\beta_{25} \geq 75$	150
$> 12{,}5 \ldots 20$	hohe Sauberkeit	12/9	$\beta_3 \geq 200$	15	13/10	$\beta_3 \geq 75$	25
	normale Sauberkeit	13/10	$\beta_3 \geq 75$		14/11	$\beta_6 \geq 75$	
	leichte Verunreinigung	15/12	$\beta_6 \geq 75$	45	16/13	$\beta_{12} \geq 75$	75
	mäßige Verunreinigung	16/13	$\beta_{12} \geq 75$		17/14	$\beta_{25} \geq 75$	
	starke Verunreinigung	18/14	$\beta_{25} \geq 75$	150	19/15	$\beta_{25} \geq 75$	250
$> 20 \ldots 35$	hohe Sauberkeit	13/10	$\beta_3 \geq 75$	25	14/11	$\beta_6 \geq 75$	40
	normale Sauberkeit	14/11	$\beta_6 \geq 75$		15/12	$\beta_6 \geq 75$	
	leichte Verunreinigung	16/13	$\beta_{12} \geq 75$	75	17/14	$\beta_{12} \geq 75$	120
	mäßige Verunreinigung	17/14	$\beta_{25} \geq 75$		18/15	$\beta_{25} \geq 75$	
	starke Verunreinigung	19/15	$\beta_{25} \geq 75$	250	20/14	$\beta_{25} \geq 75$	350
> 35	hohe Sauberkeit	14/11	$\beta_6 \geq 75$	40	14/11	$\beta_6 \geq 75$	75
	normale Sauberkeit	15/12	$\beta_6 \geq 75$		15/12	$\beta_{12} \geq 75$	
	leichte Verunreinigung	17/14	$\beta_{12} \geq 75$	120	18/14	$\beta_{25} \geq 75$	200
	mäßige Verunreinigung	18/15	$\beta_{25} \geq 75$		19/16	$\beta_{25} \geq 75$	
	starke Verunreinigung	20/16	$\beta_{25} \geq 75$	250	21/17	$\beta_{25} \geq 75$	350

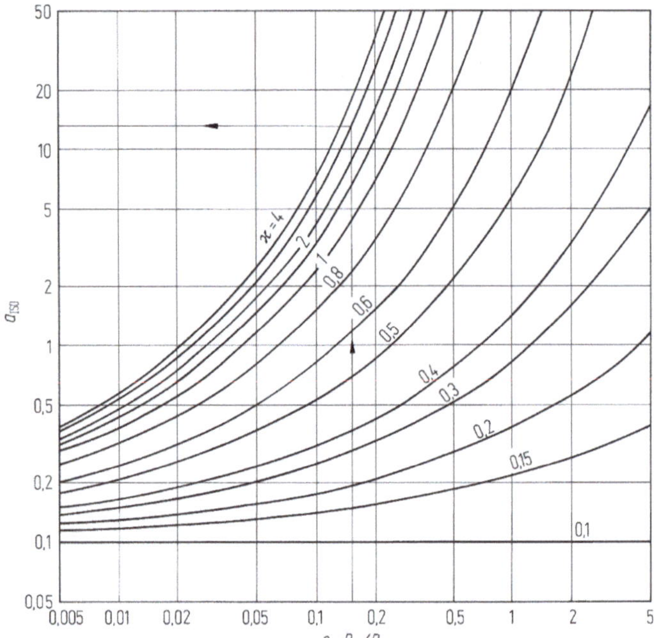

Abb. 14.39 Diagramme zur Bestimmung des Lebensdauerfaktors a_{ISO} für Radial- Kugellager [18], für $\kappa > 4$ ist die Kurve $\kappa = 4$ zu verwenden, für $e_c \cdot (P_u/P)$ gegen Null geht a_{ISO} für alle κ-Werte gegen 0,1, Angaben für Radial-Rollenlager, Axial-Kugellager und Axial-Rollenlager siehe [18]

Auf dieser Basis und für die genannten Voraussetzungen kann a_{ISO} für die wichtigsten Lagerarten z. B. aus [18] entnommen werden (Beispiel für Radial-Kugellager siehe Abb. 14.39). Diese Diagramme gelten für Schmierstoffe ohne EP-Zusätze.

Den Einfluss von EP-Zusätzen auf die Tragfähigkeit kann, wenn deren positive Wirkung in Wälzlagern nachgewiesen wurde, bei der Tragfähigkeitsberechnung anhand des Viskositätsverhältnisses κ nach (14.26) wie folgt berücksichtigt werden:

- Betriebsbereich $0{,}5 < \kappa < 1$: a_{ISO} wird mit dem Faktor $(4 - 3 \cdot \kappa)$ multipliziert, was zu einer größeren rechnerischen Lebensdauer führt. Wird das Produkt $a_{\text{ISO}} \cdot (4 - 3 \cdot \kappa)$ größer als a_{ISO} für $\kappa = 1$, ist a_{ISO} für $\kappa = 1$ anzusetzen.
- Betriebsbereich $\kappa < 0{,}5$: Infolge des dünneren Schmierfilms dominiert zunehmend die Wirkung der Verunreinigungen. Der Einfluss der EP-Zusätze sollte daher bei der Berechnung unberücksichtigt bleiben.
- Betriebsbereich $\kappa > 1$: Es liegt bereits ein relativ tragfähiger elastohydrodynamischer Schmierfilm vor. Der Einfluss von EP-Zusätzen sollte bei der Berechnung unberücksichtigt bleiben.

Hinweis: Mit Hilfe von (14.28) kann der Einfluss der Verunreinigung abgeschätzt werden, um dann über Einsatz und Art von Dichtungen und Filtern zu entscheiden.

14.5.5 Grenzdrehzahlen

Die maximal zulässige Drehzahl n_g hängt außer von der Lagerbauart von den Betriebs- und Einbaubedingungen wie z. B. Betriebsspiel, Schmierung, Wärmeabfuhr und Belastung ab. Anhaltswerte sind den Herstellerkatalogen zu entnehmen. Beispiele zeigt Abb. 14.40.

Man beachte: Bei Fettschmierung ist n_g ca. 10 ... 20 % kleiner als bei Ölschmierung.

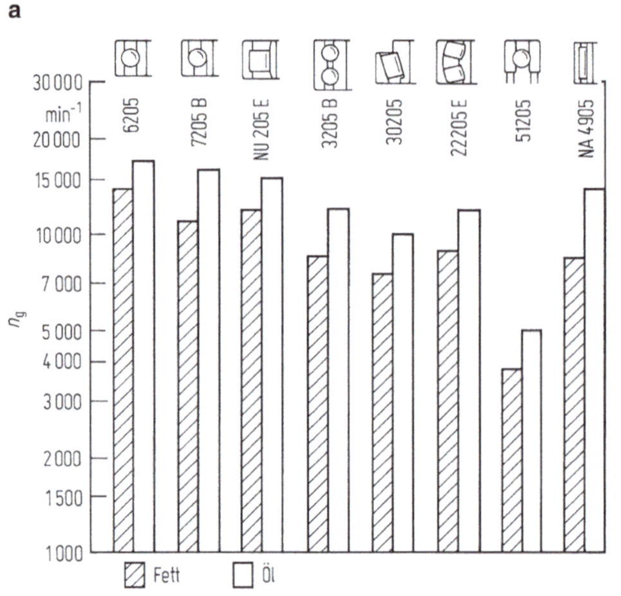

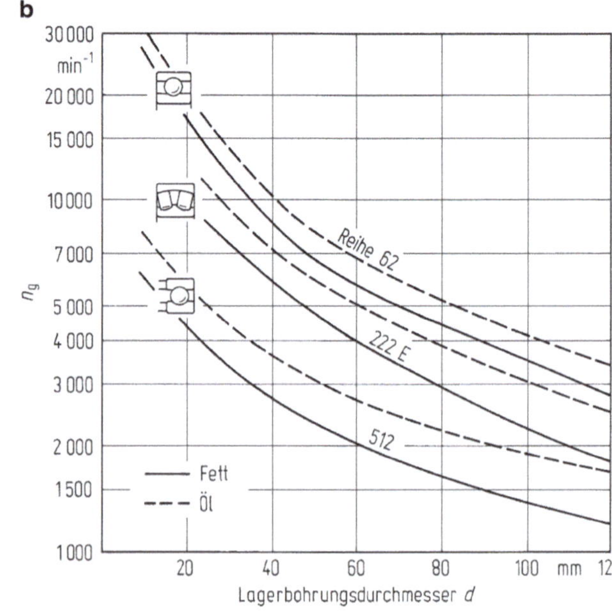

Abb. 14.40 Grenzdrehzahlen n_g einiger Bauarten, **a** Einfluss der Schmierung, **b** Einfluss der Baugröße

Durch folgende Maßnahmen kann die Drehzahlgrenze um bis zu ca. 50 % gesteigert werden:

- Ölumlauf-, Ölnebelschmierung (sichere Schmierung der Wälzkontakte, Wärmeabführung, Vermeidung von Planschverlusten)
- Verwendung von Massiv-Käfigen (Kunststoff oder Messing zur Dämpfung von Schwingungen, erhöhte Festigkeit des Käfigs)
- Käfigführung auf den Borden (Verminderung von Massenkräften)
- hohe Lagergenauigkeit (Verminderung der Schwingungsanregung)
- erhöhte Lagerluft bei hoher Drehzahl des Innenrings (Fliehkraftaufweitung möglich)

14.6 Einbau, Gestaltung

14.6.1 Wahl der Passung

Maßgebend ist, wie die Belastung auf den einzelnen Ring wirkt. Es werden Punkt- und Umfangslast unterschieden. Umfangslast liegt vor, wenn der Lagerring relativ zur Lastrichtung umläuft, bei Punktlast steht dieser relativ zur Lastrichtung still (Tab. 14.17). Der Ring mit Umfangslast muss festen Sitz haben, da sonst durch Wandern des Rings Passungsrost entsteht. In der Regel wird der Innenring mit 70 ... 100 °C warm aufgesetzt.

Der Ring mit Punktlast kann zur Erleichterung der Montage oder zum Längenausgleich (z. B. bei Rillenkugellager als Loslager) losen Sitz erhalten. Empfehlungen zur Wahl der Passung sind in Tab. 14.18 zusammengefasst. Bei Reversierbetrieb (Änderung der Lastrichtung) wird auch für den Ring mit Punktlast ein fester Sitz empfohlen.

Befestigung und Einstellung der Lagerringe zeigen Abb. 14.41 und 14.42. Die Höhe der Wellenschulter sollte $\geq 1{,}8 \cdot r$ (Radius r siehe Abb. 14.9) betragen, genauere Angaben siehe [14]. Sie sollte eine ausreichende Anlagefläche bieten und auch genügend Seitenfläche zum Angreifen eines Abziehwerkzeugs frei lassen. Andernfalls sind Abziehnuten bzw. Abdrückgewinde in der Wellenschulter anzubringen. Welcher Lagerring festgelegt wird, hängt von der Funktion der Lageranordnung ab (Fest-, Los- oder angestellte Lagerung), Abschn. 14.6.2. Zu beachten ist, dass Fest-

Tab. 14.17 Belastungsverhältnisse von Radiallagern

Belastungsfall	Schema	Bewegungsverhältnisse	Passung
Umfangslast am Innenring, Punktlast am Außenring		Belastung und Gehäuse stillstehend, Innenring umlaufend (z. B. Getriebewelle)	Innenring feste Passung notwendig, Außenring lose Passung zulässig
		Belastung und Gehäuse umlaufend, Innenring stillstehend (z. B. Waschmaschinentrommel)	
Punktlast am Innenring, Umfangslast am Außenring		Belastung und Welle stillstehend, Außenring umlaufend (z. B. Radlager)	Innenring lose Passung zulässig, Außenring fest Passung notwendig
		Belastung und Welle umlaufend, Außenring stillstehend (z. B. Unwucht)	

Tab. 14.18 Anhaltswerte zur Wahl der Passung bei Radiallagern. Für hohe Anforderung an Laufgenauigkeit und Laufruhe eine Toleranz feiner

Belastungsfall	Lagerform	Passung	
		für $P/C < 0{,}08$ und $d < 40$ mm	für $P/C > 0{,}2$ und $d > 500$ mm
Umfangslast am Innenring	Kugellager	j6	n6
	Rollenlager und Nadellager	j6	p6
Punktlast am Innenring	Kugellager, Rollenlager und Nadellager	g6, h6	
Umfangslast am Außenring		K7	P7
Punktlast am Außenring	Loslager mit leicht verschiebbarem Außenring	H7	

Bohrungsdurchmesser d

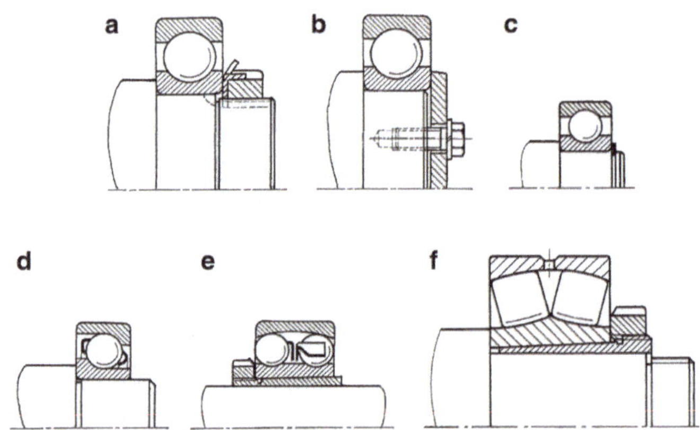

Abb. 14.41 Befestigung der Innenringe auf der Welle, **a** Mutter und Sicherungsscheibe, **b** Endscheibe, **c** Wellensicherungsring, **d** Wellenschulter (in Richtung der wirkenden Axialkraft), **e** Spannhülse, **f** mit Abziehhülse

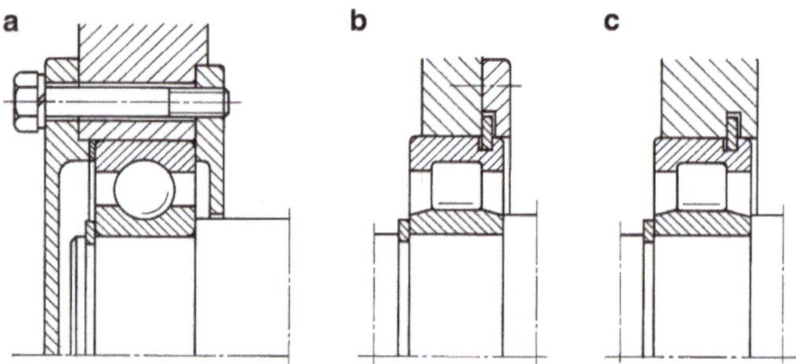

Abb. 14.42 Befestigung der Außenringe im Gehäuse, **a** zwei Deckel, **b** Sicherungsring (ungeteiltes Gehäuse), **c** Sicherungsring (geteiltes Gehäuse) [14]

legungen ausschließlich mit Sicherungsring (Abb. 14.41c, Abb. 14.42b) nie spielfrei sein können, weil alle Teile mit Längentoleranzen behaftet sind.

Man beachte: Beim Aufbringen oder Abziehen der Wälzlager oder Wälzlagerteile dürfen die Ein- und Ausbaukräfte nicht über die Wälzkörper geleitet werden (Gefahr bleibender Wälzkörpereindrücke!).

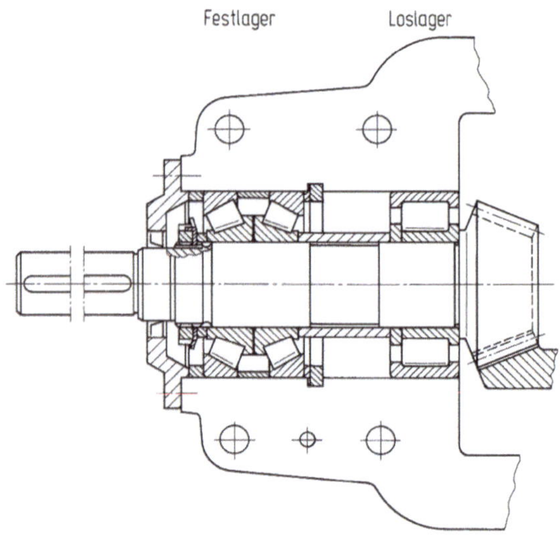

Abb. 14.43 Fest-Los-Lagerungen einer Kegelritzelwelle [13]

Einstellen der Vorspannung bei angestellter Lagerung vgl. Abschn. 14.2.4. Bei Anstellung durch den Innenring (O-Anordnung) wird ein Wellenabmaß j6 gewählt, bei Anstellung durch den Außenring (X-Anordnung) ein Bohrungsabmaß M7 (Beispiel siehe Abb. 14.45). Bei den üblichen Abmaßen der Lagerringe ergibt sich dann jeweils ein Schiebesitz.

14.6.2 Lageranordnung

Möglichkeiten der Lageranordnung zeigt Abb. 14.1. Hinweise zur Wahl sind in Tab. 14.19 zusammengefasst. Anwendungsbeispiele zeigen Abb. 14.43 bis 14.46.

Fest-Los-Lagerung

Für die meisten einfachen Anwendungen ist die Fest-Los-Lagerung zweckmäßig. Sie zeichnet sich durch einfache Montage und Betriebssicherheit aus, kein axiales Verspannen.

Tab. 14.19 Hinweise zur Wahl der Lageranordnung

Lagerungsart	Merkmale	Vorteile	Nachteile	Anwendungsbeispiele
Fest-Los-Lagerung	axiale Führung durch Fest-Lager, Loslager axial frei	freie Längenanpassung (Wärme, Herstelltoleranz), einfache Montage, kostengünstig	axiales Spiel, geringe Steifigkeit, Schwingungen	allgemeine Anwendungen
Angestelle Lagerung in O-Anordnung	Anstellung über Innenringe, weiter rechnerischer Lagerabstand	steif, spielfrei, geringe Vorspannungsverluste bei Wärmedehnung	Reibung durch Vorspannung, exakte Montage erforderlich	fliegende Lagerungen
Angestellte Lagerung in X-Anordnung	Anstellung über Außenringe, kleiner rechnerischer Lagerabstand	steif, spielfrei	Reibung durch Vorspannung, exakte Montage erforderlich, Vorspannungsverlust bei Wärmedehnung	Schneckenräder, Stirnräder
Schwimmende Lagerung (axial frei)	axiales Führungsspiel (1 ... 2 mm)	axial einstellbar (keine Zwangskräfte)	keine Axialkräfte übertragbar, nicht sehr steif, Schwingungen	Seilrolle, Pfeilverzahnung
Schwimmende Lagerung (axial geführt)	axiales Einbauspiel (0,3 ... 0,8 mm)	einfache Konstruktion und Montage	Wandern der Welle bei Wechsel der Axialkraftrichtung, nicht steif	Haushaltsgeräte, Elektromotoren

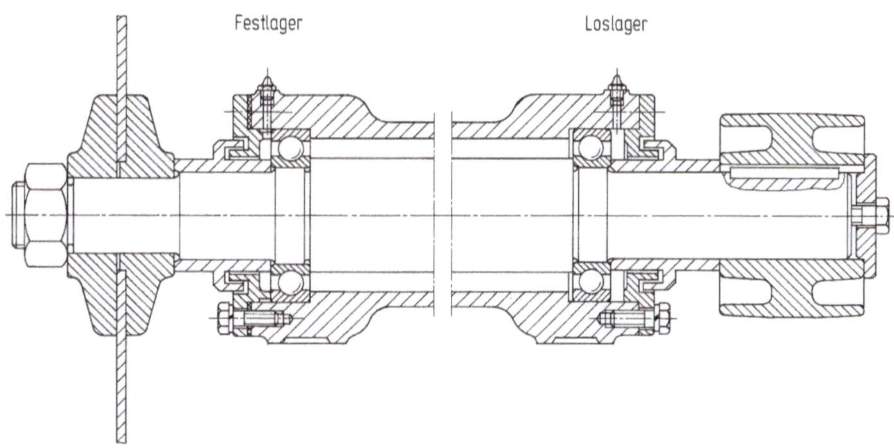

Abb. 14.44 Fest-Los-Lagerung einer Kreissägewelle [13]

Hierfür muss ein Betriebsspiel, das sich aus dem Axialspiel des Festlagers ergibt, in Kauf genommen werden. Dies beeinträchtigt Führungsungenauigkeit und Schwingungsverhalten.

Als Festlager eignen sich Rillenkugellager (auch zweireihig, eingeschränkt auch Vierpunktlager), Pendelkugel- und Pendelrollenlager, Zylinderrollenlager, soweit sie zur Übertragung von Axialkräften geeignet sind, aber auch Kegelrollen- oder Schrägkugellagerpaare.

Als Loslager kommen Zylinderrollenlager (Bauform NU oder N, je nach Montageanforderung) in Betracht, auch Nadellager mit axialer Verschieblichkeit im Lager. Innen- und Außenringe müssen hierbei formschlüssig gesichert werden. Beispiele zeigen Abb. 14.43 und 14.44. Auch die oben genannten Festlagerbauarten können als Loslager eingesetzt werden (bei Einbau mit verschieblichen Außenring).

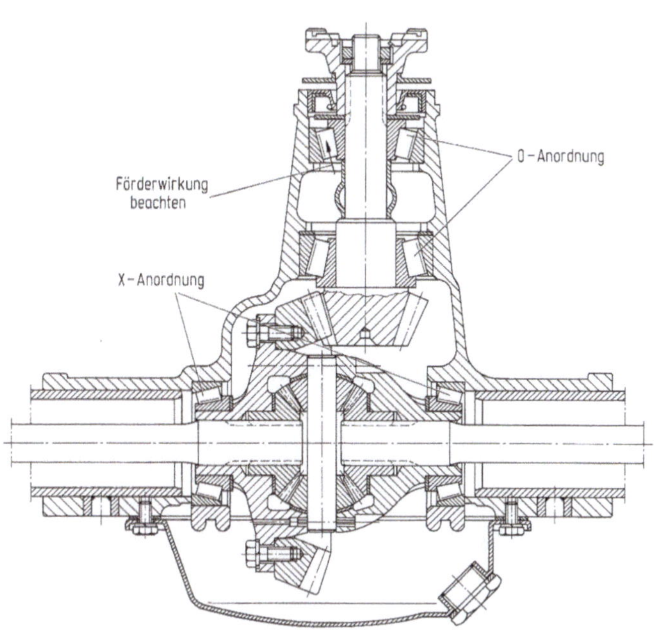

Abb. 14.45 Angestellte Lagerungen eines Kfz-Hinterachsantriebs, O- und X-Anordnung [13]

Angestellte Lagerungen in O-Anordnung

Abb. 14.45 zeigt eine angestellte Lagerung in O-Anordnung. Sie eignen sich wegen des großen rechnerischen Lagerabstands für fliegende Lagerungen (Radiallast außerhalb der Lagerung) und zur Abstützung großer Kippmomente, z. B. infolge von Schrägverzahnungen. Sie zeichnen sich durch Spielfreiheit und bei bestimmtem Lagerabstand Unempfindlichkeit gegen Wärmedifferenz zwischen Welle und Gehäuse aus [14]. Die Anstellung erfolgt durch Zusammenschieben der Innenringe, üblicherweise durch eine Wellenmutter. Die Vorspannung kann durch eine angepasste Hülse zwischen den Innenringen mechanisch begrenzt werden (die Mutter kann dann fest angezogen werden). Wichtig sind dabei planlaufende Axialflächen. Geeignete Bauarten: Kegelrollen-, Schrägkugel-, Spindellager, sowie bei sehr hohen Axialkräften auch Axial-Pendelrollenlager.

Angestellte Lagerungen in X-Anordnung

Abb. 14.32 zeigt eine angestellte Lagerung in X-Anordnung. Sie haben einen kurzen rechnerischen Lagerabstand und eignen sich darum für steife Lagerungen bei hoher Radiallast zwischen den Lagern (geringere Wellendurchbiegung wegen geringerer Stützweite). Sie sind empfindlicher gegen Verspannung infolge Temperaturschwankungen. Die Vorspannung wird durch Zusammenschieben der Außenringe eingestellt, z. B. durch Gehäusedeckel mit Passscheibe. Die Lager entsprechen denen für die O-Anordnung. Wenn ein Gehäuse geteilt wird, sind keine Deckel für die Einstellung erforderlich.

Schwimmende Lagerung

Bei der schwimmenden Lagerung ergibt sich ein funktionsbedingtes Führungsspiel, Abb. 14.46, wenn im Betrieb keine Axialkraft auftritt, sondern nur die axiale Einstellung begrenzt wird. Dies ermöglicht freie axiale Beweglichkeit der Welle. Bei auftretender Axialkraft wird diese stets von den Lagern in je einer Richtung aufgenommen.

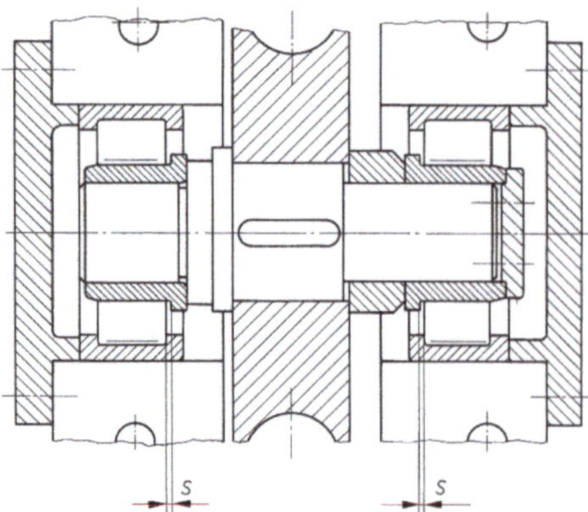

Abb. 14.46 Schwimmende Lagerung einer Seilrolle (mit axialem Führungsspiel $2 \cdot s$)

14.7 Reibung, Temperatur

14.7.1 Reibungsverluste

Verschiedene Ursachen tragen zu den Gesamtreibungsverlusten bei.

Rollreibung
Zwischen Wälzkörper und Laufbahn entsteht durch eine Gleitbewegung in der gekrümmten Berührfläche Rollreibung, was wiederum durch unterschiedliche Wälzradien innerhalb der Abplattungsfläche begingt wird, Abb. 14.47. Hinzu kommt Bohrreibung, siehe Abschn. 14.2 und Abschn. 14.4. Ein weiterer Anteil folgt aus der Werkstoffhysterese. Minderung der Rollreibung ist durch eine Lagerbauart mit weiter Schmiegung, geeignete Schmierstoffviskosität und ausreichendes Betriebsspiel möglich.

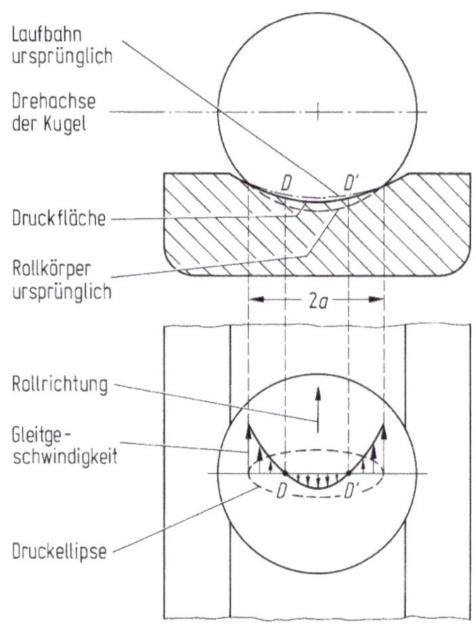

Abb. 14.47 Durch Krümmung der Druckfläche hervorgerufene Gleitgeschwindigkeit [14]

Tab. 14.20 Reibungszahl μ verschiedener Wälzlager bei $C/P \approx 10$ [14]

Lagerbauart	Reibungszahl μ
Rillenkugellager	0,0015
Pendelkugellager	0,0013
Schrägkugellager, einreihig	0,0020
Schrägkugellager, zweireihig	0,0024
Vierpunktlager	0,0024
Zylinderrollenlager	0,0013
Zylinderrollenlager, vollrollig	0,0020
Nadellager	0,0025
Pendelrollenlager	0,0020
Kegelrollenlager	0,0018
Axial-Rillenkugellager	0,0015
Axial-Pendelrollenlager	0,0020
Axial-Zylinderrollenlager	0,0040
Axial-Nadellager	0,0050

Gleitreibung
An den Führungsflächen des Käfigs und bei vollrolligen Lagern zwischen den Wälzkörpern tritt Gleitreibung auf. Bei Rollenlagern kommt die Reibung an den Führungsflächen hinzu. Minderung der Gleitreibung ist durch einen Schmierstoff mit kleiner Reibungszahl, ausreichende Viskosität und ausreichendes Betriebsspiel möglich.

Schmierstoffreibung
Die Schmierstoffreibung setzt sich aus innerer Reibung des Schmierstoffs in der Berührzone und der Plansch- oder Walkarbeit zusammen. Maßnahmen zur Minderung der Schmierstoffreibung sind kleine (nicht mehr als notwendige) Schmierstoffmenge, kleinstmögliche Viskosität und geeignetes Schmierverfahren.

Ventilationsverluste
Speziell bei hochtourigen Lagern treten Ventilationsverluste auf. Es sollten stets die kleinstmöglichen Abmessungen gewählt werden.

Wälzverluste
Durch Verunreinigungen (Staub, Abrieb) werden Wälzverluste verursacht. Es sollte eine geeignete Abdichtung und Filter gewählt werden.

Das Reibungsmoment kann mit Hilfe eines Näherungsverfahrens bestimmt werden zu

$$T_R = \mu \cdot F \cdot \frac{d}{2} \tag{14.29}$$

mit der resultierenden Lagerkraft

$$F = \sqrt{{F_r}^2 + {F_a}^2} \tag{14.30}$$

d	in mm	Lagerbohrungsdurchmesser
F_a	in N	Axialkraft
F_r	in N	Radialkraft
μ		Reibungszahl, Anhaltswerte siehe Tab. 14.20

Den Einfluss der Belastung (qualitativ) zeigt Abb. 14.48.

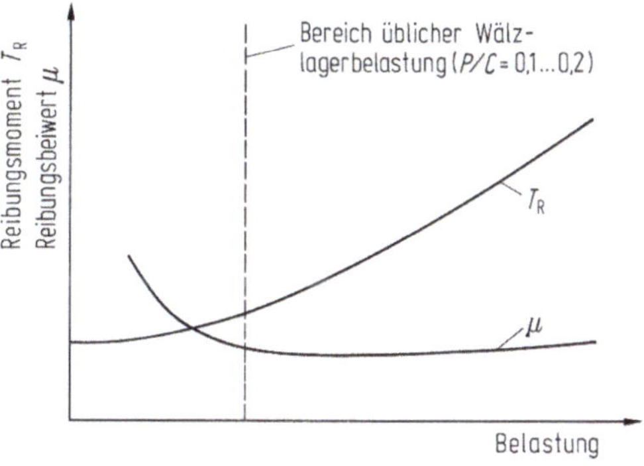

Abb. 14.48 Qualitativer Verlauf von Reibmoment T_R und Reibungszahl μ eines Wälzlagers

Tab. 14.21 Betriebstemperaturen von Lagern bei 20 °C Umgebungstemperatur [14]

Lagerung	Betriebstemperatur in °C
Messerwelle einer Hobelmaschine	40
Tischbohrmaschine	40
Horizontalbohrwerk	40
Kreissägewelle	40
Blockbrammengerüst	45
Drehmaschinenspindel	50
Karusselldrehbank	50
Doppelwellenkreissäge	40
Spindel einer Holzfräse	50
Kalanderwalze einer Papiermaschine	55
Stützwalzenlagerung von Warmbandstraßen	55
Flächenschleifmaschine	55
Backenbrecher	60
Radsatzlagerung Lok oder Reisezugwagen	60
Hammermühle	60
Walzenlagerung Drahtstraße	65
Vibrationsmotor	70
Verseilmaschine	70
Schwingsieb	80
Schlägermühle	80
Schiffspropeller-Drucklager	80
Vibrationswalze	90

14.7.2 Lagertemperatur

Die Betriebstemperatur hängt einerseits von der im Lager erzeugten Reibung, der Dichtungsreibung und der in das Lager eingeleiteten Wärme (Fremderwärmung) ab, andererseits von der Wärmeabführung an die Umbauteile. Sie steigt nach dem Anlauf bis auf eine Beharrungstemperatur an, sobald sich ein Gleichgewicht zwischen Wärmeerzeugung und -abfuhr eingestellt hat. Erfahrungswerte sind in Tab. 14.21 aufgelistet. In vielen Fällen, insbesondere bei mittleren Drehzahlen und Belastungen, spielt die Fremderwärmung keine Rolle.

Bei Fremderwärmung ist die Betriebstemperatur meist wesentlich höher und maßgebend für die Lagertemperatur. Erfahrungswerte für einige wichtige Anwendungen sind in Tab. 14.22 angegeben.

Die Lagertemperatur ist wichtig für die Wahl der Lagerbauart (maßstabilisierte Lager, Käfigwerkstoffe, Lagerluft), Dichtungen und Schmierung. Eine genaue Berechnung der Lagertemperatur ist schwierig, weil insbesondere die Wärmestromdichte und -ableitung im Allgemeinen nicht ausreichend genau bekannt sind. Zuverlässige Angaben sind nur aus Versuchen unter Betriebsbedingungen zu gewinnen, siehe hierzu [14].

14.8 Kosten, Liefermöglichkeit

Tab. 14.23 vermittelt einen Eindruck von den Kosten der Wälzlager verschiedener Bauart. Einfache Bauarten (Rillenkugellager, Zylinderrollenlager) können im Allgemeinen vom Vorratslager bezogen werden.

Tab. 14.22 Betriebstemperaturen von fremderwärmten Lagern [14]

Lagerung	Fremderwärmung	Betriebstemperatur des Lagers in °C
elektrischer Fahrmotor	elektrische Erwärmung vom Anker, Kühlung des Gehäuses durch Fahrtwind	80 ... 90
Trockenzylinder von Papiermaschinen	Heizdampf von 140 ... 150 °C durch den Lagerzapfen	120 ... 130
Heißgasventilatoren	Wärmeleitung von dem mit Heißgas beaufschlagten Flügelrad durch die Welle zum Lager	90
Wasserpumpe im Kfz-Motor	Wärme von Kühlwasser und Motor	120
Turbokompressoren	Ableitung der Kompressionswärme durch die Welle	120
Kurbelwellen von Verbrennungskraftmaschinen	Ableitung der Verbrennungswärme durch die Kurbelwelle, gekühltes Gehäuse	120
Kalander für plastische Massen	Zufuhr 200 ... 240 °C warmer Heizflüssigkeit durch den Lagerzapfen	180
Radlager von Brennofenwagen	Wärmestrahlung und -leitung vom Brennraum	200 ... 300

Tab. 14.23 Vergleich der Kosten (relativ) von Lagern (FAG)

Lagerart	Lager gleicher äußerer Abmessungen				Lager annähernd gleicher dynamischer Tragzahl			
	Lagertyp	Abmessungen $d/D/b$ in mm	Tragzahl C in kN	relativer Preis	Lagertyp	Abmessungen $d/D/b$ in mm	Tragzahl C in kN	relativer Preis
Rillenkugellager	6207-C	35/72/17	25,5	1,0	6212	60/110/22	52	1,0
Schrägkugellager	7207-B-XL-TVP	35/72/17	27	2,3	7308-B-XL-TVP	40/90/23	50	1,3
Tonnenlager	20207-TVP	35/72/17	40,5	13,9	20209-TVP	45/85/19	52	5,5
Zylinderrollenlager	NU 207-E-XL-TVP2	35/72/17	50	3,1	NU 207-E-XL-TVP2	35/72/17	50	1,1
Kegelrollenlager	30207-A	35/72/17	54	1,7	33205	25/52/22	49	0,7

14.9 Berechnungsbeispiele

Beispiel 14.2

nach [18]

Gegeben:
Konstante Radialkraft $F_r = 8000\,\text{N}$, Drehzahl $n = 5000\,\text{min}^{-1}$, Ölbetriebsviskosität $\nu = 20\,\text{mm}^2/\text{s}$, Erlebenswahrscheinlichkeit: 90 %, Ölumlaufschmierung bei höchster Sauberkeit, verwendetes Lager: Rillenkugellager 6309 mit dynamische Tragzahl $C = 52.700\,\text{N}$, Ermüdungs-Belastungsgrenze $P_u = 1340\,\text{N}$, Lagerdurchmessern $D = 100\,\text{mm}$, $d = 45\,\text{mm}$, Abb. 14.49.

Gesucht:
Nominelle, angepasste nominelle und modifizierte Lebensdauer L_{10}, L_{na} ($= L_{10a}$), L_{naa} ($= L_{10aa}$).

Berechnet:

(1) Nominelle Lebensdauer (nominal rating life) nach (14.23)

$$L_{10} = \left(\frac{C}{P}\right)^3 \cdot 10^6 = 286 \cdot 10^6 \text{ Umdrehungen}$$

mit $P = F_r = 8000\,\text{N}$ nach (14.11).

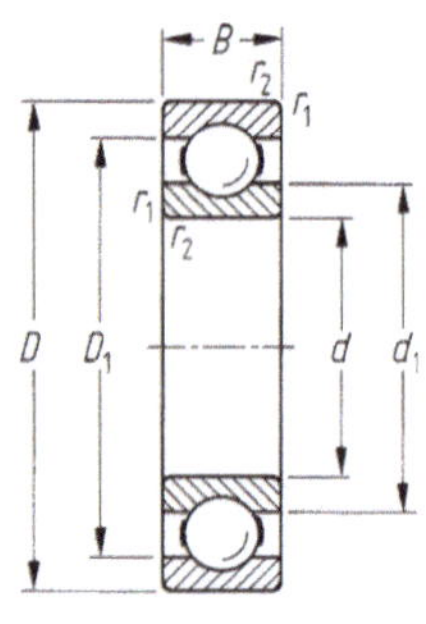

Abb. 14.49 Abmaße für Rillenkugellager nach [18]

(2) Angepasste nominelle Lebensdauer (adjusted rating life) nach (14.25)

$$L_{10a} = a_1 \cdot a_{23} \cdot L_{10} = 572 \cdot 10^6 \text{ Umdrehungen}$$

mit $a_1 = 1$ nach Tab. 14.14
und $a_{23} = 2$ nach Abb. 14.38
mit $d_m = (d + D)/2 = 72{,}5\,\text{mm}$, $\nu_1 = 7\,\text{mm}^2/\text{s}$ nach Abb. 14.37b, $\kappa = \nu/\nu_1 = 2{,}9$

(3) Modifizierte Lebensdauer (modified rating life) nach (14.28)

$$L_{10\text{aa}} = a_1 \cdot a_{\text{ISO}} \cdot \left(\frac{C}{P}\right)^3 = 4004 \cdot 10^6 \text{ Umdrehungen}$$

mit $a_1 = 1$ nach Tab. 14.14
und $a_{\text{ISO}} = 14$ nach Abb. 14.39
mit $P_u/P = 0{,}17$, $e_c = 0{,}8$ nach Tab. 14.15, $\kappa = 2{,}9$, siehe oben
Kommentar: Für die Betriebsdauer in Stunden ergibt sich nach (14.24): $L_{h10} = 953\,\text{h}$, $L_{h10a} = 1907\,\text{h}$, $L_{h10\text{aa}} = 13.347\,\text{h}$ bzw. für den Vergleich der Lebensdauern: $L_{10} : L_{\text{na}} : L_{\text{naa}} = 1 : 2 : 14$. D. h. wenn die Voraussetzungen für die Methode (3) geschaffen werden (Schmierung, Abdichtung, Filter, …) ist eine wesentlich höhere Lebensdauer ausweisbar, als sich nach den vereinfachten Methoden (1) und (2) ergibt.

Beispiel 14.3

Gegeben:
Radialkräfte der Lager: $F_r = F_{\text{rA}} = F_{\text{rB}} = 2000\,\text{N}$, Axialkraft: $K_a = 4000\,\text{N}$, Drehzahl $n = 5000\,\text{min}^{-1}$, Lager der Durchmesserreihe 2 mit $d = 50\,\text{mm}$, $D = 90\,\text{mm}$, Betriebstemperatur $\vartheta = 60\,°\text{C}$, anzustrebende Lebensdauer: 1000 h.
Die Betriebsbedingungen liegen im Erfahrungsbereich. Ausfallwahrscheinlichkeit, Werkstoffqualität, Schmierung, Abdichtung sind nicht näher spezifiziert. Es genügt daher die Berechnung der nominellen Lebensdauer nach Abschn. 14.5.4.1.

Es kommen Lager in Betracht, die Radial- und große Axialkräfte aufnehmen können sowie für hohe Drehzahlen geeignet sind. Nach Abb. 14.24 sind für die möglichen Lageranordnungen folgende Bauformen geeignet:

1. Fest-Los-Lagerung: Rillenkugellager 6210, Schrägkugellager zweireihig 3210B
2. Angestellte Lagerung: Schrägkugellager 7210B, (z. B. O-Anordnung)

Gesucht:
Wird die anzustrebende Lebensdauer eingehalten?

Berechnet:

Zu Lageranordnung 1:

Lager 6210 als Festlager:
$C = 36.500\,\mathrm{N}$, $C_0 = 24.000\,\mathrm{N}$, $f_0 = 14{,}3$ (Herstellerangaben [15]) $F_a = K_a$,
$f_0 \cdot F_a / C_0 = 2{,}38 \rightarrow e = 0{,}34$ nach Tab. 14.9 gemittelt,
$F_a / F_r = 2 > e$.
Daraus folgen nach Tab. 14.9: $X = 0{,}56$, $Y = 1{,}29$,
dynamisch äquivalente Belastung $P = X \cdot F_r + Y \cdot F_a = 6280\,\mathrm{N}$ nach (14.11),
nominelle Lebensdauer $L_{10} = (C/P)^3 = 196$ in 10^6 Umdrehungen nach (14.23),
bzw. $L_h = L_{10} \cdot 10^6/(n \cdot 60) = 196 \cdot 10^6/(5000 \cdot 60) = 654\,\mathrm{h}$ nach (14.24),
d. h. die angestrebte Lebensdauer wird nicht erfüllt.

Lager 3210B als Festlager:
$C = 51.000\,\mathrm{N}$, $a_0 = 25°$ (Herstellerangabe [15]), $e = 0{,}68$ nach Tab. 14.9,
$F_a / F_r = 2 > e$.
Daraus folgen nach Tab. 14.9: $X = 0{,}67$, $Y = 1{,}41$.
$P = X \cdot F_r + Y \cdot F_a = 6980\,\mathrm{N}$ nach (14.11),
$L_{10} = (C/P)^3 = 390$ in 10^6 Umdrehungen nach (14.23)
bzw. $L_h = L_{10} \cdot 10^6/(n \cdot 60) = 1300\,\mathrm{h}$ nach (14.24).

Lager 6210 als Loslager:
$P = F_r = 2000\,\mathrm{N}$ nach (14.11),
$L_h = (C/P)^3 \cdot 10^6/(n \cdot 60) = 20.261\,\mathrm{h}$ nach (14.24).

Zu Lageranordnung 2: (7210B)
$C = 37.500\,\mathrm{N}$, $a_0 = 40°$ (Herstellerangabe), $e = 1{,}14$ nach Tab. 14.9,
$Y = 0{,}57$ für $F_a / F_r > e$ nach Tab. 14.9.
Nach Berechnungsschema in Tab. 14.10 liegt Belastungsverhältnis 1 vor:
$F_{\mathrm{rA}} / Y_A = F_{\mathrm{rB}} / Y_B$, $F_{\mathrm{aB}} = 0{,}5 \cdot F_{\mathrm{rB}} / Y_B = 1754\,\mathrm{N}$,
$F_{\mathrm{aA}} = F_{\mathrm{aB}} + K_a = 5754\,\mathrm{N}$,
$F_{\mathrm{aB}} / F_{\mathrm{rB}} = 0{,}88 < e$.
Daraus folgen $X_B = 1$, $Y_B = 0$ nach Tab. 14.9.
$F_{\mathrm{aA}} / F_{\mathrm{rA}} = 2{,}88 > e$.
Daraus folgen $X_A = 0{,}35$ $Y_A = 0{,}57$ nach Tab. 14.9.
$P_A = X_A \cdot F_{\mathrm{rA}} + Y_A \cdot F_{\mathrm{aA}} = 3980\,\mathrm{N}$.
$P_B = F_{\mathrm{rB}} = 2000\,\mathrm{N}$,
$L_{10A} = (C/P_A)^3 = 836$ in 10^6 Umdrehungen nach (14.23),
$L_{\mathrm{hA}} = L_{10A} \cdot 10^6/(n \cdot 60) = 2787\,\mathrm{h}$ nach (14.24),
$L_{10B} = (C/P_B)^3 = 6592$ in 10^6 Umdrehungen nach (14.23),
$L_{\mathrm{hB}} = L_{10B} \cdot 10^6/(n \cdot 60) = 21.973\,\mathrm{h}$ nach (14.24).
Die axial unbelasteten Lager sind bezüglich der geforderten Lebensdauer stark überdimensioniert, so dass überprüft werden muss, ob nicht Lager mit einem geringeren Bohrungsdurchmesser verwendet werden können.

Literatur

1. Böhmer HJ, Lösche T, Ebert FJ, Streit E (FAG) (1999) The Influence of Heat Generation in the Contact Zone on Bearing Fatique Behaviour. International Tribology Conference & Exposition. ASME/STLE, Toronto
2. Conti G (1963) Die Wälzlager, Band I und II. Hanser, München
3. DIN 616:2000-06 Wälzlager – Maßpläne
4. DIN 623 Wälzlager – Grundlagen – Teil 1:1993-05 Bezeichnung, Kennzeichnung
5. DIN ISO 76:2009-01 Wälzlager – Statische Tragzahlen
6. DIN ISO 281:2010-10 Wälzlager – Dynamische Tragzahlen und nominelle Lebensdauer
7. Dubbel (2014) Taschenbuch für den Maschinenbau, 24. Aufl. Springer, Berlin Heidelberg New York
8. ISO 4406:1999-12 Fluidtechnik – Hydraulik-Druckflüssigkeiten – Zahlenschlüssel für den Grad der Verschmutzung durch feste Partikel
9. ISO 16889:2008-06 Fluidtechnik – Filter – Prüfverfahren mit Mehrfachdurchgang zur Bestimmung der Filterleistung eines Filterelementes
10. Krause W (2004) Konstruktionselemente der Feinmechanik, 3. Aufl. Hanser, München
11. Niemann G, Winter H (2003) Maschinenelemente, Band II, 2. Aufl. Springer, Berlin Heidelberg New York
12. Rinker U (1988) Werkzeugmaschinenführungen, Ziele künftiger Entwicklungen. VDI-Z 130
13. Schaeffler Technologies GmbH & Co. KG (Hrsg) (2011) Anwendungsbeispiele für Wälzlager. Publ.-Nr. WL00200/5 DA
14. Schaeffler Technologies AG & Co. KG (Hrsg) (2015) Die Wälzlagerpraxis, Handbuch für die Berechnung und Gestaltung von Lagern, 4. Aufl. Vereinigte Fachverlage, Mainz
15. Schaeffler Technologies GmbH & Co. KG (Hrsg) (2017) Wälzlagerkatalog oder online unter https://medias.schaeffler.com/medias/de!hp/;bOzGM963nTp5. Zugegriffen: 16 Juli 2019
16. Schweinfurt FAG Kugelfischer Georg Schäfer KGaA (Hrsg) (1986) Wälzlager; auf den Wegen des technischen Fortschritts, 2. Aufl. Oldenbourg Wissenschaftsverlag
17. Seifried A (1999) Eine neue Methode zur Berechnung von Rollenlagern über lagerinterne Kontakt-Beanspruchungen. Dissertation, Universität Stuttgart
18. SKF Gruppe (Hrsg) (2014) Wälzlager. PUB BU/P1 10000/2 DE oder online unter https://www.skf.com/de/products/product-tables/index.html. Zugegriffen: 16 Juli 2019
19. Weck M, Brecher C (2006) Werkzeugmaschinen, Band 2: Konstruktion und Berechnung, 8. Aufl. VDI-Verlag, Düsseldorf

15 Gleitlager

▶ Gleitlager zählen zu den Drehführungen. Die Gleitbewegung ist reibungsbehaftet. Um die Reibung zu reduzieren kann die Oberfläche angepasst werden, eine geeignetere Werkstoffpaarung gewählt werden und/oder ein Schmierfilm aufgebracht werden.

Angaben zu Lagern allgemein sind in Abschn. 14.1.1 angegeben. Dort werden auch Funktionen, Anforderungen und Grundbegriffe behandelt, ferner wird ein Vergleich von Wälz- und Gleitlagern angestellt.

15.1 Allgemeines (Reibleistung, Stribeckkurve, Tragfähigkeit)

Reibleistung und Erwärmung

Der vergleichsweise hohen Reibleistung und damit Erwärmung in Gleitlagern kann durch folgende Maßnahmen begegnen werden:

- Ein Schmierfilm, der die Wirkflächen trennt, bestehend aus Öl, Wasser, Gas oder Festschmierstoff. Die meisten Gleitlager im Maschinenbau werden mit Mineralöl geschmiert. Den Schmierfilm kann das Lager entweder selbst (hydrodynamisch) im Lagerspalt erzeugen oder er wird (hydrostatisch) extern durch Drucköl- (bzw. Druckluft-) Pumpen erzeugt und aufrechterhalten.
- Bei konstant langsamen Gleit- und Schwenkbewegungen, d. h. bei Dauerbetrieb im Gebiet der Grenz- und Mischreibung und wenn sich der Aufwand einer hydrostatischen Druckerzeugung nicht lohnt, muss Mangelschmierung mit Festkörperberührung und Verschleiß in Kauf genommen werden. Dies gilt im Allgemeinen für die Gerätetechnik mit häufigen Starts und Stopps, oszillierenden oder Schaltbewegungen.
- Durch eine geeignete Werkstoffpaarung Welle/Lager, eventuell mit Initialschmierung oder öl- bzw. fettgetränkte Sinterlager oder mittels Festschmierstoff (Trockenlager), können die Reibungszahlen gemindert werden. Die Wärme wird dann nur über die Welle und Lagerschale abgeführt.
- Lager, bei denen die Wirkflächen durch Magnetkraft (Luftspaltlager) oder durch eine magnetische Flüssigkeit (Magnetflüssigkeitslager) getrennt sind, arbeiten, infolge der Luft- oder Flüssigkeitsreibung und magnetischer Dämpfung, verschleißfrei jedoch ebenfalls nicht verlustfrei, Abschn. 15.9.4.

Stribeckkurve

Die Betriebszustände eines geschmierten Gleitlagers lassen sich in dem nach Stribeck [46] benannten Diagramm darstellen, Abb. 15.1. Eine ausführliche Darstellung der Reibungs- (bzw. Schmierungs-)zustände zeigt Tab. 16.3.

Man beachte: Diese Betriebszustände können sich in gleicher Weise bei einem hydrodynamisch und hydrostatisch geschmierten Gleitlager einstellen, je nachdem ob weniger oder mehr Flüssigkeit zwischen die Gleitflächen gepresst wird. Beim hydrostatischen Lager ist jedoch bereits ab Geschwindigkeit Null ein trennender Schmierfilm möglich, der Ast der Stribeckkurve für Grenz- und Mischreibung fehlt (Abb. 15.1), siehe auch Abb. 14.4 für Gleitführungen. Die Reibungsverluste sind entsprechend gering, die Lager laufen verschleißfrei.

Summen- und Gleitgeschwindigkeit

Eine wichtige Einflussgröße für die Tragfähigkeit von Gleitlagern ist die Summengeschwindigkeit U, sie ist maßgebend für den Aufbau eines hydrodynamischen Schmierfilms. Nur wenn ein Gleitpartner (Lager oder Welle) stillsteht, ist dies auch die Gleitgeschwindigkeit, Abb. 16.2. Bei Festkörperreibung ist die Gleitgeschwindigkeit die maßgebende Einflussgröße.

Betriebssicherheit

Maßgebend für die Betriebssicherheit von Gleitlagern sind folgende Kriterien:

Verschleißsicherheit: Für hydrodynamische und hydrostatische Gleitlager wird verschleißfreier Betrieb erreicht, wenn ein ausreichend dicker Schmierfilm Festkörperberührung verhindert: Bedingung $h_{\text{lim}} > h_{\text{min,tr}}$.

G. Niemann et al., *Maschinenelemente 1*, https://doi.org/10.1007/978-3-662-55482-1_15

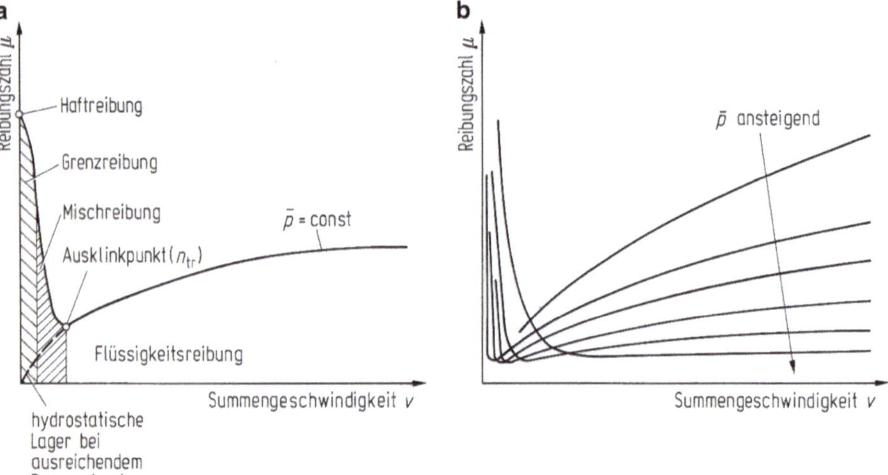

Abb. 15.1 Stribeckkurven [46] für **a** Reibungszustände allgemein, **b** unterschiedliche Beanspruchungen

Temperatursicherheit: Im Hinblick auf die Lebensdauer des Schmierstoffs und die Festigkeit des Lagerwerkstoffs darf ein Temperaturgrenzwert nicht überschritten werden: $\vartheta < \vartheta_{\text{lim}}$.

Festigkeitsgrenze des Lagerwerkstoffs: Als Kennwert wird in der Praxis die mittlere Flächenpressung $\overline{p}$ verwendet und es wird gefordert: $\overline{p} \leq \overline{p}_{\text{zul}}$.

15.2 Grundlagen hydrodynamischer und hydrostatischer Schmierung

Zur Übertragung der Kräfte durch den Schmierfilm ist ein Druck im Schmierspalt erforderlich. Dieser Druck führt zu einer Strömung der Flüssigkeit, der Druckströmung. Bei Relativbewegung zwischen den Gleitflächen überlagert sich eine weitere Strömung, die Schleppströmung.

15.2.1 Druckströmung (Hagen-Poiseuille-Strömung)

Um ein Fluid durch einen Spalt zu pressen, ist eine Druckdifferenz zur Beschleunigung der Flüssigkeit und zur Überwindung deren innerer Reibung erforderlich.

Bei sehr engen, langen Spalten (wie sie bei Gleitlagern auftreten) überwiegt der Einfluss der Reibung, die Beschleunigungskräfte können vernachlässigt werden. Im Spalt halten sich die Druckkraft und der innere Reibungswiderstand das Gleichgewicht. Entsprechend Abb. 15.2 gilt:
Druckkraft

$$F_p = (p_1 - p_2) \cdot b \cdot 2 \cdot y = \Delta p \cdot b \cdot 2 \cdot y \tag{15.1}$$

Scherkraft

$$F_\tau = 2 \cdot l \cdot b \cdot \tau \tag{15.2}$$

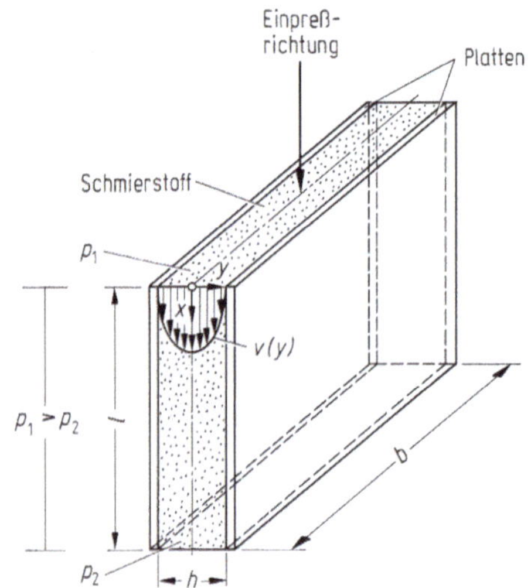

Abb. 15.2 Spaltströmung viskoser Flüssigkeiten [40]

mit der Newton'schen Schubspannung (gilt nur für Newton'sche Flüssigkeiten, Abschn. 16.4.1.2)

$$\tau = \eta \cdot \frac{dv}{dy} \tag{15.3}$$

b	in m	Breite des Spaltes
l	in m	Länge des Spaltes
p_1, p_2	in N/m²	örtliche Schmierdrücke
Δp	in N/m²	Schmierdruckdifferenz
v	in m/s	Strömungsgeschwindigkeit
y	in m	Abstand von der Spaltmitte
η	in Pa s	dynamische Viskosität

Mit $F_p = -F_\tau$ ergibt sich aus der Geschwindigkeitsverteilung im Spalt für $dv/dy = 0$ und $y = 0$ die Höchstgeschwindigkeit im Schmierfilm

$$v_{\max} = \frac{\Delta p \cdot h^2}{8 \cdot \eta \cdot l} \tag{15.4}$$

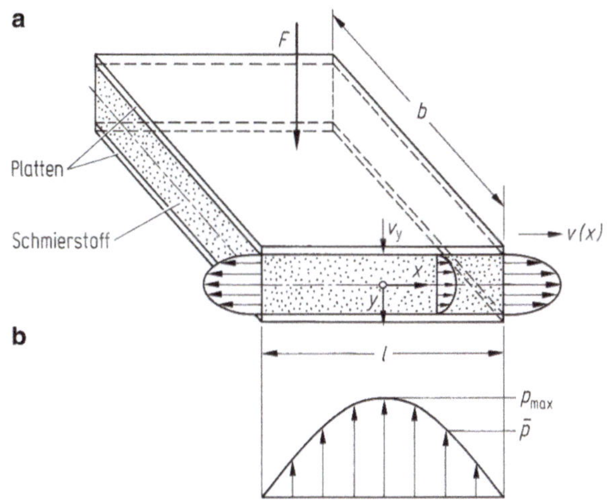

Abb. 15.3 Druckströmung zwischen zwei Rechteckplatten, **a** Geschwindigkeitsverteilung, **b** Druckverteilung

und der Volumenstrom

$$Q = 2 \cdot \int_{y=0}^{h/2} b \cdot y \cdot dy = \Delta p \cdot \frac{b \cdot h^3}{12 \cdot \eta \cdot l} \tag{15.5}$$

h	in m	Schmierfilmdicke

Die gleiche Druckströmung ergibt sich in einem Spalt, wenn sich die beiden Wirkflächen mit der Geschwindigkeit v_y aufeinander zubewegen und einen Volumenstrom Q in x-Richtung herausquetscht wird. Für die rechteckige Platte in Abb. 15.3 gilt somit für den Volumenstrom:

$$Q = v_y \cdot b \cdot l \tag{15.6}$$

Die Kraft F erzeugt den dargestellten Druckverlauf über der Breite mit dem mittleren Druck

$$\overline{p} = \frac{2}{3} \cdot p_{\max} = \frac{F}{l \cdot b} \tag{15.7}$$

$p_{\max}$	in N/m^2	maximaler Druck im Spalt

Werden die Volumenströme nach Gleichung (15.5) und (15.6) gleich gesetzt, ergibt sich für die Geschwindigkeit

$$v_y = \frac{\overline{p} \cdot h^3}{\eta \cdot l^2} \tag{15.8}$$

Der maximale Druck $p_{\max}$ tritt in der Mitte der Platte (bei $l = 1/2$) auf, wo $v(x) = 0$ ist. Die Flüssigkeit wird von dieser Stelle aus symmetrisch nach beiden Seiten herausgedrückt. Dies wird als Polstereffekt bezeichnet (Quetschströmung senkrecht zur Kraftrichtung).

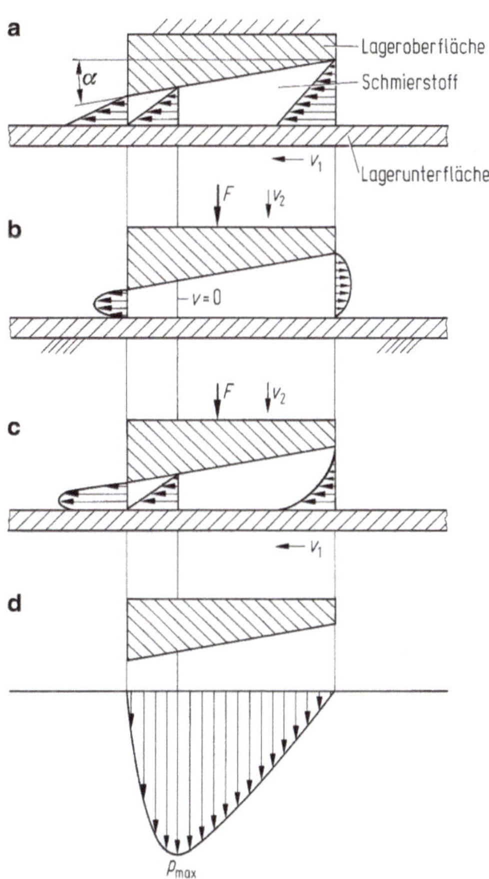

Abb. 15.4 Geschwindigkeits- und Druckverteilung im Keilspalt, **a** Geschwindigkeitsverteilung infolge Schleppströmung, **b** infolge Druckströmung, **c** resultierende Geschwindigkeitsverteilung aus **a** und **b**, **d** Druckverteilung

Ist die Platte schräg zur Wand (Winkel α) angeordnet, wird das Druckprofil unsymmetrisch, das Druckmaximum ist zum engeren Spalt verschoben. Druckmaximum und resultierende Druckkraft befinden sich nicht mehr in der gleichen Ebene. Der herausgequetschte Volumenstrom an der Seite mit der größeren Spaltdicke ist größer als der auf der gegenüberliegenden Seite. Am Druckmaximum ist weiterhin $v(x) = 0$, Abb. 15.4b und d.

Der oben beschriebene Effekt der Verdrängungsströmung wird ausgenutzt bei Lagern mit zeitlich variierender Last: instationärer Betrieb, Abschn. 15.4.1.

Der Druck zwischen den zwei Platten kann auch erzeugt werden durch Zuführen eines Volumenstroms Q mit dem Druck p_{en}, der von einer externen Pumpe erzeugt wird: hydrostatische Lager, Abschn. 15.6.

15.2.2 Schleppströmung (Couette-Strömung)

Wenn zwei parallele Platten bei flüssigkeitsgefülltem Spalt parallel zueinander verschoben werden, nehmen die Flüs-

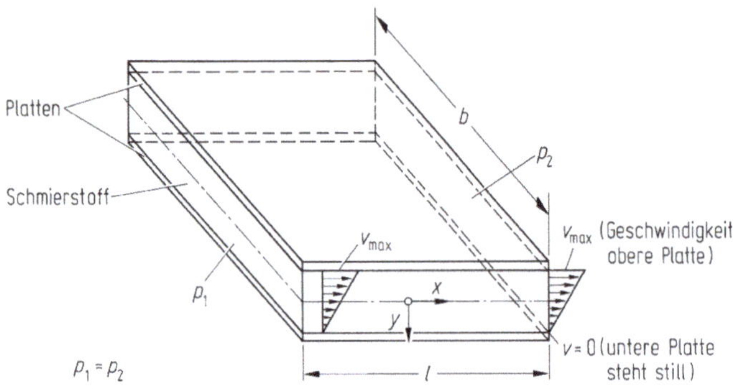

Abb. 15.5 Schleppströmung zwischen zwei Rechteckplatten

sigkeitsmoleküle an den Wirkflächen deren Geschwindigkeit an. Es entsteht eine laminare drucklose Schleppströmung, Abb. 15.4a und 15.5. Bei linearem Geschwindigkeitsprofil ergibt sich die geförderte Flüssigkeitsmenge zu:

$$Q = b \cdot \frac{v_{\max} \cdot h}{2} \tag{15.9}$$

b	in m	Spaltbreite
h	in m	Plattenabstand
$v_{\max}$	in m/s	maximale Strömungsgeschwindigkeit

15.2.3 Überlagerung aus Druck- und Schleppströmung

Der Druckverlauf im realen Spalt eines Gleitlagers entspricht dem der Druckströmung, Abb. 15.3. Der Geschwindigkeitsverlauf ergibt sich durch Addition der Anteile aus Druckströmung und Schleppströmung. Dies ist das Wirkprinzip hydrodynamischer Gleitlager, Abb. 15.4c.

15.3 Hydrodynamische Radiallager (stationär belastete, zylindrische Radiallager)

Abb. 15.6 zeigt die Schmierdruckverteilung, die sich bei Rotation der Welle einstellt (siehe auch Abb. 15.4d). Abb. 15.6 enthält alle für die Berechnung maßgeblichen Größen, auf der Basis der Grundlagen aus Abschn. 15.2, jetzt aber mit den für Gleitlager üblichen Bezeichnungen.

Am wichtigsten sind Gleitlager mit laminarer Strömung im Lagerspalt. Ob dieser Zustand vorliegt, wird mit der Reynolds-Zahl *Re* überprüft:

$$Re = \frac{\varrho \cdot U_W \cdot \frac{C}{2}}{\eta} \leq Re_{\text{cr}} \tag{15.10}$$

mit dem Grenzwert

$$Re_{\text{cr}} = 41{,}3 \cdot \sqrt{\frac{1}{\psi}} \tag{15.11}$$

C	in m	Lager-Nennspiel
U_w	in m/s	Umfangsgeschwindigkeit der Welle
η	in Pa s	dynamische Viskosität
ϱ	in kg/m^3	Dichte des Schmiermittels
ψ		relatives Lagerspiel nach (15.18)

Ist *Re* größer als der Grenzwert Re_{cr}, tritt turbulente Strömung im Schmierspalt auf. Die hier vorgestellte Berechnungsmethode gilt dann nicht mehr. Verlustleistung und Tragkraft steigen deutlich an, die Stabilitätsgrenze fällt ab. Gleitlager im instationären Betrieb werden in Abschn. 15.4.1 behandelt.

Man beachte: Alle Daten und Empfehlungen in Abschn. 15.3.1 und 15.3.2 sind nur allgemeine Richtwerte. Maßgebend ist letztlich, dass im Betriebszustand ein ausreichend dicker Schmierfilm vorhanden ist (Abschn. 15.3.3).

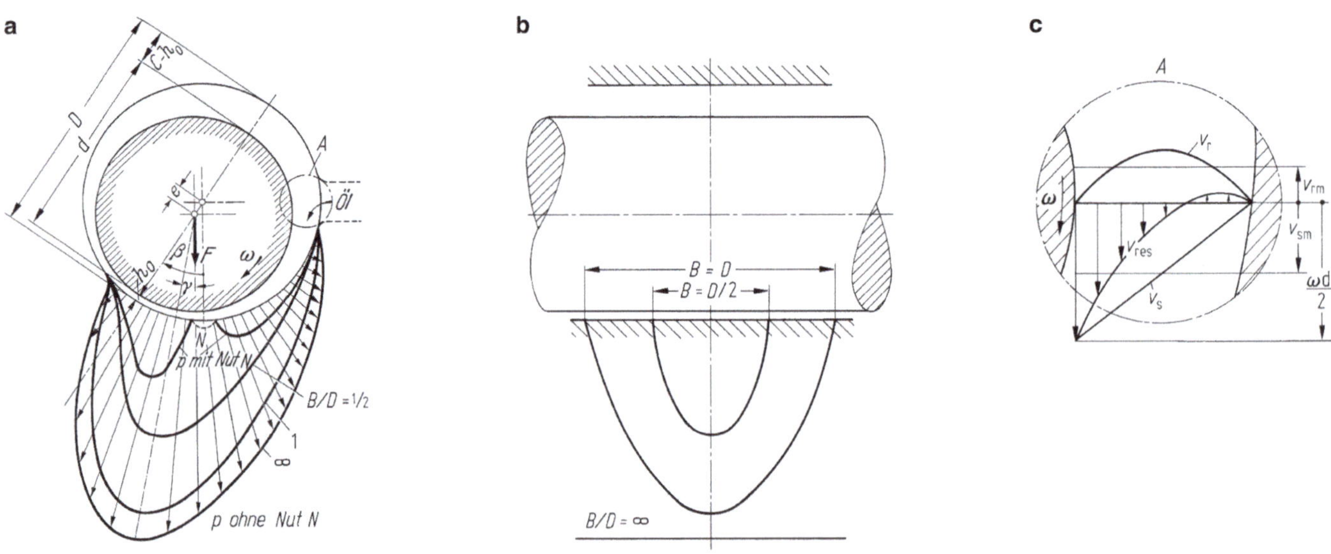

Abb. 15.6 Schmierdruckverteilung im Radiallager bei unterschiedlicher Lagerbreite *B*, mit und ohne Längsnut N, **a** Druckverteilung über den Umfang, **b** über die Breite, **c** Geschwindigkeitsverteilung in Mitte Lagerbreite

15.3.1 Tragfähigkeit und Reibungskennzahl: Sommerfeldzahl

Ideelles, (nahezu) unbelastetes Radiallager
Die Welle eines ideellen, unbelasteten Radiallagers läuft nahezu konzentrisch. Petroff [42] hat die Beziehung zwischen Reibungszahl und (sehr geringer) Belastung bei hydrodynamischer Schmierung abgeleitet. Es liegt eine drucklose, laminare Schleppströmung vor. Der seitliche Abfluss wird vernachlässigt, Abb. 15.5.

Für die Reibkraft F_R (= Scherkraft F_τ) gilt somit (15.2) mit der Spaltlänge gleich dem Umfang:

$$l = \pi \cdot \mathrm{D} \tag{15.12}$$

D	in m	Lager-Nenndurchmesser

und Newton'scher Schubspannung nach (15.3) sowie konstanter Beschleunigung

$$\frac{dv}{dy} = \frac{U}{y} = \text{konst.} \tag{15.13}$$

y	in m	Abstand von der Spaltmitte
U	in m/s	Summengeschwindigkeit nach (15.16)

Mit der Reibkraft

$$F_R = F \cdot \mu \tag{15.14}$$

gilt für die Reibungszahl

$$\mu = \frac{F_R}{F} = \frac{B \cdot D}{F} \cdot \pi \cdot \eta \cdot \frac{U}{h} \tag{15.15}$$

h	in m	Schmierfilmdicke
B	in m	Lager-Nennbreite
F	in N	Lagerkraft (Nennbelastung)
η	in Pa s	dynamische Viskosität nach (15.31)

Es werden die folgenden Kennwerte für Radiallager definiert:

- dynamische Viskosität bei Betriebstemperatur η
- Summengeschwindigkeit

$$U = D \cdot \frac{\omega}{2} = \pi \cdot D \cdot n \tag{15.16}$$

n	in s^{-1}	Drehzahl

- Schmierfilmdicke

$$h = \frac{C}{2} = \frac{D-d}{2} \tag{15.17}$$

d	in m	Nenn-Wellendurchmesser
C	in m	Lager-Nennspiel

- relatives Lagerspiel

$$\psi = \frac{C}{D} \tag{15.18}$$

- mittlere Flächenpressung nach (15.7)

$$\overline{p} = \frac{F}{B \cdot D} \tag{15.19}$$

Hiermit wird die Reibungskennzahl für das vollumschlossene Lager definiert zu:

$$\frac{\mu}{\psi} = \pi \cdot \frac{\eta \cdot \omega}{\overline{p} \cdot \psi^2} = \frac{\pi}{So} \tag{15.20}$$

ω	in s^{-1}	Winkelgeschwindigkeit

und die Sommerfeldzahl So als Kennwert für die hydrodynamische Tragfähigkeit.

$$So = \frac{\overline{p} \cdot \psi^2}{\eta \cdot \omega} \tag{15.21}$$

Für das halbumschlossene Lager gilt für die Reibungskennzahl sinngemäß:

$$\frac{\mu}{\psi} = \frac{\pi}{2 \cdot So} \tag{15.22}$$

Entsprechend den Voraussetzungen gelten (15.19) und (15.21) nur für extrem gering belastete oder sehr schnelllaufende Wellen, d. h. für $So \ll 1$.

Reales, belastetes Radiallager
Infolge der Druckströmung (Abschn. 15.2.1) wird die Welle zur Seite gedrückt und angehoben bis zum Gleichgewicht zwischen äußerer Belastung und Schmierdruck, die Welle läuft exzentrisch, Abb. 15.6a. Der Wellenmittelpunkt bewegt sich mit zunehmender Schmierfilmdicke nahezu auf einem Halbkreis, Abb. 15.7. Hierfür gelten (15.19) und (15.21) so nicht, vielmehr muss der Einfluss der relativen Exzentrizität ε (Abschn. 15.3.3) und des Verlagerungswinkels β (Abb. 15.6a) berücksichtigt werden, ferner der Einfluss der relativen Lagerbreite B/D (Seitenabfluss). Hierfür ergibt sich die Reibungskennzahl μ/ψ nach [40] zu:

$$\frac{\mu}{\psi} = \frac{\pi}{So \cdot \sqrt{1-\varepsilon^2}} + \frac{\varepsilon}{2} \cdot \sin\beta \tag{15.23}$$

So	Sommerfeldzahl

Problemlos ist der Betriebsbereich des realen, belasteten Lagers für $0{,}8 < So < 8$.

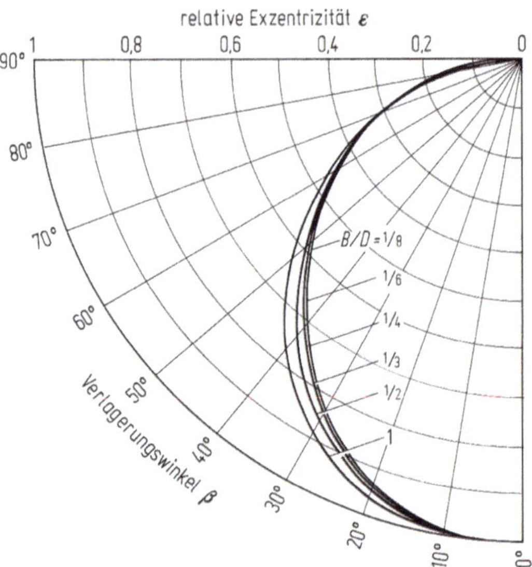

Abb. 15.7 Verlagerungswinkel β für ein vollumschlossenes Radiallager (Umschließungswinkel $\Omega = 360°$) nach DIN 31652 Teil 2 [15]

Tab. 15.1 Erfahrungswerte für zulässige Radiallager-Belastungen $\overline{p}_{zul}$ (DIN 31652 Teil 3), auch Anhaltswerte für Axialsegment- und Kippsegmentlager in (15.55). Klammerwerte sind in Einzelfällen nachgewiesen worden und können unter bestimmten Betriebsbedingungen, z. B. sehr kleine Gleitgeschwindigkeiten, zugelassen werden

Lagerwerkstoff-Gruppe	$\overline{p}_{zul}$ in N/mm^2
Pb- und Sn-Legierungen	5 (15)
Cu Pb-Legierungen	7 (20)
Cu Sn-Legierungen	7 (25)
Al Sn-Legierungen	7 (18)
Al Zn-Legierungen	7 (20)

Tab. 15.2 Breitenverhältnisse einiger Anwendungsfälle

Anwendungsfall	B/D
einstellbare Endlager	$0{,}5 < B/D \leq 1$
Mittenlagern Abb. 15.8	$B/D \leq 0{,}5$
Turbomaschinen mit MGF-Lagern (Abschn. 15.4.2)	$B/D = 0{,}8$
Motorenbau	$B/D \leq 1{,}25$
starker seitlicher Ölfluss beeinträchtigt den Schmierdruckaufbau	$B/D < 0{,}4$
besteht erhöhte Gefahr des Kantentragens infolge Schrägstellung und/oder elastischer Durchbiegung	$B/D > 1$

Zustand und Gefahren bei So $< 0{,}8$, d. h. für kleines Lagerspiel, zähes Öl, kleine Belastung, hohe Drehzahl: Die Welle wird weit aus der Ruhelage verdrängt, die Wellenmitte nähert sich der Lagermitte, die Exzentrizität wird kleiner. Kleine Zusatzkräfte können die Welle aus der Gleichgewichtslage bringen, mit der Gefahr von Schwingungen, Instabilität (Abschn. 15.3.5). Das Öl wird stark auf Scherung beansprucht, was unter Umständen zu unzulässiger Erwärmung führt.

Zustand und Gefahren bei So > 8, großes Lagerspiel, dünnes Öl, große Belastung, niedrige Drehzahl: Die Welle läuft nahe der Ruhelage, d. h. bei großer Exzentrizität, der Schmierfilm ist dünn, d. h. es besteht Gefahr der Mischreibung mit Verschleiß.

15.3.2 Einflussgrößen für Sommerfeldzahl und Reibungskennzahl

Mittlere Flächenpressung $\overline{p}$

Die nach (15.19) berechnete mittlere Flächenpressung muss getrennt überprüft werden. Sie muss kleiner als der für den Lagerwerkstoff zulässigen Wert sein: $\overline{p} \leq \overline{p}_{zul}$. Erfahrungswerte für $\overline{p}_{zul}$ sind in Tab. 15.1 aufgelistet. Wenn die spezifische Lagerbelastung beim Anfahren $\overline{p} > 2{,}5 \ldots 3\,N/mm^2$ ist, muss ggf. eine hydrostatische Anhebung (Abschn. 15.6) vorgesehen werden, andernfalls kann unzulässiger Verschleiß an den Gleitflächen auftreten (DIN 31652 Teil 3).

Breitenverhältnis B/D

Das Breitenverhältnis sollte zwischen 0,4 und 1 gewählt werden. Breitenverhältnisse für eine Auswahl an Anwendungen sind in Tab. 15.2 angegeben. Wie Abb. 15.9 zeigt, hängt auch die relative Exzentrizität vom Verhältnis B/D ab, mit ähnlichen Folgen wie bei einer zu kleinen oder zu großen Sommerfeldzahl (Abschn. 15.3.1).

Relatives Lagerspiel ψ

Neben der Tragfähigkeit (siehe (15.21)) ist das relative Lagerspiel auch für die Führungsgenauigkeit wichtig. Definition nach (15.17) und (15.18):

$$\psi = \frac{D - d}{D} = \frac{C}{D} \tag{15.24}$$

C	in m	Lager-Nennspiel

Entsprechend den Toleranzen von Lagerbohrung D (= Lager-Nenndurchmesser) und Wellendurchmesser d ergibt sich ein Lagerspiel im Einbauzustand bei Umgebungstemperatur ($\vartheta_{amb} = 20\,°C$) zwischen ψ_{max} bei $D = D_{max}$ und $d = d_{min}$ sowie ψ_{min} bei $D = D_{min}$ und $d = d_{max}$. Bei der Dimensionierung wird vom mittleren relativen Lagerspiel ausgegangen.

$$\psi_m = 0{,}5 \cdot (\psi_{max} + \psi_{min}) \tag{15.25}$$

Zur Vorauswahl kann folgende, in der Praxis bewährte Beziehung (Zahlenwertgleichung) für das mittlere relative Lagerspiel (in ‰) verwenden werden.

$$\psi_m = 0{,}6 \ldots 1{,}0 \cdot \sqrt[4]{U} \tag{15.26}$$

U	in m/s	Summengeschwindigkeit nach (15.16)

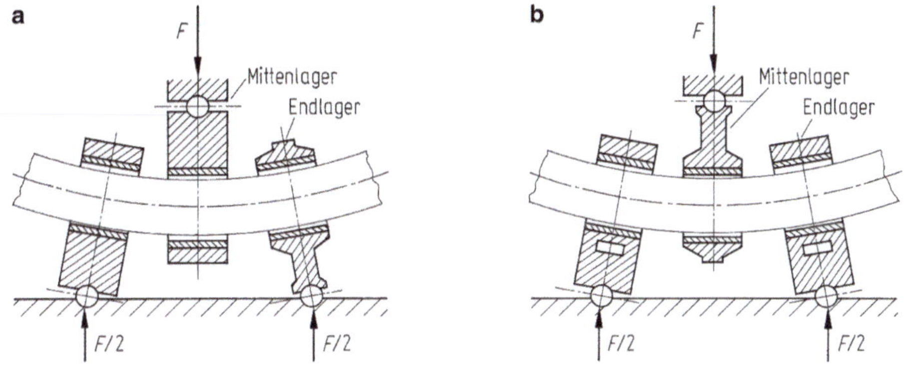

Abb. 15.8 Lagergestaltung (VDI 2204 Blatt 1 [48]), **a** falsch, **b** richtig (anpassungsfähige Kontur)

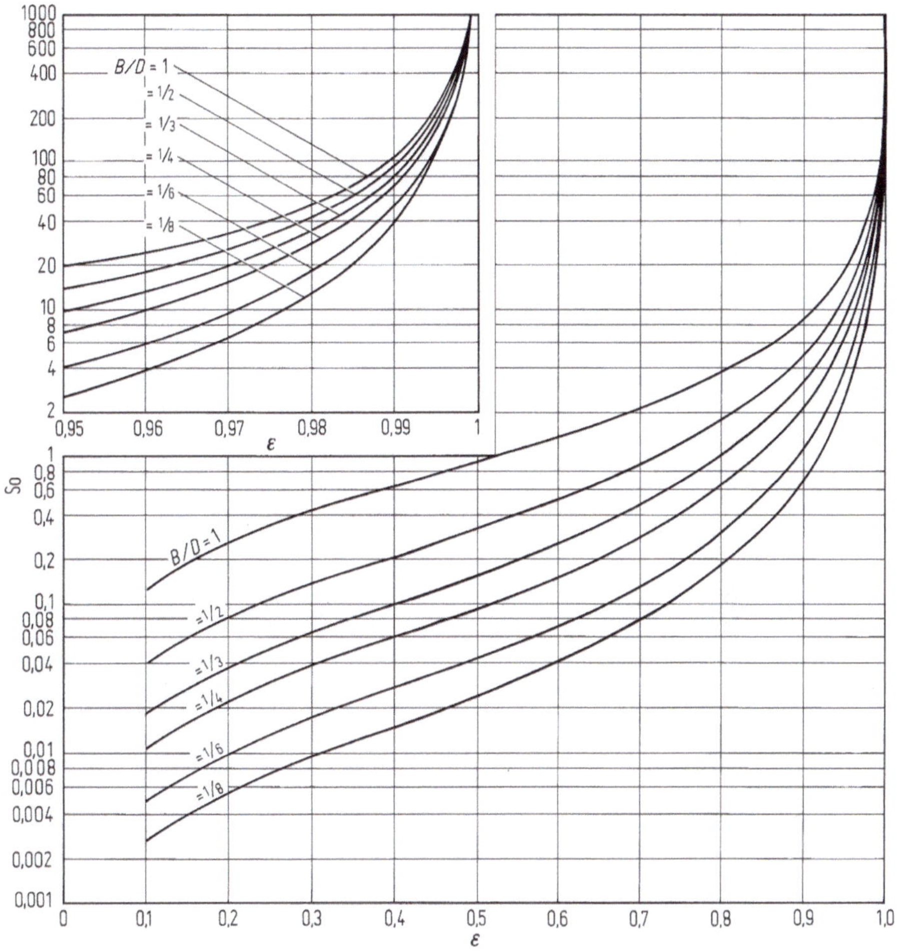

Abb. 15.9 Sommerfeldzahl *So* in Abhängigkeit der relativen Exzentrizität $\varepsilon = 2e/(D - d)$ mit Exzentrizität *e* nach Abb. 15.6 und relativen Lagerbreite B/D für ein vollumschlossenes Radiallager (Umschließungswinkel $\Omega = 360\,°$) nach DIN 31652 Teil 2

Hinweise zur Wahl kleinerer oder größerer ψ_m-Werte (Faktor 0,6... 1,0) sind in Tab. 15.3 angegeben. Üblicher Bereich $\psi_m = 0{,}5\ldots3{,}0\,‰$.

Mit dem hiernach geschätzten Wert für ψ_m kann nach Abb. 15.10 die Passung gewählt werden. Mit den Grundtoleranzen nach Tab. 6.3 werden die Abmaße der Bohrung $D_{\min} = D$ (Prinzip „Einheitsbohrung") und $D_{\max}$ und daraus D_m bestimmt. Mit dem gewählten ψ_m ergibt sich der mittlere Wellendurchmesser

$$d_m = D_m - \psi_m \cdot D \tag{15.27}$$

und mit der Grundtoleranz entsprechend dem IT-Wert der Welle $d_{\max}$ und $d_{\min}$ sowie $\psi_{\min}$ und $\psi_{\max}$. Bei größeren Stückzahlen wird oft vom Istmaß der (teureren) Welle mit den Fertigungstoleranzen ausgegangen (quasi „Einheitswelle" und wählt hiernach die Lagerschale mit den entsprechenden Abmaßen).

Der Betriebszustand muss für beide Grenzwerte überprüft werden. Dabei sollte

$$\frac{\psi_{\max}}{\psi_{\min}} < 1{,}5 \tag{15.28}$$

Tab. 15.3 Hinweise für die Vorauswahl des mittleren relativen Lagerspiels ψ_m zwischen 0,5 ‰ und 3,0 ‰ [33]

Betriebsbedingungen	Unterer ψ-Bereich für	Oberer ψ-Bereich für
Lagerwerkstoff	weiche, geringer E-Modul, Weißmetall	hart, hoher E-Modul, Bronzen
Flächenlast	relativ hoch	relativ niedrig
Lagerbreite	$B/D \leq 0{,}8$	$B/D \geq 0{,}8$
Auflagerung	selbsteinstellend	starr
Lastübertragung	umlaufend (Umfangslast für Lagerschale)	ruhend (Punktlast für Lagerschale)
Bearbeitung	sehr gut	gut
Härteunterschied zwischen Zapfen und Lagerwerkstoff	$\geq$ 100 HB	$\leq$ 100 HB

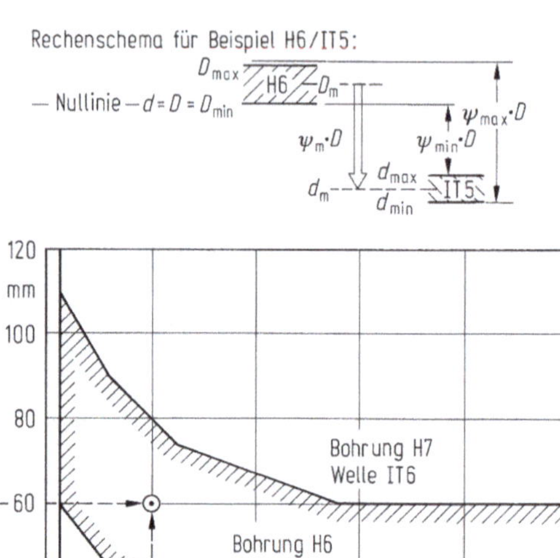

Abb. 15.10 Passungen für Gleitlager (in Anlehnung an DIN 31698 [19])

sein, andernfalls können sich sehr unterschiedliche Betriebszustände einstellen (in die Sommerfeldzahl nach (15.21) geht ψ quadratisch ein!).

Im Betrieb ändert sich das relative Lagerspiel bei unterschiedlichen Temperaturen von Welle ϑ_W und Lager ϑ_L und/oder unterschiedlichen Wärmeausdehnungskoeffizienten (α_W, α_L) um:

$$\Delta\psi = \alpha_L \cdot (\vartheta_L - 20\,°\text{C}) - \alpha_W \cdot (\vartheta_W - 20\,°\text{C}) \tag{15.29}$$

Damit ergibt sich für das effektive relative Lagerspiel zu:

$$\psi_{\text{eff}} = \psi + \Delta\psi \tag{15.30}$$

Die ψ_{eff}-Werte, mit $\psi = \psi_m$ für das mittlere Lagerspiel bzw. $\psi = \psi_{\max}$ für das maximale (am wichtigsten), $\psi = \psi_{\min}$ für das kleinste Lagerspiel, sind maßgebend für den Tragfähigkeitsnachweis. Bei Lagern mit freier Ausdehnungsmöglichkeit und geringer Erwärmung ($\Delta\vartheta < 20$ K) ist das Einbauspiel $\approx$ Betriebsspiel. Bei dünnen Lagerschalen, die mit Presssitz in das Gehäuse eingefügt werden, wird das Einbauspiel gegenüber dem Herstellspiel (aus Abmaßen vor dem Einbau) unter Umständen erheblich vermindert. Maßgebend ist der Einbauzustand.

Tab. 15.4 Empfehlungen zur Wahl des Lagerspiels

Anwendungsfall	Lagerspiel ψ
Werkzeugmaschinen-Lager mit hochgenauer Wellenführung und $Rt \leq 1$ µm (Rauheitsmaße siehe Tab. 6.15)	$\psi = 0{,}05 \ldots 0{,}25$ ‰
Pressstoff-Lager (wegen Quellgefahr)	$\psi \approx 5{,}0$ ‰
Kunststofflager	$\psi_{\min} \approx 3{,}0$ ‰
Graugusslager	$\psi_{\min} \approx 1{,}0$ ‰
Sintermetalllager	$\psi_{\min} \approx 1{,}5$ ‰
Leichtmetalllager	$\psi_{\min} \approx 1{,}3$ ‰
Bleibronzelager	$\psi_{\min} \approx 1{,}0$ ‰

Weitere Empfehlungen zur Wahl des Lagerspiels sind in Tab. 15.4 zusammengefasst.

Dynamische Viskosität

Wenn der Schmierstoff durch die Betriebsbedingungen oder durch den Anwendungsbereich vorgegeben ist (Abschn. 15.8), muss das Gleitlager für die entsprechende Viskosität η dimensioniert werden. Andernfalls wird der Schmierstoff und damit die Viskosität nach den Betriebsbedingungen des Lagers allein gewählt. Anhaltswerte für die Wahl der ISO-Viskositätsklasse, d. h. der kinematischen Viskosität bei 40 °C in Anlehnung an [39]:

$$\eta = \frac{4 \cdot F \cdot (S_h \cdot h_{\text{min,tr}})^2}{\omega \cdot D^4 \cdot K^*} \tag{15.31}$$

$h_{\text{min,tr}}$	in m	Übergangsschmierspaltdicke nach (15.32)
D	in m	Lager-Nenndurchmesser
F	in N	Lagerkraft
K^*		Tragzahl nach Abb. 15.11
S_h		Sicherheit gegen Mischreibung nach [39] = 1,25 ... 1,5
ω	in s^{-1}	Winkelgeschwindigkeit

Hohe dynamische Viskosität bedeutet niedrige Reynolds-Zahl, siehe (15.10), und damit großer Bereich (sicherer) laminarer Strömung, große Schmierfilmdicke (hohe Tragfähigkeit), kleinere Übergangsdrehzahl, jedoch hohe Reibleistung (starke Erwärmung), kleiner Schmierstoffdurchsatz

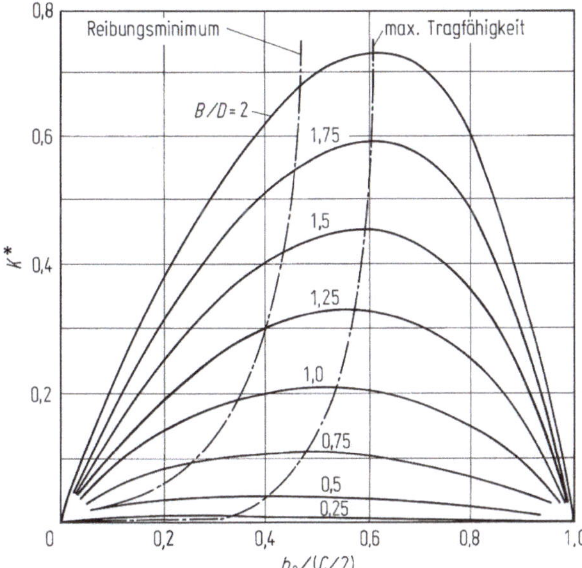

Abb. 15.11 Tragzahl K^* nach [39]

(hohe Pumpenleistung erforderlich). Bei hohen Drehzahlen ist daher eine niedrigere Viskosität erforderlich und ausreichend.

Weitere Hinweise zur Wahl des Schmierstoffs sind in Abschn. 15.8 angegeben.

15.3.3 Kennwerte für den Betriebszustand

Minimale Schmierfilmdicke beim Übergang in die Mischreibung nach VDI 2204 Blatt 2

Verschleißfreien Betrieb wird erreicht, wenn die Funktionsflächen durch einen Schmierfilm getrennt sind, der dicker als die Summe aus Rauheit und Formabweichung (insbesondere Welligkeit) ist, d. h. eine minimale Übergangs-Schmierfilmdicke $h_{\text{min,tr}}$ muss gewährleistet sein:

$$h_{\text{min,tr}} = 1{,}5 \cdot Rz_W + 0{,}5 \cdot Rz_L + \text{Lagerformabweichung} + \text{Wellenformabweichung} \tag{15.32}$$

Rz_L	in µm	gemittelte Rautiefe der Lagergleitfläche
Rz_W	in µm	gemittelte Rautiefe der Wellengleitfläche

Hierbei ist berücksichtigt, dass die Rauheit der härteren Welle, die die Umfangskraft aufnimmt, den stärksten Einfluss hat, während die Rauheit der weicheren Lagerbohrung, die die ruhende Kraft aufnimmt, durch Einlaufen stärker abgebaut wird.

Tab. 15.5 enthält Richtwerte für $h_{\text{min,tr}}$, wobei für die Welle eine gemittelte Rautiefe von $Rz_W = 4\,\mu\text{m}$, geringe Formabweichungen der Gleitflächen, sorgfältige Montage und ausreichende Filterung vorausgesetzt werden.

Minimale Schmierfilmdicke im Betrieb

Im Betriebszustand stellt sich die Schmierfilmdicke an der engsten Stelle über den Umfang auf h_{min} ein:

$$h_{\text{min}} = 0{,}5 \cdot D \cdot \psi_{\text{eff}} \cdot (1 - \varepsilon) \tag{15.33}$$

D	in m	Lager-Nenndurchmesser
ε		relative Exzentrizität nach (15.35)
ψ_{eff}		effektives relatives Lagerspiel nach (15.30)

Kleinste, im Betrieb zulässige, minimale Schmierfilmdicke h_{lim}

Die kleinste, im Betrieb zulässige, minimale Schmierfilmdicke muss mit ausreichendem Sicherheitsabstand oberhalb der minimalen Übergangs-Schmierfilmdicke liegen. Als Richtwert kann angesetzt werden:

$$h_{\text{lim}} = 1{,}25 \cdot h_{\text{min,tr}} \tag{15.34}$$

Grenzbedingung: Um einen sicheren Betriebszustand zu erreichen, muss h_{min} größer als die kleinste, im Betrieb zulässige, minimale Schmierfilmdicke sein: $h_{\text{min}} \geq h_{\text{lim}}$. Dies muss für das kleinste und das größte Lagerspiel (entsprechend $\psi_{\text{eff min}}$ und $\psi_{\text{eff max}}$) nachgewiesen werden.

Exzentrizität

Die Lage der belasteten Welle im Betrieb ist gekennzeichnet durch die Exzentrizität e und den Verlagerungswinkel β. Im Betrieb stellt sich folgende relative Exzentrizität ein:

$$\varepsilon = \frac{e}{\frac{C}{2}} = \frac{\frac{C}{2} - h_{\text{min}}}{\frac{C}{2}} = 1 - \frac{2 \cdot h_{\text{min}}}{C} \tag{15.35}$$

h_{min}	in m	minimale Schmierfilmdicke im Betrieb
C	in m	Lager-Nennspiel

Tab. 15.5 Erfahrungswerte für die kleinstzulässige Schmierfilmdicke $h_{\text{min,tr}}$ (DIN 31652 Teil 3)

Wellendurchmesser d in mm	Kleinstzulässige Schmierfilmdicke $h_{\text{min,tr}}$ in µm				
	Summengeschwindigkeit U in m/s				
	< 1	> 1 ... 3	> 3 ... 10	> 10 ... 30	> 30
> 24 ... 63	3	4	5	7	10
> 63 ... 160	4	5	7	9	12
> 160 ... 400	6	7	9	11	14
> 400 ... 1000	8	9	11	13	16
> 1000 ... 2500	10	12	14	16	18

Die Beziehung zwischen ε und der Sommerfeldzahl So zeigt Abb. 15.9. Die Beziehung zwischen Verlagerungswinkel β, relativer Exzentrizität ε und Breitenverhältnis B/D zeigt Abb. 15.7.

Übergangsdrehzahl n_{tr}

Die Winkelgeschwindigkeit ω_{tr} grenzt den Bereich der Mischreibung von dem der reinen Flüssigkeitsreibung ab. Aus (15.20) folgt:

$$\omega_{tr} = 2 \cdot \pi \cdot n_{tr} = \frac{\overline{p} \cdot \psi^2}{\eta \cdot So_{tr}} \tag{15.36}$$

$\overline{p}$	in N/m^2	spezifischer mittlerer Lagerdruck nach (15.19)
η	in Pa s	dynamische Viskosität nach (15.31)
ψ		relatives Lagerspiel nach (15.24)

Die Übergangs-Sommerfeldzahl So_{tr} ergibt sich aus der relativen Übergangs-Exzentrizität ε_{tr} und dem Breitenverhältnis B/D nach Abb. 15.9, mit $h_{min} = h_{min,tr}$ nach (15.32) und $\varepsilon = \varepsilon_{tr}$ nach (15.33).

15.3.4 Erwärmung und Schmierstoffbedarf

Reibleistung P_f

Die Reibleistung ist im hydrodynamischen Betriebszustand die durch reine Flüssigkeitsreibung erzeugte Verlustleistung:

$$P_f = \mu \cdot F \cdot U = \frac{\mu}{\psi} \cdot \psi \cdot F \cdot U \tag{15.37}$$

F	in N	Lagerkraft
U	in m/s	Summengeschwindigkeit nach (15.16)
μ		Reibungszahl
ψ		relatives Lagerspiel nach (15.24)

Schmierstoffdurchsatz Q

Der Schmierstoffdurchsatz besteht aus 3 Komponenten (DIN 31652 Teil 1 bis 3):

1. Seitlicher Ablauf infolge der hydrodynamischen Druckentwicklung:

$$Q_d = D^3 \cdot \psi \cdot \omega \cdot Q_d{}^* \tag{15.38}$$

D	in m	Lager-Nenndurchmesser
ψ		relatives Lagerspiel nach (15.24)
ω	in s^{-1}	Winkelgeschwindigkeit

mit Eigendruck-Kennzahl

$$Q_d{}^* = \frac{1}{4} \cdot \left[\left(\frac{B}{D}\right) - 0{,}223 \cdot \left(\frac{B}{D}\right)^3 \right] \cdot \varepsilon \tag{15.39}$$

B	in m	Lager-Nennbreite
ε		relative Exzentrizität nach (15.35)

2. Seitlicher Ablauf infolge Schmierstoff-Zuführdruck p_{en}:

$$Q_p = \frac{D^3 \cdot \psi^3 \cdot p_{en}}{\eta} \cdot Q_p{}^* \tag{15.40}$$

η	in Pa s	dynamische Viskosität nach (15.31)

mit Zuführdruck-Kennzahl Q_p^* nach Abb. 15.12.

3. Schmierstoffdurchsatz in Umfangsrichtung: Im Allgemeinen klein gegenüber Q_d und Q_p und kann vernachlässigt werden.

Wärmebilanz

Die gesamte im Lager erzeugte Reibleistung P_f muss abgeführt werden durch:

1. Konvektion und Strahlung vom Lagergehäuse, zum Teil von der Welle
2. das Schmieröl, wenn es aus dem Lagergehäuse abgeführt, gekühlt und wieder zugeführt wird

Bei drucklos geschmierten Lagern (z. B. Ringschmierung) muss die gesamte Wärmemenge nach 1. abgeführt werden. Druckgeschmierte Lager (Umlaufschmierung) werden nach 1. und 2. gekühlt, aus Sicherheitsgründen aber nur nach 2. berechnet.

zu 1.: Wärmeabgabe durch Konvektion und Strahlung: Der Wärmestrom an die Umgebung berechnet sich zu:

$$P_{th,amb} = k \cdot A \cdot (\vartheta_B - \vartheta_{amb}) \tag{15.41}$$

ϑ_{amb}	in °C	Umgebungstemperatur
ϑ_B	in °C	Betriebstemperatur

mit dem Wärmedurchgangskoeffizient k ohne Zwangsströmung

$$k = 15 \ldots 20 \, \frac{\mathrm{W}}{\mathrm{m^2\,K}} \tag{15.42}$$

bzw. bei Anblasen mit Windgeschwindigkeit w_{amb} nach VDI 2204 [48]:

$$k = 7 + 12 \cdot \sqrt{w_{amb}} \tag{15.43}$$

Die wärmeabgebende Oberfläche des Lagergehäuses A kann näherungsweise wie folgt angesetzt werden (DIN 31652 Teil 1):

- bei zylindrischen Gehäusen

$$A = \frac{\pi}{2} \cdot (D_H{}^2 - D^2) + \pi \cdot D_H \cdot B_H \tag{15.44}$$

B_H	in m	Gehäusebreite in Achsrichtung
D	in m	Wellendurchmesser
D_H	in m	Gehäusedurchmesser

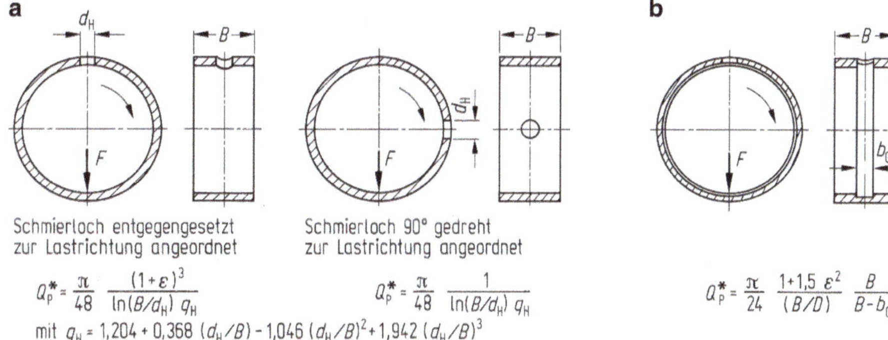

Abb. 15.12 Zuführdruck-Kennzahl Q_p^* zur Berechnung des Schmierstoffdurchsatzes nach DIN 31652 Teil 2 bei **a** Schmierstoffzufuhr durch Schmierloch, **b** Schmierstoffzufuhr durch Ringnut

- bei Stehlagern

$$A = \pi \cdot H \cdot \left(B_H + \frac{H}{2}\right) \qquad (15.45)$$

H	in m	Stehlagergesamthöhe

- bei Lagern im Maschinenverbund (15 bei knapper, 20 bei reichlicher Dimensionierung)

$$A = (15\ldots20) \cdot D \cdot B \qquad (15.46)$$

zu 2.: Wärmeabgabe durch den Schmierstoff:

$$P_{th,L} = \varrho \cdot c \cdot Q \cdot (\vartheta_{ex} - \vartheta_{en}) \qquad (15.47)$$

Q	in m^3/s	Schmierstoffdurchsatz
$\varrho \cdot c$	in $J/(m^3\,K)$	volumenspezifische Wärme
$\vartheta_{ex} - \vartheta_{en}$	in K	Temperaturdifferenz zwischen Austritt (ex) und Eintritt (en)

Für Mineralöle hat sich nach DIN 31652 Teil 1 $\varrho \cdot c = 1{,}57 + 0{,}003 \cdot \vartheta$ bewährt mit $\vartheta_{ex} - \vartheta_{en} = 10\,K$ bis maximal $20\,K$.

Ermittlung der Betriebstemperatur

Das Reibungs- und Betriebsverhalten von Radialgleitlagern ist über die temperaturabhängigen Größen Viskosität und Lagerspiel an die Betriebstemperatur ϑ_B bzw. Lageraustritts- (= Kühlereintritts-)temperatur ϑ_{ex} gebunden. ϑ_B und ϑ_{ex} stellen sich jedoch in Abhängigkeit der Kühltemperatur ein, können daher nur iterativ bestimmt werden.

Berechnungsvorgang für konvektionsgekühlte Lager: Annahme einer Betriebstemperatur $\vartheta_{B,0}$ als Startwert

$$\vartheta_{B,0} = \vartheta_{amb} + \frac{1}{2} \cdot (\vartheta_{lim} - \vartheta_{amb}) \qquad (15.48)$$

ϑ_{amb}	in °C	Umgebungstemperatur
ϑ_{lim}	in °C	höchstzulässige Lagertemperatur siehe Tab. 15.6

Aufstellen der Wärmebilanz und Berechnung der Betriebstemperatur $\vartheta_{B,1}$, resultierend aus der vorhandenen Reibleistung P_f nach (15.37). Bei einer Temperaturdifferenz der angenommenen Lagertemperatur $\vartheta_{B,0}$ zur errechneten Lagertemperatur $\vartheta_{B,1}$ wird der iterative Rechengang fortgesetzt. Die neu angenommene Lagertemperatur $\vartheta_{B,0\,neu}$ ergibt sich aus:

$$\vartheta_{B,0\,neu} = \frac{1}{2} \cdot (\vartheta_{B,0} + \vartheta_{B,1}) \qquad (15.49)$$

Berechnungsvorgang für umlaufgeschmierte Lager: Annahme einer Kühlereintrittstemperatur $\vartheta_{ex,0}$ als Startwert

$$\vartheta_{ex,0} = \vartheta_{en} + 20\,K \qquad (15.50)$$

Die Kühleraustrittstemperatur ϑ_{en} ist aus der Auslegung bekannt. Die Lagertemperatur ergibt sich aus:

$$\vartheta_B = \frac{1}{2} \cdot (\vartheta_{ex} + \vartheta_{en}) \qquad (15.51)$$

Aufstellen der Wärmebilanz und Berechnung der Kühleraustrittstemperatur $\vartheta_{ex,1}$, resultierend aus der vorhandenen Reibleistung P_f nach (15.37). Bei einer Temperaturdifferenz der angenommenen Kühleraustrittstemperatur $\vartheta_{ex,0}$ zur errechneten Kühleraustrittstemperatur $\vartheta_{ex,1}$ wird der iterative Rechengang fortgesetzt. Die neu angenommene Kühleraustrittstemperatur $\vartheta_{ex,0\,neu}$ ergibt sich aus:

$$\vartheta_{ex,0\,neu} = \frac{1}{2} \cdot (\vartheta_{ex,0} + \vartheta_{ex,1}) \qquad (15.52)$$

Wird die geforderte Temperaturdifferenz zwischen $\vartheta_{B,0}$ und $\vartheta_{B,1}$ bzw. $\vartheta_{ex,0}$ und $\vartheta_{ex,1}$ erreicht (übliche Werte liegen bei $\Delta\vartheta \approx 2\,K$), wird die Iteration beendet, der Beharrungszustand mit Wärmegleichgewicht liegt vor. Der Berechnungsvorgang im Rahmen des Tragfähigkeitsnachweises ist aus Abb. 15.13 zu ersehen.

15.3.5 Schwingungen, Stabilität

Die praktisch immer vorhandenen Unwuchten regen den elastischen Rotor zu Biegeschwingungen an (Wellenschwingungen, biegekritische Drehzahlen siehe Abschn. 17.10).

Tab. 15.6 Erfahrungswerte für maximal zulässige Lagertemperaturen ϑ_{lim} nach DIN 31652 Teil 3

Art der Lagerschmierung	Maximal zulässige Lagertemperaturen ϑ_{lim} in °C Verhältnis von Gesamtschmierstoffvolumen zu Schmierstoffvolumen je Minute (= Schmierstoffdurchsatz)	
	bis 5	über 5
Druckschmierung (Umlaufschmierung)	100 (115)	110 (125)
Drucklose Schmierung (Eigenschmierung)	90 (110)	

Die in Klammern gesetzten Zahlen können ausnahmsweise aufgrund besonderer Betriebsbedingungen zugelassen werden.

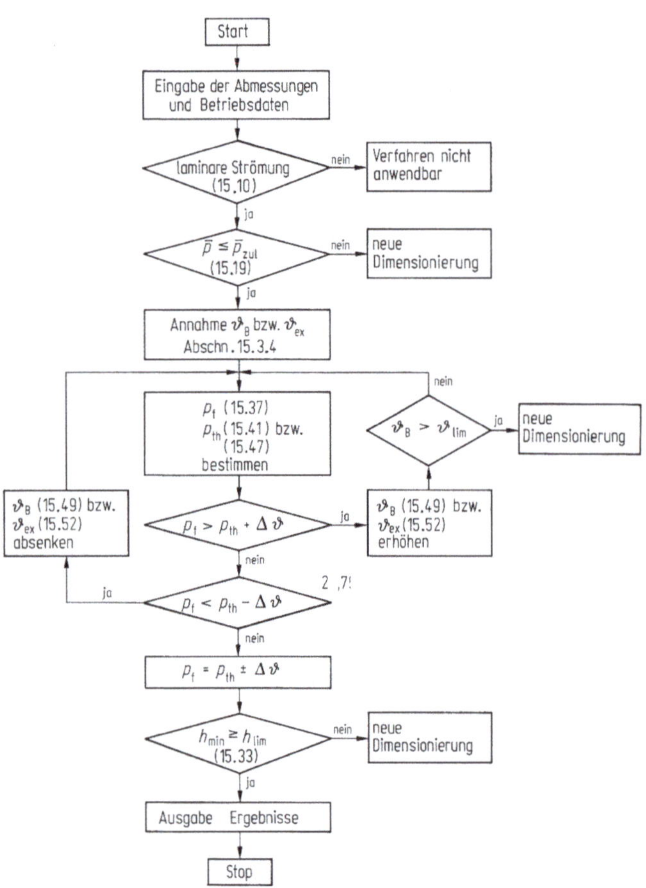

Abb. 15.13 Tragfähigkeitsnachweis für hydrodynamische Radialgleitlager

Speziell bei schnelllaufenden Gleitlagern überlagern sich die meist geringen statischen Belastungen (z. B. Eigengewicht) mit Unwuchtschwingungen und hohen dynamischen Zusatzbelastungen. Die Schwingungs- und Stabilitätsverhältnisse beim Gleitlager werden dabei zusätzlich durch den hydrodynamischen Schmierfilm bestimmt.

Abb. 15.14a zeigt: Durch die Elastizität des Schmierfilms verlagert sich die biegekritische Drehzahl der starren Welle n_{cr}, die biegekritischen Drehfrequenzen werden herabgesetzt (n_1, n_2). Durch die anisotropen Steifigkeitsverhältnisse des Schmierfilms in Richtung der statischen Belastung bzw. in Querrichtung besitzt der Rotor zwei biegekritische Drehzahlen n_1 und n_2. Da Rotorlagerungen im Allgemeinen im überkritischen Bereich (Betriebsdrehzahl $n > n_1, n_2$) betrieben werden, ist meist die höhere kritische Drehzahl n_2 von Interesse. Damit verbunden, durch die Dämpfungswirkung des Schmierfilms, sind abnehmende Resonanzamplituden gegenüber der starren Rotorlagerung. Wegen der besonderen Federungseigenschaften des Schmierfilms können ferner oberhalb einer Stabilitätsgrenze (Drehzahl n_{lim}) selbsterregte Schwingungen auftreten. Die Wellenauslenkung läuft dabei mit der halben Drehfrequenz um (sog. Halbfrequenzwirbeln). Der Schmierfilm bricht schnell zusammen.

Die Stabilitätsgrenze liegt bei kreiszylindrischen Lagern beim 1,5- bis 2-fachen der kritischen Drehzahl bei starr gelagertem Rotor, bei Mehrgleitflächenlagern noch wesentlich höher, Abb. 15.14c. Die Herabsetzung der Resonanzdrehzahlen gegenüber der starren Lagerung in Abhängigkeit der relativen Lagersteifigkeit $\overline{\mu}$ zeigt Abb. 15.14b.

Angaben zur Berechnung sind auch in [40] und VDI 2201 [47] enthalten.

15.3.6 Gestaltung der hydrodynamischen Radiallager

Die Lager sind häufig in die Gehäuse integriert, siehe z. B. Abschn. 22.2.5 in [41]. Als unabhängige Bauelemente gibt es Stehlager, Flanschlager und Augenlager, die auch als Normlager erhältlich sind (Abb. 15.15).

Erlaubt die Montage den Einsatz ungeteilter Lager, werden im Allgemeinen Massivbuchsen verwendet, die in die Bohrungen der Lagergehäuse eingepresst (evtl. eingeklebt) werden. Massivbuchsen sind formstabil und kostengünstig, sie können als Normteile bezogen werden, Abb. 15.16. Sollen auch geringe Axialkräfte aufgenommen werden, werden Buchsen mit Bund verwendet, Abb. 15.16b, bei stillstehenden Achsen oft Einspannbuchsen nach DIN 1499 [10], Abb. 15.16c.

Wenn die Welle radial eingelegt werden muss, sind geteilte Lagerschalen erforderlich. Sie sind teuer und weniger formstabil, müssen daher in der Gehäusebohrung steif abgestützt werden.

Hohe Festigkeit und gute Gleiteigenschaften bieten Verbundlager, Abschn. 15.7.2.

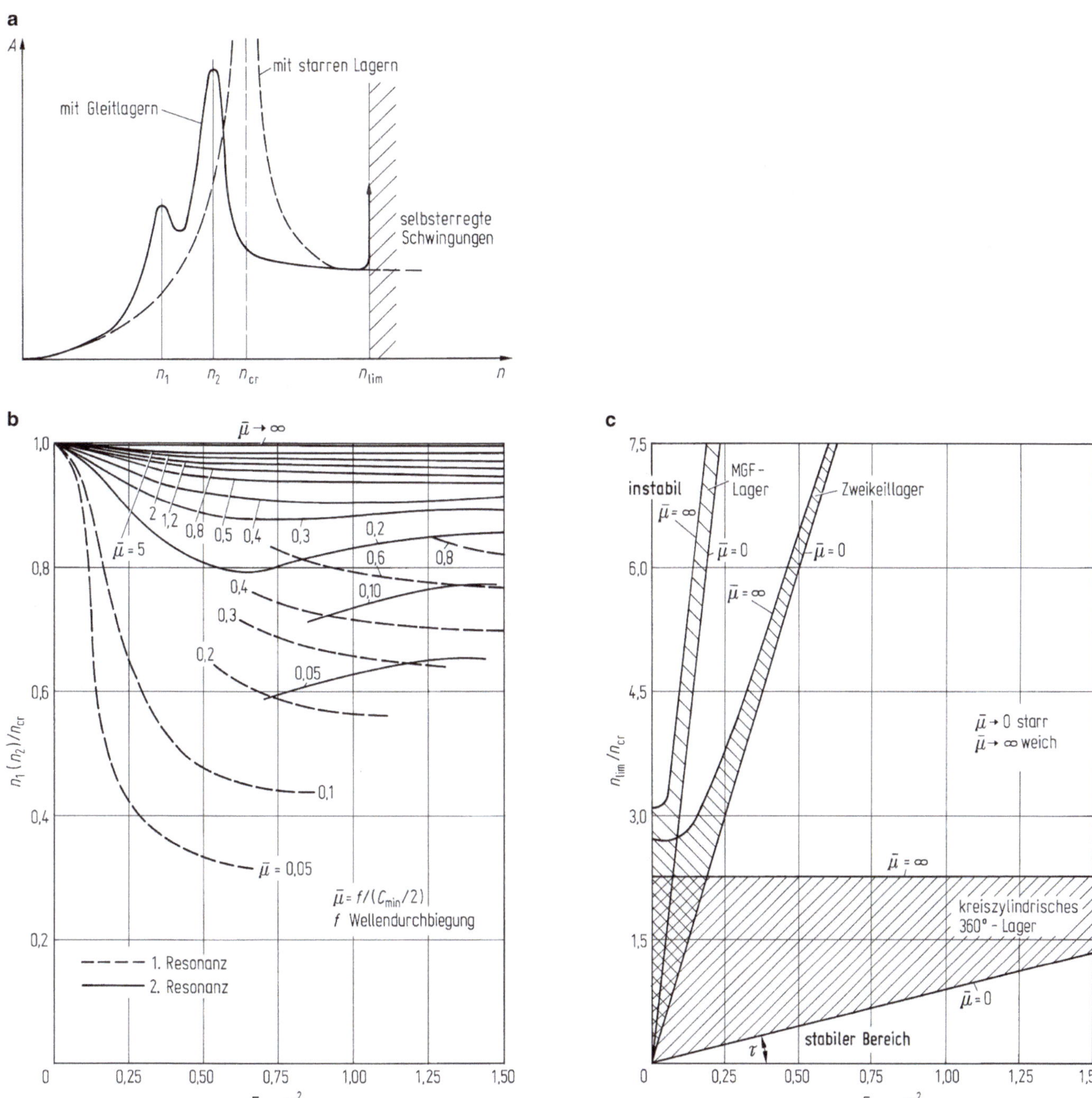

Abb. 15.14 Schwingungs- und Stabilitätsverhältnisse beim Gleitlager, **a** Schwingungsamplitude A eines einfachen Rotors, abhängig von der Wellendrehzahl n (VDI 2204 Blatt 2), **b** Resonanzlage n_1, n_2, **c** Stabilitätsgrenze n_{lim} von Radiallagern [37]

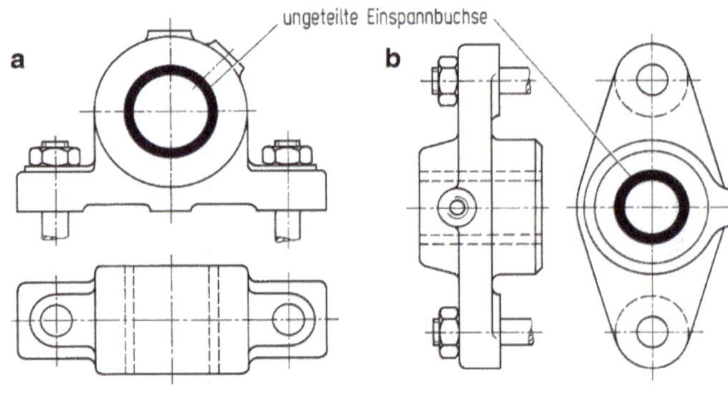

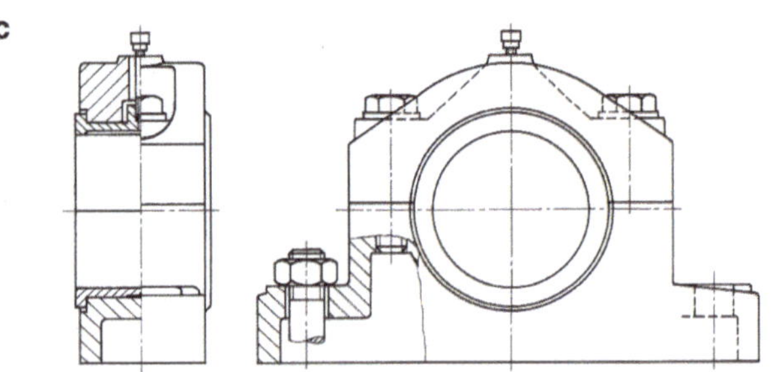

Abb. 15.15 Ausführungsformen von Radialgleitlagern, **a** Augenlager Form A (DIN 504 [7]), **b** Flanschlager Form A (DIN 502 [5]), **c** Stehlager (DIN 505 [8])

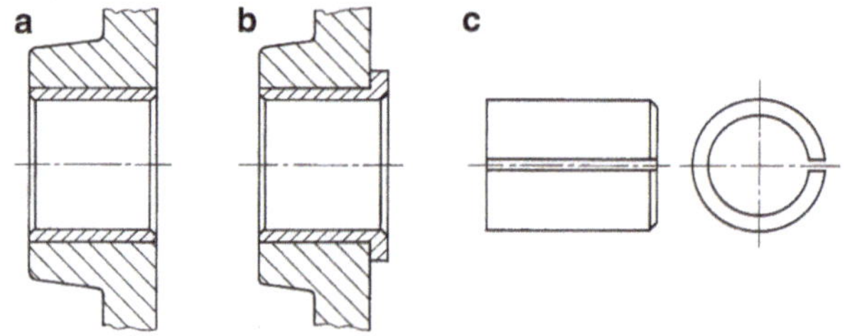

Abb. 15.16 Gleitlagerbuchsen, Massivbuchsen, **a** ohne Bund, **b** mit Bund (DIN 1850 [11]), **c** gerollte Einspannbuchsen (mit Schlitz), (DIN ISO 3547 [27], DIN 1498 [9], DIN 1499)

15.4 Sonstige hydrodynamische Radiallager

Dieser Abschnitt umfasst Betriebszustände und Sonderbauarten außerhalb des Betriebsbereichs der in Abschn. 15.3 behandelten stationär belasteten kreiszylindrischen Lager.

15.4.1 Gleitlager bei instationärem Betrieb

Ändert sich die auf das Lager aufgebrachte Kraft nach Betrag und/oder Richtung, so wird von instationärer Belastung gesprochen.

Der überwiegende Einsatzbereich von instationär belasteten Gleitlagern ist die Pleuellagerung von Kolbenmaschinen. Ein Beispiel zeigt Abb. 15.17a.

Für Kolbenmaschinen liegen EDV-Programme vor, die die komplizierte Berechnung erst ermöglichen. Die Grundlagen für einen Lösungsansatz werden nachfolgend beschrieben.

Die instationär wirkende Kraft F wird durch zwei Kräfte F_D und F_v aufgenommen (Abb. 15.17b). F_D wird durch den Druckberg p_D erzeugt, der aus der Drehbewegung des Zapfens gegen das Lager oder umgekehrt resultiert. F_D ist der hydrodynamische Traganteil und identisch der Lagerbelastung bei stationären Bedingungen.

F_v ist der Traganteil aus Verdrängungsströmung. In Abb. 15.17b erzeugt eine Bewegung des Zapfens entgegen der Kraftrichtung von F_v eine Strömung des Schmierstoffs aus dem Schmierspalt. Je nach Bewegungsgeschwindigkeit baut sich ein mehr oder weniger hoher Druckberg p_v auf. Der Traganteil F_v steht nur kurzzeitig zur Verfügung, da der Abstand h_{lim} von Zapfen und Lagerschale eingehalten werden muss. Die Richtung von F_v ergibt sich aus der Bewegungsrichtung des Zapfens relativ zur Lagerschale.

Zur Berechnung wird von einer Anfangsbedingung ausgegangen und bestimmt mit Kraft und Kraftrichtung die Traganteile mit der Verlagerungsbahn.

In der Regel sind die Belastungsabläufe zyklisch, sodass sich die Anfangsbedingung so lange variieren lässt, bis geschlossene Bahnkurven entstehen. Diese Bahnkurven werden im sogenannten Spielkreis aufgetragen, im Mittelpunkt ist $\varepsilon = 0$ am Rand $\varepsilon = 1$.

15.4.2 Gleitlager mit nichtzylindrischem Schmierspalt

Dies sind Lager mit mehreren Gleitflächen (Mehrgleitflächen-Lager), abgekürzt: MGF-Lager. Die Welle wird hierbei auch im unbelasteten Zustand (z. B. eine vertikale Welle) durch mehrere keilförmige Spalte zentrisch geführt. Dadurch bilden sich stabilisierende Blinddrücke, die gleichzeitig schwingungsdämpfend wirken, Abb. 15.18. Das Öl wird an den Stoßstellen der Teilschalen zugeführt. Wegen der kleineren tragenden Flächen haben MGF-Lager allerdings eine geringere Tragfähigkeit als kreiszylindrische Lager und weisen höhere Reibungsverluste auf. Die wichtigsten Bauarten sind:

- Das Zitronenspiel-Lager (Abb. 15.19a) ist besonders einfach herstellbar. Von einem mittig geteilten kreiszylindrischen Lager werden die Stoßflächen abgearbeitet. Die danach verschraubten Lagerschalen bilden Keilspalte für beide Drehrichtungen.
- Lager mit seitlich versetzten kreiszylindrischen Lagerschalen (Offset-Halves-Lager), Abb. 15.19b, bilden ebenfalls zwei Keilspalte, sind einfach herstellbar, eignen sich jedoch nur für eine Drehrichtung (ein falscher Versatz führt zur Zerstörung des Lagers!).

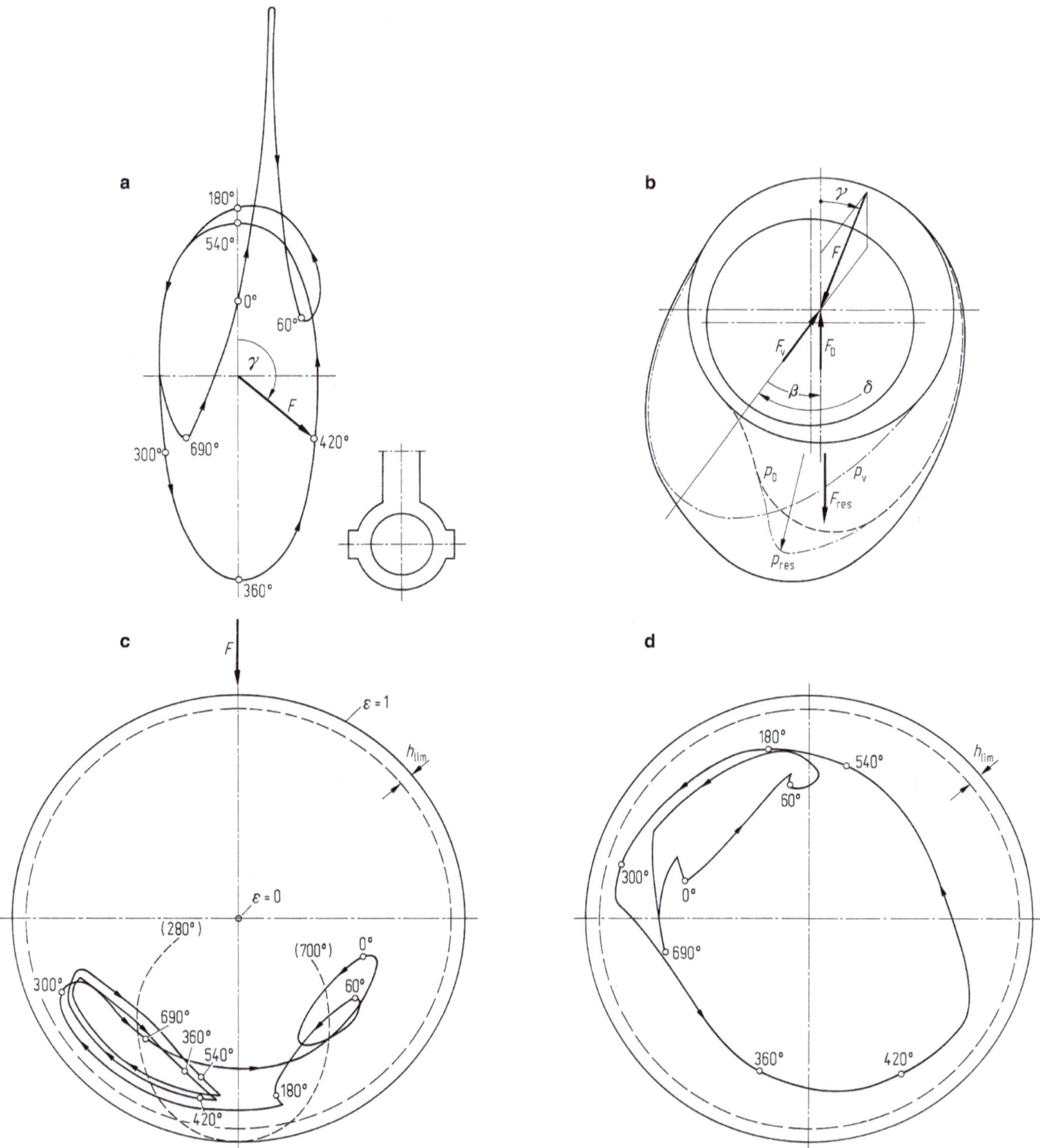

Abb. 15.17 Instationär belastetes Gleitlager am Beispiel einer Pleuellagerung von Kolbenmaschinen, **a** Pleuellager-Belastungsdiagramm schalenfest, **b** Traganteile und Druckberge, **c** Zapfenbahnen im Pleuellager eines 4-Takt Verbrennungsmotors relativ zur Last, **d** relativ zum Lager

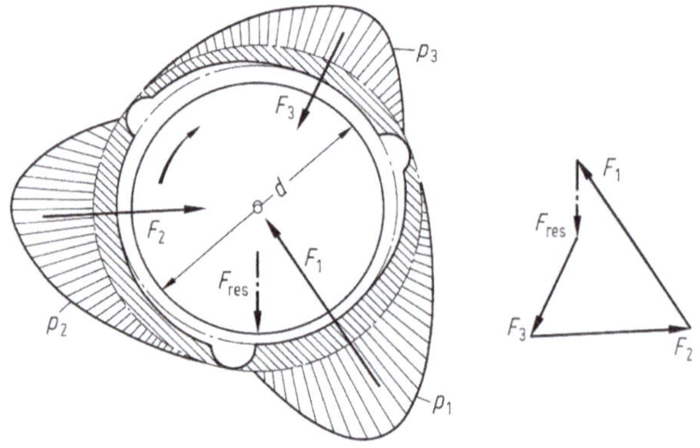

Abb. 15.18 Druckflächen und resultierende Belastung von Mehrgleitflächen-Lagern [40]

- Die Drei- und Vierkeillager nach Abb. 15.19c und f eignen sich für beide Drehrichtungen bei guter Führungsgenauigkeit. Drei-, Vier- und Fünfkeillager, z. B. nach Abb. 15.19d, e und g, sind MGF-Taschenlager mit schmalen keilförmigen Schmiertaschen bei ansonsten zylindrischer Bohrung sind besonders führungsgenau und relativ tragfähig, eignen sich allerdings auch nur für eine Drehrichtung. Sie sind jedoch tragfähiger als MGF-Lager mit symmetrischen Teilschalen, Abb. 15.19c und f.

Für die Berechnung von Tragfähigkeit, Reibungsverlusten, Federsteife und Dämpfung wird das Lager in mehrere Teillager unterteilt, siehe [40] und dort angegebene Spezialliteratur.

15.4.3 Fettgeschmierte Gleitlager

Für die Berechnung gelten im Prinzip die Regeln ölgeschmierter Gleitlager, so auch für den Übergang in die Mischreibung, Abschn. 15.3.3, 15.3.4 mit folgenden Besonderheiten:

- Wärmeabfuhr nur durch Konvektion und Strahlung, nicht durch den Schmierstoff
- Berechnung der Betriebsviskosität aus einer modifizierten Viskosität η_{mod} nach (15.96) in Abschn. 15.8.3

Am Ende eines Schmierintervalls stellt sich oft Mangelschmierung ein. Hierfür gelten die Beziehungen wie für ölgeschmierte Lager ohne Seitenabfluss, siehe VDI 2201. Wegen der größeren Erwärmung wird das Lagerspiel größer ausgeführt (ca. $\psi = 2‰$ für größere Durchmesser bis $6‰$ für kleinere Durchmesser).

Das Fett wird aus Fetttaschen oder Nuten in der Gleitfläche nur dann in den Schmierspalt transportiert, wenn hier die Fließgrenze des Fetts überschritten wird. Daraus ergibt sich ein Anhaltswert für die wirksame Taschen- und Nuttiefe:

$$h_p = 5 \cdot \eta_s \cdot \frac{U}{\tau_s} \qquad (15.53)$$

U	in m/s	Summengeschwindigkeit nach (15.16)
η_s	in Pa s	Viskosität des Fetts (abhängig vom Einfluss des Verdickers)
τ_s	in N/m^2	Fließgrenze des Fetts (abhängig vom Einfluss des Verdickers)

Die Abschätzung des Fettbedarfs und des Nachschmierintervalls wird in Abschn. 15.8.3 erläutert.

15.4.4 Schwimmbuchsenlager

Wie Abb. 15.20 zeigt, schwimmt eine axial geführte Buchse frei zwischen Welle und äußerem Lager. Ihre Drehzahl stellt sich auf einen mittleren Wert ein. Dadurch ergibt sich eine kleinere Relativgeschwindigkeit im „inneren“ und im „äußeren“ Lager als ohne Schwimmring. Die Verlustleistung ist dadurch kleiner, ebenso die Reynolds-Zahl, so dass turbulente Strömung vermieden werden kann (siehe (15.10)), das Schwingungs- und Stabilitätsverhalten ist günstiger.

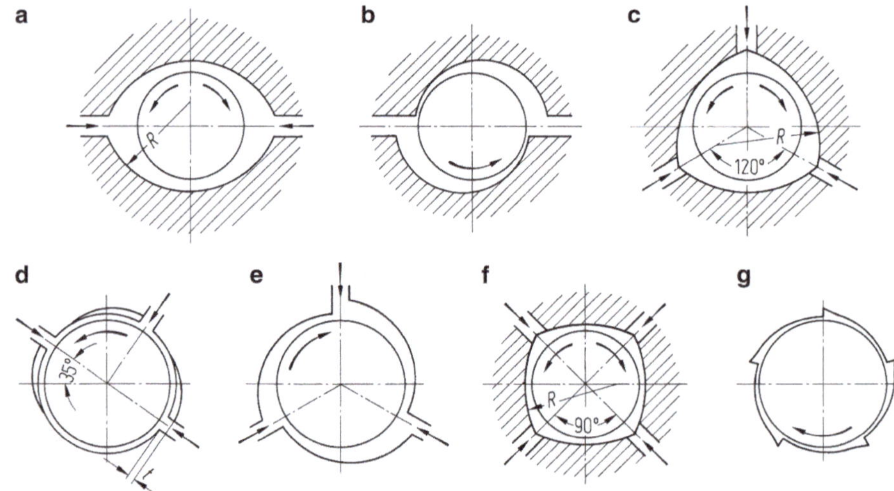

Abb. 15.19 Bauformen von Mehrflächenlagern [40], **a** Zitronenspiellager, **b** Lager mit seitlich versetzten kreiszylindrischen Lagerschalen, **c** Dreikeillager, **d** Dreikeil-Taschenlager, **e** Dreikeillager für eine Drehrichtung, **f** Vierkeillager, **g** Fünfkeillager

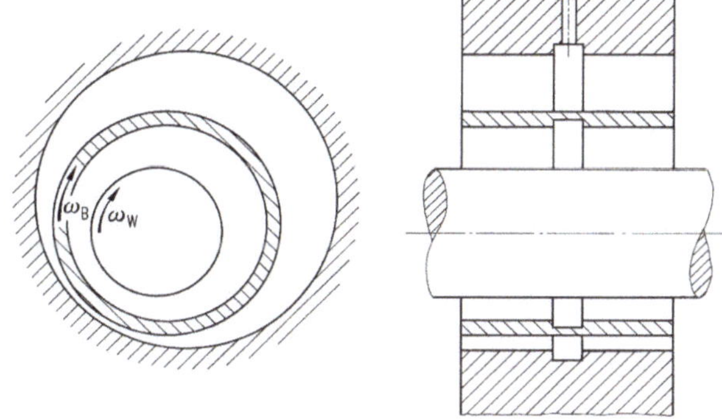

Abb. 15.20 Schwimmbuchsenlager [40]

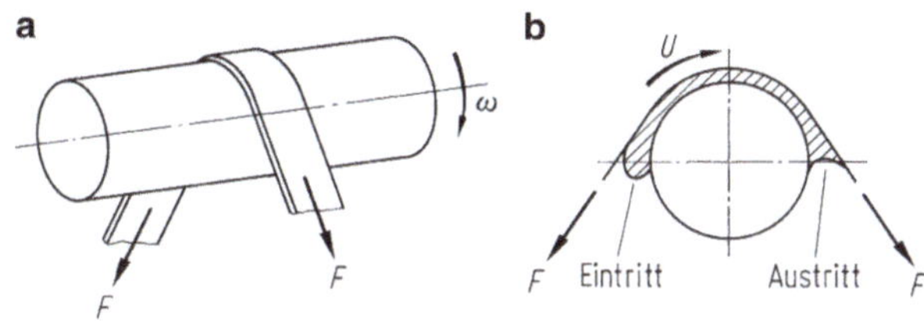

Abb. 15.21 Folienlager [40], **a** stehendes Band, rotierende Welle, **b** ablaufendes Band, nahezu stehende Welle

Hauptanwendungsgebiete sind Lagerungen von leichten schnelllaufenden Rotoren (Flächenpressung $\overline{p} < 1$ bar, $n >$ 100.000 min^{-1}), d. h. sehr kleinen Sommerfeldzahlen (z. B. Abgasturbolader), ferner Antriebe mit Gegenlauf von Lager und Welle (bei gleich großer und entgegengesetzter Drehzahl könnte sich kein Schmierfilm aufbauen). Bei schnelllaufenden Planetengetrieben werden Schwimmbuchsenlager zum Lastausgleich zwischen den Planeten verwendet, siehe [35], [36] und [40].

15.4.5 Folienlager

Abb. 15.21 zeigt das Prinzip. Entweder steht das flexible Band bei rotierender Welle still oder umgekehrt. Anwendungsgebiete sind Papier- und Textilmaschinen sowie Ton- und Magnetbandgeräte. Tragfähigkeit und Reibungsverhalten sind in [1] und [40] angegeben.

15.5 Hydrodynamische Axiallager

Druckaufbau und Tragfähigkeit gehorchen den gleichen physikalischen Gesetzen wie beim Radiallager, Abb. 15.1 bis 15.6. Der Keilspalt, der sich beim zylindrischen Radiallager automatisch einstellt, wird beim Axiallager (außer beim Spurplattenlager, Abb. 15.24) entweder durch die Herstellung fest vorgegeben (Abb. 15.25 bis 15.28) oder durch bewegliche Abstützung erreicht (Abb. 15.29).

15.5.1 Tragfähigkeit und Reibungszahl: Sommerfeldzahl bei kippbeweglichen Gleitschuhen

Auch bei Axiallagern ist der Keilspalt das tragende Element. Abb. 15.22 zeigt, dass die Druckverteilung p über die Länge des Gleitschuhs abhängig vom Keilspaltverhältnis $h_{\text{min}}/C_{\text{we}}$ ist.

Man sieht: Die maximale Tragfähigkeit des Gleitschuhs wird bei $h_{\text{min}}/C_{\text{we}} = 0{,}8$ erreicht. Der Kraftangriffspunkt liegt für $h_{\text{min}}/C_{\text{we}}$ bei $a = 0{,}42 \cdot L$ von der ablaufenden Kante entfernt (siehe Darstellung in Abb. 15.22a). Das heißt: Ein $0{,}42 \cdot L$ von der ablaufenden Kante beweglich gelagerter Gleitschuh nimmt immer die optimale Position ein (bei einer Bewegungsrichtung). Bei festen Keilflächen ändert sich dagegen die Tragfähigkeit mit der Änderung des Betriebszustands, d. h. mit veränderlichem h_{min}.

Die Tragfähigkeit des gesamten Axiallagers ergibt sich durch Multiplizieren mit der Anzahl der Segmente am mittleren Durchmesser D, Abb. 15.23.

Im Prinzip gelten dieselben Berechnungsgleichungen wie bei Radiallagern. An die Stelle der Sommerfeldzahl So für Radiallager, Abschn. 15.3.1, tritt die axiale Sommerfeldzahl So_{ax} (auch als Belastungskennzahl bezeichnet):

$$So_{\text{ax}} = \frac{\overline{p} \cdot {h_{\text{min}}}^2}{\eta \cdot U \cdot B} \tag{15.54}$$

mit der mittleren Flächenpressung $\overline{p}$ bei Z Gleitflächen,

$$\overline{p} = \frac{F}{Z \cdot L \cdot B} \leq \overline{p}_{\text{zul}} \tag{15.55}$$

h_{min}	in m	minimale Schmierfilmdicke im Betrieb siehe Abschn. 15.5.3
$\overline{p}_{\text{zul}}$	in N/m^2	zulässiger spezifischer mittlerer Lagerdruck siehe Tab. 15.1
B	in m	Lager-Nennbreite
F	in N	Lagerkraft
L	in m	Nennlänge
U	in m/s	Summengeschwindigkeit am mittleren Durchmesser D siehe Abb. 15.23
η	in Pa s	dynamische Viskosität nach (15.31)

So_{ax} kann abhängig von der Lagergeometrie ($h_{\text{min}}/C_{\text{we}}$, L/B) nach Abb. 15.22 bestimmt werden.

15.5.2 Einflussgrößen für Sommerfeldzahl und Reibungskennzahl

Abmessungen

Abb. 15.22 zeigt, dass das Maximum der axialen Sommerfeldzahl So_{ax} beim Verhältnis Segmentlänge zu -breite $L/B \approx 1$ liegt. Als brauchbaren Bereich wird $0{,}7 \leq L/B \leq 1{,}5$ angesehen. Geometriemaße zeigt Abb. 15.23.

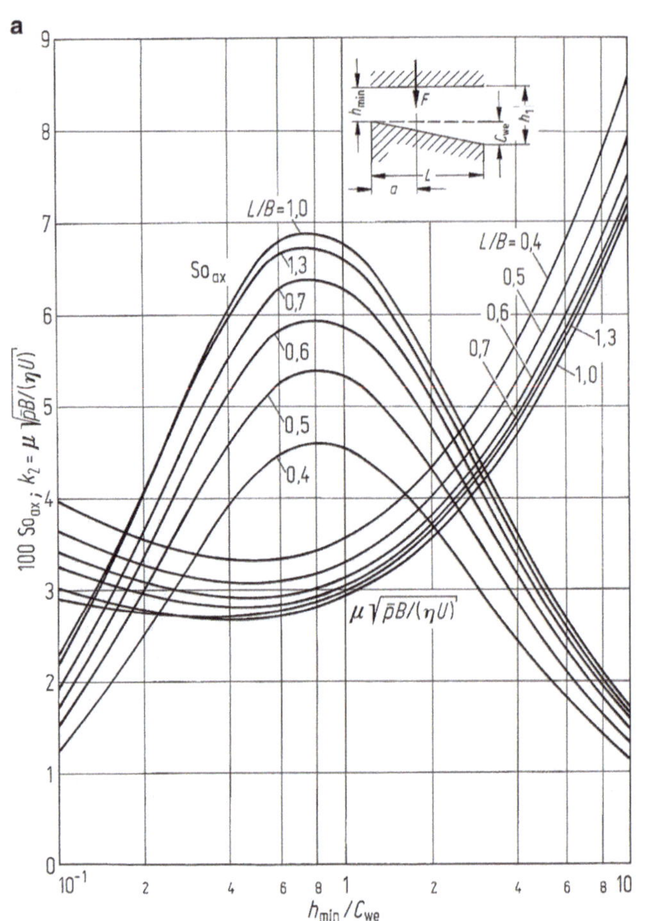

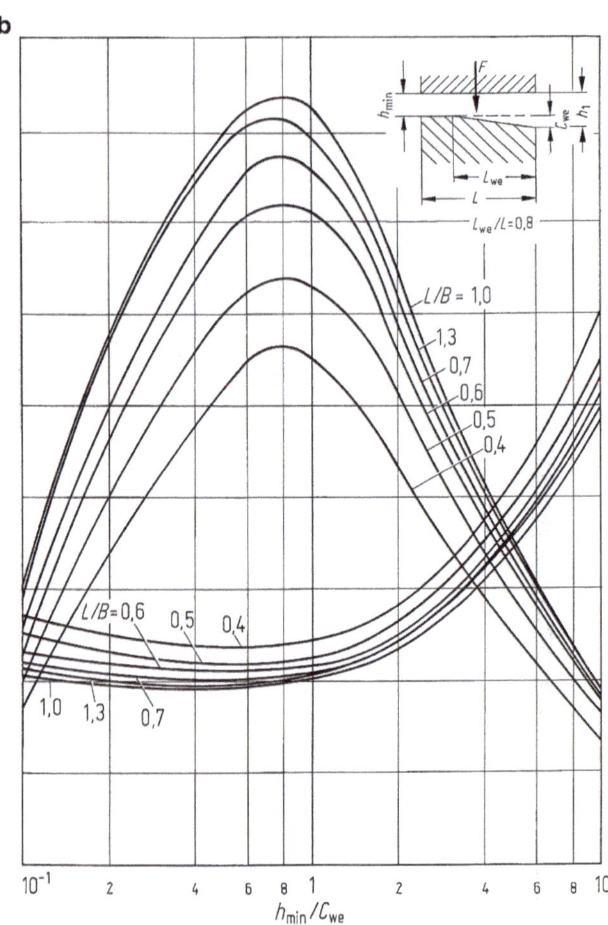

Abb. 15.22 Belastungs- und Reibungskennzahlen für hydrodynamische Axiallager für unterschiedliche Breitenverhältnisse L/B [33], **a** ohne Rastfläche, **b** mit optimaler Rastfläche, ($L_{we}/L = 0{,}8$), L_{we}, C_{we} siehe Abb. 15.28

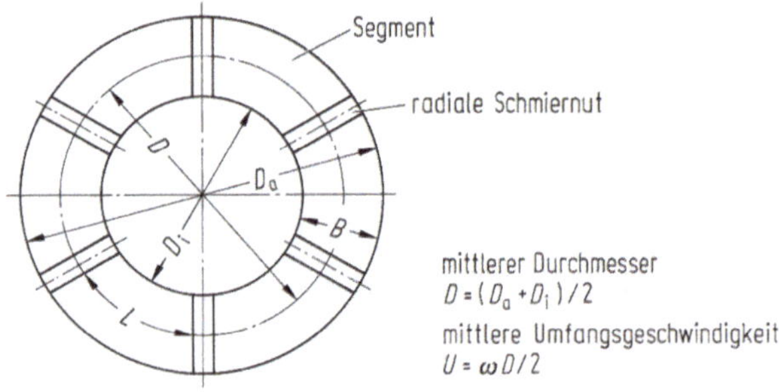

Abb. 15.23 Maße und Geschwindigkeiten des hydrodynamischen Axialsegmentlagers

Anzahl der Segmente
Die Anzahl der Segmente ergibt sich zu:

$$Z = \frac{\pi \cdot D}{L} \cdot \phi \qquad (15.56)$$

mit dem mittleren Durchmesser (siehe Abb. 15.23)

$$D = \frac{D_a + D_i}{2} \qquad (15.57)$$

und dem Ausnutzungsgrad $\phi = 0{,}8$, der einen Platzbedarf von 20 % des Umfangs für die radialen Schmiernuten berücksichtigt. Bei Summengeschwindigkeiten $U > 25\,\text{m/s}$ und damit verbundenen absinkenden Spaltviskositäten sollte $\phi < 0{,}8$ gewählt werden [38].

Üblich sind $Z = 4, 5, 6, 8, 10$ oder 12 Segmente.

15.5.3 Kennwerte für den Betriebszustand

Kleinste Schmierfilmdicke im Betrieb h_{lim} nach (15.34)
Empfehlung für $h_{min,tr}$ für Axialsegmentlager nach DIN 31653 Teil 3 [16]:

$$h_{min,tr} = \sqrt{D \cdot \frac{Rz}{3000}} \qquad (15.58)$$

nach DIN 31654 Teil 3 [17] für Axialkippsegmentlager:

$$h_{min,tr} = \sqrt{D \cdot \frac{Rz}{12.000}} \qquad (15.59)$$

D	in m	Lager-Nenndurchmesser
Rz	in m	gemittelte Rautiefe der Spurplatte, Richtwert 4 µm

Übergangsdrehzahl

Aus (15.36) und (15.54) ergibt sich die Übergangsdrehzahl

$$n_{tr} = \frac{\psi^2 \cdot U \cdot B}{2 \cdot \pi \cdot {h_{min,tr}}^2} \tag{15.60}$$

$h_{min,tr}$	in m	minimale Übergangs-Schmierfilmdicke nach (15.58) und (15.59)
B	in m	Lager-Nennbreite
U	in m/s	Summengeschwindigkeit nach (15.16)
ψ		relatives Lagerspiel nach (15.24)

15.5.4 Erwärmung und Schmierstoffbedarf

Reibleistung

Aus der allgemein gültigen Beziehung für die Verlustleistung nach (15.37) folgt die Reibleistung für Axiallager

$$P_f = F \cdot U \cdot k_2 \cdot \sqrt{\frac{\eta \cdot U}{\overline{p} \cdot B}} = k_2 \cdot \sqrt{\eta \cdot U^3 \cdot Z \cdot F \cdot L} \tag{15.61}$$

mit der Reibungskennzahl nach Abb. 15.22

$$k_2 = \mu \cdot \sqrt{\frac{\overline{p} \cdot B}{\eta \cdot U}} \tag{15.62}$$

Für optimal ausgelegte Lager ($h_{min}/C_{we} = 0{,}8$) kann $k_2 = 3$ angesetzt werden.

$\overline{p}$	in N/m^2	spezifischer mittlerer Lagerdruck nach (15.19)
B	in m	Lager-Nennbreite
F	in N	Lagerkraft
L	in m	Nennlänge
U		mittlerer Umfangsgeschwindigkeit nach Abb. 15.23
Z		Anzahl der Segmente pro Lager
η	in Pa s	dynamische Viskosität nach (15.31)
μ		Reibungszahl

Wärmebilanz

Es gelten die gleichen Beziehungen wie bei Radiallagern, Abschn. 15.3.4, wobei die wärmeabgebende Oberfläche (sofern nicht durch die Konstruktion vorgegeben) wie folgt abgeschätzt werden kann:

- bei zylindrischen Gehäusen

$$A = \frac{\pi}{2} \cdot {D_H}^2 + \pi \cdot D_H \cdot B_H \tag{15.63}$$

B_H	in m	Gehäuseaußendurchmesser
D_H	in m	Gehäusebreite in Achsrichtung

- bei Lagern im Maschinenverbund (15 bei knapper, 20 bei reichlicher Dimensionierung)

$$A = (15 \ldots 20) \cdot B \cdot L \cdot Z \tag{15.64}$$

B	in m	Lager-Nennbreite
L	in m	Nennlänge
Z		Anzahl der Segmente pro Lager

Reicht die Wärmeabführung durch Konvektion allein nicht aus, muss der Schmierstoffdurchsatz erhöht werden.

Schmierstoffdurchsatz

Wie bei Radiallagern (Abschn. 15.3.4) besteht der Schmierstoffdurchsatz im Wesentlichen aus 2 Komponenten:

1. Der zur Gewährleistung der Flüssigkeitsreibung ($h_{min} > h_{min,tr}$) erforderliche Schmierstoffdurchsatz infolge Eigendruckentwicklung berechnet sich zu:

$$Q_d = B \cdot h_{min} \cdot U \cdot Z \cdot \varphi_1 \tag{15.65}$$

h_{min}	in m	minimale Übergangs-Schmierfilmdicke im Betrieb
B	in m	Lager-Nennbreite
U	in m/s	Summengeschwindigkeit nach (15.16)
Z		Anzahl der Segmente pro Lager

mit dem Durchsatzfaktor $\varphi_1 \approx 0{,}7$.

2. Der Schmierstoffdurchsatz infolge Schmierstoffzufuhr (Abschn. 15.3.4) ergibt sich zu:

$$Q_d = \frac{P_f}{\varrho \cdot c \cdot (\vartheta_{ex} - \vartheta_{en})} = \frac{k_2 \cdot \sqrt{\eta \cdot U^3 \cdot F \cdot L \cdot Z}}{\varrho \cdot c \cdot (\vartheta_{ex} - \vartheta_{en})} \tag{15.66}$$

k_2		Reibungskennzahl nach (15.62)
F	in N	Lagerkraft
L	in m	Nennlänge
P_f	in W	Reibleistung nach (15.61)
η	in Pa s	dynamische Viskosität nach (15.31)
ϑ_{en}	in °C	Schmierstofftemperatur am Lager-Eintritt
ϑ_{ex}	in °C	Schmierstofftemperatur am Lager-Austritt
$\varrho \cdot c$	in $J/(m^3\,K)$	volumenspezifische Wärme

15.5.5 Bauarten und Gestaltung der hydrodynamischen Axiallager

Gestaltung

Wirkt die Betriebskraft auch im Stillstand (z. B. die Gewichtskraft), ist neben dem Keilspalt ein paralleler Teil erforderlich (Rastfläche), auf dem sich die Kraft abstützt. In der

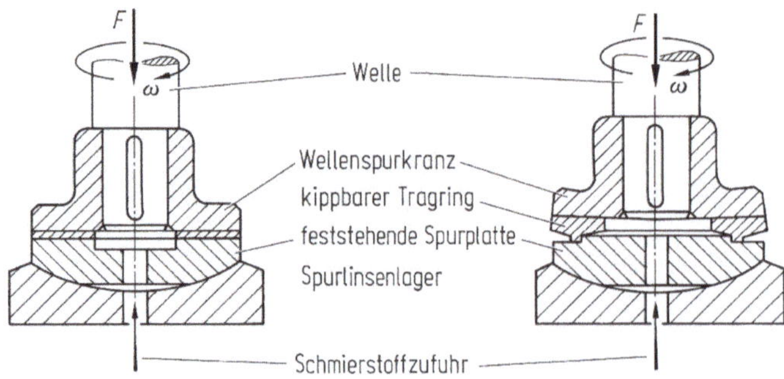

Abb. 15.24 Hydrodynamisches Axiallager mit Spurlinsenlagerung der feststehenden Spurplatte [40]

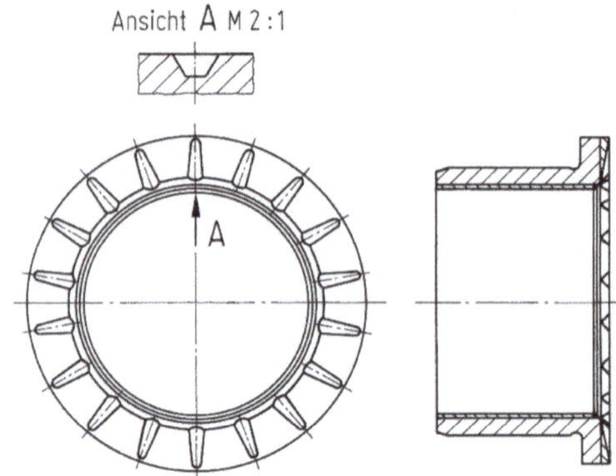

Abb. 15.25 Hydrodynamisches Bundlager mit radialen Schmierstoffrillen [40]

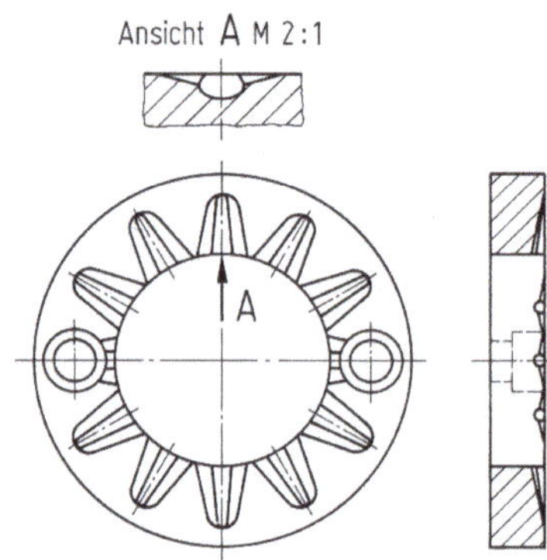

Abb. 15.26 Hydrodynamischer Lagerring mit eingearbeiteten Keilflächen [40]

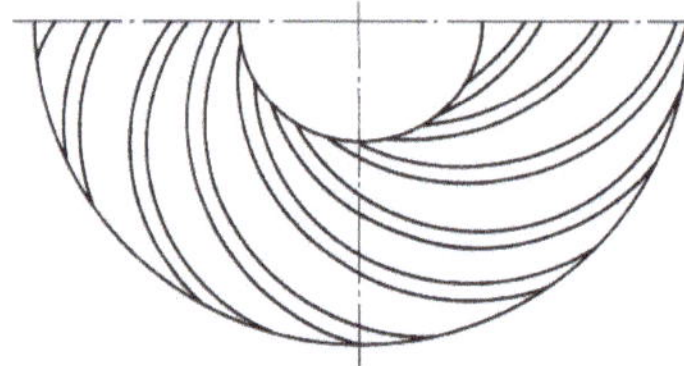

Abb. 15.27 Hydrodynamisches Spiralrillen-Axiallager (VDI 2204 Blatt 1)

Praxis bewährte optimale Abmessungen zeigt Abb. 15.22b. Hier sind auch die dafür gültigen axialen Sommerfeldzahlen So_{ax} und Reibungskennzahlen k_2 dargestellt.

Die Keilneigung (entspricht relativem Lagerspiel ψ) sollte mit $\psi = C_{\text{wed}}/L$(bzw. $C_{\text{wed}}/L_{\text{we}}$)$= 1/200 \ldots 1/400$ gewählt werden, abhängig von der Genauigkeit der Herstellung. Die Keiltiefe berechnet sich nach Abb. 15.22 zu:

$$C_{\text{we}} = h_1 - h_{\min} \tag{15.67}$$

Anhaltswerte für ψ können wie für Radiallager angesetzt werden, siehe (15.26) und Tab. 15.3. Bei Kippsegmentlagern stellt sich die Keilneigung selbstständig ein, herunter bis zu 10 % von ψ_m nach (15.26).

Bauarten

Je nach Anwendung und Betriebsbedingungen wurden unterschiedlich leistungsfähige und dementsprechend unterschiedlich aufwendige Bauarten entwickelt.

- Die einfachste, älteste Bauart besteht aus einer feststehenden, mit Gleitlagermetall beschichteten Spurplatte, auf der sich die Welle mit ihrem ebenen Spurkranz abstützt. Der Schmierstoff wird einer zentrisch eingedrehten, tellerförmigen Schmiernut zugeführt (Abb. 15.24). Das kugelige Spurlinsenlager wird bei der Montage so eingestellt, dass die Lagerflächen planparallel sind.
  Wegen des fehlenden Schmierkeils ist der Anwendungsbereich dieser Lager begrenzt:
  mittlere Summengeschwindigkeit: $U = 5 \ldots 10\,\text{m/s}$
  mittlere Flächenpressung: $\overline{p}_{\text{zul}} = 0{,}1 \ldots 1\,\text{N/mm}^2$
- Für die Übertragung kleiner Axialkräfte und zur axialen Führung werden ebene Anlaufbunde verwendet, häufig in Kombination mit Radiallagern, Abb. 15.25. Zur Schmierung und Kühlung reicht meist das aus dem Radiallager axial ausströmende Öl, das den Gleitflächen durch radial verlaufende Nuten zugeführt wird. Bei größeren Reibleistungen sollte dem Bundlager gesondert frisches, kühles Öl zugeführt werden.
- Statt der teuren Bundlager werden oft gesonderte Lagerringe verwendet, die fest im Gehäuse sitzen. Die einem Wellenbund zugekehrte Gleitfläche weist ebenfalls radial nach außen verlaufenden Nuten auf (siehe oben). Übliche Flächenpressung $\overline{p}_{\text{zul}} = 1 \ldots 2{,}5\,\text{N/mm}^2$, Die größeren Werte erfordern in Umfangsrichtung eingearbeitete Keilflächen (Abb. 15.26).
- Ebene Spurkränze mit Spiralrillen eignen sich für kleine Axialkräfte bei niedrig viskosem Schmiermittel (auch Luft), Abb. 15.27. Hinweise zu Anwendung und Besonderheiten sind in VDI 2201 Blatt 1 angegeben.
- Für höhere Axialkräfte, d. h. Flächenpressungen von $\overline{p} > 2\,\text{N/mm}^2$, werden Lagerbauarten mit keilförmigem Schmierspalt benötigt. Am einfachsten sind geschlossene Lagerringe mit festen, eingearbeiteten Keil-, (aber auch) Stufenspalten, Abb. 15.28. Nachteilig ist, dass die konstante Keilneigung nur für einen einzigen Betriebszustand optimal ist. Ferner ist eine aufwendige, präzise

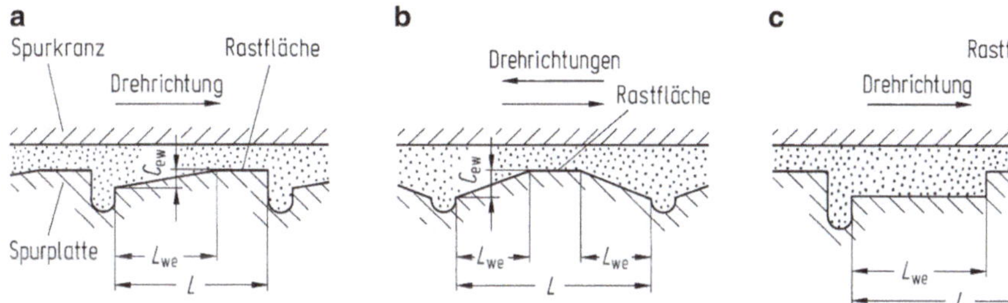

Abb. 15.28 Gestaltung hydrodynamischer Axiallager mit eingearbeiteten Keilspalten, **a** für eine Drehrichtung, **b** für beide Drehrichtungen, **c** mit Stufenspalt

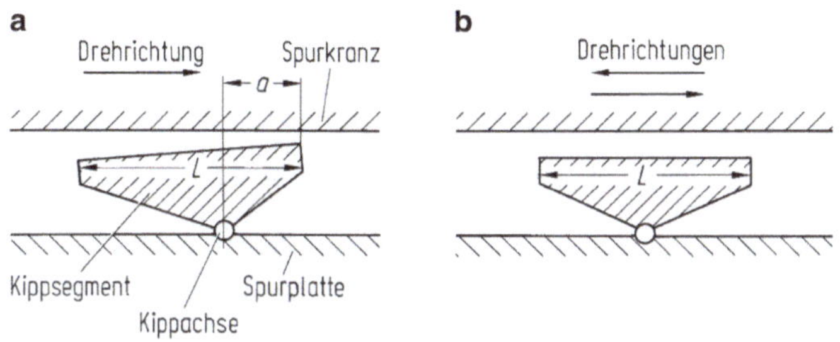

Abb. 15.29 Kippsegmentlager, **a** für eine Drehrichtung, **b** für beide Drehrichtungen

Herstellung erforderlich, um ein genaues Keilprofil und gleichmäßiges Tragen aller Keilflächen zu erreichen.

- Für hohe Flächenpressungen, bei unterschiedlichen Betriebszuständen, auch häufiges Anfahren und Auslaufen unter Belastung, sind Axiallager mit kippbeweglichen Gleitschuhen besonders geeignet, Abb. 15.29. Die optimale Keilneigung kann sich hierbei selbsttätig einstellen. Beim Anfahren und Auslauf erzeugter Verschleiß verändert die Spaltgeometrie nicht.

15.6 Hydrostatische Lager

Der durch eine Pumpe außerhalb des Lagers erzeugte Schmierdruck ist unabhängig von der Relativdrehzahl, Abb. 15.30. Wesentliche Eigenschaften sind in der Einführung zu Kap. 15 aufgelistet.

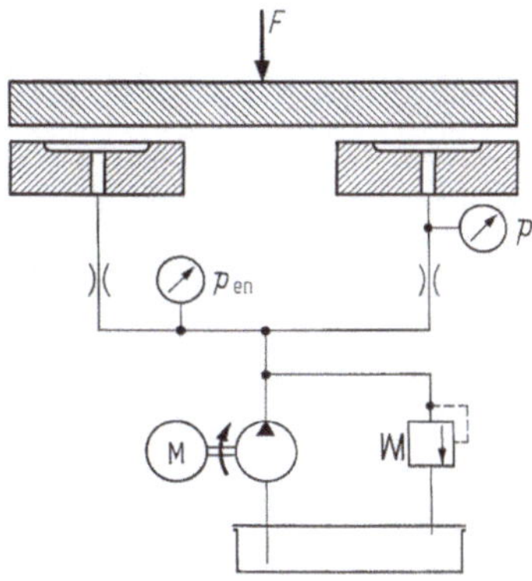

Abb. 15.30 Ölversorgung hydrostatischer Lager. Ausführung mit einer Pumpe, separaten Drosseln für jede Schmiermitteltasche (Pumpendruck p_{en}, Taschendruck p_i) [40]

Vorteile

- hohe, wählbare Steifigkeit und Dämpfung, geringe Anlaufreibung (gegenüber hydrodynamischen Gleitlagern)
- hohe Laufruhe
- hohe radiale bzw. axiale Führungsgenauigkeit (bis auf 0,1 µm)

Nachteile

- großer Bauaufwand (externe Pumpen)
- geringere Steifigkeit als Wälzlager
- hoher Aufwand für Notfälle, bei Ausfall der Pumpe sind unter Umständen erhebliche Schäden zu erwarten

Übliche Pumpendrücke p_{en}

bei ölgeschmierten Lagern:

- mit Zahnradpumpen ca. $5\,\mathrm{N/mm^2}$
- mit Kolbenpumpen ca. $20\,\mathrm{N/mm^2}$

Hauptanwendungsgebiete

- Axiallager von Wasserturbinen, Turboverdichtern, Gebläsen, Radiallager von Werkzeugmaschinenspindeln (dadurch wird hohe Maß- und Fertigungsgenauigkeit und Oberflächengüte der zu bearbeitenden Werkstücke erreicht) sowie Lagerungen in Mess- und Prüfgeräten (für Dreh-, Reversier- und Oszillationsbewegungen)
- Wellen in Schwermaschinen können, wegen der hohen Lagerbelastungen und niedrigen Relativgeschwindigkeiten, meist nur hydrostatisch gelagert werden (entsprechend große Wälzlager sind sehr teuer).
- Bei schnelllaufenden, hydrodynamisch gelagerten Dampfturbinenwellen werden zum Teil hydrostatische An- und Auslaufhilfen (hydrostatische Anhebung) verwendet, um die starke Reibung während des An- und Auslaufs, d. h. beim Durchfahren des Grenz- und Mischreibungsgebiets, zu mindern. Bei Betriebsdrehzahl wird die Druckölpumpe im Allgemeinen abgestellt.

15.6.1 Hydrostatische Radiallager

15.6.1.1 Funktion, Gestaltung

In die Lagerschale sind Schmiertaschen eingearbeitet, denen das Schmiermittel von der Pumpe mit Zuführdruck p_{en} zugeführt wird. Der Druck in den Schmiertaschen muss sich

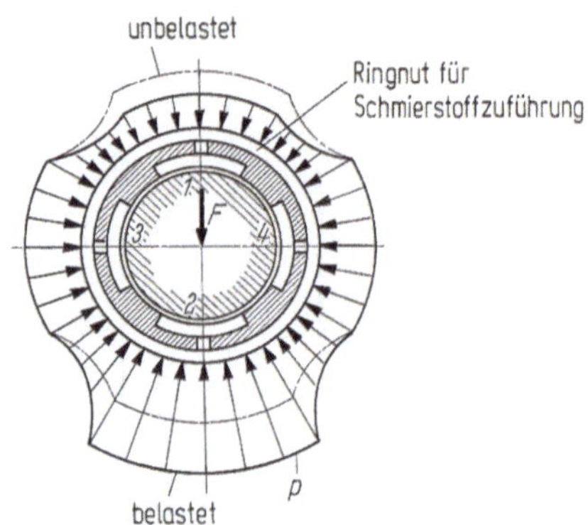

Abb. 15.31 Druckverteilung bei einem durch die Radialkraft F belasteten bzw. unbelasteten (gestrichelt) hydrostatischen Radialgleitlager [40]

so einstellen, dass zwischen den Druckkräften und der äußeren Lagerkraft Gleichgewicht herrscht. Dazu muss die Schmierstoffzuführung zu den Schmiertaschen konstant und unabhängig von der Lagerbelastung sein. Zur Erzeugung des Drucks werden folgende Konzepte angewendet:

- Jede Schmiertasche wird von einer gesonderten Pumpe versorgt und erhält eine konstante Schmierstoffmenge, unabhängig von der Lagerbelastung.
- Bei der weniger aufwendigen Lösung werden alle Schmiertaschen von einer einzigen Pumpe versorgt, Abb. 15.31. Die Schmiertaschen sind so dimensioniert, dass der Flüssigkeitsstrom gezielt gedrosselt wird. Wird eine Tasche durch die Lagerkraft belastet, so wird der Spalt kleiner! Ihr Ölabströmwiderstand steigt und damit auch der Taschendruck, weil die Differenz zwischen Förderdruck und Taschendruck an der Vordrossel mit sinkender Ölmenge abnimmt. Jetzt kann die Tasche mehr Last tragen. Für eine stabile Lagerung sind Regelelemente vor jeder Tasche erforderlich, die den Zufluss begrenzen. Hierfür sind drei Ausführungen üblich:
  - Kapillarrohre (einfach, zuverlässig, wegen Verschmutzungsgefahr $d > 0{,}6$ mm)
  - Scharfkantige Blenden (einfach, zuverlässig, wegen Verschmutzungsgefahr $d > 0{,}5$ mm)
  - Ventile mit Durchflusskontrolle (teuer, konstanter Durchfluss, störanfälliger, unempfindlich gegen Verschmutzung)

Um den Schmiermitteldurchsatz und damit die Kühlung zu erleichtern, können zwischen den Schmiertaschen axiale Abflussnuten angeordnet werden. Dies ist insbesondere bei breiten Lagern ($B/D > 1$) erforderlich. Die Tragfähigkeit wird dadurch allerdings gemindert. Ein Beispiel einer hydrostatischen Lagerung zeigt Abb. 15.32.

15.6.1.2 Dimensionierung, Tragfähigkeit

Die Berechnung der hydrostatischen Radiallager ist komplizierter als die der hydrostatischen Axiallager, weil die Schmierspaltdicke wegen der Verlagerung der Welle nicht konstant ist. Zweckmäßigerweise wird für die Auslegung ein vereinfachtes Verfahren verwendet, das auf den Grundgleichungen für Druck- und Schleppströmung (Abschn. 15.2) basiert [43]. Es wird dabei von Annahmen für Abmessungen und Einflussfaktoren ausgegangen, die im sicheren Erfahrungsbereich liegen. Für den empfohlenen Bereich der Exzentrizität ist es recht genau. Wenn die Abmessungen hiernach vorläufig gewählt sind, können die Annahmen entsprechend dem Anwendungsfall modifiziert und die Lagerfunktionen optimiert werden.

Das Ergebnis kann dann mit Hilfe eines genauen Verfahrens, z. B. nach DIN 31655 [18], VDI 2204 noch überprüft werden.

(1) Annahmen für den ersten Entwurf – vereinfachtes Verfahren [43]

Folgende optimierte Eingangsgrößen haben sich bewährt, Abb. 15.33:

Lagerbohrungsdurchmesser: Er ist häufig durch die Welle vorgegeben. Andernfalls kann ein brauchbarer Wert nach

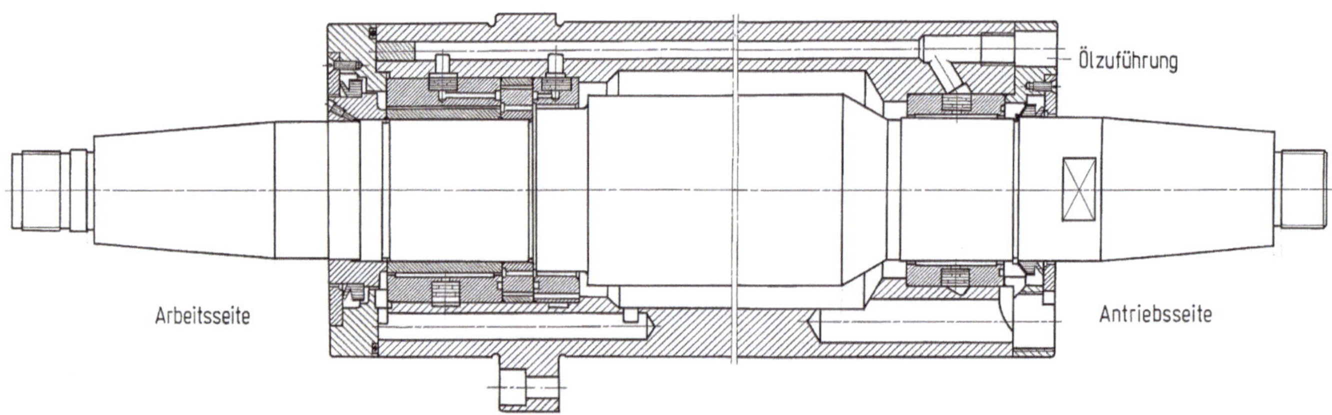

Abb. 15.32 Hydrostatisch gelagerte Schleifspindel (SKF). Beachte: Radiallager auf Antriebsseite ohne Innenring. Vorwiderstände in den Lagern integriert, gemeinsame Ölzuführung

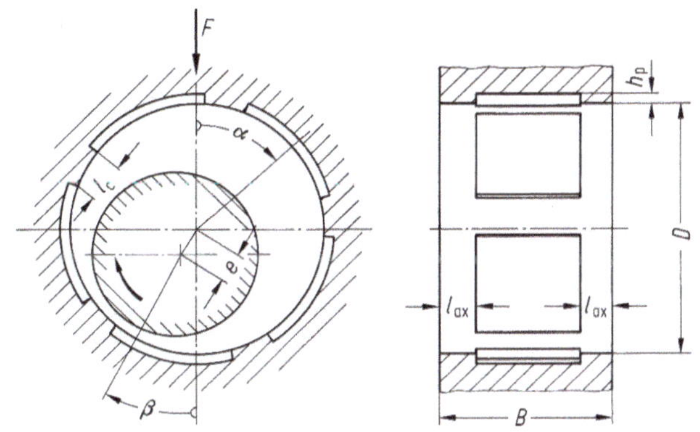

Abb. 15.33 Lagergeometrie eines hydrostatischen Radialgleitlagers (DIN 31655 Teil 1)

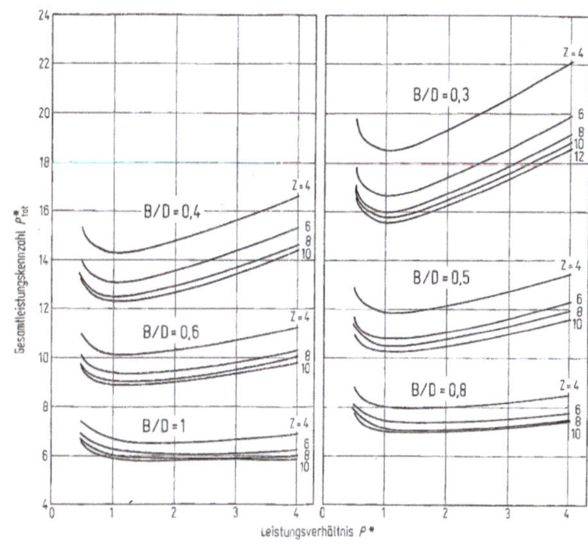

Abb. 15.34 Gesamtleistungskennzahl hydrostatischer Radiallager P^*_{tot} für optimierte Lagergeometrien [43]

[45] mit der Zahlenwertgleichung für den Lagerbohrungsdurchmesser (in mm) vorläufig angesetzt werden:

$$D = 1{,}7 \cdot \sqrt{F} \tag{15.68}$$

F	in N	Lagerkraft

Die Nachrechnung zeigt dann, ob dieser Wert evtl. zu modifizieren ist.

Lagerabmessungen für ein Breiten-Durchmesser-Verhältnis $B/D = 1$: Hierfür ergibt sich eine geringe Gesamtleistungskennzahl P^*_{tot}, Abb. 15.34. Bei sehr hohen Drehzahlen und geringer Belastung sind Verhältnisse $B/D = 0{,}3 \ldots 1$ vorteilhaft. Größere Werte für kleinere Drehzahlen.

Taschenzahl $Z = 4$: Bei häufig verwendeten breiten Lagern ($B/D \approx 1$) führen größere Taschenzahlen zu höherer Tragfähigkeit und geringerem Leistungsbedarf. Die Vorteile sind aber gering (Abb. 15.34), so dass sich die höheren Fertigungskosten im Allgemeinen nicht rechtfertigen. Bei hohen Anforderungen an die Steifigkeit (z. B. für Präzisions-Werkzeugmaschinenspindeln) wird oft $Z = 6$ gewählt.

Drosselverhältnis (Verhältnis der Strömungswiderstände in Kapillare und Tasche) $\xi = 1$: Bei Verwendung von Kapillaren mit linearer Kennlinie ergibt sich eine optimale Steifigkeit.

Relative Exzentrizität $\varepsilon = 0{,}4$: Anhaltswert aus dem Werkzeugmaschinenbau, wo nur kleine Verlagerungen erwünscht sind. Die optimale Geometrie hängt nur wenig von ε ab.

Leistungsverhältnis $P^* = 2$ für $B/D = 1$ günstig für geringe Verlustleistung, nach DIN 31655 Teil 1: Die minimalen Werte für P^*_{tot} liegen im Bereich von ca. $1 \ldots 3$, abhängig vom Verhältnis B/D, Abb. 15.34.

Kraftrichtung relativ zur Tasche (Winkel α): Wenn die Kraft senkrecht auf die Tasche gerichtet ist, beträgt $\alpha = 0$.

Faktor $h_p/C = 40$: Für die Berechnung der Taschenreibung wird laminare Strömung in den Taschen vorausgesetzt. Aus Erfahrung muss dafür das Verhältnis Taschentiefe zu Lager-Nennspiel $h_p/C = 20 \ldots 100$ betragen.

Bezogene Taschenabstände l_c/B und l_{ax}/B nach Abb. 15.33: Für eine minimale Gesamtleistungskennzahl (siehe (15.70)), d. h. geringste Lager-Reibleistung, können für optimierte Lagergeometrien mit Abb. 15.35 die bezogenen Taschenabstände bestimmt werden.

Üblicher Flächendruck: In der Lagertasche sollte $p = (0{,}2 \ldots 0{,}3) \cdot p_{en}$ mit Pumpendruck p_{en} nach Einleitung zu Abschn. 15.6 vorherrschen.

(2) Berechnung, Optimierung

Die Kenndaten eines Radialgleitlagers werden so optimiert, dass die gesamte Verlustleistung P_{tot} (Summe aus Pumpen- und Lager-Reibleistung) minimiert wird (nicht so bei sehr kleinen Drehzahlen siehe Abschn. (3)):

$$P_{tot} = P_p + P_f = F \cdot \omega \cdot C \cdot P_{tot}{}^* \tag{15.69}$$

C	in m	Lager-Nennspiel
F	in N	Lagerkraft
P_f	in W	Reibleistung
P_p	in W	Pumpleistung
ω	in s^{-1}	Winkelgeschwindigkeit

mit der Gesamtleistungskennzahl

$$P_{tot}{}^* = \frac{Q^* \cdot (1 + P^*)}{4 \cdot (\frac{B}{D}) \cdot F^* \cdot \pi_f} \tag{15.70}$$

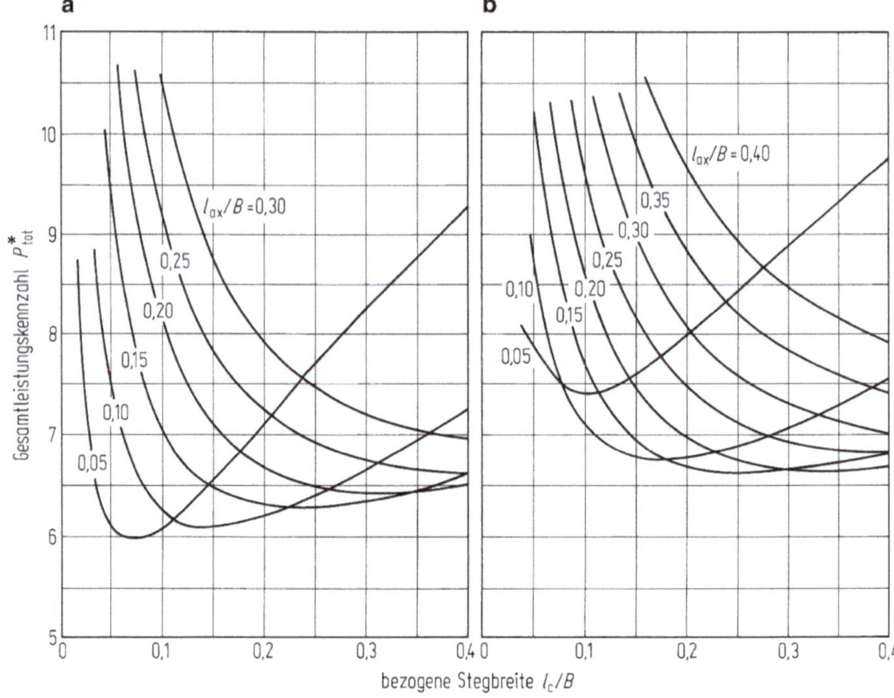

Abb. 15.35 Gesamtleistungskennzahl hydrostatischer Radiallager P^*_{tot} für optimierte Lagergeometrien; $B/D = 1$, $\varepsilon = 0{,}4$, $Z = 4$, $\xi = 1$, $P^* = 2$, $\alpha = 0$, $h_p = 40 \cdot C_R$ nach DIN 31655 Teil 2, **a** ohne Taschenreibung, **b** mit Taschenreibung

der Tragkraftkennzahl ($\overline{p}$ bezogen auf p_{en})

$$F^* = \frac{F}{B \cdot D \cdot p_{en}} \tag{15.71}$$

p_{en}	in N/m^2	Schmierstoff-Zuführdruck
B	in m	Lager-Nennbreite
D	in m	Lager-Nenndurchmesser

dem bezogenen Reibungsdruck (= F^* bezogen auf So nach (15.21))

$$\pi_f = \frac{\eta \cdot \omega}{p_{en} \cdot \psi^2} \tag{15.72}$$

η	in Pa s	dynamische Viskosität nach (15.31)

dem relativen Lagerspiel

$$\psi = 2 \cdot \frac{C}{D} \tag{15.73}$$

dem Leistungsverhältnis (= Verhältnis Reibleistung P_f zu Pumpenleistung P_p)

$$P^* = \frac{P_f}{P_p} \tag{15.74}$$

und der Schmierstoffdurchsatz-Kennzahl

$$Q^* = \frac{P_p \cdot \eta}{{p_{en}}^2 \cdot C^3} = \frac{Q \cdot \eta}{{p_{en}}^2 \cdot C^3} \tag{15.75}$$

Q	in m^3/s	Schmierstoffdurchsatz

Die gegenseitige Beeinflussung der Werte für Pumpendruck p_{en}, Ölviskosität η sowie Durchmesser D lassen sich aus (15.71), (15.72) und (15.73) bestimmen.

$$D^2 \cdot p_{en} = F \cdot \frac{1}{(\frac{B}{D}) \cdot F^*} \tag{15.76}$$

$$\frac{{p_{en}}^2}{\eta} = \frac{F \cdot \omega}{C^2} \cdot \frac{1}{4 \cdot (\frac{B}{D}) \cdot F^* \cdot \pi_f} \tag{15.77}$$

Weiterhin muss nachgewiesen werden, dass der Öldurchsatz für die Kühlung ausreichend ist, abhängig vom Temperaturanstieg $\Delta\vartheta^*$ im Betrieb. Wird der Unterschied zwischen Drossel- und Lagertemperatur vernachlässigt, ergibt sich (siehe auch Abb. 15.36)

$$\Delta\vartheta^* = \frac{P_{tot}}{Q \cdot \varrho \cdot c} = p_{en} \cdot \frac{(1+P^*)}{\varrho \cdot c} = \frac{F}{\varrho \cdot c \cdot D^2} \cdot \frac{(1+P^*)}{(\frac{B}{D}) \cdot F^*} \tag{15.78}$$

$\varrho \cdot c$	in $J/(m^3\,K)$	volumenspezifische Wärme

Die Berechnung wird sehr einfach, wenn auf die bewährten (optimierten) Eingangsgrößen in (1) zurückgegriffen wird.

Die Lagersteifigkeit c lässt sich nach [45] überschlägig abschätzen:

$$c = \frac{x_1 \cdot 2 \cdot F \cdot (B - l_{ax})}{B \cdot h_{min}} \tag{15.79}$$

l_{ax}	in m	axiale Länge
x_1		Beiwert $x_1 = 0{,}64$ für 4 Taschen $x_1 = 0{,}86$ für 6 Taschen
B	in m	Lager-Nennbreite
F	in N	Lagerkraft

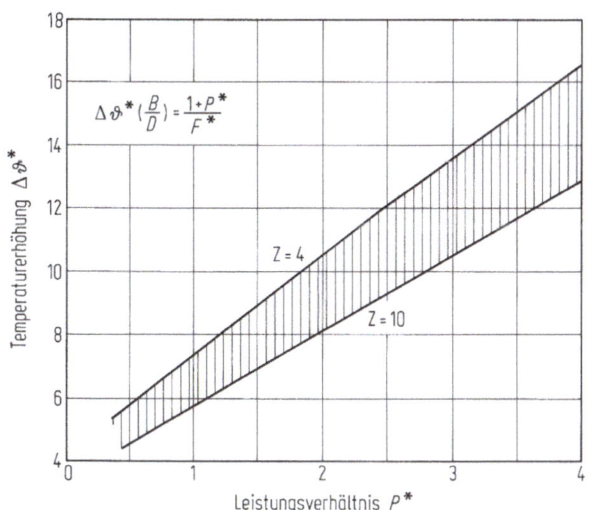

Abb. 15.36 Temperaturerhöhung $\Delta\vartheta^*$ für optimierte Lagergeometrien [43]

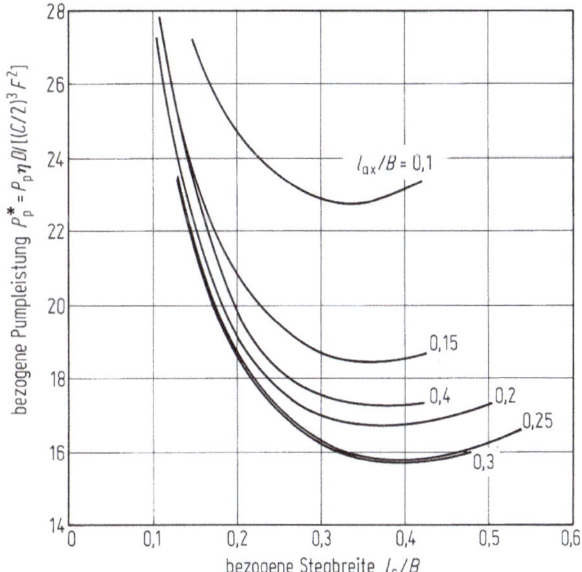

Abb. 15.37 Bezogene Pumpenleistung P_p^* für unterschiedliche bezogene Stegbreiten l_c/B bei der Optimierung für langsam drehende Wellen; $\varepsilon = 0{,}5$, $Z = 4$, $B/D = 1$ [43]

mit der minimalen Schmierfilmdicke (siehe Tab. 15.5 und Abb. 15.44)

$$h_{\min} \approx (50 \ldots 10) \cdot Rz \tag{15.80}$$

Häufig wird für die Konstruktion eine minimale Steifigkeit $c_{\min}$ verlangt. Dann folgt für das maximale relative Lagerspiel:

$$C_{\max} = \frac{F}{c_{\min} \cdot \varepsilon} \tag{15.81}$$

F	in N	Lagerkraft
ε		relative Exzentrizität nach (15.35)

(3) Optimierung bei sehr kleinen Drehzahlen $n \approx 0$

Für sehr kleine Drehzahlen lässt sich die gesamte Verlustleistung P_{tot} nach (15.69) bis (15.75) nicht minimieren, da $P^*_{\text{tot}} = 1 \ldots 3$ meist zu unrealistischen Viskositäten führt [43]. Die Frage, wann ist eine Drehzahl „klein", wird durch die sich aus dem oben beschriebenen Berechnungsverfahren ergebende unrealistische Viskosität beantwortet. Hier ist es zweckmäßig, nur die Pumpenleistung zu minimieren:

$$P_P = Q \cdot p_{\text{en}} = Q^* \cdot \frac{C^3}{\eta} \cdot {p_{\text{en}}}^2 = \frac{C^3 \cdot F^2}{\eta \cdot D^4} \cdot \frac{Q^*}{\left(\frac{B}{D}\right)^2 \cdot F^{*2}} \tag{15.82}$$

p_{en}	in N/m^2	Schmiermittel-Zuführdruck
B	in m	Lager-Nennbreite
C	in m	Lager-Nennspiel
F	in N	Lagerkraft
F^*		Tragkraftkennzahl nach (15.71)
Q	in m^3/s	Schmierstoffdurchsatz
Q^*		Schmierstoffdurchsatz-Kennzahl nach (15.75)

Die optimale Lagergeometrie kann durch Minimierung der bezogenen Pumpleistung P_p^* erzielt werden, d. h. Viskosität η und Durchmesser D sollten so groß wie möglich gewählt werden [43]:

$$P_p^* = \frac{Q^*}{\left(\frac{B}{D}\right)^2 \cdot F^{*2}} = \frac{P_P \cdot \eta \cdot D^4}{C^3 \cdot F^2} \tag{15.83}$$

P_p^* für $\varepsilon = 0{,}5$, $Z = 4$, $B/D = 1$ für verschiedene Lagergeometrien zeigt Abb. 15.37.

Weitere Hinweise zur Berechnung von Lagern für kleine Umfangsgeschwindigkeiten sind in [44] und [51] angegeben.

15.6.2 Hydrostatische Axiallager (Spurlager)

15.6.2.1 Bauarten und Gestaltung der hydrostatischen Axiallager

Je nach Anwendung und Betriebsbedingungen wurden unterschiedlich leistungsfähige und dementsprechend aufwendige Bauarten entwickelt.

Einflächen-Axiallager

Einflächen-Axiallager allgemein nach Abb. 15.38 und 15.39 sind kippempfindlich. Bei exzentrischer Belastung stellt sich der Spurkranz der Welle schräg zur feststehenden Spurplatte. Der Schmierspalt wird dadurch auf der einen Seite größer, so dass der Druck hier zusammenbrechen kann, gegenüber verkleinert sich dabei der Schmierspalt bis zur Festkörperreibung. Auch kugelige Spurlinsen, Abb. 15.24, eignen sich

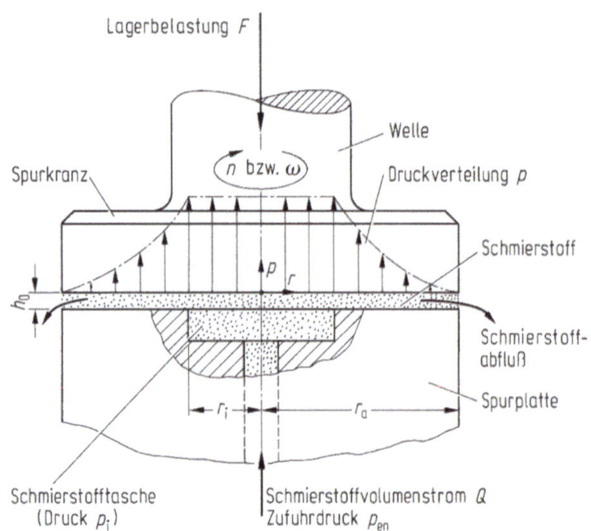

Abb. 15.38 Einflächen-Axiallager, Tellerlager [40]

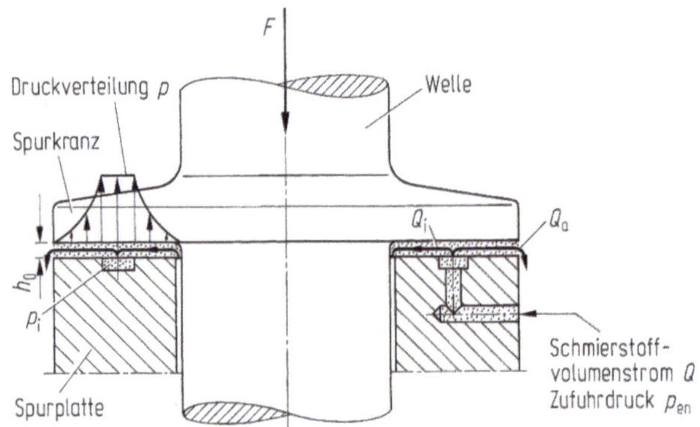

Abb. 15.39 Einflächen-Axiallager, Ringnutlager [40]

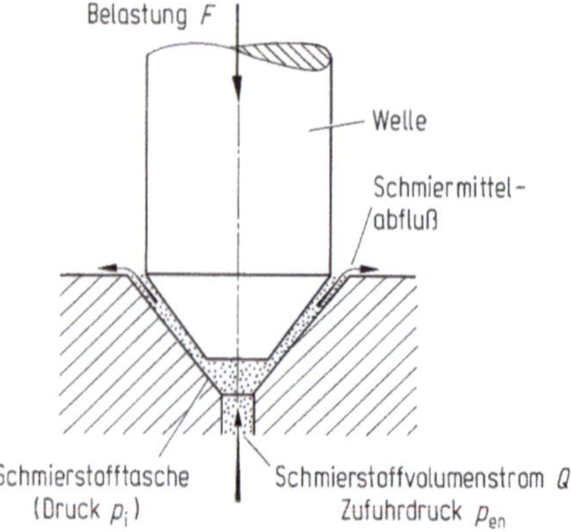

Abb. 15.40 Konisches Spurlager [40]

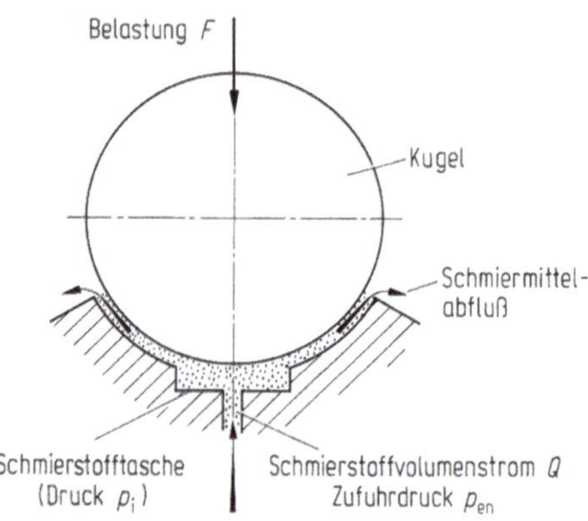

Abb. 15.41 Kugelspurlager [40]

nur zum stationären Einstellen, nicht zum Ausgleich von Schwingbewegungen unter Belastung.

- Tellerlager, Abb. 15.38, sind am weitesten verbreitet, einfach gestaltet und herstellbar, können jedoch nur am Wellenende angeordnet werden. Der Schmierstoff fließt durch den ebenen Schmierspalt radial nach außen ab.
- Bei Ringnutlager, Abb. 15.39, tritt an die Stelle der ebenen Spurplatte eine ebene Ringfläche. Die Welle kann hierbei durch das Lager hindurchgeführt werden.

Mehrflächengleitlager

Bei Mehrflächengleitlagern lässt sich demgegenüber ein stabiles Gleichgewicht erreichen. Am Umfang sind mehrere Schmiertaschen gleichmäßig verteilt angeordnet, die entweder unabhängig voneinander mit Schmierstoff oder von einer gemeinsamen Pumpe mit Regelelementen vor jeder Tasche versorgt werden. Hierfür gelten die gleichen Überlegungen wie für die hydrostatischen Radiallager, Abschn. 15.6.1.

Konische Spurlager und Kugelspurlager

Konische Spurlager und Kugelspurlager, Abb. 15.40 und 15.41, sind Führungslager für kleine Belastungen und Drehzahlen.

15.6.2.2 Tragfähigkeit des Einflächen-Axiallagers

Bei den niedrigen Drehzahlen, für die Tellerlager, Abb. 15.38, meist eingesetzt werden, kann der Einfluss der Relativgeschwindigkeit zwischen den Lagerflächen vernachlässigt werden. Die Berechnung stützt sich daher im Wesentlichen auf die Druckströmung (Abschn. 15.2.1).

Der unter einem Druck p_{en} von der Schmierstofftasche zugeführte Schmierstoff bildet eine Schmierstoffschicht mit der Dicke h_0 (nach (15.33)). Aus der Bedingung, dass durch jeden Ringquerschnitt die gleiche Schmierstoffmenge fließen muss, und aus der Randbedingung, dass das Öl außen ($r = r_a$) ohne Überdruck abfließen kann ($p = p_a = 0$) und dass innen ($r = r_i$) $p = p_i$ ist, folgt für den Druck im Spalt p auf beliebigem Radius r (siehe Abb. 15.42)

$$p = p_{\text{en}} \cdot \frac{\ln \frac{r_a}{r}}{\ln \frac{r_a}{r_i}} \tag{15.84}$$

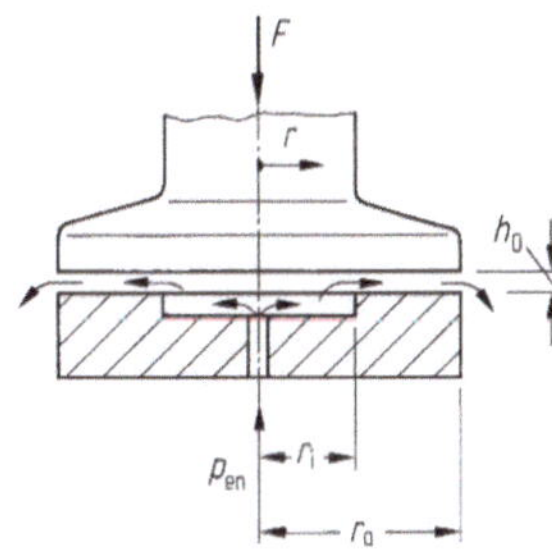

Abb. 15.42 Berechnungsgrößen für ein Tellerlager

Aus der Bedingung für Gleichgewicht zwischen äußerer Lagerkraft F einerseits und Druckkraft in Nische und Ringfläche andererseits

$$F = p_{en} \cdot (\pi \cdot r_i^2) + \int_{r_i}^{r_a} p \cdot 2 \cdot \pi \cdot r dr = \frac{\pi \cdot p_{en}}{2} \cdot \frac{r_a^2 - r_i^2}{\ln \frac{r_a}{r_i}} \tag{15.85}$$

ergibt sich der erforderliche Schmiertaschendruck

$$p_{en} = \frac{6 \cdot \eta \cdot Q}{\pi \cdot h_0^3} \cdot \ln \frac{r_a}{r_i} \tag{15.86}$$

η	in Pa s	dynamische Viskosität nach (15.31)

mit dem Volumenstrom Q (aus (15.40) abgeleitet)

$$Q = \frac{F \cdot h_0^3}{3 \cdot \eta \cdot (r_a^2 - r_i^2)} \tag{15.87}$$

Daraus folgt die erforderliche Pumpenleistung

$$P_p = p_{en} \cdot \frac{Q}{\eta_p} = \frac{2 \cdot F^2 \cdot h_0^3}{3 \cdot \pi \cdot \eta} \cdot \frac{\ln \frac{r_a}{r_i}}{(r_a^2 - r_i^2)^2} \cdot \frac{1}{\eta_p} \tag{15.88}$$

mit Wirkungsgrad von Pumpe einschließlich Zuleitungen

$$\eta_p = 0{,}5 \ldots 0{,}95 \tag{15.89}$$

je nach Art der Pumpe und Länge der Zuleitungen.

Für die Schmierfilmdicke h_0 gelten die Bedingungen der minimalen Schmierfilmdicke nach (15.34) mit Hinweisen sowie die (15.58) und (15.59).

Aus dem linearen Verlauf der Tangentialgeschwindigkeit von innen nach außen ergibt sich die Reibleistung des Lagers P_f zu:

$$P_f = \frac{\pi \cdot \eta \cdot \omega^2}{2 \cdot h_0} \cdot (r_a^4 - r_i^4) \tag{15.90}$$

ω	in s^{-1}	Winkelgeschwindigkeit

Optimale Verhältnisse, d. h. die kleinste Gesamt-Verlustleistung $P_{tot} = P_p + P_f$, werden erreicht für einen Innenradius von

$$r_i = 0{,}5 \cdot r_a \tag{15.91}$$

Hierbei sind Pumpenleistung und Reibleistung gleich groß. P_{tot} ergibt sich zu:

$$P_{tot} = 1{,}25 \cdot F \cdot h_0 \cdot \omega \tag{15.92}$$

Wird der über die Lageroberfläche abgeführte Wärmestrom vernachlässigt, dass bedeutet, es wird angenommen, dass die Wärme aus der Gesamt-Verlustleistung durch den Schmierstoff abgeführt wird, ergibt sich die Temperaturerhöhung

$$\Delta\vartheta = \frac{P_{tot}}{c \cdot \varrho \cdot Q} \tag{15.93}$$

mit spezifische Wärme des Schmierstoffs c und Dichte des Schmierstoffs ϱ nach Kap. 16.

Auslegung

Aus der Bedingung, dass die Gesamt-Verlustleistung $P_{tot} = P_p + P_f$ ein Minimum sein soll, folgt, dass die Schmierfilmdicke möglichst klein sein und eine Ähnlichkeitsziffer So^* einen Maximalwert (ca. 2,4) nicht überschreiten soll.

$$So^* = \frac{F \cdot h_0^2}{\eta \cdot \omega \cdot r_a^4} \tag{15.94}$$

Lagerkraft F und Winkelgeschwindigkeit ω sind im Allgemeinen vorgegeben. Zu wählen sind die dynamische Viskosität des Schmierstoffs η (Abschn. 15.3.2) und die Schmierfilmdicke h_0 (Abschn. 15.3.3). Hieraus ergibt sich der Außendurchmesser r_a und der Innendurchmesser

$$r_i = 0{,}5 \cdot r_a \tag{15.95}$$

Wegen des hohen Wirkungsgrads der Pumpen sind die Lagerverluste gering und wesentlich kleiner als bei hydrodynamischen Lagern. Diese wirken zwar auch als Pumpe, jedoch mit schlechtem Wirkungsgrad.

Man beachte: Die ruhende Spurplatte wird im Allgemeinen aus GJL oder Stahl hergestellt und kugelig einstellbar ausgeführt, Abb. 15.24. Radiale Schmiernuten erleichtern beim Anlauf den Aufbau des Schmierfilms. Sie dürfen nicht bis zum äußeren Rand reichen! Bei hohen Relativgeschwindigkeiten nimmt die Reibleistung deutlich zu, denn $P_f \sim U^2$.

15.6.2.3 Tragfähigkeit anderer Axiallager-Bauarten

Für die Berechnung von Einflächen-Ringnutlager gelten die Gesichtspunkte für Tellerlager sinngemäß. Die Berechnung erfolgt nach Abschn. 15.6.2.2 mit den Größen nach Abb. 15.43.

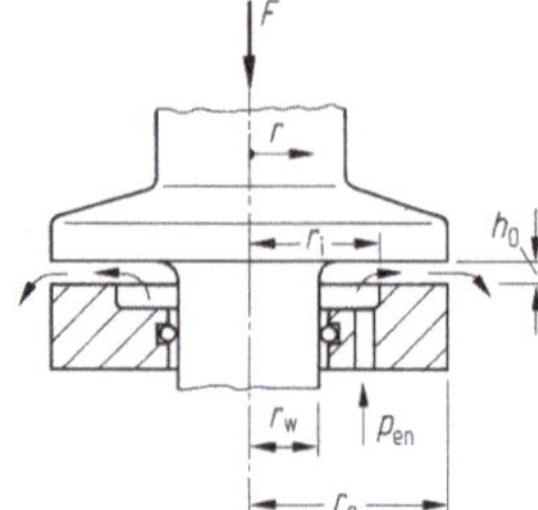

Abb. 15.43 Berechnungsgrößen für ein Ringnutlager

Wegen der geringen Breite b der Ringflächen kann mit linearem Druckabfall gerechnet werden. Die Berechnung ist in [40] angegeben. Die Ähnlichkeitsziffer So^* hat hier kein Maximum. Sie nimmt mit abnehmendem r_a zu, wird allerdings durch den Wellendurchmesser eingeengt. Es muss geprüft werden, was die Konstruktion zulässt.

Die Berechnung der Tragfähigkeit der Mehrflächengleitlager, Einflächen-Ringnutlager (Abb. 15.39) sowie der konischen Spurlager (Abb. 15.40) und Kugelspurlager (Abb. 15.41) ist in [40] angegeben.

15.7 Werkstoffe und Herstellung der Gleitlager

Die Bewährung einer Gleitpaarung hängt außer von einem tragfähigen Schmierfilm auch von der Stoffpaarung der Gleitflächen ab. Werkstoffe und Schmierstoffe müssen dem Verwendungszweck angepasst und aufeinander abgestimmt sein.

Die Lagerwerkstoffe (Gleitflächen, die relativ zur Last ruhen) sollen folgende Eigenschaften aufweisen (Definition siehe DIN 50282 [20]):

(a) gut glättbar (Anpassung)
(b) gut benetzungsfähig
(c) gut aufeinander einlaufend (Einlauf, Schmiegsamkeit)
(d) einbettungsfähig für Schmutzpartikel
(e) gutes Notlaufverhalten (Verschleißwiderstand, Fressunempfindlichkeit)
(f) geringe Wärmedehnung und Aufquellung
(g) ausreichende statische und dynamische Festigkeit, Wärme- und Korrosionsfestigkeit
(h) gut wärmeleitend
(i) als Plattierungsstoff gut bindungsfähig mit der Unterlage

Die Eigenschaften (a)–(e) sind für das Gebiet der Trocken- und Mischreibung wichtig, d. h. bei hydrodynamischen Lagern auch für An- und Auslauf.

Da Gleitlager Verschleißteile sind, sollten sich Lagerschalen und Buchsen leicht auswechseln lassen.

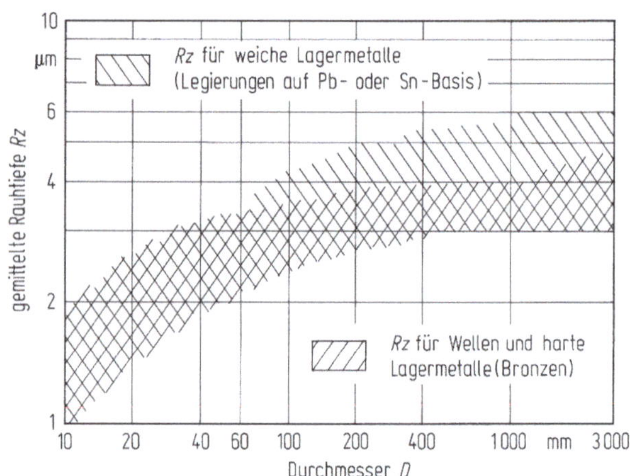

Abb. 15.44 Anhaltswerte für günstige Herstellrauheiten (VDI 2204 Blatt 1)

15.7.1 Wellenwerkstoff

Die Gleitfläche, die sich relativ zur Last bewegt (im Allgemeinen die Welle bzw. der Spurkranz), soll glatt und ca. 3 ... 5-mal so hart sein wie der Lagerwerkstoff und damit verschleißfest. Günstig sind Einsatzstähle (58 ... 62 HRC), aber auch flamm- oder induktionsgehärtete Stähle (50 ... 55 HRC) und nitrierte Stähle (> 60 HRC), wenn die Festigkeit ausreicht auch graphitiertes Gusseisen. Weniger geeignet ist austenitischer Stahl.

Für hoch-, insbesondere stoßbelastete Gleitpaarungen werden Werkstoffpaarungen hoher Festigkeit gewählt (z. B. Stahl gehärtet/Bleibronze). Ein schlechterer Einlauf wird in Kauf genommen und durch genauere Bearbeitung ausgeglichen.

Generell ist eine geringe Rauheit und hohe Formgenauigkeit der Welle bzw. des Spurkranzes günstig. Anhaltswerte sind in Abb. 15.44 angegeben. Gut geeignet ist Feinschleifen, nicht jedoch Läppen, Superfinish und ähnliches, weil hierdurch die Formgenauigkeit und Benetzungsfähigkeit leidet.

15.7.2 Lagerwerkstoff

Es gibt keinen idealen Lagerwerkstoff. Einige Kriterien stehen im Gegensatz zueinander. Beispielsweise haben einlauffähige, einbettungsfähige Werkstoffe gute Notlaufeigenschaften und Wärmeleitfähigkeit, jedoch eine niedrige Festigkeit. Um die Tragfähigkeit weicher Lagerwerkstoffe zu erhöhen, kann sie in dünnen Schichten auf Stützschalen aus höherfestem Werkstoff aufgetragen werden, Abb. 15.45.

Wegen der großen Vielfalt von Werkstoffen, die sich als Lagerwerkstoff eignen, sollte nach Möglichkeit der Rat von

Tab. 15.7 Eigenschaften der Gleitlagerwerkstoffe (● sehr gut, ◕ gut, ◑ ausreichend, ◔ mäßig, ○ mangelhaft)

Eigenschaften	Werkstoffe								
	Blei- und Zinn-Lagermetalle („Weißmetalle“)		Kupferlegierungen			Alu-Legierung	Poröse Sinterlager	Kunststoffe	Kunstkohle
	Blei-Basis	Zinn-Basis	Blei-Basis	Zinn-Basis	Alu-Basis				
Gleiteigenschaft	●	◕	◑	◑	◑	◕···◑	◑···◔	◔	◔
Einbettfähigkeit	●	◕	◑	◑	◑	◕···◑	◑	◔	○
Notlaufeigenschaft	●	◕	◕	◑	◕	◕	●	●	●
Belastbarkeit	◔	◑	◕	◕	◕	◕	◑	◔	○
Wärmeleitung/ Wärmedehnung	◔	◔	◑	◑	◑	◕	◔	○	○
Korrosionsfestigkeit	○	◑	◔	◑	◕	◕	◕···○ je nach Aufbau	◑	◕
Mangel- oder Trockenschmierung	◕	◑	◔	○	◔	◑	●	●	●

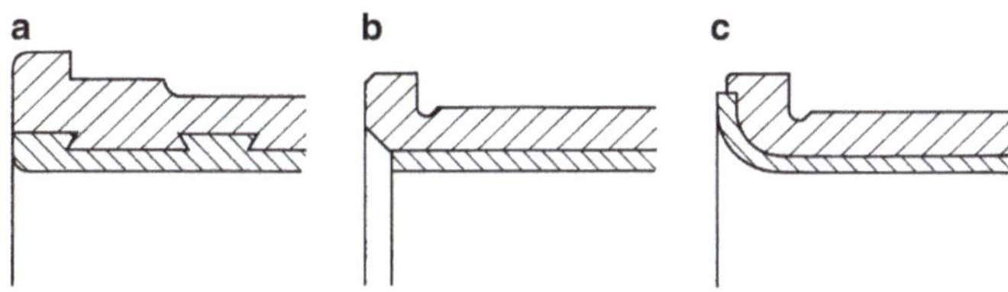

Abb. 15.45 Auf Stützschale aufgebrachte Laufschicht, **a** eingegossen bzw. eingeschleudert, **b** eingelötet, **c** aufgewalzt (aufplattiert)

Lagerherstellern und Werkstofflieferanten eingeholt werden. Tab. 15.7 und die nachstehenden Informationen können als erster Anhalt für die Auswahl nach den oben genannten Kriterien dienen.

Metallische Lagerwerkstoffe

Allgemeine Werkstoffdaten sind in Kap. 5 angegeben, einen Überblick und Kennwerte sind in VDI 2201 und DIN ISO 4381 [29] bis 4383 [31] enthalten. Gängige Sorten sind in Tab. 15.8 angegeben.

- Blei-Lagermetalle (früher Weißmetall) eignen sich im Allgemeinen gut für Gleitgeschwindigkeiten im hydrodynamischen Bereich. Sie weisen gute Einlauf- und Notlaufeigenschaften auf und sind leicht vergießbar. Sie werden als dünne Auflage von 0,1 ... 2 mm Dicke auf GJL- und Stahl-Schalen verwendet.
- Zinn-Lagermetalle (früher Weißmetall) haben die gleichen Einlauf- und Notlaufeigenschaften wie Blei-Lagermetalle, eignen sich für den gleichen Gleitgeschwindigkeitsbereich, sind empfindlicher gegen Kantenpressung aber besser geeignet bei Schlagbeanspruchung.
- Kupfer-Legierungen (Zinnbronzen und Aluminiumbronzen) sind geeignet für hohe Beanspruchung. Sie sind sehr verschleißfest, die Einlauf- und Notlaufeigenschaften sind allerdings weniger gut. Verbesserte Notlaufeigenschaften weisen Zinn-Blei-Bronzen bzw. Blei-Bronzen auf, bei nur geringfügig schlechterer Bruch- und Verschleißfestigkeit.
- Gusseisen mit Lamellengraphit (DIN EN 1561 [25]) ist kostengünstig wegen seiner Härte (bis 180 HB), aber weniger bettungsfähig, empfindlich gegen Kantenpressung, greift bei unzureichender Schmierung und ungeeignetem Gefüge die Welle an, falls sie nicht gehärtet und geschliffen ist. Die Notlaufeigenschaften sind schlecht. Erwünscht ist ein Gefüge mit perlitischer Grundstruktur und fein verteiltem Graphit. Die Lagerschale muss im Gehäuse formschlüssig verankert sein, um das Reibmoment abzustützen. Da GJL nicht gelötet werden kann, werden Lagerschale und Lagergehäuse am besten aus einem Stück gefertigt. Anwendung z. B. für Landmaschinen und Gleitbahnen.
- Eigenschaften von Lagern aus Sintereisen und Sintermetallen werden in Abschn. 15.9.1 erläutert.

Nichtmetallische Lagerwerkstoffe

Zu den nichtmetallischen Werkstoffen zählen Kunststoffe, Abschn. 15.9.2.

Lagerwerkstoffe für besondere Anwendungen

- Edelsteine (Saphir, Rubin) und Korund werden z. B. für Spitzenlager in Uhren, in Geräten der Feinmechanik und der chemischen Industrie verwendet [39].
- Feinkeramische Stoffe und emaillierte Stahllager werden für Geräte in der chemischen Industrie, z. B. Säurepumpen und Rührwerke, eingesetzt.
- Hartmetalle für Spitzenlagerungen (Hartmetall-Kegelspitze gegen Hartmetalllager mit Kegelbohrung) haben sich bei schnelllaufenden Schleifspindeln und Ähnlichen bewährt, die Paarung gestattet hohe Drücke und Temperaturen ohne zu fressen.
- Kunstkohle eignet sich für hohe Temperaturen (bis 400 °C), ist chemisch beständig und für Trockenlauf geeignet. Die Reibungszahl ist niedrig. Kennwert $(\overline{p} \cdot v)_{zul}$ für Hartkohle bei Trockenlauf 0,1 N/mm^2 · m/s, für bleiimprägnierte Kunstkohle bei Schmierung bis

Tab. 15.8 Metallische Werkstoffe für hydrodynamische Gleitlager nach VDI 2204 Blatt 1

Eigenschaften, Betriebsbedingungen	– bei geringer Belastung und niedriger Gleitgeschwindigkeit – gute Korrosionsbeständigkeit	– mittlere Schlagbeanspruchung – geringe Empfindlichkeit gegen Kantenpressen – Einsatz im Mischreibungsgebiet	– mittlere Belastung – Empfindlichkeit gegen Biegewechselbeanspruchung + Kantenpressung – hoher Verschleißwiderstand	– gute Einbettfähigkeit – mittlere Belastung – mittlere Schlagbeanspruchung bei niedriger Frequenz – hohe Zähigkeit		– gute Korrosionsbeständigkeit	– schlechte Einbettfähigkeit
Werkstoff-Kurzzeichen und -Nr.	PbSb15SnAs 2.3390	PbSb14Sn9CuAs 2.3392	SnSb12Cu6Pb 2.3790	SnSb8Cu4 2.3791	CuSn10P 2.1830	CuPb20Sn10 2.1821	CuAl9Fe4Ni4 2.1833
zul. Flächenpressung bei 20 °C[a]							
$\overline{p}_{stat}$ in N/mm^2	13	15,3	20,3	15,7	150	200	200
$\overline{p}_{dyn}$ in N/mm^2	6,5	7,7	10,2	7,8	50	100	66,7
zul. Dauertemperatur ϑ_{lim} in °C	< 70	< 70	< 90	< 90	300	–	350
Schmelztemperatur ϑ in °C	240 … 350	240 … 420	183 … 400	233 … 360	840	–	1030
Längenausdehnungs-Koeffizient α_1 in $10^{-6}/K$	25	24,7	22,7	23,9	18	18	16
Wärmeleitfähigkeit λ in W/(m K)	16 … 18		28 … 31		71	–	71
Anwendung	gerollte Buchsen, Nockenwellenbuchsen, Getriebebuchsen	Gleitlager in Elektromaschinen, Getrieben, Walzwerken	Gleitlager in Turbinen, Verdichtern, Elektromaschinen	gerollte Buchsen, hochbeanspruchte Walzwerkslager, Gleitscheiben	bei gehärteten Wellen, bei Kombination von hoher Belastung, hoher Geschwindigkeit Schlag- und Stoßbeanspruchung	gerollte Buchsen, Gleitscheiben, Kolbenbolzenbuchsen	Gleitlager im Schiffbau, bei gehärteten Wellen

[a] bei 100 °C ca. 60 … 70 % der Werte für 20 °C

$8\,\text{N}/\text{mm}^2 \cdot \text{m}/\text{s}$. Als Schmierstoff eignet sich Wasser, nicht jedoch Öl oder Fett. Die Lager sind empfindlich gegen Kantenpressung und Stoßbelastung. Lagerspiel 1 ... 3 ‰. Kohlelager werden wegen der geringen Festigkeit meist in Stahlbuchsen eingepresst oder geschrumpft, der kleine Längenausdehnungskoeffizient ist zu beachten ($\alpha = 2 \ldots 4 \cdot 10^{-6}/\text{K}$). Anwendung: Heiz- und Trockengeräte, Waschanlagen, Pumpen usw., wenn mit dem Fördermedium geschmiert wird.

Mehrstofflager, Verbundwerkstoffe
Die Lagerschalen bestehen aus mehreren Schichten. Auf die feste Stützschale (bzw. Halbschale) wird die Laufschicht aufgebracht: durch Eingießen, Einschleudern, Einspritzen, Aufplattieren oder auch Aufsintern, Abb. 15.45. Damit können die in der Einleitung zu Abschn. 15.7.2 erwähnten, gegensätzlichen Anforderungen besser erfüllen werden. Weitere Gesichtspunkte sind wirtschaftliche Herstellung sowie einfache Montier- und Reparierbarkeit. Lagerschalen und Buchsen werden oft einfach mit Presssitz in die Gehäuse eingebracht. Dies ist nur bei hoher Festigkeit der Stützschale (meist Stahl) möglich. Dieser Gesichtspunkt ist insbesondere bei Metall-Kunststoff-Verbundlagern (z. B. mit Polyamid-Laufschicht) wichtig. Bei diesen Lagern wird die weiche, nur 5 ... 40 µm dicke Gleitschicht galvanisch aufgebracht. Je dünner die Gleitschicht, desto fester, aber auch weniger verformbar (weniger bettungsfähig für die Welle) ist diese Schicht. Lagerschalen mit Stützschale aus Stahl und Laufschicht aus LgPbSn10 gibt es in genormter Ausführung ungeteilt (DIN 7473 [13]) und geteilt (DIN 7474 [14]).

Am weitesten verbreitet sind Dreischichtlager mit Stahlrücken, aufgegossener Bleibronzeschicht, galvanisch aufgebrachtem 1 ... 2 µm dickem Nickeldamm (damit Zinn aus der Laufschicht nicht in die Bleibronze eindiffundieren kann) und ebenfalls galvanisch aufgebrachter bettungsfähiger Weißmetall-Gleitschicht. Hauptanwendungsgebiete sind Getriebe und Kolbenmaschinen.

15.8 Schmierstoff und Schmierstoffversorgung

Schmierstoffarten, -eigenschaften, -prüfung und allgemeine Hinweise zur Auswahl sind in Kap. 16 und Tab. 15.9 angegeben.

Häufig ist der Schmierstoff durch die Betriebsbedingungen der Maschine oder der gesamten Anlage vorgegeben. Beispiele: Zahnradgetriebe aus der Funktion der Reibungsminderung im Zahneingriff und Abführung der Verlustleistung [41]; Unterwasserpumpe mit Schmierung durch das Umgebungsmedium Wasser, Walzwerk mit Zentralschmiereinrichtung. Bei Gefahr der Verschmutzung durch den Schmierstoff, z. B. bei der Verarbeitung von Lebensmitteln, werden Festschmierstoffe oder Luft und Gas als Schmierstoff bevorzugt, für Kolbenmaschinen Schmieröle N und D nach DIN 51501 [21] und 51504 [22] mit Viskosität $\nu \approx 30 \ldots 70\,\text{mm}^2/\text{s}$, für Wandler Hydrauliköle HL und HLP nach DIN 51524 [23] und DIN ISO 3448 [26].

Im Übrigen werden Schmierstoff und Schmierstoffversorgung nach den Betriebsbedingungen des Lagers gewählt.

Tab. 15.9 Eignung der Schmierstoffart unter Einfluss der Geschwindigkeit

Summengeschwindigkeit U in m/s	Schmierstoff
< 0,7	Festschmierstoff
0,4 ... 2	Schmierfett
0,5 ... 10	Motoren- oder Maschinenöl
10 ... 30	Turbinen- oder Spindelöl
> 30	Spindelöl, Wasser, Öl-Wasser-Emulsion, Luft

15.8.1 Schmierölarten

Mineralöle
Mineralöle werden im Allgemeinen für Gleitlagerungen bevorzugt. Sie sind preiswerter als synthetische Öle, ihre Eigenschaften können durch die Auswahl der Basisöle bzw. durch das Herstellverfahren gezielt beeinflusst werden.

Synthetische Öle
Wenn besondere thermische Stabilität und Verträglichkeit mit anderen Werkstoffen gefordert wird oder bei extremen Temperaturen (z. B. für Pumpen im Bergbau, Hydraulik), werden teure synthetische Öle für Gleitlager verwendet. Für die Schmierung von Uhren, Messgeräten usw., auch für Kunststofflager, hat sich Silikonöl bewährt.

Wichtig ist vor allem, die andere (meist geringere), von Mineralölen abweichende Viskositäts-Temperatur-Abhängigkeit, zu beachten. Einige Syntheseöle haben eine andere Dichte als Mineralöle, was sich bei der Umrechnung von der meist angegebenen kinematischen auf die dynamische Viskosität auswirkt.

Beim Vergleich von Synthese- und Mineralölen ist die dynamische Viskosität bei Betriebstemperatur maßgebend.

Weitere Eigenschaften
Bei der Wahl des Schmierstoffs sind weitere Anforderungen zu beachten, die sich aus dem Kontakt mit Metallen, Lager- und Dichtungswerkstoffen, Wasser usw. ergeben, siehe Abschn. 15.7.2 und Kap. 16: Schmierstoffe. Um unerwünschte Reaktionen zu vermeiden, sind evtl. Zusatzstoffe erforderlich. Die Schmierstoffeigenschaften lassen sich in weiten Grenzen durch chemische Additive verändern und den Betriebsbedingungen anpassen, Kap. 16.

15.8.2 Schmieröl-Kenngrößen

Für die Dimensionierung und das Betriebsverhalten sind folgende Kenngrößen wichtig:

- Die dynamische Viskosität η ist die wichtigste Einflussgröße für hydrodynamische Tragfähigkeit, Abschn. 15.3.2.
- Große Dichte ϱ bedeutet große Reynolds-Zahl, siehe (15.10), und damit einen kleineren Bereich laminarer Strömung, jedoch bessere Wärmeabfuhr durch den Schmierstoff.
- Hohe spezifische Wärmekapazität c bedeutet guten Wärmeübergang. Damit ist ein kleinerer Kühlmitteldurchsatz erforderlich.

Hinweis: Die raumspezifische Wärmekapazität $c \cdot \varrho$ erfasst beide Einflüsse, siehe Abschn. 15.3.4 und (15.47).

- Zulässige effektive Schmierstofftemperatur = Lagertemperatur ϑ_{lim}: Bei Kompressoren und Brennkraftmaschinen ist ein ausreichender Sicherheitsabstand zum Flammpunkt erforderlich. Anhaltswerte für ϑ_{lim} sind in Tab. 15.6 aufgelistet. Tiefst-Umgebungstemperatur beachten (Stockpunkt siehe Abschn. 16.4.1.2).

15.8.3 Schmierfett

Fettschmierung ist einfach und kostengünstig. Besonders geeignet sind Schmierfette der NLGI-Klassen 2 und 3 (Tab. 16.8). Das aus dem Schmierspalt austretende Fett bildet einen Wulst, der zuverlässig gegen Staub abdichtet. Von hier aus tropft das Fett ab und ist nicht mehr brauchbar. Diese Art von Fettschmierung ist immer Verlustschmierung. Aus wirtschaftlichen Gründen wird deshalb diskontinuierlich geschmiert, siehe z. B. Abb. 15.46.

Schmierfette sind keine Newton'schen Flüssigkeiten (Abschn. 15.2.1). Trotzdem können die Gesetze der Hydrodynamik angewendet werden, wenn eine modifizierte Viskosität η_{mod} eingeführt wird. Diese Viskosität ergibt sich aus der des Grundöls und der Wirkung des Verdickers. Werden die Unterschiede zwischen den verschiedenen Verdickern vernachlässig, kann die folgende grobe Näherungsgleichung nach VDI 2201 verwendet werden.

$$\eta_{\text{mod}} = \eta \cdot (1 + 2{,}5 \cdot M_m + 14 \cdot {M_m}^2) \tag{15.96}$$

M_m		Massenanteil des Verdickers im Fett
η	in Pa s	Viskosität des Grundöls

Nach Prüfstandsversuchen kann der Fettbedarf (in m^3/s) mit der folgenden Zahlenwertgleichung nach VDI 2201 abgeschätzt werden:

$$Q \approx \frac{(1 - \frac{2 \cdot h_{\text{min}}}{C}) \cdot B \cdot U \cdot C}{8000} \tag{15.97}$$

h_{min}	in m	minimale Schmierfilmdicke im Betrieb
B	in m	Lager-Nennbreite
C	in m	Lager-Nennspiel
U	in m/s	Summengeschwindigkeit nach (15.16)

Das bei jeder Nachschmierung zugeführte Fettvolumen sollte nicht mehr als ca. 10 % des Schmierspaltvolumens betragen, damit nicht während der Schmierstoffzufuhr sofort frisches Fett austritt, somit gilt für das Schmierstoffvolumen:

$$V_L = 0{,}1 \cdot \pi \cdot D \cdot B \cdot \frac{C}{2} \tag{15.98}$$

D	in m	Lager-Nenndurchmesser

und für das Nachschmierintervall:

$$t_1 = \frac{V_L}{Q} \tag{15.99}$$

Q	in m^3/s	Schmierstoffdurchsatz

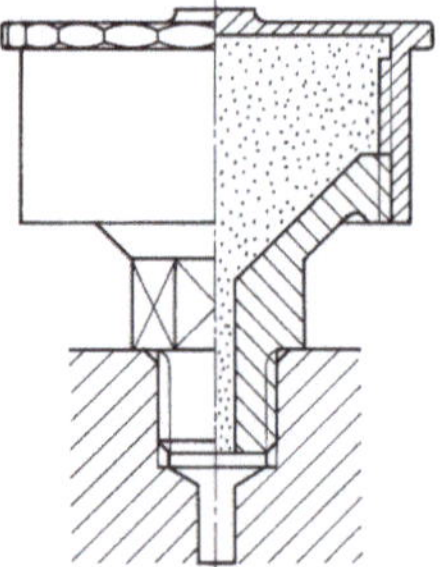

Abb. 15.46 Diskontinuierliche Fett-Verlustschmierung mit Staufferbuchse nach DIN 3411 [12]

15.8.4 Schmierstoffversorgung

Während der gesamten Lebensdauer muss Schmierstoff in ausreichender Menge im Schmierspalt vorhanden sein. Bei seltenen Dreh- oder Schwenkbewegungen genügt oft eine einmalige Schmierstoffversorgung, z. B. bei Sinterlagern durch das in den Poren gespeicherte Öl (Abschn. 15.9.1).

Der Schmierstoff muss ausgewechselt werden, wenn er seine Schmierfähigkeit verloren hat, und zwar infolge hoher Temperaturen oder bei Verschmutzung. Verlust durch Undichtigkeiten muss ausgeglichen werden.

Bei geringen Anforderungen oder Verlusten genügt Nachschmierung in Zeitintervallen, z. B. durch Handöler, Handschmierpressen oder Staufferbuchsen (Abb. 15.46).

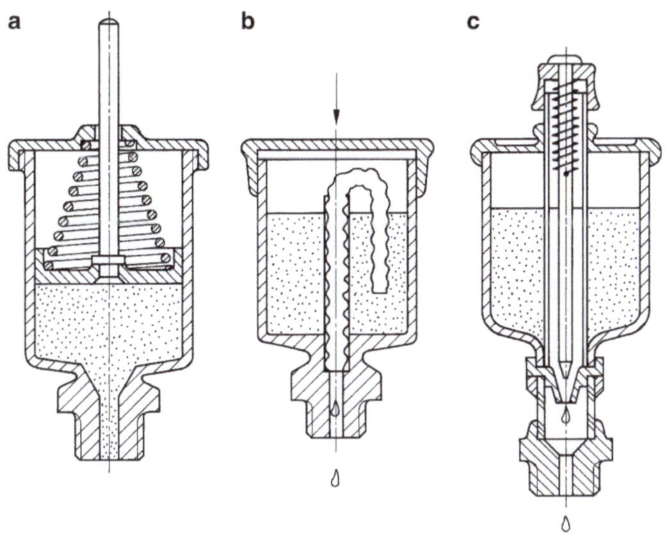

Abb. 15.47 Kontinuierliche Verlustschmierung mit, **a** selbsttätige Fettschmierbuchse (Epple & Co, Stuttgart), **b** Dochtöler, **c** Tropföler

Für einfache Maschinenlager mit Mischreibung bei geringer thermischer Beanspruchung und geringem Schmierstoffbedarf genügen oft Schmiereinrichtungen, die Schmierstoff in kleinen Mengen kontinuierlich zuführen (Verlustschmierung). Beispiele zeigt Abb. 15.47.

Einzel-Umlaufschmierung

Für höher belastete Lager mit Flüssigkeitsreibung wird ein großer Schmierölvorrat benötigt. Dadurch lässt sich die Temperatur vermindern (evtl. durch Zusatzkühlung), Verunreinigungen können sich absetzen. So ist eine höhere Lebensdauer ist zu erreichen.

(a) Filzkissenschmierung (Abb. 15.48a) eignet sich für Lager ohne Unterschale, z. B. Achslager, wo das Fahrzeuggewicht nur in einer Richtung (nach unten) auf das Lager wirkt.

(b) Losringschmierung (Abb. 15.48b): Der Ring wirkt wie eine Pumpe, die von der Welle automatisch an- und abgeschaltet wird. Anwendung ab ca. 2 m/s Umfangsgeschwindigkeit (darunter ist Ölfördermenge zu klein) bis ca. 15 m/s (nur bei waagerechter Welle). Die Funktion wird bei häufiger Drehrichtungsumkehr beeinträchtigt.

(c) Festringschmierung (Abb. 15.48c) eignet sich bis ca. 5 m/s Umfangsgeschwindigkeit. Ab 3 m/s besteht Gefahr der Schaumbildung, daher sollte ab hier eine geringere Eintauchtiefe gewählt werden. Läuft der Ring im einem geschlossenen Ringkanal, sind 10 m/s möglich. Der Ring kann auch so gestaltet werden, dass er Öl in Axialrichtung abschleudert, so dass, evtl. über eine Auffangtasche, entfernte Schmierstellen versorgt werden können. Der Festring kann auch zur axialen Führung verwendet werden. Nachteilig ist, dass auch die untere Lagerhälfte geteilt werden muss, so dass die Schmierdruckverteilung in zwei Bereiche unterteilt wird.

(d) Schleuderringschmierung: Eine neben dem Lager angeordnete, ausreichende große Scheibe fördert das Schmieröl durch Fliehkraft nach außen, von wo es durch Kanäle und Bohrungen dem Lager zugeführt wird. Eine Sonderbauart besteht darin, dass der Ring als Taumelscheibe ausgebildet ist, die bei der Rotation einen axialen Förderdruck erzeugt.

Zentralschmierung

Bei der Zentralschmierung werden mehrere Lager von einer Schmiereinrichtung versorgt, wobei verschiedene Ausführungen gebräuchlich sind.

(e) Öl-Verlustschmierung wird verwendet, um eine bis zu mehreren hundert Schmierstellen mit jeweils geringem Schmierstoffbedarf zu versorgen. Es wird dazu im einfachsten Fall ein Vorratsbehälter, eine Pumpe und Stellventile benötigt, die die Zufuhr zu den Schmierstellen dosieren. Eine andere Lösung besteht darin, dass jede Schmierstelle von einer gesonderten Pumpe versorgt wird. Der Bedienungsaufwand für die Versorgung vieler Schmierstellen wird dadurch reduziert, insbesondere, wenn Schmierstellen schwer zugänglich sind. Nachteilig ist, dass das Schmieröl nicht gekühlt werden kann und verloren geht.

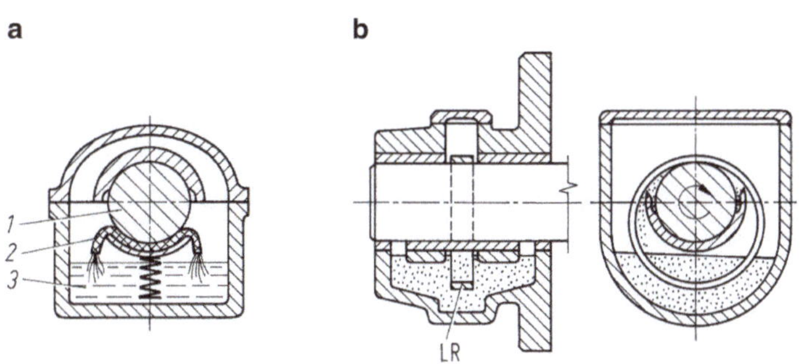

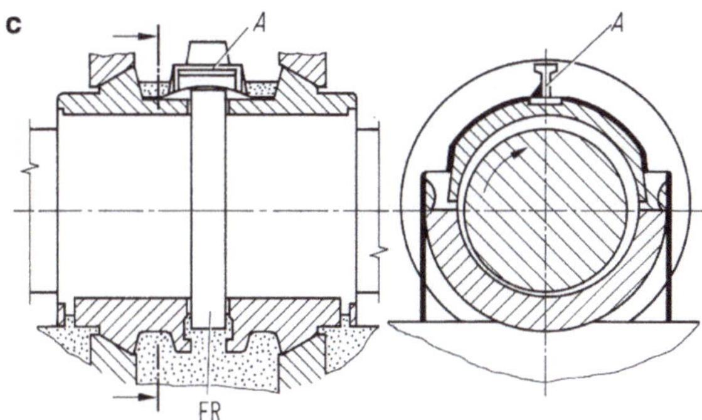

Abb. 15.48 Einzel-Umlaufschmierung, **a** Filzkissenschmierung (*1* – Welle, *2* – Filzkissen mit Saugfransen, *3* – Ölvorrat), **b** Losringschmierung, **c** Festringschmierung, *A* Abstreifer, *FR* Festring (Fa. Renk AG)

(f) Ölnebelschmierung: Der Ölnebel wird dadurch erzeugt, dass ein Luftstrom mit niedriger Geschwindigkeit und niedrigem Druck durch den Vorratsbehälter geführt und durch Rohre an die Schmierstellen herangeführt wird. Durch Düsen und Ventile wird das Gemisch auf eine Geschwindigkeit von ca. 50 m/s gebracht. Beim Auftreffen vereinigen sich Öltropfen zu einem Ölstrom, der der Schmierstelle zugeleitet wird. Ölnebelschmierung hat gegenüber anderen Verlust-Schmiersystemen den Vorteil geringen Ölverbrauchs und besserer Kühlung durch den Luftstrom.

(g) Öl-Umlaufschmierung ist das sicherste und leistungsfähigste Schmiersystem. Das Öl wird von einer Pumpe aus einem Vorratsbehälter in einen Hochbehälter gefördert, von wo es den Lagern unter natürlichem Gefälle zuläuft oder es wird von der Pumpe über Rohrleitungen den Lagern direkt zugeführt. Das austretende Öl wird dem Vorratsbehälter wieder zugeleitet. Dieser Kreislauf bietet folgende Möglichkeiten:
- Kühlung des bei Lagerdurchlauf aufgeheizten Öls
- Heizung zum Anfahren bei niedrigen Temperaturen
- Filtern des Öls, um Lager und Pumpe vor Abrieb und Verunreinigungen zu schützen
- Kontroll- und Warnsysteme für Ölstand, Druck und Durchflussmenge sowie Verschleiß
- Separieren von Wasser
- Probenentnahme und Analyse

Mit diesem allerdings sehr aufwendigen Schmiersystem wird ein hohes Maß an Betriebssicherheit erreicht, insbesondere bezüglich Qualität, Menge und Temperatur des Schmieröls.

15.9 Sonstige Gleitlager

15.9.1 Poröse Sintermetall-Lager

Die Sintereisenlagerbuchsen und, mit besseren Notlaufeigenschaften, Sinterbronzelagerbuchsen aus Cu, Sn, Zn (evtl. mit Graphit oder Bleizusatz) weisen einen zusammenhängenden Porenraum von 15...35 % des Gesamtvolumens auf. Sie werden mit alterungsbeständigem Schmieröl getränkt. Es wird so ein wartungsfreier Betrieb von ca. 3000... 4000 h, bei einer zusätzlichen Schmierstoffreserve bis zu 25.000 h, erreicht. Bereits im Stillstand tritt Schmieröl aus dem Porenraum aus, das die Anlaufreibung mindert. Während des Laufs wird Schmieröl in den belasteten Keilspalt transportiert, Abb. 15.49. Durch den hier entstehenden Druck wird allerdings Schmieröl wieder in die Poren gedrückt, so dass sich im Allgemeinen ein Mischreibungszustand einstellt. Anhaltswerte für die Tragfähigkeit siehe Abb. 15.50. Der Verlauf der Reibungskennzahl μ/ψ über der Sommerfeldzahl ist in Abb. 15.51 dargestellt. Weitere Eigenschaften sind in Tab. 15.7 angegeben.

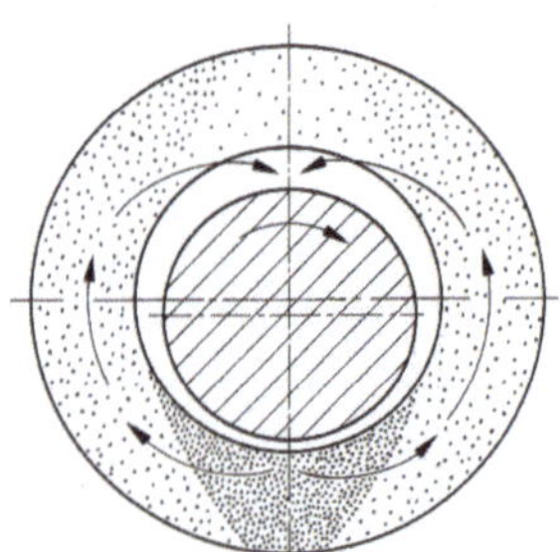

Abb. 15.49 Ölkreislauf in einem Sinterlager während des Betriebs [45]

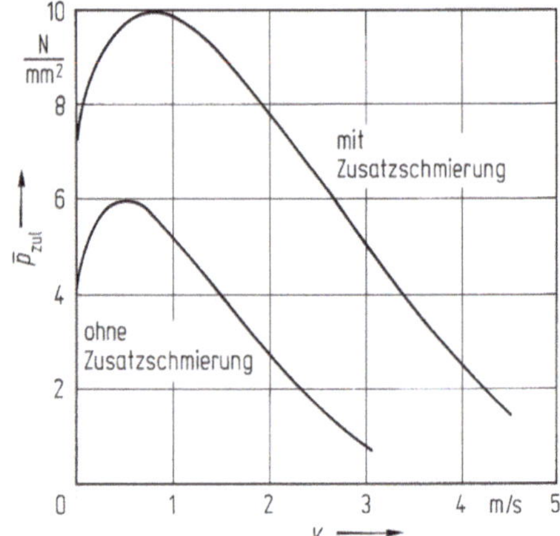

Abb. 15.50 Zulässige Pressung von Sinterlagern [45]

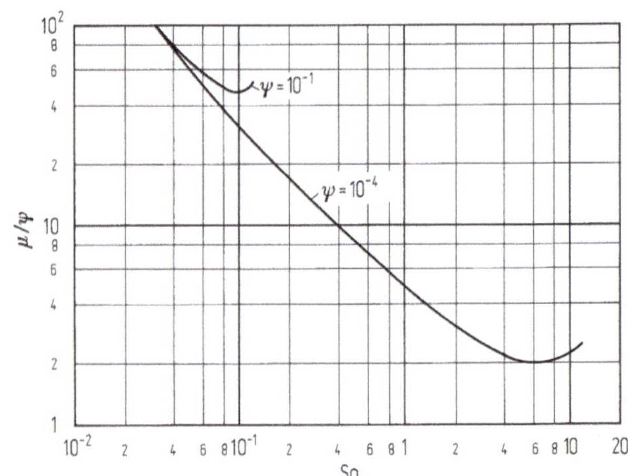

Abb. 15.51 Reibungskennzahl μ/ψ von Sinterlagern [3]

Anwendung bei geringer Geschwindigkeit, für Nahrungsmittel- und Haushaltsmaschinen, Seilrollen, Förderbänder, Laufräder, nicht jedoch bei stoßhaftem Betrieb.

Hinweise zur Dimensionierung: Wegen des dünnen Ölfilms wird die Welle im Allgemeinen gehärtet, feingeschliffen oder poliert, Rauheit je nach Gleitgeschwindigkeit und Belastung, Abb. 15.44. Relatives Lagerspiel $\psi = C/D = 0{,}5\,‰$ für günstiges Geräuschverhalten bei jedoch höheren Reibungsverlusten und Verschmutzungsgefahr bis 1,5 ‰ (sicherer Bereich).

15.9.2 Kunststofflager und Verbundlager mit Kunststoff-Laufschicht

Bezeichnungen und Eigenschaften der Kunststoffe siehe Kap. 5: Werkstoffe. Überwiegend werden für Gleitlager thermoplastische Kunststoffe verwendet. Sie sind besonders geeignet bei Trockenlauf, Mangelschmierung und häufigem Durchfahren des Mischreibungsgebiets. Bei einer Metallwelle als Gleitpartner besteht keine Fressgefahr, Paarung mit anderen Kunststoffen ist möglich, Paarung mit gleichem Kunststoff jedoch zu vermeiden (Gefahr von stick-slip-Verhalten und Verschweißen). Die Notlaufeigenschaften sind entsprechend gut. Tab. 15.7 gibt eine Übersicht der Eigenschaften verschiedenartiger Gleitlagerwerkstoffe.

Schmierung und Kühlung durch Öl, aber auch durch Umgebungsmedien (Wasser, Laugen, Säuren usw.) möglich, ebenso Schmierung durch Fett, nach den gleichen Kriterien wie bei metallischen Lagern. Allerdings nehmen die meisten Kunststoffe Feuchtigkeit auf und quellen. Gegenüber Metallen ist ferner die geringere Wärmeleitfähigkeit und die größere Wärmedehnung zu beachten. Dies ist bei der Wahl des Lagerspiels zu berücksichtigen.

Kunststofflager sind unempfindlich gegenüber Verunreinigungen (Staub und Fremdkörper werden eingebettet) und korrosionsbeständig (insbesondere bei Trockenlauf muss auch die Welle korrosionsbeständig sein). Die verwendeten Kunststoffe sind physiologisch unbedenklich (d. h. für den Einsatz in der Nahrungsmittel- und der Pharmaindustrie geeignet), durchweg beständig gegen Chemikalien (sicherheitshalber sollten hierzu allerdings Angaben der Hersteller eingeholt werden), schwingungs- und stoßdämpfend sowie elektrisch isolierend.

Die mechanischen Eigenschaften hängen stark von der Temperatur ab. Im Gegensatz zu Metallen sinkt die Wärmeformbeständigkeit bereits im Bereich von $+40\ldots+100\,°C$ deutlich ab. Den dynamischen Elastizitätsmodul in Abhängigkeit der Temperatur zeigt Abb. 15.52. Bei längerem Betrieb mit Temperaturen $\vartheta > 100\,°C$ werden die in Abb. 15.52 angegebenen Kunststoffe unzulässig thermisch geschädigt.

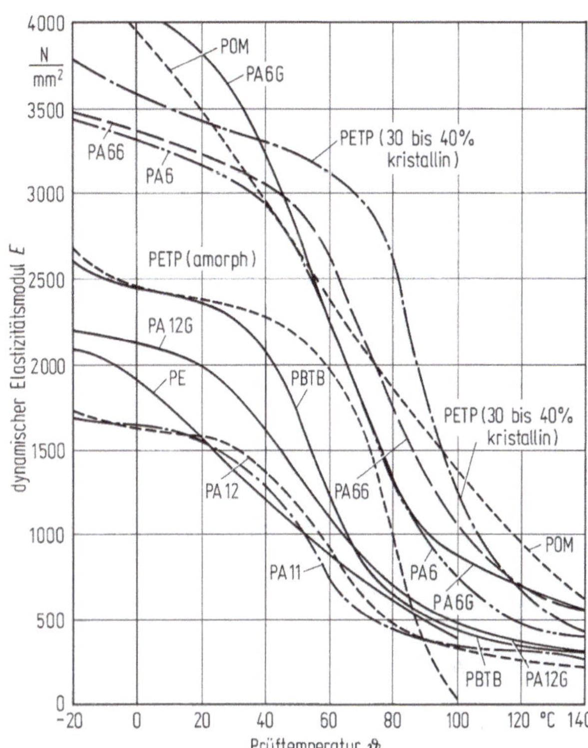

Abb. 15.52 Dynamischer Elastizitätsmodul in Abhängigkeit von der Temperatur, Probekörper-Feuchte < 0,2 % (VDI 2541 [49])

15.9.2.1 Kunststoffe für kompakte Lager

Polyamid (PA)

Neben den oben angegebenen Eigenschaften ist Polyamid besonders stoß- und verschleißfest, beständig gegen Kraftstoffe, Öle und Fette sowie die meisten Lösungsmittel, aber empfindlich gegen Mineralsäuren. Es nimmt auch viel Feuchtigkeit auf. Die hohe Reibungszahl bei Trockenlauf ist zu beachten.

Anwendung: Bremsgestänge- und Federaugenbüchsen, Landmaschinenlager.

Polyoxymethylen (POM)

POM ähnelt Polyamid, ist jedoch härter und damit höher druckbelastbar, die Reibungszahl kleiner, aber stoßempfindlicher und weniger verschleißfest. POM nimmt nur sehr wenig Feuchtigkeit auf. Der Einfluss von Säuren und Laugen ist in VDI 2541 beschrieben.

Anwendung: Lager für die Feinwerktechnik, Elektromechanik und Haushaltsgeräte

Polyimid

Polyimid ähnelt ebenfalls Polyamid, ist jedoch härter und verschleißfester, höher belastbar, eignet sich für sehr niedrige Temperaturen. Die Reibungszahl ist relativ hoch. Der Einfluss von Säuren und Laugen ist in VDI 2541 beschrieben.

Anwendung: Lager im Tunnelofen, Luft- und Raumfahrt

15.9.2.2 Kunststoffe mit Zusatzstoffen

Mit Zusätzen können bestimmte Eigenschaften gezielt verändern werden: Festigkeit, Reibungszahl, Verschleißverhalten, Chemikalien-Beständigkeit, Maßgenauigkeit und Maßhaltigkeit. Eine Systematische Übersicht gibt VDI 2541.
Beispiele für Polyamid (PA) mit Zusatzstoffen:

- PA mit Glasfasern hat insbesondere bei extrem niedrigen Gleitgeschwindigkeiten eine höhere Tragfähigkeit $(p \cdot v)$

Tab. 15.10 Zulässige Pressungen $\overline{p}_{\text{zul}}$ für Kunststofflager bei 20 °C, 3 mm Wanddicke und Gleitgeschwindigkeiten < 0,5 m/s

Werkstoff	Mittlerer Lagerdruck $\overline{p}_{\text{zul}}$ in N/mm²
PA 6	14
PA 6G	16
PA 66	15
PA 610, PA 11, PA 12	12
GF-PA (PA mit Glasfasern)	24
PA 12 + 40 ... 50 Gewichts-% Graphit	30

als Polyamid, wenn die Rauheit der Stahlwelle Rz = 0,5 ... 1 µm beträgt und deren Härte HRC > 50 ist.

- PA 12 mit 40 ... 50 % Graphitgehalt hat eine bessere Wärmeleitfähigkeit und deshalb bei kleineren Gleitgeschwindigkeiten eine wesentlich höhere Tragfähigkeit als PA 12 ohne Zusatz.
- PA 66 mit MoS_2: Der MoS_2-Zusatz mindert die Reibungsverluste und damit die Temperatur und bewirkt so eine Erhöhung der Tragfähigkeit.
- PA (insbesondere PA 66) mit Polyethylen (PE) weist eine wesentlich geringere Gleitreibungszahl als ohne PE-Zusatz auf, ist kaum stick-slip anfällig und insbesondere für Betrieb unter Wasser besser geeignet als PA ohne PE-Zusatz. Die Tragfähigkeit $(p \cdot v)$ ist insbesondere bei dynamischer Beanspruchung sehr hoch.

15.9.2.3 Tragfähigkeit von Kunststofflagern

Für den Betrieb bei Flüssigkeitsreibung ($n > n_{\text{tr}}$) gelten die Beziehungen für hydrodynamisch geschmierte Gleitlager, Abschn. 15.4 und 15.5.

- Bei extrem kleinen Gleitgeschwindigkeiten ($v \to 0$) ist die Druckfestigkeit des Kunststoffs entscheidend für die Tragfähigkeit. Als Kennwert wird die mittlere Flächenpressung $\overline{p}$ verwendet. Anhaltswerte sind in Tab. 15.10 angegeben.
- Bei höheren Gleitgeschwindigkeiten (v > 0,1 ... 0,5 m/s) und Trockenlauf oder Mangelschmierung, einmalig bei Betriebsbeginn, oder Intervallschmierung wird der $\overline{p} \cdot v$-Wert als Kennwert für die Beanspruchung verwendet. Anhaltswerte sind in Tab. 15.11 angegeben.

Maßgebend ist stets, dass die Gleitflächentemperatur einen zulässigen Wert nicht überschreitet. Die an der Gleitfläche erzeugte Wärmemenge wird radial von der Lagerbuchse an das Gehäuse und axial über die Welle abgeführt, d. h. die Wärmebilanz besagt:
Die Verlustleistung berechnet sich zu:

$$P_f = \frac{\Delta\vartheta_L \cdot A_L \cdot \lambda_L}{s} + \frac{\Delta\vartheta_W . A_W \cdot \lambda_w}{B} \tag{15.100}$$

s	in m	Wanddicke
B	in m	Lager-Nennbreite
λ_L, λ_W	in W/(m K)	Wärmeleitfähigkeit (Lager/Welle), für Stahl λ_w = 48 W/(m K), für Kunststoffe siehe Tab. 15.12

mit der Änderung der Lagertemperatur

$$\Delta\vartheta_L = K_L \cdot (\vartheta_L - \vartheta_{\text{amb}}) \tag{15.101}$$

ϑ_L	in °C	Lagertemperatur
ϑ_{amb}	in °C	Umgebungstemperatur

mit dem Korrekturfaktor $K_L \approx 0{,}5$
und der Änderung der Wellentemperatur

$$\Delta\vartheta_W = K_W \cdot (\vartheta_W - \vartheta_{\text{amb}}) \tag{15.102}$$

ϑ_W	in °C	Wellentemperatur

mit dem Korrekturfaktor $K_W \approx 0{,}02$
sowie der Wärme abgebenden Fläche des Lagers (Buchsenwandfläche)

$$A_L = d \cdot \pi \cdot b \tag{15.103}$$

und der Welle (Wellenquerschnitt)

$$A_W = \pi \cdot \frac{d^2}{4} \tag{15.104}$$

b	in m	Breite der Lagerbuchse
d	in m	Nenn-Wellendurchmesser

Tab. 15.11 Anhaltswerte für die zulässige Belastung $(\overline{p} \cdot v)_{\text{zul}}$ für PA bei Temperaturen bis 30 °C für v = 0,1 ... 1,5 m/s (VDI 2541)

Werkstoff	Zulässige Belastung $(\overline{p} \cdot v)_{\text{zul}}$ in N/mm² · m/s			
	Wanddicke in mm			
	3		1	
	Trockenlauf	Fettschmierung	Trockenlauf	Fettschmierung
PA 6	0,04	0,20	0,07	0,35
PA 66	0,05	0,20	0,09	0,35
PA 11, PA 12	0,03	0,20	0,06	0,35

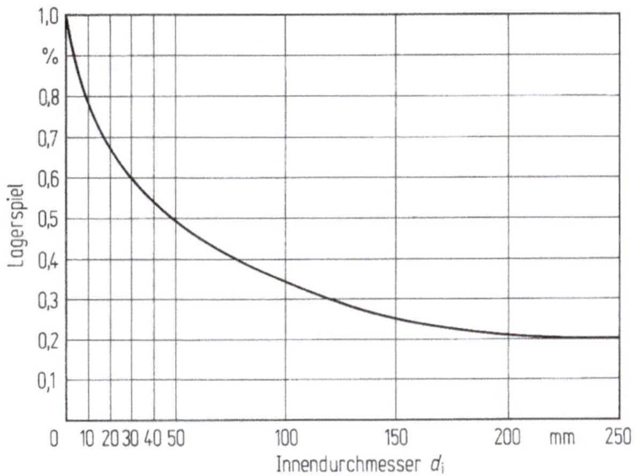

Abb. 15.53 Spiel von Lagerbuchsen aus thermoplastischen Kunststoffen (VDI 2541)

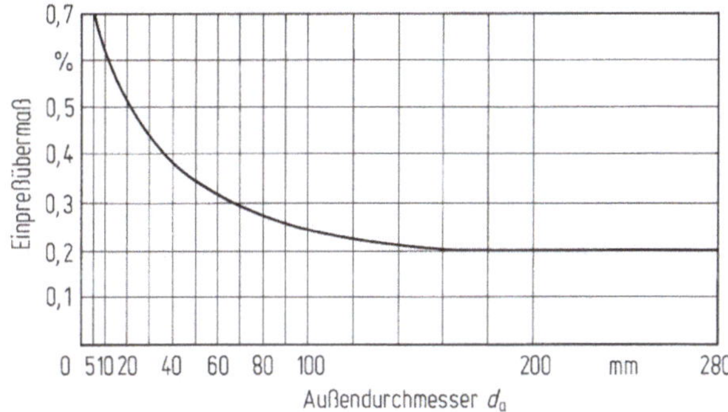

Abb. 15.54 Einpressübermaß von Lagerbuchsen aus thermoplastischen Kunststoffen (VDI 2541)

Daraus folgt die Betriebstemperatur an der Gleitfläche

$$\vartheta_B = \frac{P_f}{0{,}5 \cdot A_L \cdot \frac{\lambda_L}{s} + 0{,}02 \cdot A_W \cdot \frac{\lambda_W}{B}} + \vartheta_{\text{amb}} \quad (15.105)$$

Die Reibleistung P_f errechnet sich zu:

$$P_f = \mu \cdot F \cdot v = \mu \cdot F \cdot \omega \cdot \frac{d}{2} = \mu \cdot F \cdot \pi \cdot d \cdot n \quad (15.106)$$

n	in s^{-1}	Drehzahl
v	in m/s	Geschwindigkeit
F	in N	Lagerkraft
μ		Reibungszahl
ω	in s^{-1}	Winkelgeschwindigkeit

15.9.2.4 Gleitpaarung Welle-Lager

Günstige Gleitbedingungen ergeben sich bei Metallwellen mit einer Oberflächenhärte > 50 HRC (Anhaltswerte für die Rauheit siehe Abb. 15.44), wenn nicht anders in Abschn. 15.9.2.2 spezifiziert. Eine Paarung mit einer Kunststoffwelle ist prinzipiell möglich, die Reibungszahl ist kleiner als bei der Paarung mit Stahl, trotzdem sollten gleiche Werkstoffe wegen der Gefahr von stick-slip-Verhalten und Verschweißen nicht gepaart werden.

Unter ungünstigen Betriebsbedingungen, d. h. unter Berücksichtigung von Wärmedehnung und Quellen durch Feuchtigkeitsaufnahme, muss ein Mindestlagerspiel vorhanden sein. Werden die dadurch bedingten Maßänderungen für europäische Klimaverhältnisse und normale Betriebsbedingungen zugrunde gelegt, ergibt sich das dann erforderliche Grundlagerspiel nach Abb. 15.53.

Wenn die Lagerbuchse eingepresst wird, muss der Bohrungsdurchmesser vor dem Einpressen um 50 % des Einpressübermaßes nach Abb. 15.54 größer ausgeführt werden (DIN 1850 Teil 6). Dies entfällt bei eingeschobenen, schwimmenden, geschlitzten, eingeklebten oder formschlüssig gehaltenen Lagerbuchsen. Bei dauernd wirkenden Betriebstemperaturen oberhalb 60 °C, sollte nicht durch Einpressen montiert werden, da der Presssitz dann nicht ausreichend sicher ist.

Bei ungünstigeren als den europäischen Klimaverhältnissen, ist der Einfluss feuchtebedingter Quellung und Wärmedehnung infolge abweichender Betriebstemperatur entsprechend den anderen Kennwerten zu berücksichtigen, ebenso die Wärmedehnung der Welle und der Lagergehäuse.

15.9.2.5 Schmierung

Kunststofflager können zwar, und müssen mitunter z. B. unter Raumfahrtbedingungen, trocken (evtl. mit Festschmierstoff) laufen, jedoch kann durch Fettschmierung der Gleitverschleiß erheblich gemindert und die Tragfähigkeit erhöht werden. Auch kann die Metallwelle so gegen Korrosion besser geschützt werden. Bereits eine einmalige Schmierung bei der Montage ermöglicht sicheren Betrieb bis zu 1000 h, bei einem Fettdepot noch länger. Durch Schmierung mit Wasser wird die Tragfähigkeit gegenüber Trockenlauf durchweg erhöht, die Wärmeabführung verbessert, der Gleitverschleiß bei manchen Kunststoffen dagegen erhöht (z. B. PA 6, PA 66, POM). Allgemeine Informationen über Schmierfett sind in Abschn. 15.8.3 angegeben.

Durch Behandlung mit Gleitlacken lässt sich im Allgemeinen nur der Einlaufvorgang verbessern.

15.9.2.6 Verbundlager mit Kunststoff-Laufschicht

Bei Verbundlagern werden die Eigenschaften der Kunststoffe genutzt, jedoch bieten die teureren Verbundlager mit einer dünnen Kunststoff-Laufschicht gegenüber reinen Kunststofflagern eine Reihe von Vorteilen:

- höhere Tragfähigkeit (kein Fließen)
- bessere Wärmeableitung
- kaum Quellen durch Wasseraufnahme
- kleinere Lagerspiele (praktisch keine Spielverengung durch Wärmedehnung und Quellen)
- Festsitz in der Aufnahmebohrung unabhängig von Temperatur und Schmierstoff

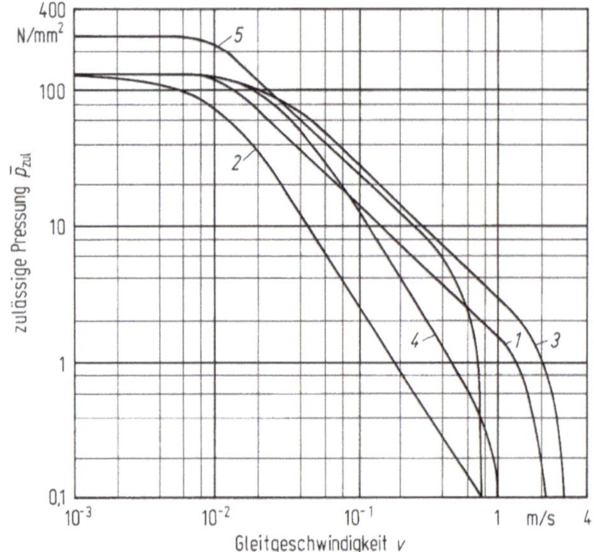

Abb. 15.55 Zulässige Pressung $\overline{p}_{zul}$ der Werkstoffe in Tab. 15.12 nach VDI 2543, *1* – Werkstoffe 1 und 2 (trocken), Verschleißrate 1 µm/h, zulässige Verschleißtiefe ≈ 70 µm, *2* – Werkstoff 3 (trocken), Verschleißrate 1 µm/h, zulässige Verschleißtiefe ≈ 200 µm, *3* – wie 2, aber Initialschmierung, *4* – Werkstoffe 4 und 5 (trocken), Verschleißrate 1 µm/h, zulässige Verschleißtiefe ≈ 300 µm, *5* – Werkstoffe 6 und 7 (trocken), Verschleißrate 0,3 µm/h, zulässige Verschleißtiefe ≈ 250 mm (Werkstoff 6), ≈ 300 µm (Werkstoff 7)

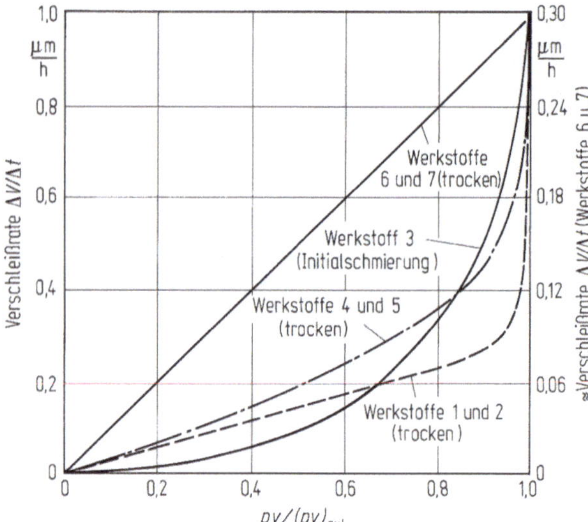

Abb. 15.56 Tendenzen der Verschleißraten der Werkstoffe 1 ... 7 (siehe Tab. 15.12) nach VDI 2543, ergänzt

Werkstoffe
In VDI 2543 [50] werden 7 Laufschichtwerkstoffe unterschieden. Meist wird wegen seiner niedrigen Reibungszahl PTFE verwendet. Eine Übersicht über Schichtaufbau, Zusätze, Stützschale, Lieferformen, Wanddicke und Eigenschaften gibt Tab. 15.12.

Tragfähigkeit
Zulässige Pressung für die Werkstoffe in Tab. 15.12 sind in Abb. 15.55 dargestellt. Diesen Werten liegt eine Verschleißrate $\Delta V/\Delta t = 1 \ldots 3\,\mu\text{m/h}$ und Verschleißtiefe ΔV zugrunde, die ausgenutzt werden kann, wenn die Vergrößerung des Lagerspiels nicht anderweitig begrenzt ist.

Aus den jeweils auftretenden $(\overline{p} \cdot v)$-Werten und zulässigen $(\overline{p} \cdot v)_{zul}$-Werten nach Abb. 15.55 und der Beziehung für Verschleißrate nach Abb. 15.56 kann die zu erwartende Lebensdauer abgeschätzt werden.

Beispiel 15.1

Lebensdauerberechnung für die Werkstoffe 4 und 5, Abb. 15.56

Gegeben:
Gleitgeschwindigkeit $v = 0{,}1\,\text{m/s}$, mittlere Flächenpressung $\overline{p} = 5\,\text{N/mm}^2$

Gesucht:
Lebensdauer

Berechnet:
Die Belastung ist $\overline{p} \cdot v = 0{,}5\,\text{N/mm}^2 \cdot \text{m/s}$.
Die zulässige Belastung $(\overline{p} \cdot v)_{zul} \approx 1\,\text{N/mm}^2 \cdot \text{m/s}$ aus Abb. 15.55 abgelesen.
Es ergibt sich $\overline{p} \cdot v/(\overline{p} \cdot v)_{zul} = 0{,}5$.
Nach Abb. 15.56 ist $\Delta V/\Delta t \approx 0{,}2\,\mu\text{m/h}$.
Die zulässige Verschleißtiefe nach Abb. 15.55 beträgt ca. 300 µm.
Die Lebensdauer ergibt sich zu $\Delta t = 300\,\mu\text{m}/(0{,}2\,\mu\text{m/h}) = 1500\,\text{h}$.

15.9.2.7 Duroplastische Kunststoffe
Im Allgemeinen werden Phenol- oder Epoxidharz-Pressstoffe verwendet. Pulverförmige Granulate werden mit Festschmierstoffen (Molybdändisulfid, Graphit und ähnlichem) vermischt, zum Teil mit Fasern verstärkt und meist zu Massivlagern verpresst. Ihre Eigenschaften sind denen der Polyamide ähnlich, ihre Festigkeit ist jedoch wesentlich höher, bei unverstärktem Phenolharz aber auch die Reibungszahl. Die Wärmeleitfähigkeit ist besser. Sie werden vor allem für wassergeschmierte Lager von Schiffswellen, Bagger- und Pumpenwellen verwendet.

Zulässige Pressung sind in Tab. 15.13 zusammengefasst. Lagerspiel $\approx 0{,}0045 \cdot d$ bei $B/D = 1$.

15.9.2.8 Weichgummi
Weichgummi mit 7 ... 20 mm Wanddicke, einvulkanisiert und geschliffener Bohrung hat sich bewährt bei Lagern in Flüssigkeiten, z. B. für Schiffswellen, Wasserturbinen und Pumpen. Harte Verunreinigungen können sich leicht einbetten. Der Betriebsbereich liegt bei $\overline{p}_{zul} \approx 0{,}5\,\text{N/mm}^2$ und Gleitgeschwindigkeit $U_g = 0{,}5 \ldots 25\,\text{m/s}$.

Tab. 15.12 Eigenschaften von Verbundlagern mit Kunststoff-Laufschicht nach VDI 2543

Nr.	Werkstoff	Eigenschaften
1[a, c]	Stahlrücken mit porös aufgesinterter Zinnbronze-Schicht; Füllung und Deckschicht aus PTFE und Zusätzen (Pb MoS_2, Graphit); Nennwanddicken siehe DIN ISO 3547	Einsatztemperatur: $-200\,°C \ldots +280\,°C$, Dauerbetrieb bis 260 °C. Schmierung: Trockenlauf, Sparschmierung, hydrodynamische Schmierung Wärmeleitfähigkeit: $\lambda_L = 40\,W/(m\,K)$
2[a, c]	Bronzerücken mit porös aufgesinterter Zinnbronze-Schicht; Füllung und Deckschicht aus PTFE und Zusätzen (Pb MoS_2, Graphit); Nennwanddicken siehe DIN ISO 3547	Einsatztemperatur: $-200\,°C \ldots +280\,°C$, Dauerbetrieb bis 260 °C. Schmierung: Trockenlauf, Sparschmierung, Hydrodynamische Schmierung Wärmeleitfähigkeit $\lambda_L = 50\,W/(m\,K)$
3[b, c, d]	Stahlrücken mit porös aufgesinterter Zinnbronze, beschichtet mit Thermoplasten; Nennwanddicken siehe DIN ISO 3547	Einsatztemperatur: $-40\,°C \ldots +130\,°C$, Dauerbetrieb bis 100 °C. Schmierung: Initialschmierung, Sparschmierung, hydrodynamische Schmierung Wärmeleitfähigkeit $\lambda_L = 2 \ldots 10\,W/(m\,K)$ (je nach Schichtdicke)
4[a, c, d]	Leicht formbares nachgesintertes Zinnbronzegewebe eingelagert in PTFE-Folie mit Zusätzen (Graphit, Glasfaser, Zinnbronzegewebe, MoS_2); Nennwanddicke 0,5 mm	Einsatztemperatur: $-200\,°C \ldots +180\,°C$, kurzzeitig höher Schmierung: Trockenlauf, Initialschmierung, Sparschmierung, hydrodynamische Schmierung Wärmeleitfähigkeit: $\lambda_L = 0{,}8\,W/(m\,K)$ Nr. 5 und 6 ohne Rücken
5[a, c, d]	Leicht formbares Gewebe aus nichtrostendem Stahl eingelagert in PTFE-Folie mit Zusätzen (siehe 4); Nennwanddicke 0,5 mm	
6[b, c, d]	Stahlrücken mit aufgeklebtem PTFE-Mischgewebe (aus Polyester), Füllung Phenolharz; Gleitschicht 0,4 mm bzw. 0,6 mm	
7[b, c, d]	Rücken aus Kohlenstoffstahl, rostfreiem Stahl oder NE-Metallen mit aufgeklebtem PTFE-Mischgewebe (aus Glasfaser, Bronze, Baumwolle), Füllung Phenolharze; Gleitschicht 0,4 mm bzw. 0,6 mm	

[a] keine Wasseraufnahme
[b] vernachlässigbar wegen der geringen Gleitschichtdicke
[c] gemittelte Rautiefe des Gleitpartners bei Trockenlauf (Nr. 3 bei Initialschmierung): $Rz = 2\,\mu m$
[d] gute Kantenpressungsverträglichkeit

Tab. 15.13 Zulässige Pressungen für duroplastische Kunststoffe

Anwendungsfall	Zulässige Pressung $\overline{p}_{zul}$ in N/mm^2
bei Kriechgeschwindigkeit	
– bei schlechter Wärmeabfuhr	1
– bei guter Wärmeabfuhr	2
bei Gleitgeschwindigkeiten bis 2 m/s	$(\overline{p} \cdot v)_{zul} \leq 0{,}14\,N/mm^2 \cdot m/s$
als Verbundlager mit Stahl-Stützschale bei reichlicher Wasserkühlung bei $v = 1\,m/s$	25

15.9.3 Luftlager – aerostatische Lager

Aerodynamische Lager sind erst ab einer (wegen der kleinen Viskosität) sehr hohen Übergangsdrehzahl betriebssicher, eignen sich daher nur für Dauerbetrieb oder benötigen eine aerostatische Anlaufhilfe, siehe Einleitung zu Abschn. 15.6 (hydrostatische Anhebung).

Aerostatische Lager arbeiten nach dem gleichen Prinzip wie hydrostatische Lager. Die Viskosität des Schmierstoffs Luft ist um den Faktor $10^3 \ldots 10^4$ kleiner als von Schmierölen ($\eta_{Luft} = 2 \cdot 10^{-5}$ Pa s bei 50 °C und 1 bar). Daher ist die Tragfähigkeit und auch der Reibungswiderstand gering. Die Viskosität ist nur wenig abhängig von der Temperatur. Dadurch sind sehr kleine Schmierspaltdicken (ca. 10 µm) möglich, siehe unten. Die Lager laufen verschleißfrei. Die Gefahr der Verschmutzung der Umgebung durch den Schmierstoff entfällt.

Die Lager werden meist mit 3 … 6 bar (entspricht dem Druck der Hausnetze) betrieben. Auch Hochdrucklager mit 100 bar wurden ausgeführt, mit entsprechender Steifigkeit. Ein Schmiermittelrücklauf entfällt. Voraussetzung ist eine sichere Versorgung mit Druckluft und zuverlässige Luftreinigung. Hierfür eignen sich handelsübliche Feinfilter.

Anwendungen sind zum Beispiel Lagerung von schnelllaufenden (40.000 min^{-1}) Schleifspindeln mit Rotor-Luftspalt von 10 µm und Rundlaufabweichung $< 0{,}2\,\mu m$ und die Lagerung von Schleifspindeln für die Bearbeitung von optischen Oberflächen mit Rauheiten $Ra < 0{,}05\,\mu m$.

Für die Tragfähigkeitsberechnung gelten die Regeln der hydrostatischen Lager. Ausreichend genau sind Näherungsgleichungen nach [37] und [39]. Hinweise zur Gestaltung gibt [39].

15.9.4 Magnetlager

Durch einen Magnetkreis wird Magnetkraft erzeugt, die den Rotor von der Lagerbohrung abhebt und in der Schwebe hält (Luftspaltlager) oder eine magnetische Flüssigkeit im

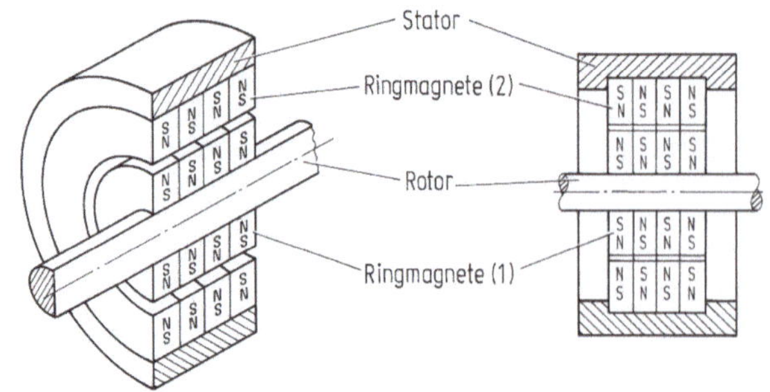

Abb. 15.57 Aufbau eines Permanentmagnet-Lagers [40]

Lagerspalt festhält, die ihrerseits die Rotorwelle führt (Magnetflüssigkeitslager).

15.9.4.1 Magnet-Luftspaltlager

Die Bauart mit Dauermagneten benötigt keine Stromversorgung, arbeitet wartungs- und störungsfrei. Die Dauermagnete sind axial oder radial magnetisiert, Abb. 15.57. Zwischen den auf Abstoßung reagierenden Magneten stellt sich ein von der Belastungskraft abhängiger Luftspalt ein. Als Reibungskräfte wirken die Luftreibung und die magnetische Dämpfung. Für die Anwendung eignen sich vor allem leichtbelastete Lager bei niedrigen Drehzahlen von Mess- und Zählgeräten ohne hohe Ansprüche an die Führungsgenauigkeit.

Elektromagnete mit externer Stromversorgung haben den großen Vorteil, den Luftspalt durch Steuerung und Regelung der Stromstärke (über eingebaute Stellungsmessgeber) auch bei veränderlichen Belastungen und Drehzahlen konstant zu halten und damit eine Führungsgenauigkeit bis auf 0,05 µm zu sichern.

Anwendungen sind beispielsweise Lager für große schnelllaufende Maschinen, z. B. Gas- und Dampfturbinen, Turboverdichter, Lüfter und Kompressoren bei großem Temperatureinsatzbereich ($-200\,°C \leq \vartheta \leq +450\,°C$) und Lager für Maschinen mit besonderen Betriebsbedingungen, z. B. Hochvakuumpumpen, Pumpen und Zentrifugen für sterile, korrosive, radioaktive Umgebung.

Funktionell sind sie Wälz-, Flüssigkeits- und Luftlagern überlegen. Ihr Leistungsbedarf ist gering, der Bauaufwand allerdings erheblich. Weitere Erläuterungen sind z. B. in [39] und [40] zu finden.

15.9.4.2 Magnet-Flüssigkeitslager

Die als Schmierstoff dienenden Magnetflüssigkeiten sind Suspensionen von sehr feinen magnetischen Teilchen (ca. 0,01 µm Durchmesser) in einer Trägerflüssigkeit ausreichender Viskosität (z. B. Kohlenwasserstoffe) mit verschiedenen Zusatzstoffen, die ein Zusammenballen der Teilchen verhindern. Durch einen Magnetkreis, bestehend aus Dauer- oder extern versorgten Elektromagneten, wird ein Magnetfeld erzeugt, das die Flüssigkeit im Schmierspalt festhält, eine durchgehende Schmierschicht und einen statischen Überdruck erzeugt. Derartige Lager arbeiten betriebssicher und schwingungsarm, der Schmierstoff wird durch das Magnetfeld festgehalten und kann nicht auslaufen. Wegen der mit wachsender Induktion zunehmenden Viskosität sind die Reibungsverluste allerdings um den Faktor 3 ... 4 größer als bei hydrodynamisch geschmierten Lagern, siehe [2], [34] und [39].

15.9.5 Kunstkohle-Lager

Kunstkohle, ein poröser keramischer Werkstoff aus Graphit, imprägniert mit Phenolharz oder Gleitmetall, eignet sich für Betriebstemperaturen bis zu 400 °C, wird daher für Lager von Heiz- und Trocknungsgeräten verwendet, wegen ihrer chemischen Beständigkeit auch für Färberei- und Waschmaschinen sowie Galvanikanlagen und Unterwasserpumpen. $(\overline{p} \cdot v)_{zul} = 0{,}1\,\text{N/mm}^2 \cdot \text{m/s}$ bei Trockenlauf, bis $8\,\text{N/mm}^2 \cdot \text{m/s}$ bei Schmierung durch Wasser (Öl oder Fett sind ungeeignet). Weitere Erläuterungen sind in [45] enthalten.

15.9.6 Wartungsfreie Lager mit Festschmierstoffen

Wartungsfreie Lager mit Festschmierstoffen werden angewendet, wenn sich wegen der Betriebsart (Start-Stop-Betrieb, oszillierende oder Schaltbewegungen) oder wegen niedriger Relativgeschwindigkeit und hohen Drücken kein hydrodynamischer Schmierfilm bildet, oder wo Öl und Fett wegen hoher Temperaturen oder Verschmutzungsgefahr als Schmiermittel ungeeignet sind.

Auf eine Stahl- oder Bronzeunterlage wird zunächst ein poröser oder mit Aufnahmekammern versehener Grundwerkstoff aufgebracht, der den Festschmierstoff (Blei, Graphit, Molybdänsulfit und ähnlichen oder und auch mit PTFE) aufnimmt.

Eigenschaften und Tragfähigkeit

Übliche Ausführungen ertragen Temperaturen bis 120 °C, hierbei ist auch Öl- und Fettschmierung zusätzlich möglich, Sonderausführungen bis 700 °C, Relativgeschwindigkeit $U = 0{,}005 \ldots 2\,\text{m/s}$, Reibungszahl $\mu = 0{,}07 \ldots 0{,}15$, abnehmend mit wachsender Belastung, Flächenpressung $\overline{p}_{zul} = 0{,}7 \ldots 50\,\text{N/mm}^2$, zunehmend mit wachsender Geschwindigkeit. Kennwert $\overline{p} \cdot v = 0{,}2 \ldots 3\,\text{N/mm}^2 \cdot \text{m/s}$, abnehmend mit wachsender Pressung und abnehmend mit wachsender Geschwindigkeit.

15.10 Berechnungsbeispiele

Beispiel 15.2
Hydrodynamische Radialgleitlager

Lager eines Getriebes für 6000 kW mit Eigendruckschmierung. Kühlung durch Konvektion. Lagerpaarung Stahl/Weißmetall

Gegeben:
$D = 0{,}3\,\text{m}$; $F = 95.000\,\text{N}$; $n = 5\,1/\text{s}$; $B/D = 0{,}8$;
$\alpha_L = 18 \cdot 10^{-6}\,1/\text{K}$;
$\alpha_W = 16 \cdot 10^{-6}\,1/\text{K}$; $A = 1{,}2\,\text{m}^2$; $k = 20\,\text{W}/(\text{m}^2\,\text{K})$;
$\vartheta_{\text{amb}} = 40\,°\text{C}$; $\varrho_{\text{Öl}} \approx 900\,\text{kg/m}^3$; Öl mit $\eta(40\,°\text{C}) = 0{,}0048\,\text{N}\,\text{s/m}^2$ und $\eta(100\,°\text{C}) = 0{,}0016\,\text{N}\,\text{s/m}^2$

Gesucht:
Lagerdimensionierung

Berechnet:
Summengeschwindigkeit nach (15.16):
$U = \pi \cdot n \cdot D = 4{,}7\,\text{m/s}$
Kleinstzulässige Schmierfilmdicke nach Tab. 15.5:
$h_{\text{min,tr}} = 9 \cdot 10^{-6}\,\text{m}$
Zulässige mittlere Flächenpressung nach Tab. 15.1:
$\overline{p}_{\text{zul}} = 5 \cdot 10^6\,\text{N/m}^2$
Maximal zulässige Lagertemperaturen nach Tab. 15.6:
$\vartheta_{\text{lim}} = 90\,°\text{C}$
Mittleres relatives Lagerspiel nach (15.26) und Tab. 15.3 unterer Bereich wegen Weißmetall:
$\psi_m = 0{,}6 \cdot 10^{-3} \cdot (U)^{1/4} = 9 \cdot 10^{-4}$
Mittleres Lagerspiel nach (15.24):
$C_m = D_m \cdot \psi_m = 2{,}7 \cdot 10^{-4}\,\text{m}$
Nach Abb. 15.10 mit $\psi_m = 0{,}9\,‰$ und $D = 300\,\text{mm}$ folgt Bohrung mit Abmaße H7 und Welle mit Qualität IT6 nach Tab. 6.3
$\text{IT7}(300\,\text{mm}) = 52 \cdot 10^{-6}\,\text{m} = 52\,\mu\text{m}$
$\text{IT6}(300\,\text{mm}) = 32 \cdot 10^{-6}\,\text{m} = 32\,\mu\text{m}$
Bohrungsabmaße:
$D_{\max} = 0{,}300052\,\text{m}$
$D_{\min} = 0{,}3\,\text{m}$
$D_m = 0{,}300026\,\text{m}$
Wellenabmaße (nach (15.27)):
$d_m = D_m - \psi_m \cdot D = 0{,}299756\,\text{m}$
$d_{\max} = d_m + \text{IT6}/2 = 0{,}299772\,\text{m}$
$d_{\min} = d_m - \text{IT6}/2 = 0{,}29974\,\text{m}$
Relatives Lagerspiel:
$\psi_{\max} = (D_{\max} - d_{\min})/D = 1{,}04 \cdot 10^{-3}$
$\psi_{\min} = (D_{\min} - d_{\max})/D = 7{,}6 \cdot 10^{-4}$
$\psi_{\max}/\psi_{\min} = 1{,}37 < 1{,}5$ damit gültig (nach (15.28)) (ausführliche Hinweise zur Wahl der Passung bzw. des relativen Lagerspiels ψ_m siehe unter (15.26))
Auftretende Flächenpressung nach (15.19):
$\overline{p} = F/(B \cdot D) = 1{,}3 \cdot 10^6\,\text{N/m}^2 < \overline{p}_{\text{zul}}$

Ölwahl:
Dynamische Viskosität nach (15.31):
$\eta = 4 \cdot F \cdot {S_h}^2 \cdot h^2_{\text{min,tr}}/(\omega \cdot D^4 \cdot K^*) = 0{,}0048\,\text{N}\,\text{s/m}^2$
mit $K^* = 0{,}05$ aus Abb. 15.11
mit $2 \cdot h_{\min}/C = 2 \cdot 1{,}25 \cdot h_{\text{min,tr}}/C = 0{,}083$ nach (15.34)
$S_h = 1{,}5$ und $\omega = 2 \cdot \pi \cdot n = 31{,}4\,\text{s}^{-1}$
Für die Wahl eines Mineralöls sind bekannt:
Die Viskositätsberechnung für das Öl für die entsprechenden Betriebstemperaturen erfolgt auf Basis des Viskositäts-Temperatur-Verhaltens und der Darstellung nach Ubbelohde und Walther, siehe Abb. 16.7 und DIN 51563 [24].
Gleitlager berechnen sowohl für $\psi_{\max}$ als auch für $\psi_{\min}$

Rechengang $\psi_{\max}$:
Angenommene Lagertemperatur für 1. Iteration nach (15.48):
$\vartheta_{B,0} = \vartheta_{\text{amb}} + 1/2 \cdot (\vartheta_{\text{lim}} - \vartheta_{\text{amb}}) = 65\,°\text{C}$
$\eta(65\,°\text{C}) = 0{,}0028\,\text{N}\,\text{s/m}^2$
Änderung des relativen Lagerspiels im Betrieb nach (15.29):
$\Delta\psi = \alpha_L \cdot (\vartheta_L - 20\,°\text{C}) - \alpha_W \cdot (\vartheta_W - 20\,°\text{C}) = 9 \cdot 10^{-5}$
Effektives relatives Lagerspiel nach (15.30):
$\psi_{\text{eff}} = \psi_{\max} + \Delta\psi = 1{,}13 \cdot 10^{-3}$
Überprüfung der laminaren Strömung im Lagerspalt mit der Reynolds-Zahl nach (15.10) und (15.11):
$Re = \varrho \cdot U \cdot \psi_{\text{eff}} \cdot C_m/(2 \cdot \eta) = 0{,}23 < Re_{\text{cr}} = 41{,}3 \cdot (1/\psi_{\text{eff}})^{1/2} = 1229$
Berechnung möglich;
Reibleistung nach (15.37):
$P_f = \mu/\psi \cdot \psi_{\text{eff}} \cdot F \cdot U = 348{,}1\,\text{W}$
mit Sommerfeldzahl nach (15.21):
$So = \overline{p} \cdot {\psi_{\text{eff}}}^2/(\eta \cdot \omega) = 18{,}9$
Relative Exzentrizität nach Abb. 15.9:
$\varepsilon = 0{,}95$
Verlagerungswinkel nach Abb. 15.7:
$\beta = 20$
Reibungskennzahl nach (15.23):
$\mu/\psi = \pi/(So \cdot (1 - \varepsilon^2)^{1/2}) + 0{,}5 \cdot \varepsilon \cdot \sin\beta = 0{,}69$
Reibleistung muss gleich sein der abgeführten Leistung $P_{\text{th,amb}} = P_f$ damit ergibt sich die Betriebstemperatur nach (15.41):
$\vartheta_{B,1} = P_{\text{th,amb}}/(k \cdot A) + \vartheta_{\text{amb}} = 54{,}5\,°\text{C}$
Die neu angenommene Lagertemperatur ergibt sich nach (15.49):
$\vartheta_{B,\text{0neu}} = (\vartheta_{B,1} + \vartheta_{B,0})/2 = 59{,}7\,°\text{C}$

Iteration	2	3
$\vartheta_{B,0}$ in °C	59,7	57,7
$\eta\ (\vartheta_{B,0})$ in $\mathrm{N\,s/m^2}$	0,0031	0,0032
ψ_{eff}	$1{,}12 \cdot 10^{-3}$	$1{,}115 \cdot 10^{-3}$
So	16,75	16,1
ε	0,95	0,95
β in °	20	20
μ/ψ	0,76	0,79
P_f in W	380,1	393,2
$\vartheta_{B,1}$ in °C	55,8	56,4

Iterationsabbruch nach drei Iterationsschritten ($|\vartheta_{B,1} - \vartheta_{B,0}| < 2\,\mathrm{K}$).
Lagertemperatur ist kleiner als die zulässige Lagertemperatur.
Überprüfung der Schmierfilmdicke nach (15.33) und (15.34):
$h_{\min} = 0{,}5 \cdot D \cdot \psi_{\text{eff}} \cdot (1 - \varepsilon) = 0{,}84 \cdot 10^{-5}\,\mathrm{m} > 1{,}25 \cdot h_{\min,\text{tr}}$ nicht erfüllt $\Rightarrow$ unzulässig
die Sommerfeldzahl ($So_4 = 15{,}3$) ist zu hoch und der Schmierfilm zu klein.
Neue Berechnung mit einem zäheren Mineralöl.

Neue Ölwahl:
bekannt sind:
$\eta(40\,°\mathrm{C}) = 0{,}038\,\mathrm{N\,s/m^2}$
$\eta(100\,°\mathrm{C}) = 0{,}0057\,\mathrm{N\,s/m^2}$
Berechnung Betriebsviskositäten mit (16.8).
Gleitlager berechnen sowohl für $\psi_{\max}$ als auch für $\psi_{\min}$:

Rechengang $\psi_{\max}$:

Iteration	1	2	3
$\vartheta_{B,0}$ in °C	65	70,1	71,9
$\eta\ (\vartheta_{B,0})$ in $\mathrm{N\,s/m^2}$	0,014	0,0123	0,0117
ψ_{eff}	$1{,}13 \cdot 10^{-3}$	$1{,}14 \cdot 10^{-3}$	$1{,}14 \cdot 10^{-3}$
So	3,78	4,37	4,59
ε	0,82	0,85	0,85
β in °	34	32	32
μ/ψ	1,68	1,59	1,52
P_f in W	847,6	809,3	773,7
$\vartheta_{B,1}$ in °C	75,3	73,7	72,2

Iterationsabbruch nach drei Iterationsschritten ($|\vartheta_{B,1} - \vartheta_{B,0}| < 2\,\mathrm{K}$).
Lagertemperatur ist kleiner als die zulässige Lagertemperatur.
Überprüfung der Schmierfilmdicke nach (15.33) und (15.34):
$h_{\min} = 0{,}5 \cdot D \cdot \psi_{\text{eff}} \cdot (1 - \varepsilon) = 2{,}5 \cdot 10^{-5}\,\mathrm{m} > 1{,}25 \cdot h_{\min,\text{tr}}$
erfüllt $\Rightarrow$ zulässig
Gleitlager ausreichend dimensioniert.

Rechengang $\psi_{\min}$:

Iteration	1	2
$\vartheta_{B,0}$ in °C	65	72,5
$\eta\ (\vartheta_{B,0})$ in $\mathrm{N\,s/m^2}$	0,014	0,011
ψ_{eff}	$8{,}5 \cdot 10^{-4}$	$8{,}5 \cdot 10^{-4}$
So	2,1	2,8
ε	0,72	0,78
β in °	42	37
μ/ψ	2,40	2,03
P_f in W	910,9	779,5
$\vartheta_{B,1}$ in °C	80,0	72,5

Iterationsabbruch nach zwei Iterationsschritten ($|\vartheta_{B,1} - \vartheta_{B,0}| < 2\,\mathrm{K}$).
Lagertemperatur ist kleiner als die zulässige Lagertemperatur.
Überprüfung der Schmierfilmdicke nach (15.33) und (15.34):
$h_{\min} = 0{,}5 \cdot D \cdot \psi_{\text{eff}} \cdot (1 - \varepsilon) = 2{,}8 \cdot 10^{-5}\,\mathrm{m} > 1{,}25 \cdot h_{\min,\text{tr}}$
erfüllt (nach (15.34)) $\Rightarrow$ zulässig
Gleitlager ausreichend dimensioniert.

Beispiel 15.3
Hydrodynamische Axiallager

Segmentspurlager einer Wasserturbine; Kippsegmente; Lagerpaarung Stahl/Weißmetall

Gegeben:
$D_a = 1{,}6\,\mathrm{m}$; $D_i = 0{,}9\,\mathrm{m}$; $F = 3{,}2 \cdot 10^6\,\mathrm{N}$; $n = 3{,}13\,1/\mathrm{s}$; $B/D = 0{,}5$; $\varrho \cdot c = 1{,}8 \cdot 10^6\,\mathrm{J/(m^3\,K)}$; $\vartheta_{\text{amb}} = 40\,°\mathrm{C}$; $A = 16\,\mathrm{m^2}$; $k = 20\,\mathrm{W/(m^2\,K)}$; $Z = 12$; $\Phi = 0{,}8$; $Rz = 4 \cdot 10^{-6}\,\mathrm{m}$; $\eta(40\,°\mathrm{C}) = 0{,}061\,\mathrm{N\,s/m^2}$; $\eta(80\,°\mathrm{C}) = 0{,}013\,\mathrm{N\,s/m^2}$; $\varrho \approx 900\,\mathrm{kg/m^3}$; Berechnung Betriebsviskositäten mit (16.8); $\overline{p}_{\text{zul}} = 3{,}9 \cdot 10^6\,\mathrm{N/m^2}$; $\vartheta_{\lim} = 90\,°\mathrm{C}$; $h_{\min}/C_{\text{we}} = 0{,}8$

Gesucht:
Auslegung der Kühlung

Berechnet:
Lagerabmessungen und Betriebsbedingungen
$D = (D_a + D_i)/2 = 1{,}25\,\mathrm{m}$ (nach (15.57))
$B = (D_a - D_i)/2 = 0{,}35\,\mathrm{m}$ (nach Abb. 15.23)
$L = \pi \cdot D \cdot \Phi/Z = 0{,}262\,\mathrm{m}$ (nach (15.56))
$U = \pi \cdot n \cdot D = 12{,}3\,\mathrm{m/s}$ (nach (15.16))
$\overline{p} = F/(z \cdot L \cdot B) = 2{,}9 \cdot 10^6\,\mathrm{N/m^2}$ (nach (15.55)) $< \overline{p}_{\text{zul}}$
Angenommene Lagertemperatur für 1. Iteration nach (15.48):
$\vartheta_{B,0} = \vartheta_{\text{amb}} + 1/2 \cdot (\vartheta_{\lim} - \vartheta_{\text{amb}}) = 65\,°\mathrm{C}$
$\eta(65\,°\mathrm{C}) = 0{,}021\,\mathrm{N\,s/m^2}$

Reibleistung nach (15.61):
$P_f = k_2 \cdot (\eta \cdot U^3 \cdot Z \cdot F \cdot L)^{1/2} = 59.485\,\mathrm{W}$
mit $k_2 = 3$
Reibleistung muss gleich sein der abgeführten Leistung $P_{\mathrm{th,amb}} = P_f$ damit ergibt sich für die Betriebstemperatur nach (15.41):
$\vartheta_{B,1} = P_{\mathrm{th,amb}}/(k \cdot A) + \vartheta_{\mathrm{amb}} = 226\,°\mathrm{C}$
Die neu angenommene Lagertemperatur ergibt sich nach (15.49):
$\vartheta_{B,0\,\mathrm{neu}} = (\vartheta_{B,1} + \vartheta_{B,0})/2 = 145{,}5\,°\mathrm{C}$

Iteration	2	3	4
$\vartheta_{B,0}$ in °C	145,5	129	126
$\eta(\vartheta_{B,0})$ in $\mathrm{N\,s/m^2}$	0,0032	0,0042	0,0044
P_f in W	23.220	26.602	27.228
$\vartheta_{B,1}$ in °C	112	123	125

Temperatur größer $\vartheta_{\mathrm{lim}} \Rightarrow$ Kühlung durch Konvektion nicht ausreichend
Kühlung durch Schmierstoff mit Kühleraustrittstemperatur $\vartheta_{\mathrm{en}} = 55\,°\mathrm{C}$
Annahme: $\vartheta_{\mathrm{ex},0} = \vartheta_{\mathrm{en}} + 20\,\mathrm{K} = 75\,°\mathrm{C}$
$\eta(65\,°\mathrm{C}) = 0{,}021\,\mathrm{N\,s/m^2}$
Axiale Sommerfeldzahl nach Abb. 15.22 mit $L/B = 0{,}75$:
$So_{\mathrm{ax}} = 0{,}065$
Minimale Schmierfilmdicke nach (15.54):
$h_{\mathrm{min}} = (So_{\mathrm{ax}} \cdot B \cdot U \cdot \eta/\overline{p})^{1/2} = 4{,}5 \cdot 10^{-5}\,\mathrm{m}$
Kleinste Schmierfilmdicke nach (15.59):
$h_{\mathrm{min,tr}} = (D \cdot Rz/12.000)^{1/2} = 2 \cdot 10^{-5}\,\mathrm{m}$
Der zur Gewährleistung der Flüssigkeitsreibung ($h_{\mathrm{min}} > h_{\mathrm{min,tr}}$) erforderliche Schmierstoffdurchsatz infolge Eigendruckentwicklung nach (15.65):
$Q_d = B \cdot h_{\mathrm{min}} \cdot U \cdot Z \cdot \varphi_1 = 1{,}62 \cdot 10^{-3}\,\mathrm{m^3/s}$
mit $k_2 = 3$
Reibleistung nach (15.61):
$P_f = k_2 \cdot (\eta \cdot U^3 \cdot Z \cdot F \cdot L)^{1/2} = 59.485\,\mathrm{W}$
Reibleistung muss gleich sein der abgeführten Leistung $P_{\mathrm{th},L} = P_f$ damit $\vartheta_{\mathrm{ex},1} = P_{th,L}/(\varrho \cdot c \cdot Q) + \vartheta_{\mathrm{en}} = 75{,}3\,°\mathrm{C}$ (nach (15.47)) $\Rightarrow$ Iterationsabbruch.

Beispiel 15.4

Hydrostatische Radiallager

Gegeben:
$D = 0{,}12\,\mathrm{m}$; $F = 20.000\,\mathrm{N}$; $n = 16{,}6\,1/\mathrm{s}$; $B/D = 1$; $p_{\mathrm{en}} = 4{,}7 \cdot 10^6\,\mathrm{Pa}$; $c_{\mathrm{min}} = 500\,\mathrm{N/\mu m}$; $\xi = 1$; $\varepsilon = 0{,}4$; $Z = 4$; $h_p/C = 40$; $P^* = 2$; $l_{\mathrm{ax}}/B = 0{,}15$; $\eta_B = 0{,}0833\,\mathrm{N\,s/m^2}$; $\varrho \cdot c = 1{,}8 \cdot 10^6\,\mathrm{J/(m^3\,K)}$

Gesucht:
Berechnung

Berechnet:
Auslegung hinsichtlich minimaler Verlustleistung nach Abb. 15.35b:
Gesamtleistungskennzahl $P^*_{\mathrm{tot}} = 6{,}6$ bei $l_{\mathrm{ax}}/B = 0{,}15$ und $l_c/B = 0{,}25$
Maximales relatives Lagerspiel nach (15.81):
$C_{\mathrm{max}} = F/(c_{\mathrm{min}} \cdot \varepsilon) = 100 \cdot 10^{-6}\,\mathrm{m}$
Tragkraftkennzahl nach (15.71):
$F^* = F/(B \cdot D \cdot p_{\mathrm{en}}) = 0{,}2955$
Relatives lagerspiel nach (15.73):
$\psi = 2 \cdot C/D = 1{,}66 \cdot 10^{-3}$
Bezogener Reibungsdruck nach (15.72):
$\pi_f = \eta \cdot \omega/(p_{\mathrm{en}} \cdot \psi^2) = 0{,}67$
Schmierstoffdurchsatz-Kennzahl nach (15.75):
$Q^* = P^*_{\mathrm{tot}} \cdot 4 \cdot (B/D) \cdot F^* \cdot \pi_f/(1 + P^*) = 1{,}74$
Schmierstoffdurchsatz nach (15.82):
$Q = p_{\mathrm{en}} \cdot C^3 \cdot Q^*/\eta = 9{,}8 \cdot 10^{-5}\,\mathrm{m^3/s}$
Gesamte Verlustleistung nach (15.69):
$P_{\mathrm{tot}} = F \cdot \omega \cdot C \cdot P^*_{\mathrm{tot}} = 1377\,\mathrm{W}$
Pumpleistung aus (15.69) und (15.74):
$P_p = P_{\mathrm{tot}}/(1 + P^*) = 459\,\mathrm{W}$
Reibleistung nach (15.74):
$P_f = 918\,\mathrm{W}$
Temperaturanstieg im Betrieb nach (15.78):
$\Delta\vartheta = F \cdot (1 + P^*)/(\varrho \cdot c \cdot D^2 \cdot (B/D) \cdot F^*) = 7{,}8\,\mathrm{K}$
$\Rightarrow$ zulässiger Bereich nach Abb. 15.36

Beispiel 15.5

Hydrostatische Axiallager

Gegeben:
$D_a = 0{,}4\,\mathrm{m}$; $F = 500.000\,\mathrm{N}$; $n = 12{,}5\,1/\mathrm{s}$; $r_i/r_a = 0{,}5$; $c = 1630\,\mathrm{J/(kg\,K)}$; $\varrho = 860\,\mathrm{kg/m^3}$; $\eta_p = 0{,}8$; $\eta = 0{,}032\,\mathrm{N\,s/m^2}$

Gesucht:
Temperaturerhöhung im Betrieb

Berechnet:
Winkelgeschwindigkeit $\omega = 2 \cdot \pi \cdot n = 78{,}54\,1/\mathrm{s}$
bei optimaler Auslegung beträgt die Ähnlichkeitsziffer $So^*_{\mathrm{max}} = 2{,}4$ (siehe Abschn. 15.6.2.2)
mit $r_i/r_a = 0{,}5$ ergibt sich die Schmierfilmdicke nach (15.94):
$h_0 = (So^*_{\mathrm{max}} \cdot \eta \cdot \omega \cdot {r_a}^4/F)^{1/2} = 1{,}4 \cdot 10^{-4}\,\mathrm{m}$
Erforderliche Schmiertaschendruck nach (15.85):
$p_{\mathrm{en}} = 2 \cdot F \cdot \ln(r_a/r_i)/(\pi \cdot ({r_a}^2 - {r_i}^2)) = 7{,}35 \cdot 10^6\,\mathrm{N/m^2}$
Volumenstrom nach (15.87):
$Q = F \cdot {h_0}^3/(3 \cdot \eta \cdot ({r_a}^2 - {r_i}^2)) = 4{,}76 \cdot 10^{-4}\,\mathrm{m^3/s}$
Erforderliche Pumpenleistung nach (15.88):
$P_p = p_{\mathrm{en}} \cdot Q/\eta_p = 4373\,\mathrm{W}$
Reibleistung nach (15.90):
$P_f = \pi \cdot \eta \cdot \omega^2 \cdot ({r_a}^4 - {r_i}^4)/(2 \cdot h_0) = 3322\,\mathrm{W}$

Leistungsverhältnis nach (15.74):
$P^* = P_f / P_p = 0{,}76$
Temperaturanstieg im Betrieb nach (15.93):
$\Delta\vartheta = (P_p + P_f)/(c \cdot \varrho \cdot Q) = 11{,}5\,\mathrm{K}$

Literatur

1. Bartz WJ (1975) Grundlagen des Folienlagers. Forschung Ing-Wesen 41:69–104
2. Demin T, Lambrache N (1981) Über die Anwendung von Magnetflüssigkeiten im Gerätelagern der Feinmechanik. Bul IPB Nr 1 Bukarest
3. Dietz R (1968) Verhalten von statisch belasteten kreiszylindrischen Gleitlagern im Bereich des Reibungsminimums. Dissertation Universität Karlsruhe
4. DIN 118 Antriebselemente – Steh-Gleitlager für allgemeinen Maschinenbau – Teil 1:1977-07 Hauptmaße
5. DIN 502:2004-09 Gleitlager – Flanschlager – Befestigung mit zwei Schrauben
6. DIN 503:2004-09 Gleitlager – Flanschlager – Befestigung mit vier Schrauben
7. DIN 504:2004-09 Gleitlager – Augenlager
8. DIN 505:2004-09 Gleitlager – Deckellager, Lagerschalen – Lagerbefestigung mit zwei Schrauben
9. DIN 1498:1965-08 Einspannbuchsen für Lagerungen
10. DIN 1499:1965-08 Aufspannbuchsen für Lagerungen
11. DIN 1850 Gleitlager – Teil 3:1998-07 Buchsen aus Sintermetall – Teil 4:1998-07 Buchsen aus Kunstkohle – Teil 5:1998-07 Buchsen aus Duroplasten – Teil 6:1998-07 Buchsen aus Thermoplasten
12. DIN 3411:1972-10 Staufferbüchsen; leichte Bauart
13. DIN 7473:1983-12 Gleitlager; Dickwandige Verbundgleitlager mit zylindrischer Bohrung, ungeteilt
14. DIN 7474:1983-12 Gleitlager; Dickwandige Verbundgleitlager mit zylindrischer Bohrung, geteilt
15. DIN 31652 Gleitlager – Hydrodynamische Radial-Gleitlager im stationären Betrieb – Teil 1:2017-01 Berechnung von Kreiszylinderlagern – Teil 2: 2017-01 Funktionen für die Berechnung von Kreiszylinderlagern – Teil 3: 2017-01 Betriebsrichtwerte für die Berechnung von Kreiszylinderlagern
16. DIN 31653 Hydrodynamische Axial-Gleitlager im stationären Betrieb – Teil 1:1991-05 Berechnung von Axialsegmentlagern – Teil 2:1991-05 Funktionen für die Berechnung von Axialsegmentlagern – Teil 3:1991-06 Betriebsrichtwerte für die Berechnung von Axialsegmentlagern
17. DIN 81654 Gleitlager; hydrodynamische Axial-Gleitlager im stationären Betrieb – Teil 3:1991-06 Betriebsrichtwerte für die Berechnung von Axial-Kippsegmentgleitlager
18. DIN 31655 Hydrostatische Radial-Gleitlager im stationären Betrieb – Teil 1:1991-06 Berechnung von ölgeschmierten Gleitlagern ohne Zwischennuten – Teil 2:1991-04 Kenngrößen für die Berechnung von ölgeschmierten Gleitlagern ohne Zwischennuten
19. DIN 31698:1979-04 Gleitlager – Passungen
20. DIN 50282:1979-02 Gleitlager – Das tribologische Verhalten von metallischen Gleitlagerwerkstoffen, Kennzeichnende Begriffe
21. DIN 51501:1979-11 Schmierstoffe – Schmieröle L-AN – Mindestanforderungen. Zurückgezogen: 2006-09
22. DIN 51504:1954-06 Schmierstoffe – Schmieröle D – Mindestanforderungen. Zurückgezogen: 1967-12
23. DIN 51524 Druckflüssigkeiten – Hydrauliköle – Teil 1:2006-04 Hydrauliköle HL; Mindestanforderungen – Teil 2:2006-04 Hydrauliköle HLP; Mindestanforderungen – Teil 3:2006-04 Hydrauliköle HVLP; Mindestanforderungen
24. DIN 51563:2011-04 Prüfung von Mineralölen und verwandten Stoffen – Bestimmung des Viskosität-Temperatur-Verhaltens – Richtungskonstante m
25. DIN EN 1561:2012-01 Gießereiwesen – Gusseisen mit Lamellengraphit
26. DIN ISO 3448:2010-02 Flüssige Industrie-Schmierstoffe – ISO-Viskositätsklassifikation
27. DIN ISO 3547 Gleitlager – Gerollte Buchsen – Teil 1:2015-12 Maße – Teil 2: 2015-12 Prüfangaben für Außen- und Innendurchmesser – Teil 3: 2015-12 Schmierlöcher, Schmiernuten, Schmiertaschen – Teil 4: 2015-12 Werkstoffe
28. DIN ISO 4379:1995-10 Gleitlager – Buchsen aus Kupferlegierungen
29. DIN ISO 4381:2015-05 Gleitlager – Zinn-Gusslegierungen für Verbundlager
30. DIN ISO 4382 Gleitlager; Kupferlegierungen – Teil 1: 1992-11 Kupfer-Gusslegierungen für dickwandige Massiv- und Verbundgleitlager – Teil 2:1992-11 Kupfer-Knetlegierungen für Massivgleitlager
31. DIN ISO 4383:2015-11 Gleitlager – Verbundwerkstoffe für dünnwandige Gleitlager
32. DIN ISO 12128:1998-07 Gleitlager – Schmierlöcher, Schmiernuten und Schmiertaschen – Maße, Formen, Bezeichnung und ihre Anwendung für Lagerbuchsen
33. Dubbel (2014) Taschenbuch für den Maschinenbau, 24. Aufl. Springer, Berlin Heidelberg New York
34. Fa. Ferrofluidics Corporation (1976) Zur Anwendung magnetischer Flüssigkeiten. Technica 25(14): 959
35. Fink PA (1970) Das Schwimmbuchsenlager unter instationärer Belastung. Dissertation, ETH Zürich
36. Heinze P (1973) Ein Beitrag zum Betriebsverhalten des Schwimmbuchsenlagers. Dissertation, RWTH Aachen
37. Hiersig HM (1995) Lexikon Maschinenbau. VDI Verlag, Düsseldorf
38. Klemencic A (1943) Bemessung und Gestaltung von Gleitlagern. Z VDI 87:409
39. Krause W (1989) Konstruktionselemente der Feinmechanik. VEB Verlag Technik, Berlin
40. Lang OR, Steinhilper W (1978) Gleitlager. Springer, Berlin Heidelberg New York
41. Niemann G, Winter H (2003) Maschinenelemente, Bd. II, 2. Aufl. Springer, Berlin, Heidelberg
42. Petroff N (1887) Neue Theorie der Reibung. Urschrift russisch 1883, Übersetzung von Wurzel 1887, Hamburg, Leopold Voss
43. Pollmann E, Vermeulen M (1984) Optimierung hydrostatischer Radiallager. Konstruktion, Teil 1: 36(4): 121–127; Teil 2: 36(5):167–172
44. Rowe WB, O'Donoghue JP (1970) Optimization of externally pressurized bearing for minimum power and low temperature rise. Tribology 3(3):153–157
45. Rowe WB, O'Donoghue JP (1971) Design Procedure for Hydrostatic Bearings. The Machinery Publishing Co. Ltd., Brighton
46. Stribeck R (1902) Die wesentlichen Eigenschaften der Gleit- und Rollenlager. Z VDI 46:1341–1348, 1432–1438, 1463–1470
47. VDI 2201 Gestaltung von Lagerungen – Blatt 1:1975-10 Einführung in die Wirkungsweise der Gleitlager – Blatt 2:1980-12 Konstruktionshinweise. Zurückgezogen: 1992-10
48. VDI 2204 Auslegung von Gleitlagerungen – Blatt 1:1992-09 Grundlagen – Blatt 2: 1992-09 Berechnung – Blatt 3: 1992-09 Kennzahlen und Beispiele für Radiallager – Blatt 4: 1992-09 Kennzahlen und Beispiele für Axiallager
49. VDI 2541:1975-10 Gleitlager aus thermoplastischen Kunststoffen. Zurückgezogen: 2015-03
50. VDI 2543:1977-04 Verbundlager mit Kunststoff-Laufschicht. Zurückgezogen: 2015-03
51. Vermeulen M (1981) Optimization of hydrostatic journak bearings including hydrodynamic effects. Eurotrib 81: Volume 2. Tribological processes in contact areas of lubricated solid bodies. Technische Universität Radom (Polen)

Schmierung, Schmierstoffe, Reibung, Verschleiß, Korrosion

16

► Die Hauptfunktion von Schmierstoffen besteht neben der Kühlfunktion darin, Schäden an belasteten Oberflächen, die sich relativ zueinander bewegen, zu vermeiden. Direkte Berührung der Wälzkörperoberflächen soll möglichst verhindert oder gemindert werden. Bei vollständiger Trennung der Wälzkörperoberflächen laufen derartige Paarungen nahezu verschleißfrei, sofern störende Fremdkörper vom Schmierspalt ferngehalten werden.

Bei den meisten Anwendungen (z. B. Gleitlager, Wälzlager, Zahnräder) soll die Reibung durch geeignete Schmierung verringert werden, bei anderen Anwendungen (z. B. Reibradgetrieben, Bremsen) verstärkt werden.

Weitere Funktionen der Schmierstoffe

- Wärme abführen: Die durch Reibung in der Berührfläche entstehende Wärme kann sonst zu örtlicher Überhitzung und damit zur Schädigung von Bauteilen und des Schmierstoffs führen.
- Abdichten: Durch Schmierstoff, insbesondere Fett, in Dichtspalten können Flüssigkeiten, Gase, Fremdkörper und Schmutz gegenüber zu Lagerungen und anderen Schutzbereichen abgedichtet werden, Kap. 19: Dichtsysteme.
- Korrosionsschutz: Geeignete Schmierstoffe und geeignete Additive können Korrosion verhindern.
- Schmutz- und Verschleißteilchen dispergieren (siehe Dispersantien in Tab. 16.1).
- In hydraulischen Maschinen, Kupplungen, Wandlern und Bremsen wird Öl zur Leistungsübertragung verwendet, in hydraulischen Steuerungen zur Übertragung von Informationen. Dabei dient das Öl immer auch als Schmierstoff und Korrosionsschutz.
- Außerdem werden Öle für andere Funktionen verwendet, z. B. zur Isolierung in Transformatoren, Hochspannungsschaltern usw., zur Wärmeübertragung, als Kühlschmierstoffe bei der Metallbearbeitung und vieles mehr.

16.1 Fachbegriffe

Erklärungen der häufigsten Fachbegriffe und Kurzzeichen sind in Tab. 16.1 zusammengetragen.

Tab. 16.1 Schmierung, Schmierstoffe: Definitionen und Bezeichnungen

Absorbieren	Aufsaugen, z. B. Öl im Seifengitter, Abschn. 16.4.2
Adsorbieren	an der Oberfläche anlagern, Abschn. 16.4.1.6
Additive	Zusätze zum Grundöl, Abschn. 16.4.1.6
Alterung	eines Schmierstoffs, Abschn. 16.4.1.2
ATF	Automatic Transmission Fluid (Schmierstoff für Automatikgetriebe, Wandler, Schaltgetriebe)
AW-Additiv	Anti-Wear-Additiv (Verschleißschutz-Zusatz)
Demulgieren	Abscheiden von Wasser aus Schmierstoff, Abschn. 16.4.1.2
Detergentien	Wirkstoffe, die Ablagerungen ablösen, Abschn. 16.4.1.6
Dispersantien	Wirkstoffe, die Feststoffe in Schwebe halten, Schlammbildung verhindern, Abschn. 16.4.1.6
Dilatantes Fluid	nicht-Newton'sche Flüssigkeit, deren Viskosität mit dem Schergefälle zunimmt, Abb. 16.6
EHD	Elastohydrodynamik
EP-Additiv	Extreme-Pressure Additiv, Abschn. 16.4.1.6
Ester	Verbindung von Alkohol und organischer Säure
Friction Modifier	Wirkstoff, der die Reibungszahl verändert, Abschn. 16.4.1.6
HD-Zusätze	Heavy-Duty-Zusätze, Abschn. 16.4.1.6
ISO	International Standards Organisation

G. Niemann et al., *Maschinenelemente 1*, https://doi.org/10.1007/978-3-662-55482-1_16

Tab. 16.1 (Fortsetzung)

Kondensation	Verflüssigung flüchtiger Schmierstoffkomponenten
Konformer Kontakt	die Oberflächen der Kontaktpartner sind gleichsinnig gekrümmt, z. B. beim Kontakt einer Welle mit einer Lagerschale
Kontraformer Kontakt	die Oberflächen der Kontaktpartner sind gegensinnig gekrümmt, z. B. beim Kontakt von Zahnflanken einer Außenverzahnung
Konus-Penetration	Maß für die Schmierfett-Konsistenz, Abschn. 16.4.2
Metalldeaktivatoren	Additiv zum Schutz des Metalls gegen Korrosion, Abschn. 16.4.1.6 und Tab. 16.6
Newton'sches Fluid	Flüssigkeit, deren Viskosität unabhängig vom Schergefälle ist
nicht-Newton'sches Fluid	Flüssigkeit, deren Viskosität mit zunehmendem Schergefälle zunimmt (dilatant) oder abnimmt (strukturviskos), Abschn. 16.4.1.2
Neutralisationszahl	Maß für den Anteil der durch Oxidation entstandenen sauren oder basischen Produkte, siehe Alterungsbeständigkeit, Abschn. 16.4.1.2
NLGI-Klasse	National Lubricating Grease Institute, Maß für Konsistenz eines Schmierfettes, Tab. 16.8
Polyglykole	synthetische Schmierstoffe mit meist niedrigen Reibungszahlen
Polymerisation	Verbindung kürzerer Kohlenwasserstoffe zu längeren Ketten, beeinflusst unter anderem die Schmierstoffalterung, Abschn. 16.4.1.2
SAE	Society of Automotive Engineers (US Vereinigung der Automobil Ingenieure)
Stick-Slip	diskontinuierliche Relativbewegung mit abwechselndem Gleiten und Haften
Strukturviskoses Fluid	nicht-Newton'sche Flüssigkeit, deren Zähigkeit mit dem Schergefälle sinkt
TAN	Total Acid Number kennzeichnet Anteil an sauren Bestandteilen
TBN	Total Base Number kennzeichnet Anteil an basischen Bestandteilen
Traction Fluid	Schmierstoff mit hoher Reibungszahl
Tribologie	Wissenschaft und Technik von aufeinander einwirkenden Oberflächen in Relativbewegung. Tribologie umfasst das Gesamtgebiet von Reibung und Verschleiß, einschließlich Schmierung, und schließt entsprechende Grenzflächenwechselwirkungen sowohl zwischen Festkörpern als auch zwischen Festkörpern und Flüssigkeiten oder Gasen ein. [30]
Triboschicht	aus tribologischer Beanspruchung induzierte Veränderung der Wälzkörperoberfläche
Tropfpunkt	Temperatur, bei der Schmierfett abtropft, Abschn. 16.4.2 (DIN ISO 2176 [22])
VG	Viscosity Grade, Viskositätsklasse
VI	Viskositätsindex, Maß für VT-Verhalten, Abschn. 16.4.1.2
VT-Verhalten	Viskositäts-Temperatur-Abhängigkeit eines Schmierstoffs

16.2 Reibung, Reibungszahl

In der Kontaktfläche einer Gleit- oder Wälzpaarung wirkt eine Reibungskraft, die der Relativbewegung beider Körper entgegen gerichtet ist. Zur Beschreibung der Reibungsverhältnisse wird das Coulomb'sche Gesetz verwendet, nach dem die Reibungskraft F_R der Anpress-Normalkraft F_N und einer Reibungszahl μ proportional ist:

$$\mu = \frac{F_R}{F_N} \tag{16.1}$$

μ hängt ab von der Reibungsart (Art der Relativbewegung), dem Reibungszustand (Flüssigreibung, Mischreibung, Festkörperreibung), der Relativgeschwindigkeit, dem Schmierstoff, sowie von der Oberflächenbeschaffenheit und Werkstoffpaarung.

Die Reibungsarten sind in Abb. 16.1 dargestellt. Abb. 16.2 zeigt die bei einer Wälzpaarung möglichen Bewegungsverhältnisse.

Für den Geltungsbereich der Hydrodynamik, d. h. bei reiner Flüssigkeitsreibung, ergibt sich die Reibungskraft allein aus der inneren Reibung der Flüssigkeit. Für viele Gleitlager kann die Flüssigkeitsreibung vergleichsweise einfach rech-

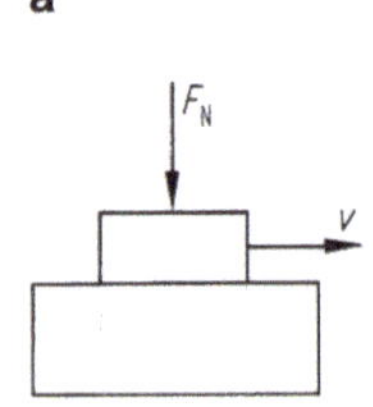

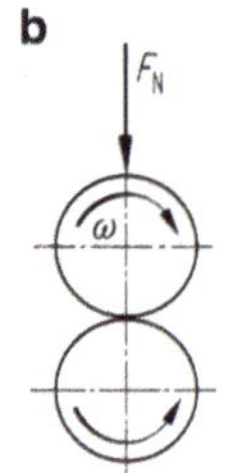

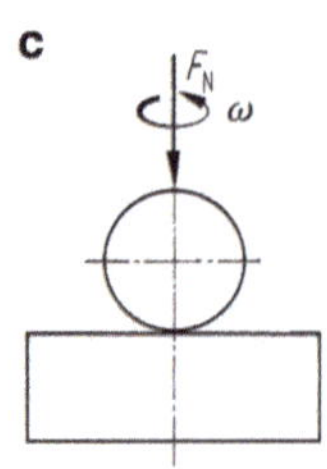

Abb. 16.1 Reibungsarten, **a** Gleitreibung, **b** Rollreibung, **c** Bohrreibung

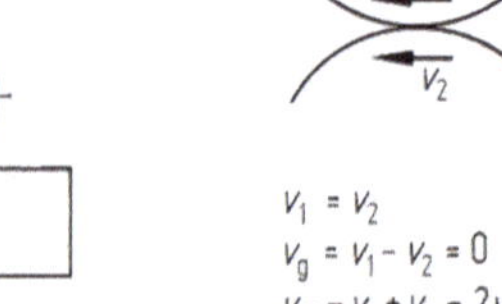

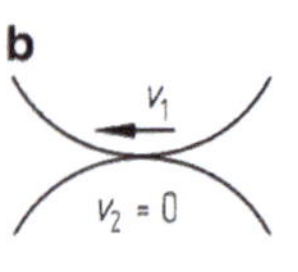

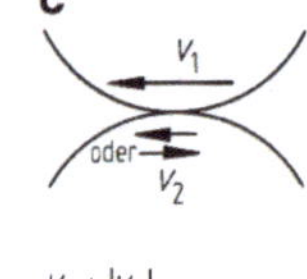

Abb. 16.2 Mögliche Bewegungsverhältnisse einer Wälzpaarung, **a** reines Rollen, **b** reines Gleiten, **c** Wälzen = Rollen + Gleiten

Tab. 16.2 Reibungszahlen bei verschiedenen Anwendungen nach [29], [31], [36]

Reibungsart	Reibungszustand/Schmierung/Paarung	Reibungszahl μ
Gleitreibung	Festkörperreibung (Metall)	0,1 ... 1
	Grenzreibung	0,1 ... 0,2
	Mischreibung	0,01 ... 0,1
	Flüssigkeitsreibung	0,001 ... 0,01
	Gasreibung	0,0001
Rollreibung	geschmiert mit Fett	0,001 ... 0,005
	trocken	<0,005
Wälzpaarung	trocken (Reibräder, Stahl/Stahl)	0,22 ... 0,28
	trocken (Reibräder, Gummi/Stahl)	0,4 ... 0,6
	Mischreibung (Zahnräder, geschmiert)	0,02 ... 0,08
	Mischreibung (Reibräder, Traction Fluids)	0,06 ... 0,12

nerisch bestimmt werden, wenn der Einfluss der örtlichen Temperatur auf die Viskosität berücksichtigt wird (Kap. 15: Gleitlager).

Heute kann nicht-Newton'sches Schmierstoffverhalten und der Temperatureinfluss der Viskosität in Simulationen berücksichtigt werden, um damit Flüssigkeitsreibungszahlen zutreffender zu berechnen. Auch Festkörperreibung kann bei direkter Berührung von Wälzkörperoberflächen berücksichtigt werden. Für eine sinnvolle Einordnung der Simulationsergebnisse ist es notwendig, zusätzliche Experimente unter praxisnahen Bedingungen durchzuführen. Einen Überblick über Reibungszahlen bei verschiedenen Anwendungen gibt Tab. 16.2.

16.3 Wirkmechanismus der Schmierung

Maßgebend für die Bildung eines Schmierfilms sind die örtliche Viskosität des Schmierstoffs, Pressung (Belastung) und Summengeschwindigkeit. Der an der Oberfläche haftende Schmierstoff wird in die sich verengende Kontaktstelle hineingezogen. Abb. 16.2 zeigt dies am Beispiel des kontraformen Kontaktes. Im Fall a fördern beide Oberflächen, im Fall b eine Oberfläche in den Kontakt. Es kann sich ein Schmierfilm bilden. Im Fall c bildet sich ein Schmierfilm, abhängig von Größe und Richtung der Geschwindigkeiten v_1 und v_2. Diese Feststellungen gelten auch für den konformen Kontakt, z. B. für Gleitlager.

Die verschiedenen Schmierungszustände, die sich im geschmierten Kontakt mit realen, rauen Oberflächen einstellen können, sind in Tab. 16.3 dargestellt und werden nachstehend erläutert. Die zugehörigen Reibungszahlen zeigt Tab. 16.2.

16.3.1 Vollschmierung

Bei diesem Schmierungszustand sind beide Wälzkörper vollständig durch einen Schmierfilm getrennt. Es wird von hydrodynamischer Schmierung gesprochen, wenn der Schmierdruck so klein und auch die Zunahme der Viskosität mit dem Druck so gering ist, dass die Verformungen der Wälzkörper bei der Berechnung vernachlässigt werden können. Dies ist meist der Fall bei konformen Kontakten, beispielsweise bei Gleitlagern.

Bei kontraformen Kontakten, beispielsweise außenverzahnte Zahnräder, Nocken und Stößelpaarungen, treten meist wesentlich höhere örtliche Pressungen auf, die Kontaktbereiche verformen sich. Auch unter diesen Bedingungen kann sich ein trennender Schmierfilm bilden. Dies wird elastohydrodynamische (EHD) Schmierung genannt. Die elastische Verformung der Kontaktflächen und Zunahme der Viskosität mit dem Druck müssen dann bei der Berechnung berücksichtigt werden.

Filmdicke bei hydrodynamischer Schmierung, Druckverteilung usw. werden in Kap. 15: Gleitlager erläutert, Filmdicke bei elastohydrodynamischer Schmierung in Kap. 13: Wälzpaarungen behandelt, abgeleitete Berechnung der Schmierfilmdicke h_C für Zahnräder ist in [36] angegeben.

16.3.2 Mischschmierung

Mit zunehmender Belastung und abnehmender Summengeschwindigkeit sowie abnehmender Schmierstoffviskosität wird der Schmierfilm dünner. Wenn sich dann die Rauheitsspitzen oder Welligkeiten der beiden Oberflächen berühren, wird ein Teil der äußeren Normalkraft durch Festkörperkontakt und der andere Teil durch den restlichen Schmierfilm übertragen. Als Kennwert wird eine spezifische (auf die Oberflächenrauheit bezogene) Schmierfilmdicke λ definiert:

$$\lambda = \frac{h_{\min}}{Ra} \tag{16.2}$$

mit der gemittelten Rauheit

$$Ra = \frac{Ra_1 + Ra_2}{2} \tag{16.3}$$

$h_{\min}$	in µm	minimale Schmierfilmdicke im EHD-Kontakt
Ra_1, Ra_2	in µm	arithmetische Mittenrauwerte der Oberfläche 1 und 2

Tab. 16.3 Schmierungszustände nach [2], ergänzt; Schmierfilmdicke λ siehe (16.2)

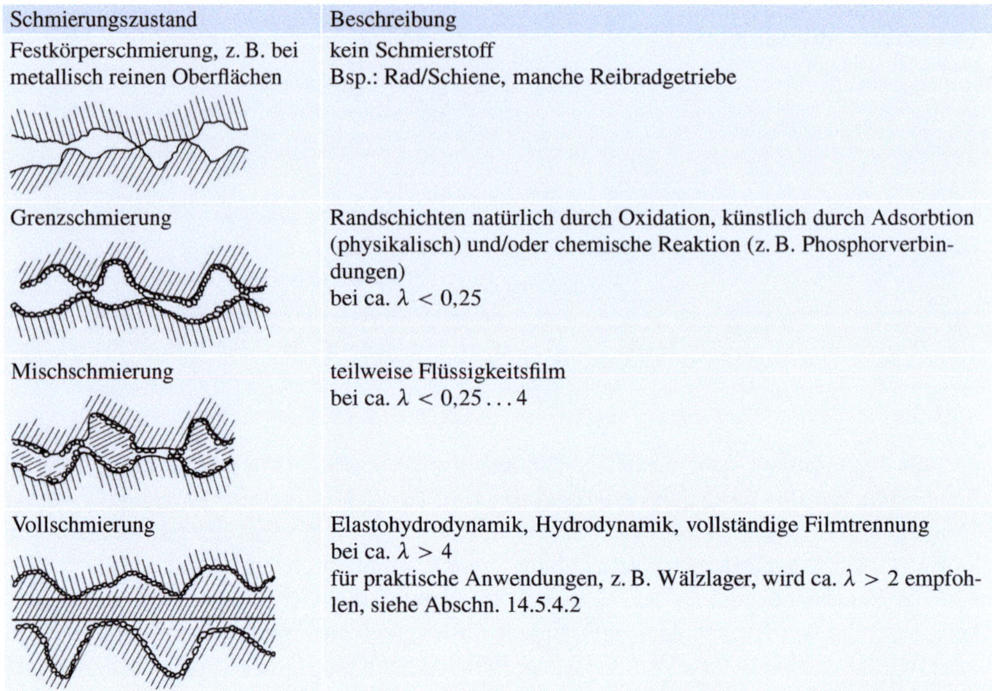

Schmierungszustand	Beschreibung
Festkörperschmierung, z. B. bei metallisch reinen Oberflächen	kein Schmierstoff Bsp.: Rad/Schiene, manche Reibradgetriebe
Grenzschmierung	Randschichten natürlich durch Oxidation, künstlich durch Adsorbtion (physikalisch) und/oder chemische Reaktion (z. B. Phosphorverbindungen) bei ca. $\lambda < 0{,}25$
Mischschmierung	teilweise Flüssigkeitsfilm bei ca. $\lambda < 0{,}25 \ldots 4$
Vollschmierung	Elastohydrodynamik, Hydrodynamik, vollständige Filmtrennung bei ca. $\lambda > 4$ für praktische Anwendungen, z. B. Wälzlager, wird ca. $\lambda > 2$ empfohlen, siehe Abschn. 14.5.4.2

Grenzwerte zur Abschätzung des Schadensrisikos siehe Abschn. 21.7.1 in [36]. Zuordnung der λ-Werte zu den Schmierungszuständen zeigt Tab. 16.3.

16.3.3 Festkörperschmierung

Wenn metallisch reine Kontaktflächen ohne Schmierstoff unter Belastung aufeinander wälzen, besteht die Tendenz, dass beide momentan örtlich aneinanderhaften, verschweißen und infolge der Relativbewegung fressen (siehe Kap. 13: Wälzpaarungen, physikalische Mechanismen beim Fressen siehe Abschn. 21.6.6 in [36]).

Normalerweise sind Oberflächen nicht metallisch rein, sondern bilden Schutzschichten, insbesondere aus eigenen Oxiden. Diese Schichten können wie Festschmierstoffe wirken, sie mindern die Reibung und damit die Fressgefahr bereits beachtlich. Festschmierstoffe für trocken laufende Wälzpaarungen werden in Abschn. 16.4.3 angegeben.

Eine ähnliche Wirkung ergibt sich durch Oberflächenbehandlung oder -beschichtung, z. B. durch Phosphatieren oder Verkupfern. Damit werden der Paarung auch gewisse Notlaufeigenschaften bei Ausfall des Schmiersystems verliehen. Es verbleibt bei Festkörperschmierung aber generell der Mangel, dass die Reibungswärme nicht durch den Schmierstoff abgeführt werden kann.

16.3.4 Grenzschmierung

Die Grenzschmierung ist ein Sonderfall der Festkörperschmierung. Ein zusammenhängender Schmierfilm ist zwar nicht mehr vorhanden, die Oberflächen der Wälzkörper sind jedoch mit adsorbierten Schmierstoffmolekülen bedeckt.

Viele Schmierstoffe enthalten polare Komponenten, die sich an den Oberflächen physikalisch anlagern und eine Triboschicht bilden, Abschn. 16.4.1.6. Durch Zugabe bestimmter Legierungskomponenten (z. B. AW- oder EP-Additive) kann eine noch wesentlich tragfähigere Triboschicht erzeugt werden. Diese entsteht durch chemische Reaktion bei hohen Temperaturen und Drücken.

Diese Mechanismen wirken auch an den Festkörperberührstellen bei Mischschmierung, d. h. bis in den Bereich kleiner λ-Werte (Abschn. 16.3.2) hinein. Bei Grenzschmierung bestimmen die Triboschichten und nicht die Viskosität des Schmierstoffs die Funktion der Schmierung, nur diese schützen die Kontaktflächen vor direkter metallischer Berührung.

Insgesamt ist festzustellen, dass sich die Schmierwirkung bei Grenz- und Mischschmierung erst aus wechselseitigen Reaktionen zwischen Schmierstoff und Metalloberfläche ergibt, wobei diese stark von der Reaktionsfähigkeit der Oberfläche und somit auch von den Betriebsbedingungen abhängt.

16.3.5 Hydrostatische Schmierung

Bei der hydrostatischen Schmierung wird der Schmierdruck zur Trennung der Gleitelemente durch eine Pumpe außerhalb des Kontakts erzeugt. Ein Schmierfilm kann daher auch im Ruhezustand erzeugt werden (niedrige Anlaufreibung). Hauptanwendungsgebiete sind hydrostatische Lager und hochbelastete Gleitbahnen, Kap. 15: Gleitlager.

16.4 Schmierstoffarten

Im Maschinenbau werden meist Schmierstoffe (Öle und Fette) auf der Basis von Mineralölen verwendet, die aus Erdöl gewonnen werden. Zudem werden zunehmend auch synthetische Schmierstoffe, biologisch leicht abbaubare Schmierstoffe, Trockenschmierstoffe (Festschmierstoffe) und Haftschmierstoffe eingesetzt (für 1996 geschätzter anteiliger Verbrauch: Mineralöle 95 ... 97 %; synthetische Öle 2 ... 4 %; biologisch leicht abbaubare Schmierstoffe 0,5 ... 1 %; Fette 1 ... 2 %; Trocken- und Haftschmierstoffe < 1 %).

Im Maschinenbau haben sich neben den einfachen Schmierölen (z. B. Maschinenöl) oder einfachen Schmierfetten (z. B. Staufferfett, d. h. seifenverdicktes Mineralöl) eine Reihe von besonders legierten Schmierstoffen durchgesetzt. Chemische Zusätze (Additive) verleihen dem Mineral-Grundöl spezifische Eigenschaften. Es kann hierin eine Parallele zur Entwicklung der legierten metallischen Werkstoffe gesehen werden.

16.4.1 Schmieröle

Schmieröle werden gegenüber Schmierfetten und Festschmierstoffen stets bevorzugt, sofern nicht deren besondere Eigenschaften ausschlaggebend sind. Bei ausreichender Zufuhr von Schmieröl kann für viele Betriebsbedingungen auf Dauer ein tragender Schmierfilm erzeugt und dies außerdem zur Abfuhr der Reibungswärme genutzt werden.

16.4.1.1 Klassifikation der Schmieröle

Schmieröle werden nach verschiedenen Merkmalen klassifiziert:

Nach dem Anwendungsgebiet

Maschinenschmieröle, Spindelöle, Zylinderöle, Turbinenöle, Motorenöle, Industriegetriebeöle, Kfz-Getriebeöle, ATF-Fluide, Kompressorenöle, Umlauföle, Hydrauliköle, Isolieröle, Wärmeträgeröle, Prozessöle (Verfahrensöle), Metallbearbeitungsöle/Kühlschmierstoffe, Korrosionsschutzmittel und Textil- und Textilmaschinenöle.

Nach der Herstellung (Mineralöle)

- Destillate: aus Rohöl durch Destillation gewonnene Öle
- Raffinate: chemisch und physikalisch gereinigte bzw. weiterbehandelte Destillate. Sie werden heutzutage vorwiegend verwendet.
- Rückstandsöle: bleiben bei der Destillation zurück

Nach der kinematischen Viskosität (Abschn. 16.4.1.2)

Schmieröle für allgemeine Anwendungen in der Industrie werden nach DIN ISO 3448 [25] in Viskositätsgruppen

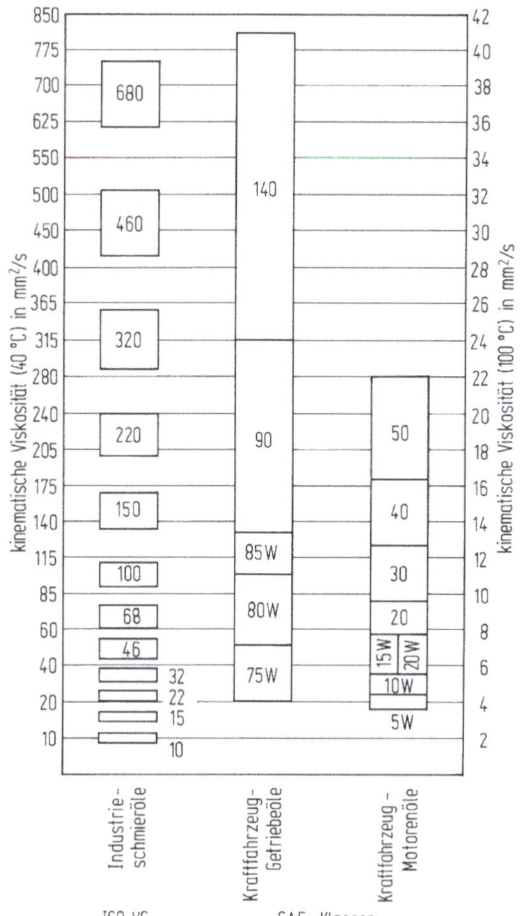

Abb. 16.3 Viskositäts-Klassifikationen ISO VG (DIN ISO 3448) und SAE (SAE J300, SAE J306)

(VG) eingeteilt (Abb. 16.3). Der Zahlenwert gibt die Mittelpunktviskosität bei 40 °C an. Die Toleranz beträgt ±10 %. Beispielsweise kann für ISO VG 100 die Viskosität bei 40 °C 90 ... 110 mm^2/s betragen. Kraftfahrzeug-Motoren- und -Getriebe-Schmieröle werden nach SAE Standard J300 [37] und J306 [38] in SAE-Klassen eingeteilt (siehe auch DIN 51511 [6] und DIN 51512 [7]). Der Zahlenwert 0 bis 50 (für Kfz-Motoren-Schmieröle) bzw. 70 bis 250 (für Kfz-Getriebe-Schmieröle) ist jeweils ein Kennzeichen (jedoch nicht proportional) der Viskosität. Der Zusatzbuchstabe W kennzeichnet die Eignung für tiefe Temperaturen (W für Winter). Mehrbereichsöle überdecken mehrere Viskositätsklassen, weisen somit besseres Viskositäts-Temperatur-Verhalten auf und eignen sich daher für Sommer- und Winter-Betrieb. Beispielsweise hat ein Getriebeöl mit der Bezeichnung SAE 75W-90 bei niedrigen Temperaturen die Eigenschaften von SAE 75W und bei hohen Temperaturen von SAE 90, Abb. 16.4. Als Einheit wird die SI-Einheit mm^2/s verwendet, früher Centi-Stokes mit der Umrechnung 1 cSt = 1 mm^2/s.

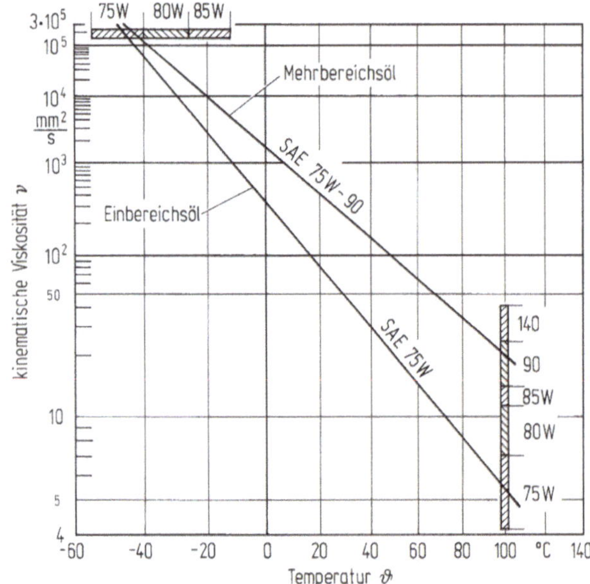

Abb. 16.4 SAE-Viskositätsklassen von Schmierölen für Kraftfahrzeuggetriebe nach DIN 51512 [7]

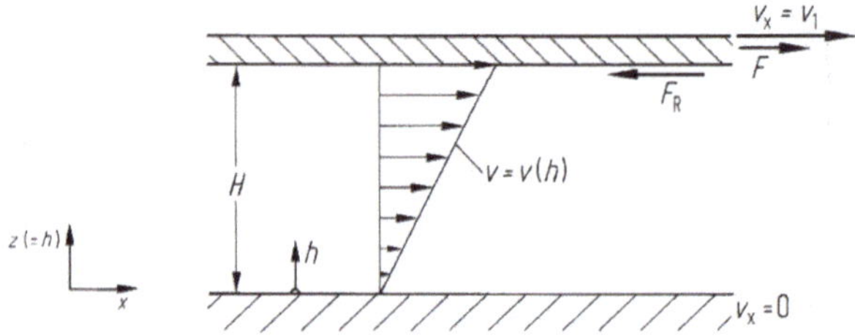

Abb. 16.5 Lineare Geschwindigkeitsverteilung der Spaltströmung

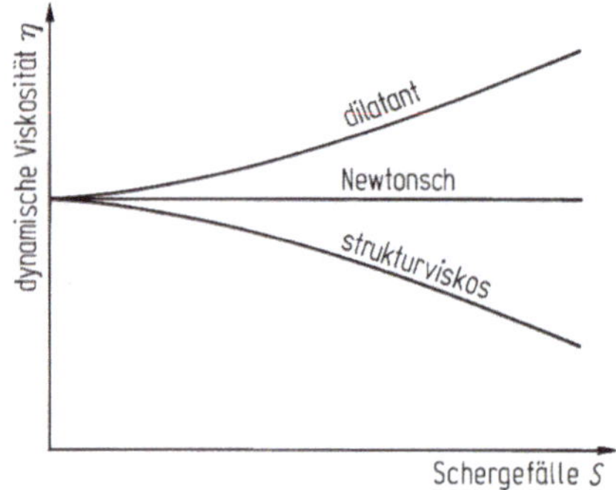

Abb. 16.6 Viskosität als Funktion des Schergefälles bei Newton'schen und nicht-Newton'schen Flüssigkeiten

Nach der Wirkung chemischer Zusätze
Es wird unterscheiden in HD (heavy duty)-Öle mit Zusätzen für den Motorenbetrieb, EP (extreme pressure)-Öle mit Zusätzen zur Erhöhung des Druckaufnahmevermögens usw. (Abschn. 16.4.1.6).

16.4.1.2 Eigenschaften der Schmieröle

Viskosität
Sie ist ein Maß für die innere Reibung des Schmieröls. Sie ist wichtig für den Aufbau eines Schmierfilms im Gebiet der Voll- und Mischschmierung und ein Maß für den Förderwiderstand in Schmierstoffleitungen.

Dynamische (oder absolute) Viskosität η:

- **Newton'sche Flüssigkeiten** Die Definition der dynamischen Viskosität geht auf Isaac Newton (1687) zurück. Sie gilt für eine stationäre, laminare Parallelströmung. Wenn die dynamische Viskosität η nur von Druck und Temperatur nicht aber vom Schergefälle S abhängig ist, bildet sich nach (16.5) ein lineares Schergefälle aus, Abb. 16.5. Derartige Substanzen werden Newton'sche Flüssigkeiten (z. B. Wasser, Alkohol) genannt. Hierzu gehören auch manche Schmieröle (insbesondere unlegierte Mineralöle). Als Einheit der dynamischen Viskosität wird in der Praxis meist Milli-Pascalsekunden m Pa s verwendet (früher war Centi-Poise cP üblich).

$$1\,\text{mPa s} = 10^{-3}\,\text{N s/m}^2 = 10^{-2}\,\text{P (Poise)} = 1\,\text{cP} \tag{16.4}$$

Das Newton'sche Reibungsgesetz ist in Abb. 16.5 dargestellt. Es beschreibt die Verhältnisse innerhalb einer laminaren Strömung. Zwischen den Flüssigkeitsschichten besteht eine Schubspannung τ, die proportional dem Geschwindigkeitsgradienten dv/dh zwischen den Flüssigkeitsschichten ist.

$$\tau = \eta \cdot \frac{dv}{dh} \tag{16.5}$$

Das Schergefälle S ist definiert als

$$S = \frac{dv}{dh} \tag{16.6}$$

- **Nicht-Newton'sche Flüssigkeiten** Es gibt verschiedene Schmieröle mit anderem Fließverhalten. Die Viskosität ist hier eine Funktion des Schergefälles im Schmierspalt (Abb. 16.6). Praktische Bedeutung haben nur strukturviskose Schmieröle, deren Viskosität mit wachsendem Schergefälle abnimmt. Auch Newton'sche Mineralöle können durch Zusatz bestimmter Additive (Polymere) strukturviskos werden oder wirken bei tiefen Temperaturen strukturviskos. Auch viele synthetische Öle verhalten sich strukturviskos. Vor allem bei höchsten Drücken, wie sie im EHD-Kontakt vorherrschen, gehen Schmieröle zu strukturviskosem Verhalten über [39]. Schmieröle mit dilatantem Verhalten sind bisher nicht bekannt.

Kinematische Viskosität ν: Im Handel wird international vorwiegend die kinematische Viskosität ν angegeben, da sie

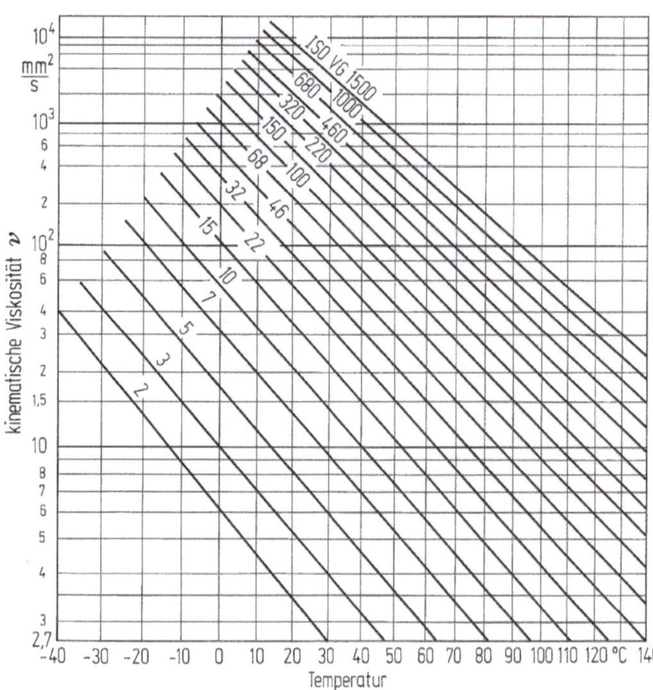

Abb. 16.7 Kinematische Viskosität der ISO-Klassen im Ubbelohde-Walther-Diagramm nach DIN 51563 [10] für den Viskositätsindex VI = 100

einfacher zu messen ist. Aus ihr lässt sich die dynamische Viskosität η mit der Dichte ϱ wie folgt berechnen:

$$\eta = \nu \cdot \varrho \tag{16.7}$$

Viskositäts-Temperatur-Verhalten (VT-Verhalten)

Die kinematische Viskosität eines Schmieröls ändert sich nahezu exponentiell mit der Temperatur. Im $\lg\lg(\nu)$-$\lg(\vartheta)$-Diagramm lässt sich der Zusammenhang mit hinreichender Genauigkeit durch eine Gerade darstellen (auf Basis der Untersuchungen von Ubbelohde [40] und Walther [41]), so dass das VT-Verhalten eines Schmieröls durch zwei bei verschiedenen Temperaturen gemessenen Viskositäten bestimmt werden kann. Die grafische Darstellung der Berechnung nach DIN 51563 [10] zeigt Abb. 16.7.

Die Steigung der Geraden (Richtungskonstante m) ist ein Maß für die Temperaturabhängigkeit. Ein Öl mit flacher VT-Gerade ist temperaturunempfindlicher als eines mit steilem Verlauf. Nach DIN 51563 errechnet sich die Richtungskonstante m aus zwei Viskositäts-Temperatur-Wertepaaren (ν_1, ϑ_1) und (ν_2, ϑ_2) mit der folgenden Zahlenwertgleichung zu:

$$m = \frac{\lg\lg(\nu_1 + 0{,}8) - \lg\lg(\nu_2 + 0{,}8)}{\lg\vartheta_2 - \lg\vartheta_1} \tag{16.8}$$

Hierbei sind die Temperaturen in K und die kinematischen Viskositäten in mm^2/s einzusetzen. Üblicher Bereich für m: $2{,}7 \leq m \leq 4{,}1$. Um zu zeigen, wie stark die Viskosität

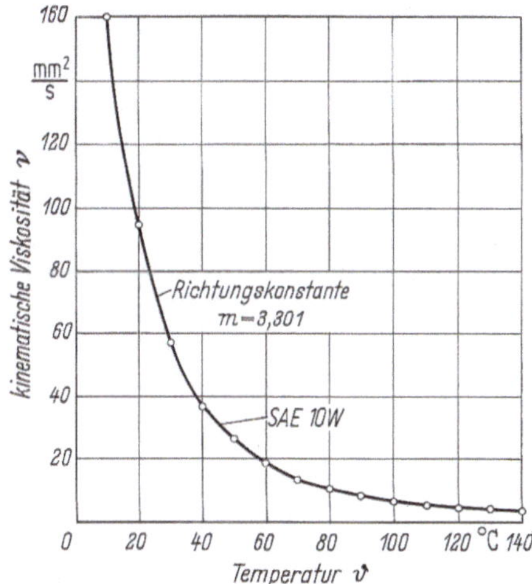

Abb. 16.8 Viskosität in Abhängigkeit der Temperatur im linearen Maßstab

von der Temperatur abhängt, ist in Abb. 16.8 die kinematische Viskosität in Abhängigkeit der Temperatur im linearen Maßstab aufgetragen. Es deutlich zu erkennen, dass die Temperaturabhängigkeit mit zunehmender Temperatur sinkt. Das VT-Verhalten wird in der Praxis häufig mit dem Viskositätsindex (VI) nach DIN ISO 2909 [23] beschrieben. Er beschreibt die Steigung der VT-Geraden im Vergleich zu einem Bezugsöl. Das VT-Verhalten ist dabei umso günstiger (flache VT-Gerade in Abb. 16.7), je höher der VI ist. Übliche paraffinbasische Mineralöle weisen einen VI von 90…100 auf, synthetische Schmieröle von bis zu 200 und darüber [31]. Für schmiertechnische Berechnungen ist der VI ohne Bedeutung.

Viskositäts-Druck-Verhalten

Mit steigendem Druck p wird die Viskosität von Mineral- und Syntheseölen größer. Allerdings nimmt der Einfluss des Drucks mit zunehmender Temperatur ab. Der Druckviskositätskoeffizient und Beispiele für die druckinduzierte Viskositätserhöhung für verschiedene Schmieröle sind in Tab. 16.4 zusammengefasst. Als grobe Regel gilt für Mineralöle, dass die Viskosität umso stärker mit dem Druck zunimmt, je steiler die VT-Kurve ist. Die dynamische Druckviskosität berechnet sich zu

$$\eta_p = \eta_0 \cdot e^{\alpha \cdot p} \tag{16.9}$$

α	in m^2/N	Druckviskositätskoeffizient siehe Tab. 16.4
η_0	in mPa s	dynamische Viskosität bei atmosphärischem Druck (1 bar)

α ist für einen Öltyp charakteristisch und wird hauptsächlich von der Zusammensetzung (Gehalt an Paraffin-, Naphthen-Kohlenwasserstoffen und Aromaten) sowie den physikalischen Eigenschaften des Grundöls, weniger von den chemischen Zusätzen beeinflusst.

Tab. 16.4 Druckviskositätskoeffizient α und Beispiele für die druckinduzierte Viskositätserhöhung für verschiedene Schmieröle [31]

Öltyp	$\alpha_{20\,°C} \cdot 10^8$ in m^2/N	$\frac{\eta_{2000\,bar}}{\eta_0}$ bei 25 °C	$\frac{\eta_{2000\,bar}}{\eta_0}$ bei 80 °C
paraffinbasische Mineralöle	1,5 ... 2,4	15 ... 100	10 ... 30
naphthenbasische Mineralöle	2,5 ... 3,5	150 ... 800	40 ... 70
aromatische Solvent-Extrakte	4,0 ... 8,0	1000 ... 200.000	100 ... 1000
Polyolefine	1,3 ... 2,0	10 ... 50	8 ... 20
Esteröle (Diester, verzweigt)	1,5 ... 2,0	20 ... 50	12 ... 20
Polyätheröle (aliph.)	1,1 ... 1,7	9 ... 30	7 ... 13
Silikonöle (aliph. Subst.)	1,2 ... 1,4	9 ... 16	7 ... 9
Silikonöle (arom. Subst.)	2,0 ... 2,7	300	–
Chlorparaffine (je nach Halogenierungsgrad)	0,7 ... 5,0	5 ... 20.000	–

Reibungszahl

Die Reibungszahl wird nicht primär von der Viskosität des Grundöls, sondern in erster Linie vom molekularen Aufbau des Schmieröls, dessen chemischer Struktur, der Form und Beweglichkeit der Moleküle und den intermolekularen Wechselwirkungen bestimmt. Zum Beispiel bedingt ein Öl mit sperrigen unbeweglichen und weitverzweigten Molekülen oft eine hohe Reibungszahl. Wichtig hierfür sind auch die Betriebsbedingungen, Werkstoff, Oberflächenart und -zustand. Additive nehmen großen Einfluss auf die Reibungszahl bei Misch- und Grenzschmierung.

Wärmeleitfähigkeit λ

Die Wärmeleitfähigkeit ist eine wichtige Einflussgröße für die Wärmeabfuhr von Härteölen oder Wärmeübertragungsölen. Für ein übliches Mineralöl gilt $\lambda \approx 0{,}13\,W/(m\,K)$ bei 20 °C, [31].

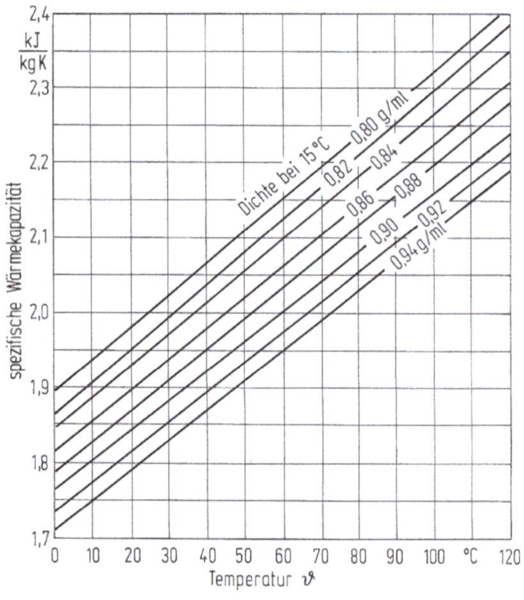

Abb. 16.9 Einfluss von Temperatur und Dichte auf die spezifische Wärmekapazität flüssiger Schmieröle [3]

Spezifische Wärmekapazität c

Die spezifische Wärmekapazität ist maßgebend für die Wärmeaufnahmefähigkeit eines Öles. Berechnung und grafische Darstellung zeigt Abb. 16.9.

Dichte ϱ

Die Dichte ist abhängig von Temperatur und Druck. Bei Atmosphärendruck nimmt sie mit der Temperatur ab, das Volumen nimmt zu, Abb. 16.10. Sie wird aus zolltechnischen Gründen für 15 °C angegeben und nach DIN 51777 [12] auf andere Temperaturen umgerechnet. Die Temperatur steigt um ca. 1 K pro 100 bar adiabater Druckerhöhung. Die Dichte wird für die Umrechnung der kinematischen in die dynamische Viskosität benötigt. Die Volumenzunahme ist bei der Dimensionierung von Ölbehältern zu berücksichtigen.

Stockpunkt (Pourpoint) nach DIN ISO 3016 [24]

Der Stockpunkt ist die Temperatur, bei der ein Öl so steif wird, dass es unter Einwirkung der Schwerkraft nicht mehr fließt, was z. B. zu Startschwierigkeiten führen kann. Dann muss unter Umständen vorgeheizt werden.

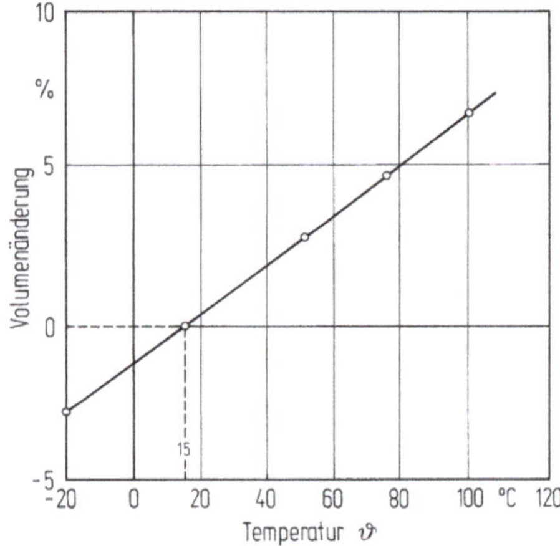

Abb. 16.10 Volumenänderung eines Mineralöls mit der Temperatur

Flammpunkt nach DIN EN ISO 2592 [17]
Der Flammpunkt kennzeichnet die Entflammbarkeit der sich beim Erwärmen eines Öls bildenden Dämpfe bei offener Flamme.

Brennpunkt
Der Brennpunkt liegt 30 ... 40 °C über dem Flammpunkt und kennzeichnet diejenige Temperatur, bei der das Öldampf-Luftgemisch nach der Zündung weiterbrennt (wichtig für Kompressoren und Brennkraftmaschinen). Für das Brandverhalten ist die Temperatur der Selbstentzündung maßgeblich. Ebenso wichtig ist der „Brandverlauf". So brennt z. B. Mineralöl nach der Entzündung weiter, während dagegen ein Phosphorsäureester wieder erlischt.

Reinheit
Die Reinheit eines Schmieröls ist wichtig für die Qualität des Schmierfilms. So können Fremdstoffe wie Verbrennungsprodukte oder Abriebpartikel, z. B. von Kupplungen, trotz theoretisch ausreichend dicken hydrodynamischen Schmierfilms zu Festkörperkontakt und damit zu unzulässigem Verschleiß führen. Feste Fremdstoffe können ferner Ölbohrungen und Filter verstopfen. Anhaltswerte für zulässige Verschmutzung: < 300 mg/l bei rauem Betrieb (Walzwerke, Stahlwerke); < 50 mg/l bei Turbomaschinen. Weitere Informationen zu Filtern sind in Abschn. 21.10.4 in [36] enthalten.

Wasser und freie Säuren
Wasser und freie Säuren im Schmieröl beschleunigen Ölalterung und Korrosion der Werkstoffe. Die Bestimmung des Gehalts an Wasser, freien Säuren, Asche, fremden Stoffen und Alkalianteilen wird in DIN 51777, DIN 51803 [13], DIN 51807 [14], DIN15813 [15] und DIN ISO 13226 [27] beschrieben (siehe auch Demulgator, Detergentien in Tab. 16.1).

Alterungsbeständigkeit
Die Alterungsbeständigkeit (Oxidation, Polymerisation, Kondensation) kennzeichnet die Abnahme der Schmierfähigkeit und damit Lebensdauer und bestimmt so die Ölwechselintervalle. Als Beurteilungskriterien dienen der Anstieg der Neutralisationszahl (NZ) gegenüber dem Frischöl (DIN 51558 [8]) und die Verseifungszahl (DIN 51559 [9]), ferner wird die Alterungsbeständigkeit nach DIN EN ISO 4263 [18] geprüft. Andere Prüfmethoden sind beispielsweise der ASTM-Turbine Oil Oxydation Stability Test und der BBC-Test, siehe [31] und [34]. Anhaltswerte für die Lebensdauer verschiedener Schmieröle zeigt Abb. 16.11.

Elektrochemische Korrosion
Das Schmieröl wirkt hierbei als ionenleitende Flüssigkeit von Metallen, Abschn. 16.7.2. Es werden als Schmieröladditive Korrosionsinhibitoren und Metalldeaktivatoren eingesetzt, Tab. 16.6. Der Einfluss von Werkstoff und Oberflächenbehandlung wird in Kap. 5 erläutert.

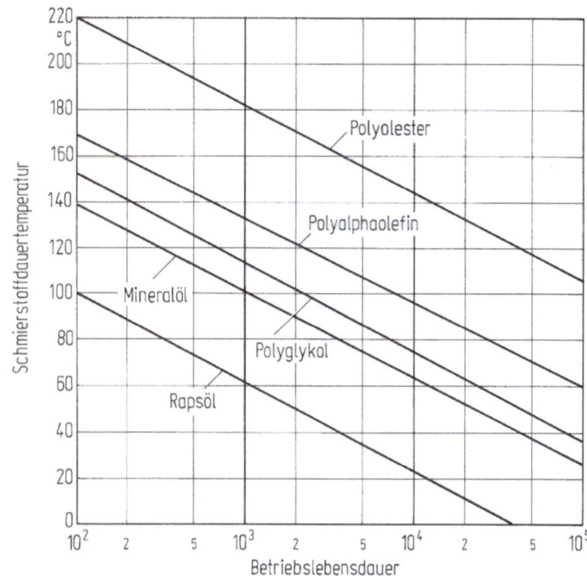

Abb. 16.11 Ungefähre Lebensdauer von mineralölbasischen und synthetischen Schmierölen, Einfluss der Schmieröl-Dauertemperatur

Schaumverhalten
Luft in Getriebe-, Hydraulik- und Wandlerölen mindert deren Schmierwirkung und Übertragungsleistung. Besonders ungünstig wirkt sich Oberflächenschaum aus (additive Schauminhibitoren mindern die Schaumbildung, Tab. 16.6).

Verträglichkeit mit Dichtungsmaterialien
Manche Dichtelemente aus Kunststoff werden von Additiven und synthetischen Ölen chemisch angegriffen (DIN ISO 13226 [27]), siehe auch Kap. 19: Dichtsysteme.

16.4.1.3 Mineralöle
Mineralöle werden durch Destillation (Einstellung der Viskosität und des Flammpunkts), Raffination (Verbesserung des Alterungs- und VT-Verhaltens), Entasphaltierung, Entparaffinierung (Verbesserung der Kälteeigenschaften) aus natürlich vorkommendem Erdöl gewonnen, siehe hierzu z. B. [31]. Durch Mischen verschiedener Grundöle und Zusätze von Additiven werden die Gebrauchseigenschaften des Öls in gewünschter Weise beeinflusst.

16.4.1.4 Synthetische Öle
Mit synthetischen Schmierölen können extreme Anforderungen gezielt erfüllt werden.

Vorteile gegenüber Mineralölen
- günstigeres Viskositäts-Temperatur-Verhalten, somit wesentlich schwächere Abhängigkeit der Viskosität von der Temperatur

Tab. 16.5 Eigenschaften und Einsatz der wichtigsten synthetischen Schmieröle

Produktgruppe	Preisrelation zu Mineralöl, ca.	Besonderheiten im Vergleich zu Mineralöl	Einsatzbeispiele
synthetische Kohlenwasserstoffe (Polyalphaolefine)	2…5	eigentlich kein synthetisches Schmieröl, entsteht durch katalytisches Cracken und Polymerisation von Mineralölen, gutes VT-Verhalten	Motorenölkomponente, Getriebeschmierung bei hoher thermischer Beanspruchung, Kompressoren
Carbonsäureester	4…10	hohe Viskosität, tiefe Stockpunkte, geringe Verdampfungsverluste, gutes Mischreibungsverhalten, mineralöllöslich, Verträglichkeit bei Metallen und Elastomeren zu beachten, Wärmeleitzahl ca. 15 % höher als von Mineralölen, mäßige hydrolytische und oxidative Stabilität (letztere aber durch Oxidationsinhibitoren zu bessern)	Flugzeuggasturbinen, Motorenölkomponente, Grundöl für Tief- und Hochtemperaturfette
Phosphorsäureester	5…8	schwer entflammbar, gutes Mischreibungsverhalten, geringe Flüchtigkeit, schlechte hydrolytische Stabilität, Materialverträglichkeitsprobleme	Hydraulikflüssigkeit, EP-Wirkstoff, Verdichter
Kieselsäureester (Silicatester)	20…30	sehr hohe Viskosität und niedrige Stockpunkte, thermisch hoch belastbar, hydrolytisch wenig stabil (bildet vor allem dabei feste Ausscheidungen), mit Carbonsäureestern und Polyglykolen mischbar	Hydrauliköle für weite Temperaturbereiche, Wärmeübertragungsöle
Polyalkyläther (Polyglykole)	5…10	hohe Viskosität, niedrige Stockpunkte, gutes Mischreibungsverhalten, niedrige Reibungszahlen, Wasserlöslichkeit variierbar, geringere Rückstandsbildung bei oxidativer und thermischer Überlastung, mäßige hydrolytische Stabilität, frei von Katalysatorgiften, gummiverträglich, ungiftig	Schneckengetriebe, Verdichter, Lager, wasserlösliche Typen als Komponente für schwer entflammbare Hydraulikflüssigkeit
Silikonöle	30…100	extrem hohe Viskosität, tiefe Stockpunkte, hohe hydrolytische und oxidative Stabilität, geringe Flüchtigkeit, schlechtes Mischreibungsverhalten bei Stahl/Stahl, nur geringe Additive-Löslichkeit, elastisches Verhalten bei hochviskosen Silikonölen, ungiftig	Grundöle für Wälzlager-Sonderfette, Instrumente, Regler- und Dämpföle, Elektromotoren, Wärmeübertragung
Halogenkohlenstoffe (Polytrifluorchloräthylen)	400…600	unbrennbar, thermisch und oxidativ stabil, aber toxische Zersetzungsprodukte ab etwa 250 °C, weitgehend chemikalienbeständig, sehr niedriger Viskositätsindex, hoher Verschleißschutz, sehr hohe Flüchtigkeit	Sauerstoffkompressoren, Raketentriebwerke, Chemiepumpenlager
Polyphenyläther	200…500	extreme thermische Belastbarkeit, oxidations- und strahlenbeständig, sehr niedrige Verdampfungsverluste, niedrige Viskosität, hohe Stockpunkte, Materialverträglichkeitsprobleme beachten	Höchsttemperaturschmierstellen bis etwa 400 °C, Kernkraftwerke

- geringere Änderung der Viskosität unter dem Einfluss elektrischer Felder
- Temperatur-Einsatzbereich von −40…+150 °C, extrem bis 300 °C (z. B. für Gasturbinen)
- bessere Alterungsbeständigkeit: 3…5 mal längere Lebensdauer, dadurch z. B. Lebensdauerschmierung in Fahrzeuggetrieben und Industrieschneckengetrieben möglich
- angepasstes Reibungsverhalten: gegenüber der Reibungszahl μ_M von Mineralölen z. B. $0{,}7 \cdot \mu_M$ zur Verlustleistungsminderung, $2 \cdot \mu_M$ für Reibradgetriebe
- geringere Entflammbarkeit: doppelte Zündtemperatur möglich (wichtig z. B. für Gasturbinen, Kompressoren)

Nachteile mancher synthetischer Schmieröle

- Einschränkungen hinsichtlich universeller Anwendbarkeit („Hochzüchten“ besonderer Eigenschaften zu Lasten anderer)
- in stärkerem Maße hygroskopisch (ziehen Wasser an)
- mangelndes Luftabscheidevermögen (Verschäumungsgefahr)
- geringe oder keine Mischbarkeit mit Mineralölen
- in stärkerem Maße toxisch (giftig)
- Gefahr chemischer Reaktion mit Dichtungen, Lacken, Buntmetallen
- höherer Preis

Einen Überblick über die wichtigsten Gruppen synthetischer Schmieröle und deren Eigenschaften gibt Tab. 16.5.

16.4.1.5 Biologisch leicht abbaubare Schmieröle

Besonders bei Verlustschmierung (z. B. bei Kettensägenölen) und bei Hydraulikaggregaten im Feldeinsatz werden die umweltverträglichen Schmieröle zunehmend eingesetzt. Diese Eigenschaft setzt eine leichte und schnelle Abbaubarkeit, eine niedrige Wassergefährdungsklasse (WGK 0 oder 1) sowie eine geringe Umwelttoxizität voraus. Trotzdem unterliegen auch sie der Altölverordnung und müssen dementsprechend fachgerecht entsorgt werden.

Die biologische Abbaubarkeit kann z. B. durch die OECD-Vorschriften 301B und 310 geprüft werden [33] (Grundsubstanzen sind innerhalb von 14 Tagen zu mindestens 60 % abbaubar, Zusätze sind bis maximal 5 % Anteil mindestens potentiell abbaubar). Diese sind von verschiedenen Umweltsiegeln anerkannt und entsprechen weitgehend den Testverfahren nach DIN EN ISO 9439 [19] sowie DIN EN ISO 14593 [20].

Die folgenden biologisch leicht abbaubaren Schmieröle sind üblich:

- Native Öle (wie Rapsöl (natürliche Ester)) eignen sich nicht für hohe Temperaturen (> 70 °C) und werden z. B. in der Feinwerktechnik verwendet. Bei Überhitzungen (auch nur lokale) in Getrieben treten erhebliche Verdickungen und harzige Ausscheidungen auf, die die Funktion deutlich beeinträchtigen können. Ein zusätzlicher Nachteil ist die mangelhafte Alterungsbeständigkeit.
- Synthetische Esteröle gibt es in großer Typenvielfalt. Meist sind sie für höhere Dauertemperaturen geeignet und werden oft als Hydrauliköle in land- und forstwirtschaftlichen Maschinen eingesetzt.
- Polyglykole weisen gutes VT- und Tieftemperatur-Verhalten auf und werden als biologisch leicht abbaubare Öle im Wasserbau verwendet. Sie haben den Nachteil, dass sie wasserlöslich und schwerer als Wasser sind, so dass Leckagen oft lange Zeit nicht bemerkt werden. Außerdem dringen sie sehr schnell in den Boden ein und sind daher bei größeren Verlustmengen kaum mehr zu entsorgen.

16.4.1.6 Additive

Additive sind Zusätze, die Mineralölen und Syntheseölen beigemischt werden, um erwünschte Eigenschaften zu erzielen. Additive bieten damit die Möglichkeit, den Einsatzbereich von Mineralölen zu erweitern. Die Anwendung der teuren, rein synthetischen Schmierstoffe kann so häufig umgangen werden. Insbesondere Alterungsbeständigkeit und Kälteverhalten sind durch Additivierung konventioneller Öle preiswerter zu erreichen als mit Syntheseölen.

Bedingt durch Forderungen des Umweltschutzes geht die Entwicklung dahin, zunehmend biologisch abbaubare Additive (z. B. auf Esterbasis) zu verwenden, und damit chlor- und bleihaltige Additive und Schwermetalladditive zu ersetzen, siehe Abschn. 16.4.1.5.

Additive, die Oberflächenschichten bilden

Sie wirken wesentlich bei Misch- und Grenzschmierung mit gewisser Schmierwirkung. Damit wird die Reibung gemindert und die Tragfähigkeit von Gleit-Wälz-Paarungen verbessert. Dabei gibt es verschiedene Wirkmechanismen:

- Durch Adsorption, d. h. physikalische Anlagerung einer Triboschicht aus Zusätzen, bestehend aus einem oder mehreren Molekülen, entsteht quasi ein Schmierfilm. Biologisch leicht abbaubare Öle (Abschn. 16.4.1.5) und tierische Fette erzeugen ebenfalls tragfähige adsorbierte Schichten und werden daher mitunter Mineralölen beigemischt.
- Sehr tragfähige Quasi-Schmierfilme werden durch milde chemische Reaktion (Chemisorption) von Fettsäuren erzielt. Sie werden als Zusätze zu Motoren- und Getriebeölen verwendet. Besonders tragfähige Triboschichten bilden sich mit EP-Additiven, d. h. Legierungselementen, die mit den metallischen Oberflächen chemisch reagieren und phosphor- und schwefelhaltige Schichten bilden. Hauptanwendungsgebiete sind hochbelastete Wälzpaarungen wie z. B. Zahnräder, insbesondere Hypoid-Radpaare und Tiefziehpressen.

Derart additivierte Schmierstoffe haben den Nachteil, dass sie schneller als normale Mineralöle oxidieren und sie neigen dazu, korrosive Säuren sowie unlösliche Gummi- und Lackrückstände zu bilden (Erscheinungen, denen wiederum durch andere Additive begegnet werden kann). Sie sind daher, und auch wegen der höheren Kosten, nur einzusetzen, wenn die Betriebsbedingungen dies erfordern.

Additive, die die Eigenschaften des Schmierstoffs selbst verändern

Hierzu zählen Schaumverhalten, Korrosionsverhalten, Schlammbildung, Stockpunkt usw. Zu den Additiven gehören die HD-Additive für die Motorenöle, die Ablagerungen an den Oberflächen und Schlammbildung im Motor entgegenwirken, ferner Friction Modifier, d. h. Schmierstoffkomponenten, die sich an der Werkstoffoberfläche anlagern und die Reibung mindern.

Eine Übersicht über die wichtigsten Additiv-Typen und deren Einsatzgebiete gibt Tab. 16.6.

Man beachte: Bestimmte Eigenschaften wie z. B. Wärmeleitfähigkeit, Flüchtigkeit oder Kompressibilität lassen sich durch Additive kaum beeinflussen. Sie werden im Rahmen der Möglichkeiten durch Mischung unterschiedlicher Grundöltypen eingestellt.

16.4.2 Schmierfette

Schmierfett besteht aus Öl (Mineral-, Synthese- oder biologisch abbaubares Öl), das durch Eindicker (meist Seifen, aber auch anorganische Eindicker) eine plastische Konsistenz erhält. Es besteht in der Regel zu 75 ... 95 % aus Grundöl, 4 ... 20 % aus Seife und 0 ... 5 % aus Additiven. Das Öl wird quasi in Waben des Eindickers gespeichert. Die Art des Eindickers ist maßgebend für die Beständigkeit gegenüber Wasser und die zulässige Temperatur. Für die Schmiereigenschaften sind Typ und Viskosität des Grundöls mit Additiven maßgebend. Zu den Schmierstoffen mit Fettcharakter werden auch reine unverseifte Mineralölfette wie Vaseline gerechnet.

Tab. 16.6 Additive und Schmierstoffzusätze: Arten, Anwendungszweck und Wirkmechanismus nach [3] und [32]

Wirkstoff	Chemische Verbindung	Verwendungszweck Einsatzgebiet	Wirkmechanismus
Hochdruckzusätze (EP-Additive)	geschwefelte Fette und Olefine	Verhütung von Mikroverschweißungen zwischen Metalloberflächen bei hohen Drücken und Temperaturen, Verschleißminderung bei Getriebeölen	durch chemische Reaktion mit Metalloberflächen entstehen neue Triboschichten mit niedrigerer Scherfestigkeit als das Grundmetall, ständiges Abscheren und Neubilden
Reibwertminderer (Friction Modifier)	Fettsäuren gefettete Amine Festschmierstoffe	Verringerung der Reibung zwischen Metalloberflächen, z. B. in Motoren- oder Getriebeöl	hochpolare Moleküle werden auf Metalloberflächen adsorbiert und trennen die Oberflächen, Festschmierstoffe bilden reibungssenkenden Oberflächenfilm
Verschleißschutzwirkstoffe (Anti-Wear)	Zinkdialkyldithiophosphate Trikresylphosphate	Herabsetzung übermäßigen Verschleißes zwischen Metalloberflächen	durch Reaktion mit Metalloberflächen entstehen Schichten, die plastisch deformiert werden und das Tragbild verbessern
Viskositätsindex-Verbesserer	Polyisobutylene Polymethacrylate Polyacrylate Hydrogenierte Styrol-Butadien-Copolymere Olefin-Copolymere	Herabsetzung der Abhängigkeit der Viskosität von der Temperatur, z. B. in Motoren- oder Getriebeöl	Polymermoleküle sind im schlechteren Lösungsmittel (kaltes Öl) stark verknäuelt und nehmen in gutem Lösungsmittel (warmes Öl) durch Entknäuelung ein größeres Volumen ein. Dadurch ergibt sich eine relative Eindickung des Öls.
Stockpunkt-Erniedriger Pourpoint-Erniedriger	Paraffin alkylierte Naphthalene und Phenole Polymethacrylate	Herabsetzung des Pourpoints des Öls	Verhinderung der Agglomeration der Paraffinkristalle durch Umhüllung
Detergent-Wirkstoffe	normale oder basische Kalzium-, Barium- oder Magnesium-Sulfonate, -Phenate oder -Phosphonate	Verringerung oder Verhütung von Ablagerungen in Motoren bei hohen Betriebstemperaturen insbesondere in der Ringzone der Kolben	Steuerung der Entstehung von Lack und Schlamm durch Reaktion mit den Oxidationsprodukten, wobei öllösliche oder im Öl suspendierte Produkte entstehen
Dispersant-Wirkstoffe	Polymere wie stickstoffhaltige Polymethacrylate, Alkylsuccinimide sowie Succinatester hochmolekulargewichtige Amine und Amide	Verhinderung oder Verzögerung der Entstehung von Ablagerungen und Schlamm bei niedrigen Betriebstemperaturen	Dispersants besitzen ausgeprägte Affinität zu Verunreinigungen und umhüllen diese mit öllöslichen Molekülen, welche die Agglomeration und Ablagerung des Schlamms im Motor unterbinden
Oxidationsinhibitoren	gehinderte Phenole Amine organische Sulfide Zinkdithiophosphate	Bildung von harz-, lack-, schlamm-, säure- und polymerartigen Verbindungen minimieren	Beendigung der Oxidationskettenreaktion durch Verringerung der organischen Peroxide, Herabsetzung der Säurebildung durch verringerte Sauerstoffaufnahme durch das Öl, Verhinderung katalytischer Reaktionen
Korrosionsinhibitoren	Zinkdithiophosphate geschwefelte Terpene phosphorierte, geschwefelte Terpene geschwefelte Olefine	Schutz von Lager- und anderen Metalloberflächen gegen Korrosion	Wirkung als Antikatalysatoren, Filmbildung auf Metalloberflächen als Schutz gegen Angriff durch Säuren und Peroxide
Rostinhibitoren	Aminophosphate Natrium-, Kalzium- und Magnesiumsulfonate Alkyl-Succinsäuren Fettsäuren	Schutz von eisenhaltigen Metallflächen gegen Rost	polare Moleküle werden bevorzugt auf Metalloberflächen adsorbiert und dienen als Barriere gegen Wasser, Neutralisation von Säuren
Metalldeaktivatoren	Triarylphosphite Schwefelverbindungen Diamine Dimerkaptan-Thiadizol- Derivate	Unterbindung des katalytischen Einflusses auf Oxidation und Korrosion	auf Metallflächen wird ein Schutzfilm adsorbiert, der den Kontakt zwischen dem Grundmetall und den korrosiven Substanzen unterbindet
Schauminhibitoren	Silikonpolymere Tributylphosphat	Verhinderung der Entstehung stabilen Schaums, z. B. in Getriebe- und Wandleröl	durch Angriff auf den jede Luftblase umgebenden Ölfilm Verringerung der Grenzflächenspannung, Verschlechterung des Luftabscheidevermögens
Haftverbesserer	Seifen Polyisobutylene Polyacrylat-Polymere	Erhöhung des Haftvermögens des Öls	Erhöhung der Viskosität, Wirkstoffe sind zäh und klebrig
Emulgatoren	Natriumsalze der Sulfonsäure und andere organische Säuren Gefettete Aminsalze	Emulgierung von Öl in Wasser	durch Adsorption des Emulgators in der Öl/Wasser-Grenzfläche Herabsetzung der Grenzflächenspannung, dadurch Dispergierung einer Flüssigkeit in einer anderen

Tab. 16.6 (Fortsetzung)

Wirkstoff	Chemische Verbindung	Verwendungszweck Einsatzgebiet	Wirkmechanismus
Demulgatoren	anionische Sulfonsäureverbindungen (Dinonylnaphthalinsulfonat)	Demulgieren von Wasser	Ausbildung einer Grenzschicht zwischen Wasser und Öl aus grenzflächenaktiven Stoffen
Bakterizide	Phenole Chlorverbindungen Formaldehyd-Derivate	Erhöhung der Emulsionsgebrauchsdauer Unterdrückung unangenehmer Gerüche	Verhütung oder Verzögerung des Wachstums von Mikroorganismen
Farbstoffe	Fluoreszenz-Zusätze	Erzielung auffallender Farben	–
Geruchsverbesserer	Nitrobenzol Parfüm	Verringerung der Geruchsbelästigung	–

Hauptfunktionen, Anwendung der Schmierfette

Schmierfette sollen im Betrieb unter Belastung Öl langsam und in ausreichender Menge abscheiden, um Reibung und Verschleiß für die unten genannten Anwendungen zu mindern. Sie werden überwiegend bei niedrigen Geschwindigkeiten eingesetzt, da Reibungswärme gegenüber Ölschmierung durch den Schmierstoff kaum abgeleitet wird. Der Temperaturbereich reicht von $-70\,°C$ bis ca. $+350\,°C$. Sie sollen die Schutzbereiche (z. B. Lager) gegen Eindringen von Wasser und Schmutz schützen, aber auch in der Lage sein, geringe Mengen Schmutz zu binden ohne die Funktion deutlich zu stören. Sie sollen gegen Korrosion schützen.

Klassifikation der Schmierfette nach verschiedenen Merkmalen

Nach dem Anwendungsgebiet: Kraftfahrzeug-, Eisenbahn-, Stahlwerks-, Nahrungsmittelindustrie-, Luftfahrt-Schmierfette, Wälz-, Gleit-, Radlager-, Gelenk-, Getriebe-Schmierfette usw.

Nach der Zusammensetzung:

- Metallseifenfette, hier weitere Unterteilung nach der Metallbasis, welche besonders wichtig für die Eigenschaften des Fetts sind (am wichtigsten sind Calcium- und Lithium-Seifen, weniger gebräuchlich Aluminium-, Barium- und Natriumseifen)
- Nichtseifenfette
- nach dem Grundöl: Mineral- oder Synthese-Schmierfette
- nach der Additivierung: Normal- oder EP- Schmierfette (Additive siehe Abschn. 16.4.1.6).

Nach dem Temperaturbereich (insgesamt von ca. $-70\,°C$ bis $+350\,°C$): Tief-, Normal- und Hochtemperatur-Schmierfette

Nach dem Seifenverdicker (bei Metallseifen):

- Einfache Seifen-Schmierfette wurden für je eine Eigenschaft entwickelt.
- Gemischtbasische Seifenschmierfette sind eine Mischung mehrerer einfacher Seifen-Schmierfette (z. B. Lithium/Calcium), deren Eigenschaften sich aus dem Mischungsverhältnis ergeben.
- Komplex-Seifen-Schmierfette sind höherwertige Schmierfette, die nach besonderen Verfahren hergestellt werden. Sie eignen sich für schwierige Anforderungen, insbesondere höhere Temperaturen, Scherstabilität und Wasserbeständigkeit.

Eigenschaften

Eine Übersicht über die Gebrauchseigenschaften gibt Tab. 16.7.

Die Konsistenz (Verformbarkeit) ist ein klassisches Kriterium für das Verhalten des Schmierfetts. Als Kennwert wird die Penetration (= Eindringung) nach DIN ISO 2137 [21] verwendet: Mit dem Penetrometer wird die Eindringtiefe eines Konus in eine Schmierfettoberfläche in $1/10\,mm$ gemessen. Es wird dabei zwischen Ruh- und Walkpenetration unterschieden. Die Ruhpenetration wird am ungebrauchten Schmierfett gemessen, die Walkpenetration am gebrauchten Fett, das einer Scherbeanspruchung im genormten Fettkneter unterworfen wurde. Entsprechend werden die Schmierfette in Konsistenzklassen eingeteilt, Tab. 16.8. Je höher die Penetrationszahl, desto weicher ist das Fett. Darüber hinaus ist die Konsistenz wenig aussagefähig.

Das Fließverhalten der Schmierfette wird wie das der Öle durch die Viskosität bestimmt. Es wird eine scheinbare Viskosität definiert, die auch den Einfluss des Eindickers berücksichtigt. Sie hängt ab von Temperatur, Schergefälle, Scherzeit und mechanischer Vorbehandlung. Schmierfette zeigen daher nicht-Newton'sches Verhalten. Mit Zunahme von Temperatur und Schergefälle, d. h. je weicher das Schmierfett wird, nähert sich die Viskosität der des Grundöls. Schmierfette der Konsistenzklasse 000 sind Fließfette, die dem Grundöl sehr ähnlich sind und somit nahezu Newton'sche Flüssigkeiten.

Der Tropfpunkt ist die Temperatur, bei der Schmierfett abtropft, d. h. flüssig wird. Sie wird von der Art des Eindickers bestimmt. Die Betriebstemperatur muss unterhalb des Tropfpunktes liegen (Ausnahme: Fließfette).

Tab. 16.7 Gebrauchseigenschaften der Schmierfett-Typen nach [2]

Fettart/Eigenschaft		Tropfpunkt in °C	Kälte-verhalten	Einsatztemperatur in °C		Wasser-beständigkeit	Dauerwalk-beständigkeit	EP-Verhalten	Korrosions-schutzverhalten	Preis (Li = 1)	Geeignet für	
				untere	obere						Wälzlager	Gleitlager
Metallseifen-fette	Kalziumfett (Ca)	80 ... 100	gut	−35	+50 (+60)	sehr beständig	gut	gut	schlecht	k. A.	sehr bedingt	bedingt
	Natriumfett (Na)	130 ... 200	mäßig	−30	+120	unbeständig	mäßig	mäßig	gut	k. A.	gut	gut
	Lithiumfett (Li)	170 ... 220	gut	−40	+130 (+140)	beständig	sehr gut	gering	sehr schlecht	1	sehr gut	gut
	Aluminiumfett (Al)	∅ 120	gut	−35	+100	quellen	mäßig	mäßig	sehr gut	3	sehr gut	gut
Gemisch vers. Fette	Li/Pb-Fett	∅ 90	schlecht	(0)	(+75)	(beständig)	schlecht	sehr gut	gut	1,5	gut	gut
	Ca/Pb-Fett	∅ 90	schlecht	(0)	(+75)	(beständig)	schlecht	sehr gut	gut	1,5	gut	gut
Komplexfette	Kalziumkomplexfett	> 240	mäßig		+120 (+130)	sehr beständig	mäßig	gut		0,9 ... 1,2	k. A.	k. A.
	Aluminiumkomplexfett	> 230			+160 (+185)	sehr beständig	gut	sehr gut		3 ... 4	k. A.	k. A.
Gelfette	Kieselgelfett	–			+130 (+150)					k. A.	k. A.	k. A.
	Bentonitfett	–			+150 (+160)	beständig	befriedigend/gut	gering		3	k. A.	k. A.
Synthetische Fette	Silikonfett	–	(gut)		+320	beständig	befriedigend/ mäßig	schlecht		30 ... 50	k. A.	k. A.
	Esterfett	–	(sehr gut)	−70	+150 (+180)					10 ... 20	k. A.	k. A.

k. A. keine Angabe

16.4.3 Festschmierstoffe

Die wichtigsten Festschmierstoffe sind Graphit, Molybdändisulfid (MoS_2) auf Schichtgitterbasis und Polytetrafluorethylen, die als Pulver zugesetzt bzw. in Form von Gleitlacken oder Pasten aufgetragen werden.

Eigenschaften

- Schichtgitterverbindungen und Graphit: Die Atomebenen in der Schmierstoffschicht können wie Lamellen bei Scherbeanspruchung abgleiten und bewirken dabei ein Einebnen der Oberfläche. Zum Haften und zur Minderung der Scherfestigkeit ist Wasser (im Graphitgitter gelöst) notwendig, daher für Anwendung im Vakuum ungeeignet. Molybdändisulfid (MoS_2) weist gute Haftfähigkeit und niedrige Reibungszahlen nur ohne Einwirkung von Wasser auf, ist daher für Anwendung im Vakuum besonders geeignet.
- Polymere (Thermoplaste), insbesondere Polytetrafluorethylen (PTFE, z. B. Teflon) hat bei kleinen Gleitgeschwindigkeiten eine niedrige Reibungszahl und ist geeignet bei Temperaturen von −250 ... +250 °C.
- Feststoffgeführte Gleitführungen weisen keine Stick-Slip-Neigung auf.

Anwendungsgebiete

Schmierung von Gleit- und Wälzpaarungen in Werkzeugmaschinen, von Zahnrädern, in der Vakuumtechnik, von Wälzpaarungen in der Lebensmittelverarbeitung, in Flugzeugen, Raketen, Satelliten und Kernreaktoren, zum Schutz gegen Korrosion durch Säuren, aggressive Gase, flüssigen Sauerstoff, Treibstoffe und Lösungsmittel. Dabei eignen sich Festschmierstoffe insbesondere bei oszillierenden Bewegungen der Gleit-Wälzelemente, hoher Pressung und Relativgeschwindigkeit bis ca. 1 m/s, d. h. auch bei Ölschmierung mit sehr kleinem hydrodynamischen Traganteil.

Weitere Anwendungsgebiete sind Schmierung elektrisch leitender Kontakte, feinmechanischer Geräte für geringe Anlaufreibung oder wenn Verschmutzung durch Öl oder Fett vermieden werden muss oder wenn nicht nachgeschmiert werden kann.

Weiterhin werden sie eingesetzt zum Vorbehandeln von geschmierten Wälzflächen als Einlaufhilfe, um die Reibung zu mindern und bei hohen Pressungen fresssicheren Betrieb zu gewährleisten. Als Zusatz zu Fetten und Ölen, auch für Notlaufeigenschaften, sowie bei Temperaturen von −240 °C bis über 900 °C, bei Grenzschmierung und Mischschmierung.

Stets ist zu beachten, dass Reibungswärme durch Festschmierstoffe nicht abgeführt werden kann.

Tab. 16.8 Schmierfett-Konsistenzklassen (NLGI-Klassen) und Anwendungsgebiete nach [35], ergänzt

NLGI-Klasse [16]	Walkpenetration in 0,1 mm	Allgemeine Konsistenz-Beurteilung	Anwendungsgebiete			
000	445 ... 475	fließend	Getriebefette			
00	400 ... 430	schwach fließfähig				
0	355 ... 385	halbflüssig		Wälzlagerfette		
1	310 ... 340	sehr weich				
2	265 ... 295	weich				
3	220 ... 250	mittelfest				
4	175 ... 205	fest			Wasserpumpenfette	
5	130 ... 160	sehr fest				Blockfette
6	85 ... 115	hart				

16.4.4 Haftschmierstoffe

Fette können für den Einsatz bei besonderen Anwendungen als Haftschmierstoffe ausgebildet sein. Diese besitzen eine außerordentliche Adhäsion auf der Oberfläche, nachdem sie auf die Schmierstelle aufgebracht wurden. Das hat den Vorteil, dass die Schmierstoffe auch dann auf den Reibungsflächen verbleiben, wenn sie starken Fliehkräften ausgesetzt werden. Sie werden mit dem Pinsel aufgetragen oder aufgesprüht und bieten einen guten Verschleißschutz. Es werden meist bitumenfreie Schmierstoffe verwendet. Bitumenhaltige Haftschmierstoffe werden wegen ihrer kanzerogenen Wirkung kaum noch eingesetzt. Typische Einsatzbeispiele sind offen laufende Zahnradpaarungen, Ketten, Drahtseile, Gleitführungen.

16.4.5 Metallische und nichtmetallische Überzüge

Durch Oberflächenbehandlung können Schutzschichten gezielt erzeugt werden. Dazu zählen unter anderem Brünieren, Phosphatieren, metallische Überzüge (besonders Schichten aus Silber und Kupfer eignen sich wegen ihrer Affinität zu Stahl als Verschleißschutz und Einlaufhilfe), siehe Kap. 5: Oberflächenbehandlung.

Typische Anwendungsfelder sind zur Vorbehandlung und Einlaufhilfe bei ölgeschmierten Wälzpaarungen, z. B. Zahnrädern, und als Trockenschmierung in der Feinwerktechnik.

Man beachte: Manche Additive greifen die metallischen Überzüge an, z. B. schwefelhaltige Additive Kupfer.

16.4.6 Gasschmierung

Gase verändern sich, im Gegensatz zu flüssigen Schmierstoffen, in extrem weiten Temperaturbereichen weder chemisch noch im Aggregatzustand. Sie eignen sich zur Schmierung bei niedrigen Temperaturen ($13\,\mathrm{K} = -260{,}15\,°\mathrm{C}$) bis zu hohen Temperaturen ($+800\,°\mathrm{C}$). Hauptanwendungsgebiet ist die Schmierung von Gleitlagern bei geringer Belastung und hohen Drehzahlen, siehe Kap. 15: Gleitlager.

16.5 Schmierstoffwahl

Der Schmierstoff muss als Baustoff ebenso behandelt werden wie Stahl, Leichtmetall usw., d. h. er muss bereits mit dem Entwurf konzipiert und damit auch für den Betrieb vorgeschrieben werden. Manche Großbetriebe verfügen jedoch über Zentral-Schmieranlagen, von denen aus alle Schmierstellen versorgt werden. Wenn der Betreiber darauf besteht, eine neu zu liefernde Maschine hier anzuschließen, so muss dies vorher vereinbart und bereits bei der Dimensionierung der Lager, Zahnräder, Dichtungen usw. berücksichtigt werden. Ziel ist eine schmierungsgerechte Konstruktion. Keinesfalls darf dem Betreiber die Wahl des Schmierstoffs ohne Auflagen überlassen werden. Zweckmäßigerweise trifft der Konstrukteur selbst die Vorauswahl und legt die wesentlichen Eigenschaften fest, die der Schmierstoff erfüllen soll. Er ist gut beraten, dann einen Fachmann des technischen Dienstes der Schmierstoffindustrie hinzuzuziehen. Es zeigt sich dann, ob eventuell eine Erprobung in einem Versuchsmuster notwendig ist. Auch die Frage der Verfügbarkeit ist zu prüfen.

Bei Auslieferung der Maschine erhält der Betreiber eine Schmierstoffvorschrift, in der alle Eigenschaften, Einsatzbedingungen, Kontrollen, Wechselfristen usw. spezifiziert sind. Zur Absicherung im Rahmen der Produkthaftung sollte eine Liste der zugelassenen Schmierstoffe beigefügt werden.

Die wichtigsten Faktoren für die Wahl des Schmierstoffs sind Geschwindigkeit und Belastung.

Die folgenden Empfehlungen berücksichtigen allgemeine Tendenzen, die jedoch in Wechselwirkung zueinander stehen.

- Pressung: Je höher, desto größer soll die Schmierstoff-Viskosität sein (steigende ISO VG Klasse).
  Bei (sehr) hohen Pressungen und geringen Gleitgeschwindigkeiten eignen sich Schmierfette und Vorbehandlung durch Festschmierstoffe, bei (sehr) großen Pressungen und hohen Gleitgeschwindigkeiten EP-additivierte Öle und Vorbehandlung durch Festschmierstoffe.
- Wälz- oder Gleitgeschwindigkeit: Je höher, desto geringer soll die Schmierstoffviskosität sein, ohne jedoch

einen Mindestwert der Schmierfilmdicke zu unterschreiten (Reibleistung und Wirkungsgrad). Bei (sehr) kleinen Geschwindigkeiten sind Fette, Haftschmierstoffe, Festschmierstoffe geeignet.

- Temperatur: Maßgebend ist, dass die Viskosität bei Betriebstemperatur ausreichend hoch ist. Für sehr hohe Temperaturen gibt es besondere synthetische Schmierstoffe. Flammpunkt beachten. Für großen Temperaturbereich ist ein großer Viskositätsindex erwünscht, evtl. sind synthetische Schmierstoffe erforderlich. Bei tiefer Temperatur Stockpunkt beachten (Tag-/Nachtbetrieb).
- Schmierungszustand: Bei Vollschmierung genügen gering legierte Öle, bei Mischschmierung legierte Öle, bei Mischschmierung und hohen Pressungen werden oft EP-Öle benötigt.
- Wirkungsgrad, Reibungszahl: Die Viskosität ist möglichst so zu wählen, dass Vollschmierung vorherrscht. Erhöhte Planschverluste infolge höherer Viskosität beachten. Hoher Wirkungsgrad, niedrige Reibungszahlen sind durch bestimmte synthetische Öle zu erreichen. Wenn hohe Reibungszahlen erwünscht sind, eignen sich sog. Traction Fluids.
- Alterungsbeständigkeit: Höhere Temperaturen führen zu kürzeren Ölwechselintervallen. Höhere Lebensdauer ist erreichbar mit synthetischen Schmierstoffen.
- Weitere Funktionen, die von Fall zu Fall zu berücksichtigen sind:
  - Korrosionsverhalten, Abschn. 16.7.2
  - Schaumneigung, Luft im Öl, Abschn. 16.4.1.2
  - Verträglichkeit mit Dichtungen, Lacken, Buntmetallen, Abschn. 16.4.1.2
  - Einlaufeigenschaften, Einlauföle, Abschn. 16.4.5 und Abschn. 16.6.2
  - Notlaufschmierung, Abschn. 16.3.3 und Abschn. 21.10.2.7 in [36]
  - Verunreinigungen, Wasser im Öl, Abschn. 16.4.1.2

Für alle Maschinenelemente mit Gleit- oder Wälzpaarungen sind in den betreffenden Kapiteln Empfehlungen für die Wahl des Schmierstoffs und der Schmierstoffversorgung enthalten. Dabei sind die Hinweise und Empfehlungen in diesem Kapitel zu beachten.

16.6 Sonstiges

16.6.1 Schmierungsarten

Der Schmierstoff muss unter Beachtung seiner Eigenschaften wie Zähigkeit, Haftneigung usw. dem Reibkontakt zugeführt werden, um zu schmieren und zu kühlen. Eine Übersicht über die Schmierungsarten zeigt Abb. 16.12. Die für geschmierte Maschinenelemente geeigneten Verfahren werden in den betreffenden Kapiteln behandelt.

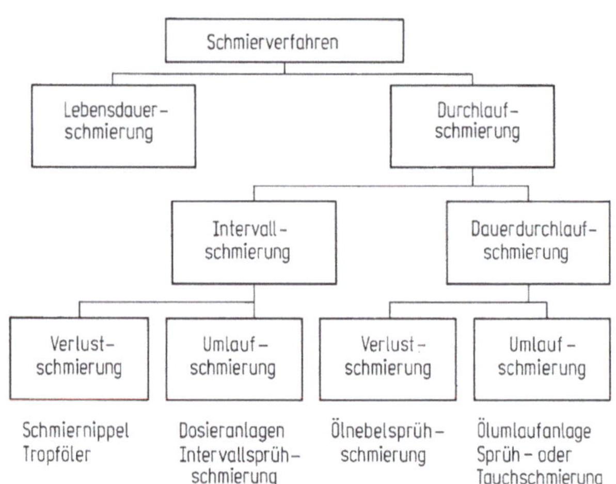

Abb. 16.12 Schmierungsarten

16.6.2 Einlauf

Gleit- oder Wälzflächen können nicht immer mit der erforderlichen Formgenauigkeit und Oberflächenrauheit hergestellt werden. In diesen Fällen können durch gezieltes Einlaufen in der Betriebseinbaulage größere Traganteile erreicht werden und Verschleißneigung und Fressgefahr gemindert werden. Dazu wurden spezielle, additivierte Einlauföle entwickelt. Beim Einlaufen soll die Paarung im Bereich der Grenz- oder Mischschmierung betrieben werden (hohe Pressung, niedrige Geschwindigkeit, dünner Schmierfilm).

Die durch physikalische oder chemische Reaktion der Additive mit dem Metall erzeugte Triboschicht wird dabei laufend an den höchstbelasteten Stellen abgeschert, die damit entlastet werden. Die Triboschicht wird immer wieder aufgebaut, d. h. Additiv und Sauerstoff verbraucht. Danach genügt eine wesentlich schwächere Additivwirkung. Sehr positiv wirkt ein Einlaufprozess mit allmählich gesteigerter Belastung.

Ein Einlaufeffekt kann auch dadurch erzielt werden, dass Festschmierstoffe (Graphit oder MoS_2) mit dem Schmieröl an die Schmierstellen herangebracht werden, die damit auch gewisse Notlaufeigenschaften erhalten. Alternativ können die Festschmierstoffe in Form von Pasten oder Gleitlacken auf die trockenen Flächen aufgetragen werden. Wichtig ist, dass die Schutzschicht nicht durch das Schmieröl abgespült wird. Bewährt haben sich nicht-fetthaltige Pasten und Gleitlacke (Fette werden abgewaschen).

Als Einlaufhilfe eignen sich ferner chemische Oberflächenschichten, z. B. erzeugt durch Phosphatieren oder metallische Überzüge, insbesondere aus Kupfer (nicht bei schwefelhaltigen Additiven!), Abschn. 16.4.5.

16.6.3 Entsorgung

Nach Gebrauch fallen ca. 60 % des eingesetzten Öls als Altöl an, das an Entsorgungsfirmen abzuliefern ist. Mineralöle und synthetische Öle unterliegen der Altölverordnung nach dem Abfallbeseitigungsgesetz. Biologisch leicht abbaubare Schmierstoffe werden im Falle ungewollten Austretens kleiner Mengen relativ schnell abgebaut, als Gebrauchtöl muss es aber gesondert entsorgt werden. Weitere Hinweise sind in [34] angegeben.

16.7 Schäden an Maschinenelementen

16.7.1 Verschleiß

Verschleiß ist der kontinuierliche Materialabtrag von Wälzkörperoberflächen durch mechanische Ursachen. Verschleiß beeinflusst die Funktion vieler Maschinenelemente positiv als abklingender Einlaufverschleiß (Abschn. 16.6.2) und negativ als fortschreitender Verschleiß. Verschleiß als Grenze der Tragfähigkeit wird in den jeweiligen Kapiteln für die betreffenden Maschinenelemente behandelt. Vorab empfiehlt sich eine individuelle Systemanalyse des jeweiligen Problems nach DIN 50320 [5]. Nachstehend allgemein gültige Gesichtspunkte, Ursachen und Abhilfemaßnahmen.

Allgemeine Maßnahmen
Beanspruchung (z. B. Flächenpressung) mindern, Schwingungen vermeiden oder dämpfen, schnelle Gleitbewegungen vermeiden (Beispiel: berührungslose Labyrinthdichtung statt Gleitdichtung), Kinematik verbessern, z. B. Wälzen statt Gleiten, Federgelenk statt Bolzengelenk.

Adhäsion
Unter ungünstigen Betriebsbedingungen bilden sich Grenzflächen-Haftverbindungen, die durch die Relativbewegung der Reibpartner gewaltsam getrennt werden. Es wird auch Kaltverschweißungen oder Fressen genannt.

Gegenmaßnahmen: Schmierung verbessern (z. B. dickerer Schmierfilm durch höhere Viskosität bzw. höhere Summengeschwindigkeit (Abb. 15.2), Verwendung von Additiven), Reibungszahl mindern (synthetische Schmierstoffe, glatte, einlauffähige Oberflächen), Paarung Metall/Metall vermeiden (stattdessen Kunststoff/Metall, Keramik/Metall, Kunststoff/Kunststoff, Keramik/Keramik, Kunststoff/Keramik). Bei metallischen Paarungen keine kubisch flächenzentrierten, sondern kubisch raumzentrierte oder hexagonale Metalle wählen, Werkstoffe mit heterogenem Gefüge sind solchen mit homogenem Gefüge vorzuziehen (ansonsten sollten homogene Werkstoffe hohe Härte bei ausreichender Duktilität aufweisen).

Geeignete Oberflächenbehandlung begünstigt ein Einlaufen/Glätten (z. B. Phosphatieren, Verkupfern, Versilbern).

Bei Aluminium und Magnesium können durch elektrisches Oxidieren verschleißfeste Schutzschichten erzeugt werden.

Abrasion
Materialabtrag durch furchende Beanspruchung. Es wird von Mikrospanen, Mikropflügen oder Mikrobrechen gesprochen. Abgetragenes Material wird nicht auf den Gegenkörper übertragen.

Gegenmaßnahmen: Die Härte des beanspruchten Werkstoffs soll mindestens um den Faktor 1,3 größer sein als die des angreifenden Gegenkörpers, harte Oberflächenschicht (Oberflächenhärtung, Nitrierhärtung, CVD/PVD-Beschichtung), siehe Kap. 5: Oberflächenbehandlungen, harte Phasen (z. B. Carbide in zäher Matrix) bzw. zähen Werkstoff verwenden (wenn der angreifende Gegenkörper härter ist).

Tribochemische Reaktion
Bei tribologischer Beanspruchung unter gleichzeitiger chemischer Reaktion zwischen Grund- und Gegenkörper, Zwischenstoff oder Umgebungsmedium entstehen Reaktionsprodukte, die sich vom Grundwerkstoff ablösen.

Gegenmaßnahmen: Metalle ersetzen durch Kunststoffe und keramische Werkstoffe (notfalls Edelmetalle), Zwischenstoffe und Umgebungsmedium ohne oxidierende Bestandteile, formschlüssige statt reibschlüssige Verbindungen, Vollschmierung statt Mischschmierung, Mischschmierung statt Festkörperschmierung, Relativbewegung, insbesondere Wechselgleiten vermeiden, Kraftfluss verbessern, Flächenpressung und Reibungszahl mindern, ein Teil phosphatieren, MoS_2-Ölpaste.

Korrosionsverschleiß
Durch Kombination von Korrosion und Schwingbeanspruchung (Mikro-Gleitbewegung) werden die schützenden Oxidschichten im Kontaktbereich abgelöst, die jetzt freiliegende Oberfläche ist besonders reaktionsfähig gegenüber Luftsauerstoff und oxidiert daher schnell, es entsteht sog. Reibkorrosion oder Passungsrost [1].

Gegenmaßnahme ist eine geeignete Gestaltung des zylindrischen Pressverbandes, Abschn. 18.2.3.11.

Die Verschleißmechanismen können einzeln auftreten, sich bei Änderung der Beanspruchung oder Änderung des tribologischen Systems abwechseln oder sich auch gleichzeitig überlagern. Eine Voraussage über das Verschleißverhalten ist daher oft sehr schwierig.

16.7.2 Korrosion

Manche Maschinen und Geräte sind während ihres Einsatzes schädigenden Umwelteinflüssen ausgesetzt. Dabei sind viele der für die Hauptfunktionen geeigneten Werkstoffe durch Korrosion gefährdet. Diese beruht auf Phasengrenzflächenreaktionen zwischen Metalloberflächen und festen, flüssigen oder gasförmigen Korrosionsmedien.

Tab. 16.9 Erscheinungsformen chemischer und elektrochemischer Korrosion [29], ergänzt

Angriffsform	Kennzeichnung	Schema
gleichmäßig	Flächenkorrosion unter a Wasserstoffentwicklung b Sauerstoffverbrauch	Me
ungleichmäßig	Spaltkorrosion	Me, Me
	Kontaktkorrosion	Me 1, Me 2 Me 2 unedler als Me 1
	selektive Korrosion	heterogenes Gefüge
	Lochfraßkorrosion	Me
	interkristalline Korrosion	Riß Korngrenzenangriff
ungleichmäßig, an mechanische Belastungen gebunden	Spannungsrisskorrosion	Riß *F* (ruhend)
	Schwingungsrisskorrosion	Riß *F* (wechselnd)

Grundsätzlich ist Abhilfe durch korrosionsfeste Werkstoffe möglich. Dies ist jedoch aufwendig. Es wird daher zunächst versucht, Korrosionserscheinungen durch gestalterische und Schutzmaßnahmen entgegen zu wirken. Dabei ist nach Art der Korrosionsursachen und -erscheinungen zu unterscheiden, Tab. 16.9.

Gleichmäßig abtragende – chemische – Korrosion

Sie beruht auf Reaktion von Metallen mit Nichtleitern, trockenen Gasen, z. B. Sauerstoff aus der Luft, aus Säuren oder Alkalien, auch organischen Stoffen. Die Reaktion wird gefördert durch hohe Temperaturen, z. B. beim Glühen oder Kochen.

Erscheinungsformen sind Rosten und Verzundern. Der Abtrag beträgt bei Stahl etwa 0,1 mm/Jahr in normaler Atmosphäre.

Abhilfe: Geeignete Werkstoffe, Überzüge (z. B. Verzinken, Phosphatieren, Kap. 5: Oberflächenbehandlungen), Wanddickenzuschlag vorsehen, günstig sind kleine, glatte Oberflächen, Kanten abrunden oder brechen. Nach Montage nicht mehr erreichbare Flächen vorab mit höherwertigem Korrosionsschutz versehen. Generell Feuchtigkeitssammelstellen vermeiden, z. B. durch schräge Wände, Durchbrüche (Aussteifungsbleche und Rippen im Eckbereich aussparen), offene Profile, Hohlräume durch Bohrungen entlüften. Gegen Temperaturschwankungen gut isolieren, Wärme- bzw. Kältebrücken vermeiden. Gewünschte, gezielt gesteuerte gleichmäßige Korrosion als Schutzschicht usw., siehe Kap. 5. Oberflächenbehandlungen.

Örtlich angreifende Korrosion

Sie tritt mit unterschiedlichstem Erscheinungsbild auf und ist besonders gefährlich, weil sie beachtliche Kerbwirkung zur Folge hat und oft nicht erkannt wird. Es wird unterschieden in:

Chemische Spaltkorrosion insbesondere Rost in Rissen, Riefen, Überlappungen. Besonders gefährdet sind Punktschweiß-, Niet- und Schraubverbindungen.

Daraus ergeben sich die Gegenmaßnahmen: glatte, spaltfreie Oberflächen, insbesondere an Querschnittsübergängen, vorhandene Spalte abdichten oder so weit ausführen, dass sie glatt durchströmt werden können. Schweißnähte ohne Wurzelspalt ausführen, durchlaufende (nicht unterbrochene) Stumpf- und Kehlnähte wählen, möglichst einteilige Trägerprofile.

Spannungsriss- und Schwingungsrisskorrosion sind beides Formen der chemischen Spaltkorrosion. Spannungsrisse entstehen durch statische Zugspannung, auch Eigenspannungen in der Oberflächenschicht, Schwingungsrisse durch mechanische oder thermische Schwingbeanspruchung.

Gegenmaßnahmen: Kerben und spröde, kerb- und rissempfindliche Werkstoffe vermeiden, Zugspannungen in der Oberflächenschicht reduzieren, Druckvorspannungen erzeugen, z. B. durch Kugelstrahlen, Prägepolieren, Einsatzhärten (Zug-Eigenspannungen durch Spannungsarmglühen abbauen).

Kontaktkorrosion (= elektrochemische Korrosion) entsteht durch Reaktionsvorgänge des Schmierstoffs als ionenleitendem Medium (auch Schwitzwasser, Seewasser und ähnliches). Metalle unterschiedlichen Elektrodenpotentials bilden hierbei ein Lokalelement, wobei das unedlere, d. h. in der Spannungsreihe weiter unten liegende (z. B. Eisen gegenüber Kupfer) angegriffen wird, Tab. 16.10. Besonders gefährdet sind daher die Berührstellen von Metallen unterschiedlichen Potentials, wenn Feuchtigkeit hinzutritt. Falls möglich, sind Metalle mit geringem Potentialunterschied zu verwenden. An der Stoßstelle von Stahl und Leichtmetall kann die Stahlseite verzinkt oder phosphatiert werden, die Aluminiumseite eloxieren oder lackieren, die Magnesiumseite bichromatisieren oder mit einer isolierenden Zwischenlage aus Kunststoff versehen. Notfalls kann die Korrosion auf sog. Opferelektroden aus noch unedlerem Metall gelenkt werden.

Reibkorrosion (Passungsrost) wird in zylindrische Pressverbände in Abschn. 18.2.3 erläutert.

Tab. 16.10 Standard-Elektrodenpotentiale in Volt von Metallen in wässriger Lösung gegen Wasserstoffelektrode: Elektrochemische Spannungsreihe

Metall	Standard-Elektrodenpotenzial in wässriger Lösung
Kalium	−3,20
Natrium	−2,80
Magnesium	−1,55
Aluminium	−1,28
Mangan	−1,08
Zink	−0,76
Eisen	−0,43
Kadmium	−0,40
Kobalt	−0,29
Nickel	−0,22
Blei	−0,12
Zinn	−0,10
Wasserstoff	+0,00
Kupfer	+0,34
Silber	+0,80
Quecksilber	+0,86
Gold	+1,50
Platin	+1,80

Allgemeine Abhilfemaßnahmen

Grundsätzlich sollten im Konstruktionsstadium die Umwelteinflüsse bereits berücksichtigt, d. h. geeignete Werkstoffe und Werkstoffpaarungen gewählt werden. Nachträgliche Schutzmaßnahmen sind teuer und oft problematisch. Es sollte angestrebt werden, dass alle von Korrosion befallenen Bauteile die gleiche Lebensdauer erreichen. Notfalls müssen die Bauteile so gestaltet werden, dass korrosionsgefährdete Bereiche oder Elemente überwacht und ausgewechselt werden können [29].

Allgemein geeignete Maßnahmen, um die Korrosion zu mindern:

- Korrosive Medien fernhalten bzw. die Konzentration der aggressiven Anteile (siehe oben) mindern.
- Durch Auftrag von geeigneten Schichten wird ein nach Erfordernis gestufter Korrosionsschutz erreicht (Überzüge aus Fetten, Lacken, Gummi, durch Brünieren, Phosphatieren, Tauch- oder Spritzüberzüge aus Zinn, Zink, Blei oder Aluminium, Emailüberzüge, im Hochvakuum abgeschiedene, metallische oder nichtmetallische Schichten, Kap. 5: Oberflächenbehandlungen).
- Elektrisches Oxidieren von Aluminium (Eloxalverfahren) ergibt eine Schutzschicht, die korrosions-, haft- und verschleißfest, außerdem elektrisch isolierend und gut rückstrahlend, gut färb- und tränkbar und sehr hart ist. Das entsprechende Verfahren für Magnesium (Elomag) kann neben dem Chromatbeizen angewendet werden.
- Eindiffundieren von Aluminium in Stahl (Alumentieren, Kalorisieren, Alitieren), um Stahl gegen Hitze, Sauerstoff und Schwefel beständig zu machen, ferner von Chrom in Stahl (Inchromieren), um ihn rost- und zunderbeständig zu machen.
- Chromatbeizen, meist mit anschließendem Lackieren, ist als Korrosionsschutz besonders für Magnesium-Legierungen, ferner für Aluminium und Zinklegierungen von großer Bedeutung.
- Plattieren für besonders hohe Korrosionsbeanspruchungen. Hierbei wird das Überzugmetall zusammen mit dem Grundmetall ausgewalzt, z. B. werden Stahlbleche oder Stahlrohre mit Aluminium, Kupfer, Nickel, Messing, Tombak oder Chromnickelstahl plattiert. Aluminiumbleche mit Kupfer (Cupal) und Al-Cu-Mg-legierte Bleche mit korrosionsbeständigem Aluminium.
- Emailleüberzüge für Blechwannen, Kannen, Töpfe und dergleichen sind chemisch sehr beständig (nicht gegen Alkali und Flusssäure), aber weniger schlagfest (spröde).

Literatur

1. Bartel A-A (1985) Passungsrost bzw. Reiboxydation – besondere Verschleißprobleme. Allianz Versicherungs AG, Erfahrungsbericht, Heft 1, 3
2. Bartz W (1990) Handbuch der Tribologie und Schmierungstechnik. Tribologie und Schmierungstechnik 37(5):305–306
3. Bartz WJ (Hrsg) (1988) Additive für Schmierstoffe. Tribotechnik, Bd 2. Vincentz Verlag, Hannover
4. Baumann W, Kotal P, Reiter K (1996) Umweltschonende, biologisch rasch abbaubare Schmierstoffe. Erdöl, Erdgas, Kohle, 112(7/8):308–311
5. DIN 50320:1979-112 Verschleiß – Begriffe, Systemanalyse von Verschleißvorgängen, Gliederung des Verschleißgebietes. Zurückgezogen: 1997-11
6. DIN 51511:1985-08 Schmierstoffe – SAE-Viskositätsklassen für Motoren- Schmieröle. Zurückgezogen: 2003-06
7. DIN 51512:1988-05 Schmierstoffe – SAE-Viskositätsklassen für Schmieröle für Kraftfahrzeuggetriebe. Zurückgezogen: 2006-04
8. DIN 51558 Prüfung von Mineralölen – Bestimmung der Neutralisationszahl – Teil2:1990-03 Farbindikator-Titration, Isolieröle
9. DIN 51559 Prüfung von Mineralölen – Bestimmung der Verseifungszahl – Teil 1:2009-04 Verseifungszahlen über 2, Farbindikator-Titration – Teil 2:2009-04 Farbindikator-Titration, Isolieröle
10. DIN 51563:2011-04 Prüfung von Mineralölen und verwandten Stoffen – Bestimmung des Viskosität-Temperatur-Verhaltens – Richtungskonstante m
11. DIN 51757:2011-01 Prüfung von Mineralölen und verwandten Stoffen – Bestimmung der Dichte
12. DIN 51777 Prüfung von Mineralöl-Kohlenwasserstoffen und Lösungsmitteln – Bestimmung des Wassergehaltes nach Karl Fischer – Teil 1:1983-03 Direktes Verfahren – Teil 2:1974-09 Indirektes Verfahren
13. DIN 51803:1982-05 Prüfung von Schmierstoffen – Bestimmung der Asche von Schmierfetten. Zurückgezogen: 1999-12
14. DIN 51807 Prüfung von Schmierstoffen – Prüfung des Verhaltens von Schmierfetten gegenüber Wasser –Teil 2:1990-03 Dynamische Prüfung
15. DIN 51813:2016-03 Prüfung von Schmierstoffen – Bestimmung des Gehaltes an festen Stoffen in Schmierfetten – Teilchengröße über 25 μm

16. DIN 51818:1981-12 Schmierstoffe – Konsistenz-Einteilung für Schmierfette – NLGI-Klassen
17. DIN EN ISO 2592:2002-09 Mineralölerzeugnisse – Bestimmung des Flamm- und Brennpunktes – Verfahren mit offenem Tiegel nach Cleveland
18. DIN EN ISO 4263 Mineralölerzeugnisse und verwandte Produkte – Bestimmung des Alterungsverhaltens von inhibierten Ölen und Flüssigkeiten – TOST-Verfahren – Teil 1:2005-03 Verfahren für Mineralöle – Teil 2:2003-10 Verfahren für Hydraulikflüssigkeiten der Klasse HFC – Teil 3:2016-05 Wasserfreies Verfahren für synthetische Druckflüssigkeiten – Teil 4:2006-05 Wasserfreies Verfahren für synthetische Druckflüssigkeiten
19. DIN EN ISO 9439:2000-10 Wasserbeschaffenheit – Bestimmung der vollständigen aeroben biologischen Abbaubarkeit organischer Stoffe im wässrigen Medium – Verfahren mit Kohlenstoffdioxid-Messung
20. DIN EN ISO 14593:2005-09 Wasserbeschaffenheit – Bestimmung der vollständigen biologischen Abbaubarkeit organischer Substanzen im wässrigen Medium – Verfahren mittels Bestimmung des anorganischen Kohlenstoffs in geschlossenen Flaschen (CO_2-Headspace-Test)
21. DIN ISO 2137:2016-12 Mineralölerzeugnisse und Schmierstoffe – Bestimmung der Konuspenetration von Schmierfetten und Petrolatum
22. DIN ISO 2176:1997-05 Mineralölerzeugnisse – Schmierfette – Bestimmung des Tropfpunktes
23. DIN ISO 2909:2004-08 Mineralölerzeugnisse – Berechnung des Viskositätsindex aus der kinematischen Viskosität
24. DIN ISO 3016:1982-10 Mineralölerzeugnisse – Bestimmung des Pourpoints
25. DIN ISO 3448:2010-02 Flüssige Industrie-Schmierstoffe – ISO-Viskositätsklassifikation
26. DIN ISO 3733:2003-02 Mineralölerzeugnisse und bituminöse Bindemittel – Bestimmung des Wassergehaltes – Destillationsverfahren
27. DIN ISO 13226:2015-12 Elastomere – Standard-Referenz-Elastomere (SREs) zur Charakterisierung des Verhaltens von Flüssigkeiten auf Elastomere
28. Dubbel (1990) Taschenbuch für den Maschinenbau, 17. Aufl. Springer, Berlin Heidelberg New York
29. Dubbel (2014) Taschenbuch für den Maschinenbau, 24. Aufl. Springer, Berlin Heidelberg New York
30. GfT-Arbeitsblatt 7:2002 Tribologie – Definitionen, Begriffe, Prüfung. Gesellschaft für Tribologie
31. Klamann D (1982) Schmierstoffe und verwandte Produkte, Herstellung, Eigenschaften, Anwendung. Verlag Chemie, Weinheim
32. Klüber Lubrication (1991) Mineralöle und Syntheseöle, Klassifikation, Auswahl und Anwendung, 3. Aufl
33. Kristic M (2013) Rechtliche Anforderungen an die Auslobung von Hydraulikölen als „schnell/leicht biologisch abbaubar“. TaT Schriftenreihe. Text 1/September 2013. Bundesweite Arbeitsgemeinschaft Umweltschonende Schmier- und Verfahrensstoffe
34. Möller UJ, Boor U (2013) Schmierstoffe im Betrieb. VDI-Verlag, Düsseldorf
35. Molykote Handbuch, Ausg. 1991
36. Niemann G, Winter H (2003) Maschinenelemente, Bd. II, 2. Aufl. Springer, Berlin Heidelberg
37. SAE J300_201501 Engine oil Viscosity Classification
38. SAE J306_201708 Automotive Gear Lubricant Viscosity Classification
39. Schückher F (1974) Adhäsion von Metallen. Metall 28:481
40. Ubbelohde L (1965) Zur Viskosimetrie, 7. Aufl. Hirzel-Verlag, Stuttgart
41. Walther C (1931) Anforderungen an Schmiermittel. Zeitschrift für den Maschinenbau 10:671
42. Weyandt RG (1997) Biotests und ihre Bedeutung bei der Abschätzung der Umweltverträglichkeit von Schmierstoffen und Arbeitsflüssigkeiten. Techn. Akademie Esslingen. Tagungsunterlagen Nr. 21875/68.415

17 Achsen und Wellen

▶ Achsen und Wellen dienen zur Lagerung rotierender Maschinenteile, wie Räder oder Rollen. Achsen übertragen dabei nur Kräfte, kein Drehmoment. Wellen dienen zur Drehmomentübertragung und werden somit zusätzlich auf Torsion belastet.

17.1 Anwendung, Eigenschaften, Funktion

Achsen dienen zur Lagerung von Laufrädern, Seiltrommeln, Seil- und Kettenrollen und Ähnlichem. Sie übertragen kein Drehmoment. Stillstehende Achsen (Abb. 17.1a, 17.2) werden statisch bis schwellend auf Biegung beansprucht, umlaufende Achsen (Abb. 17.1b) wechselnd auf Biegung.

Wellen laufen stets um. Sie dienen zur Übertragung eines Drehmoments, z. B. in Motoren, Turbinen, Getrieben, Abb. 17.10. Dieses kann axial durch Kupplungen ein- oder abgeleitet werden oder durch drehfest verbundene Zahnräder, Riemenscheiben, Kettenräder oder Ähnlichem. Manche Wellen werden daher allein auf Torsion, andere auf Torsion und Biegung beansprucht. Sie werden als Voll- oder Hohlwellen, glatt durchgehend oder abgesetzt ausgeführt. Dem Querschnitt nach werden Rundwellen und Profilwellen (z. B. mit Vielnut- oder Keilprofil, Kap. 18: Welle-Nabe-Verbindung) unterschieden.

Sonderbauarten sind z. B. Kurbelwellen, Gelenkwellen und biegsame Wellen.

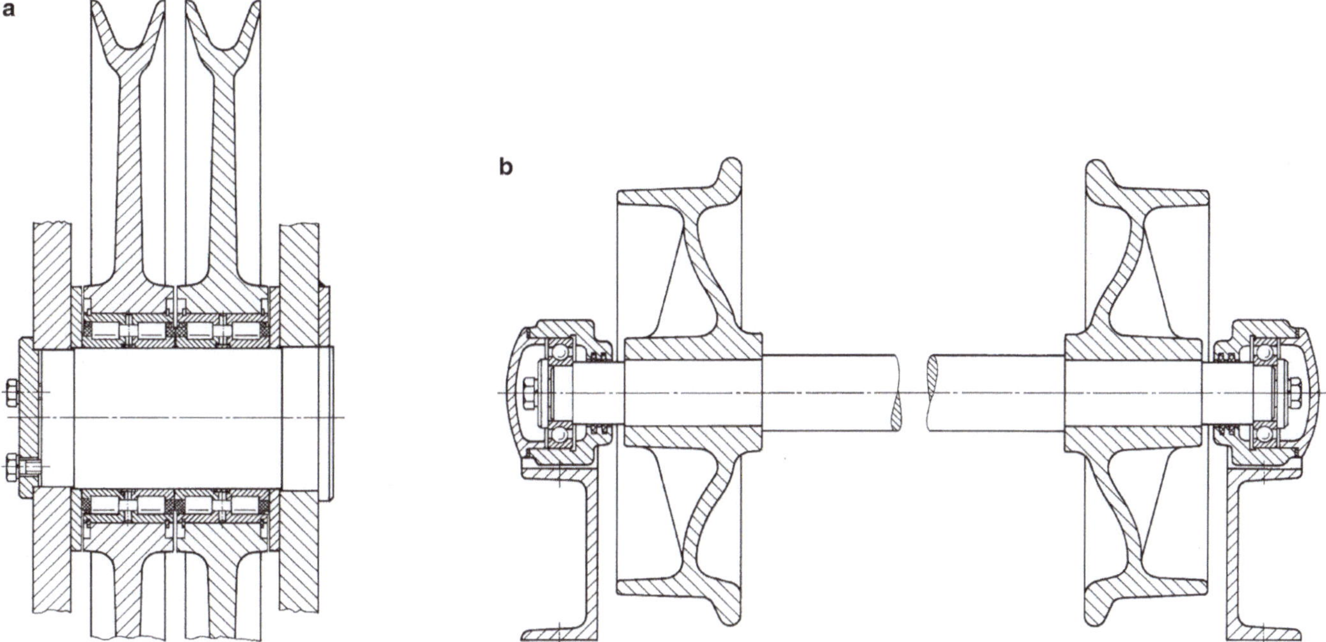

Abb. 17.1 Bauarten von Achsen [9], **a** stillstehende Achse (Seilrolle), **b** umlaufende Achse (für Brennofenwagen)

G. Niemann et al., *Maschinenelemente 1*, https://doi.org/10.1007/978-3-662-55482-1_17

17.2 Belastung (Kräfte, Momente)

Äußere Kräfte und Momente
Vorgegeben sind im Allgemeinen die Nennwerte (siehe Belastungen, Beanspruchungen in Abschn. 1.4.6) der zu übertragenden Leistungen oder Drehmomente oder/und die angreifenden Kräfte bzw. es können diese aus den Vorgaben bestimmen werden. Mit den Gleichgewichtsbedingungen werden hieraus die Lagerkräfte (Nennkräfte) errechnet, zweckmäßigerweise in der Vertikal- und Horizontalebene. Das Vorgehen zeigt Beispiel 17.1 anhand einer Getriebewelle in Abschn. 17.12.

Innere Kräfte und Momente
Wie in Abschn. 3.2.1 beschrieben, werden mit den äußeren Kräften und Momenten sowie den Hauptabmessungen (Länge, Kraftangriffspunkte) die inneren Quer- und Längskräfte sowie Biege- und Torsionsmomente in jedem interessierenden Querschnitt und damit deren Verlauf über die Länge der Achse/Welle bestimmt, siehe Beispiel 17.1 in Abschn. 17.12 mit Abb. 17.10. Die Axialkräfte können im Allgemeinen vernachlässigt werden, Abschn. 17.8. Nach Abschn. 3.1.2 genügt es im Allgemeinen, die Kräfte für die Berechnung punktförmig angreifend anzunehmen statt, zumindest teilweise, flächenhaft in Lagern oder Nabensitzen bzw. eingespannt.

17.3 Werkstoffe

Für Durchmesser bis 150 mm werden oft Baustähle verwendet, z. B. S235, S275, E295 oder E335. Für höhere, insbesondere dynamische Beanspruchungen oder wenn Teilbereiche (Gleitlagersitze, Laufflächen für Dichtungen) gehärtet werden, werden Vergütungsstähle verwendet, z. B. C35, C45, 42CrMo4. Im Getriebebau, wenn Rad und Welle aus einem Stück gefertigt werden, wird Einsatzstahl, z. B. 16MnCr5, 20MnCr5, 17CrNiMo6, verwendet [10]. Festigkeitswerte sind in Kap. 5: Werkstoffe angegeben.

Man beachte: Unlegierte Stähle höherer Festigkeit sind relativ spröde, d. h. kerbempfindlicher, es muss dabei besonders auf kerbgünstige Gestaltung (Abschn. 17.7.1) und Herstellung (Abschn. 17.4) geachtet werden. Hohe Festigkeit und Zähigkeit wird mit legierten Stählen erreicht, siehe Kap. 5. Bisher wurden Werkstoffe als spröde eingestuft, wenn sie eine Bruchdehnung (Abschn. 5.1.1) von weniger als 5 % (Werkstoffprobe A_5) aufweisen. Aus der Bruchmechanik, Abschn. 3.8, ist bekannt, dass Werkstoffe mit hohen K_{Ic}/σ_P-Werten zu zähem Verformungsbruch neigen, solche mit kleinem K_{Ic}/σ_P zu Sprödbruch.

17.4 Herstellung

Achsen und Wellen bis ca. 10 mm Durchmesser können kaltgewalzt oder gezogen oder kaltgezogen und geschliffen, evtl. poliert (für einfache Anwendungen mit Toleranzen $h11 \ldots h6$) bezogen und oft ohne weitere Bearbeitung verwendet werden. Durchmesser bis 150 mm werden im Allgemeinen warm gewalzt und bearbeitet, um die entkohlte Zone zu beseitigen. Dicke Achsen und Wellen mit Absätzen werden generell formgeschmiedet, wenn der kleinere Durchmesser kleiner ist als 60 % des benachbarten größeren Durchmessers (beim Abdrehen größerer Beträge würden Durchmesserbereiche geringerer Festigkeit angeschnitten werden).

Nach dem Schmieden wird geglüht, um Eigenspannungen abzubauen und das Gefüge zu homogenisieren. Nach dem Richten sollte aus dem gleichen Grund nochmals geglüht werden.

Man beachte: Nur Funktionsflächen (Nabensitze, Dichtflächen Lagersitze) sollten eng toleriert und fein bearbeitet werden. Für die übrigen Bereiche genügt grobe Tolerierung und Bearbeitung. Die Kerbwirkung an Querschnittsübergängen kann durch Rollen und Kugelstrahlen gemindert werden (Eigenspannungen siehe Abschn. 3.2.6). Laufflächen für Dichtflächen werden häufig induktiv gehärtet und sollten einstich-geschliffen werden (Schleifriefen bei Vorschubschliff begünstigen Schmieröltransport!). Gleitlagerstellen werden ebenfalls häufig gehärtet und geschliffen (die Welle ist das teurere Element, Verschleiß ist eher in der Lagerschale zu akzeptieren).

17.5 Vorgehensweise bei Entwurf und Konstruktion

Zunächst ist zu klären, welche Funktionen die Achse bzw. Welle erfüllen soll und welche Randbedingungen zu beachten sind. Allgemeine Gesichtspunkte zum Erstellen einer Anforderungsliste sind in Tab. 1.2 aufgelistet.

Anforderungsliste mit Besonderheiten von Achsen und Wellen

- Nennbelastung, Betriebsverhalten der angeschlossenen Maschinen (Lastkollektiv, Anwendungsfaktor, Abschn. 21.5.1 in [10])
- zulässige Verformungen, Schiefstellung (Biegung, Torsion), Wärmedehnung
- Art der Welle-Nabe-Verbindung
- Anschluss an andere Wellen (Einleitung des Drehmoments, Kupplungen, gemeinsames Fundament, Ausrichtung)

- Lagerung (Einspannung), Dichtungen
- Weitere Gesichtspunkte zu Sicherheiten werden in Abschn. 1.4.8 sowie 3.4.5 und 3.5.7 erläutert.

Vorgehensweise
- Ermittlung innerer Quer- und Axialkräfte sowie Biege- und Torsionsmomente und deren Verlauf über der Länge der Achse/Welle
- Werkstoffwahl (Verfügbarkeit, Kosten, Herstellung, Gewicht)
- überschlägige Bestimmung (erster Entwurf) des Achsen-/Wellendurchmessers mit vereinfachter Festigkeitsberechnung (Dimensionierung)
- Gestaltung (Funktion, Gewicht, Montage, Fertigung): Lager- und Nabensitze, Dichtflächen, Anschluss an An- und Abtrieb festlegen
- Festigkeitsnachweis: Sicherheit gegen Gewaltbruch, Dauerbruch berechnen; evtl. Korrektur des ersten Entwurfs
- Nachweis der Verformung: Durchbiegung, Neigung und Verdrehung, evtl. Korrektur des Entwurfs
- Bei schnelllaufenden Achsen und Wellen ($n > 1500\,\text{min}^{-1}$): Überprüfung des Schwingungsverhaltens: kritische Drehzahl berücksichtigen, Vorgaben für das Auswuchten und evtl. Korrektur des Entwurfs

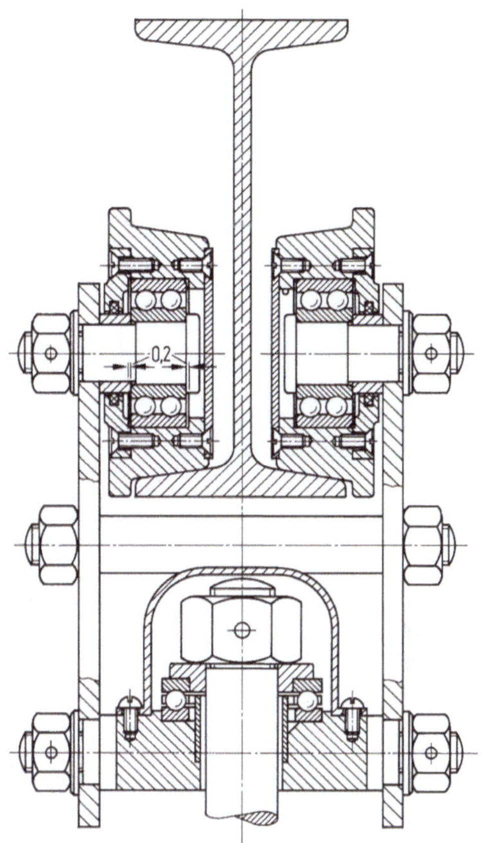

Abb. 17.2 Laufrollen für Unterflanschkatzen [9]

17.6 Entwurfsrechnung, Dimensionierung

Eine zutreffende Festigkeitsberechnung ist nur möglich als Nachrechnung (Abschn. 1.4.1).

Für den Entwurf werden die Abmessungen mit Hilfe einer Überschlagsrechnung abgeschätzt, wobei von der bekannten Hauptbeanspruchung ausgegangen wird (für Wellen: vom Torsionsmoment). Die zulässige Torsions-Nennspannung wird so niedrig angesetzt, dass die vernachlässigte Biegespannung mit berücksichtigt ist, ebenso Spannungserhöhungen durch Stoßkräfte (äußere Kräfte), Kerben, Querschnittsübergänge usw. (innere Kraftwirkungen). Beim Entwurf der biegebeanspruchten Achsen wird sinngemäß von der Nennbiegespannung ausgegangen.

Stillstehende (ruhende) Achsen
Da der statischen Grundlast meist Schwing- und Stoßbelastungen überlagert sind, wird für die Dimensionierung Schwellbeanspruchung angenommen und die zulässige Biegespannung entsprechend Kap. 3: Praktische Festigkeitsberechnung abhängig von der Wechselfestigkeit abgeleitet.

Kurze, am Gestell befestigte Achsen (= Bolzen), Abb. 17.2, sind meist gering beansprucht. Ihre Abmessungen ergeben sich daher im Allgemeinen aus den Maßen der Lager.

Überschlägige Dimensionierung von Achsen mit Vollkreisquerschnitt: Aus der Biegespannung

$$\sigma_b = \frac{M_b}{W_b} \leq \sigma_{b\,\text{zul}} \tag{17.1}$$

M_b	in N mm	Biegemoment
$\sigma_{b\,\text{zul}}$	in N/mm^2	zulässige Biegespannung siehe Tab. 17.1

mit dem (Biege-)Widerstandsmoment

$$W_b = \frac{\pi}{32} \cdot d^3 \tag{17.2}$$

kann der (Mindest-)Durchmesser ermittelt werden

$$d = 2{,}17 \cdot \sqrt[3]{\frac{M_b}{\sigma_{b\,\text{zul}}}} \tag{17.3}$$

Umlaufende Achsen
Bei umlaufenden Achsen sind, entsprechend des Einsatzfalls, beim Ansatz der zulässigen Biegewechselbeanspruchung überlagerte Schwing- und Stoßbelastungen zu berücksichtigen.

Tab. 17.1 Zulässige Spannungen für Achsen und Wellen mit Vollkreisquerschnitt

Bauart	Zulässige Spannung	Sicherheit S	Bemerkung
stillstehende Achsen	$\sigma_{b\,\text{zul}} = 90\ldots150\,\text{N/mm}^2$ für Achsen aus E295 oder $\sigma_{b\,\text{zul}} = \sigma_W/S$	1,2 … 2	– für große Abmessungen ($d > 180\,\text{mm}$) kleinere Festigkeitswerte – kleinere Werte für Laufradachsen, schwerer Betrieb [7] – größere Werte für Rollen und Trommelachsen, leichter Betrieb [7]
umlaufende Achsen	$\sigma_{b\,\text{zul}} = 45\ldots100\,\text{N/mm}^2$ für Achsen aus E295 oder $\sigma_{b\,\text{zul}} = \sigma_W/S$	1,8 … 4	– kleinere Festigkeitswerte bzw. höhere Sicherheiten für schweren Betrieb, größere Durchmesser, ungünstige Gestaltung (z. B. kleine Ausrundungen) – größere Festigkeitswerte bzw. kleinere Sicherheiten für leichten Betrieb, kleinere Durchmesser (30 … 40 mm), günstige Gestaltung
Wellen	Reine Torsion: Für abgesetzte Wellen aus E295: $\tau_{t\,\text{zul}} = 30\ldots60\,\text{N/mm}^2$ oder (mit Umrechnung von τ_{zul} aus σ_{zul} nach Abschn. 3.5.2) $\tau_{t\,\text{zul}} = \sigma_W/S$	3 … 6	– kleinere Festigkeitswerte bzw. höhere Sicherheiten für schweren Betrieb, größere Durchmesser, ungünstige Gestaltung (z. B. kleine Ausrundungen) – größere Festigkeitswerte bzw. kleinere Sicherheiten für leichten Betrieb, kleinere Durchmesser (30 … 40 mm), günstige Gestaltung
	Torsion und Biegung: Für abgesetzte Wellen aus E295: $\sigma_{b\,\text{zul}} = 45\ldots100\,\text{N/mm}^2$ oder $\sigma_{b\,\text{zul}} = \sigma_W/S$	3 … 5	

Die überschlägige Dimensionierung erfolgt nach (17.1) bis (17.3). Zulässige Spannungen sind in Tab. 17.1 aufgelistet.

Wellen

Bei der Dimensionierung ist zu unterscheiden zwischen Wellen, die allein auf Torsion beansprucht werden und solchen, die zusätzlich Biegespannungen übertragen. Entsprechend ist die zulässige Torsions-Nennspannung unterschiedlich anzusetzen.

Überschlägige Dimensionierung von Wellen mit Vollkreisquerschnitt: Aus der Schubspannung aufgrund Torsionsbeanspruchung

bei statischer Belastung

$$\tau_t = \frac{T}{W_t} \leq \tau_{t\,\text{zul}} \tag{17.4}$$

mit dem (Torsions-)Widerstandsmoment

$$W_t = \frac{\pi}{16} \cdot d^3 \tag{17.5}$$

kann der (Mindest-)Durchmesser ermittelt werden

$$d = 1{,}72 \cdot \sqrt[3]{\frac{T}{\tau_{t\,\text{zul}}}} \tag{17.6}$$

T	in N mm	Drehmoment, Ausschlagmoment T_A (Torsion dynamisch) bzw. $0{,}7 \cdot T$ (Torsion statisch)
$\tau_{t\,\text{zul}}$	in N/mm^2	zulässige Torsionsschubspannung siehe Tab. 17.1

Aus der (zusätzlich) wirkenden Biegespannung

$$\sigma_b = \frac{M_v}{W_b} \leq \sigma_{b\,\text{zul}} \tag{17.7}$$

mit dem (Biege-)Widerstandsmoment

$$W_b = \frac{\pi}{32} \cdot d^3 \tag{17.8}$$

und dem Vergleichsmoment (wenn Abmessungen bekannt, Wellenwerkstoff: Walzstahl, Torsion: statisch bzw. schwellend, Biegung: wechselnd)

$$M_v = \sqrt{{M_b}^2 + 0{,}4 \cdot T^2} \tag{17.9}$$

Alternativ kann mit dem Vergleichsmoment nach Abschätzung, wenn keine Abmessungen bekannt sind (kleinere Werte bei kompakter Bauweise, größere Werte bei großen Lagerabständen)

$$M_v = 1{,}2\ldots2{,}5 \cdot T$$

der (Mindest-)Durchmesser ermittelt werden nach

$$d = 2{,}17 \cdot \sqrt[3]{\frac{M_v}{\sigma_{b\,\text{zul}}}} \tag{17.10}$$

M_b	in N mm	Biegemoment
$\sigma_{b\,\text{zul}}$	in N/mm^2	zulässige Torsionsschubspannung siehe Tab. 17.1

17.7 Gestaltung

Je nach Einsatzfall stehen hierbei verschiedene, teils auch widersprüchliche technische Gesichtspunkte im Vordergrund, vor allem: Montierbarkeit, Tragfähigkeit, zulässige Verformung und/oder Schwingungsverhalten.

17.7.1 Allgemeines

Montierbarkeit
Achsen und Wellen müssen Räder, Scheiben, Ringe aufnehmen, die im Allgemeinen axial montierbar und demontierbar sowie axial fixiert (Presssitz, Anlageschultern, Wellenmuttern, Sicherungsringe) sein müssen, evtl. sind axial Kupplungen angeschlossen. Daraus ergibt sich die Grundform mit (zu den Wellenenden hin) durchmessergestuften Abschnitten.

Tragfähigkeit
Für dynamisch beanspruchte Achsen und Wellen sind gestalterische Maßnahmen zur Erhöhung der Dauerfestigkeit wichtiger als eine höhere Werkstofffestigkeit. Weil hochfeste Werkstoffe im Allgemeinen kerbempfindlicher sind (Abschn. 17.3), erfordern sie besonders sorgfältige Gestaltung der Absätze, Querschnittsübergänge usw. Andernfalls lohnen sich teure hochfeste Werkstoffe nicht. Hinweise zur Gestaltung und die Berechnung der Tragfähigkeit der Lager für umlaufende Achsen und Wellen sind in Kap. 14: Wälzlager und Kap. 15: Gleitlager angegeben.

Steifigkeit bzw. zulässige Verformung
Steifigkeit und zulässige Verformung sind häufig die entscheidenden Kriterien für die Gestaltung. Meist können im Maschinenbau nur kleine Durchbiegungen, Neigungen und Verdrehungen der Achsen und Wellen zugelassen werden. Die Wellen müssen also biege- und drehsteif ausgebildet werden. Anforderungen in verschiedenen Anwendungsgebieten sind in Abschn. 17.9 angegeben.

Jedoch: Bei nachgiebiger Lagerung oder nicht sorgfältig ausgerichteten Lagern, z. B. in Stahlkonstruktionen, müssen die Wellen oder Achsen so nachgiebig (dünn), bzw. die Lagerabstände so groß sein, dass die Beanspruchungen infolge Verformung gering sind.

Man beachte: Achsen und Wellen aus hochfestem Stahl sind nicht steifer als solche aus einfachem Baustahl, der Elastizitätsmodul ist gleich! Die höhere Festigkeit kann daher nicht ausgenutzt werden, wenn die Verformung unter Belastung begrenzt ist.

Sonstiges
Statisch überbestimmte Wellen sind zu vermeiden, mitunter jedoch nötig, wenn die Durchbiegung bei großen Lagerabständen (z. B. bei Fahrwerkswellen) oder eines überragenden Wellenendes zu groß würde (z. B. infolge der Schnittkraft bei Werkzeugmaschinen oder fliegend gelagerten Zahnrädern). Um innere Zwangskräfte zu vermeiden, müssen die Gehäuse jedoch sehr steif sein und die drei Lager genau fluchten. Der Wellenabschnitt zwischen beiden Lagern im Bereich des Kraftangriffs muss möglichst steif sein. Die Berechnung dreifach gelagerter Wellen wird z. B. in [1] gezeigt.

Anforderungen an Sitzflächen für Naben, Wälzlager, Abstützungen im Gehäuse, Laufflächen für Gleitlager und Dichtungen sind in Abschn. 17.4 enthalten.

17.7.2 Wellen und umlaufende Achsen

Vollwelle oder Hohlwelle?
Die Vollwelle ist die übliche Ausführung. Die Hohlwelle, die teurer ist, wird demgegenüber wegen des geringeren Gewichts aber im Leichtbau (z. B. für Flugzeugtriebwerke) verwendet (bei $d_i = 0{,}7 \cdot d$ wiegt sie nur 50 %, weist aber 76 % des Widerstandsmoments der Vollwelle auf) oder wegen anderer Funktionen (zur Durchleitung von Schmieröl, Stromkabeln, Torsionsstäben und ähnliches).

Man beachte: Die größere radiale Nachgiebigkeit erfordert größere Übermaße für Presssitze. Passfedern lassen sich im Allgemeinen nicht mehr unterbringen. Dünnwandige Hohlwellen können bei Torsions- oder axialer Druckbeanspruchung leichter ausknicken. Durch Ausbohren lassen sich Fehlstellen im Kern der Wellen beseitigen. Allerdings ist zu prüfen, ob dadurch Fehlstellen nur angeschnitten werden, so dass unter Umständen gefährliche Oberflächenanrisse entstehen (Abschn. 3.8: Bruchmechanik).

Weitere Hinweise
- Im Bereich aufgesetzter Naben wird die Welle/Achse oft um 15 ... 30 % dicker ausgeführt, um die Kerbwirkung auszugleichen, Abschn. 18.2.3.10 und Abb. 18.9b.
- An Wellenschultern muss der Ausrundungsradius kleiner als der Radius des hier anliegenden Wälzlagerrings sein. Abb. 17.3a zeigt, durch welche Maßnahme dem begegnet werden kann (wichtig für hochbelastete Wellenbereiche). Entlastungskerben bieten Abhilfe, wenn sich kleine Ausrundungsradien nicht vermeiden lassen (Abb. 17.3b).
- Ringnuten für Sicherungsringe und Gewinde mindern die Dauerfestigkeit um ca. 30 ... 50 %, sind deshalb im Bereich hoher Spannungen zu vermeiden. Mit Hilfe von Distanzbuchsen können sie in Bereiche geringerer Beanspruchungen verlagert werden.
- Querbohrungen mindern die Dauerfestigkeit erheblich. Wenn sie nicht vermieden werden können, sind die Austritte sorgfältig auszurunden oder abzuschrägen.
- Passfedernuten müssen im Grund abgerundet sein (nach DIN 6885 [6] z. B. $r = 0{,}5$ mm bei Wellendurchmesser $d \geq 65$ mm, $r = 0{,}8$ mm bei $d > 130$ mm). Für hoch-

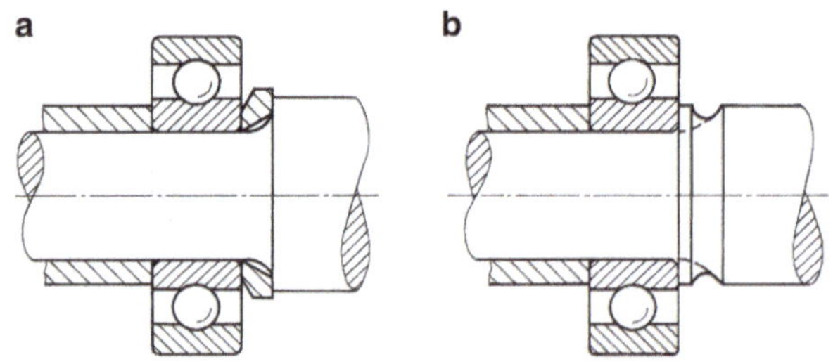

Abb. 17.3 Abschwächung der Kerbwirkung durch **a** Distanzhülse für Lageranlage für größeren Übergangsradius am Wellenabsatz, **b** Entlastungskerbe

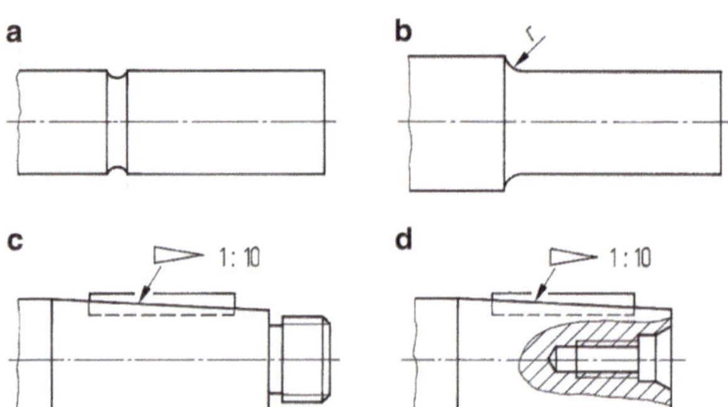

Abb. 17.4 Genormte Wellenenden, **a** zylindrisches Wellenende nach DIN 748 [3] ohne Wellenbund, **b** wie **a** aber mit Wellenbund, **c** kegeliges Wellenende mit Außengewinde nach DIN 1448 [4], **d** kegeliges Wellenende mit Innengewinde nach DIN 1449 [5]

beanspruchte Wellen sind Vielnutprofile, Polygon- oder Zahnwellenprofile vorzuziehen, siehe Kap. 18: Welle-Nabe-Verbindung.

- Genormte Wellenenden verwenden, Abb. 17.4.
- Bei fliegender Lagerung sollte das Verhältnis von Länge zu Durchmesser des überragenden Wellenendes möglichst klein sein (< 1,5 . . . 2).

17.7.3 Stillstehende Achsen

Stillstehende Achsen sind am tragfähigsten und besonders kostengünstig, wenn sie ohne Absätze ausgeführt werden. Querbohrungen, z. B. Schmiernuten und Schmierbohrungen, sind in die neutrale Faser zu legen und gut auszurunden, Abb. 17.5.

Weil stillstehende Achsen statisch oder schwellend auf Biegung beansprucht werden, bauen sie leichter als umlaufende, wechselnd auf Biegung beanspruchte Achsen.

Stillstehende Achsen müssen im Gehäuse gegen Verdrehen gesichert werden, z. B. durch Achshalter, Abb. 17.6, bei Durchmessern über etwa 100 mm im Allgemeinen doppelt angeordnet.

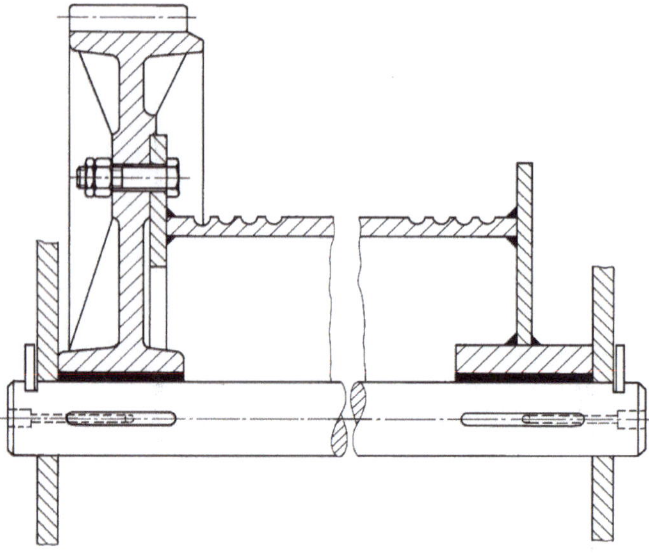

Abb. 17.5 Trommelachse mit Schmierbohrungen in der neutralen Faser [8]

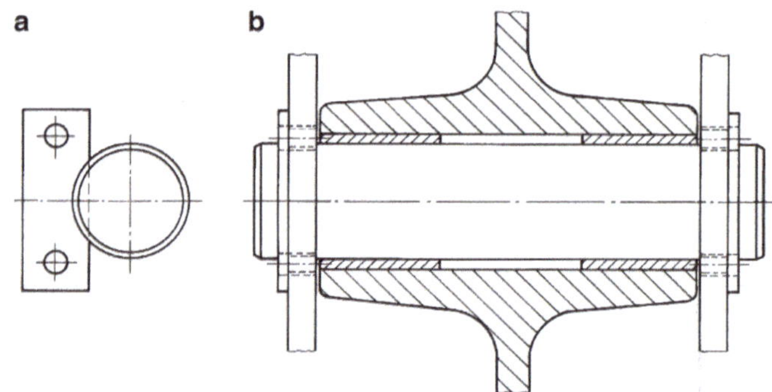

Abb. 17.6 Achshalter, **a** Funktion, **b** doppelte Anordnung

17.8 Festigkeitsnachweis

Der Festigkeitsnachweis für Achsen und Wellen wird sinngemäß nach den Vorgaben aus Kap. 3: Praktischer Festigkeitsnachweis durchgeführt. Beispiel 17.1 in Abschn. 17.12 behandelt den allgemeinen Fall einer auf Biegung und Torsion beanspruchten Welle. Davon lassen sich die übrigen, einfacheren Fälle ableiten (Beispiel 17.2 und 17.3).

Im folgenden werden einige Hinweise zur Anwendung der Festigkeitsberechnung auf Achsen und Wellen gegeben.

Statisch und dynamisch

Sowohl die Sicherheit gegen statische als auch gegen dynamische Festigkeit muss nachgewiesen werden, für Achsen und Wellen üblicherweise wie folgt:

- mit der maximalen Spannung (Oberspannung, Spannungsspitzen aus Schwingbeanspruchung) gegen die

Fließgrenze (bei oberflächengehärteten Wellen gegen die Fließgrenze des Kernwerkstoffs unter der Härteschicht), d. h. gegen bleibende Verformung und gegen die statische Festigkeit, d. h. gegen Anriss oder Gewaltbruch

- mit der Ausschlagspannung gegen die Dauer-Ausschlagfestigkeit, ggf. Wechselfestigkeit (d. h. gegen Ermüdungsbruch). Achsen und Wellen werden im Allgemeinen auf Dauerfestigkeit ausgelegt. (Bei einer Drehzahl von $1000\,\text{min}^{-1}$ hat eine Welle nach 100 h Betriebszeit bereits $6 \cdot 10^6$ Schwingspiele ertragen, läuft damit bereits im Dauerfestigkeitsbereich.)

Kritische Stellen
Die Festigkeit ist an den kritischen Stellen nachzurechnen, d. h. dort, wo hohe Biege- und/oder Torsionsspannungen auftreten. Schubspannungen infolge Querkraft sind nur in der Nähe der Auflager von (relativer) Bedeutung, wo die Biegespannungen klein sind. Die Berechnung der Nennspannung wird in Abschn. 3.2.3 beschrieben. Auch kurze Zapfen sind bezüglich Schubspannung infolge Querkraft meist überdimensioniert. Sie werden im Allgemeinen nach anderen Kriterien dimensioniert (z. B. bei Laufrollen nach Flächenpressung). Zug- und Druckspannungen können im Allgemeinen unberücksichtigt bleiben (selbst bei Propellerwellen großer Schiffe ist die Druckspannung $< 7 \ldots 10\,\text{N/mm}^2$). Auch die Knickung ist hier ohne Bedeutung, weil die Wellen in relativ kurzem Abstand gelagert werden. Maßgebende Beanspruchungen sind in Abschn. 17.6 angegeben.

Auflager
Die Auflager (Lagerzapfen) stillstehender Achsen sind auf Flächenpressung nachzuprüfen, siehe Abschn. 3.2.3.3.

17.9 Nachweis der elastischen Verformung

Grenzwerte für die elastische Verformung ergeben sich aus den folgenden Anforderungen, die häufig maßgebend für die Dimensionierung der Welle sind.

Führungsgenauigkeit
Beispielsweise muss die Durchbiegung aus Eigengewicht des Rotors bei Elektromotoren (Abschn. 17.7.1) und Turbinen begrenzt werden, um Berührung mit dem Stator sicher auszuschließen. Die Neigung einer Getriebewelle beeinflusst die Lastverteilung über die Zahnbreite. Werkzeugmaschinen-Wellen (genannt „Spindeln") dürfen unter der Wirkung einer Schnittkraft nur wenig ausweichen. Steuerwellen dürfen sich nur geringförmig verdrehen, um Steuerbewegungen genau zu übertragen. Die Verdrillung von Kran-Fahrwerkswellen muss begrenzt werden, um Gleichlauf der Laufräder zu erreichen.

Anforderungen der Lager
Die Neigung der Wellen im Gleitlager kann zu überhöhter Kantenpressung führen. Hohe Steifigkeit begünstigt die Ausbildung eines stabilen Schmierfilms. Manche Wälzlager sind empfindlich gegen Schiefstellung der Wälzkörper, insbesondere Rollenlager.

Steifigkeit, Schwingungsverhalten
Werkzeugspindeln müssen steif ausgebildet werden, um Ratterschwingungen zu vermeiden. Ferner bedeutet hohe Steifigkeit hohe Eigenfrequenz (Abschn. 17.10), d. h. bei biege- bzw. drehsteifen Wellen liegt die Resonanzdrehzahl hoch, z. B. weit oberhalb des Betriebsbereichs. Bei schnelllaufenden Turbinenwellen muss die Steifigkeit so gewählt werden, dass die Betriebsdrehzahl nicht in der Nähe von Resonanzdrehzahlen liegt.

17.9.1 Durchbiegung und Neigung

Die Durchbiegung einer Welle oder die Schiefstellung der Zapfen in den Lagern muss in kritischen Fällen errechnet und auf Zulässigkeit geprüft werden. Hierzu müssen alle angreifenden Kräfte, auch die Lagerkräfte, bekannt sein. Die Welle wird zunächst gedanklich an der Stelle, wo die Durchbiegung bestimmen werden soll, in zwei Hälften geschnitten. Jede Hälfte wird für sich als eingespannter Träger behandelt.

Für jeden Abschnitt des linken Trägers (in Abb. 17.7) beträgt die Durchbiegung f_x bzw. die Neigung β_x aufgrund der äußeren Kraft F_A gegenüber dem vorhergehenden Wellenabschnitt

$$f_x = \frac{F_A}{3 \cdot E} \cdot \frac{{l_{12}}^3 - {l_x}^3}{I_{bx}} \tag{17.11}$$

$$\beta_x = \frac{F_A}{2 \cdot E} \cdot \frac{{l_{12}}^2 - {l_x}^2}{I_{bx}} \tag{17.12}$$

F_A	in N	Kraft im Auflagerpunkt A siehe Abb. 17.7
l_{11}, l_{12} usw.	in mm	Längen der Wellenabschnitte siehe Abb. 17.7

Durch Aufsummieren der Durchbiegungen (Neigungen) zwischen der Einspannstelle und dem Kraftangriff F_A, ergeben sich Verschiebung f_A und Neigung β_A des Auflagers A

$$f_A = \frac{F_A}{3 \cdot E} \cdot \left(\frac{{l_{11}}^3}{I_{b11}} + \frac{{l_{12}}^3 - {l_{11}}^3}{I_{b12}} + \frac{{l_{13}}^3 - {l_{12}}^3}{I_{b13}} \right) \tag{17.13}$$

$$\beta_A = \frac{F_A}{2 \cdot E} \cdot \left(\frac{{l_{11}}^2}{I_{b11}} + \frac{{l_{12}}^2 - {l_{11}}^2}{I_{b12}} + \frac{{l_{13}}^2 - {l_{12}}^2}{I_{b13}} \right) \tag{17.14}$$

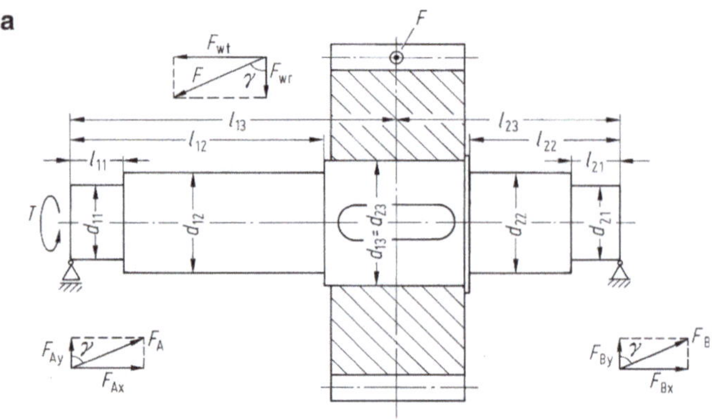

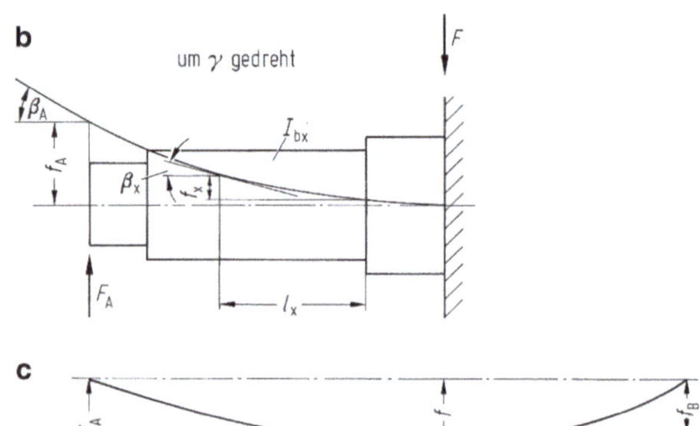

Abb. 17.7 Zur Berechnung der Verformung einer Welle, **a** belastete Welle, **b** Durchbiegung f, Neigungswinkel β, **c** Biegelinien-Tangentenwinkel α bei starren Lagern A und B

Für die Vollwelle aus Stahl (mit Flächenträgheitsmoment $I_b = \pi \cdot d^4/64$ und Elastizitätsmodul $E = 2{,}1 \cdot 10^5\,\mathrm{N/mm^2}$) ergibt sich

$$f_A = 3{,}32 \cdot 10^{-5}\,\frac{\mathrm{mm}^2}{\mathrm{N}} \cdot F_A \cdot \left(\frac{l_{11}{}^3}{d_{11}{}^4} + \frac{l_{12}{}^3 - l_{11}{}^3}{d_{12}{}^4} + \frac{l_{13}{}^3 - l_{12}{}^3}{d_{13}{}^4}\right) \tag{17.15}$$

$$\beta_A = 4{,}85 \cdot 10^{-5}\,\frac{\mathrm{mm}^2}{\mathrm{N}} \cdot F_A \cdot \left(\frac{l_{11}{}^2}{d_{11}{}^4} + \frac{l_{12}{}^2 - l_{11}{}^2}{d_{12}{}^4} + \frac{l_{13}{}^2 - l_{12}{}^2}{d_{13}{}^4}\right) \tag{17.16}$$

d_{11}, d_{12} usw.	in mm	Durchmesser der Wellenabschnitte siehe Abb. 17.7

In gleicher Weise ist für den rechten Träger für die äußere Kraft F_B vorzugehen, bestimmt werden f_B und β_B.

Damit ergibt sich unter der Kraft F nach Abb. 17.7: Durchbiegung in Richtung der Kraft

$$f = f_A + \frac{f_B - f_A}{l/l_{13}} \tag{17.17}$$

mit der Gesamtlänge des Trägers

$$l = l_{13} + l_{23} \tag{17.18}$$

Die Lagerstellen A und B befinden sich auf gleicher Höhe. Somit muss der Neigungswinkel der Tangente an die Biegelinie

$$\alpha = \frac{f_A - f_B}{l} \tag{17.19}$$

bestimmt werden, um den tatsächlichen Neigungswinkel des Zapfens in Lager A

$$\beta_{LA} = \beta_A - \alpha \tag{17.20}$$

und in Lager B bestimmen zu können.

$$\beta_{LB} = \beta_B + \alpha \tag{17.21}$$

Diese Vorgehensweise lässt sich sinngemäß auf beliebig abgestufte Achsen/Wellen übertragen, siehe Beispiel 17.4 in Abschn. 17.12.

Bei mehreren äußeren Kräften sind die Durchbiegungen und Neigungen für jede Kraft separat zu ermitteln und zum Schluss vorzeichengerecht aufzusummieren. Berechnungsgleichungen für verschiedene Kraftangriffe sind in Tab. 17.2 zusammengefasst.

Anhaltswerte für zulässige Durchbiegung und zulässige Biegewinkel sind in Tab. 17.3 und 17.4 angegeben.

17.9.2 Torsion

Mit den Beziehungen in Abb. 3.13 ergibt sich der Drehwinkel φ für den zylindrischen Drehstab gegenüber dem vorhergehenden Wellenabschnitt. Bei einer abgesetzten Welle summieren sich die Drehwinkel der Teilabschnitte

$$\varphi = \frac{T}{G} \cdot \left(\frac{l_1}{I_{t1}} + \frac{l_2}{I_{t2}} + \ldots\right) \tag{17.22}$$

l_1, l_2	in mm	Längen der Wellenabschnitte
G	in N/mm²	Schubmodul
T	in N mm	Torsionsmoment

bzw. für eine Vollwelle mit dem Flächenträgheitsmoment $I_t = \pi \cdot d^4/32$

$$\varphi = \frac{T \cdot 32}{G \cdot \pi} \cdot \left(\frac{l_1}{d_1{}^4} + \frac{l_2}{d_2{}^4} + \ldots\right) \tag{17.23}$$

d_1, d_2	in mm	Durchmesser der Wellenabschnitte

Mit Schiebe- oder Übergangssitz aufgesetzte Naben haben keinen Einfluss auf die Drehsteifigkeit der Welle.

Tab. 17.2 Achsen- und Wellenverformungen an der Lagerstelle A

Belastungsfall	Durchbiegung f_A, Neigungswinkel β_A
Kraftangriff zwischen den Lagern 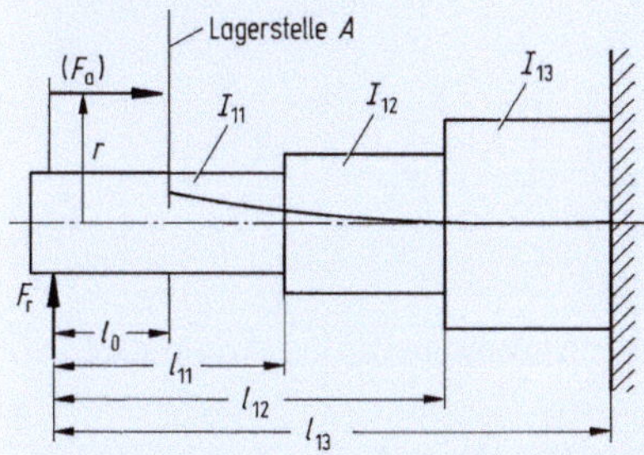	$f_A = K_1 \cdot \frac{F}{E} \cdot \left(\frac{l_{12}^x}{I_{12}} + \frac{l_{13}{}^x - l_{12}{}^x}{I_{13}} \right) + \beta_A \cdot l_0$ $\beta_A = K_2 \cdot \frac{F}{E} \cdot \left(\frac{l_{12}{}^y}{I_{12}} + \frac{l_{13}{}^y - l_{12}{}^y}{I_{13}} \right)$
Kraftangriff auskragend	$f_A = K_1 \cdot \frac{F}{E} \cdot \left(\frac{l_{11}{}^x - l_0{}^x}{I_{11}} + \frac{l_{12}{}^x - l_{11}{}^x}{I_{12}} + \frac{l_{13}{}^x - l_{12}{}^x}{I_{13}} \right) - \beta_A \cdot l_0$ $\beta_A = K_2 \cdot \frac{F}{E} \cdot \left(\frac{l_{11}{}^y - l_0{}^y}{I_{11}} + \frac{l_{12}{}^y - l_{11}{}^y}{I_{12}} + \frac{l_{13}{}^y - l_{12}{}^y}{I_{13}} \right)$
Bei Belastung durch eine Radialkraft $F = F_r(F_a = 0)$ gilt: $K_1 = 1/3$, $K_2 = 1/2$, $x = 3$, $y = 2$ Bei Belastung durch eine Axialkraft $F = F_a(F_r = 0)$ gilt: $K_1 = r/3$, $K_2 = r/2$, $x = 2$, $y = 1$	

Tab. 17.3 Anhaltswerte für zulässige Durchbiegungen, l Abstand zwischen den Lagern

Anwendungsfall	Zulässige Durchbiegung
Wellen ohne Führungsfunktionen, Landmaschinen	$f_{zul}/l = 0{,}5 \cdot 10^{-3}$
Wellen im allgemeinen Maschinenbau	$f_{zul}/l = 0{,}3 \cdot 10^{-3}$
Wellen in Werkzeugmaschinen	$f_{zul}/l = 0{,}2 \cdot 10^{-3}$
Wellen von Elektromotoren	$f_{zul} < (0{,}2 \ldots 0{,}3) \cdot$ Luftspalt
Wellen von Drehstrommotoren kleiner bis mittlerer Leistung	$f_{zul} = 0{,}3 \ldots 0{,}5\,\text{mm}$

Anwendungsfall	Zulässiger Lagerabstand
Wellen von Fahrantrieben für Laufkrane, Portale, Ladebrücken	(Zahlenwertgleichung) in mm $l = (300 \ldots 400) \cdot \sqrt{d}$ mit Wellendurchmesser d in mm

Tab. 17.4 Anhaltswerte für zulässige Neigungs- (Biege-) winkel β_L ($\tan \beta_L \approx \beta_L$)

Anwendungsfall	Zulässige Neigungswinkel β_L in rad
Wälzlager (Rollenlager)	$3{,}0 \cdot 10^{-4}$
Wälzlager (Rillenkugellager)	$0{,}6 \ldots 3{,}0 \cdot 10^{-3}$
Gleitlager mit festen Lagerschalen	$3{,}0 \cdot 10^{-4}$
Gleitlager mit einstellbaren Lagerschalen	$1{,}0 \cdot 10^{-3}$
Zahnradgetriebe:	
schnelllaufende Leistungsgetriebe	$1{,}0 \cdot 10^{-4}$
Fördertechnikgetriebe [8]	
Modul $m \leq 5$ oder Zahnbreite $6 \leq 50$ mm, DIN-Qualität ≤ 7	$4{,}0 \cdot 10^{-4}$
Modul $m > 5$ oder Zahnbreite $6 > 50$ mm, DIN-Qualität > 7	$1{,}5 \cdot 10^{-3}$

17.10 Schwingungsverhalten

Je nach Anwendungsgebiet wird ein mehr oder minder schwingungs- (und geräusch-)armer Lauf gefordert. Insbesondere bei schnelllaufenden Wellen und Achsen kann dieses Kriterium maßgebend sein für die Dimensionierung. Der Gesichtspunkt der Festigkeit ist dann unter Umständen nicht mehr maßgebend.

17.10.1 Kennwerte

Eigenfrequenz

Umlaufende Achsen reagieren biegeelastisch, Wellen biege- und drehelastisch. Mit den Massen der aufgesetzten Scheiben, Räder usw. bilden sie ein schwingungsfähiges System. Umlaufende Achsen und Wellen führen infolgedessen (gedämpfte) Biegeschwingungen mit ihrer Eigenfrequenz aus, wenn sie durch Querkräfte angestoßen werden. Wellen schwingen ferner mit ihrer Dreh-Eigenfrequenz, wenn sie durch Drehmomentstöße ausgelenkt werden.

Erregerfrequenz
Ein schwingungsfähiges System kann durch zwei Schwingformen angeregt werden:

Biegeschwingungen: Der Schwerpunkt der umlaufenden Massen fällt infolge unvermeidlicher Fertigungsabweichungen nicht exakt in die Biegelinie. Diese sogenannte Unwucht bewirkt radiale Fliehkraftimpulse mit der Drehfrequenz, die entsprechend Biegeschwingungen anregen.

Drehschwingungen: Von der Kraftmaschine und/oder Arbeitsmaschine (insbesondere Kolbenmaschinen) können periodisch wirkende Drehmomentimpulse in die Welle eingeleitet werden, die Drehschwingungen anregen. Auch bei elektrischen Maschinen können durch Klemmenkurzschluss und Fehlsynchronisierung große Erregerdrehmomente ausgelöst werden.

Resonanz
Kommt die Erregerfrequenz in die Nähe der Eigenfrequenz, können die Schwingamplituden gefährlich anwachsen. Die Welle läuft dann unruhig, die Bruchgefahr wächst, die hohen Schwingungskräfte werden auf Lager, Gehäuse und Fundamente übertragen. Um diesen Zustand zu vermeiden, muss die Achse/Welle biege- bzw. torsionssteif ausgebildet werden (die „kritische Drehzahl" verschiebt sich dadurch zu höheren Werten). Bei den meisten Anwendungen im Maschinenbau kann so erreicht werden, dass die Betriebsdrehzahl im „unterkritischen" Bereich liegt. Wenn die Betriebsdrehzahl höher als die kritische Drehzahl („überkritisch") ist, muss der Resonanzbereich schnell durchfahren werden. Falls ein Betrieb im („kritischen", d. h.) Resonanzbereich nicht zu vermeiden ist, muss sehr genau ausgewuchtet (Abschn. 17.10.4) und für starke Lagerdämpfung (z. B. durch Kippsegmentlager) gesorgt werden, siehe Abschn. 15.3.5 und 15.4.2.

17.10.2 Biegeschwingungen

Für den Extremfall einer frei aufliegenden, idealisiert masselosen Welle mit einer Einzelmasse m gilt für die kritische Drehzahl (Resonanzdrehzahl)

$$n_K = \frac{K}{2 \cdot \pi} \cdot \sqrt{\frac{R}{m}} \qquad (17.24)$$

m	in kg	Masse
K		Korrekturfaktor für die Art der Lagerung

Mit der Biegefederrate der Welle

$$R = \frac{F_G}{f_G} \qquad (17.25)$$

f_G	in mm	Durchbiegung durch die Gewichtskraft F_G

und der Gewichtskraft der Welle

$$F_G = m \cdot g \qquad (17.26)$$

g	in m/s^2	Erdbeschleunigung

wird daraus

$$n_K = \frac{K}{2\pi} \cdot \sqrt{\frac{g}{f_G}} \qquad (17.27)$$

Der Korrekturfaktor K für unterschiedliche Anwendungsfälle beträgt:

- für frei aufliegende Wellen: $K = 1$
- für beiderseitig eingespannte Wellen: $K = 1{,}3$
- für einseitig fliegende Wellen: $K = 0{,}9$

Die Resonanzdrehzahl einer Welle mit mehreren Massen kann nach der Näherungsformel von Dunkerley [7] abgeschätzt werden.

$$\frac{1}{{n_K}^2} \approx \frac{1}{{n_{K1}}^2} + \frac{1}{{n_{K2}}^2} + \ldots \qquad (17.28)$$

Bei dieser Näherung bleiben die versteifende Wirkung der Naben sowie die Einflüsse von Dämpfung und Kreiselkräften der Scheiben unberücksichtigt. Wegen dieser Unsicherheiten sollte der Betriebsbereich $n/n_k = 0{,}85 \ldots 1{,}25$ vermieden werden.

Man beachte:

- Die Durchbiegung der Welle durch statische Kräfte (z. B. Riemenzug) hat keinen Einfluss auf die biegekritische Drehzahl.
- Die Einbaulage der Welle hat keinen Einfluss auf die biegekritische Drehzahl.
- Die Wellen der Einzelaggregate einer Anlage sind im Allgemeinen durch gelenkige oder elastische Kupplungen miteinander verbunden. Die Biegeschwingungen können dann für jede Welle einzeln berechnet werden.

17.10.3 Drehschwingungen

In vielen Fällen kann das Drehschwingungsverhalten einer Welle mit aufgesetzten Massen auf den in Abb. 17.8 dargestellten Fall zurückgeführt werden. Hierfür kann die kritische

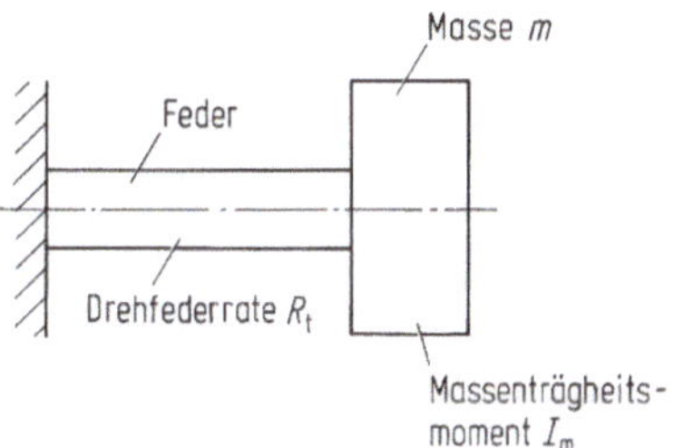

Abb. 17.8 Einfachstes Drehschwingungs-System

Drehzahl (in min^{-1}) mit der folgenden Zahlenwertgleichung berechnet werden:

$$n_{Kt} = \frac{30}{\pi} \cdot \sqrt{\frac{R_t}{I_m}} \tag{17.29}$$

I_m	in kg m^2	Massenträgheitsmoment
R_t	in N m/rad	Federdrehrate

Für die Berechnung einer Welle mit zwei Massen berechnet sich das Massenträgheitsmoment zu

$$I_m = \frac{I_{m1} \cdot I_{m2}}{I_{m1} + I_{m2}} \tag{17.30}$$

Die Eigenresonanz-Drehzahl n_e ist gleich der kritischen Drehzahl (Resonanz!) n_{Kt}, wenn je Umdrehung ein Drehmomentimpuls eingeleitet wird. Bei x Impulsen je Umdrehung ist die kritische Drehzahl

$$n_{Kt} = \frac{n_e}{x} \tag{17.31}$$

Wegen der Unsicherheiten der Berechnung sollte der Abstand zwischen der Haupterregenden (meist die Drehfrequenz) und der Grundeigenfrequenz mindestens 20 % betragen.

Man beachte:

- Der Wellenstrang einer Maschinenanlage, bestehend aus mehreren, durch starre oder drehelastische Kupplungen verbundenen Wellen, bildet ein Schwingungssystem, das häufig auf ein lineares mechanisches Ersatzsystem mit zwei Drehmassen, einem Wellenstrang und einer Kupplung (Drehfeder und Drehdämpfung) zurückgeführt werden kann. Die Berechnung wird z. B. in [8] beschrieben.
- Getriebewellen: Wenn Drehmoment von einer Welle auf eine zweite Welle mit der Übersetzung i übertragen wird, muss das Torsionssystem auf ein äquivalentes Ein-Wellen-System reduziert werden, um seine Eigenfrequenz zu ermitteln. Die Berechnung wird z. B. in [8] beschrieben.

17.10.4 Auswuchten

Achsen und Wellen mit Drehzahlen über etwa 1500 min^{-1} sollten ausgewuchtet werden, um die schädlichen Auswirkungen von Unwuchten (Abschn. 17.10.1 Resonanz) zu vermeiden. Möglichkeiten sind: Feste Auswuchtgewichte (z. B. für Autofelgen, Plastillin für kleine E- Motoren), in Umfangsrichtung verschiebbare Wuchtsteine (z. B. an Gelenkwellen), Material durch Bohren oder Fräsen abtragen.

Für die Auswuchtgüte wurden aufgrund von Versuchen und Erfahrungen in VDI 2060 [12] Grenzwerte, sog. „Restexzentrizitäten", festgelegt (es gibt 10 Gütegruppen Q 0,4 … Q 1600). Hiermit wird für die betreffende Anwendung ein zufriedenstellendes Schwingungsverhalten erreicht.

Es wird unterschieden in:

- Statisches Auswuchten: für langsam laufende scheibenförmige Rotoren
- Dynamisches Auswuchten: bei längeren Rotationskörpern ($l/d > 1$), bei hohen Drehzahlen auch bei $l/d = 1:8$

Angaben zum Auswuchten in Konstruktionszeichnungen sind Lage der Auswuchtebene, Art des Massenausgleichs und zulässige Restunwucht.

17.11 Sonderbauarten

Gelenkwellen und Gelenke
Berechnung, Gestaltung und Anwendungen werden ausführlich in [11] behandelt.

Biegsame Wellen
Abb. 17.9a zeigt ein Beispiel einer biegsamen Welle. Sie bestehen aus schraubenförmig gewundenen Stahldrähten, die in mehreren Lagen mit entgegengesetzter Schlagrichtung übereinander gewickelt sind. Die Welle läuft in einem Schutzschlauch und ist mit der Anschlusswelle im Allgemeinen über eine aufgelötete Muffe verbunden. Das Drehmoment sollte im Allgemeinen entgegen dem Windungssinn der äußeren Drahtlage wirken, andernfalls mindert sie die Tragfähigkeit auf ca. 70 %. Die Normalausführung ist für Rechtslauf geeignet.

Anwendung: Zur Übertragung überwiegend kleiner Drehmomente bzw. Leistungen z. B. bei Elektrowerkzeugen, Messgeräten.

Bemessung: Die Drehmoment übertragenden Drahtlagen werden auf Zug beansprucht, sobald sie auf der unteren Drahtlage fest aufliegen, bei gebogener Lage der Welle zusätzlich noch durch Wechsel-Biegung und -Torsion.

a

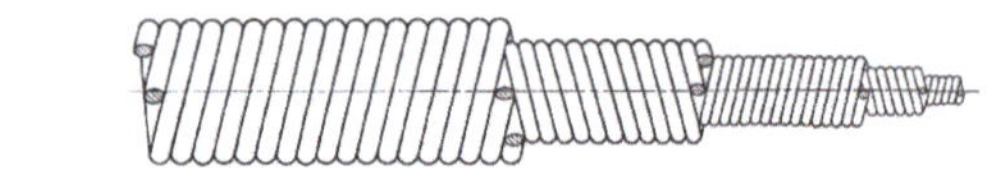

b

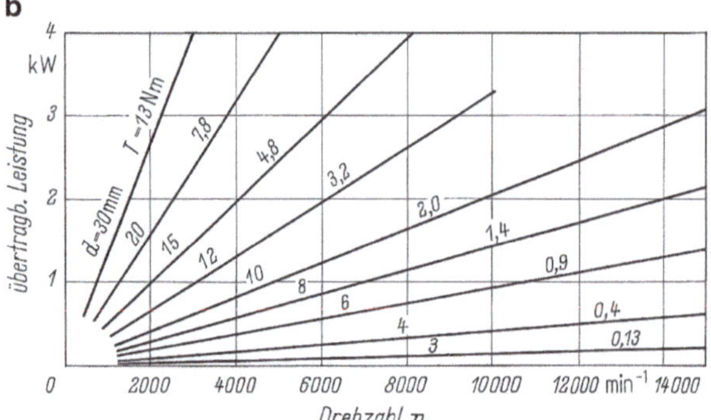

Abb. 17.9 Biegsamen Wellen, **a** Darstellung (ohne Schutzschlauch und Anschlussmuffen), **b** Leistungsdiagramm (für jeden Durchmesser ist das maximal zulässige Drehmoment eingetragen, übertragbare Leistung nach Herstellerangaben)

Die übertragbare Leistung, das zulässige Drehmoment und die höchste Drehzahl sowie der kleinste Krümmungsradius sind nach Herstellerangaben festzulegen. Anhaltswerte siehe Abb. 17.9b.

17.12 Berechnungsbeispiele

Beispiel 17.1

Festigkeitsnachweis für eine Getriebewelle (Abb. 17.10)

Gegeben:
Nenn-Drehmoment (Definition siehe Kap. 1) $T_{\text{nenn}} = 600\,\text{N m}$; Geradverzahnung mit Eingriffswinkel $\alpha_w = 20°$; $r_1 = 200\,\text{mm}$; $r_2 = 60\,\text{mm}$; $a = 80\,\text{mm}$; $b = 110\,\text{mm}$; $c = 190\,\text{mm}$; $l = 300\,\text{mm}$; $d = 50\,\text{mm}$; $D = 110\,\text{mm}$ (Wellenrohling-Durchmesser: 120 mm geschmiedet und spanend bearbeitet); $r = 1\,\text{mm}$, Dauerbetrieb; Betriebstemperatur: 30 °C.
Torsion schwellend; Biegung wechselnd; zusätzlich zu berücksichtigen sind: Anwendungsfaktor $K_A = 1{,}5$, Maximal-Drehmoment $T_{\max} = 1200\,\text{N m}$;
Werkstoff: C35E (Chargenauswahl), normalgeglüht, $R_{m,N} = 630\,\text{N/mm}^2$, $R_{p,N} = 370\,\text{N/mm}^2$, $\sigma_{w,b,N} = 300\,\text{N/mm}^2$ für Werkstoffprobe;
Rauheit: $Rz = 6{,}3\,\mu\text{m}$; geringe Schadensfolgen, regelmäßige Inspektion.

Gesucht:
Nachweis der statischen und dynamischen Festigkeit (Dauerfestigkeit) für den Querschnitt A–A

Berechnet:

A Nennkräfte, -momente

A(a) Zahnkraftkomponenten nach Abschn. 20.5.6 in [10]
Umfangskraft $F_{wt,1} = T/r_1 = 3000\,\text{N}$
Radialkraft $F_{wr,1} = \tan(\alpha_w) \cdot F_{wt,1} = 1092\,\text{N}$
Umfangskraft $F_{wt,2} = T/r_2 = 10.000\,\text{N}$
Radialkraft $F_{wr,2} = \tan(\alpha_w) \cdot F_{wt,2} = 3640\,\text{N}$

A(b) Lagerreaktionen nach Abschn. 20.5.6 Tafel 20/9 und Tafel 20/10 sowie (20/15) und (20/16) in [10], mit folgenden Größen Berechnung von F_{Ax1}, F_{Ay1}, F_{Bx1}, F_{By1}: $\xi = +1$, $\nu = +1$, $\varphi = 90°$
Berechnung von F_{Ax2}, F_{Ay2}, F_{Bx2}, F_{By2}: $\xi = +1$, $\nu = -1$, $\varphi = 0°$:

$$\begin{aligned} F_{Ax\,\text{ges}} &= F_{Ax1} + F_{Ax2} \\ &= \frac{F_{wt,1} \cdot (l-a)}{l} + \frac{F_{wr,2} \cdot (l-c)}{l} = 3535\,\text{N} \\ F_{Ay\,\text{ges}} &= F_{Ay1} + F_{Ay2} \\ &= \frac{F_{wr,1} \cdot (l-a)}{l} + \frac{F_{wt,2} \cdot (l-c)}{l} = 4467\,\text{N} \\ F_{Bx\,\text{ges}} &= F_{Bx1} + F_{Bx2} \\ &= \frac{F_{wt,1} \cdot a}{l} + \frac{F_{wr,2} \cdot c}{l} = 3105\,\text{N} \\ F_{By\,\text{ges}} &= F_{By1} + F_{By2} \\ &= \frac{F_{wr,1} \cdot a}{l} + \frac{F_{wt,2} \cdot c}{l} = 6625\,\text{N} \end{aligned}$$

Biegemomente im Querschnitt A–A

$$\begin{aligned} M_{bx} &= F_{wr,1} \cdot (b-a) - F_{Ay\,\text{ges}} \cdot b = -459\,\text{N m} \\ M_{by} &= -F_{wt,1} \cdot (b-a) + F_{Ax\,\text{ges}} \cdot b = 299\,\text{N m} \\ M_b &= \sqrt{{M_{bx}}^2 + {M_{by}}^2} = 547\,\text{N m} \end{aligned}$$

B Nachweis der statischen Sicherheit

B.1 Bauteilbeanspruchungen

B.1(a) Einzelbeanspruchungen aus Nennbelastung
Biegung nach (3.11) und Tab. 3.2

$$\sigma_b = \frac{M_b}{W_b} = \frac{M_b}{\frac{\pi}{32} \cdot d^3} = 44{,}7\,\frac{\text{N}}{\text{mm}^2}$$

bzw. Torsion nach (3.22) und Tab. 3.2

$$\tau_t = \frac{T_{\text{nenn}}}{W_t} = \frac{T_{\text{nenn}}}{\frac{\pi}{16} \cdot d^3} = 24{,}5\,\frac{\text{N}}{\text{mm}^2}$$

(Schubspannung aus Querkraft τ_s wird vernachlässigt, da $d < b$, siehe auch (3.37))

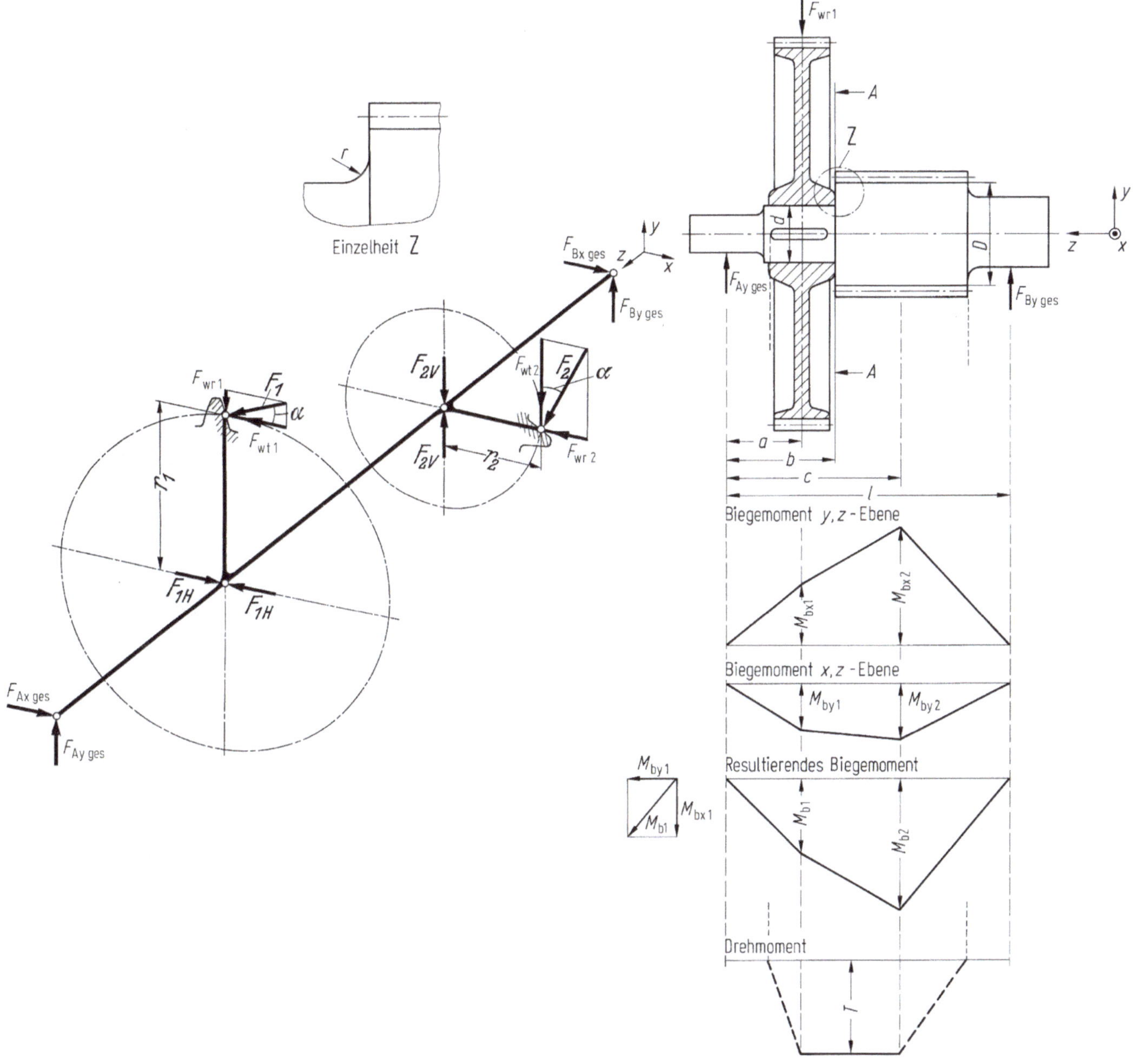

Abb. 17.10 Auf Biegung und Torsion belastete Getriebewelle, Abmessungen, Kräfte und Momente

B.1(b) Maßgebende Bauteilbeanspruchung nach Abschn. 1.4.6

Größte bei Normalbetrieb wirkende Kräfte und Momente aus Maximal-Drehmoment $T_{\max} = 1200\,\mathrm{N\,m}$:

Zahnkraftkomponenten

$F_{wt(wr)} = F_{wt(wr)\mathrm{nenn}} \cdot T_{\max} / T_{\mathrm{nenn}}$

Einzelbeanspruchungen

$$\sigma_{b\,\max} = \sigma_{b\,\mathrm{nenn}} \cdot \frac{T_{\max}}{T_{\mathrm{nenn}}} = 89{,}2\,\frac{\mathrm{N}}{\mathrm{mm}^2}$$

$$\tau_{t\,\max} = \tau_{t\,\mathrm{nenn}} \cdot \frac{T_{\max}}{T_{\mathrm{nenn}}} = 48{,}9\,\frac{\mathrm{N}}{\mathrm{mm}^2}$$

B.2 Statische Bauteilfestigkeit (Rechenschritte (1)... (4), Abschn. 3.4)

B.2(1) Statische Werkstofffestigkeitskennwerte für Normabmessungen für C35E

$R_{m,N} = 630\,\mathrm{N/mm^2}$, $R_{p,N} = 370\,\mathrm{N/mm^2}$ (Chargenauswahl)

B.2(2) Statische Festigkeitswerte für den Werkstoff im Bauteil R_m, R_p, Abschn. 3.4.2.

B.2(2a) Technologische Größenfaktoren

- technologischer Größenfaktor $K_{d,p}$ nach (3.67)

$$K_{d,p} = \frac{1 - 0{,}7686 a_{d,p} \lg \frac{d_{\text{eff}}}{7{,}5\,\text{mm}}}{1 - 0{,}7686 a_{d,p} \lg \frac{d_{\text{eff},N,p}}{7{,}5\,\text{mm}}} = 0{,}858$$

mit $d_{\text{eff}} = 120\,\text{mm}$ nach Tab. 3.8 und $d_{\text{eff},N,p} = 16\,\text{mm}$, $a_{d,p} = 0{,}2$ nach Tab. 3.7

- technologischer Größenfaktor $K_{d,m}$ nach (3.67)

$$K_{d,m} = \frac{1 - 0{,}7686 a_{d,m} \lg \frac{d_{\text{eff}}}{7{,}5\,\text{mm}}}{1 - 0{,}7686 a_{d,m} \lg \frac{d_{\text{eff},N,m}}{7{,}5\,\text{mm}}} = 0{,}931$$

mit $d_{\text{eff}} = 120\,\text{mm}$ nach Tab. 3.8 und $d_{\text{eff},N,m} = 16\,\text{mm}$, $a_{d,m} = 0{,}1$ nach Tab. 3.7

B.2(2b) Anisotropiefaktor $K_{\text{An}} = 1$ (nach Tab. 3.9, mehrachsiger Spannungszustand)

B.2(2c) Werkstoff-Zugfestigkeit R_m und -Fließgrenze R_p

- Werkstofffließgrenze nach (3.62)

$$R_p = K_{d,p} \cdot K_{\text{An}} \cdot R_{p,N} = 317{,}6\,\frac{\text{N}}{\text{mm}^2}$$

mit $K_{d,p} = 0{,}858$ (B.2(2a)), Anisotropiefaktor $K_{\text{An}} = 1$ (B.2(2b)), $R_{p,N} = 370\,\text{N/mm}^2$ (B.2(1)),

- Werkstoffzugfestigkeit nach (3.61)

$$R_m = K_{d,m} \cdot K_{\text{An}} \cdot R_{m,N} = 586{,}5\,\frac{\text{N}}{\text{mm}^2}$$

mit $K_{d,m} = 0{,}931$ (B.2(2a)), Anisotropiefaktor $K_{\text{An}} = 1$ (B.2(2b)), $R_{m,N} = 630\,\text{N/mm}^2$ (B.2(1)),

B.2(2d) Werkstoffdruckfestigkeit $\sigma_{B,d}$ und -druckfließgrenze $\sigma_{F,d}$ entfallen

B.2(2e) Werkstoffschubfestigkeit $\tau_{B,s}$ und -fließgrenze $\tau_{F,s}$

- Werkstoffschubfließgrenze nach (3.71)

$$\tau_{F,s} = r_\tau \cdot R_p = 184{,}2\,\frac{\text{N}}{\text{mm}^2}$$

mit $r_\tau = 0{,}58$ nach Tab. 3.10, $R_p = 317{,}6\,\text{N/mm}^2$ (B.2(2c)),

- Werkstoffschubfestigkeit nach (3.70)

$$\tau_{B,s} = r_\tau \cdot R_m = 340{,}2\,\frac{\text{N}}{\text{mm}^2}$$

mit $r_\tau = 0{,}58$ nach Tab. 3.10, $R_m = 586{,}5\,\text{N/mm}^2$ (B.2(2c)).

B.2(2f) Werkstoffwarmfestigkeit $R_{m,T}$ und -warmdehngrenze $R_{p,T}$ entfallen

B.2(2g) Werkstoffzeitstandfestigkeit $R_{m,Tt}$ und -zeitdehngrenze $R_{p,Tt}$ entfallen

B.2(2h) Werkstofffestigkeit bei niedrigen Temperaturen entfällt

B.2(3) Statische Bauteilfestigkeit $\sigma_{\text{BK},b}$, $\sigma_{\text{FK},b}$, $\tau_{\text{BK},t}$, $\tau_{\text{FK},t}$

B.2(3a) Kerbformzahlen α_σ, α_τ

- für Biegung nach Abb. 3.29

$$\alpha_{\sigma,b} = 1 + \frac{1}{\sqrt{0{,}62 \cdot \frac{r}{t} + 11{,}6 \cdot \frac{r}{d} \cdot (1 + 2 \cdot \frac{r}{d})^2 + 0{,}2 \cdot (\frac{r}{t})^3 \cdot \frac{d}{D}}} = 2{,}92$$

- für Torsion nach Abb. 3.29

$$\alpha_{\tau,t} = 1 + \frac{1}{\sqrt{3{,}4\frac{r}{t} + 38\frac{r}{d}(1 + 2\frac{r}{d})^2 + 1{,}0(\frac{r}{t})^2\frac{d}{D}}} = 2{,}03$$

mit $t = (D - d)/2 = 30\,\text{mm}$ nach Abb. 3.29

B.2(3b) Plastische Stützziffer N_{pl} nach (3.77)

$$N_{\text{pl}} = \sqrt{E \cdot \varepsilon_{\text{ertr}} / R_p} = 5{,}75$$

mit $E = 2{,}1 \cdot 10^5\,\text{N/mm}^2$, $\varepsilon_{\text{ertr}} = 0{,}05$ nach Tab. 3.11, $R_p = 317{,}6\,\text{N/mm}^2$ (B.2(2c)). Da bleibende Verformungen nicht zugelassen werden sollen, wird nicht $N_{\text{pl,grenz}}$ (siehe unter (3.77)) voll ausgenutzt, sondern die Werte $g_{b,\text{red}} = 1{,}2$, $g_{t,\text{red}} = 1{,}2$ nach Tab. 3.13 angesetzt. Daraus folgt:

- Biegung: $N_{\text{pl}} = N_{\text{pl,grenz}} = \alpha_{\sigma,b} \cdot g_{b,\text{red}} = 3{,}50$ mit $\alpha_{\sigma,b} = 2{,}92$ (B.2(3a))
- Torsion: $N_{\text{pl}} = N_{\text{pl,grenz}} = \alpha_{\tau,t} \cdot g_{t,\text{red}} = 2{,}44$ mit $\alpha_{\tau,t} = 2{,}03$ (B.2(3a))

B.2(3c) Plastische Kerbwirkungszahlen $\beta_{\text{pl},\sigma}$, $\beta_{\text{pl},\tau}$

- für Biegung nach (3.84)

$$\beta_{\text{pl},\sigma,b} = \frac{\alpha_{\sigma,b}}{n_{\text{pl}}} = 0{,}83$$

mit $\alpha_{\sigma,b} = 2{,}92$ (B.2(3a)) und $N_{\text{pl}} = 3{,}50$ (B.2(3b)),

- für Torsion nach (3.86)

$$\beta_{\text{pl},\tau,t} = \frac{\alpha_{\tau,t}}{n_{\text{pl}}} = 0{,}83$$

mit $\alpha_{\tau,t} = 2{,}03$ (B.2(3a)) und $N_{\text{pl}} = 2{,}44$ (B.2(3b))

B.2(3d) Statische Bauteilfestigkeit $\sigma_{BK,b}$, $\sigma_{FK,b}$, $\tau_{BK,t}$, $\tau_{FK,t}$

- Bauteilbiegefließgrenze nach (3.91)

$$\sigma_{FK,b} = \frac{R_p}{\beta_{pl,\sigma,b}} = 381{,}1\,\frac{N}{mm^2}$$

mit $R_p = 317{,}6\,N/mm^2$ (B.2(2c)), $\beta_{pl,\sigma,b} = 0{,}83$ (B.2(3c)).

- Bauteiltorsionsfließgrenze nach (3.95)

$$\tau_{FK,t} = r_\tau \cdot \frac{R_p}{\beta_{pl,\tau,t}} = 221{,}0\,\frac{N}{mm^2}$$

mit $r_\tau = 0{,}58$ nach Tab. 3.10, $R_p = 317{,}6\,N/mm^2$ (B.2(2c)), $\beta_{pl,\tau,t} = 0{,}83$ (B.2(3c)).

- Bauteilbiegefestigkeit nach (3.90)

$$\sigma_{BK,b} = \frac{R_m}{\beta_{pl,\sigma,b}} = 703{,}8\,\frac{N}{mm^2}$$

mit $R_m = 586{,}5\,N/mm^2$ (B.2(2c)), $\beta_{pl,\sigma,b} = 0{,}83$ (B.2(3c)).

- Bauteiltorsionsfestigkeit nach (3.94)

$$\tau_{BK,t} = r_\tau \cdot \frac{R_m}{\beta_{pl,\tau,t}} = 408{,}2\,\frac{N}{mm^2}$$

mit $r_\tau = 0{,}58$ nach Abb. 3.10, $R_m = 586{,}5\,N/mm^2$ (B.2(2c)), $\beta_{pl,\tau,t} = 0{,}83$(B.2(3c))

B.2(4) Nachweis der Bauteilsicherheit bei statischer Beanspruchung

B.2(4a) Für Einzelbeanspruchungen

- gegen Fließen nach (3.99) und (3.103)

$$S_{F,b} = \frac{\sigma_{FK,b}}{\sigma_{b\,max}} = 4{,}3$$

mit $\sigma_{FK,b} = 381{,}1\,N/mm^2$ (B.2(3d)), $\sigma_{b\,max} = 89{,}2\,N/mm^2$ (B.1(b))

$$S_{F,t} = \frac{\tau_{FK,t}}{\tau_{t\,max}} = 4{,}5$$

mit $\tau_{FK,t} = 221{,}0\,N/mm^2$ (B.2(3d)), $\tau_{t\,max} = 48{,}9\,N/mm^2$ (B.1(b))

- gegen Bruch nach (3.98) und (3.102)

$$S_{B,b} = \frac{\sigma_{BK,b}}{\sigma_{b\,max}} = 7{,}9$$

mit $\sigma_{BK,b} = 703{,}8\,N/mm^2$ (B.2(3d)), $\sigma_{b\,max} = 89{,}2\,N/mm^2$ (B.1(b))

$$S_{B,t} = \frac{\tau_{BK,t}}{\tau_{t\,max}} = 8{,}3$$

mit $\tau_{BK,t} = 408{,}2\,N/mm^2$ (B.2(3d)), $\tau_{t\,max} = 48{,}9\,N/mm^2$ (B.1(b))

B.2(4b) Für zusammengesetzte Beanspruchung
Walzstahl ist ein duktiler Werkstoff, die Vergleichsspannung wird nach der Gestaltänderungsenergiehypothese berechnet (Abschn. 3.4.4.2).

- gegen Fließen nach (3.105)

$$\frac{1}{S_{F,GEH}} = \sqrt{\left[\frac{1}{S_{F,b}}\right]^2 + 3 \cdot r_\tau{}^2 \cdot \left[\frac{1}{S_{F,t}}\right]^2} = 0{,}3$$

$$S_{F,GEH} = 3{,}1$$

mit $S_{F,b} = 4{,}3$ und $S_{F,t} = 4{,}5$ (B.2(4a))
Da $r_\tau = 1/\sqrt{3}$ ist, Abb. 3.10, gilt mit $q = 0$ nach (3.110)

$$S_F = S_{F,GEH} = 3{,}1$$

- gegen Bruch nach (3.105)

$$\frac{1}{S_{B,GEH}} = \sqrt{\left[\frac{1}{S_{B,b}}\right]^2 + 3 \cdot r_\tau{}^2 \cdot \left[\frac{1}{S_{B,t}}\right]^2} = 0{,}2$$

$$S_{B,GEH} = 5{,}7$$

mit $S_{F,b} = 7{,}9$ und $S_{F,t} = 8{,}3$ (B.2(4a)).
Da $r_\tau = 1/\sqrt{3}$ ist, Abb. 3.10, gilt mit $q = 0$ nach (3.109)

$$S_B = S_{B,GEH} = 5{,}7$$

Die statische Beanspruchung ist zulässig, da die vorhandenen Sicherheiten größer sind als die Mindestsicherheiten nach Tab. 3.14: $S_{F\,min} = 1{,}2$; $S_{B\,min} = 1{,}6$.

C Nachweis der dynamischen Sicherheit (Dauerbruch)

C.1 Bauteilbeanspruchungen (Ausschlagspannungen)

C.1(a) Einzelbeanspruchung aus Nennbelastung siehe (B.1(a))

C.1(b) Maßgebende dynamische Bauteilbeanspruchung nach Abschn. 1.4.6.3
Ermittlung der dynamisch wirkenden Kraft- und Momentenanteile mit Hilfe des Anwendungsfaktors $K_A = 1{,}5$: Drehmoment $T_{eq} = K_A \cdot T_{nenn}$, Zahnkräfte $F_{eq} = K_A \cdot F_{wt(wr)nenn}$, Biegemoment $M_{b\,eq} = K_A \cdot M_b$, daraus Ermittlung der Einzelbeanspruchungen:

für Biegung bzw. Torsion

$$\sigma_{a,b} = \frac{K_A \cdot M_b}{W_b} = \frac{K_A \cdot M_b}{\frac{\pi}{32} \cdot d^3} = 66{,}9\,\frac{\text{N}}{\text{mm}^2}$$

$$\tau_{a,t} = \frac{K_A \cdot T_{\text{nenn}}}{W_t} \cdot \frac{1}{2} = \frac{K_A \cdot T_{\text{nenn}}}{\frac{\pi}{16} \cdot d^3} \cdot \frac{1}{2} = 9{,}2\,\frac{\text{N}}{\text{mm}^2}$$

(Schubausschlagspannung aus Querkraft $\tau_{a,s}$ wird vernachlässigt, da $d < b$, siehe auch die Hinweise zu (3.37)).

C.2 Dynamische Bauteilfestigkeit (Rechenschritte 1... 6, Abschn. 3.5.1.4)

C.2(1) Werkstoffwechselfestigkeitskennwerte $\sigma_{W,zd,N}$ und $\tau_{W,s,N}$ für Normabmessungen
Bekannt ist nur die Biegewechselfestigkeit $\sigma_{W,b,N} = 300\,\text{N/mm}^2$ (Chargenauswahl), deshalb muss im ersten Schritt $\sigma_{W,zd,N}$ nach Abschn. 3.5.4.1c) bestimmt werden.

- Zug-Druck-Werkstoffwechselfestigkeit nach (3.121)

$$\sigma_{W,zd,N} = \frac{\sigma_{W,b,N}}{n_\sigma(d)} = 272{,}7\,\frac{\text{N}}{\text{mm}^2}$$

mit der Stützzahl nach (3.126)

$$n_\sigma = 1 + \sqrt{\text{G}_\sigma \cdot \text{mm}} \cdot 10^{-(a_G + \frac{R_m}{b_G \cdot \text{N/mm}^2})} = 1{,}1$$

mit $a_G = 0{,}5$ und $b_G = 2700$ nach Tab. 3.18, $R_m = 586{,}5\,\text{N/mm}^2$ (B.2(2c)),
mit $G_\sigma(d) = 2/d = 0{,}3\,\text{mm}^{-1}$ nach Tab. 3.17 mit $d = 7{,}5\,\text{mm}$ (Normprobe: nicht gekerbt und poliert) nach Abschn. 3.3.2d.

- Schubwerkstoffwechselfestigkeit nach (3.116)

$$\tau_{W,s,N} = r_\tau \cdot \sigma_{W,zd,N} = 158{,}2\,\frac{\text{N}}{\text{mm}^2}$$

mit $r_\tau = 0{,}58$ nach Tab. 3.10, $\sigma_{W,zd,N} = 272{,}7\,\text{N/mm}^2$ (siehe oben)

C.2(2) Wechselfestigkeitskennwerte für den Werkstoff im Bauteil $\sigma_{W,zd}$ und $\tau_{W,s}$

C.2(2a) Technologischer Größenfaktor $K_d = K_{d,m} = 0{,}931$ (B.2(2a))

C.2(2b) Anisotropiefaktor $K_{\text{An}} = 1$ (B.2(2b))

C.2(2c) Warmwechselfestigkeit $\sigma_{W,zd,T}$, $\tau_{W,s,T}$ entfallen

C.2(2d) Wechselfestigkeiten für den Werkstoff im Bauteil $\sigma_{W,zd}$, $\tau_{W,s}$

- Zug-Druckwechselfestigkeit nach (3.117)

$$\sigma_{W,zd} = K_d \cdot K_{\text{An}} \cdot \sigma_{W,zd,N} = 253{,}9\,\frac{\text{N}}{\text{mm}^2}$$

mit $K_d = 0{,}931$ (C.2(2a)), $K_{\text{An}} = 1$ (C.2(2b)), $\sigma_{W,zd,N} = 272{,}7\,\text{N/mm}^2$ (C.2(1)).

- Schubwechselfestigkeit nach (3.118)

$$\tau_{W,s} = K_d \cdot r_\tau \cdot \sigma_{W,zd,N} = 147{,}3\,\frac{\text{N}}{\text{mm}^2}$$

mit $K_d = 0{,}931$ (C.2(2a)), $r_\tau = 0{,}58$ nach Tab. 3.10, $\sigma_{W,zd,N} = 273{,}0\,\text{N/mm}^2$ (C.2(1)).

C.2(3) Bauteilwechselfestigkeiten $\sigma_{\text{WK},b}$, $\tau_{\text{WK},t}$

C.2(3a) Formzahlen $\alpha_{\sigma,b} = 2{,}92$, $\alpha_{\tau,t} = 2{,}03$ (B.2(3a))

C.2(3b) Dynamische Stützzahlen n_σ, n_τ und (elastische) Kerbwirkungszahlen β_σ, β_τ

- bezogenes Spannungsgefälle des gekerbten Bauteils nach Tab. 3.17

$$G_\sigma(r) = \frac{2{,}3}{r} \cdot (1 + \varphi) = 2{,}3\,\text{mm}^{-1}$$

$$\text{G}_\tau(r) = \frac{1{,}15}{r} = 1{,}15\,\text{mm}^{-1}$$

mit $\varphi = 0$, $r = 1\,\text{mm}$
und Stützzahlen nach (3.127)

$$n_\sigma(r) = 1 + \sqrt[4]{\text{G}_\sigma \cdot \text{mm}} \cdot 10^{-(a_G + \frac{R_m}{b_G \cdot \text{N/mm}^2})} = 1{,}236$$

$$n_\tau(r) = 1 + \sqrt[4]{\text{G}_\sigma \cdot \text{mm}} \cdot 10^{-(a_G + \frac{R_m \cdot r_\tau}{b_G \cdot \text{N/mm}^2})} = 1{,}245$$

mit $R_m = 586{,}5\,\text{N/mm}^2$ (B.2(2c)), $a_G = 0{,}5$ und $b_G = 2700$ nach Tab. 3.18 sowie $r_\tau = 0{,}58$ nach Tab. 3.10.

- bezogenes Spannungsgefälle des ungekerbten Bauteils nach (3.124)

$$G_\sigma(d) = G_\tau(d) = \frac{2}{d} = 0{,}04\,\text{mm}^{-1}$$

mit $d = 50\,\text{mm}$ gegeben
und Stützzahlen nach (3.125)

$$n_\sigma(d) = 1 + G_\sigma \cdot \text{mm} \cdot 10^{-(a_G - 0{,}5 + \frac{R_m}{b_G \cdot \frac{\text{N}}{\text{mm}^2}})} = 1{,}024$$

$$n_\tau(d) = 1 + G_\tau \cdot \text{mm} \cdot 10^{-(a_G - 0{,}5 + \frac{R_m \cdot r_\tau}{b_G \cdot \text{N/mm}^2})} = 1{,}030$$

mit $R_m = 586{,}5\,\text{N/mm}^2$ (B.2(2c)), $a_G = 0{,}5$ und $b_G = 2700$ nach Tab. 3.18 sowie $r_\tau = 0{,}58$ nach Tab. 3.10.

- Kerbwirkungszahlen
- für Biegung nach (3.129)

$$\beta_{\sigma,b} = \frac{\alpha_{\sigma,b}}{n_\sigma(r) \cdot n_\sigma(d)} = 2{,}31$$

mit $\alpha_{\sigma,b} = 2{,}92$ (B.2(3a)), $n_\sigma(r) = 1{,}236$, $n_\sigma(d) = 1{,}024$ (siehe oben)

- für Torsion nach (3.131)

$$\beta_{\tau,t} = \frac{\alpha_{\tau,t}}{n_\tau(r) \cdot n_\tau(d)} = 1{,}58$$

mit $\alpha_{\tau,t} = 2{,}03$ (B.2(3a)), $n_\tau(r) = 1{,}245$, $n_\tau(d) = 1{,}030$ (siehe oben)

C.2(3c) Faktoren $K_{R,\sigma}$, $K_{R,\tau}$ für Oberflächenrauheit

- für Biegung nach (3.137)

$$K_{R,\sigma} = 1 - a_{R,\sigma} \cdot \lg\left(\frac{Rz}{\mu\text{m}}\right) \cdot \lg\left(2 \cdot \frac{R_m}{R_{m,N,\min}}\right) = 0{,}918$$

mit $a_{R,\sigma} = 0{,}22$ und $R_{m,N,\min} = 400\,\text{N/mm}^2$ nach Tab. 3.19, $Rz = 6{,}3\,\mu\text{m}$ gegeben, $R_m = 586{,}5\,\text{N/mm}^2$ (B.2(2c)),

- für Torsion nach (3.138)

$$K_{R,\tau} = 1 - r_\tau \cdot (1 - K_{R,\sigma}) = 0{,}952$$

mit $r_\tau = 0{,}58$ nach Tab. 3.10, $K_{R,\sigma} = 0{,}918$ (siehe oben)

C.2(3d) Faktor für Randschichtverfestigung $K_V = 1$ nach Tab. 3.20

C.2(3e) Konstante $K_{NL} = 1$ (Faktor ausschließlich für GJL)

C.2(3f) Bauteilwechselfestigkeiten $\sigma_{\text{WK},b}$, $\tau_{\text{WK},t}$

- Biegewechselfestigkeit nach (3.143)

$$\sigma_{\text{WK},b} = \frac{\sigma_{W,zd} \cdot K_V \cdot K_{\text{NL}}}{\beta_{\sigma,b} + \frac{1}{K_{R,\sigma}} - 1} = 105{,}8\,\frac{\text{N}}{\text{mm}^2}$$

mit $K_V = 1$ (C.2(3d)), $K_{\text{NL}} = 1$ (C.2(3e)), $\sigma_{W,zd} = 254{,}1\,\text{N/mm}^2$ (C.2(2d)), $\beta_{\sigma,b} = 2{,}31$ (C.2(3b)), $K_{R,\sigma} = 0{,}918$ (C.2(3c)).

- Torsionswechselfestigkeit nach (3.145)

$$\tau_{\text{WK},t} = \tau_{W,s} \cdot \frac{K_V}{\beta_{\tau,t} + \frac{1}{K_{R,\tau}} - 1} = 90{,}3\,\frac{\text{N}}{\text{mm}^2}$$

mit $K_V = 1$ (C.2(3d)), $\tau_{W,s} = 147{,}3\,\text{N/mm}^2$ (C.2(2d)), $\beta_{\tau,t} = 1{,}58$ (C.2(3b)), $K_{R,\tau} = 0{,}952$ (C.2(3c))

C.2(4) Bauteilausschlagfestigkeiten $\sigma_{\text{AK},b}$, $\tau_{\text{AK},t}$

C.2(4a) Mittelspannungsempfindlichkeit
(Vorläufige Annahme: Ausschlagfestigkeit liegt im Bereich II, Abb. 3.38) nach Tab. 3.22 für Walzstahl

$$M_\sigma = 3{,}5 \cdot 10^{-4} \cdot \frac{R_m}{\frac{\text{N}}{\text{mm}^2}} - 0{,}1 = 0{,}1053$$

mit $R_m = 586{,}5\,\text{N/mm}^2$ (B.2(2c))
und nach (3.148)

$$M_\tau = r_\tau \cdot M_\sigma = 0{,}0611$$

mit $r_\tau = 0{,}58$ nach Tab. 3.10, $M_\sigma = 0{,}1$.

C.2(4b) Überlastungsfall F2 (Abschn. 3.5.5b))

C.2(4c) Bauteilausschlagfestigkeiten $\sigma_{\text{AK},b}$, $\tau_{\text{AK},t}$

- Biegeausschlagfestigkeit nach Tab. 3.24 F2

$$\sigma_{\text{AK},b} = \frac{\sigma_{\text{WK},b}}{1 + M_\sigma \cdot \frac{\sigma_m}{\sigma_{a,b}}} = 105{,}8\,\frac{\text{N}}{\text{mm}^2}$$

mit $\sigma_{\text{WK},b} = 105{,}8\,\text{N/mm}^2$ (C.2(3f)), $\sigma_m = 0$

- Torsionsausschlagfestigkeit nach Tab. 3.24 F2

$$\tau_{\text{AK},t} = \frac{\tau_{\text{WK},t}}{1 + M_\tau \cdot \frac{\tau_m}{\tau_{a,t}}} = 85{,}1\,\frac{\text{N}}{\text{mm}^2}$$

mit $\tau_{\text{WK},t} = 90{,}3\,\text{N/mm}^2$ (C.2(3f)), $M_\tau = 0{,}0611$ (C.2(4a)) ($\tau_{a,t} = \tau_m$)

C.2(5) Nachweis der Bauteilsicherheit (Dauerbruch)

C.2(5a) Für Einzelbeanspruchungen nach (3.151)

$$S_{D,b} = \frac{\sigma_{\text{AK},b}}{\sigma_{a,b}} = 1{,}6$$

mit $\sigma_{\text{AK},b} = 106{,}1\,\text{N/mm}^2$ (C.2(4c)), $\sigma_{a,b} = 66{,}9\,\text{N/mm}^2$ (C.1(b))
und nach (3.153)

$$S_{D,t} = \frac{\tau_{\text{AK},t}}{\tau_{a,t}} = 9{,}2$$

mit $\tau_{\text{AK},t} = 85{,}1\,\text{N/mm}^2$ (C.2(4c)), $\tau_{a,t} = 9{,}2\,\text{N/mm}^2$ (C.1(b))

C.2(5b) Für zusammengesetzte Beanspruchung
Walzstahl ist ein duktiler Werkstoff, die Vergleichsspannung wird nach der Gestaltänderungsenergiehypothese berechnet (Abschn. 3.4.4.2) nach (3.154)

$$\frac{1}{S_{D,\text{GEH}}} = \sqrt{\left[\frac{1}{S_{D,b}}\right]^2 + 3 \cdot r_\tau{}^2 \cdot \left[\frac{1}{S_{D,t}}\right]^2} = 0{,}634$$

$$S_{D,\text{GEH}} = 1{,}58$$

mit $S_{D,b} = 1{,}6$ und $S_{D,t} = 9{,}2$ (C.2(5a))
Da $r_\tau = 0{,}58$ ist, Tab. 3.10, gilt mit $q = 0$ nach (3.110) und (3.157): $S_D = S_{D,\text{GEH}} = 1{,}58$
Die dynamische Beanspruchung ist zulässig, da die vorhandene Sicherheit größer ist als die Mindestsicherheit nach Tab. 3.25: $S_{D\,\min} = 1{,}2$.

Beispiel 17.2

Festigkeitsnachweis für eine umlaufende Achse (Abb. 17.11)

Gegeben: Nennbelastung $F = 25\,\text{kN}$; $a = 50\,\text{mm}$; $d = 60\,\text{mm}$; $D = 65\,\text{mm}$ (Rohling $D = 70\,\text{mm}$, spanend bearbeitet); $r = 2{,}5\,\text{mm}$, Dauerbetrieb; Betriebstemperatur $-20\ldots+60\,°\text{C}$;
Biegung wechselnd; zusätzlich zu berücksichtigen sind: Anwendungsfaktor $K_A = 1{,}2$; Maximalbelastung $F_{\max} = 50\,\text{kN}$;
Werkstoff: E295;
Rauheit: $Rz = 6{,}3\,\mu\text{m}$; große Schadensfolgen, regelmäßige Inspektion.

Gesucht:
Nachweis der statischen und dynamischen Festigkeit (Dauerfestigkeit) für den Querschnitt 1–1.

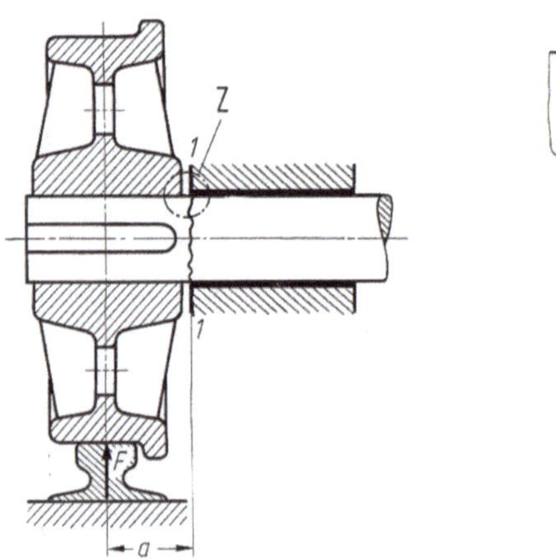

Abb. 17.11 Beispiel für eine umlaufende Radachse

Berechnet:

A Nenn-Moment
Nenn-Moment: $M_b = F \cdot a = 1{,}25 \cdot 10^6\,\text{N mm}$

B Nachweis der statischen Sicherheit

B.1 Bauteilbeanspruchungen

B.1(a) Einzelbeanspruchungen aus Nennbelastung

$$\sigma_b = \frac{M_b}{W_b} = \frac{M_b}{\frac{\pi}{32} \cdot d^3} = 58{,}9\,\frac{\text{N}}{\text{mm}^2}$$

$$\tau_s = \frac{4}{3} \cdot \frac{F}{A} = 11{,}8\,\frac{\text{N}}{\text{mm}^2}$$

Der Festigkeitsnachweis erfolgt nur für Biegebeanspruchung, da $\sigma_b \approx 5 \cdot \tau_s$ und beide Werte nicht überlagert wirken (für Ort mit größter Nennspannung σ_b gilt: $\tau_s = 0$ bzw. umgekehrt).

B.1(b) Maßgebende Bauteilbeanspruchung nach Abschn. 1.4.6
Größtes bei Normalbetrieb wirkendes Biegemoment aus Maximalkraft $M_{b\,\max} = M_{b\,\text{nenn}} \cdot F_{\max}/F_{\text{nenn}} = 2{,}5 \cdot 10^6\,\text{N mm}$ bzw. daraus resultierende Maximalbiegespannung

$$\sigma_{b\,\max} = \sigma_{b\,\text{nenn}} \cdot \frac{F_{\max}}{F_{\text{nenn}}} = 117{,}9\,\frac{\text{N}}{\text{mm}^2}$$

B.2 Statische Bauteilfestigkeit (Rechenschritte 1…4, Abschn. 3.4)

B.2(1) Statische Werkstofffestigkeitskennwerte für Normabmessungen für E295 nach Tab. 5.5
$R_{m,N} = 470\,\text{N/mm}^2$, $R_{p,N} = 295\,\text{N/mm}^2$

B.2(2) Statische Festigkeitswerte für den Werkstoff im Bauteil, Abschn. 3.4.2

B.2(2a) Technologischer Größenfaktor

- technologischer Größenfaktor $K_{d,p}$ nach (3.67)

$$K_{d,p} = \frac{1 - 0{,}7686 \cdot a_{d,p} \cdot \lg \frac{d_{\text{eff}}}{7{,}5\,\text{mm}}}{1 - 0{,}7686 \cdot a_{d,p} \cdot \lg \frac{d_{\text{eff},N,p}}{7{,}5\,\text{mm}}} = 0{,}933$$

  mit $d_{\text{eff}} = d = 70\,\text{mm}$ nach Tab. 3.8 und $d_{\text{eff},N,m} = 40\,\text{mm}$, $a_{d,m} = 0{,}3$ nach Tab. 3.7

- technologischer Größenfaktor $K_{d,m}$ nach (3.67)

$$K_{d,m} = \frac{1 - 0{,}7686 \cdot a_{d,m} \cdot \lg \frac{d_{\text{eff}}}{7{,}5\,\text{mm}}}{1 - 0{,}7686 \cdot a_{d,m} \cdot \lg \frac{d_{\text{eff},N,m}}{7{,}5\,\text{mm}}} = 0{,}969$$

  mit $d_{\text{eff}} = d = 70\,\text{mm}$ nach Tab. 3.8 und $d_{\text{eff},N,m} = 40\,\text{mm}$, $a_{d,m} = 0{,}15$ nach Tab. 3.7

B.2(2b) Anisotropiefaktor $K_{\text{An}} = 1$

B.2(2c) Werkstoffzugfestigkeit R_{m} und -fließgrenze R_{p}

- Werkstofffließgrenze nach (3.62)

$$R_p = K_{d,p} \cdot K_{\text{An}} \cdot R_{p,N} = 275{,}24\,\frac{\text{N}}{\text{mm}^2}$$

mit $K_{d,p} = 0{,}933$ (B.2(2a)), Anisotropiefaktor $K_{\text{An}} = 1$ (B.2(2b)), $R_{p,N} = 295\,\text{N/mm}^2$ (B.2(1))

- Werkstoffzugfestigkeit nach (3.61)

$$R_m = K_{d,m} \cdot K_{\text{An}} \cdot R_{m,N} = 455{,}4\,\frac{\text{N}}{\text{mm}^2}$$

mit $K_{d,m} = 0{,}969$ (B.2(2a)), Anisotropiefaktor $K_{\text{An}} = 1$ (B.2(2b)), $R_{m,N} = 470\,\text{N/mm}^2$ (B.2(1))

B.2(3) Statische Bauteilfestigkeit $\sigma_{\text{BK},b}$, $\sigma_{\text{FK},b}$

B.2(3a) Kerbformzahl α_σ nach Abb. 3.29

$$\alpha_{\sigma,b} = 1 + \frac{1}{\sqrt{0{,}62 \cdot \frac{r}{t} + 11{,}6 \cdot \frac{r}{d} \cdot (1 + 2 \cdot \frac{r}{d})^2 + 0{,}2 \cdot (\frac{r}{t})^3 \cdot \frac{d}{D}}} = 2{,}46$$

mit $t = (\text{D} - \text{d})/2 = 2{,}5\,\text{mm}$ nach Abb. 17.11

B.2(3b) Plastische Stützziffer N_{pl} nach (3.77)

$$N_{\text{pl}} = \sqrt{E \cdot \frac{\varepsilon_{\text{ertr}}}{R_p}} = 6{,}18$$

mit $\varepsilon_{\text{ertr}} = 0{,}05$ nach Tab. 3.11, $R_p = 275{,}24\,\text{N/mm}^2$ (B.2(2c)), $E = 2{,}1 \cdot 10^5\,\text{N/mm}^2$. Da bleibende Verformungen nicht zugelassen werden sollen, wird $N_{\text{pl,grenz}}$ (unter (3.77)) nicht voll ausgenutzt, sondern die Werte nach Tab. 3.13 angesetzt. Daraus folgt:

$$N_{\text{pl}} = N_{\text{pl,grenz}} = \alpha_{\sigma,b} \cdot g_{b,\text{red}} = 2{,}95$$

mit $\alpha_{\sigma,b} = 2{,}46$ (B.2(3a)), $g_{b,\text{red}} = 1{,}2$

B.2(3c) Plastische Kerbwirkungszahl $\beta_{\text{pl},\sigma}$ nach (3.84)

$$\beta_{\text{pl},\sigma,b} = \frac{\alpha_{\sigma,b}}{N_{\text{pl}}} = 0{,}833$$

mit $\alpha_{\sigma,b} = 2{,}46$ (B.2(3a)) und $N_{\text{pl}} = 2{,}95$ (B.2(3b))

B.2(3d) Statische Bauteilfestigkeit $\sigma_{\text{BK},b}$, $\sigma_{\text{FK},b}$

- Biegefließgrenze nach (3.91)

$$\sigma_{\text{FK},b} = \frac{R_p}{\beta_{\text{pl},\sigma,b}} = 330\,\frac{\text{N}}{\text{mm}^2}$$

mit $R_p = 274{,}9\,\text{N/mm}^2$ (B.2(2c)), $\beta_{\text{pl},\sigma,b} = 0{,}833$ (B.2(3c))

- Bauteilbiegefestigkeit nach (3.90)

$$\sigma_{\text{BK},b} = \frac{R_m}{\beta_{\text{pl},\sigma,b}} = 547\,\frac{\text{N}}{\text{mm}^2}$$

mit $R_m = 455{,}4\,\text{N/mm}^2$ (B.2(2c)), $\beta_{\text{pl},\sigma,b} = 0{,}833$ (B.2(3c))

B.2(4) Nachweis der Bauteilsicherheit bei statischer Beanspruchung

B.2(4a) Für Einzelbeanspruchungen

- gegen Fließen nach (3.99)

$$S_{F,b} = \frac{\sigma_{\text{FK},b}}{\sigma_{b\,\text{max}}} = 2{,}8$$

mit $\sigma_{\text{FK},b} = 330\,\text{N/mm}^2$ (B.2(3d)), $\sigma_{b\,\text{max}} = 117{,}9\,\text{N/mm}^2$ (B.1(b))

- gegen Bruch nach (3.98)

$$S_{B,b} = \frac{\sigma_{\text{BK},b}}{\sigma_{b\,\text{max}}} = 4{,}6$$

mit $\sigma_{\text{BK},b} = 547\,\text{N/mm}^2$ (B.2(3d)), $\sigma_{b\,\text{max}} = 117{,}9\,\text{N/mm}^2$ (B.1(b))
Die statische Beanspruchung ist zulässig, da die vorhandenen Sicherheiten größer sind als die Mindestsicherheiten nach Tab. 3.14: $S_{F\,\text{min}} = 1{,}35$, $S_{B\,\text{min}} = 1{,}8$.

C Nachweis der dynamischen Sicherheit (Dauerbruch)

C.1 Bauteilbeanspruchungen(Ausschlagspannungen)

C.1(a) Einzelbeanspruchung aus Nennbelastung (B.1(a))

C.1(b) Maßgebende dynamische Bauteilbeanspruchung nach Abschn. 1.4.6.3
Ermittlung des dynamisch wirkenden Biegemoments mit Hilfe des Anwendungsfaktors K_A: $M_{b\,\text{eq}} = K_A \cdot M_b$, daraus Ermittlung der Biegeausschlagspannung: $\sigma_{a,b} = M_b \cdot K_A / W_b = 70{,}7\,\text{N/mm}^2$.

C.2 Dynamische Bauteilfestigkeit (Rechenschritte 1 ... 6, Abschn. 3.5.1.4)

C.2(1) Werkstoffwechselfestigkeitskennwerte $\sigma_{W,zd,N}$ und $\tau_{W,s,N}$ für Normabmessungen
Bekannt ist nur die Biegewechselfestigkeit $\sigma_{W,b,N} = 235\,\text{N/mm}^2$ (Tab. 5.5), deshalb muss im ersten Schritt $\sigma_{W,zd,N}$ bestimmt werden.

Zug-Druckwerkstoffwechselfestigkeit nach (3.121)

$$\sigma_{W,zd,N} = \frac{\sigma_{W,b,N}}{n_\sigma(d)} = 211{,}9\,\frac{\text{N}}{\text{mm}^2}$$

mit der dynamischen Stützzahl nach (3.126)

$$n_\sigma = 1 + \sqrt{G_\sigma \cdot \text{mm}} \cdot 10^{-\left(a_G + \frac{R_m}{b_G \cdot \text{N/mm}^2}\right)} = 1{,}109$$

mit $a_G = 0{,}5$ und $b_G = 2700$ nach Tab. 3.18, $R_m = 455{,}4\,\text{N/mm}^2$ (B.2(2c)), $G_\sigma(d) = 2/\text{d} = 0{,}267\,\text{mm}^{-1}$ nach (3.124)

C.2(2) Wechselfestigkeitskennwerte für den Werkstoff im Bauteil $\sigma_{W,zd}$ und $\tau_{W,s}$

C.2(2a) Technologischer Größenfaktor $K_d = K_{d,m} = 0{,}969$ (B.2(2a))

C.2(2b) Anisotropiefaktor $K_{\text{An}} = 1$ (B.2(2b))

C.2(2c) Warmwechselfestigkeit $\sigma_{W,zd,T}$ entfällt

C.2(2d) Wechselfestigkeiten für den Werkstoff im Bauteil $\sigma_{W,zd}$
Zug-Druckwechselfestigkeit nach (3.117)

$$\sigma_{W,zd} = K_d \cdot K_{\text{An}} \cdot \sigma_{W,zd,N} = 205{,}3\,\text{N/mm}^2$$

mit $K_{d,m} = 0{,}969$ (C.2(2a)), Anisotropiefaktor $K_{\text{An}} = 1$ (C.2(2b)), $\sigma_{W,zd,N} = 211{,}9\,\text{N/mm}^2$ (C.2(1))

C.2(3) Bauteilwechselfestigkeit $\sigma_{\text{WK},b}$

C.2(3a) Formzahlen $\alpha_{\sigma,b} = 2{,}46$ (unter B.2(3a))

C.2(3b) Dynamische Stützzahl n_σ und (elastische) Kerbwirkungszahl β_σ

- bezogenes Spannungsgefälle und Stützzahlen des gekerbten Bauteils nach (3.127), Tab. 3.17

$$\begin{aligned} G_\sigma(r) &= \frac{2{,}3}{r} \cdot (1 + \varphi) \\ &= 1{,}073\,\text{mm}^{-1} \end{aligned}$$

$$\begin{aligned} n_\sigma(r) &= 1 + \sqrt[4]{G_\sigma \cdot \text{mm}} \cdot 10^{-\left(a_G + \frac{R_m}{b_G \cdot \text{N/mm}^2}\right)} \\ &= 1{,}218 \end{aligned}$$

mit $R_m = 455{,}4\,\text{N/mm}^2$ (B.2(2c)), $a_G = 0{,}5$ und $b_G = 2700$ nach Tab. 3.18.

- bezogenes Spannungsgefälle und Stützzahlen des ungekerbten Bauteils nach (3.125), Tab. 3.17

$$n_\sigma = 1 + G_\sigma \cdot \text{mm} \cdot 10^{-\left(a_G - 0{,}5 + \frac{R_m}{b_G \cdot \text{N/mm}^2}\right)} = 1{,}022$$

mit $a_G = 0{,}5$ und $b_G = 2700$ nach Tab. 3.18, $R_m = 455{,}4\,\text{N/mm}^2$ (B.2(2c)), $G_\sigma(d) = 2/\text{d} = 0{,}033\,\text{mm}^{-1}$ nach (3.124)

- Kerbwirkungszahl nach (3.133)

$$\beta_{\sigma,b} = \frac{\alpha_{\sigma,b}}{n_\sigma(r) \cdot n_\sigma(d)} = 1{,}98$$

mit $\alpha_{\sigma,b} = 2{,}46$ (B.2(3a)), $n_\sigma(r) = 1{,}218$ (siehe oben), $n_\sigma(d) = 1{,}022$ (siehe oben)

C.2(3c) Faktor $K_{R,\sigma}$ für Oberflächenrauheit für Biegung nach (3.137)

$$\begin{aligned} K_{R,\sigma} &= 1 - a_{R,\sigma} \cdot \lg\left(\frac{Rz}{\mu\text{m}}\right) \cdot \lg\left(2 \cdot \frac{R_m}{R_{m,N,\min}}\right) \\ &= 0{,}937 \end{aligned}$$

mit $a_{R,\sigma} = 0{,}22$, $R_{m,N,\min} = 400\,\text{N/mm}^2$ nach Tab. 3.19, $Rz = 6{,}3\,\mu\text{m}$ gegeben, $R_m = 455{,}4\,\text{N/mm}^2$ (B.2(2c))

C.2(3d) Faktor für Randschichtverfestigung $K_V = 1$ nach Tab. 3.20

C.2(3e) Konstante $K_{\text{NL}} = 1$ (Faktor ausschließlich für GJL)

C.2(3f) Bauteilwechselfestigkeit $\sigma_{\text{WK},b}$
Biegewechselfestigkeit nach (3.143)

$$\sigma_{\text{WK},b} = \sigma_{W,zd} \cdot K_V \cdot \frac{K_{\text{NL}}}{\beta_{\sigma,b} + \frac{1}{K_{R,\sigma}} - 1} = 100{,}3\,\frac{\text{N}}{\text{mm}^2}$$

mit $K_V = 1$ (C.2(3d)) $K_{\text{NL}} = 1$ (C.2(3e)), $\sigma_{W,zd} = 205{,}3\,\text{N/mm}^2$ (C.2(2d)), $\beta_{\sigma,b} = 1{,}98$ (C.2(3b)), $K_{R,\sigma} = 0{,}937$ (C.2(3c))

C.2(4) Bauteilausschlagfestigkeiten $\sigma_{\text{AK},b} = \sigma_{\text{WK},b}(\sigma_m = 0)$

C.2(5) Nachweis der Bauteilsicherheit (Dauerbruch)

C.2(5a) Für Einzelbeanspruchungen nach (3.151)

$$S_{D,b} = \frac{\sigma_{\text{AK},b}}{\sigma_{a,b}} = 1{,}42$$

mit $\sigma_{\text{AK},b} = \sigma_{\text{WK},b} = 100{,}3\,\text{N/mm}^2$ (C.2(3e)), $\sigma_{a,b} = 70{,}7\,\text{N/mm}^2$ (C.1(b))
Die dynamische Beanspruchung ist zulässig, da die vorhandene Sicherheit größer ist als die Mindestsicherheit nach Tab. 3.25: $S_{D\,\min} = 1{,}35$.

Beispiel 17.3

Festigkeitsnachweis für eine stillstehende Achse (Abb. 17.12)

Gegeben:
Nenn-Belastung (statische Grundlast) $F = 12\,\text{kN}$; $a = 50\,\text{mm}$; $b = 36\,\text{mm}$; $d = 30\,\text{mm}$; Dauerbetrieb; Betriebstemperatur $= -20 \ldots + 60\,°\text{C}$; Biegung entsprechend Abschn. 17.6 schwellend angenommen; zusätzlich zu berücksichtigen sind: Anwendungsfaktor $K_A = 1{,}2$; Maximalbelastung; $F_{\max} = 22\,\text{kN}$
Werkstoff: E295;
Rauheit: $Rz = 6{,}3\,\mu\text{m}$;
große Schadensfolgen, keine regelmäßige Inspektion.

Gesucht:
Nachweis der statischen und dynamischen Festigkeit (Dauerfestigkeit) für den Querschnitt 1–1 und der Flächenpressung in den Gleitlagern.

Berechnet:

A Nenn-Moment
Nennmoment: $M_b = F/2 \cdot a/2 = 150.000\,\text{N mm}$

B Nachweis der statischen Sicherheit

B.1 Bauteilbeanspruchungen

B.1(a) Einzelbeanspruchungen aus Nennbelastung

$$\sigma_b = \frac{M_b}{W_b} = \frac{M_b}{\frac{\pi}{32} \cdot d^3} = 56{,}6\,\frac{\text{N}}{\text{mm}^2}$$

$$\tau_s = \frac{4}{3} \cdot \frac{F}{2 \cdot A} = 11{,}3\,\frac{\text{N}}{\text{mm}^2}$$

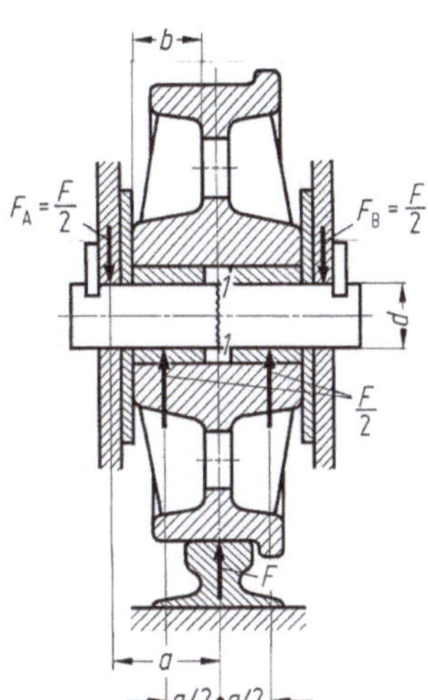

Abb. 17.12 Beispiel für eine stillstehende Radachse

Der Festigkeitsnachweis erfolgt nur für Biegebeanspruchung, da $\sigma_b \approx 5 \cdot \tau_s$ und beide Werte nicht überlagert wirken (für Ort mit größter Nennspannung σ_b gilt: $\tau_s = 0$; bzw. umgekehrt).

B.1(b) Maßgebende Bauteilbeanspruchung nach Abschn. 1.4.6.2
Größtes bei Normalbetrieb wirkendes Biegemoment aus Maximalkraft

$$M_{b\,\max} = M_{b\,\text{nenn}} \cdot \frac{F_{\max}}{F_{\text{nenn}}} = 275.000\,\text{N mm}$$

bzw. daraus resultierende Maximalbiegespannung

$$\sigma_{b\,\max} = \sigma_{b\,\text{nenn}} \cdot \frac{F_{\max}}{F_{\text{nenn}}} = 103{,}7\,\frac{\text{N}}{\text{mm}^2}$$

B.2 Statische Bauteilfestigkeit (Rechenschritte 1 … 4, Abschn. 3.4)

B.2(1) Statische Werkstofffestigkeitskennwerte für Normabmessungen für E295, $R_{m,N} = 470\,\text{N/mm}^2$, $R_{p,N} = 295\,\text{N/mm}^2$ nach Tab. 5.5

B.2(2) Statische Festigkeitswerte für den Werkstoff im Bauteil, Abschn. 3.4.2

B.2(2a) Technologischer Größenfaktor $K_{d,p} = K_{d,m} = 1$, nach (3.66), Tab. 3.7, $d_{\text{eff}} = d = 30\,\text{mm}$, $d_{\text{eff},N,p} = d_{\text{eff},N,m} = 40\,\text{mm}$

B.2(2b) Anisotropiefaktor $K_{\text{An}} = 1$.

B.2(2c) Werkstoffzugfestigkeit R_m und -fließgrenze R_p

- Werkstofffließgrenze nach (3.62)

$$R_p = K_{d,p} \cdot K_{\text{An}} \cdot R_{p,N} = 295\,\frac{\text{N}}{\text{mm}^2}$$

mit $K_{d,p} = 1$ (B.2(2a)), Anisotropiefaktor $K_{\text{An}} = 1$ (B.2(2b)), $R_{p,N} = 295\,\text{N/mm}^2$(B.2(1))

- Werkstoffzugfestigkeit nach (3.61)

$$R_m = K_{d,m} \cdot K_{\text{An}} \cdot R_{m,N} = 470\,\frac{\text{N}}{\text{mm}^2}$$

mit $K_{d,m} = 1$ (B.2(2a)), Anisotropiefaktor $K_{\text{An}} = 1$ (B.2(2b)), $R_{m,N} = 470\,\text{N/mm}^2$ (B.2(1))

B.2(2) Statische Bauteilfestigkeiten $\sigma_{\text{BK},b}$, $\sigma_{\text{FK},b}$

B.2(2a) Kerbformzahl $\alpha_\sigma = 1$ (ungekerbt)

B.2(2b) Plastische Stützziffer N_{pl} nach (3.77)

$$N_{\text{pl}} = \sqrt{E \cdot \frac{\varepsilon_{\text{ertr}}}{R_p}} = 5{,}97$$

mit $\varepsilon_{\text{ertr}} = 0{,}05$ nach Tab. 3.10, $R_p = 295\,\text{N/mm}^2$ (B.2(2c)). Da bleibende Verformungen nicht zugelassen werden sollen, wird nicht $N_{\text{pl,grenz}}$ (unter (3.77)) voll ausgenutzt, sondern die Werte nach Tab. 3.13 angesetzt. Daraus folgt:

$$N_{\text{pl}} = N_{\text{pl,grenz}} = \alpha_{\sigma,b} \cdot g_{b,\text{red}} = 1{,}2$$

mit $\alpha_{\sigma,b} = 1$ (B.2(2a)).

B.2(2c) Plastische Kerbwirkungszahl $\beta_{\text{pl},\sigma,b}$ nach (3.84)

$$\beta_{\text{pl},\sigma,b} = \frac{\alpha_{\sigma,b}}{\text{N}_{\text{pl}}} = 0{,}833$$

mit $\alpha_{\sigma,b} = 1$ (B.2(2a)) und $N_{\text{pl}} = 1{,}2$ (B.2(2b))

B.2(2d) Statische Bauteilfestigkeit $\sigma_{\text{BK},b}, \sigma_{\text{FK},b}$

- Bauteilbiegefließgrenze nach (3.91)

$$\sigma_{\text{FK},b} = \frac{R_p}{\beta_{\text{pl},\sigma,b}} = 354\,\frac{\text{N}}{\text{mm}^2}$$

mit $R_p = 295\,\text{N/mm}^2$ (B.2(2c)), $\beta_{\text{pl},\sigma,b} = 0{,}833$ (B.2(2c))

- Bauteilbiegefestigkeit nach (3.90)

$$\sigma_{\text{BK},b} = \frac{R_{\text{m}}}{\beta_{\text{pl},\sigma,b}} = 564\,\frac{\text{N}}{\text{mm}^2}$$

mit $R_m = 470\,\text{N/mm}^2$ (B.2(2c)), $\beta_{\text{pl},\sigma,b} = 0{,}833$ (B.2(2c))

B.2(3) Nachweis der Bauteilsicherheit bei statischer Beanspruchung

B.2(3a) Für Einzelbeanspruchungen

- gegen Fließen nach (3.99)

$$S_{F,b} = \frac{\sigma_{\text{FK},b}}{\sigma_{b,\max}} = 3{,}4$$

mit $\sigma_{\text{FK},b} = 354\,\text{N/mm}^2$ (B.2(3c)), $\sigma_{b,\max} = 103{,}7\,\text{N/mm}^2$ (B.1(b))

- gegen Bruch nach (3.98)

$$S_{B,b} = \frac{\sigma_{\text{BK},b}}{\sigma_{b,\max}} = 5{,}7$$

mit $\sigma_{\text{BK},b} = 588\,\text{N/mm}^2$(B.2(3c)), $\sigma_{b,\max} = 103{,}7\,\text{N/mm}^2$ (B.1(b))
Die statische Beanspruchung ist zulässig, da die vorhandenen Sicherheiten größer sind als die Mindestsicherheiten nach Tab. 3.14: $S_{F\,\min} = 1{,}35$, $S_{B\,\min} = 1{,}8$.

C Nachweis der dynamischen Sicherheit (Dauerbruch)

C.1 Bauteilbeanspruchungen (Ausschlagspannungen)

C.1(a) Einzelbeanspruchung aus Nennbelastung siehe B.1(a)

C.1(b) Maßgebende dynamische Bauteilbeanspruchung nach Abschn. 1.4.6.3
Ermittlung des dynamisch wirkenden Biegemoments mit Hilfe des Anwendungsfaktors K_A: $M_{b\,\text{eq}} = K_A \cdot M_b$, daraus Ermittlung der Biegeausschlagspannung:

$$\sigma_{a,b} = \frac{K_A \cdot M_b}{2 \cdot W_b} = 34\,\frac{\text{N}}{\text{mm}^2}$$

C.2 Dynamische Bauteilfestigkeit (Rechenschritte 1… 6, Abschn. 3.5.1.4)

C.2(1) Werkstoffwechselfestigkeitskennwerte $\sigma_{W,zd,N}$ und $\tau_{W,s,N}$ für Normabmessungen
Bekannt ist nur die Biegewechselfestigkeit $\sigma_{W,b,N} = 235\,\text{N/mm}^2$ (Tab. 5.5), deshalb muss im ersten Schritt $\sigma_{W,zd,N}$ bestimmt werden.
Zug-Druckwerkstoffwechselfestigkeit nach (3.121)

$$\sigma_{W,zd,N} = \frac{\sigma_{W,b,N}}{n_\sigma(d)} = 211{,}9\,\frac{\text{N}}{\text{mm}^2}$$

mit der Stützzahl nach (3.126)

$$n_\sigma = 1 + \sqrt{G_\sigma \cdot \text{mm}} \cdot 10^{-\left(a_G + \frac{R_m}{b_G \cdot \text{N/mm}^2}\right)} = 1{,}109$$

mit $G_\sigma(d) = 2/\text{d} = 0{,}267\,\text{mm}^{-1}$ nach (3.124), $a_G = 0{,}5$ und $b_G = 2700$ nach Tab. 3.18, $R_m = 470\,\text{N/mm}^2$ (B.2(2c)).

C.2(2) Wechselfestigkeitskennwerte für den Werkstoff im Bauteil $\sigma_{W,zd}$ und $\tau_{W,s}$

C.2(2a) Technologischer Größenfaktor $K_d = K_{d,m} = 1$ (B.2(2a))

C.2(2b) Anisotropiefaktor $K_{\text{An}} = 1$ (B.2(2b))

C.2(2c) Warmwechselfestigkeit $\sigma_{W,zd,T}$ – entfällt

C.2(2d) Wechselfestigkeiten für den Werkstoff im Bauteil $\sigma_{W,zd}$
Zug-Druckwechselfestigkeit nach (3.117)

$$\sigma_{W,zd} = K_d \cdot K_{\text{An}} \cdot \sigma_{W,zd,N} = 211{,}9\,\frac{\text{N}}{\text{mm}^2}$$

mit $K_{d,m} = 1$ (C.2(2a)), Anisotropiefaktor $K_{\text{An}} = 1$ (C.2(2b)), $\sigma_{W,zd,N} = 211{,}9\,\text{N/mm}^2$ (C.2(1)).

C.2(3) Bauteilwechselfestigkeiten $\sigma_{WK,zd}$

C.2(3a) Formzahlen $\alpha_{\sigma,b} = 2{,}46$ (unter B.2(3a))

C.2(3b) Dynamische Stützzahl n_σ und (elastische) Kerbwirkungszahl β_σ

- bezogene Spannungsgefälle und Stützzahlen des ungekerbten Bauteils nach (3.125)

$$n_\sigma(d) = 1 + G_\sigma(d) \cdot \text{mm} \cdot 10^{-\left(a_G - 0{,}5 + \frac{R_m}{b_G \cdot \text{N/mm}^2}\right)} = 1{,}045$$

mit $G_\sigma(d) = 2/\text{d} = 0{,}067\,\text{mm}^{-1}$ nach (3.124), $a_G = 0{,}5$ und $b_G = 2700$ nach Tab. 3.18, $R_m = 470\,\text{N/mm}^2$ (B.2(2c))

- Kerbwirkungszahl nach (3.133)

$$\beta_{\sigma,b} = \frac{\alpha_{\sigma,b}}{n_\sigma(r) \cdot n_\sigma(d)} = 0{,}96$$

mit $\alpha_{\sigma,b} = 1$ (C.2(2c)), $n_\sigma(r) = 1{,}0$ (ungekerbt), $n_\sigma(d) = 1{,}0445$ (siehe oben)

C.2(3c) Faktor $K_{R,\sigma}$ für Oberflächenrauheit für Biegung nach (3.137)

$$K_{R,\sigma} = 1 - a_{R,\sigma} \cdot \lg\left(\frac{Rz}{\mu\text{m}}\right) \cdot \lg\left(2 \cdot \frac{R_m}{R_{m,N,\text{min}}}\right) = 0{,}935$$

mit $a_{R,\sigma} = 0{,}22$, $R_{m,N,\text{min}} = 400\,\text{N/mm}^2$ nach Tab. 3.19, $Rz = 6{,}3\,\mu\text{m}$ gegeben, $R_m = 470\,\text{N/mm}^2$ (B.2(2c))

C.2(3d) Faktor für Randschichtverfestigung $K_V = 1$ nach Tab. 3.20

C.2(3e) Konstante $K_{\text{NL}} = 1$ (Faktor ausschließlich für GJL)

C.2(3f) Bauteilwechselfestigkeit $\sigma_{WK,b}$ Biegewechselfestigkeit nach (3.143)

$$\sigma_{WK,b} = \sigma_{W,zd} \cdot K_V \cdot \frac{K_{\text{NL}}}{\beta_{\sigma,b} + \frac{1}{K_{R,\sigma}} - 1} = 205{,}1\,\frac{\text{N}}{\text{mm}^2}$$

mit $K_V = 1$ (C.2(3d)) $K_{\text{NL}} = 1$ (C.2(3e)), $\sigma_{W,zd} = 211{,}9\,\text{N/mm}^2$ (C.2(2d)), $\beta_{\sigma,b} = 0{,}96$ (C.2(3b)), $K_{R,\sigma} = 0{,}932$ (C.2(3c))

C.2(4) Bauteilausschlagfestigkeiten $\sigma_{AK,b}$

C.2(4a) Mittelspannungsempfindlichkeit (Ausschlagfestigkeit liegt im Bereich II, schwellende Beanspruchung, Abb. 3.38) nach Tab. 3.22

$$M_\sigma = 3{,}5 \cdot 10^{-4} \cdot \frac{R_m}{\frac{\text{N}}{\text{mm}^2}} - 0{,}1 = 0{,}0645$$

Walzstahl mit $R_m = 470\,\text{N/mm}^2$ (B.2(2c))

C.2(4b) Überlastungsfall F2 (Abschn. 3.5.5b))

C.2(4c) Bauteilausschlagfestigkeit $\sigma_{AK,b}$ Biegeausschlagfestigkeit nach Tab. 3.24 F2

$$\sigma_{AK,b} = \frac{\sigma_{WK,b}}{1 + M_\sigma} = 192{,}7\,\frac{\text{N}}{\text{mm}^2}$$

mit $\sigma_{WK,b} = 205{,}1\,\text{N/mm}^2$ (C.2(3 f)), $M_\sigma = 0{,}0645$ (C.2(4a)), ($\sigma_{m,b} = \sigma_{a,b}$)

C.2(5) Nachweis der Bauteilsicherheit (Dauerbruch)

C.2(5a) Für Einzelbeanspruchungen nach (3.151)

$$S_{D,b} = \frac{\sigma_{AK,b}}{\sigma_{a,b}} = 5{,}7$$

mit $\sigma_{AK,b} = 192{,}7\,\text{N/mm}^2$ (C.2(4c)), $\sigma_{a,b} = 34\,\text{N/mm}^2$ (C.1 (b))
Die dynamische Beanspruchung ist zulässig, da die vorhandene Sicherheit größer ist als die Mindestsicherheit nach Tab. 3.25: $S_{D\,\text{min}} = 1{,}35$.

D Nachweis der Flächenpressung in den Gleitlagern
Flächenpressung (nach Abschn. 3.2.3.3)

$$p = \frac{F_{\max}}{2 \cdot A} = \frac{F_{\max}}{2 \cdot d \cdot b} = 9{,}9\,\frac{\text{N}}{\text{mm}^2}$$

für Werkstoffpaarung Stahl/Bronze: $p_{\text{zul}} = 10{,}0\,\text{N/mm}^2$ nach Tab. 11.6
Die vorhandene Flächenpressung ist zulässig.

Beispiel 17.4
Verformung einer Getriebewelle (Abb. 17.7)

Gegeben:
$d_{11} = 35\,\text{mm}$; $d_{12} = 40\,\text{mm}$; $d_{21} = 35\,\text{mm}$; $d_{22} = 40\,\text{mm}$; $d_{13} = d_{23} = 50\,\text{mm}$; $l_{11} = 20\,\text{mm}$; $l_{12} = 100\,\text{mm}$; $l_{13} = 130\,\text{mm}$; $l_{21} = 20\,\text{mm}$; $l_{22} = 60\,\text{mm}$;

$l_{23} = 90\,\text{mm}$; $l = l_{12}+l_{23} = 220\,\text{mm}$; Maximalbelastung $F_{\max} = 3{,}0\,\text{kN}$; Werkstoff C35E; Lagerung: Gleitlager mit festen Lagerschalen; Anwendungsgebiet: allgemeiner Maschinenbau.

Gesucht:
Vertikale Verschiebung des Kraftangriffspunktes f und Neigungswinkel der Zapfen in den Lagern β_{LA} und β_{LB} für Maximalbelastung (vernachlässigt wird der Einfluss des Zahnradgewichts auf die Wellenverformung im Bereich 3 (d_{13}, d_{23})).

Berechnet:
Hinweis: Es wird mit F und den entsprechenden Lagerreaktionen F_A und F_B gerechnet (die räumliche Lage dieser Kräfte ist aus den Vektordarstellungen in Abb. 17.7a ersichtlich (häufig ist es vorteilhaft, z. B. bei mehreren, beliebig angeordneten äußeren Kräften, die Kräfte in zwei Ebenen zu zerlegen und anschließend zu überlagern, siehe etwa Beispiel 17.1). Es wird schrittweise wie folgt vorgegangen:

1. Lagerkräfte nach Abschn. 20.5.6 Tafel 20/9 in [10]

$$F_A = F \cdot \frac{l_{23}}{l} = 1227\,\text{N}$$
$$F_B = F - F_B = 1773\,\text{N}$$

2. Trägheitsmomente nach Tab. 3.2

$$I = \frac{\pi \cdot d^4}{64}$$
$$I_{11} = I_{21} = 73.662\,\text{mm}^4$$
$$I_{12} = I_{22} = 125.664\,\text{mm}^4$$
$$I_{13} = I_{23} = 306.796\,\text{mm}^4$$

3. Verschiebung der Auflager A und B aufgrund der Lagerkräfte F_A und F_B nach (17.13)

$$f_A = \frac{F_A}{3 \cdot E} \cdot \left(\frac{l_{11}{}^3}{I_{11}} + \frac{l_{12}{}^3 - l_{11}{}^3}{I_{12}} + \frac{l_{13}{}^3 - l_{12}{}^3}{I_{13}} \right)$$
$$= 23{,}2 \cdot 10^{-3}\,\text{mm}$$
$$f_B = \frac{F_B}{3 \cdot E} \cdot \left(\frac{l_{21}{}^3}{I_{21}} + \frac{l_{22}{}^3 - l_{21}{}^3}{I_{22}} + \frac{l_{23}{}^3 - l_{22}{}^3}{I_{23}} \right)$$
$$= 9{,}67 \cdot 10^{-3}\,\text{mm}$$

4. Durchbiegung der Welle unter der Kraft F nach (17.17)

$$f_F = f_A + \frac{f_B - f_A}{l / l_{13}} = 15{,}2 \cdot 10^{-3}\,\text{mm}$$

5. Neigungswinkel der Lagerzapfen nach (17.14)

$$\beta_A = \frac{F_A}{2 \cdot E} \cdot \left(\frac{l_{11}{}^2}{I_{11}} + \frac{l_{12}{}^2 - l_{11}{}^2}{I_{12}} + \frac{l_{13}{}^2 - l_{12}{}^2}{I_{13}} \right)$$
$$= 0{,}30 \cdot 10^{-3}$$
$$\beta_B = \frac{F_B}{2 \cdot E} \cdot \left(\frac{l_{21}{}^2}{I_{21}} + \frac{l_{22}{}^2 - l_{21}{}^2}{I_{22}} + \frac{l_{23}{}^2 - l_{22}{}^2}{I_{23}} \right)$$
$$= 0{,}19 \cdot 10^{-3}$$

6. Neigungswinkel der Tangente an die Biegelinie nach (17.19)

$$\alpha = \frac{f_A - f_B}{l} = 0{,}0615 \cdot 10^{-3}\,\text{rad}$$

7. Neigungswinkel der Zapfen in den Lagern nach (17.20) und (17.21)

$$\beta_{LA} = \beta_A - \alpha = 0{,}238 \cdot 10^{-3}\,\text{rad}$$
$$\beta_{LB} = \beta_B + \alpha = 0{,}251 \cdot 10^{-3}\,\text{rad}$$

Die Verformungen sind zulässig, da sie kleiner sind als die Anhaltswerte nach Tab. 17.4: $\beta_{\text{zul}} = 3 \cdot 10^4\,\text{rad}$ bzw. Tab. 17.3: $f_{\text{zul}} = 0{,}3 \cdot 10^3 \cdot l = 66 \cdot 10^{-3}\,\text{mm}$.

Literatur

1. Altenbach H, Holzmann G, Meyer H, Schumpich G (2016) Technische Mechanik, Festigkeitslehre, 12. Aufl. Springer Vieweg, Wiesbaden
2. DIN 743 Tragfähigkeit von Wellen und Achsen – Teil 1:2012-12 Einführung, Grundlagen – Teil 2:2012-12 Formzahlen und Kerbwirkungszahlen – Teil 3:2012-12 Werkstoff-Festigkeitswerte – Teil 4:2012-12 Zeitfestigkeit, Dauerfestigkeit – Schädigungsäquivalente Spannungsamplitude
3. DIN 748 Zylindrische Wellenenden – Teil 1:1970-01 Abmessungen, Nenndrehmomente
4. DIN 1448 Kegelige Wellenenden mit Außengewinde – Teil 1:1970-01 Abmessungen
5. DIN 1449:1970-01 Kegelige Wellenenden mit Innengewinde – Abmessungen
6. DIN 6885 Mitnehmerverbindungen ohne Anzug – Teil 1:1968-08 Paßfedern, Nuten, hohe Form – Teil 3:1956-02 Paßfedern, niedrige Form, Abmessungen und Anwendungen
7. Dunkerley S (1894) On the Whirling and Vibration of Shafts. Phil Trans Roy Soc A 279–360
8. Ernst H (1973) Die Hebezeuge – Bemessungsgrundlagen, Bauteile, Antriebe, 8. Aufl. Vieweg, Braunschweig
9. FAG-Firmenschrift (2011) Die Gestaltung von Wälzlagerungen. Publ.-Nr. WL 00200/4 DA. Schaeffler Technologies GmbH & Co. KG, Schweinfurt
10. Niemann G, Winter H (2003) Maschinenelemente, Bd. II, 2. Aufl. Springer, Berlin Heidelberg
11. Schmelz F Graf v, Seherr-Thoss H-C, Aucktor E (1988) Gelenke und Gelenkwellen. Konstruktionsbücher, Bd 36. Springer, Berlin Heidelberg New York
12. VDI 2060:2014-12 Merkmale und Erkennbarkeit von nichtlinearen schwingungsfähigen Systemen – Freie, erzwungene und selbsterregte Schwingungen

Welle-Nabe-Verbindungen

18

▶ Welle-Nabe-Verbindungen (WNV) übertragen Drehmoment und Drehbewegung von der Welle auf die Nabe (z. B. für Rotoren von Turbinen, Laufräder von Pumpen und Verdichtern, Zahnräder, Riemenscheiben). Sie können auch Querkräfte und Biegemomente übertragen (z. B. bei Zahnrädern und Riemenscheiben). Sie verhindern Relativbewegungen zwischen Welle und Nabe in Umfangsrichtung; wenn sie axialfest verbunden sind, können sie auch Axialkräfte übertragen.

18.1 Unterteilung von Welle-Nabe-Verbindungen

Nach der Art der Kraftübertragung werden Reibschluss-, Formschluss-, vorgespannte Formschluss- (d. h. Kombination von Reib- und Formschluss-), sowie Stoffschlussverbindungen (Schweißverbindungen siehe Kap. 7 und Löt- und Klebverbindungen siehe Kap. 8) unterschieden.

Bei manchen Verbindungen wird das Drehmoment direkt übertragen, z. B. beim Klemmsitz, Abb. 18.1a und b, zylindrischen Presssitz, Abb. 18.1d. Diese werden unmittelbare Verbindungen genannt. Werden Zwischenglieder verwendet, z. B. konische Spannsätze oder Passfedern, Abb. 18.1g und 18.19d, werden diese mittelbare Verbindungen genannt.

Hinweise zur Auswahl einer geeigneten WNV sind in Tab. 18.1 zusammengefasst.

Die Widerstandsmomente gegen Torsion der Naben sind im Allgemeinen größer als die der Welle, dann genügt es sowohl für reib- als auch formschlüssige Verbindungen den Festigkeitsnachweis für die Welle zu führen, siehe Kap. 17: Achsen und Wellen. Dies gilt dann nicht, wenn der Außendurchmesser nur geringförmig größer als der Wellendurchmesser ist [47]. Anhaltswerte für die Nabendicke und -breite sind in Tab. 18.2 zusammengefasst und in den Hinweisen bei den einzelnen WNV angegeben. Bei seitlichen Kippkräften sind generell größere Nabenbreiten (etwa $b/D_F > 1$) zu wählen.

18.2 Reibschlussverbindungen

Damit allein durch Reibung eine Umfangs- oder Längskraft von der Welle auf die Nabe übertragen werden kann, muss zwischen beiden eine Normal-(= Anpress-)Kraft wirken (Coulomb'sches Gesetz: Reibungskraft F_R = Anpresskraft F_N · Haftbeiwert ν). Die Anpresskraft kann in unterschiedlicher Weise erzeugt werden. Einige Welle-Nabe-Verbindungen mit unmittelbarer und mittelbarer Reibkraftübertragung zeigen Abb. 18.1 sowie 18.2c.

18.2.1 Übertragbare Kräfte und Drehmomente

Die an der Kontaktstelle Welle/Nabe zu übertragende Reibungskraft F_R muss mit der geforderten Sicherheit S_r unter der Rutschkraft F_{ru} bleiben:

$$S_r = \frac{F_N \cdot \nu}{F_R} = \frac{F_{ru}}{F_R} \geq S_{r\,\min} \tag{18.1}$$

F_N	in N	Anpresskraftkraft
ν		Haftbeiwert siehe Abschn. 18.2.2
$S_{r\,\min}$		Mindestsicherheit gegen Rutschen siehe Tab. 18.5

Die Anpresskraft F_N kann in unterschiedlicher Weise erzeugt werden. In allen Fällen wirkt in der Fügefläche ein Fugendruck (= Flächenpressung) p_F, dessen Größe von Herstell- und Betriebszustand abhängt. Je nach Art der Erzeugung der Anpresskraft wirkt der Fugendruck gleichmäßig über den Umfang (z. B. beim Pressverband) oder nicht (z. B. beim Klemmverband).

$$p_F = \frac{F_N}{A} \tag{18.2}$$

Die Fläche A ist abhängig von der Erzeugung der Anpresskraft.

G. Niemann et al., *Maschinenelemente 1*, https://doi.org/10.1007/978-3-662-55482-1_18

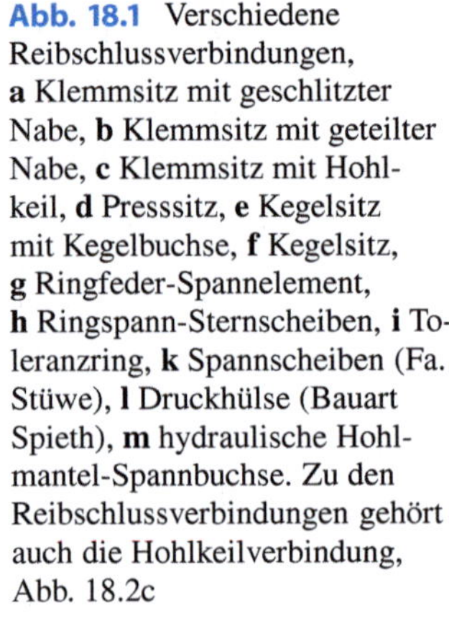

Abb. 18.1 Verschiedene Reibschlussverbindungen, **a** Klemmsitz mit geschlitzter Nabe, **b** Klemmsitz mit geteilter Nabe, **c** Klemmsitz mit Hohlkeil, **d** Presssitz, **e** Kegelsitz mit Kegelbuchse, **f** Kegelsitz, **g** Ringfeder-Spannelement, **h** Ringspann-Sternscheiben, **i** Toleranzring, **k** Spannscheiben (Fa. Stüwe), **l** Druckhülse (Bauart Spieth), **m** hydraulische Hohlmantel-Spannbuchse. Zu den Reibschlussverbindungen gehört auch die Hohlkeilverbindung, Abb. 18.2c

Abb. 18.2 Pressungsverteilung beim, **a** Pressverband, **b** Klemmverband (satte Anlage), **c** Keilverband (Hohlkeil)

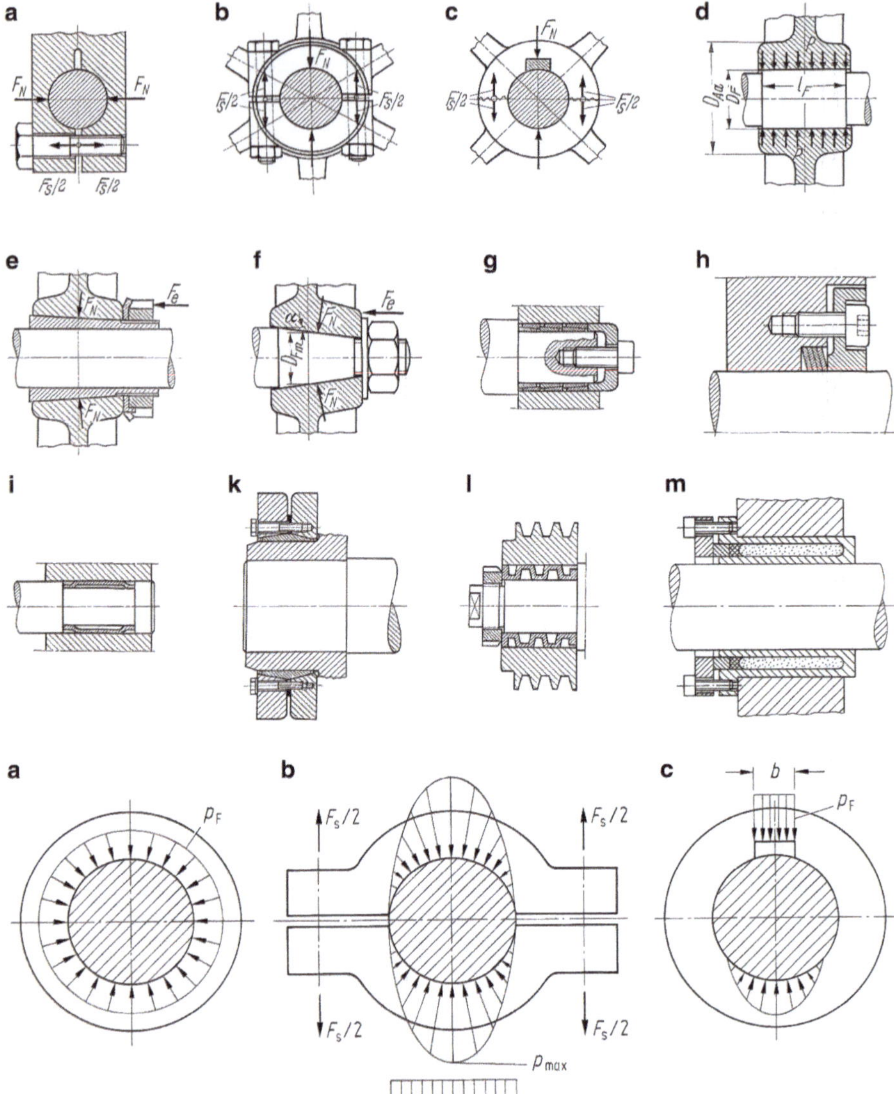

Tab. 18.1 Hinweise zur Auswahl von Welle-Nabe-Verbindungen

Geeignet für	Reibschluss	Formschluss	Vorgespannter Formschluss	Stoffschluss
kleinere Drehmomente	Klemmsitz, Hohlkeil, Toleranzring	Querstift, Scheibenfeder		geklebter Schiebesitz, Lötverbindung
einseitige Drehmomente	Presssitz, Klemmsitz, Hohlkeil, Toleranzring	Querstift, Passfeder		Schrumpfklebsitz
wechselseitige Drehmomente		Passfeder (mit Einschränkung)		
große wechselseitige oder stoßhafte Drehmomente, z. B. Schwungradbefestigung	Querpresssitz (Schrumpfsitz, Druckölverbindung)		Vielkeil- und Polygon-Profil mit Presssitz, Tangentenkeil	Schweißverbindung
kurze Naben bei großem Drehmoment		Gleitfeder, Keilwelle		
leicht lösbare Nabe	Klemmsitz, Kegelsitz, Kegelbüchse, Druckölverband, Ringfeder-Spannelement, Schrumpfscheiben	Passfeder, Vielkeil-, Kerbzahn- und Polygon-Profil	Nasenkeil	geklebter Schiebe- und Schrumpfsitz (Erwärmung)
nachträglich auf glatte Welle aufzubringende Nabe	Hohlkeil, Klemmsitz, Kegelbüchse, Ringfederspannelement			
in Drehrichtung verstellbare Nabe	Hohlkeil, Klemmsitz, Kegelsitz, Kegelbüchse, Schrumpfscheiben	Kerbzahnprofil		

Tab. 18.2 Anhaltswerte für Nabenlänge L_F und Nabendicke s von Welle-Nabe-Verbindungen (WNV) bei Stahlwelle (S275) in Abhängigkeit vom Drehmoment T (N mm). Für Keilwellen ist L_F die tragende Nutenlänge bei einseitigem T. Bei wechselseitigem T und seitlichen Kippkräften ist L_F größer zu wählen. Obere Werte für statische, untere Werte für dynamische Dreh- und Biegemomente. Weitere Hinweise siehe Abschn. über die betreffenden Welle-Nabe-Verbindungen

$L_F \approx x \cdot \sqrt[3]{\frac{T}{100}}$; ungeschwächte Nabe: $s \approx y \cdot \sqrt[3]{\frac{T}{100}}$; geschwächte Nabe: $s' \approx y' \cdot \sqrt[3]{\frac{T}{100}}$;

jeweils L_F in mm, T in N mm

Für $\tau_t = 15 \frac{\text{N}}{\text{mm}^2}$ in der Welle ist $\frac{L_F}{D_F} \approx 0{,}3 \cdot x$ und $\frac{s}{D_F} \approx 0{,}3 \cdot y$

Verbindung	GJL-Nabe			Stahl- oder GS-Nabe		
	x	Y	y'	x	y	y'
Presssitz, Kegelsitz, Polygonfestsitz, Schrumpfklebsitz	4,2 … 5,3	2,1 … 3,0	–	2,1 … 3,5	1,8 … 2,6	–
Klemmsitz, Polygonschiebesitz, Klebschiebesitz	5,3 … 7,0	1,8 … 2,1	–	3,5 … 4,6	1,4 … 1,8	–
Keil, Passfeder	5,3 … 7,0	–	1,5 … 1,8	3,5 … 4,6	–	1,1 … 1,5
Keilwelle, leichte Reihe, DIN/ISO 14[a]	3,4 … 4,2	–	1,3 … 1,6	2,1 … 3,0	–	1,1 … 1,5
Keilwelle, mittlere Reihe, DIN/ISO 14	2,1 … 3,0	–	1,2 … 1,5	1,3 … 2,1	–	1,0 … 1,4
Keilwelle, schwere Reihe, DIN/ISO 14	1,4 … 2,1	–	1,1 … 1,4	0,8 … 1,3	–	0,9 … 1,3

[a] Nabendurchmesser: $d_e/d_a \geq 1{,}4$ (allgemeiner Maschinenbau), $\geq 1{,}2$ (Leichtbau), jedoch Restnabendicke (Radius $(r_e - r_f) \geq 1{,}5 \cdot (r_f - r_a)$, Tab. 18.14c

Mit (18.1) ergibt sich die Reibkraft F_R, die mit der Sicherheit S_r bei vorgegebenem Fugendruck p_F übertragen werden kann.

$$F_R = \frac{F_N \cdot \upsilon}{S_r} = \frac{\upsilon}{S_r} \cdot p_F \cdot A \quad (18.3)$$

F_R kann als Umfangskraft F_U zur Drehmomentübertragung T mit dem Haftbeiwert beim Rutschen in Umfangsrichtung υ_{ru}

$$F_U = T \cdot \frac{2}{D_F} = A \cdot \upsilon_{ru} \cdot \frac{p_F}{S_r} \quad (18.4)$$

D_F	in mm	Fugendurchmesser

oder als Axialkraft F_a mit dem Haftbeiwert beim Rutschen in Längsrichtung υ_{rl} auftreten

$$F_a = A \cdot \upsilon_{rl} \cdot \frac{p_F}{S_r} \quad (18.5)$$

Zur Bestimmung von Löse-Drehmoment und -Axialkraft (d. h. beim Losreißen des Reibschlusses) sind die entsprechenden Haftbeiwerte ν_{lu} und ν_{ll} einzusetzen, Abschn. 18.2.2.

Zur Übertragung von Drehmoment und Axialkraft, werden beide Kraftkomponenten F_U und F_a geometrisch addiert

$$\sqrt{F_U^2 + F_a^2} = \sqrt{\frac{4 \cdot T^2}{D_F^2} + F_a^2} = A \cdot \upsilon \cdot \frac{p_F}{S_r} \quad (18.6)$$

mit einem gemeinsamen Haftbeiwert (auf der sicheren Seite)

$$\upsilon = \min(\upsilon_{ru}, \upsilon_{rl}) \quad (18.7)$$

Auf dieser Basis können für die unterschiedlichen Verbindungen die übertragbaren Drehmomente und Axialkräfte wie folgt berechnet werden.

a) Erzeugung der Anpresskraft durch einen Pressverband, Abb. 18.2a

Es wird davon ausgegangen, dass in der Fügefläche ein über Umfang und Breite gleichmäßig verteilter Fugendruck p_F wirkt. Mit dem zylindrischen Sitz ergibt sich die Mantelfläche zu

$$A = \pi \cdot D_F \cdot L_F \quad (18.8)$$

L_F	in mm	Fugenlänge

Daraus folgt für das übertragbare Drehmoment

$$T = \frac{\pi}{2} \cdot {D_F}^2 \cdot L_F \cdot \upsilon_{ru} \cdot \frac{p_F}{S_r} \quad (18.9)$$

und für die übertragbare Axialkraft

$$F_a = \pi \cdot D_F \cdot L_F \cdot \upsilon_{rl} \cdot \frac{p_F}{S_r} \quad (18.10)$$

Mit dem Ansatz für das Drehmoment

$$T = \tau_t \cdot W_t \quad (18.11)$$

τ_t	in N/mm²	Torsionsschubspannung

mit dem Torsionswiderstandsmoment

$$W_t = \pi \cdot \frac{{D_F}^3}{16} \quad (18.12)$$

für die Vollwelle ergibt sich aus (18.9) das für die sichere Übertragung des Drehmoments erforderliche Breiten-Durchmesser-Verhältnis nach [47] (Annahmen: Ebener Spannungszustand, beim Durchrutschen in der Fügefläche nimmt jedes Flächenelement die gleiche Schubspannung auf, d. h. Fugendruck konstant über der Nabenbreite):

$$\frac{L_F}{D_F} = \frac{\tau_t \cdot S_r}{8 \cdot v_{ru} \cdot p_F} \tag{18.13}$$

Die Erzeugung von Quer- und Längspressverbänden wird in Abschn. 18.2.3.1 erläutert.

b) Erzeugung der Anpresskraft durch einen Klemmverband, Abb. 18.2b

Die Anpresskraft wird hierbei durch vorgespannte Schrauben erzeugt. Die Nabe ist geschlitzt oder geteilt. Die Anpresskraft wirkt gleichmäßig über die Breite und flächig, jedoch nicht gleichmäßig über den Umfang verteilt. Die erforderliche satte Anlage wird mit einer leichten Presspassung erreicht, z. B. H8/m … n7.

Mit der Projektionsfläche

$$A = D_F \cdot L_F \tag{18.14}$$

ergeben sich das übertragbare Drehmoment

$$T = {D_F}^2 \cdot L_F \cdot v_{ru} \cdot \frac{p_F}{S_r} \tag{18.15}$$

und die übertragbare Axialkraft

$$F_a = 2 \cdot D_F \cdot L_F \cdot v_{rl} \cdot \frac{p_F}{S_r} \tag{18.16}$$

Das übertragbare Drehmoment bzw. die übertragbare Axialkraft sind somit bei gleicher Gesamt-Vorspannkraft F_N um den Faktor $\pi/2$ kleiner als beim Pressverband.

c) Erzeugung der Anpresskraft durch einen Keilverband, Abb. 18.2c

Die Anpresskraft wird durch axiales Eintreiben des Keils erzeugt.

Mit der Anpressfläche am Keil

$$A = b \cdot L_F$$

ergeben sich das übertragbare Drehmoment

$$T = D_F \cdot L_F \cdot b \cdot v_{ru} \cdot \frac{p_F}{S_r} \tag{18.17}$$

und die übertragbare Axialkraft

$$F_a = 2 \cdot L_F \cdot b \cdot v_{rl} \cdot \frac{p_F}{S_r} \tag{18.18}$$

Ähnlich liegen die Verhältnisse bei einem Klemmverband mit weitem Spiel ($F_N = F_S$). Bei gleicher Gesamt-Vorspannkraft F_N und einer Keilbreite von $b \approx 0{,}25 \cdot D_F$ beträgt das übertragbare Drehmoment bzw. die übertragbare Axialkraft ca. $1/6$ im Vergleich zum Pressverband, siehe auch Abschn. 18.4.1.

18.2.2 Haftbeiwerte, Rutschsicherheit

Bei Reibschlussverbindungen wird nicht mit Reibungszahlen μ (= Verhältnis von gemessener Lösekraft zu gemessener Normalkraft), sondern mit Haftbeiwerten v (= Verhältnis von gemessener Lösekraft zur errechneten Normalkraft) in der Fuge gerechnet. Die Haftbeiwerte hängen von der Erzeugung des Verbands ab und sind beispielsweise verschieden groß bei Längs- und Querpressverbänden. Sie hängen ferner von Werkstoffpaarung, Rauheit, Schmierungszustand und Beanspruchung der Fügeflächen ab. Anhaltswerte hierfür sind in Tab. 18.3 und 18.4 zusammengefasst.

Die Haftbeiwerte können verschieden groß sein in Längs- und Umfangsrichtung sowie bei schwingender und ruhender Beanspruchung [39]. Die in Tab. 18.3 und 18.4 angegebenen Werte liegen auf der sicheren Seite. Sehr große Haftbeiwerte werden durch kleine Ra-Werte (z. B. durch Läppen) oder durch elektrogalvanische Einlagerung von Hartstoffpartikeln erzielt. Übliche Streuungen liegen im Bereich von 30 %.

Die Rutschsicherheit S_r muss gleich oder größer sein als ein Mindestwert $S_{r\,\min}$.

Für einen Pressverband gilt nach (18.9) bei einem Drehmoment T

$$S_r = \frac{\frac{\pi}{2} \cdot D_F^2 \cdot L_F \cdot v_{ru} \cdot p_F}{T} \geq S_{r\,\min} \tag{18.19}$$

und nach (18.10) bei einer Axialkraft F_a

$$S_r = \frac{\pi \cdot D_F \cdot L_F \cdot v_{ru} \cdot p_F}{F_a} \geq S_{r\,\min} \tag{18.20}$$

Dem entsprechend können die (18.15) bis (18.18) umgestellt werden.

Tab. 18.3 Haftbeiwerte für Stahlwellen nach DIN 7190 [27] Teil 1 für Längspressverbände bei zügiger Beanspruchung

Naben-Werkstoffe	Haftbeiwerte			
	trocken		geschmiert	
	v_{ll}	v_{rl}	v_{ll}	v_{rl}
E335, GE300	0,11	0,08	0,08	0,07
S235 JRG G2	0,10	0,09	0,07	0,06
EN-GJS-600-3	0,10	0,09	0,06	0,05
EN-GJL-250	0,12	0,11	0,06	0,05
EN AB-44000 ff.	0,07	0,06	0,05	0,04
CB495K	0,07	0,06	–	–
TiAl6V4	–	–	0,05	–

Tab. 18.4 Haftbeiwerte für Stahlwellen nach DIN 7190 Teil 1 für Querpressverbände in Längs- und Umfangsrichtung beim Rutschen

Werkstoffpaarung, Schmierung, Fügung	Haftbeiwerte υ_{rl}, υ_{ru}
Stahl-Stahl-Paarungen	
Druckölverbände normal gefügt mit Mineralöl	0,12
Druckölverbände mit entfetteten Pressflächen mit Glyzerin gefügt	0,18
Schrumpfverband normal nach Erwärmung des Außenteils bis zu 300 °C im Elektroofen	0,14
Schrumpfverband mit entfetteten Pressflächen nach Erwärmung im Elektroofen bis zu 300 °C	0,20
Stahl-Gusseisen-Paarungen	
Druckölverbände normal gefügt mit Mineralöl	0,10
Druckölverbände mit entfetteten Pressflächen	0,16
Weitere Stahl-Paarungen	
Stahl-MgAl-Paarung, trocken	0,10 … 0,15
Stahl-CuZn-Paarung, trocken	0,17 … 0,25

Tab. 18.5 Mindestsicherheiten gegen Rutschen

Anwendungsfall	$S_{r\,\min}$
bei axialem Kraftfluss (z. B. Kupplungsnaben), konstantem Drehmoment, sicherer Reibungszahl	1,3 … 1,5
bei Lastkollektiv und Berechnung mit dem Maximalmoment	2,0 … 2,5
bei auf die Welle aufgeschrumpften Zahnrädern (örtlicher Kraftangriff am Umfang) gegen Maximalmoment	2,5 … 3,5
für aufgeschrumpfte Zahnradbandagen (örtlicher Kraftangriff bei umlaufender Welle, Gefahr des Mikrowanderns, siehe [57]), hohe Sicherheiten insbesondere bei dünnen Bandagen, d. h., wenn der Fußkreisdurchmesser der Verzahnung im Vergleich zum Fugendurchmesser klein ist (etwa < 1,2)	5 … 50

Bei Wechselbiegung sind ca. 2-fache Werte für $S_{r\,\min}$ erforderlich [39].

Anhaltswerte für Mindestsicherheiten gegen Rutschen sind in Tab. 18.5 angegeben.

Man beachte: Bei Werten „von bis" gelten die oberen Werte für unsichere Angaben über Belastung, Betriebstemperatur, Haftbeiwert, Werkstoff, Fertigungsqualität, kurze Naben (kleines L_F/D_F), kleine Übermaße (ca. $< 10\,\mu m$) (Messunsicherheit!) und erhebliche Folgen eines Schadenfalls (siehe auch Kap. 1: Arbeitsmethoden in der Konstruktion). Kleinere Werte genügen für Rutschen in Umfangsrichtung, wenn Rutschen in Axialrichtung durch einen Wellenbund oder ähnliches verhindert wird. Die Rutschsicherheiten sollten nicht zu knapp angesetzt werden, denn ein Schaden infolge Durchrutschens bedeutet, dass die Haftflächen fressen und der Verband nicht mehr lösbar ist.

18.2.3 Zylindrischer Pressverband – allgemeines

Der für die Kraftübertragung erforderliche Fugendruck p_F in den Reibflächen wird durch Verformung von Welle und Nabe erzeugt.

Der Außendurchmesser der Welle (= „Innenteil") wird zu diesem Zweck größer als der Bohrungsdurchmesser der Nabe (= „Außenteil") ausgeführt. Daraus resultiert ein Übermaß nach dem Fügen (Abb. 18.3). Durch Fliehkraft und temperaturbedingte Dehnungen kann sich im Betriebszustand ein anderes Gesamtübermaß einstellen.

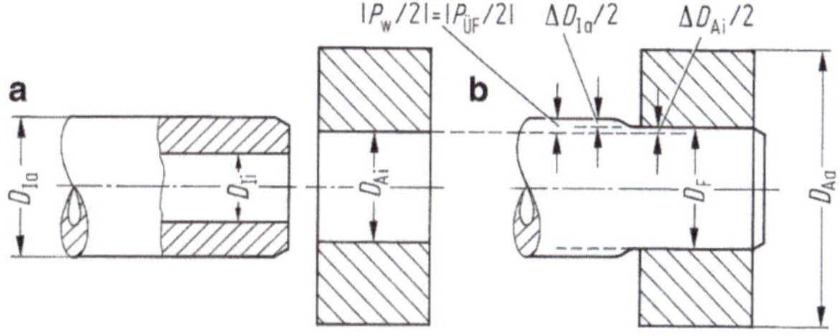

Abb. 18.3 Zylindrischer Pressverband, **a** vor dem Fügen, **b** nach dem Fügen

18.2.3.1 Erzeugung des Pressverbands – Definitionen

Es wird nach dem Herstellverfahren in Quer- und Längspressverbände unterschieden.

Querpressverbände lassen sich durch Erwärmen des Außenteils (nach dem Abkühlen auf Raumtemperatur entsteht ein Schrumpfverband), Unterkühlen des Innenteils (nach dem Erwärmen auf Raumtemperatur entsteht ein Dehnverband) oder einer Kombination beider Verfahren (es entsteht ein Dehn-Schrumpf-Verband) erzeugen. Ferner gibt es den Druckölverband, Abschn. 18.2.3.12.

Zur Erzeugung eines Längspressverbands wird das zylindrische Innenteil bei Raumtemperatur in die Bohrung des Außenteils axial eingepresst (auch kegelige Verbindungen ohne Drucköl sind als Längspressverbindungen zu behandeln, Abschn. 18.2.4).

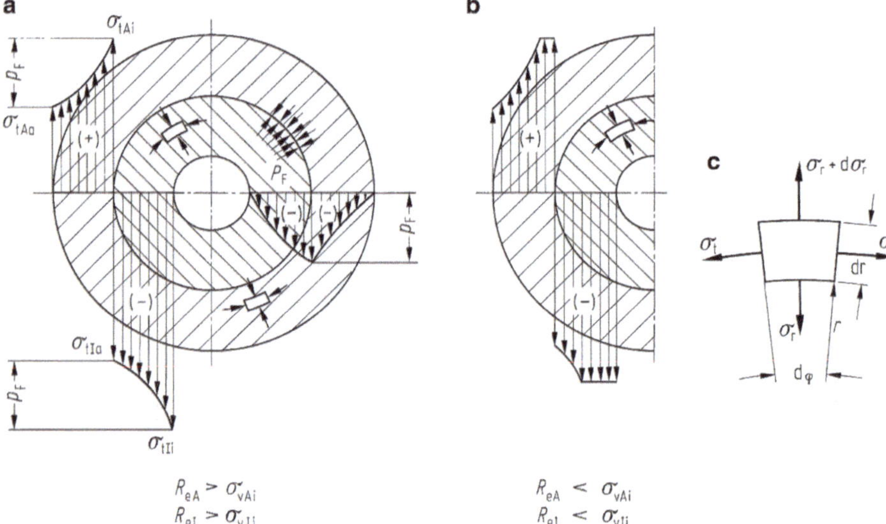

Abb. 18.4 Spannungen in einem zylindrischen Pressverband, **a** rein elastische Beanspruchung, **b** elastisch-plastische Beanspruchung, **c** Spannungen an einem Ringelement

18.2.3.2 Anforderungen an den Pressverband

Der Pressverband muss so dimensioniert werden, dass folgende Anforderungen eingehalten werden:

- Sicherheit gegen Rutschen $S_r \geq S_{r\,\min}$: Hierfür ist im Betriebszustand ein ausreichender Fugendruck und ein ausreichender Haftbeiwert erforderlich. Die hierbei vorhandene Sicherheit S_r ergibt sich aus dem zu übertragenden Drehmoment, (18.9), oder der zu übertragenden Axialkraft, (18.10).
- Die Beanspruchungen in Welle und Nabe, die aus dem Übermaß resultieren, dürfen in keinem Fertigungs- und Betriebszustand die zulässigen Beanspruchungen überschreiten, d. h. eine ausreichende Sicherheit gegen unzulässige Verformung $S_F \geq S_{F\,\min}$ bzw. Bruch $S_B \geq S_{B\,\min}$ wird gefordert, Abschn. 18.2.3.3 und Abschn. 18.2.3.5.
- Gefahr der Reibkorrosion (Passungsrost) ist insbesondere bei dynamischer Beanspruchung zu beachten. Gefährdet ist die Seite des Pressverbands, an der das Drehmoment in die Nabe eingeleitet wird, Abschn. 18.2.3.9d).
- Bei örtlichem Kraftangriff am Umfang einer dünnen Nabe (Bandage) unter umlaufender Welle, wie bei Zahnrädern, besteht Gefahr des Mikrowanderns, Abschn. 22.2.3d) in [57] sowie [1] und [49].
- Der Pressverband muss fügbar sein. Erreichbare und zulässige Temperaturen werden nach Abschn. 18.2.3.12a) bestimmt, die bei Längspressverbänden nötigen Fügekräfte werden nach Abschn. 18.2.3.12d) bestimmt. Für manche Anwendungen muss er lösbar sein, Abschn. 18.2.3.12e).

18.2.3.3 Elastischer und elastisch-plastischer Pressverband

In einem Pressverband sind die Spannungen über die Wanddicken von Nabe und Hohlwelle ungleichmäßig verteilt (nicht bei der Vollwelle!). Es ist daher bei duktilen Werkstoffen zulässig, die Streckgrenze in einem Teilbereich zu überschreiten, ohne die Funktionssicherheit des Pressverbands zu beeinträchtigen. Es wird unterschieden nach (Abb. 18.4):

Elastische Auslegung

Alle Spannungen bleiben unterhalb der Fließgrenze R_p. Bei spröden Werkstoffen, z. B. GJL, ist ein ausreichender Sicherheitsabstand gegen die Zugfestigkeit R_m erforderlich. Hierbei ist nur elastische Beanspruchung möglich, ebenso bei Vollwellen.

Elastisch-plastische Auslegung

Die Festigkeit von Naben und Hohlwellen aus duktilen Werkstoffen können besser ausgenutzt werden. Üblicherweise wird Teilplastifizierung bis zu 30 % des Volumens zugelassen. Dabei ist zu prüfen, ob die Teile wegen der erforderlichen größeren Übermaße noch sicher gefügt werden können. Ferner ist zu bedenken, dass wenn eine oder beide Oberflächen plastisch verformt werden, der Haftbeiwert stark abfällt [47]. Elastisch-plastische Pressverbände lassen sich zudem nicht zerstörungsfrei lösen (Schrumpftemperaturen, Fügekräfte). Kontrolle, welcher Fall vorliegt nach Abschn. 18.2.3.5. Die Berechnung elastisch-plastischer Pressverbände wird in [47] angegeben.

Hinweis

Wegen der genannten Einschränkungen werden Pressverbände im Allgemeinen auf rein elastische Beanspruchung ausgelegt.

18.2.3.4 Übermaß des elastischen Pressverbands

Eine Übersicht der Bezeichnungen der Übermaße (durchmesserbezogen) und Fügedrücke eines Pressverbands bei unterschiedlichen Fertigungs- und Betriebszuständen gibt Tab. 18.6.

Tab. 18.6 Bezeichnung der Übermaße (durchmesserbezogen) und Fügedrücke eines Pressverbands bei unterschiedlichen Fertigungs- und Betriebszuständen

Übermaß	Fugendruck	Definition, Zustand
$P = P_{\text{ist}}$	$p_{F\,\text{ist}}$	nach dem Fügen, bei Drehzahl Null, Raumtemperatur vor Glättung G
$P_u = \lvert ei - ES \rvert$	p_{Fu}	Mindestübermaß, Mindestfugendruck für das untere Abmaß, vor Glättung G
$P_o = \lvert es - EI \rvert$	p_{Fo}	Höchstübermaß, Höchstfugendruck für das obere Abmaß, vor Glättung G
P_w	p_{Fw}	Zustand nach dem Fügen, bei Drehzahl Null Raumtemperatur nach Glättung G
$P_{wu} = P_u - G$	p_{Fwu}	Mindestübermaß, Mindestfugendruck für das untere Abmaß nach Glättung G
$P_{wo} = P_o - G$	p_{Fwo}	Höchstübermaß, Höchstfugendruck für das obere Abmaß nach Glättung G
P_B	p_B	Übermaß und Fugendruck im Betriebszustand enthält Einflüsse von Glättung, Fliehkraft, Temperatur
P_ϑ		Übermaß aus Wärmedehnung
P_{rot}		Übermaß aus Fliehkraftwirkung
P_{Bu}	p_{FBu}	Mindestübermaß, Mindestfugendruck im Betriebszustand für das untere Abmaß, maßgebend für Rutschsicherheit, d. h. übertragbare Umfangskraft; die Fliehkraft mindert im Allgemeinen die Rutschsicherheit, die Wärmedehnung kann sie mindern oder erhöhen
P_{Bo}	p_{FBo}	Höchstübermaß, Höchstfugendruck im Betriebszustand für das obere Abmaß, maßgebend für die Beanspruchung von Welle und Nabe. Die Fliehkraft erhöht die Spannungen in der Nabe, mindert im Allgemeinen die Spannungen in der Welle; Einfluss der Wärmedehnung wie bei P_{Bu}

a) Allgemeine Beziehungen

Für die Berechnung werden Hohlwelle und Nabe als dickwandige Rohre gleicher axialer Länge aufgefasst, die unter Außen- bzw. Innendruck stehen. Die Welle kann auch als Vollwelle ausgeführt sein. Die Kantenpressung (z. B. bei längerer Welle als Nabe) wird zunächst vernachlässigt. Für die Beziehungen zwischen Spannungen und Dehnungen soll das Hooke'sche Gesetz gelten und zwar wird der ebene Spannungszustand zugrunde gelegt. Zunächst wird angenommen, dass in den Fügeflächen der gefügten Teile (Welle und Nabe) Fugendrücke (= Radialspannungen) entsprechend dem Übermaß wirken und in den gefügten Teilen selbst nur die daraus resultierenden Tangentialspannungen.

Die Radialverschiebung (Aufweitung oder Einschnürung) lässt sich nach [69] allein aus der Tangentialdehnung ε_t berechnen.

$$\varepsilon_t = \frac{\sigma_t - v \cdot \sigma_r}{E} \tag{18.21}$$

E	in N/mm²	Elastizitätsmodul
σ_r	in N/mm²	Radialspannung
σ_t	in N/mm²	Tangentialspannung
v		Querdehnzahl

Danach ergibt sich die Aufweitung des Außenteils am Innendurchmesser D_{Ai} unter Innendruck p_i (Maße nach Abb. 18.3) zu

$$\Delta D_{Ai} = \frac{p_i}{E_A} \cdot D_{Ai} \cdot \left(\frac{1 + {Q_A}^2}{1 - {Q_A}^2} + \nu_A \right) \tag{18.22}$$

E_A	in N/mm²	Elastizitätsmodul des Außenteils
ν_A		Querdehnzahl des Außenteils

mit Durchmesserverhältnis des Außenteils

$$Q_A = \frac{D_{Ai}}{D_{Aa}} \tag{18.23}$$

Einschnürung des Innenteils am Außendurchmesser D_{Ia} unter Außendruck p_a berechnet sich zu

$$\Delta D_{Ia} = -\frac{p_a}{E_I} \cdot D_{Ia} \cdot \left(\frac{1 + {Q_I}^2}{1 - {Q_I}^2} - \nu_I \right) \tag{18.24}$$

E_I	in N/mm²	Elastizitätsmodul des Innenteils
ν_I		Querdehnzahl des Innenteils

mit Durchmesserverhältnis des Innenteils

$$Q_I = \frac{D_{Ii}}{D_{Ia}} \tag{18.25}$$

Im gefügten Zustand ergibt sich der Fugendurchmesser

$$D_F = D_{Ai} = D_{Ia} \tag{18.26}$$

und der Fugendruck

$$p_F = p_i = p_a \tag{18.27}$$

Das den Fugendruck erzeugende Übermaß P (Summe von Aufweitung des Außenteils ΔD_{Ai} und Einschnürung des Innenteils ΔD_{Ia} am Fugendurchmesser D_F) für die Paarung

Nabe/Hohlwelle ergibt sich zu

$$P = |D_{Ai} - D_{Ia}| = \Delta D_{Ai} + |\Delta D_{Ia}| = p_F \cdot D_F \cdot \left[\frac{1}{E_A} \cdot \left(\frac{1 + Q_A{}^2}{1 - Q_A{}^2} + \nu_A\right) + \frac{1}{E_I} \cdot \left(\frac{1 + Q_I{}^2}{1 - Q_I{}^2} - \nu_I\right)\right] \quad (18.28)$$

Daraus berechnet sich der Fugendruck zu

$$p_F = \frac{P}{D_F \cdot [\frac{1}{E_A} \cdot (\frac{1+Q_A{}^2}{1-Q_A{}^2} + \nu_A) + \frac{1}{E_I} \cdot (\frac{1+Q_I{}^2}{1-Q_I{}^2} - \nu_I)]} \quad (18.29)$$

Für die Paarung Nabe/Vollwelle mit gleichen Elastizitätsmoduln für Außenteil (Nabe) und Innenteil (Welle) $E_A = E_I = E$ und gleichen Querdehnzahlen $\nu_A = \nu_I$ gilt

$$p_F = \frac{P \cdot E \cdot (1 - Q_A^2)}{2 \cdot D_F} \quad (18.30)$$

Das auf den Fugendurchmesser bezogene Übermaß berechnet sich zu

$$\xi_w = \frac{P}{D_F} \quad (18.31)$$

b) Übermaß nach dem Fügen, in Ruhe bei Raumtemperatur

Für die ausgeführten Istmaße D_{Ai} und D_{Ia} ist das Übermaß P für diesen Zustand in (18.28)–(18.31) das Istübermaß P_{ist} und p_F der dabei auftretende Istfugendruck $p_{F\,\text{ist}}$. Die Glättung der Oberflächen in der Pressfuge ist dabei noch nicht berücksichtigt.

Für vorgegebene Passungen (vor dem Fügen) mit den oberen Abmaßen es (Welle) und ES (Nabe) sowie den unteren Abmaßen ei und EI ergibt sich das Höchstübermaß

$$P_o = |es - EI| \quad (18.32)$$

mit der zugehörigen Fugenpressung p_{Fo} und das Mindestübermaß

$$P_u = |ei - ES| \quad (18.33)$$

mit der zugehörigen Fugenpressung p_{Fu}.

Allerdings ist zu berücksichtigen, dass beim Fügen die Rauheitsspitzen plastisch eingeebnet werden. Das Istübermaß P_{ist} wird um die Glättung G auf das wirksame Übermaß P_w reduziert.

$$P_w = P_{\text{ist}} - G \quad (18.34)$$

Für das (wirksame) Höchstübermaß nach dem Fügen gilt

$$P_{wo} = P_o - G = |es - EI| - G \quad (18.35)$$

Für das (wirksame) Mindestübermaß nach dem Fügen gilt

$$P_{wu} = P_u - G = |ei - ES| - G \quad (18.36)$$

Entsprechend P_w stellt sich die Fugenpressung p_{Fw} zwischen p_{Fwo} und p_{Fwu} ein. Sofern keine Messwerte zur Verfügung stehen, kann die Glättung G nach DIN 7190 berechnet werden mit

$$G = 0{,}4 \cdot (Rz_{Ai} + Rz_{Ia}) \quad (18.37)$$

Rz_{Ai}	in µm	gemittelte Rautiefe der Fügefläche vom Außenteil am Innendurchmesser
Rz_{Ia}	in µm	gemittelte Rautiefe der Fügefläche vom Innenteil am Außendurchmesser

c) Übermaß aus Fliehkraftwirkung

Bei rotierenden Pressverbänden wird das Übermaß durch die unterschiedlichen Aufweitungen von Innen- und Außenteil infolge Fliehkraft verändert, im Allgemeinen gemindert, und zwar ebenfalls durchmesserbezogen um

$$P_{\text{rot}} = P_{\text{rot}\,Ai} - P_{\text{rot}\,Ia} \quad (18.38)$$

Für eine ringförmige Scheibe konstanter Dicke gilt nach [38]:

- Aufweitung der Außenteilbohrung (Naben-Innendurchmesser) durch Fliehkrafteinfluss:

$$P_{\text{rot}\,Ai} = \frac{\varrho_A \cdot \omega^2 \cdot D_F}{E_A} \cdot \left[2 \cdot c_1 \cdot \left(\frac{D_{Aa}}{2}\right)^2 + (c_1 - c_2) \cdot \left(\frac{D_F}{2}\right)^2\right] \quad (18.39)$$

- Aufweitung des Innenteil(=Hohlwelle)-Außendurchmessers durch Fliehkrafteinfluss:

$$P_{\text{rot}\,Ia} = \frac{\varrho_I \cdot \omega^2 \cdot D_F}{E_I} \cdot \left[2 \cdot c_1 \cdot \left(\frac{D_{Ii}}{2}\right)^2 + (c_1 - c_2) \cdot \left(\frac{D_F}{2}\right)^2\right] \quad (18.40)$$

- Aufweitung des Innenteil(=Vollwellen)-Außendurchmessers durch Fliehkrafteinfluss:

$$P_{\text{rot}\,Ia} = \frac{\varrho_I \cdot \omega^2}{2 \cdot E_I} \cdot \left(\frac{D_F}{2}\right)^3 \cdot (1 - \nu_1) \quad (18.41)$$

- Aufweitung des Außenteil(=Naben)-Außendurchmessers durch Fliehkrafteinfluss:

$$P_{\text{rot}\,Aa} = \frac{\varrho_A \cdot \omega^2 \cdot D_{Aa}}{E_A} \cdot \left[2 \cdot c_1 \cdot \left(\frac{D_F}{2}\right)^2 + (c_1 - c_2) \cdot \left(\frac{D_{Aa}}{2}\right)^2\right] \quad (18.42)$$

- Aufweitung des Innenteil(=Hohlwelle)-Innendurchmessers durch Fliehkrafteinfluss:

$$P_{\text{rot}\,Ii} = \frac{\varrho_I \cdot \omega^2 \cdot D_{Ii}}{E_I} \cdot \left[2 \cdot c_1 \cdot \left(\frac{D_F}{2}\right)^2 + (c_1 - c_2) \cdot \left(\frac{D_{Ii}}{2}\right)^2\right] \quad (18.43)$$

mit den Konstanten

$$c_1 = \frac{3 + \nu}{8} \quad (18.44)$$

$$c_2 = \frac{1 + 3\nu}{8} \quad (18.45)$$

mit der Querdehnzahl $\nu = \nu_A$ für das Außenteil, $\nu = \nu_I$ für das Innenteil.

D_{Aa}	in mm	Außendurchmesser des Außenteils
D_F	in mm	Fugendurchmesser
D_{Ii}	in mm	Innendurchmesser des Innenteils
ϱ_A, ϱ_I	in kg/mm^3	Dichten von Außen- und Innenteil
E_A, E_I	in N/mm^2	Elastizitätsmoduln von Außen- und Innenteil

Der Einfluss der Fliehkraft auf die Rutschsicherheit und die Beanspruchung wird in Abschn. 18.2.3.8 erläutert.

d) Übermaß aus Wärmedehnung

Bei unterschiedlicher Wärmedehnung von Welle und Nabe (Außen- und Innenteil) durch Temperaturdifferenz zwischen beiden und/oder bei unterschiedlichen Wellen- und Naben-Werkstoffen ergibt sich ein Übermaß.

Übermaß durch Temperatureinfluss:

$$\begin{aligned} P_\vartheta &= P_{\vartheta A} - P_{\vartheta I} \\ &= D_F \cdot (\alpha_A \cdot \Delta\vartheta_A - \alpha_I \cdot \Delta\vartheta_I) \end{aligned} \quad (18.46)$$

D_F	in mm	Fugendurchmesser
α_A, α_I	in K^{-1}	Wärmeausdehnungskoeffizienten des Außenteils, Innenteils

mit der Temperaturdifferenz zwischen Betriebstemperatur ϑ_B und Raumtemperatur ϑ_R am Außenteil

$$\Delta\vartheta_A = \vartheta_{A,B} - \vartheta_R \quad (18.47)$$

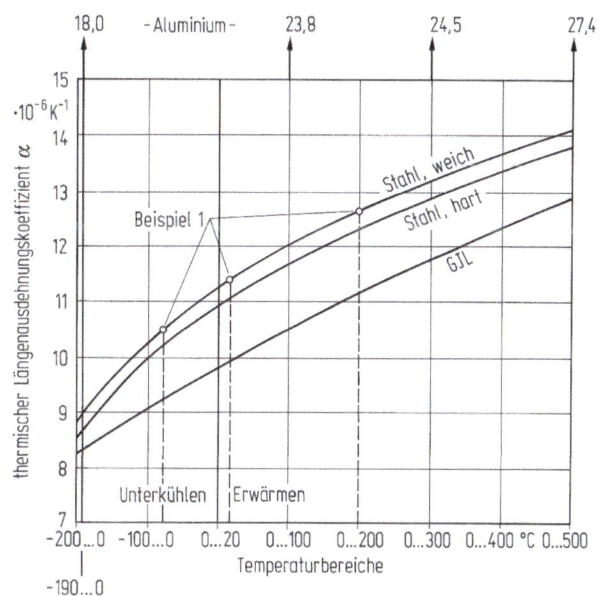

Abb. 18.5 Wärmeausdehnungskoeffizient (= thermischer Längenausdehnungskoeffizient) nach [62]

und am Innenteil

$$\Delta\vartheta_I = \vartheta_{I,B} - \vartheta_R \quad (18.48)$$

Der Wärmeausdehnungskoeffizient hängt vom Werkstoff und der Temperatur ab. Anhaltswerte siehe Abb. 18.5.

Bei gleichem Werkstoff von Welle und Nabe ($\alpha_A = \alpha_I = \alpha$) ergibt sich Übermaß durch Temperatureinfluss zu

$$P_\vartheta = D_F \cdot \alpha \cdot (\Delta\vartheta_A - \Delta\vartheta_I) \quad (18.49)$$

e) Übermaß im Betriebszustand

Das hierbei verbleibende Übermaß P_B setzt sich demnach zusammen aus: Fügeübermaß P_W (18.34), den Übermaßänderungen aus Temperatur bzw. Temperaturdifferenz P_ϑ (18.46) und Fliehkraft P_{rot} (18.38).

$$P_B = P_w + P_\vartheta + P_{\text{rot}} \quad (18.50)$$

Für das Höchstübermaß im Betriebszustand gilt

$$P_{Bo} = P_{Wo} + \max(P_\vartheta + P_{\text{rot}}) \quad (18.51)$$

Für das Mindestübermaß im Betriebszustand gilt

$$P_{Bu} = P_{Wu} + \min(P_\vartheta + P_{\text{rot}}) \quad (18.52)$$

Hinweise zum Fliehkraftanteil: Haupteinflussgrößen sind die Umfangsgeschwindigkeit in der Pressfuge und das Durchmesserverhältnis Q_A nach (18.23) mit $D_{Ai} = D_F$ nach (18.26). Bei den in Tab. 18.7 beschriebenen Anwendungsfällen, kann der Fliehkraftanteil vernachlässigt werden. Er macht nur ca. 0,1 ‰ aus.

Tab. 18.7 Anwendungsfälle, bei denen der Fliehkraftanteil vernachlässigt werden kann

Fall	Werkstoffpaarung	ϱ_A	v_F
1	Stahlwelle/Stahlnabe	> 0,5	< 30 m/s
2	Stahlwelle/Stahlnabe	≥ 0,2	< 12 m/s
3	Stahlwelle /GJL-Nabe	≥ 0,2	< 8 m/s

Hinweise zum Temperaturanteil: Der Temperaturanteil kann bei Raumtemperatur im Allgemeinen vernachlässigt werden.

Abheben des Außenteils vom Innenteil: Dieser Zustand tritt ein, wenn die Übermaßänderung aus Fliehkraft so groß wird, dass das Übermaß im Betriebszustand (und damit auch der Fugendruck) zu Null werden. Bei der Berechnung muss vom Mindestübermaß ausgegangen werden, d. h. nach (18.52) ergibt sich

$$P_{Bu} = P_{wu} + P_\vartheta + P_{\text{rot}} = 0 \tag{18.53}$$

Es ergibt sich hieraus die Abhebewinkelgeschwindigkeit

$$\omega_{ab} = \sqrt{\frac{P_{wu} \pm P_\vartheta}{A - B}} \tag{18.54}$$

mit den Gleichungsanteilen A aus (18.39)

$$A = \frac{\varrho_A \cdot D_F}{E_A} \cdot \left[2 \cdot c_1 \cdot \left(\frac{D_{Aa}}{2}\right)^2 + (c_1 - c_2) \cdot \left(\frac{D_F}{2}\right)^2\right] \tag{18.55}$$

und B aus (18.40)

$$B = \frac{\varrho_I \cdot D_F}{E_I} \cdot \left[2 \cdot c_1 \cdot \left(\frac{D_{Ii}}{2}\right)^2 + (c_1 - c_2) \cdot \left(\frac{D_F}{2}\right)^2\right] \tag{18.56}$$

bzw. für Vollwelle

$$B = \frac{\varrho_I}{E_I} \cdot \left(\frac{D_F}{2}\right)^3 \cdot \frac{1 - \nu_1}{2} \tag{18.57}$$

Für gleichen Werkstoff von Außen- und Innenteil ($E_A = E_I = E$, $\varrho_A = \varrho_I = \varrho$) und Vollwelle ($D_{Ii} = 0$) gilt

$$\omega_{ab} = \sqrt{\frac{P_{wu} \pm P_\vartheta}{D_F} \cdot \frac{E}{\varrho} \cdot \frac{2}{c_1 \cdot (D_{Aa}{}^2 - D_{Ii}{}^2)}} \tag{18.58}$$

c_1, c_2		Konstanten nach (18.44) und (18.45)
D_{Aa}	in mm	Außendurchmesser des Außenteils
D_F	in mm	Fugendurchmesser
D_{Ii}	in mm	Innendurchmesser des Innenteils
E_A, E_I	in N/mm²	Elastizitätsmoduln des Außen- und Innenteils
P_{wu}	in mm	wirksames Übermaß nach (18.36)
P_ϑ	in mm	Übermaß durch Temperatureinfluss (18.46)
ϱ_A, ϱ_I	in kg/mm³	Dichten des Außen- und Innenteils

f) Bestimmung der geeigneten Passung

Entsprechend der Fertigungstoleranz liegt das Übermaß im Betriebszustand P_B zwischen den Grenzwerten P_{Bu} und P_{Bo}. Das Mindestübermaß P_{Bu} muss so groß sein, dass die geforderte Rutschsicherheit gewährleistet ist. Der Festigkeitsnachweis ist für den Betriebszustand mit dem Höchstübermaß P_{Bo} zu führen.

Die Passungen sind entsprechend unter Berücksichtigung aller Einflussgrößen in (18.50) zu wählen: Für das Höchstübermaß $P_B = P_{Bo}$ mit P_{Wo} nach (18.35), für das Mindestübermaß $P_B = P_{Bu}$ mit P_{Wu} nach (18.36).

Empfehlungen für das Vorgehen: Es ist zuerst das Toleranzfeld für die Nabenbohrung entsprechend DIN 7190 Teil 1 zu wählen: bis 500 mm Durchmesser die Toleranzklasse H7, über 500 mm H8. Für die Welle (eine Qualität feiner): bis 500 mm Durchmesser IT6 bzw. über 500 mm IT7. Nach Erfahrung wird z. B. u6 der Welle zu H7 der Nabe kombiniert (Werte für Grundabmaße sind in Kap. 6, Tab. 6.3 und Abb. 6.3 enthalten). Hierfür werden Rutschsicherheit und Festigkeit nach Abschn. 18.2.3.5–18.2.3.8 errechnet, siehe auch Beispiel 18.1 in Abschn. 18.7. Falls die geforderten Werte nicht erreicht werden, wird die erste Annahme korrigiert, es wird also beispielsweise x6 statt u6 gewählt.

Hinweise: Von diesen Empfehlungen kann im Hinblick auf Tragfähigkeits- und Temperaturgrenzen abgewichen werden und für die Nabe Toleranzen H5 … H8 bzw. für die Welle Toleranzklassen IT5 … IT8 gewählt werden.

Man beachte: Wenn auf den Pressverband Welle/Nabe zusätzlich eine Bandage aufgeschrumpft wird, ändert sich auch das Übermaß Nabe/Welle.

Übermaße zum Fügen und Lösen des Pressverbands werden in Abschn. 18.2.3.12 erläutert.

Falls wichtig für die Funktion, ist die Aufweitung der Nabe (Außendurchmesser) nach (18.42) zu prüfen.

18.2.3.5 Berechnung des elastischen Pressverbands – allgemeine Beziehungen, Nachweis

Folgende Grenzkriterien sind bei der Beurteilung der Betriebssicherheit von Pressverbänden zu beachten. Welche bei den jeweiligen Herstell- und Betriebszuständen zu berücksichtigen sind und welche nicht, wird in den nachfolgenden Abschnitten diskutiert.

Rutschsicherheit

Die Berechnung der vorhandenen Rutschsicherheit S_r erfolgt nach Abschn. 18.2.1a) mit dem Fugendruck p_F je nach Herstell- und Betriebszustand nach (18.29) und Übermaß $P = P_{wu}$ nach (18.36) zur Berücksichtigung der Glättung oder $P = P_B$ nach (18.50) zur Berücksichtigung von Fliehkraft und Temperatur. Mindestrutschsicherheiten sind in Tab. 18.5 angegeben.

Tab. 18.8 Berechnung der Radialspannungen σ_r, Tangentialspannungen σ_t und Vergleichsspannungen σ_v aus Schrumpf-, Temperatur- und Fliehkraftbeanspruchung

Durchmesser	Außenteil (A)	Innenteil (I)
innen (i)	Radialspannung-Druck $\sigma_{rAi} = -p_F$ Tangentialspannung-Zug $\sigma_{tAi} = p_F \cdot \frac{1+Q_A{}^2}{1-Q_A{}^2} + P_{\text{rot}\,Ai} \cdot \frac{E_A}{D_F}$	– Hohlwelle – Radialspannung $\sigma_{rIi} = 0$ Tangentialspannung-Druck $\sigma_{tIi} = -p_F \cdot \frac{2}{1-Q_I{}^2} + P_{\text{rot}\,Ii} \cdot \frac{E_I}{D_{Ii}}$
außen (a)	Radialspannung $\sigma_{rAa} = 0$ Tangentialspannung-Zug $\sigma_{tAa} = p_F \cdot (\frac{1+Q_A{}^2}{1-Q_A{}^2} - 1) + P_{\text{rot}\,Aa} \cdot \frac{E_A}{D_{Aa}}$	– Hohlwelle – Radialspannung-Druck $\sigma_{rIa} = -p_F$ Tangentialspannung-Druck $\sigma_{tIa} = -p_F \cdot \frac{1+Q_I{}^2}{1-Q_I{}^2} + P_{\text{rot}\,Ia} \cdot \frac{E_I}{D_F}$
		– Vollwelle – Radialspannung-Druck $\sigma_{rI} = -p_F$ Tangentialspannung-Druck $\sigma_{tIa} = -p_F + P_{\text{rot}\,Ia} \cdot \frac{E_I}{D_F}$

Vergleichsspannungen:
Gestaltänderungsenergiehypothese (GEH) $\sigma_v = \sqrt{\sigma_1{}^2 + \sigma_2{}^2 - \sigma_1 \cdot \sigma_2}$
Normalspannungshypothese (NH) $\sigma_v = \sigma_1$
Einzelspannungen: σ_1 = Tangentialspannung σ_t; σ_2 = Radialspannung σ_r
Der Fugendruck p_F ist stets positiv einzusetzen. p_F für unterschiedliche Fertigungs- und Betriebszustände (auch Fliehkraft), siehe Abb. 18.4a.

Beanspruchung

Die an einem Element der Nabe oder Welle angreifenden Kräfte führen bei Annahme eines ebenen Spannungszustands (siehe hierzu auch [47]) über die Kräftegleichung in radialer Richtung (Abb. 18.4) zu

$$(\sigma_r + d\sigma_r) \cdot (r + dr) \cdot d\phi \cdot z - \sigma_r \cdot r \cdot d\phi \cdot z - 2 \cdot \sigma_t \cdot dr \cdot z \cdot \sin \frac{d\phi}{2} = 0 \tag{18.59}$$

mit

$$\sin \frac{d\phi}{2} \approx \frac{d\phi}{2} \tag{18.60}$$

und

$$d\sigma_r \cdot dr \approx 0 \tag{18.61}$$

zur Differentialgleichung

$$\sigma_r \cdot dr + d\sigma_r \cdot r - \sigma_t \cdot dr = 0 \tag{18.62}$$

Deren Lösung ergibt den Zusammenhang zwischen Fugendruck und den Normalspannungen σ_r und σ_t, die Hauptspannungen darstellen. Mit den Durchmesserverhältnissen Q_A nach (18.23) und Q_I nach (18.25) mit $D_{Ai} = D_{Ia} = D_F$ nach (18.26) ergeben sich die in Tab. 18.8 zusammengefassten Gleichungen für σ_r und σ_t. Der Spannungsverlauf über den Querschnitt des Pressverbands ist allgemein in Abb. 18.4 und für Beispiel 18.1 in Abb. 18.38 dargestellt. Die größten Beanspruchungen treten am Innendurchmesser des Außenteils und am Innendurchmesser des Innenteils (Hohlwelle) auf. Diese sind daher maßgebend für die Tragfähigkeit. Es ergibt sich folgender Berechnungsablauf:

1. Berechnung der Radial- und Tangentialspannungen aus dem Fugendruck mit den Gleichungen in Tab. 18.8 für den jeweiligen Fertigungs- und Betriebszustand
   Man beachte: Bei der Vollwelle sind Radial- und Tangentialspannung gleich groß und konstant über den Wellenquerschnitt. Bereits bei sehr kleiner Bohrung wird die Tangentialspannung doppelt so groß wie bei der Vollwelle.
2. Bilden der Vergleichsspannung aus den Tangential- und Radialspannungen
   - für duktile Werkstoffe nach der Gestaltänderungsenergiehypothese (GEH)
   - für spröde Werkstoffe nach der Normalspannungshypothese (NH) (größte Normalspannung)

   Richtwerte für ausreichende Duktilität: Bruchdehnung $A \geq 10\,\%$, Brucheinschnürung $Z \geq 30\,\%$; für spröde Werkstoffe: $A < 10\,\%$, $Z < 30\,\%$.
   Hinweis: Die Schubspannung in der Fuge aus dem übertragenen Drehmoment kann vernachlässigt werden, wenn diese in der Nabe radial zu- oder abgeführt wird. Die Pressverbindung wird somit auch bei dynamischem Drehmoment praktisch statisch beansprucht.

Festigkeit, Sicherheit

Als Festigkeitsgrenze duktiler Werkstoffe gilt die Fließgrenze R_p, als Festigkeitsgrenze spröder Werkstoffe die Zugfestigkeit R_m.

Sicherheiten gegen plastische Verformung S_F und gegen Bruch S_B:

$$S_F = \frac{R_p}{\sigma_v} \geq S_{F\,\min} \tag{18.63}$$

$$S_B = \frac{R_m}{\sigma_v} \geq S_{B\,\min} \tag{18.64}$$

σ_v	in N/mm^2	Vergleichsspannung
$S_{B\,\min}$, $S_{F\,\min}$		Mindestsicherheiten gegen Gewaltbruch und Fließen

Anhaltswerte für die Mindestsicherheiten:

$$S_{F\,\min} = 1{,}1 \ldots 1{,}5 \tag{18.65}$$

$$S_{B\,\min} = 2 \ldots 3 \tag{18.66}$$

Es gelten sinngemäß die Hinweise wie zu Rutschsicherheiten, Abschn. 18.2.2. Allgemeine Gesichtspunkte zur Bauteilsicherheit sind in Abschn. 1.4.8 angegeben.

Kontrolle zu Abschn. 18.2.3.3

Der Pressverband liegt im elastischen Bereich, wenn für die Bohrungen von Außen- und Innenteil oder für die Vollwelle gilt: $\sigma_v \leq R_p$. Dabei wird die Beanspruchung mit dem Höchst-Fugendruck p_{FBo} für das Höchstübermaß $P = P_{Bo}$ nach (18.50) berechnet, P_{Bo} nach Abschn. 18.2.3.4f), für diese Kontrolle also ohne Fliehkraft- und Temperaturanteil.

18.2.3.6 Berechnung des elastischen Pressverbands – Zustand nach dem Fügen, in Ruhe, bei Raumtemperatur

Ziel ist die Überprüfung der in diesem Zustand vorliegenden maximalen Nabenbeanspruchung.

Rutschsicherheit

Der Nachweis entfällt, da kein Drehmoment übertragen wird.

Festigkeitsnachweis

Für die Beanspruchung ist das Höchstübermaß nach dem Fügen aus (18.35) maßgebend. Daraus ergibt sich der Höchstfugendruck p_{ow} aus (18.28) bzw. (18.30) mit $P = P_{Wo}$ und $p_F = p_{ow}$. P_B nach (18.50) wird zu P_{Wo}. (Die Anteile aus Temperatur und Fliehkraft entfallen.) Hiermit werden die Spannungen σ_r, σ_t und σ_v nach Tab. 18.8 berechnet. Der Ansatz der Festigkeit und Sicherheit gilt wie in Abschn. 18.2.3.5.

18.2.3.7 Berechnung des elastischen Pressverbands – Zustand bei kleiner Umfangsgeschwindigkeit sowie unterschiedlicher Wärmedehnung von Welle und Nabe

Der Zustand kleiner Umfangsgeschwindigkeiten ist an den Drehzahlgrenzen aus Tab. 18.7 festzumachen.

Gegenüber dem Zustand nach Abschn. 18.2.3.6 ändert sich das Übermaß infolge Temperaturdifferenz zwischen Außen- und Innenteil oder/und unterschiedlicher Wärmeausdehnungskoeffizienten um P_ϑ nach Abschn. 18.2.3.4d).

Rutschsicherheit

Berechnung der vorhandenen Rutschsicherheit S_r nach Abschn. 18.2.1a) mit p_F für das Mindestübermaß P_B im Betriebszustand: $p_F = p_{Bu}$ aus (18.28) bzw. (18.30). Aus (18.50) folgt

$$P_B = P_{Bu} = P_u - G + P_\vartheta \tag{18.67}$$

Der Fliehkraftanteil wird vernachlässigt. Mindestrutschsicherheiten sind in Tab. 18.5 angegeben.

Festigkeitsnachweis

Maßgebend für die Beanspruchung ist das Höchstübermaß nach (18.51).

Aus (18.28) bzw. (18.30) wird der bei diesem Zustand vorhandenen Höchstfugendruck p_{FBo} und nach Tab. 18.8 die Spannungen σ_r, σ_t und σ_v ermittelt. Der Ansatz der Festigkeit und Sicherheit gilt wie in Abschn. 18.2.3.5.

Einfluss der Temperatur

Unter dem Einfluss der Temperatur ändern sich die Verhältnisse im Pressverband mit Welle und Nabe aus gleichem Werkstoff wie folgt: Wenn sich die Nabe stärker erwärmt als die Welle, d. h. bei $\Delta\vartheta_A > \Delta\vartheta_I$ in (18.46), wird das Gesamtübermaß P kleiner und damit auch die Fugenpressung sowie die Tangential- und Radialspannungen, ebenso die Rutschsicherheit, und umgekehrt. Dasselbe gilt für einen insgesamt erwärmten Pressverband, wenn der Nabenwerkstoff einen höheren Wärmeausdehnungskoeffizienten als der Wellenwerkstoff aufweist, d. h. bei $\alpha_A > \alpha_I$, z. B. bei einem Pressverband aus Aluminiumnabe und Stahlwelle.

18.2.3.8 Berechnung des elastischen Pressverbands – Zustand bei Temperatur- und Fliehkrafteinfluss

Rutschsicherheit

Die Berechnung wird wie nach Abschn. 18.2.3.7 mit Fliehkraftanteil P_{rot} nach Abschn. 18.2.3.4c) durchgeführt.

Festigkeitsnachweis

Berechnung des für die Beanspruchung maßgebenden Höchstübermaßes nach (18.51) mit Berücksichtigung des Fliehkraftanteils. Hiermit wird nach (18.28) bzw. (18.30) der Höchstfugendruck p_{FBo} bestimmt und damit die Spannungen σ_r, σ_t und σ_v nach Tab. 18.8. Der Ansatz der Festigkeit und Sicherheit gilt wie in Abschn. 18.2.3.5.

Einfluss von Temperatur und Fliehkraft

Der Einfluss von Temperatur gilt wie in Abschn. 18.2.3.7.

Einfluss der Fliehkraft: Die (Zug-)Tangentialspannungen des Außenteils am Innen-(= Füge-) und Außendurchmesser werden mit wachsender Drehzahl größer: In der Gleichung für σ_{tAi} in Tab. 18.8 wächst der Anteil $P_{\text{rot}\,Ai} \cdot E_A/D_F$ stärker mit der Drehzahl als der Anteil mit dem abnehmenden Fugendruck p_F sinkt.

Die (Druck-)Tangentialspannungen des Innenteils am Außen-(= Füge-)Durchmesser werden im Allgemeinen (absolut) kleiner. In der Gleichung für σ_{tIa} wächst der Anteil $P_{\text{rot}\,Ia} \cdot E_I/D_F$ weniger stark als die Minderung von p_F im ersten Anteil dieser Gleichung bewirkt.

Die (Druck-)Radialspannungen/Fugendrücke des Außen- und Innenteils am Fügedurchmesser werden kleiner. Bei hohen Drehzahlen kann das Übermaß in der Fuge und damit die Fugenpressung zu Null werden, der Presssitz löst sich, Abhebe-Winkelgeschwindigkeit, Abschn. 18.2.3.4e). Die (Druck-)Tangentialspannung des Innenteils (Hohlwelle) am Innendurchmesser werden (absolut) kleiner.

Kritisch und daher maßgebend für den Festigkeitsnachweis ist im Allgemeinen die Beanspruchung des Außenteils am Innendurchmesser. Die Beanspruchung der Nabe nimmt dabei nur wenig zu. Eine einwandfrei gefertigte Nabe ist daher im Allgemeinen nicht bruchgefährdet.

Berechnungsbeispiel

Beispiel 18.1 in Abschn. 18.7

18.2.3.9 Auswirkungen von Gestalt und Betriebsweise auf die Beanspruchung

Bei vielen Ausführungen und infolge der Belastung des Pressverbands durch Drehmomente, Biegemomente, Längs- und Querkräfte ist die Fugenpressung nicht gleichmäßig über den Sitz verteilt, wie dies für die Berechnung angenommen wird. Trotz theoretisch ausreichender Dimensionierung kann unter Umständen in Teilbereichen in der Fügefläche Schlupf auftreten.

Die Effekte nach a), b) und c) führen zu höheren örtlichen Spannungen und mindern somit insbesondere die dynamische Festigkeit. Die örtlichen Spannungen können wesentlich durch kraftflussgerechte Gestaltung abgemindert werden, Abb. 18.6.

a) Kantenpressung

Bei einem Presssitz nach Abb. 18.7 treten am Austritt der Welle aus der Nabe infolge Stützwirkung höhere Fugenpressungen und Tangentialspannungen auf.

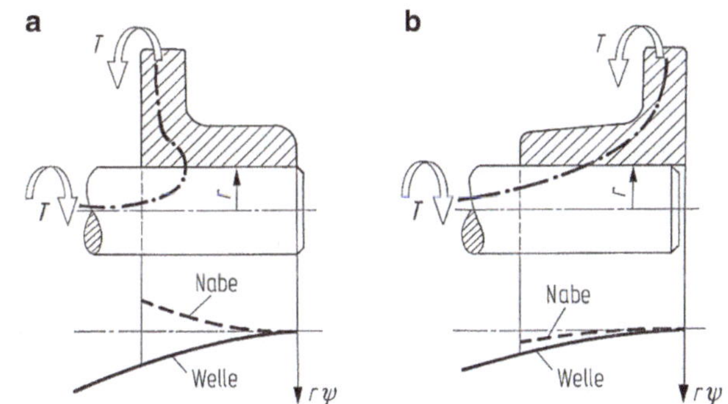

Abb. 18.6 Welle-Nabe-Verbindung nach [37], **a** Drehmoment-„Rückleitung“, **b** Drehmoment-„Durchleitung“

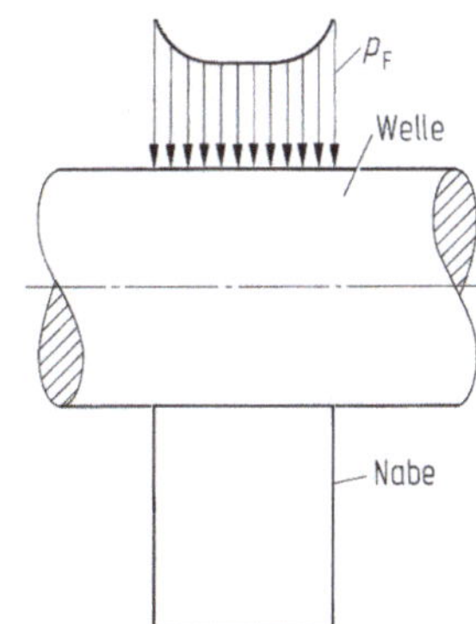

Abb. 18.7 Verteilung des Fugendrucks p_F über der Nabenbreite bei Nabe auf glatter Welle

b) Seitliche Drehmomenteinleitung

Wird das Drehmoment (oder die Axialkraft) von einer Seite in den Pressverband eingeleitet, so ergibt sich infolge der unterschiedlichen Drehsteifigkeit (oder Axialsteifigkeit) von Welle und Nabe eine ungleichmäßige Verteilung der Pressung über die Nabenlänge mit Höchstwerten an der Seite der Einleitung. Sehr breite Naben sind daher nicht sinnvoll. Richtwerte sind in Abschn. 18.2.3.11 und Tab. 18.2 angegeben.

c) Querkräfte und Biegemomente

Querkräfte und Biegemomente führen infolge unterschiedlicher Biegesteifigkeit von Welle und Nabe zu höheren Kantenpressungen (siehe a)). Dies kann sich speziell bei Umlaufbiegung nachteilig auswirken.

d) Reibkorrosion

Die unter b) beschriebene Erscheinung bewirkt, dass der Hauptteil des Drehmoments am Anfang der Pressfuge bei hoher Schubspannung übertragen wird. Wird hier die Haftspannung

$$\tau_{rt} = \nu_{ru} \cdot p_F \tag{18.68}$$

p_F	in N/mm^2	Fugendruck
ν_{ru}		Haftbeiwert beim Rutschen in Umfangsrichtung siehe Tab. 18.4

überschritten, rutscht der Verband an dieser Stelle. Dies ist insbesondere bei Wechselbeanspruchung schädlich. In dem betreffenden Bereich kann Reibkorrosion auftreten. Die dynamische Festigkeit der Welle wird unter Umständen erheblich gemindert, Kap. 17: Achsen und Wellen.

In [47] wird das Drehmoment nach [52] auch bei dauernder Schwingbeanspruchung durch rein elastische Verformung, d. h. ohne Schlupf, übertragen, wenn das zu übertragende Moment T kleiner als ein Grenzmoment T_E ist. Für den Fall „Vollwelle, scheibenförmige Nabe mit $L_F/D_F > 0{,}25$, $E_1 = E_2$" wird dies erreicht, wenn

$$T_E = \frac{T \cdot S_r}{\sqrt{\frac{8}{1-Q_A{}^2}} \cdot 2 \cdot \frac{L_F}{D_F}} \tag{18.69}$$

D_F	in mm	Fugendurchmesser
L_F	in mm	Fugenlänge
Q_A		Durchmesserverhältnis des Außenteils nach (18.23)
$T \cdot S_r$	in N/mm^2	Rutschmoment

Daraus ergeben sich Abhilfemaßnahmen gegen Reibkorrosion: p_F, ν_{ru}, D_F, S_{ru} erhöhen. Hohe örtliche Fugenpressung (Kantenpressung) wirkt sich also hinsichtlich Reibkorrosionsgefahr günstig aus. Bei Maßnahmen, hohe örtliche Spannungen infolge entsprechend Fugenpressung nach a), b), c) zu mindern, ist also die Gefährdung durch Reibkorrosion zu beachten. Der Einfluss von Werkstoff und Gestaltung wird in Abschn. 18.2.3.11 erläutert. Auch Umlaufbiegung kann zu Reibkorrosion führen. Hier gelten sinngemäß dieselben Gegenmaßnahmen.

e) Abgesetzte, versteifte Naben

Der Einfachheit halber wird die Nabe als zusammengesetzt aus getrennten Scheiben unterschiedlichen Durchmessers betrachtet. Es wird zweckmäßigerweise eine übliche Presspassung angenommen, z. B. H7/u6, und hiermit für jede Scheibe das übertragbare Drehmoment bzw. die übertragbare Haftkraft berechnet. Die Summe der Einzelanteile muss dem geforderten Drehmoment bzw. der geforderten Haftkraft entsprechen. Andernfalls ist eine andere Presspassung zu wählen.

Rippen führen zu einer Versteifung und damit anteiliger Erhöhung der Fugenpressung der darunter liegenden Scheiben. Das Ausmaß der Versteifung kann nach der Dicke und Anzahl der Scheiben abgeschätzt werden.

18.2.3.10 Abhilfemaßnahmen bei nicht ausreichender Festigkeit [47]

Bei unzulässiger Beanspruchung des Außenteils

- Nabenbreite vergrößern, dadurch kleinere Werte für p_F.
- Durchmesserverhältnis Q_A verkleinern, im Allgemeinen durch Vergrößern des Außendurchmessers D_{Aa}.
- Bei Hohlwellen Innendurchmesser D_{Ii}, d. h. Q_I, verkleinern (für vorgegebenen Fugendruck sind dann kleinere Übermaße erforderlich).

Bei unzulässiger Beanspruchung des Innenteils

- Verkleinern des Durchmesserverhältnisses Q_I, d. h. bei Hohlwellen den Innendurchmesser D_{Ii} verkleinern oder Fugendurchmesser D_F vergrößern, dadurch kleineres Übermaß P erforderlich.
- Durchmesserverhältnis Q_A verkleinern, im Allgemeinen durch Vergrößern des Außendurchmessers D_{Aa} (d. h. kleineres maximales Übermaß erforderlich).
- Für die Welle Werkstoff höherer statischer Festigkeit wählen, Oberflächen härten oder drücken.
  Man beachte allerdings: höhere Kerbempfindlichkeit hochfester Stähle, Kap. 3: Praktische Festigkeitsberechnung.

18.2.3.11 Gestaltung

- Passfedern in der Pressfuge sind für hochbelastete Pressverbände nicht zulässig. Der Spannungszustand würde extrem gestört.
- Um axial genau fügen zu können, sollte eine Lagebegrenzung (z. B. Wellenbund) vorgesehen werden. Die Nabe schrumpft allerdings beim Abkühlen zu Mitte Nabenbreite hin ab. Wenn dies nicht zulässig ist, muss sie durch Nachpressen wieder an den Bund angedrückt werden.
- Hohe Tragfähigkeit wird bei gegebenem Wellendurchmesser mit der Paarung Vollwelle/dickwandige Nabe ($Q_A \leq 0{,}5$) erreicht.
- Das maximal übertragbare Drehmoment bei gegebenem Außendurchmesser ergibt sich bei $Q_A = 1{,}4$.
- Bei Pressverbänden in Sacklöchern muss eine Entlüftung vorgesehen werden, Abb. 18.8.
- Empfehlungen für das Breiten/Durchmesser-Verhältnis nach [53]:
  - Wechseltorsion: $L_F/D_F = 0{,}5 \ldots 1{,}0$
  - Torsion und Biegung, statisch: $L_F/D_F = 1{,}0 \ldots 1{,}5$
  - Wechselbiegung: $L_F/D_F = 1{,}5 \ldots 2{,}0$
- Bei Wechsel- oder Umlaufbiegung sowie Wechseltorsion und kurzer Fügelänge kann die Welle aus der Nabe herauswandern.
- Abhilfemaßnahmen gegen Reibkorrosion, insbesondere bei schwingend beanspruchten Pressverbänden:
  - Fugenpressung an Nabenkanten erhöhen, z. B. durch Überhang (Stützwirkung) nach Abb. 18.9a.

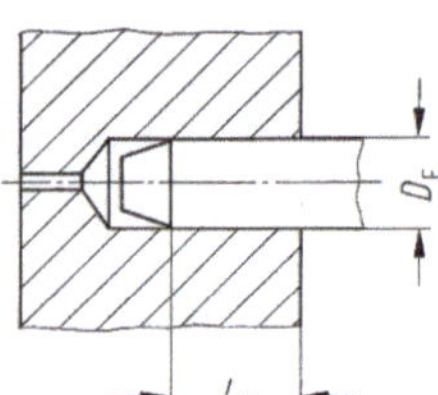

Abb. 18.8 Pressverband mit Entlüftungsbohrung nach DIN 7190 Teil 1

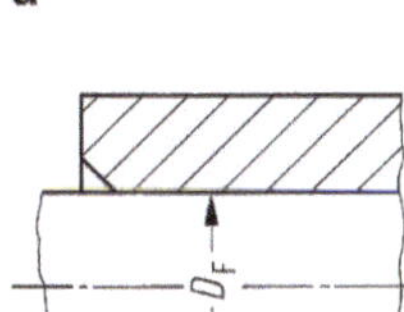

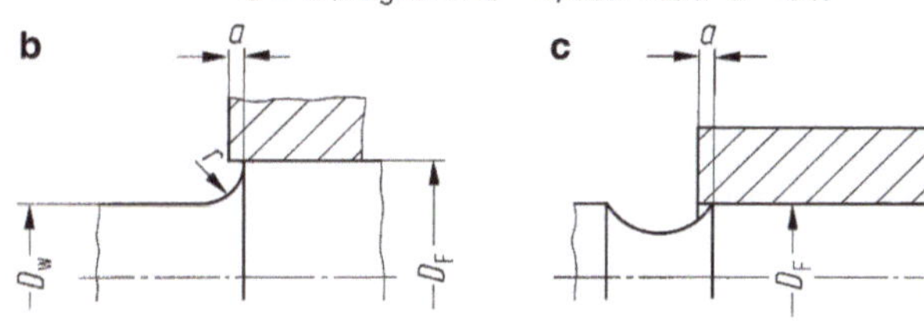

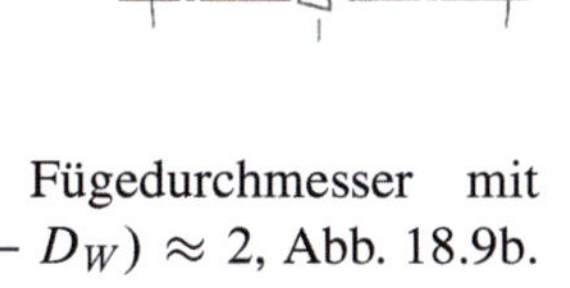

Abb. 18.9 Gestaltung eines Pressverbands mit, **a** Überhang, **b** Überstand bei größerem Fugendurchmesser, **c** Überstand bei gleichem Fugendurchmesser

- günstig ist ein größerer Fügedurchmesser mit $D_F/D_W \approx 1{,}1$ und $r/(D_F - D_W) \approx 2$, Abb. 18.9b. Falls $D_F = D_W$ sein muss, empfiehlt sich die Lösung nach Abb. 18.9c
- Drehmoment in Nabe „durchleiten" nicht „rückleiten", Abb. 18.6.
- Nabe ggf. aus Werkstoff mit niedrigerem Elastizitätsmodul als Welle ausführen (Nabe torsionsweich gestalten), nicht umgekehrt.

• Hinweise wie für Gestaltung von Längspresssitzen, Abschn. 18.2.3.12d)

18.2.3.12 Fügen und Lösen von zylindrischen Pressverbänden

Je nach Anforderungen und Fertigungseinrichtungen stehen eine Reihe von Verfahren zur Verfügung.

a) Thermisches Fügen von Querpresssitzen

Ein ausreichendes Fügespiel $P_{s\vartheta}$ ist erforderlich, damit die Teile nicht vorzeitig (während des Fügevorgangs) haften. Bei Einzelfertigung und ohne besondere Vorrichtungen genügt nach DIN 7190 Teil 1.

$$P_{s\vartheta} = 0{,}001 \cdot D_F \tag{18.70}$$

D_F	in mm	Fugendurchmesser

Das erforderliche Fügeübermaß ergibt sich damit aus

$$P_{ÜF} = P_o + P_{s\vartheta} \tag{18.71}$$

Bei vorgegebener Raumtemperatur ϑ_R und Fügetemperatur ϑ_I des Innenteils beträgt die Fügetemperatur des Außenteils nach DIN 7190 Teil 1

$$\vartheta_{A\,\text{erf}} = \vartheta_R + \frac{P_{ÜF}}{\alpha_{\vartheta A} \cdot D_F} + \frac{\alpha_{\vartheta I}}{\alpha_{\vartheta A}} \cdot (\vartheta_I - \vartheta_R) \tag{18.72}$$

$\alpha_{\vartheta A}$, $\alpha_{\vartheta I}$	in K^{-1}	Wärmeausdehnungskoeffizienten des Außen- und Innenteils

Das Fügeübermaß kann durch Erwärmen der Nabe oder Unterkühlen der Welle erzeugt werden, bei großen Übermaßen auch durch Kombination beider Maßnahmen. Erwärmen der Nabe (bei Welle auf Raumtemperatur) ist die überwiegend angewendete Methode. Zulässige Temperaturen sind in Tab. 18.9 angegeben. Unterkühlen der Welle (Dehnsitz) wird vorzugsweise bei sehr hohen Außentemperaturen und dann angewendet, wenn zu hohe Temperaturen für das Außenteil erforderlich wären, ferner bei fertigbearbeiteten Serienteilen (Naben). Fertigungstechnisch erreichbare Temperaturen sind in Tab. 18.10 und 18.11 angegeben.

Welle und Nabe können sich beim Erwärmen und Abkühlen verziehen, daher ist unter Umständen nach dem Schrumpfen eine Endbearbeitung erforderlich.

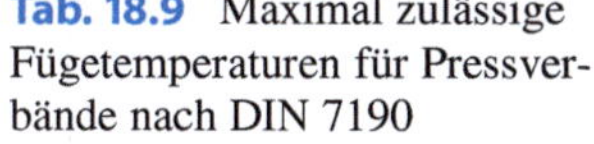

Tab. 18.9 Maximal zulässige Fügetemperaturen für Pressverbände nach DIN 7190

Werkstoff des Außenteiles (Nabe)	Maximale Fügetemperatur in °C
Baustahl niedriger Festigkeit, Stahlguss, Gusseisen mit Kugelgraphit	350
Stahl oder Stahlguss vergütet	300
Stahl randschichtgehärtet	250
Stahl einsatzgehärtet oder hochvergüteter Baustahl	200

Tab. 18.10 Methoden und erreichbare Temperaturen zum Erwärmen des Außenteils (Nabe) nach DIN 7190 Teil 1, ergänzt

Medium zum Erwärmen	Maximale Fügetemperatur in °C	Anwendung, Beispiele, Besonderheiten
Elektro-Heizkern	50	kleine Naben, Hülsen
Elektro-Heizplatte	100	Wälzlager bei geringer Vorspannung
Ölbad	400	große Naben, sehr gleichmäßige Erwärmung
Heißluftofen	400 (z. T. 650)	große Naben, Oxidschicht auf Fügeflächen
Elektroofen	700	trockene Fügeflächen, variabel, gut steuerbar, durch Schutzgas Oxidschicht vermeidbar
Ringbrenner	700	sperrige Naben, schwierig handhabbar, Gefahr der Überhitzung

Tab. 18.11 Methoden und erreichbare Temperaturen zum Unterkühlen des Innenteils (Welle) nach DIN 7190 Teil 1, ergänzt

Medium zum Unterkühlen	Minimale Fügetemperatur in °C	Anwendung, Beispiele, Besonderheiten
Trockeneis, Kohlensäureschnee	−78	langsames Abkühlen, Gefahr der Vereisung erfordert Gegenmaßnahmen
Flüssige Luft, (Sauerstoff)	−150	Gefahr der Frostschädigung, Explosionsgefahr, DIN rät von der Verwendung ab
Flüssiger Stickstoff	−196	Gefahr der Frostschädigung, gute Entlüftung erforderlich

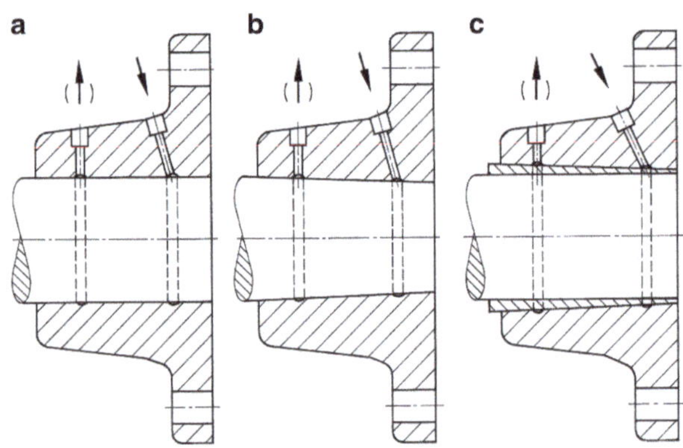

Abb. 18.10 Druckölpressverbände (SKF), **a** zylindrischer Schrumpfverband, **b** konischer Verband, **c** Verband mit kegeliger Zwischenbuchse

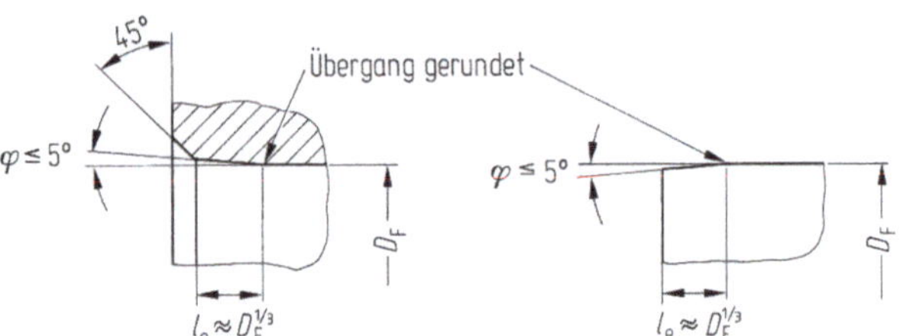

Abb. 18.11 Gestaltung von Längspressverbänden nach DIN 7190 Teil 1

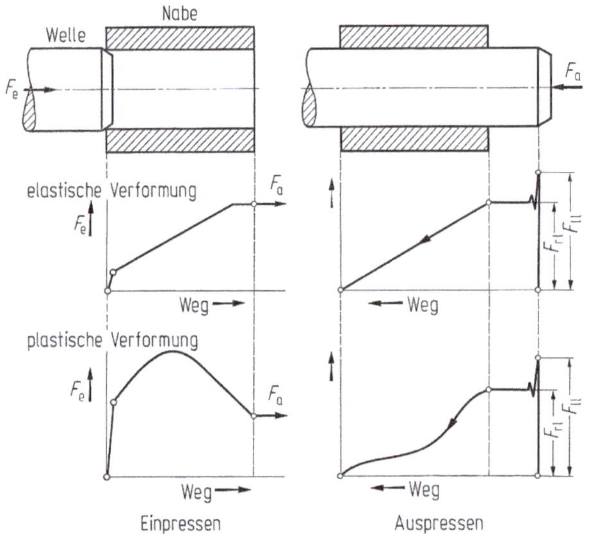

Abb. 18.12 Kraftverlauf beim Fügen (Einpressen) und Lösen (Auspressen) eines Längspressverbands [52]

b) Fügen mittels Öldruck (Ölpressverband)

In die Fuge wird durch die Nabe oder Welle Drucköl gepumpt (Abb. 18.10). Wenn der Öldruck $p_{öl}$ gleich der Fugenpressung p_F ist, kann die Nabe axial verschoben werden. Die Aufweitung entspricht dem gewünschten Übermaß. Nach dem Fügen wird das Drucköl wieder abgelassen. Das Verfahren eignet sich insbesondere zum Fügen von kegeligen (Abschn. 18.2.4.2) und zum Lösen von zylindrischen Druckverbänden, zum Fügen von zylindrischen Druckverbänden dagegen nur mit Sondervorrichtungen [47].

c) Fügen durch nachträgliche Änderung der Eigenspannung

Grundlagen und Anwendungen gelten wie für Gefügeschrumpfen in [59].

d) Fügen von Längspresssitzen

Nabe und (Übermaß-)Welle werden bei Raumtemperatur axial ineinander gepresst. Die Einpresskraft beträgt

$$F_e = \pi \cdot D_F \cdot l \cdot \nu_{ll} \cdot p_{\max} \qquad (18.73)$$

D_F	in mm	Fugendurchmesser
l	in mm	Mitnehmerlänge
$p_{\max}$	in N/mm²	maximale Fugendruck
ν_{ll}		Haftbeiwert beim Lösen für Längsrichtung siehe Tab. 18.3

Wichtig ist eine kegelige Fügefase an Welle oder Nabe (und zwar am härteren Teil), Abb. 18.11. Abb. 18.12 zeigt den Kraftverlauf beim Ein- und Auspressen. Die volle Haftkraft wird erst ca. 24 h nach dem Fügen erreicht (sofort nach dem Pressen nur 70 %). Um die Schabewirkung der Wellenstirnkante und Fressen zu vermeiden, sind die Fügeflächen einzuölen, obwohl sich dadurch etwas niedrigere Haftbeiwerte ergeben.

Der Anwendungsbereich (Fügedurchmesser) ist begrenzt durch die erforderliche Fügekraft bzw. die hierfür benötigten maschinellen Einrichtungen.

e) Lösen von Pressverbänden

Querpressverbände lassen sich lösen, indem die Nabe so schnell, z. B. mit Hilfe von Ringbrennern, erwärmt wird, dass die Welle sich nicht im gleichen Maße dehnt und herausgezogen werden kann.

Ein zylindrischer Pressverband lässt sich mit Hilfe des Druckölverfahrens lösen, Abb. 18.10. Die Ringnuten werden durch getrennte Ölkanäle gespeist. Damit sich die Nabe beim Abziehen nicht auf der letzten Ringfläche „festbeißt", muss sie schnell, unter Ausnutzung des anhaftenden Ölfilms, über diese Fläche hinweggezogen werden.

Man beachte: Zum Lösen muss ein zusätzliches Übermaß, etwa entsprechend (18.70) erzeugt werden, das unter Umständen zu plastischen Verformungen von Welle und Nabe führt. Die Teile lassen sich dann nicht direkt wieder fügen.

Die Lösbarkeit des elastisch-plastischen Pressverbandes wird in Abschn. 18.2.3.3 erläutert.

18.2.4 Kegeliger Pressverband

Dies ist eine unmittelbare, reibschlüssige Verbindung. Sie eignet sich besonders für die Übertragung großer Kräfte und Momente, die Presskraft ist nachstell- und dosierbar, die Verbindung ist selbstzentrierend, gut lösbar und wiederverwendbar. Nachteilig sind die höheren Fertigungskosten. Bei großen Wechsel-Drehmomenten kann Mikroschlupf auftreten mit Gefahr von Reibkorrosion.

Je nachdem, welche Kriterien im Vordergrund stehen, eignen sich folgende Ausführungen.

18.2.4.1 Mechanisch verspannter kegeliger Pressverband

Die Einpresskraft F_a erzeugt durch die Keilwirkung des Kegels die Anpresskraft F_N, Abb. 18.13. F_a wird meist durch eine Gewindemutter oder Schraube aufgebracht, bei Werkzeugschäften mit kleinem Kegelwinkel α durch den axialen Arbeitsdruck allein.

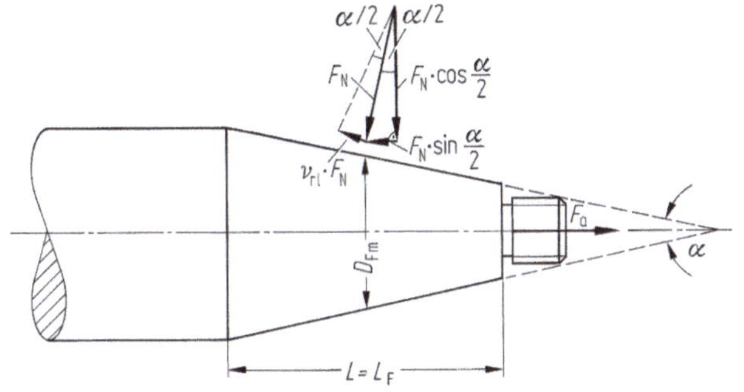

Abb. 18.13 Kräfte an einem Kegelpressverband

a) Abmessungen, Anwendung

Nach DIN 254 [5] wird die Neigung des Kegels durch das Kegelverhältnis bestimmt.

$$C = \frac{(D_{Ia} - d_{Ia})}{L} = 2 \cdot \tan\left(\frac{\alpha}{2}\right) \tag{18.74}$$

d_{Ia}	in mm	kleiner Durchmesser des Kegels am Außendurchmesser des Innenteils
D_{Ia}	in mm	großer Durchmesser des Kegels am Außendurchmesser des Innenteils
L	in mm	Länge des Kegels
α	in °	Kegelwinkel

Damit der Kegelsitz selbsthemmend ist, gilt die Bedingung (siehe Selbsthemmung bei Schrauben in Abschn. 10.3.4.4)

$$\tan\left(\frac{\alpha}{2}\right) \leq \nu \tag{18.75}$$

ν		Haftbeiwert – allgemein

Dies ist für die Paarung Stahl/Stahl gegeben bei $C \leq 1:5$. Weitere Werte für das Kegelverhältnis sind in Tab. 18.12 zusammengefasst. Je kleiner das Kegelverhältnis, d. h. auch je kleiner der Kegelwinkel, desto größer ist die Normalkraft bei gegebener Einpresskraft.

b) Tragfähigkeit

An den kegeligen Pressverband werden dieselben Anforderungen wie an den zylindrischen Pressverband gestellt, Abschn. 18.2.3.2.

Das gegenüber der Rutschgrenze übertragbare Drehmoment beträgt entsprechend (18.4)

$$T = \frac{D_{Fm}}{2} \cdot A \cdot \nu_{ru} \cdot \frac{p_F}{S_r} \tag{18.76}$$

mit der Mantelfläche bei kegeligem Sitz

$$A = \pi \cdot D_{Fm} \cdot \frac{L_F}{\cos(\frac{\alpha}{2})} \tag{18.77}$$

p_F	in N/mm^2	Fugendruck
D_{Fm}	in mm	mittlerer Fugendurchmesser
L_F	in mm	Fugenlänge
S_r		Sicherheit gegen Rutschen siehe Tab. 18.5
α	in °	Kegelwinkel
ν_{ru}		Haftbeiwert beim Rutschen in Umfangsrichtung siehe Tab. 18.4

Tab. 18.12 Kegelverhältnis C

Anwendungsfall	Kegelverhältnis C	Kegelwinkel α
Richtwerte nach DIN 254		
für leicht lösbare Verbindungen	1 : 5	11°25′16″
für schwer lösbare Verbindungen	1 : 10	5°43′29″
Empfehlungen für hydraulisch verspannte kegelige Pressverbände nach [67]		
überwiegende Beanspruchung durch Drehmoment	1 : 30	
große Biegebeanspruchung	1 : 50	
lange Verbände	1 : 80	

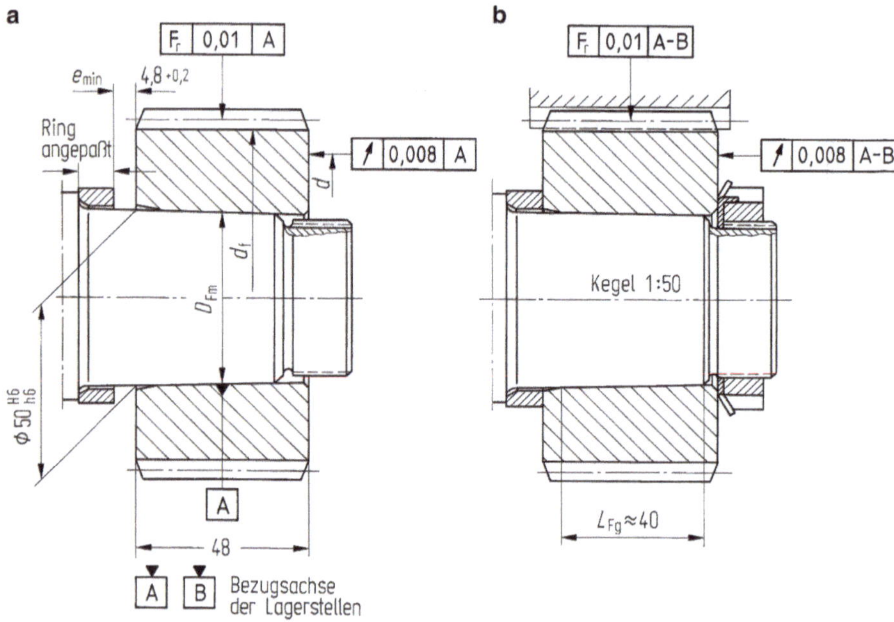

Abb. 18.14 Kegelpressverband mit definiertem Aufpressweg, **a** Nabenkörper bei kraftfreier Anlage, **b** Nabenkörper im aufgepressten Zustand; Berechnung siehe Abschn. 18.7, Beispiel 18.2

c) Montage des kegeligen Pressverbands

Die zum Erzeugen eines Fugendrucks p_F erforderliche Axialkraft F_a ergibt sich aus der Gleichgewichtsbedingung nach Abb. 18.13:

$$F_a - F_N \cdot \sin\left(\frac{\alpha}{2}\right) - \nu_{rl} \cdot F_N \cdot \cos\left(\frac{\alpha}{2}\right) = 0 \qquad (18.78)$$

Aus der Beziehung zwischen Anpresskraft F_N und Flächenpressung p_F nach (18.2) und der Mantelfläche nach (18.77) folgt die Einpresskraft

$$F_a = p_F \cdot \pi \cdot D_{Fm} \cdot L_F \cdot \left(\tan\left(\frac{\alpha}{2}\right) + \nu_{rl}\right) \qquad (18.79)$$

D_{Fm}	in mm	mittlerer Fugendurchmesser
L_F	in mm	Fugenlänge
ν_{rl}		Haftbeiwert beim Rutschen in Längsrichtung siehe Tab. 18.4
α	in °	Kegelwinkel

Für die Lösekraft vor Belastung durch das Drehmoment gilt (18.79) mit negativem ν_{rl}. Aus p_F nach (18.76) und (18.77) ergibt sich das für die Übertragung des Drehmoments T mit Rutschsicherheit S_r nach dem Fügen erforderliche Übermaß P nach (18.28) bzw. (18.30). Hiernach werden die Passungsmaße nach den gleichen Überlegungen wie bei zylindrischen Pressverbänden festgelegt.

Axial festgelegte Nabe: Nach der Fertigstellung beider Teile wird die Nabe axial bis zur kraftfreien Anlage auf die Welle aufgeschoben. Von dieser Position aus rechnet sich der zur Erzeugung des Presssitzes mit der Flächenpressung p_F erforderliche axiale Verschiebeweg (Aufpressweg)

$$e = \frac{P + G}{2 \cdot \tan(\frac{\alpha}{2})} \qquad (18.80)$$

G	in µm	Glättung nach (18.37)
P	in µm	Übermaß
α	in °	Kegelwinkel

Dieser relative, also auf die Ausgangsposition bezogene, Aufpressweg muss messtechnisch kontrolliert oder durch einen Anschlag mit angepasstem Zwischenring vorgegeben werden, Abb. 18.14. Toleranzbetrachtungen sind bei dieser Vorgehensweise nicht erforderlich. Einen sicheren Nachweis des erreichten Übermaßes wird durch Messen der Aufweitung des Naben-Außendurchmessers erzielt. Die Berechnung wird in Abschn. 18.7 im Beispiel 18.2 detailliert gezeigt.

Axial freie Nabe (Abb. 18.15): Bei der ersten Belastung des axial vorgespannten Kegel-Pressverbands durch ein Drehmoment kommt es zu einem zusätzlichen, spiralartigen Aufschieben der Nabe. Die Spannmutter oder Schraube des Kegelsitzes sollte daher nach der ersten Belastung durch ein Drehmoment nachgezogen und formschlüssig gegen Losdrehen gesichert werden. Um den Verlust an Vorspannung zu mindern, empfiehlt es sich, eine Dehnschraube einzusetzen (Kap. 10: Schraubenverbindungen).

d) Festigkeitsnachweis

Bei Wellen und Naben aus gleichem Werkstoff und rein elastischer Beanspruchung kann für die Berechnung der Sicherheit gegen plastische Verformung (Fließgrenze) bzw.

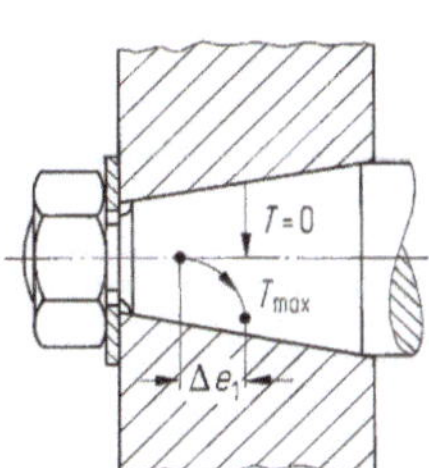

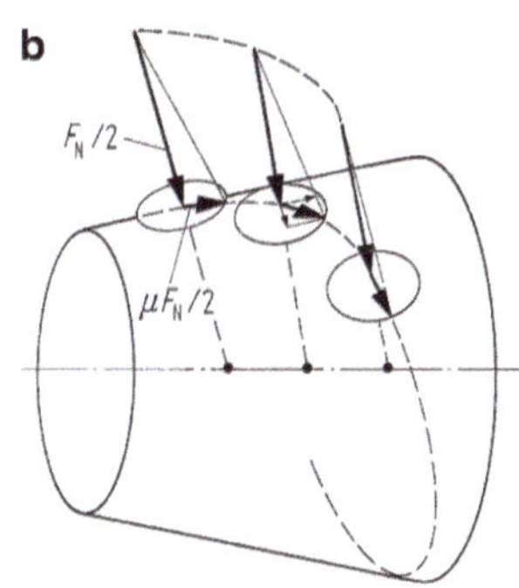

Abb. 18.15 Kegelpressverband bei erstmaliger Drehmomentübertragung, **a** zusätzlicher Aufschubweg Δe_1 bei Belastung von $T = 0$ auf $T_{\max}$, **b** auftretende Kräfte [53]

Bruchfestigkeit überschlägig einen zylindrischen Pressverband mit mittlerem Fugendurchmesser D_{Fm} und axialer Fügelänge L_F zugrunde gelegt werden. Der Festigkeitsnachweis kann mit dem Fugendruck p_F aus (18.76) geführt werden, sofern der Aufpressweg mit üblicher Messgenauigkeit eingehalten wird.

e) Hinweise zu Funktion und Gestaltung von kegeligen Pressverbänden

- Bei hochbelasteten Kegelpressverbänden sind zusätzliche Passfedern nicht zulässig, Abschn. 18.2.3.11 und 18.2.4.3.
- Trotz Selbsthemmung muss der Kegelsitz bei größeren Drehmomenten axial gesichert werden. Er würde sich sonst bei Überschreiten der Rutschgrenze schlagartig öffnen. Die Reibungskraft $F_u = F_N \cdot \mu_{ru}$ geht dann ausschließlich in Umfangsrichtung. In axialer Richtung verbleibt keine Reibkraftkomponente. Die Komponente $F_N \cdot \sin(\alpha/2)$ schiebt dann die Nabe vom Kegelsitz der Welle, Abb. 18.13.
- Wegen der Unsicherheiten des Schraubenanzugsmoments (Kap. 10) kann hieraus nicht zuverlässig auf die Axialkraft geschlossen werden, vielmehr muss der Aufschubweg vorgegeben und bei der Montage eingestellt bzw. kontrolliert werden, wie oben beschrieben.
- Damit der Kegelsitz möglichst gleichmäßig trägt, sollte sich der Verband beim Fügen zuerst am großen Kegeldurchmesser berühren. Damit sich diese „obere Anlage“ einstellt, sollte die Kegelwinkeltoleranz nach DIN 7178 [26] für den Außenkegel positiv und für den Innenkegel negativ gewählt werden [47].
- Wegen der Durchmessertoleranzen ist die axiale Lage der Nabe mit Unsicherheiten behaftet, dies kann bei manchen Kupplungen zu Schwierigkeiten führen.

18.2.4.2 Hydraulisch verspannter kegeliger Pressverband

Die Arbeitsschritte zum Fügen und Lösen dieses sog. Druckölpressverbandes sind in Abschn. 18.2.3.12b) angegeben. Diese Verbände lassen sich einfach und wiederholt lösen. Sie eignen sich insbesondere für die Übertragung großer Drehmomente, Längs- und Querkräfte, z. B. für Walzen, Turbomotoren, Seilscheibenkränze, große Wälzlager. Demgegenüber steht der für Herstellung und Montage erforderliche höhere Aufwand: Öl wird mit Druck bis zu 3000 bar zwischen die schwach kegeligen Fügeflächen des Verbands gepresst, die so durch einen dünnen Ölfilm voneinander getrennt werden. Nach dem Ablassen des Öls steigt der Haftbeiwert wieder auf den ursprünglichen Wert. Rein elastische Beanspruchung ist Voraussetzung.

Empfehlungen für das Kegelverhältnis C nach [67] sind in Tab. 18.12 zusammengefasst. Bei kegeligen Zwischenhülsen kann eine Fügefläche zylindrisch ausgeführt und somit der Verband leichter axial eingestellt werden. Beim Lösen ist zu beachten, dass sich ein kegeliger Druckölverband schlagartig löst. Das axial abschießende Teil muss durch einen Anschlag abgefangen werden. Die Rutschsicherheit und der Festigkeitsnachweis wird wie beim mechanisch verspannten Pressverband berechnet, Abschn. 18.2.4.1b).

18.2.4.3 Kegeliger Pressverband mit Lagesicherung

In DIN 1448 [6] sind Wellenenden mit Kegelverhältnis $C = 1:10$ genormt, bis 220 mm Durchmesser mit einer zur Achse parallelen Passfedernut, bei größeren Abmessungen mit einer zur Kegelmantellinie parallelen Passfedernut. Kegelige Wellenenden mit Scheibenfeder werden in DIN 6888 [23] beschrieben. Es handelt sich um eine mechanisch vorgespannte Formschlussverbindung mit guter Zentrierung. Weitere Eigenschaften sind in Abschn. 18.2.4.1 und 18.4 angegeben.

Wegen des in Abschn. 18.2.4.1c) beschriebenen, spiralachsigen Aufschiebens der Nabe unter Drehmomentbelastung, muss die Passfeder fast die gesamte Umfangskraft aufnehmen. Deswegen und weil die axiale Vorspannkraft nur ungenau zu bemessen ist, sollte der Verband wie eine reine Passfederverbindung berechnet werden, Abschn. 18.3.5.1.

18.2.5 Spannelementverbindungen

Dies sind Verbindungen mit mittelbarer Kraftübertragung durch zusätzliche Spannelemente, die zwischen Welle und Nabenbohrung angeordnet sind (Ausnahmen: Direkte Verbindung zwischen Welle und Nabe durch Spannscheiben, Abschn. 18.2.5.7). Sie weisen also mindestens zwei Fügeflächen auf. Welle und Nabenbohrung sind zylindrisch und werden nicht durch Nuten oder Kerben geschwächt. Die Spannelemente können größere Durchmessertoleranzen ausgleichen. Sie gestatten stufenlose axiale und winkelige Einstellung, lassen sich einfach montieren, demontieren und wiederverwenden. Spannelementverbindungen sind spiel-

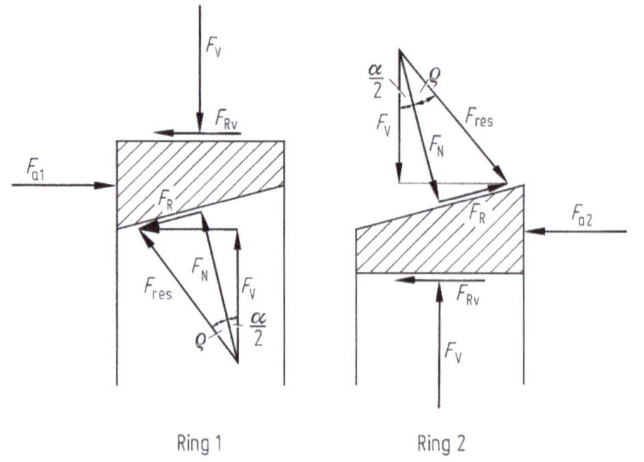

Abb. 18.16 Kräfte an Kegelspannringen [47]

frei, eignen sich daher auch für die Übertragung stoßhafter und wechselnder Drehmomente, z. B. für die Befestigung von Kupplungs- und Riemenscheiben, Trommeln, Zahnrädern und Ähnliches, manche auch für Werkzeugspanndorne.

Man beachte: Die meisten Spannelemente zentrieren nicht. Sie benötigen somit eine gesonderte Zentrierung von Welle und Nabe. Drehzahlgrenzen sind zu beachten, ebenso die Kosten für die zusätzlichen Bauelemente. Diese können durchweg als Fertigprodukte bezogen werden. Die Hersteller liefern auch Angaben zur Dimensionierung und zum Einbau.

18.2.5.1 Kegelspannringverbindung (Ringspann)

Jeder Spannsatz besteht aus zwei Ringen, wie sie für Ringfedern verwendet werden, Abb. 18.16 und 18.17. Über die gemeinsame konische Wirkfläche leiten sie das Drehmoment von der zylindrischen Wirkfläche der Welle an die der Nabe weiter. Die Ringe werden mit Spiel in der Fuge zwischen Welle und Nabe montiert, axial ineinander geschoben und verspannt.

a) Übertragbares Drehmoment

Eine relativ kleine axiale Verschiebekraft F_{a0} reicht aus, um zunächst das Spiel zu überwinden.

Als Richtwert kann die Kraft in N mit folgender Zahlenwertgleichung berechnet werden

$$F_{a0} = 277.000 \cdot l \cdot P_0 \cdot \frac{D-d}{D+d} \qquad (18.81)$$

d	in mm	Wellendurchmesser siehe Abb. 18.17
l	in mm	axiale Ringlänge
D	in mm	Nabendurchmesser siehe Abb. 18.17
P_0	in mm	größtes Spiel (entweder Außenring/Nabe oder Innenring/Welle)

Bei geschlitzten Ringen ist $F_{a0} \approx 0$.

Eine weitere Erhöhung der Axialkraft um F_{a1} bewirkt eine radiale Anpresskraft. Insgesamt wirkt somit folgende Vorspannkraft

$$F_v = F_{a0} + F_{a1} \qquad (18.82)$$

Mit den Beziehungen für die Kraftübertragung durch Keilwirkung (Kap. 10: Schraubenverbindungen) ergibt sich die radiale Vorspannkraft

$$F_r = \frac{F_{a1}}{\tan(\frac{\alpha}{2} + \varrho) + \tan\varrho} \qquad (18.83)$$

das vom ersten Spannsatz übertragbare Drehmoment beträgt somit

$$T = F_r \cdot \mu \cdot \frac{d}{2} = \frac{F_{a1}}{\tan(\frac{\alpha}{2} + \varrho) + \tan\varrho} \cdot \mu \cdot \frac{d}{2} \qquad (18.84)$$

Die am inneren Ring angreifende Axialkraft beträgt

$$F_{a2} = \frac{\tan(\frac{\alpha}{2} + \varrho) - \tan\varrho}{\tan(\frac{\alpha}{2} + \varrho) + \tan\varrho} \cdot F_{a1} = q \cdot F_{a1} < F_{a1} \qquad (18.85)$$

q		Abminderungsfaktor siehe Tab. 18.13
α	in °	Kegelwinkel
ϱ	in °	Reibwinkel
μ		Reibungszahl

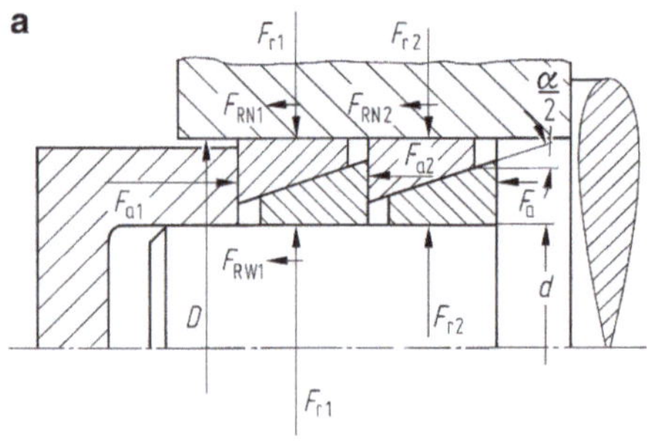

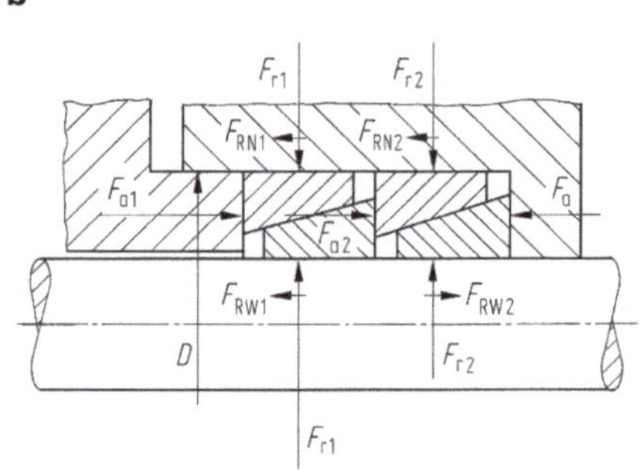

Abb. 18.17 Zwei unterschiedliche Einbaufälle für Kegelspannringe [53], **a** Verspannung über die Welle, Anschlag zwischen Welle und Nabe, **b** Verspannung über die Nabe, ohne Anschlag zwischen Welle und Nabe

Tab. 18.13 Berechnungsterm für Abbau der Axialkräfte von n hintereinander geschalteten Spannringsätzen nach (18.86) und (18.87)

Anzahl der hintereinander geschalteten Ringpaare n	1	2	3	4
$\frac{q^n - 1}{q - 1}$	1	1,556	1,865	2,037

Bei mehreren, nach Abb. 18.17, hintereinander eingebauten Ringpaaren wirken also auf die im Kraftfluss nachgeordneten Ringpaare kleinere Axialkräfte, als in das erste Ringpaar eingeleitet werden. Ein Teil der in das erste Ringpaar eingeleiteten Axialkraft wird durch die Reibung an Welle und Nabe aufgezehrt. Entsprechend kleiner sind auch die durch die nachgeordneten Ringe, übertragbaren Drehmomente. Der größte Abbau der Axialkraft von einem Spannringpaar zum nächsten ergibt sich für den Einbaufall „Anschlag zwischen Welle und Nabe" mit Verspannung über die Welle, Abb. 18.17a.

Für n hintereinander geschaltete Spannringsätze ergibt sich dafür eine Gesamt-Axialkraft

$$F_{an} = F_{a1} \cdot (1 + q + q^2 + \ldots + q^n) = F_{a1} \cdot \frac{q^n - 1}{q - 1} \tag{18.86}$$

Da das übertragbare Drehmoment proportional der übertragenen Axialkraft ist, gilt auch

$$T_n = T_1 \cdot \frac{q^n - 1}{q - 1} \tag{18.87}$$

Für handelsübliche Spannsätze und Ölschmierung mit $\tan\alpha/2 = 0{,}3$ und $\mu = \tan\varrho = 0{,}12$ ist der Abminderungsfaktor $q = 0{,}556$. Weitere Anhaltswerte sind in Tab. 18.13 zusammengefasst.

Der Zuwachs an übertragbarem Drehmoment wird immer geringer, je mehr Spannsätze hintereinander geschaltet werden. Für die Anordnungen nach Abb. 18.17b ist der Abfall der übertragenen Axialkraft geringer als nach (18.86) und (18.87). Es wird hierfür mit diesen Gleichungen also auf der sicheren Seite gerechnet.

b) Festigkeitsnachweis

Aus der radialen Anpresskraft F_r und den Ring-Mantelflächen ergibt sich die Fugenpressung p_F. Für die weitere Berechnung gelten somit die Beziehungen für zylindrische Pressverbände, Abschn. 18.2.3. Für Vollwellen aus Vergütungsstahl kann überschlägig $p_{F\,\text{zul}} = 100\,\text{N/mm}^2$ angesetzt werden.

c) Empfehlungen zur Dimensionierung und Einbau

Nach Herstellerangaben

d) Gestaltung, Toleranzen

- Wegen der mit der Satzzahl abnehmenden Spannkraft ist es unwirtschaftlich, mehr als 4 gleichsinnig wirkende Spannsätze hintereinander zu schalten.
- Die Spannsätze zentrieren nicht, daher ist eine ausreichend lange Zentrierung zwischen Welle und Nabe vorzusehen.
- Bei längeren Naben wird ein Ringpaar an jedem Nabenende angeordnet, mit einem Distanzrohr zwischen beiden.
- Oberflächengüte von Nabenbohrung und Welle: $Rz \leq 6\,\mu\text{m}$.
- Empfohlene Passungen:
  Wellendurchmesser $\leq$ 38 mm: Welle h6, Bohrung H7
  Wellendurchmesser $>$ 38 mm: Welle h7, Bohrung H8
- Bei größeren Durchmessern sind mehrere Spannschrauben (in Welle oder Nabe) erforderlich, die über Kreuz angezogen werden müssen, damit die Ringe nicht verkippen.
- Der Druckflansch darf keinesfalls die Nabe (Abb. 18.17a) bzw. keinesfalls die Welle (Abb. 18.17b) berühren. Der Spalt zwischen beiden muss über den Umfang gleich weit sein.
- Vor der Montage müssen sämtliche Kontaktflächen sorgfältig gereinigt und eingeölt werden.
- Überdehnung durch plastische Verformung der Ringe ist zu vermeiden.
- *Man beachte:* In Folge einer Aufweitung der Nabe oberhalb der Ringe kann z. B. das Flankenspiel einer Verzahnung verringert werden.

18.2.5.2 Kegelspannsatzverbindung, Abb. 18.18

Ein Spannsatz bildet ein Fertigeinbauteil. Die Innen- und Außenringe werden mit Hilfe der Spannschrauben und der doppelkonischen Druckringe radial an Welle und Nabe gedrückt. Welle und Nabe benötigen also keine Gewindebohrungen für die Spannschrauben.

Eine typische Anwendung stellt der Schwermaschinenbau bei großen stoßhaften und Wechselmomenten dar. Eine direkte Zentrierung zwischen Welle und Nabe ist erforder-

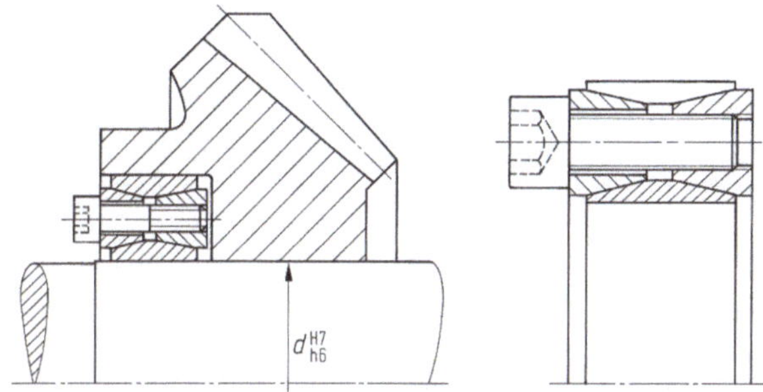

Abb. 18.18 Kegelspannsatzverbindung [61]

lich. Oberflächengüte $Rz \leq 10\,\mu m$. Aufweitung beachten, Abschn. 18.2.5.1d). Herstellerangaben können z. B. [3], [63] und [65] entnommen werden.

18.2.5.3 Ringspann-Sternscheibenverbindung, Abb. 18.1h

Kegelige geschlitzte Ringe aus gehärtetem Federstahl (Kap. 5: Werkstoffe), werden durch axial wirkende Kräfte verspannt. Dadurch vergrößert sich der Außendurchmesser und verkleinert sich der Innendurchmesser. Infolge einer 5 ... 10-fachen Kraftübersetzung von Axial- zu Radialkraft lässt sich der Scheibensatz von Hand spannen und leicht lösen. Herstellerangaben können z. B. [62] entnommen werden.

18.2.5.4 Druckhülsenverbindung, Abb. 18.1l

Aufbau ähnlich einem Faltenbalg (Spieth), der sich im unbelasteten Zustand zwischen Welle (h7) und Nabenbohrung (H7) schieben lässt. Unter Axialkraft kommt eine rotationssymmetrische Dehnung und Anpressung an Welle und Nabe zustande. Die Druckhülse zentriert genau, lässt sich von Hand spannen und lösen, die Nabenbohrungen sind einfach zylindrisch.

Anwendung z. B. als Spanndorn zur Werkstückbearbeitung. Herstellerangaben können z. B. [68] entnommen werden.

18.2.5.5 Toleranzringverbindung, Abb. 18.1i

Die Toleranzringe sollen gröbere Toleranzen ausgleichen, sie sind im mittleren Bereich gewellt, an beiden Stirnseiten zylindrisch. Sie werden im Allgemeinen in einer Nut der Nabe oder der Welle seitlich geführt. Die Verbindung eignet sich zum Ausgleich von Wärmedehnungen für die Übertragung kleiner Drehmomente und Axialkräfte. Querkräfte führen zu Exzentrizitäten, daher wird im Allgemeinen eine getrennte Zentrierung benötigt. Herstellerangaben können z. B. [4] entnommen werden.

18.2.5.6 Hydraulische Hohlmantel-Spannbuchse, Abb. 18.1m

Durch Spannschrauben wird das zwischen zwei Hülsen befindliche Medium (meist Silikongel) mit Druck beaufschlagt und die Hülsen so gegen die Welle bzw. Nabe gepresst. Bei Nabentoleranzfeld H7 überbrückt die Spannbuchse Wellentoleranzen h8 ... k6. Als Sicherheitskupplung geeignet. Wegen des Druckmediums ist der Einsatz auf Temperaturen unter 70 °C beschränkt. Herstellerangaben können z. B. [48] entnommen werden.

18.2.5.7 Spannscheibenverbindung, Abb. 18.1k

Das Passungsspiel wird zwischen Nabe und Welle durch Verspannen der beiden Außenscheiben und Verformungen des Spannringes überbrückt. Daher sind enge Fertigungstoleranzen erforderlich. Das schwere Verbindungselement (auch „Schrumpfscheibenverbindung“ genannt) eignet sich insbesondere für Wellendurchmesser $d = 20 \ldots 400$ mm. Herstellerangaben können z. B. [3] und [65] entnommen werden.

18.3 Formschlussverbindungen – allgemein

Hierbei werden Drehmoment und evtl. Querkraft durch Mitnehmer übertragen, auf deren Wirkflächen Normalkräfte aus Umfangskräften angreifen. Die Mitnehmer werden entweder durch Profilierung von Welle und Nabe erzeugt (unmittelbare Formschlussverbindung, z. B. Keilwelle, Abb. 18.19g) oder als zusätzliche Elemente ausgeführt (mittelbare Formschlussverbindung, z. B. Passfeder, Abb. 18.19d).

Reine Formschlussverbindungen werden mit kleinem Flanken- und Durchmesserspiel ausgeführt. Sie lassen sich daher leicht fügen und ausbauen, können allerdings keine Axialkräfte übertragen. Bei entsprechender Passung lässt sich die Nabe auch unter Drehmoment axial auf der Welle verschieben. Wegen des Flankenspiels eignen sie sich

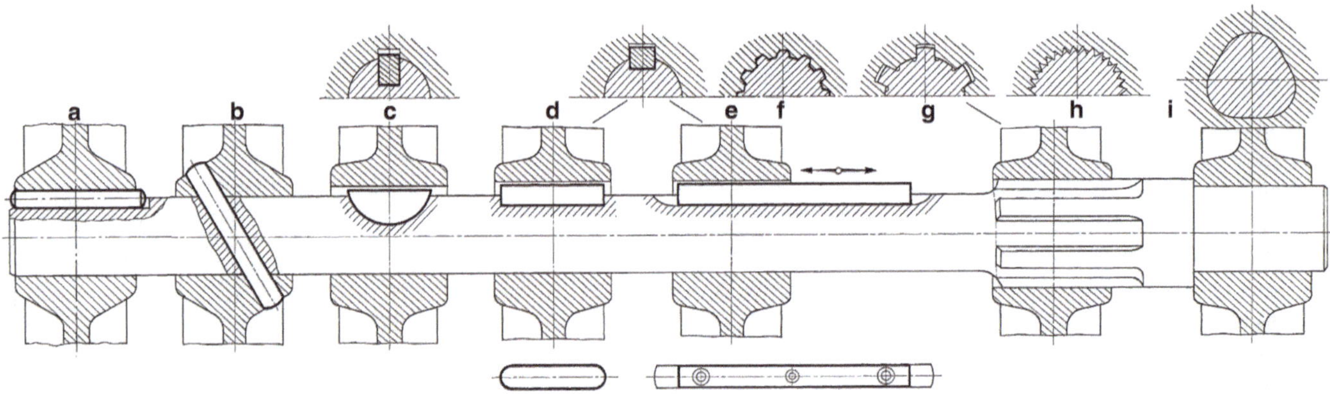

Abb. 18.19 Einige Formschlussverbindungen, **a** Längsstift, **b** Querstift, **c** Scheibenfeder, **d** Passfeder, **e** Gleitfeder, **f** Zahnwelle **g** Keilwelle, **h** Kerbzahnwelle, **i** Polygonwelle

insbesondere für konstante Kraftrichtung. Bei wechselnder Kraftrichtung sind sie nur bedingt brauchbar. Das Rutschen zwischen Welle und Nabe kann zum Ausschlagen der Flanken und Passungsrost führen. Die ertragbare Flankenpressung sinkt unter Umständen erheblich, DIN 6892 [25]. Besser geeignet sind hierfür vorgespannte Formschlussverbindungen, Abschn. 18.4 und Pressverbindungen, Abschn. 18.2.3 und 18.2.4.

Spielbehaftete Welle-Nabe-Verbindungen, wie Passfeder-, Vielnut- und Keilwellenverbindungen, können durch Kleben spielfrei gemacht werden. Die Spalte werden dabei mit Klebstoff gefüllt. Es entsteht eine Kombination von Form- und Stoffschluss. Die kraftübertragenden Flanken werden entlastet, das Ausschlagen der Verbindung bei Drehschwingungen und Umkehr der Belastungsrichtung wird verhindert, ebenso Korrosion im Fügespalt (durch Reibung, Luftsauerstoff oder Feuchtigkeit). Gegebenenfalls kann auf eine formschlüssige Sicherung gegen axiales Verschieben (Bund, Sicherungsring und ähnliches) verzichtet werden. Zum Aufwand und zur Frage der Lösbarkeit von Klebverbindungen werden in Abschn. 8.2: Klebverbindungen Hinweise gegeben.

Fragen der Zentrierung, Betriebszustände (d. h. Einfluss von Querkräften) und Tragfähigkeit werden für alle Formschlussverbindungen vorab gemeinsam behandelt, da für alle im Prinzip die gleichen Gesichtspunkte gelten (außer für den Querstift, Kap. 11: Stift- und Bolzenverbindungen).

Bei Ausführung mit Übergangssitz werden alle Formschlussverbindungen zu vorgespannten Formschlussverbindungen. Daher werden Passungen und Toleranzen ebenfalls vorab gemeinsam behandelt.

18.3.1 Zentrierung – allgemein

Um unzulässige Unwuchten zu vermeiden und um bei Profilwellenverbindungen eine gleichmäßige Verteilung der Umfangskraft auf alle Mitnehmer/Zähne zu erreichen, müssen Welle und Nabe konzentrisch laufen. Dies wird durch Flanken- oder Durchmesserzentrierung erreicht, Abb. 18.20.

Flankenzentrierung

Bei Flankenzentrierung dienen die Mitnehmerflanken zur Kraftübertragung und zur Zentrierung. Die Kopfkreise von Welle/Nabe sind von den Fußkreisen von Nabe/Welle durch das Kopfspiel getrennt (Überbestimmung verhindern!). Es wird so die gleichmäßigste Verteilung der Gesamtumfangskraft auf die Mitnehmer erreicht. Flankenzentrierung ist besonders geeignet für die Übertragung von wechselnden und stoßhaften Drehmomenten ohne größere Querkräfte. Diese können nämlich zu Mittenverlagerungen (Exzentrizitäten) und damit zu Gleitbewegungen führen (Verschleißgefahr!).

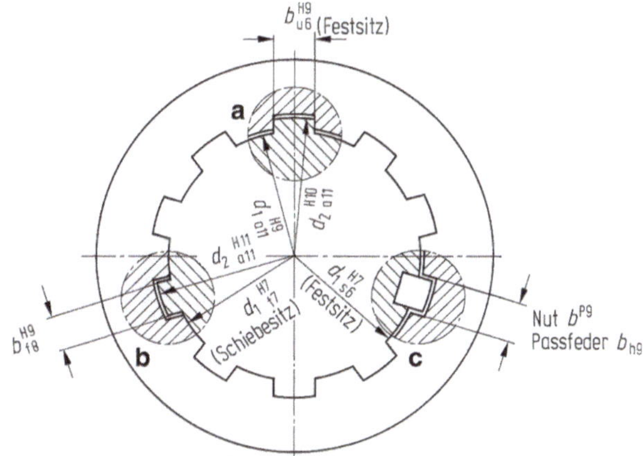

Abb. 18.20 Zentriermöglichkeiten für Keilwellenverbindungen mit **a** Flankenzentrierung (DIN 5472 [13]), **b** Innenzentrierung (DIN ISO 14 [35]) sowie **c** Passfederverbindung. Toleranzen gelten für nicht axial verschiebliche ungehärtete Naben

Anwendung: Kerbzahn- und Zahnwellenverbindungen mit 37,5° und 45° Eingriffswinkel werden ausschließlich mit Flankenzentrierung ausgeführt. Keilwellen- und Zahnwellenverbindungen mit 30° Eingriffswinkel können mit Flankenzentrierung ausgeführt werden.

Durchmesserzentrierung

Bei Durchmesserzentrierung dienen zylindrische Bereiche von Welle und Nabe zur Zentrierung. Die Mitnehmer/Zähne übertragen ausschließlich die Umfangskräfte. Sie müssen Flankenspiel aufweisen, um eine Überbestimmung der Zentrierung zu vermeiden.

Anwendung: Durchmesserzentrierung wird bevorzugt, wenn neben Drehmomenten größere Querkräfte auch infolge Eigengewicht oder Gehäuseverformungen zu übertragen sind und genauer Rundlauf durch genauen, meist geschliffenen, zylindrischen Sitz wichtig ist (wie z. B. bei Werkzeugmaschinen und Kfz-Schaltgetrieben). Keilwellen- und Zahnwellen mit 30° Eingriffswinkel werden z. B. bei weitem Lossitz der Verzahnung mit Durchmesserzentrierung ausgeführt. Passfederverbindungen sind stets durchmesserzentriert.

Innen-, Rund-, Außenzentrierung

Bei kurzen Profilwellen (etwa $b/d = 0{,}3 \ldots 0{,}5$) wird Innenzentrierung bevorzugt, wobei sich Nabenkopfkreis und Wellenfußkreis zentrieren. Bei größeren Breiten ist Rundzentrierung durch zwei zylindrische Sitze beiderseits des profilierten Teils besser geeignet. Außenzentrierung (zwischen Nabenfußkreis und Wellenkopfkreis) ist nicht üblich, da das Schleifen des Naben-Fußkreiszylinders schwierig ist.

Hinweis: Bei Rundzentrierungen beiderseits der Verzahnung müssen diese Zentrierstellen als erstes fertigbearbeitet werden. Beim nachfolgenden Verzahnen ist die Welle nach den Zentrierstellen auszurichten (Arbeitsvorbereitung).

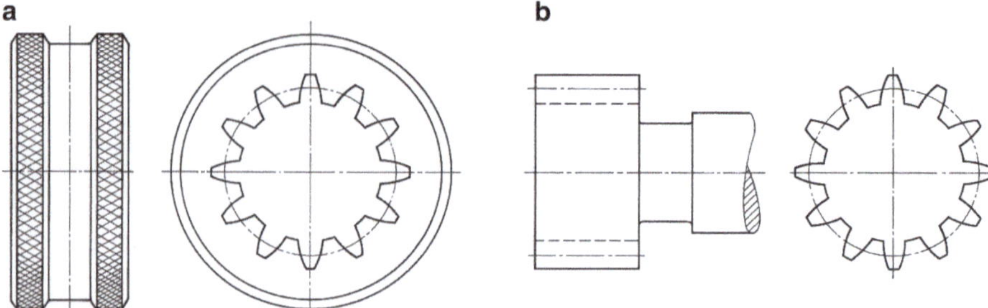

Abb. 18.21 Vollverzahnte Lehren für Zahnwellen, **a** Gutlehrring, **b** Gutlehrdorn, nach DIN 5480 [14] Teil 15

Toleranzen und Passungen

Für die Durchmesserpassungen (bei Innen- oder Außenzentrierung oder zylindrische Zentrierbunde) gelten die Regeln nach Kap. 6: Normen, Toleranzen, Passungen. Die Lage und Breite der Toleranzfelder für die Mitnehmer (bzw. Zahn- bzw. Lückenprofile) werden wie bei Rundpassungen gekennzeichnet. Großbuchstaben kennzeichnen die Lückenweite (in der Nabe), Kleinbuchstaben die Mitnehmer-/Zahndicke (an der Welle). Meist wird das System „Einheitsbohrung", d. h. Toleranzlage H, für die Nabenlückenweite gewählt. Die Passung, d. h. das Mindestflankenspiel bzw. Übermaß, ergibt sich damit aus dem Toleranzfeld der Mitnehmer-/Zahndicke, siehe Abb. 18.20.

Es wird in einen weiten und einen engen Gleitsitz unterschieden: Der weite Gleitsitz eignet sich für Naben, die unter (Drehmoment- oder Querkraft-)Belastung verschiebbar sind. Zur Zentrierung ist eine engere Rundpassung erforderlich. Das Durchmesserspiel ist so eng zu wählen, dass das kleinste Flankenspiel in keiner Lage aufgehoben wird (z. B. wenn das Durchmesserspiel durch Querkräfte verändert wird), denn dann besteht Klemmgefahr. Der enge Gleitsitz gestattet zwangsfreies Montieren bei Raumtemperatur.

Bei Übergangssitzen stellt sich wegen der Verzahnungsabweichungen kein Zustand mit Flankenspiel ein. Sie müssen daher mit erwärmter Nabe oder unterkühlter Welle gefügt werden (Temperaturdifferenz 100 ... 180 K).

Prüfen und Lehren

Das Gesamtprofil der Nabe (bzw. der Welle), einschließlich aller Teilungs-, Profil-, Flankenrichtungs- und sonstiger Abweichungen, muss innerhalb zweier Grenzprofile liegen, deren Abstand und Lage durch die oben angegeben Toleranzen und Passungen gegeben ist. Es wird das Taylor'sche Prinzip angewendet, d. h. die Gutlehre soll Maß und Form des gesamten Werkstücks prüfen (Austauschbarkeit), die Ausschusslehre jedes Maß einzeln. In der Praxis muss die Gutseite mit einer vollverzahnten Gutlehre, Abb. 18.21, geprüft werden. D. h. es wird geprüft, ob das Istprofil innerhalb des oberen Grenzprofils der Welle bzw. außerhalb des unteren Grenzprofils der Nabe liegt, Abb. 18.22. Wenn keine Gutlehren vorhanden sind (z. B. bei großen Durchmessern), können ersatzweise die unteren Abmaße durch Einzelmessung geprüft werden, ebenso die Bestimmungsgrößen der Ausschussseite. Für die Prüfung des Innendurchmessers der Nabe und des Außendurchmessers der Welle gelten die Regeln der Rundpassungen.

Bei den heute erreichbaren Genauigkeiten kann im Allgemeinen der Prototyp einer Serie (das Gegenstück von Nabe und Welle) als Gutlehre verwendet werden, mit dem Vorteil, das volle Tragen über die Breite zu erfassen. Die Lehren sind im Allgemeinen kürzer.

Die Bestimmungsgrößen auf der Ausschussseite müssen einzeln geprüft werden. Dabei sollen die entsprechenden

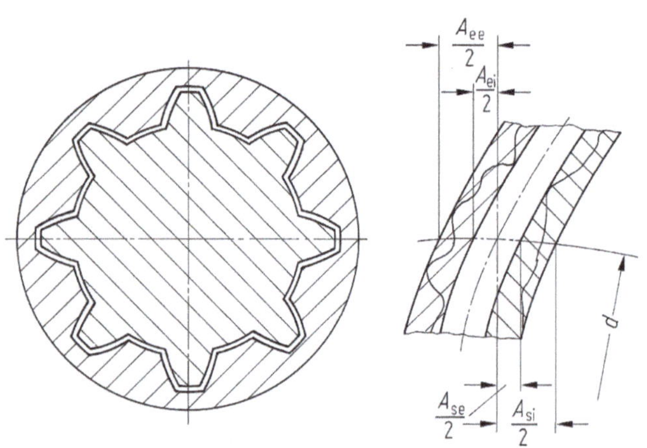

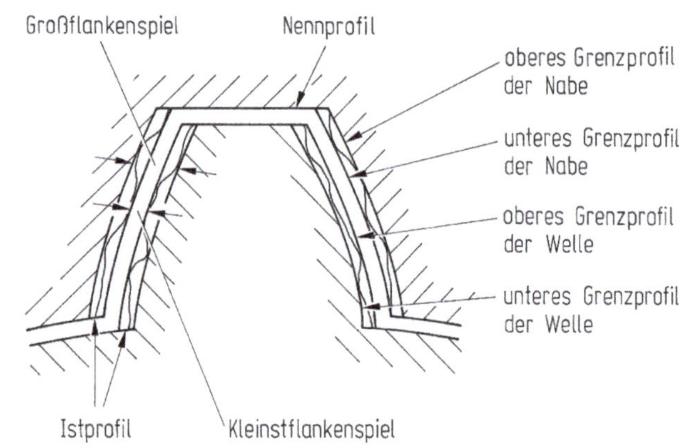

Abb. 18.22 Zahnwellenverbindung mit Grenz- und Istprofil, nach DIN 5480 Teil 15

unteren Zahndickenabmaße der Welle an keiner Stelle unterschritten werden, ebenso die oberen Lückenweitenabmaße der Nabe nicht überschritten werden.

18.3.2 Betriebszustände (Beanspruchung durch Drehmoment und Querkraft) – allgemein

Nach DIN 5466 [11] werden 3 Betriebszustände flankenzentrierter Verbindungen unterschieden:

I. überwiegende oder reine Querkraftbelastung, Flankenwechsel der Belastung bei Umlauf, große Relativbewegungen (Verschleißgefahr!)

II. überwiegende Drehmomentbelastung, geringe Relativbewegungen

III. überwiegende oder reine Drehmomentbelastung, keine Relativbelastungen (Verschleißgefahr nur bei Axialverschiebung

Bei durchmesserzentrierten Verbindungen, d. h. generell für Passfederverbindungen, sollte möglichst die gesamte Querkraft über die Durchmesserzentrierung übertragen werden. Dann gilt auch hierfür der Betriebszustand III.

Die meisten Ausführungen beschränken sich, so auch bei der Tragfähigkeitsberechnung, auf den für die Praxis wichtigsten Betriebszustand III. Bei Flankenzentrierung ist also vorab zu prüfen, ob die Querkraft F_Q so klein gegenüber dem Drehmoment ist, dass sie nicht in der Lage ist, den Flankenkontakt aus dem Drehmoment aufzuheben und gegen die Reibkräfte eine Relativverschiebung zwischen Wellen- und Nabenflanken und somit eine Mittenverlagerung (Exzentrizität) zu erzwingen. Davon kann ausgegangen werden, wenn bei vorsichtiger Abschätzung von Reibungszahl und Geometrieeinflüssen in Anlehnung an DIN 5466 die Querkraft folgende Bedingung erfüllt:

$$F_Q \leq \frac{T}{10 \cdot r_m} \tag{18.88}$$

r_m	in mm	Flankenmittenradius siehe Tab. 18.14
T	in N mm	Drehmoment

Andernfalls ist mit Betriebszustand I oder II zu rechnen, siehe DIN 5466.

18.3.3 Tragfähigkeitsberechnung – allgemein

Folgende Schäden können die Funktion der Verbindung aufheben oder gefährden:

(a) Bruch der Welle durch Torsions-, Biege- und/oder Querkraftbeanspruchung. Wegen der Querschnittsübergänge und Kerben ist die Welle oft das schwächste Element der Verbindung. Die Berechnung wird in Kap. 17: Achsen und Wellen erläutert.

(b) Bruch, Aufreißen der Nabe. Im Allgemeinen wird eine ausreichende Nabenwanddicke vorgeschrieben. Anhaltswerte gibt Tab. 18.2. Bei höheren Umfangsgeschwindigkeiten v_F in der Fuge sollten Beanspruchung der Nabe und Aufweitung des Sitzes durch Fliehkraft nachgeprüft werden. Anhaltswerte werden in Abschn. 18.2.3.4e) angegeben.

(c) Bruch oder Abscheren der Mitnehmer/Zähne ist meist kein maßgebendes Grenzkriterium, wenn die zulässige Flankenpressung eingehalten wird. In Sonderfällen kann die Berechnung von Laufverzahnungen nach [57] mit folgenden Vereinfachungen angewendet werden: Biegehebelarm $h_F = 0{,}7 \cdot m$, Zahnfußdicke $s_f = 2{,}7 \cdot m$, Lastverteilung über Umfang und Länge mit den Faktoren $k_{\varphi\beta}$ und k_l.

(d) Die Flankenpressung ist ein wichtiges Beurteilungskriterium für die Beanspruchung der Mitnehmer/Zahnflanken auf Verformung.

(e) Verschleiß ist oft das maßgebende Kriterium für die Lebensdauer, wenn Wellen- und Nabenflanken sich relativ zueinander bewegen, d. h. aufeinander gleiten. Dies kann durch Querkräfte verursacht werden oder funktionsbedingt sein, z. B. durch axiale Schiebebewegungen. Eine abgesicherte, praktikable Berechnungsmethode steht nicht zur Verfügung. Berechnungsansätze werden in [41] beschrieben. Es ist daher sinnvoll bei Verbindungen für Schiebebewegungen unter Last kleinere Flankenpressungen zuzulassen. Wichtig ist, dass die Reibung durch Schmierung, evtl. Oberflächenbehandlung, gemindert wird. Die Oberfläche der Welle bzw. der Mitnehmer soll härter als die der Nabe sein, um Stufenverschleiß an Welle bzw. Mitnehmer zu vermeiden.

Die im Folgenden beschriebene Berechnung der Flankenpressung (entsprechend Punkt d) basiert auf DIN 5466 für Zahn- und Keilwellen und DIN 6892 für Passfedern.

Hinweis: Die Bezeichnungen werden denen in diesen Normen ähnlich aber nicht gleich gewählt.

Auftretende Flankenpressung bei Betriebszustand III

$$p = \frac{T}{r_w \cdot z} \cdot \frac{\cos \alpha_w}{l \cdot h_w} \cdot k_{\varphi\beta} \cdot k_l \tag{18.89}$$

h_w, l, r_w, z, α_w		geometrische Größen siehe Tab. 18.14
k_l		Verteilungsfaktor siehe Abb. 18.24
$k_{\varphi\beta}$		Anteilfaktor siehe Tab. 18.15
T	in N mm	Drehmoment

Bei Dauerbeanspruchung durch ein Lastkollektiv ist T das äquivalente Drehmoment $T_{eq} = K_A \cdot T_{nenn}$ mit Anwendungs-

Tab. 18.14 Einflussgrößen zur Berechnung der auftretenden Flankenpressung nach (18.89)

<table>
<tr><th>Welle-Nabe-Verbindung</th><th>Einflussgrößen</th></tr>
<tr><td colspan="2">a) Zahnwelle nach DIN 5466</td></tr>
<tr><td>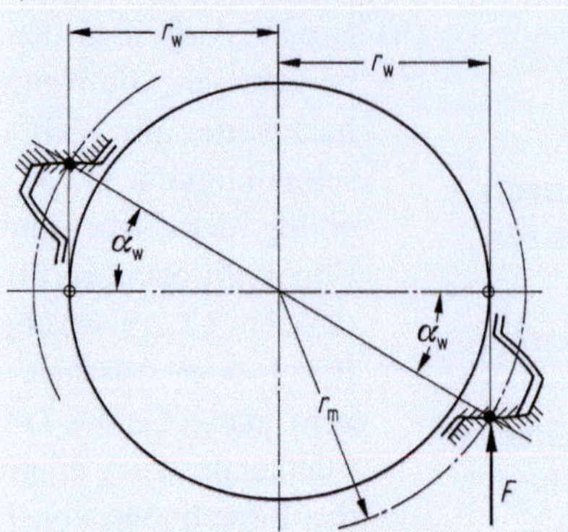
</td><td>Nabenlänge $l = l_{tr}$ tragende Mitnehmerlänge
Wirkradius $r_w = 0{,}5 \cdot m \cdot z \cdot \cos\alpha$
Flankenmittenradius $r_m = \dfrac{d_{a1} + |d_{a2}|}{4}$
Wirkwinkel $\cos\alpha_w = \dfrac{r_w}{r_m}$
wirksame Berührungshöhe der Flanken in radialer Richtung $h_w = \dfrac{d_{a1} - |d_{a2}|}{2}$
$d_{a1}, d_{a2}, z, \alpha$ siehe Tab. 18.18</td></tr>
<tr><td colspan="2">b) Kerbzahnwelle nach DIN 5466</td></tr>
<tr><td>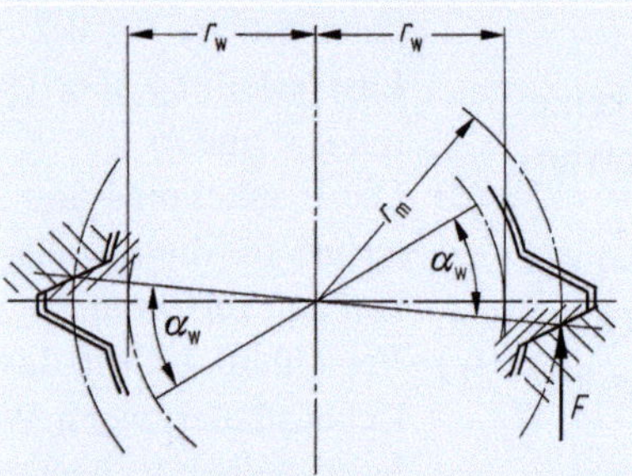
</td><td>Nabenlänge $l = l_{tr}$ tragende Mitnehmerlänge
Flankenmittenradius $r_m = \dfrac{d_1 + d_3}{4}$
Wirkwinkel $\cos\alpha_w = \dfrac{r_w}{r_m}$
wirksame Berührungshöhe der Flanken in radialer Richtung $h_w = \dfrac{d_3 - d_1}{2}$
d_1, d_3, z siehe Tab. 18.23</td></tr>
<tr><td colspan="2">c) Keilwelle nach DIN 5466</td></tr>
<tr><td>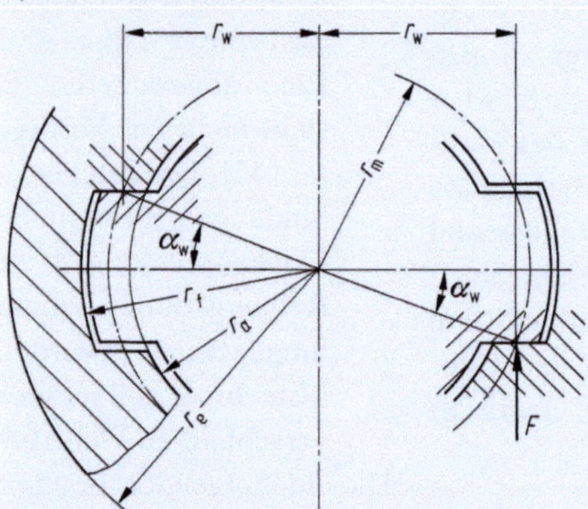
</td><td>Nabenlänge $l = l_{tr}$ tragende Mitnehmerlänge
Flankenmittenradius $r_m = \dfrac{d_1 + d_2}{4}$
Wirkwinkel $\cos\alpha_w = \dfrac{r_w}{r_m}$, $\sin\alpha_w = \dfrac{b/2}{(d_1 + d_2)/2}$
wirksame Berührungshöhe der Flanken in radialer Richtung $h_w = \dfrac{d_2 - d_1}{2}$
d_1, d_2, z siehe Tab. 18.20, 18.21 und Abb. 18.26</td></tr>
<tr><td colspan="2">d) Passfeder nach DIN 6892</td></tr>
<tr><td>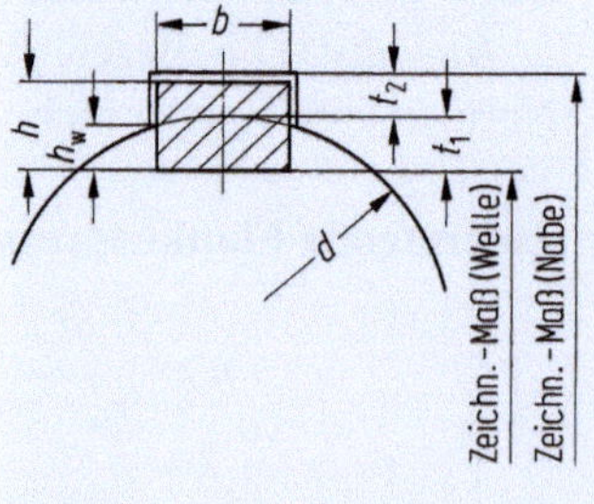
</td><td>Nabenlänge $l = l_{tr}$ tragende Mitnehmerlänge
$\dfrac{r_w}{\cos\alpha_w} = \dfrac{d}{2}$
wirksame Berührungshöhe der Flanken in radialer Richtung $h_w = h - t_1$
Anzahl Passfedern:
1: $z = 1$
2: $z = 0{,}75 \cdot 2$
d, h, t_1, l_{tr} siehe Tab. 18.26 und DIN 6885 [20]</td></tr>
</table>

Tab. 18.15 Anteilfaktor für Formschlussverbindungen nach Einlaufanpassung

Formschluss-verbindung	Passfedern		Zahnwellenverbindung mit Evolventenflanken[a]					
	Anzahl		Toleranzfelder nach DIN 5480[b]					
	1	2	H5/IT4	H7/IT7	H8/IT8	H9/IT9	H11/IT11	Größtwert
$k_{\varphi\beta}$ für T_{eq}	1	1,3	1,1	1,3	1,5	2,0	4,0	$z/2$[c]
$k_{\varphi\beta}$ für T_{max}	1	1,1	1,0	1,1	1,3	1,7	3,0	

[a] sinngemäß auch für Keilwellen- und Kerbzahnverbindungen
[b] Lage der Toleranzfelder (Passungsbuchstabe) der Welle nach Art des Sitzes siehe Tab. 18.23
[c] z = Anzahl Zähne

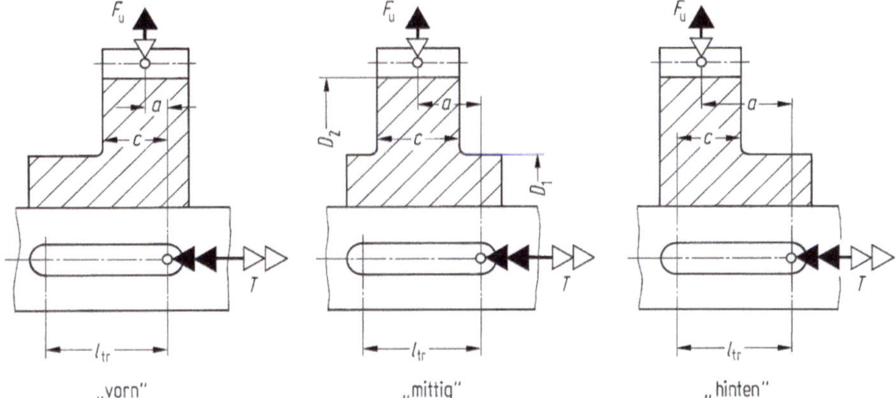

Abb. 18.23 Unterschiedliche Lastein- bzw. -ableitung bei Passfederverbindungen nach DIN 6892

faktor K_A nach Abschn. 1.4.6.3, bei Zahnradgetrieben nach DIN 3990 [9] Teil 1, Anhang A. Hierfür wird $p = p_{eq}$. Für Passfedern wird $\cos\alpha_w = 1$ und $r_w = d/2$ gesetzt. Bei seltenen Beanspruchungen durch Lastspitzen (infolge von Anfahrstößen, Kurzschluss- oder Notbremsmomenten, schlagartigen Blockierungen und ähnliches) ist zusätzlich der Festigkeitsnachweis für das Maximalmoment zu führen, d. h. mit $T = T_{max}$. Dann ist $p = p_{max}$.

Infolge der Fertigungsabweichungen verteilt sich die Flankenpressung nicht gleichmäßig auf alle Mitnehmer/Zähne (d. h. über den Umfang) und auch nicht gleichmäßig über die Breite. Dies wird durch $k_{\varphi\beta}$ und k_l berücksichtigt. Der Anteilfaktor $k_{\varphi\beta}$ hängt von der Genauigkeit der Verbindung und dem Flankenverschleiß (bei Gleitbewegung) ab. Anhaltswerte sind in Tab. 18.15 zusammengefasst.

Der Verteilungsfaktor k_l berücksichtigt die Lastverteilung über die tragende Länge der Mitnehmer/Zähne infolge Verdrillung von Welle und Nabe durch das Drehmoment. Der Betrag der Verdrillung hängt ab von den Drehsteifigkeiten, d. h. von Werkstoff (Elastizitätsmodul), Hauptabmessungen von Welle und Nabe, Steifigkeit der Mitnehmer/Zähne und vor allem von der Momentenflussrichtung: Je nach Lastein- und -ableitung kann die Verdrillung von Welle und Nabe ausgleichend oder verstärkend wirken (Abschn. 18.3.5.1). Anhaltswerte für k_l bei abgesetzter Nabe nach Abb. 18.23 zeigt Abb. 18.24. Für andere Verhältnisse l_{tr}/d kann zwischen den entsprechenden Werten in Abb. 18.24 interpoliert werden.

In Abb. 18.24 ist D der Ersatzdurchmesser einer abgesetzten Nabe gleicher Verdrehsteifigkeit

$$D = \frac{D_2}{\sqrt[4]{(\frac{D_2}{D_1})^4 \cdot (1 - \frac{c}{l_{tr}}) + \frac{c}{l_{tr}}}} \tag{18.90}$$

Die Geometriemaße siehe Abb. 18.23.

D_1, D_2	in mm	Durchmesser der abgesetzten Nabe
c	in mm	Breite des Nabenteiles mit D_2 innerhalb des tragenden Passfederteils
l_{tr}	in mm	tragende Länge des Mitnehmers

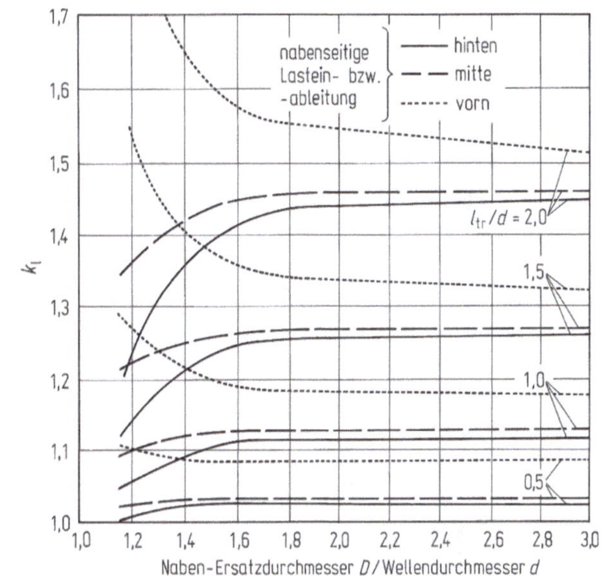

Abb. 18.24 Längenfaktor k_l nach DIN 6892, Lastein- bzw. -ableitung „vorn", „mitte", „hinten" (siehe Abb. 18.23)

Ertragbare Grenzpressung

Hierfür ist die kleinste Festigkeit (R_p oder R_m) von Welle oder Nabe bzw. Passfeder maßgebend.

Für Dauerbeanspruchung mit T_{eq} für duktile Werkstoffe wird

$$p_{\text{grenz}\,D} = f_S \cdot R_p \tag{18.91}$$

Bei oberflächengehärteten Zahnwellen-, Keilwellen- und Kerbverzahnungen ist $R_p = 1{,}15 \cdot R_{p\,\text{Kern}}$ des Kernwerkstoffs einzusetzen.

Für spröde Werkstoffe wird

$$p_{\text{grenz}\,D} = f_S \cdot R_m \tag{18.92}$$

Der Stützfaktor f_S berücksichtigt die Stützwirkung bei Druckbeanspruchung gegenüber den Festigkeitswerten aus Zugversuchen. Anhaltswerte sind in Tab. 18.16 angegeben.

Tab. 18.16 Stützfaktor f_S nach DIN 6892

Bauteil	Werkstoff	f_S
Passfeder	Baustahl, Vergütungsstahl	1,1 ... 1,4
Welle	Baustahl, Vergütungsstahl, einsatzgehärteter Stahl, GJS, GS	1,3 ... 1,7
	GJL	1,1 ... 1,4
Nabe	Baustahl, Vergütungsstahl, einsatzgehärteter Stahl, GJS, GS	1,5
	GJL	2,0

Wechselbeanspruchung formschlüssiger Verbindungen mit Spielpassung, wie es bei Passfedern der Fall ist, kann die ertragbare Grenzpressung drastisch mindern, siehe DIN 6892.

Bei Berechnung mit Spitzenmoment $T_{\max}$ wird

$$p_{\text{grenz max}} = f_L \cdot p_{\text{grenz } D} \tag{18.93}$$

mit dem Lastspitzenfaktor f_L nach Abb. 18.25, der berücksichtigt, dass bei weniger oft auftretenden Lastspitzen höhere Pressungen zulässig sind (Zeitfestigkeit).

Festigkeitsnachweis
Die Flankenpressung muss mit ausreichender Sicherheit S_F unter einem Grenzwert $p_{\text{grenz } D}$ bleiben.
Sicherheit gegen Fließen bei Dauerbelastung

$$S_{FD} = \frac{p_{\text{grenz } D}}{p_{\text{eq}}} \geq S_{F\,\min} \tag{18.94}$$

Sicherheit gegen Fließen bei maximaler Belastung (mit Spitzmoment):

$$S_{FS} = \frac{p_{\text{grenz max}}}{p_{\max}} \geq S_{F\,\min} \tag{18.95}$$

p_{eq}	in N/mm^2	Pressung bei Belastung mit T_{eq}
$p_{\max}$	in N/mm^2	Pressung bei Belastung mit $T_{\max}$
$S_{F\,\min}$		Mindestsicherheit gegen Fließen siehe Tab. 18.17

Es hat sich gezeigt, dass die Fließgrenze an den Kontaktflächen in örtlich begrenztem Umfang überschritten werden darf, ohne die Funktion der Formschlussverbindung zu beeinträchtigen. Die Lastverteilung über Umfang und Breite wird vielmehr verbessert. Diese ausgleichende Wirkung kann bei duktilen Werkstoffen genutzt werden.

Allgemeine Gesichtspunkte zur Wahl der Mindestsicherheit sind in Abschn. 1.4.8 angegeben.

Tab. 18.17 Mindestsicherheiten für Formschlussverbindungen

Werkstoff	$S_{F\,\min}$
duktile Werkstoffe	1,0 ... 1,3
spröde Werkstoffe	1,3 ... 2,0

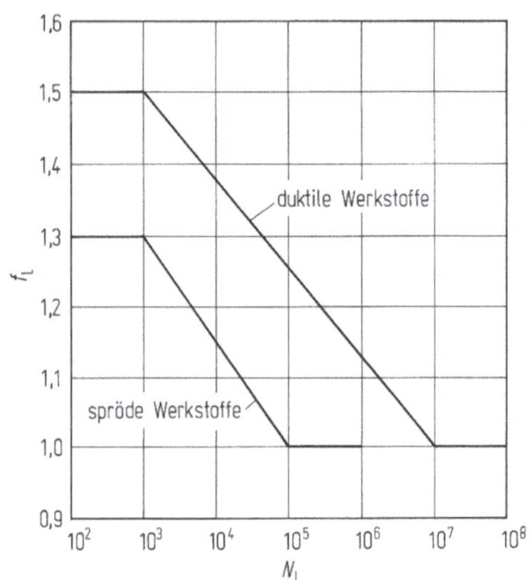

Abb. 18.25 Lastspitzenfaktor f_L nach DIN 6892

Hinweis: Bei einer Übermaßpassung wird ein Teil des Drehmoments durch Reibschluss übertragen. Nach DIN 6892 kann dies bei der Tragfähigkeitsberechnung berücksichtigt werden.

18.3.4 Unmittelbare Formschlussverbindungen

Unmittelbare Formschlussverbindungen sind Welle-Nabe-Verbindungen mit direkter Kraftübertragung ohne Zwischenelemente, wie etwa Passfedern oder ähnliches, siehe Abschn. 18.3.5.

18.3.4.1 Zahnwellenverbindungen

Die Zahnflanken sind Evolventenflächen, Abb. 18.19f, d. h. das sog. Bezugsprofil [57] des Verzahnungswerkzeugs ist geradflankig. Das hiermit erzeugte Verzahnungsprofil und Bezeichnungen nach DIN 5480 sind in Tab. 18.18 angegeben.

Für die Verzahnungsgeometrie gelten die Bezeichnungen nach Kap. 21 in [57].

Vorteile
Für einen Modul (indirektes Maß für die Größe der Zähne von Zahnrädern) wird nur ein Wälzwerkzeug benötigt, z. B. ein Wälzfräser zur Erzeugung von Wellenverzahnungen beliebiger Zähnezahl bzw. Durchmesser. Abmaße zur Erzeugung von Flankenspiel oder Übermaß werden durch Zustellen oder Abrücken des Wälzwerkzeugs, d. h. entsprechender Profilverschiebung, erzeugt.

Herstellung
Die Herstellung der Wellenverzahnung erfolgt meist nach einem Wälzverfahren (Wälzfräsen, Wälzstoßen, Kaltwalzen),

Tab. 18.18 Zahnnaben- und Zahnwellenprofile mit Evolventenflanken, Nennmaße nach DIN 5480, Schiebesitz, Auszug

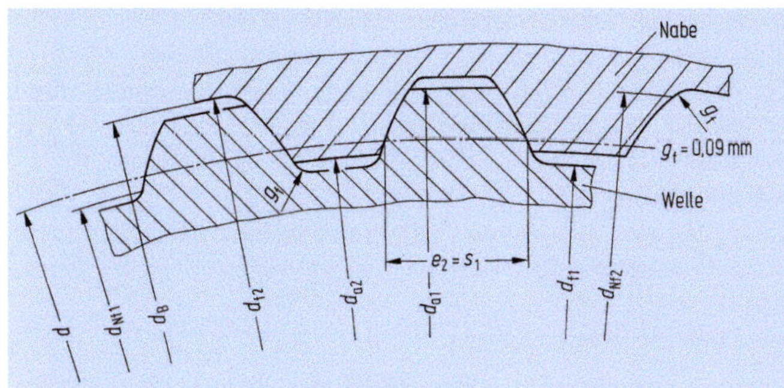

Teilkreisdurchmesser $d = m \cdot z$
Kopfkreisdurchmesser der Nabe $|d_{a2}| = d_B - 2 \cdot m$
Kopfkreisdurchmesser der Welle $d_{a1} = d_B - 0{,}2 \cdot m$
mit Bezugsdurchmesser d_B, Modul m, Zähnezahl z

$m = 0{,}8$ mm		$m = 1{,}25$ mm		$m = 2$ mm		$m = 3$ mm		$m = 5$ mm		$m = 8$ mm	
d_B in mm	z	d_B in mm	z	d_B in mm	z	d_B in mm	z	d_B in mm	z	d_B in mm	z
6	6	17	12	35	16	55	17	85	16	160	18
7	7	18	13	37	17	60	18	90	16	170	20
8	8	20	14	38	18	65	20	95	18	180	21
9	10	22	16	40	18	70	22	100	18	190	22
10	11	25	18	42	20	75	24	105	20	200	24
12	13	28	21	45	21	80	25	110	21	210	25
15	17	32	24	48	22	90	28	130	24	240	28
16	18	35	26	50	24	95	30	140	26	250	30
17	20	37	28	55	26	100	32	150	28	260	31
18	21	38	29	60	28	105	34	160	30	280	34
20	23	40	30	65	31	110	35	170	32	300	36
22	26	42	32	70	34	120	38	180	34	320	38
25	30	45	34	75	36	130	42	190	36	340	41
28	34	47	36	80	38	140	45	200	38	360	44
30	36	48	37			150	48	210	40	380	46
32	38	50	38					220	42	400	48
								240	46	420	51
								250	48	440	54
								260	50	450	55
								280	54	460	56
										480	58
										500	61

Bezeichnungsbeispiel für eine flankenzentrierte Passverzahnung: Bezugsdurchmesser $d_B = 120$ mm, Modul $m = 3$ mm, Eingriffswinkel $\alpha = 30°$, Zähnezahl $z = 38$, Flankenpassung: 9H/8 f
Zahnnabe: DIN 5480 – N120 × 3 × 30 × 38 × 9H
Zahnwelle: DIN 5480 – W120 × 3 × 30 × 38 × 8f

die der Nabenverzahnung meist durch Formstoßen, Wälzstoßen, bei großen Stückzahlen durch Räumen.

Ausführung, Anwendung
Die Ausführung ist als leicht lösbare, axial verschiebliche aber auch als feste Verbindung (vorgespannte Formschlussverbindung) möglich. Zahnwellenverbindungen eignen sich zur Übertragung von großen, stoßhaften Drehmomenten (bei Festsitz auch für Wechselbeanspruchung). Größere Querkräfte sollten durch Rundzentrierungen aufgenommen werden, Abschn. 18.3.2. Die Verzahnungsbreite ist bei größeren Durchmessern hinsichtlich der Fertigungsgenauigkeit begrenzt (Wälzfräserverschleiß führt zu konischer Verzahnung). Die Abmessungen nach DIN 5480 sind auf die genormten Wälzlager-Bohrungsdurchmesser abgestimmt. Die Norm enthält Profile mit Eingriffswinkeln $\alpha = 30°$, $37{,}5°$ und $45°$. Große Eingriffswinkel sind günstig für die Herstellung durch Kaltwalzen und die Zentrierung, wirken aber in Richtung einer stärkeren radialen Aufweitung der Nabe und Sprengwirkung, werden deshalb selten angewendet.

Tragfähigkeit
Schadensgrenzen, Dimensionierung von Welle und Nabe, Flankenpressung und Verschleiß werden nach Abschn. 18.3.3 bestimmt.

Tab. 18.19 Passungen für Zahnwellenverbindungen nach DIN 5480 Teil 1

Passung	Eigenschaften
Reihe 1: für Teile mit geringerer Genauigkeit oder auch mit größerem Härteverzug	
9H/9g,e,d,10c,11a	weiter Spielsitz; längsverschieblich ohne Belastung, mit Rundzentrierung
9H/8p	Übergangssitz; nicht längsverschieblich, Fügen mit Erwärmen der Nabe oder Unterkühlen der Welle, mit oder ohne Rundzentrierung
9H/8v	Festsitz; Verschieblichkeit, Fügen mit Erwärmen der Nabe oder Unterkühlen der Welle, mit enger Rundzentrierung
Reihe 2: für Teile größerer Genauigkeit (ohne Schleifen, aber mit höherem Fertigungsaufwand erreichbar)	
7-8H/7h,g,8f	enger Spielsitz; längsverschieblich ohne Belastung (zum Montieren ohne Erwärmen, mit enger Rundzentrierung)
7-8H/7m,8n	Übergangssitz, mit und ohne Rundzentrierung
7-8H/7p,8s	Festsitz

Allgemein: Das Durchmesserspiel muss bei Rundzentrierung kleiner sein als das Normalflankenspiel der Verzahnung (einschließlich Verzahnungsabweichungen).

Zentrierung, Toleranzen und Passungen siehe Abschn. 18.3.1

In Anlehnung an das Toleranzsystem für Laufverzahnungen nach DIN 3961 [7] wurde für Zahnwellenverbindungen in DIN 5480 ein Toleranzsystem genormt. Es bezieht sich auf die Paarung von Nabenlückenweite und Wellenzahndicke, deren Abmessungen durch Nennmaß und Zahndicken sowie Lückenweitenabmaße festgelegt werden. Empfehlungen in Anlehnung an DIN 5480 Teil 1 für die allgemeine Anwendung sind in Tab. 18.19 zusammengefasst.

Statt der Zahndicke bzw. Lückenweite ist in DIN 5481 [15] ein „Anlagedurchmesser" toleriert, d. h. der Durchmesser an dem die zylindrischen Messdrähte anliegen (Maß über/zwischen Rollen, Abschn. 21.4.3 in [57]). Hierfür werden die zulässigen Abweichungen angegeben. In dem Maß über/zwischen Messdrähten sind die zulässigen Teilungs-, Zahndicken- und Flankenlinienabweichungen enthalten. Bei der Welle kann zwischen den Abmaßreihen „grob" und „fein" gewählt werden. Abmaße „grob" gelten, wenn die Kraft nur in einer Richtung wirkt. Die Kopfkreisdurchmesser werden für ausreichendes Kopfspiel grob toleriert: mit H11 für die Nabe, a11 für die Welle. Die so tolerierte Verbindung bildet einen Fügesitz, lässt sich zwangsfrei fügen, eignet sich aber nicht zum Verschieben unter Belastung.

Die Einzelabweichungen, insbesondere Teilung, Profil- und Flankenlinien, (d. h. Achsparallelität) müssen der betreffenden Toleranzreihe entsprechen. Als Anhalt hierfür können die zulässigen Abweichungen der entsprechenden Verzahnungsqualität nach DIN 3962 [8] dienen (Profilabweichungen entsprechend der kleineren Zahnhöhe geringer). Nach [47] kann davon ausgegangen werden, dass sich die Teilungsgenauigkeit durch plastisches Anpassen um eine bis zwei Qualitäten verbessern kann.

Prüfen und Lehren siehe Abschn. 18.3.1

Für die Einzelmessung (der unteren Abmaße bei fehlender Gutlehre) und der Bestimmungsgrößen auf der Ausschussseite eignen sich das Prüfmaß über/zwischen Rollen und die Zahnweite, siehe oben und Kap. 21.3.3 in [57]. Die Ausschussseite wird mit einer Rachenlehre geprüft, die wenige Zähne und verkürzte Flanken aufweist (und sich nicht voll einführen lässt).

18.3.4.2 Keilwellenverbindungen

Die Mitnehmer weisen keine Keilneigung auf. Die Bezeichnung „Keil" hat sich, auch über die DIN-Normen, geprägt. Das Drehmoment wird über mehrere (4 ... 20) gerade, parallele Seitenflächen übertragen, Abb. 18.19g. Maßtabellen für Keilwellen im allgemeinen Maschinenbau und für Werkzeugmaschinen sind in Tab. 18.20 und 18.21 angegeben. Die Nennmaße von Keilwellen zeigt Abb. 18.26.

Herstellung

Zur Herstellung bei Einzelfertigung werden im Allgemeinen Scheibenfräser oder Form-Hobelstähle verwendet, bei Serienfertigung wird die Wellenverzahnung meist durch Wälzfräsen, die Nabenverzahnung durch Stoßen oder Räumen erzeugt.

Man beachte: Die Wälzfräser sind nur für ein einziges Bauteil (Durchmesser, Mitnehmer-Profil, Anzahl und Passung) zu verwenden.

Jede Abweichung von der Soll-Zustellung führt zu Profilabweichungen. Die Wälzwerkzeuge sind leicht antiballig, erzeugen daher leicht höhenballige Mitnehmerprofile, die gewisse Ungenauigkeiten in der Zustellung ausgleichen. Bei feineren Qualitäten, insbesondere zur Korrektur von Härteverzug, ist Nacharbeit durch Formschleifen erforderlich.

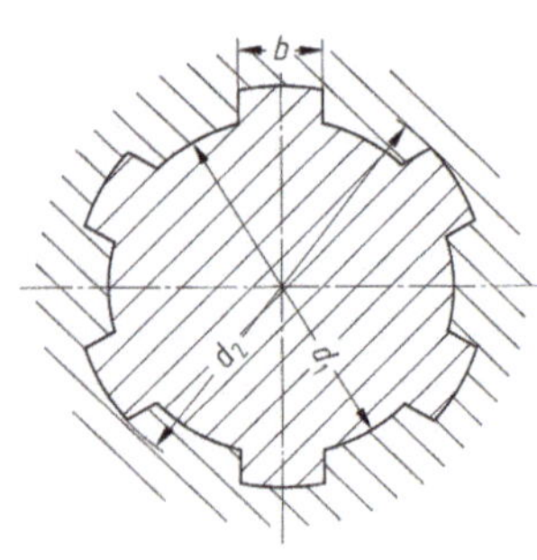

Abb. 18.26 Nennmaße von Keilwellen

Tab. 18.20 Nennmaße von Keilwellen, Maße siehe Abb. 18.26

Innendurchmesser d_1 in mm	Leichte Reihe DIN ISO 14			Mittlere Reihe DIN ISO 14			Schwere Reihe DIN 5464		
	Anzahl der Keile z	Außendurchmesser d_2 in mm	Zahndicke b in mm	Anzahl der Keile z	Außendurchmesser d_2 in mm	Zahndicke b in mm	Anzahl der Keile z	Außendurchmesser d_2 in mm	Zahndicke b in mm
11	–	–	–	6	14	3	–	–	–
13	–	–	–	6	16	3,5	–	–	–
16	–	–	–	6	20	4	10	20	2,5
18	–	–	–	6	22	5	10	23	3
21	–	–	–	6	25	5	10	26	3
23	6	26	6	6	28	6	10	29	4
26	6	30	6	6	32	6	10	32	4
28	6	32	7	6	34	7	10	35	4
32	8	36	6	8	38	6	10	40	5
36	8	40	7	8	42	7	10	45	5
42	8	46	8	8	48	8	10	52	6
46	8	50	9	8	54	9	10	56	7
52	8	58	10	8	60	10	16	60	5
56	8	62	10	8	65	10	16	65	5
62	8	68	12	8	72	12	16	72	6
72	10	78	12	10	82	12	16	82	7
82	10	88	12	10	92	12	20	92	6
92	10	98	14	10	102	14	20	102	7
102	10	108	16	10	112	16	20	115	8
112	10	120	18	10	125	18	20	125	9

Anzahl der Keile $z = 6$, Innendurchmesser $d_1 = 26\,\text{mm}$, Bezeichnungsbeispiel: (Passung f7), Außendurchmesser $d_2 = 30\,\text{mm}$, Keilwelle DIN ISO 14 – 6 × 26 f7 × 30

Tab. 18.21 Nennmaße von Keilwellen für Werkzeugmaschinen, Maße siehe Abb. 18.26

DIN 5471 [12] (4 Keile)			DIN 5472 (6 Keile)		
Innendurchmesser d_1 in mm	Außendurchmesser d_2 in mm	Zahndicke b in mm	Innendurchmesser d_1 in mm	Außendurchmesser d_2 in mm	Zahndicke b in mm
11	15	3	21	25	5
13	17	4	23	28	6
16	20	6	26	32	6
18	22	6	28	34	7
21	25	8	32	38	8
24	28	8	36	42	8
28	32	10	42	48	10
32	38	10	46	52	12
36	42	12	52	60	14
42	48	12	58	65	14
46	52	14	62	70	16
52	60	14	68	78	16
58	65	16	72	82	16
62	70	16	78	90	16
68	78	16	82	95	16
			88	100	16
			92	105	20
			98	110	20
			105	120	20
			115	130	20
			130	145	24

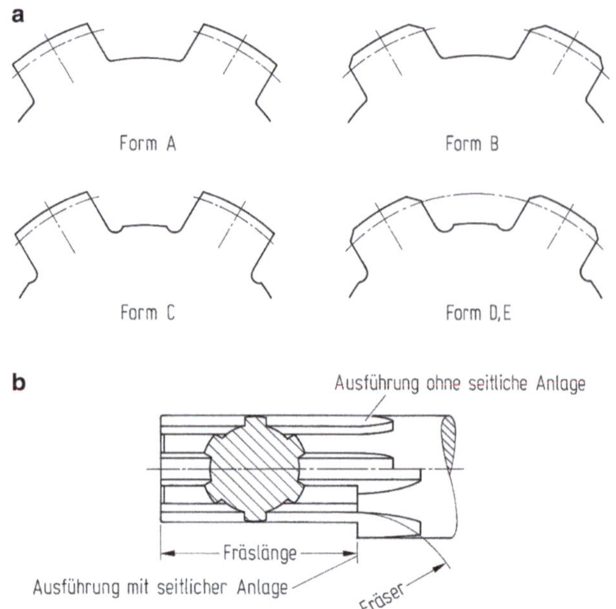

Abb. 18.27 Keilwelle, mit Scheiben- oder Wälzfräser hergestellt, **a** Profilformen, **b** Ausführung mit und ohne seitliche Anlage

Ausführung, Anwendung

Keilwellenverbindungen werden überwiegend als leicht lösbare, axial verschiebliche Verbindung ausgeführt. Ausführungformen zeigt Abb. 18.27: Standard ist Form D für gefräste und E für geschliffene Keile (mit Schleifzugabe). Dabei wird die ganze Höhe der Mitnehmerflanken voll für die Anlage mit der Nabenflanke genutzt (kein Verlust an tragender Höhe infolge Fußausrundung, wie bei Formen A und B). Formfräser Form A und B sind kostengünstiger, weisen höhere Standzeit auf und genügen oft bei geringeren Beanspruchungen. Sie eignen sich für flankenzentrierte Keilwellen, die am Innen- und Außendurchmesser Spiel haben. Naben, die nicht verschieblich sein sollen, müssen gegen Längsverschiebung durch einen Wellenabsatz, Abb. 18.27b, andere Naben oder Sicherungsringe gesichert werden.

Tragfähigkeit

Schadensgrenzen, Dimensionierung und Festigkeitsnachweis von Welle und Nabe werden nach Abschn. 18.3.3 bestimmt.

Zentrierung, Toleranzen und Passungen siehe Abschn. 18.3.1

Maßtoleranzen nach DIN ISO 14 für Keilwellenverbindungen mit Innenzentrierung (zur Übertragung von Querkräften und für genauen Rundlauf) leichte und mittlere Bauteile, sind in Tab. 18.22 wiedergegeben. Hinzugefügt wurden Maßtoleranzen nach DIN 5464 [10] für die schwere Baureihe, nach DIN 5471, 5472 für Werkzeugmaschinen, ferner Anhaltswerte für Flankenzentrierung (für große Stoß- und Wechselmomente) und Außenzentrierung. Für große genutzte Längen sind unter Umständen zusätzlich Toleranzen für Flankenlinienabweichungen festzulegen.

Prüfen und Lehren siehe Abschn. 18.3.1

Die Gutseite wird mit vollprofiliertem Gutlehrdorn bzw. Gutlehrring geprüft. Die Ausschussseite wird durch Einzelmessung mit Sektorausschusslehren für jedes einzelne Bestimmungsstück geprüft, z. B. der Außendurchmesser der Welle mit Rachenlehre oder glattem Lehrring, die Mitnehmerbreite mit Rachenlehre, die Nutbreite der Nabe mit Flachlehre.

18.3.4.3 Kerbzahnverbindungen

Die dreieckförmigen (Mitnehmer-)Zähne (Abb. 18.19 h) weisen nach DIN 5481 folgende Profile auf (Tab. 18.23):

- Für Nenndurchmesser bis 60 mm: Gerade oder Evolventen. Der Flankenwinkel beträgt 60°.
- Bei größeren Durchmessern sind die Mitnehmerprofile Evolventen mit 55° Flankenwinkel. Die Nabenlücken sind immer geradflankig (im Allgemeinen erzeugt durch Formstoßen oder Räumen). Damit werden Kopf- und Fußträger sicher vermieden.

Tab. 18.22 Toleranzen für Nabe und Welle (mit Maßen b, d_1, d_2 nach Tab. 18.20, 18.21 und Abb. 18.26) nach DIN ISO 14 für Keilwellenverbindungen mit Innenzentrierung, ergänzt nach DIN 5471, 5472 für Werkzeugmaschinen (Zeichen: (...)), nach Erfahrung für Außenzentrierung (Zeichen: > ... <), Flankenzentrierung (Zeichen: + ... +)

Toleranzen für die Nabe						Toleranzen für die Welle			Einbauart
nach dem Räumen nicht wärmebehandelt			nach dem Räumen wärmebehandelt						
b^b	d_2	d_1	b^b	d_2	d_1	b^b	d_2	d_1	
H9	H10	H7	H11	H10	H7	d10 +(h9)+	a11 (a11) >f7<	f7[c] (g6) >a11<	Gleitsitz
(D9)	(H13)	(H7)				f9 +(h9)+	a11	g7	Übergangssitz
+D9+	>H7<	(H6)[a]				h10 +(h9)+	a11 (a11) >m6<	h7 (j6) >a11<	Festsitz

[a] für Werkzeugmaschinen bei hohen Genauigkeitsanforderungen und kurzen Nabenlängen
[b] Toleranz für die Symmetrie: IT 7
[c] für Werkzeugmaschinen bei großen Nabenlängen

Tab. 18.23 Kerbzahnprofil, Nennmaße nach DIN 5481

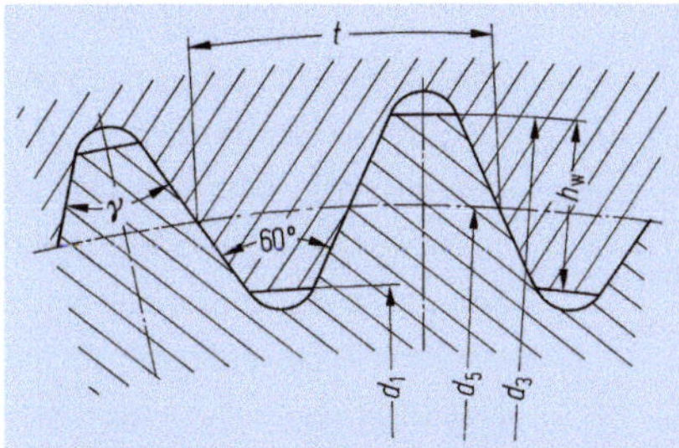

Nenndurchmesser ($d_1 \times d_3$) in mm	Kopfkreisdurchmesser der Nabe d_1 in mm	Kopfkreisdurchmesser der Welle d_3 in mm	Teilkreisdurchmesser d_5 in mm	Zähnezahl z
7 × 8	6,9	8,1	7,5	28
8 × 10	8,1	10,1	9	28
10 × 12	10,1	12	11	30
12 × 14	12	14,2	13	31
15 × 17	14,9	17,2	16	32
17 × 20	17,3	20	18,5	33
21 × 24	20,8	23,9	22	34
26 × 30	26,5	30	28	35
30 × 34	30,5	34	32	36
36 × 40	36	39,9	38	37
40 × 44	40	44	42	38
45 × 50	45	50	47,5	39
50 × 55	50	54,9	52,5	40
55 × 60	55	60	57,5	42

Bezeichnungsbeispiel: Nenndurchmesser $d_1 = 10\,\text{mm}$, Nenndurchmesser $d_3 = 12\,\text{mm}$, Kerbverzahnung DIN 5481 – 10 × 12

Herstellung

Die Evolventen werden mit Wälzwerkzeugen mit entsprechendem Flankenwinkel des Bezugsprofils erzeugt. Die Nabenlücken werden im Allgemeinen durch Formstoßen oder Räumen erzeugt.

Anwendung, Ausführung

Ausführung als Steckverbindung (z. B. für die Einspannung von Drehstabfedern), ferner mit Sonderprofil für Zapfwellen nach DIN 9611 [28], meist Flankenzentrierung, daher in erster Linie zur Übertragung von Drehmomenten geeignet (Belastungsfall III, Abschn. 18.3.2). Bei hohen Anforderungen an die Rundlaufgenauigkeit ist Durchmesserzentrierung vor und hinter der Verzahnung (Verzahnung zur Rundzentrierung „laufend") vorzusehen. Durch die kleine Zahnhöhe wird die Nabe wenig geschwächt, die feine Teilung gestattet eine sehr genaue Einstellung in Umfangsrichtung (z. B. um einen Hebel auf eine bestimmte Lage einzustellen). Nachteilig ist die radiale Kraftkomponente, die dünne Naben aufweiten kann.

Tragfähigkeit

Die Dimensionierung von Welle und Nabe wird nach Abschn. 18.3.3 durchgeführt.

18.3.4.4 Polygonverbindung

Diese Unrundprofile (Abb. 18.19i) sind im Allgemeinen aus Dreikant- und Vierkantprofilen entstanden. Eine Übersicht zeigt Abb. 18.28. Hauptsächlich werden die genormten Profile P3G (DIN 32711 [29]) und P4C (DIN 32712 [30]) verwendet.

Herstellung

Wellen und Naben mit dem einfach messbaren 3G-Gleichdickprofil lassen sich im Einstechverfahren drehen und schleifen, ebenfalls die Wellen mit P4C-Profil. Diese werden daher auch für gehärtete Sitze verwendet. Naben mit P4C-Profil müssen geräumt werden. Hinweise zu den übrigen Polygonprofilen sind in [40] und [60] angegeben.

Sitze mit G- und C-Profil können über die Breite zylindrisch ausgeführt werden, Sitze mit G-Profil auch konisch (Kegelwinkel $\leq$ 18°). Bei Sonderausführungen mit geschlitzter Welle wird, auch bei Ausführung als zylindrischer Spielsitz, eine radiale Verspannung erzielt (leichtere Montage und Demontage!).

Eigenschaften, Anwendungen

Alle Profile sind selbstzentrierend. Die Winkellage lässt sich auf 10 Winkelminuten genau einhalten. Die Kerbwirkung

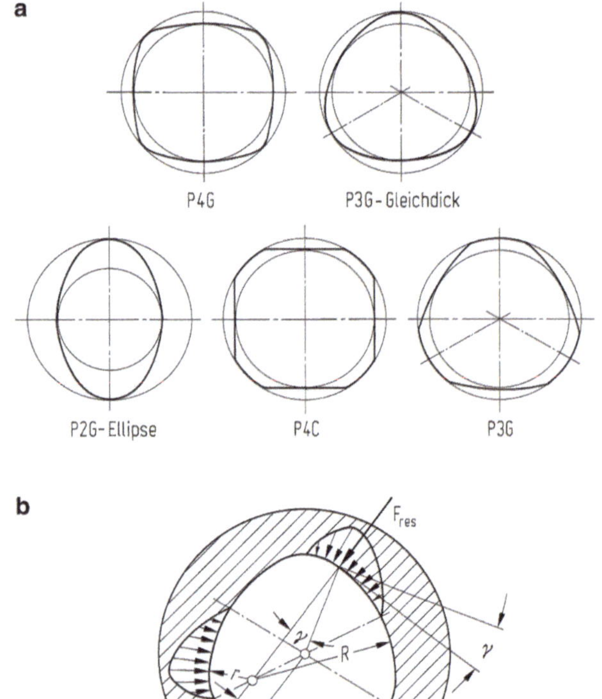

Abb. 18.28 **a** Polygonwellen-Profile, **b** Beanspruchung des P3G-Profils

ist gering (siehe Dimensionierung, Festigkeitsnachweis). Bei Spielpassungen ist zu beachten, dass sich unter Drehmoment ein Verdrehspiel einstellt, das insbesondere beim G-Profil zum Verklemmen führen kann. Mit den unten genannten Toleranzen ist eine Austauschbarkeit möglich.

Das P4C-Profil eignet sich für zylindrischen Fest- und Schiebesitz (entsprechende Press- bzw. Spielpassungen siehe unten) auch zum Verschieben unter Drehmoment. Anwendungen mit Festsitz sind beispielsweise Kunststoffzahnräder für den Apparatebau, die Feinwerktechnik, Textilmaschinen, mit Schiebesitz für Kupplungen und Zahnräder in Getrieben (d. h. zum Verschieben unter Drehmoment), auch als öldichte Axialführungen oder Verdrehsicherungen.

Das P3G-Profil wird als Schiebesitz bei Rotoren ausgeführt, die bei häufiger Montage und Demontage leicht auswechselbar sein sollen, z. B. bei Turbinenlaufrädern (jedoch nicht zum Verschieben unter Drehmoment). Als Festsitz, z. B. bei Kurbelwellen, Schaltnocken, Exzenterpressen, z. B. bei Verdichterlaufrädern (bis 70.000 min^{-1}) ausgeführt.

Abmessungen, Toleranzen

Generell hat die Verbindung den Vorteil kurzer Baulänge, da kein Werkzeugauslauf erforderlich ist. Bei Festsitz mit Schulteranlage ist ein Fügelängen-Durchmesser-Verhältnis $L/d < 1$ möglich. Bei Schiebesitz sollte $L/d > 1{,}5$ sein. Maße sind in Tab. 18.25 angegeben.

Für verschiebliche Verbindungen mit Profil P4C eignet sich die Passung H11/e9 für einen leicht montierbaren Schiebesitz bei konstantem Drehmoment. H7/g6 eignet sich für einen engen Schiebesitz bei wechselndem Drehmoment, sollte jedoch erprobt und nach Erfahrung festgelegt werden. Besser geeignet ist hierfür ein Festsitz H7/k6.

Dimensionierung, Festigkeitsnachweis

Bei dynamischer Beanspruchung tritt der Schaden im Allgemeinen durch Reibschwingbruch ein. Durch eine Presspassung kann die Tragfähigkeit um bis zu 50 % gesteigert werden [41]. Analytische Berechnungen werden in [55] beschrieben, Auslegung mit Hilfe der Finite-Elemente-Methode in [41] und [51]. Hinweise zur Reibkorrosion sind in Abschn. 16.7.2 angegeben.

Nachstehende Hinweise gelten für eine überschlägige Dimensionierung.

Beanspruchung der Welle: Die Festigkeitsberechnung wird in Kap. 17: Achsen und Wellen erläutert. Durch die abgerundete und konvexe Kontur ist die Kerbwirkung gering. Nach [40] und [56] ist die Torsionswechselfestigkeit ca. 35 % höher als die einer 6-Keil-Welle. Vorhandene Wellenabsätze sind gesondert zu bewerten.

Beanspruchung der Nabe: Wegen des kleineren „Keilwinkels" γ (Abb. 18.28b) wird die Nabe auf Sprengwirkung beansprucht und über den Umfang radial ungleichmäßig verformt. Bis $Q_A = D_i/D_a = 0{,}55$ ist die Vergleichsspannung etwa konstant, die Abweichung der Außenkontur von der Kreisform gering [41].

Die kleinste Nabenwanddicke nach DIN 32711, 32712 für Profil P3G und P4C beträgt

$$s = y \cdot \sqrt{\frac{T}{R_m \cdot L}} \tag{18.96}$$

L	in mm	Fügelänge
R_m	in N/mm^2	Zugfestigkeit
T	in N mm	Drehmoment
y		Beiwert siehe Tab. 18.24

Tab. 18.24 Beiwert y für die Berechnung der kleinsten Nabenwanddicke

Anwendungsfall	y
Profil P3G, $d_a \leq 35\,\text{mm}$	1,44
Profil P3G, $d_a > 35\,\text{mm}$	1,2
Profil P4C	0,7

Tab. 18.25 Polygonwellen und Polygonaben, Profil P3G nach DIN 32711, Profil P4C nach DIN 32712

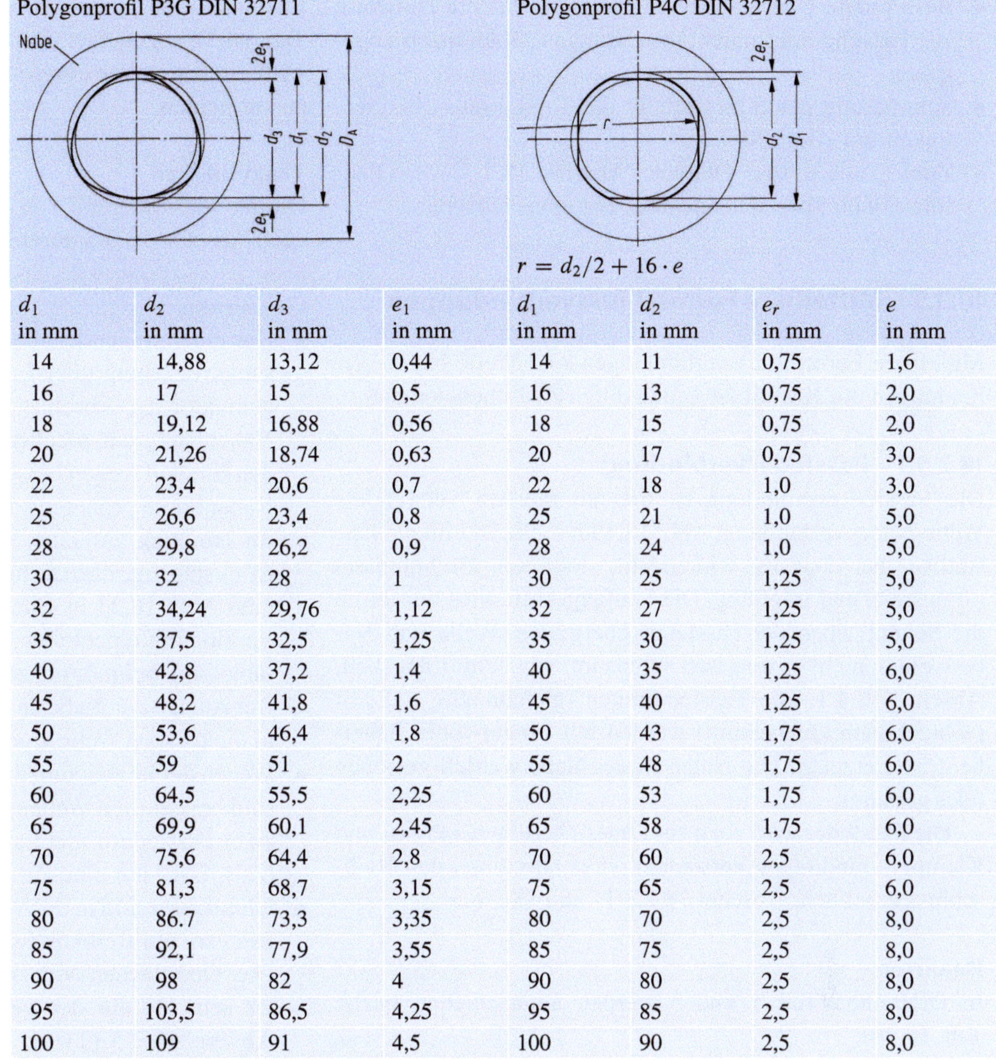

Polygonprofil P3G DIN 32711				Polygonprofil P4C DIN 32712			
d_1 in mm	d_2 in mm	d_3 in mm	e_1 in mm	d_1 in mm	d_2 in mm	e_r in mm	e in mm
14	14,88	13,12	0,44	14	11	0,75	1,6
16	17	15	0,5	16	13	0,75	2,0
18	19,12	16,88	0,56	18	15	0,75	2,0
20	21,26	18,74	0,63	20	17	0,75	3,0
22	23,4	20,6	0,7	22	18	1,0	3,0
25	26,6	23,4	0,8	25	21	1,0	5,0
28	29,8	26,2	0,9	28	24	1,0	5,0
30	32	28	1	30	25	1,25	5,0
32	34,24	29,76	1,12	32	27	1,25	5,0
35	37,5	32,5	1,25	35	30	1,25	5,0
40	42,8	37,2	1,4	40	35	1,25	6,0
45	48,2	41,8	1,6	45	40	1,25	6,0
50	53,6	46,4	1,8	50	43	1,75	6,0
55	59	51	2	55	48	1,75	6,0
60	64,5	55,5	2,25	60	53	1,75	6,0
65	69,9	60,1	2,45	65	58	1,75	6,0
70	75,6	64,4	2,8	70	60	2,5	6,0
75	81,3	68,7	3,15	75	65	2,5	6,0
80	86.7	73,3	3,35	80	70	2,5	8,0
85	92,1	77,9	3,55	85	75	2,5	8,0
90	98	82	4	90	80	2,5	8,0
95	103,5	86,5	4,25	95	85	2,5	8,0
100	109	91	4,5	100	90	2,5	8,0

Bezeichnungsbeispiel: Durchmesser $d_1 = 40\,\text{mm}$, Passung: H7/g6, A-Welle, B-Nabe;
Welle: Profil DIN 32711-AP3G 40g6
Nabe: Profil DIN 32711-BP3G 40H7

Die Flankenpressung ist bei ausreichender Wellen- und Nabendicke maßgebend für die Tragfähigkeit. Sie kann näherungsweise aus der mittleren Flächenpressung (Umfangskraft durch Projektionsfläche senkrecht zur Umfangskraft) errechnet werden. Hieraus wurden die in DIN 32711, 32712 angegebenen Gebrauchsformeln abgeleitet, die die Pressungsverteilung berücksichtigen.

Flankenpressung für das P3G-Profil

$$p \approx \frac{T}{l_{tr} \cdot d_1 \cdot (0{,}75 \cdot \pi \cdot e_1 + 0{,}05 \cdot d_1)} \leq \frac{p_{\text{grenz}}}{S_{F\,\min}} \qquad (18.97)$$

Flankenpressung für das P4C-Profil

$$p \approx \frac{T}{l_{tr} \cdot (\pi \cdot d_r \cdot e_r + 0{,}05 \cdot {d_1}^2)} \leq \frac{p_{\text{grenz}}}{S_{F\,\min}} \qquad (18.98)$$

mit dem maßgebenden, rechnerischen Durchmesser

$$d_r = d_2 + 2 \cdot e \qquad (18.99)$$

d_1, d_r	in mm	Durchmesser siehe Tab. 18.25
e_1, e_r	in mm	Exzentrizitäten des Profils sieh Tab. 18.25
l_{tr}	in mm	tragende Länge des Mitnehmers
T	in N m	Drehmoment
p_{grenz}	in N/mm^2	Grenzwert des ertragbaren Fugendrucks siehe Abschn. 18.3.3
$S_{F\,\min}$		Mindestsicherheit gegen Fließen siehe Tab. 18.17

Gestaltung

- Nabenaußendurchmesser: Durchmesserverhältnis nach (18.23), hier $Q_A \approx d_1/D_A \leq 0{,}5$, Tab. 18.25. Die Nabenlänge ist entsprechend den Hinweisen unter Abmessungen, Toleranzen zu wählen.

- Bei Festsitz Übermaßpassung wählen. Weitere Hinweise zur Passung sind unter Abmessungen, Toleranzen angegeben.
- Schmierung des Sitzes erhöht die Torsionsausschlagfestigkeit um 10 ... 20 %.
- Zum Lösen mittels Öldruck (Abschn. 18.2.3.12e) Ölzuführung im Spitzenbereich des Polygons vorsehen.

18.3.5 Mittelbare Formschlussverbindungen

Mittelbare Formschlussverbindungen sind Welle-Nabe-Verbindungen mit Kraftübertragung durch Zwischenelemente.

18.3.5.1 Passfederverbindung

Die Passfederverbindung ist die am meisten verwendete Welle-Nabe-Verbindung, Abb. 18.19d, e. Sie ist einfach herstellbar, bei einseitig wirkendem, stoßfreien Drehmoment oft ausreichend tragfähig. Die Umfangskraft wird nur durch die Seitenflächen der Passfeder übertragen. Welle und Nabe werden nicht exzentrisch verspannt, wie beim Längskeil, Abschn. 18.4.1. Die Passfedernuten (gleichmäßig tief mit rechteckigem Querschnitt) werden mit Finger- oder Scheibenfräser erzeugt. Die Nuten in der Nabe werden gestoßen oder geräumt.

Die Passfeder wird auch zur Lagesicherung bei Press- und Klemmverbindungen verwendet, stört allerdings den Reibschluss erheblich, Abschn. 18.2.3.11 und 18.2.4.3.

Bauarten

In DIN 6885 Teil 1 und 3 werden unterschieden (siehe Tab. 18.26):

- Für den allgemeinen Maschinenbau: Teil 1 hohe Form, mit der Möglichkeit, die Nabennuttiefe ohne Rückenspiel auszuführen, wenn in Ausnahmefällen die Passfeder Radialspiel ausgleichen soll.
- Für den allgemeinen Maschinenbau: Teil 3 niedrige Form mit, gegenüber Teil 1, geringeren Nuttiefen, d. h. geringerer Schwächung von Welle und Nabe, aber geringerer Tragfähigkeit der Passfeder.

Für längs verschiebliche Naben eignet sich die sog. Gleitfeder siehe unter Gestaltung.

Werkstoffe

Es sollte Keilstahl 2C45 nach DIN 6880 [16] verwendet werden, ein spanlos kalt umgeformter Stahl hoher Zähigkeit. Nach Vereinbarung können auch andere Qualitäts- oder Edelstähle verwendet werden.

Toleranzen und Passungen

Es gelten die allgemeinen Hinweise aus Abschn. 18.3.1. Ergänzende Hinweise zu Durchmessertoleranzen sind in Kap. 6: Normen, Toleranzen, Passungen angegeben. Empfehlungen für unterschiedliche Anforderungen sind in Tab. 18.27 angegeben. Bei höher beanspruchter Verbindung wird ein fester Sitz empfohlen, um Verkippen der Passfeder zu vermeiden.

Tragfähigkeit

Die Dimensionierung von Welle, Nabe und Passfeder wird nach Abschn. 18.3.3 durchgeführt.

Gestaltung

- Bei einer tragenden Länge $l_{tr} > 1{,}3 \cdot d$ ist die Pressungsverteilung über l_{tr} sehr ungleichmäßig, siehe Längenfaktor k_l, Abschn. 18.3.3 und Abb. 18.24. Größere Nabenlänge entsprechend Tab. 18.2 sind unter Umständen sinnvoll wegen besserer Führung. Bei Umlaufbiegung Nabenbreite größer als die Passfederlänge wählen.
- Im Hinblick auf eine Vergleichmäßigung der Pressung ist es günstig, das Drehmoment nabenseitig „hinten" gemäß Abb. 18.23 in einer Entfernung $a/l_{tr} > 0{,}8$ in die Verbindung einzuleiten. Allgemein ist eine Lastein- und -ableitung bei möglichst großem Abstand a günstig.
- Bei Anlage der Nabe an einem Wellenabsatz das Nutende in die dickere Welle legen.
- Wegen der ungleichmäßigen Aufteilung über den Umfang sind bei duktilen Wellen- oder Nabenwerkstoffen mehr als zwei Passfedern nicht sinnvoll, bei spröden Werkstoffen (z. B. GJL) nur eine Passfeder.
- Gleitfedern sind in der Wellennut mit Senkschrauben festzulegen, um Reibkorrosion (Passungsrost) zu vermeiden. Die Oberflächen von Welle und Passfeder sollen härter sein als die der verschieblichen Nabe (siehe auch Abschn. 18.2.3.11).
- Nicht verschiebliche Naben müssen auch bei festem Sitz gegen axiales Verschieben gesichert werden, entsprechend Abschn. 18.3.4.2 (Ausführung, Anwendung) und Abb. 18.27b.
- Bei Beanspruchung durch Wechselmomente ist generell eine Übermaßpassung vorzuziehen (fester Übergangssitz, Tab. 18.27) oder vorgespannte Formschlussverbindung, sowie eine größere Sicherheit zu wählen (Abschn. 18.3.3).
- Bei Umlaufbiegung wirkt sich Nitrocarburieren der Welle günstig auf die Tragfähigkeit aus.
- Um scharfe Kerben im Nutgrund zu vermeiden, sollen die Fräswerkzeuge keine scharfkantigen Fasen aufweisen (Kerbwirkung).
- Bei Drehzahlen über $1500\,\text{min}^{-1}$ müssen die Wellen ausgewuchtet werden (DIN ISO 21940 [37]). Dabei soll im Allgemeinen eine halbe Passfeder in die Wellennut eingelegt werden, die die Nut über Tiefe und Länge voll ausfüllt. Alternativ können Welle und Nabe vor dem Stoßen bzw. Räumen der Nuten ausgewuchtet werden.

Weitere Hinweise zur Gestaltung gibt DIN 6892.

Tab. 18.26 Passfedern, Nennmaße nach DIN 6885

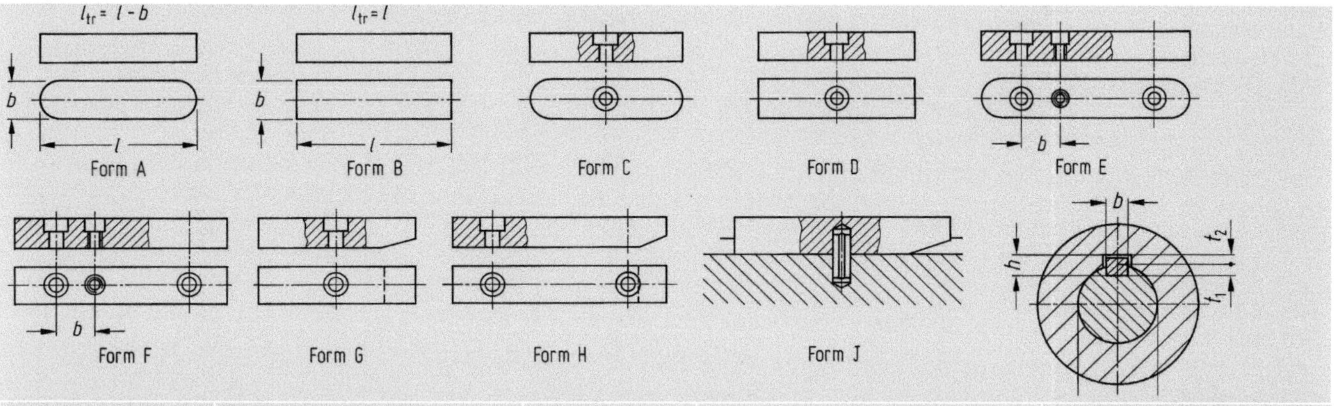

Passfederquerschnitt $b \times h$ in mm	Wellendurchmesser d in mm		t_1 in mm	t_2 in mm		Abdrück- und Halteschraube DIN EN ISO 1207 [34]
	über	bis		mit Rückenspiel	mit Übermaß	
Hohe Form (Teil 1)						
2 × 2	6	8	1,2 + 0,1	1,0 + 0,1	0,5 + 0,1	
3 × 3	8	10	1,8 + 0,1	1,4 + 0,1	0,9 + 0,1	
4 × 4	10	12	2,5 + 0,1	1,8 + 0,1	1,2 + 0,1	
5 × 5	12	17	3,0 + 0,1	2,3 + 0,1	1,7 + 0,1	
6 × 6	17	22	3,5 + 0,1	2,8 + 0,1	2,2 + 0,1	
8 × 7	22	30	4,0 + 0,2	3,3 + 0,2	2,4 + 0,2	M 3 × 8
10 × 8	30	38	5,0 + 0,2	3,3 + 0,2	2,4 + 0,2	M 3 × 10
12 × 8	38	44	5,0 + 0,2	3,3 + 0,2	2,4 + 0,2	M 4 × 10
14 × 9	44	50	5,5 + 0,2	3,8 + 0,2	2,9 + 0,2	M 5 × 10
16 × 10	50	58	6,0 + 0,2	4,3 + 0,2	3,4 + 0,2	M 5 × 10
18 × 11	58	65	7,0 + 0,2	4,4 + 0,2	3,4 + 0,2	M 6 × 12
20 × 12	65	75	7,5 + 0,2	4,9 + 0,2	3,9 + 0,2	M 6 × 12
22 × 24	75	85	9,0 + 0,2	5,4 + 0,2	4,4 + 0,2	M 6 × 15
25 × 14	85	95	9,0 + 0,2	5,4 + 0,2	4,4 + 0,2	M 8 × 15
28 × 16	95	110	10,0 + 0,2	6,4 + 0,2	5,4 + 0,2	M10 × 18
32 × 18	110	130	11,0 + 0,2	7,4 + 0,2	6,4 + 0,2	M10 × 20
36 × 20	130	150	12,0 + 0,3	8,4 + 0,3	7,1 + 0,3	M12 × 22
40 × 22	150	170	13,0 + 0,3	9,4 + 0,3	8,1 + 0,3	M12 × 25
45 × 25	170	200	15,0 + 0,3	10,4 + 0,3	9,1 + 0,3	M12 × 28
50 × 28	200	230	17,0 + 0,3	11,4 + 0,3	10,1 + 0,3	M12 × 30
56 × 32	230	260	20,0 + 0,3	12,4 + 0,3	11,1 + 0,3	M12 × 35
63 × 32	260	290	20,0 + 0,3	12,4 + 0,3	11,1 + 0,3	M12 × 35
70 × 36	290	330	22,0 + 0,3	14,4 + 0,3	13,1 + 0,3	M16 × 40
80 × 40	330	380	25,0 + 0,3	15,4 + 0,3	14,1 + 0,3	M16 × 45
90 × 45	380	440	28,0 + 0,3	17,4 + 0,3	16,1 + 0,3	M20 × 50
100 × 50	440	500	31,0 + 0,3	19,5 + 0,3	18,1 + 0,3	M20 × 55
Niedrige Form (Teil 3)						
5 × 3	12	17	1,9 + 0,1	1,2 + 0,1	0,8 + 0,1	
6 × 4	17	22	2,5 + 0,1	1,6 + 0,1	1,1 + 0,1	
8 × 5	22	30	3,1 + 0,2	2,0 + 0,1	1,4 + 0,1	M 3 × 8
10 × 6	30	38	3,7 + 0,2	2,4 + 0,1	1,8 + 0,1	M 3 × 10
12 × 6	38	44	3,9 + 0,2	2,2 + 0,1	1,6 + 0,1	M 4 × 10
14 × 6	44	50	4,0 + 0,2	2,1 + 0,1	1,4 + 0,1	M 5 × 10
16 × 7	50	58	4,7 + 0,2	2,4 + 0,1	1,7 + 0,1	M 5 × 10
18 × 7	58	65	4,8 + 0,2	2,3 + 0,1	1,6 + 0,1	M 6 × 12
20 × 8	65	75	5,4 + 0,2	2,7 + 0,1	2,0 + 0,1	M 6 × 12
22 × 9	75	85	6,0 + 0,2	3,1 + 0,2	2,4 + 0,1	M 6 × 15
25 × 9	85	95	6,2 + 0,2	2,9 + 0,2	2,2 + 0,1	M 8 × 15
28 × 10	95	110	6,9 + 0,2	3,2 + 0,2	2,4 + 0,1	M10 × 18
32 × 11	110	130	7,6 + 0,2	3,5 + 0,2	2,7 + 0,1	M10 × 20
36 × 12	130	150	8,3 + 0,2	3,8 + 0,2	3,0 + 0,1	M12 × 22

Tab. 18.27 Passungen von Passfederverbindungen für gefräste Nuten (für geräumte Nuten eine ISO-Qualität feiner) in Anlehnung an DIN 6885 und [47]

Passfederbreite h9, -höhe h9 oder h11	Nutbreite		Durchmesser		Eigenschaften
	Welle	Nabe	Welle	Nabe	
fester Übergangssitz	P9	P9	k6	H7	robust, für mäßige Wechselmomente und seltene Demontage
leichter Übergangssitz	P9	P9	j6	H7	für leichte Wechselmomente, Nabe noch gut abziehbar
knapper Spielsitz	N9	JS9	h7	H8	für statische Momente, Nabe leicht montierbar
Gleitsitz, Spielpassung	H8	D10	g6	H7	für statische Momente, exzentrische, Nabe leicht verschieblich

Tab. 18.28 Scheibenfedern, Nennmaße nach DIN 6888

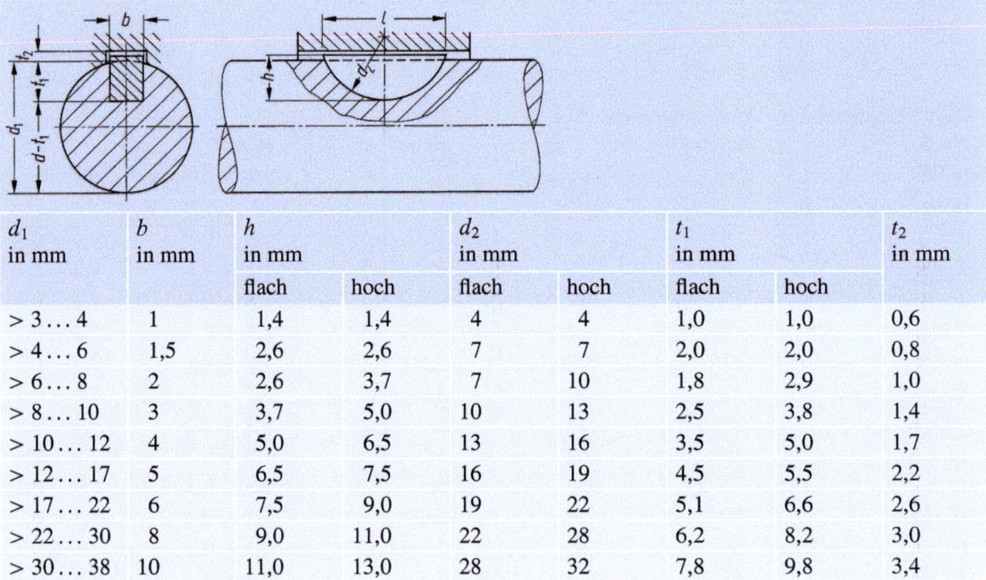

d_1 in mm	b in mm	h in mm		d_2 in mm		t_1 in mm		t_2 in mm
		flach	hoch	flach	hoch	flach	hoch	
> 3 … 4	1	1,4	1,4	4	4	1,0	1,0	0,6
> 4 … 6	1,5	2,6	2,6	7	7	2,0	2,0	0,8
> 6 … 8	2	2,6	3,7	7	10	1,8	2,9	1,0
> 8 … 10	3	3,7	5,0	10	13	2,5	3,8	1,4
> 10 … 12	4	5,0	6,5	13	16	3,5	5,0	1,7
> 12 … 17	5	6,5	7,5	16	19	4,5	5,5	2,2
> 17 … 22	6	7,5	9,0	19	22	5,1	6,6	2,6
> 22 … 30	8	9,0	11,0	22	28	6,2	8,2	3,0
> 30 … 38	10	11,0	13,0	28	32	7,8	9,8	3,4

Bezeichnungsbeispiel: Breite $b = 4\,\text{mm}$, Höhe $h = 5\,\text{mm}$
Scheibenfeder DIN 6888 – 4 × 5

18.3.5.2 Scheibenfederverbindung

Die Wellennut wird (kostengünstig) durch einen eintauchenden Scheibenfräser erzeugt. Dadurch wird die Welle vergleichsweise stark geschwächt. Die Scheibenfederlänge ist dadurch fest vorgegeben, die Tragfähigkeit ist begrenzt.

Die Scheibenfeder (Abb. 18.19c) ist auch als Keil zu verwenden (Abschn. 18.4.2: Scheibenkeil), eignet sich jedoch nicht als Gleitfeder.

Hauptanwendungsgebiet ist der Werkzeugmaschinenbau.

Tragfähigkeitsberechnung und Gestaltung sinngemäß wie bei Passfedern, Abschn. 18.3.5.1. Maßgebend ist im Allgemeinen die Flankenpressung zwischen Scheibenfeder und Nut der Nabe, siehe Abschn. 18.3.3(d). Genormte Abmessungen sind in Tab. 18.28 angegeben. Die Ausführung „hoch“ führt zu einer größeren Länge l.

18.4 Vorgespannte Formschlussverbindungen

Um Formschlussverbindungen (Abb. 18.29) z. B. für wechselnde Kraftrichtung spielfrei zu machen, müssen Welle und Nabe miteinander verspannt werden. Dies wird durch Keilwirkung im Bereich der Selbsthemmung (Keilneigung im Allgemeinen 1: 100) oder durch überlagerten Presssitz erreicht. Die Umfangskraft wird dann zu unterschiedlichen Anteilen durch Form- und Reibschluss übertragen.

18.4.1 Längskeilverbindung

Ausführungen und Anwendungen

Ausführungen zeigt Abb. 18.29. Einlegekeile, Abb. 18.29c, werden verwendet, wenn das Nabenbauteil axial aufgeschoben wird, Treibkeile, Abb. 18.29f, wenn der Keil bei axial fixiertem Nabenbauteil eingeschoben wird. Dieser kann auch als Nasenkeil ausgeführt werden, der axial herausgezogen werden kann. In beiden letztgenannten Fällen muss ein ausreichender Bauraum für das Verschiebewerkzeug (Presse, Hammer) zur Verfügung stehen.

Tragfähigkeit

Das durch Reibschluss übertragbare Drehmoment wird mit (18.17) berechnet, die übertragbare Axialkraft mit (18.18). Die Normalkraft F_N ($\approx$ radiale Anpreßkraft) ergibt sich aus den Beziehungen am Keil, bei kleinem Neigungswinkel (sie-

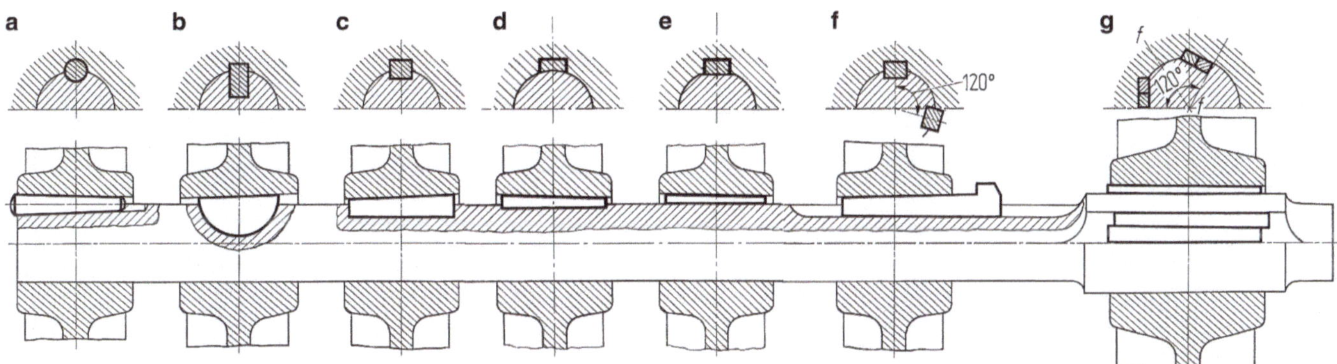

Abb. 18.29 Vorgespannte Formschlussverbindung, **a** Rundkeil (Stirnkeil), **b** Scheibenkeil, **c** Einlegekeil, **d** Hohlkeil, **e** Flachkeil, **f** Treibkeil ohne bzw. mit Nase (bei 2 Stück um 120° versetzt), **g** Tangentenkeile (f–f = Lage der Teilfuge, wenn die Nabe geteilt ist)

he hierzu Abschn. 18.2.1c)):

$$F_N \approx \frac{F_e}{\tan\alpha + 2 \cdot \nu_{ru}} \qquad (18.100)$$

F_e	in N	Eintreibekraft
ν_{ru}		Haftbeiwert beim Rutschen in Umfangsrichtung siehe Tab. 18.4
α	in °	Neigungswinkel der genormten Längskeile $\alpha \approx \tan\alpha = 0{,}01$

Die hiernach erforderliche axiale Einpresskraft F_e ist schwer zu dosieren und zu messen. Nach allgemeiner Praxis genügt eine Keillänge von ca. 1,5· Wellendurchmesser, um eine ausreichende Anpreßkraft bei üblicher Pressung zu erzeugen. Wegen der verbleibenden Unsicherheiten ist aber damit zu rechnen, dass die Verbindung bei Stoßbelastung rutscht und der Keil sich seitlich an die Nutwand anlegt. Sicherheitshalber wird daher die Tragfähigkeit von Einlege- und Treibkeilen wie bei Passfedern berechnet, d. h. wie Formschlussverbindungen mit anteiliger Erfassung von Reib- und Formschluss, siehe DIN 6892.

Passung

Für die Passung zwischen Welle und Nabe empfiehlt sich bei höheren Anforderungen ein Übergangssitz (z. B. H7/k6), um die Unwucht durch die einseitige, radiale Verformung einzugrenzen. Weitere Passungen für Gleitsitz- und Spielsitzanwendungen sind in Tab. 18.27 angegeben. Die Werte gelten für eine Passung der Keilbreite h9.

Anwendung

Die Anwendung ist auf Drehzahlen bis zu ca. $1500\,\text{min}^{-1}$ begrenzt. Bei größeren Drehmomenten kann ein um 120° versetzter, zweiter Keil angeordnet werden und so eine Art Dreipunkt-Auflage erreicht werden. Längskeilverbindungen lassen sich leicht nachspannen, sind lösbar und wiederverwendbar. Norm-Abmessungen sind in Tab. 18.29 angegeben.

Werkstoff

Üblicherweise Keilstahl 2C45, Abschn. 18.3.5.1.

18.4.2 Sonstige Keilverbindungen

Scheibenkeilverbindung, Abb. 18.29b

Das Element Scheibenkeil ist mit der Scheibenfeder, Abschn. 18.3.5.2, identisch. Er stellt sich selbst durch die Nut in der Nabe auf die vorgegebene Neigung ein und ist daher die kostengünstigste Keilverbindung mit der geringsten erforderlichen Nacharbeit. Sie wird insbesondere in Werkzeugmaschinen bei begrenzter Nabenbreite und, wegen der geschwächten Welle, bei geringen Drehmomenten verwendet. Tragfähigkeitsberechnung, Passungen und Toleranzen wie bei Längskeilen, Abschn. 18.4.1. Abmessungen sind in Tab. 18.28 angegeben. Der Neigungswinkel α in der Nabennut wird wie bei Längskeilverbindungen gewählt, Abschn. 18.4.1.

Flachkeilverbindung, Abb. 18.29e

Der Flachkeil an sich ist mit dem Einlegekeil, Abb. 18.29c, identisch. Die Welle ist einfach zu bearbeiten. Durch die Abflachung wird sie kaum geschwächt. Das übertragbare Drehmoment ist durch den geringen Formschluss nur etwas größer als beim Hohlkeil. Tragfähigkeitsberechnung erfolgt als Presssitz nach (18.17) und (18.18). Wegen der undefinierten Eintreibkraft aber unsicher, daher nicht geeignet für schweren Betrieb. Toleranzen und Passungen gelten wie bei Längskeilen, Abschn. 18.4.1. Abmessungen sind in Tab. 18.29 angegeben.

Hohlkeilverbindung, Abb. 18.29d

Die Hohlkeilverbindung ist eine Reibschlussverbindung. Die Welle wird nicht für einen Formschluss genutzt, die Nabe kann beliebig in Umfangsrichtung eingestellt werden. Tragfähigkeitsberechnung nach (18.17) und (18.18), aber unsicher wie beim Flachkeil. Abmessungen sind in Tab. 18.29 angegeben.

Tangentkeile, Abb. 18.29g

Einzige Keilverbindung, bei der Nabe und Welle auch in Umfangsrichtung verspannt werden, so dass stoßhafte Dreh-

Tab. 18.29 Keilverbindungen nach DIN-Normen

Welle	Nuten-(Nasen)-Keile DIN 6886 [21], 6887 [22]					Flachkeile DIN 6883 [17], 6884 [19]			Hohlkeile DIN 6881 [17], 6889 [24]		
d in mm	b in mm	h in mm	t_1 in mm	t_2 in mm	h_2 in mm	b in mm	h in mm	t_1 in mm	b in mm	h in mm	t_2 in mm
10... 12	4	4	2,5	1,2	7						
12... 17	5	5	3,0	1,7	8						
17... 22	6	6	3,5	2,2	10						
22... 30	8	7	4,0	2,4	11	8	5	1,3	8	3,5	3,2
30... 38	10	8	5,0	2,4	12	10	6	1,8	10	4	3,7
38... 44	12	8	5,0	2,4	12	12	6	1,8	12	4	3,7
44... 50	14	9	5,5	2,9	14	14	6	1,4	14	4,5	4,0
50... 58	16	10	6,0	3,4	16	16	7	1,9	16	5	4,5
58... 65	18	11	7,0	3,4	18	18	7	1,9	18	5	4,5
65... 75	20	12	7,5	3,9	20	20	8	1,9	20	6	5,5
75... 85	22	14	9,0	4,4	22	22	9	1,8	22	7	6,5
85... 95	25	14	9,0	4,4	22	25	9	1,9	25	7	6,4
95... 110	28	16	10,0	5,4	25	28	10	2,4	28	7,5	6,9
110... 130	32	18	11,0	6,4	28	32	11	2,3	32	8,5	7,9
130... 150	36	20	12,0	7,1	32	36	12	2,8	36	9	8,4
150... 170	40	22	13,0	8,1	36	40	14	4,0			
170... 200	45	25	15,0	9,1	40	45	16	4,7			

Bezeichnungsbeispiel: Breite $b = 12$ mm, Höhe $h = 6$ mm, Länge $l = 70$ mm
Flachkeil DIN 6883 – 12 × 6 × 70

momente in beiden Drehrichtungen unter Vorspannung spielfrei übertragen werden können

Anwendung: Schwungrad, Walzwerkskupplung

Tragfähigkeitsberechnung: Wegen Unsicherheiten über die Größe der Eintreibkraft wird reiner Formschluss angenommen und berechnet wie bei Passfedern nach Abschn. 18.3.5.1 mit $z = 1$ in (18.89).

Man beachte: Ein Keilpaar muss in einer Richtung das gesamte Drehmoment übertragen, während das andere entlastet wird.

Toleranzen: Durch die einseitige Verspannung der Nabe gegen die Welle entsteht eine Unwucht. Um sie zu begrenzen, wird eine Übergangspassung Nabe/Welle gewählt, z. B. H7/k6. Wegen der Restunwucht ist die Anwendung im Allgemeinen auf Drehzahlen unter 1500 min^{-1} begrenzt.

18.5 Geklebte Welle-Nabe-Verbindung

Allgemeines über Herstellung, Funktion sowie Lösen dieser Stoffschlussverbindung werden in Abschn. 8.2: Klebverbindungen erläutert.

Es werden zwei Arten unterschieden:

- geklebte Schiebesitzverbindung (Abschn. 18.5.1)
- geklebte Presssitzverbindung (Schrumpfkleben) (Abschn. 18.5.2).

18.5.1 Geklebte Schiebesitzverbindung

Hierbei ist der Bohrungsdurchmesser der Nabe bei gleicher Temperatur größer als der Wellendurchmesser. Welle oder/und Nabe werden mit Klebstoff bestrichen und können ohne Erwärmung zwangfrei gefügt werden.

Hauptanwendungsgebiet sind niedrig belastete, kleine Bauteile mit gröberer Passung (vgl. Abschn. 18.5.1.2, 18.5.2.2) bei geringeren Anforderungen an die Zentriergenauigkeit. Die Klebschicht isoliert gegen Eindringen von Sauerstoff, Feuchtigkeit und Schmierstoff in den Fügespalt. Passungsrost und Kontaktkorrosion werden damit weitgehend verhindert. Wird die Nabe vor dem Fügen erwärmt, so entsteht ein „unechter" Schrumpfsitz mit vorgespannter Klebschicht höherer Festigkeit. Ein Vergleich mit der Schrumpfklebverbindung wird in Abschn. 18.5.2 angestellt.

Schiebesitzkleben eignet sich weniger gut zum Befestigen dünner Zahnradbandagen. Die nominelle Scherfestigkeit sinkt bis auf 10 ... 20 % der statischen Scherfestigkeit. (Gute Erfahrungen wurden hierbei mit Schrumpfkleben gemacht, Abschn. 18.5.2.)

18.5.1.1 Klebstoffe

Eine allgemeine Übersicht verschiedener Klebstoffarten und deren Anwendung wird in Abschn. 8.2.3.2 gegeben. Für Welle-Nabe-Verbindungen werden vorzugsweise (teure) an-

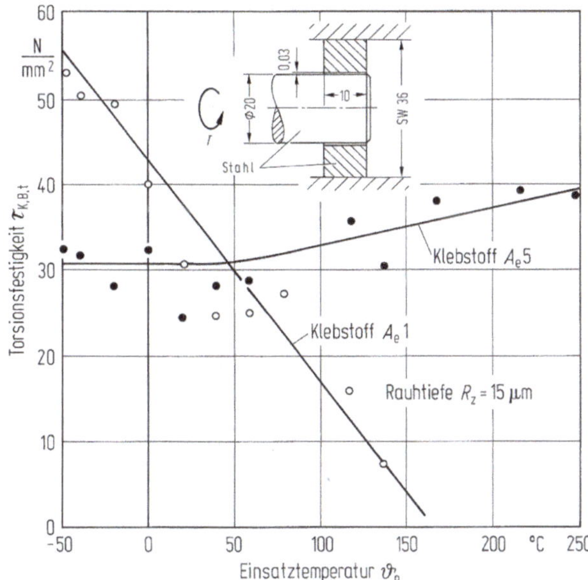

Abb. 18.30 Statische Torsionsfestigkeit $\tau_{K,B,t}$ von geklebten Welle-Nabe-Verbindungen bei Verwendung von unterschiedlichen anaeroben Klebstoffen, Einfluss der Betriebstemperatur ϑ_P [45]

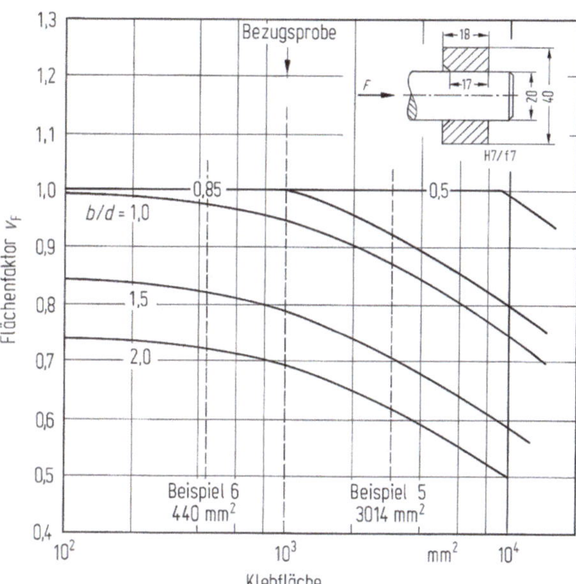

Abb. 18.31 Flächenfaktor v_F für geklebte Welle-Nabe-Verbindungen, Bezugsprobe Stahl/Stahl (10^3 mm² Bezugsfläche) nach DIN EN 15337

aerobe Klebstoffe hoher Scherfestigkeit verwendet. Für Betrieb bei Raumtemperatur genügen Klebstoffe geringer Warmfestigkeit, die Verbindung lässt sich dann, z. B. zur Reparatur, durch Wärmezufuhr leichter lösen. Andererseits gibt es warmfeste Klebstoffe, die bis 250 °C kaum einen Festigkeitsabfall aufweisen, Abb. 18.30.

18.5.1.2 Herstellung

Vorbereitung und Vorbehandlung der Fügeflächen und Abbindebedingungen werden in Abschn. 8.2.2 beschrieben. Die Spaltdicke sollte (produktionsspezifisch) 0,03 . . . 0,1 mm für hohe Festigkeit betragen, bis 0,5 mm für kostengünstige Fertigung, zum Ausgleich von Unebenheiten bei reduzierter Festigkeit, Tab. 18.30. Welle und Nabenbohrung werden zur Vergrößerung der wirksamen Oberfläche aufgeraut, z. B. durch Strahlen ($Rz = 15 \ldots 25\,\mu$m), wobei manche Klebstoffe bei feingeschliffenen Fügeflächen eine höhere Torsions-Scherfestigkeit aufweisen, andere bei feingedrehten.

Für eine hohe Druck- oder Zugscherfestigkeit, d. h. Kraftrichtung senkrecht zu den Drehriefen, hat sich eine Rauhtiefe von $Rz = 25 \ldots 30\,\mu$m als optimal erwiesen, als gleichermaßen günstig für eine hohe Scherfestigkeit bei Beanspruchung in tangentialer und axialer Richtung das Kugel- und Sandstrahlen, siehe auch [66].

18.5.1.3 Tragfähigkeit, Dimensionierung, Festigkeitsnachweis

Hier wirken im Prinzip die gleichen Einflüsse wie für Flächenklebverbindungen, Abschn. 8.2.4.2. Wie dort gezeigt, wird mit Nennspannungen gerechnet und es wird im Allgemeinen auf die an Standardproben ermittelten Festigkeitswerte zurückgegriffen. Diese werden durch Abminderungsfaktoren an die Praxisbedingungen angepasst. Abmessungen der Probe für Druckscherversuche werden in Abb. 18.31 dargestellt.

Anhaltswerte

Die statische Druckscherfestigkeit der genormten Probe einiger wichtiger Klebstoffe $\tau_{K,B,d}$ ist in Tab. 18.30 angegeben. Näherungsweise kann die Zugscherfestigkeit $\tau_{K,B,z}$ gleich der Torsionsscherfestigkeit $\tau_{K,B,t}$ gleich der Druckscherfestigkeit $\tau_{K,B,d}$ nach DIN EN 15337 [32] gesetzt werden. Hinweise zur Zeitstandfestigkeit werden in Abschn. 8.2.4.2 gegeben. Die Restscherfestigkeit (nach Zerstörung der Klebschicht) beträgt häufig noch ca. 50 % der Ausgangsscherfestigkeit.

Abminderungsfaktoren

Klebschichtfaktor v_K: Es gelten die Hinweise zur Berücksichtigung der Herstellqualität aus Abschn. 8.2.4.2.

Werkstofffaktor v_M: Es gelten die Hinweise zur Berücksichtigung von Werkstoff und Umgebungseinflüssen aus Tab. 8.10.

Flächenfaktor v_F: Wie bei allen Welle-Nabe-Verbindungen verteilt sich die Zugscherspannung nicht gleichmäßig über die Nabenbreite. An der Seite der Krafteinleitung treten die höchsten Spannungen auf. Mit zunehmendem b/d-Wert nimmt die mittlere Scherfestigkeit daher ab, Abb. 18.32.

Tab. 18.30 Statische Festigkeit von geklebten Welle-Nabe-Verbindungen [64]

Produkt	statische Scherfestigkeit $\tau_{K,B,d}$ nach DIN EN 15337 in N/mm²	Fügeart	Optimales Fügespiel F	Maximales Fügespiel F, Übermaß $Ü$	Anwendungen
			$D - d$ in mm (% Festigkeit von Spalte 2)		
Loctite 660	16 ... 26 (optim.)	grober Schiebesitz	F: 0,07 ... 0,12 (100 %)	F: 0,25 (60 %)	Reparatur, Einkleben von Lagern in ausgeschlagene Sitze
Loctite 620	20 ... 35 (optim.)	mittlerer Schiebesitz	F: 0,05 ... 0,10 (100 %)	F: 0,20 (100 %)	Temperaturen bis 230 °C thixotrop (daher geeignet für große Durchmesser, kein Ablaufen des Klebers, anschließend Warmhärtung (180 °C, 30 Min.))
Loctite 648	16 ... 30 (optim.)	enger Schiebesitz	F: 0,04 ... 0,08 (100 %)	F: 0,25 (70 %)	hochfeste Verbindung, mittlere bis gute Koaxialität
Loctite 603	16 ... 25 (optim.)	sehr enger Schiebesitz	F: 0,03 ... 0,05 (100 %)	F: 0,25 (50 %)	Verbindungen mit höchsten Anforderungen an Koaxialität, z. B. zum Einkleben von Lagern, keine Vorreinigung mit Reiniger erforderlich
	30 (sicher)	Längspresssitz (Übergangspassung)	$Ü: \leq 0{,}02\,\% \cdot D + 10 \ldots 20\,\mu m$ (100 %)		
Loctite 640	15 ... 28 (optim.)	sehr enger Schiebesitz	F: 0,03 ... 0,05 (100 %)	F: 0,25 (50 %)	hochfeste Verbindung, z. B. Zahnrad auf Welle; Fügetemperatur max. 200 °C
	33 ... 40 (sicher)	Querpresssitz (Schrumpfkleben)	$Ü: \leq 0{,}02\,\% \cdot D + 10 \ldots 20\,\mu m$ (100 %)		
Loctite 638	20 ... 35 (optim.)	mittlerer Schiebesitz	F: 0,05 ... 0,10 (100 %)	F: 0,25 (50 %)	auch für Verbindungen mit gröberen Toleranzen Verbindungen höchster Festigkeit; Fügetemperatur > 160 °C
	40 ... 50 (sicher)	Querpresssitz (Schrumpfkleben)	$Ü: (0{,}02 \ldots 0{,}07\,\%) \cdot D + 10 \ldots 20\,\mu m$ (100 %)		

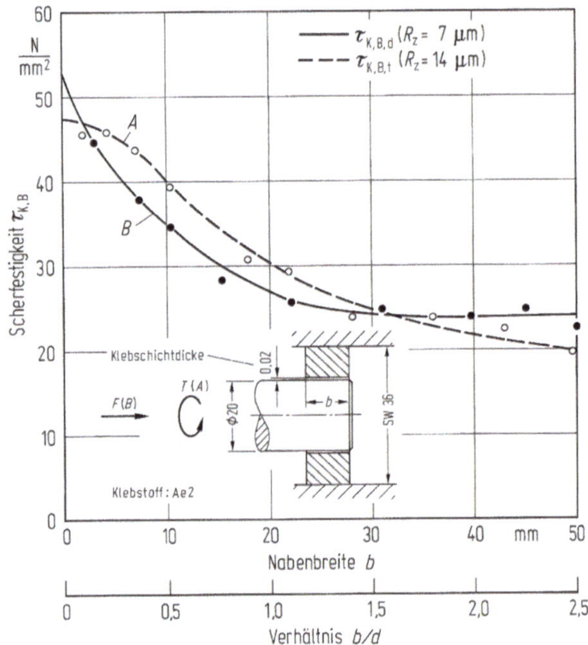

Abb. 18.32 Statische Festigkeit von geklebten Welle-Nabe-Verbindungen; Einfluss der Nabenbreite. A Torsionsbeanspruchung durch Drehmoment T, B Druckbeanspruchung durch Axialkraft F [54]

Allerdings werden die Spannungsspitzen bei statischer Beanspruchung durch plastische Verformung abgemindert. Das übertragbare Drehmoment steigt dadurch, je nach Steifigkeit der Klebschicht, etwa bis zu einem Wert von $b/d = 1{,}8 \ldots 2$ noch an. Weiter ist zu beachten, dass eine gleichmäßige Festigkeit der Klebschicht immer schwerer zu erreichen ist, je größer die Fügefläche wird. Anhaltswerte für den Abminderungsfaktor zur Berücksichtigung des b/d-Verhältnisses und der Fügefläche zeigt Abb. 18.31.

Tab. 18.31 Kleb-Dynamikfaktor v_D

Anwendungsfall	Kleb-Dynamikfaktor v_D
geklebte Schiebesitzverbindung	
Wechselbeanspruchung ($R_\sigma = 1$)	0,3
Schwellbeanspruchung ($R_\sigma = 0$)	0,2
Schrumpfkleb-Welle-Nabe-Verbindung	
Torsionswechselbeanspruchung	0,6
Schwellbeanspruchung	0,4

Richtwerte für die Überlappungslänge von Bolzenverbindungen sind in Abschn. 8.2.4.1 angegeben.

Bei Schwingbeanspruchung wird die Klebschicht nicht plastifiziert. Oberhalb $b/d = 0{,}8 \ldots 1$ ergibt sich kaum noch ein Zuwachs an Tragfähigkeit. Es wird daher bei Schwingbeanspruchung mit $b/d \leq 1$ gerechnet.

Kleb-Dynamikfaktor v_D: Allgemeine Erläuterungen sind in Abschn. 8.2.4.2 angegeben. Bei Welle-Nabe-Verbindungen kann die Ausschlagfestigkeit für Wechselbeanspruchung (Spannungsverhältnis $R_\sigma = 1$ siehe Abschn. 3.2.4) mit ca. 30 % der statischen Druckscherfestigkeit angesetzt werden, d. h. $v_D = 0{,}3$. Weitere Werte sind in Tab. 18.31 zusammengefasst.

Die zu übertragende statische Kraft F bzw. Ausschlagkraft F_a kann nach Abschn. 8.2.4.2 angesetzt werden.

Gleichungen zur Berechnung der Beanspruchungen und der Sicherheiten bei statischer und dynamischer Belastung

Beanspruchung: Übertragung von Längskräften:

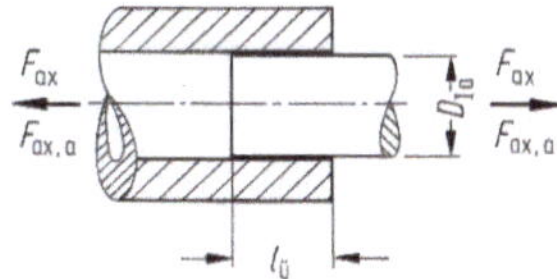

Schubspannung τ_s aufgrund Axialkraft F_{ax} (statisch):

$$\tau_s = \frac{F_{ax}}{A} \tag{18.101}$$

Schubausschlagspannung $\tau_{a,s}$ aufgrund axialer Ausschlagkraft $F_{ax,a}$ (dynamisch):

$$\tau_{a,s} = \frac{F_{ax,a}}{A} \tag{18.102}$$

mit der maßgebenden Fläche

$$A = \pi \cdot D_{Ia} \cdot l_ü \tag{18.103}$$

D_{Ia}	in mm	Außendurchmesser des Innenteils
$l_ü$	in mm	Länge der Klebfläche

Sicherheit gegen Gewaltbruch (statisch):

$$S_B = \frac{v_K \cdot v_M \cdot v_F \cdot \tau_{K,B,z}}{\tau_s} \geq S_{B\,\min} \tag{18.104}$$

Sicherheit gegen Dauerbruch (dynamisch):

$$S_D = \frac{v_K \cdot v_M \cdot v_F \cdot \tau_{K,A,z}}{\tau_{a,s}} \geq S_{D\,\min} \tag{18.105}$$

mit der statischen Zugscherfestigkeit

$$\tau_{K,B,z} = \tau_{K,B,d} \tag{18.106}$$

und der Ausschlagfestigkeit der zugscherbeanspruchten Klebverbindung

$$\tau_{K,A,z} = v_D \cdot \tau_{K,B,d} \tag{18.107}$$

v_D		Kleb-Dynamikfaktor siehe Abschn. 8.2.4.2 und Tab. 18.31.
v_F		Flächenfaktor siehe Abb. 18.31
v_K		Klebschichtfaktor siehe Abschn. 8.2.4.2.
v_M		Werkstofffaktor siehe Tab. 8.10
$S_{B\,\min}$, $S_{D\,\min}$		Mindestsicherheiten gegen Gewaltbruch und Dauerbruch siehe Abschn. 8.2.4.2
$\tau_{K,B,d}$	in N/mm²	statische Druckscherfestigkeit siehe Tab. 18.30

Die Berücksichtigung der Umlaufbiegung bei der Schrumpfklebverbindung wird in Abschn. 18.5.2.3 und Beispiel 18.6 erläutert.

Beanspruchung: Übertragung von Drehmoment:

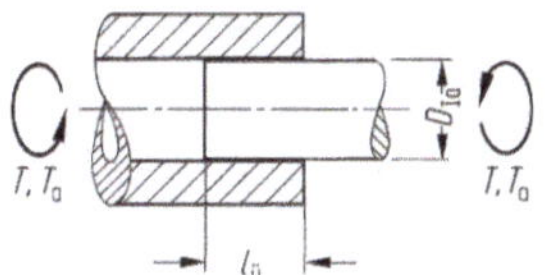

Schubspannung τ_t aufgrund Torsionsbelastung T (statisch):

$$\tau_t = \frac{2 \cdot T}{D_{Ia} \cdot A} \tag{18.108}$$

Schubausschlagspannung $\tau_{a,t}$ aufgrund Torsionsbelastung T (dynamisch):

$$\tau_{a,t} = \frac{2 \cdot T}{D_{Ia} \cdot A} \tag{18.109}$$

A	in mm	maßgebende Fläche nach (18.103)
D_{Ia}	in mm	Außendurchmesser des Innenteils

Sicherheit gegen Gewaltbruch (statisch):

$$S_B = \frac{v_K \cdot v_M \cdot v_F \cdot \tau_{K,B,t}}{\tau_t} \geq S_{B\,\min} \tag{18.110}$$

Sicherheit gegen Dauerbruch (dynamisch):

$$S_D = \frac{v_K \cdot v_M \cdot v_F \cdot \tau_{K,A,t}}{\tau_{a,t}} \geq S_{D\,\min} \tag{18.111}$$

mit der Torsionsscherfestigkeit

$$\tau_{K,B,t} \approx \tau_{K,B,d} \tag{18.112}$$

und der Torsionsausschlagfestigkeit

$$\tau_{K,A,t} \approx \tau_{K,A,z} \tag{18.113}$$

v_F		Flächenfaktor siehe Abb. 18.31
v_K		Klebschichtfaktor siehe Abschn. 8.2.4.2.
v_M		Werkstofffaktor siehe Tab. 8.10
$S_{B\,\min}$, $S_{D\,\min}$		Mindestsicherheiten gegen Gewaltbruch und Dauerbruch siehe Abschn. 8.2.4.2
$\tau_{K,A,z}$	in N/mm²	Zugausschlagfestigkeit nach (18.107)
$\tau_{K,B,d}$	in N/mm²	statische Druckscherfestigkeit siehe Abb. 18.32

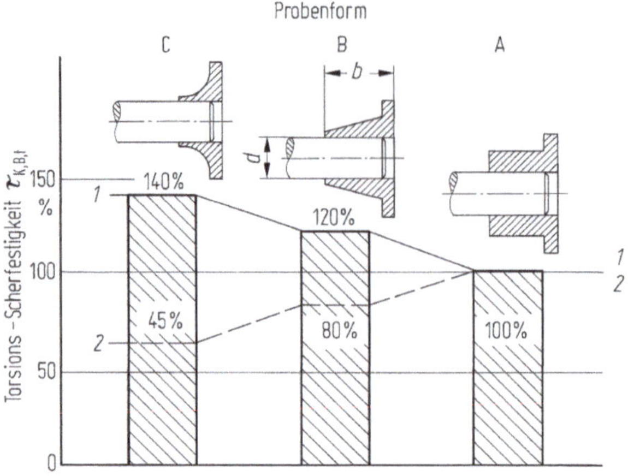

Abb. 18.33 Tragfähigkeit unterschiedlich gestalteter Welle-Nabe-Verbindungen in geklebter [54] und schrumpfgeklebter Ausführung

Mindestsicherheit und Bewertung der Ergebnisse

Hier können die Angaben aus Abschn. 8.2.4.2 verwendet werden.

Für den ersten Entwurf kann von den oben angegebenen Daten ausgegangen werden. Die Festigkeitswerte unterscheiden sich allerdings erheblich, je nach Gestaltung, Fertigungsablauf, Einsatzbedingungen und Klebstofftyp. Im Einzelfall ist deshalb der technische Dienst der Hersteller zu befragen oder die Scherfestigkeit im Versuch zu ermitteln.

Über die Tragfähigkeit des geklebten Schiebesitzes bei Umlauf-Biegebeanspruchung liegen kaum Erfahrungen vor. Hier ist Vorsicht geboten. Zum Einfluss der Umgebungsmedien sind in Abschn. 8.2.4 Hinweise aufgeführt.

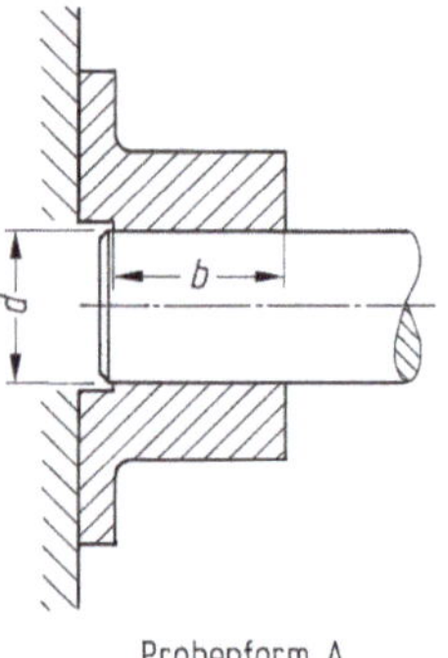

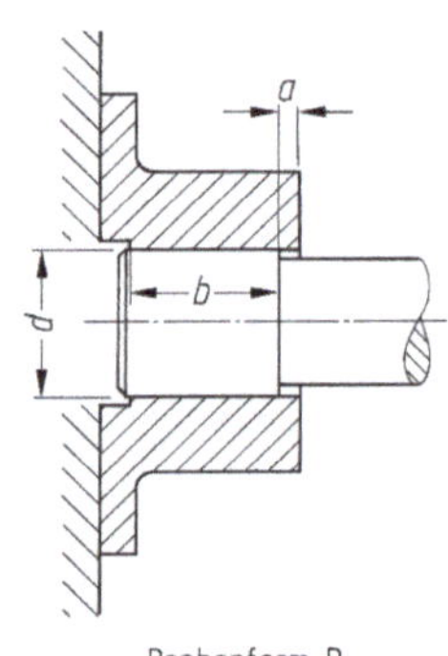

Abb. 18.34 Geklebte Welle-Nabe-Verbindungen, Probenformen A und B [2]

18.5.1.4 Gestaltung

- Kraftflussgerechte Gestaltung, wie bei anderen Welle-Nabe-Verbindungen, siehe Abschn. 18.2.3.11, sollte beachtet werden.
- Nach [54] wurden mit verjüngten Naben (Probenform C) mit dem geklebten Schiebesitz höhere Torsionsfestigkeiten als mit zylindrischen Naben (Probenform A) erzielt, umgekehrt beim Schrumpfklebsitz, siehe Abb. 18.33. Die „optimierte" Probenform B (Abb. 18.34) war nur geringfügig tragfähiger als Probenform A.
- Trotz der ungleichmäßigen Verteilung der Zugscherspannung über die Nabenbreite (Abschn. 18.5.1.3) sollte die Nabenbreite relativ groß gewählt werden bis ca. $b/d = 1{,}6$. Die Nabe wird besser geführt und der Einfluss der Alterung gemindert. Siehe hierzu auch Hinweise zur Wahl der Überlappungslänge in Abschn. 18.5.1.3 und 8.2.4.1.
- Um das Fügen zu erleichtern, sollte an der Nabenbohrung eine 15°-Fase vorgesehen werden und die Stirnkanten an Welle und Nabe gebrochen oder abgerundet werden.
- Die Position der Nabe zur Welle sollte gekennzeichnet werden, um Rutschvorgänge zu erkennen.
- Klebschicht an Drehmomenteinleitungsstelle entlasten, Kerbwirkung abbauen, siehe Abb. 18.35.

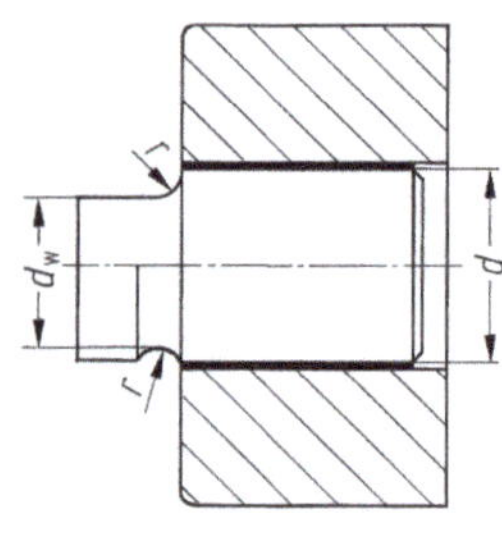

Abb. 18.35 Optimierte Gestalt einer geklebten Welle-Nabe-Verbindung bei Umlaufbiegebelastung [64]

18.5.2 Schrumpfkleb-Welle-Nabe-Verbindung

Die Kombination der Fügeverfahren „Schrumpfen" (reibschlüssig) und Kleben (stoffschlüssig) bietet eine Reihe von Vorteilen, gegenüber dem Presssitz (Abschn. 18.2.3):

Bei gleichgroßen übertragbaren Kräften sind 70 . . . 90 % kleinere Flächenpressungen und entsprechende Übermaße erforderlich (0,2 . . . 0,5 ‰). Daraus resultieren kleinere Beanspruchungen in Welle und Nabe und eine geringere Aufweitung der Nabe. Daher ist die Verbindung durch Erwärmen der Nabe auch leichter lösbar als der reine Presssitz.

Gegenüber der geklebten Schiebesitzverbindung (Abschn. 18.5.1) ist eine um 20 ... 50 % höhere statische und 100 % höhere dynamische Torsionsfestigkeit erreichbar, auch können Kräfte aus Umlaufbiegung übertragen werden. Ursache hierfür ist die zusätzliche Reibungskomponente der Kontaktstellen und der hydrostatische Druck in dem durch die Flächenpressung komprimierten Klebstoff. Die Isolierwirkung der Klebschicht ist auch hier weitgehend vorhanden.

Gegenüber den formschlüssigen Verbindungen (z. B. mit Passfedern) sowie der reinen Klebverbindung ergibt sich ein zentrischer, unwuchtarmer Sitz wie beim Presssitz.

Schrumpfkleben eignet sich insbesondere für große Abmessungen, z. B. für den Schwermaschinenbau [58] und ist klebtechnisch sicher ab ca. 70 mm Wellendurchmesser. Für kleine Durchmesser wird daher (neben dem geklebten Längspresssitz, siehe unten) im Allgemeinen ein geklebter Schiebesitz (Abschn. 18.5.1) oder ein reiner Presssitz bevorzugt, siehe Abschn. 18.5.2.2.

Nachteilig gegenüber dem Presssitz ist der Aufwand, der mit dem Klebverfahren verbunden und entscheidend für die Betriebssicherheit ist.

Man beachte: Die Anwendungsgrenze aus der Drehzahl, da hohe Fliehkräfte das geringe Übermaß aufheben können.

18.5.2.1 Klebstoffe

Eine Übersicht verschiedener Klebstoffarten und deren Anwendungsgebiete wird in Abschn. 8.2.3.2 gegeben, Hinweise zur Auswahl für die Anwendung für eine Welle-Nabe-Verbindung sind in Abschn. 18.5.1.1 aufgeführt. Für den Betriebszustand mit höheren Temperaturen sollten verformungsfähige Klebstoffe gewählt werden.

18.5.2.2 Herstellung

Bearbeitung, Vorbehandlung der Fügeflächen, Abbindebedingungen entsprechend Abschn. 8.2.3.2. Übliche Mindest-Übermaße nach Tab. 18.30: 0,2 ... 0,7 ‰. Hinzu kommt eine Fertigungstoleranz von ca. 10 ... 20 µm. Im Fertigzustand beträgt die Klebschichtdicke ca. 2 ... 5 µm, partiell besteht metallischer Kontakt. Teile mit geschliffenen Oberflächen, $Rz \approx 4\,\mu m$ (bis 8 µm) lassen sich leichter fügen als feingedrehte. Im Gegensatz zur reinen Klebverbindung ergibt Kugelstrahlen bei der Schrumpfklebverbindung keine höhere Festigkeit. Der stärkere Metall-Metall-Kontakt führt hier zu Passungsrost in der Fügezone, insbesondere bei Umlaufbiegung [42].

Längspresssitze, Abschn. 18.2.3

Das Fügen mit Axialkraft bei Raumtemperatur eignet sich wegen der begrenzten Fügekräfte insbesondere für kleine Fügeteilabmessungen (ca. $d \leq 30$ mm). Sie haben den Vorteil, sofort nach dem Fügen handhabbar zu sein. Beide Fügeflächen sollten mit Klebstoff benetzt werden, um Abstreifen beim Fügen zu vermeiden. Eine hohe Fügegeschwindigkeit (ca. 50 mm/s) ist erforderlich, damit der Klebstoff nicht zu früh aushärtet.

Besonders genaues Übermaß und damit genau bemessene Tragfähigkeit werden durch einen, allerdings teuren, kegeligen Sitz (meist Kegel 1 : 50) erreicht. Die Nabe kann mit einer weggesteuerten Presse genau um den Betrag aufgeschoben werden, der sich aus dem geforderten Übermaß ergibt. Allerdings sind enge Maßtoleranzen erforderlich, wenn eine bestimmte axiale Position erreicht werden soll. Die Nabe muss nicht, wie beim reinen Kegelpresssitz, durch eine Mutter gegen axiales Abschieben gesichert werden. Bei Ausführung mit Ölpressnuten (Abschn. 18.2.3.11) lässt sich die Verbindung besonders leicht lösen.

Querpresssitze, Abschn. 18.2.3

Querpresssitze eignen sich für die Übertragung großer Drehmomente, auch bei großen Abmessungen und unterschiedlichen Werkstoffen von Welle und Nabe. Das Fügespiel von ca. 1 ‰ des Fügedurchmessers wird durch Erwärmen der Nabe auf 120 ... 220 °C erzeugt. Der Klebstoff wird nur auf die Welle aufgetragen (beim Auftragen auf die Nabenbohrung würde der Werkstoff zu schnell aushärten). Die Welle wird mit schraubenförmiger Bewegung in die Nabe eingeschoben und der Verbund ca. 24 h bei Raumtemperatur gelagert. Bei kleinen Wellendurchmessern sind hohe Fügetemperaturen erforderlich, um das benötigte Übermaß und Fügespiel zu erzeugen. Bei großen Durchmessern reichen hierfür geringere Temperaturen aus, hohe Temperaturen wären auch schädlich, da die große Nabe nur langsam abkühlt, der Klebstoff schlecht anpolymerisiert.

18.5.2.3 Tragfähigkeit, Dimensionierung, Festigkeitsnachweis der Schrumpfklebverbindung

Es wirken im Prinzip dieselben Einflüsse wie bei Flächenklebverbindungen, Abschn. 8.2.4. Bei der Berechnung wird wie bei der geklebten Schiebesitzverbindung vorgegangen, Abschn. 18.5.1.3

Einige ergänzende Hinweise:

Ansatz der zu übertragenden Kräfte und Momente sowie Sicherheitsfaktoren

Es gelten die Hinweise aus Abschn. 8.2.4.2.

Abminderungsfaktoren

Zum Ansatz des Klebschichtfaktors v_K, des Werkstofffaktors v_M, zur Wahl der Nabenbreite (Verhältnis b/d) und

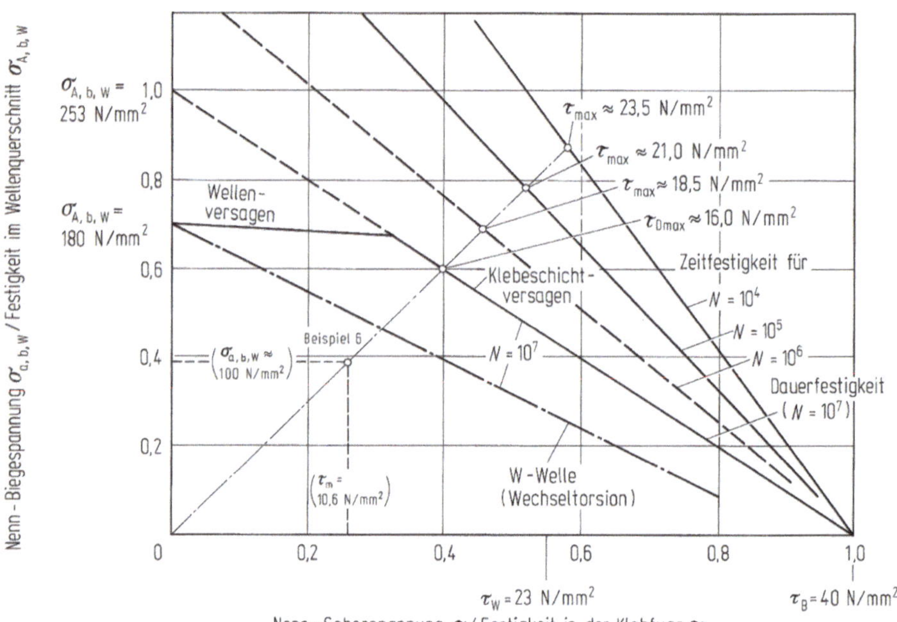

Abb. 18.36 Normiertes Schwingfestigkeitsschaubild für Umlaufbiegung und statische Torsion einer schrumpfgeklebten WNV nach [70]: Zahlenwerte für Wellenwerkstoff 30CrNiMo6V oder 42CrMo4V, Nabenwerkstoff S355, Klebstoff DELO ML 118 oder Loctite 638. Zahlenwerte in (Klammern) für Beispiel 18.6. W-Welle: Dauerfestigkeit ($N = 10^7$) bei Beanspruchung durch Umlaufbiegung der Verbindung und wechselnde Torsion: Wellenversagen

zum Ansatz des Flächenfaktors v_F gelten die Hinweise aus Abschn. 18.5.1.3.

Kleb-Dynamikfaktor v_D*:* Werte für v_D sind in Tab. 18.31 angegeben. Die Ausschlagfestigkeit bei Torsionsbeanspruchung ist begrenzt durch die Bruchgrenze der (glatten) Welle, z. B. $\tau_{K,A,t} = 20\,\text{N/mm}^2$ bei 34CrNiMo6V, $\tau_{K,A,t} = 18\,\text{N/mm}^2$ bei 42CrMo4V und 2C45, siehe Abb. 18.36.

Mit höheren Fügetemperaturen lassen sich höhere Torsions-Schwingfestigkeiten erzielen. Anlasstemperatur beachten, siehe oben. Nach einmaligem Durchbrechen der Klebverbindung ist noch eine Schwing-Restfestigkeit von 50 ... 70 % vorhanden.

Bei dünnen Bandagen mit Schwell-Umlaufkraft (z. B. bei Zahnrädern) kann die Torsions-Schwingfestigkeit auf 10 ... 20 % der statischen Festigkeit absinken. Mit einer Bandagendicke von ca. 6 × Modul wurden gute Ergebnisse erzielt [58].

Beanspruchungen und Sicherheiten

Die Berechnung der Beanspruchungen und Sicherheiten bei Übertragung von Längskräften und Drehmomenten bei statischer und dynamischer Belastung erfolgt wie in Abschn. 18.5.1.3, hier mit den statischen Festigkeitswerten für Sitze mit Übermaß nach Tab. 18.30.

Statische Druckscherfestigkeit

Die statische Druckscherfestigkeit, und damit auch die Zug- und die Torsionsscherfestigkeit, schrumpfgeklebter Verbindungen können beim Längspresssitz bis 20 %, beim Querpresssitz bis 50 % über den Werten für den geklebten Schiebesitz liegen, siehe auch Tab. 18.30. Die dort für den Querpresssitz angegebenen Festigkeitswerte gelten für Nabenwanddicken von $Q_A \approx 0{,}5$ (nach (18.23)) und hohe Fügetemperaturen ($\vartheta_F \geq 160\,°\text{C}$), bei Nabenbreiten $b/d \leq 1$. Allerdings ist zu beachten, dass die Temperatur nicht in den Bereich der Anlasstemperatur gerät, die für einsatzgehärtete Teile bei 180 °C liegen kann. Bei dünnwandigen Naben und kleineren Fügetemperaturen ergibt sich eine kleinere Torsionsscherfestigkeit, bei $Q_A \approx 0{,}65$ und $\vartheta_F \approx 120\,°\text{C}$ ist mit einer Minderung von ca. 30 % zu rechnen.

Kombination von Torsion und Umlaufbiegung

Die Kombination von Torsion und Umlaufbiegung kommt in der Praxis häufig vor, z. B. bei Welle-Nabe-Verbindungen in Zahnrad-, Reibrad- und Riemengetrieben, Elektromotoren. Für den Festigkeitsnachweis kann dabei, abweichend von der Berechnung mit dem Faktor v_D, von der Torsionsscherbeanspruchung, d. h. von den Beziehungen in Abb. 18.36, ausgegangen werden. Die ertragbare Torsionsspannung sinkt mit zunehmender Umlaufbiegespannung. Die Ergebnisse von Versuchen [70] lassen sich in der Form von Haig-Diagrammen darstellen. Da es sich um Spannungen unterschiedlicher Natur handelt, werden sie jedoch nicht zu Vergleichsspannungen verknüpft, sondern mit ihrer Hilfe die Minderung der Torsionsscherfestigkeit durch die überlagerte Umlaufbiegespannung abgeschätzen.

Statische Torsion und (dynamische) Umlaufbiegung: Abb. 18.36 zeigt ein normiertes Dauerfestigkeitsschaubild nach Versuchen aus [70].

Man beachte: Die Tragfähigkeit einer schrumpfgeklebten Verbindung bei großer Umlaufbiegespannung ist durch Dauerbruch der Welle infolge Reibungsermüdung (Passungsrost) begrenzt.

Abb. 18.36 gilt für koaxial eingeleitete Drehmomente, kann bei ausreichend dicken Naben (siehe oben) näherungsweise auch bei tangentialem Kraftangriff (Zahnräder) verwendet werden.

Schwingende Torsion und Umlaufbiegung: Bei schwingender Belastung spielt die Reibungsermüdung eine entscheidende Rolle. Der Dauerbruchanriss der Welle liegt innerhalb des Sitzes.

18.5.2.4 Gestaltung

- Die Hinweise auf den Einfluss der Umgebungsmedien in der Einleitung zu Abschn. 8.2.4 sind zu beachten.
- Für die meisten Untersuchungen, aus denen Festigkeitswerte abgeleitet wurden, wurden zylindrische Naben mit $Q_A = 0{,}5 \ldots 0{,}6$ (nach (18.23)) verwendet. Jedoch lassen sich auch mit dünneren Naben die erforderlichen, relativ kleinen Flächenpressungen erzeugen.
- Im Gegensatz zur reinen Klebverbindung wurde für die verjüngten „torsionsoptimierte" Nabe (Abb. 18.33) eine um mehr als 50 % verminderte Schwingfestigkeit festgestellt. Ursache ist vermutlich die geringere hydrostatische Druckspannung am verjüngten Ende der Nabe.
- Ausbildung der Stirnkanten zum Fügen wie beim geklebten Spielsitz, Abschn. 18.5.1.4.
- Höhere Betriebstemperaturen können sich auf die Festigkeit von schrumpfgeklebten Welle-Nabe-Verbindungen auf unterschiedliche Weise auswirken:
  Wenn der Wärmedehnungskoeffizient der Welle α_W größer ist als der der Nabe α_N, baut sich in der Klebschicht bei Erwärmung ein größeres Übermaß, d. h. eine höhere Flächenpressung auf, die die Scherfestigkeit im Allgemeinen nicht mindert. Umgekehrt (d. h. bei $\alpha_N > \alpha_W$) führt die Erwärmung zum Abbau des Übermaßes bis zum Versagen der Verbindung [44]. Entsprechend sollte für die Welle der Werkstoff mit dem größeren Wärmedehnungskoeffizient gewählt werden.
- Daher wirkt sich auch eine Temperaturerhöhung schädlich aus, wenn die Wärme über die Nabe zugeführt wird. So zeigte ein hochwarmfester Klebstoff, der in einer Klebverbindung bis 250 °C keinen Festigkeitsabfall aufweist, in einer Schrumpfklebverbindung ein Absinken der statischen Festigkeit bei Erwärmung der Nabe auf 60 °C.

18.6 Kostenvergleich

Bezogen auf die am weitesten verbreitete Passfederverbindung zeigt sich, dass besonders bei hohen Drehmomenten andere Welle-Nabe-Verbindungen unter Umständen erheblich kostengünstiger sind. Gerade für kleinere Stückzahlen spielt aber auch eine Rolle, welche Fertigungseinrichtungen und welches Know-how verfügbar sind. Abb. 18.37 zeigt Ergebnisse einer vergleichenden Untersuchung.

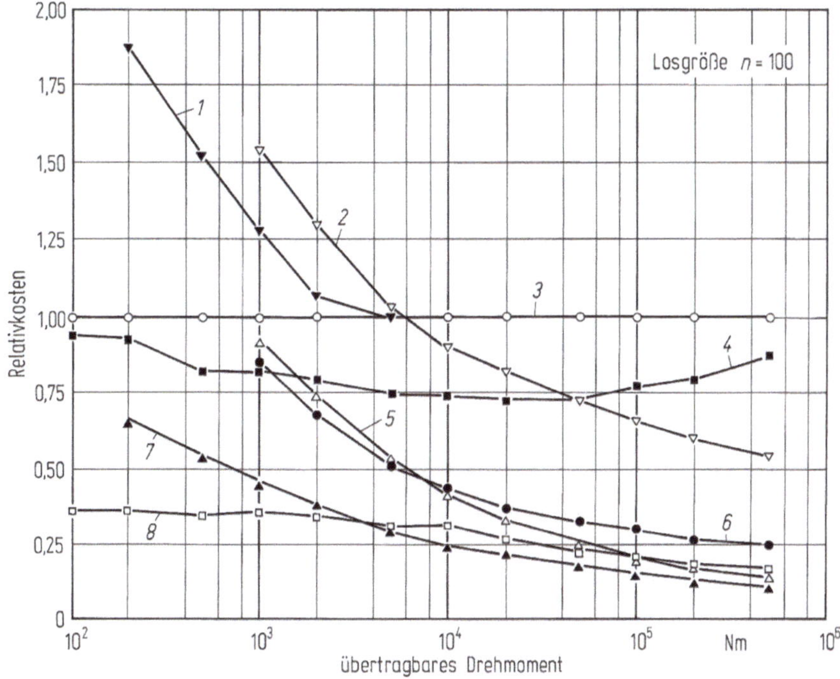

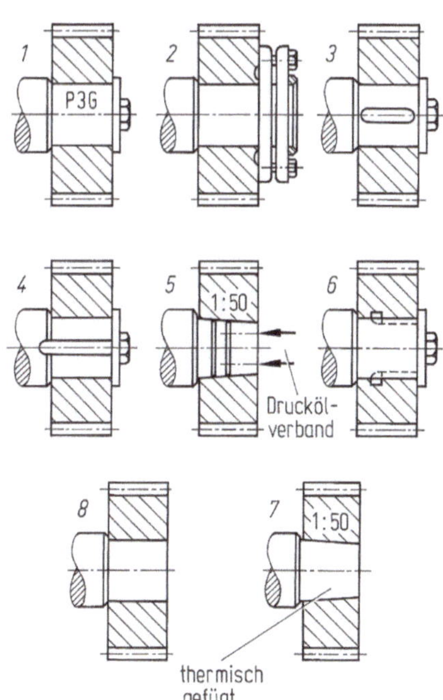

Abb. 18.37 Relativkosten verschiedener Welle-Nabe-Verbindungen [46]

18.7 Berechnungsbeispiele

Beispiel 18.1

Pressverband einer Kupplung mit Fliehkraftbeanspruchung, Abb. 18.38

Gegeben:

Vollwelle, Durchmesser D_{Ia} = Fügedurchmesser D_F = 40 mm

Außendurchmesser der scheibenförmigen Nabe D_{Aa} = 80 mm

Naben-(= Fugen-)breite $L_F = 50$ mm.

Maximales Drehmoment $T_{max} = 80$ N m, Drehzahl n = 20.000 min^{-1} ($\omega = 2094\,\text{s}^{-1}$, $v_F = 41{,}9\,\text{m/s}$)

Werkstoff von Welle und Nabe: 2C45 (nach DIN EN 10083 Teil 1 [31], 1991), $R_{e\,min} = 370\,\text{N/mm}^2$,

E-Modul $E_A = E_I = 2{,}12 \cdot 10^5\,\text{N/mm}^2$ (DIN 7190: $(2{,}00\ldots2{,}35)\cdot10^5\,\text{N/mm}^2$; SEW 550: $2{,}12\cdot10^5\,\text{N/mm}^2$)

Querdehnzahl $\nu_A = \nu_I = \nu_{Stahl} = 0{,}3$

Dichte $\varrho_A = \varrho_I = \varrho_{Stahl} = 7{,}85\,\text{kg/dm}^3$

Thermischer Längenausdehnungskoeffizient (Abb. 18.5) der Welle (Unterkühlen, für $-80\,°\text{C}$) $\alpha_I = 10{,}5\cdot10^{-6}\,\text{K}^{-1}$,

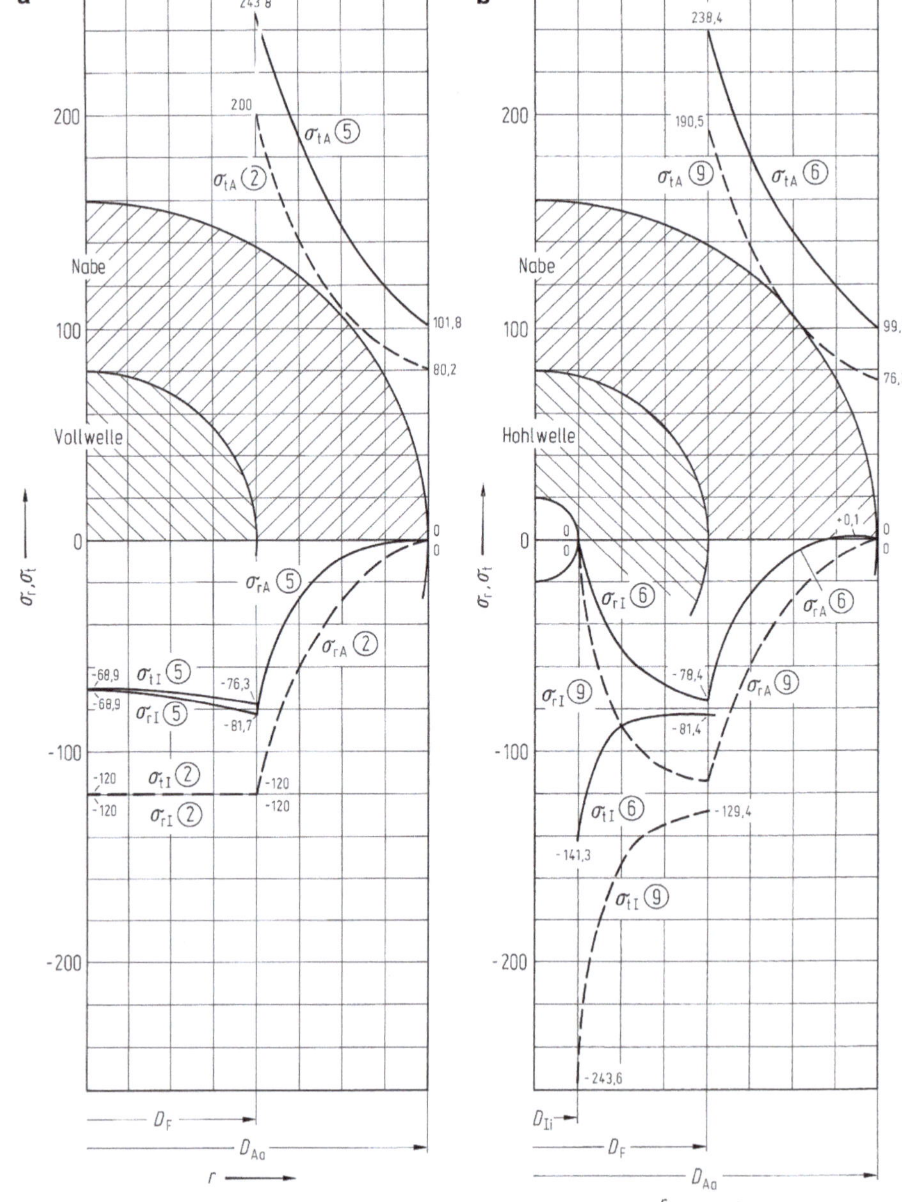

Abb. 18.38 Beispiel 18.1, Pressverbindung zwischen Welle und Nabe, Tangential- und Radialspannungen in Welle und Nabe, Zustand ② und ⑨: $v_F = 6\,\text{m/s}$ (Fliehkraft vernachlässigbar), Zustand ⑤ und ⑥: $v_F = 62{,}8\,\text{m/s}$ (in Beispiel 18.1 $v_F = 41{,}9\,\text{m/s}$) (Fliehkraft berücksichtigt), **a** Vollwelle, **b** Hohlwelle mit $D_{Ii} = 10$ mm

der Nabe (Erwärmen für 100...300 °C) $\alpha_A = 12{,}5 \cdot 10^{-6}\,\mathrm{K}^{-1}$, für Raumtemperatur (20...60 °C) $\alpha_R = 11{,}5 \cdot 10^{-6}\,\mathrm{K}^{-1}$
Rauheit nach [50] für Durchmesser 18...80 mm, Genauigkeitsgrad 5 von Welle Rz_{Ia} und Nabe Rz_{Ai}: 4 µm
Die Nabe wird im Betrieb max. $\Delta\vartheta = 20\,\mathrm{K}$ wärmer als die Welle ($\vartheta_A = \vartheta_I + \Delta\vartheta$), Betriebstemperatur der Welle $\vartheta_I = 40\,°\mathrm{C}$, Raumtemperatur $\vartheta_R = 20\,°\mathrm{C}$.
Mindestrutschsicherheit $S_{r\,\min} = 2{,}5$
Mindestsicherheit gegen Fließen (Streckgrenze $R_{e\,\min}$ bzw. Dehngrenze $R_{p0{,}2\,\min}$) $S_{F\,\min} = 1{,}1$

Gesucht:
(a) Rutschsicherheit
(b) Abhebedrehzahl/-geschwindigkeit
(c) Festigkeitsnachweis (Sicherheit gegen Fließen)
(d) Fügetemperatur
(e) Sicherheit gegen Passungsrost
(f) Sicherheit gegen Mikrowandern

Gewählt:
Passung 40H6/u6; H6: $ES = +16\,\mu\mathrm{m}$, $EI = \pm 0\,\mu\mathrm{m}$, u6: $es = +76\,\mu\mathrm{m}$, $ei = +60\,\mu\mathrm{m}$
Haftbeiwert gegen Rutschen (Tab. 18.4) $\nu_{ru} = 0{,}14$
Fügetemperatur der Welle (Stickstoff) $\vartheta_I = -80\,°\mathrm{C}$, der Nabe (Ölbad) $\vartheta_{A\max} = 300\,°\mathrm{C}$

Berechnet:

Zu a) Rutschsicherheit für die gewählte Passung:
Rutschsicherheit

$$S_r = \frac{T_r}{T_{\max}}$$

mit dem Drehmoment an der Rutschgrenze T_r nach (18.9)

$$T_r = p_{FBu} \cdot \pi \cdot {D_F}^2 \cdot L_F \cdot \frac{\nu_{ru}}{2} = 808\,\mathrm{N\,m}$$

mit dem Fugendruck für das kleinste Übermaß im Betriebszustand p_{FBu} nach (18.30):

$$p_{FBu} = E_{\text{Stahl}} \cdot P_{Bu} \cdot \frac{1 - Q_{A^2}}{2 \cdot D_F} = 45{,}9\,\frac{\mathrm{N}}{\mathrm{mm}^2}$$

mit Durchmesserverhältnis Q_A nach (18.23)

$$Q_A = \frac{D_{Ai}}{D_{Aa}} = 0{,}5$$

kleinstes Übermaß im Betriebszustand P_{Bu} nach (18.52)

$$P_{Bu} = P_{wu} - P_\vartheta - P_{\text{rot}} = 23{,}1\,\mu\mathrm{m}$$

Mindestübermaß nach Glättung (nach dem Fügen) nach (18.36)

$$P_{wu} = P_u - \mathrm{G} = 40{,}8\,\mu\mathrm{m}$$

mit Mindestübermaß vor Glättung (nach dem Fügen) nach (18.33)

$$P_u = |ei - ES| = 44\,\mu\mathrm{m}$$

für die Passung H6/u6 und Glättung G nach (18.37)

$$G = 0{,}4 \cdot (Rz_{Ai} + Rz_{Ia}) = 3{,}2\,\mu\mathrm{m}$$

Übermaß aus Wärmedehnung nach (18.49)

$$P_\vartheta = D_F \cdot \alpha_R \cdot |\vartheta_A - \vartheta_I| = 9{,}2\,\mu\mathrm{m}$$

Übermaß aus Fliehkraft nach (18.38)

$$P_{\text{rot}} = P_{\text{rot}\,Ai} - P_{\text{rot}\,Ia} = 8{,}5\,\mu\mathrm{m}$$

wobei für die Außenteilbohrung nach (18.39) gilt

$$P_{\text{rot}\,Ai} = \varrho_A \cdot \omega^2 \cdot D_F \cdot \frac{2 \cdot c_1 \cdot (\frac{D_{Aa}}{2})^2 + (c_1 - c_2) \cdot (\frac{D_F}{2})^2}{E_A} = 9{,}0\,\mu\mathrm{m}$$

mit c_1 nach (18.44): $c_1 = (3 + \nu_A)/8 = 0{,}4125$ und c_2 nach (18.45) $c_2 = (1 + 3\nu_A)/8 = 0{,}2375$;
Innenteil-Außendurchmesser (Vollwelle) nach (18.41)

$$P_{\text{rot}\,Ia} = \varrho_I \cdot \omega^2 \cdot \left(\frac{D_F}{2}\right)^3 \cdot \frac{(1 - \nu_I)}{(2 \cdot E_I)} = 0{,}5\,\mu\mathrm{m}.$$

Damit berechnet sich die Rutschsicherheit zu $S_r = T_r/T_{\max} = 10{,}1 > S_{r\,\min} = 2{,}5$
mit $S_{r\,\min}$ nach Tab. 18.5.
Schlussfolgerung: 40H6/u6 ist eine geeignete Passung für ausreichende Rutschsicherheit.

Zu b) Abhebedrehzahl/-geschwindigkeit:
Nach (18.54) beträgt die Abhebewinkelgeschwindigkeit ω_{ab}

$$\omega_{ab} = \sqrt{\frac{P_{wu} - P_\vartheta}{A - B}} = 4020\,\mathrm{s}^{-1}$$

mit $P_{wu} = 40{,}8\,\mu\mathrm{m}$ und $P_\vartheta = 9{,}2\,\mu\mathrm{m}$ siehe Teil a)
mit $A = 2{,}0588 \cdot 10^{-6}\,\mu\mathrm{m} \cdot \mathrm{s}^2$ nach (18.55) und $B = 0{,}1037 \cdot 10^{-6}\,\mu\mathrm{m} \cdot \mathrm{s}^2$ nach (18.56)
Damit ergibt sich die Abhebedrehzahl n_{ab} zu

$$n_{ab} = 30 \cdot \frac{\omega_{ab}}{\pi} = 38.388\,\mathrm{min}^{-1}$$

bei einer Abhebeumfangsgeschwindigkeit v_{Fab} von

$$v_{Fab} = \omega_{ab} \cdot \frac{D_F}{2} = 80{,}4\,\frac{\mathrm{m}}{\mathrm{s}}$$

Daraus folgt: Der Betrieb erfolgt im sicheren Bereich: $n \ll n_{ab}$. Das gleiche Ergebnis ergibt sich mit (18.58).

Zu c) Festigkeitsnachweis (Sicherheit gegen Fließen):
Festigkeitsnachweis: $S_F = R_{p0,2}/\sigma_v \geq S_{F\,\min}$, wobei $R_{p0,2} = R_{e\,\min} = 370\,\mathrm{N/mm^2}$. Für die Berechnung der Vergleichsspannung σ_v liegen die Formeln gemäß Tab. 18.8 zugrunde.
Die Vergleichsspannung für Walzstahl beträgt nach der GEH (vgl. Abschn. 3.4.4.2)

$$\sigma_v = \sqrt{\sigma_t{}^2 + \sigma_r{}^2 - \sigma_t \cdot \sigma_r}$$

c1) Für Außenteil – innen:
Tangentialspannung-Zug nach Tab. 18.8

$$\sigma_t = \sigma_{tAi} = p_{F\,Bo} \cdot \frac{1 + Q_A{}^2}{1 - Q_A{}^2} + P_{\mathrm{rot}\,Ai} \cdot \frac{E_A}{D_F} = 230{,}2\,\frac{\mathrm{N}}{\mathrm{mm^2}}$$

mit Fugendruck p_{FB0} nach (18.30): $p_{FB0} = 109{,}5\,\mathrm{N/mm^2}$, wobei nach (18.50) das größte Übermaß im Betriebszustand $P_{Bo} = P_{wo} - P_\vartheta - P_{\mathrm{rot}} = 55{,}1\,\mu\mathrm{m}$, mit P_{wo} nach (18.35) $P_{wo} = P_o - G = |es - EI| - G$ und $P_o = 72{,}8\,\mu\mathrm{m}$.
Radialspannung-Druck: $\sigma_r = \sigma_{rAi} = -p_{FB0} = -109{,}5\,\mathrm{N/mm^2}$. Damit ergibt sich eine Vergleichsspannung von $\sigma_{vAi} = 300{,}3\,\mathrm{N/mm^2}$ und eine Sicherheit von $S_{FAi} = R_{p0,2}/\sigma_{vAi} = 1{,}23 > S_{F\,\min} = 1{,}1$

c2) Für Innenteil – außen:
Tangentialspannung-Druck (Vollwelle, Tab. 18.8)

$$\sigma_t = \sigma_{tIa} = -p_{Fbo} + P_{\mathrm{rot}\,Ia} \cdot \frac{E_I}{D_F} = -106{,}9\,\frac{\mathrm{N}}{\mathrm{mm^2}}$$

Radialspannung-Druck (Vollwelle): $\sigma_r = \sigma_{rIa} = -p_{FB0} = -109{,}5\,\mathrm{N/mm^2}$
Damit ergibt sich eine Vergleichsspannung von $\sigma_{vIa} = 108{,}2\,\mathrm{N/mm^2}$ und eine Sicherheit von $S_{FIa} = R_{p0,2}/\sigma_{vIa} = 3{,}42 > S_{F\,\min}$
Die Kontrolle gemäß den Abschn. 18.2.3.3 und 18.2.3.5 ergibt: Der Pressverband wird rein elastisch beansprucht. Die Tangential- und Radialspannungsverläufe sind für Voll- und Hohlwelle in Abb. 18.38 dargestellt.

Zu d) Fügetemperatur (Abschn. 18.2.3.12):
Die Fügetemperatur des Außenteils ϑ_{AF} berechnet sich nach (18.72) zu

$$\vartheta_{AF} = \vartheta_R + \frac{P_{\ddot{U}F}}{\alpha_A \cdot D_F} + \frac{\alpha_I}{\alpha_A} \cdot (\vartheta_I - \vartheta_R) = 168\,°\mathrm{C}.$$

mit dem erforderlichen Fügeübermaß $P_{\ddot{U}F}$ nach (18.32): $P_{\ddot{U}F} = P_o + P_{s\theta} = 116\,\mu\mathrm{m}$, wobei das Fügespiel $P_{s\vartheta}$ nach (18.70) $P_{s\vartheta} = 0{,}001 \cdot D_F = 40\,\mu\mathrm{m}$ beträgt.

Zu e) Erforderliche Sicherheit gegen Passungsrost:
Nach (18.69) beträgt die erforderliche Sicherheit S_E gegen Passungsrost

$$S_E = \frac{T}{T_E} = \sqrt{\frac{8}{(1 - Q_A{}^2)}} \cdot 2 \cdot \frac{L_F}{D_F} = 8{,}16 < S_r = 10{,}1$$

und ist damit ausreichend.

Zu f) Sicherheit gegen Mikrowandern:
Nachweis kann entfallen, siehe Abschn. 18.2.3.2 (Pressverband einer Kupplung mit dicker Nabe).

Beispiel 18.2
Mechanisch verspannter kegeliger Pressverband eines Zahnrads für ein Industriegetriebe, Abb. 18.14

Gegeben:
Vollwelle mit Kegelsitzdurchmesser $D_{F,Ia} = 50\,\mathrm{h6}\,(0/-0{,}016)$
Zahnrad mit Fußkreisdurchmesser $d_f = 94\,\mathrm{mm}$, kegelige Bohrung $D_{FAi} = 50\,\mathrm{H6}\,(+0{,}016/0)$
Gemeinsame Fügesitzlänge (ohne Fase und Überstand): $L_{Fg} = 40\,\mathrm{mm}$
Kegelneigung $C = 1 : 50$
Ritzel und Welle einsatzgehärtet, Sitz geschliffen, $Rz_A = Rz_I = 4{,}8\,\mu\mathrm{m}$, $Ra = 0{,}5\,\mu\mathrm{m}$.
Werkstoffe 16MnCr5, E-Modul $= 2{,}1 \cdot 10^5\,\mathrm{N/mm^2}$, Maximalwert $T_{\max} = 500\,\mathrm{N\,m}$.

Angenommen:
Fugendruck über Umfang und Breite konstant; Rutschsicherheit $S_{r\,\min} = 5$. Reibungszahlen in Umfangs- und Längsrichtung $\nu_{ru} = \nu_{rl} = 0{,}12$, mittlerer Fugendurchmesser $D_{Fm} \approx 50\,\mathrm{mm}$.

Gesucht:
(a) Einpresskraft
(b) Lösekraft
(c) Einpressweg

Berechnet:

Zu a) Einpresskraft:
aus (18.76) und (18.77) ergibt sich

$$p_{F\,\min} = 2 \cdot T_{\max} \cdot \frac{S_{r\,\min}}{\pi \cdot D_{Fm}{}^2 \cdot \nu_{ru} \cdot \frac{L_{Fg}}{\cos(\frac{\alpha}{2})}} = 132{,}6\,\frac{\mathrm{N}}{\mathrm{mm^2}}$$

mit $\tan(\alpha/2) = C/2 = 0{,}01$

Nach (18.79) und Text beträgt die Einpresskraft

$$F_a = p_{F\,\min} \cdot \pi \cdot D_{Fm} \cdot L_{Fg} \cdot \left[\tan\left(\frac{\alpha}{2}\right) + \nu_{rl}\right]$$
$$= 108{,}3\,\text{kN}$$

Zu b) Lösekraft:
Lösekraft nach (18.79)

$$F_l = p_{F\,\min} \cdot \pi \cdot D_{Fm} \cdot L_{Fg} \cdot \left[\tan\left(\frac{\alpha}{2}\right) - \nu_{rl}\right]$$
$$= -91{,}6\,\text{kN}$$

Zu c) Einpressweg:
Einpressweg nach (18.80)

$$e_{\min} = \frac{P_w + G}{2 \cdot \tan(\frac{\alpha}{2})} = 4{,}6\,\text{mm}$$

mit wirksamem Übermaß nach (18.30) $P_w = D_F \cdot (p_{F\,\min}/E) \cdot 2/(1 - Q_A^2) = 87{,}8\,\mu\text{m}$, $Q_A = D_F/d_f = 0{,}53$ nach (18.23), Glättung $G = 0{,}4 \cdot (Rz_A + Rz_I) = 3{,}8\,\mu\text{m}$ nach (18.37)
Um gegen Anschlag pressen zu können muss die Distanzbüchse auf das Zwischenraummaß $e_{\min} = 4{,}6^{+0{,}2}$ gekürzt werden.

Beispiel 18.3

Passfeder für einen Motorzapfen, Tab. 18.14 d)

Gegeben:
Verbindung mit Passfeder nach DIN 6885 – A 12 × 8 × 50, Form A;
Werkstoff C45 ($R_{p,N} = 490\,\text{N/mm}^2$);
Länge $l_1 = 50\,\text{mm}$; Breite $b = 12\,\text{mm}$; Höhe $h = 8\,\text{mm}$, $t_1 = 5\,\text{mm}$;
Wellendurchmesser $d = 42\,\text{mm}$;
Nabenaußendurchmesser $D_{Aa} = 80\,\text{mm}$;
Nennmoment $T_{\text{nenn}} = 200\,\text{N m}$, Maximalmoment $T_{\max} = 1000\,\text{N m}$ für 10^3 Lastwechsel;
mittige Krafteinleitung;
Betriebszustand III nach Abschn. 18.3.2.

Angenommen:
Anwendungsfaktor nach Abschn. 1.4.6.2 für verschiedene Anwendungen $K_A = 2{,}0$.

Gesucht:
(a) Sicherheit gegen Flankenpressung
(b) Passungen

Berechnet:

Zu a) Sicherheit gegen Flankenpressung:
Auftretende Flankenpressung nach (18.89)

$$p_{\text{eq}} = K_A \cdot T_{\text{nenn}} \cdot \cos\alpha_w \cdot k_{\varphi\beta} \cdot \frac{k_l}{(r_w \cdot z \cdot l_{tr} \cdot h_w)}$$
$$= 134{,}1\,\frac{\text{N}}{\text{mm}^2}$$

mit $l_{tr} = l - b = 38\,\text{mm}$ nach Tab. 18.26,
$h_w \approx h/2 = 4\,\text{mm}$, nach Tab. 18.14d),
$r_w = d/2 = 21\,\text{mm}$, $\cos\alpha_w = 1$ (r_w, $\cos\alpha_w$ siehe unter (18.89)),
$k_{\varphi\beta} = 1$ nach Tab. 18.15, $k_l = 1{,}07$ nach Abb. 18.24
mit $l_{tr}/d = 0{,}9$ und $(D = D_{\text{Aa}})/d = 1{,}9$.
Grenzpressung nach (18.91)

$$p_{\text{grenz},D} = f_s \cdot R_p = 490\,\frac{\text{N}}{\text{mm}^2}$$

mit $f_s = 1{,}0$ nach Tab. 18.16
Maximale Flankenpressung bei Spitzenmoment

$$p_{\max} = p_{\text{eq}} \cdot \frac{T_{\max}}{T_{\text{nenn}} \cdot K_A} = 335\,\frac{\text{N}}{\text{mm}^2}$$

Grenzpressung nach (18.93)

$$p_{\text{grenz,max}} = f_L \cdot p_{\text{grenz},D} = 1{,}5 \cdot 490\,\frac{\text{N}}{\text{mm}^2} = 735\,\frac{\text{N}}{\text{mm}^2}$$

mit $f_L = 1{,}5$ nach Abb. 18.25.
Sicherheiten gegen Dauerbeanspruchung nach (18.94)

$$S_{FD} = \frac{p_{\text{grenz},D}}{p_{\text{eq}}} = 3{,}7 > S_{F\,\min} = 1{,}3$$

gegen Maximalbeanspruchung nach (18.95)

$$S_{FS} = \frac{p_{\text{grenz,max}}}{p_{\max}} = 2{,}2 > S_{F\,\min} = 1{,}3$$

mit $S_{F\,\min}$ nach Tab. 18.17.
D. h. die Passfederverbindung ist ausreichend dimensioniert.

Zu b) Passungen:
Passung für festen Übergangssitz nach Tab. 18.27: Durchmesser-Welle/Nabe k6/H7, Nutbreite P9, Passfederbreite h9.

Beispiel 18.4

Keilwelle für einen Hubwerksantrieb

Gegeben:

Keilwellenverbindung mit Keilwelle DIN ISO 14;
Werkstoff C45 ($R_{p,N} = 490\,\mathrm{N/mm^2}$);
Zähnezahl $z = 8$; Keilbreite $b = 6$, Durchmesser $d_1 = 32\,\mathrm{mm}$; Durchmesser $d_2 = 38\,\mathrm{mm}$;
Nabenaußendurchmesser $D_{Aa} = 90\,\mathrm{mm}$; Länge $l = 40\,\mathrm{mm}$;
Drehmoment $T_{\max} = 2400\,Nm$ bei Anzahl der Lastwechsel $> 10^7$;
Anwendungsfaktor $K_A = 1$;
kein Wechsel der Kraftrichtung;
mittige Lasteinleitung;
Betriebszustand III nach Abschn. 18.3.2

Gewählt:

Toleranzfeld H7/IT7

Gesucht:

Sicherheit gegen Flankenpressung

Berechnet:

Flankenpressung nach (18.89)

$$\begin{aligned} p_{\max} &= T_{\max} \cdot \cos\alpha_w \cdot k_{\varphi\beta} \cdot \frac{k_l}{r_w \cdot z \cdot l \cdot h_w} \\ &= 185{,}9\,\frac{\mathrm{N}}{\mathrm{mm}^2} \end{aligned}$$

mit $\alpha_w = \arcsin(b \cdot 4/[2 \cdot (d_1 + d_2)] = 9{,}87°$, $r_w = (d_1 + d_2) \cdot \cos\alpha_w/4 = 17{,}2\,\mathrm{mm}$, $h_w = (d_2 - d_1)/2 = 3\,\mathrm{mm}$ nach Tab. 18.14c), $k_{\varphi\beta} = 1{,}1$ nach Tab. 18.15; $k_l = 1{,}18$ nach Abb. 18.24, mit $l_{tr}/d_1 = 1{,}25$ und $(D = D_{Aa})/d = 2{,}8$.
Grenzpressung nach (18.93)

$$p_{\text{grenz,max}} = f_L \cdot f_s \cdot R_p = 490\,\frac{\mathrm{N}}{\mathrm{mm}^2}$$

mit $f_L = 1{,}0$ nach Abb. 18.25, $f_s = 1{,}0$ nach Tab. 18.16.
Sicherheit nach (18.95)

$$S_{FS} = \frac{p_{\text{grenz,max}}}{p_{\max}} = 2{,}6 > S_{F\min} = 1{,}3$$

mit $S_{F\min}$ nach Tab. 18.17.
D. h. die Keilwellenverbindung ist ausreichend dimensioniert.

Beispiel 18.5

Geklebte Schiebesitzverbindung eines Kettenrads mit einer Welle (Loctite)

Gegeben:

Hauptabmessungen nach Abb. 18.39: Breite $b_F = 16\,\mathrm{mm}$, Durchmesser $d_F = 60\,\mathrm{mm}$,
Werkstoff für Welle und Kettenrad: rostfreier Stahl ($R_p = 250\,\mathrm{N/mm^2}$).
Maximaldrehmoment $T_{\max} = 440\,\mathrm{N\,m}$, Dauerbetriebsmoment (statisch) $T_m = 220\,\mathrm{N\,m}$, überlagert durch Schwingmoment $T_a = \pm 90\,\mathrm{N\,m}$.
Raumtemperatur. Betriebszustand III nach Abschn. 18.3.2, Überlastungsfall F2 nach Abschn. 3.5.5; Darstellung im Smith-Diagramm siehe Abb. 3.44b.

Gewählt:

Klebstoff nach Tab. 18.30: Loctite 648 (statische Proben-Scherfestigkeit $\tau_{K,B,t} = 27\,\mathrm{N/mm^2}$);
Abminderungsfaktoren nach Abschn. 18.5.1.3, statisch: Werkstofffaktor $v_M = 0{,}8$; Klebschichtfaktor $v_K = 0{,}7$ (für nicht optimierte Herstellbedingungen); für dynamische Beanspruchung Kleb-Dynamikfaktor $v_{D(\mathrm{Schw})} = 0{,}2$ (Schwellfestigkeit), $v_{D(W)} = 0{,}3$ (Wechselfestigkeit);
Fügespiel nach Tab. 18.30: $F = 0{,}04 \ldots 0{,}08\,\mathrm{mm}$,
gewählte Passung: H7 (+30/0), f6 (−49/−30).

Berechnet:

Rechenschritte in Abb. 18.40 gekennzeichnet mit ①, ②, …

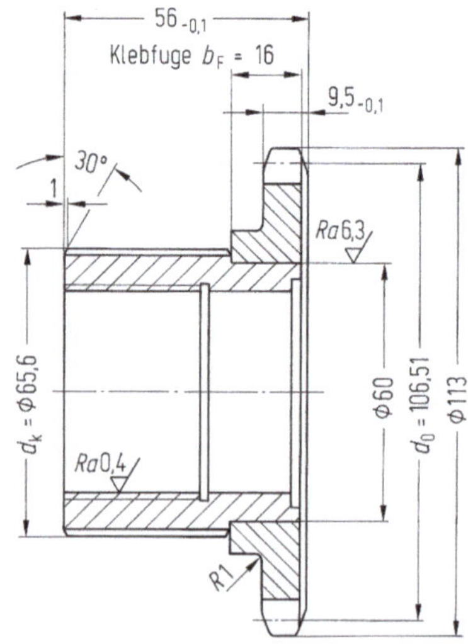

Abb. 18.39 Zu Beispiel 18.5, Klebverbindungen für ein Kettenrad 10B (nach DIN ISO 606 [36]), $z = 21$, $p = 15{,}875\,\mathrm{mm}$, Rollendurchmesser 10,16 mm

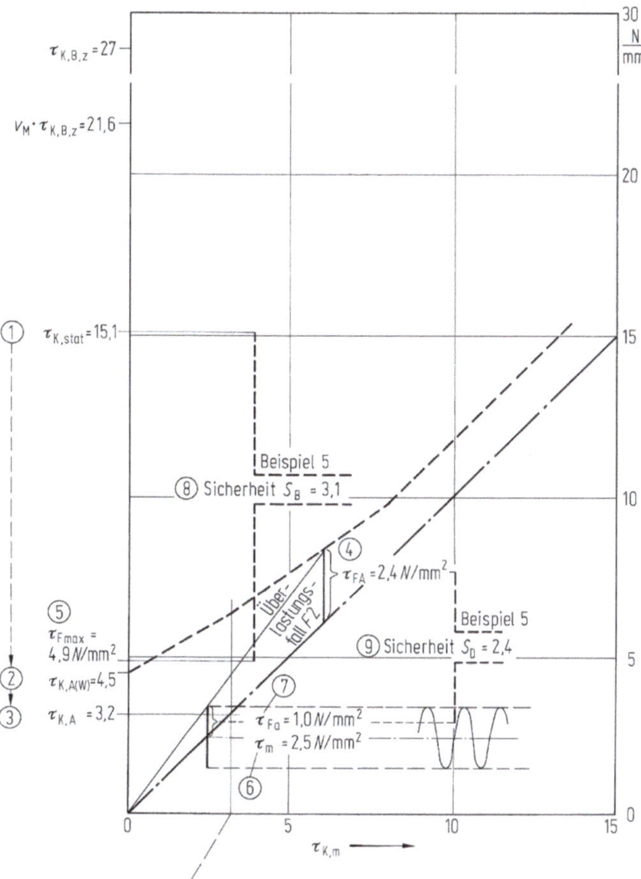

Abb. 18.40 Zu Beispiel 18.5, Smith-Diagramm für die geklebte Schiebesitzverbindung nach Abb. 18.39, Klebstoff Loctite 648 nach Tab. 18.30, ①, ② ... Rechenschritte

Festigkeit:

1. Statische Bauteilscherfestigkeit

$$\tau_{K,\text{stat}} = v_K \cdot v_M \cdot v_F \cdot \tau_{K,B,t} = 15{,}1\,\frac{\text{N}}{\text{mm}^2}$$

mit Flächenfaktor nach Abb. 18.31 $v_F = 1{,}0$ mit $b_F/d_F = 0{,}27$; Klebfläche nach Abb. 18.31 und (18.103)

$$A = \pi \cdot d_F \cdot b_F = 3016\,\text{mm}^2$$

2. Ausschlag-(= Wechsel-)festigkeit

$$\tau_{K,A,(W)} = v_{D(W)} \cdot \tau_{K,\text{stat}} = 4{,}5\,\frac{\text{N}}{\text{mm}^2}$$

3. Ausschlagfestigkeit bei Schwellbeanspruchung

$$\tau_{K,A,(\text{Schw})} = v_{D(\text{Schw})} \cdot \tau_{K,\text{stat}} = 3{,}0\,\frac{\text{N}}{\text{mm}^2}$$

4. Damit kann das Smith-Diagramm nach Abschn. 3.5.1.3, Abb. 3.37a abgeschätzt werden, siehe Abb. 18.40.

Die Ausschlag-Scherfestigkeit der Klebefuge lässt sich für den Überlastungsfall F2 nach Abschn. 3.5.5, Abb. 3.44 aus dem Smith-Diagramm, Abb. 18.40 ablesen: $\tau_{FA} = 2{,}4\,\text{N/mm}^2$ oder nach Abschn. 3.5.5 berechnen.

Beanspruchungen:

5. Maximale Scherspannung in der zylindrischen Klebefuge

$$\tau_{F\,\max} = 2 \cdot \frac{T_{\max}}{d_F \cdot A} = 4{,}9\,\frac{\text{N}}{\text{mm}^2}$$

6. Mittlere (statische) Scherspannung

$$\tau_{Fm} = 2 \cdot \frac{T_m}{d_F \cdot A} = 2{,}4\,\frac{\text{N}}{\text{mm}^2}$$

7. Scherausschlagspannung

$$\tau_{Fa} = 2 \cdot \frac{T_a}{d_F \cdot A} = 1{,}0\,\frac{\text{N}}{\text{mm}^2}$$

Sicherheiten:

8. Statische Sicherheit gegen Maximalmoment:

$$S_B = \frac{\tau_{K,\text{stat}}}{\tau_{F\,\max}} = 3{,}1 > S_{B\,\min} = 2$$

9. Dynamische Sicherheit gegen Schwingmoment:

$$S_D = \frac{\tau_{Fm}}{\tau_{Fa}} = 2{,}4 > S_{D\,\min} = 3$$

mit den Mindestsicherheiten nach Tab. 8.11.

D. h. die Klebverbindung ist bei Ausführung entsprechend den Annahmen betriebssicher.

Beispiel 18.6

Kegelige Schrumpfklebverbindung eines Stirnrads (schrägverzahnt) mit der Zwischenwelle eines Getriebes (Dematic)

Gegeben:

Hauptabmessungen nach Abb. 18.41, Breite $b_F = 10\,\text{mm}$, mittlerer Durchmesser $d_F = 14\,\text{mm}$

Werkstoff für Welle und Nabe: 17CrNiMo6 einsatzgehärtet

Dauerbetriebsdrehmoment $T_D = T_{\text{nenn}} \cdot K_A \cdot K_v = 32{,}5\,\text{N m}$ (entspr. einer Zahnfußbruchsicherheit $S_D = 1{,}4$, Wechsellastfaktor 0,7)

Beanspruchung des Schrumpfsitzes auf Umlaufbiegung und Torsion

Gewählt:

Klebstoff nach Tab. 18.30, Loctite 638. Für die Berechnung werden die Festigkeitswerte der in Abb. 18.36 angegebene Werkstoff-Klebstoffkombination angenom-

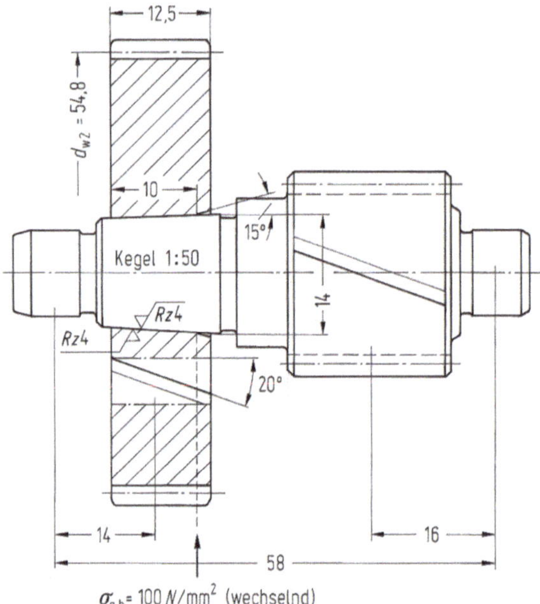

Abb. 18.41 Zu Beispiel 18.6, Hauptdaten der Zwischenwelle mit kegeliger Schrumpfklebverbindung eines Stirnrades (Mannesmann Dematic, Wetter)

men, vgl. auch Tab. 18.30. Abminderungsfaktoren nach Abschn. 18.5.1.3: Werkstofffaktor $v_M = 1{,}0$; Klebschichtfaktor $v_K = 1$ (für erprobte, kontrollierte Serienfertigung).

Die in Abb. 18.36 angegebene Dauer- und Zeitscherfestigkeit berücksichtigt den Einfluss der Umlaufbiegung. Übermaß nach Tab. 18.30 (für kleine Durchmesser) $\ddot{U} = 0{,}07\,\% \cdot d_F + 0{,}02 \approx 0{,}01 + 0{,}02 = 0{,}03$ mm. Für ausreichende Klebschichtdicke (2 ... 5 µm nach Abschn. 18.5.2.2) wäre eine Verschiebung von $s = 0{,}03 \cdot 50\,(\text{Kegel}) = 1{,}5$ mm ausreichend. Um, bezüglich Formabweichungen von 16 µm (≙ 2 × IT 5), vollen Kontakt über die Mantelfläche sicherzustellen, wird $s = 2{,}5 \ldots 3$ mm gewählt.

Berechnet:
Flächenfaktor $v_F = 1$ nach Abb. 18.31 mit $b_F/d_F = 0{,}71$
Klebfläche nach (18.103)

$$A = \pi \cdot d_F \cdot b_F = 440\,\text{mm}^2$$

Festigkeit:
Scherspannung in der Klebefuge und Biegespannung in der Welle wachsen proportional mit dem übertragenen Drehmoment. Auf der Geraden in Abb. 18.36 durch ($\sigma_{a,b,W} = \tau_m = 0$) und ($\sigma_{a,b,W} = 100\,\text{N/mm}^2$, $\tau_m = 10{,}6\,\text{N/mm}^2$) liegt die Dauerscherfestigkeit

$$\tau_{K,D} = v_K \cdot v_M \cdot v_F \cdot \tau_{D\,\max} \approx 16\,\frac{\text{N}}{\text{mm}^2}$$

Kräfte und Beanspruchungen:
Kräfte in der Klebefuge aus dem Dauerbetriebsdrehmoment:
Die Umfangskraft beträgt nach (18.4)

$$F_u = 2 \cdot \frac{T_D}{d_F} = 4643\,\text{N}$$

Die Axialkraft aus der Schrägverzahnung beträgt nach (20/13) in [57]

$$F_{ax} = 2 \cdot \frac{T_D}{d_{w2}} \cdot \tan\beta = 432\,\text{N}$$

mit $\beta = 20°$ und $d_{w2} = 54{,}8$ mm aus Abb. 18.41
Die anliegende Kraft in der Klebefuge zur Übertragung des Betriebsdrehmoments T_D beträgt nach (18.6)

$$F_F = \sqrt{{F_u}^2 + {F_{ax}}^2} = 4663\,\text{N}$$

Daraus errechnet sich die Schubspannung aus Torsion in der Klebefuge nach (18.108) zu:

$$\tau_m = \frac{F_F}{A} = 10{,}6\,\frac{\text{N}}{\text{mm}^2}$$

Aus F_u und F_{ax} berechnete Biegespannung in der Welle an der Nabenkante (siehe Abb. 18.41) $\sigma_{a,b(W)} \approx 100\,\text{N/mm}^2$

Sicherheiten:
Sicherheit gegen Klebschichtversagen

$$S_D = \frac{\tau_{D\,\max}}{\tau_m} = 1{,}5$$

Bei $N = 10^4$ Schwingspielen ergibt sich eine Sicherheit (gegen Zeitfestigkeit)

$$S_N = \frac{\tau_{\max}}{\tau_m} = 2{,}2$$

mit $\tau_{\max} = 23{,}5\,\text{N/mm}^2$ aus Abb. 18.36.
D. h. das maximal (ohne Sicherheit) bei $N = 10^4$ übertragbare Drehmoment beträgt

$$T_N = \frac{\tau_{\max} \cdot A}{\sqrt{\frac{4}{d_F^2} + \frac{4 \cdot \tan^2\beta}{d_{w2}^2}}} \approx 70\,\text{N m}$$

Höhere Drehmomente sind bei optimierten Fertigungsbedingungen nach Versuchen möglich.

Literatur

1. Berg M (1989) Zum Festigkeitsverhalten schrumpfgeklebter Welle-Nabe-Verbindungen unter Torsionsbelastung. Dissertation, TU München
2. Berg M, Huth H (1991) Schwingfestigkeitsverhalten schrumpfgeklebter Welle-Nabe-Verbindungen unter kombinierter Umlaufbiege- und Torsionsbelastung. Fraunhofer-Institut für Betriebsfestigkeit Darmstadt. VBFEh-Bericht-Nr. ABF 43. AiF-Bericht Nr. 7250. Düsseldorf
3. BIKON (1979) Konstruieren mit BIKON-Technik (Reibschlüssige Welle-Nabe-Verbindung)
4. BOSCH REXROTH GmbH. Toleranzring. https://www.boschrexroth.com/ics/cat/?language=de&id=&cat=Linear-Motion-Technology-Catalog&m=&u=si&o=Desktop&p=g255180,g296980,g296981. Zugegriffen: 23. Juli 2019
5. DIN 254:2003-04 Geometrische Produktspezifikation (GPS) – Reihen von Kegeln und Kegelwinkeln; Werte für Einstellwinkel und Einstellhöhen
6. DIN 1448 Kegelige Wellenenden mit Außengewinde – Teil 1: 1970-01 Abmessungen
7. DIN 3961:1978-08 Toleranzen für Stirnradverzahnungen; Grundlagen
8. DIN 3962 Toleranzen für Stirnradverzahnungen – Teil 1:1978-08 Toleranzen für Abweichungen einzelner Bestimmungsgrößen – Teil 2:1978-08 Toleranzen für Flankenlinienabweichungen – Teil 3:1978-08 Toleranzen für Teilungs-Spannenabweichungen
9. DIN 3990 Tragfähigkeitsberechnung von Stirnrädern – Teil 1:1987-12 Einführung und allgemeine Einflußfaktoren
10. DIN 5464:2010-03 Passverzahnungen mit Keilflanken – Schwere Baureihe
11. DIN 5466 Tragfähigkeitsberechnung von Zahn- und Keilwellenverbindungen – Teil 1:2000-10 Grundlagen
12. DIN 5471:1974-08 Werkzeugmaschinen; Keilwellen- und Keilnabenprofile mit 4 Keilen, Innenzentrierung, Maße
13. DIN 5472:1980-12 Werkzeugmaschinen; Keilwellen- und Keilnabenprofile mit 6 Keilen, Innenzentrierung, Maße
14. DIN 5480 Passverzahnungen mit Evolventenflanken und Bezugsdurchmesser – Teil 1:2006-03 Grundbegriffe – Teil 2:2015-03 Nennmaßen und Prüfmaße – Teil 15:2006-03 Qualitätsprüfung – Teil 16:2006-03 Werkzeuge
15. DIN 5481:2019-04 Passverzahnungen mit Kerbflanken
16. DIN 6880:2011-06 Blanker Keilstahl – Maße, zulässige Abweichungen, Masse
17. DIN 6881:1956-02 Spannungsverbindungen mit Anzug; Hohlkeile, Abmessungen und Anwendung
18. DIN 6883:1956-02 Spannungsverbindungen mit Anzug; Flachkeile, Abmessungen und Anwendung
19. DIN 6884:1956-02 Spannungsverbindungen mit Anzug; Nasenflachkeile, Abmessungen und Anwendung
20. DIN 6885 Mitnehmerverbindungen ohne Anzug – Teil 1:1968-08 Passfedern, Nuten, hohe Form – Teil 3:1956-02 Passfedern, Nuten, niedrige Form, Abmessungen und Anwendungen
21. DIN 6886:1967-12 Spannungsverbindungen mit Anzug; Keile, Nuten, Abmessungen und Anwendung
22. DIN 6887:1968-04 Spannungsverbindungen mit Anzug; Nasenkeile, Nuten, Abmessungen und Anwendung
23. DIN 6888:1956-08 Mitnehmerverbindungen ohne Anzug; Scheibenfedern, Abmessungen und Anwendung
24. DIN 6889:1956-02 Spannungsverbindungen mit Anzug; Nasenhohlkeile, Abmessungen und Anwendung
25. DIN 6892:2012-08 Mitnehmerverbindungen ohne Anzug – Passfedern – Berechnung und Gestaltung
26. DIN 7178 Kegeltoleranz- und Kegelpasssysteme für Kegel von Verjüngung C = 1:3 bei 1:500 und Längen von 6 bis 630 mm – Teil 1:1974-12 Kegeltoleranzsystem – Beiblatt 1:1973-12 Verfahren zum Prüfen von Innen- und Außenkegeln – Teil 2:1986-08 Kegelpasssystem – Teil 3:1986-08 Auswirkung der Abweichung auf dem Kegel auf die Kegelpassung – Teil 4:1986-08 Axiale Verschiebemaße. Zurückgezogen: 2016-04
27. DIN 7190 Pressverbände – Teil 1:2017-02 Berechnungsgrundlagen und Gestaltungsregeln für zylindrische Pressverbände – Teil 2:2017-02 Berechnungsgrundlagen und Gestaltungsregeln für kegelige, selbsthemmende Pressverbände
28. DIN 9611:199406 Landwirtschaftliche Traktoren; Heckzapfwelle. Zurückgezogen: 2003-02
29. DIN 32711 Welle-Nabe-Verbindung – Polygonprofil P3G – Teil 1:2009-03 Allgemeines und Geometrie – Teil 2:2009-03 Berechnung und Dimensionierung
30. DIN 32712 Welle-Nabe-Verbindung – Polygonprofile P4C – Teil 1:2009-03 Allgemeines und Geometrie – Teil 2:2012-03 Berechnung und Dimensionierung
31. DIN EN 10083 Vergütungsstähle – Teil 01:2006-10 Allgemeine technische Lieferbedingungen
32. DIN EN 15337:2007-11 Klebstoffe – Bestimmung der Scherfestigkeit von anaeroben Klebstoffen unter Verwendung von Bolzen-Hülsen-Probekörpern
33. DIN EN ISO 286 Geometrische Produktspezifikation (GPS) – ISO Toleranzsystem für Längenmaße – Teil 1:2010-11 Grundlagen für Toleranzen, Abmaße und Passungen – Teil 2:2010-11 Tabellen für Grundtoleranzgrade und Grenzabmaße für Bohrungen und Wellen
34. DIN EN ISO 1207:2011-10 Zylinderschrauben mit Schlitz – Produktklasse A
35. DIN ISO 14:1986-12 Keilwellen-Verbindungen mit geraden Flanken und Innenzentrierung; Maße, Toleranzen, Prüfung
36. DIN ISO 606:2012-06 Kurzgliedrige Präzisions-Rollen und Buchsenketten, Befestigungslaschen und zugehörige Kettenräder
37. DIN ISO 21940 Mechanische Schwingungen – Auswichten von Rotoren – Teil 32:2012-08 Behandlung von Passfederverbindungen
38. Findeisen D (1978) Verspannungsschaubild der Welle-Nabe-Verbindung „rotierender Querpreßverband"; Analogie zur Schraubenverbindung unter axialer Zugkraft mit Querkraftschub. Konstruktion 30(11):437–448
39. Galle G (1981) Tragfähigkeit von Querpressverbänden. Schriftenreihe Konstruktionstechnik. TU Berlin
40. Geiger H (1981) Wellen-Naben-Verbindungen mit Polygonprofilen. Schweizer Maschinenmarkt 50:24–28
41. Göttlicher C (1994) Entwicklung einer verbesserten Festigkeitsberechnung für P3G-Polygon-Welle-Nabe-Verbindungen bei Torsions- und kombinierter Biege-und Torsionsbeanspruchung. Fortschr.-Ber. VDI Reihe 18 Nt. 166. VDI-Verlag, Düsseldorf
42. Hahn O, Schuht U (1991) Untersuchung des Festigkeitsverhaltens klebgeschrumpfter Wellen-Naben-Verbindungen bei Beanspruchung durch Umlaufbiegung und überlagerte statische Torsion. Projekt 170. Studiengesellschaft Stahlanwendung e.V., Düsseldorf
43. Hahn O, Kürlemann J (1994) Berechnung klebgeschrumpfter Welle-Nabe-Verbindungen mit Hilfe der Finite-Elemente-Methode. Konstruktion 46:371–375
44. Hild G (1995) Untersuchungen zum Temperatureinfluss auf die Torsionsschwellfestigkeit klebgeschrumpfter Welle-Nabe-Verbindungen. Laboratorium für Werkstoff- und Fügetechnik. Univ.-GH Paderborn. VBFEh Bericht-Nr. ABF 43.3. Düsseldorf
45. Hofschneider M (1985) Kleben und Schrumpfkleben von Metallverbindungen, Literaturrecherche und -auswertung. FVA-Forschungsvorhaben 86/II. Heft 204. Frankfurt
46. Kittsteiner H-J (1990) Die Auswahl und Gestaltung von kostengünstigen Welle-Nabe-Verbindungen. Hanser, München

47. Kollmann FG (1984) Welle-Nabe-Verbindungen. Konstruktionsbücher, Bd 32. Springer, Berlin
48. LENZE Selection. Spannelemente, Spannsätze, Spannbuchsen. https://www.lenze-selection.com/de-de/antriebselemente/spannelemente. Zugegriffen: 23.07.2019
49. Leyh H (1963) Drehmomentübertragungen mit geklebten Wellen-Naben-Verbindungen. Dissertation, TH Stuttgart
50. Loctite Worldwide Design Handbuch (1996/97): Der Loctite 1990. München: Loctite Deutschland GmbH
51. Mechnik RP (1988) Festigkeitsberechnung von genormten und optimierten Polygon-Welle-Nabe-Verbindungen unter reiner Torsion. Dissertation, TH Darmstadt
52. Müller HW (1962) Drehmoment-Übertragung in Pressverbindungen. Konstruktion 14:47–57; 112–115
53. Müller HW (1987) Kompendium Maschinenelemente, 7. Aufl. Selbstverlag, Darmstadt
54. Muschard WD (1983) Festigkeitsverhalten und Gestaltung schrumpfgeklebter Welle-Nabe-Verbindungen. Dissertation, Paderborn
55. Musyl R (1962) Die Polygon-Verbindung und ihre Nabenberechnung. Konstruktion 14(6):213–218
56. NN (ohne Jahresangabe) Polygon-Verbindungen. Technischer Bericht. Firmendruckschrift FORTUNA-Werke Maschinenfabrik Stuttgart-Bad Cannstadt
57. Niemann G, Winter H (1989) Maschinenelemente, Bd. II, 2. Aufl. Springer, Berlin
58. Ostler J (ohne Jahresangabe) Einsatz schrumpfgeklebter Welle-Nabe-Verbindungen in der Hüttenindustrie
59. Peiter A (1958) Gefügeschrumpfen – ein neues Schrumpfverfahren. Werkstattechnik und Maschinenbau 48:265–270
60. POLYGONA Präzisionsmechanik AG. Welle-Nabe-Verbindungen. https://www.polygona.ch/. Zugegriffen: 23. Juli 2019
61. RINGFEDER POWER TRANSMISSION. Spannverbindungen. RfN 7012. http://www.ringfeder.com/de/international/produkte/ringfeder. Zugegriffen: 23. Juli 2019
62. RINGSPANN: Stern- und Spannscheiben (Heft Nr. 30)
63. RINGSPANN GmbH. Welle-Nabe-Verbindungen. https://www.ringspann.de/de/produkte/welle-nabe-verbindungen. Zugegriffen: 23. Juli 2019
64. Romanos G (1997) Klebetechnologie konstruktiv ausnutzen. Beanspruchungsgerechte Gestaltung geklebter Welle-Nabe-Verbindungen. Der Konstrukteur 28(10):20–22
65. TAS Schäfer GmbH. Welle-Nabe-Verbindungen. https://tas-schaefer.de. Zugegriffen: 23. Juli 2019
66. Schwaiger M, Schuch F (1985) Experimental investigations on bonded cylindrical joints. IAVD Congress on Vehicle Design and Components. Int J of Vehicle Design 6(4/5):453–460
67. SKF Kugellagerfabriken (1977) Druckölverband. Schweinfurt
68. SPIETH-MASCHINENELEMENTE GmbH & Co. KG. Spannsätze: Mit Präzision rundum Druck machen. https://www.spieth-maschinenelemente.de/de/produkte/spannsaetze. Zugegriffen: 23. Juli 2019
69. Szabo I (1977) Höhere Technische Mechanik, 5. Aufl. Springer, Berlin
70. Tersch H (1996) Grundlagen für die Dimensionierung von schrumpfgeklebten Welle-Nabe-Verbindungen. Fraunhofer Institut für Betriebsfestigkeit (LBF). Bericht Nr. FB-208

19 Dichtsysteme

▶ Dichtungen haben die Aufgabe, Räume mit unterschiedlichen Stoffen oder Betriebszuständen (Druck, Temperatur) voneinander zu trennen, Verluste von Flüssigkeiten, z. B. Schmierstoffen, zu verhindern sowie empfindliche Bereiche gegen Eindringen von Fremdstoffen zu schützen.

Die Betriebssicherheit und Wirtschaftlichkeit von Maschinen und Anlagen hängt entscheidend von der Zuverlässigkeit der Dichtsysteme ab. Ein Versagen kann erhebliche Reparatur- und Folgekosten nach sich ziehen.

Dichtsysteme umfassen neben dem eigentlichen Dichtelement auch die Bauelemente, die gegeneinander abgedichtet werden sollen, sowie ggf. Anpresselemente. Bei der Auswahl und Dimensionierung eines Dichtsystems muss der Betriebsstoff einbezogen werden, der am Austreten oder Eindringen gehindert werden soll. Schadensanalysen haben gezeigt, dass nur selten die Schäden auf einem Versagen der Dichtelemente beruhen. Häufig liegen die Gründe im Versagen der Verbindung. Montagefehler spielen hierbei eine besondere Rolle.

Wegen der ganz verschiedenen Anforderungen, die an Dichtsysteme in den Anwendungen des Maschinen- und Apparatebaues gestellt werden, gibt es kein einheitliches Lösungsprinzip. Es ist daher zweckmäßig, zunächst eine Liste der für die betreffende Anwendung erforderlichen Funktionen aufzustellen und damit die Zahl der Lösungsvarianten einzuengen.

19.1 Anforderungen und Funktionen

Zunächst ist sorgfältig zu prüfen, welche Funktionen das Dichtsystem erfüllen soll und welche Randbedingungen zu beachten sind.

Man beachte: Dichtungen können keine Führungsfunktion (Zentrierung) übernehmen.

Schutzfunktion
Schutzdichtungen sollen verschiedene Räume gegeneinander abdichten, zwischen denen keine oder nur eine kleine Druckdifferenz besteht (z. B. bedingt durch einen Ölstand oberhalb Wellenunterkante). Beispielsweise soll die Schutzdichtung ein Lager gegen den Verlust von Schmierstoff schützen und/oder die Umgebung gegen Verschmutzen durch das austretende Öl. Oder die Dichtung soll das Lager gegen Eindringen von Fremdstoffen (Staub, Abrieb, Feuchtluft, Spritz- oder Kühlwasser) schützen (bei Ölnebelschmierung dürfen Lager nicht vollständig abgedichtet sein, hier empfiehlt sich daher eine berührungsfreie Dichtung). Entsprechend sind Schutzdichtungen Einweg- oder Zweiwegedichtungen (gegen Ein- oder/und Austritt).

Überdruck
Druckdichtungen sollen Räume unterschiedlichen Drucks, sowie evtl. unterschiedlicher Stoffe und Temperatur gegeneinander abdichten. Hierzu ist ein Anpressdruck zwischen den Dichtflächen erforderlich, der größer als der Innendruck ist. Dies gilt sowohl für statische als auch dynamische Dichtungen.

Statisch/Dynamisch abdichten
Statisch abdichten bedeutet das Abdichten zwischen Elementen ohne Relativbewegung (z. B. zwischen den Flanschen zweier Rohrleitungen).

Dynamisch abdichten bedeutet das Abdichten bei Relativbewegung (z. B. zwischen rotierender Welle oder längsbeweglicher Schubstange und stillstehendem Gehäuse).

Dichtheit
Undichtheiten können gefährlich sein und die zu schützenden Maschinenteile oder die Dichtelemente selbst durch aus- oder eintretende Stoffe, z. B. durch Korrosion oder Erosion, beschädigen. Es kann Gefahr für Menschen oder Umwelt, z. B. durch giftige Betriebsstoffe entstehen.

G. Niemann et al., *Maschinenelemente 1*, https://doi.org/10.1007/978-3-662-55482-1_19

Vollkommene Dichtheit ist oft nicht erforderlich und würde einen unnötigen Aufwand erfordern, z. B. wenn geringe Leckverluste nicht stören und Undichtheiten leicht zu beheben sind. Mitunter sind sie auch erwünscht. So sollen Stopfbuchspackungen auf eine Mindestleckrate eingestellt werden, gleichmäßig „tropfen", da andernfalls eine zu große Pressung erforderlich wäre, mit der Folge hoher Reibungsverluste und unzureichender Schmierwirkung. Dies gilt im Prinzip auch für viele dynamische Dichtungen. Bei Gas- und Dampfturbinen sind Leckagen unbedenklich, so lange der Wirkungsgrad nicht deutlich beeinträchtigt wird. Dagegen sind Leckagen von Pumpen und Verdichtern in der chemischen Industrie oft nicht zulässig. Nach [20] beträgt die zulässige Undichtheit (Leckstrom pro Zeiteinheit und Einheit der Dichtungslänge) für „Normaldichtungen" für Gas ca. $10 \ldots 100\,\mu g/(s\,m)$, für Flüssigkeiten ca. $0{,}1 \ldots 1{,}0\,mg/(s\,m)$, bei hohen Anforderungen (Hochvakuum-Reaktor-Technik) $10^{-3} \ldots 10^{-5}\,\mu g/(s\,m)$. Vollkommene Dichtheit kann durch stoffschlüssige bzw. hermetische Dichtungen erreicht werden.

Betriebsstoff

Es ist zu klären, gegen welchen Betriebsstoff (Gas, Flüssigkeit, Schmutz, Staub) und dessen Zustand (Temperatur und Druck) abgedichtet werden soll und ob dieser giftig oder aggressiv für Maschinenteile und Dichtungswerkstoff ist. Ebenso muss der Einfluss des Dichtungswerkstoffs auf den Betriebsstoff geklärt sein.

Lösbarkeit

Definitionen:

- Eine „unlösbare" Verbindung kann nur durch Zerstören von Teilen der Bauelemente aufgetrennt und nicht durch einfache Nacharbeit wieder brauchbar gemacht werden.
- Eine „bedingt lösbare" Verbindung kann durch Ersatz von Dichtelementen und/oder einfache Nacharbeit der Verbindungsstelle wieder funktionsfähig gemacht werden.
- Eine „lösbare" Verbindung kann mit einfachen Mitteln gelöst und ggf. nach Einfügen neuer Dichtelemente ohne Nacharbeit wiederhergestellt werden.

Es sollen möglichst unlösbare (kostengünstige) Dichtsysteme gewählt werden. Wenn die Verbindung selten gelöst werden muss, z. B. bei Verlegung von Rohrleitungen, sind bedingt lösbare Verbindungen im Allgemeinen ausreichend (dabei muss ein Teil der Verbindung zerstört werden). Für lösbare Verbindungen sollten wiederverwendbare, vorwiegend elastische Dichtelemente eingesetzt werden. Es sollte möglichst keine Nacharbeit an den Sitzen erforderlich sein.

Reibungsverluste, Verschleiß

Reibungsverluste und Verschleiß sind an Dichtelementen mitunter ein entscheidendes Auswahlkriterium. Schmierung und Kühlung sind in Betracht zu ziehen, evtl. berührungsfreie Dichtungen zu wählen.

19.2 Lösungsmöglichkeiten von Dichtungsproblemen unterschiedlicher Anforderungen

Wegen der Vielfalt der Anforderungen und Lösungsmöglichkeiten wird dem Konstrukteur eine der jeweiligen Situation entsprechende Vorgehensweise empfohlen. Dichtungen in Verbindung mit bestimmten Maschinenelementen werden in den betreffenden Kapiteln behandelt: Wälzlager siehe Kap. 14, Zahnradgetriebe siehe Kap. 22 in [16].

Einfache Dichtungen

Zu den einfachen Dichtungen zählen beispielsweise die Schutzdichtungen. Die benötigten Dichtelemente werden meist von Spezialfirmen bezogen (z. B. Flachdichtungen, O-Ringe, Radialdichtringe). Geeignete Typen, Größen, Werkstoffe usw. werden im Allgemeinen nach Herstellerkatalog ausgewählt und die Einbaubedingungen, Bauraum, Bearbeitung usw. der Dichtflächen vorgeschrieben.

Komplizierte Dichtprobleme

Komplizierte Dichtprobleme sind z. B. hohe Drücke, Temperaturen, Drehzahlen, besondere Betriebsstoffe und Anforderungen an die Dichtheit. Beispiele sind Gleitringdichtungen und Hydraulikdichtungen. Grundsätzlich sollten Empfehlungen der Dichtungshersteller eingeholt werden.

Dichtungsprobleme in speziellen Anwendungsgebieten

Dies sind z. B. für Gas- und Dampfturbinen, Verdichter und bei extremen Anforderungen (extreme Temperaturen, Drücke, aggressive Medien und Anderes).

Kritische Fälle

Bei kritischen Fällen, insbesondere bei Neuentwicklungen, können oft die Dichtungshersteller Vorschläge für Versuchsmuster bieten, die unter Betriebsbedingungen zu erproben sind.

19.3 Statische Dichtsysteme

Zu den statischen Dichtsystemen gehören neben Flansch-, Teilfugen- und Zylinderkopfdichtungen auch Faltenbälge und Membranen, die zwar rotierende und hin- und hergehende Maschinenteile schützen bzw. abdichten sollen, selbst aber keine Relativbewegung zu den Maschinenteilen ausführen.

19.3.1 Stoffschlüssige statische Dichtungen

Stoffschlüssige statische Dichtungen sind Druckdichtungen entsprechend Abschn. 19.1, mit denen vollständige Dichtheit erzeugt werden kann. Alle Verbindungen sind „bedingt"

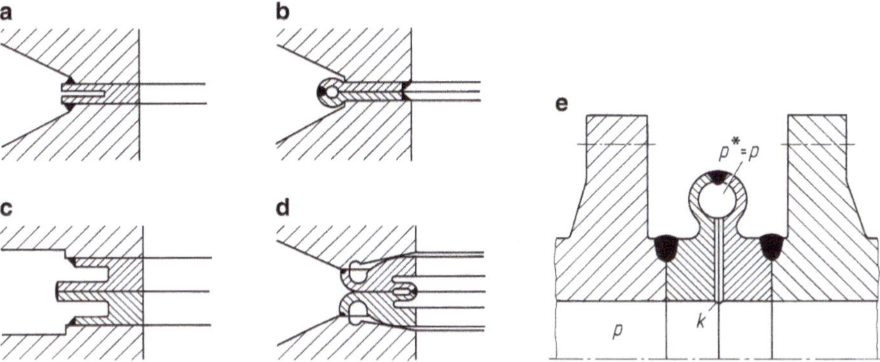

Abb. 19.1 Schweißnahtdichtungen [20], **a** geschlitzte Membrandichtung, **b** Membrandichtung mit Hohllippen, **c** Ringdichtung (Hülsring), **d** Balgdichtung (BASF), **e** Schweißringdichtung mit eindeutiger Beanspruchung (ähnlich Hülsring) für Austenit-Ferrit-Verbindung (Kein überhöhter Druck ($p^* > p$) möglich; k Druckausgleichkanal; günstig beanspruchte, wenig kerbempfindliche Schweißnaht am Rohrquerschnitt)

lösbar, allerdings zum Teil nur durch Zerstören des Stoffschlusses.

Kunststoffe (Kitte) und Kunststofflacke
Kunststoffe eignen sich zum Abdichten von Rohrflanschen, Deckeln und ähnlichem. Die viskosen Dichtmassen können aufvulkanisiert oder aufgegossen werden. Zum Fügen genügt ein geringer Anpressdruck, um Rauheiten und Formabweichungen der Dichtflächen auszufüllen. Wesentlich für die Dichtwirkung ist eine saubere, fett- und ölfreie Oberfläche. Es stehen Dichtstoffe zur Verfügung, die gegen viele Flüssigkeiten und Gase beständig sowie ungiftig und unbrennbar sind. Die Verbindungen sind „bedingt lösbar", allerdings müssen die Dichtflächen nach der Demontage gründlich vom alten Dichtstoff gesäubert werden.

Dünnflüssige Kunststofflacke haben sich zum Abdichten der Teilflächen von Gehäusen bewährt. Sie werden mit Dosierwerkzeugen aufgetragen und füllen nur die Rauheitstäler aus, verursachen also keine Maßänderungen. Die Fügeteile werden unmittelbar nach Auftrag gefügt (Nassverbau). Dickere, ausgleichfähige Schichten (z. B. für Flanschverbindungen) werden durch Trockenverbau erzielt. Der aufgetragene Dichtstoff vernetzt, die Verbindung wird als Verbund montiert.

Typische Einsatztemperaturen sind von $-50\,°C$ bis $+300\,°C$. Die Oberflächen sollten eine Rauheit von $Rz = 8 \ldots 40\,\mu m$ aufweisen. Das Dichtsystem ist kostengünstig. Kunststoffdichtungen sind im Allgemeinen für dichtanliegende und verwindungssteife Flansche geeignet. Bei weniger stabilen Bauteilen, die durch Verformung kleine Spalte aufweisen (z. B. Blechdeckel) ist Leckage möglich.

Dichte Schweißverbindung
Schweißen ist ein bewährtes Verfahren für die Verbindung von Rohren und Armaturen in Hochdruckleitungen, auch bei hohen Temperaturen und Temperaturänderungen. Die ursprünglichen Dichtflächen dienen nur zum Durchleiten der Druckkraft. Die Abdichtung übernimmt die Schweißnaht. Abb. 19.1 zeigt eine Reihe von Ausführungen. Vorzuziehen sind Dichtungen mit außenliegenden, einwandfrei herstellbaren Schweißnähten wie nach Abb. 19.1a, c und e. Innen liegende Nähte, Abb. 19.1b und d, sind im Betrieb nicht mehr zu kontrollieren. Die dargestellten Verbindungen sind wiederholt lösbar. Es wird dazu die außenliegende Schweißnaht aufgetrennt, die auch daher gut zugänglich sein muss. Ausführung sind in Kap. 7: Schweißverbindungen dargestellt. Die Schweißnaht hat nur eine Dichtfunktion, die Verbindungskräfte werden durch die Flanschschrauben übertragen. Andere Betriebszustände sind nicht zulässig.

Dichte Lötverbindung
Die dichte Lötverbindung eignet sich für Betrieb bei niedrigen Temperaturen. Sie ist bedingt lösbar durch Aufschmelzen des Lotes. Ausführung sind in Kap. 8: Lötverbindungen dargestellt.

19.3.2 Kraftschlüssige statische Dichtungen

Kraftschlüssige statische Dichtungen sind lösbare Berührungsdichtungen, Druckdichtungen nach Abschn. 19.1. Zum Abdichten ist eine sog. Dichtpressung erforderlich, die durch äußere Kräfte, Schraubenkräfte oder aber durch den Betriebsdruck selbst erzeugt werden muss.

Abdichten ohne Dichtelemente
Um Dichtheit zu erreichen, werden die metallischen Dichtflächen geschliffen („Schleifsitzdichtung"). Sie müssen hohe Formgenauigkeit und geringe Rauheit ($Rz \leq 4\,\mu m$) aufweisen, um sich exakt anpassen zu lassen. Ferner sind hohe Flächenpressungen erforderlich, um verbliebene Unebenheiten durch plastische Verformung auszugleichen. Dazu sind viele Schrauben mit engen Abständen vorzusehen. Günstig sind kleine Dichtflächen (Dichtleisten), insbesondere, wenn sie ballig ausgeführt werden (Linienberührung vor dem Verspannen). Schleifsitzdichtungen kommen selten zu Anwendung, da eine vollständige Dichtheit nicht garantiert werden

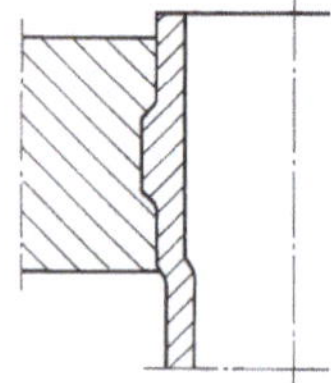

Abb. 19.2 Walzverbindung [20]

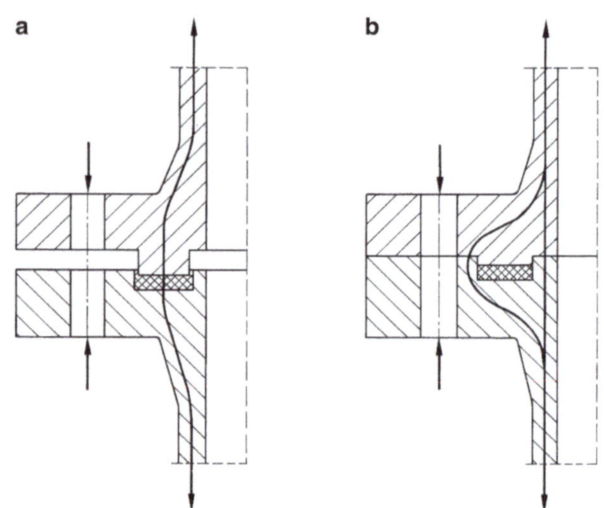

Abb. 19.3 Abdichten im Haupt- und Nebenschluss [18], **a** Hauptschluss, **b** Nebenschluss

kann. Es ist ein oftmaliges und leichtes Lösen der Verbindung möglich bei geringem Montageaufwand. Es findet keine Verunreinigung des Betriebsmittels durch Dichtungsteile statt.

Anwendungsgebiete sind Flanschverbindungen von Rohrleitungen bei hohen Drücken und Temperaturen (Dichtelemente würden geschädigt!) und Gehäuse-Teilfugen (exakte Zuordnung der Gehäuseteile, z. B. durch Passstifte).

Zulässige Flächenpressungen: Anhaltswerte für Ventilsitze aus GJL: $8\,\mathrm{N/mm^2}$, Bronze: $25\,\mathrm{N/mm^2}$, nichtrostender Stahl: $50\,\mathrm{N/mm^2}$.

Walzverbindung

Ein Beispiel für eine Walzverbindung zeigt Abb. 19.2. Das Rohr wird in die Flanschbohrung eingewalzt, es entsteht ein Querpresssitz. Durch Rillen in der Bohrung wird auch bei höheren Temperaturen ein fester Sitz erzielt. Vollständige Abdichtung wird allerdings nur durch eine zusätzliche Schweißnaht erreicht. Dies ist eine nicht lösbare Verbindung, angewendet im Apparatebau bei Drücken bis 100 bar und niedrigen Temperaturen.

19.3.2.1 Flachdichtungen

Flachdichtungen sind häufig verwendete statische Dichtungen (Druckdichtungen nach Abschn. 19.1) im Maschinen-, Apparate- und Motorenbau. Sie werden zur Abdichtung ebener Flächen von Flanschen oder Deckeln verwendet. Hinweise für die Wahl des Dichtungswerkstoffs siehe AD 2000-Merkblatt B 7 [1] und DIN 5419 [8]. Es werden zwei Dichtungskonzepte unterschieden:

Abdichten im Haupt- oder Nebenschluss

Abb. 19.3 zeigt Konzept und Funktion von Abdichtungen im Haupt- und Nebenschluss. Bei der Ausführung im Hauptschluss hat das Dichtelement zwei Funktionen zu erfüllen: „Rohrkräfte übertragen“ und „Flansche abdichten“. Die Anpresskraft kann den Erfordernissen der Dichtheit angepasst werden (evtl. kann nachgespannt werden). Die Flanschdicken müssen nicht eng toleriert werden.

Bei der Ausführung im Nebenschluss hat das Dichtelement lediglich die Abdichtfunktion zu erfüllen, die von den Rohrkräften nicht beeinflusst wird. Wichtig ist dabei, dass die Dicken der Flachdichtung und des zugeordneten Flanschrings nach dem maximalen Druck im Rohr ausgelegt und eng toleriert werden. Es wird damit erreicht, dass das Maß über die Flanschdicken praktisch unabhängig von den Anpresskräften eindeutig festliegt. Das ist für manche Anwendungen wichtig.

Es werden die folgenden Flachdichtungen unterschieden:

Weichstoffdichtungen

Typischerweise aus Gummi oder thermoplastischen Kunststoffen, zum Teil in Mischung mit anderen Werkstoffen. Bei der Anwendung sind zu beachten: Temperaturgrenze, unterschiedliche Anpassungsfähigkeit (unter Umständen hoher Anpressdruck erforderlich), Kriechen (Nachziehmöglichkeit vorsehen!).

Für den Einsatz bei hohen Temperaturen eignen sich beispielsweise Dichtungen mit Aramidfasern oder auf Graphitbasis.

Anwendung z. B. bei Deckeln, die lediglich Dichtfunktion haben.

Mehrstoffdichtungen

Mehrstoffdichtungen sind ganz oder teilweise metallummantelte Weichstoffdichtungen. Sie weisen dadurch eine höhere Festigkeit auf, sind chemisch beständig und gasdicht. Besonders bewährt haben sich Dichtelemente mit hartem, formsteifem Kern und weicher, plastisch verformbarer Oberflächenschicht, die sich Unebenheiten der Dichtflächen anpassen. Ausführungsbeispiele sind in Tab. 19.1 zusammengefasst. Anwendung ist z. B. als Zylinderkopfabdichtung von Verbrennungsmotoren.

Hartstoffdichtungen

Hartstoffdichtungen sind z. B. aus Blei (heute selten!), Aluminium, Kupfer, je nach Art des Betriebsstoffs. Hartstoffdichtungen sind geeignet für hohe Temperaturen und Drücke. Sie werden wegen der erforderlichen hohen Dicht-

Tab. 19.1 Metallummantelte Weichstoffringe [20]

Darstellung	Beschreibung	Eigenschaften
	außen offen (einteilig)	Weichstoff weicht nach außen aus
	innen offen (einteilig)	Weichstoff weicht nach innen aus
	außen offen (zweiteilig)	für breite Flansche, große Anpresskräfte, dehnfähig
	innen offen (zweiteilig)	
	außen offen (dreiteilig)	sehr dehnfähig
	mit ovalem Querschnitt und offenem Stoß	für kleinere Anpresskräfte und Ausgleich von Schiefstellungen
	mit ovalem Querschnitt und überlapptem Stoß	

kräfte selten als Flachdichtungen ausgeführt. Besser geeignet sind Profilringe. Anwendung z. B. zum Abdichten der Ölablassschraube.

19.3.2.2 Profildichtungen

Profildichtungen sind Scheiben oder Ringe, die unbelastet nicht über die ganze Breite, zum Teil mit Linienberührung tragen. Unter Dichtpressung verbreitert sich der Kontakt, aus der Linien- wird eine Flächenberührung. Für die Erzeugung der erforderlichen Flächenpressung werden kleinere Anpresskräfte benötigt, Formungenauigkeiten der Dichtflächen werden eher ausgeglichen als bei Flachdichtungen.

Elastomer-Profildichtungen: O-Ringe

O-Ringe sind kostengünstige, genormte Profildichtungen mit Kreisquerschnitt. Sie sind von besonderer Bedeutung für den Maschinen- und Apparatebau. O-Ringe sind rundschnurig, in geschlossener Form mit eingeengten Toleranzen, siehe Abb. 19.4. Sie werden häufig automatisch montiert. Sie werden zur Abdichtung von Flanschen, Deckeln, Bolzen, Schraubverbindungen usw. bei Drücken bis zu 1000 bar verwendet. Die Dichtwirkung des O-Rings beruht auf axialer oder radialer Verformung seines Querschnitts im eingebauten Zustand. Der Einbauraum wird entsprechend bemessen. Die daraus resultierende Reaktionskraft ergibt die für die Ab-

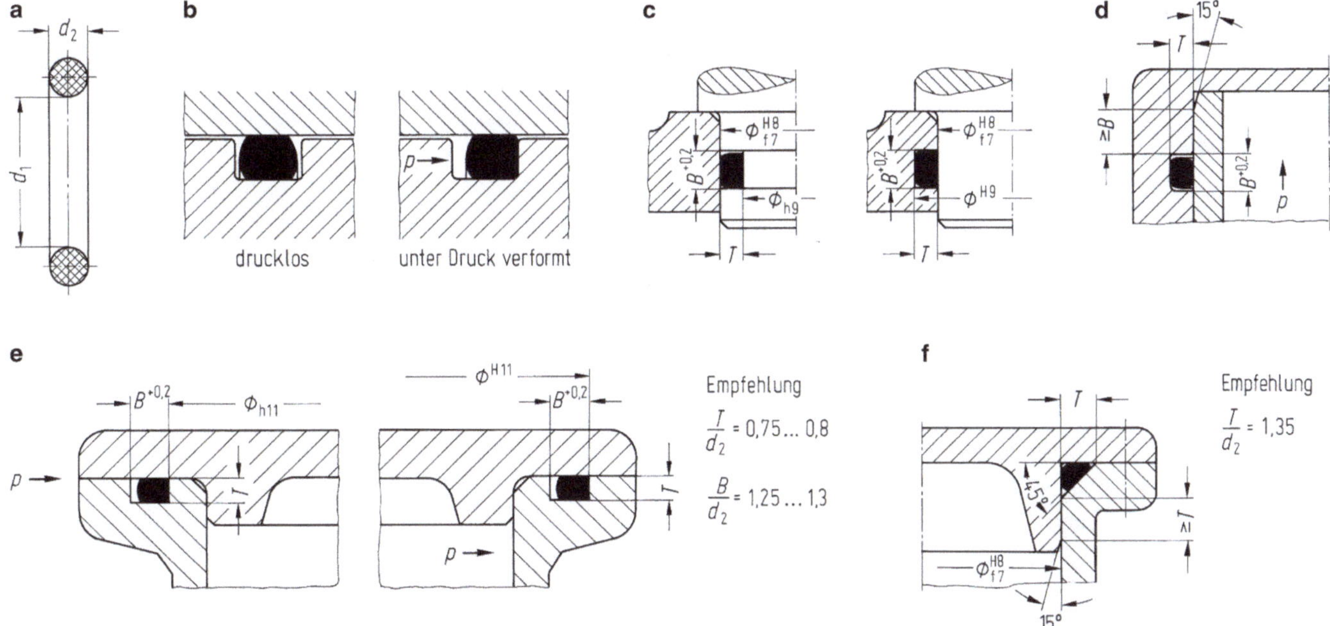

Abb. 19.4 Statische O-Ring-Dichtungen, Gestaltung und Einbaubeispiele, (Zeichen: d_1 Innendurchmesser, d_2 Ringdicke, B Nutbreite, T Nuttiefe, p Druckrichtung) [13], **a** unverformt, vor dem Einbau, **b** Wirkungsweise, **c** Abdichtung von stillstehenden Bolzen, **d** Deckelabdichtung in Hydraulikzylindern, **e** Flansch- und Deckelabdichtung, **f** Deckelabdichtung mit O-Ring-Einbau in Dreiecksnut

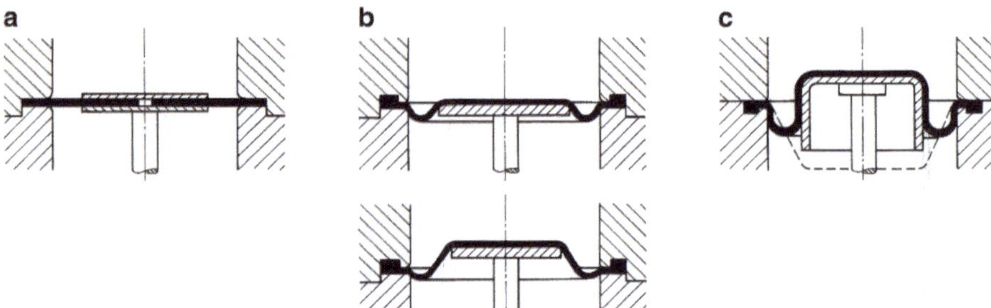

Abb. 19.5 Hermetische Membrandichtungen [18], schematischer Einbau, **a** Flachmembran, **b** Topf- und gewellte Membran, **c** Rollmembran

dichtung erforderliche Anpresskraft. Sie wird durch axiale Anpressung, bedingt durch den Druck p des Betriebsstoffs, zusätzlich unterstützt, Abb. 19.4b. Es handelt sich hier um eine „selbsthelfende Lösung". O-Ringe werden bevorzugt in Rechtecknuten (maßgenaue Herstellung leichter sicherzustellen), aber auch in Dreiecksräume (siehe unten) eingebaut.

Zur Abdichtung von Bolzen und Deckeln mit Zentrieransatz werden O-Ringe wie in Abb. 19.4c dargestellt eingebaut und dabei radial verformt. Bei Deckelabdichtungen in Hydraulikzylindern wird ein Einbau gemäß Abb. 19.4d bevorzugt, damit sich der Spalt beim elastischen Aufweiten der Rohre unter Druckbelastung auf der druckabgewandten Seite nicht vergrößert. Bei Flansch- und Deckelabdichtungen wird der Querschnitt des O-Rings axial verformt, Abb. 19.4e. Für die radiale Anlage beim Einbau ist die Druckrichtung zu beachten.

Aufnahmeräume mit Dreiecksform, Abb. 19.4f, werden teilweise bei verschraubten Flanschen und Deckeln angewendet. Die Herstellung ist zwar einfach, die Dichtfunktion erfordert jedoch enge Maßtoleranzen. Daher sind Rechtecknuten vorzuziehen [13]. Besonders wichtig ist eine sorgfältige Montage, um Beschädigungen der O-Ringe zu vermeiden. Daher ist z. B. ein Einführkonus von 15° vorzusehen, Abb. 19.4d und f. Beispiele aus dem Getriebebau sind in Abschn. 22.2.7 in [16] angegeben.

Ihr Einsatzbereich reicht von −10 °C bis +150 °C. Soweit zulässige elastische Verformungen nicht überschritten werden, sind sie wiederverwendbar. Es gelten die Normen DIN ISO 3601 [12] sowie DIN 3771 Teil 3 [7].

Hartstoff-Profildichtungen

Hartstoff-Profildichtungen eignen sich zur Abdichtung von Flanschen und Deckeln bei höchsten Drücken und Temperaturen. Die Dichtringe bestehen aus Blei, Kupfer, Aluminium oder auch Stahl (je nach Betriebsbedingungen). Konzentrische Dichtringe werden meist durch Schrauben in die gegenüberliegenden Flanschflächen eingepresst (lösbare Verbindung für Höchstdruckturbinen, Dampftemperaturen bis 650 °C). Beispiele für Metalldichtungen sind in Tab. 19.2 zusammengefasst.

19.3.3 Membranen

Membranen sind Druckdichtungen entsprechend Abschn. 19.1. Es können zwei Arten von Membranen unterschieden werden:

Hermetische Membranen

Senkrecht zur Dichtungsebene verformbare Platten aus Gummi oder weichem Kunststoff ermöglichen vollkommene Dichtheit zur Trennung unterschiedlicher Betriebsstoffe. Metall-Membranen eignen sich für hohe Druckdifferenzen, jedoch nur für kleine Hübe. Elastomer-Membranen sind weicher und nachgiebiger. Für kleine Hübe werden sie als Flachmembranen ausgeführt, für große Hübe als Well-, Topf- oder Rollmembrane, Abb. 19.5. Anwendungen sind Druckschalter, kurzhubige Pumpen, Stell-, Regel- und Anzeigegeräte, Armaturen, Druckausgleichsgefäße und Ähnliches, siehe auch Abschn. 19.4.5.

Semihermetische Membranen

Semihermetische Membranen werden üblicherweise eingesetzt, um einen Druckausgleich getrennter Medienbereiche sicher zu stellen. Es ist eine Luftdurchlässigkeit aufgrund der Druckunterschiede während des Betriebs unterschiedlicher Betriebszustände gefordert, wobei kein Austausch der eingesetzten Betriebsstoffe stattfinden darf (z. B. Öl, Kühlwasser oder Medien aus der Umgebung). Typische Anwendungen sind im Bereich von Licht und Elektronikkomponenten im Außenbereich sowie Komponenten im Antriebsstrang von Fahrzeugen (z. B. Getriebegehäuse) [14].

19.3.4 Faltenbälge

Faltenbälge sind stark verformbare Schutzhüllen (Schutzdichtungen nach Abschn. 19.1), wirken wie hintereinandergeschaltete Membranen für axialbewegliche Schubstangen und (beugefähige) Gelenke zum Schutz gegen Schmutz, Spritzwasser und gegen Austritt von Schmierstoff. Metall-Faltenbälge (Wellrohre, Beispiel: Abb. 19.6) können korro-

Tab. 19.2 Dichtungskennwerte nach AD 2000-Merkblatt B 7, ergänzt. Die Kennwerte gelten für bearbeitete, ebene und unbeschädigte Dichtflächen. Sofern k_0 nicht angegeben werden kann, ist hier das Produkt $k_0 \cdot K_D$ aufgeführt

Dichtungsart	Dichtungsform	Benennung	Werkstoff	Dichtungskennwerte für Gase und Dämpfe	
				Vorverformen	
				k_0 in mm	$k_0 \cdot K_D$ in N/mm
Weichstoff-dichtungen		Flachdichtungen nach DIN EN 1514 Teil 1 [9]	Gummi	–	$2 \cdot b_D$
			Teflon	–	$25 \cdot b_D$
Metall-Weichstoff-dichtungen		Welldichtring	Al	–	$30 \cdot b_D$
			Cu, Ms	–	$35 \cdot b_D$
			weicher Stahl	–	$45 \cdot b_D$
		Blechummantelte Dichtung	Al	–	$50 \cdot b_D$
			Cu, Ms	–	$60 \cdot b_D$
			weicher Stahl	–	$70 \cdot b_D$
Metall-dichtungen		Metall-Flachdichtung nach DIN EN 1514 Teil 4	–	b_D	–
		Metall-Spießkantdichtung	–	1	–
		Metall-Ovalprofildichtung	–	2	–
		Metall-Runddichtung	–	1,5	–
		Ring-Joint-Dichtung	–	2	–
		Linsendichtung nach DIN 2696 [4]	–	2	–
		Kammprofildichtung nach DIN EN 1514 Teil 6	–	$0{,}5 \cdot \sqrt{Z}$ Z = Anzahl der Kämme	–
		Membrandichtung nach DIN 2695 [3]	Stahl	0	–
		Presssitz-Dichtring	Stahl		

sionsfest für hohe Temperaturen ausgelegt werden, in Standardausführung bis ca. 1 MPa Außendruck, in Sonderausführung bis 70 MPa, z. B. zum Ausgleich von Längsdehnungen in Rohrleitungen. PTFE(Polytetrafluorethylen)-Kunststoff-Faltenbälge zeichnen sich durch besondere chemische Beständigkeit aus, eignen sich normal für Außendrücke bis 0,1 MPa bei maximal 200 °C, als Sonderausführung bis 0,5 MPa.

19.3.5 Berechnung der Anpresskraft von Flanschdichtungen nach AD 2000-Merkblatt B 7

Die Größe der zum Vorverformen erforderlichen Dichtungskraft F_{DV} richtet sich nach Form, Abmessungen und Werkstoff der Dichtung sowie nach der Beschaffenheit der Auflageflächen. Sie ist unabhängig vom Innendruck p und kann

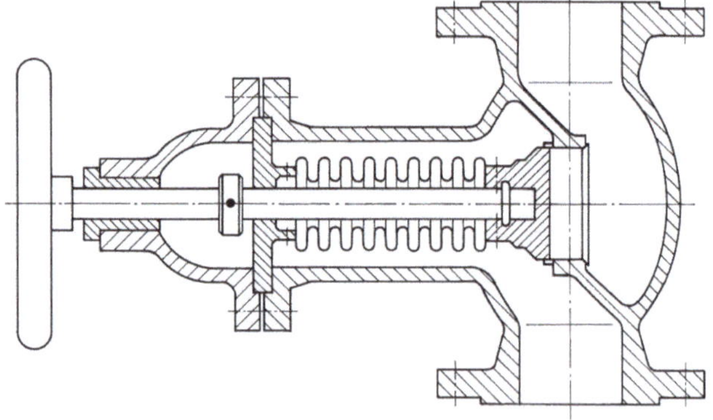

Abb. 19.6 Ventil mit Spindelabdichtung durch Metallfaltenbalg (nach Metallschlauch-Fabrik, Pforzheim)

Tab. 19.3 Formänderungswiderstand K_D metallischer Werkstoffe bei Raumtemperatur nach AD 2000-Merkblatt B 7

Dichtungswerkstoff	K_D in N/mm^2
Aluminium (weich)	100
Kupfer	200
Weicheisen	350
Stahl St 35	400
legierter Stahl 13 CrMo 4 4	450
austenitischer Stahl	500

wie folgt angesetzt werden:

$$F_{DV} = \pi \cdot d_D \cdot k_0 \cdot K_D \tag{19.1}$$

d_D	in mm	mittlerer Dichtungsdurchmesser
k_0	in mm	Dichtungskennwert siehe Tab. 19.2
K_D	in N/mm^2	Formänderungswiderstand des Dichtungswerkstoffs bei Raumtemperatur siehe Tab. 19.3

Der Dichtungskennwert kann aufgefasst werden als die in die Berechnung einzusetzende Wirkbreite der Dichtung. Anhaltswerte, die aus Versuchen und unter Berücksichtigung praktischer Erfahrungen ermittelt wurden, zeigt Tab. 19.2. Die k_0-Werte sind hier nur für Metalldichtungen aufgeführt. Für Weichstoffdichtungen und Metallweichstoffdichtungen ist das Produkt $k_0 \cdot K_D$ maßgebend. Anhaltswerte für K_D metallischer Werkstoffe sind in Tab. 19.3 angegeben.

Anmerkung: Das AD 2000-Merkblatt B 7 basiert auf der DIN 2505 [2], welche im Jahr 2014 durch die DIN EN 1591 [10] ersetzt wurde. Dessen Berechnungen sind so aufwändig, dass eine von Hand-Berechnung kaum möglich ist. Dafür berücksichtigt die DIN EN 1591 einige zusätzliche Einfluss-Parameter, z. B. die Nachgiebigkeit der Verbindung, den Einfluss angeschlossener Bauteile, die verschiedenen Ausdehnungskoeffizienten von geklemmten Teilen, den Einfluss von Axialkräften und Biegemomenten, Schmierung, Schraubenarten etc. Wenn nicht alle benötigten Dichtungskennwerte vorliegen, kann eine vereinfachte Methode (nach DIN 2505 bzw. AD 2000-Merkblatt B 7) sinnvoll sein.

19.4 Dynamische Dichtsysteme

Wegen der Relativbewegung zwischen den bewegten Dichtflächen ist eine geringfügige Leckage, die nur durch plastische Verformung der Dichtflächen geschlossen werden könnte, oft nicht zu vermeiden.
Es gibt folgende Lösungsmöglichkeiten:

- Berührungsdichtung: Die Dichtflächen werden gegeneinandergedrückt. Es verbleibt ein enger, aber undefinierter Spalt.
- Berührungsfreie Dichtung mit definiertem, engem Dichtspalt. Die Dichtwirkung beruht auf dessen Drosselwiderstand.
- Berührungsfreie Dichtung mit hydrodynamischem Schmierfilm. Die Dichtflächen sind durch einen kaum definierbaren Spalt getrennt, der mit Flüssigkeit gefüllt ist.

19.4.1 Dynamische Berührungsdichtungen für Längsbewegungen

Häufig sind den Längsbewegungen Drehbewegungen überlagert. Dies ist bei der Auswahl zu beachten.

19.4.1.1 Elastomerdichtungen

Die elastischen Dichtelemente werden für den drucklosen Zustand mit einer Voranpressung eingebaut, zum Teil verstärkt durch zusätzliche Federn. Durch den Betriebsdruck wird die Dichtkraft verstärkt. Ausführungsformen und Anwendungsgebiete sind in Tab. 19.4 angegeben.

In der Hydraulik werden für Elastomer-Stangendichtungen fast nur die stumpflippigen, kompakten Nutringe verwendet. In der Flugzeughydraulik werden, wegen des günstigen Reibungsverhaltens, für Stangendichtungen auch die teuren, diffizileren PTFE-Elemente [15] verwendet. O-Ringe und andere Elastomerdichtringe mit symmetrischem Querschnitt sind als Stangendichtungen bei alleiniger Längsbewegung in hydraulischen Geräten nicht geeignet [15].

Bei Hydraulikzylindern wirkt die Flüssigkeit als Schmierstoff für die Dichtungen. Bei Pneumatikzylindern muss der Schmierstoff gesondert und möglichst nur auf die Dichtflächen aufgebracht werden. Wichtig ist, dass die Druckluft dadurch nicht verschmutzt wird.

Tab. 19.4 Elastomer-Formdichtungen für Längsbewegungen nach [15], [18]

Systembild/Einbaubeispiel	Bezeichnung	Verwendung und Hinweise
Kanten gratfrei verrundet, siehe auch Abb. 19.4	O-Ring	Kolben und Stangen in der Hydraulik und Pneumatik bei geringem Einbauraum und geringen Anforderungen an Druckbelastung und Dichtheit
a b c d	Nutring a Normalform b mit Stützring (außen dichtend) c mit Gewebearmierung und Stützring (innen dichtend) d Einbaubeispiel	sehr weit verbreitet in der Hydraulik zur Kolben- und Stangenabdichtung bis 2 m/s Gleitgeschwindigkeit bei mittleren bis hohen Drücken (bis 400 bar bei Ausführung c), axiales Spiel bei Einbau bis zu 0,3 mm
a b c d	Formdichtungen a X-Ring b I-Ring c K-Ring d Z-Ring	Pneumatikdichtungen, die gegen Maßtoleranzen der Dichtung und des Einbauraums wenig empfindlich sind

Auch für die Pneumatik-Abdichtungen haben sich O-Ringe bei reiner Längsbewegung nicht bewährt (Reibung, Verdrillen), wohl aber die ebenfalls klein bauenden X-Ringe, die ein Schmierstoffdepot aufnehmen können, sowie die radial besonders dehnfähigen I-, K- und Z-Ringe, Tab. 19.4.

Manschettendichtungen und Lippenringe (Abschn. 19.4.1.3) sind ebenfalls Elastomerdichtungen.

19.4.1.2 Stopfbuchsen für Längs- und Drehbewegungen

Stopfbuchsen sind einfache, leicht zu wartende und kostengünstige Berührungsdichtungen. Als Dichtelemente dienen Packungsringe, meist mit quadratischem Querschnitt, die in die Packungskammer des Gehäuses eingelegt werden. Die Dichtpressung und die notwendige Nachstellbewegung infolge von Setzen und thermischer Dehnung der Packung wird durch axiales Anziehen der Stopfbuchsenbrille erzeugt. Durch eine mit Tellerfedern vorgespannte Stopfbuchse (Abb. 19.7a) wird die Dichtung wartungsfrei. In vielen Fällen wird ein sog. Laternenring (Abb. 19.7b) zwischengeschaltet, um entweder Leckagemengen abzusaugen oder Sperrflüssigkeit zum Dichten und Schmieren einzuspeisen, die dann aus dem Eintrittsspalt ausströmt. Die früher übliche Anwendung von Stopfbuchsen zur Abdichtung von rotierenden Wellen wird heute meist durch andere Dichtungen mit geringeren Leckverlusten, höherer Betriebssicherheit und Lebensdauer ersetzt, bei Wasserarmaturen durch O-Ringe, bei Kreiselpumpen durch Gleitringdichtungen.

Je nach der Funktion werden Packungen aus unterschiedlichen Werkstoffen verwendet:

Weichstoffpackungen

Weichstoffpackungen bestehen vorwiegend aus organischen Fasern, d. h. Baumwolle, Jute, Hanf usw. Bei höheren Temperaturen werden Garne aus PTFE und aromatischen Polyamiden (bis 300 °C, als Ersatz für Asbest) bzw. aus expandiertem Reingraphit gepresste Ringe (bis ca. 500 °C) verwendet [15]. Beispiele zeigt Abb. 19.7c. Die Packungen sind normalerweise mit Talg, Mineralfetten oder Öl usw. getränkt, um Reibung und Verschleiß zu mindern, sie

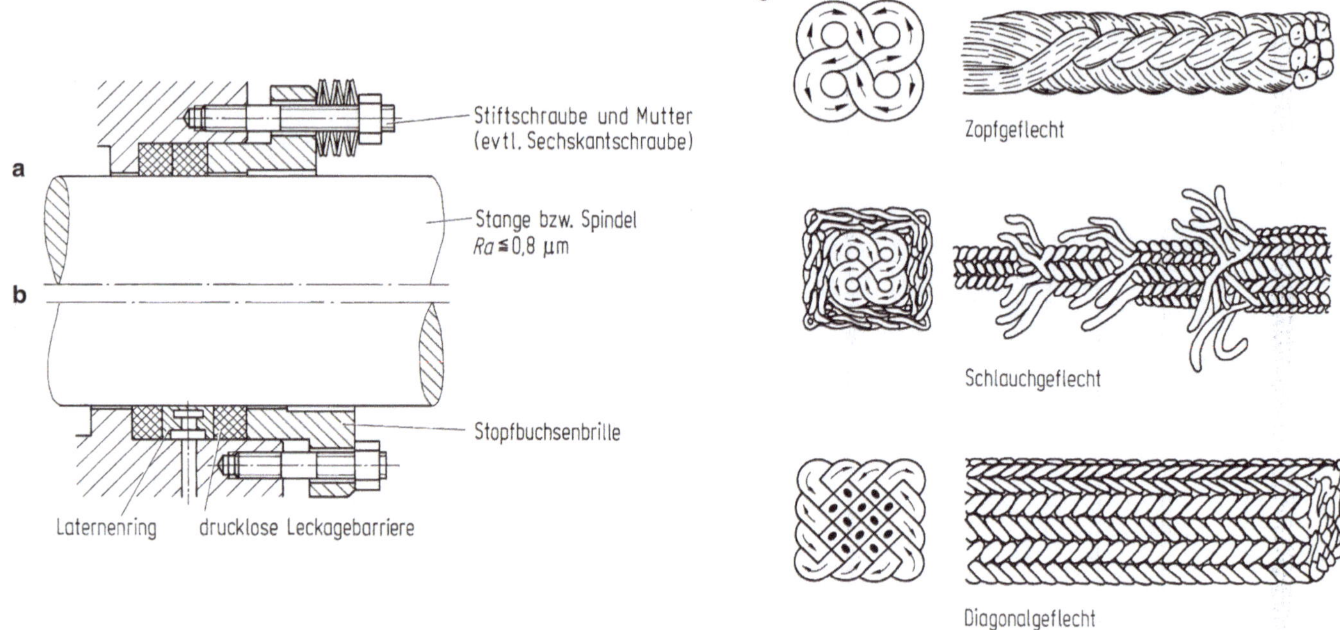

Abb. 19.7 Reibungsarme kurze Stopfbuchspackungen für Kreiselpumpen, **a** federvorgespannte Stopfbuchse mit zwei Packungsringen [15], **b** „Ein-Ring-Packung" mit separater Leckageabführung [15], **c** verschiedene Geflechtpackungen

vor chemischem Angriff zu schützen und die Dichtwirkung durch Verschließen der Hohlräume zu verbessern.

Weichstoffpackungen eignen sich zum Abdichten von Armaturen, für Flüssigkeiten, Gase und Dämpfe bei hohen Temperaturen und Drücken bei kleinen Geschwindigkeiten.

Feststoffpackungen

Es werden Ringe oder Ringhälften aus Weißmetall, Sonderbronzen, Gusseisen in zunehmendem Maße auch aus Kunstkohle, Kunststoffen, insbesondere PTFE und Sinterstoffen mit möglichst guter Passung der Dichtflächen verwendet, so dass eine kleine Spaltweite entsteht. Wichtig ist eine ausreichende Vorspannung und Schmierung durch die Packung selbst, den Betriebsstoff oder Zusatzschmierung. Vorteile sind hohe Verschleißfestigkeit, eine verminderte Querdehnung (damit kann die seitliche Beweglichkeit je nach Bauart einstellbar gestaltet werden) und konstante Reibung bei geringer Abnützung der Dichtflächen. Diese Stopfbuchsen sind bei geeigneter Schmierung wartungsfrei, bei ausreichender Vorspannung selbsttätig nachstellend. Metall-Hohlringe mit Schmierstoff (meist Grafit) oder Weichstofffüllung werden plastisch verformt und bilden eine steife Lagerung.

Anwendungen: Pressen, Pumpen, Dampf- und Gasturbinen, bei Betriebszuständen mit hohen Temperaturen, Gleitgeschwindigkeiten und Drücken (bis 50 m/s und 50 bar vgl. Herstellerangaben) [20]

Metall-Weichstoff-Packungen

Der Weichstoffkörper wird hierbei durch Metall- (meist Blei- oder Bronze-)Drähte oder -Lamellen verstärkt. Dies ergibt Eigenschaften, die zwischen denen der Weichstoff- und der Metallpackungen liegen.

19.4.1.3 Manschettendichtungen und Lippenringe

Manschettendichtungen und Lippenringe sind selbsthelfende Dichtungen, d. h. der Betriebsdruck bestimmt im Wesentlichen die Dichtkraft, die Vorspannkraft ist gering, Abb. 19.8. Sie eignen sich zum Abdichten von Stangen, Kolben (Längsbewegung), Achsen, Wellen (Drehbewegung) bei hohem Druck des Betriebsmittels. Es werden zwei Manschettenbauarten unterschieden:

- Hutmanschetten, Abb. 19.8a, zum Abdichten gegen Drücke bis 40 bar
- Topfmanschetten (Grundform der Radial-Wellendichtringe), Abb. 19.8b, zum Abdichten von Kolben und Wellen bei langsamen Drehbewegungen

Beide Bauarten spielen wegen unzureichender Abstreif- und Rückförderwirkung nur noch eine untergeordnete Rolle.

Lippenringe (Abb. 19.8c) werden meist in Form von Mehrfach-Packungssätzen eingebaut, hauptsächlich im Schwermaschinenbau, für Pressen und ähnliches. Unter axialem Druck verstärkt sich die Anpressung der Dichtkanten, die dadurch gegen Drücke bis ca. 500 bar abdichten können.

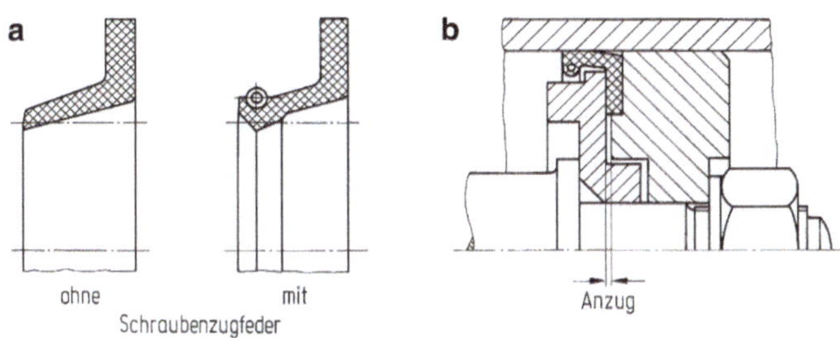

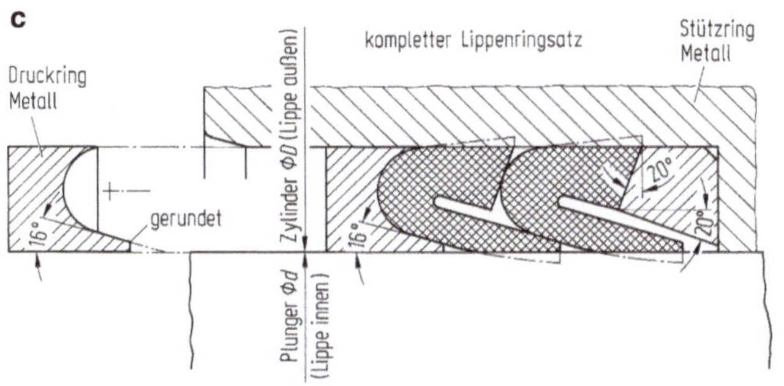

Abb. 19.8 Manschettendichtungen und Lippenringe [20], **a** Hutmanschetten, **b** Topfmanschette für eine Druckrichtung, in Kolben eingebaut, **c** kompletter Lippenringsatz

19.4.2 Dynamische Berührungsdichtungen für Drehbewegungen – Wellendichtungen

Nach den Anforderungen sind entsprechend Abschn. 19.1 Schutzdichtungen und Druckdichtungen zu unterscheiden.

19.4.2.1 Radial-Wellendichtringe – drucklos

Radial-Wellendichtringe sind das meist verwendete Dichtelement für Schutzdichtungen, bei geeignetem Werkstoff einsetzbar bis zu beachtlichen Umfangsgeschwindigkeiten.

Bauformen

Aufbau und Wirkungsweise zeigt im Prinzip Abb. 19.9a. Die gebräuchlichsten Ausführungen sind in DIN 3760 [5] genormt. Überwiegend werden die Bauformen A und AS mit Metallstützglied und Elastomermantel am Außendurchmesser wegen des sicheren „Gummisitzes" in der Bohrung verwendet, Abb. 19.9b und c. Form AS weist gegenüber A eine zusätzliche Schutzlippe gegen Eindringen von Schmutz auf. Eine Fettfüllung zwischen Dicht- und Schutzlippe kann Verschleiß und Korrosion mindern.

Werkstoffe

Übliche Werkstoffe nach [13]: NBR (Acrylnitril-Butadien-Kautschuk) und FKM (Fluor-Kautschuk). Die Eignung entsprechend der Umfangsgeschwindigkeit zeigt Abb. 19.10. Ferner werden je nach Betriebsbedingungen PTFE (Polytetrafluorethylen) und PA (Polyamid) verwendet.

Funktionen

Durch Haft- und Kriechwirkung des abzudichtenden Mediums baut sich unter der Dichtlippe ein hydrodynamisch wirkender Schmierfilm auf.

Man beachte: Trockenlauf führt zu schnellem Verschleißabtrag und ist keinesfalls zulässig.

Durch spezielle Gestaltung der Dichtkante entsteht eine „Mikropumpwirkung", die die abzudichtende Flüssigkeit aus dem Dichtspalt zurückfördert [15]. Die Schutzlippe hält Staub, Wasser usw. von der Dichtstelle ab. Die dünnwandige Membran nimmt die Belastung durch den Innendruck auf und leitet sie zur Verstärkung der Dichtwirkung auf die Lippe. Primär wird der radiale Dichtdruck durch das elastische Anpressen der Dichtlippe sowie durch die Kraft der eingelegten Zugfeder erzeugt.

Beanspruchung und Reibung

Bei korrekt dimensionierten, geschmierten Radial-Wellendichtringen stellen sich an den Dichtlippen die in Tab. 19.5 dargestellten Betriebszustände ein.

Für praktische Betriebsbedingungen kann mit Reibungszahlen von $\mu = 0{,}3\ldots0{,}5$ [15] die Reibleistung, d. h.

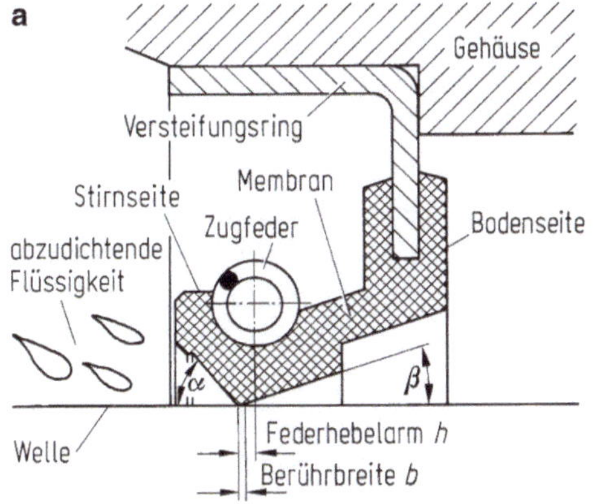

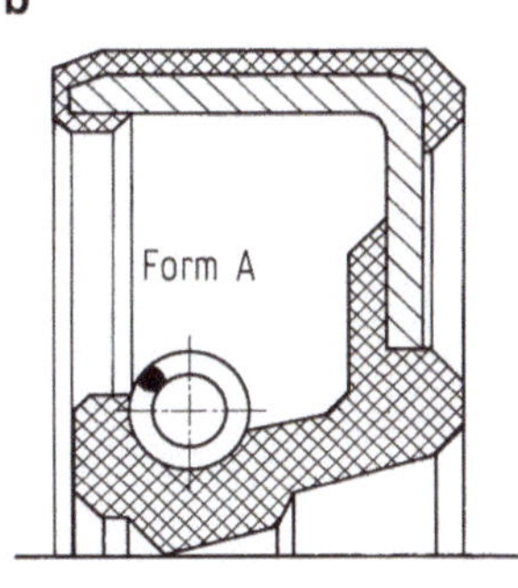

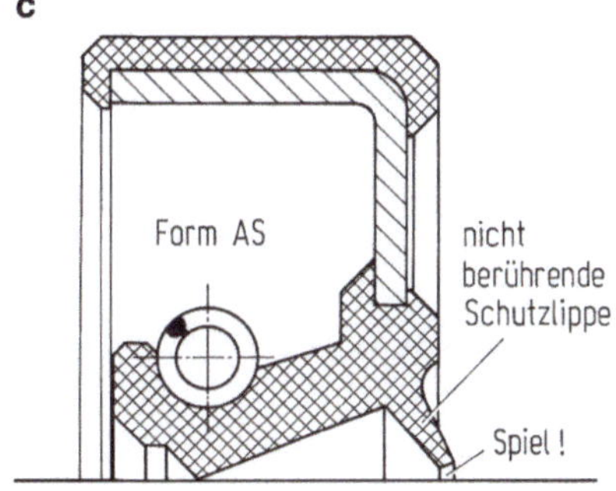

Abb. 19.9 Grundelemente des Radial-Wellendichtrings, **a** Bauform B (stirnseitiger Winkel $\alpha = 40°\ldots50°$, bodenseitiger Winkel $\beta = 20°\ldots30°$), **b**, **c** weitere Bauformen [15]

Tab. 19.5 Betriebszustände am Radial-Wellendichtring

	Im Neuzustand	Nach dem Einlauf
Spezifische Radialkraft p_L	$p_L = F_r/(\pi \cdot d) = 0{,}1 \ldots 0{,}15\,\mathrm{N/mm}$ mit F_r Radialkraft und d Wellendurchmesser	$p_L = 0{,}03 \ldots 0{,}05\,\mathrm{N/mm}$
p_L erzeugt bei einer Berührbreite b eine mittlere Flächenpressung p_m	$p_m \approx 1\,\mathrm{N/mm^2}$	$p_m \approx 0{,}25\,\mathrm{N/mm^2}$
Schmierungskennwert λ_L, bei niedrigeren Öltemperaturen ergeben sich eher höhere Werte	$\lambda_L = 1$ bei Anspritztemperatur von 100 °C, dickflüssigem Öl (z. B. SAE 50)	$\lambda_L = 0{,}5$ bei gealtertem Dichtring, dünnflüssigem Öl (z. B. SAE 10)

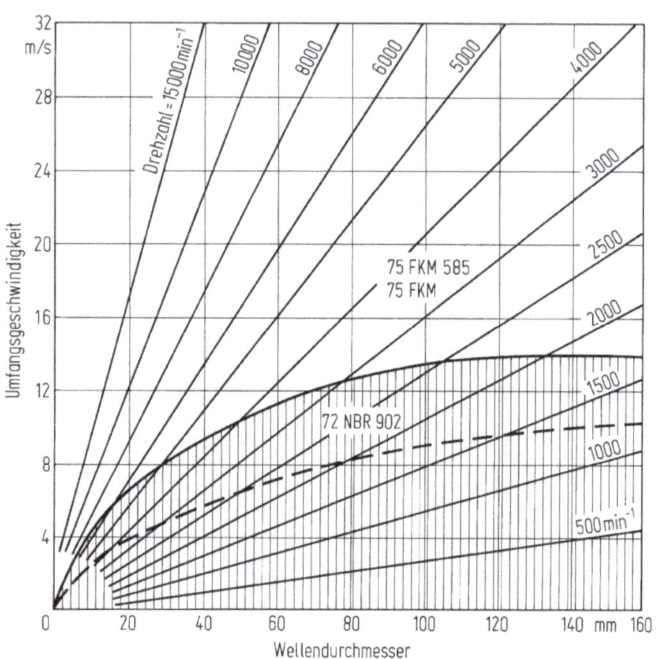

Abb. 19.10 Zulässige Umfangsgeschwindigkeiten für Radialwellendichtringe aus verschiedenen Werkstoffen bei Abdichtung gegen Motorenöl SAE 20 [13], zulässige Umfangsgeschwindigkeiten bei Fettabdichtung, FKM: Fluor-Kautschuk, NBR: Acrylnitril-Butadien-Kautschuk

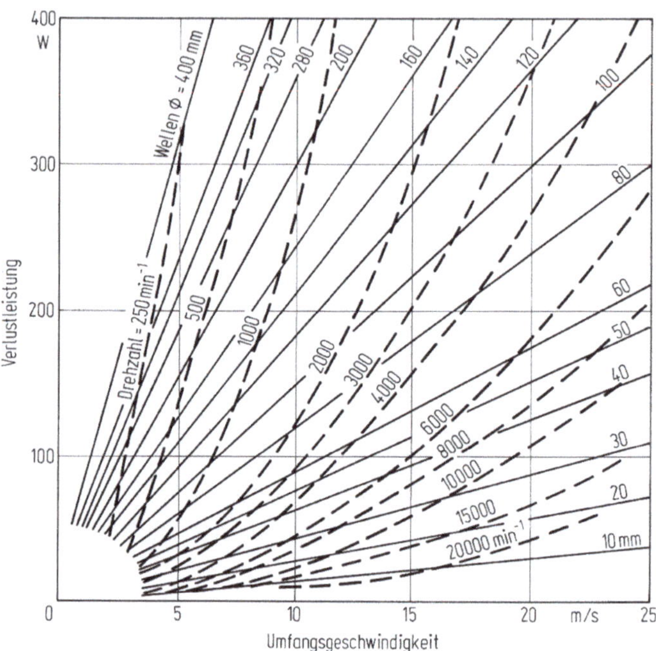

Abb. 19.11 Verlustleistung eines Radialwellendichtrings bei Schmierung mit Motorenöl SAE 20 bei 100 °C [13]

Verlustleistung, P geeigneter Radial-Wellendichtringe mit der folgenden Zahlenwertgleichung wie folgt abgeschätzt werden [15]:

$$P = \lambda_L \cdot \frac{d^2}{1\,\mathrm{cm}^2} \cdot \frac{1}{1000} \cdot \frac{n}{1\,\mathrm{min}^{-1}} \cdot 1\,\mathrm{W} \qquad (19.2)$$

λ_L		Schmierungskennwert
d	in cm	Abdichtdurchmesser (Wellendurchmesser)
n	in min^{-1}	Wellendrehzahl

Ein praktisches Beispiel zeigt Abb. 19.11.

Einbaurichtlinien siehe Abb. 19.12

Die Einbaurichtlinien sind allgemein in DIN 3760 [5] bzw. für Kraftfahrzeuge in DIN 3761 [6] angegeben. Bei Montage muss die axiale Lage des Radialwellendichtrings durch einen Absatz im Gehäuse oder durch eine Montagehilfe sichergestellt werden. Im Bereich der Laufstelle soll die Welle je nach Betriebsverhältnissen (z. B. Gleitgeschwindigkeit) eine Härte von 45 ... 60 HRC aufweisen, ggf. eine Einsatzhärtungstiefe von mindestens 0,3 mm. Im Allgemeinen sollte die Laufstelle orientierungsfrei, d. h. drallfrei (durch Einstechschleifen) geschliffen werden, bei konstanter Drehrichtung mit Drall (Vorschubschleifen) zur Rückförderung des Betriebsmittels. Bei größeren Flüssigkeitsmengen oder Rundlaufabweichungen der Welle bewirken sog. „Dralllippen" eine bessere Dichtwirkung [15].

In der Zeichnung wird der Wellendichtring symbolhaft angegeben, siehe Abb. 19.18. Bezeichnung nach Norm für einen Wellendichtring Form A, Wellendurchmesser d_1 = 25 mm, Außendurchmesser d_2 = 40 mm, Breite b = 7 mm, Elastomerteil aus Nitril-Butadien-Kautschuk (NBR):

RWDR DIN 3760 – A25 × 40 × 7 – NBR

Bei diesen Ringen sind bereits bei leichtem Überdruck nur reduzierte Gleitgeschwindigkeiten zulässig, z. B. bei 0,5 bar max. 2,8 m/s, bei 0,2 bar max. 5,6 m/s.

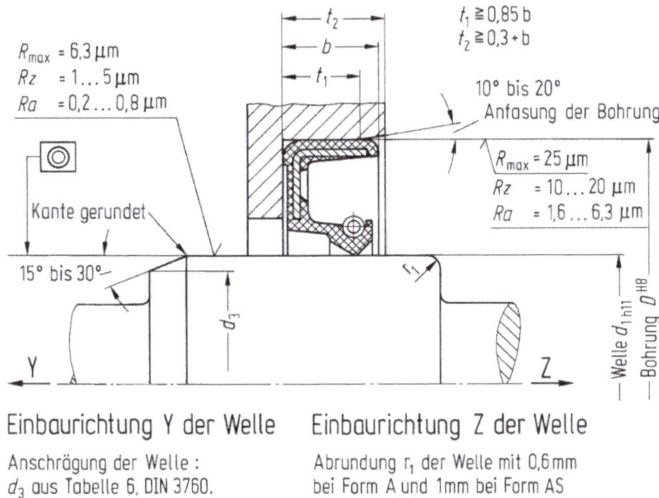

Abb. 19.12 Einbaurichtlinien nach DIN 3760

19.4.2.2 Radial-Wellendichtringe für Abdichtung gegen Druck

Für Druckbeanspruchung wurden besondere Bauformen entwickelt, die folgenden Anforderungen Rechnung tragen:

- radial beweglich, um Schwingbewegungen der Welle folgen zu können
- schmale Berührfläche, um Wärmestau zu vermeiden
- gute Schmierung und Kühlung der Gleitdichtflächen, um Reibung und Verschleiß zu mindern
- Druckentlastung, um der erhöhten Dichtflächenpressung entgegenzuwirken
- Reibmomentabstützung, um zu verhindern, dass die Ringe im Gehäuse rotieren

Eine diesen Anforderungen entsprechende Elastomer-Dichtung zeigt Abb. 19.13. Kennzeichnend ist eine wesentlich verkleinerte, vom Druck beaufschlagte Wirkfläche und eine kleinere radiale Anpresskraft: bei Ausführung mit Feder (Abb. 19.13) ist die spezifische Radialkraft (Tab. 19.5) $p_L = 0{,}3\,\mathrm{N/mm}$, bei Ausführung ohne Feder $p_L = 0{,}1\,\mathrm{N/mm}$.

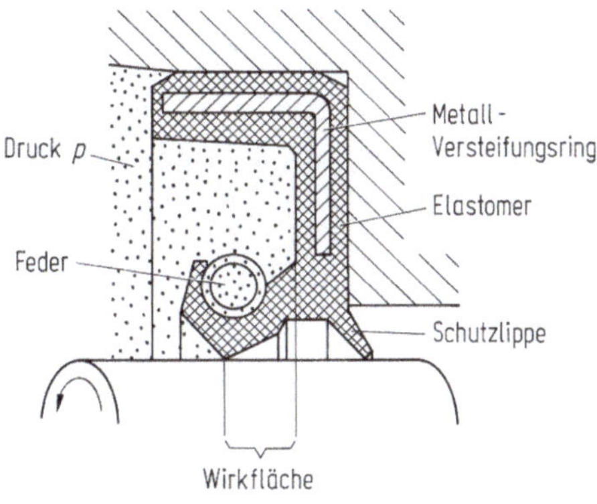

Abb. 19.13 Druckbelastbare Elastomer-Lippendichtung [15]

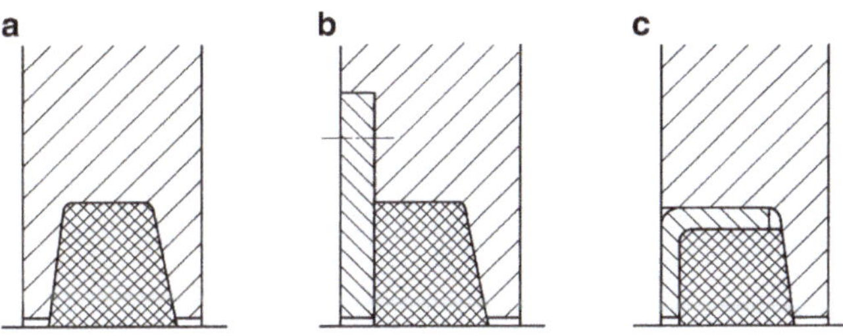

Abb. 19.14 Filzringdichtungen [21], **a** einfachste Ausführung (schwierige Montage), **b**, **c** axial montierbar

Für höhere Drücke und Gleitgeschwindigkeiten eignen sich Dichtungen aus PTFE. Sie zeichnen sich durch höhere Festigkeit und bessere Schmiereigenschaften aus. Radialwellendichtringe werden z. B. als in Wälzlager integrierte Dichtungen eingesetzt, Abb. 14.7 und Abschn. 14.3.3.

19.4.2.3 Filzringdichtung

Filzringe nach DIN 5419 sind einfache, kostengünstige Dichtelemente (Abb. 19.14). Sie werden mit Öl bzw. Fett getränkt und z. B. für die Abdichtung von fettgeschmierten Wälzlagern bei Umfangsgeschwindigkeiten bis zu 4 m/s und Temperaturen bis ca. 100 °C verwendet. Sie sind jedoch nicht geeignet zum Abdichten gegen Spritzwasser. Schmutz kann sich einbetten und wirkt dann als Schmirgel. Mit zunehmender Betriebsdauer verliert der Ring seine Elastizität und Dichtfähigkeit.

19.4.2.4 Axial-Gleitringdichtung

Ein mit der Welle rotierender Gleitring wird mit seiner Stirnfläche axial gegen eine feststehende Gegenfläche gedrückt oder umgekehrt (Abb. 19.15). Die axiale Dichtkraft wird durch federnde Elemente aufgebracht. Der axial bewegliche Gleitring wird gegenüber der Welle meist mit einem O-Ring oder auch einem Faltenbalg oder einer Membran abgedichtet. Gleit- und Gegenring werden durch eine Verdrehsicherung gegen die Welle bzw. das Gehäuse abgestützt.

Im Dichtspalt baut sich ein hydrostatischer Druck auf, der sich dem Speisedruck des Betriebsstoffs automatisch anpasst. Im Betrieb überlagert sich diesem Zustand, einem hydrodynamischen Lager entsprechend, eine Schleppströmung.

Vorteile

- kleine Reibungsverluste durch kurzen engen Dichtspalt
- geringe Leckverluste
- konstruktiv einfache Anpassung an den Betriebsdruck (Selbstverstärkung, Selbstentlastung)
- wartungsfrei durch selbsttätiges Nachstellen bei Verschleiß
- hohe Betriebssicherheit

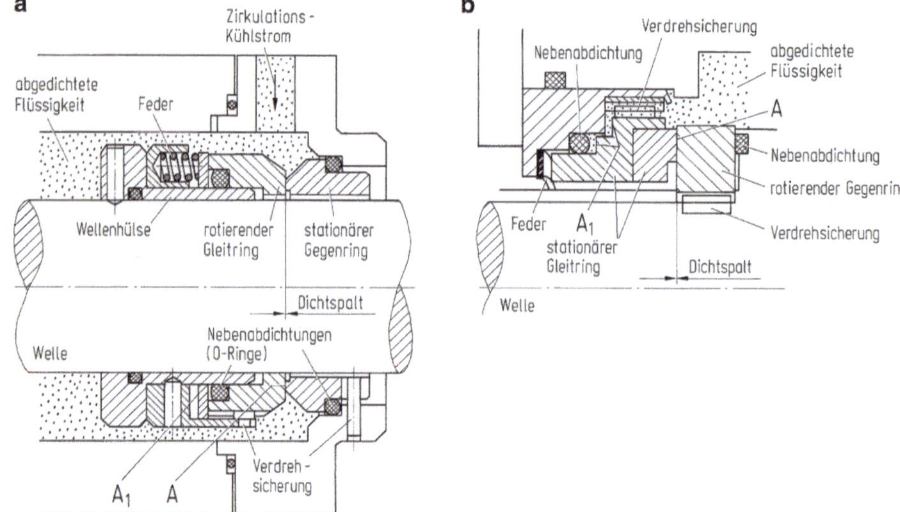

Abb. 19.15 Gleitringdichtungen [15], **a** rotierender Gleitring und stationärer Gegenring, **b** rotierender Gegenring und stationärer Gleitring

Insbesondere bei hohen Drücken, Temperaturen und Drehzahlen werden daher in zunehmendem Maße Axial-Gleitringdichtungen anstelle von Stopfbuchs-, Lippen- und Labyrinth-Dichtungen gewählt.

Nachteile

Die Axial-Gleitringdichtung ist ein komplexes, teures Bauelement, bestehend aus vielen Funktionselementen (Gleitring, Gegenring, Federn, Verdrehsicherungen, Nebendichtung). Die Dichtung muss daher sorgfältig konzipiert, gefertigt und montiert werden. Wichtig ist, dass die Gleitflächen von Gleit- und Gegenring genau senkrecht zueinander ausgerichtet sind, um Kantentragen zu vermeiden (zuverlässige Qualitätssicherung).

Werkstoffe

Eine Gleitfläche soll verschleißfähig, d. h. anpassungsfähig sein (Notlaufeigenschaften! Kantenpressung abbauen!), die Gegen-Gleitfläche soll verschleißfest sein. Beide Gleitflächen sollten mikroskopisch kleine Schmiertaschen aufweisen. Mindestens ein Gleitring sollte gut wärmeleitfähig sein, beide unempfindlich gegen Wärmeschock (bei plötzlichem Abkühlen sonst Rissgefahr!). Dementsprechend wird meist für einen Gleitring imprägnierter Kohlegrafit, der verschleißfeste Gegenring aus Metall (z. B. nicht rostender Nickelstahl) oder in zunehmendem Umfang chemisch beständiges Siliziumkarbid (SiC) gewählt.

Oberflächen

Die Dichtflächen werden auf 0,5 … 1 µm plangeläppt (beim Einlauf stellt sich eine Welligkeit von 2 … 5 µm ein), die Rauheit soll $Ra = 0{,}15 \ldots 0{,}3\,\mu\text{m}$ betragen, die Kanten sind sorgfältig abzurunden. Neuere Untersuchungen haben gezeigt, dass wenige µm tiefe „Einförder-" und „Rückförder-"Strukturen die Schmierung und die Dichtwirkung deutlich verbessern, wobei die Federanpressung von bisher $0{,}2\,\text{N/mm}^2$ auf $2\,\text{N/mm}^2$ erhöht wurde (mit dem Vorteil der gesicherten Nachstellung) [17].

Raumbedarf

Gestalt und Bauraum von Gleitring-Dichtungen werden in DIN EN 12756 [11] entsprechend den Abmessungen von Stopfbuchsen für Kreiselpumpen vorgegeben. Neuere Entwicklungen zielen auf eine Gestaltung, die den Besonderheiten der Axial-Gleitringdichtungen besser angepasst ist [15], [18].

Ringanordnung

Der axial bewegliche Gleitring wird im Allgemeinen im Gehäuse, der feste Gegenring auf der Welle angeordnet, insbesondere bei hohen Drehzahlen oder hochviskosen Medien. Umgekehrt wird eine umlaufende Dichtung gewählt, wenn die bessere Wärmeableitung wichtig ist.

Entlastete Gleitringdichtungen

Um Reibung und Verschleiß zu begrenzen, wird versucht bei höherem Betriebsdruck die Anpresskraft zu vermindern (wobei ein gewisser Kleinstwert durch die Feder stets gesichert sein muss). Diese Anpassung wird dadurch erreicht, dass die druckbelastete Fläche A_1 kleiner oder größer als die Gleitfläche A ausgeführt wird.

Als Kennwert zur Beurteilung der Entlastung eignet sich das Flächenverhältnis k

$$k = \frac{A_1}{A} \tag{19.3}$$

Ab einer abzudichtenden Druckdifferenz von $\Delta p = 7 \ldots 10\,\text{bar}$ wird im Allgemeinen eine Entlastung, d. h. $k < 1$, gewählt. Darunter genügt meist die kostengünstigere, nicht entlastete Dichtung.

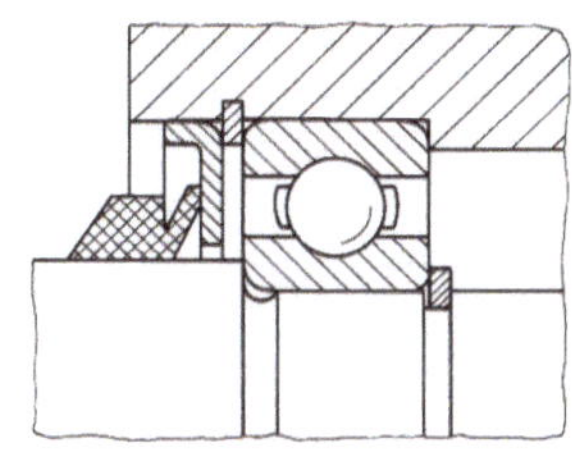

Abb. 19.16 V-Ring für kleine Umfangsgeschwindigkeit [18]

Umgekehrt kann, z. B. zum Abdichten hochviskoser Medien, ein Flächenverhältnis $k > 1$ (meist 1...2) sinnvoll sein.

Reibungszahl

Bei entlasteten Gleitringdichtungen ($k < 1$) und niederviskosen Flüssigkeiten kann überschlägig mit $\mu = 0{,}03\ldots 0{,}08$ gerechnet werden, bei nicht entlasteten Dichtungen ($k \geq 1$) mit etwa 0,05...0,15. Wegen der unter Umständen erheblichen Reibleistungen kommt der Wärmeabführung besondere Bedeutung zu.

Trockenlaufende Gleitringdichtungen verschleißen ohne erhebliche Störungen bei großer Reibleistungsdichte. Bei entsprechender Dimensionierung und geeigneten Werkstoffen können sie jedoch nach Ausfall der Schmierung als Notdichtung auch für mehr als 100 h Laufzeit dienen [15].

Anwendungen

Anwendungen finden sich in allen Bereichen der Technik: Große Stückzahlen in Kfz-Kühlwasserpumpen und Haushaltsgeräten, in Prozesspumpen aller Art, Werkzeugmaschinen, Kompressoren, Getrieben, Mischern usw.

19.4.2.5 V-Ring (Wellendichtung ohne Druck)

Der V-Ring ist eine einfache, häufig verwendete rotierende Schutzdichtung mit sehr geringer axialer Dichtkraft (Abb. 19.16). Der V-Ring, durch Aufdehnung festsitzend, schleudert von außen kommende Schmutzpartikel ab. Auch in den Dichtspalt eintretende Flüssigkeit wird durch Fliehkraft zurückgefördert. Da die Dichtlippe mit geringer Pressung anliegt, ist die Anfahrreibung kleiner als bei Radial-Wellendichtringen, insbesondere bei Ölschmierung. Die Rauheit der Dichtfläche ist auf $Rz < 5\,\mu\text{m}$ zu begrenzen.

Wichtig für die Dichtwirkung ist, dass der V-Ring nicht axial auf der Welle verrutschen kann. Wenn möglich, sollte er durch einen Wellenbund oder eine Scheibe axial abgestützt werden.

Man beachte ferner: Die Anpresskraft lässt mit zunehmender Betriebsdauer nach!

Bei Umfangsgeschwindigkeiten >12 m/s muss der V-Ring gekammert, d. h. in einer metallischen Buchse abgestützt werden, damit er nicht von der Welle abhebt.

Um die Lippe des Dichtrings gegen Einwirkung von außen zu schützen, wurden Bauformen mit einer Metallfassung entwickelt [15]. Hauptanwendungsgebiete sind Wälzlager bis zu Temperaturen von 100 °C.

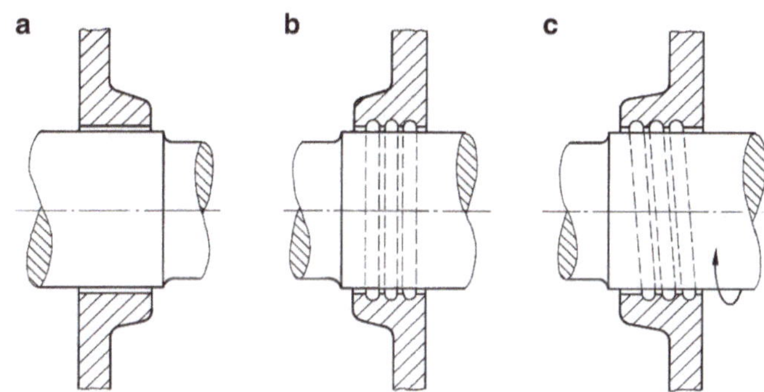

Abb. 19.17 Spaltdichtungen [21], **a** glatter Spalt, **b** Spalt mit fettgefüllten Parallelrillen, **c** Spalt mit schraubenförmigen Rillen (bewirkt Förderwirkung in eine Richtung)

19.4.2.6 Elastomer-Profildichtungen: O-Ringe

Außer zur statischen Abdichtung (Abschn. 19.3.2.2) werden O-Ringe in dynamischen Dichtsystemen oft als Nebendichtungen verwendet, Abb. 19.15, mitunter aber auch zur Abdichtung langsam bewegter Maschinenteile (< 0,5 m/s). Auch hier gelten die in Abschn. 19.3.2.2 beschriebenen Besonderheiten und Konstruktionsregeln, darüber hinaus gilt:

Der O-Ring wird in eine Ringnut des (stillstehenden!) Gehäuses eingelegt und dabei gestaucht. Damit der Ring auf der Welle und nicht im Gehäuse gleitet, soll sein Innendurchmesser vor dem Einbau ca. 5 % größer als der Wellendurchmesser sein. Bei hin- und hergehenden Bewegungen neigt der O-Ring zum Abrollen. Deshalb ist hierfür eine Formdichtung wie der X-Ring (Tab. 19.4) besser geeignet.

19.4.3 Berührungsfreie dynamische Dichtungen

Berührungsfreie Dichtungen arbeiten reibungsfrei (mit Ausnahme von den Strömungsverlusten im Spalt) und verschleißfrei, sie sind jedoch nicht vollständig dicht, da die Dichtfunktion auf einer Strömung im Spalt basiert. Bereitet bei (schleifenden) Berührungsdichtungen, vor allem bei hohen Geschwindigkeiten, die Abführung der Reibungswärme mitunter Probleme, so ist bei den ohne Drehzahlgrenzen einsetzbaren berührungsfreien Dichtungen keine Kühlung und auch keine Schmierung nötig.

Durch Kapillar- oder Adhäsionskräfte wird in der Regel eine Sperrschicht aus Öl oder Fett aufgebaut. Berührungslose Dichtungen werden auch als reine drucklose Schutzdichtungen verwendet, d. h. zum Abschirmen gegen Schmutz und Spritzwasser, beispielsweise zur Abdichtung von Wälzlagern.

19.4.3.1 Spaltdichtungen

Druckbeaufschlagte Spaltdichtungen

Durch einen möglichst langen und engen Spalt wird dem abzudichtenden Betriebsstoff das Entweichen erschwert. Eine Übersicht über verschiedene Bauformen zeigt Abb. 19.17.

Aus der Kontinuitätsgleichung für inkompressible, laminare Strömung ergibt sich der Volumenstrom Q (= Leckagemenge)

$$Q = \Delta p \cdot \frac{d_m \cdot \pi \cdot h^3}{12 \cdot \eta \cdot l} \cdot (1 + 1{,}5 \cdot \varepsilon^2) \qquad (19.4)$$

mit der relativen Exzentrizität

$$\varepsilon = \frac{e}{h} \qquad (19.5)$$

e	in m	Exzentrizität
h	in m	Spaltdicke
l	in m	Spaltlänge
Δp	in N/m²	abzudichtende Druckdifferenz
η	in N s/m²	dynamische Viskosität des Betriebsstoffs (z. B. Schmieröl)

Die Leckagemenge nimmt also mit der 3. Potenz der Spaltdicke zu (praktisch ausgeführt $h \approx 10 \ldots 20\,\mu\text{m}$), aber nur umgekehrt proportional der Spaltlänge. Der erhebliche Einfluss der Exzentrizität e ist zu erkennen.

Hierbei sind Verluste an Spaltein- und -austritt nicht berücksichtigt. Die tatsächliche Leckagemenge weicht deshalb auch dann von den hiernach abgeschätzten Werten ab, wenn der Spalt koaxial ist. Bei rotierender Welle beeinflusst außerdem die Schleppströmung in Umfangsrichtung die Leckagemenge.

Turbulente Strömungen kommen bei Spaltströmungen kaum vor, stellen sich aber bei Labyrinthdichtungen mit großen Spaltdicken ein. Kompressible Strömungen von Gas oder Dampf können so lange als inkompressibel behandelt werden, wie $\Delta p = 1{,}1 \ldots 1{,}3$ bar ist, d. h. auch dann kann die Leckagemenge mit Hilfe von (19.4) abgeschätzt werden. Bei größeren Druckunterschieden muss der austretende Massenstrom wie bei der kompressiblen Rohrströmung bestimmt werden.

Häufig wird der Spaltdichtung eine Berührungsdichtung nachgeschaltet, die die Leckagemenge zurückhält. Statt einer langen Buchse werden meist mehrere hintereinander geschaltete Dichtkörper gewählt, auch Schwimmringe genannt, die sich unabhängig voneinander einstellen können, Abb. 19.18.

Die Spaltdichtung kann auch mit einem radial durchströmten Stirnflächenspalt ausgeführt werden. Sie unterscheidet sich von der Axial-Gleitringdichtung, Abschn. 19.4.2.4, nur durch einen wesentlich dickeren (10 ... 20 µm gegenüber < 1 µm) Spalt, um Berührung der Spaltwände sicher auszuschließen.

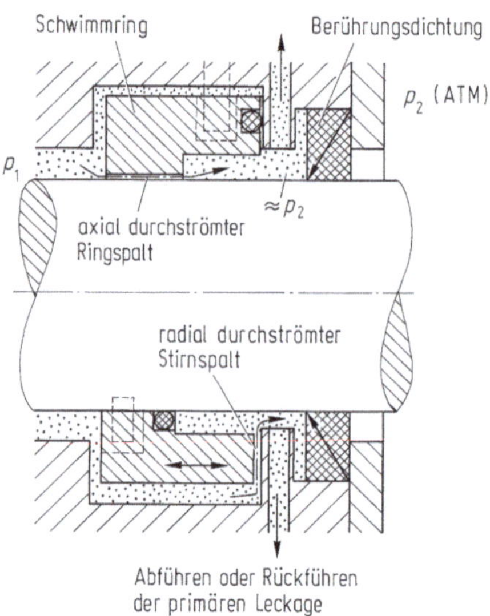

Abb. 19.18 Drosselspaltdichtungen mit nachgeschalteter Berührungsdichtung [15]

Anwendung für Hochdruck-Kolbenpumpen, Gasverdichter, Kreiselpumpen, Turbomaschinen, Flugtriebwerke.

Druckfreie Spaltdichtungen

Sie dienen meist als Schutzdichtungen gegen Eindringen von Schmutz und Spritzwasser in Lagerstellen oder gegen Austritt von Schmierstoff. Durch Fettpolster im Spalt kann die Dichtwirkung verbessert werden. Um den Schutz gegen Ölaustritt zu verbessern, empfiehlt es sich, der Dichtung einen Schleuderring vorzuschalten, Abb. 19.19.

19.4.3.2 Labyrinthdichtungen

Die konsequente Weiterentwicklung der Spaltdichtung führt zur Labyrinthdichtung. Hier ist der Weg, den das abzudichtende Medium zu überwinden hat, verlängert und verwinkelt.

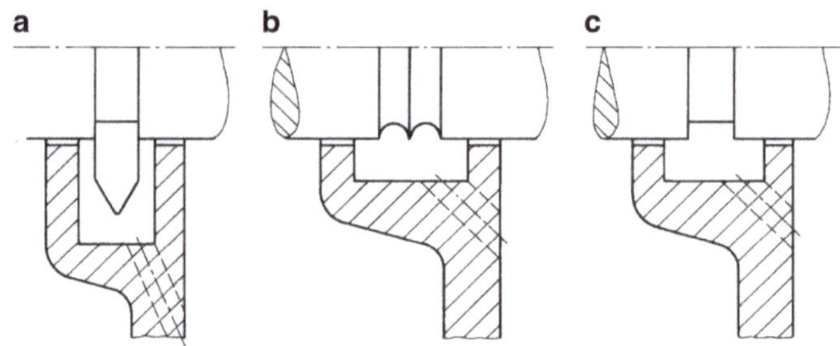

Abb. 19.19 Spritzringdichtungen [21], **a** Sprengring mit Schleuderkante, **b** Schleuderkante, **c** Welleneindrehung

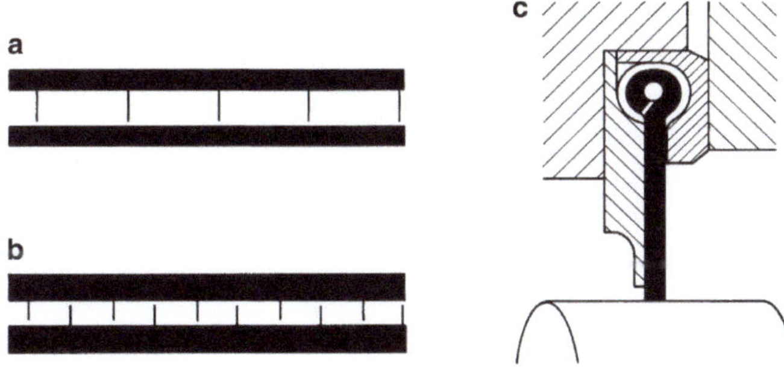

Abb. 19.20 Drossel-Labyrinthdichtungen [15], **a** offenes Labyrinth, **b** verzahntes Labyrinth, **c** Bürstendichtung

Druckbeaufschlagte (Drossel-)Labyrinthdichtungen

Dies sind die klassischen Wellendichtungen von Gas- und Dampfturbinen. Das Medium strömt dabei aus einem Raum höheren Drucks durch eine Anzahl von Drosselstellen in einen Raum geringeren Drucks. In den engen Drosselstellen vergrößern sich die Strömungsverluste. Zu beachten sind die erheblichen thermischen Verformungen. Zum anderen weisen die abzudichtenden Betriebsstoffe keine Schmierwirkung auf. Daraus folgt, dass die Wellen nur berührungslos, mit dicken Spalten abgedichtet werden können.

Ausführungsformen:

- Abb. 19.20a: Das offene Labyrinth (Durchblicklabyrinth) ist einfach im Aufbau, gut montierbar, gestattet ein ungeteiltes Gehäuse, und eignet sich auch zur Abdichtung axial bewegter Stangen und Wellen. Wegen der fehlenden Umlenkung entsteht aber weniger Turbulenz, die Dichtwirkung ist gemindert.
- Abb. 19.20b: Das verzahnte Labyrinth ist die klassische Dichtung mit guter Dichtwirkung, erfordert jedoch für die Montage ein geteiltes Gehäuse.

Bürstendichtung, Abb. 19.20c

Raumsparende Wellen-Abdichtung heißer Gase in Gasturbinen und Flugtriebwerken. Die 1 mm breite Bürste besteht aus 0,05 ... 0,07 mm dicken Borsten aus einer Cr-Ni-Legierung. Anwendung bei Gastemperaturen bis 460 °C und Gleitgeschwindigkeiten bis 300 m/s.

Drucklose Labyrinthdichtungen

Sie sind reibungsarme, verschleißfreie sog. Fanglabyrinthe. Sie eignen sich als Schutzdichtungen gegen angespritzte oder schwallartig wirkende auch verschmutzte Flüssigkeit für höchste Umfangsgeschwindigkeiten. Sie müssen bei allen Betriebszuständen tropffrei dicht sein. Wichtiges Anwendungsgebiet sind die schnelllaufenden Spindeln von Werkzeugmaschinen.

Eine Fanglabyrinth-Dichtung soll folgende Funktionen erfüllen: Der Eingangsbereich, Abb. 19.21, sollte möglichst gegen direkt anspritzende Flüssigkeitsstrahlen geschützt werden, z. B. durch eine vorgeschaltete Schleuderscheibe, die einen Teil der auftreffenden Flüssigkeit abschleudert. Günstig ist zusätzlich eine den Spalteingang umgebende Fangrinne. Der eindringende Flüssigkeitsstrom wird durch einen 0,1 ... 0,2 mm dicken Ringspalt gedrosselt und in dem zugeordneten, ca. 0,3 mm dicken Stirnflächenspalt durch Fliehkraft teilweise rückgefördert. In der nachfolgend angeordneten Fangkammer sorgt ein Spritzring (Stauscheibe) dafür, dass möglichst wenig Flüssigkeit zum Eintrittsspalt zurückgelangt. Über eine kegelige Kammerwand wird die abgespritzte Flüssigkeit der Fangrinne zugeleitet und läuft von dort über den Rücklaufkanal in den Flüssigkeitssumpf zurück. Ein Beispiel zeigt Abb. 19.22. Bei starker Be-

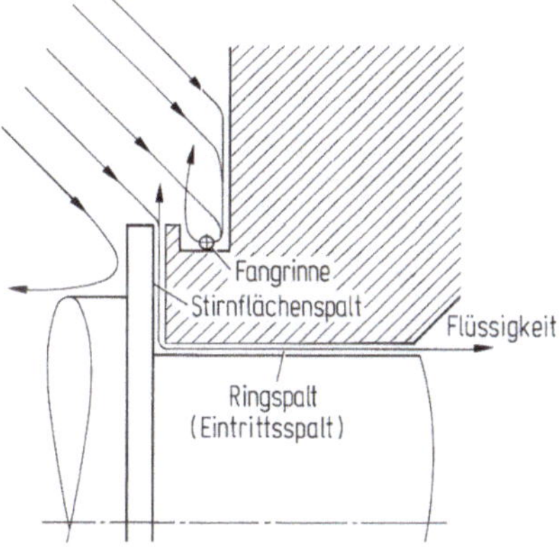

Abb. 19.21 Günstige Gestaltung des Eingangsbereichs einer Fanglabyrinth-Dichtung [15]

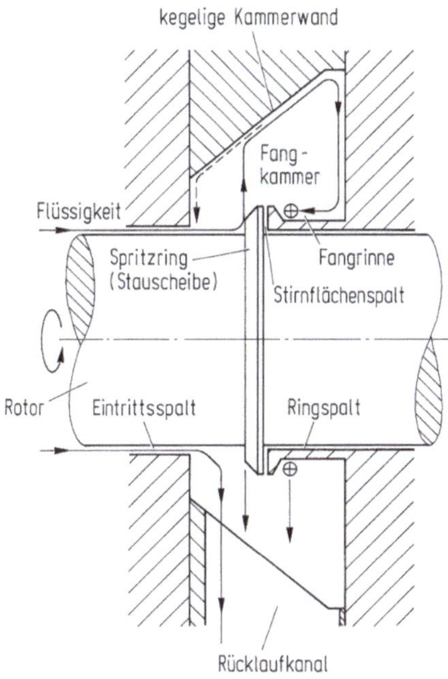

Abb. 19.22 Gestaltung und Elemente der Fangkammer einer Fanglabyrinth-Dichtung [15]

spritzung können ein oder mehrere weitere Fangkammern vorgesehen werden. Eine zusätzliche Maßnahme, Spritzflüssigkeit am Eindringen in den Ringspalt zu hindern, bietet sog. „Sperrluft", die, von der Fangkammer zugeführt, aus dem Eintrittsspalt ausströmt.

Dichtfähigkeit
Vergleich (ungefähres Verhältnis der Leckagemengen) Spaltdichtung : Bürstendichtung : offenes Labyrinth : verzahntes Labyrinth = 12 : 8 : 4 : 1

19.4.3.3 Gewinde-Wellendichtungen

Die Dichtwirkung von glatten Spalten lässt sich durch ein Gewinde in der rotierenden Welle oder der stillstehenden Bohrung verbessern, wenn Drehrichtung und Gewindesteigung so abgestimmt sind, dass die umgelenkte Schleppströmung als Rückförderung gleich groß und dem von der abzudichtenden Druckdifferenz erzeugten Leckstrom entgegengerichtet ist.

Übliche Ausführung:

- Spaltdicken $h = 20\ldots50\,\mu$m
- mehrgängiges Flachgewinde mit $i \cdot L/D > 3$ mit i Gangzahl, L Gewindelänge, D Durchmesser
- Steigungswinkel $\varphi = 10\ldots15\ldots20°$
- Gewindetiefe $t = (2\ldots2{,}5\ldots3) \cdot h$

Die Reibleistung ist bei optimalem Gewinde etwa 30 % kleiner als bei einem glatten Spalt der Dicke h.

Anwendungen: Ölpumpen, langsamlaufende Zahnradpumpen für Viskoseförderung, Verdichter nur bei sehr hohen Drehzahlen bei sehr kleinem Gasdruck (mit „Sperrflüssigkeit")

19.4.4 Magnetflüssigkeits-Dichtungen

Eine Magnetflüssigkeit, bestehend aus einer Trägerflüssigkeit und magnetisierbaren, oberflächenbeschichteten Partikeln, wird wie ein flüssiger Dichtring von einem Magnetfeld im Dichtspalt gehalten. Damit lassen sich gasgefüllte Räume bei geringem Überdruck quasi hermetisch gegen Atmosphäre abdichten. Schwieriger ist die Abdichtung gegen Flüssigkeiten, da diese mit der Magnetflüssigkeit reagieren. Deshalb müssen beide durch eine Vorabdichtung (Gewinde- oder Spaltdichtung) getrennt werden.

19.4.5 Hermetische Dichtungen

Leckage toxischer, radioaktiver oder umweltgefährdender Flüssigkeiten oder Gase muss im Allgemeinen gänzlich vermieden werden. Für eine derartige vollständige Abdichtung eignen sich folgende Systeme:

- Einsatz von Sperrflüssigkeiten, die in kritischen Fällen Leckage auffangen und rückfördern oder ableiten und aufbereiten. Der hierfür erforderliche Aufwand ist erheblich.
- Magnetflüssigkeitsdichtungen für kleine Druckdifferenzen und in erster Linie für Gase, Abschn. 19.4.4.
- Membranen, Abschn. 19.3.3
- Faltenbälge, Abschn. 19.3.4 und z. B. [13]

Literatur

1. AD 2000-Merkblatt B 7:2016-09 Schrauben
2. DIN 2505 Berechnung von Flanschverbindungen – Teil 1:1990-04 Berechnung. Zurückgezogen: 1996-12 – Teil 2:1990-04 Dichtungskennwerte. Zurückgezogen: 1996-12
3. DIN 2695:2002-11 Membran-Schweißdichtungen und Schweißring-Dichtungen für Flanschverbindungen
4. DIN 2696:1999-07 Flanschverbindungen mit Dichtlinse
5. DIN 3760:1996-09 Radial-Wellendichtringe
6. DIN 3761:1984-01 Radial-Wellendichtringe für Kraftfahrzeuge
7. DIN 3771 Fluidtechnik – O-Ringe – Teil 3:1984-12 Werkstoffe, Einsatzbereich
8. DIN 5419:2010-05 Wälzlager – Abdichtungen für Wälzlager – Maße für Filzringe und Filzstreifen
9. DIN EN 1514 Flansche und ihre Verbindungen – Maße für Dichtungen für Flansche mit PN-Bezeichnung – Teil 1:1997-08 Flachdichtungen aus nichtmetallischen Werkstoff – Teil 4:1997-08 Dichtungen aus Metall mit gewelltem, flachem oder gekerbtem Profil für Stahlflansche – Teil 6:2004-03 Kammprofildichtungen für Stahlflansche
10. DIN EN 1591 Flansche und ihre Verbindungen – Regeln für die Auslegung von Flanschverbindungen mit runden Flanschen und Dichtung – Teil 1:2014-04 Berechnung – Teil 2:2008-09 Dichtungskennwerte
11. DIN EN 12756:2001-03 Gleitringdichtungen – Hauptmaße, Bezeichnung und Werkstoffschlüssel
12. DIN ISO 3601 Fluidtechnik – O-Ringe – Teil 1:2013-11 Innendurchmesser, Schnurrstärken, Toleranzen und Bezeichnungen – Teil 2:2010-08 Einbauräume für allgemeine Anwendungen – Teil 3:2010-08 Form- und Oberflächenabweichungen – Teil 4:2010-08 Stützringe
13. Freudenberg Sealing Technologies (2015) Technisches Handbuch. Freudenberg Sealing Technologies GmbH und Co KG, Weinheim
14. Gore (2018) Automotive Vents for adhesive installation – Protect and Preserve the Integrity of Electronic Components. Datenblatt, W. L. Gore & Associates, Inc.
15. Müller HK (1990) Abdichtung bewegter Maschinenteile. Medienverlag Müller, Waiblingen
16. Niemann G, Winter H (1989) Maschinenelemente, Bd. II: Getriebe allgemein, Zahnradgetriebe – Grundlagen, Stirnradgetriebe, 2. Aufl. Springer, Berlin Heidelberg New York
17. Schefzik CR, Müller HK, Haas W (1998) Gleitringdichtungen mit erhöhter Federanpressung. ANT 37:76–79
18. Schmid E (1981) Handbuch der Dichtungstechnik. Expert Verlag, Grafenau
19. Schuller R, Trossien HJ, Gartner I (1998) Randbedingungen zum Einsatz statischer Dichtungen. KON 50(9):23
20. Trutnovsky K (1975) Berührungsdichtungen an ruhenden und bewegten Maschinenteilen. Springer, Berlin Heidelberg New York
21. Trutnovsky K (1977) Schutzdichtungen. Eine Einführung für Konstrukteure und Anwender. VDI-Verlag, Düsseldorf

Sachverzeichnis

G. Niemann et al., *Maschinenelemente 1*, https://doi.org/10.1007/978-3-662-55482-1

MIX
Papier aus verantwortungsvollen Quellen
Paper from responsible sources
FSC® C105338

If you have any concerns about our products, you can contact us on
ProductSafety@springernature.com

In case Publisher is established outside the EU, the EU authorized representative is:
Springer Nature Customer Service Center GmbH
Europaplatz 3, 69115 Heidelberg, Germany

Printed by Libri Plureos GmbH
in Hamburg, Germany